Kompaktlexikon der Biologie
2

Kompaktlexikon der Biologie

in drei Bänden

Zweiter Band
Foton bis Repr

Spektrum Akademischer Verlag Heidelberg · Berlin

Die Deutsche Bibliothek – CIP-Einheitsaufnahme

Kompaktlexikon der Biologie: in drei Bänden / [Red.: Elke Brechner]. –
Heidelberg; Berlin: Spektrum, Akad. Verl.

Bd. 2. Foton bis Repr. – (2002)

ISBN 978-3-8274-1040-5   (Hardcover)
ISBN 978-3-8274-3071-7   (Softcover)

Redaktion: Elke Brechner
Produktion: Detlef Mädje
Grafiken: Christian Schura, Mannheim (Reinzeichnungen)
Umschlaggestaltung: WSP Design, Heidelberg
Satz: TypoDesign Hecker, Leimen
Druck und Verarbeitung: Lego Print S.p.A, Lavis, Italy

Mitarbeiter des zweiten Bandes

Redaktion
Dipl.-Biol. Elke Brechner (Projektleitung)
Dr. Barbara Dinkelaker
Dr. Daniel Dreesmann

Wissenschaftliche Fachberater
Professor Dr. Helmut König, Institut für Mikrobiologie und Weinforschung,
    Johannes-Gutenberg-Universität Mainz
Professor Dr. Siegbert Melzer, Institut für Pflanzenwissenschaften, ETH Zürich
Professor Dr. Walter Sudhaus, Institut für Zoologie, Freie Universität Berlin
Professor Dr. Wilfried Wichard, Institut für Biologie und ihre Didaktik, Universität zu Köln

Essayautoren
Dr. Daniel Dreesmann, Köln (Grün ist die Hoffnung – durch oder für Gentechpflanzen?)
Inke. Drossé, Neubiberg (Tierquälerei in der Landwirtschaft)
Professor Manfred Dzieyk, Karlsruhe (Reproduktionsmedizin – Glück bringende Fortschritte
    oder unzulässige Eingriffe?)
Professor Dr. Gerhard Eisenbeis, Mainz (Lichtverschmutzung und ihre fatalen Folgen für Tiere)

Hinweise für den Benutzer

Die fett gedruckten Stichwörter sind nach dem Alphabet geordnet. Die Umlaute ä, ö. ü sind in alphabetischer Reihenfolge wie die einzelnen Buchstaben a, o, u sortiert, ß wie ss. Bindestriche, Leerzeichen und Klammern werden dabei ignoriert. Zahlen, Klein- oder Großbuchstaben, griechische Buchstaben und Strukturbezeichnungen (wie cis, trans usw.), die dem Namen einer chemischen Verbindung vorangestellt sind, bleiben im Alphabet unberücksichtigt. So erscheint in der alphabetischen Reihenfolge z.B. γ-Aminobuttersäure unter Aminobuttersäure, D-Glucose unter Glucose, N-Acetyl-Glucosamin unter Acetyl-Glucosamin. Vorgesetzte nomenklaturgerechte Abkürzungen sowie Buchstaben, die Teil eines Begriffes sind, werden hingegen berücksichtigt, so sind z.B. DNA-Reparatur unter D zu finden, RGT-Regel und RNA-Polymerasen unter R.

Wird ein zusammengesetztes Wort nicht gefunden, empfiehlt es sich, unter dem Hauptbegriff nachzuschlagen.

Für die Schreibung der Namen und Begriffe gilt die in neueren deutschen Lehrbüchern am häufigsten vorgefundene fachwissenschaftliche Schreibweise unter weitgehender Berücksichtigung der vorliegenden wissenschaftlichen Nomenklaturen und mit der Tendenz, sich der internationalen Schreibweise anzupassen (z.B. Calcium statt Kalzium, Cytologie statt Zytologie, Nucleus statt Nukleus). Da es für die Schreibung nicht in jedem Fall allgemein gültige Regelungen gibt, gilt: Bei C vermisste Wörter suche man bei K, Sch, Tsch oder Z; bei V nicht geführte Wörter unter W, bei D fehlende unter T und jeweils umgekehrt. Entsprechendes gilt sinngemäß für die Schreibung von Umlauten (ä und ae, ö und oe, ü und ue). Der Text steht in der neuen deutschen Rechtschreibung, wobei Abweichungen in der Schreibung von Fachbegriffen möglich sind.

Die chemische Nomenklatur folgt den Empfehlungen der Internationalen Union für Reine und Angewandte Chemie (IUPAC), die EC-Nummern der Enzyme entsprechen den Empfehlungen der Enzyme Commission der IUPAC und der International Union of Biochemistry (IUB).

Die lexikalisch erfassten Pflanzen-, Tier-, Pilz- und Bakteriennamen sowie auch andere biologische Begriffe sind meist sowohl unter dem lateinischen als auch unter dem deutschen Namen (Trivialnamen) ins Alphabet aufgenommen. Für viele Organismen existiert eine Vielzahl synonymer Bezeichnungen, die jedoch nur zum Teil berücksichtigt wurden.

Bei den wissenschaftlichen Namen der Pflanzen, Tiere, Pilze, Bakterien und Archaebakterien stehen die Gattungs- und Artnamen generell in kursiver Schrift, außer es handelt sich um ein Verweisstichwort. Namen höherer Taxa sowie Fachbegriffe sind dann kursiv gedruckt, wenn sie bedeutsam für das Verständnis des Artikels sind, bzw. sie besonders hervorgehoben werden sollen.

Bei den höheren Taxa (bis hinunter zur Familie) findet sich der Text unter dem wissenschaftlichen Namen und von dem deutschen Namen wird dorthin verwiesen. Arten und Gattungen werden unter dem (meist geläufigeren) deutschen Namen beschrieben, wobei vom wissenschaftlichen Namen dorthin verwiesen wird. Von dieser Regel wurde nur abgewichen, wenn der wissenschaftliche Name allgemein geläufiger ist (z.B. wird *Arabidopsis thaliana* unter dem wissenschaftlichen Namen beschrieben und von Ackerschmalwand nur dorthin verwiesen).

Abkürzungen wurden der besseren Lesbarkeit der Texte wegen nur sparsam verwendet und sind in einem gesonderten Abkürzungsverzeichnis zusammengestellt, soweit sie nicht im Text erläutert werden.

Abkürzungen

a	= Jahr		Jh.	= Jahrhundert
Abb.	= Abbildung		Jt.	= Jahrtausend
Abk.	= Abkürzung		Kunstw.	= Kunstwort
Abt.	= Abteilung		latein.	= lateinisch
afrikan.	= afrikanisch		m	= männlich
allg.	= allgemein		min	= Minute
amerikan.	= amerikanisch		Mio.	= Millionen
arab.	= arabisch		Mrd.	= Milliarden
Aufl.	= Auflage		n.Br.	= nördliche Breite
austral.	= australisch		n.Chr.	= nach Christi Geburt
Bd., Bde.	= Band, Bände		niederländ	= niederländisch
belg.	= belgisch		Ord.	= Ordnung(en)
Bez.	= Bezeichnung		österr.	= österreichisch
brit.	= britisch		port.	= portugiesisch
bzw.	= beziehungsweise		Prof.	= Professor
ca.	= circa		s	= Sekunde
dän.	= dänisch		S.	= Seite
d.h.	= das heißt		s.Br.	= südliche Breite
ed.	= editor (Herausgeber)		schwed.	= schwedisch
engl.	= Englisch		schweizer.	= schweizerisch
f., ff.	= folgendes, folgende		s.o.	= siehe oben
Fam.	= Familie(n)		span.	= spanisch
franz.	= französisch		s.u.	= siehe unten
Gatt.	= Gattung(en)		syn., Syn.	= synonym, Synonym
griech.	= griechisch		Tab.	= Tabelle
h	= Stunde		u.a.	= und andere, unter anderem
Hg.	= Herausgeber		Univ.	= Universität
i.Allg.	= im Allgemeinen		usw.	= und so weiter
i.e.S.	= im engeren Sinne		v.Chr.	= Vor Christi Geburt
ital.	= italienisch		vgl.	= vergleiche
i.ü.S.	= im übertragenen Sinne		w	= weiblich
i.w.S.	= im weiteren Sinne		z.B.	= zum Beispiel
japan.	= japanisch		z.T.	= zum Teil

F

Fotonastie, Typ der Nastie von Pflanzen, bei der Licht zu ungerichteten Begwegungserscheinungen führt. F. lassen sich bei vielen Pflanzenarten gut beobachten, die ihre Blüten im Licht öffnen und im Dunkeln schließen (↗ Blütenbewegungen). Hierzu zählen die Blütenköpfchen der ligulifloren ↗ Asteraceae, bei denen sich die zungenförmigen Blütenblätter der Randblüten im Licht öffnen, sowie die Blüten vieler Seerosen. Bei bestimmten Leguminosen der Gattung *Oxalis* und *Mimosa* sind auch fotonastische Blattbewegungen möglich. Der genaue Mechanismus fotonastischer Bewegungserscheinungen ist bislang noch unklar. F. spielt neben hydronastischen Bewegungen eine wichtige Rolle bei den ↗ Spaltöffnungsbewegungen. (Schlafbewegungen)

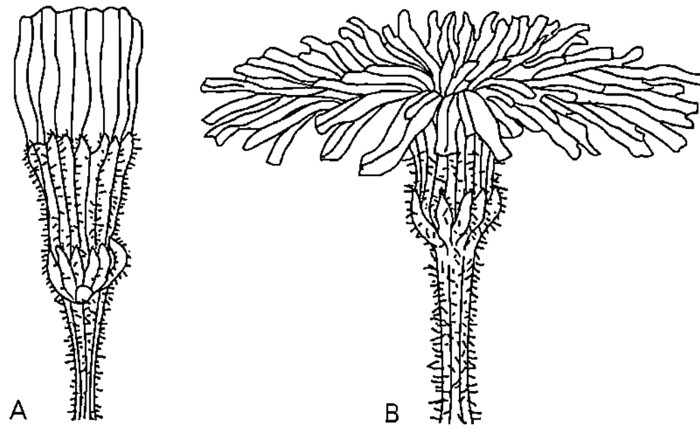

Fotonastie *Leontodon hispidus* (Wiesenmilchkraut, Asteraceae), dessen Blütenköpfchen im Dunkeln geschlossen und bei Licht geöffnet sind

Fotooxidantien, Sammelbez. für die unter dem Einfluss intensiver Sonneneinstrahlung aus ↗ Stickstoffoxiden, ↗ Kohlenwasserstoffen und ↗ Sauerstoff gebildeten oxidierten Verbindungen. Leitsubstanz ist dabei das ↗ Ozon. Daneben treten Peroxyacetylnitrat (PAN), Salpetersäure und sonstige Reaktionsprodukte mit oxidierenden Eigenschaften auf. F. sind die Hauptbestandteile des „Sommersmogs" (↗ Smog). Sie können zu Atemwegsreizungen, Augentränen und Kopfschmerz führen.

fotoperiodische Blühinduktion, ↗ Blühinduktion, ↗ Fotoperiodismus.

Fotoperiodismus, Bez. für die Fähigkeit von Lebewesen, die Tageslänge (Fotoperiode) und somit auch die Jahreszeit zu bestimmen. Tiere sind dadurch z. B. in der Lage, Winterschlaf, Fellwechsel

oder ihre Fortpflanzung an den Jahresgang anzupassen.

Bei *Pflanzen* sind Prozesse wie die ↗ Blühinduktion, der Beginn der Winterruhe oder die Ausbildung von Speicherorganen fotoperiodisch gesteuert. Von zentraler Bedeutung für alle durch F. gesteuerten Phänomene ist das Vorhandensein einer ↗ inneren Uhr, die als endogene Referenz auf exogene Licht- und Dunkelperioden fungiert, sodass sich im Jahresverlauf ändernde Tageslängen überhaupt erst einen Einfluss haben können.

Zu den klassischen Versuchen zählen die in den 1920er-Jahren durch W. Garner und H. Allard

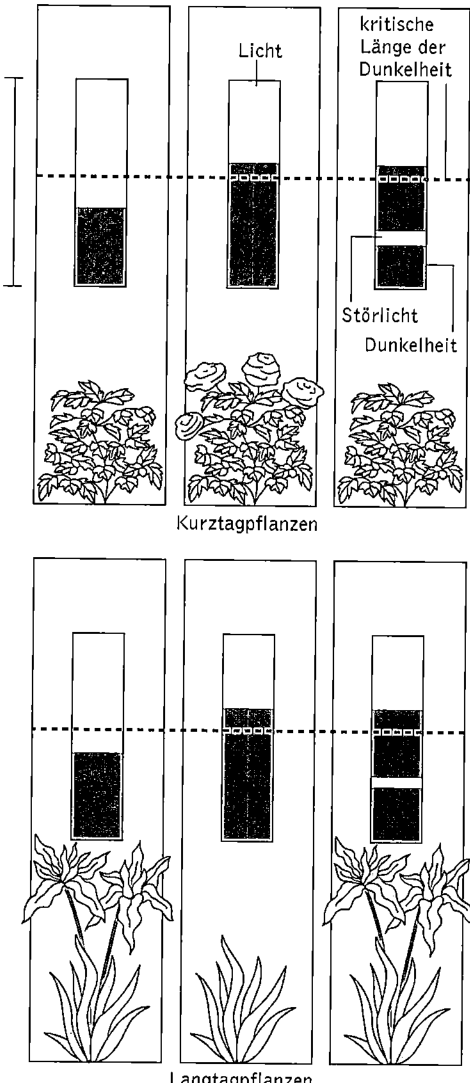

Fotoperiodismus Regulation der Blütenbildung. Kurztagpflanzen blühen nur, wenn die kritische Nachtlänge überschritten wird. Langtagpflanzen verhalten sich genau umgekehrt. Gezeigt wird, wie durch Störlicht die fotoperiodische Blühinduktion gezielt beeinflusst werden kann

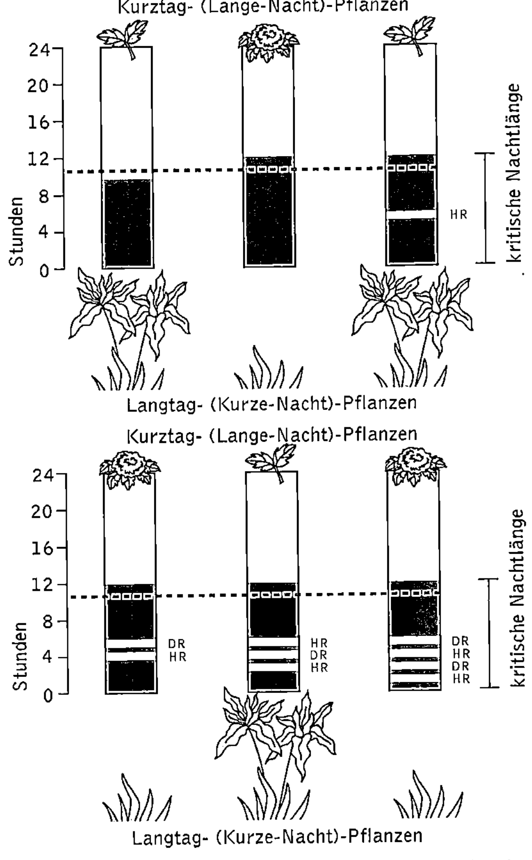

Fotoperiodismus Störlichtexperimente zur Rolle der Phytochrome. Oben links und Mitte ist die Situation für Kurztage bzw. Langtage dargestellt. Die unterschiedlichen Bestrahlungsprogramme mit Hellrot- und Dunkelrotlicht beweisen die Rolle der Phytochrome bei der fotoperiodischen Blühinduktion

durchgeführten Experimente zur *fotoperiodischen Blühinduktion*. Sie konnten die bis dahin gängige Annahme widerlegen, dass der Zusammenhang zwischen der Tageslänge und dem Blühbeginn auf die an längeren Tagen höhere Akkumulation von Fotosyntheseprodukten als an kürzeren Tagen zurückzuführen sei. Denn die von ihnen untersuchte Tabakmutante *Maryland Mammoth* kam nur im Winter bei kurzen Tagen („Kurztagen") zur Blüte. Garner und Allard konnten diese Pflanzen jedoch auch im Sommer zur Blüte bringen, allerdings nur, indem sie diese nachmittags mit lichtdichten Zelten abdeckten. Damit war der Beweis erbracht, dass die Blühinduktion von der Tageslänge abhängig ist.

Heute werden Pflanzen ihrer Fotoperiodizität entsprechend in unterschiedliche Typen eingeteilt: ↗ Kurztagpflanzen blühen nur, wenn die Lichtphase relativ zur Dunkelphase kurz ist, wohingegen sich ↗ Langtagpflanzen genau umgekehrt verhalten. Die so genannten ↗ tagneutralen Pflanzen kön-

nen sowohl im Kurztag, als auch im Langtag blühen. Dabei ist die *Nachtlänge* der kritische Faktor, der die Blühinduktion und spätere Blütenbildung kontrolliert. Dies ließ sich in so genannten *Störlichtexperimenten* nachweisen, bei denen die Dunkelphasen durch kurze Lichtphasen unterbrochen wurden. Die „innere Uhr" zeichnet sich dabei durch eine Veränderung der Empfindlichkeit gegenüber Lichteinflüssen aus, wobei sich eine lichtempfindliche und eine lichtunempfindliche Phase miteinander abwechseln. Fällt Licht mit der *fotosensitiven Phase* zusammen, kommen Langtagpflanzen zur Blüte, wohingegen diese zeitliche Übereinstimmung bei Kurztagpflanzen das Gegenteil bewirkt. Ein Störlicht von wenigen Minuten verhindert bei Kurztagpflanzen den Blühbeginn, während bei manchen Langtagpflanzen das einmalige Überschreiten der *kritischen Tageslänge* ausreicht, den irreversiblen Prozess der Blütenbildung auszulösen.

Störlichtexperimente dienten auch dazu, die am F. beteiligten Fotorezeptoren zu ermitteln. Dabei stellte sich heraus, dass Rotlichtrezeptoren am F. beteiligt sein müssen. Dadurch konnten die ↗ Phytochrome identifiziert werden, die bei Pflanzen zahlreiche weitere Entwicklungsprozesse steuern (↗ Fotomorphogenese). Wie bei anderen durch diese Fotorezeptoren kontrollierten Phänomenen auch, reicht ein Hellrotblitz bei Langtagpflanzen, die unter Kurztagbedingungen, d. h. mit langen Nächten angezogen werden, aus, um die Blütenbildung zu induzieren. Folgt dem ersten Lichtblitz ein Dunkelrotblitz, verharren die Pflanzen in der vegetativen Phase. Dieses typische Verhalten der Hellrot-Dunkelrot-Reversibilität weist eindeutig auf die Rolle des Phytochrom-Systems bei der fotoperiodischen Blühinduktion hin. Phytochrom-Mutanten von ↗ Arabidopsis thaliana und der Erbse haben dies bestätigt. Inzwischen ist zudem bekannt, dass auch ↗ Blaulichtrezeptoren am F. beteiligt sind. So ergab die Analyse bestimmter ↗ Arabidopsis-Mutanten, dass z. B. eine Mutation in einem ↗ Cryptochrom-Gen die Blühinduktion verzögert.

Fotophosphorylierung, Bez. für die während der ↗ Lichtreaktionen der ↗ Fotosynthese erfolgende ATP-Synthese, zu der die Energie des Sonnenlichtes neben der Bildung von Reduktionsäquivalenten in Form von NADPH verwendet wird. Für die F. ist ein Elektronenfluss erforderlich, der nach dem chemiosmotischen Modell zur Erzeugung eines pH-Gradienten zwischen dem Thylakoidlumen und dem Stroma der Chloroplasten führt, sodass die erforderliche protonenmotorische Kraft vorhanden ist, und somit die in der Thylakoidmembran vorhandene ATP-Synthase („Kopplungsfaktor") die ATP-Synthese katalysieren kann. Bei Organismen, die sowohl Fotosystem I als auch Fotosystem II besitzen (*oxygene Fotosynthese*) findet neben dem nichtzyklischen Elektronentransport unter bestimmten Bedingungen auch ein zyklischer Elektronentransport statt. In Analogie wird deshalb von *nichtzyklischer F.* und *zyklischer F.* gesprochen. (Sondertext Methoden: ⌐ Fotosyntheseforschung)

Fotorespiration, *Lichtatmung*, ein zu den Reaktionen des ⌐ Calvin-Zylus in Konkurrenz ablaufender zyklischer Stoffwechselweg, der darauf beruht, dass das Enzym *Ribulose-1,5-bisphosphat-Carboxylase/Oxygenase (,,Rubisco")* sein Substrat Ribulose-1,5-bisphosphat nicht nur carboxylieren, sondern auch oxygenieren kann. Anstelle von zwei Molekülen 3-Phosphoglycerat werden dabei lediglich 3-Phosphoglycerat und 2-Phosphoglykolat gebildet, das durch eine plastidäre Phosphatase in Glykolat umgewandelt wird. Die weiteren Reaktionen der F., die nicht nur in Chloroplasten, sondern auch in den ⌐ Peroxisomen und ⌐ Mitochondrien lokalisiert sind, führen zum 3-Phosphoglycerat, das zur Regeneration von Ribulose-1,5-bisphosphat verwendet werden kann. Rein rechnerisch betrachtet, werden bei der F. jedoch nur 75 % des Kohlenstoffs regeneriert, da bei der Reaktion der mitochondrialen Glycin-Decarboxylase CO_2 freigesetzt wird.

Die Tatsache, dass die fotosynthetische CO_2-Fixierung und F. gleichzeitig ablaufende Prozesse sind, ist darauf zurückzuführen, dass Rubisco sowohl CO_2 als auch O_2 als Substrat verwenden kann. Zwar lässt sich im Experiment zeigen, dass die Carboxylierung bei gleich großen O_2- und CO_2-Konzentrationen rund 80mal schneller abläuft als

die Oxygenierung, unter natürlichen Bedingungen jedoch ist aufgrund des wesentlich höheren O_2-Gehaltes der Luft die CO_2-Fixierungsrate nur etwa dreimal höher als die F. Unter bestimmten Bedingungen sind beide Stoffwechselwege miteinander gekoppelt und sorgen für einen bestimmten Fluss des Kohlenstoffs im Blatt. Allerdings verringert dieser ,,Wettlauf" die Fotosyntheserate und somit die theoretische Effizienz der Fotosynthese um 50 %. Da sich das CO_2/O_2-Verhältnis bei höheren Temperaturen noch verschlechtert, sind ⌐ C_3-Pflanzen heißer Standorte besonders anfällig für F. Einige Pflanzen der Subtropen und Tropen haben besondere Anpassungsmechanismen entwickelt, um diesem Problem erfolgreich begegnen zu können (⌐ CAM-Pflanzen, ⌐ C_4-Pflanzen).

Welche biologische Funktion die F. hat, ist nach wie vor unklar. Die zur Carboxylierung in Konkurrenz tretende Oxygenierung ließe sich einerseits gleichsam als evolutionäres Erbe damit erklären, dass zu Beginn der Entstehung pflanzlichen Lebens das CO_2/O_2-Verhältnis der Luft wesentlich höher war, als dies heute der Fall ist, sodass die Oxygenierungsreaktion sich unter diesen Bedingungen kaum negativ bemerkbar gemacht hätte. Andererseits sprechen Beobachtungen dafür, dass Pflanzen bei ⌐ Dürrestress und geschlossenen Stomata einer hohen Lichtintensität und niedrigen intrazellulären CO_2-Konzentrationen ausgesetzt sind. Durch F. würden dann überschüssiges NADPH und ATP beseitigt und die den Fotosyntheseapparat schädigende ⌐ Fotooxidation verhindert (⌐ Fotoinhibition).

Fotorespiration   Enzyme und Reaktionen der Fotorespiration

Reaktion	Lokalisation
1. Ribulose-1,5-bisphosphat-Carboxylase/Oxygenase Ribulose-1,5-bisphosphat + O_2 → 2-Phosphoglykolat + 3-Phosphoglycerat	(Chloroplast)
2. Phosphoglykolat-Phosphatase 2-Phosphoglykolat + H_2O → Glykolat + $HOPO_3^{2-}$	(Chloroplast)
3. Glykolat-Oxidase Glykolat + O_2 → Glyoxylat + H_2O_2	(Peroxisom)
4. Katalase 2 H_2O_2 → H_2O + O_2	(Peroxisom)
5. Glyoxylat-Glutamat-Aminotransferase Glyoxylat + Glutamat → Glycin + 2-Oxoglutarat	(Peroxisom)
6. Glycin-Decarboxylase Glycin + NAD^+ + H_4-Folat → NADH + H^+ + CO_2 + NH_3 + Methylen-H_4-Folat	(Mitochondrium)
7. Serin-Hydroxymethyltransferase Methylen-H_4-Folat + H_2O + Glycin → Serin + H_4-Folat	(Mitochondrium)
8. Serin-Aminotransferase Serin + 2-Oxoglutarat → Hydroxypyruvat + Glutamat	(Peroxisom)
9. Hydroxypyruvat-Reduktase Hydroxypyruvat + NADH + H^+ → Glycerat + NAD^+	(Peroxisom)
10. Glycerat-Kinase Glycerat + ATP → 3-Phosphoglycerat + ADP + H^+	(Chloroplast)

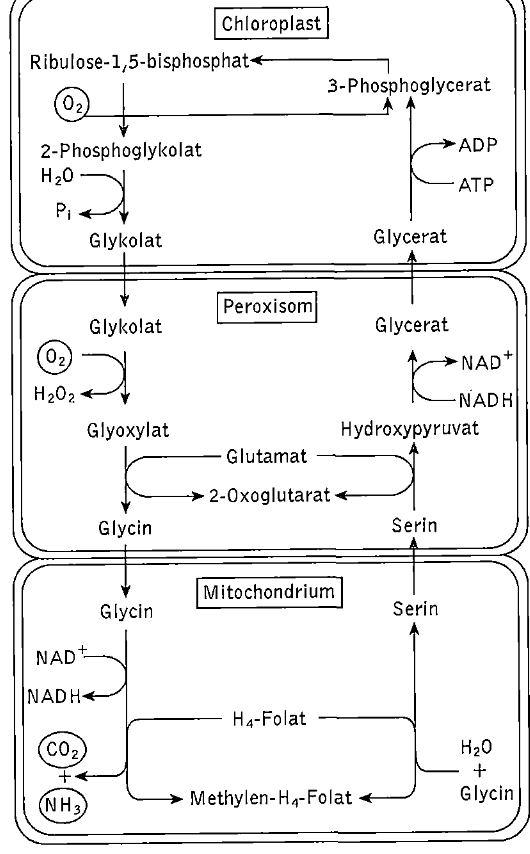

Fotorespiration Ablauf der Fotorespiration in drei Zellorganellen. Die Metabolite werden durch bestimmte Transportproteine ($\nearrow$ Translokatoren) in die jeweiligen Kompartimente hinein- und hinaustransportiert. Eine in den Peroxisomen vorhandene Katalase führt zur Entgiftung des cytotoxischen H_2O_2

Für diese Erklärung sprechen auch Versuche an $\nearrow$ Arabidopsis-Mutanten, die eine defekte F. besitzen: Sie können nur bei einem künstlichen hohen CO_2-Gehalt überleben und sterben in normaler Luft ab.

Der Begriff Lichtatmung grenzt die F. von der $\nearrow$ Dunkelatmung ab, bei der es sich um mitochondriale Atmungsprozesse grüner Gewebe im Dunkeln sowie nicht fotosynthetischer Gewebe handelt.

Fotorezeptoren, Bez. für Pigment-Protein-Komplexe, die Licht bestimmter Wellenlängen absorbieren und Lichtsignale intrazellulär umsetzen. F. setzen sich i. d. R. aus einem Chromophor und einem Protein zusammen. ($\nearrow$ Blaulichtrezeptoren, $\nearrow$ Phytochrome, $\nearrow$ Rhodopsin)

Fotosynthese, die Synthese organischer aus anorganischen Verbindungen, bei der die Energie des Sonnenlichtes gespeichert wird und somit für zelluläre Prozesse zur Verfügung steht. Samenpflan-

zen, Farne, Moose, Algen und Cyanobakterien führen eine so genannte *oxygene* F. durch, bei der Sauerstoff produziert wird, wohingegen $\nearrow$ fototrophe Bakterien zur *anoxygenen* F. befähigt sind, da sie andere Verbindungen als H_2O wie z. B. H_2S oxidieren. Bei allen eukaryotischen Zellen, die zur F. fähig sind, findet die F. in den $\nearrow$ Chloroplasten in unterschiedlichen Kompartimenten statt. In und an den Thylakoidmembranen laufen die $\nearrow$ Lichtreaktionen (*Primärreaktionen*) ab, in denen Wasser zu Sauerstoff oxidiert wird und Reduktionsäquivalente in Form von NADPH sowie ATP gebildet werden ($\nearrow$ Fotophosphorylierung). Während dieser auch als *Thylakoidreaktionen* bezeichneten fotochemischen Prozesse werden die Chlorophyllmoleküle durch absorbiertes Licht angeregt und nach Durchlaufen von Elektronentransportketten letztlich in Form chemischer Bindungsenergie gespeichert. Organismen mit oxygener F. besitzen zu diesem Zweck zwei $\nearrow$ Fotosysteme, die räumlich voneinander getrennt und funktionell hintereinander geschaltet sind. NADPH und ATP können im Stroma zur Reduktion („Fixierung") von CO_2 zu Kohlenhydraten verwendet werden, was über eine zyklische Abfolge von enzymatischen Reaktionen, im $\nearrow$ Calvin-Zyklus geschieht (*Sekundärreaktionen*). Dabei werden pro fixiertem CO_2-Molekül zwei Moleküle NADPH und drei Moleküle ATP verbraucht. Bei der F. handelt es sich somit um einen lichtgetriebenen Redoxprozess, deren Summengleichung sich wie folgt zusammenfassen lässt:

$$12\ H_2O + 6\ CO_2 \rightarrow C_6H_{12}O_6 + 6\ O_2 + 6\ H_2O$$

Fast der gesamte in der Erdatmosphäre vorhandene Sauerstoff ist durch die Aktivität fotosynthetischer Organismen entstanden und hat im Verlauf

Fotosynthese Vereinfachte Darstellung der an der Fotosynthese beteiligten Reaktionen

der Evolution allmählich die heutige Konzentration erreicht. Während der F. wird nur ein geringer Anteil von etwa 5 % der auf die Blattoberfläche einfallenden Sonnenenergie letztlich chemisch in Form von Kohlenhydraten fixiert. Dies liegt daran, dass der größte Teil des Lichtes zu kurz- bzw. langwellig ist, um von den ↗ Fotosynthesepigmenten absorbiert zu werden. Nur die so genannte *fotosynthetisch aktive Strahlung* (Abk. PAR) im Bereich von 400–700 nm kann für die F. genutzt werden. Weitere Verluste sind Reflexion und Transmission sowie Wärmeabgabe, bei der Anteile der ursprünglich absorbierten Lichtenergie verloren gehen. Anpassungen an unterschiedliche Lichtverhältnisse spiegeln sich in der Blattanatomie wie z. B. bei Licht- und Schattenblättern wider, die neben ↗ Chloroplastenbewegungen und ↗ Blattbewegungen (↗ Fototropismus) die Lichtabsorption am Wuchsort maximieren sollen (↗ Lichtkompensati-

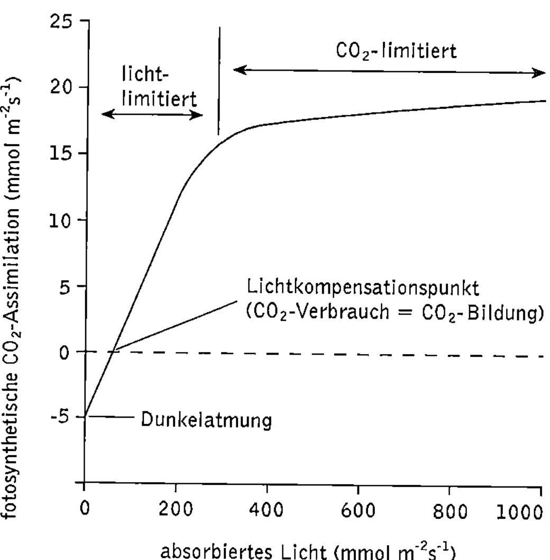

Fotosynthese Abhängigkeit der Fotosynthese von der Beleuchtungsstärke am Beispiel einer C_3-Pflanze. Während der Dunkelatmung kommt es zu einer Nettoproduktion von CO_2, erst beim Erreichen einer bestimmten Beleuchtungsstärke wird CO_2 in Form von Kohlenhydraten fixiert (Lichtkompensationspunkt). In Abhängigkeit von der einfallenden Lichtmenge ist die fotosynthetische CO_2-Assimilation lichtlimitiert bzw. CO_2-limitiert

onspunkt). Bei geringer Beleuchtungsstärke ist die Fotosynthese i. d. R. lichtlimitiert, sodass eine höhere Lichtmenge zu einer stärken F. führt, bis ein bestimmter Lichtsättigungswert erreicht ist. Die F. wird dann als CO_2-limitiert bezeichnet, weil die Enzyme des Calvin-Zyklus nicht in der Lage sind, mit der absorbierten Lichtenergie mithalten zu können. Sehr starke Beleuchtung kann zudem in ↗ Fotoinhibition resultieren.

Neben dem Faktor Licht kann sich auch die CO_2-Konzentration limitierend auf die F. auswirken. Der *CO_2-Kompensationspunkt* beschreibt das Verhältnis von fotosynthetisch fixiertem CO_2 und durch ↗ Dunkelatmung und Fotorespiration produziertem CO_2 als ausgeglichen, sodass F. erst erfolgen kann, wenn eine gewisse CO_2-Konzentration in der Außenluft vorhanden ist. Pflanzen haben eine Reihe von Mechanismen entwickelt, mit deren Hilfe sie auf sich verändernde Umweltbedingungen reagieren können. (↗ C_3-Pflanzen, ↗ C_4-Pflanzen, ↗ CAM-Pflanzen, ↗ Fotorespiration, Sondertext Methoden: ↗ Fotosyntheseforschung)

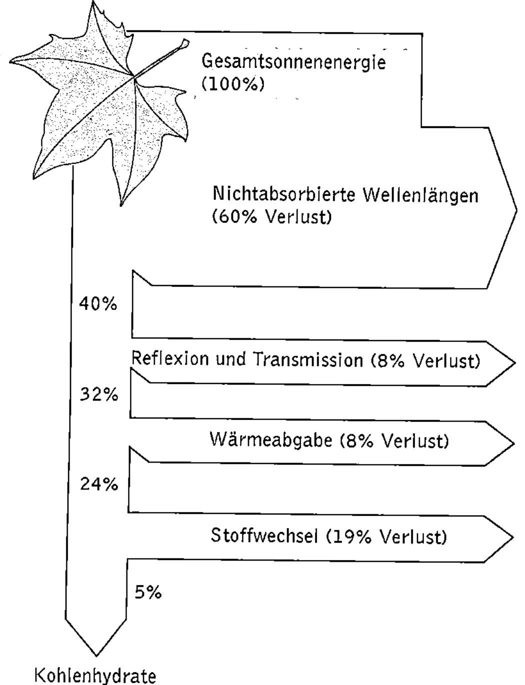

Fotosynthese Nur ein geringer Anteil der einstrahlenden Sonnenenergie wird im Blatt zur fotosynthetischen CO_2-Fixierung verwendet. 95 % können nicht genutzt werden oder gehen anderweitig verloren

Fotosyntheseforschung

Die Bedeutung der Fotosynthese für das Leben auf der Erde hat dazu geführt, dass sich Forscher unterschiedlicher biologischer Teildisziplinen immer wieder mit der Erforschung einzelner Aspekte befasst haben bzw. auch heute noch befassen. So sind viele Erkenntnisse über die Beschaffenheit der Komponenten der Fotosysteme der Elektronentransportketten Versuchen zu verdanken, die seit den 1930er-Jahren durchgeführt wurden (↗ Emerson-Effekt). Bereits vorher waren Versuche zum ↗ Aktionsspektrum der Fotosynthese durchgeführt worden, die zeigten, dass nur Licht bestimmter Wellenlängen die fotosynthetische Sauerstoffproduktion auslösen kann (z. B. ↗ Engelmann-Versuch). Und mit einer speziellen Messkammer konnten F. Blackman (1866-1947) und Mitarbeiter den Einfluss äußerer Faktoren wie Licht und Temperatur auf die Fotosynthese beschreiben.

Vor allem in den 1950er-Jahren wurde jedoch eine Reihe von bahnbrechenden Forschungsergebnissen erzielt. Dabei galt es nicht zuletzt, den Mehrschrittcharakter, d. h. die voneinander getrennt ablaufenden Lichtreaktionen und CO_2-Fixierung der Fotosynthese zu bestätigen, der auch unter dem Einfluss von O. Warburg mehrfach in Frage gestellt worden war. Bereits 1937 stellte sich heraus, dass belichtete Blattextrakte in

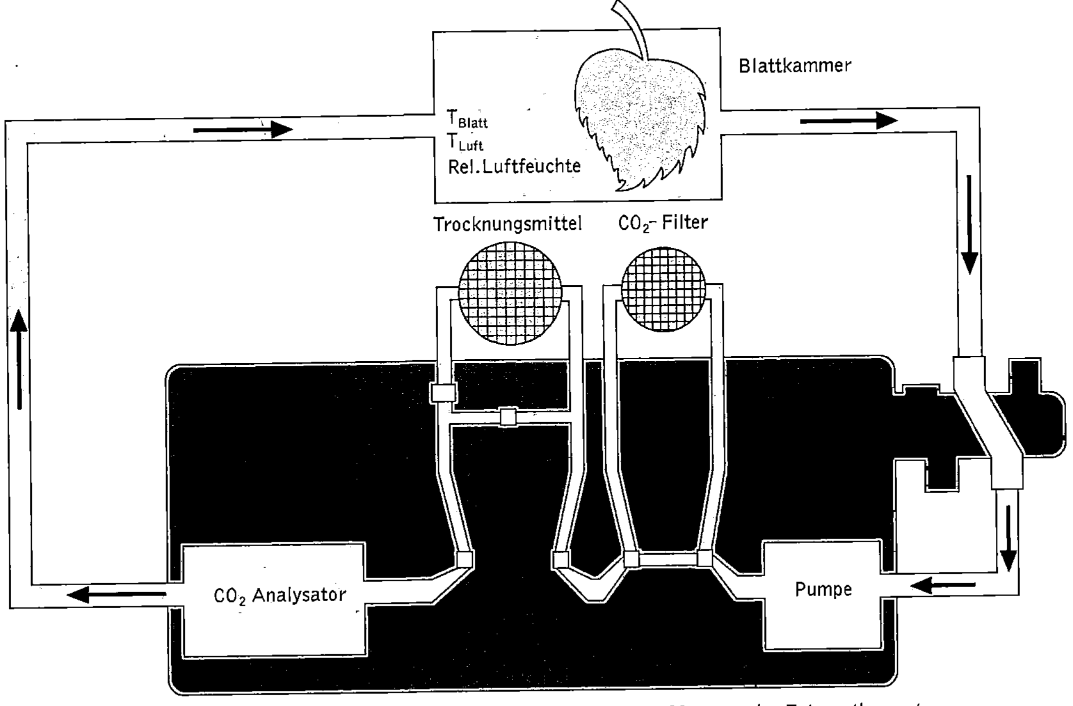

Fotosyntheseforschung Mit Hilfe des ArBAS-Systems könnte die Fotosynthese künstlich nachgebildet und zur industriellen Produktion von Wasserstoff genutzt werden

Abwesenheit von CO_2 Sauerstoff entwickeln, wenn künstliche Elektronenakzeptoren wie Fe^{3+} vorhanden sind (↗ Hill-Reaktion). Etwas später konnten D. Arnon und Mitarbeiter zeigen, dass nicht nur bei der mitochondrialen Atmung, sondern auch bei der Fotosyn-

Fotosyntheseforschung Schematische Darstellung einer Apparatur zur Messung der Fotosyntheserate

these ATP und NADPH gebildet werden und eine Schlüsselstellung einnehmen. Mit Einführung von neuen biophysikalischen Analyseverfahren wie der *Absorptionsdifferenzspektroskopie* gelang es, bei höheren Pflanzen und fototrophen Bakterien die Existenz fotochemisch aktiver Reaktionszentren nachzuweisen. Die Verbindung der beiden Fotosysteme wurde anhand von photochemischen und thermodynamischen Untersuchungen durch R. Hill und F. Bendall im so genannten *Z-Schema* zusammengefasst.

Doch nicht nur bei der Erforschung der ↗ Lichtreaktionen, sondern auch hinsichtlich der fotosynthetischen CO_2-Fixierung wurden in den 1950er-Jahren große Fortschritte erzielt. Hierzu zählen die von M. ↗ Calvin und Mitarbeitern durchgeführten Untersuchungen des reduktiven Pentosephosphatweges (↗ Calvin-Zyklus), bei denen unter Verwendung von radioaktiv markiertem CO_2 sämtliche Intermediate ermittelt werden konnten. Weitere Experimente der folgenden Jahre führten zu einem zunehmend besseren Verständnis vieler Aspekte der Fotosynthese. In einem eleganten Experiment gelang es z. B. A. Jagendorf und Mitarbeitern 1967, den *chemiosmotischen Mechanismus* der ATP-Synthese zu identifizieren und somit zu beweisen, dass ATP ohne direkte Lichtbestrahlung gebildet werden kann. Sie isolierten Thylakoide mit einem pH-Wert von 8 und überführten sie in einen Puffer mit pH 4. Der dadurch entstandene Protonengradient trieb die ATP-Synthese an, was anhand radioaktiver Markierungsversuche bestätigt werden konnte. Ein Meilenstein der F. war auch zu Beginn der 1980er-Jahre die Aufklärung der dreidimensionalen Struktur des Reaktionszentrums von *Rhodopseudomonas viridis* mittels hochauflösender *Röntgenstrukturanalyse* durch H. Michel, J. Deisenhofer und R. Huber.

Die Untersuchung der Fotosynthese ist jedoch nicht nur für die Aufklärung der bisher beschriebenen Aspekte von großem Interesse, sondern auch in anderen Zusammenhängen nützlich. Ökophysiologen und Landwirte sind an der Messung der *Fotosyntheserate* interessiert,

die ihnen Informationen über die CO_2-Fixierung bei bestimmten Umweltbedingungen liefern und z. B. Hinweise auf ertragsmindernde Stressfaktoren geben kann. Zu diesem Zweck stehen eine Reihe von z. T. tragbaren und somit im Feld einsetzbaren Messapparaturen zur Verfügung, die durch Messung der einfallenden Lichtenergie, der Temperatur, der CO_2-Konzentration der Luft und im Blattinnern sowie der Wasserdampfdifferenz innerhalb und außerhalb die fotosynthetische CO_2-Assimilation ermitteln. Hierzu wird ein Blatt bzw. ein Teil eines Blattes in einer geschlossenen lichtdurchlässigen Messkammer untersucht. Eine Pumpe sorgt für einen kontinuierlichen Luftstrom zwischen Kammer und einem Infrarot-CO_2-Analysator. Wird der Luftstrom zudem durch ein Trocknungsmittel geleitet, sodass in der Kammer eine konstante Luftfeuchtigkeit herrscht, kann die Fotosyntheserate ausschließlich aufgrund der abnehmenden CO_2-Konzentration berechnet werden. Ein im Gerät integrierter Computer speichert Messwerte kontinuierlich, sodass z. B. die Veränderung der Fotosyntheserate im Tagesverlauf ermittelt werden kann.

Wie die Erforschung der Fotosynthese aus Sicht der ↗ Bionik in einem ganz anderen Zusammenhang nützlich sein kann, zeigt die Idee von artifiziellen Bakterien-Algen-Symbiosen („ArBAS"), mit deren Hilfe durch die ↗ Fotolyse von Wasser Wasserstoff in großen Mengen für die Verwendung in Brennstoffzellen oder als Treibstoff erzeugt werden könnte. Im Labor funktioniert diese Technik bereits: In einer verfahrenstechnischen Nachbildung des Stickstoff fixierenden Cyanobakteriums *Nostoc muscorum* stellt ein Reaktorgefäß, gefüllt mit Grünalgen, die vegetative Zelle und ein Reaktorgefäß, gefüllt mit Purpurbakterien, das Pendant zur Heterocyste dar. Fehlt Stickstoff zur NH_3-Bindung, wird Wasserstoff freigesetzt. Die großen Wasserstoff-Farmen, die auf einer Fläche von 600 x 600 m in röhrenförmigen Reaktionsgefäßen im großen Stil betrieben werden könnten, sind bislang jedoch noch Visionen.

Fotosynthesepigmente, Bez. für die Pigmente, die für das Ablaufen der ↗ Lichtreaktionen erforderlich sind. Neben ↗ Chlorophyll und ↗ Carotinoiden zählen die ↗ Bakteriochlorophylle der fotoautotrophen Bakterien, sowie die bei Cyanobakterien, Rotalgen und Cryptophyta vorkommenden ↗ Phycocyane und ↗ Phycoerythrine zu den Fotosynthesepigmenten.

Fotosyntheserate, die experimentell zu bestimmende Abhängigkeit der ↗ Fotosynthese von Umweltfaktoren wie Licht, Temperatur oder der CO_2-Konzentration. Die F. kann entweder als fotosynthetische O_2-Entwicklung oder aber als fotosynthetische CO_2-Assimilation pro Blattfläche und Zeiteinheit bestimmt werden. (Sonderartikel Methoden: ↗ Fotosyntheseforschung)

fotosynthetisch aktive Strahlung, Abk. *PAR*, ↗ Fotosynthese, ↗ Engelmann-Versuch.

Fotosysteme, Bez. für die in den Thylakoidmembranen (↗ Thylakoide) der ↗ Chloroplasten vorhandenen, aus Hunderten bis Tausenden Chlorophyllmolekülen und Multiproteinkomplexen bestehenden Strukturen, die Lichtenergie absorbieren und in fotochemischen Reaktionen umsetzen (↗ Lichtreaktionen). Jedes F. besteht aus einem *Reaktionszentrum*, so genannten *Antennenkom-*

plexen, und assoziierten, Elektronen übertragenden Proteinen. Die ↗ Antennenpigmente absorbieren Licht und leiten dieses an die Reaktionszentren weiter, wobei ein Gradient in den im Rotlichtbereich liegenden Absorptionsmaxima die Weiterleitung der Anregungsenergie begünstigt. Der Energietransfer erfolgt dabei wahrscheinlich strahlungsfrei durch *Resonanztransfer.*

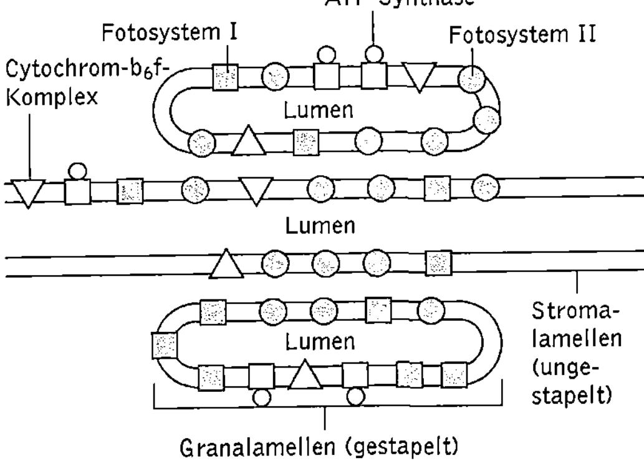

Fotosysteme Laterale Heterogenität der Fotosysteme in der Thylakoidmembran. Fotosystem I (PS I) überwiegt in den Stromalamellen, Fotosystem II (PS II) in den Granalamellen. Weiterhin ist die Verteilung der ATP-Synthase und des Cytochrom-b₆f-Komplexes gezeigt.

Organismen mit *oxygener* ↗ Fotosynthese besitzen zwei F., die als PS I und PS II bezeichnet werden (↗ Emerson-Effekt). Sie unterscheiden sich in den Wellenlängen der Absorptionsmaxima der Chlorophyllmoleküle ihrer jeweiligen Reaktionszentren. Im PS I liegt dieses bei 700 nm (P700), im PS II bei 680 nm (P680). Beide F. weisen ferner Unterschiede bezüglich ihrer Funktion und Anordnung in den Thylakoiden (*laterale Heterogenität*) auf: Am PS I, das überwiegend in den ungestapelten Bereichen (Stromalamellen) lokalisiert ist, findet die Reduktion von $NADP^+$ statt. Das PS II ist primär in den gestapelten Granalamellen vorhanden und für die ↗ Fotolyse des Wassers verantwortlich. Zwischen beiden F. findet primär ein nichtzyklischer Elektronentransport statt, an dem weitere Komplexe der Thylakoidmembran wie der Cytochrom-b₆f-Komplex und Eisen-Schwefel-Proteine sowie bewegliche Komponenten wie Plastochinon und Plastocyanin beteiligt sind.

Bei Organismen mit anoxygener Fotosynthese fehlt das PS II. Zur Erzeugung von ATP bedienen sie sich meist eines zyklischen Elektronentransportes (↗ Lichtreaktionen).

Fototaxis, Typ der ↗ Taxis, bei der Organismen lichtgerichtete freie Ortsbewegungen durchführen. Neben der *positiven F.* zur Lichtquelle hin kommt auch *negative F.* vor. Viele fotosynthetisch aktive Einzeller (Grünalgen, Cyanobakterien, Purpurbak-

terien) suchen durch F. Bereiche mit für sie günstigen Lichtverhältnissen auf. (↗ Augenfleck)

fototrophe Bakterien, ↗ Bakterien, die Licht als Energiequelle verwenden (↗ Fotosynthese). Sie kommen vorwiegend in anaeroben Bereichen von Gewässern vor und sind durch ihre Pigmente gelb bis rot-violett (↗ Carotinoide) oder grün (↗ Bakteriochlorophyll) gefärbt. Man unterscheidet nach der Herkunft des Zellkohlenstoffs *fotoautotrophe Bakterien* (↗ Autotrophie), die ihren Kohlenstoff durch CO_2-Fixierung gewinnen, und *fotoheterotrophe Bakterien* (↗ Heterotrophie), bei denen der Kohlenstoff aus organischen Verbindungen stammt. Eine andere Einteilung ist die Unterscheidung zwischen Arten mit anoxygener bzw. oxygener Fotosynthese. Bei der *anoxygenen Fotosynthese* der Bakterien, die unter anaeroben Bedingungen stattfindet, entsteht kein molekularer Sauerstoff (O_2), bei der *oxygenen Fotosynthese* der ↗ Cyanobakterien wird – wie bei der Fotosynthese der Algen und höheren Pflanzen – molekularer Sauerstoff frei. Zu den anaeroben f. B. gehören die ↗ Purpurbakterien, die ↗ Grünen Schwefelbakterien, die ↗ Grünen Nicht-Schwefelbakterien und die ↗ Heliobakterien und zu den aeroben f. B. die ↗ Cyanobakterien.

Die Fotosynthese der *Purpurbakterien* setzt sich aus einer Lichtreaktion und einem zyklischen Elektronentransport zusammen. Die fotosynthetischen Pigmente und das Elektronentransportsystem befinden sich in Membraneinstülpungen, die als Vesikel (↗ Chromatophoren) abgeschnürt sein können.

Das charakteristische ↗ Chlorophyll der Purpurbakterien ist das *Bakteriochlorophyll a,* das sich vom Chlorophyll der Pflanzen und anderer Bakteriochlorophylle durch die Struktur der Seitenketten am Porphyrinringsystem unterscheidet. Die verschiedenen Carotinoide der Purpurbakterien wirken u. a. als Lichtsammler und verleihen ihnen ihre rote, purpurne oder braune Farbe. Durch ihre Pigmentausstattung können die Purpurbakterien in einem breiten Spektralbereich (UV bis zum langwelligen Rotbereich) Licht absorbieren. Daher können sie auch in Teichen unter einer Wasserlinsendecke existieren und in Meeresschichten von 10 bis 30 m Tiefe.

Bei den *Grünen Schwefelbakterien* und den *Grünen Nicht-Schwefelbakterien* existieren besondere Wege der CO_2-Fixierung (kein Calvin-Zyklus). Bei Arten der zu den Grünen Schwefelbakterien gehörenden Gatt. *Chlorobium* verlaufen einige Schritte des ↗ Citratzyklus in umgekehrter Reihenfolge. Dieser Weg wird daher als *umgekehrter Citratzyklus* (*reduktiver Tricarbonsäurezyklus*) bezeichnet. Bei Arten der zu den Grünen Nicht-Schwefelbakterien gehörenden Gatt. *Chloroflexus* wird CO_2

dagegen über den so genannten *Hydroxypropio-nat-Weg* zu Glyoxylat reduziert. Dieser Weg wurde bisher nur bei *Chloroflexus* nachgewiesen. Das Fotosynthesesystem der Grünen Schwefelbakterien und der Grünen Nicht-Schwefelbakterien ist anders aufgebaut als das der Purpurbakterien. Es befindet sich zu einem Teil in der Cytoplasmamembran, zum anderen Teil in den *Chlorosomen*. In den Chlorosomen ist neben Bakteriochlorophyll *a* auch noch Bakteriochlorophyll *c, d* oder *e* enthalten. Die Chlorosomen dienen vorwiegend der Lichtsammlung. Die vor allem in tropischen Böden vorkommenden *Heliobakterien* enthalten Bakteriochlorophyll *g*. Diese Bakteriengruppe besitzt ebenfalls einen zyklischen Elektronentransport.

Bei den *Cyanobakterien* verläuft der fototrophe Energiegewinn wie bei der Fotosynthese von Pflanzen mit zwei Lichtreaktionen und einer Wasserspaltung unter Freisetzung von molekularem Sauerstoff. Die daran beteiligten Pigmentsysteme sind in den ↗ Thylakoiden lokalisiert. Die *Phycobilisomen* in den Thylakoiden enthalten neben Chlorophyll *a* und Carotinoiden auch *Phycobiline*. Dies sind Proteine mit Farbstoffkomponenten (z. B. Phycoerythrin, Phycocyanin und Allophycocyanin), die als Lichtsammler fungieren. Sie tragen dazu bei, dass Cyanobakterien auch noch bei sehr geringen Lichtintensitäten wachsen können.

Eine sehr effiziente Form der Energiegewinnung aus Licht weisen auch die ↗ Halobakterien der *Archaea* auf, bei denen Bakteriorhodopsin als lichtgetriebene Protonenpumpe fungiert.

Fototrophie, Ernährungsweise, bei der die Energie für Wachstum und Erhaltungsstoffwechsel aus dem Licht stammt, also durch ↗ Fotosynthese gewonnen wird. Fototroph leben die grünen ↗ Pflanzen sowie viele Mikroorganismen wie z. B. die ↗ Cyanobakterien (↗ fototrophe Mikroorganismen). Gegensatz: ↗ Chemotrophie

Fototropin, Bez. für den ↗ Blaulichtrezeptor NPH1, der die als ↗ Fototropismus bezeichneten Krümmungsbewegungen von Sprossen und Blättern kontrolliert. NPH1 wurde aus einer ↗ Arabidopsis-Mutanten isoliert, welche die typische Krümmung des Hypokotyls nicht durchführen kann. Bei dem 120 kDa großen Protein handelt es sich um ein Flavoprotein, das in oder an der Plasmamembran lokalisiert ist und eine Serin-Threonin-Kinase-Domäne aufweist, sodass F. sich selbst (*Autophosphorylierung*) und andere Proteine phosphorylieren kann.

Fototropismus, Typ des ↗ Tropismus, bei dem Pflanzen Krümmungsbewegungen zu einem einseitigen Lichtreiz hin (*positiver F.*) oder von diesem weg (*negativer F.*) durchführen. Die meisten Sprossachsen und Blattstiele der höheren Pflanzen sind i. d. R. positiv fototrop, wohingegen sich nega-

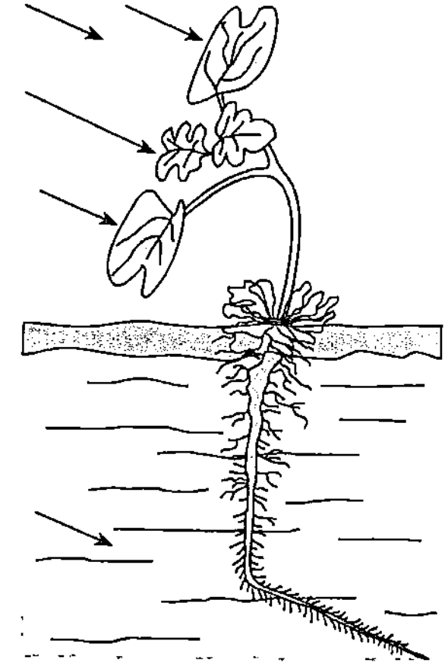

Fototropismus　Fototropismus bei einem Senfkeimling. Die positiv fototrope Orientierung der Blattspreiten zum von links einfallenden Licht ist gut sichtbar. In Hydrokultur lässt sich bei einseitiger Beleuchtung　auch eine negativ fototrope Krümmung der Wurzel erkennen

tiv fototrope Phänomene eher selten beobachten lassen. Hierzu zählen z. B. Bewegungen von Haft- und Luftwurzeln oder aber bei einigen Pflanzen die Krümmung von Keimwurzeln, die wie bei in Hydrokultur angezogenen Senfkeimlingen in die entgegengesetzte Richtung der Blätter wachsen. F. lässt sich auch bei bestimmten Pilzen, Moosen und Farnen beobachten. Wie alle anderen Tropismen auch, ist der F. auf Wachstumsvorgänge zurückzuführen, sodass fototrope Krümmungen nur an wachsenden Organen auftreten. Daher lieferten Untersuchungen an Keimlingen, wie z. B. den Coleoptilen, Hypokotylen und Epikotylen der Gräser, wichtige Beiträge zur Aufklärung der physiologischen und molekularbiologischen Mechanismen des F. So führte C. ↗ Darwin seine klassischen Versuche zum F. an Hafercoleoptilen durch.

Die positiv fototrope Krümmung von ↗ Coleoptilen ist auf ein verstärktes Wachstum der so genannten *Schattenflanke* zurückzuführen, sodass sich die *Lichtflanke* nach innen einkrümmt. An diesem Prozess ist das Pflanzenhormon ↗ Auxin maßgeblich beteiligt. Im ↗ Aktionsspektrum zeigt sich, dass es sich beim F. um einen klassischen ↗ Blaulichteffekt handelt, da Licht im Bereich zwischen 400 und 500 nm fototropische Reaktionen auslöst. Als Fotorezeptor wurde das auch als ↗ Fototropin bezeichnete Flavoprotein NPH1 identifiziert. Allerdings scheinen ↗ Phytochrome unter bestimmten Bedingungen zum F. beizutragen. Die unterschiedliche Phosphorylierung des Proteins, das an der Spitze der Coleoptile in größerer Konzentration vorkommt als an deren Basis, scheint dabei für die Krümmung zum Licht hin verantwortlich zu sein.

Im Unterschied zu anderen durch Umweltfaktoren gesteuerten biologischen Prozessen, bei denen sich nach Überschreiten eines Schwellenwertes ein stabiler Zustand einstellt, zeichnet sich der F. durch eine so genannte *Fluss-Effekt-Kurve* aus. Werden z. B. Hafercoleoptilen mit ansteigenden Blaulichtmengen bestrahlt, kommt es nach dem Überschreiten des Schwellenwertes zur *ersten positiven Krümmung* in Richtung Lichtquelle hin. Sie ist auf den Spitzenbereich der Coleoptile beschränkt. Bei höherem Lichtfluss kommt es unter bestimmten Umständen zu einer *negativen Krümmung*, an die sich die *zweite positive Krümmung* anschließt, die eher im basalen Bereich der Coleoptile stattfindet. Erste und zweite Krümmungsreaktionen unterscheiden sich darin, dass die erste dem *Reizmengengesetz* entspricht: Eine kurze Belichtung bei hoher Lichtintensität führt zu demselben Ergebnis wie eine lange Bestrahlung bei Schwachlicht. Die zweite Krümmungsreaktion ist hingegen der Belichtungsdauer und Photonenflussrate proportional, sodass Krümmungen unter natürlichen Bedingungen i. d. R. hierzu zu zählen sind.

Die charakteristische Krümmungsbewegung ist auf einen Auxin-Gradienten zurückzuführen, dessen Entstehung auch auf molekularer Ebene untersucht worden ist. Offenbar besteht zwischen Spitze und Basis von Hafercoleoptilen ein NPH1-Konzentrationsgradient, der dafür sorgt, dass die Spitze lichtempfindlicher als die Basis ist. Da Licht zur *Autophosphorylierung* von NPH1 führt, ist dadurch eine gezielte Steuerung der Krümmungsbewegung möglich. An der Signalkette sind neben NPH1 noch weitere Proteine beteiligt, von denen das aus einer weiteren F.-Defektmutante isolierte Protein NPH3 als mögliches Signalmolekül diskutiert wird. Weitere Untersuchungen deuten zudem darauf hin, dass Blaulichtbestrahlungen zu Veränderungen des intrazellulären Calciumspiegels führen, sodass NPH1 nicht nur sich selbst, sondern auch in der Plasmamembran vorhandene Calciumkanäle phosphorylieren könnte. Weitere Untersuchungen sind jedoch erforderlich, um die Kontrolle des F. auf molekularer Ebene besser verstehen zu können.

Fötus, der ↗ Fetus.

Fouquieriales, Ord. der ↗ Rosopsida, zu der Dornsträucher bzw. ↗ Stammsukkulente der Halbwüsten des westlichen Nordamerikas gehören.

Fovea centralis, die Stelle schärfsten Sehens im ↗ Auge.

F-Plasmid, ein ↗ Plasmid, das Bakterien zur ↗ Konjugation befähigt.

Fragaria, Gatt. der ↗ Rosaceae.

Fragmentation, Form der ↗ Fortpflanzung.

Frambösie, durch *Treponema pallidum* ssp. *pertenue* (↗ Spirochäten) verursachte, in den feuchten Subtropen verbreitete Infektionskrankheit, die mit ulcerierenden Hautschäden einhergeht und die wie die ↗ Syphilis in drei Stadien verläuft.

Frameshift-Mutation, ↗ Leserastermutation.

Frangula, Gatt. der ↗ Rhamnaceae.

Frankia, Gatt. der Frankiaceae der ↗ Actinomycetales. Die Arten leben als Stickstoff fixierende Symbionten (↗ Stickstoff fixierende Bakterien) in verschiedenen Nicht-Leguminosen. Sie produzieren ein echtes ↗ Mycel, können aber auch stäbchenförmige Stadien aufweisen. Nach dem Eindringen in die Wurzelzellen bewirken sie die Bildung von ↗ Wurzelknöllchen (*Rhizothamnien*), in denen sie sich vermehren. Die Wurzelknöllchen sind umgebildete Seitenwurzeln, die sich vielfach verzweigen. Dabei können Gebilde bis zur Größe eines Tennisballs enstehen. Zu Pflanzenarten dieser ↗ Symbiosen gehören die ↗ Erle (*Alnus*) und verschiedene ↗ Pionierpflanzen stickstoffarmer Standorte, z. B. ↗ Sanddorn (*Hippophae*), ↗ Gagelstrauch (*Myrica*) und ↗ Ölweide (*Elaeagnus*).

Frankiaceae, Fam. der ↗ Actinomycetales mit der Gatt. Frankia, deren Arten in Endosymbiose mit verschiedenen Nicht-Leguminosen leben.

Franklin, *Rosalind Elsie*, engl. Biochemikerin, ✳ 25.7.1920 London, † 16.4.1958 London; F. arbeitete 1942-47 bei der British Coal Utilization Research Association, 1947-50 am Laboratoire Central des Services Chimique de L'État in Paris, ab 1950 Mitarbeiterin am King's College, ab 1953 am Birbeck-College in London. Durch röntgenkristallographische Untersuchungen wies sie nach, dass das Tabakmosaikvirus röhrenförmig als Helix kristallisiert. Gemeinsam mit M.H.F. ↗ Wilkins schuf sie durch röntgenanalytische Untersuchungen der Nucleinsäuren die Grundlage zur Aufklärung der Doppelhelix-Struktur der ↗ Desoxyribonucleinsäure durch J.D. ↗ Watson und F.H.C. ↗ Crick.

Fransenflügler, die ↗ Thysanoptera.

Fraser-Darling-Effekt, der nach dem englischen Zoologen F. Fraser-Darling benannte Effekt der Synchronisation des Fortpflanzungsverhaltens in Vogelkolonien. Dadurch verringert sich während der Brutzeit die Gefährdung der Individuen durch Raubfeinde.

Frauenmantel, *Alchemilla*, Gatt. der ↗ Rosaceae mit 200 bis 1000 Arten. Der *Gewöhnliche Frauenmantel, Alchemilla vulgaris*, ist reich an Gerb- und Bitterstoffen, die adstringierend und wundheilend wirken.

Frauenschuh, Gatt. der ↗ Orchidaceae.

Fraxinus, Gatt. der ↗ Oleaceae.

Fregattvögel, *Fregatidae*, Fam. der Ruderfüßer (↗ Pelecaniformes).

Freikiefler, die ↗ Ectognatha.

Freiwasserzone, das ↗ Pelagial.

Fremdbestäubung, die ↗ Allogamie.

Fremdeln, typisches Verunsicherungs- und Angstverhalten von Säuglingen ab dem sechsten bis achten Lebensmonat bei Annäherung einer fremden

Person. Es tritt universell auf und ist nicht auf negative Erfahrungen mit Fremden zurückzuführen. F. wurde auch bei Schimpansen im Alter von sechs Monaten beobachtet.

Fremdstoffe, ↗ Xenobiotika.

Frenulum, anatomische Bez. für Bändchen oder kleine Hautfalte, z. B. das *Zungenbändchen* (Zunge) oder das *Vorhautbändchen (Frenulum praeputii)*; auch Bindevorrichtung zwischen Hinter- und Vorderflügel mancher Schmetterlinge.

frequenzabhängige Selektion, die Abhängigkeit der Fitness alternativer Genotypen von der jeweiligen Häufigkeit ihres Vorkommens in einer ↗ Population. Durch die f. S. werden jene Häufigkeitsverhältnisse stabilisiert, die den größten Überlebens- und Fortpflanzungserfolg für die jeweiligen Genotypen garantieren. Der Begriff wird erfolgreich zur Erklärung von z. B. ↗ Räuber-Beute-Beziehungen, Geschlechterverhältnis und Sozialverhalten herangezogen. (↗ evolutionsstabile Strategie)

Fresspolypen, die Nährpolypen der Staatsquallen (↗ Siphonophora).

Fringilla coelebs, der ↗ Buchfink.

Fringillidae, *Finken,* Fam. der Singvögel mit ca. 120 Arten, die weltweit verbreitet sind (in Europa 20 Arten) und nur in den Polargebieten und in Australien fehlen (außer einigen, dort eingebürgerten Arten). Die starengroßen Vögel haben einen kräftigen, meist kegelförmigen Schnabel, der unter Zuhilfenahme der Zunge zum Enthülsen von Sämereien geeignet ist. Sie besitzen zehn Handschwingen und zwölf Schwanzfedern. Wegen des Fehlens klar abgrenzender Merkmale innerhalb der Fam. existieren unterschiedliche Klassifikationssysteme. – F. fressen vor allem Körner sowie Knospen, Früchte und Insekten, wobei Letztere vorwiegend zur Fütterung der Jungen dienen. Sie legen ein napfförmiges Nest an, das meist vom Weibchen gebaut wird; die Bebrütung der drei bis sieben Eier dauert elf bis 14 Tage, an der Fütterung der Jungen beteiligt sich auch das Männchen.

Typische Vertreter der Finken sind der ↗ Buchfink, der ↗ Dompfaff sowie die zahlreichen Arten der Gatt. ↗ Girlitze. Weitere bei uns brütende Arten der F. sind u. a.: Der 12 cm große *Stieglitz* oder *Distelfink (Carduelis carduelis)* mit schwarzgelben Flügeln und schwarz-weiß-rotem Kopf; er besiedelt baumbestandenes Kulturland und besucht nach der Brutzeit truppweise Ödland mit fruchtenden Disteln u. a. Wildkräutern. Der 15 cm große *Grünling (Grünfink, Carduelis chloris)* besitzt eine auffallend gelbe Flügel- und Schwanzzeichnung mit grüngelbem Bürzel. Der klobige Schnabel ist graurosa; die Farbintensität ist bei Grünlingen recht unterschiedlich, das Weibchen ist blasser gefärbt. Er kommt in Gärten, Parks und Obstanlagen vor, im Winter auch auf Feldern, oft zusammen mit anderen Finken. Etwas kleiner (13-15 cm) ist der *Birkenzeisig (Acanthis flammea),* der unten hellgrau und oberseits braun gefärbt ist, mit gelbem Schnabel, roter Stirn und schwarzem Kehlfleck; beim Männchen ist im Prachtkleid die Brust rot. Zur gleichen Gatt. gehört der etwa 13 cm große *Bluthänfling (Acanthis cannabina),* der in Gärten, Parks, an Waldrändern und in Heiden lebt, im Winter auf Feldern und Wiesen. Das Männchen ist im Prachtkleid gut zu erkennen am grauen Kopf mit roter Stirn sowie der roten Brust. Die Unterseite ist grau, der Rücken braun, der Schnabel graubraun. Mit 18 cm recht groß ist der *Kernbeißer (Coccothraustes coccothraustes),* der einen auffallend klobigen Schnabel hat, mit dem er harte Kerne knackt. Ebenfalls einen auffälligen Schnabel hat der *Fichtenkreuzschnabel (Loxia curvirostra),* der von tiefrot über orangerot (Männchen) bis olivgelb (Weibchen) gefärbt sein kann. Die Schnabelspitzen sind überkreuzt, was dabei hilft, an Koniferenzapfen die Zapfenschuppen auseinander zu schieben, um an die Samen zu kommen. Als Wintergast ist der *Bergfink (Fringilla montifringilla)* bei uns anzutreffen. Er hat eine orange Brust und Schulter und im Flug einen auffällig weißen Bürzel.

Frisch, *Karl* Ritter von, österr. Zoologe, ∗ 20.11.1886 Wien, † 12.6.1982 München; ab 1919 Prof. in München und Wien, 1921 in Rostock, 1923 in Breslau, 1925-45 in München und Direktor des zoologischen Instituts, ab 1946 in Graz, 1950 wieder in München. F. lieferte eine Fülle hervorragender Arbeiten zur Sinnes- und Verhaltensphysiologie der Tiere, insbesondere der Bienen (u. a. Kompassorientierung, Farbensehen und Tanzsprache der Bienen). Seine Ergebnisse fanden neben der wissenschaftlichen Bedeutung auch unmittelbar praktische Verwendung in der Imkerei. F. erhielt 1973 zusammen mit K. ↗ Lorenz und N. ↗ Tinbergen den Nobelpreis für Physiologie oder Medizin.

frontal, stirnwärts, stirnseitig, die Stirn betreffend.

Froschbissgewächse, die Fam. ↗ Hydrocharitaceae.

Frösche, Gruppe der Froschlurche (↗ Anura; ↗ Ranidae).

Froschlöffelgewächse, die Fam. ↗ Alismataceae.

Froschlurche, die ↗ Anura.

Frosthärte, die ↗ Frostresistenz.

Frostkeimer, Bez. für Pflanzen, deren Samen ohne eine Frosteinwirkung nicht oder nur sehr schlecht keimen. Dadurch wird die ↗ Samenruhe gebrochen. Echte F. sind nur wenige Pflanzenarten (z. B. Alpenpflanzen). ↗ Stratifikation, ↗ Vernalisation

Frostresistenz, *Frosthärte,* Fähigkeit eines Organismus, Temperaturen unter dem Gefrierpunkt (↗ Frost) ohne bleibende Schäden zu überstehen. Besonders frostharte Nadelbäume und Zwergsträucher ertragen Fröste bis unter -50 °C, Fichten überstehen am sibirischen Kältepol Temperaturen von -60 °C bis -70 °C. Die F. wird erreicht durch Änderung der Zusammensetzung der Zellmembran und der Anhäufung von Zuckern, organischen Säuren, Aminosäuren und Proteinen, die durch Herabsetzung des Gefrierpunktes als „Frostschutzmittel" (↗ Gefrierschutzmittel) wirken. Bei den ↗ poikilothermen Tieren finden sich bei Gliederfüßern und Antarktisfischen physiologisch angepasste Formen, die eine F. zeigen. Manche dieser frostresistenten Tiere bilden ähnliche Gefrierschutzmittel wie frostresistente Pflanzen. So enthalten Eismeerfische ähnliche Frostschutzproteine (↗ Glykoproteine) wie die Möhre. Die Glykoproteine unterbinden den Gefrierprozess, indem sie das Weiterwachsen von Eiskeimen verhindern. Frostresistente Insekten enthalten als Gefrierschutzmittel Glycerol (↗ Glycerin), teilweise auch Ethylenglykol.

Für eine hohe F. sind auch geringe Wassergehalte zu Beginn des Gefrierens von Bedeutung. Dies erklärt z. B. die hohe F. von Samen oder Sporen und anderen ↗ Dauerstadien. (↗ Kälteresistenz, ↗ Akklimatisierung)

Frostschäden, direkt oder indirekt durch Einwirkung von Frost verursachte Schäden an Pflanzen und Tieren. Dabei kommt es u. a. zu schwerwiegenden Störungen des Stoffwechselgleichgewichts und der Bildung von Eis im Gewebe (Eistod). Besonders anfällig sind bei Pflanzen meristematische Gewebe wie Triebspitzen und Knospen.

Frosttrocknis, durch die austrocknende Wirkung kalter Luftmassen bei gleichzeitig blockierter Wassernachlieferung aus dem Boden hervorgerufene Schädigung von Pflanzen.

Frucht, das Organ der Pflanze, das die ↗ Samen bis zur Reife umschließt und dann zu ihrer Ausbreitung dient. Die F. geht aus dem ↗ Fruchtknoten, häufig unter Beteiligung anderer Blütenteile, hervor. Aus der Fruchtknotenwandung und somit aus Teilen der Fruchtblätter (↗ Fruchtblatt) entsteht die *Fruchtwand* (*Fruchtgehäuse*, *Perikarp*), die in ↗ Exokarp, ↗ Endokarp und ↗ Mesokarp unterteilt ist. An der Fruchtwand sitzen im Innern an bestimmten Stellen ein oder mehrere Samen. Die Fruchtwand kann fest oder fleischig sein, verschiedene Hafteinrichtungen zum Anheften an Tiere besitzen, mit Flügeln oder Flughaaren ausgestattet sein oder bestimmte Öffnungsmechanismen zum Ausstreuen der Samen haben. Die Bildung von F. aus geschlossenen Fruchtblättern gibt es nur bei den Angiospermae.

Man unterscheidet folgende Fruchttypen: *Spring- und Streufrüchte*. Bei ihnen sind die Samen von einer derben Schale umgeben, die sich bei der Reife öffnet. Dazu gehören Balgfrüchte, Hülsen, Schoten und Kapseln. *Balgfrüchte* bestehen aus einem Fruchtblatt, das bei der Reife allein längs der Verwachsungsnaht auseinanderweicht (z. B. Pfingstrose, Rittersporn). *Hülsen* bestehen ebenfalls nur aus einem Fruchtblatt, das sich aber sowohl längs der Verwachsungsnaht (Bauchnaht) als auch längs der Mittelrippe (Rückennaht) öffnet (Schmetterlings-

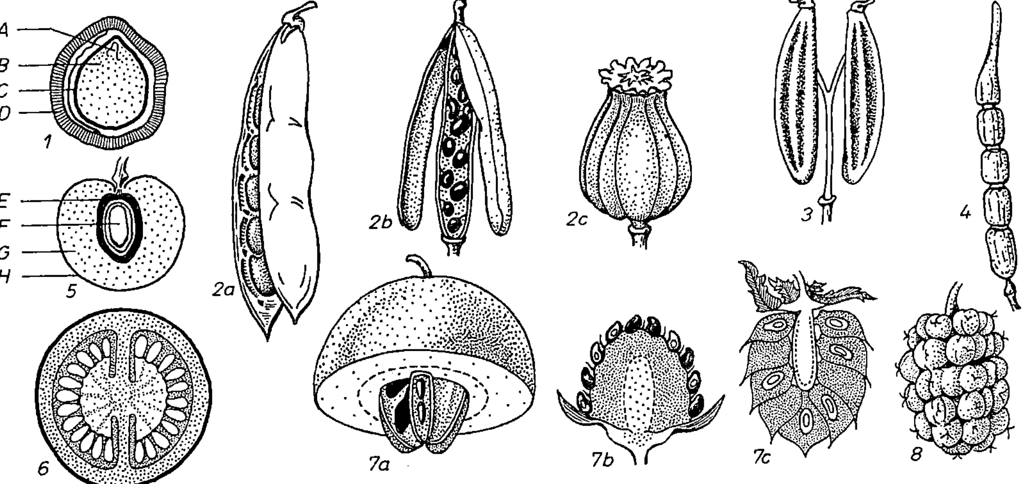

Frucht 1 Schließfrucht: Haselnuss (schematischer Längsschnitt); A Keimwurzel, B Keimblatt, C Samenschale, D Fruchtwand. 2a bis 2c Springfrucht: 2a Hülse der Feuerbohne, 2b Schote des Kohls, 2c Porenkapsel des Mohns. 3 Spaltfrucht: Doppelachäne des Kümmels. 4 Bruchfrucht: Gliederschote des Hederichs. 5 Steinfrucht: Kirsche (schematischer Längsschnitt): E Endokarp, F Same mit Keimling, G Mesokarp, H Exokarp. 6 Beere: Tomate (schematischer Querschnitt). 7a bis 7c Sammelfrucht: 7a Sammelbalgfrucht: Apfel; die Bälge (Kerngehäuse) zur Hälfte freigelegt, 7b Sammelnussfrucht; Erdbeere (schematischer Längsschnitt), 7c Sammelsteinfrucht; Himbeere (schematischer Längsschnitt). 8 Nussfruchtstand: Maulbeere

blütler, ↗ Fabaceae). *Schoten* bestehen aus zwei Fruchtblättern und sind in manchen Fällen in zwei Fächer geteilt (viele Kreuzblütler, ↗ Brassicaceae). *Kapseln* bestehen aus mehreren verwachsenen Fruchtblättern, an deren Nähten die Samen sitzen (Mohn, Tabak).

Schließfrüchte. Bei ihnen sind die Samen von einer Fruchtwand umschlossen, die sich bei der Reife nicht öffnet. Hierzu gehören Nüsse, Spaltfrüchte, Bruchfrüchte, Beeren und Steinfrüchte. Bei *Nüssen* sind die Samen von einer holzigen, ledrigen oder häutigen Fruchtwand umschlossen (Haselnuss, Eichel). Sehr kleine Nüsse bezeichnet man als Nüsschen (Birke, Erle). Nüsse, bei denen Samenschale und Fruchtwand verwachsen sind, heißen *Karyopse*, wenn es sich um oberständige Grasfrüchte handelt, und *Achäne*, wenn es die unterständigen Früchte der Korbblütler (↗ Asteraceae) sind. Bei der Achäne bleibt häufig der Kelch erhalten, der zu einem als *Pappus* bezeichneten Flugorgan umgebildet wird. *Spaltfrüchte* und *Bruchfrüchte* sind mehrsamige Schließfrüchte, die in einsamige Teilfrüchte zerfallen, indem bei der Fruchtreife die einzelnen Fruchtblätter längs ihrer Verwachsungsnähte auseinander weichen (Spaltfrüchte, z. B. Ahorn) oder durch Septierung bzw. Einschnürung in einzelne Glieder zerfallen (Bruchfrüchte, z. B. Gliederschoten der ↗ Brassicaceae). Bei den *Beeren* umschließt das saftige Fruchtfleisch die meist zahlreichen Samen (z. B. Weinbeere, Tomate). Bei *Steinfrüchten* ist nur der äußere Teil der Fruchtwand fleischig, der innere dagegen hart (z. B. Kirsche, Pfirsich, Walnuss). Bei den Apfelfrüchten werden die Samen von einem kapselartigen Hohlraum umschlossen.

Zusammengesetzte Früchte. Sie gehen aus mehreren Fruchtknoten hervor, die durch ihre Fruchtwände oder durch besondere Achsengewebe zu einer Verbreitungseinheit verbunden sind. Wenn bei ihnen die Blütenachse und andere außerhalb der Fruchtknoten liegende Blütenteile verdickt und fleischig sind, bezeichnet man sie auch als *Scheinfrüchte* (z. B. Erdbeere, Apfel, Feige, Ananas). Bei *Sammelfrüchten* sind mehrere F. durch ihre Fruchtwände oder durch Gewebe der Blütenachse miteinander verwachsen. Himbeere und Brombeere sind *Sammelsteinfrüchte*. Die einzelnen Steinfrüchtchen sind hier zu einer kegelförmigen Achse vereinigt. Bei den *Sammelnussfrüchtchen* der Erdbeere vereinigt die fleischige Blütenachse zahlreiche Nüsschen. *Sammelbalgfrüchte* haben z. B. Apfel und Birne. Zu den zusammengesetzten F. gehören auch die *Fruchtstände* (↗ Fruchtstand).

Fruchtbarkeit, *Fertilität, Reproduktivität*, die Fähigkeit von Organismen zur Erzeugung von Nachkommen (↗ Fortpflanzung). ↗ Sterilität

Fruchtblase, *Fruchtsack*, der von den ↗ Embryonalhüllen der ↗ Amniota gebildete Fruchtwassersack, der die Leibesfrucht mit dem es umgebenden ↗ Fruchtwasser in der ↗ Gebärmutter umschließt. (↗ Embryonalentwicklung)

Fruchtblatt, *Karpell*, Bez. für das dem Makro- ↗ Sporophyll entsprechende Blattorgan der Angiospermenblüte, das die ↗ Samenanlagen hervorbringt. (↗ Blüte, ↗ Frucht)

Fruchtfall, ↗ Abscission.

Fruchtfliege, ↗ Drosophila melanogaster.

Fruchtfolge, Aufeinanderfolge und Wiederkehr von ↗ Kulturpflanzen auf demselben Feldstück. (↗ Monokultur)

Fruchtgehäuse, *Fruchtwand, Perikarp*, ↗ Frucht.

Fruchtholz, Bez. für die Kurztriebe und Langtriebe der Obstbäume, die Blüten und Früchte bilden.

Fruchthüllen, die ↗ Embryonalhüllen.

Fruchtknoten, *Ovar*, der fertile, d. h. der ↗ Samen tragende Teil des ↗ Fruchtblatts oder des aus mehreren miteinander verwachsenen Fruchtblättern bestehenden Stempels. (↗ Blüte)

Fruchtkörper, *Karposoma*, bei Pilzen das mehr oder weniger feste vielzellige Hyphengeflecht (↗ Plektenchym), in dem die Sporenbildung stattfindet. Im allg. Sprachgebrauch ist der F. der „Pilz". F. können sehr unterschiedlich ausgebildet sein (↗ Ascoma, ↗ Basidioma, ↗ Pyknidium). F. werden außer bei Pilzen u. a. auch bei Flechten (↗ Lichenes) und Echten ↗ Schleimpilzen gebildet.

Fruchtreifung, Bez. für die letzte Phase der Fruchtentwicklung, die durch bestimmte physiologische Vorgänge gekennzeichnet ist. Bei der F. kommt dem Pflanzenhormon ↗ Ethylen eine wichtige Bedeutung zu. Die F. ähnelt in einigen Aspekten der Alterung von Blättern (↗ Herbstfärbung). Neben einer Veränderung der Fruchtfarbe vom Grün der unreifen Früchte hin zu Gelb- und Rottönen (↗ Carotinoide, ↗ Anthocyane) kommt es bei den Früchten mancher Arten auch zu einer besonders starken Atmung (↗ Klimakterium) und somit zur Bereitstellung der für die F. benötigten Energie. Schließlich finden während der F. die Synthesen von Geschmacks- und Duftstoffen statt. Bei Zitronen wird Stärke in die organische Säure *Zitronensäure* umgewandelt, wohingegen die Süße vieler Früchte auf die Synthese von Zuckern zurückzuführen ist. Mit der F. geht vielfach auch eine Auflösung von Mittellamellen und Zellwänden einher, was erklärt, dass reife Früchte i. d. R. weicher als unreife Früchte sind. Ein bekanntes Beispiel für die gentechnische Veränderung der F. ist die FlavrSavr-(„Anti-Matsch"-)Tomate, bei der dieser Prozess durch ↗ Antisense-Technik verhindert wurde.

Fruchtsack, die ↗ Fruchtblase.

Fruchtstand, die bei einigen ⟋ Angiospermae aus mehreren ⟋ Blüten oder aus Blütenständen (⟋ Blütenstand) hervorgehende Ausbreitungseinheit, z. B. Maulbeere, Ananas und Feige. (⟋ Frucht)

Fruchtwand, *Fruchtgehäuse, Perikarp*, ⟋ Frucht.

Fruchtwasser, *Amnionflüssigkeit*, klare, wässrige, von den Zellen des Amnions (⟋ Embryonalhüllen) abgesonderte Flüssigkeit, in der der ⟋ Embryo bzw. ⟋ Fetus der ⟋ Amniota sich entwickelt. Das F. schützt die Leibesfrucht vor mechanischen Schädigungen, verhindert Verwachsungen mit dem Amnion, ermöglicht Bewegungen des Fetus und bildet bei vielen Säugern zusammen mit den intakten Eihäuten einen hydrostatischen Keil, der die Eröffnung des Muttermundes unterstützt. Das F. fließt beim Platzen der ⟋ Fruchtblase vor oder zu Anfang der ⟋ Geburt ab. Zu Beginn der Schwangerschaft ist das F. vorwiegend ein Dialysat des fetalen Plasmas; in der zweiten Schwangerschaftshälfte wird die Hauptflüssigkeitsmenge durch den fetalen Harn gebildet. (⟋ Fruchtwasseruntersuchung)

Fruchtwasseruntersuchung, *Amniocentese*, die Untersuchung des ⟋ Fruchtwassers auf Erbkrankheiten und Fehlbildungen des Fetus. Dazu wird die Fruchtblase mittels einer feinen Kanüle durch die Bauchdecken hindurch punktiert (unter Ultraschallbeobachtung) und eine kleine Menge Fruchtwasser, das immer auch kindliche Zellen enthält, in einer Spritze aufgesaugt. Die Zellen werden angezüchtet und können nach etwa drei Wochen auf Gen- und Chromosomendefekte hin untersucht werden. Der günstigste Zeitraum für eine F. ist die 15. bis 18. Schwangerschaftswoche. Das Risiko, dass es bei der F. zu Blutungen, Infektionen, Verletzungen oder gar zu einer Fehlgeburt kommt, ist bei fachgerechter Durchführung sehr gering (kleiner als 1 %).

Fructose, *Fruchtzucker*, Formel $C_6H_{12}O_6$, in Wasser leicht lösliches einfaches Kohlenhydrat (Monosaccharid), das süßer schmeckt als die anderen Kohlenhydrate. F. kommt in Pflanzen (vor allem süße Früchte) und im Honig vor; sie ist durch Hefe vergärbar. F. ist chemisch eine Ketohexose, welche die Polarisationsebene des Lichtes nach links dreht (daher der frühere Name *Lävulose*). Sie ist in gebundener Form Bestandteil vieler Oligosaccharide (z. B. ⟋ Saccharose) und Polysaccharide (z. B. ⟋ Inulin).

F. wird durch Ketohexokinase zu *Fructose-1-Phosphat* phosphoryliert. Dieses unterliegt in der Leber einer Aldolasespaltung in ⟋ Dihydroxyacetonphosphat, das direkt in die ⟋ Glykolyse einmündet, und Glycerinaldehyd, der entweder mit NAD^+ und ATP über Glycerinsäure in 2-Phosphoglycerinsäure umgewandelt wird oder durch eine Triosekinase in ⟋ Glycerinaldehyd-3-phosphat. Damit ist der Anschluss an den allg. Kohlenhydrat-

Fructose   Gleichgewicht in wässriger Lösung zwischen der 6-gliedrigen Ringstruktur der β-D-Fructopyranose, der offenen Kettenstruktur (⟋ Fischer-Projektion) und der 5-gliedrigen Ringstruktur der β-D-Fructofuranose

stoffwechsel erreicht. Die vom Glucoseabbau abweichenden Reaktionen des F.-Stoffwechsels erlauben eine getrennte Regulation beider Prozesse. Außerdem wird F. vom Organismus ohne die Beteiligung von ⟋ Insulin verwertet und kann daher zum Süßen diabetischer Nahrungsmittel eingesetzt werden. In der Leber kann F. über den Zuckeralkohol Sorbit in ⟋ Glucose umgewandelt werden.

Fructose-2,6-bisphosphat, Abk. *F2,6P*, ein bei allen Tieren, Pilzen und einigen Pflanzen, nicht aber in Bakterien vorkommendes Derivat der Fructose. F2,6P fungiert als Hauptregulator der ⟋ Glykolyse und der ⟋ Gluconeogenese. Es stimuliert die ⟋ Phosphofructokinase (PFK) und hemmt die Fructose-1,6-bisphosphatase. F. wird von der PFK-2, ei-

Fructose-2,6-bisphosphat   Strukturformel

nem bifunktionellen Enzym, aus Fructose-6-phosphat gebildet und durch die zweite Komponente des bifunktionellen Enzyms, die Fructose-2,6-bisphosphatase(FBPase-2), wieder gespalten. Das Gleichgewicht der Aktivitäten von PFK-2 und FBPase-2 in der Leber und damit die Konzentration von F. wird durch ⟋ Glucagon reguliert. Über Glucagon wird letztendlich die Proteinkinase A (⟋ Proteinkinasen) aktiviert, die das bifunktionelle Enzym PFK-2/FBPase-2 phosphoryliert, wodurch die FBPase-2-Aktivität erhöht und die PFK-2-Aktivität inhibiert wird. Dadurch senkt Glucagon die Konzentration an F2,6P in der Zelle, hemmt auf diese Weise die Glykolyse und stimuliert die Gluconeogenese.

Frühgeburt, Bez. für ein lebend geborenes Kind, das entweder vor Ende der 37. Schwangerschaftswoche geboren wurde oder dessen Geburtsgewicht 2500 g bzw. weniger hat.

Frühholz, das nach der winterlichen Ruhephase im Frühjahr gebildete ↗ Holz.

Frühmenschen, Bez. für die Hominiden der Art ↗ Homo erectus.

Frühsommer-Meningoencephalitis, Abk. *FSME,* durch das FSME-Virus aus der Gruppe der ↗ Flaviviren verursachte und durch Zecken übertragene Erkrankung. Als Symptome treten grippeähnliche Kopf- und Gliederschmerzen auf. Bei ca. 10 % der Erkrankten geht das Krankheitsbild in ein Sekundärstadium mit ↗ Meningitis bzw. Meningo- ↗ Encephalitis über. Die Letalität beträgt ca. 1 %. Das FSME-Virus kommt vor allem in Tschechien, in der Slowakei und im Süden Österreichs sowie in Süddeutschland (Oberrhein, Donau) vor.

Fruktivoren, *Fructivora,* Bez. für Pflanzen fressende Tiere, die sich hauptsächlich von Früchten ernähren.

FSH, Abk. für ↗ Follikel stimulierendes Hormon.

FSH-Releasing-Hormon, ↗ Gonadotropin-Releasing-Hormon.

FSME, Abk. für ↗ Frühsommer-Meningoencephalitis.

Fucales, Ord. der Braunalgen (↗ Phaeophyceae), die durch das Fehlen eines sichtbaren ↗ Generationswechsels gekennzeichnet ist. Der ↗ Gametophyt ist auf die in den ↗ Sporophyten eingesenkten Geschlechtszellen (Eier und Spermatozoide) reduziert. Ihre gegliederten Thalli (↗ Thallus) enthalten oft gasgefüllte Schwimmblasen wie z. B. beim *Blasentang, Fucus vesiculosus.*

Fuchsbandwurm, ↗ Echinococcus.

Füchse, zur Fam. ↗ Canidae zählende Raubtiere, zu denen u. a. der Fennek, der Eisfuchs sowie die Echten Füchse der Gatt. *Vulpes* gehören. Letztere ist mit neun Arten in Nordamerika, Europa, Afrika und Asien verbreitet. Bekannteste Art ist der in Eurasien und Nordamerika beheimatete *Rotfuchs* (*Vulpes vulpes*; Schulterhöhe 35-40 cm), mit oberseits rotbraunem, unterseits weißem Fell; jedoch gibt es eine Reihe von Farbvarianten. F. sind vorwiegend Nachttiere, die außer zur Fortpflanzungszeit einzeln leben. Sie ernähren sich vorwiegend von (Wühl-)Mäusen, aber auch anderen kleinen Wirbeltieren, Wirbellosen, Aas und Beeren. Sie graben ihre Baue selbst oder benutzen Dachsbaue; große Fuchsbauten werden mitunter auch noch von anderen Tieren bewohnt. Füchse paaren sich im Januar/Februar und bringen nach sieben bis acht Wochen drei bis fünf Junge zur Welt, die acht Wochen gesäugt und dann von beiden Eltern gefüttert

und geführt werden. – Als Hauptüberträger der ↗ Tollwut ist der Fuchs jahrelang massiv bejagt worden. Inzwischen gelang es, durch mit Impfstoff versehene Köder die F. gegen Tollwut zu immunisieren und dadurch die Tollwut in Deutschland, Österreich, Schweiz und Frankreich weitgehend auszurotten. Füchse halten sich zunehmend auch in menschlichen Siedlungen auf.

Fuchshai, Art der Fam. ↗ Alopiidae.

Fuchsschwanz, der ↗ Amaranth.

Fuchsschwanzgewächse, die Fam. ↗ Amaranthaceae.

Fucose, *6-Desoxy-L-Galactose,* ein Einfachzucker (Monosaccharid), der u. a. Bestandteil der Milch sowie in gebundener Form der Blutgruppenantigene des ↗ ABO-Systems auf der Zelloberfläche der ↗ Erythrocyten ist.

Fucoxanthin, *Phycoxanthin, Phaeophyll,* Formel $C_{40}H_{56}O_6$, ein ↗ Carotinoid vieler Algen, das z. B. für die charakteristische braune Färbung der Braunalgen (↗ Phaeophyceae) verantwortlich ist.

Fucus, Gatt. der Braunalgen (↗ Phaeophyceae).

Fühler, umgangssprachliche Bez. für die ↗ Antennen.

Fuhlrott, *Johann Carl,* deutscher Naturforscher, ✳ 31.12.1803 Leinefelde (Thüringen), † 17.10.1877 Elberfeld (heute zu Wuppertal); nach Tätigkeit als Lehrer in Elberfeld seit 1833 Prof. in Tübingen. F. wurde bekannt durch den ersten Fund des Skeletts eines Neandertalers (1856 im Neandertal bei Düsseldorf) und gilt damit als einer der Pioniere der Paläoanthropologie.

Fulica atra, das ↗ Blässhuhn.

Fullerene, stabile Kohlenstoffcluster mit einer geraden Anzahl (36 bis mehrere Hundert) C-Atomen, die neben Graphit und Diamant die dritte Modifikation des Kohlenstoffs sind. F. bilden räumlich geschlossene, aus Fünf- und Sechsecken zusammengesetzte, kugelige, röhrenförmige oder ellipsoidale Strukturen. Die chemischen Eigenschaften der F. sind durch die hohe Reaktivität der C–C-Bindungen nach außen und durch die Möglichkeit der Bildung von Einschlussverbindungen gekennzeichnet.

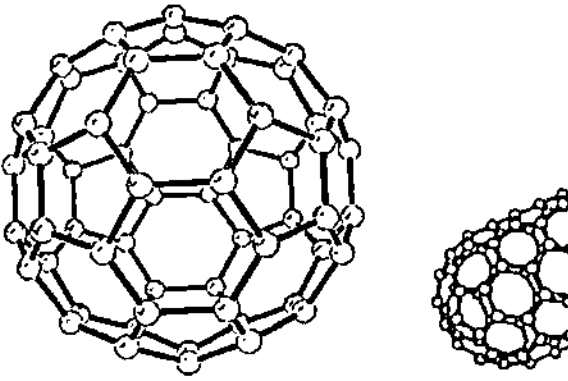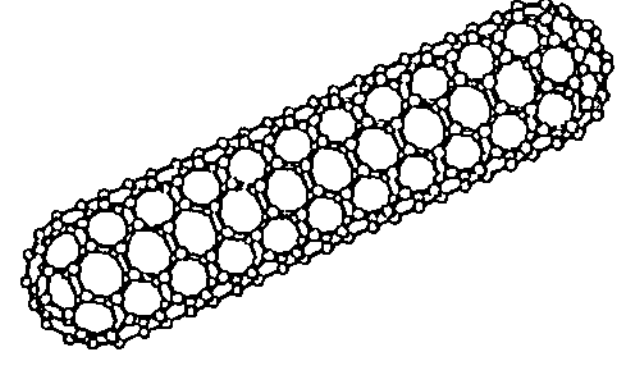

Fullerene Das *Buckminster-Fulleren („Fußball-Molekül")* eine kugelige, elastische C_{60}-Verbindung, war eines der ersten Fullerene, die entdeckt wurden. *Kohlenstoff-Nanoröhrchen (Bucky-Tubes)* können bei Durchmessern von nur wenigen Nanometern einige Mikrometer oder sogar Zentimeter lang werden

Fulvosäuren, gelblich gefärbte, niederpolymere ↗ Huminstoffe, die sich relativ leicht zersetzen. Sie werden insbesondere bei niedriger biologischer Aktivität gebildet und sind u. a. für die Färbung von ↗ Braunwasserseen verantwortlich. (↗ Humus)

Fumarase, *Fumarat-Hydratase*, ein zu den Lyasen gehörendes Enzym, das die reversible Wasseranlagerung an Fumarsäure unter Bildung von Äpfelsäure (↗ Citratzyklus) katalysiert.

Fumaratatmung, Form der ↗ anaeroben Atmung, bei der Fumarat (↗ Fumarsäure) als Elektronenakzeptor fungiert. Dabei wird ein Molekül Fumarat zu einem Molekül Succinat (↗ Bernsteinsäure) reduziert. An dieser Form der Atmung sind fakultativ anaerobe Bakterien mit chemoorganotrophem (↗ Chemoorganotrophie) Stoffwechsel beteiligt, z. B. ↗ Escherichia coli.

Fumarat-Hydratase, die ↗ Fumarase.

Fumariaceae, *Erdrauchgewächse*, Fam. der ↗ Papaverales mit 530 Arten, deren Vertreter sich durch ein oder zwei gespornte äußere Kronblätter auszeichnen. Hierzu gehören die Herzblume, *Dicentra*, und der Lerchensporn, *Corydalis*.

Fumarsäure, *trans-Ethylendicarbonsäure*, ein Zwischenprodukt des ↗ Citratzyklus und die Form, in der die Kohlenstoffgerüste von Aspartat (↗ Harnstoffzyklus), ↗ Phenylalanin und ↗ Tyrosin (über Fumarylacetoacetat) in den Zyklus eingeschleust werden. F. ist in freier Form im Pflanzenreich weit verbreitet, wurde 1810 aus Pilzen isoliert und 1833 im Erdrauch (*Fumaria officinalis*) entdeckt. Die cis-Form ist die ↗ Maleinsäure.

Funariales, Ord. der ↗ Bryidae. Es sind Laubmoose mit meist über 1 cm langer ↗ Seta. Hierzu gehören die Gatt. *Funaria*, *Splachnum* und *Ephemerum*. Auf Brandstellen wächst häufig das „Drehmoos", *Funaria hygrometrica*.

Functional food, *Nutraceuticals*, Bez. für Lebensmittel, die durch den Zusatz von natürlicherweise vorkommenden Stoffen über die eigentliche Ernährung hinausgehende Wirkungen entfalten sollen. Hierzu gehören u.a. die probiotischen Milchprodukte, deren Konsum sich aufgrund spezieller Bakterien günstig auf die Darmflora und das Immunsystem auswirken soll oder auch Fruchtsäfte, die mit Vitaminen und Mineralstoffen angereichert sind. (↗ Ernährung, Essay: ↗ Der globale Mensch und seine Ernährung, ↗ Novel food)

Fundatrix, *Stamm-Mutter*, im Frühling aus dem Winterei der Blattläuse (↗ Aphidina) schlüpfende Generation.

Fundort, die Stelle, an der man eine bestimmte ↗ Art gefunden hat. Die Summe aller Fundorte ist das ↗ Areal einer Art.

Fundus, anatomische Bez. für den Grund (Boden) eines Organs, z. B. ist der *Fundus ventriculi* ein Teil des ↗ Magens der Säugetiere.

Fungi, die ↗ Pilze.

Fungia, Gatt. der Steinkorallen (↗ Madreporaria).

Fungi imperfecti, die ↗ Deuteromycetes.

Fungizide, chemische Substanzen, die vorwiegend als ↗ Pflanzenschutzmittel zur Bekämpfung von ↗ Pilzen eingesetzt werden. Die meisten F. sind synthetische organische Verbindungen. Daneben kommen auch Kupfer- und Schwefelpräparate zum Einsatz. Die in der ↗ Landwirtschaft verwendeten F. werden eingeteilt in *Kontaktfungizide*, die hauptsächlich an der Pflanzenoberfläche haften und nur äußerlich vor einem Pilzbefall schützen, und *systemische F.*, die entweder von Wurzeln und Blättern aufgenommen werden oder nur oberflächlich in die Pflanze oder Pflanzenteile eindringen. Ein wichtiger Angriffsort von F. im Stoffwechsel ist die Biosynthese des *Ergosterins*, eines Bestandteils der Zellmembran vieler Pilze.

Während die „luftbürtigen" Schaderreger mit fungiziden *Spritzmitteln* bekämpft werden, erfolgt die Bekämpfung samen- und bodenbürtiger Erreger über eine fungizide Saatgutbehandlung mit *Beizmitteln*. (↗ Pestizide)

Funiculus, 1) in der *Botanik* Gewebestrang, der die ↗ Samenanlage mit der ↗ Placenta verbindet.

2) In der *Zoologie* Bez. für strangförmige Gewebebildungen, z. B. *Funiculus umbilicalis*, die ↗ Nabelschnur.

funktionelle Gruppen, Atomgruppen, die chemischen Verbindungen einen bestimmten Charakter verleihen und ihre Einteilung in Stoffklassen mit übereinstimmenden chemischen Funktionen ermöglichen. So sind z. B. die ↗ Alkohole durch die Hydroxygruppe (–OH), die ↗ Carbonsäuren durch die Säuregruppen (–COOH) und die ↗ Amine durch die Aminogruppe (–NH$_2$) als funktioneller Gruppe charakterisiert.

Funktionskreis, von J. von ↗ Uexküll 1934 eingeführter Begriff für die Art der Interaktion zwischen Organismus und Umwelt. Dabei geht es um die Beziehungen zwischen den Eigenschaften der tierischen Umwelt, ihre Wahrnehmung durch das Individuum und dessen Reaktionen darauf. Heute versteht man in der ↗ Ethologie unter dem F. des Verhaltens die Aktionsklassen des Verhaltens, die nach den Lebensfunktionen benannt sind (z.B. der F. der Fortpflanzung, der F. der Fortbewegung, der F. der Ernährung usw.).

Furanosen, ↗ Monosaccharide.

Furca, *Furka*, 1) nach innen gestülpter Chitinfortsatz des Sternums der Insekten (↗ Insecta) als Ansatz für Bein- und Flugmuskeln.

2) *Furcula*, die Sprunggabel der Springschwänze (↗ Collembola).

3) Bez. für das gabelförmige Telson der niederen Krebse (↗ Crustacea).

Furchenfüßer, die ↗ Solenogastres.

Furchenwale, die Fam. ↗ Balaenopteridae.

Furchgott, *Robert F.,* amerikan. Biochemiker und Pharmakologe, ✱ 4.6.1916 Charleston (South Carolina); 1956-88 Prof. an der State University in New York, nach der Emeritierung weitere Forschungstätigkeit am Health Science Center der Universität. F. entdeckte 1980, dass ↗ Acetylcholin Blutgefäße nur dann erweitern kann, wenn ihr Endothel intakt ist. Er folgerte daraus, dass nicht Acetylcholin selbst, sondern ein Faktor aus dem Endothel die Erweiterung bedingt. Dieses Signalmolekül wurde 1986 von ihm und gleichzeitg von L. J. ↗ Ignarro 1986 als das Gas Stickstoffmonooxid (NO) identifiziert. F. erhielt 1998 zusammen mit Ignarro und R.F. ↗ Murad den Nobelpreis für Physiologie oder Medizin.

Furchung, *Blastogenese,* die erste Phase der Embryonalentwicklung der vielzelligen Tiere, in der

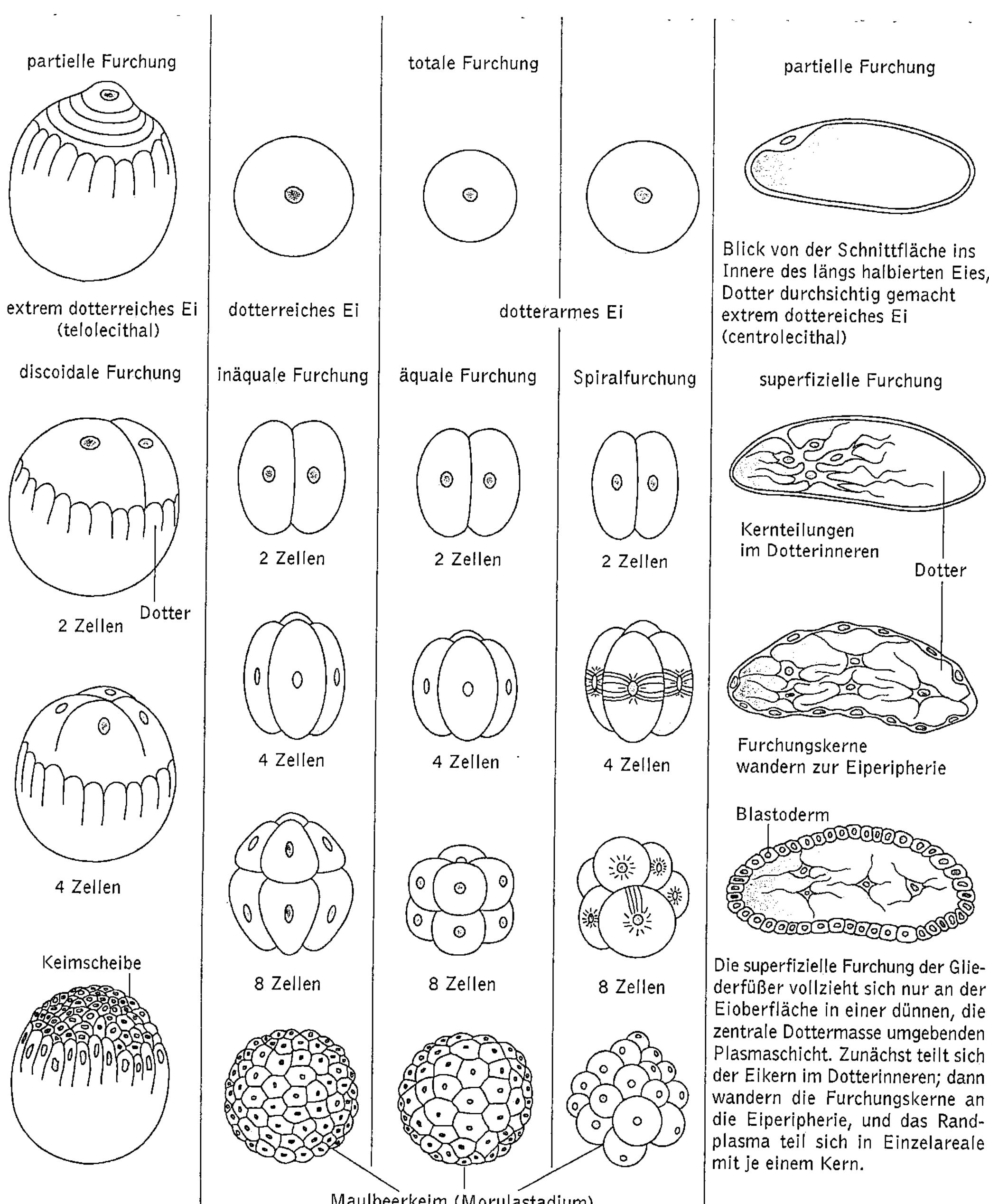

Furchung   Die Abb. zeigt die verschiedenen, im Text beschriebenen Furchungstypen

sich das befruchtete Ei schrittweise in kleinere Furchungszellen (*Blastomeren*) aufteilt. Die Furchung endet meist mit der ↗ Blastocyste (Blastula). Die ersten Teilungsschritte der F. folgen schnell aufeinander und verlaufen meist synchron (Ausnahme z. B. Säugetiere). Bei der äqualen F. entstehen gleich große, bei der inäqualen F. unterschiedlich große Blastomeren, die dann als *Makromeren* bzw. *Mikromeren* bezeichnet werden können. Das Furchungsmuster kann vom Dotteranteil im Ei bzw. der Dotterverteilung beeinflusst werden und führt dann zu verschiedenen Furchungstypen: Dotterarme und gemäßigt dotterreiche Eier furchen sich total (*holoblastische F.*) und zwar entweder *total äqual* wie die dotterarmen, isolecithalen (d.h. mit gleichmäßig verteiltem Dotter) Eier z. B. der Säugetiere oder *total inäqual*, wie die dotterreichen, telolecithalen (der Dotter ist an einem Pol konzentriert) Eier z. B. der Amphibien. Extrem dotterreiche Eier hingegen furchen sich *partiell* (*meroblastische F.*), d. h. ein Großteil der Eizelle bleibt zunächst ungefurcht. Bleibt die F. bei telolecithalen Eiern auf den plasmareichen animalen Anteil der Eizelle begrenzt, so entsteht eine *Keimscheibe* (*diskoidale F.*, z. B. der Kopffüßer, Fische, Reptilien und Vögel), die dem Dotter als Zellkappe aufliegt und ihn dann im Verlauf der ↗ Gastrulation als Dottersack umwächst (*Epibolie*). Bei extrem dotterreichen centrolecithalen Eiern schließlich zerlegt sich die ganze Oberfläche der Eizelle in embryonale Zellen. Bei dieser *superfiziellen F.*, die bei vielen Gliederfüßern (↗ Arthropoda) vorkommt, teilt sich der Zygotenkern im Dotter-Entoplasma-System mehrfach, und viele Tochterkerne mit je einem kleinen Plasmahof (*Furchungsenergiden*) wandern in die oberflächliche Plasmaschicht der Eizelle ein. Diese teilt sich dann gleichzeitig in viele Zellen und bildet so das Blastoderm. Der zentrale Dotter wird hier also ohne Epibolie umschlossen und teilt sich bei vielen Arten später in große polygonale Dotterzellen auf.

Einfachstes Teilungsmuster bei der F. ist die *Radiärfurchung*, bei der die Teilungsspindeln parallel bzw. senkrecht zur Hauptachse stehen, sodass die Blastomeren ein radiärsymmetrisches Muster zur Hauptachse des Eies bilden (z. B. beim Seeigel-Ei). Bei der *Spiralfurchung* sind die Teilungsspindeln gegen die Äquatorial- und Meridionalebene geneigt, sodass die Blastomeren nicht wie bei der Radiärfurchung übereinander bzw. nebeneinander zu liegen kommen, sondern jeweils auf Lücke mit den benachbarten Blastomeren liegen (z. B. bei Annelida und Mollusca). Während sich beim Seeigel bei der F. durch radiäre Zellteilung eine hohle, kugelförmige Blastula entwickelt, findet beim Mausembryo bereits im Achtzellen-Stadium eine *Verdichtung* (*Kompaktion*) der Blastomeren statt, die sich gegeneinander abflachen, wodurch die größtmögliche Zahl von Zell-Zell-Kontakten zu Stande kommt. Durch anschließende tangentiale (d. h. parallel zur Oberfläche) erfolgende Teilungen entstehen polarisierte (mit Mikrovilli an der apikalen Oberfläche) und nicht polarisierte Zellen. Letztere werden zur *inneren Zellmasse*, aus der sich der eigentliche ↗ Embryo entwickelt, während die äußeren Zellen das *Trophoektoderm* bilden, aus dem die ↗ Placenta u. a. extraembryonale Strukturen entstehen. Der Trophoblast pumpt Flüssigkeit (bzw. Natriumionen, denen durch Osmose Wasser folgt) in das Innere der Blastocyste, die sich so zu einem flüssigkeitserfüllten Hohlraum weitet, der an einer Seite die innere Zellmasse enthält.

Furnariidae, die Töpfervögel (↗ Tyranni).

Fusarium, Gatt. der ↗ Deuteromycetes, in neueren Systemen auch als anamorphe (↗ Pleomorphismus) *Ascomycota* bei den Schlauchpilzen (↗ Ascomycetes) eingeordnet. Die Arten sind weltweit verbreitete saprophytische Bodenpilze und wichtige Erreger von Pflanzenkrankheiten.

Fuselöle, bei der ↗ alkoholischen Gärung als Nebenprodukte entstehende höhere Alkohole und Folgeprodukte. F. entstehen beim Aminosäureabbau im Gärungsstoffwechsel der ↗ Hefen. Sie tragen wesentlich zum Geschmack und Aroma der alkoholischen Getränke bei, in höherer Konzentration aber auch zur narkotischen Wirkung des Alkohols und zum Entstehen von Kopfschmerzen u. a. unangenehmen Begleiterscheinungen („Kater").

Fuß, 1) *Pes*, distaler Abschnitt der hinteren Gliedmaßen der tetrapoden Wirbeltiere. (↗ Extremitäten)

2) *Tarsus*, der Fuß der Gliederfüßer (↗ Arthropoda). ↗ Extremitäten

3) *Podium*, das Fortbewegungsorgan der Weichtiere (↗ Mollusca).

Füßchenzellen, die ↗ Podocyten.

Futterrübe, *Runkelrübe, Beta vulgaris* ssp. *vulgaris* var. *rapacea*, ↗ Futterpflanze der ↗ Chenopodiaceae (Abb. siehe dort). Sie wurde schon im 17. Jh. als Viehfutter genutzt.

Fynbos, ↗ Hartlaubgehölze.

F⁺-Zelle, *F⁻-Zelle*, ↗ Konjugation.

G

G, 1) Symbol für die freie ↗ Enthalpie.

2) Ein-Buchstaben-Symbol für ↗ Glycin (↗ Aminosäuren).

3) Abk. für die Purinbase ↗ Guanin bzw. ihr Nucleosid ↗ Guanosin.

GABA, Abk. für ↗ γ-Aminobuttersäure.

Gabelblattgewächse, ↗ Psilotopsida.

Gabelbock, Art der Fam. ↗ Antilocapridae.

Gabelhorntiere, die Fam. ↗ Antilocapridae.

Gabelmücken, die Gatt. ↗ Anopheles.

gabel- und nadelblättrige Nacktsamer, die ↗ Coniferophytina.

Gadiformes, *Dorschfische, Dorschartige*, Ord. der Knochenfische (↗ Osteichthyes), deren 480 Arten meist auf drei Unterord. mit 12 Fam. aufgeteilt werden; z. T. wird wegen der ungeklärten phylogenetischen Beziehungen zurzeit völlig auf eine Einteilung in Unterord. verzichtet. Der Körper der G. ist meist spindelförmig mit weichstrahligen Flossen, kehlständigen Bauchflossen und saumartigen oder mehrteiligen Rücken- und Afterflossen sowie einer symmetrischen Schwanzflosse. Dorschfische besitzen oft Kinnbarteln. Die Schwimmblase ist geschlossen. Viele Arten der meist im Meer lebenden G. sind wichtige Nutzfische, so u. a. die zur Familie *Dorsche (Schellfische, Gadidae)* gehörenden Arten ↗ Kabeljau, ↗ Schellfisch, weiterhin der ↗ Köhler, der oft als *Seelachs*, bzw. rot eingefärbt und in Öl eingelegt, als *Lachsersatz* verkauft wird, sowie ↗ Leng und ↗ Quappe.

Gadus, *Eigentliche Dorsche*, zur Ord. ↗ Gadiformes gehörende Gatt., zu der u. a. der ↗ Kabeljau gehört.

Gagelgewächse, die Fam. ↗ Myricaceae.

Gagelstrauch, *Myrica gale*, in atlantischen Moor- und Heidegebieten verbreiteter Strauch, der Stickstoff aus der Symbiose mit ↗ Actinomyceten bezieht.

Gajdusek, *Daniel Carleton*, amerikan. Kinderarzt und Virologe, * 9.9.1923 Yonkers (New York); ab 1958 Prof. am National Institute of Health in Bethesda (Maryland). G. erhielt 1976 zusammen mit B.S. ↗ Blumberg den Nobelpreis für Physiologie oder Medizin für Arbeiten über die bei Papuas verbreitete, tödlich verlaufende Krankheit ↗ Kuru.

Galactose, *Milchspaltzucker*, eine ↗ Aldohexose, die in der Natur in der D- und L-Form vorkommt. G. ist besonders in Tieren weit verbreitet und Bestandteil von Oligosacchariden, wie ↗ Lactose, sowie von ↗ Cerebrosiden und ↗ Gangliosiden im Nervengewebe. In Pflanzen kommt G. als Bestandteil von Melibiose, ↗ Raffinose und Stachyose sowie einiger ↗ Glykoside vor, und als Grundkörper der *Galactane*. Letztere sind i. Allg. unverzweigte Polysaccharide aus D-G., zu denen z. B. Agar-Agar (↗ Agar) und ↗ Carrageenane gehören. Die Aktivierung von G. im Rahmen des G.-Stoffwechsels erfolgt durch Überführung von *Galactose-1-phosphat*. Dieses reagiert mit UDP-Glucose zu *UDP-Galactose* und Glucose-6-phosphat. Durch die darauffolgende Umwandlung von UDP-Galactose zu UDP-Glucose unter Mitwirkung einer Epimerase, und die nachfolgende Spaltung in Glucose-1-phosphat wird G. in den Glucosestoffwechsel (z. B. ↗ Glykolyse) eingeschleust. Die Synthese von G. erfolgt durch die entsprechenden Umkehrreaktionen.

Galactose   α-D-Galactose

β-Galactosidase, *Lactase*, zur Gruppe der ↗ Glykosidasen gehörendes Enzym, das β-Galactoside hydrolytisch in β-Galactose und den entsprechenden Rest spaltet. Im Organismus ist β-G. für die Hydrolyse von ↗ Lactose in β-Galactose und ↗ Glucose verantwortlich. Es ist zudem eines der häufigsten Enzyme in ↗ Lysosomen.

D-Galacturonsäure, ↗ Uronsäuren.

Galagidae, *Galagos, Buschbabys*, in Trockenwäldern bzw. dem tropischen Regenwald Afrikas verbreitete Fam. der Halbaffen mit insgesamt sechs Arten in einer Gatt. (*Galago*). G. sind Nachttiere, die als Anpassung an ihre Lebensweise große Augen mit ↗ Tapetum lucidum besitzen. Sie sind ausschließlich Baumbewohner mit verlängerten Hinterbeinen und bemerkenswertem Sprungvermögen. Ihren Kopf können sie um fast 180° drehen. Galagos ernähren sich von Insekten, kleinen Wirbeltieren und pflanzlicher Kost.

Galagos, die Fam. ↗ Galagidae.

Galápagos-Riesenschildkröte, Art der Fam. ↗ Testudinidae.

Galba, Gatt. der Wasserlungenschnecken (↗ Basommatophora).

Galium, Gatt. der ↗ Rubiaceae.

Galle, *Bilis, Fel*, bei Wirbeltieren von der Leber gebildetes, in der Gallenblase gespeichertes und eingedicktes Sekret, das im Dünndarm durch Emulgierung der Nahrungsfette deren Verdauung erleichtert und außerdem die Peristaltik des Dünndarms anregt. G. enthält u. a. bis zu 70% ↗ Gallensäuren, die meist mit ↗ Glycin und ↗ Taurin konjugiert sind sowie ↗ Bilirubin, ↗ Phospholipide, ↗ Cholesterin und ↗ Mucopolysaccharide. Lebergalle ist gelb, während die Blasengalle nach Eindickung gelbgrün bis braun ist. Pro Tag werden etwa 500 - 700 ml G. gebildet, wobei eine Gallensäuren-abhängige und eine Gallensäuren-unabhängige Sekretion zum Gesamtvolumen beitragen. Bei der *Gallensäuren-abhängigen Sekretion* werden die in den Leberzellen synthetisierten primären Gallensäuren und die über den *enterohepatischen Kreislauf* aus dem Dünndarm über das Pfortaderblut wieder in die Leber zurückgeführten sekundären Gallensäuren erst mit Taurin oder Glycin verknüpft (konjugiert) und anschließend in die Gallenkanälchen sezerniert. Je höher nun die Konzentration an sekundären Gallensäuren im Pfortaderblut ist, desto stärker ist ihre Aufnahme in die Leberzellen und die anschließende Sekretion in die Gallenkanälchen. Bei der *Gallensäuren-unabhängigen Sekretion* sind Bicarbonationen (HCO_3^-) sowie die aktive Sekretion von ↗ Glutathion und Bilirubin in die Gallenkanälchen treibende Kräfte für die G.-Sekretion.

Gallen, 1) *Botanik: Pflanzengallen, Cecidien,* spezifisch geformte lokalisierte Wachstumsanomalien an pflanzlichen Organen, die unter der Einwirkung von Tieren, Bakterien oder Pilzen entstehen. Form und Aufbau der G. sind sehr verschieden. Zu den tierischen Organismen, die die Bildung von G. auslösen können, gehören u. a. Älchen, Milben, Blasenfüße, Wanzen, Zikaden, Blattflöhe, Blattläuse, Gallwespen, Gallmücken und Bohrfliegen. Die G. dienen den Gallenerzeugern oder ihren Nachkommen als Nahrung, oft auch als Schutz. Auch Bakterien können zur G.-Bildung führen, z. B. die Knöllchenbakterien (↗ Rhizobium). Gallen erzeugende Pilze sind z. B. Schlauchpilze und Rostpilze.

2) *Zoologie: Tiergallen* entwickeln sich z. B. bei Haarsternen (↗ Crinoida) nach Befall mit ↗ Myzostomida.

Gallenblase, *Vesica fellea,* bei Wirbeltieren die Erweiterung eines Abzweigs des Hauptsammelgangs *(Ductus choledochus)* der Leber und damit ein Speicherort der Gallenflüssigkeit. Diese wird in der G. durch Rückresorption von Wasser und Salzen sowie Beimengung von Schleim eingedickt. Die G. ist bei Fischen, Amphibien und Reptilien stets

vorhanden, fehlt jedoch bei einer Reihe von Vögeln und Säugern. Beim Menschen ist sie 8 - 12 cm lang und 3 - 5 cm breit. Die Entleerung der G. erfolgt nach Reizung des ↗ Nervus vagus durch Vermittlung des in der Schleimhaut des Dünndarms gebildete Hormons ↗ Cholecystokinin. (↗ Gallensäuren, ↗ Leber)

Gallenfarbstoffe, die durch den Abbau des Porphyringerüsts (↗ Porphyrine), insbesondere der Hämgruppe des ↗ Hämoglobins, entstehende Gruppe von Farbstoffen mit vier Pyrrolringen. ↗ Bilirubin, ↗ Biliverdin, ↗ Stercobilin und ↗ Urobilin sind die wichtigsten Vertreter der Gallenfarbstoffe.

Gallengang, der Ductus choledochus (↗ Leber).

Gallensäuren, vom *5β-Cholestan* bzw. der *Cholansäure* abgeleitete C_{24}- oder C_{27}-Hydroxysteroide (seltener, z. B. bei Kröten C_{28}-Steroide), die nach Konjugation mit ↗ Glycin oder ↗ Taurin als verdauungsfördernde Bestandteile in der ↗ Galle von Wirbeltieren vorkommen. Die wichtigste Funktion der G. ist die Emulgierung von Fetten durch Ausbildung von Micellen. G.-Moleküle sind *amphiphil,* d. h. sie haben einen *hydrophilen* (wasserlöslichen) Teil mit Carboxyl- und Hydroxylgruppen sowie einen *hydrophoben* (wasserunlöslichen) Teil mit dem Steroidkern und Methylgruppen. Aufgrund dieser Struktur bilden G. in wässriger Lösung ↗ Micellen, die im Innern lipophile Moleküle (Lipide, Cholesterin, Phospholipide) enthalten und daher für die Fettverdauung von großer Bedeutung sind. Der Vorrat des menschlichen Körpers an G. beträgt etwa 2 - 4 g, was für die tägliche Fettverdauung und erst recht nach einer fettreichen Mahlzeit nicht ausreicht. (pro 100 g Fett werden etwa 20 g G. benötigt). Die in den Dünndarm abgegebenen G. werden daher im Endabschnitt des Dünndarms (terminales Ileum) wieder resorbiert und über den Pfortaderkreislauf der Leber zugeführt, wo sie nach erneuter Konjugation mit Glycin oder Taurin wieder in die Gallenkanälchen sezerniert werden (*enterohepatischer Kreislauf*). Der über die ↗ Fäzes ausgeschiedene Anteil von 0,2 - 0,6 g/Tag wird in der Leber aus ↗ Cholesterin neu synthetisiert. Die in der Leber neu synthetisierten G. werden als *primäre G. (Cholsäure* und *Chenodesoxycholsäure)* bezeichnet, im Unterschied zu den *sekundären G. (Desoxycholsäure* und *Lithocholsäure),* die im

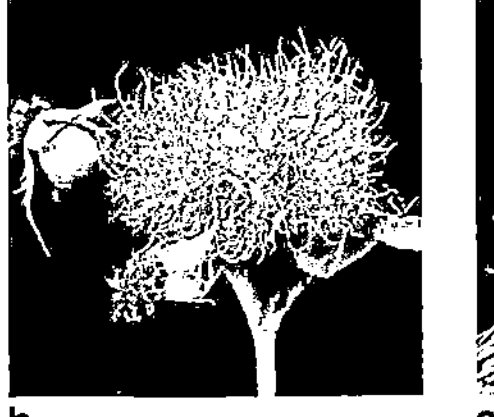

a   b   c

Gallen   a Galläpfel an der Eiche, b Rosengalle, c aufgeschnittene Ananasgalle der Fichte (mit Jungläusen in den Hohlräumen)

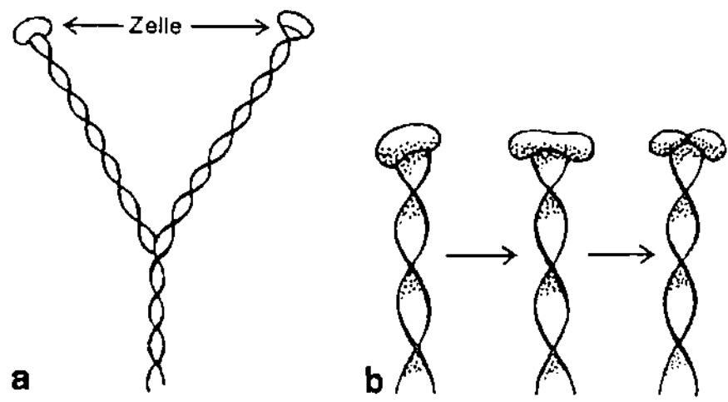

Gallensäuren Die wichtigsten Schritte aus dem Stoffwechsel der Gallensäuren

Dünndarm durch Darmbakterien aus den primären G. entstehen.

Gallertflechten, ↗ Lichenes.

Galliformes, *Hühnervögel*, mit rund 270 Arten weltweit verbreitete Ord. der Vögel. G. sind meist Bodenvögel, die in allen Landlebensräumen verbreitet sind. Ihr Oberschnabel ist gebogen und ragt über den Unterschnabel hinaus. Ansonsten sind Aussehen sowie Lebensweise und Verhalten sehr unterschiedlich. G. können über kurze Strecken schnell fliegen, ermüden jedoch rasch, mit Ausnahme der Wachtel, einem Zugvogel. Hühnervögel ernähren sich meist von pflanzlicher Kost, Jungvögel fressen auch Insekten u. a. Wirbellose. Die Jungvögel sind Nestflüchter, die sehr schnell flugfähig werden. Zu den G. gehören u. a. die Großfußhühner (↗ Megapodiidae), Raufußhühner (↗ Tetraoninae), die Hühner und Fasanen (↗ Phasianidae), Perlhühner (↗ Numididae) und die Truthühner (↗ Meleagrididae).

Gallinago gallinago, die ↗ Bekassine.

Gallionella, Gatt. der β-Untergruppe der ↗ Proteobacteria. Es sind gramnegative, nach der Teilung bewegliche Zellen mit polarer oder subpolarer Begeißelung. Die meist bohnen- bis nierenförmigen, auch kokken- oder stäbchenförmigen Zellen bilden gelartige Stiele aus, die oft spiralig gewunden sind. Sie haften an festen Unterlagen und sind durch eingelagertes Eisen(III)hydroxid braun gefärbt. Die

G.-Arten kommen in kühlen, relativ reinen, eisenhaltigen Gewässern (Quellen, Brunnen) und im Erdboden vor. Energie (ATP) wird durch die Oxidation von Eisen-II-Verbindungen gewonnen (↗ Eisen oxidierende Bakterien).

Gallionella *Gallionella ferruginea*, a Teil eines dichotom verzweigten Stiels, b Teilung der Bakterienzelle an der Spitze des Stiels

Gallmilben, die ↗ Eriophyidae.

Gallmücken, die Fam. ↗ Cecidomyiidae.

Gallussäure, *3,4,5-Trihydroxybenzoesäure*, in Pflanzen weit verbreitete Phenolcarbonsäure, die in Galläpfeln, Teeblättern und Eichenrinde vorkommt und aus ↗ Tanninen gewonnen wird. G. dient u. a. zur Herstellung von Tinte (Eisengallustinten) und Farbstoffen; Ester der G. dienen als ↗ Antioxidantien in Kosmetika und Lebensmitteln.

Gallwespen, die Fam. ↗ Cynipidae.

Galopp, i. w. S. eine Gangart vieler Tetrapoden, i. e. S. der Pferde. Das Tier stößt sich abwechselnd mit dem linken und rechten Hinterbein ab und verlässt dabei auf dem Höhepunkt des Sprungs mit allen vier Hufen den Boden. Die Vorderbeine greifen jeweils auf der Körperseite aus, auf der das Tier sich gerade abstößt. Der G. ist bei den meisten Pferderassen diejenige Gangart, welche die schnellste Fortbewegung ermöglicht.

Galton, Sir *Francis*, brit. Arzt, Naturforscher und Schriftsteller, Vetter von C.R. ↗ Darwin; * 16.2.1822 Sparkbrook (heute zu Birmingham), † 17.1.1911 Haslemere (Surrey); seit 1859 Privatgelehrter in London (Mitglied der Royal Society). G. verfasste zahlreiche Arbeiten zur Vererbung. Er bemühte sich erstmals um statistische Methoden und Merkmalsanalysen insbesondere in Anthropologie und Humangenetik. Seine Arbeiten bildeten die Grundlage für die spätere mathematische Berechnung von Genfrequenzen (↗ Hardy-Weinberg-Gesetz). Er gilt ferner als Begründer der ↗ Zwillingsforschung und prägte den Begriff ↗ Eugenik. Nach Entdeckung der individuellen Ausprägung der Hautleisten an den Fingern, führte er die Daktyloskopie (Fingerabdruckverfahren) als Methode in den polizeilichen Erkennungsdient ein.

Gametangiogamie, das Verschmelzen zweier Gametangien (↗ Gametangium) bei der sexuellen Fortpflanzung einiger Pilze (↗ Zygomycetes).

Gametangium, Plural *Gametangien*, ein- oder mehrzelliger Behälter bzw. Bildungsort von ↗ Gameten. Weibliche G. werden *Oogonien*, männliche *Spermatogonien* genannt, bei den Moosen und Farnpflanzen heißen die von einer besonderen sterilen Zellschicht umgebenen weiblichen G. ↗ Archegonien und die männlichen ↗ Antheridien.

Gameten, *Geschlechtszellen*, *Keimzellen*, die haploiden Fortpflanzungszellen, die bei der ↗ Befruchtung paarweise miteinander zu einer diploiden ↗ Zygote verschmelzen. G., die gleich aussehen und lediglich physiologisch unterschiedlich sind, werden als *Isogameten*, in Bezug auf ihre geschlechtliche Differenzierung als *Plus-* und *Minus-G.* bezeichnet. *Anisogameten* hingegen unterscheiden sich in Größe und/oder Gestalt sowie Beweglichkeit. Man unterscheidet zwischen dem großen und unbeweglichen weiblichen *Makro-G.* (*Gyno-G.*, ↗ Eizelle) und dem kleineren und beweglichen männlichen *Mikro-G. (Andro-G.*, ↗ Spermium). ↗ Oogenese, ↗ Spermatogenese

Gametentransfer, ↗ Reproduktionsmedizin.

Gametocyt, der ↗ Gamont.

Gametogamie, die paarweise Zellverschmelzung (Plasmogamie) und anschließende Kernverschmelzung (Karyogamie) von freien ↗ Gameten zu einer ↗ Zygote (↗ Befruchtung, ↗ Fortpflanzung).

Gametogenese, die Bildung der Keimzellen (↗ Gameten). Bei ↗ Haplonten und ↗ Diplohaplonten laufen in der G. nur ↗ Mitosen ab. Bei ↗ Diplonten ist die G. stets mit ↗ Meiosen verbunden, denen bei den ↗ Metazoa z. T. viele Mitosen (Vermehrungsperiode) vorgeschaltet sind; die G. im weiblichen Geschlecht wird hier als ↗ Oogenese und diejenige im männlichen Geschlecht als ↗ Spermatogenese bezeichnet.

Gametogonie, *Gamogonie*, ↗ Fortpflanzung.

Gametophyt, bei Pflanzen mit ↗ Generationswechsel Bez. für die sich geschlechtlich durch ↗ Gameten bildende Generation.

Gamma-Eule, Art der Eulenfalter (↗ Noctuidae).

Gammaglobine , ↗ Immunglobuline.

Gammarus, Gatt. der Flohkrebse (↗ Amphipoda).

Gamogonie, *Gametogonie*, ↗ Fortpflanzung.

Gamone, Sexuallockstoffe, die bei vielen ↗ Algen, Moosen (↗ Bryophyta), Farnen (↗ Pteridopsida) sowie niederen Pilzen vorkommen. G. finden sich immer dann, wenn mindestens ein selbstständig beweglicher Gamet vorhanden ist. Beispiele sind das von Pilzen abgegebene ↗ Sirenin und das bei Braunalgen (↗ Phaeophyceae) vorkommende *Ectocarpen*. Sie werden von den weiblichen ↗ Gameten abgegeben, um die männlichen Gameten chemotaktisch anzulocken. Im Unterschied zu den ↗ Pheromonen wirken die G. auf zellulärer Ebene und haben keinen Einfluss auf das Verhalten des gesamten Organismus.

Gamont, *Gametocyt*, bei Einzellern die Zelle oder Generation, die mitotisch oder meiotisch ↗ Gameten oder Gametenkerne bildet. Die G. sind entweder diploid (z. B. bei ↗ Heliozoa und ↗ Ciliata) oder haploid (z. B. bei ↗ Sporozoa und ↗ Foraminifera).

Gamontogamie, die paarweise Verschmelzung von ↗ Gamonten (↗ Fortpflanzung).

Gämse, die ↗ Gemse.

Gangart, das Muster der Beinbewegungen bei der ↗ Fortbewegung landlebender Tiere, insbesondere der vierfüßigen Wirbeltiere: Die ursprüngliche G. ist wohl der *Kreuzgang*, bei dem sich fast gleichzeitig das rechte Vorderbein und das linke Hinterbein vorwärts bewegen. Besondere G. sind ↗ Trab, ↗ Galopp, ↗ Passgang und das *Hüpfen*, eine Fortbewegung nur mit den Hinterbeinen, die sich beide gleichzeitig abstoßen (z. B. bei Kängurus und bei vielen Vögeln).

Gangesgavial, Art der Fam. ↗ Gavialidae.

Ganglienblocker, ↗ Acetylcholin.

Ganglion, *Nervenknoten*, eine Gruppe zusammenliegender Nervenzellkörper, die bei Wirbeltieren von Bindegewebe oder Knochen eingekapselt ist. Ganglien liegen entweder dicht am Rückenmark bzw. am Gehirn (sensorische Ganglien und Ganglien des ↗ Sympathikus) oder unmittelbar an oder in den inneren Organen, deren nervöser Versorgung sie dienen (Ganglien des ↗ Parasympathikus). In der Neuroanatomie der Wirbellosen ist der Begriff des G. weiter gefasst und bezeichnet allg. jede Ansammlung neuronaler Zellkörper im Nervensystem (z. B. Bauchganglion). Auch das Gehirn der Wirbellosen wird häufig als ↗ Cerebralganglion bezeichnet.

Ganglioside, Glykosphingolipide (↗ Glykolipide) mit einem bis vier immer endständigen Sialinsäureresten. Bei G. mit mehreren Sialinsäureresten ist der Oligosaccharidrest verzweigt. Die Fettsäurekomponente der G. ist meist Stearinsäure. G. sind als saure Glykolipide in der äußeren Hälfte der Zellmembran lokalisiert. Sie fungieren als Rezeptoren für biologisch aktive Verbindungen, so für ↗ Serotonin oder das ↗ Tetanustoxin. Das Gangliosidmuster der äußeren Zellmembran ist organ- und artspezifisch. Besonders hoch ist ihre Konzentration im ↗ Gehirn. Möglicherweise sind G. dort an Gedächtnis bildenden Prozessen (↗ Gedächtnis) beteiligt, indem sie modulierend in den Informationsfluss an den Synapsen eingreifen.

Ganoidschuppen, *Schmelzschuppen*, Bez. für meist rautenförmige ↗ Schuppen, auf deren Oberfläche während des Wachstums das perlmutterartig glänzende Ganoin abgelagert wird. G. kommen bei Flösselhechten (↗ Polypteriformes), Knochenhechten (↗ Holostei) und Löffelstören (↗ Acipenseriformes) vor.

Gänse, von 0,4 bis 1,7 m große Entenvögel (↗ Anatidae) mit langen Hälsen. G. sind vor allem holarktisch (↗ Holarktis) verbreitet, in Australien leben drei, in Südamerika zwei Arten. Sie sind überwiegend Zugvögel, die oft in V-Formation fliegen und gelegentlich in Afrika und Südasien überwintern. Die Geschlechter sehen nur wenig verschieden aus, die Paare sind i. d. R. monogam und bleiben ein Leben lang zusammen. G. legen ihr Nest auf dem Wasser oder an Land an. Die Jungvögel werden von beiden Eltern geführt. Sie ernähren sich fast nur von pflanzlicher Kost, die von den ↗ Schwänen meist im Wasser und von den Echten Gänsen oft an Land aufgenommen wird. Die einzige in Deutschland brütende Art der *Echten Gänse* (Gatt. *Anser*) ist die *Graugans* (*Anser anser*), die wie alle Arten der Gatt. graubraun gefärbt ist, aber durch den orangefarbenen Schnabel und die rosa-

Gänse a Flugbild, b Schwimmhaltung und c Flugformation der Graugans

farbenen Beine unterschieden werden kann. (↗ Meergänse)

Gänsefußgewächse, die Fam. ↗ Chenopodiaceae.

Gänsegeier, Art der ↗ Geier.

Gänsesäger, Art der ↗ Säger (Gatt. *Mergus*).

Gänsevögel, die ↗ Anseriformes.

GAP, Abk. für ↗ Glycerinaldehyd-3-phosphat.

Gap junction, Typ der ↗ Zell-Zell-Verbindung tierischer Zellen, die direkte plasmatische Verbindungen zwischen einzelnen Zellen herstellt. Dabei bilden so genannte *Connexone* hexagonal angeordnete Komplexe, in deren Zentrum sich eine Pore befindet, durch die Ionen und Moleküle hindurchtreten können. Von Bedeutung sind G. j. auch bei der Übertragung des Aktionsstroms in elektrischen ↗ Synapsen. – Bei Pflanzenzellen üben ↗ Plasmodesmen eine vergleichbare Funktion aus.

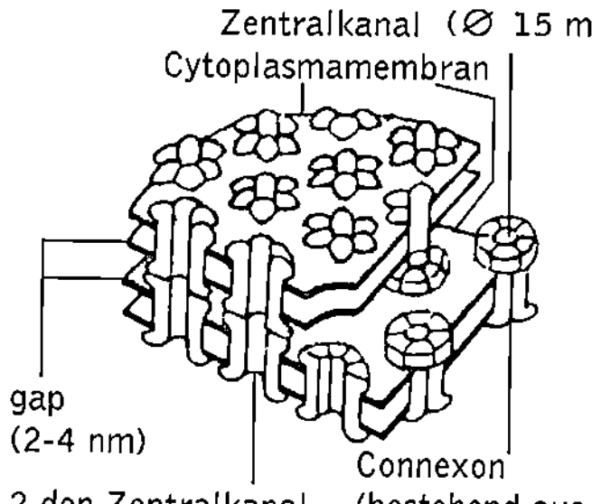

Gap junction Modell von Gap junctions in Anlehnung an elektronenmikroskopische Studien

Garigue, *Garrigue*, aus Zwergsträuchern, ↗ Geophyten und Gräsern aufgebaute Formation flachgründiger Böden des Mittelmeergebietes. Sie ist aus der Degradierung der Hartlaubwälder oder Hartlaubbüsche (↗ Macchie) hervorgegangen. (↗ Hartlaubgehölze)

Gärröhrchen, Glasröhrchen zum Nachweis der Gasbildung bei mikrobiellen ↗ Gärungen, z. B. das ↗ Durham-Röhrchen und das *Einhornröhrchen*.

Gartenbohne, *Stangenbohne*, *Phaseolus vulgaris* var. *vulgaris*, aus Südamerika stammende Kulturart der ↗ Fabaceae. Aus der einjährigen Schlingpflanze wurde die Buschbohne, *Phaseolus vulgaris* var. *nanus*, gezüchtet.

Gartengrasmücke, Art der Fam. ↗ Sylviidae.

Gartenkresse, *Lepidium sativum*, aus dem vorderen Asien stammende, einjährige Krautpflanze der ↗ Brassicaceae mit hohem Gehalt an Senfölglykosiden. (↗ Brunnenkresse)

Gartenrotschwanz, Art der ↗ Rotschwänze (Gatt. *Phoenicurus*).

Gartenschläfer, Art der Fam. ↗ Gliridae.

Gärung, eine bei ↗ Mikroorganismen verbreitete Form des Stoffwechsels, bei der organische Substrate (meist Kohlenhydrate) ohne Luftsauerstoff

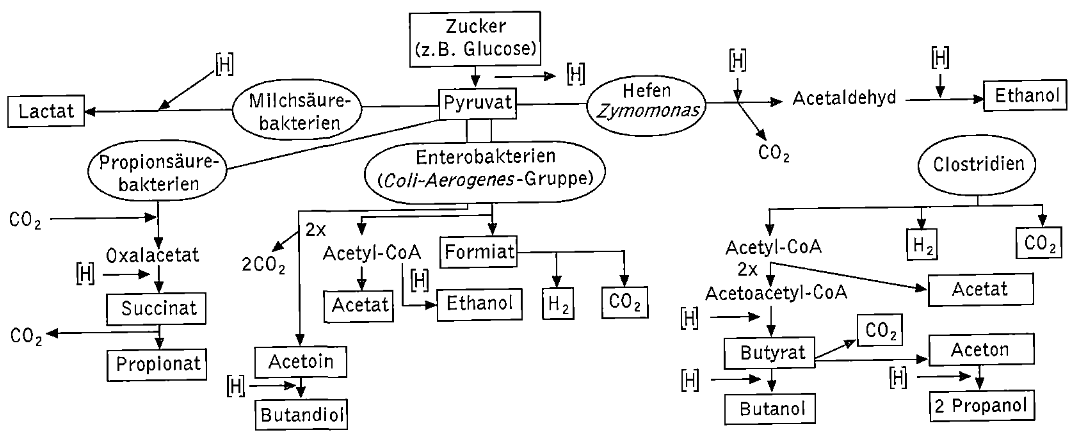

Gärung:　Wichtige Endprodukte verschiedener bakterieller Gärungen, die beim Umbau von Pyruvat auftreten können. Als Endprodukte sind bei Säuren deren Salze angegeben, wie sie normalerweise im (neutralen) Medium vorliegen. Der Gärtyp wird aber nach der Säure benannt, z. B. Milchsäuregärung, wenn Lactat als Hauptendprodukt auftritt

abgebaut werden. Dabei werden die während der Substratoxidation anfallenden Elektronen (Reduktionsäquivalente) auf organische Akzeptoren übertragen. Die Stoffwechselenergie (ATP) wird bei diesen Redoxreaktionen direkt an wenigen energiereichen Zwischenprodukten des Abbaus gewonnen (↗ Substratkettenphosphorylierung). Durch den nur teilweisen Substratabbau ist der Energiegewinn pro Mol verwertetem Substrat viel geringer als bei der aeroben Atmung, in der das Substrat vollständig zu Kohlenstoffdioxid und Wasser endoxidiert wird.

Die G. werden meist nach dem Hauptendprodukt benannt. Wichtige G.-Typen sind die ↗ alkoholische G., die ↗ Ameisensäuregärung, die ↗ Buttersäure-Butanol-Aceton-Gärung, die ↗ Buttersäuregärung, die ↗ Homoacetatgärung, die ↗ Milchsäuregärung und die ↗ Propionsäuregärung. Entstehen bei einer G. mehrere organische Endprodukte, so handelt es sich um eine *heterofermentative G.* Entsteht im Wesentlichen nur ein Produkt, wird die G. als *homofermentativ* bezeichnet.

Einige Mikroorganismen gewinnen ihre Energie nur bei Sauerstoffmangel durch G., in Gegenwart von Sauerstoff atmen sie. Man bezeichnet sie als *fakultativ anaerob.* (↗ anaerobe Atmung, ↗ Pasteur)

Gasaustausch, ↗ Gaswechsel.

Gasbrand, *Gasgangrän,* durch ↗ Clostridien hervorgerufene, lebensgefährliche Wundinfektion, bei der sich im zersetzten Körpergewebe Gasbläschen bilden. Die heute mit Antibiotika behandelbare Infektion trat früher häufig bei Kriegsverletzungen (verschmutzte Wunden) und Operationen auf. Der wichtigste Erreger ist *Clostridium perfringens.*

Gaschromatographie, ein Verfahren der ↗ Chromatographie zur Trennung von Substanzgemischen, die entweder gasförmig sind oder sich aber, ohne Schaden zu nehmen, als gasförmige Probe verwenden lassen. Die G. ist eine *Säulenchromatographie,* bei der die *mobile Phase* aus der Probe und einem inerten Trägergas (Helium, Stickstoff) besteht. Die G. kann sowohl zur qualitativen als auch zur quantitativen Analyse eingesetzt werden, weil sie bei hoher Empfindlichkeit eine gute Reproduzierbarkeit besitzt. Die Probe wird in die im Innern des so genannten *Gaschromatographen* befindliche geheizte, einige Meter lange Säule (Durchmesser: wenige Millimeter) injiziert und die getrennten Substanzen am Ende durch einen Wärmeleitfähigkeits- oder Flammenionisationsdetektor analysiert. Die Verwendung von bekannten Standards gestattet die Identifizierung der getrennten Substanzen. Die G. zählt zusammen mit der Massenspektroskopie (so genannte GC-MS-Analyse) zu den Standardverfahren, um Substanzen in Gemischen identifizieren zu können.

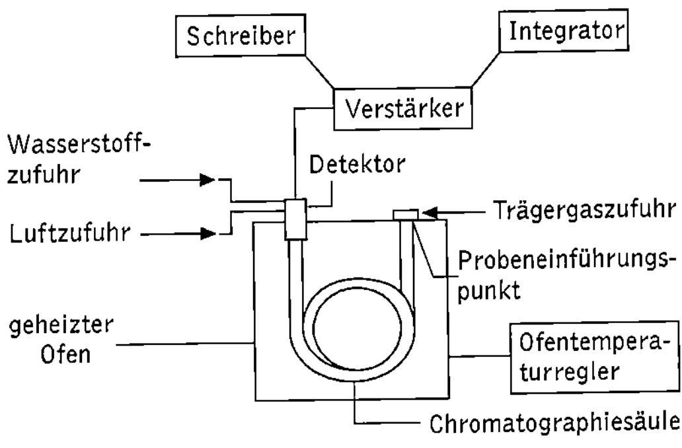

Gaschromatographie　Schematische Darstellung eines Gaschromatographen

Gasgangrän, der ↗ Gasbrand.

Gasser, *Herbert Spencer,* amerikan. Neurophysiologe und Pharmakologe, ✳ 5.7.1888 Plattevill (Wisconsin), † 11.5.1963 New York; ab 1921 Prof. an der Washington University in Saint Louis (Missouri), ab

1931 in New York und 1935-53 Direktor des Rockefeller Institute for Medical Research. G. arbeitete zusammen mit J. ↗ Erlanger über Nervenfasern und wies 1924 nach, dass die Weiterleitung spezifischer Nervenimpulse (z. B. für Kälte oder Schmerz) durch verschiedene Typen von Nervenfasern erfolgt. Im Jahr 1944 erhielt er zusammen mit Erlanger den Nobelpreis für Physiologie oder Medizin.

Gaster, der ↗ Magen.

Gasteromycetes, die Bauchpilze (↗ Lycoperdanae).

Gasterophilidae, *Magenfliegen*, *Magenbremsen*, zu den Fliegen (↗ Brachycera) gehörende Fam. mit 25 etwa 15 mm großen Arten, von denen zehn in Mitteleuropa heimisch sind. Die Imagines sind stark rot bis braun behaart und haben keine Mundwerkzeuge, da sie nur wenige Tage leben und keine Nahrung zu sich nehmen. Die Weibchen der G. legen ihre Eier im Flug an die Haare ihrer Wirte (Pferd, Esel, Maultier, Nashörner). Die Larven wandern über die Mundschleimhaut in den Darmkanal des Wirts und setzen sich mit Hilfe von Dornenkränzen oft in großer Zahl vor allem im Magen fest. Nach acht Monaten verlassen sie ihren Wirt, verpuppen sich im Boden, und nach einigen Wochen schlüpfen die begattungsfähigen Imagines. Der Flugton der G. kann bei Pferden Fluchtreaktionen auslösen.

Gasterosteidae, *Stichlinge*, Fam. der Knochenfische (↗ Osteichthyes), die mit acht bis 20 cm langen Arten in Gewässern der Nordhalbkugel verbreitet ist. G. haben keine Schuppen und die erste Rückenflosse ist in einzelne Stacheln aufgelöst. Die Männchen bauen mit Hilfe eines von den Nieren abgegebenen Sekrets ein Nest aus Pflanzenstängeln und Wurzeln, in das sie mehrere Weibchen zum Ablaichen hineinlocken; nach dem Ablaichen betreiben die Männchen Brutpflege, indem sie die Eier bewachen und ihnen mit den Brustflossen Wasser zufächeln. Der sowohl als marine Wanderform als auch als Süßwasserform vorkommende *Dreistachelige Stichling* (*Gasterosteus aculeatus*) ist ein beliebter Kaltwasseraquarienfisch.

Gastrin, ein Peptid, das als *gastrointestinales Hormon* in erster Linie auf die Belegzellen des ↗ Magens wirkt und die Sekretion von ↗ Salzsäure anregt. Außerdem stimuliert es die Sekretion von Pepsinogen (↗ Pepsin) sowie das Schleimhautwachstum und die Magenmotilität. Reize, welche die Freisetzung von G. zur Folge haben, sind Proteinabbauprodukte im Magen, die Dehnung der Magenwand bei Nahrungsaufnahme und eine Aktivierung des ↗ Nervus vagus. Im Zentralnervensystem ist G. insbesondere im Hypothalamus und in der Neurohypophyse nachweisbar und scheint in die Regulation von ↗ Hunger und ↗ Durst einbezogen zu sein.

Gastritis, Entzündungen des Magens, insbesondere der Magenschleimhaut. Eine *akute G.* kann durch exogene Ursachen (chemische und bakterielle Wirkungen auf die Magenschleimhaut, hohe Alkoholkonzentrationen, stark ölige Nahrung, Medikamente) oder durch endogene Ursachen (Infektionserkrankungen, akute Lebernekrose) ausgelöst werden. Bei der *chronischen G.* handelt es sich in den meisten Fällen um eine diffuse, unspezifische Entzündung der Magenschleimhaut, bei der vor allem immunbiologische Störungen eine Rolle spielen.

Gastroenteritis, Infektionskrankheit, die durch infizierte Lebensmittel (↗ Lebensmittelvergiftung) hervorgerufen wird. Die Erreger (z. B. *Salmonella paratyphi*) werden durch den Genuss von verdorbenen Lebensmitteln übertragen. Durch die Toxinwirkung der Bakterien kommt es zu katarrhalischen Magen-Darm-Beschwerden. Die resorbierten Toxine können in Verbindung mit Flüssigkeitsverlust zum Kreislaufkollaps führen. (↗ Enteritis)

gastrointestinale Hormone, *Gastrointestinalhormone*, diejenigen ↗ Hormone, die im Magen-Darm-Trakt gebildet werden und die Verdauung sowie Absorption von Nahrungsstoffen steuern, aber auch in die hypothalamischen Zentren (↗ Hypothalamus) regulierend eingreifen, die für Hunger bzw. Sättigungsgefühl verantwortlich sind. Die klassischen g. H. sind ↗ Gastrin, ↗ Sekretin, ↗ Cholecystokinin (CCK) und „gastric inhibiting peptide" (GIP). In neuerer Zeit werden noch weitere, hormonähnlich wirkende Substanzen dazugezählt, so u. a. das vasoactive intestinal peptide (VIP), ↗ Enteroglucagon, ↗ Somatostatin, Motilin, Neurotensin, ↗ Substanz P, „gastrin releasing peptide" (GRP; Gastrin-Freisetzungshormon).

gastrointestinales Peptid, *Enterogastron*, frühere Bez. für die im Zwölffingerdarm vorkommenden Hormone ↗ Sekretin und ↗ Cholecystokinin.

Gastrointestinaltrakt, der Magen-Darm-Trakt (↗ Magen, ↗ Darm, ↗ Verdauung).

Gastropoda, *Schnecken*, Gruppe der Schalenweichtiere (↗ Conchifera), die mit rund 38000 Arten die größte Gruppe der Weichtiere (↗ Mollusca) ist. Schnecken besiedeln die unterschiedlichsten Lebensräume und zeigen eine große Formenvielfalt. Die Schalenlänge beträgt 0,1 bis 60 cm, die Körperlänge kann bis zu 1 m erreichen.

Kennzeichnend im Unterschied zu den übrigen Weichtieren ist die grundsätzliche Asymmetrie des Körpers. Kopffuß (*Cephalopodium*) sowie Eingeweidesack und Mantel (*Visceropallium*) sind etwa gleich groß, wobei das Visceropallium meist spiralig gerollt ist. Das Gehäuse ist entsprechend auch spiralig oder aber oft napf- oder hornförmig. Viele Gruppen zeigen unabhängig voneinander eine Reduktion der Schale (Nacktschnecken).

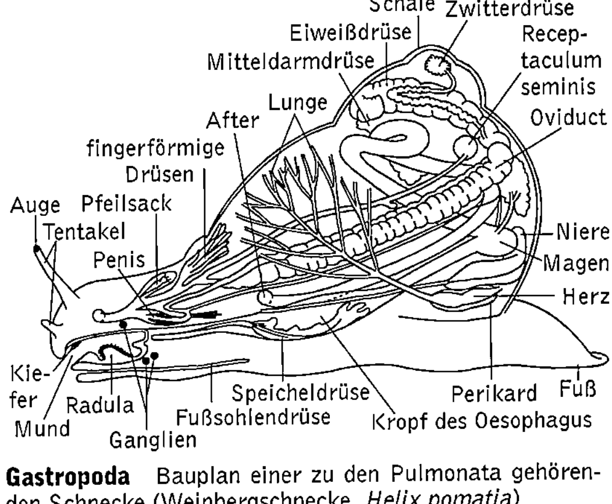

Gastropoda Bauplan einer zu den Pulmonata gehörenden Schnecke (Weinbergschnecke, *Helix pomatia*)

Durch die Drehung (Torsion) des Eingeweidesacks ist die ursprünglich hinten gelegene Mantelhöhle nach vorne verlagert worden, einschließlich der in sie öffnenden Organe. Die damit verbundene Verlängerung des Eingeweidesacks ermöglichte eine Vergrößerung der Mitteldarmdrüse, des zentralen Verdauungsorgans. Außerdem gelangen im Zuge der Torsion wichtige Mechano- und Chemorezeptoren aus einer ursprünglich hinten gelegenen Position nach vorne in Kopfnähe. Bei den Vorderkiemerschnecken (Prosobranchia) und den Lungenschnecken (Pulmonata) liegen die Respirationsorgane infolge der Drehung vor dem Herzen. Durch eine sekundäre Rückdrehung der Mantelhöhle werden die Kiemen bei den Hinterkiemerschnecken (Opisthobranchia) hinter das Herz verlagert. Bei den Prosobranchia kommt es durch die Torsion zu einer Überkreuzung der Konnektive zwischen Pleuralganglien und Parietalganglien (*Chiastoneurie, Streptoneurie*), die bei den Opisthobranchia durch die Rückdrehung und bei den Pulmonata durch eine Verkürzung der Konnektive wieder aufgehoben wird.

Die *Schale* der G. ist i. d. R. einteilig und meist rechts gewunden (Ausnahmen sind z. B. die Flussmützenschnecke, *Ancylus*, und die Posthornschnecke, *Planorbarius*). Die Rechtswindung ist genetisch durch den Genotyp der Mutter festgelegt. Eine Umkehr der Windungsrichtung hat die spiegelbildliche Anordnung der inneren Organe (Situs inversus; „Schneckenkönig" bei der Weinbergschnecke, *Helix pomatia*) zur Folge. Ein aus Conchin und Kalk bestehendes *Operculum* dient bei vielen G. als Deckel, der die Gehäusemündung verschließt und gegen Feinde und Austrocknung schützt. Der Weichkörper ist durch den *Spindelmuskel (Columellarmuskel)* fest mit dem Gehäuse verbunden.

Der *Fuß* kann sehr vielseitig eingesetzt werden; er dient außer dem Anheften und dem Kriechen auch oft zum Schwimmen, zur Abwehr von Feinden, dem Schutz und der Reinigung des Gehäuses, dem Ergreifen der Beute, der Formung und Ablage von Eikapseln und spielt eine Rolle für den Kontakt der Partner vor und während der Kopulation. Durch die antagonistische Arbeit flüssigkeitserfüllter Lakunen und dreidimensional verflochtener Muskulatur erhält er seine Beweglichkeit und Stütze. Der *Kopf* ist meist deutlich vom Körper abgesetzt und mit dem Eingeweidesack über eine Engstelle („Hals") verbunden. Hier wird der Eingeweidesack mit Mantel und Schale gegen das Cephalopodium gedreht. Der Kopf trägt ein oder zwei Paar (bei Landlungenschnecken) oft einziehbare Tentakel, an deren Basis oder Spitze Augen sitzen.

Zum *Nervensystem* gehören grundsätzlich paarige Cerebral-, Pleural-, Pedal-, Buccal- und Subradularganglien und ein unpaares Visceralganglion, wobei einzelne Gruppen zusätzliche Ganglien besitzen können. Grundsätzlich zeigt sich eine Tendenz zur Konzentration der Hauptganglien in einem Schlundring. Bei räuberisch lebenden Arten und auch bei höheren Lungenschnecken findet sich eine Tendenz zur Konzentration der Hauptganglien im Kopf. *Sinnesorgane* liegen vor allem am Kopf und den Fühlern. Chemorezeptoren sind die *Osphradien* der wasserlebenden Schnecken, die zwischen Kiemen und Mantelrand liegen und der Überprüfung des Atemwassers dienen. *Statocysten* kommen bei allen G. vor und befinden sich im Fuß in der Nähe der Pedalganglien. Licht wird über die gesamte Körperoberfläche wahrgenommen. Darüber hinaus gibt es von einfachen *Grubenaugen* (Napfschnecke, *Patella*) über offene *Blasenaugen* (Seeohr, *Haliotis*) sowie geschlossene Blasenaugen mit Glaskörper, Cornea und z. T. Linse bis hin zu *Linsenaugen* (Weinbergschnecke, *Helix*) die verschiedensten Augentypen (↗ Lichtsinnesorgane).

Zentrales Verdauungsorgan ist die aus zahlreichen, verzweigten und blind endenden Tubuli bestehende *Mitteldarmdrüse*. Sie bildet Verdauungsenzyme, resorbiert Nährstoffe und reguliert über Kalkzellen, die auch für Schalenwachstum und -reparatur zuständig sind, den pH-Wert im Darm. Sehr vielfältig ist die Gestaltung der *Radula*, die der Nahrungsaufnahme, meist durch Abraspeln, dient. Die verschiedenen Radulatypen unterscheiden sich insbesondere in Anzahl und Gestalt der sie bedeckenden Zähne.

Pulmonata und Opisthobranchia sind Zwitter, die Prosobranchia sind überwiegend getrenntgeschlechtlich. Die Geschlechtsorgane der G. sind kompliziert gestaltet und unpaar, der Penis sitzt meist an der rechten Kopfseite. Bei den wasserlebenden G. verläuft die Entwicklung über eine im Plankton lebende ↗ Veligerlarve, bei den Süßwasser- und Landschnecken ist die Entwicklung direkt.

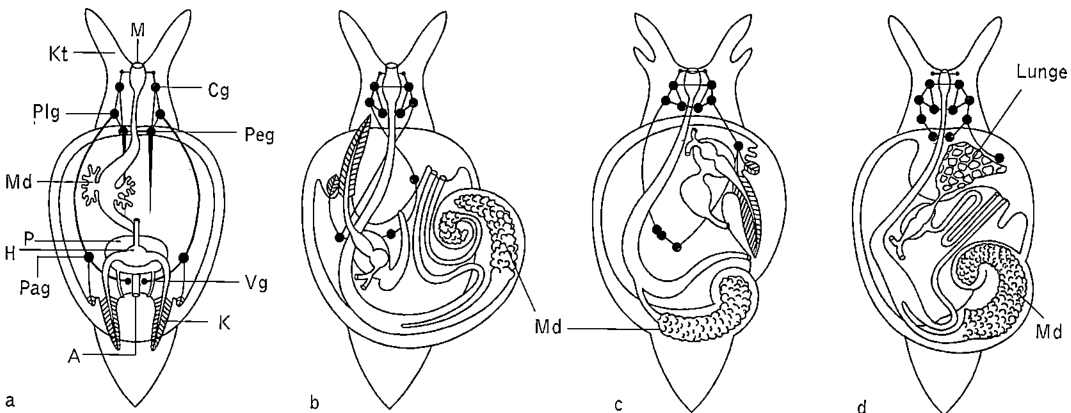

Gastropoda Der Einfluss der Torsion auf die Organe der Mantelhöhle und das Nervensystem innerhalb der Entwicklungsreihe der Gastropoda. a Hypothetische Urschnecke, b höhere Vorderkiemerschnecke (Prosobranchia) mit einer Kieme und einem Osphradium, c Hinterkiemerschnecke (Opisthobranchia), d Lungenschnecke (Pulmonata). A After, Cg Cerebralganglion, H Herz, K Kiemen, Kt Kopftentakel, M Mund, Md Mitteldarmdrüse, P Pericard, Pag Parietalganglion, Peg Pedalganglion, Plg Pleuralganglion, Vg Visceralganglion

Die G. werden traditionell nach Ausbildung und Lage der Respirationsorgane in ↗ Prosobranchia (Vorderkiemerschnecken), ↗ Pulmonata (Lungenschnecken) und ↗ Opisthobranchia (Hinterkiemerschnecken) eingeteilt. Die ursprünglichsten G., marine Prosobranchia, sind seit dem Kambrium nachgewiesen, im Süßwasser und an Land lebende Prosobranchia sowie Opisthobranchia und Pulmonata erst seit dem Karbon. Fossil sind insgesamt rund 15000 Arten bekannt.

Gastrotricha, *Bauchhärlinge*, zu den ↗ Nemathelminthes gestellte Gruppe, deren Vertreter im Sandlückensystem des Meeres und von Binnengewässern leben. G. gehören mit 0,1 bis 1 mm Körperlänge zu den kleinsten vielzelligen Tieren. Ihr Körper ist schlank, dorsoventral abgeplattet und besitzt eine ventrale Wimpernsohle, mit der die Tiere auf dem Substrat entlang gleiten. Der gesamte Körper, einschließlich der Cilien, ist von Cuticula bedeckt; dies ist einzigartig im Tierreich und wird daher als ↗ Autapomorphie zur Begründung der Monophylie der G. angesehen. G. ernähren sich vor allem von Bakterien u. a. Mikroorganismen, marine G. verschlingen auch Kieselalgen (↗ Bacillariophyceae) und größere Nahrungsbrocken. G. sind primär Zwitter, viele Chaetonotida sind nur weiblich (parthenogenetisch). Die Eier werden durch Bruch der dorsalen (Macrodasyida) oder der ventralen (im Süßwasser lebende Chaetonotida) Körperwand abgelegt. Die Entwicklung ist direkt. Als nächste Verwandte der G. gelten die Nematoda vor allem aufgrund von Übereinstimmungen im Bau bestimmter Sinnesorgane sowie in der frühen Embryonalentwicklung. Zwei Gruppen werden unterschieden: die ausschließlich marinen *Macrodasyida* und die vorwiegend im Süßwasser lebenden *Chaetonotida*.

Gastrovaskularsystem, durch den Körper ziehendes, oft stark verzweigtes Darmsystem, das die Nährstoffe verteilt und so zusätzlich die Funktion eines Blutgefäßsystems übernimmt. Ein G. ist ausgebildet bei ↗ Coelenterata (↗ Scyphozoa, alle Polypenstöcke) und bei den ↗ Plathelminthes.

Gastrozooide, die Fresspolypen der Staatsquallen (↗ Siphonophora).

Gastrula, *Becherkeim*, frühes Entwicklungsstadium vielzelliger Tiere. Die G. ist ein becherförmiger Keim aus zwei geschlossenen Zellschichten, dem äußeren ↗ Ektoderm und dem inneren ↗ Entoderm, zwischen die sich gleichzeitig oder bald darauf die Anlagen des dritten Keimblatts, des ↗ Mesoderms, schieben (außer bei den primär zweischichtigen ↗ Coelenterata). ↗ Gastrulation

Gastrulation, die erste Phase der Bildung der ↗ Keimblätter in der frühen ↗ Embryonalentwicklung, die durch das Einwandern von ↗ Entoderm und ↗ Mesoderm, die später die inneren Organe ausbilden, in das Innere des Keims gekennzeichnet ist. Dabei bildet sich durch Zellbewegungen und -verlagerungen aus der i. d. R. einschichtigen ↗ Blastocyste ein zunächst meist zweischichtiger Keim, die ↗ Gastrula. Der Verlauf der G. ist sehr unterschiedlich und bei den meisten Tiergruppen abhängig vom Dottergehalt des Eies und der Form der Blastocyste:

1) Bei der *Invagination* (z. B. bei ↗ Amphibia) stülpt sich die Wand (*Blastoderm*) des vegetativen Endes der Blastocyste ins *Blastocoel* ein, das entweder als primäre Leibeshöhle erhalten bleiben kann (z. B. bei den ↗ Echinodermata) oder gänzlich verdrängt wird (z. B. bei ↗ Branchiostoma). Die eingestülpte Zelllage ist das innere Keimblatt (↗ Entoderm); das an dieser Bewegung nicht betei-

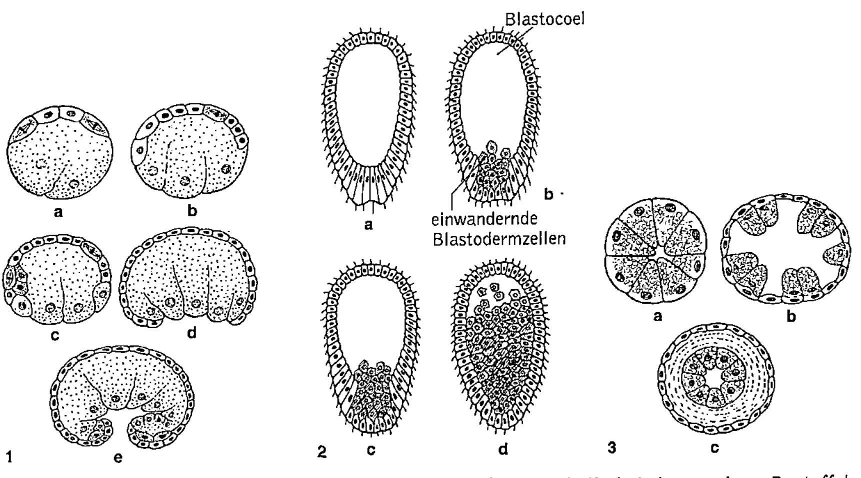

Gastrulation verschiedene Typen der Gastrulation: 1a–e *Epibolie* bei der marinen Pantoffelschnecke *Crepidula;* die vegetativen Makromeren werden von den animalen Mikromeren umwachsen und bilden später das Entoderm. 2a–d *Immigration* bei der Larve der Hydromeduse *Aequorea;* a Coeloblastula; b–d vom vegetativen Pol wandern einzelne Zellen ins Blastocoel ein; sie bilden später durch Spaltbildung das Entoderm. 3a–c *Delamination* bei der Hydromeduse *Geryonia;* die Zellen des späteren Entoderms werden durch Zellteilungen senkrecht zur Oberfläche ins Innere des Keims verlagert; zwischen Ektoderm und Entoderm bildet sich später die gallertige Mesogloea (gestrichelt in c)

ligte Zellmaterial bildet das äußere Keimblatt (↗ Ektoderm). Die Umschlagstelle zwischen Ekto- und Entoderm wird als *Urmund (Blastoporus, Prostoma)*, ihre Ränder als *Urmundlippen* bezeichnet. Der Urmund führt hinein in den *Urdarm (Gastralhöhle, Archenteron)*, der später zur definitiven Darmhöhle wird. 2) Bei vielen ↗ Mollusca und ↗ Annelida findet die G. durch *Epibolie (Umwachsung)* statt, indem die *Mikromeren* sich durch lebhafte Zellteilungen über die sich wesentlich langsamer vermehrenden *Makromeren* ausbreiten und sie schließlich umwachsen. Eine Urdarmhöhle kann infolge der relativ großen Makromeren nicht zustande kommen. Die Darmhöhle wird später durch Auseinanderweichen der inzwischen durch den Dotterverbrauch auf normale Zellgröße reduzierten Entodermzellen gebildet. 3) G. durch *Immigration (Einwanderung)* findet sich bei vielen ↗ Hydrozoa. Hier treten die Blastodermzellen entweder ausschließlich am vegetativen Pol oder an verschiedenen Stellen der bewimperten ↗ Coeloblastula in das Blastocoel ein (uni- oder multipolare Immigration). Sie füllen es zunächst in unregelmäßiger Anordnung, geben aber bald einen mittleren Spalt frei und schließen sich zum epithelialen Entoderm zusammen. 4) Bei der *Delamination (Abblätterung)* schließlich bildet sich das Entoderm durch tangentiale Teilungen der Blastodermzellen der Coeloblastula (bei einigen Hydrozoa und den ↗ Scyphozoa).

Gasvakuolen, *Gasvesikel*, mit Gas gefüllte Proteinstrukturen prokaryotischer Organismen, die schwebend im Wasser leben (z. B. ↗ Cyanobakterien). Durch den Auftrieb können die Organismen in

einer Wassersäule auf und ab schweben und sich in der Wasserschicht halten, in der optimale Wachstumsbedingungen bestehen. ↗ Fototrophe Bakterien können sich auf diese Weise optimale Bedingungen für die Fotosynthese verschaffen. (↗ Plankton)

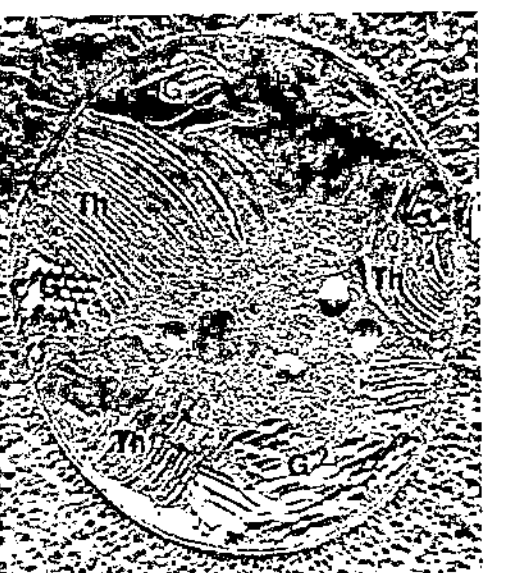

Gasvakuolen Elektronenmikroskopische Aufnahme (Gefrierbruchtechnik, Quer- und Flächenbruch) eines Cyanobakteriums (*Microcystis*) mit Gasvakuolen, die sich aus vielen Gasvesikeln zusammensetzen. G Gasvakuolen, Th Thylakoide (Fotosyntheseapparat)

Gaswechsel, *Gasaustausch*, der Austausch von Gasen bei Stoffwechselprozessen, insbesondere bei der ↗ Atmung und der ↗ Fotosynthese.

Gattung, *Genus*, eine systematische Einheit, die i. d. R. mehrere Arten umfasst, von denen angenommen wird, dass sie eine gemeinsame phylogenetische Herkunft haben. So genannte *monotypische* G. enthalten nur eine einzige (rezente) Art. Der erste, stets groß geschriebene Teil des wissenschaftlichen Namens eines Organismus ist der *Gattungsname*, z. B. *Apis* mellifera, *Homo* sapiens. (↗ Art, ↗ binäre Nomenklatur, ↗ Systematik)

Gaumen, das Munddach (↗ Mund).

Gaumenbein, *Os palatinum,* paariger Deckknochen im Munddach (↗ Mund) der Wirbeltiere. Das G. bildet bei Säugern den Hinterrand des sekundären Munddachs und grenzt mit seinem Vorderrand an die Gaumenplatte des Oberkiefers (Maxillare; ↗ Schädel).

Gaur, Art der ↗ Rinder.

Gause-Volterra-Gesetz, das ↗ Konkurrenzausschlussprinzip.

Gavialidae, *Gaviale,* Fam. der Krokodile (↗ Crocodylia) mit nur einer rezenten Art, dem bis 7 m langen, in Flüssen des nördlichen Vorderindiens lebenden Gangesgavial (*Gavialis gangeticus*). Charakteristisch sind vor allem die schmale, stark verlängerte Schnauze, außerdem die relativ schwach entwickelten Beine und der kräftige Ruderschwanz. Die Kiefer sind mit über 100 spitzen, leicht nach außen gebogenen Zähnen ausgestattet. G. ernähren sich vor allem von Fischen, aber auch von kleinen Säugetieren oder Wasservögeln. Die hartschaligen Eier werden in Gruben auf Sandbänken und am Ufer abgelegt und vom Weibchen bewacht, das zudem die Jungen nach dem Schlüpfen im Maul ins Wasser transportiert. Aufgrund starker Verfolgung sind die Restbestände stark gefährdet; es wird versucht, durch Aufzuchtstationen und Auswilderung die Bestände dauerhaft zu sichern.

Gaviiformes, *Seetaucher,* Ord. der Wasservögel, die an Binnengewässern der Nordhalbkugel brüten und sich während des Zuges vorwiegend auf dem Meer aufhalten. G. sind 60 bis 90 cm groß und ernähren sich hauptsächlich von Fischen, die sie in bis 70 m Wassertiefe jagen. Männchen und Weibchen sind gleich gefärbt. Man unterscheidet vier bis fünf Arten, die am Bauch stets weiß, am Rücken im Ruhekleid graubraun und im Prachtkleid meist schachbrettartig schwarzweiß gemustert sind, mit schwarzweißer Streifung am Hals. An der deutschen Küste finden sich im Winter Sterntaucher (*Gavia stellata*), Prachttaucher (*Gavia arctica*) und Eistaucher (*Gavia immer*).

Gayal, die Haustierform des Gaur (↗ Rinder).

Gay-Lussac, *Joseph Louis,* franz. Chemiker und Physiker, ✳ 6.12.1778 Saint-Léonard-de-Noblat (bei Limoges), † 9.5.1850 Paris; seit 1806 Mitglied der Académie des sciences in Paris, ab 1808 (bis 1832) Prof. für Physik an der Sorbonne, ab 1809 auch für Chemie an der École Polytechnique, seit 1832 am Musée National d'Histoire Naturelle. G.-L. endeckte 1802 (unabhängig von J.A.C. Charles), dass alle Gase nahezu dieselbe Wärmeausdehnung haben und formulierte das *Gay-Lussac-Gesetz*. Neben einer Vielzahl bedeutender physikochemischer und anorganisch-chemischer Arbeiten formulierte er 1816 die Bruttogleichung der Gärungsreaktion (↗ alkoholische Gärung) und stellte 1819 aus Cellulose ↗ Glucose her.

Gazellen, *Gazella,* Gatt. der ↗ Antilopinae.

GC-Box, Sequenzmotiv in Promotoren eukaryotischer Gene, dessen Consensussequenz 5'-GGGCGG-3' beträgt. Bestimmte ↗ DNA-bindende Proteine können mit der G. interagieren. (↗ CAAT-Box, ↗ Transkription)

GC-Gehalt, *G+C-Gehalt,* der relative Gehalt an ↗ Guanin plus ↗ Cytosin in der DNA. Dieser wird als prozentualer Anteil von Guanin und Cytosin am Gesamtbasengehalt angegeben. In der konventionellen Taxonomie von Prokaryoten wird der GC-Gehalt häufig zur Charakterisierung von Organismen herangezogen. Dieser variiert meist zwischen 25 Molprozent (bei einigen Clostridien) und 76 Molprozent (bei einigen Actinomyceten). ↗ grampositive Bakterien

G-CSF, ↗ Kolonie stimulierende Faktoren.

GDP, Abk. für Guanosin-5'-diphosphat (↗ Guanosinphosphate).

Geastrales, *Erdsterne,* zu den ↗ Lycoperdanae gehörende Ord. der Pilze mit etwa 20 Arten in Europa. Die Fruchtkörper werden meist unterirdisch als Knolle angelegt. Sie erhalten ihre typische Gestalt, indem sich bei Streckung Teile der äußeren Fruchtkörperhülle (*Exoperidie*) sternförmig ablösen und die kugelförmige innere Fruchtkörperhülle (*Endoperidie*) mit der *Gleba* (Masse aus Hyphen und Basidiosporen) freigibt.

Gebärmutter, *Uterus, Delphys,* weibliches Geschlechtsorgan, in das die Eileiter münden und das einen Ausgang zur ↗ Scheide (Vagina) hat. In der G. entwickeln sich die befruchteten Eier weiter. Beim Menschen liegt die G. im kleinen Becken zwischen Harnblase und Mastdarm. Sie hat Größe und Form einer abgeplatteten Birne, deren größerer oberer Teil (*Gebärmutterkörper, Corpus uteri*) gegen das schmalere untere Drittel (*Gebärmutterhals, Cervix uteri*) in Richtung zur Bauchwand abgeknickt ist. Die G.-Höhle verengt sich zum G.-Hals hin zum Cervixkanal, der einen alkalischen Schleim als Infektionsschutz enthält. Der G.-Hals ragt mit seinem unteren Teil, dem *Muttermund* (*Portio vaginalis*), in die Scheide hinein. Die Innenseite der G. wird von der gefäßreichen *G.-Schleimhaut (Endometrium)* ausgekleidet. Sie besteht aus einer dünnen Basalschicht (*Basalis*) und der darauf sitzenden *Funktionalis*, die zyklischen Veränderungen unterliegt (↗ Menstruationszyklus) und an der Bildung des Mutterkuchens (↗ Placenta) beteiligt ist. Das Endometrium ist nach außen von einer rund 1 cm dicken Muskelschicht (*Myometrium*) umgeben, die stark dehnbar ist. Das Bauchfell schließlich bildet die Außenhülle (*Perimetrium, Tunica serosa*), die in Bänder übergeht, welche die G. in ihrer Position halten.

Bei *Säugetieren* werden verschiedene G.-Formen unterschieden. Die Beuteltiere (↗ Marsupialia) besitzen einen paarigen *Uterus didelphis*. Die stammesgeschichtlich aus einem Abschnitt des paarigen Müller-Gangs entstandenen Uteri sind hier noch völlig getrennt und münden je in eine eigene Scheide. Viele Nagetiere (↗ Rodentia) besitzen einen *Uterus duplex*, mit getrennten Uteri, aber gemeinsamer Scheide. Noch weiter vereinigt ist der Uterus bicornis z. B. der ↗ Huftiere. Die Gebärmutterhöhlen gehen hier im unteren Teil ineinander über. Der *Uterus bipartus* der Raubtiere (↗ Carnivora) ist ähnlich gebaut, allerdings zieht von cranial ein Septum in den gemeinsamen Uterusteil. Der *Uterus simplex* der Primaten einschließlich des Menschen hat eine einheitliche, ungeteilte G.-Höhle. Auch bei vielen *Wirbellosen* ist eine G. ausgebildet (↗ Plathelminthes, ↗ Nemathelminthes, viele ↗ Arthropoda). Sie unterscheidet sich bei ihnen morphologisch meist nur wenig vom Eileiter.

Gebirgsbach, *Rhithral*, ↗ Fließgewässer.

Gebirgsstelze, Art der Fam. ↗ Motacillidae (Pieper und Stelzen).

Gebiss, *Dentition*, die Gesamtheit der ↗ Zähne von Reptilien und Säugetieren. Das G. dient i. d. R. der Nahrungsaufnahme und der mechanischen Aufbereitung der Nahrung und ist zweckentsprechend differenziert. Bei erwachsenen placentalen Säugetieren sind ursprünglich 44 typisch gestaltete Zähne vorhanden, die sich wie folgt gliedern: drei Schneidezähne, ein Eckzahn, vier vordere und drei hintere Backenzähne pro Kieferhälfte. Die Anzahl der Zähne kann sekundär erhöht oder reduziert sein. Diesem *Dauergebiss* geht meist ein *Milchgebiss* voraus mit je drei Schneidezähnen, einem Eckzahn und vier Backenzähnen je Kieferhälfte. Bei einmaligem Zahnwechsel spricht man von einem *diphyodonten G.* (Mensch), bei fehlendem Zahnwechsel von einem *monophyodonten G.* (z. B. Delfine) und bei mehrfachem Zahnwechsel von einem *polyphyodonten G.* (Reptilia). Ein G. aus gleichen (nicht unbedingt gleich großen) Zähnen heißt *isodont* oder *homodont* (z. B. Reptilia), meist gruppenweise unterschiedliche Zähne kennzeichnen das *heterodonte* oder *anisodonte* G. In einem *iso-*

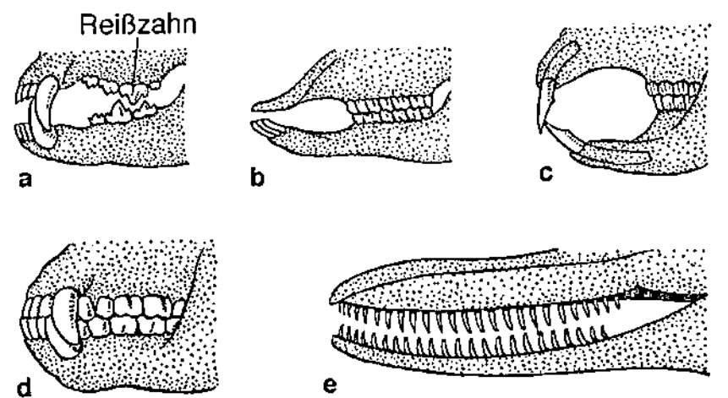

Gebiss Gebisstypen verschiedener Säugetiere: a Raubtier, b Wiederkäuer, c Nager, d Menschenaffe, e Zahnwal

gnathen G. treffen obere und untere Zahnreihe exakt aufeinander, im *anisognathen* G. stehen die oberen Zähne weiter auseinander. Im *labidodonten* G. bilden die Schneidezähne eine „Kneifzange" und im *psalidonten* G. eine Schere. Hinsichtlich der Funktion unterscheidet man *Greifgebiss* (Zahnwale, Robben), *Rupfgebiss* (Pferde, Kühe), *Nagegebiss* (Hasenartige und Nagetiere), *Kaugebiss* (Schweine, Affen), *Quetschgebiss* (Flusspferde), *Scherengebiss* (Insektenfresser) und *Brechscherengebiss* (Raubtiere).

Geburt, *Partus*, Vorgang des Austreibens von Nachkommen aus dem mütterlichen Körper. I. e. S. ist der Begriff G. nur auf lebend gebärende Organismen anwendbar, wobei die Nachkommen frei beweglich und nicht von Hüllen oder Schalen umgeben sind, wie bei der Oviparie (Eierlegen). Eine G. in diesem Sinne gibt es mit Ausnahme der Kloakentiere (↗ Monotremata) bei allen Säugetieren (↗ Mammalia); sie findet sich auch bei vielen Arten aus anderen Tiergruppen, z. B. bei manchen Teleosteern, einigen Haien (↗ Selachimorpha) oder manchen Schlangen (↗ Serpentes).

In der *Humanmedizin* werden drei Geburtsphasen unterschieden: 1) *Eröffnungsperiode*. In Abständen von zunächst zehn bis 15 Minuten, später in kürzeren Abständen, laufen Kontraktionswellen (*Wehen*) über die ↗ Gebärmutter. Dabei wird der Gebärmutterhals zurückgezogen und der äußere Muttermund erweitert sich langsam. Die ↗ Fruchtblase, in der das Kind schwimmt, ragt dann in den Gebärmutterhals, platzt schließlich auf (*Blasensprung*) und das Fruchtwasser läuft aus. Hierauf folgt 2) die *Austreibungsperiode*. Stärkere Wehen in kürzeren Abständen drängen das Kind nun aus der Gebärmutter durch die Scheide nach außen. Dies kann durch willkürliche Anspannung der Bauchmuskeln unterstützt werden (*Presswehen*). Die Bänder im Beckenbereich und der Knorpel in der Schamfuge (Beckensymphyse) sind durch hormonellen Einfluss während der Schwangerschaft besonders elastisch geworden, sodass sich das Becken leichter dehnt. Nach Beendigung der Austreibung sind Mutter und Kind noch durch die ↗ Nabelschnur verbunden, die meist schon völlig kollabiert (in sich zusammengefallen) ist. Bei der *Abnabelung* wird sie (unter den Bedingungen der technisierten Medizin) trotzdem an zwei Stellen fest unterbunden und dazwischen durchtrennt; weltweit betrachtet wird überwiegend auf das Unterbinden verzichtet. Die Austreibungsperiode dauert bei Erstgebärenden etwa ein bis zwei Stunden, bei Mehrgebärenden meist wesentlich kürzer. 3) In der *Nachgeburtsperiode* werden innerhalb von etwa zwei Stunden nach der Austreibung die Reste der ↗ Placenta und der Embryonalhüllen durch erneute Wehen als *Nachgeburt* aus der Gebärmutter ausgestoßen. Damit ist die G. beendet. Die nun in der Gebärmutterwand offenen Gefäße werden durch Kontraktionen der Gebärmutter zugedrückt. Die gesamte G. dauert bei Erstgebärenden durchschnittlich zehn bis 13 Stunden, bei Mehrgebärenden sechs bis acht Stunden. Von einer *Sturzgeburt* spricht man bei einer Geburtsdauer von weniger als zwei Stunden, bei Wehenschwäche kann es zu einer verlängerten (protrahierten) G. kommen.

Geburtshelferkröte, *Alytes obstetricans*, 3 bis 5 cm lange Art der Scheibenzüngler (Discoglossidae) mit Verbreitung in Südwesteuropa und Nordafrika. G. sind kröten- oder unkenähnliche Frösche mit warziger Haut und senkrechten Pupillen. Sie leben in trockenen Wäldern, in Gärten, an Steinmauern und auf sandigem Untergrund, wo sie sich tagsüber eingraben. Die Paarung erfolgt an Land. Charakteristisch ist die Brutpflege der G.: Nach der Eiablage wickelt sich das Männchen die gallertigen Eischnüre um die Hinterbeine und setzt die nach drei Wochen schlüpfenden Larven im Wasser ab.

Geckos, die Fam. ↗ Gekkonidae.

Gedächtnis, die Fähigkeit von Organismen, innerhalb ihrer Individualentwicklung (↗ Ontogenese) Erinnerungen zu bilden und Gelerntes abrufbar zu speichern und sich so die Vergangenheit nutzbar zu machen. Im Tierreich können komplexe G.-Leistungen bei Insekten (↗ Insecta), Krebsen (↗ Crustacea), Spinnen (↗ Araneae), Kopffüßern (↗ Cephalopoda), und Wirbeltieren (↗ Vertebrata) beobachtet werden. Für die Organisation des Verhaltens von Tier und Mensch spielt das G. eine äußerst wichtige Rolle.

Das G. ist kein einheitliches Phänomen. Bei Säugetieren und dem Menschen wird oft ein deklaratives G. (explizites G.) von einem prozeduralen G. (impliziten *G.*) unterschieden. Die Inhalte des *deklarativen G.* werden bewusst wahrgenommen und können erklärt werden, wie z. B. die Erinnerung an ein interessantes Erlebnis. Die Inhalte des *prozeduralen G.* machen sich durch verbessertes Verhalten, ohne bewusstes Erinnern, bemerkbar, z. B. durch langsam wachsende Fertigkeiten während des Übens eines Musikinstrumentes. Das explizite G. bildet sich in mindestens drei aufeinander aufbauenden Phasen aus, die unterschiedliche organische Substrate haben und durch Hirnverletzungen selektiv beeinträchtigt werden können. Das *Ultrakurzzeitgedächtnis* (auch *sensorisches G.* genannt), besteht in einem über Sekundenbruchteile andauernden Nachschwingen neuronaler Erregung auf der Ebene der Sinnesorgane nach sensorischer Reizung. Das gerade gesehene Bild bleibt nach plötzlichem Schließen des Auges als so genanntes *Icon* noch kurz erhalten, bevor es erlischt. Ähnliches kann für das Hören beobachtet werden, das Nachklingen heißt dann *Echo*.

Die umfangreichen Inhalte des Ultrakurzzeitgedächtnisses müssen in das *Kurzzeitgedächtnis* (*primäres G.*) überführt werden, um nicht verloren zu gehen. Das Kurzzeitgedächtnis geht in seiner Dauerhaftigkeit deutlich über die Möglichkeiten der sensorischen Register hinaus, seine Kapazität ist hingegen eher klein. In Versuchen mit Menschen wurde festgestellt, dass im Kurzzeitgedächtnis 7±2 Sinneinheiten behalten werden können, die seriell abrufbar sind. Sinneinheiten sind z. B. Zahlen, Wörter oder Buchtitel. Der Inhalt des Kurzzeitgedächtnisses bleibt bestehen, solange er in einem aktiven Prozess präsent gehalten wird, geht jedoch verloren, wenn die Versuchsperson durch Ablenkung unterbrochen wurde, bevor der Übergang ins Langzeitgedächtnis erfolgte. Das physiologische Substrat für das Kurzzeitgedächtnis sind Muster elektrischer Aktivität von Nervenzellen (↗ Neuron) und ↗ Gliazellen im Gehirn, aber es treten auch Veränderungen der Membranstruktur und Ausschüttung von ↗ Transmittersubstanzen auf, die mehrere Minuten bis Stunden anhalten. Die Ausschüttung des Transmitters (hier ↗ Serotonin) wird über die ↗ Adenylat-Cyclase und cAMP (↗ Adenosinphosphate) als ↗ second messenger vermittelt, Ergebnis ist ein erhöhter Ca^{2+}-Einstrom in das Endknöpfchen der ↗ Synapse und dann die erhöhte Transmitterausschüttung. Die Bedeutung des Kurzzeitgedächtnisses liegt vor allem in seiner Rolle als „Nadelöhr" zum Langzeitgedächtnis. Im ↗ Gehirn der Säugetiere scheint eine Struktur am Innenrand der Großhirnrinde, der *Hippocampus*, für den Übergang vom Kurzzeitgedächtnis in das explizite Langzeitgedächtnis unverzichtbar zu sein. Seine Zerstörung führt dazu, dass der betroffene Patient neue Informationen nur über einen kurzen Zeitraum behalten kann (*anterograde Amnesie*). Die Übertragung aus dem Kurzzeitgedächtnis in das Langzeitgedächtnis wird durch Üben im Sinne von Wiederholen erleichtert, was ein Zirkulieren der Information im Kurzzeitgedächtnis bewirkt.

Das *Langzeitgedächtnis* ist durch seine praktisch unbegrenzte Speicherkapazität, die über die ganze Lebenszeit eines Individuums währt, gekennzeichnet, sowie dadurch, dass sein Inhalt parallel abrufbar ist. Das physiologische Substrat des Langzeitgedächtnisses besteht in dauerhaften elektrophysiologischen, molekularen und morphologischen Veränderung von Nervenzellen, vermutlich vor allem an ihren Synapsen. Für die Überführung einer Information in eine länger anhaltende Form ist die *Langzeitpotenzierung* (*long-term potentiation; LTP*) ein grundlegender Prozess. Dies bezeichnet das Phänomen, dass sowohl Amplitude als auch Dauer ↗ erregender postsynaptischer Potenziale (EPSP) über Stunden, Tage oder Wochen erhöht sind, wenn die afferenten

Axone wiederholt gereizt werden. Ebenso wie beim Kurzzeitgedächtnis kommt es, durch Adenylat-Cyclase und cAMP vermittelt, zu einem erhöhten Ca^{2+}-Einstrom, der allerdings jetzt längere Zeit anhält. Im Unterschied zum Kurzzeitgedächtnis ist jetzt der Transmitter *Glutamat* (↗ Glutaminsäure) beteiligt, wobei vor allem einer der Glutamat-Rezeptoren, der *NMDA-Rezeptor* (*N-Methyl-D-*Aspartatrezeptor) eine wichtige Rolle bei der Konsolidierung von Informationen ins Langzeitgedächtnis spielt. Es scheint einen zweiten, so genannten *retrograden Messenger* zu geben, dessen Synthese durch die o. a. Prozesse in der postsynaptischen Zelle angeregt wird und der dann über Zwischenschritte in die präsynaptische Zelle diffundiert und dort den oben beschriebenen Prozess aufrecht erhält. Dieser retrograde Messenger wird zur Zeit in ↗ Stickstoffmonooxid *(NO)* vermutet. ↗ Noradrenalin spielt ebenfalls eine wichtige Rolle bei der Langzeitpotenzierung im Hippocampus. Die LTP lässt sich durch Gabe von Noradrenalin verbessern und umgekehrt führt die Gabe von noradrenergen β-Rezeptorenblockern oft zu Gedächtnisausfällen. Die Konsolidierung von Inhalten und das Langzeitgedächtnis sind darüber hinaus mit einer verstärkten Genexpression und Steigerung der Proteinsynthese verbunden, wobei bislang nicht aufgeklärt werden konnte, welche Gene bevorzugt aktiviert werden.

Literatur: Fischer, E.P.: Mannheimer Forum 97/98, Gedächtnis und Erinnerung, München 1998. – Schacter, D.L.: Wir sind Erinnerung, Reinbek 1999. – Squire, L.R., Kandel, E.R.: Gedächtnis. Heidelberg, Berlin 1999.

Gedächtniszellen, die *B-Gedächtniszellen* (↗ B-Lymphocyten; ↗ spezifische Immunantwort).

Gedeihkurve, in der Ökologie die graphische Darstellung der Toleranzbreite eines Organismus gegenüber einem Umweltfaktor (↗ ökologische Potenz).

gefährdete Arten, ↗ Artenschutz, ↗ Rote Liste.

Gefäße, 1) bei *Tieren* durch meist einschichtige Plattenepithelien (↗ Epithel) abgegrenzte Röhren, in denen Körperflüssigkeit (↗ Blut, ↗ Hämolymphe, ↗ Lymphe) transportiert wird. Die Gesamtheit der G. eines Organismus wird als *Gefäßsystem* bezeichnet.
2) bei *Pflanzen* i. e. S. die deutsche Bez. für die ↗ Tracheen; gelegentlich werden auch die ↗ Tracheiden mit einbezogen.

Gefäßglieder, ↗ Xylem.

Gefäßpflanzen, *Tracheophyta*, Pflanzen, die ein Leitbündelsystem besitzen. Dazu gehören die Farngewächse (↗ Pteridophyta) und die Samenpflanzen (↗ Spermatophyta).

Gefäßteil, der Holzteil (↗ Xylem) der ↗ Leitbündel.

Gefieder, *Federkleid*, die Gesamtheit der ↗ Federn, die den Vogelkörper bedecken. Seine Funktionen sind Wärmeisolation und Schutz vor Feuchtigkeit, es steht im Dienst der Fortbewegung sowie der Art- und Geschlechtererkennung. Der Funktion entsprechend werden bei den das G. bildenden Federn Schwung-, Deck- und Steuerfedern und Dunen unterschieden. Je nach Art des G. kann unterschieden werden zwischen *Ruhe-* oder *Schlichtkleid, Pracht-, Brut-* oder *Hochzeitskleid* sowie *Nestlings-* oder *Dunenkleid* und *Jugendkleid.*

Geflügelpest, akute, hochansteckende, fieberhaft verlaufende Viruserkrankung der Vögel (Huhn und andere Vogelarten). Der Erreger der klasssischen G. ist ein Influenza-A-Virus (↗ Influenzaviren).

Gefrierätztechnik, *Gefrierbruchtechnik*, eine Präparationstechnik der *Transmissionselektronenmikroskopie*, die besonders bei der Untersuchung von Biomembranen sehr aussagekräftige Ergebnisse liefert. Dabei wird das tiefgefrorene Untersuchungsobjekt im Vakuum mit einem Spezialmesser (↗ Mikrotom) geschnitten bzw. aufgebrochen, sodass anstatt einer glatten eine unregelmäßige Bruchfläche entsteht, die z. T. die Lipiddoppelschichten von Zellmembranen voneinander trennt. Durch Absublimieren von Wassermolekülen, das bei Lipidflächen weniger stark erfolgt als bei cytoplasmatischen Bereichen, entsteht eine Art Reliefstruktur, die an angeätzte Metalloberflächen erinnert. Nach einer schrägen Bedampfung mit einer Schwermetall-Kohle-Schicht kann der entstandene Metall-Kohlefilm elektronenmikroskopisch untersucht werden. Dabei wird eine kontrastreiche Darstellung der zu untersuchenden Strukturen sichtbar. Die

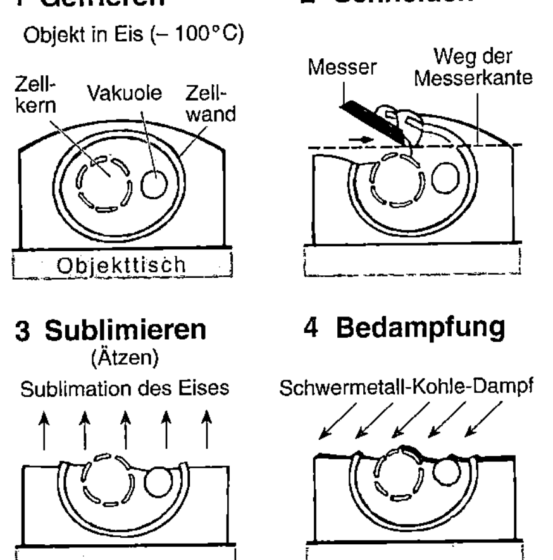

Gefrierätztechnik 1 schockgefrorenes Objekt im Eis, 2 Schneide- bzw. Bruchvorgang, 3 unterschiedlich starke Sublimation des Eises an der Bruchoberfläche, 4 Schrägbedampfung eines Metall-Kohle-Films

Strukturerhaltung ist aufgrund der sofortigen Kälte-
fixierung der biologischen Objekte i. d. R. gut.
(↗ Mikroskopie)

Gefrierbruchtechnik, die ↗ Gefrierätztechnik.

Gefrieren, ↗ Frostschäden, ↗ Frostresistenz,
↗ Kälteresistenz, ↗ Gefrierschutzmittel.

Gefrierschutzmittel, in der *Zoologie* Bez. für organische Verbindungen, die den Gefrierpunkt biologischer Flüssigkeiten herabsetzen. Dazu gehöhren
Zucker, organische Säuren, Aminosäuren und Proteine (↗ Gefrierschutzproteine). ↗ Frostresistenz

Gefrierschutzproteine, Bez. für Proteine und
Glykopeptide, die das Wachstum von Eiskristallen
verhindern. G. werden neben anderen ähnlich
wirkenden Substanzen z. B. in der Körperflüssigkeit antarktischer Fische und überwintern-
der Insekten (z. B. manche Hornissen) gefunden.
G. können auf unterschiedliche Art und Weise
wirken: 1) Erniedrigung des Gefrierpunkts von Lösungen durch die Bindung von Eiskristallen, die
durch polare Atomgruppen bewerkstelligt wird.
Dies verhindert die weitere Absorption von Wasser
durch die Kristalle und damit deren Wachstum
(*Kelvin-Effekt*). 2) Schutz vor Schäden durch zu
niedrige Temperaturen durch Zelloberflächenkon-
takte und Wechselwirkungen mit Ionenkanälen.
3) Bei ↗ Arabidopsis thaliana konnte nachgewiesen werden, dass das G. die Krümmung der Chloro-
plastenmembran verändert und so die mechanische Belastung durch die Eiskristalle herabsetzt.

Gefriertrocknen, ↗ Kryokonservierung.

Gegenfarbentheorie, ↗ Farbensehen.

Gegenstromaustausch, *Gegenstromprinzip,* bei
vielen Tieren vorkommendes Prinzip zur Anreicherung gelöster Stoffe oder Gase, oder auch zur Rück-
gewinnung oder Abgabe von Wärme durch Aufrechterhaltung eines entsprechenden, möglichst
steilen Gradienten zwischen den korrespondierenden Medien aufgrund von gerichteter Diffusion. Die
beiden betreffenden Medien müssen dazu in gegen-
läufiger Richtung aneinander vorbeiströmen, wobei
sie durch eine selektiv durchlässige Scheidewand
getrennt sind. Auf diese Weise wird über die gesamte Austauschstrecke beider Strombahnen ein maximales Konzentrationsgefälle aufrechterhalten. Dieses bewirkt eine stetige, einseitig gerichtete
Diffusion des anzureichernden Stoffes von einem
in das andere Medium. Ein solcher Gegenstromaustausch bewirkt z. B. in der Placenta der Säugetiere
trotz getrennter Blutbahnen die wirkungsvolle
Versorgung des Embryos mit Sauerstoff und Nährstoffen, aber auch die Abgabe von Stoffwech-
selendprodukten des Embryos an den mütterlichen
Blutkreislauf. Sind in einem Gegenstromsystem die
flüssigkeitstransportierenden Gefäße schleifen-
förmig angeordnet, und finden zusätzlich aktive
Ionentransportvorgänge aus einem Schenkel der

Schleife in das umgebende Medium statt, kommt
es zu einer Multiplikation der Einzelkonzentrier-
effekte mit einem Maximum am Scheitelende der
Schleife (*Gegenstrommultiplikation,* z. B. in der
↗ Niere). ↗ Atmung, ↗ Kiemen, ↗ Rete mirabile,
↗ Schwimmblase

Gehen, Form der Fortbewegung mit Hilfe von Beinen (↗ Extremitäten), die aus einzelnen *Schritten*
besteht. Diese beinhalten zwei Phasen: in der
Stemm- oder *Retraktionsphase* wird das Bein auf
dem Boden aufgesetzt und nach hinten gedrückt,
der Körper bewegt sich vorwärts. In der anschließenden *Schwing-* oder *Protraktionsphase,* wird
das Bein vom Boden abgehoben und nach vorne
bewegt. Beide Phasen zusammen ergeben den
Schreitzyklus eines Beins. Je schneller die Fortbewegung ist (*Laufen*), desto kürzer ist der Zeitanteil,
während dessen ein Bein Kontakt zum Boden hat.
Untersuchungen an verschiedenen Tieren (Insekten, Krebse, Säugetiere) haben gezeigt, dass die
Kontrolle der Laufbewegungen weitgehend dezen-
tral organisiert ist.

Gehirn, *Hirn, Cerebrum, Encephalon,* i. e. S., der
im Schädel befindliche Teil des Zentralnervensystems (↗ Nervensystem), i. w. S. Bez. für die größte
Ansammlung von Nervenzellen in einem Organismus. Bei den wirbellosen Tieren wird das größte,
i. d. R. kopfwärts gelegene ↗ Ganglion oft auch als
G. bezeichnet. Jedoch sollte eine Zentralisierung
mehrerer Ganglien oder anderer Funktionseinheiten des Nervensystems vorliegen, um auch funktionell von einem G. sprechen zu können. Das G.
koordiniert und steuert die Körperfunktionen, vermittelt die Wahrnehmung, integriert sensomotorische Prozesse und organisiert Verhalten, Denken
und Gefühle. Seine Aktivität repräsentiert den inneren Zustand des Gesamtorganismus. Dem G.
werden von den Sinnesorganen Nervenerregungen
zugeleitet, die es verarbeitet und in geeigneter
Form an verschiedene Effektororgane weitergibt.
Es ist darüber hinaus jedoch auch zur Erzeugung
von Nervenimpulsen (↗ Aktionspotenzial) in der
Lage, die nicht mit der unmittelbaren sensorischen
Erregung zusammenhängen, sondern einerseits mit
Erinnerungen an frühere sensorische Ereignisse zu
tun haben und andererseits durch genetische Faktoren bedingt sind. Ein Verständnis von Bau und
Funktion des G. lässt sich nur aus einer umfassenden Betrachtung des Gesamtorganismus, also auch
des peripheren Nervensystems sowie des Grundbauplans und der Lebensform des untersuchten
Organismus gewinnen.

Bei der Betrachtung der evolutiven Entwicklung
eines G. in den verschiedenen Tierklassen können
die Polypen der *Nesseltiere* (↗ Cnidaria) mit ihrem
diffusen, also noch nicht zentralisierten *Nervennetz* als Ausgangsmodell dienen. Bereits bei den

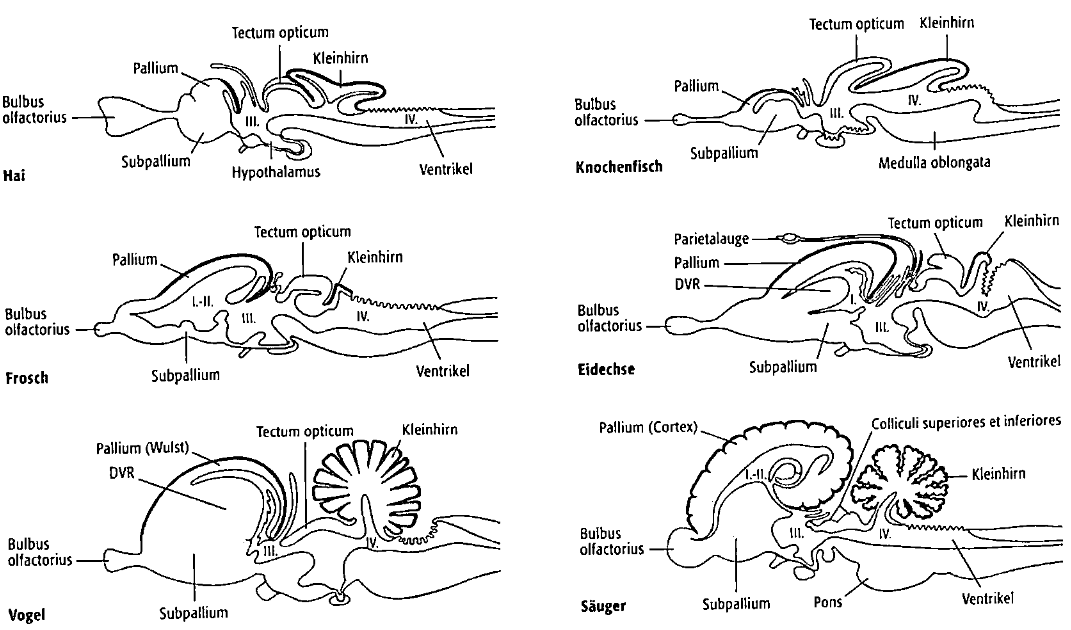

Gehirn Längsschnitte durch die Gehirne verschiedener Wirbeltiere. Das Pallium (Hirnmantel) bildet die dorsal und lateral gelegene äußere Schicht des Telencephalons; es heißt bei Säugern Cortex cerebri, bei Vögeln nennt man einen Teil des Palliums auch Wulst. Die darunter liegenden telencephalen Hirnregionen nennt man Subpallium. Ein prominenter, z. B. abgesetzter Bereich des Subpalliums des Reptilien- und Vogelgehirns wird dorsaler ventrikulärer Kamm (engl. dorsal ventricular ridge, DVR) genannt. Die Oberfläche von Pallium und Kleinhirn ist jeweils durch einen dicken Strich hervorgehoben. Die römischen Zahlen bezeichnen die Ventrikel

Plattwürmern (↗ Plathelminthes) findet sich ein meist als *Cerebralganglion* bezeichnetes einfaches G., von dem eine wechselnde Anzahl markhaltiger, häufig von Kommissuren verbundener Längsstränge ausgeht. Bei den *Ringelwürmern* (↗ Annelida) ist an der Ausgestaltung des Cerebralganglions sehr deutlich die Abhängigkeit des G. von Lebensweise, Bau der Sinnesorgane und Kopfbildung zu erkennen. Fast alle sessilen Polychaeta besitzen ein nur sehr einfach gebautes Cerebralganglion, haben keine komplexen Sinnesorgane und zeigen keine Kopfbildung (*Cephalisation*). Bei räuberisch lebenden, frei beweglichen Polychaeta ist das Cerebralganglion hingegen oft recht hoch entwickelt. Es lässt eine Untergliederung in einzelne Sinnesfelder erkennen, die in Assoziationsgebieten miteinander verknüpft werden, und versorgt die am Kopf gelegenen Sinnesorgane. Die Innervierung des restlichen Körpers übernimmt ein Strickleiternervensystem. Bei den *Insekten* (↗ Insecta) findet sich die gleiche Grundorganisation des G. wieder. Im Zusammenhang mit einer weit fortgeschrittenen Cephalisation, der Entwicklung sehr leistungsfähiger Sinnesorgane und der Ausbildung eines umfangreichen Verhaltensrepertoires ist die Ausbildung von Assoziationszentren und Verbindungsbahnen viel ausgeprägter. Deutlich zu erkennen ist die Teilung des G. in ein vor oder über dem Schlund gelegenes

Oberschlundganglion und ein unter diesem gelegenes Unterschlundganglion. Entsprechend der segmentalen Natur des Insektenkopfes lassen sich an jedem dieser Ganglienkomplexe Abschnitte nachweisen, die sich phylogenetisch von den ursprünglich isoliert liegenden Ganglien des Strickleiternervensystems z. B. der Annelida ableiten lassen. Das *Oberschlundganglion* zeigt eine Gliederung in das vorne gelegene *Protocerebrum* mit den als Augenlappen zusammengefassten Sehganglien sowie drei Assoziationszentren, den paarigen *Pilzkörpern* (↗ Corpora pedunculata), dem unpaaren *Zentralkörper* (*Corpus centrale*) und der *Protocerebralbrücke* (*Pons protocerebralis*). In diesen Zentren treffen Fasern der verschiedenen sensorischen Gebiete des G. sowie Fasern aus den segmentalen Ganglien zusammen. Der dahinter liegende Teil, das *Deutocerebrum* versorgt mit motorischen Fasern die Muskeln der Antennen und empfängt sensible Fasern von deren Sinnesorganen. Der hintere Teil, das *Tritocerebrum* (*Interkalarsegment*) ist bei den Insekten gering entwickelt. Das *Unterschlundganglion*, das mit dem Oberschlundganglion durch Fasern verbunden ist, koordiniert Sensorik und Motorik der drei Paar ↗ Mundgliedmaßen. Bei den Insekten koordiniert das G. auch die Verknüpfung von Nervensystem und ↗ Hormonsystem, wobei hierfür aus neurosekretorischen Zellen aufgebaute

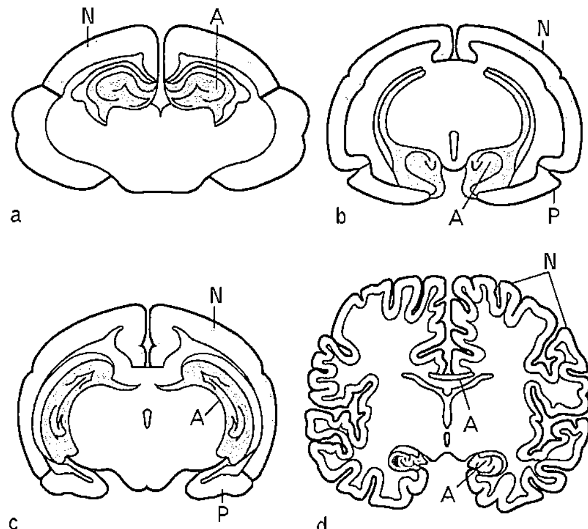

Gehirn In der Evolution der Primaten zeigt das Endhirn (Telencephalon) ein ähnliches Verhalten wie in der Embryonalentwicklung des Menschen: Es entfaltet sich spät und überwächst anschließend die übrigen Gehirnteile, wie an den Querschnitten durch die Gehirne von a Igel, b Spitzhörnchen, c Halbaffe (Lemur) und d Mensch gezeigt wird. P Palaeocortex (Riechhirn), A Archicortex, N Neocortex

Neurohämalorgane (↗ Corpora cardiaca) eine wichtige Rolle inne haben.

Auch die *Weichtiere* (↗ Mollusca) zeigen, vor allem bei den Muscheln (↗ Bivalvia), den Schnecken (↗ Gastropoda) und den Kopffüßern (↗ Cephalopoda), eine zunehmende Zentralisierung der Nervenzellen in Ganglien. Die Schnecken z. B. besitzen entsprechend der funktionellen Gliederung des Körpers außer dem *Cerebralganglion*, das die Sinnesorgane versorgt und ein übergeordnetes Reflexzentrum ist, paarige *Pedalganglien*, die die nervöse Kontrolle des Fußes übernehmen. Paarige *Pleuralganglien* versorgen den Mantel, ebenfalls paarige *Parietalganglien* innervieren die Kiemen und die Haut und ein unpaares *Visceralganglion* die Eingeweide. Die Zentralisation des Nervensystems ist bei den Kopffüßern am weitesten fortgeschritten. Im Cerebralganglion finden sich zahlreiche Assoziationszentren und Verbindungsbahnen, die im Zusammenhang mit den hohen Sinnesleistungen, der Lebensweise in einem komplex gegliederten Lebensraum und der Lernfähigkeit dieser Tiere stehen.

Bei den *Wirbeltieren* entwickeln sich Zentralisierung des Nervensystem sowie die Ausbildung von Assoziationszentren und hierarchisch übergeordneten Gehirnregionen auf der völlig anderen morphologischen Grundlage eines für die Chordatiere typischen, dorsal gelegenen Neuralrohrs (↗ Neurulation). Schon bei den *Kieferlosen* (↗ Agnatha) lässt sich eine Untergliederung des Vorderhirns in das der Nase zugeordnete *Telencephalon (Endhirn)* und das den Augen zugeordnete *Diencephalon (Zwischenhirn)* erkennen. Die basale Seitenwand des *Rhombencephalons (Rautenhirn)* bildet das *Tegmentum*. Über diesen basalen Hirnzentren kommt es zur Ausbildung weiterer Zentren. Das Telencephalon ist die Basis für die Entwicklung des *Palliums (Mantel)*, dessen weitere Entfaltung (*Archipallium, Palaeopallium* und *Neopallium*) bei den Säugern zur Entstehung des *Großhirns (Telencephalon)* führt. Das *Tectum (Mittelhirndach, Lamina quadrigemina)* entsteht als übergeordnetes Zentrum des *Mesencephalons (Mittelhirn)*. Bei Fischen und Amphibien entwickelt es sich zu einem sensomotorischen Koordinationszentrum. Primär ein Sehzentrum (*Tectum opticum*), verarbeitet es auch Impulse von anderen Sinnesorganen, die es für gezielte motorische Antworten (z. B. Augenbewegungen, Greifbewegungen) vorbereitet. Bei Vögeln und Säugetieren fällt es wegen der massiven Größenzunahme des Vorderhirns nicht mehr als dominierende Struktur auf. Bei den Säugern bildet es den Colliculus superior der *Vierhügelplatte (Corpora quadrigemina)* und ist ein sensorisches Integrationszentrum, das präzise Orientierungsbewegungen im Raum ermöglicht. Über dem Tegmentum entwickelt sich das *Kleinhirn (Cerebellum)*. Es gewinnt als Zentrum für die Bewegungskoordination und Schaltstelle für Gleichgewichtsreaktionen bei allen Wirbeltiergruppen große Bedeutung.

Die G. der Säuger einschließlich des Menschen sind nach einem einheitlichen Bauplan gebildet. Während der Phylogenese und Ontogenese entwickeln sich die einzelnen Abschnitte des Säugergehirns zu unterschiedlicher Zeit. Diejenigen Gehirnbereiche, die elementaren Funktionen dienen, entwickeln sich sehr früh. Regionen, denen assoziative und differenziertere Leistungen obliegen, entwickeln sich später und drängen während ihrer Ausdehnung die früher entwickelten Hirnteile in die Tiefe des G. Die phylogenetisch und ontogenetisch späteste Entwicklung des G. ist die *Großhirnrinde (Cortex)*. Der nur bei Säugern vorkommende *Neocortex (Isocortex)* ist aus sechs Hauptschichten aufgebaut. Hingegen sind der zweischichte Palaeocortex (Riechhirn) und der einschichtige Archicortex (Hippocampus, Archicortex) auch in den G. von Amphibien, Reptilien und Vögeln zu finden. Das G. der Säuger ist, gemeinsam mit dem Rückenmark, von drei ↗ Hirnhäuten eingehüllt. Das G. des *Menschen* füllt die gesamte Schädelkapsel aus. Zwischen den beiden inneren Hirnhäuten befindet sich ein flüssigkeitserfüllter Hohlraum, der in Verbindung mit den Hohlräumen des Rückenmarks und den vier *Hirnkammern (Hirnventrikel, Ventrikel)* steht, in denen die Cerebrospinalflüssigkeit (↗ Liquor cerebrospinalis) produziert wird. Das G. lässt sich in phylogenetisch ältere und jüngere Hirnteile gliedern. Zu den jüngeren Teilen gehört das *End-hirn (Großhirn, Telencephalon)*, vor allem seine *Großhirnrinde (Cortex cerebri, Neocortex, Iso-cortex)*. Zum stammesgeschichtlich älteren Teil rechnet man den *Hirnstamm*, bestehend aus *Rautenhirn (Rhombencephalon)* und *Mittelhirn (Mesencephalon)* sowie die basalen Teile des Endhirns einschließlich des *Zwischenhirns (Diencephalon)*. Zum Zwischenhirn gehören der paarig angelegte ↗ Thalamus mit dem Eintrittsort des Sehnerven und der ↗ Hypothalamus. Durch den Thalamus ziehen fast alle zur Großhirnrinde aufsteigenden (sensorischen) Bahnen sowie absteigende (motorische) Bahnen, die viele willkürliche und unwillkürliche Bewegungen einschließlich der emotional geprägten Mimik und Gestik vermitteln. Die Kerne des Hypothalamus sind die höchsten Zentren der vegetativen Körperregulation (Steuerung von Wärme-, Wasser- und Energiehaushalt) und stehen räumlich und funktionell in enger Beziehung zur Hirnanhangsdrüse (↗ Hypophyse).

Die zum Mittelhirn gehörige *Vierhügelplatte (Corpora quadrigemina)* koordiniert Orientierungsbewegungen verschiedenster Art einschließlich der Augenbewegungen. Ein sich in Längsrichtung durch den Hirnstamm erstreckendes diffuses Netzwerk von Interneuronen ist die ↗ Formatio reticularis. Diese steht direkt oder indirekt mit fast allen Teilen des Zentralnervensystems in Verbindung und ist maßgeblich an der Regulation des Schlaf-Wach-Rhythmus beteiligt. Die Verbindung zwischen G. und Rückenmark ist das *verlängerte Mark (Medulla oblongata)*. Hier kreuzen sich die Nervenbahnen der ↗ Pyramidenbahn und liegen die Regelzentren für automatisch ablaufende Vorgänge (z. B. Herzrhythmik, Atmung) sowie die Reflexzentren für Kauen und Speichelfluss, Schlucken und die Schutzreflexe Niesen, Husten, Lidschluss und Erbrechen.

Das *Kleinhirn (Cerebellum)* ist eine phylogenetisch alte Struktur, die jedoch im G. der Säugetiere neue Anteile hinzugewonnen hat. Es besteht aus einem Mittelteil *(Vermis)* und zwei prominenten Hemisphären. In seinem Zentrum befinden sich graue Kerngebiete, die vier Paar Kleinhirnkerne, die von weißer, nach außen in Lamellen gegliederter Substanz umgeben sind. Den Lamellen ist graue Substanz, die *Kleinhirnrinde (Cortex cerebelli)* aufgelagert. Während die weiße Substanz die markhaltigen Leitungsbahnen der Nervenzellen enthält, besteht die im histologischen Bild dunklere graue Substanz aus den Nervenzellkörpern. Der stammesgeschichtlich ältere Teil des Kleinhirns steht in enger Verbindung zum Gleichgewichtssystem und unterstützt dessen Steuerung. Der phylogenetisch jüngere Teil erhält hingegen Informationen über den Spannungszustand der Muskulatur und die

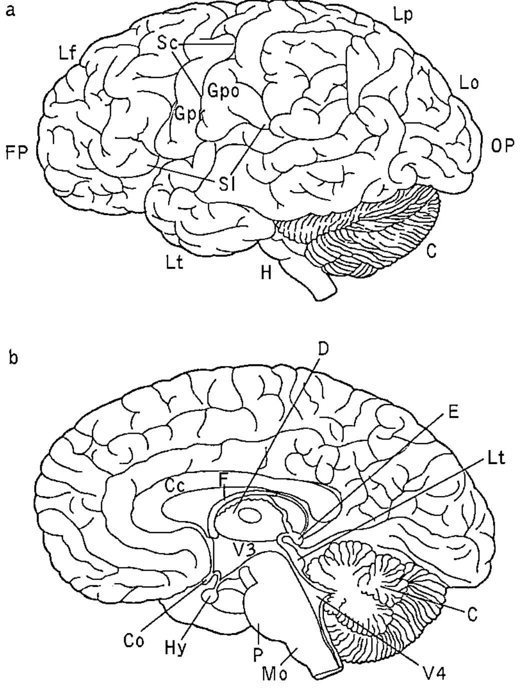

Gehirn Lateralansicht (oben) und Querschnitt durch das Gehirn des Menschen. C Cerebellum (Kleinhirn), Cc Corpus callosum (Balken), Co Chiasma opticum (Sehnervenkreuzung), D Diencephalon (Zwischenhirn), E Epiphyse, F Fornix, Fp Frontalpol, H Hirnstamm, Lf Lobus frontalis (Frontallappen), Lt lamina quadrigemina (Vierhügelplatte = Schaltstätte für optische und akustische Bahnen), Gpo Gyrus postcentralis (Region der Sensorik), Gpr Gyrus praecentralis (Region der Willkürmotorik), Hy Hypophyse, Lo Lobus occipitalis (Hinterhauptslappen), Lp Lobus parietalis (Scheitellappen), Lt Lobus temporalis (Schläfenlappen), Mo Medulla oblongata (verlängertes Mark), Op Okzipitalpol, P Pons (Brücke), Sc Sulcus centralis, SI Sulcus lateralis, V3 dritter Ventrikel, V4 vierter Ventrikel

Stellung der Gelenke. Er steht auch über zahlreiche quer verlaufende Nervenbahnen mit der *Brücke (Pons)* in Verbindung, über die das Kleinhirn mit der Großhirnrinde kommuniziert und so die Ausführung der vom Großhirn entworfenen schnellen und komplexen Motorik unterstützt.

Das Großhirn des Menschen ist in zwei Hälften *(Hemisphären)* unterteilt, die durch die zum größten Teil durch den *Balken (Corpus callosum)* ziehenden Kommissuren miteinander kommunizieren. Die Großhirnrinde ist eine in Windungen *(Gyri*, Singular: *Gyrus)* aufgefaltete Schicht neuralen Gewebes, die durch Furchen *(Sulci*, Singular: *Sulcus)* voneinander getrennt sind. Beim Menschen besitzt die Großhirnrinde eine Fläche von etwa 2200 cm^2 und eine Dicke von 1,2 - 4,5 mm. Aufgrund struktureller Kriterien lässt sich die Großhirnrinde in einzelne Felder *(Brodman-Areale)* unterteilen, die mit verschiedenen Funktionen korreliert sein können, also z. B. motorische, auditorische, visuelle, sprachliche (z. B. ↗ Broca-Areal) und assoziative Rindenfelder. Zum Großhirn zählt auch das *limbische System*, das für die Beeinflussung oder Bestimmung von emotionalen Reaktionen von ausschlaggebender Bedeutung ist.

Das Gewicht des menschlichen G. schwankt beim heute lebenden Menschen in Abhängigkeit vom Körpergewicht zwischen 1 und 2 kg. Die unterschiedlichen Gewichte weiblicher und männlicher G. stehen in Zusammenhang mit den unterschiedlichen Körpergewichten und sind im Sinne der Allometrie (↗ allometrisches Wachstum) gleichwertig. Während der Evolution des Menschen (↗ Anthropogenese) hat das G. eine beispiellose Zunahme seines durchschnittlichen Gewichtes erfahren, das sich innerhalb von etwa zwei Mio. Jahren fast verdreifacht hat.

Das G. hat einen sehr hohen Energiebedarf (es verbraucht ca. 18 % des eingeatmeten Sauerstoffs), der ausschließlich durch Glucose als Brennstoff gedeckt wird. Da es keine Reservestoffe wie ↗ Glykogen oder Fette enthält, ist es auf eine dauernde Glucosezufuhr angewiesen. Die ↗ Glucose wird über ein Carrier-vermitteltes Transportsystem aus dem Blut aufgenommen. Bereits bei einem Abfall des ↗ Blutglucosespiegels auf etwa 400 mg pro Liter treten durch Funktionsstörungen hervorgerufene Symptome auf.

Literatur: Eccles, J.C.: Die Evolution des Gehirns, die Erschaffung des Selbst. München 1999. – Haken, H., Haken-Krell, M.: Gehirn und Verhalten. Stuttgart 1997. – Meier, H., Ploog, D. (Hg): Der Mensch und sein Gehirn. München 1998. – Nicholls, J.G., Martin, R.A., Wallace, B.G.: Vom Neuron zum Gehirn. München 1995. – Roth, G., Prinz, W. (Hg): Kopf-Arbeit, Gehirnfunktionen und kognitive Leistungen. Heidelberg 1996. – Springer, S.P., Deusch, G.: Linkes/Rechtes Gehirn. Heidelberg ³1995. – Thompson, R.F.: Das Gehirn. Heidelberg ²1995.

Gehirnentzündung, die ↗ Encephalitis.

Gehirnnerven, die ↗ Hirnnerven.

Gehirn-Rückenmarksflüssigkeit, der ↗ Liquor cerebrospinalis.

Gehölzkunde, die ↗ Dendrologie.

Gehörgang, ↗ Ohr.

Gehörknöchelchen, ↗ Ohr.

Gehörn, ↗ Hörner.

Gehörorgane, *Hörorgane*, dem ↗ Gehörsinn dienende Organe. Bei den Insekten sind in mehreren Taxa unabhängig voneinander G. entwickelt worden, die in drei Grundtypen unterschieden werden können: ↗ Hörhaare, ↗ Johnston-Organ und ↗ Tympanalorgane. Das G. der Wirbeltiere ist das ↗ Ohr, das als Schalldruckempfänger arbeitet. (↗ Hören).

Gehörsinn, *Hörsinn*, *Gehör*, bei vielen Tieren und dem Menschen vorhandene Fähigkeit zur Wahrnehmung und Auswertung von Schallwellen (↗ Schall). Diese werden von schwingenden Körpern (*Schallquellen*) erzeugt und durch Luft, Flüssigkeiten oder feste Körper dadurch übertragen, dass die Masseteilchen dieser Medien ebenfalls in Schwingung versetzt werden. Durch diese Hin- und Herbewegung der Teilchen entstehen alternierende Zonen der Verdichtung und Verdünnung, die durch Maxima bzw. Minima des Schalldrucks und der Schallschnelle gekennzeichnet sind. Der Abstand zwischen zwei aufeinander folgenden Zonen der Verdichtung wird als *Wellenlänge* bezeichnet, die Anzahl der Schwingungen pro Zeiteinheit ist die *Frequenz* (gemessen in Hertz, Hz = Schwingungen pro Sekunde). Lassen sich Schallwellen als reine Sinusschwingungen charakterisieren, bezeichnet man die durch sie hervorgerufenen Empfindungen als *Töne*. Hingegen sind *Klänge* oder *Laute* Gemische von Tönen, und *Geräusche* sind nicht periodische Schwingungen. Die Schwingungen der Masseteilchen eines Mediums versetzen die Empfangsstrukturen eines Gehörorgans in Mitschwingung (*Resonanz*), wobei dieses entweder auf den Schalldruck oder die Schallschnelle reagieren kann. Demzufolge unterscheidet man bei den Gehörorganen nach ihrer Arbeitsweise *Schalldruckempfänger* und *Schallschnelleempfänger*. In beiden Fällen werden die Schallwellen zunächst unter Beibehaltung des Schwingungscharakters Sinneszellen zugeführt. Die erregten Sinneszellen wandeln die mechanischen Schwingungen in elektrische ↗ Aktionspotenziale um, sodass eine weitere neuronale Verarbeitung stattfinden kann. Diese beiden Vorgänge der Verarbeitung von Schallwellen bestimmen die individuelle Hörempfindung. (↗ Hören, ↗ Ohr)

Geier, zusammenfassende Bez. für große, überwiegend Aas fressende Vögel, die in die systematischen Gruppen Altweltgeier und die zu den Storchenvögeln gehörenden Neuweltgeier (↗ Cathartidae) unterschieden werden. Gemeinsam ist den G. der nur wenig befiederte oder ganz nackte Kopf und (lange) Hals, was als Konvergenz der beiden Gruppen angesehen wird. Alle G. sind sehr gute Segler mit langen breiten Flügeln.

Die *Altweltgeier* gehören zu den Habichtartigen (↗ Accipitridae) und werden gelegentlich in einer eigenen Unterfamilie *Aegypiinae* zusammengefasst. Die 15 Arten sind in den Subtropen und Tropen der Alten Welt verbreitet, der *Bart-G. (Lämmergeier; Gypaetus barbatus)* kommt nach erfolgreicher Wiedereinbürgerung auch in den Alpen vor. Er hat seinen Namen von den langen schwarzen, am Kinn befindlichen Borstenfedern. Bei uns bekannteste Art ist wohl der *Gänse-G. (Gyps fulvus)*, der in Nordwestafrika und Südeuropa verbreitet ist. Er hat eine Flügelspannweite von bis 2,4 m bei einer Körpergröße von etwa 1 m. Vorwiegend von Früchten der Öl- und Raphiapalme ernährt sich der bis 60 cm große, in den Regenwäldern Afrikas vorkommende *Palmgeier (Gypohierax angolensis)*.

Geierschildkröte, Art der Schnappschildkröten (↗ Chelydridae).

Geigenrochen, die Fam. ↗ Rhinobatidae.

Geiseltal, Braunkohlevorkommen des Mitteleozäns (↗ Tertiär) mit einer artenreichen Tier- und Pflanzenwelt. So wurden dort Säugetierfossilien von 45 Arten gefunden, die für die Kenntnis der eozänen Wirbeltierevolution von überragender Bedeutung sind, da oftmals Epidermis, Hautstrukturen und Muskulatur überliefert sind. Gefunden wurden u. a. Fossilien von Pferden, Krokodilen, Schildkröten, Vögeln, Eidechsen und Amphibien, Fischen, Fröschen, Schlangen. Bei Vogelfedern und Käfern sind manchmal die Farben erhalten. Die meisten der über 30000 Fundstücke sind seit 1934 im Geiseltalmuseum der Martin-Luther-Universität in Halle aufbewahrt.

Geißblattgewächse, die Fam. ↗ Caprifoliaceae.

Geißel, ↗ Flagellen.

Geißelorgan, die Hatschek-Grube der ↗ Acrania.

Geißelschlag, die Bewegung der Geißeln eukaryotischer Zellen (↗ Flagellen), die im Unterschied zu den Wimpernbewegungen der ↗ Cilien eine regelmäßige, sich wiederholende Wellenbewegung durchführen, die in einer Ebene liegen oder räumlich verlaufen kann. Der Ab- oder Kraftschlag setzt sich dabei von der Basis der Geißel aus zu deren Spitze fort. Der G. dient der Fortbewegung von Spermien und Einzellern. Ist mehr als ein Flagellum vorhanden, erfolgen die Bewegungen aufeinander abgestimmt.

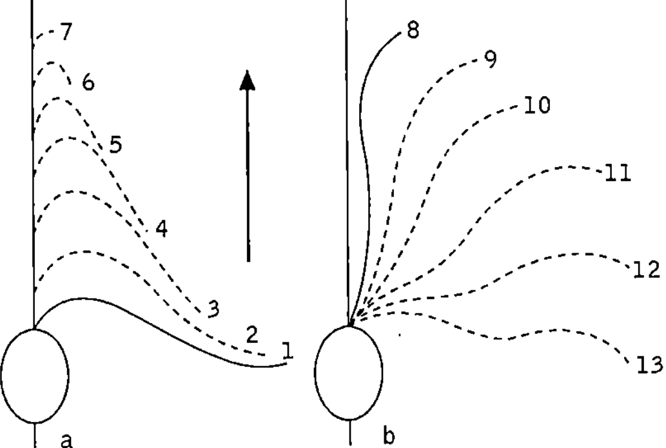

Geißelschlag a Vorholen der Geißel, b Kraftschlag bei einer Zuggeißel, die in Schwimmrichtung gerichtet ist (Pfeil)

Geißelskorpione, die ↗ Uropygi.

Geißelspinnen, die ↗ Amblypygi.

Geißeltierchen, die ↗ Flagellata.

Geitonogamie, *Nachbarbestäubung*, ↗ Bestäubung zwischen Blüten derselben Pflanze.

Gekkonidae, *Geckos*, Fam. der ↗ Squamata (Echsen und Schlangen) mit rund 950 Arten, die vor allem in den Subtropen und Tropen verbreitet sind. G. sind i. d. R. kleine und stimmfreudige Dämmerungs- und Nachttiere, mit großen Augen und meist senkrecht stehenden Pupillen. Die Lider sind bei den meisten G. zu durchsichtigen Kapseln („Brille") über dem Auge verwachsen, lediglich die Lidgeckos (Unterfam. Eublepharinae) besitzen bewegliche Augenlider. Die je fünf Finger und Zehen sind oft am Ende verbreitert und mit Haftvorrichtungen an ihrer Unterseite versehen (↗ Haftorgane). Diese ermöglichen den G. die Fortbewegung auch auf senkrechten glatten Flächen. Geckos ernähren sich vorwiegend von Insekten und Spinnen sowie auch kleineren Wirbeltieren oder auch Früchten. Im Mittelmeerraum verbreitet sind der bis 15 cm lange *Mauergecko (Tarentola mauritanica)*, der bis 10 cm lange *Scheibenfinger (Hemidactylus turcicus)*, der auch in Nord- und Südamerika eingeschleppt wurde, und der 6 bis 7 cm lange *Europäische Blattfingergecko (Phyllodactylus europaeus)* mit je zwei blattartigen Haftscheiben an Fingern und Zehen.

Gekröse, die ↗ Mesenterien.

Gelbbauchunke, Art der ↗ Unken.

gelber Fleck, ↗ Auge.

Gelbfieber, durch das Gelbfiebervirus (↗ Flaviviren) hervorgerufene, gefährliche tropische ↗ Infektionskrankheit, die in Afrika, Mittel- und Südamerika ↗ endemisch auftritt. Man unterscheidet zwei Formen: Das *urbane Gelbfieber* wird durch die Stechmücke *Aedes aegypti* von Mensch zu Mensch übertragen. Das *Buschfieber* oder *Dschungelgelbfieber* tritt unter Primaten, selten auch beim Menschen auf und wird ebenfalls durch Stechmücken (*Aedes* spec., *Haemagogus* spec.) übertragen. Neben harmlosen Verläufen mit Fieber und Gliederschmerzen gibt es schwer verlaufende Formen mit Hämolyse, Blutungen und Gewebsschädigungen von Niere und Leber. In 10 - 15 % der Fälle verläuft die Krankheit tödlich. (↗ Impfung)

Gelbgrünalgen, die Fam. ↗ Xanthophyceae.

Gelbhalsmaus, Art der Fam. Echte Mäuse (↗ Muridae).

Gelbkörper, *Corpus luteum*, ein sich im Anschluss an den Eisprung unter dem Einfluss von ↗ luteinisierendem Hormon bildendes gelbliches Gewebe im ↗ Eierstock, das die für die Eireifung (↗ Oogenese) verantwortlichen ↗ Gelbkörperhormone absondert. Während des ↗ Menstruationszyklus ist der G. am 18. bis 20. Tag voll ausgereift. Nach ↗ Befruchtung der Eizelle vergrößert er sich und bleibt bis zur ↗ Geburt erhalten, um nach der

Entbindung zu vernarben. Wird die Eizelle nicht befruchtet, bildet er sich zurück.

Gelbkörperhormone, *Corpus-luteum-Hormone*, die im ↗ Gelbkörper und in der ↗ Placenta gebildeten Hormone, von denen ↗ Progesteron das physiologisch wichtigste ist. G. steuern den zyklischen Auf- und Abbau der Gebärmutterschleimhaut im Rahmen des ↗ Menstruationszyklus, sie spielen zusammen mit den ↗ Estrogenen eine wichtige Rolle bei der ↗ Befruchtung der Eizelle sowie beim anschließenden Transport des Eies durch den Eileiter und bei der Vorbereitung der Gebärmutterschleimhaut für die Einnistung (↗ Nidation) des Eies. Darüber hinaus sind G. wichtig für die Erhaltung der ↗ Schwangerschaft.

Gelbrandkäfer, *Dytiscus marginalis*, in Mitteleuropa häufige Art der zu den ↗ Adephaga gehörenden Schwimmkäfer. G. sind 3 bis 4 cm groß, mit schwarzbrauner, gelb geränderter Oberseite und gut an das Leben unter Wasser angepasst. Sie kommen etwa vier- bis siebenmal pro Stunde an die Oberfläche, um Luft in ihre Luftkammern zu pumpen. G. legen ihre Eier mit Hilfe eines Legestachels an Stängeln von Wasserpflanzen ab. Larven und Käfer leben räuberisch.

Gelbrost, Art der Rostpilze (↗ Uredinales).

Gelbsucht, umgangssprachliche Bez. für akute ↗ Hepatitis sowie allgemein für eine Gelbverfärbung der Haut (*Ikterus*) bei erhöhtem Bilirubin-Spiegel im Blut.

Gelbwurzel, *Safranwurz*, *Curcuma longa*, in Südasien beheimatete ingwerähnliche Staude der ↗ Zingiberaceae, deren stärkereiches ↗ Rhizom ein gelbes, scharfes Gewürz liefert. G. ist neben anderen Bestandteilen im Currypulver enthalten.

Gelée Royale, *Weiselfuttersaft*, von Ammenbienen (↗ Honigbiene) aus dem Sekret der Kopfdrüsen und dem Inhalt des Honigmagens bereiteter Nahrungsbrei, mit dem die Königinlarven der Honigbienen gefüttert werden. G. R. ist eine gelblich trübe, dickflüssige Substanz, die zu zwei Dritteln aus Wasser besteht und ↗ Kohlenhydrate, ↗ Aminosäuren, ↗ Vitamine, ↗ Proteine und freie ↗ Fettsäuren enthält.

Geleitzellen, die Schwesterzellen der Siebröhrenglieder (↗ Phloem) der Angiospermae. Sie besitzen einen großen Zellkern und viele Mitochondrien. Durch ↗ Tüpfel sind sie mit den Siebröhrenzellen verbunden.

Gelelektrophorese, Typ der ↗ Elektrophorese, bei der Makromoleküle wie Nucleinsäuren und Proteine i. d. R. in einem aus Agarose oder Polyacrylamid bestehenden *Gel* aufgetrennt werden.

Gelenk, *Articulatio*, *Diarthrose*, bei Wirbeltieren bewegliche Verbindung von Skelettelementen. Die Knochenenden sind im Bereich eines G. speziell geformt und als *Gelenkfläche* mit hyalinem Knorpel

überzogen. Zwischen den Gelenkflächen der beteiligten Knochen verbleibt ein *Gelenkspalt*, der von der *Gelenkkapsel* als Fortsetzung der Knochenhaut (*Periost*) umhüllt ist. Die Gelenkkapsel ist zweischichtig; außen liegt die faserreiche *Membrana fibrosa*, innen die lockere gefäß- und nervenreiche *Membrana synovialis*, die mit Zotten und Falten (*Villi* und *Plicae synoviales*) in den Gelenkspalt hineinragt. Von der *Membrana synovialis* wird die *Gelenkflüssigkeit* (*Synovia*) produziert, welche viel ↗ Hyaluronsäure enthält und den Gelenkspalt ausfüllt. Sie ernährt den Knorpel und dient als Gleitmittel. Die Druckübertragung von einem Knochen zum anderen erfolgt in dem Bereich der Kontaktfläche, der genau senkrecht zur Kraftrichtung liegt (*Tragfläche*). Bei manchen G. liegen im Gelenkspalt eine oder mehrere *Gelenkscheiben*, die aus faserigem, straffem Bindegewebe bestehen und Unebenheiten der Gelenkflächen ausgleichen, zur Druckverteilung beitragen und ein Gleitpolster bilden. Die Gelenkscheibe kann den Gelenkspalt fast ganz ausfüllen und mit der Gelenkkapsel verwachsen sein. Sie wird dann *Discus articularius* genannt und trennt das Gelenk in zwei Teile, da jeweils über und unter ihr ein schmaler Gelenkspalt verbleibt. Z. B. ist im menschlichen Kiefergelenk nur durch einen solchen Discus außer der Scharnierbewegung auch das Vorschieben des Unterkiefers und eine mahlende Kaubewegung möglich. Eine kleine bogenförmige Gelenkscheibe, die den Gelenkspalt nicht voll ausfüllt, wird als *Meniscus articularius* bezeichnet. Im Kniegelenk des Menschen befinden sich zwei solcher Menisci.

Nach Form und Bewegungsmöglichkeit unterscheidet man verschiedene G.-Arten: Beim *Scharniergelenk* weist ein Knochen eine längliche Auskehlung auf, in die das walzenförmige Ende des Gegenstücks hineinpasst (z. B. Oberarm-Ellengelenk, Gelenke zwischen den Fingerknochen). Beim *Sattelgelenk* treffen zwei sattelförmig gewölbte Gelenkflächen quer aufeinander (Halswirbel der Vögel, Daumen-Handwurzelgelenk). Beim *Drehgelenk* fasst ein zapfenartiger Fortsatz in einen Knochenring (Atlas-Axisgelenk der Halswirbelsäule). Beim *Kugelgelenk* bildet ein Partner einen rundlichen Gelenkhöcker, der in die schalenförmige Gelenkpfanne des anderen passt (Hüftgelenk).

Die Bewegungsmöglichkeiten eines G. werden in Freiheitsgraden angegeben, d. h. der Anzahl von Achsen, um die oder entlang derer eine Bewegung möglich ist. Ein Kugelgelenk hat drei Freiheitsgrade, da ein Knochen gegen den anderen um zwei aufeinander senkrecht stehende Achsen gekippt werden kann und außerdem eine Drehung um seine Längsachse möglich ist. Ein Sattelgelenk hat zwei Freiheitsgrade, da es eine Bewegung um jede der beiden Sattellängsachsen, die aufeinander senk-

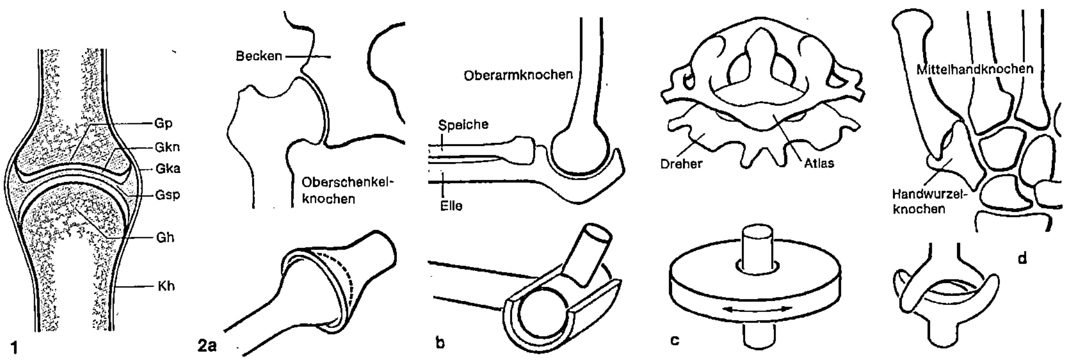

Gelenk 1 Aufbau eines Kugelgelenks. 2 Verschiedene Gelenktypen des menschlichen Skeletts: a Kugelgelenk (Hüftgelenk), b Scharniergelenk (Ellbogengelenk), c Drehgelenk (Halswirbelgelenk), d Sattelgelenk (Daumengelenk). Gh Gelenkhöcker, Gka Gelenkkapsel, Gkn Gelenkknorpel, Gp Gelenkpfanne, Gsp Gelenkspalt mit Gelenkflüssigkeit, Kh Knochenhaut

recht stehen, zulässt. Ein Scharniergelenk ist nur um eine Achse drehbar und hat daher nur einen Freiheitsgrad. Der Zusammenhalt der G. wird durch Bänder, Muskeln und Sehnen gewährleistet, die auch für die seitliche Führung sorgen.

Bei Gliederfüßern (↗ Arthropoda) sind gegeneinander bewegliche Teile des Außenskeletts über Membranen (Gelenkhäute) miteinander verbunden. Es sind entweder nur solche Membranen vorhanden (*akondyles G.*), oder es besteht zwischen zwei Teilen noch eine Verbindung aus Gelenkkopf und Gelenkpfanne (*monokondyles G.*); hierbei kann unterschieden werden zwischen einem eingesenkten Kugel-G. (z. B. G. an der Fühlerbasis) und einem ausgestülpten Kugel-G. (z. B. Gelenk zwischen Coxa und Thorax). Ein doppelter G.-Kopf (*dikondyles G.*) findet sich bei den ↗ Insecta (außer den meisten Urinsekten) zwischen Mandibel und Kopfkapsel.

Gelfiltration, ein Verfahren der ↗ Chromatographie.

Gemischtgeschlechtigkeit, die ↗ Zwittrigkeit.

Gemmen, die ↗ Brutkörper.

Gemmulae, *Dauerknospen*, Bez. für ungeschlechtlich entstandene Dauerstadien bei Süßwasserschwämmen und bei einigen marinen Schwämmen (↗ Porifera), so z. B. bei der Gatt. *Cliona* (Bohrschwämme, ↗ Demospongiae). G. dienen dem Überdauern ungünstiger Perioden wie z. B. Winterzeiten oder Trockenheit. Die meist kugelförmigen 1 - 2 mm großen G. bestehen aus zweikernigen, nährstoffreichen totipotenten Zellen (↗ Archaeocyten), die in eine mit Skelettnadeln verstärkte Sponginhülle eingeschlossen sind.

Gemse, Gämse, *Rupicapra rupicapra*, in den felsigen Regionen der Hoch- und Mittelgebirge der westlichen Paläarktis verbreitete Art der Hornträger (↗ Bovidae) mit etwa 15 Unterarten. G. sind bis 90 cm schulterhoch (Körperlänge bis 130 cm). Ihr Fell ist im Sommer rötlich-braun mit schwarzem Aalstrich auf dem Rücken, und im Winter braunschwarz mit langen Rückengrannen (aus denen der „Gamsbart" gemacht wird). G. ernähren sich im Sommer von Gräsern und Kräutern und im Winter von Knospen, Flechten und Sauergräsern.

Gen, *Erbanlage*, *Cistron*, Bez. für die Einheit der ↗ genetischen Information. Gene sind somit die kleinste Funktionseinheit des ↗ Genoms. Der Begriff wurde ursprünglich 1909 von W. L. Johannsen (1857-1927) für die in den ↗ Mendel-Regeln beschriebenen Erbeinheiten geschaffen. Heute dient der Begriff auch für in der molekularen ↗ Genetik untersuchte Mechanismen der Vererbung.

Ein Gen ist demnach ein bestimmter Abschnitt auf der DNA (↗ Genlocus), der für ein bestimmtes Protein bzw. Polypeptid ↗ (Ein-Gen-ein-Protein-Hypothese) oder ein für den Zellstoffwechsel benötigtes RNA-Molekül codiert (↗ genetischer Code). G. kommen bei Prokaryoten auf dem so genannten ↗ Bakterienchromosom und auf ↗ Plasmiden vor. Bei eukaryotischen tierischen Zellen sind Gene im Zellkern und in den Mitochondrien, bei Pflanzenzellen zusätzlich in den Plastiden vorhanden (↗ Endosymbiontentheorie). Neben dem so genannten *codierenden Bereich* werden zu einem G. auch regulatorische Sequenzen (z. B. ↗ Promotoren) hinzugezählt, die stromaufwärts im 5'-, stromabwärts im 3'-Bereich sowie bei ↗ Mosaikgenen der Eukaryoten auch in den ↗ Introns liegen können (↗ Genregulation). Charakteristisch für prokaryotische Gene ist, dass sie häufig als Funktionseinheiten in einem ↗ Operon zusammengefasst sind.

Zusammen mit Umwelteinflüssen sind Gene für die Ausbildung der Merkmale verantwortlich. Bei diploiden Organismen sind die Chromosomen und somit auch die Gene immer paarweise vorhanden. Abgesehen von den auf den ↗ Geschlechtschromosomen lokalisierten Genen stammt jeweils ein Gen vom Vater und ein Gen von der Mutter. Gene, die auf den *homologen Chromosomen* einander entsprechen, werden als *Allele* bezeichnet. Sind sie in ihrer Nucleotidsequenz identisch, spricht man von *Homozygotie*, sind sie hingegen unterschiedlich, liegt *Heterozygotie* vor. In Fällen, in denen das Merkmal des einen Allels die Ausprägung des zweiten überdeckt, handelt es sich um ein *dominantes Allel* (↗ Dominanz), das zweite Allel wird dann als *rezessiv* bezeichnet (↗ intermediärer Erbgang).

Bei bestimmten ↗ Viren ist nicht die DNA, sondern RNA der Träger der genetischen Information.

Genaktivierung, die durch äußere oder intrazelluläre Signale veranlasste, spezifische Aktivierung einzelner Gene, die zu deren ↗ Transkription führt. Abgesehen von den ↗ Haushaltsgenen werden in unterschiedlichen Zelltypen nur bestimmte Gene exprimiert (↗ Genexpression). Die Transkription wird durch so genannte *Aktivatorproteine* kontrolliert, die an *genregulatorische Sequenzen* im ↗ Promotor eines Gens anbinden (↗ Genregulation). Die G. eukaryotischer Gene unterscheidet sich von derjenigen bei Prokaryoten dadurch, dass vom Gen weit entfernte ↗ Enhancer „aus der Ferne" wirksam sein können.

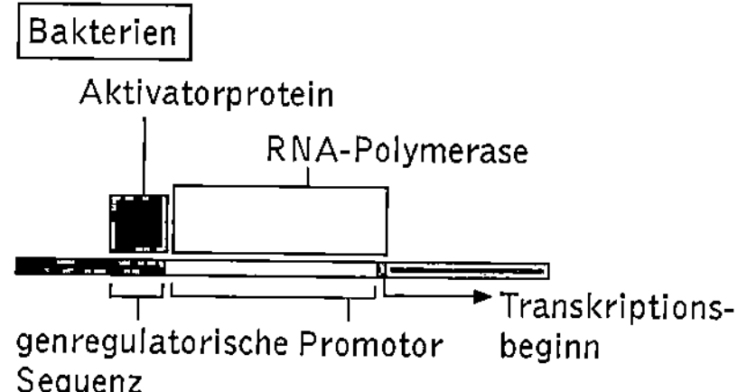

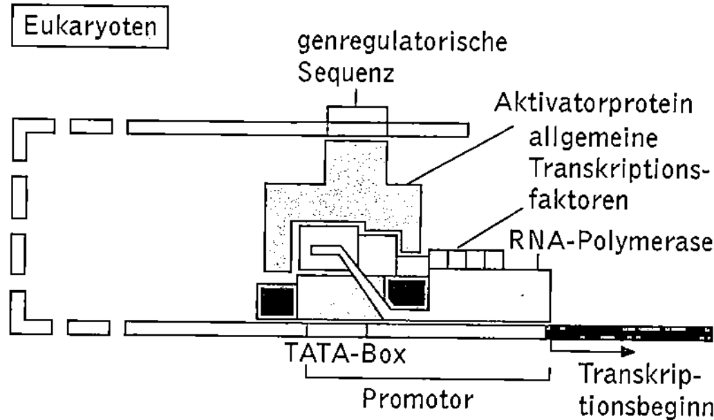

Genaktivierung Vergleich der Unterschiede zwischen der Genaktivierung prokaryotischer (oben) und eukaryotischer (unten) Gene

Genamplifikation, *Genamplifizierung*, eine Strategie von Zellen, mit deren Hilfe der Bedarf der Synthese eines Genproduktes gedeckt werden kann. So kommt es in den Oocyten von Amphibien und einer Reihe von Insekten zur verstärkten ↗ Replikation bzw. Überreplikation der Gene, die für ribosomale RNA codieren, die dann *extrachromosomal* als so genannte *DNA-Körperchen* (engl. „DNA bodies") vorkommen. Auf diese Weise können sich entwickelnde Eizellen ihren Bedarf an Ribosomen decken.

Im Unterschied zu der extrachromosomalen Vervielfachung von Genen führen *Ploidisierung* und *Polytänisierung* zur Vermehrung von Chromosomen bzw. Chromosomenabschnitten.

Genamplifizierung, die ↗ Genamplifikation.

Genbank, *Genbibliothek*, in der Molekularbiologie die Bez. für die experimentell handhabbare Gesamtheit der DNA eines Organismus bzw. der exprimierten Gene eines bestimmten Zell- oder Gewebetyps. Diese sind, in kleine DNA-Fragmente unterteilt, in geeigneten ↗ Klonierungsvektoren wie Bakteriophagen, Plasmiden oder Cosmiden enthalten, in denen eine einfache Vervielfältigung der DNA möglich ist. Von der bei bestimmten experimentellen Fragestellungen verwendeten ↗ cDNA-Bibliothek unterscheidet sich die *genomische Bibliothek* dadurch, dass nicht nur die tatsächlich exprimierten Gene (↗ Genexpression), sondern die Gesamt-DNA einschließlich der nichtcodierenden Bereiche vorhanden ist.

G. dienen vor allem der Isolierung von bislang unbekannten Genen eines Organismus, wobei Abschnitte bereits bekannter Gene eines anderen Organismus als ↗ Gensonde verwendet werden. Mit Hilfe der ↗ Polymerasekettenreaktion können durch die Wahl geeigneter ↗ Primer Gene auch direkt isoliert werden.

Gendosis, ↗ Dosiseffekt.

Gendrift, *genetische Drift, Alleldrift, Sewall-Wright-Effekt*, die Veränderung der Allelhäufigkeit (Allelfrequenz) in kleinen Populationen aufgrund von Zufallsereignissen bei der Vermehrung der Allele. (↗ Gründereffekt)

Generalisten, Bez. für Tiere, die im Gegensatz zu den ↗ Spezialisten in ihren Umweltansprüchen und in ihrem Verhalten wenig spezialisiert sind. Sie sind gegenüber weiten Schwankungsbereichen von Temperatur, Feuchte, Licht etc. mehr oder weniger unempfindlich und können sehr unterschiedliche Ressourcen nutzen (Eurypotenz). Beispiele für G. sind Mensch, Ratte und Sperling.

Generation, 1) *allg.* Bez. für den Entwicklungsabschnitt zwischen zwei Fortpflanzungsvorgängen.

2) In der *Genetik* wird der Begriff G. auch zur Bez. der Eltern (*Parentalgeneration*) oder von deren Nachkommenschaft (*Filialgenerationen*) verwendet.

3) ↗ Generationswechsel.

Generationswechsel, der regelmäßige Wechsel zwischen Generationen mit ungleichartiger Fortpflanzung bei einer Tier- oder Pflanzenart.

Bei den *Pflanzen* wird die sich ungeschlechtlich durch Sporen fortpflanzende Generation als *Sporophyt*, die sich geschlechtlich durch Gameten fortpflanzende Generation als *Gametophyt* bezeichnet. Sporophyt und Gametophyt können einander gleichen oder auch morphologisch sehr verschieden sein. Bei allen höheren Pflanzen ist der G. stets mit einem *Kernphasenwechsel* verbunden, d. h., der Sporophyt ist fast ausnahmslos diploid, der Gametophyt haploid. Diese Form des G. wird *Heterogenese, heterophasischer G.* oder *antithetischer G.* genannt und ist bei Algen und Pilzen häufig, bei Moosen, Farnen und Samenpflanzen die Regel. Bei den Moosen ist die grüne Pflanze der haploide Gametophyt, die Sporenkapsel der diploide Sporophyt, der stets mit dem Gametophyten verbunden bleibt. Bei den Farnpflanzen ist die grüne Pflanze der diploide Sporophyt, der ungeschlechtliche Sporen erzeugt. Die Sporen keimen zu einem ↗ Prothallium aus, das die Sexualorgane ausbildet und somit als Gametophyt erkennbar ist. Die nach der Befruchtung der Eizelle entstandene Zygote wächst zum diplonten Sporophyten, der Farnpflanze, aus. Bei den Nacktsamern und Bedecktsamern wird der Gametophyt immer mehr reduziert und besteht schließlich nur noch aus den männlichen und weiblichen Geschlechtszellen und wenigen sie umgebenden Zellen. Der Gametophyt ist nie eine selbstständige Pflanze. Die eigentliche Pflanze ist hier immer der diploide Sporophyt.

Bei den *Tieren* ist der G. nur selten heterophasisch (Vorkommen nur bei Einzellern, z. B. ↗ Foraminifera). Der *homophasische G.*, bei dem die Chromosomenzahl immer gleich bleibt, treten als ↗ Heterogonie und Metagenese auf. Bei den „höheren" Tieren gibt es keinen Generationswechsel.

Generationszeit, 1) allgemein: durchschnittlicher zeitlicher Abstand zwischen zwei aufeinander folgenden Generationen, z. B. beim Menschen etwa 25 Jahre.

2) in der *Mikrobiologie* die Zeit, die eine Population von Mikroorganismen benögt, um sich zu verdoppeln.

Genetik, *Vererbungslehre*, die biologische Teildisziplin, die sich mit der Weitergabe von Merkmalen von Eltern auf ihre Nachkommen und den damit verbundenen Mechanismen befasst.

Der Begriff G. wurde 1905 von W. Bateson vorgeschlagen, kurz nachdem W. S. Sutton und T. ↗ Boveri mit der ↗ Chromosomentheorie der Vererbung den Zusammenhang zwischen den um 1865 von G. ↗ Mendel experimentell gezeigten Gesetzmäßigkeiten (↗ Mendel-Regeln) und den Chromosomen als zelluläre Grundlage erkannt hatten.

Zu den Ergebnissen der *klassischen Genetik*, die sich mit der Erforschung der Verteilung des Erbgutes bei Zellteilungen und den Grundelementen der Vererbung befasst, sind in der zweiten Hälfte des 20. Jh. wichtige Forschungsergebnisse zur Natur der genetischen Substanz, zur Aufklärung der DNA-Struktur sowie zu den biochemischen Grundlagen der Vererbung (z. B. ↗ Genexpression, ↗ Replika-

tion) hinzugekommen, denen sich die *molekulare Genetik* widmet. Dabei wurden erste molekulargenetische Experimente an Bakteriophagen und Bakterien (*Bakteriengenetik*) und erst später an Eukaryoten durchgeführt.

Eine Reihe anderer biologischer Teildisziplinen wurde zudem durch die Verwendung genetischer Arbeitsmethoden erweitert: So befasst sich die *Entwicklungsgenetik* mit den genetischen Mechanismen, die der Zelldifferenzierung und Entwicklungsprozessen zugrunde liegen, wohingegen die *Verhaltensgenetik* genetische Aspekte des menschlichen und tierischen Verhaltens untersucht. Gegenstand der *Populationsgenetik* ist schließlich die Erforschung der qualitativen und quantitativen Veränderungen des Genpools.

Sowohl Elemente der klassischen, als auch Kenntnisse und Verfahren der molekularen G. können in der *angewandten Genetik* zusammenwirken. Beispiele hierfür sind Pflanzenzüchtung, Tierzüchtung und genetische Beratung. Die ↗ Gentechnik bietet zudem die Möglichkeit, Organismen genetisch zu verändern und dadurch transgene Mikroorganismen, Pflanzen und Tiere zu erzeugen (↗ gentechnisch veränderter Organismus).

genetische Analyse, ein experimentelles Verfahren, um den Zusammenhang von Strukturen und Funktionen biologischer Phänomene zu untersuchen. Zur g. A. werden häufig künstlich ↗ Mutanten hergestellt (↗ Mutagenese), um vom Defekt eines oder mehrerer Gene und den daraus gegebenenfalls resultierenden Veränderungen im ↗ Phänotyp auf deren Funktion zu schließen. Dieser als *forward genetics* bezeichnete Ansatz („vom Phänotyp zum Genotyp") wird durch einen *reverse genetics*-Ansatz ergänzt, bei dem von einem bestimmten Gen und dessen Genprodukt ausgegangen wird, dessen Funktion man anhand von ↗ antisense-Technik, ↗ Überexpression und ↗ site-directed mutagenesis verändert. Die dadurch auftretenden Veränderungen im Phänotyp können Aufschluss über die Rolle des Gens im Zellgeschehen geben.

genetische Beratung, die von Ärzten und Humangenetikern durchgeführte Beratung zur Erkennung und möglichen Behandlung von ↗ Erbkrankheiten. Ziel der g. B. ist dabei, vor einer geplanten Schwangerschaft die Wahrscheinlichkeit der Erkrankung eines betroffenen Kindes zu ermitteln. Zu diesem Zweck erfolgt die Analyse der Familienvorgeschichte zur Rekonstruktion des ↗ Erbgangs sowie gegebenenfalls eine genetische oder biochemische Untersuchung. Dies bietet sich vor allem bei Erbkrankheiten an, deren zelluläre Ursachen bereits bekannt sind.

Die g. B. wird in Zusammenhang mit einer ↗ pränatalen Diagnostik auch bei spätem Kinderwunsch durchgeführt, bei dem die Wahrscheinlichkeit des

Auftretens eines ↗ Down-Syndroms erheblich zunimmt.

Inwieweit die g. B. zukünftig um die so genannte ↗ Präimplantationsdiagnostik (PID) erweitert wird, ist aufgrund der zurzeit (Juni 2001) geltenden Rechtslage in Deutschland nicht abzusehen.

genetische Bürde, *genetische Last*, Bez. für die in einer Population vorliegenden rezessiven Defektallele, die im homozygoten Zustand (↗ Homozygotie) letal (tödlich) sind oder zumindest zu verminderter Fortpflanzungsfähigkeit führen.

genetische Drift, die ↗ Gendrift.

genetische Information, *Erbinformation*, die in Form von DNA, selten von RNA (*RNA-Viren*) gespeicherte Information über die erblichen Eigenschaften von Lebewesen, wobei der ↗ genetische Code für die Umsetzung der Basensequenz in Proteine (↗ Translation) oder andere RNA-Moleküle (↗ ribosomale RNA, ↗ transfer RNA) sorgt (↗ Genexpression).

genetische Last, die ↗ genetische Bürde.

genetischer Code, die für die Umsetzung der ↗ genetischen Information erforderliche Zuordnung der Basensequenz der DNA (↗ Desoxyribonucleinsäure) zu den 20 in Proteinen vorkommenden ↗ Aminosäuren.

Der genetische Code basiert auf der Umsetzung von linear auf der DNA angeordneten Basentripletts, den so genannten Codons (↗ Leseraster). Von den 64 Möglichkeiten, nach denen die vier ↗ Nucleotide der DNA miteinander kombiniert werden können, codieren 61 Codons für Aminosäuren. Die restlichen drei sind als *Stopcodons* für die ↗ Termination der ↗ Translation verantwortlich. Die Tatsache, dass die meisten Aminosäuren durch mehrere Codons codiert werden, wird als *Degeneration* bezeichnet. Dabei ist die Variabilität der Basentripletts nicht beliebig, sondern folgt bestimmten Regeln (↗ Wobble-Hypothese).

Die Aufklärung des g. C. erfolgte in den 1960er-Jahren in den Arbeitsgruppen von M. W. ↗ Nirenberg und H. G. ↗ Khorana. Ihnen gelang es, mittels ↗ in-vitro-Translation eine synthetische ↗ messenger RNA, die nur aus Uracil bestand, in ein Polypeptid zu translatieren, das nur aus Phenylalanin aufgebaut war. Damit war der Beweis erbracht, dass das Codon UUU für diese Aminosäure codiert. Weitere Experimente mit Bakteriophagen bestätigten die Entdeckung dieses und weiterer Codons. Außerdem konnte die *Kolinearität* der DNA-Sequenz des Gens mit der Aminosäuresequenz des Proteins nachgewiesen werden. Weitere Merkmale des g. C. sind ferner, dass die Codons nicht überlappen und ohne dazwischen liegende Trennelemente „kommafrei" abgelesen werden. Durch ↗ Mutationen können die Nucleotide selbst bzw. ihre Abfolge so verändert werden, dass es zu

Abweichungen vom ursprünglichen g. C. kommt (↗ Genmutation).

Von wenigen Ausnahmen abgesehen, die bei ↗ Mitochondrien, Plastiden (↗ Plastiden-DNA), einigen Mikroorganismen und Einzellern nachgewiesen wurden, ist der g. C. bei allen Lebewesen identisch. Die *Universalität des g. C.* ermöglicht es folglich, dass Gene zwischen unterschiedlichen Organismen übertragen werden können. Gentransfer zwischen Organismen derselben oder einer anderen Art findet natürlich statt und wird in der Gentechnik eingesetzt.

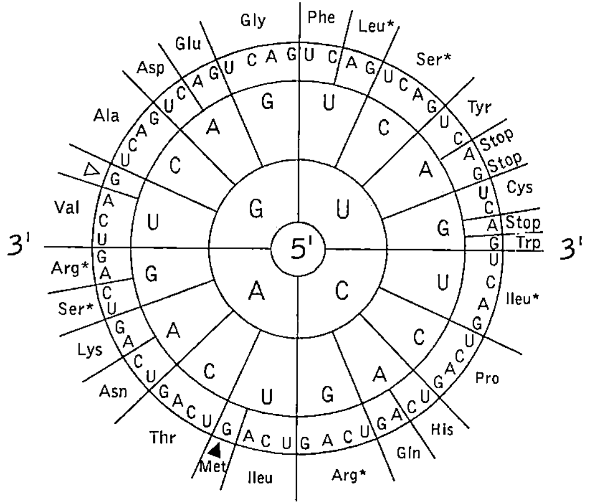

▲ Start   ▷ Start (selten)   *Degeneration erweitert

genetischer Code   Die Code-Sonne wird von innen (5′) nach außen (3′) gelesen und ordnet den jeweiligen Basentripletts (Codons) der messenger RNA eine Aminosäure oder ein Stopp-Codon zu. A = Adenin, C = Cytosin, G = Guanin, U = Uracil

genetischer Fingerabdruck, *DNA-fingerprint*, ein molekularbiologisches Verfahren zur individuellen Identifizierung von Lebewesen. Der g. F. beruht auf der Beobachtung, dass z. B. in der menschlichen DNA Sequenzänderungen (↗ Genmutation) nicht statistisch über das Genom verteilt vorkommen, sondern vor allem nicht transkribierte oder repetitive Bereiche wie *Mini-* oder *Mikrosatelliten-DNA* betreffen. Technisch macht man sich diese *Hypervariabilität* bei der Untersuchung von ↗ Restriktionslängenpolymorphismen (RFLP) zunutze oder verwendet zusammen mit der ↗ Polymerasekettenreaktion das RAPD-Verfahren. Das dabei entstehende DNA-Muster eines Menschen ist so charakteristisch wie sein Fingerabdruck, sodass der g. F. inzwischen bei *Vaterschaftsanalysen* oder *kriminaltechnischen Untersuchungen* als Routineverfahren zum Einsatz kommt. Die Erstellung des g. F. ist aber auch in anderen Bereichen der Biologie zunehmend von Interesse, wenn z. B. die Verwandtschaftsverhältnisse innerhalb von Tier- und Pflanzenpopulationen untersucht werden sollen.

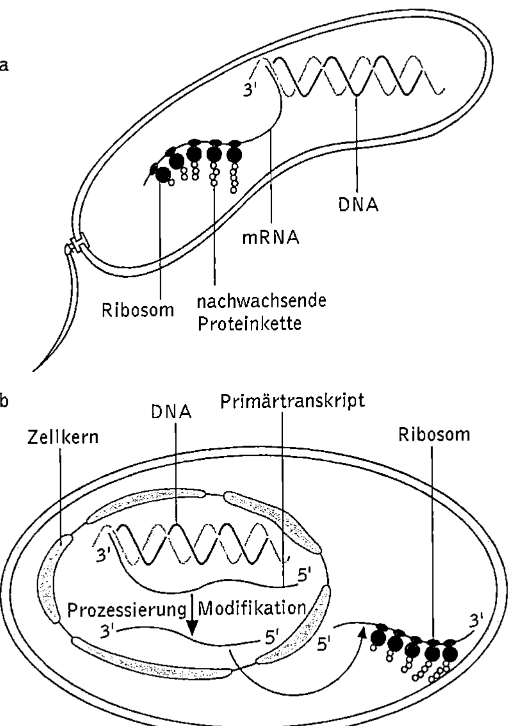

genetischer Fingerabdruck Bei einer Familienanalyse kann die Abstammung der Kinder von den Eltern dann als sicher angenommen werden, wenn jede der kodominant vererbten Banden auch bei einem Elternteil vorhanden ist. Dies ist im gezeigten Beispiel der Fall. Rechts ist ein molekularer Größenstandard angegeben, mit dessen Hilfe die Größe der einzelnen Banden bestimmt werden kann

genetischer Marker, ein ↗ Allel mit einem leicht erkennbaren ↗ Phänotyp, mit dessen Hilfe die Vererbung des entsprechenden Gens bei einem Kreuzungsexperiment verfolgt werden kann. g. M. dienen der ↗ Genkartierung. Bei ihnen handelt es sich, im Unterschied zu *morphologischen Markern*, um auf biochemischen oder molekularbiologischen Prozessen basierende Eigenschaften. Meistens wird dabei auf phänotypisch leicht zu erfassende Mutationen zurückgegriffen. Bei Saccharomyces cerevisiae (Bäckerhefe) werden z. B. auxotrophe Mutationen oder aber Antibotikaresistenzen als g. M. verwendet. (↗ Marker)

genetisches Mosaik, Bez. für Individuen, die aus Zellen unterschiedlicher Konstitution bestehen und somit Zellgruppen eines anderen Genotyps enthalten. g. M. können bei Tieren experimentell im frühen Embryonalstadium erzeugt werden, indem z. B. in einen Embryo Zellen eines anderen

Embryos injiziert werden. Die daraus entstehenden *Chimären* sind dann aus Zellen zweier Individuen entstanden. Aus diesem Grund sind g. M. bei der Erforschung von entwicklungsbiologischen Prozessen von Bedeutung, da sich mit ihnen das Schicksal einzelner embryonaler Zellen verfolgen lässt. Im einfachsten Fall spiegelt sich die unterschiedliche Haarfarbe verschiedener Mäusestämme bei einem g. M. in gescheckter Fellfärbung wider.

Genexpression, der Vorgang, bei dem die genetische Information umgesetzt und für die Zelle nutzbar gemacht wird. Anders ausgedrückt beschreibt der Begriff G. den intrazellulären Weg vom Gen zum Genprodukt. Bei allen für Proteine codierenden Genen umfasst die G. sowohl die ↗ Transkription als auch die ↗ Translation. Bei Genen, die für ribosomale RNA und transfer RNA codieren, ist die G. bereits nach der Transkription angeschlossen. Im Unterschied zur G. von Prokaryoten, bei denen alle Schritte in einem Kompartiment ablaufen und die Transkription und Translation von *polycistronischen* (↗ Cistron) mRNAs gleichzeitig ablaufen, erfolgt die G. der i. d. R. *monocistronischen* Gene von eukaryotischen Zellen in unterschiedlichen

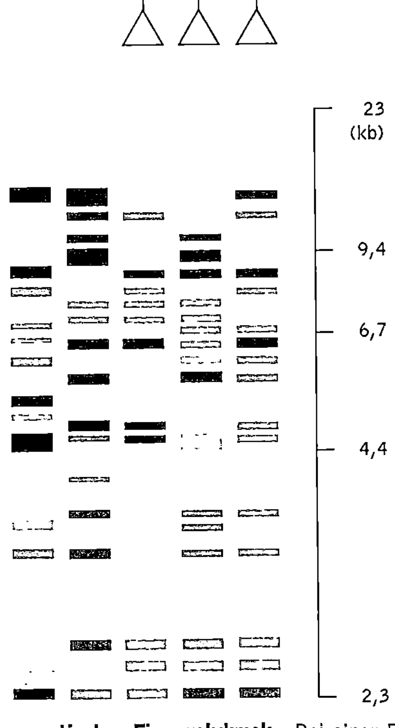

Genexpression Bei Prokaryoten (a) verläuft die Genexpression kontinuierlich, wobei die mRNA-Moleküle noch während ihrer Synthese mit Ribosomen besetzt werden, sodass Transkription und Translation zeitgleich ablaufen können. Bei Eukaryoten (b) sind diese beiden Prozesse räumlich und zeitlich voneinander getrennt: Die Transkription erfolgt im Nucleus, die Translation im Cytosol

Kompartimenten und zeitlich voneinander getrennt. Zudem wird die transkribierte mRNA noch in vielfältiger Weise prozessiert ($\nearrow$ Spleißen) und modifiziert (posttranslationale Modifikation, $\nearrow$ Prozessierung). $\nearrow$ Genregulation

Genfamilie, Bez. für die im haploiden Genom vorhandenen identischen (*homologe G.*) oder ähnlichen Gene (*heterologe G.*), die unmittelbar hintereinander oder aber an unterschiedlichen Stellen eines Chromosoms bzw. auf verschiedenen Chromosomen vorhanden sind. G. sind während der Evolution durch *Genduplikationen* und Neukombination von Exons ($\nearrow$ Mosaikgene) entstanden. Häufig werden die einzelnen Mitglieder einer G. in unterschiedlichen Zell- und Gewebetypen oder aber zu bestimmten Abschnitten der Entwicklung aktiv. Typische Beispiele für G. sind die Gene der $\nearrow$ ribosomalen RNA, die als Multigenfamilien in bis zu 1000 Kopien vorliegen, die Histongene ($\nearrow$ Histone) oder die Immunglobulin-Gene.

Genfluss, die Weitergabe von Genen einer $\nearrow$ Population in eine andere Population, indem $\nearrow$ Gameten durch Zu- oder Abwanderung von Individuen aus einer Population in eine andere übertragen werden. Den unterschiedlichen Populationsstrukturen entsprechend werden verschiedene G.-Modelle unterschieden: Beim *Kontinent-Insel-Modell* verläuft der G. effektiv nur in eine Richtung, und zwar von einer großen, kontinentalen zu einer kleinen, isolierten Population. Beim *Insel-Modell* tritt der G. nur zufällig zwischen einer Gruppe kleiner Populationen auf und beim so genannten *Trittstein-Modell* erfolgt er sogar nur aus den Nachbarpopulationen. Beim *Isolation-durch-Entfernung-Modell* tritt G. nur zwischen lokalen Nachbarschaften einer kontinuierlich verteilten Population auf. G. ist wichtig für die Anpassung an sich verändernde Umweltbedingungen, weil durch ihn neue $\nearrow$ Allele eingetragen werden, die die genetische Variabilität der Population erhöhen.

Gen food, umgangssprachliche Bez. für Lebensmittel, die aus gentechnisch veränderten Organismen bestehen oder solche enthalten, i. w. S. auch solche Lebensmittel, die aus gentechnisch veränderten Organismen hergestellt werden, diese aber nicht mehr in vermehrungsfähiger Form enthalten. ($\nearrow$ Ernährung, Essay: $\nearrow$ Der globale Mensch und seine Ernährung, $\nearrow$ Novel Food)

Genfrequenz, *Genhäufigkeit*, die Häufigkeit, mit der ein bestimmtes $\nearrow$ Gen in identischer oder fast identischer Form im Genom eines Organismus enthalten ist. Der Begriff G. wird häufig (aber nicht korrekt) synonym mit *Allelfrequenz (Allelhäufigkeit)* verwendet, die angibt, mit welcher Häufigkeit ein betimmtes $\nearrow$ Allel in einer Population auftritt. Die Änderung von Allelhäufigkeiten durch natürliche $\nearrow$ Selektion gilt als eine der Hauptpriebkräfte der $\nearrow$ Evolution.

Genhäufigkeit, die $\nearrow$ Genfrequenz.
Genitalfalte, die $\nearrow$ Geschlechtsfalte.
Genitalien, die $\nearrow$ Geschlechtsorgane.
Genitalorgane, die $\nearrow$ Geschlechtsorgane.
Genitalpräsentation, das Vorzeigen der äußeren Genitalregion als soziales Signal, unabhängig von ihrer primären Bedeutung im Rahmen des Sexualverhaltens. Die ursprünglich als Begattungsaufforderung eingesetzte Signalhandlung steht nun bei Primaten und auch beim Menschen im Dienst des Beschwichtigens, des Drohens und des Imponierens, gegebenenfalls auch des Spottens. Bei verschiedenen Affenarten z. B. sitzen männliche Tiere teils in einigem Abstand mit dem Rücken zur eigenen Gruppe und präsentieren ihre Genitalien. Diese können auffällig gefärbt und der Penis erigiert sein. Diese Form des Imponierverhaltens dient der Revierkennzeichnung.

Genkartierung, die Bestimmung der Lage eines Gens mit bekannter Funktion auf einem DNA-Molekül. Bei der *genetischen Kartierung* werden Koppelungsanalysen zwischen genetischen Markern und dem zu kartierenden Gen untersucht ($\nearrow$ Austauschhäufigkeit). Die daraus resultierende *Genkarte* gibt die relative Lage von Genen an. Bei einer *physikalischen Kartierung* wird hingegen die genaue Lage eines Gens auf einem Chromosom ermittelt. Bei Riesenchromosomen ist dies durch geeignete $\nearrow$ Bänderungstechniken unter dem Mikroskop sichtbar.

Genklonierung, $\nearrow$ Klonierung.
Genkopplung, $\nearrow$ Kopplung.
Genlocus, *Genort, Locus*, Bez. für die genaue Lage eines Gens auf einem Chromosom.
Genmosaik, $\nearrow$ Mosaikgen.
Genmutation, die auf der Ebene einzelner Gene i. d. R. spontanen, zufällig wirksamen Mutationsereignisse, auf die normalerweise der größte Teil der genetischen Variabilität in Populationen zurückzuführen ist. G. können aufgrund von Fehlern während der $\nearrow$ Replikation der DNA zufällig entstehen. Die beobachteten äußerst niedrigen *Mutationsraten* im Bereich von 10^{-4} bis 10^{-6} Mutanten pro Vermehrungszyklus sind vor allem auf die effektiven Mechanismen der $\nearrow$ DNA-Reparatur zurückzuführen. Eine Reihe von chemischen und physikalischen Umwelteinflüssen ($\nearrow$ Basenanaloga, ionisierende Strahlung, UV-Licht: $\nearrow$ Mutagene) können aufgrund ihrer die DNA direkt oder die $\nearrow$ Replikation schädigenden Eigenschaften das Auftreten von G. erheblich steigern.

Punktmutationen: Hierbei handelt es sich um Veränderungen einzelner Basen, die untereinander ausgetauscht werden bzw. zusätzlich eingefügt oder aber fehlen können. Aufgrund der $\nearrow$ Degeneration des $\nearrow$ genetischen Codes führen Mutationen, bei denen das $\nearrow$ Leseraster erhalten bleibt, nicht unbe-

Genmutation Übersicht der wichtigsten Begriffe zur Beschreibung von Genmutationen. Die häufig verwendeten englischen Bezeichnungen sind in Klammern angegeben

	Bezeichnung der Mutation	Wirkung der Mutation	Molekulares Ereignis
1	Transition	je nach Lage im Gen	$C \rightarrow T$ oder $T \rightarrow C$ $G \rightarrow A$ oder $A \rightarrow G$
2	Transversion	je nach Lage im Gen	$C \rightarrow A$ oder G $T \rightarrow A$ oder G $A \rightarrow C$ oder T $G \rightarrow C$ oder T
3	Leserastermutation *(frameshift mutation)*	Verschiebung des Leserasters kann Genexpression auf unterschiedliche Weise beeinflussen	Deletion einer bis weniger Nucleotide oder Insertion einer bis weniger Nucleotide
4	Fehlsinn-Mutation *(missense mutation)*	Austausch einer Aminosäure gegen eine andere	Transition oder Transversion
5	Unsinn-Mutation *(nonsense mutation)*	vorzeitiger Abbruch der Translation führt zu verkürztem Genprodukt	Transition oder Transversion
6	Null-Mutation *(loss of function mutation)*	die Genfunktion wird völlig zerstört, das Genprodukt fehlt	häufig durch eine Deletion, jedoch auch alle anderen Mechanismen
7	neutrale Mutation *(neutral mutation)*	kein Effekt in Bezug auf das Genprodukt	Aminosäureaustausch durch Transition oder Transversion
8	stille Mutation *(silent mutation)*	kein Effekt in Bezug auf das Genprodukt	Transition oder Transversion haben aufgrund der Degeneration des genetischen Codes keine Veränderung der Aminosäuresequenz zur Folge

dingt zu Aminosäureaustauschen bzw. zur Entstehung eines Stoppcodons. Mutationen, die hingegen zu Veränderungen im Leseraster führen, haben meist verheerende Folgen, indem ein völlig falsches Genprodukt gebildet oder die Genexpression frühzeitig beendet wird. Interessanterweise ist die Wahrscheinlichkeit, dass in einem bestimmten DNA-Abschnitt eine G. auftritt, ungleich verteilt. Ein klassisches Experiment, das S. Benzer in den 1960er-Jahren durchführte, zeigte nämlich, dass in der von ihm untersuchten Region im Erbgut des Bakteriophagen T4-Mutationen äußerst ungleich verteilt waren. So waren G. an bestimmten Stellen, so genannten *hot spots*, wesentlich häufiger zu beobachten.

Bewegliche genetische Elemente: Spontan auftretende G. können auch durch ↗ Transposons und ↗ Insertionselemente („springende Gene") hervorgerufen werden. Kommt es zur Integration in das ↗ offene Leseraster eines Gens, kann dies aufgrund der Größe des mobilen genetischen Elementes dazu führen, dass durch *gene disruption* („Unterbrechung") die Genfunktion nicht mehr vorhanden ist. Ein Transposon im Promotor eines Gens kann hingegen zu Veränderungen der Genexpression führen.

Genom, i. w. S. die Gesamtheit der genetischen Information einer Zelle, also alles im Zellkern, in den Mitochondrien (*Chondrom*) und den Plastiden (*Plastom*) enthaltene Erbgut. I. e. S. wird der Begriff nur auf die im Zellkern vorhandene Erbinformation bezogen. Nähere Informationen zum Auf-

bau des Genoms liefern *Renaturierungskinetiken*, wie sie nach der ↗ Denaturierung der DNA beobachtet werden. Dabei können im Idealfall drei Gruppen von Sequenztypen unterschieden werden: Neben nichtrepetitiven Sequenzen („Einzelkopiesequenzen"), zu denen die meisten ↗ Strukturgene zählen, besteht das G. auch aus mittel- und hochrepetitiven Sequenzen. (↗ Genomgröße, ↗ Genomprojekte)

Genomgröße, bei Prokaryoten entspricht die Grösse des ↗ Genoms der Gesamtmenge an DNA in der Zelle. Bei eukaryotischen Zellen beziehen sich Angaben zur G. immer auf den haploiden Chromosomensatz (↗ C-Wert). Interessanterweise spiegelt die G. nicht unbedingt die Organisationshöhe und vermeintliche Stellung innerhalb der Natur wider (↗ C-Wert-Paradox) (s. Abb. auf Seite 47).

Genomics, *Genomik*, Bez. für die vollständige Analyse des ↗ Genoms eines Organismus, die seit Mitte der 1980er-Jahre als möglich erschien und seit den 1990er-Jahren dank des technischen Fortschritts in der Molekularbiologie (z. B. ↗ Biochips, ↗ DNA-Sequenzierung, ↗ Polymerasekettenreaktion) und ↗ Bioinformatik durchgeführt wird. Neben *strukturellen Aspekten* wie der ↗ Genkartierung oder der Sequenzierung eines gesamten Genoms (↗ Genomprojekte) sind in zunehmendem Maße auch *funktionelle Aspekte* von großem Interesse, bei denen das Zusammenspiel zwischen Genen untereinander sowie zwischen einzelnen Genen und intra- bzw. extrazellulären Signalen untersucht

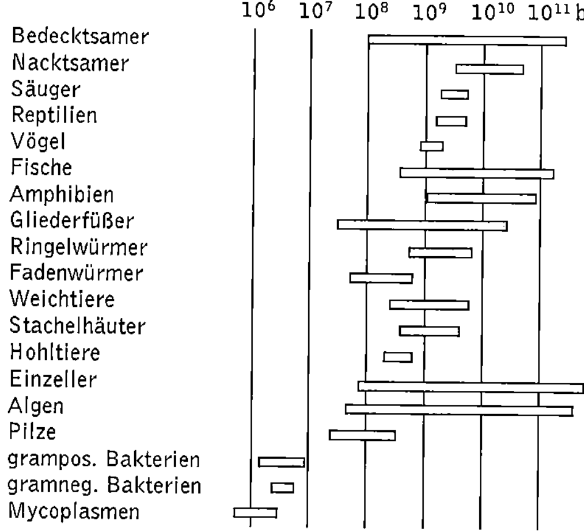

Genomgröße Vergleich der haploiden Genome unterschiedlicher Arten

wird. Durch G. sollen u. a. die Evolution von Organismen besser verstanden, entwicklungsbiologische Prozesse genauer untersucht sowie die Entstehung von Infektionskrankheiten und die Biologie ihrer Erreger aufgeklärt werden. Während sich G. der DNA widmet, werden unter dem Begriff ↗ Proteomics analoge Analysen der vorhandenen Proteine zusammengefasst.

Genomik, ↗ Genomics.

genomische Bibliothek, ↗ Genbank

genomische Prägung, *genetische Prägung, genomisches Imprinting*, die unterschiedliche Wirkung autosomaler Allele, je nachdem, ob das Gen vom Vater oder von der Mutter stammt. G. P. ergänzt somit geschlechtsspezifische Unterschiede, wie sie durch die ↗ Geschlechtschromosomen sowie ↗ maternale Effekte hervorgerufen werden. G. P. wurde bei Säugetieren, aber auch bei Pflanzen und Pilzen nachgewiesen.

Bei Säugetieren ist die g. P. offenbar die Erklärung dafür, dass ↗ Parthenogenese nicht möglich ist, da Embryonen, bei denen der mütterliche Chromosomensatz künstlich verdoppelt wurde, nicht überlebensfähig sind. Auch im Zusammenhang mit ↗ Chorea Huntington wird g. P. diskutiert, da es Hinweise darauf gibt, dass in jungen Jahren Erkrankte das Gen väterlich ererbt haben.

Genommutation, Typ der ↗ Mutation, der zu Veränderungen des ↗ Karyotyps führt. G. können wie im Fall der ↗ Haploidie bzw. ↗ Polyplodie sowohl die Anzahl vollständiger Chromosomensätze betreffen, oder sich aber auf die zahlenmäßige Veränderung einzelner Chromosomen beziehen (↗ Aneuploidie, ↗ Monosomie, ↗ Trisomie).

Genomprojekte, die Projekte mit dem Ziel, das gesamte bzw. das gesamte biologisch relevante Erbgut von Viren und Mikroorganismen, Nutzpflanzen und Nutztieren, so genannter Modellorganismen (z. B. ↗ Arabidopsis thaliana, ↗ Drosophila melanogaster, ↗ Saccharomyces cerevisiae) sowie des Menschen zu sequenzieren. Seitdem im Jahr 1995 mit dem Genom des Bakteriums *Haemophilus influenzae* erstmals ein Genom eines Lebewesens komplett sequenziert worden war und bereits ein Jahr später das erste eukaryotische Genom der Hefe in Form von DNA-Sequenzen vorlag, wurden bis zum Ende des Jahres 2000 wichtige G., einschließlich des *Arabidopsis-Genomprojektes* und Anfang 2001 des *Humangenomprojektes* weitestgehend abgeschlossen. Bei letzterem konkurrierte erstmals ein Konsortium weltweiter öffentlicher Forschungseinrichtungen direkt mit einer Biotechnikfirma um die Entschlüsselung des menschlichen Erbguts. An ein G. schließen sich die Identifikation von Genen und deren funktionelle Analyse an, was neben neuen Verfahren der ↗ Bioinformatik auch zur Entwicklung neuer Forschungsbereiche geführt hat, die als ↗ Genomics und ↗ Proteomics bezeichnet werden.

Genomsequenzierungen, ↗ Genomics, ↗ Genomprojekte

Genort, ↗ Genlocus.

Genotyp, Bez. für die Gesamtheit aller Gene (↗ Haplont) oder Genpaare bzw. Allele (↗ Diplont) eines Organismus. Der G. ist zusammen mit Umwelteinflüssen für die Ausbildung des ↗ Phänotyps verantwortlich.

Genpool, die Gesamtheit der genetischen Variationen (↗ Allele) einer Population. (↗ Populationsgenetik)

Genprodukt, allgemeine Bez. für die während der ↗ Genexpression entstehenden Proteine oder Ribonucleinsäuren.

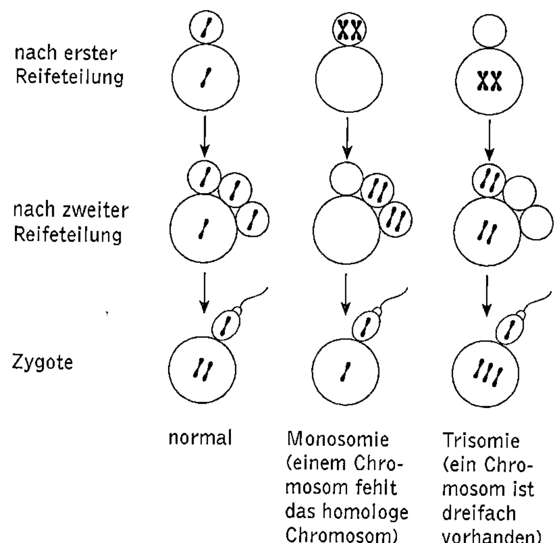

Genommutation Auftreten einer Monosomie und Trisomie während der Meiose im Vergleich zum Normalfall

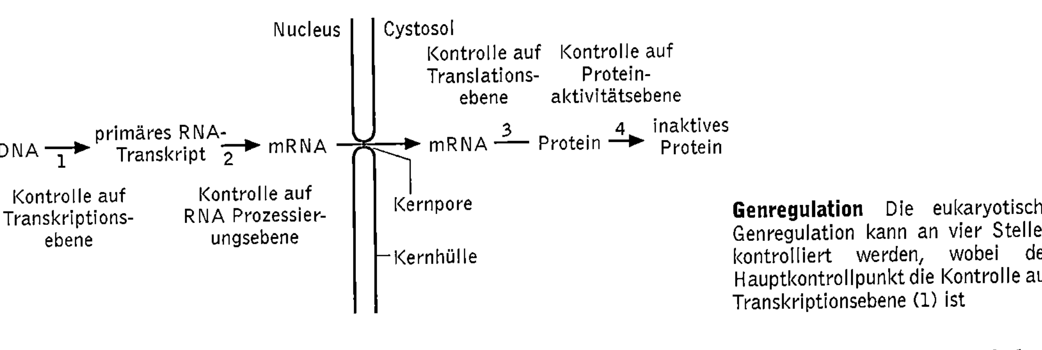

Genregulation Die eukaryotische Genregulation kann an vier Stellen kontrolliert werden, wobei der Hauptkontrollpunkt die Kontrolle auf Transkriptionsebene (1) ist

Genregulation, die durch endogene (z. B. entwicklungsbiologische) und exogene (z. B. Umwelteinflüsse) Signale gesteuerte Regulation der ↗ Transkription, die – von ↗ Haushaltsgenen abgesehen – zu einer ↗ differentiellen Genaktivität führt. Die G. stellt somit eine Anpassung an die unterschiedlichen Bedürfnisse von Zellen dar. Sie erfolgt über *genregulatorische DNA-Sequenzen*, an die Regulatorproteine ↗ (DNA-bindende Proteine, ↗ Transkriptionsfaktoren) anbinden. Prinzipiell kann zwischen *negativer G.* und *positiver G.* unterschieden werden, wobei diesbezüglich bei Prokaryoten und Eukaryoten Unterschiede bestehen.

Bei *Prokaryoten* wurde die negative G. für die Gene der Zucker abbauenden Enzyme durch F. ↗ Jacob und J. ↗ Monod im Jahre 1961 vorgeschlagen (↗ Lactose-Operon). Inzwischen ist das *Jacob-Monod-Modell* auch für eine Reihe anderer bakterieller ↗ Operons beschrieben worden (↗ Arabinose-Operon, Tryptophan-Operon). Dabei binden Repressor-Proteine im Promotorbereich von negativ regulierten Genen und verhindern dadurch deren Transkription. Daneben können bei Prokaryoten im Rahmen einer positiven G. auch *Aktivatorproteine* wirksam werden, die die Transkription dadurch initiieren, dass sie die Affinität der RNA-Polymerase zum Promotor eines Gens erhöhen. Negative und positive G. schließen sich dabei nicht immer aus. So kann der ↗ CAP-cAMP-Komplex als übergeordneter Aktivator für eine Reihe von negativ regulierten Operons wirksam werden.

Die G. von *Eukaryoten* unterscheidet sich dadurch, dass der negativen G. eine wesentlich geringere Bedeutung zukommt. Dafür sind eine Reihe

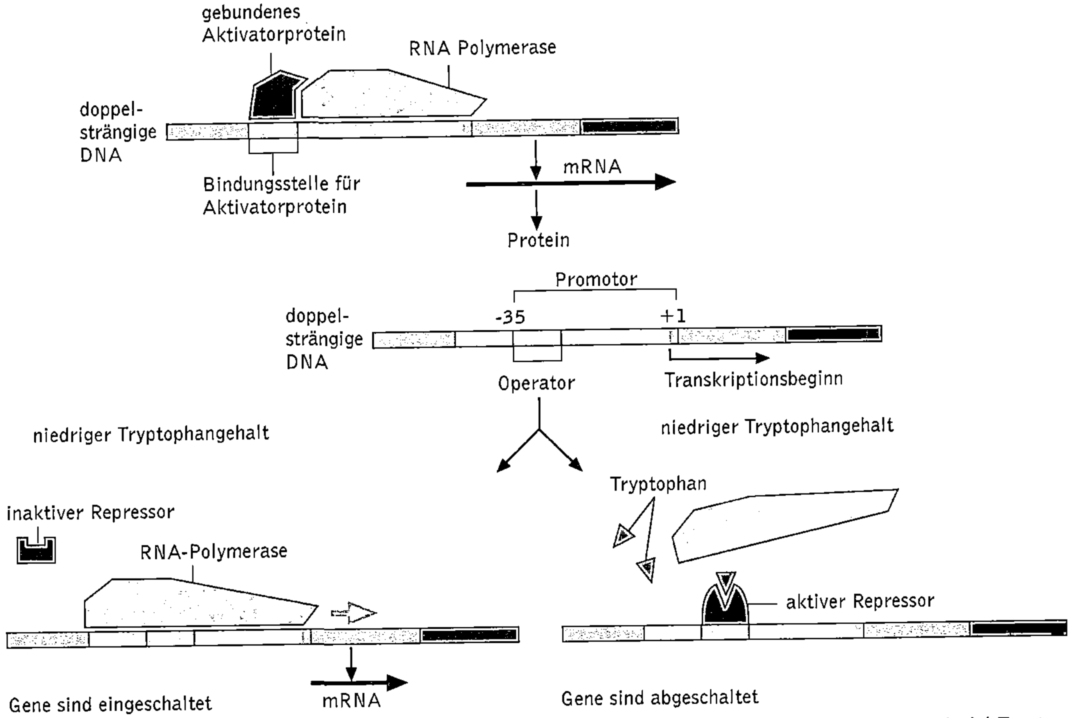

Genregulation Bei Prokaryoten finden positive (links) und negative (rechts) Genregulation (hier am Beispiel Tryptophan-Operon) statt, um die Genexpression zu steuern

anderer Mechanismen bekannt, die die Transkription von Genen in bestimmten Geweben verhindern (↗ DNA-Methylierung, ↗ Chromatin, ↗ Silencer). Der positiven G. kommt deshalb eine große Bedeutung zu, sie ist das dominierende Prinzip der eukaryotischen G. Sie wird durch das Zusammenspiel von Transkriptionsfaktoren, Promotorbereichen und Enhancern erreicht. Abgesehen von der G., die sich direkt auf die DNA bezieht, kann die eukaryotische G. an drei weiteren Punkten kontrolliert werden.

Gensonde, *Sonde*, bei der ↗ Nucleinsäurehybridisierung verwendetes, radioaktiv oder nicht radioaktiv markiertes, kurzes DNA- oder RNA-Fagment, mit dessen Hilfe sich bestimmte DNA- oder RNA-Moleküle nachweisen lassen. (↗ Autoradiographie, ↗ cDNA-Bibliothek)

Gentechnik, *Gentechnologie*, die biologische Teildisziplin, die sich mit theoretischen Grundlagen und praktischen Anwendungsverfahren befasst, um Gene zu isolieren und zu analysieren, sie gezielt zu verändern und um Gene eines Organismus in einen anderen zu übertragen. Die zahlreichen Methoden der G. haben inzwischen auch in andere biologische Disziplinen (↗ Cytologie, ↗ Immunologie, ↗ Entwicklungsbiologie) Einzug gehalten, in denen z. B. transgene Modellorganismen und mit gentechnischen Verfahren erzeugte Mutanten nicht mehr wegzudenken sind.

Anwendungsgebiete: Neben ihrer Bedeutung für die *Grundlagenforschung* wird die G. auch in zahlreichen angewandten Bereichen wie Medizin (z. B. ↗ Gentest, ↗ Gentherapie), Pharmakologie (z. B. Erzeugung neuer oder verbesserter Medikamente) und Landwirtschaft (↗ transgene Pflanzen, ↗ transgene Tiere) eingesetzt. Die ↗ Biotechnologie hat ebenfalls von der G. enorm profitiert, da sich früher nur schwer zugängliche oder mit großem Aufwand zu gewinnende Substanzen heute in industriellem Maßstab mit gentechnisch veränderten Mikroorganismen relativ einfach produzieren lassen. Methoden wie der ↗ genetische Fingerabdruck kommen mittlerweile in so unterschiedlichen Bereichen wie z. B. der Evolutionsforschung, Populationsbiologie sowie bei kriminaltechnischen Untersuchungen regelmäßig zum Einsatz.

Methoden: Zu den wichtigsten Errungenschaften, die in den 1970er- und 1980er-Jahren zu der rasanten Entwicklung auf den unterschiedlichsten Gebieten der G. geführt haben, zählen die Einführung von ↗ Restriktionsenzymen und des Enzyms DNA-Ligase, mit deren Hilfe sich so genannte *rekombinante DNA-Moleküle*, die aus der DNA mehrerer unterschiedlicher Organismen stammen können, herstellen lassen. Als weitere wichtige Methoden kamen die ↗ DNA-Sequenzierung und die ↗ Polymerasekettenreaktion hinzu. Heute stehen eine

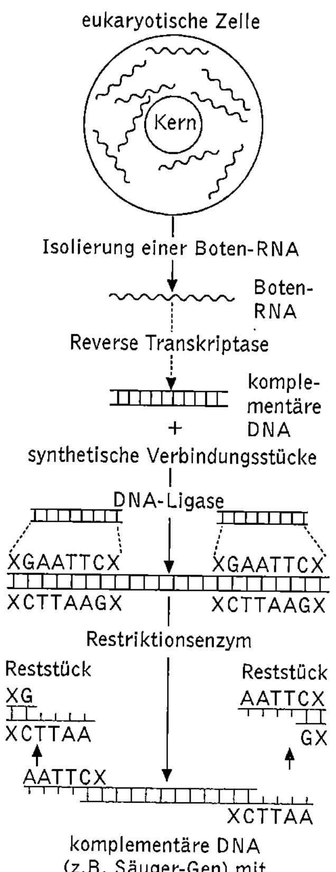

Gentechnik Arbeitsschritte, die erforderlich sind, um ein bestimmtes Gen für gentechnische Zwecke zu nutzen. Ausgehend von der mRNA für ein bestimmtes Protein wird zunächst deren komplementäre DNA (↗ cDNA) erzeugt und diese anschließend in einen Vektor (z. B. Plasmid) einkloniert. Dabei sind synthetische Verbindungsstücke (*linker*) hilfreich, die an die *blunt ends* der cDNA mit Hilfe der DNA-Ligase angefügt werden. Sie sind in ihrer Basensequenz so beschaffen, dass sie mit gängigen Restriktionsenzymen geschnitten werden können und, wie hier gezeigt, zur Bildung von *sticky ends* führen

Vielzahl gentechnischer Arbeitsverfahren zur Verfügung, mit deren Hilfe DNA-Moleküle gezielt verändert (↗ In-vitro-Mutagenese) und in andere Zellen übertragen werden können (↗ Gentransfer) (siehe Abb. auf Seite 50).

gentechnisch veränderter Organismus, Abk. *GVO* auch *GMO* für engl. *genetically modified organism*, die Bez. für ein Lebewesen, dessen Erbgut so verändert worden ist, wie es durch natürliche ↗ Rekombination, natürliche ↗ Kreuzung und ↗ Züchtung nicht auftritt. g. v. O. werden mit gentechnischen Arbeitsverfahren (↗ Gentechnik) heute zum Zwecke der Forschung, aber auch zu kommerziellen Zwecken hergestellt. Dabei werden Mikroorganismen, Pflanzen und Tiere so verändert, dass sie zur Beantwortung biologischer Fragestellung beitragen

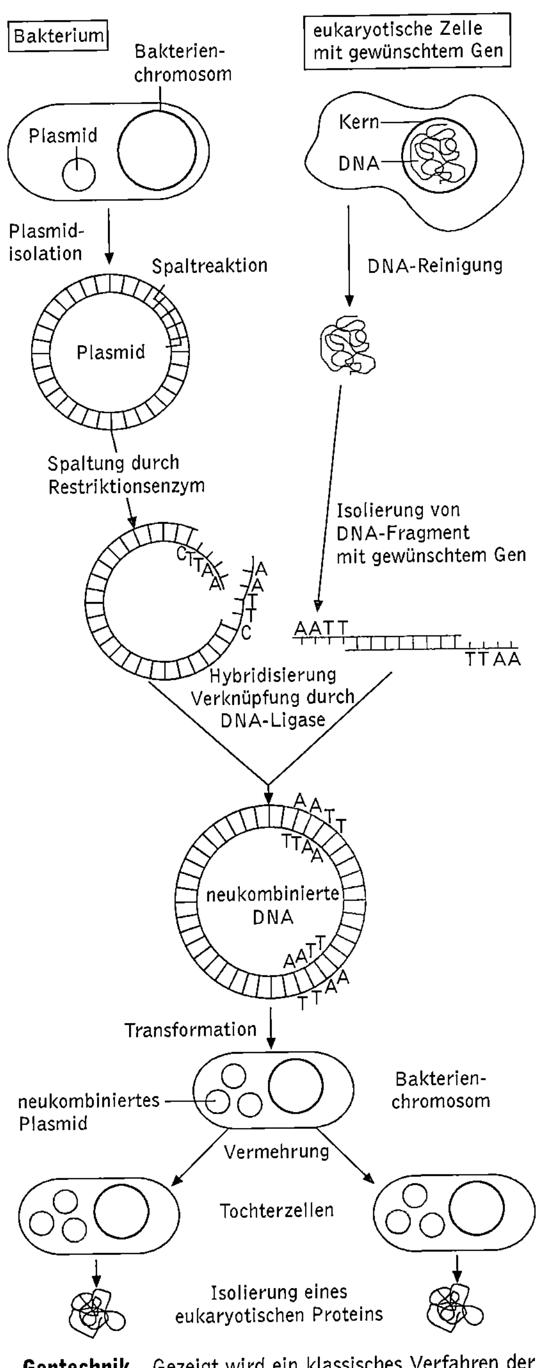

Gentechnik Gezeigt wird ein klassisches Verfahren der Gentechnik, bei der ein eukaryotisches Gen in ein Plasmid so einkloniert wird, dass das korrespondierende Gen in den Bakterienzellen exprimiert wird und aus ihnen isoliert werden kann. Sowohl die Plasmid-DNA, als auch das gewünschte Gen werden zunächst mit Restriktionsenzymen geschnitten, anschließend erfolgt die Ligation. Das so erzeugte Plasmid wird schließlich in die Bakterienzellen transformiert

oder aber durch neue bzw. verbesserte Eigenschaften wirtschaftlich nützlich sein können. Die Freisetzung von g. v. O., vor allem von transgenen Pflanzen, ist in den meisten Ländern streng reguliert und kann nur nach Genehmigungsverfahren erfolgen.

Gentechnologie, die ↗ Gentechnik.

Gentest, i. e. S. die Bez. für ein gentechnisches Verfahren, meist im Rahmen einer ↗ genetischen Beratung, bei dem mögliche Veränderungen eines Gens (↗ Genmutation) erfasst werden und auf diese Weise die Veranlagung eines gesunden Menschen, an einer bestimmten Krankheit (z. B. ↗ Erbkrankheiten, ↗ Krebs) zu erkranken, ermittelbar ist. Der Nutzen von G. ist umstritten, da Mutationen im Erbgut nicht allein verantwortlich für das Ausbrechen vieler Erkrankungen sind.

I. w. S. wird der Begriff auch für Verfahren wie den ↗ genetischen Fingerabdruck benutzt.

Gentherapie, die Bez. für ein therapeutisches Verfahren, mit dem Defekte im Erbgut, die für bestimmte ↗ Erbkrankheiten und die Entstehung von ↗ Krebs verantwortlich sind, durch gezieltes Einschleusen von Genen beseitigt werden können. Dabei wird prinzipiell zwischen der so genannten *Keimbahntherapie*, bei der Gene in Keimzellen oder Embryonen eingebracht werden und der *somatischen G.* unterschieden, bei der Krankheiten durch Einschleusen von Genen in Körperzellen (*Somazellen*) behandelt werden.

Zu diesem Zweck wurden Verfahren entwickelt, die das Übertragen von Genen z. B. durch bestimmte, in ihrer Wirkung abgeschwächte Viren oder durch Mikroinjektion in diese Zellen ermöglichen. Dabei wird zwischen einer G., bei der übertragene Gene lebenslang im Körper eines Patienten verbleiben und aktiv sein sollen, und gentherapeutischen Ansätzen, bei denen Gene nur während des bestimmten Zeitraumes einer Therapie zum Einsatz kommen sollen, unterschieden. Dies wäre z. B. bei der Behandlung von Tumoren möglich, in die eine Art „Selbstmordgen" eingebracht werden kann.

Der therapeutische Nutzen der somatischen G. konnte bislang nicht mit befriedigenden Ergebnissen gezeigt werden, da sich das kontrollierte Einbringen von Fremd-DNA in Körperzellen als schwierig und schwer zu kontrollieren gestaltet. Selbst bei so genannten *monogenen* Erkrankheiten wie ↗ Bluterkrankheit oder ↗ Mucoviszidose, bei denen nur ein Gen für eine Erkrankung verantwortlich ist, konnten die erhofften Ziele nicht erreicht werden.

Gentianaceae, *Enziangewächse,* Fam. der ↗ Gentianales, zu der ca. 1200 Arten in den verschiedensten Verbreitungsgebieten gehören. Es sind krautige Pflanzen mit gegenständigen, einfachen Blättern und regelmäßigen, vier- bis fünfzähligen zwittrigen

Blüten. Der oberständige Fruchtknoten entwickelt sich zu einer aufspringenden Kapsel. Viele Arten enthalten bittere Glykoside, wie Gentiopikrin oder Amarogentin. Am umfangreichsten ist die Gatt. ↗ Enzian, *Gentiana*. Zu den G. gehört auch das ↗ Tausendgüldenkraut, *Centaurium erythraea*.

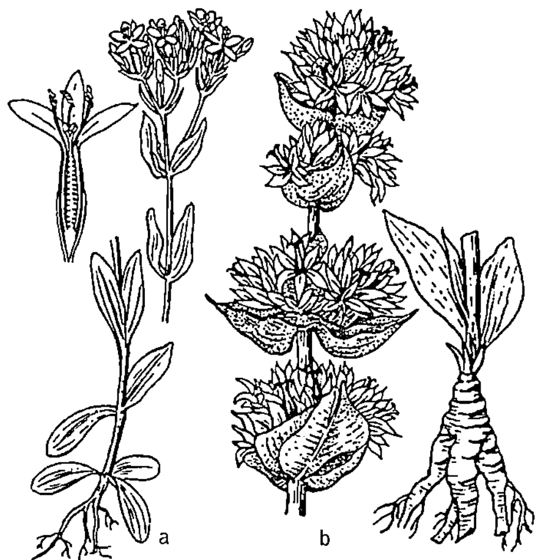

Gentianaceae a Tausendgüldenkraut, *Centaurium erythraea*, b Gelber Enzian, *Gentiana lutea*

Gentianales, Ord. der ↗ Rosopsida mit ca. 4800 Arten. Charakteristisch sind vier- bis fünfzählige Blüten mit oft gedrehter Knospenlage der Krone, meist zweiblättrige Fruchtknoten und fast immer ungeteilte, ganzrandige gegenständige Blätter. Weit verbreitet sind bikollaterale Leitbündel und Indol-Alkaloide. Zu den G. gehören die ↗ Gentianaceae, ↗ Loganiaceae, ↗ Apocynaceae, ↗ Asclepiadaceae und ↗ Rubiaceae.

Gentransfer, *Genübertragung*, die natürliche oder künstliche Übertragung von ↗ genetischer Information von einer *Donorzelle* auf eine andere *Akzeptorzelle*. G. kann dabei durch ↗ Transfektion, ↗ Transformation oder ↗ Konjugation erfolgen. Hinzu kommen technische Verfahren wie die ↗ biolistische Methode („Genkanone") oder die Mikroinjektion.

Von besonderer Bedeutung ist im Zusammenhang mit gentechnischen Anwendungen der so genannte *horizontale G.*, d. h. die Übertragung von DNA-Molekülen zwischen nicht verwandten Organismen, die aufgrund der *Universalität* des genetischen Codes möglich und inzwischen Laborroutine ist.

Genübertragung, ↗ Gentransfer.

Genus, die ↗ Gattung.

Genwirkketten, das Zusammenwirken verschiedener Gene bei der Ausbildung eines Biosyntheseweges oder eines anderen Merkmals, das letztlich auf die Funktion der durch diese Gene codierten Enzyme oder Strukturproteine zurückzuführen ist. *Mutanten* sind bei der Aufklärung von G. hilfreich, da sich mit ihrer Hilfe die einzelnen Schritte eines Syntheseweges nachvollziehen lassen.

Genwirkung, Bez. für die geregelte Steuerung der Expression eines Gens (↗ Genexpression), die dadurch zur Manifestierung bestimmter morphologischer oder physiologischer Eigenschaften von Zellen bzw. mehrzelligen Organismen führt.

Genzentren, *Mannigfaltigkeitszentren, Ursprungszentren*, Bez. für geographische Gebiete, in denen bestimmte Kulturpflanzenarten oder ihre Wildformen die größte Formenvielfalt aufweisen, sodass sie als deren Ursprungsgebiete angesehen werden. G. decken sich dabei häufig mit eiszeitlichen Refugien. Sie entstehen dort, wo innerhalb begrenzter Regionen starke Unterschiede in Klima oder Bodenverhältnissen vorhanden sind. Dadurch findet eine Selektion auf bestimmte Merkmale nicht statt. Die G. wichtiger Kulturpflanzen (Kartoffel, Mais) sind deshalb in Gebirgen und Hochebenen anzutreffen. Die *Genzentrentheorie* geht auf den russischen Pflanzenzüchter N.I. Wawilow (1891-1951) zurück. Für die *Pflanzenzüchtung* sind G. von großer Bedeutung, da dort genetisches Ausgangsmaterial für Neuzüchtungen vorhanden ist.

geo-, in Zusammensetzungen: Erd-.

Geobiologie, Wissenschaft von der ↗ Verbreitung der Pflanzen (↗ Pflanzengeografie) und der Tiere (↗ Tiergeografie) auf der Erde.

Geobotanik, Teilgebiet der ↗ Botanik, das Art, Ursachen und Gesetzmäßigkeiten der räumlich-zeitlichen Verbreitung von Pflanzen und ↗ Pflanzengesellschaften auf der Erde sowie deren Beziehungen untereinander untersucht. Im internationalen Kontext wird G. synonym mit *Pflanzengeografie* und *Phytogeografie* verwendet.

Geoelement, in der Botanik Bez. für Arten oder andere systematische Einheiten, die die gleichen geografischen Verbreitungsgrenzen besitzen und in den gleichen Gebieten ihre größte Häufigkeit haben, d. h. dem gleichen Arealtyp angehören. (↗ Florenelement)

Geoffroy Saint-Hilaire, *Étienne*, franz. Zoologe und Naturforscher, ✳ 15.4.1772 Étampes (Seine-et-Oise), † 19.6.1844 Paris; ab 1793 Prof. am Museum National d'Histoire Naturelle in Paris. G.S.-H. versuchte, den Körperbau der Wirbeltiere und Wirbellosen zu analogisieren und gelangte so zu einer Theorie der „Einheit des Bauplans", in der er schloss, dass die Entwicklung der Lebewesen von einem einzigen Bauplan hergeleitet werden könne. Er zeigte innerhalb der Wirbeltiere zahlreiche ↗ Homologien (bei ihm als Analogien bezeichnet) und Verwandtschaftsbeziehungen auf. Durch Erkennen der Kontinuität zwischen fossilen und rezenten Tieren und Vergleich der „Evolution" mit ihrer Individualentwicklung, gelangte er zu einer Hypothese über die Abstammung der Vögel von fossilen Reptilien sowie zur Ableitung der Gehörorgane und des Kehlkopfes höherer Wirbeltiere von Opercularknochen und Kiemenapparat der Fische. Durch Manipulation der Umwelteinflüsse löste er Missbildungen bei der Keimesentwicklung aus und begründete damit die Teratologie (die Lehre von der Entstehung von Missbildungen).

Geometridae, *Spanner*, Fam. der Schmetterlinge (↗ Lepidoptera) mit rund 15000 Arten (in Mitteleuropa 400), die eine Flügelspannweite von 13 bis 60 mm haben. Die Flügel werden in Ruhelage meist seitlich und schräg nach hinten abgestreckt. Die überwiegend nachtaktiven Raupen besitzen außer den drei Paaren Brustfüße noch zwei Paar Bauchfüße am Hinterleibsende (Nachschieber). Sie bewegen sich durch „Spannen" fort, wobei das Hinterleibsende mit dem Nachschieber unmittelbar hinter die Brustbeine gesetzt wird und sich der Körper schlingenförmig aufbiegt; anschließend streckt sich der Vorderkörper wieder weiter vor. Manche Arten sind Schädlinge in Pflanzenkulturen.

Geoökologie, Teilgebiet der ↗ Ökologie, das sich mit den Energie- und Stoffkreisläufen zwischen der ↗ Atmosphäre, dem ↗ Boden (Pedosphäre), dem geologischen Untergrund (Lithosphäre), der Wasserhülle der Erde (Hydrosphäre) und dem Lebensraum der Erde (↗ Biosphäre) befasst.

Geophilomorpha, Gruppe der Hundertfüßer (↗ Chilopoda).

Geophyten, *Erdpflanzen*, mehrjährige krautige Pflanzen, die ungünstige Lebensbedingungen mit Hilfe unterirdischer Organe überdauern. Je nach Überdauerungsorgan unterscheidet man Rhizom-G., Knollen-G., Zwiebel-G. und Rüben-G. Die unter-

irdischen Organe sind Nahrungsspeicher und tragen meist Erneuerungsknospen.

Geosmine, sesquiterpenoide Verbindungen, die von verschiedenen ↗ Streptomyceten produziert werden und den typischen erdigen Geruch von Böden hervorrufen. Ein verbreitetes G. ist das Trans-1, 10-dimethyl-trans-9-dekalol.

Geotaxis, *Gravitaxis*, Form der ↗ Taxis bei der sich freibewegliche, i. d. R. einzellige Pflanzen und Tiere an der Schwerkraft orientieren.

Geotropismus, *Gravitropismus*, die Bewegung von Pflanzen oder Pflanzenorganen hin zum (positiver G.) oder weg (negativer G.) vom Erdmittelpunkt. Die Sprossachse wächst dabei stets *negativ geotrop*, wohingegen das Wurzelwachstum *positiv geotrop* erfolgt. Die Wahrnehmung eines so genannten geotropischen Reizes erfolgt in Zellen der Wurzeln oder Rhizoide durch ↗ Statolithen, deren Sedimentation die Wahrnehmung der Schwerkraft ermöglicht. Bei der Armleuchteralge *Chara* konnten als Statolithen mit Bariumsulfat gefüllte Vesikel nachgewiesen werden, wohingegen bei höheren Pflanzen die stärkehaltigen Amyloplasten diese Funktion übernehmen. In Experimenten, bei denen Pflanzen der Schwerelosigkeit ausgesetzt waren, zeigte sich, dass sich Statolithen von der Spitze wegbewegen, sobald die Wirkung der Gravitation nachlässt. Wie die Statolithen genau innerhalb der Zelle an der Reizwahrnehmung beteiligt sind, ist bislang noch unklar. Denkbar wäre eine Interaktion (z. B. Druck) mit anderen Zellorganellen oder dem Cytoskelett, das wiederum mit der Plasmamembran in Wechselwirkung steht. In diesem Zusammenhang sind Forschungsergebnisse mit stärkelosen ↗ Arabidopsis-Mutanten interessant, deren Wurzeln normalen positiven G. zeigen. Als Signal für die Weiterleitung eines geotropen

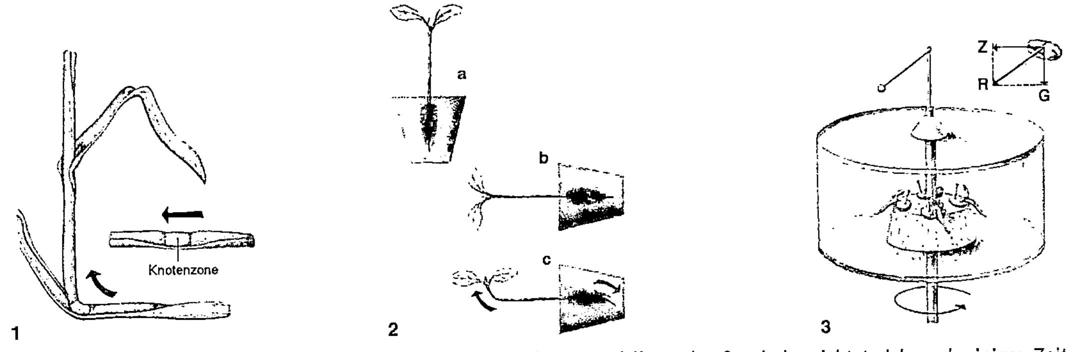

Geotropismus 1 Geotropes Wachstum bei Gräsern: Ein horizontal liegender Grashalm richtet sich nach einiger Zeit wieder auf. 2 Schematische Darstellung der geotropen Reaktion eines Keimlings: a Normallage, b,c wird der Keimling in Horizontallage gebracht, setzt nach einiger Zeit eine Krümmungsbewegung ein. 3 Die Wirkung der Erdschwerkraft (G) kann durch die Zentrifugalkraft (Z) teilweise aufgehoben werden. Legt man einen Keimling horizontal auf die Scheibe einer Zentrifuge und lässt diese rotieren, kommt es, wie im Kräfte-Parallelogramm gezeigt, zum Wachstum von Wurzeln und Spross in eine Richtung (R), die aus dem Zusammenwirken der beiden Kräfte resultiert. Ist Z größer, überwiegt horizontales Wachstum, ist G größer, richten sie sich mehr senkrecht aus

Reizes innerhalb der Pflanze wird ↗ Auxin angesehen, wobei der Schwerkraftreiz in einen Auxingradienten umgesetzt wird, der zum beobachteten Wachstum führt.

Geozoologie, die ↗ Tiergeografie.

Gepard, *Acinonyx jubatus*, einzige rezente Art der zu den Katzen (↗ Felidae) gehörenden Gattung, die nur noch in den Reservaten Ostafrikas und im Etoschagebiet verbreitet ist. Der G. ist etwa 80 cm schulterhoch (Körperlänge 130 cm) mit gelbbraunem, schwarz geflecktem Fell und fast weißer Bauchseite. Er gilt als das schnellste landlebende Säugetier und kann bei der Jagd Spitzengeschwindigkeiten von bis zu 120 km/h erreichen, die er aber nur über Distanzen von maximal 400 m durchhalten kann. G. sind in ihrem Verbreitungsgebiet streng geschützt, jedoch sind die Bestände durch trotzdem stattfindende Bejagung und durch Zerstörung ihrer Lebensräume stark bedroht.

Geraniaceae, *Storchschnabelgewächse*, Fam. der ↗ Geraniales mit ca. 720 Arten, die in allen Gebieten der Erde vorkommen. Es sind Kräuter, Halbsträucher, selten Bäume, mit wechselständigen Blättern und regelmäßigen, fünfzähligen Blüten. Der fünffächerige Fruchtknoten entwickelt sich zu einer Kapsel oder zerfällt nach der Reife in fünf einsamige Teilfrüchte, die bei den Vertretern der Gatt. *Storchschnabel*, *Geranium*, und *Reiherschnabel*, *Erodium*, am oberen Ende eine schnabelartige Verlängerung haben und meist mit hygroskopischen Grannen versehen sind. Zu den G. gehören auch die aus Südafrika stammenden *Pelargonium*-Arten und -Hybriden.

Geraniales, Ord. der ↗ Rosopsida mit überwiegend krautigen Vertretern. Charakteristisch sind bis zur Spitze verwachsene Griffel und meist nur eine oder zwei Samenanlagen pro Karpell. Zu den G. gehören die ↗ Geraniaceae.

Geraniol, ein ungesättigter azyklischer, nach Rosen riechender Monoterpenalkohol, der Bestandteil vieler etherischer Öle ist (bis zu 60 % im Rosenöl). G. wird, vorwiegend als Acetat, in der Riechstoffindustrie verwendet.

Geranium, Gatt. der ↗ Geraniaceae.

Gerbillinae, *Rennmäuse*, Unterfam. der Wühler (↗ Cricetidae).

Gerbstoffe, chemische Verbindungen, die bei der Umwandlung tierischer Häute in Leder (*Gerben*) mit dem Kollagen der Tierhaut verschiedene chemische Reaktionen eingehen und dadurch zu einer Erhöhung der Form- und Temperaturbeständigkeit des Eiweißgerüstes beitragen. *Pflanzliche G.* sind weit verbreitet und kommen in den verschiedensten Pflanzenteilen vor. Funktionell wird der G.-Gehalt in Geweben als Schutz gegen Fäulnis, Schädlinge oder Tierfraß angesehen. Nach ihrem chemischen Aufbau werden zwei Gruppen unter-

schieden: *Hydrolysierbare G.*, die sich meist von der ↗ Gallussäure ableiten, und die z. B. im Holz von ↗ Eiche und ↗ Edelkastanie vorkommen sowie *Kondensierte G.* Zu letzteren gehören die ↗ Catechine sowie u. a. ↗ Ferulasäure und ↗ Chlorogensäure. Das Gerben mit pflanzlichen G. wird als *Lohgerberei (Rotgerberei)* bezeichnet, die Gerblösung als *Gerberlohe*.

Neben den pflanzlichen G. gibt es auch *mineralische G.* wie z.B. Chrom(III)Salze, Polyphosphate, Aluminiumsalze und Eisensalze, sowie *synthetische G.*, zu denen u.a. die Syntane gehören, Kondensationsprodukte zwischen Phenol- und Naphthalinsulfonsäuren mit Formaldehyd.

Gerinnsel, ↗ Thrombus.

Gerinnungsfaktoren, ↗ Blutgerinnung.

Germarium, der ↗ Keimstock.

Geröllwerkzeuge, *Pebble-tools*, der einfachste Typ von Steinwerkzeugen, bei dem Flussgerölle einseitig oder wechselseitig bearbeitet wurden. G. sind die ältesten als solche erkennbaren Steinwerkzeuge überhaupt. Sie kennzeichnen die so genannte ↗ Oldowan-Industrie, die vor etwa zwei Mio. Jahren in Afrika verbreitet war. Als Hersteller der ältesten G. kommt ↗ Homo habilis in Frage.

Gerontologie, *Alternsforschung*, eine Forschungsrichtung, die den Prozess des ↗ Alterns unter biologischen, medizinischen, psychologischen und sozialen Aspekten untersucht.

Gerontoplast, Bez. für einen ↗ Plastiden im Stadium der Seneszenz. In G. ist das Chlorophyll bereits abgebaut, sodass ihnen die Carotinoide ihre gelbliche Farbe verleihen. (↗ Herbstfärbung)

Gerromorpha, *Wasserläufer*, Gruppe der Wanzen (↗ Heteroptera), die auf der Oberfläche von Gewässern leben und dementsprechende Anpassungen im Bau der Tarsen zeigen. Zur Fam. der *Wasserläufer i.e.S. (Gerridae)* gehören rund 230 Arten (in Mitteleuropa zwölf) mit schlankem, fein weiß behaartem Körper und Beinen; die Behaarung wirkt wasserabstoßend. Die Beine der Wasserläufer drücken die Wasseroberfläche nur ein, durchstoßen sie aber nicht. Sie leben räuberisch vor allem von kleinen Insekten.

Gerste, *Hordeum vulgare*, aus dem vorderasiatischen Raum stammendes Ährenrispengras (↗ Poaceae), bei dem an jedem Glied der Spindel drei einblütige ↗ Ährchen sitzen. Die vielzeiligen Formen der G. werden überwiegend als *Futtergerste* angebaut, die zweizeiligen häufig als *Braugerste*. (↗ Getreide)

Geruch, der mit Hilfe von ↗ Geruchsorganen wahrgenommene Sinneseindruck, ausgelöst durch flüchtige Verbindungen (↗ Duftstoffe). Dementsprechend wird – eher umgangssprachlich – auch der von einer Substanz ausgehende Duft als Geruch bezeichnet. (↗ Geruchssinn)

Geruchsorgane, *Riechorgane, olfaktorische Organe*, bei Tieren und dem Menschen mit speziellen Rezeptoren ausgestattete Organe, die der Wahrnehmung von Geruchsstoffen dienen. Bei den Wirbellosen befinden sie sich vor allem auf Körperanhängen (z. B. Geruchssensillen auf den ⊅ Antennen oder den Tarsen der ⊅ Extremitäten), G. der Wirbeltiere sind die ⊅ Nase und das ⊅ Jacobson-Organ. (⊅ Geruchssinn, ⊅ Sensillen)

Geruchssinn, *Riechsinn, olfaktorischer Sinn*, die Fähigkeit, mit Hilfe spezialisierter Organe Duftstoffe wahrzunehmen. Der G. ist ein Fernsinn und gehört zu den ⊅ chemischen Sinnen. G. und ⊅ Geschmackssinn hängen eng zusammen und vor allem bei im Wasser lebenden Tieren sind sie kaum voneinander zu trennen.

Geruchssinneszellen sind immer primäre ⊅ Sinneszellen. Bei Wirbellosen sind sie mehr oder weniger über den Körper verteilt oder befinden sich insbesondere an den ⊅ Extremitäten (Spinnen, Krebse) bzw. an den ⊅ Antennen (Insekten). Bei den Wirbeltieren liegen die Geruchssinneszellen in der Riechschleimhaut der ⊅ Nase. Die durch Duftstoffmoleküle ausgelösten Reize werden bei den Wirbeltieren über paarige Geruchsnerven (⊅ Nervus olfactorius) dem Gehirn zugeleitet und dort weiter verarbeitet, wodurch die Geruchswahrnehmung erst möglich wird.

Es wird davon ausgegangen, dass es etwa 10000 für den Menschen unterscheidbare Düfte gibt. Zur Klassifikation gibt es ein System von sieben typischen *Geruchsklassen*, die sowohl einer bestimmten chemischen Substanz, aber auch einer allg. bekannten Substanz zugeordnet werden. Diese so genannten Primärgerüche sind *campherartig* (Mottenpulver), *moschusartig* (Angelikawurzelöl), *blumig* (Rose), *minzig* (Pfefferminzbonbon), *etherisch* (Fleckenwasser), *schweißig* (Schweiß), *faulig* (faule Eier). Kommt ein Duftmolekül mit einem spezifischen Rezeptorprotein in Kontakt, so wird über ein ⊅ G-Protein die Konzentration von cAMP (⊅ Adenosinphosphate) in der Zelle erhöht, wodurch direkt unspezifische Kationenkanäle in der Membran geöffnet werden können. Dieser Signalverstärkungsmechanismus führt dann letztlich zur Auslösung von ⊅ Aktionspotenzialen, der chemische Reiz wird in ein elektrisches Signal umgewandelt, das weiter ins Zentralnervensystem geleitet und dort verarbeitet wird. Für die Rezeptorproteine existiert eine mehrere Hundert Mitglieder umfassende Genfamilie; die von ihr exprimierten Rezeptorproteine sind untereinander sehr ähnlich, weisen aber wohl im Bindungsbereich des Duftmoleküls eine hohe Variabilität auf, ähnlich dem Prinzip der Variabilität, das bei ⊅ Immunglobulinen verwirklicht ist.

Der G. spielt eine Rolle vor allem bei der Nahrungswahl, der Geschlechterfindung, der Arterkennung, der Revierabgrenzung; Tauben, aber auch andere Vögel orientieren sich mit Hilfe des G., Lachse finden über den G. ihren Geburtsort, den sie zum Laichen aufsuchen, nach mehreren Jahren wieder. Je nachdem, wie gut der G. ausgebildet ist, unterscheidet man *Makrosmatiker* mit gutem G., *Mikrosmatiker* mit weniger gut ausgebildetem G. sowie *Anosmatiker* (z. B. Wale), die nicht riechen können.

Geschlecht, das *biologische G.* bezieht sich auf die entgegengesetzte Ausprägung der ⊅ Gameten und damit auch zumindest der ⊅ Geschlechtsorgane der sie erzeugenden elterlichen Individuen (⊅ Geschlechtsmerkmale, ⊅ Geschlechtsdimorphismus). Bei allen vielzelligen Lebewesen werden ein *männliches G.* und ein *weibliches G.* unterschieden. Beim Menschen wird darüber hinaus auch von einem *psychischen G.* gesprochen, das sich auf die sexuelle Selbstidentifikation bezieht und unter Umständen auch vom körperlichen G. abweichen kann (z. B. im Falle der ⊅ Transsexualität), und ein *soziales G.*, das sich auf die sexuelle Rollenzuweisung durch die Gesellschaft bezieht, die mit der Erziehung in der frühen Kindheit beginnt.

Geschlechterverhältnis, *Sex-Ratio*, das Zahlenverhältnis zwischen männlichen und weiblichen Individuen einer ⊅ Population.

geschlechtliche Fortpflanzung, ⊅ Fortpflanzung.

Geschlechtlichkeit, die ⊅ Sexualität.

Geschlechsakt, der ⊅ Geschlechtsverkehr.

Geschlechtsbestimmung 1) *genotypische G.* Die Festlegung des Geschlechts durch das Vorhandensein von zwei unterschiedlichen, häufig verschieden großen ⊅ Geschlechtschromosomen. Dabei können prinzipiell zwei unterschiedliche Situationen unterschieden werden, je nachdem, ob die Männchen *heterogametisch* oder *homogametisch* sind. Ersteres ist der Fall, wenn das männliche Geschlecht durch die Kombination von X- und Y-Chromosom ausgeprägt wird, was beim Menschen, der Taufliege (⊅ Drosophila melanogaster) und einigen Blütenpflanzen der Fall ist. Homogametische Männchen finden sich bei Vögeln, Reptilien und einer Reihe von Insektenordnungen. In allen Fällen sind jedoch unter den Nachkommen männliche und weibliche Individuen im gleichen Verhältnis anzutreffen. Eine Reihe menschlicher ⊅ Erbkrankheiten steht in Zusammenhang mit der G. Im Unterschied zur bisher beschriebenen Situation, bei der die Diplophase sexuell determiniert ist (*diplogenotypische G.*), zeichnen sich viele Einzeller, Algen, Moose und Pilze durch eine *haplogenotypische G.* aus. Der haploide ⊅ Gametophyt trägt dann eines der beiden Geschlechtschromosomen. Einen Sonderfall stellt die *haplodiploide G.* der Bienen dar, bei denen aus unbefruchteten Eiern männliche Drohnen, aus befruchteten Eiern je nach Ernäh-

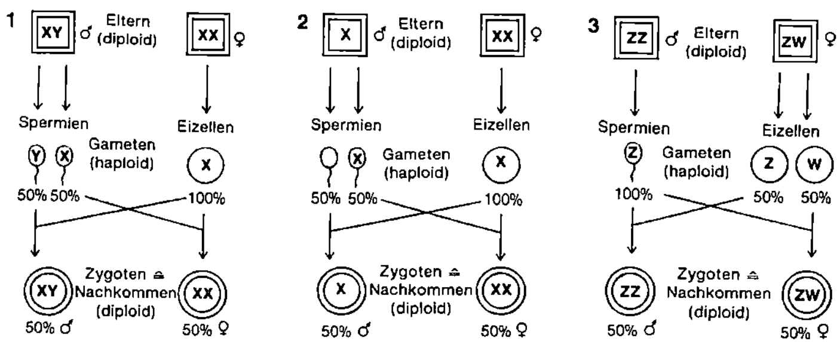

Geschlechtsbestimmung Typen der diplogenetischen Geschlechtsbestimmung: 1 XY-Typ: Männchen heterogametisch (Mensch, *Drosophila*); 2 X0-Typ: Männchen heterogametisch, ein homologes Chromosom fehlt (Wanzen, Fadenwürmer); 3 ZW-Typ: Weibchen heterogametisch (Vögel, Schmetterlinge, Köcherfliegen)

rung weibliche Königinnen oder Arbeiterinnen hervorgehen.

2) *phänotypische (modifikatorische) G.*, die bei einer Reihe von diploiden, haploiden oder haplodiploiden Organismen beobachtete Bestimmung des Geschlechts durch Umweltfaktoren, wie z. B. die G. durch die Temperatur während der Embryonalentwicklung, die bei manchen Reptilien (Schildkröten) zu beobachten ist. (↗ Zwitter)

Geschlechtschromatin, die ↗ Barr-Körperchen.

Geschlechtschromosomen, *Gonosomen, Heterosomen,* Bez. der für die ↗ Geschlechtsbestimmung verantwortlichen ↗ Chromosomen, die sich von den übrigen so genannten ↗ Autosomen in ihrer Struktur unterscheiden. Oft sind die Geschlechtschromosomen wie beim Menschen deutlich als großes X-Chromosom und kleineres Y-Chromosom voneinander zu unterscheiden. (↗ Geschlechtschromosomen-gebundene Vererbung)

Geschlechtschromosomen-gebundene Vererbung, *geschlechtsgebundene Vererbung,* Bez. für die Vererbung von Merkmalen, deren Gene auf den ↗ Geschlechtschromosomen lokalisiert sind. Neben Genen, die für die Ausbildung von Geschlechtsmerkmalen verantwortlich sind, liegen beim Menschen auf dem X-Chromosom noch weitere Gene, die u. a. für das Farbensehen (↗ Rotgrünsehschwäche) oder die Blutgerinnung (↗ Bluterkrankheit) verantwortlich sind. Deshalb folgt die Vererbung dieser Merkmale nicht den ↗ Mendel-Regeln und somit dem

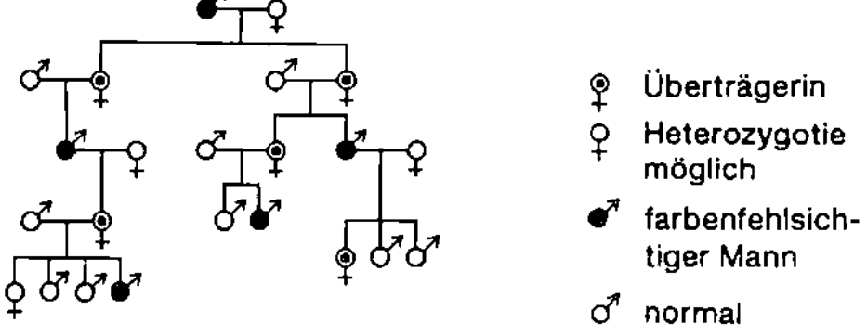

Geschlechtschromosomen-gebundene Vererbung Der Stammbaum einer Familie, bei der eine Mutation auf dem X-Chromosom die typische Vererbung verdeutlicht, bei der aufgrund des Fehlens eines zweiten homologen X-Chromosoms fast ausschließlich Männer durch die Krankheit (hier: Farbenfehlsichtigkeit) betroffen sind. Frauen können als Überträgerinnen fungieren, wenn sie das mutierte Allel auf einem ihrer Geschlechtschromosomen tragen. Damit sie erkranken, müssen beide Chromosomen betroffen sein, was nur sehr selten der Fall ist

Prinzip der *Reziprozität der Vererbung*, da dem X-Chromosom nur bei Frauen ein homologes Chromosom gegenüber steht. Bei Männern kommen deshalb rezessive mutierte ↗ Allele zur Geltung, wohingegen dies bei Frauen nur äußerst selten und nur dann der Fall ist, wenn beide X-Chromosomen die Mutation tragen.

Geschlechtsdimorphismus, ↗ Sexualdimorphismus, Bez. für das Phänomen, dass Männchen und Weibchen vieler Tierarten sich außer in ihren primären ↗ Geschlechtsmerkmalen, eben den ↗ Geschlechtsorganen und den erzeugten Keimzellen, auch in ihren sekundären Geschlechtsmerkmalen sowie allg. in Körperbau und -ausstattung unterscheiden. G. äußert sich z. B. häufig in Größenunterschieden, wobei bei Wirbeltieren gewöhnlich das Männchen größer ist als das Weibchen und bei Wirbellosen dies oft umgekehrt der Fall ist. Andere Merkmale im Rahmen des G. sind z. B. farbenprächtiges Gefieder bei männlichen Vögeln, die Mähne der Löwenmännchen oder die Geweihe der männlichen Hirsche. (↗ Zwergmännchen)

Geschlechtsfalte, *Genitalfalte,* bei Säugetieren die Vorstufe eines Teils der äußeren ↗ Geschlechtsorgane: die embryonal links und rechts vom Urogenitalspalt angelegte Spalte, aus der beim Männchen der Harnröhrenschwellkörper (↗ Schwellkörper) und die Eichel (↗ Penis) und beim Weibchen die kleinen ↗ Schamlippen entstehen.

geschlechtsgebundene Vererbung, die ↗ Geschlechtschromosomen-gebundene Vererbung.

Geschlechtshöcker, ↗ Geschlechtsorgane.

Geschlechtshormone, *Sexualhormone,* i.e.S. Sammelbez. für die in den männlichen und weiblichen Keimdrüsen (↗ Hoden und ↗ Eierstock) sowie in kleinen Mengen in der Nebennierenrinde gebildeten Steroidhormone. Sie sind für die Entwicklung sowie die Funktion der ↗ Geschlechtsorgane, für alle Prozesse im Rahmen der ↗ Fortpflanzung, wie Bildung der ↗ Gameten, ↗ Schwangerschaft, ↗ Geburt und Stillen notwendig, und sie bewirken die Ausprägung und Aufrechterhaltung der sekundären männlichen und weiblichen ↗ Geschlechtsmerkmale. Die G. werden ihrer biologischen Wirkung nach in männliche (↗ Androgene) und die weiblichen (↗ Estrogene, ↗ Gelbkörperhormone) G. unterschieden. Beide Gruppen werden von beiden Geschlechtern gebildet, jedoch in geschlechtstypisch unterschiedlichen Mengen. I. w. S. können auch die ↗ gonadotropen Hormone zu den G. gezählt werden, die die ↗ Gonaden zur Bildung und Reifung der Gameten und zur Hormonproduktion stimulieren.

Geschlechtskrankheiten, die ↗ sexuell übertragbaren Krankheiten.

Geschlechtsmerkmale, die Merkmale, durch die sich männliche und weibliche Organismen biologisch unterscheiden. *Primäre G.* sind die primären und sekundären inneren und äußeren ↗ Geschlechtsorgane. *Sekundäre G.* finden sich an allen übrigen Strukturen und Verhaltensweisen, die i. w. S. mit der ↗ Fortpflanzung zu tun haben. So z. B. im Zusammenhang mit Anlockung und Aufsuchen des Partners Duftdrüsen bei weiblichen und besonders stark entwickelte Sinnesorgane bei männlichen Schmetterlingen, Gesang und Prachtgefieder bei Vogelmännchen, Rivalenkampf, Imponierverhalten bei den Männchen einer ganzen Reihe von Tieren, beim Menschen u. a. Brust, Bartwuchs, Schamhaare, Stimmlage, Körper- und Organgröße (soweit geschlechtsspezifisch). *Tertiäre G.* sind die durch Tradition erworbenen Unterschiede in Verhalten (z. B. Rollenverhalten), Kleidung, Haartracht, Kosmetik.

Geschlechtsorgane, *Sexualorgane, Genitalorgane, Genitalien,* umgangssprachlich auch *Fortpflanzungsorgane,* alle der geschlechtlichen Fortpflanzung dienenden Organe, wobei unterschieden wird in primäre und sekundäre sowie innere und äußere G. Die G. sind bei Tieren und dem Menschen gleichzeitig die primären ↗ Geschlechtsmerkmale. Die *primären G.* und gleichzeitig *innere G.* sind die Keimdrüsen, also ↗ Eierstock und ↗ Hoden. Die sekundären G. dienen der Paarung und der Entwicklung und Geburt der Nachkommen. Beim Menschen sind die *inneren sekundären G.* der Frau die

↗ Gebärmutter mit ↗ Eileiter und Scheide (↗ Vagina) und ↗ Bartholin-Drüsen. Äußere G. der Frau sind die großen und kleinen ↗ Schamlippen, der ↗ Kitzler, der Scheidenvorhof. Die sekundären inneren G. des Mannes sind ↗ Nebenhoden, ↗ Samenleiter, ↗ Bläschendrüsen, Vorsteherdrüse (↗ Prostata) und ↗ Cowper-Drüsen, die äußeren sind ↗ Penis und Hodensack. *Entwicklung:* Die G. entwickeln sich bei beiden Geschlechtern aus einer gemeinsamen Anlage. Zwar entwickeln sich bei den inneren G. schon sehr früh aus der Rinde der Urkeimdrüsen die Eierstöcke und aus ihrem Mark die Hoden, doch sehen männliche und weibliche Embryonen bis zum Anfang des dritten Schwangerschaftsmonats äußerlich noch völlig gleich aus. Die inneren G. bilden derweil schon Ureizellen (*Oogonien*) und Ursamenzellen (*Spermatogonien*) sowie ↗ Geschlechtshormone. Beim Mädchen entstehen aus den ↗ Müller'schen Gängen Eileiter, Gebärmutter und der obere Teil der Scheide. Beim männlichen Embryo verkümmern die Müller'schen Gänge, stattdessen entstehen hier aus den ↗ Wolff'schen Gängen (die wiederum beim weiblichen Embryo verkümmern) Nebenhoden, Samenleiter und Bläschendrüsen. Aus einem Teil der ↗ Kloake bilden sich Harnröhre und ↗ Harnblase sowie der untere Teil der Scheide mit Scheidenvorhof beim weiblichen sowie Vorsteherdrüse und Cowper-Drüsen beim männlichen Geschlecht.

Ab drittem Monat werden nach und nach aus dem *Geschlechtshöcker* beim Mädchen der Schaft und die beiden Schenkel des Kitzlers und beim Jungen die Rutenschwellkörper (↗ Schwellkörper) und die Eichel gebildet. Aus den daneben liegenden *Geschlechtsfalten* entstehen die Eichel des Kitzlers und die kleinen Schamlippen mit dem um die Harnröhre liegenden Vorhofschwellkörper sowie der Harnröhrenschwellkörper beim männlichen Fetus. Die außen liegenden *Geschlechtwülste* bilden die großen Schamlippen und den Hodensack. Etwa ab

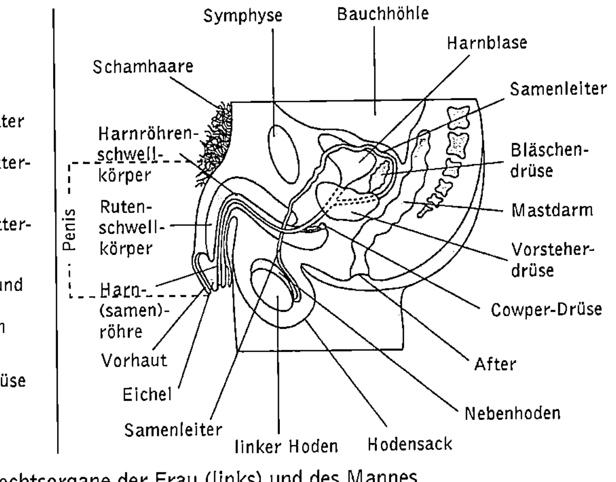

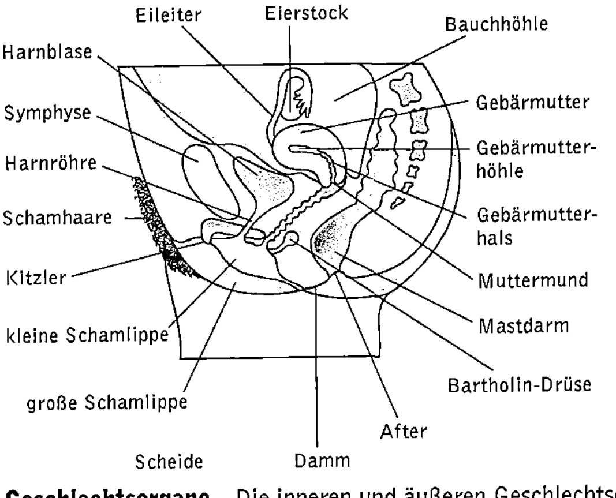

Geschlechtsorgane   Die inneren und äußeren Geschlechtsorgane der Frau (links) und des Mannes

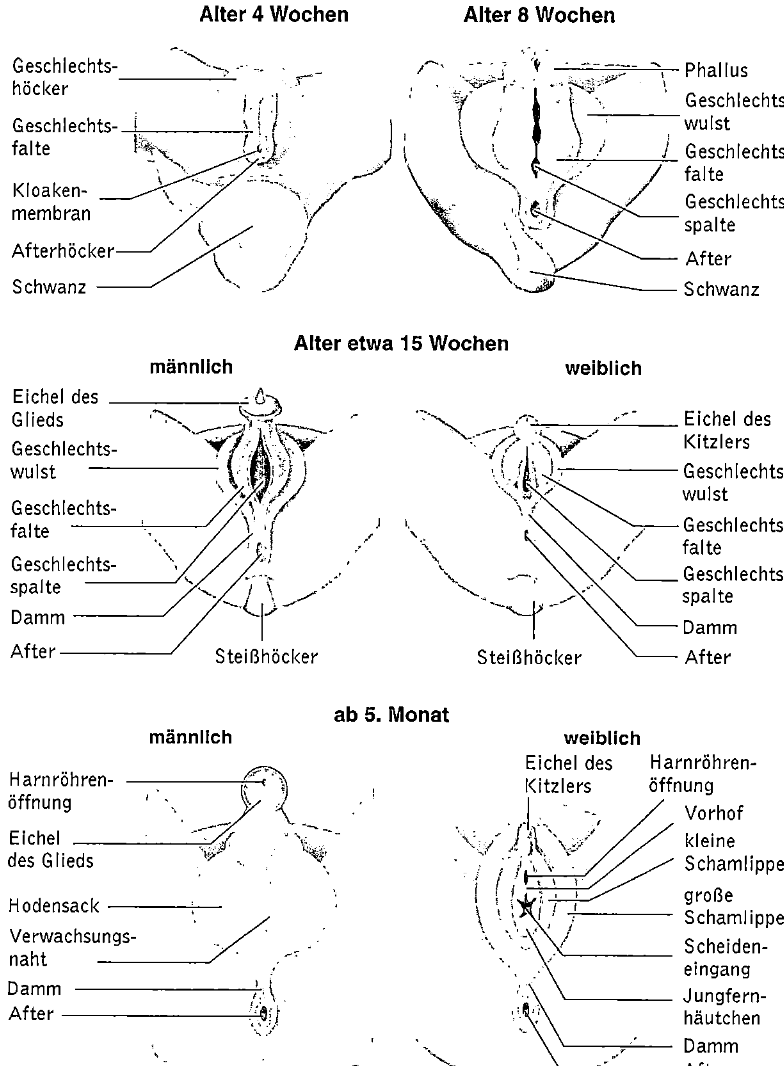

Geschlechtsorgane Die Entwicklung der Geschlechtsorgane beim Embryo bzw. Feten des Menschen. Die Größenverhältnisse in den einzelnen Abb. stimmen relativ zueinander nicht. In Wirklichkeit werden alle Organe größer und nicht kleiner

dem fünften Schwangerschaftsmonat sind die äußeren G. voll differenziert. Beim männlichen Fetus ist nun der Geschlechtsspalt geschlossen und nur noch an der Verwachsungsnaht erkennbar, beim weiblichen Fetus sind Scheidenvorhof, Schamlippen sowie der Scheideneingang mit dem ↗ Jungfernhäutchen fertig ausgebildet.

Geschlechtsreife, Entwicklungsstadium eines Organismus, in dem die Fähigkeit zur ↗ Fortpflanzung eintritt. Dies ist beim Menschen im Alter von elf bis 15 Jahren beim Mädchen bzw. 13 bis 16 Jahren beim Jungen der Fall. Beim Mädchen ist die G. bei Eintritt des ersten Eisprungs erreicht, der etwa 14 Tage vor der ersten Monatsblutung (*Menarche*, ↗ Menstruationszyklus) stattfindet. (↗ Akzeleration)

Geschlechtstiere, 1) *Gonozooide*, z. T. auch *Blastozooide* genannt. In Tierstöcken solche Individuen, die der geschlechtlichen Fortpflanzung dienen, z. B. die Geschlechtspolypen bei den Staatsquallen (↗ Siphonophora), bei Salpen (↗ Thaliaceae) die im Rahmen der ↗ Metagenese durch Sprossung entstandene geschlechtliche Generation.

2) vor allem bei sozialen Insekten (Ameisen, Termiten, Wespen, Hummeln und Honigbiene) Bez. für die Königin und die Männchen.

Geschlechtsverkehr, *Geschlechtsakt, Genitalverkehr, Coitus, Koitus*, nach der modernen Sexualwissenschaft i. w. S. jede Form des intimen Kontakts zwischen zwei oder mehr Personen, die dazu dient, die Beteiligten sexuell zu erregen und zu befriedigen. I. e. S. die Vereinigung der männlichen und weiblichen Geschlechtsorgane. Beim G. führt der Mann seinen ↗ Penis in die Scheide (↗ Vagina) der Frau ein. Durch rhythmische Bewegungen bis zum Höhepunkt der Lustempfindung (↗ Orgasmus) kommt es beim Mann i. d. R. zum Samenerguss und bei der Frau zu rhythmischen Kontraktionen von Scheiden-, Gebärmutter- und Beckenmuskulatur sowie zur Erschlaffung des Muttermundes. Für die Befriedigung beider Partner ist beim G. die vorbereitende Einstimmung (Vorspiel) wichtig, da Mann und Frau einerseits unterschiedliche sexuelle Erregungskurven haben, andererseits psychische Einflüsse eine große Rolle spielen. Die *biologische Funktion* des G. ist die innere ↗ Besamung im Rahmen der ↗ Befruchtung und dadurch die Herbeiführung einer ↗ Schwangerschaft. (↗ Aids, ↗ Empfängnisverhütung, ↗ Schwangerschaftsabbruch, ↗ sexuell übertragbare Krankheiten)

Geschlechtswulst, ↗ Geschlechtsorgane.

Geschlechtszellen, die ↗ Gameten.

Geschmack, Sinneseindruck, der mit Hilfe von ↗ Geschmacksorganen wahrgenommen wird. (↗ chemische Sinne, ↗ Geschmackssinn)

Geschmacksknospen, ↗ Zunge.

Geschmacksorgane, bei *Wirbeltieren* Epithelien (↗ Epithel), die Geschmackssinneszellen enthalten, welche auf Geschmacksreize, ausgelöst durch gelöste Geschmacksstoffe, reagieren. Geschmackssinneszellen sind sekundäre ↗ Sinneszellen, die einzeln oder in Geschmacksknospen (beim Menschen vor allem auf der ↗ Zunge) zusammengefasst vorkommen können. Viele Fischarten haben außer im Mund auch Knospen auf den Barteln, einige auch in der Epidermis des Rumpfes. Bei *wirbellosen Tieren* sind die Träger des Geschmackssinns primäre Sinneszellen (haarförmige ↗ Sensillen), die bei Insekten z. B. auf den Antennen, den Mundgliedmaßen, den Tarsen der Vorderbeine sitzen. Die Sinneszellen besitzen distal eine Öffnung, die Kontakt zu Cilien von Rezeptorzellen hat. (↗ Chemische Sinne, ↗ Geschmackssinn)

Geschmackssinn Der G. ist ein zu den ↗ chemischen Sinnen gehörender Nahsinn, der vor allem der Nahrungsprüfung, aber z. B. beim Menschen auch der reflektorischen Steuerung der Sekretion von Verdauungssäften dient. Neben den vier Hauptgeschmacksqualitäten *süß, sauer, salzig* und *bitter*, kann der Mensch noch alkalisch und metallisch unterscheiden. Die Geschmackskategorien werden durch die molekulare Struktur oder die Ladung des jeweiligen Stoffes bestimmt; so wird z. B. die Geschmacksqualität *sauer* durch die Reizung spezifischer Rezeptoren für H^+-Ionen vermittelt. Für *salzig* existiert zwar kein spezifischer Rezeptor, aber ein Ionenkanal in der Membran, der nur für Kationen (vor allem für Na^+) durchlässig ist. Rezeptoren für

bitter können nur mit Molekülen wechselwirken, die eine polare Gruppe und davon in einigem Abstand eine größere hydrophobe Gruppe tragen. Durch Kontakt des Bitterstoffs mit dem Rezeptor wird eine intrazelluläre Kaskade der Signalverstärkung ausgelöst, die in einer Erhöhung der Konzentration von IP_3 und schließlich dem Anstieg von Calciumionen (Ca^{2+}) in der Zelle mündet. Stoffe, die als *süß* empfunden werden, müssen vor allem zwei polare Gruppen besitzen, von denen die eine Protonen aufnimmt (nukleophile Gruppe) und die andere Protonen abgibt (elektrophile Gruppe); zusätzliche polare Gruppen können die Reizwirkung des Moleküls erhöhen. Reizung des Süß-Rezeptors führt über ein spezielles ↗ G-Protein zur Aktivierung der ↗ Adenylat-Cyclase, die eine Erhöhung der Konzentration von cAMP (↗ Adenosinphosphate) hervorruft und schließlich die Schließung einer bestimmten Klasse von K^+-Kanälen. Die Geschmacksreize werden über den ↗ Nervus trigeminus, den ↗ Nervus glossopharyngeus und den ↗ Nervus vagus zu einem Kerngebiet im verlängerten Mark (Medulla oblongata; ↗ Gehirn) weitergeleitet. Der G. hängt funktionell eng mit dem Geruchssinn zusammen, bei der Wahrnehmung vieler Stoffe sind sie sogar unmittelbar miteinander verbunden.

geschützte Pflanzen und Tiere, ↗ Artenschutz, ↗ Washingtoner Artenschutzübereinkommen, ↗ Rote Liste.

Geschwindigkeitskonstante, ↗ Reaktionskinetik.

Geschwisterbestäubung, die ↗ Adelphogamie.

Gesetz der Neukombination, ↗ Mendel-Regeln.

Gesetz der Uniformität, ↗ Mendel-Regeln.

Gesetz des Minimums, *Minimumgesetz*, die von J. v. ↗ Liebig postulierte Gesetzmäßigkeit, nach der der Ertrag proportional mit dem Minimumfaktor ansteigt, bis dieser schließlich (allein) das Wachstum begrenzt; dies selbst dann, wenn alle anderen Nährstoffe in ausreichender Menge vorhanden sind.

Gesichtsnerv, der ↗ Nervus facialis.

Gesichtssinn, der Sehsinn (↗ Auge, ↗ Sehen).

Gesner, *Conrad*, schweizer. Arzt, Naturforscher und Altphilologe, ✶ 26.3.1516 Zürich, † 13.12.1565 Zürich; zunächst Lehrer in Zürich, ab 1537 Prof. der griech. Sprache in Lausanne, ab 1541 Prof. der Physik und 1554 Oberstadtarzt in Zürich. G. ist einer der bedeutendsten Naturforscher und Universalgelehrten und gilt neben U. ↗ Aldrovandi als „Vater der Zoologie" in Europa. Sein bekanntestes Werk ist die zuerst in vier (postum in fünf) Bänden erschienene „Historia animalium" (1551-58; deutsch „Allgemeines Thierbuch", 1669-70), dessen Gliederung sich noch ganz an der Einteilung des Tierreichs von ↗ Aristoteles orientiert.

Gesneriaceae, *Gesneriengewächse*, Fam. der ↗ Scrophulariales mit ca. 2400 Arten, die mit wenigen Ausnahmen tropisch verbreitet sind. Als Zierpflanze bekannt ist das ostafrikanische Usambara-Veilchen, *Saintpaulia ionantha*.

Gesneriengewächse, die Fam. ↗ Gesneriaceae.

Gespenstheuschrecken, die ↗ Phasmatodea.

Gestagene, Bez. für eine Reihe von synthetischen Hormonen, die z. T. ähnliche Eigenschaften haben wie das Gelbkörperhormon ↗ Progesteron und die in der Medizin bei gynäkologischen Störungen sowie als Empfängnisverhütungsmittel (↗ Empfängnisverhütung) angewandt werden; auch Bez. für das Progesteron selbst.

Gestaltbildung, die ↗ Morphogenese.

Gestaltlehre, die ↗ Morphologie.

Getreide, i. e. S. nur Süßgräser (↗ Poaceae), die wegen ihrer stärkehaltigen ↗ Karyopsen angebaut werden. I. w. S. alle kultivierten einjährigen Pflanzen mit stärkehaltigen Früchten (z. B. auch ↗ Buchweizen und ↗ Quinoa). Die G. sind die ältesten und wichtigsten bekannten ↗ Kulturpflanzen. Emmer (↗ Weizen) und ↗ Gerste sind schon seit 8000 bis 10000 Jahren in Kultur. G. warmer Klimate sind vor allem ↗ Reis, ↗ Mais und ↗ Hirsen; in kühl gemäßigten Gebieten dominieren Weizen (das wirtschaftlich bedeutendste Getreide), Gerste, ↗ Roggen und ↗ Hafer.

Getreiderost, *Puccinia graminis*, Art der Rostpilze (↗ Uredinales).

Gewässer, alle stehenden oder fließenden ober- und unterirdischen Wassermassen. (↗ Fließgewässer, ↗ Meer, ↗ See, ↗ Weiher, ↗ Tümpel, ↗ Altwasser, ↗ Feuchtgebiete, ↗ Grundwasser)

Gewässerbelastung, ↗ Wasserverschmutzung, ↗ Gewässergüte, ↗ Saprobiologie.

Gewässergüte, der qualitative Zustand eines ↗ Gewässers hinsichtlich der organischen Belastung. Zur Beschreibung und als Maßstab für die G. dienen chemische Parameter und die Bewertung von Indikatororganismen (↗ Saprobiensystem bei Fließgewässern). Als charakteristische chemische Daten zählen der Sauerstoffgehalt (O_2), der ↗ biochemische Sauerstoffbedarf nach fünf Tagen (BSB_5) sowie der Stickstoffgehalt als Ammonium (NH_4-N), Nitrit (NO_2-N) und Nitrat (NO_3-N; ↗ Nitrifikation). Indikatororganismen zeigen die organische Verschmutzung von Fließgewässern an und werden bei der Einteilung der Gewässer in Güteklassen mit berücksichtigt. Heute werden in Deutschland für die Güteklassifizierung eines Gewässers vier Klassen (I, II, III, IV) und drei Zwischenklassen (I-II, II-III, III-IV) verwendet:

Güteklasse I (oligosaprobe Zone): unbelastet bis sehr gering belastet. Hierzu gehören i. Allg. Quellgebiete und nur sehr gering belastete Oberläufe von sommerkalten Fließgewässern. Der ↗ Saprobienindex liegt bei 1,0 - 1,5.

Güteklasse I-II: gering belastet. Saprobienindex 1,5 - 1,8.

Güteklasse II (β-mesosaprobe Zone): mäßig belastet. Hierzu gehören Gewässer mit mäßiger Verunreinigung durch organische Stoffe und deren Abbauprodukten. Es tritt jedoch kein Faulschlamm auf. Diese Gewässer sind meist sehr fischreich und dicht mit Algen, höheren Gefäßpflanzen und vor allem mit Schnecken, Kleinkrebsen und Insekten besiedelt. Der Saprobienindex liegt bei 1,8 - 2,3.

Güteklasse II-III: kritisch belastet. Saprobienindex 2,3 - 2,7.

Güteklasse III (α-mesosaprobe Zone): stark verschmutzt. Durch Abwasserbelastungen ist das Wasser getrübt. An Stellen geringer Strömung lagert sich Faulschlamm ab. Diese Gewässer sind relativ fischarm und sind überwiegend mit Wirbellosen und Einzellern besiedelt, wobei oft Massenentwicklungen einzelner Arten (Wasserasseln, Egel, Schwämme) vorkommen. Der Saprobienindex liegt bei 2,7 - 3,2.

Güteklasse III-IV: sehr stark verschmutzt. Saprobienindex 3,2 - 3,5.

Güteklasse IV (polysaprobe Zone): übermäßig stark verschmutzt. Durch Abwasserbelastungen ist das Wasser stark getrübt und am Gewässerboden ist meist Faulschlamm abgelagert. Diese Gewässer werden fast ausschließlich von Bakterien, Pilzen und Geißeltierchen besiedelt. Der Saprobienindex liegt bei 3,5 - 4.

Gewässerregionen, *Wasserregionen*, Bez. für Regionen im ↗ Meer und in stehenden (↗ See) und fließenden Süßgewässern (↗ Fließgewässer). Diese Regionen unterscheiden sich hinsichtlich ihrer physikalisch-chemischen Gegebenheiten und stellen daher unterschiedliche Biotope dar. Bei den Meeren und stehenden Süßgewässern unterscheidet man grundsätzlich eine Bodenregion (↗ Benthal) und eine Freiwasserzone (↗ Pelagial). Diese Zonen sind jeweils in weitere Regionen untergliedert. Zu den G. von Fließgewässern ↗ Fließgewässer. (siehe Tabelle auf Seite 60)

Gewässerversauerung, das im Wesentlichen auf saure Niederschläge (↗ saurer Regen) zurückzuführende Absinken des ↗ pH-Wertes von Gewässern. G. tritt vor allem in Gewässern mit basenarmen Einzugsgebieten auf, in denen die sauren Niederschläge nur schlecht abgepuffert werden können. Kalkreiche Regionen sind i. d. R. weniger stark betroffen. In stark versauerten Bächen liegen die pH-Werte regelmäßig bei 3,5 bis 4,5. Die Säurebelastung wirkt sich negativ auf die Biozönosen der betroffenen Gewässer aus, da säureempfindliche Arten verdrängt werden. Ein weiterer negativer Effekt der Säurebelastung ist die erhöhte Freisetzung toxischer Schwermetalle (z. B. Aluminium, Blei, Mangan, Nickel, Zink) aus anstehenden Gesteinen oder Böden. Eine der auffälligsten Auswirkungen der G. ist das Aussterben von Fischen in stark

Gewässerregionen der Meere und der stehenden Süßgewässer

Benthal (Bodenregion)		Pelagial (Freiwasserzone)	
Meer	stehende Süßgewässer	Meer	stehende Süßgewässer
Litoral (Uferzone): der Bereich < 200 m Tiefe (Flachsee oder Schelfmeer). *Supralitoral:* Nur von Spritzwasser und Springtiden erreichte Zone. *Eulitoral:* Bereich zwischen Niedrig- und Hochwasserlinie (Gezeitenzone). *Sublitoral:* dauernd von Wasser bedeckte Zone. Tiefsee: formal > 200 m Tiefe; im engeren Sinn > 1000 m Tiefe: *Bathyal* (ca. 200–1000 m Tiefe), *Abyssal* (1000–6000 m Tiefe) und *Hadal* (> 6000 m Tiefe; Tiefseegräben).	Litoral (Uferzone): der Flachwassergürtel rings um einen See. Es reicht bis zur Grenze des Pflanzenwuchses in ca. 5–30 m Tiefe. *Supralitoral:* Zone, die nur gelegentlich von Spritzwasser erreicht wird. *Eulitoral: der Bereich zwischen Niedrig- und Hochwasserlinie. Sublitoral:* der Bereich des Litorals, der ständig mit Wasser bedeckt ist; reich an Pflanzen. Profundal (Tiefenzone): unter 200 m; lichtloser Bereich.	*Epipelagial:* Bereich des Pelagials bis zu 200 m Tiefe. *Mesopelagial:* Bereich in 200–1000 m Tiefe; geringe Lichtmengen. *Bathypelagial:* Bereich in mehr als 1000 m Tiefe; lichtlos.	*trophogene Zone* („Aufbauzone", Epipelagial, Epilimnion): die belichtete Zone des Pelagials; je nach Trübung des Wassers wenige Meter bis 30 m Tiefe. *tropholytische Zone* („Abbauzone", Bathypelagial, Hypolimnion): die unbelichtete Zone.

versauerten Gewässern. So leben z. B. in vielen versauerten Seen Nordamerikas und Skandinaviens keine Fische mehr. Für die Kartierung der Gewässerversauerung nutzt man die unterschiedliche Säuretoleranz der auf der Gewässersohle lebenden wirbellosen Fließgewässertiere sowie Kieselalgen. Besonders säureempfindlich sind z. B. Schnecken, Flohkrebse oder Eintagsfliegen, während z. B. Stein- und Köcherfliegenlarven sehr säureresistent sind. (↗ Acidität, ↗ Saprobiensystem)

Gewebe, Verband aus gleichartigen ↗ Zellen, die einen ähnlichen Aufbau und die gleiche Funktion haben.

1) in der *Botanik* unterscheidet man zwischen Bildungsgewebe (↗ Meristem), Grundgewebe (↗ Parenchym), ↗ Abschlussgewebe, ↗ Absorptionsgewebe, Speichergewebe (↗ Speicherparenchym), ↗ Ausscheidungsgewebe, ↗ Leitgewebe und ↗ Festigungsgewebe.

2) *Zoologie:* Abgesehen von der einheitlichen Differenzierung und Funktion sind tierische G. im Wesentlichen durch die Ausbildung spezieller Haft- und Signalaustauschstrukturen (↗ Desmosom, ↗ Gap junction) zwischen den Zellen gekennzeichnet. Dieses Merkmal besitzen, bis auf die Schwämme, bei denen solche Strukturen nur unvollkommen ausgeprägt sind, alle Tiere von den Hohltieren (↗ Coelenterata) an. Die Vielzahl tierischer G. lässt sich nach ihrer Funktion und Organellenausstattung auf wenige Grundtypen zurückführen: Epithelgewebe (↗ Epithel; ↗ Drüsen), ↗ Bindegewebe und Stützgewebe (↗ Blut, ↗ Knochen, ↗ Knorpel), Muskelgewebe (↗ Muskel) und ↗ Nervengewebe.

Gewebeanalyse, *Pflanzenanalyse*, ein Analyseverfahren, mit dessen Hilfe bei Pflanzen Nährstoffmangel festgestellt werden kann. Dabei wird mit Hilfe von chemischen und physikalischen Methoden (z. B. ↗ Spektroskopie) der Gehalt der einzelnen Nährelemente im Pflanzengewebe ermittelt. Ein Vergleich mit einer *Bodenanalyse*, die Aufschluss über die den Wurzeln potenziell zur Verfügung stehenden Nährstoffe gibt, zeigt, wie bzw. in welcher Menge Nährelemente von der Pflanze aufgenommen wurden.

Gewebelehre, die ↗ Histologie.

Gewebespannung, bei Pflanzen das übergeordnete Festigungsprinzip, das auf der unterschiedlichen Ausdehnungsfähigkeit der inneren und äußeren Gewebe eines pflanzlichen Organs beruht. Dabei wirken ↗ Turgor und Elastizität zusammen und tragen somit zur Gestalt krautiger Pflanzen bei.

Gewebethallus, Organisationsstufe pflanzlicher Organismen, die durch das Vorhandensein echter ↗ Gewebe gekennzeichnet ist. Ein G. findet sich z. B. bei vielen Braunalgen (↗ Phaeophyceae), Laubmoosen (↗ Bryopsida) und den thallosen Lebermoosen (↗ Marchantiopsida).

Gewebeunverträglichkeit, ↗ Histokompatibilität.

Gewebshormone, Bez. für ↗ Hormone, die im Unterschied zu den in innersekretorischen ↗ Drüsen gebildeten glandulären Hormonen in verschiedenen Zellen und Zellgruppen gebildet und teils am Entstehungsort, teils über die Blutbahn transportiert, ihre Wirkung entfalten. Meist werden sie im gleichen Gewebe synthetisiert, freigesetzt und abgebaut. Zu den G. zählen u. a. ↗ Prostaglandine, ↗ Thromboxane, die ↗ gastrointestinalen Hormone, ↗ Villikinin, ↗ Angiotensin, ↗ Bradykinin, ↗ Histamin, ↗ Serotonin.

Geweih, paarige Stirnwaffen der Hirsche (↗ Cervidae), die außer bei den Rentieren, wo beide Geschlechter ein G. tragen, nur bei den Männchen vorkommen. G. wachsen als knöcherne Gebilde alljährlich aus zwei Knochenzapfen des Stirnbeins („*Rosenstöcke*") neu aus. Während ihres Wachstums umgibt und ernährt sie eine stark durchblutete, behaarte Haut, die (hormonell ausgelöst) vor Beginn der Brunst als der so genannte *Bast* an Ästen abgescheuert („*gefegt*") wird. Nach dem Abstreifen dieser Haut geschieht die Versorgung des G. mit Nährstoffen über feinste Blutgefäße, die das Knochengewebe durchziehen.

Beim Rothirsch erscheinen im Spätsommer des zweiten Lebensjahres zunächst zwei einfache G.-Stangen („*Spießer*"), die im Mai des Folgejahres abgeworfen werden. Anschließend wird ein Gabel-G. („*Gabler*") oder Sechsergeweih („*Sechsender*") entwickelt, das im folgenden Februar abfällt. Danach erfolgt regelmäßig die G.-Neubildung von März bis August („*Fegezeit*") und Geweihabwurf („*Hornung*") im Februar. Bei Damhirsch und Rehbock ist die Entwicklung ähnlich, mit leichten Variationen. Bei der hormonell gesteuerten G.-Bildung kann auch eine Stufe übersprungen werden oder eine Stufe zwei Jahre erhalten bleiben. G.-Missbildungen können durch Krankheit, Futtermangel oder Verletzung der Hoden („*Perückengeweih*") entstehen.

Gewitterfliegen, umgangssprachliche Bez. für Arten der Fransenflügler (↗ Thysanoptera), die im Sommer bei Gewitterstimmung in riesigen Schwärmen auftreten können.

Gewöhnung, die ↗ Habituation.

Gewölle, der von Vögeln in Ballenform ausgewürgte unverdauliche Teil der Nahrung. Dementsprechend kann das G. Federn, Knochen, Gräten, Haare, Insektencuticula, Krebspanzer, Schnecken- und Muschelschalen enthalten. Größe und Form der G. sind artspezifisch und geben Auskunft über die Zusammensetzung der Nahrung.

Gewürznelkenbaum, *Szygium aromaticum*, (syn. *Eugenia caryophyllata*), tropischer, 10 bis 12 m hoher, immergrüner Baum der ↗ Myrtaceae. Die Blütenknospen werden als Gewürz genutzt.

Gezeiten, *Tiden*, das rhythmische Steigen (Flut) und Fallen (Ebbe) des Meeresspiegels, das durch die Anziehungskraft von Sonne und Mond entsteht. Der ständige Wechsel von Überflutung und Trockenfallen führt zur Ausbildung einer hoch spezialisierten Flora und (meist reichen) Fauna, z. B. im ↗ Ästuar, im ↗ Watt und in der ↗ Mangrove. Die G. haben einen wesentlichen Einfluss auf die ↗ Biorhythmik der in der *Gezeitenzone* lebenden Organismen. Neben circadianen Rhythmen findet man hier auch lunare Rhythmen (*lunare Rhythmik*).

Gezeitenwald, die ↗ Mangrove.

GFR, Abk. für *glomeruläre Filtrationsrate* (↗ Niere).

Giardia lamblia, Art der ↗ Diplomonadina.

Gibberella, Gatt. der ↗ Sphaeriales. (↗ Gibberelline)

Gibberelline, Abk. *GA*, eine Gruppe von Pflanzenhormonen, die u. a. die Samenkeimung fördern, das Streckungswachstum der Sprossachse kontrollieren sowie außerdem die Blühinduktion beeinflussen. G. zählen zu den ↗ Terpenoiden und leiten sich somit vom ↗ Isopren ab. Inzwischen sind über 100 verschiedene G. beschrieben worden, von denen jedoch nur wenige biologisch aktiv sind. Sie alle zeichnen sich durch das Vorhandensein eines *ent*-Kauren-Ringes aus, der sich auch im *ent*-Gibberellan-Grundgerüst wiederfindet, auf dem alle G. basieren. Alle bislang bekannten G. wurden der Einfachheit halber von GA_1 bis GA_{125} durchnummeriert.

Die Bezeichnung G. kommt vom Pilz *Gibberella fujikuori*, der in Japan schon seit jeher als Verursacher einer Reiskrankheit galt, bei der Reispflanzen keine Samen ausbildeten und einen hohen Wuchs aufwiesen. Obwohl die G., unbemerkt von anderen Forschern, in Japan bereits seit den 1930er Jahren bekannt waren, gelang es erst in den 1950er-Jahren ihre chemische Struktur aufzuklären.

Chemisch betrachtet handelt es sich bei G. um aus vier Isopreneinheiten aufgebaute tetrazyklische Diterpene. Die komplexe Biosynthese der G. läuft in drei Stufen ab, wobei die daran beteiligten Enzyme in den Proplastiden, im Cytosol oder am endoplasmatischen Reticulum lokalisiert sind. An den 1) Ringschluss schließt sich 2) die Oxidation des gebildeten *ent*-Kauren zum GA_{12}-Aldehyd an,

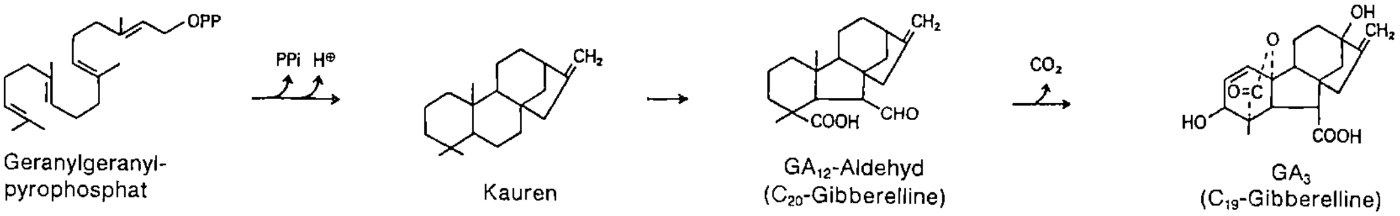

Geranylgeranyl-pyrophosphat

Kauren

GA_{12}-Aldehyd
(C_{20}-Gibberelline)

GA_3
(C_{19}-Gibberelline)

Gibberelline Wichtige Schritte der Gibberellin-Biosynthese

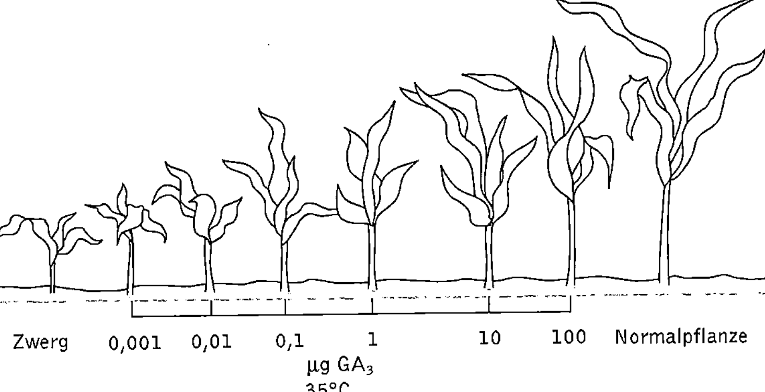

Gibberelline Die Struktur von drei biologisch aktiven Gibberellinen und des Gibberellininhibitors Paclobutrazol

aus dem 3) alle übrigen G. gebildet werden. Diese lassen sich qualitativ und quantitativ nur durch die Verwendung moderner Trennverfahren wie der Gaschromatographie und Massenspektrometrie genau voneinander unterscheiden. In ↗ Bioassays kann lediglich die Präsenz von G. und gibberellinähnlichen Substanzen in Pflanzenextrakten nachgewiesen werden.

Die Biosynthese der G. wird durch eine Reihe von Umweltfaktoren reguliert. Hierzu zählen die ↗ Fotoperiode (gesteigerte G.-Synthese im ↗ Langtag) und die Temperatur, wobei G. an den durch Kältewirkung kontrollierten Phänomenen ↗ Stratifikation und ↗ Vernalisation beteiligt sind. Neben diesen steigernden Faktoren der G.-Synthese wird die *steady state-Konzentration* der aktiven G. durch eine negative Rückkopplung der Synthese sowie durch die Konjugation freier G. an Glucose reguliert. Auch der Transport von G. und deren Vorstufen im Phloem trägt zu veränderten Konzentrationen dieses Pflanzenhormons bei.

G. fördern das Sprosswachstum vor allem bei Zwerg- und Rosettenpflanzen, indem sie die Zell-

streckung und Zellteilung steigern. Exogen zugeführte G. fördern z. B. das Wachstum von einer Zwergmaismutante so stark, dass diese fast die Größe von Wildtyppflanzen erreicht. Rosettenpflanzen, die nur unter Langtag-Bedingungen „schiessen", d. h. verlängerte Internodien ausbilden und blühen, zeigen die gleichen Reaktionen nach Zugabe von Gibberellinen auch unter Kurztag-Bedingungen.

Diese und bereits früher erwähnte G.-Effekte haben zu zahlreichen kommerziellen Anwendungen von G. geführt. So kommt G. eine große Bedeutung bei der Fruchtproduktion zu, indem sie z. B. das Stängelwachstum bei kernlosen Trauben so fördern, dass die Beeren nicht zu eng wachsen und ihre erwünschte Größe erreichen. In ähnlicher Weise werden G. auch beim Bierbrauen eingesetzt, um die Malzbildung zu beschleunigen. Andererseits werden G.-Antagonisten als Hemmstoffe der G.-Synthese wie z. B. *Paclobutrazol* eingesetzt, um das Streckungswachstum von Getreide und Schnittblumen zu verringern. Bei der Erforschung der Wirkung von G. auf zellulärer Ebene waren auch ↗ Arabidopsis-Mutanten hilfreich, wobei sich die Gruppe der G.-insensitiven Mutanten von den konstitutiv auf G. reagierenden, so genannten „schlanken Mutanten" unterscheiden lassen. Bei der zur ersten Gruppe gehörenden gai-Mutante (für GA-insensitiv), die im Unterschied zur oben beschriebenen Maismutante nicht auf die Gabe exogener G. reagiert, konnte die Natur der Mutation identifiziert werden. Offenbar ist ein ↗ Repressor in seiner Funktion gestört, der normalerweise in Anwesenheit von G. nicht aktiv ist. Dadurch wird die intrazelluläre Signalkette unterbrochen. Die *spy*-Mutante (engl. spindly = spindeldürr) hingegen zeigt auch in Anwesenheit von Paclobutrazol einen Wuchstyp, der an mehrfach mit G. behandelte Wildtyppflanzen erinnert. Auch das spy-Gen wurde kloniert. Es codiert für eine N-Acetylglucosamin-Transferase, die durch die Übertragung von Zuckermolekülen die Aktivität von Komponenten der G.-Signalkette beeinflussen kann. Über die Natur des G.-Rezeptors ist bislang noch wenig bekannt. Es wird aufgrund von experimentellen Befunden jedoch vermutet, dass er sich an der Zelloberfläche befindet.

Gibbons, *Hylobatidae, Kleine Menschenaffen*, Fam. der ↗ Primates mit sieben Arten in den tropischen Regenwäldern Südostasiens. G. sind etwa 45 - 90 cm körperlang, haben sehr lange Arme und keinen Schwanz; ihr Fell ist dicht und seidenweich. Sie sind flinke Hangelkletterer, die weite Sprünge ausführen und am Boden auf zwei Beinen laufen und dabei mit den Armen balancieren. Ihre Nahrung besteht aus Früchten, Blättern, Vogeleiern und Kleintieren. G. leben monogam in Fam. mit bis zu vier Jungaffen. Arttypische Gesänge dienen der Revierabgrenzung. Die sieben Arten sind auf zwei Gatt. aufgeteilt: Gibbons i. e. S. (*Hylobates*) mit fünf Arten und die Gattung Siamangs (*Symphalangus*) mit zwei Arten.

Giebel, Art der ↗ Karauschen.

Gießkannenschimmel, die Gatt. ↗ Aspergillus.

Gießkannenschwamm, Art der Glasschwämme (↗ Hexactinellida).

GIFT, Abk. für ↗ intratubarer Gametentransfer (von engl. *Gamete-intrafallopian-transfer*).

Giftdrüsen, spezialisierte Drüsenorgane der Tiere, in denen für andere Organismen giftige Substanzen produziert werden. Sie dienen der Feindabwehr und dem Beuteerwerb. G. finden sich z. B. bei Skorpionen (↗ Scorpiones) im letzten Segment des Postabdomens, verbunden mit einem Giftstachel, bei Spinnen (↗ Araneae) sind die Chelicerendrüsen G. und bei Hundertfüßern (↗ Chilopoda) die Coxaldrüsen der Extremitäten. Bei Insekten sind vielfach die Speicheldrüsen G., bei den Stechimmen (↗ Aculeata) die Anhangsdrüsen am Stechapparat. Bei einigen Weichtieren (↗ Mollusca) fungieren die Speicheldrüsen, bei Seeigeln (↗ Echinodermata) die Pedicellarien als G. Fische haben an unterschiedlichen Körperteilen G. entwickelt, die Rochen (↗ Batidoidimorpha) z. B. am Schwanzstachel, andere Arten an den Kiemendeckeln oder den Rückenflossenstrahlen. Bei einigen Amphibien sind Hautdrüsen zu G. differenziert und bei Giftschlangen sind die mit ↗ Giftzähnen in Verbindung stehenden Speicheldrüsen zu G. umgebildet.

Gifte, *Giftstoffe*, Bez. für körperfremde Stoffe, die bei einen lebenden Organismus bereits in kleinen Mengen Funktionsstörungen hervorrufen und bei Überschreiten der *letalen Dosis* zum Tode führen (bei entsprechend hoher Dosis ist nahezu jede Substanz giftig). Die spezifische Wirkung eines Giftstoffes ist sowohl von seiner chemischen Konstitution als auch von der Dosis, von Art, Ort, Dauer, Häufigkeit und Zeit der Einwirkung sowie der Art der Aufnahme und seiner Verteilung im Organismus abhängig. Manche Substanzen werden erst nach Aufnahme in den Körper und Einschleusen in be-

stimmte Stoffwechselwege in G. umgewandelt (*Giftung*). Eine Reihe von G. kann durch Entgiftungsreaktionen abgebaut oder umgewandelt werden (↗ Biotransformation) und dadurch unschädlich gemacht werden. Einfluss auf die Giftwirkung hat auch der individuelle Körperzustand. Der Umgang mit G. wird gesetzlich durch die Gefahrstoff-Verordnung, die Chemikalien-Verbotsverordnung, das Chemikaliengesetz und das Arzneimittelgesetz geregelt. Nach der Gefahrstoff-Verordnung werden Stoffe, von denen eine Vergiftungsgefahr ausgeht, aufgrund ihrer *mittleren letalen Dosis (LD$_{50}$)* eingeteilt. Allg. erfolgt eine Einteilung der G. u. a. nach Art und Ort der Schädigung, nach chemischer Struktur, nach Herkunft oder nach ihrer Verwendung.

Giftigkeit, die ↗ Toxizität.

Giftnattern, die Fam. ↗ Elapidae.

Giftpflanzen, Pflanzen, deren Inhaltsstoffe bei Menschen und Tieren zu Vergiftungen oder zum Tod führen können. Die toxischen Inhaltsstoffe gehören hauptsächlich zu den ↗ Alkaloiden, ↗ Glykosiden, ↗ Proteinen und ↗ Terpenen. Die Giftwirkungen können bereits bei Berührung auftreten (z. B. bei der Herkulesstaude, *Heracleum mantegazzianum*) oder erst bei Aufnahme in den Körper. Zu den stark giftigen Pflanzen gehören das Schwarze ↗ Bilsenkraut (*Hyoscyamus niger*), der Blaue ↗ Eisenhut (*Aconitum napellus*), die ↗ Eibe (*Taxus baccata*), die Engelstrompete (*Brugmansia*-Arten), der Gefleckte ↗ Schierling (*Conium maculatum*), der Goldregen (*Laburnum vulgare*), der Seidelbast (*Daphne mezereum*), der Stechapfel (*Datura stramonium*), die ↗ Tollkirsche (*Atropa belladonna*) und der Wasserschierling (*Cicuta virosa*).

Viele Gifte besitzen vermutlich Fraßschutz-Funktion (↗ Abwehr). Giftige Pflanzen werden von warmblütigen Tieren meist gemieden, da sie oft bitter schmecken. Trotz zahlreicher Giftpflanzen in der heimischen Vegetation sind schwere oder gar tödliche Vergiftungen selten. Viele G. sind zugleich ↗ Heilpflanzen (z. B. die ↗ Tollkirsche). ↗ Entgiftung, ↗ botanische Zeichen

Literatur: Frohne, D., Pfänder, H.J. Giftpflanzen. Stuttgart 1997. – Hiller, K., Melzig, M.F. Lexikon der Arzneipflanzen und Drogen. 2 Bde, Heidelberg 1999.

Giftstoffe, die ↗ Gifte.

Gifttiere, Bez. für Tiere, die entweder zur Verteidigung und/oder zum Nahrungserwerb giftige Substanzen (meist aus ↗ Giftdrüsen) absondern. Zur Einbringung des Gifts in einen Gegner bzw. in ein Beutetier dienen Stachelapparate, z. B. bei Skorpionen (↗ Scorpiones), Bienen (↗ Apoidea) und Wespen (↗ Vespidae), Mundgliedmaßen bei Spinnen (↗ Araneae), Giftzähne bei Giftschlangen

(↗ Elapidae, ↗ Viperidae) sowie Nesselkapseln bei Nesseltieren (↗ Cnidaria; ↗ Nematocysten).

Giftzähne, oft vergrößerte Zähne im Oberkiefer von Giftschlangen (Giftnattern, ↗ Elapidae, und Vipern, ↗ Viperidae und Trugnattern) bzw. im Unterkiefer von Krustenechsen (↗ Helodermatidae). Sie dienen dem Abfluss des Giftes, das von zu Giftdrüsen umgewandelten Speicheldrüsen produziert wird. Die Flüssigkeit wird über einen allseitig geschlossenen Kanal (*Röhrenzähne* bei Vipern und Grubenottern), der vor der Zahnspitze nach außen mündet, oder eine an der Zahnvorderseite (bei Krustenechsen eine weitere an der Zahnhinterseite) verlaufende offene Längsfurche in die Bisswunde befördert. Während die G. bei Giftnattern und Vipern vorne, und zwar jederseits ein Zahn und dahinter mehrere Reserve-G., stehen, befinden sie sich bei den Trugnattern weit hinten in der Mundhöhle.

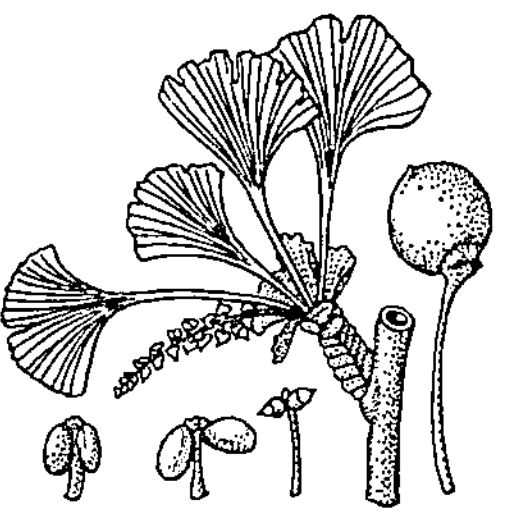

Giftzähne 1 Kopf der Kreuzotter, 2 Giftzahn im Schnitt mit Giftdrüse, A Austrittsöffnung

Gigantostraca, die ↗ Eurypterida.

Gigaswuchs, *Gigasform*, erblich bedingter Riesenwuchs bei Pflanzen und Tieren. G. wird verursacht durch Vergrößerung der Zellen (Vermehrung der Chromosomenzahl) infolge Polyploidisierung (↗ Polyploidie), Vermehrung der Zellzahl bei gleicher Zellgröße oder durch Vergrößerung der Zellen bei gleich bleibender Zellzahl und Chromosomenzahl.

Gilbert, *Walter*, amerikan. Molekularbiologe, ✳ 21.3.1932 Boston (Massachusetts); ab 1959 Prof. für Physik, ab 1964 für Biophysik, seit 1968 für Molekularbiologie an der Harvard University in Cambridge (Massachusetts). G. erhielt 1980 zusammen mit P. ↗ Berg und F. ↗ Sanger den Nobelpreis für Chemie für die Entwicklung (zusammen mit A. Maxam) einer Methode zur Bestimmung der Nucleotidsequenz der DNA (Maxam-Gilbert-Methode; ↗ DNA-Sequenzierung). 1978 stellte er auf gentechnologischem Weg ↗ Insulin her, indem er das aus Ratten gewonnene Insulin-Gen in das β-Lactamase-Gen des Bakteriums ↗ Escherichia coli einbaute.

Gimpel, der ↗ Dompfaff.

Ginkgo, Gatt. der ↗ Ginkgoopsida.

Ginkgobaum, *Ginkgo biloba*, aus Ostasien stammender, bis 30 m hoher Baum (Abb. ↗ Ginkgoopsida) der ↗ Ginkgoopsida. Die fächerförmigen, zweilappigen Blättern enthalten u. a. Flavonglykoside und Procyanidine, die durchblutungsfördernd wirken.

Ginkgoopsida, Klasse der ↗ Coniferophytina mit ausschließlich mehrjährigen Holzpflanzen. Die Blüten ähneln denjenigen der Coniferophytina, jedoch fehlen sterile Blattorgane. Der größte Formenreichtum wurde von der Trias bis zur Kreide ausgebildet. Zu den G. gehören die mitteldevonischen Gatt. *Barrandeina* und *Baiera*. Die Gatt. *Ginkgo* war im Jura und in der Kreide weltweit verbreitet und ist heute nur noch mit einer lebenden Art, dem ↗ Ginkgobaum, *Ginkgo biloba* , vertreten.

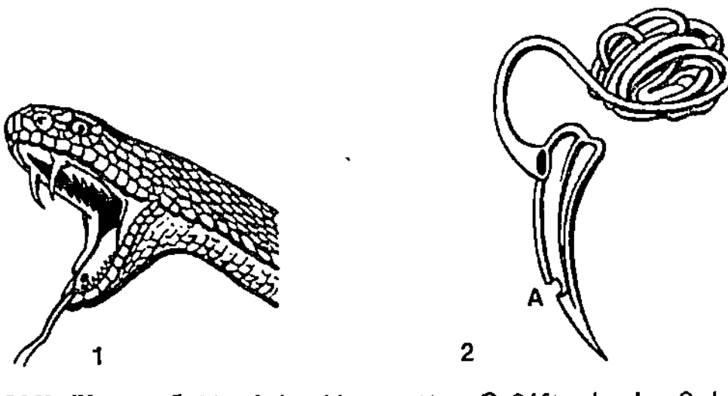

Ginkgoopsida Ginkgobaum (*Ginkgo biloba*): Kurztrieb mit männlicher Blüte und jungen Blättern

Ginseng, *Panax ginseng*, (syn. *Panax pseudoginseng*), aus Nordostchina und Korea stammende Art der ↗ Araliaceae. Der Wurzel des G. wird eine lebensverlängernde, aphrodisierende und Magen stärkende Wirkung zugeschrieben. Die wirksamen Inhaltsstoffe des G. sind Triterpenglykoside.

Ginsterkatzen, Gatt. der Schleichkatzen (↗ Viverridae).

GIP, Abk. für *gastric inhibiting peptide* (↗ gastrointestinale Hormone).

Giraffen, die Fam. ↗ Giraffidae.

Giraffidae, *Giraffen*, zu den Wiederkäuern (↗ Ruminantia) gehörende Fam. der Paarhufer (↗ Artiodactyla) mit zwei Unterfamilien, den Langhals- oder Steppengiraffen (Giraffinae) mit der Gattung *Giraffen (Giraffa)* und den Waldgiraffen (Okapiinae) mit der einzigen Art *Okapi (Gatt. Okapia)*. Kennzeichnende Merkmale sind im Verhältnis zum Körper lange Gliedmaßen und ein langer bis sehr langer Hals sowie ein abfallender Rücken. Das Gebiss ist zurückgebildet, die Zunge lang und sehr beweglich. Die zwei bis fünf Hörner sind runde, von Haut überzogene Knochenzapfen; sie werden nicht gewechselt. Das Fell ist kurz und dicht, bei Giraffen mit veränderlichem Flecken- oder Netzmuster, beim Okapi dunkel kastanienbraun mit weißen Querstreifen an den Oberschenkeln der Vorder- und Hinterbeine. Der sehr lange Hals der Giraffen

(Gatt. *Giraffa*) kommt durch eine Verlängerung der Halswirbel zustande. Er ermöglicht ihnen in bis zu 6 m Höhe Bäume abzuweiden. Zum Trinken und Äsen am Boden spreizen Giraffen die Vorderbeine weit auseinander. Um die Durchblutung des Gehirns beim Heben bzw. Senken von Hals und Kopf konstant zu halten, benötigen Giraffen besondere Regulationsmechanismen zur Aufrechterhaltung eines konstanten Blutdrucks. Diese Arbeit leisten vermutlich sehr kleine Arterien, die sich bei Bewegungen des Kopfes erweitern oder verengen und das Blut in Kapillaren leiten, die nicht im Kopf liegen. Außerdem besitzen die großen elastischen Venen der Halsregion, die das Blut zum Herzen zurückführen, Venenklappen, die ebenfalls wohl im Dienst der Blutdruckregulation stehen. Bevorzugter Lebensraum der gesellig lebenden Giraffen sind Buschland und Savanne, während das einzelgängerische Okapi im tropischen Regenwald lebt. Die Ernährung ist ausschließlich pflanzlich.

Girlitze, *Serinus*, Gatt. der Finken (↗ Fringillidae) mit etwa 30 vorwiegend in Afrika verbreiteten Arten. Kleinster einheimischer Finkenvogel ist der 11 cm große *Girlitz (Serinus serinus)*, gut erkennbar an seiner gelblich-graugrünen Färbung mit dunklen Längsstreifen, einem sehr kurzen Schnabel und dem charakteristischen klirrenden Gesang. Nur in wenigen Gebieten Westeuropas, vorwiegend in Gebirgsnadelwäldern findet sich noch der 12 cm große, etwas grauere *Zitronengirlitz (Serinus citrinella)*, der in Deutschland in seinem Bestand gefährdet ist. Der auf den Atlantischen Inseln beheimatete *Kanariengirlitz (Serinus canaria)* ist die Stammform des Kanarienvogels.

Gitterpilz, *Clathrus*, Gatt. der Phallales.

Gitterrost, *Gymnosporangium*, Gatt. der Rostpilze (↗ Uredinales).

glandotrope Hormone, *Tropine*, Hormone, welche die Tätigkeit peripherer Drüsen steuern und diese zur Bildung oder Freisetzung der spezifisch von ihnen gebildeten Hormone veranlassen. Bei den Wirbeltieren sind g. H. vor allem die Hormone des Hypophysenvorderlappens (u. a. ↗ adrenocorticotropes Hormon, ↗ gonadotrope Hormone, ↗ Melanocyten stimulierendes Hormon, ↗ somatotropes Hormon). Bei den Wirbellosen ist z. B. bei den Insekten (↗ Insecta) das ↗ prothorakotrope Hormon als g. H. bekannt (↗ Häutung).

Glandulae, ↗ Drüsen.

Glandulae vesiculosae, die ↗ Bläschendrüsen.

Glandula parathyreoidea, die ↗ Nebenschilddrüse.

glanduläre Hormone, die in endokrinen ↗ Drüsen gebildeten ↗ Hormone.

Glandula thyreoidea, die ↗ Schilddrüse.

Glans, die Eichel von ↗ Penis und ↗ Klitoris.

Glanzstreifen, ↗ Muskel.

Glashauseffekt, der ↗ Treibhauseffekt.

Glaskörper, ↗ Auge.

Glasschwämme, die ↗ Hexactinellida.

Glattechsen, die ↗ Scincidae.

glatte Enden, deutsche Bez. für den geläufigeren Ausdruck ↗ blunt ends.

glattes ER, ↗ endoplasmatisches Reticulum.

Glatthafer, Futtergras der ↗ Poaceae.

Glattnasen, die Fam. ↗ Vespertilionidae.

Glaucophyceae, einzige Klasse der Algenabteilung Glaucophyta. Charakteristisch für die monadalen, auch *Endocyanome* genannten fototrophen Einzeller sind die blaugrünen *Cyanellen*, die aus Cyanobakterien bestehen und als Chloroplasten fungieren. Außerhalb der Wirte sind die Cyanellen nicht lebensfähig. Zu den G. gehören u. a. die Gatt. *Glaucocystis* und *Cyanophora*. (↗ Endocytobiose)

Glaucophyta, Abt. der ↗ Algen mit der einzigen Fam. ↗ Glaucophyceae.

Glazialrefugien, *Eiszeitrefugien*, in der ↗ Eiszeit entstandene Zufluchtsgebiete (↗ Erhaltungsgebiet) für Tiere und Pflanzen, die durch Vereisung aus ihrem ursprünglichen Verbreitungsgebiet verdrängt wurden. Anspruchsvolle Arten der mitteleuropäischen Waldvegetation fanden z. B. Überdauerungsstätten im Mittelmeerraum und in der transkaukasischen Senke, Arten des borealen Nadelwaldes im Mandschurischen Refugium und Mongolischen Refugium.

Glc, Abk. für ↗ Glucose.

GLDH, Abk. für ↗ Glutamat-Dehydrogenase.

Gleba, aus ↗ Hyphen und Sporen bildendem Gewebe bestehendes Grundgeflecht im Innern geschlossener (angiokarper) Fruchtkörper z. B. der Bauchpilze (↗ Lycoperdanae) und der Trüffel (↗ Pezizales).

Gleicheniaceae, Fam. der Farne (↗ Pteridopsida), deren Vertreter vorwiegend in den Tropen und Subtropen beheimatet sind. Es sind Erdfarne mit wiederholt pseudodichotom gegabelten Wedeln, d. h. „ruhenden Knospen" in den Gabelungen.

Gleichflügler, die ↗ Homoptera.

Gleichgewicht, 1) in der *Physik* der Zustand eines Körpers oder Systems, bei dem die Summe aller auftretenden Kräfte Null ist. (↗ Thermodynamik)

2) in *Chemie* und *Biochemie* ist eine Reaktion im G., wenn die Rate von Hin- und Rückreaktion gleich groß und somit die relative Konzentration der Reaktanden konstant bleibt. Hierbei handelt es sich um ein dynamisches G., die Reaktionen laufen zwar noch ab, haben jedoch keinen Nettoeffekt auf die Konzentration der Reaktanden und Produkte. (↗ Fließgleichgewicht)

2) in der *Ökologie* kein eindeutig definierter Begriff. Da sich natürliche Systeme kontinuierlich ändern, kann sich kein stabiles G. einstellen, sondern es entsteht ein ↗ Fließgleichgewicht. Umgangs-

sprachlich werden hierfür die Begriffe *ökologisches Gleichgewicht* oder *natürliches Gleichgewicht* benutzt.

Gleichgewichtsorgane, *Gleichgewichtssinnesorgane, Schweresinnesorgane, statische Organe*, bei den meisten Tieren und beim Menschen vorhandene Sinnesorgane, die der Wahrnehmung der Lage des Körpers im Raum dienen. Die G. der wirbellosen Tiere sind i. d. R. ⁊ Statocysten. Eine Ausnahme sind die Insekten (⁊ Insecta), die keine Statocysten besitzen. Bei ihnen übernehmen das ⁊ Johnston-Organ, Gelenkrezeptoren oder bei den ⁊ Diptera die Halteren die Funktion der G. Die G. der Wirbeltiere sind Teile des Labyrinths, das sich im Innenohr (⁊ Ohr) befindet. Sie liefern nicht nur die für die Lageorientierung notwendigen Informationen über die Richtung der einwirkenden Schwerkraft, sondern reagieren darüber hinaus auf Linearbeschleunigung und Winkelbeschleunigung des Kopfes bzw. des Körpers.

Gleichgewichtssinn, *statischer Sinn, Schweresinn*, mechanischer Sinn zur Wahrnehmung der Lage des Körpers oder einzelner Körperteile im Raum bzw. relativ zur Schwerkraft (⁊ Gleichgewichtsorgane).

gleichwarm, ⁊ homoiotherm.

Gleichwurzeligkeit, *Homorrhizie*, ⁊ Allorrhizie.

Gleitfalle, ⁊ carnivore Pflanzen.

Gleitfilament-Mechanismus, ⁊ Muskel.

Gleithörnchen, *Petauristinae*, Unterfam. der Hörnchen (⁊ Sciuridae) mit 36 Arten in 13 Gatt., die im Norden der Alten und Neuen Welt sowie weiten Teilen Asiens verbreitet sind. Sie sind dämmerungs- und nachtaktive Baumbewohner. Charakteristisches Kennzeichen ist eine behaarte, von den Vorder- zu den Hintergliedmaßen reichende Flughaut, die ihnen Gleitflüge von bis 50 m Länge ermöglicht. Gleithörnchen ernähren sich von Pflanzenteilen und Insekten.

Gley, ein Bodentyp mit hoch anstehendem ⁊ Grundwasser. Im Schwankungsbereich des Grundwassers (ca. 30 - 100 cm Tiefe) wechseln reduzierende und oxidierende Bedingungen.

Gliazellen, übergreifende Bez. für eine heterogene Gruppe von Zellen des Nervensystems der Tiere und des Menschen, die u. a. Stütz-, Isolations-, Puffer- sowie ernährende und immunreaktive Funktionen im Nervensystem übernehmen. Man unterteilt bei Wirbeltieren die G. in *Makrogliazellen*, bei denen wiederum Astrocyten und Oligodendrocyten im Zentralnervensystem (⁊ Gehirn) und Schwann-Zellen im peripheren ⁊ Nervensystem unterschieden werden, sowie *Mikrogliazellen*.

Gliederfüßer, die ⁊ Arthropoda.

Gliedertiere, die ⁊ Articulata.

Gliederwürmer, die ⁊ Annelida.

Gliedmaßen, die ⁊ Extremitäten.

Gliridae, *Bilche, Schläfer*, Fam. der Nagetiere (⁊ Rodentia) mit zwei Unterfam., den Eigentlichen Bilchen (*Glirinae*) und den Afrikanischen Bilchen (*Graphiurinae*). Alle G. sind Nachttiere und halten Winterschlaf. Die *Eigentlichen Bilche* bewohnen die gemäßigten Zonen der Alten Welt. Einheimische Arten sind u. a. der hellgrau gefärbte *Siebenschläfer (Glis glis;* Kopf-Rumpf-Länge 20 cm), der gerne Vogelnisthöhlen bewohnt, der bis 17 cm körpergroße *Gartenschläfer (Eliomys quercinus)*, der außer in Gärten auch in Wäldern, Gebüschen und auf Felshängen vorkommt, sowie der mit einer Kopf-Rumpf-Länge von 8,5 cm kleinste einheimische Bilch, die *Haselmaus (Muscardinus avellanarius)*.

Glisson-Trias, ⁊ Leber.

Gln, Abk. für ⁊ Glutamin.

globale Erwärmung, ⁊ Treibhauseffekt.

Globalstrahlung, die Menge der Sonnenenergie, die auf eine horizontale Fläche der Erde auftrifft. Sie setzt sich aus der direkten Sonneneinstrahlung und der diffusen Himmelsstrahlung zusammen und wird in Watt pro Quadratmeter (W/m^2) gemessen. Je nach Standort liegen die Werte zwischen 0 und 1300 W/m^2. Nur ein kleiner Teil der G. wird bei der Fotosynthese genutzt (⁊ Energiefluss). ⁊ Treibhauseffekt, ⁊ ultraviolette Strahlung

Globicephalidae, *Schwert- und Grindwale*, Fam. der Zahnwale (⁊ Odontoceti) mit 6-10 m langen Arten mit delphinänlichem kegelförmigem Kopf. Sie werden manchmal auch als Unterfam. (Orcinae oder Globicephalinae) zu den Delphinen gestellt. Die Stirn der *Grind-* oder *Pilotwale* (Gatt. *Globicephala*) ist hoch aufgewölbt, in jeder Kieferhälfte befinden sich nur 8 - 13 Zähne. Beide Arten der Gatt. sind sich in Aussehen und Lebensweise sehr ähnlich. Sie sind glänzend schwarz mit weißem Kehlfleck. Grindwale ernähren sich vor allem von Kopffüßern und Fischen. Sie treten in Schulen von bis zu über tausend Tieren auf und unternehmen lange Wanderungen. Eine der bekanntesten Arten der G. ist der in allen Meeren vorkommende, bis 8 m lange *Schwertwal (Orcinus orca)*, der oberseits schwarz ist, mit weißem ovalem Längsfleck über und hinter dem Auge und überwiegend weißer Unterseite und bis 1,8 m hoher schlanker Rückenfinne („Schwert"). Schwertwale ernähren sich vor allem von Fischen, Tintenfischen, Robben und Delphinen und schwimmen in Familiengruppen von fünf bis 20 Tieren.

Globin, der Proteinbestandteil von ⁊ Hämoglobin und ⁊ Myoglobin.

Globodera, ⁊ Kartoffelnematode.

Globuline, in reinem Wasser unlösliche bzw. nur wenig lösliche, dagegen in verdünnter Neutralsalzlösung gut lösliche höhermolekulare ⁊ Proteine, die mit halbgesättigter Ammoniumsulfatlösung wieder ausgefällt werden. G. haben eine kugelige Gestalt und sind strukturell und funktionell meist sehr heterogene Proteinmischungen. Wegen ihrer diagnostischen Bedeutung sind die G. des Blutplasmas von Säugern, einschließlich des Menschen, die durch ↗ Elektrophorese in weitere Untergruppen (α-, β-, γ-Globuline) zerlegt werden können, besonders gut charakterisiert. Im Unterschied zu den wasserlöslichen und kohlenhydratfreien ↗ Albuminen, sind die G. zum Teil stark glykosyliert, also mit Zuckern unter Ausbildung einer ↗ glykosidischen Bindung verbunden. Während die meisten G. in der Leber gebildet werden, entstehen die ↗ Immunglobuline in den von ↗ B-Lymphocyten abstammenden Zellen des Blutplasmas.

Glochidium, Plural: *Glochidien*, die beschalten, fischparasitischen Larven der Flussmuscheln und der Flussperlmuscheln (↗ Palaeoheterodonta).

Glockenblumengewächse, die ↗ Campanulaceae.

Glockentierchen, ↗ Peritrichia.

glomeruläre Filtrationsrate, ↗ Niere.

Glomerulus, ↗ Niere.

Glossata, Gruppe der Schmetterlinge (↗ Lepidoptera).

Glossina, die Gatt. ↗ Tsetsefliegen.

Glossopharyngeus, der ↗ Nervus glossopharyngeus.

Glottis, die Stimmritze (↗ Kehlkopf).

Glu, Abk. für ↗ Glutaminsäure.

Glucagon, *Glukagon*, in den A-Zellen der in der ↗ Bauchspeicheldrüse gelegenen Langerhans-Inseln synthetisiertes und sezerniertes ↗ Hormon das antagonistisch zum ↗ Insulin wirkt und den Abbau des Leberglykogens zu ↗ Glucose aktiviert. G. ist ein Polypeptid, das aus 29 ↗ Aminosäuren besteht. Nach Besetzung des Glucagonrezeptors wird durch Vermittlung von ↗ G-Proteinen die ↗ Adenylat-Cyclase stimuliert , was zur Freisetzung des second messengers cAMP und letztlich zur Aktivierung des Proteinkinase-Systems der Leber führt. Dieses steigert die Aktivität der Glykogen-Phosphorylase und induziert somit die ↗ Glykogenolyse. Gleichzeitig werden die Glykogen-Synthase, die ↗ Glykolyse und die Fettsäuresynthese (Fettsäuren) gehemmt und die ↗ Gluconeogenese sowie der Fettsäureabbau in den Fettzellen aktiviert. Alle diese Mechanismen dienen dazu, dem Körper bei zu niedrigem Glucosespiegel (*Hypoglykämie*) rasch Glucose zur Verfügung zu stellen. Dementsprechend kommt es zu einer vermehrten G.-Produktion immer dann, wenn die Glucoseversorgung des Organismus nicht mehr sichergestellt ist, also z. B. im Hungerzustand.

Glucane, Sammelbez. für die aus D-Glucose-Einheiten linear oder verzweigt aufgebauten Polysaccharide wie ↗ Cellulose, ↗ Glykogen, und ↗ Stärke (↗ Amylose, ↗ Amylopektin).

Glucocorticoide, von der Nebennierenrinde gebildete ↗ Hormone, die – vor allem in Fastenperioden – an der Aufrechterhaltung des Blutzuckerspiegels durch Aktivierung der ↗ Gluconeogenese beteiligt sind. G. fördern insbesondere den Proteinabbau in Muskeln u. a. Geweben, wodurch der Aminosäuregehalt im Blut ansteigt und nachfolgend in der Leber die Aktivität von Amino-Transferasen und den Enzymen erhöht wird, die die Synthese von Glucose-6-Phosphat ermöglichen, welches dann in die Gluconeogenese eingeht. Gleichzeitig wird die ↗ Glykolyse gehemmt. Die physiologisch wichtigsten G. sind ↗ Cortisol und ↗ Corticosteron. Die Regulation der G.-Synthese erfolgt über das vom ↗ Hypothalamus freigesetzte Corticotropin-Releasing-Hormon, das seinerseits im Hypophysenvorderlappen die Synthese und Freisetzung des ↗ adrenocorticotropen Hormons induziert. Dieses gelangt über den allg. Kreislauf in die Nebennierenrinde und stimuliert dort die Sekretion der Glucocorticoide.

Gluconeogenese, die Bildung von ↗ Glucose aus Nichtkohlenhydratvorstufen. Die G. ist ein universeller anaboler Stoffwechselweg bei allen Tieren, Pflanzen, Pilzen und Mikroorganismen. Bei Tieren sind die wichtigsten Vorstufen Lactat (↗ Milchsäure), Pyruvat (↗ Brenztraubensäure), ↗ Glycerin und der größte Teil der ↗ Aminosäuren. Die G. ist bei höheren Tieren in der ↗ Leber und in wesentlich geringerem Umfang in der Nierenrinde lokalisiert und liefert Glucose für den Bedarf in ↗ Gehirn, ↗ Muskeln und roten Blutkörperchen (↗ Erythrocyten). Der anabole Weg von Pyruvat bis zur Glucose ist praktisch der umgekehrte Stoffwechselweg der ↗ Glykolyse, an dem sieben reversibel arbeitende Enzyme beteiligt sind, während drei praktisch irreversible Schritte der Glykolyse durch andere Enzyme katalysiert werden müssen. Es handelt sich dabei um folgende Reaktionen: 1) um die Umwandlung von Pyruvat in ↗ Phosphoenolpyruvat über ↗ Oxalacetat unter Beteiligung von ↗ Pyruvat-Carboxylase, ↗ Malat-Dehydrogenase und Phosphoenolpyruvat-Caboxykinase. 2) die Dephosphorylierung von Fructose-1,6-bisphosphat durch die Fructose-1,6-bisphosphatase und 3) die Dephosphorylierung von Glucose-6-phosphat durch die Glucose-6-phosphat-Phosphatase.

Aus der Gesamtgleichung der G. vom Pyruvat bis zur Glucose wird deutlich, dass für jedes gebildete Molekül Glucose sechs energiereiche Phosphatgruppen erforderlich sind:

2 Pyruvat + 4 ATP + 2 GTP + 2 NADH + 4 H_2O →
Glucose + 4 ADP + 2 GDP + 6 P_i + 2 NAD^+ + $2H^+$

Glykolyse und G. werden getrennt und reziprok reguliert. Dadurch wird vermieden, dass unter normalen Umständen ein Leerlaufzyklus abläuft, in dem die Energie der ATP-Hydrolyse in Wärme über-

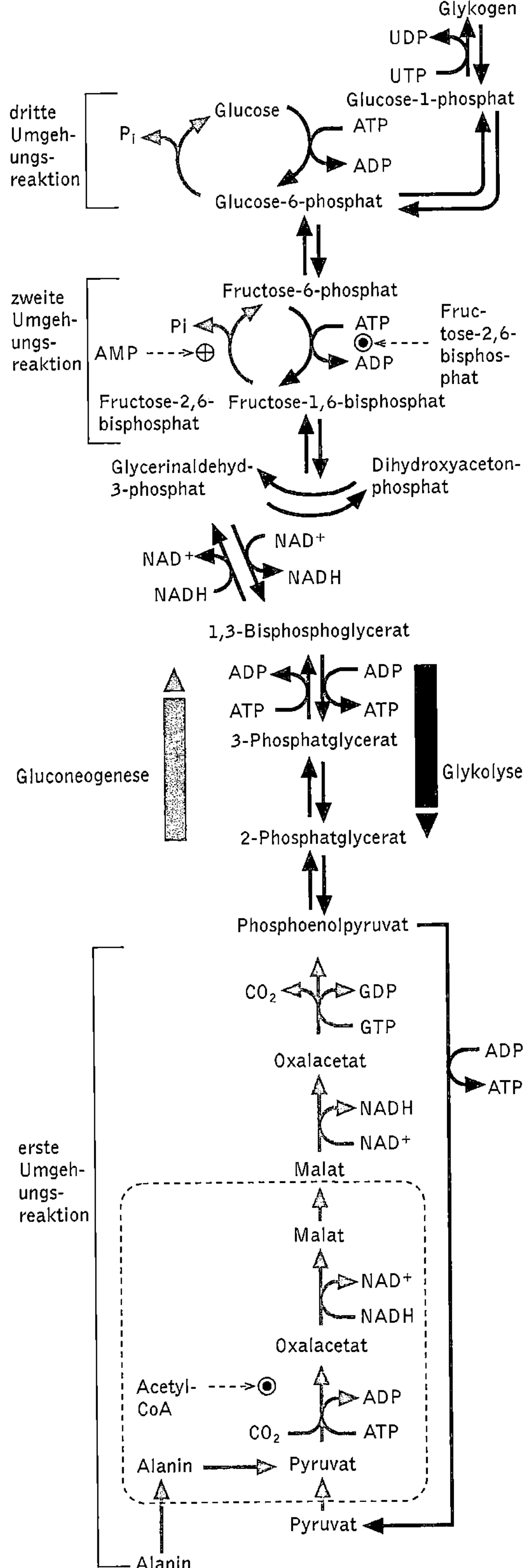

Gluconeogenese Schema der entgegengesetzt verlaufenden Wege von Glykolyse und Gluconeogenese in der Rattenleber. Die drei Umgehungsreaktionen der Gluconeogenese sind durch hellgraue Pfeile gekennzeichnet. Zudem sind die im Text beschriebenen Regulationsstellen eingezeichnet

führt wird. Die erste Regulationsstelle ist der Pyruvat-Dehydrogenase-Komplex und die Pyruvat-Carboxylase. Die Aktivität des erstgenannten Enzyms wird durch Acetyl-CoA (↗ Acetyl-Coenzym A) gehemmt, die des zweitgenannten stimuliert. Der zweite Regulationspunkt ist die Fructose-1,6-bisphosphatase des Gluconeogenesepfads, die durch AMP stark gehemmt wird, und die ↗ Phosphofructokinase der Glykolyse, die durch AMP und ADP stimuliert, durch Citrat und ATP gehemmt wird. Ein Überschuss an Acetyl-CoA und/oder ATP in der Zelle fördert so die Biosynthese von Glucose aus Pyruvat und deren Speicherung als ↗ Glykogen. Die G. kann vom Kohlenstoffgerüst einer jeden Aminosäure ausgehen, die in eine C4-Carbonsäure überführt werden kann (*glucoplastische Aminosäuren*), d. h. in einer der Zwischenstufen des Citratzyklus, die in Oxalacetat umgewandelt werden können.

Die G. in der Leber wird durch ↗ Glucagon und ↗ Adrenalin gefördert, deren Wirkungen durch cAMP (↗ Adenosinphosphate) als ↗ second messenger vermittelt werden. Wenn der Organismus fastet, werden ↗ Glucocorticoide (z. B. ↗ Cortisol) aus der Nebennierenrinde freigesetzt. Diese induzieren in der Leber die Synthese der Enzyme der G. Die Glucocorticoide machen die Zellen anscheinend auch empfindlicher gegenüber cAMP und damit gegenüber Glucagon. Als Folge tritt bei fastenden Tieren wie auch beim fastenden Menschen eine erhöhte G. aus Aminosäuren ein.

Glucose, *Traubenzucker, Dextrose*, Abk. *Glc*, das am meisten verbreitete Monosaccharid. G. ist eine ↗ Aldohexose, die stereoisomer zur ↗ Galactose ist. Sie kommt als *α-D-Glucose* und als *β-D-Glucose* vor, wobei die handelsübliche G. die α-D-G. ist, ein weißes, kristallines Pulver, das leicht löslich in Wasser ist und süßer als Saccharose schmeckt. In freier Form kommt G. in fast allen süßen Früchten, im Honig, in Holz, Wurzel und Rinde vieler Laubbäume, in Getreideähren sowie als Blutzucker vor. In gebundener Form ist G. Bestandteil vieler Oligo- und Polysaccharide sowie von Glykosiden. Im Energiestoffwechsel ist G. in Form seiner Phosphorsäureester (Glucose-1-phosphat und Glucose-6-phosphat) insbesondere als Endprodukt der ↗ Fotosynthese und der ↗ Gluconeogenese sowie als Ausgangsprodukt der ↗ Glykolyse bzw. der ↗ alkoholischen Gärung von zentraler Bedeutung. Die durch Adenosindiphosphat (↗ Adenosinphosphate) aktivierte Form der G., die *ADP-Glucose*, spielt bei der Stärkesynthese in Pflanzen eine Rolle. Bei der Glykogensynthese ist die ⬈ Uridindiphosphat-Glucose (UDP-Glucose) die aktivierte Zwischenstufe.

Verwendet wird G. in der Medizin zur schnellen Energiezufuhr im Rahmen der intravenösen Ernährung. Außerdem dient sie in großem Maßstab als Ausgangsprodukt für biotechnologische (⬈ Biotechnologie) und chemische Synthesen, wie z. B. alkoholische Gärung oder die Herstellung von ⬈ Ascorbinsäure.

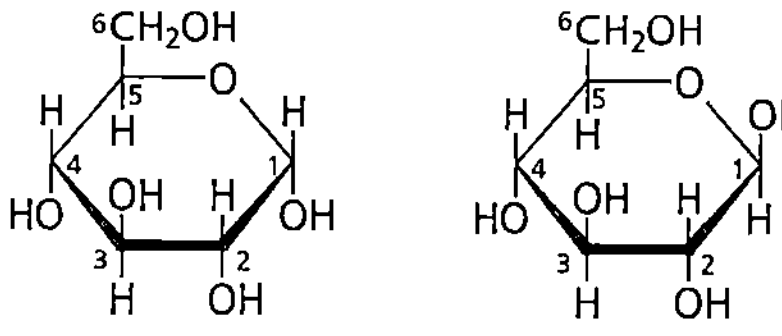

$$\alpha\text{-D-Glucose} \qquad \beta\text{-D-Glucose}$$

Glucose

Glucose-Carrier, ⬈ Glucose-Transporter.

Glucose-6-phosphat, zentrales Stoffwechselprodukt bei der Umsetzung von Kohlenhydraten, z. B. beim Abbau von ⬈ Glucose (⬈ Glykolyse), bei der Glucose- bzw. Polysaccharidsynthese im Rahmen von ⬈ Gluconeogenese und ⬈ Fotosynthese und beim Abbau bzw. der Umwandlung von Glucose in andere Zucker im Verlauf des ⬈ Pentosephosphatzyklus und des Glucuronat-Weges.

Glucose-Transporter, Abk. *GLUT*, *Glucose-Carrier*, Transportsysteme für ⬈ Glucose. Die meisten tierischen Zellen nehmen Glucose durch passiven Transport mit Hilfe von G. aus der extrazellulären Flüssigkeit auf, da dort im Vergleich zum Cytosol die Glucose in hoher Konzentration vorliegt. Diese G. fungieren als *Uniporter*, da sie Moleküle eines Typs von einer Seite der Membran auf die andere transportieren. Die G. gehören zu einer Fam. homologer Proteine, die durch zwölf die Membran durchspannende α-Helices gekennzeichnet sind. Im Unterschied zum passiven ⬈ Transport mittels der G. erfolgt die Aufnahme von Glucose durch Darm und Nierenzellen aus dem Darmlumen bzw. den Nierenkanälchen über aktiven Transport, da in diesen Bereichen eine niedrige Glucosekonzentration vorliegt. Der Transportmechanismus ist ein Na⁺-getriebener *Glucose-Symport*. Die Glucose wird durch die Membran der Mikrovilli am apikalen Ende der Zelle in diese hinein gepumpt und tritt dann, ihrem Konzentrationsgradienten folgend, mit Hilfe eines anderen Glucose-Carrier-Moleküls am basalen Ende der Zelle wieder aus dieser heraus. Der den Glucose-Symport antreibende Na⁺-Gradient wird durch eine Na⁺/K⁺-ATPase aufrechterhalten.

Glucosurie, die vermehrte Ausscheidung von ⬈ Glucose im Harn. Sie ist normal nach einer kohlenhydratreichen Mahlzeit (*alimentäre G.*), meist jedoch Symptom einer Stoffwechselstörung (z. B. ⬈ Diabetes mellitus oder Überfunktion der ⬈ Schilddrüse) oder Nierenerkrankung.

β-Glucuronidase, Abk. *GUS*, ein bakterielles Enzym, das die Hydrolyse von ⬈ Glykosiden der Glucuronsäure (*Glucuronide*) katalysiert. Da das Enzym bei Pflanzen nicht vorkommt, kann das korrespondierende Gen als ⬈ Reportergen bei der Analyse transgener Pflanzen eingesetzt werden (⬈ gus-Gen). Dabei ist die β-G. vor allem für *In-situ-Untersuchungen* geeignet, weil das *farblose* Substrat *X-Gluc* (=5-bromo-4-chloro-3-indoyl-β-D-Glucuronid) in ein *tiefblau* gefärbtes Produkt umgewandelt wird, das im gegebenenfalls entfärbten Pflanzengewebe gut zu erkennen ist.

Glucuronsäure, ⬈ Uronsäuren.

Glukagon, ⬈ Glucagon.

Glumiflorae, *Graminales*, die ⬈ Poales.

GLUT, Abk. für ⬈ Glucose-Transporter.

Glutamat, das Salz der ⬈ Glutaminsäure.

Glutamat-Dehydrogenase, Abk. *GLDH*, ausschließlich in den ⬈ Mitochondrien und vor allem in den Leberparenchymzellen vorkommendes Enzym, das die NAD⁺-abhängige Dehydrierung von Glutamat zu α-Ketoglutarat und ⬈ Ammoniak, aber auch die für die Bildung von Glutamat wichtige Umkehrreaktion katalysiert. Ein Anstieg der GLDH-Konzentration im Blutserum gilt als sicheres Zeichen für die Schädigung von Leberzellen (Leberzellnekrosen).

Glutamin, Abk. *Gln*, Ein-Buchstaben-Symbol *Q*, eine proteinogene ⬈ Aminosäure. G. wird mit Hilfe der Glutamin-Synthase aus ⬈ Glutaminsäure und ⬈ Ammoniak in einer Energie verbrauchenden (endergonischen) Reaktion gebildet:

$$\text{Glu} + \text{NH}_4^+ + \text{ATP} \rightarrow \text{Gln} + \text{ADP} + \text{P}_i$$

Die für die Synthese benötigte Energie wird durch Spaltung von ATP bereitgestellt. Die Synthese von G. ist von Bedeutung für die Entgiftung von Ammoniak und für die Bildung von Stickstoffexkreten (G. ist der Stickstoffdonor bei der Synthese von ⬈ Carbamoylphosphat und ⬈ Purinen). Bei Pflanzen spielt die G.-Synthese nach diesem Mechanismus eine Rolle als Dreh- und Angelpunkt in der ⬈ Ammoniumassimilation. Außerdem ist G. bei Pflanzen eine wichtige Stickstoffspeichersubstanz. Abgebaut wird G. durch hydrolytische Spaltung zu Glutamat und Ammoniak unter der katalytischen Wirkung des Enzyms *Glutaminase*.

G. ist daher eine zentrale Zwischenstufe im Stickstoffmetabolismus. Sie stellt den Amidstickstoff (durch ⬈ Transaminierung) zur Verfügung, der für die Synthese einer Vielzahl anderer Verbindungen benötigt wird. In der Niere spielt G. ebenfalls eine wichtige Rolle, da es hydrolysiert wird, und der freie Ammoniak die Reabsorption von Kalium- und Natriumionen erleichtert. Im Darm fördert es die Regeneration von Mucoproteinen und des Darmepithels.

Glutamin

Glutaminsäure, Abk. *Glu*, Ein-Buchstaben-Symbol *E*, eine proteinogene ↗ Aminosäure mit zwei ↗ Carboxylgruppen, die Baustein fast aller ↗ Proteine, insbesondere aber der pflanzlichen Samenproteine ist. Die Salze der G. sind die *Glutamate.* G. ist ein Schlüsselprodukt des Aminosäurestoffwechsels. Sie ist Vorstufe bzw. Abbauprodukt des ↗ Glutamins. Durch ↗ Transaminierung bzw. oxidative ↗ Desaminierung wird sie in α-Ketoglutarat (↗ α-Ketoglutarsäure) umgewandelt und damit dem weiteren Abbau durch die Reaktionen des ↗ Citratzyklus zugänglich gemacht. Außerdem bilden sich aus G. die zur α-Ketoglutarat-Fam. gehörenden Aminosäuren ↗ Prolin, ↗ Hydroxyprolin, ↗ Ornithin, ↗ Citrullin und ↗ Arginin. G. ist der biochemische Vorläufer der ↗ γ-Aminobuttersäure (GABA). Als erregender Neurotransmitter wirkt G. bei den so genannten *glutamatergen* Neuronen des Zentralnervensystems auf vier Rezeptoren, u.a. auch auf den NMDA-Rezeptor, der bei der Gedächtnisbildung (↗ Gedächtnis) eine wichtige Rolle spielt. Die Verteilung der G. im Gehirn ist fein reguliert. ↗ Gliazellen nehmen die bei Erregungsübertragung freigesetzte G. über aktiven Transport auf und beenden damit die Erregungsübertragung an der ↗ Synapse. Über einen Kreislauf gelangt G. in die Neuronen zurück. Ist dieser Kreislauf gestört (z. B. nach ↗ Schlaganfall) so kommt es durch Übererregung von Neuronen mit NMDA-Rezeptor zur Desensibilisierung und nachfolgend zu Lähmungen und Sprachstörungen. Entsprechend wer-

Glutaminsäure

den G.-Antagonisten u. a. zur Behandlung von Schlaganfällen, aber auch gegen die ↗ Parkinson-Krankheit und zur Behandlung der Epilepsie eingesetzt. – In der Lebensmittelindustrie besitzt G. Bedeutung als Geschmacksverstärker. Aus diesem Grund war sie die erste Aminosäure, die industriell hergestellt wurde, zuerst durch Hydrolyse glutaminreicher Quellen wie z. B. Weizengliadin, dann durch industrielle ↗ Fermentation.

γ-Glutamylzyklus, ein Reaktionszyklus, der für den Transport von ↗ Aminosäuren durch Zellmembranen postuliert wird. Auf der äußeren Membranoberfläche werden Aminosäuren durch die Wirkung der membrangebundenen *γ-Glutamyltransferase* in ihre γ-Glutamylpeptide überführt, wobei ↗ Glutathion als γ-Glutamyldonor dient:

Aminosäure + Glutathion → Cys-Gly + γ-Glutamylaminosäure

Die Produkte werden in die Zelle transportiert und gespalten, das Cys-Gly in Gly und Cys und die γ-Glutamylaminosäure in 5-Oxoprolin und die Aminosäure. 5-Oxoprolin wird in ↗ Glutaminsäure umgewandelt, sodass der Zyklus von neuem beginnen kann.

Glutathion, *L-Glutamyl-L-Cysteinyl-L-Glycin*, Abk. *GSH*, ein Tripeptid, das bei Tieren und den meisten Pflanzen in nahezu allen Zellen sowie bei Bakterien vorkommt. Aufgrund seiner Thiolgruppe (↗ Thiole) und der γ-Glutamylbindung besitzt G. eine Fülle von biologischen Funktionen, die Entgiftungsreaktionen (↗ Biotransformation), Strukturbildung von Proteinen, Reparatur von DNA-Schäden (↗ DNA-Reparatur), Beeinflussung des Zellmilieus und damit Beteiligung an Entwicklungs- und Alternsprozessen umfassen. Außerdem fungiert es als biologisches Redoxagens, ↗ Coenzym und Cofaktor und als Substrat bei bestimmten Kopplungsreaktionen. GSH wird in der Zelle in zwei Schritten gebildet:

Glu + Cys → γ-Glu-Cys und γ-Glu-Cys + Gly → GSH.

Biosynthese und Abbau des G. sind in den ↗ γ-Glutamylzyklus mit eingebunden. In seiner Funktion als Redoxagens fängt GSH freie ↗ Radikale ab und reduziert Peroxide:

2 GSH + ROOH → GSSG + ROH + H$_2$O

Durch diese Reaktion werden Membranlipide vor diesen reaktiven Substanzen geschützt. G. ist besonders wichtig in der Linse des ↗ Auges und bei ↗ Parasiten, die keine ↗ Katalase zur Entfernung von Peroxid (H$_2$O$_2$) besitzen (siehe Abb. auf Seite 71).

Gluteline, *Glutenine*, eine Gruppe globulärer Proteine, die zusammen mit den ↗ Prolaminen im Getreide die Speicherproteine, das ↗ Gluten, bilden. G. sind reich an ↗ Lysin und ↗ Tryptophan.

Glutathion (reduziert)
GSH

Glutathiondisulfid (oxidiert)
GSSG

Glutathion Die Oxidation von Glutathion zu GSSG

Gluten, *Kleber*, das aus ↗ Glutelinen und ↗ Prolaminen zusammengesetzte Speicherprotein der Brotgetreide (↗ Roggen und ↗ Weizen). G. bedingt die Backfähigkeit von Weizen- und Roggenmehl. G. kann bei Menschen mit entsprechender genetischer Disposition zu einer als *Zöliakie* (*einheimische Sprue*) genannten Erkrankung führen, die durch ein Malabsorptionssyndrom mit Gewichtsverlust, Blähungen, Durchfall, Fettstühlen und schlechter Resorption gekennzeichnet ist.

Glutenine, die ↗ Gluteline.

Glutinanten, ↗ Nematocysten.

Gly, Abk. für ↗ Glycin.

Glyceral-3-phosphat, ↗ Glycerinaldehyd-3-phosphat.

Glycerin, *Glycerol, Propan,1,2,3-triol*, eine sirupartige, süß schmeckende Flüssigkeit. G. ist in Form seiner Ester in ↗ Fetten und fetten Ölen sowie ↗ Phospholipiden weit verbreitet. Es entsteht zu etwa 3 % als Nebenprodukt der ↗ alkoholischen Gärung durch Reduktion von Dihydroxyacetonphosphat bzw. ↗ Glycerinaldehyd-3-phosphat und Hydrolyse der Phosphatgruppe. Industriell dient G. u. a. zur Herstellung von Salben und Kosmetika, als Frostschutzmittel und zur Stabilisierung und Lagerung von Enzymlösungen in flüssigem Zustand.

Glycerin

Glycerinaldehyd-3-phosphat, Abk. *GAP, Glyceral-3-phosphat*, wichtiges Zwischenprodukt der ↗ Glykolyse, der ↗ alkoholischen Gärung, der ↗ Gluconeogenese und des ↗ Calvin-Zyklus.

Glycerinphosphat-Shuttle, ein Transportsystem für Elektronen des cytosolischen NADH in die Mitochondrien. Da die innere Mitochondrienmembran für NADH und NAD^+ vollständig undurchlässig ist, muss das während der ↗ Glykolyse gebildete NADH + H^+ unter Regenerierung von NAD^+ oxidiert werden. Ein Carrier für die Reduktionsäquivalente ist das Glycerin-3-phosphat. Der erste Schritt besteht im Elektronentransfer von NADH auf Dihydroxyacetonphosphat, katalysiert durch Glycerin-3-phosphat-Dehydrogenase, wobei Glycerin-3-phosphat entsteht. Dieses diffundiert in die Mitochondrien und wird an der äußeren Oberfläche der inneren Mitochondrienmembran durch eine FAD-abhängige mitochondriale Glycerin-3-phosphat-Dehydrogenase zu Dihydroxyacetonphosphat oxydiert, das in das Cytosol diffundiert und damit das Shuttle-System komplettiert. Der „Preis" für den Transport ist ein ATP, weil die Elektronen des $FADH_2$ erst auf der Stufe des Coenzyms Q in die Atmungskette einmünden und bei der oxidativen Phosphorylierung in der Bilanz statt drei nur zwei ATP gebildet werden.

Glycerinsäure, $HOCH_2$–CHOH–COOH, eine Dihydroxysäure, die im Intermediärstoffwechsel sowohl in freier Form als auch phosphoryliert vorkommt. Die Salze der G. heißen *Glycerate*. Glycerat wird aus Glyoxylat (↗ Glyoxylsäure) über den Glyceratweg oder aus ↗ Serin über Hydroxypyruvat gebildet. Die 1-, 2- und 3-Monophosphate der G. und das 1,3-Diphospholglycerat sind wichtige Zwischenprodukte bei der ↗ alkoholischen Gärung, der ↗ Glykolyse und der ↗ Fotosynthese.

Glycerol, ↗ Glycerin.

Glycin, als einfachste proteinogene Aminosäure Baustein fast aller Proteine (besonders hoher Anteil im ↗ Kollagen). G. bildet sich entweder aus CO_2, Ammoniak und einem von N^5,N^{10}-Tetrahydrofolsäure gelieferten C_1-Körper mittels Katalyse der *Glycin-Synthase*, oder aus Glyoxylsäure durch

↗ Transaminierung oder aus Serin durch Übertragung eines C1-Restes auf Tetrahydrofolsäure. Durch Transaminierung oder oxidative ↗ Desaminierung wiederum geht G. in Glyoxylsäure über, die weiter zu Ameisensäure metabolisiert wird. Der Abbau von G. erfolgt auf dem umgekehrten Weg über ↗ Serin. Das α-C-Atom und der Aminostickstoff des G. werden über den *Succinat-Glycin-Zyklus* in das Grundgerüst der ↗ Porphyrine eingebaut. Durch Transamidinierung mit L-Arginin entsteht das *Glykocyamin*, ein Vorläufer in der Synthese von ↗ Kreatin und ↗ Kreatinin. G. ist auch Bestandteil des ↗ Glutathions. Neben GABA wirkt es im Zentralnervensystem der Wirbeltiere als hemmender Neurotransmitter. Es aktiviert den Glycinrezeptor, einen Liganden-gesteuerten Chloridkanal (der selektiv durch ↗ Strychnin blockiert wird) und bewirkt so eine Hyperpolarisation der Folgezelle. G. ist außerdem ein allosterischer Aktivator der ↗ Glutaminsäure an NMDA-Rezeptoren.

Glycin

Glycine, Gatt. der ↗ Fabaceae.

Glycyrrhiza, Gatt. der ↗ Fabaceae.

Glykogen, ein tierisches ↗ Polysaccharid, das ähnlich wie ↗ Amylopektin α-1→4-glykosidisch aus D-Glucoseresten aufgebaut ist, sich von Amylopektin aber durch einen etwa doppelt so hohen Verzweigungsgrad unterscheidet. Die Verzweigungen kommen durch Seitenketten zustande, die α-1→6-glykosidisch verknüpft sind und aus sechs bis zwölf Glucoseresten bestehen. Das relative Molekulargewicht beträgt eins bis 16 Mio. (bis 10^5 Glucoseinheiten). G. findet sich besonders in der ↗ Leber (bis zu 10 %) und in den Muskeln (bis zu 1 %). Als Reservekohlenhydrat unterliegt G. einem ständigen Auf- und Abbau. Ausgangsverbindung für die *Synthese* ist Glucose-6-phosphat, das durch eine Phosphoglucomutase in Glucose-1-phosphat umgewandelt wird. Wichtiges katalytisch wirkendes Co-

O Glucosereste
● Glucosereste mit verzweigender 1,6-Verknüpfung

Glykogen   Ausschnitt aus einem Glykogenmolekül

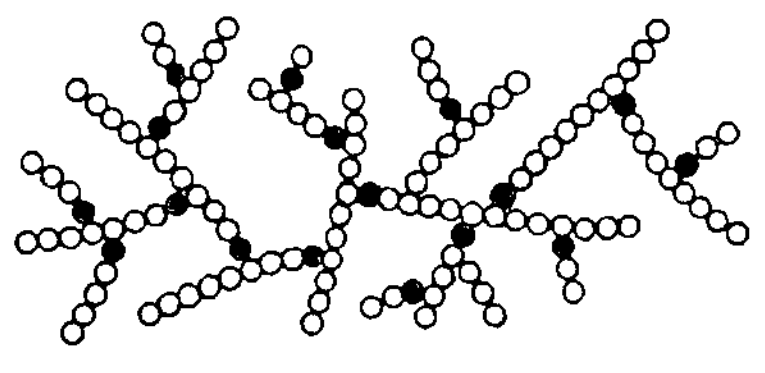

Glykogen   Aufbau und Synthese des Glykogens in der Leber

substrat ist dabei Glucose-1,6-bisphosphat. Die weitere Synthese verläuft über ein aktiviertes Zuckerderivat, die Uridindiphosphatglucose (UDP-Glucose) unter Bildung der α-1→4-glykosidischen Bindung. Die α-1→6-Bindung wird durch eine Transglykosidase katalysiert. Der *Abbau* des G. (*Glykogenolyse*) erfolgt phosphorolytisch unter Katalyse der Glykogenphosphorylase. Sie überträgt den Glucoserest vom nicht reduzierenden Ende des Glykogens auf anorganisches Phosphat unter Bildung von Glucose-1-phosphat, das zu Glucose-6-phosphat isomerisiert und dann in den allg. Kohlenhydratabbau (↗ Glykolyse) einfließt. Die 1→6-Verzweigungsstellen werden durch eine Hydrolase gespalten, sodass beim Abbau von G. auch etwa 10 % freie ↗ Glucose entstehen.

Die *Regulation* des Glykogenstoffwechsels erfolgt über Enzymumwandlungen: Die Glykogen-Synthase kommt in den Muskeln gewöhnlich in der aktiven Form vor, während die Phosphorylase in ihrer inaktiven Form (*b*) vorliegt. Diese Phosphorylase *b* kann nun durch explosionsartiges Aufkommen von AMP aufgrund von Muskelaktivität allosterisch aktiviert werden, sodass die Phosphorylierung einsetzen kann. Jedoch sind hormonelle und nervöse Stimulierungen die wichtigeren Regulatoren des G.-Stoffwechsels. ↗ Adrenalin und ↗ Glucagon aktivieren die ↗ Adenylat-Cyclase, wodurch cAMP (↗ Adenosinphosphate) gebildet wird. Dieses aktiviert eine Reihe von ↗ Proteinkinasen, von denen eine die Phosphorylase-Kinase aktiviert und die Glykogen-

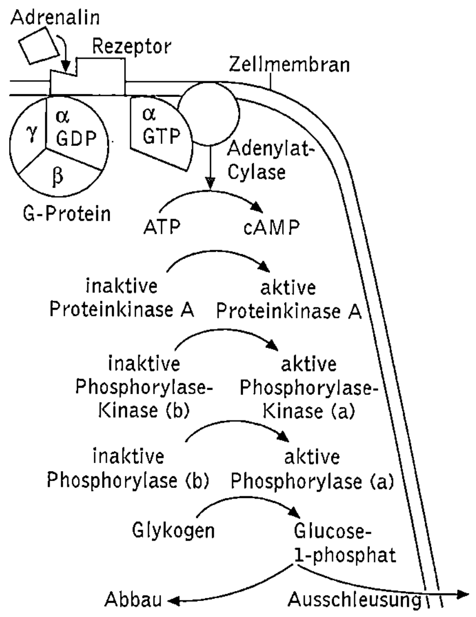

Glykogen Aktivierung des Glykogen-Abbaus durch Adrenalin

Synthase hemmt. Die aktivierte Phosphorylase-Kinase *a* überführt inaktive Phosphorylase *b* in aktive Phosphorylase *a*. Diese wird durch Glucose-6-phosphat allosterisch gehemmt, sodass der Glykogenabbau durch Glucose-6-phosphat verlangsamt wird. Zusätzlich wird durch Glucose-6-phosphat die Glycogen-Synthase allosterisch aktiviert.

Glykogenolyse, der Abbau des ↗ Glykogens.

Glykokalyx, die aus den Oligo- und Polysacchariden von Glykoproteinen, Proteoglykanen und Glykolipiden bestehende Hüllschicht an der Außenseite von prokaryotischen und eukaryotischen Zellen, welche die Zelloberfläche vor mechanischen und chemischen Schadeinflüssen schützt. Des weiteren ist die G. an der ↗ Zell-Zell-Erkennung und der ↗ Endocytose beteiligt.

Glykolipide, phosphorfreie Membranlipide, die in allen Geweben vorkommen und zwar ausschließlich auf der Außenseite der Lipiddoppelschicht. G. setzen sich zusammen aus einem Mono- oder (z. T. sehr großen) Oligosaccharidrest, einer Fettsäure sowie ↗ Glycerin oder ↗ Sphingosin. Zu den G. gehören die *Glyceroglykolipide*, deren bekannteste Vertreter die *Monogalactosyldiglyceride* sind. Diese *Galactolipide* sind die Hauptlipide von Chloroplastenmembranen. Bei den *Sphingoglykolipiden* ist ein N-Acylsphinganinderivat glykosidisch an ein Mono- oder Oligosaccharid gebunden. Diese G. werden oft auch *Glykosylceramide* genannt. Sind sie am Zucker noch mit Schwefelsäure verestert, werden sie *Sulfatide* genannt.

G. können unterteilt werden in Verbindungen, die einen oder mehrere Sialinsäurereste (N-Acetyl-Neuraminsäure) tragen, und dann als ↗ Gangliosi-de bezeichnet werden, und Verbindungen ohne Sialinsäurereste (z. B. *Cerebroside*).

Glykolyse, *Embden-Meyerhof-Parnas-Weg*, ein für alle Organismen essenzieller Stoffwechselweg, über den ↗ Glucose unter Bildung von Adenosintriphosphat (ATP) abgebaut wird. Streng genommen versteht man darunter die *anaerobe G.*, d. h. den Abbau von Glucose ohne Beteiligung von Sauerstoff zu Lactat (↗ Milchsäure) bzw. Ethanol. Dieser Weg der anaeroben Verwertung von Glucose ist der älteste biochemische Mechanismus zur Gewinnung von ATP der die Entwicklung von lebenden Organismen in einer sauerstofffreien Atmosphäre ermöglichte. Die anaerobe G. ist für verschiedene anaerobe und fakultativ anaerobe Mikroorganismen der wichtigste Weg zur ATP-Gewinnung. Von je einem Molekül umgesetzter Glucose werden 150,72 kJ (36 kcal) Energie erhalten, die zur Nettosynthese von zwei Molekülen ATP dienen. Unter aeroben Bedingungen (*„aerobe" G.*) ist unter Beibehaltung fast aller Reaktionsschritte Pyruvat (↗ Brenztraubensäure) ein Zwischenprodukt, das anschließend durch den Pyruvat-Dehydrogenase-Komplex unter CO_2-Abspaltung und Oxidation zu ↗ Acetyl-Coenzym A weiterreagiert. Nach Einmündung in den ↗ Citratzyklus wird der Acetylrest zu CO_2 abgebaut und die gebildeten Reduktionsäquivalente führen in der ↗ Atmungskette zu einer deutlich höheren Energieausbeute.

Die G. bis zur Stufe des Pyruvats wird durch zehn im Cytosol befindliche Enzyme katalysiert. In der vorbereitenden Phase kommt es unter Verbrauch von ATP zur Bildung des *Fructose-1,6-bisphosphats*, das anschließend zu zwei Molekülen *Triosephosphat* gespalten wird. Nachfolgend werden die letztlich aus Glucose gebildeten zwei Moleküle *Glycerinaldehyd-3-phosphat* am C-Atom 1 oxidiert, wobei die gewonnene Energie in Form von Reduktionsäquivalenten (NADH + H⁺) und *1,3-Bisphosphoglycerat* konserviert wird. Dieses Zwischenprodukt besitzt ein hohes Phosphatgruppenübertragungspotenzial und ermöglicht unter der Katalyse der Phosphoglycerat-Kinase die Übertragung des Phosphatrests auf ADP unter Bildung von ATP (*Substratkettenphosphorylierung*). Nach Bildung von *Phosphoenolpyruvat* liefert die zweite Substratkettenphosphorylierung der G. ein weiteres Äquivalent ATP unter Bildung von *Pyruvat*. Das bei der Reaktion der Glycerinaldehyd-3-phosphat-Dehydrogenase gebildete NADH + H⁺ muss regeneriert werden. Während unter anaeroben Bedingungen viele Organismen die Elektronen des NADH + H⁺ auf Pyruvat unter Bildung von Lactat übertragen, erfolgt die Regenerierung des NAD⁺ in den Mitochondrien über die Atmungskette. Auch im Wirbeltiermuskel führt intensive Muskelaktivität bei unzureichender Sauerstoffversorgung zur

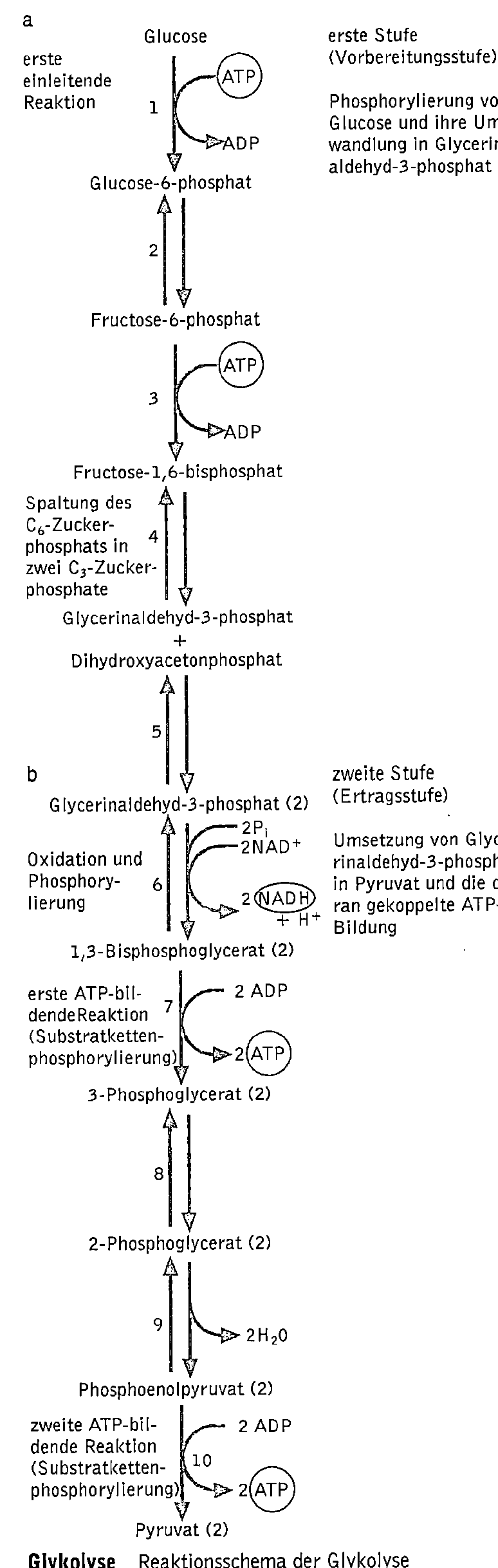

Glykolyse Reaktionsschema der Glykolyse

Lactatbildung. Hefezellen regenerieren NAD⁺ durch Reduktion des Pyruvat zu Ethanol und CO_2 (↗ alkoholische Gärung).

Das Schlüsselenzym der G. ist die *6-Phosphofructokinase*, die durch hohe ATP-Konzentrationen gehemmt und durch ADP und AMP aktiviert wird. Ihr Produkt, das Fructose-1,6-bisphosphat, aktiviert die Pyruvatkinase. Eine weitere Regulierungsform der Glykolyse ist der ↗ Pasteur-Effekt.

Glykophyten, Pflanzen, die im Gegensatz zu ↗ Halophyten keine Böden mit erhöhtem Salzgehalt besiedeln.

Glykoproteine, Proteine mit kovalent gebundenem ↗ Oligosaccharid. Der Proteinanteil wird von der mRNA translatiert und die Addition des Oligosaccharids ist eine ↗ posttranslationale Modifizierung (im Unterschied zu den Peptidoglycanen, ↗ Murein). G. kommen in Pflanzen und Tieren, jedoch nicht in Bakterien (Ausnahme die Gatt. *Halobacterium*) vor. Die meisten G. werden entweder in Körperflüssigkeiten sezerniert oder sind Membranproteine. Zu den G. gehören darüber hinaus viele ↗ Enzyme, die meisten Proteinhormone, Plasmaproteine, alle Antikörper (↗ Immunglobuline), Komplementfaktoren (↗ Komplementsystem), Blutgruppen- und Schleimkomponenten. Die Polypeptidketten der G. tragen i. Allg. eine Reihe von kurzen Heterosaccharidketten und diese enthalten fast immer N-Acetylhexamine und Hexosen (meist ↗ Galactose und/oder ↗ Mannose, seltener ↗ Glucose). Das letzte Glied der Kette besteht sehr häufig aus Sialinsäure oder L-↗ Fucose. Die Oligosaccharidketten sind oft verzweigt und bestehen selten aus mehr als 15 Monomeren.

Aufgrund ihrer hohen Viskosität haben die G. eine Schmier- und Schutzfunktion, z. B. gegen proteolytische Enzyme, ↗ Bakterien und ↗ Viren. Sie spielen eine Rolle in der zellulären Adhäsion und der Kontakthemmung beim Wachstum von Zellen in Gewebekulturen, und sind auch für die zelluläre Erkennung von fremdem Gewebe verantwortlich. Die G. sind wesentliche Bestandteile der Rezeptoren für Virus- und Pflanzenagglutinine und für Blutgruppensubstanzen. Einige G. sind Membrantransportproteine.

Glykosaminoglykane, ↗ Proteoglykane.

Glykosidasen, eine Gruppe von ↗ Hydrolasen, die glykosidische Bindungen in ↗ Kohlenhydraten, ↗ Glykoproteinen und ↗ Glykolipiden spalten. G. sind nicht sehr spezifisch und unterscheiden nur zwischen der Bindungsart, z. B. O- oder N-glykosidisch und deren Konfiguration (α oder β).

Glykoside, Derivate der ↗ Monosaccharide, die durch Kondensationsreaktionen der glykosidischen ↗ Hydroxygruppe mit alkoholischen oder phenolischen Hydroxygruppen *(O-Glykoside)*, ↗ Thiolen *(S-Glykoside)* oder Aminogruppen (*N-*

Glykoside, darunter die ↗ Nucleoside) entstehen und die chemisch als Acetale bzw. Thio- oder Aminoacetale angesehen werden können.

Die Nucleoside sind als Bestandteile der ↗ Nucleinsäuren und bestimmter ↗ Coenzyme in allen Organismen verbreitet. Zu den G. des tierischen Organismus gehören die ↗ Glykolipide, ↗ Glykoproteine und ↗ Proteoglykane sowie Glucuronide. Zahlreiche ↗ Antibiotika liegen als G. vor, z. B. die Aminoglykosidantibiotika (u. a. Streptomycin), die Macrolidantibiotika und die Nucleosidantimetabolite. Die meisten G. kommen jedoch als sekundäre Naturstoffe in Pflanzen vor, z. B. die *Herzglykoside* (*herzwirksame G.* als G. von Cardenoliden und Bufadienoliden), die ↗ Saponine und G. von Steroidalkaloiden, G. von Flavonoiden, Phenolglycoside sowie die relativ weit verbreiteten ↗ cyanogenen Glykoside.

glykosidische Bindung, die für die ↗ Glykoside charakteristische Bindung zwischen Kohlenhydratanteil und Nichtkohlenhydratanteil (*Aglykon*). Sie erfolgt unter Austritt eines Wassermoleküls (*Kondensation*) aus der Hydroxygruppe des Kohlenhydrats und der Hydroxy-, Thiol- oder Aminogruppe des Aglykons.

Glyoxylatzyklus, *Krebs-Kornberg-Zyklus*, eine bei bestimmten Pflanzen und Mikroorganismen vorkommende Variante des ↗ Citratzyklus. Der G. erlaubt eine Nettosynthese von Succinat (↗ Bernsteinsäure) und Oxalacetat aus Acetyl-CoA (↗ Acetyl-Coenzym A) und damit die Bildung von ↗ Kohlenhydraten über die ↗ Gluconeogenese. Der G. nutzt Teilreaktionen des Citratzyklus, wobei das Isocitrat aber durch die Isocitrat-Lyase in Succinat und Glyoxylat gespalten wird. Anschließend wird durch die Malat-Synthase Glyoxylat mit Acetyl-CoA zu Malat verknüpft, das danach zum Oxalacetat oxidiert wird. Durch den G. werden praktisch die beiden Decarboxylierungsreaktionen des Citratzyklus umgangen. Bei jedem Umlauf werden zwei Moleküle Acetyl-CoA eingespeist. Die Bilanz sieht folgendermaßen aus: 2 Acetyl-CoA + NAD⁺ + 2 H₂O → Succinat + 2 CoA + NADH + H⁺

Somit können höhere Pflanzen und Mikroorganismen, die vorrangig Lipide als Energiequelle nutzen, über den G. Kohlenhydrate aufbauen. Der G. dient Pflanzensämlingen zur Verwertung ihrer Fettreserven. Er ermöglicht das Wachstum von Mikroorganismen auf ↗ Fettsäuren oder ↗ Essigsäure als einziger Kohlenstoffquelle. Da bei Wirbeltieren die Isocitrat-Lyase und die Malat-Synthase fehlen, können sie keine Glucose aus Lipiden bilden.

Glyoxylsäure, *Ethanalsäure*, eine besonders in unreifen Früchten, Keimpflanzen und jungen Blättern bestimmter Pflanzen vorkommende Aldehydcarbonsäure, die im Stoffwechsel durch oxidative ↗ Desaminierung oder ↗ Transaminierung von ↗ Glycin entsteht. Durch Oxidation entsteht ↗ Oxalsäure, durch Oxidation und Decarboxylierung ↗ Ameisensäure. Die Salze der G. heißen *Glyoxylate* (↗ Glyoxylatzyklus).

Glyoxysomen, *Glyoxisomen*, die bei Pflanzen für den Fettsäureabbau verantwortlichen ↗ Peroxisomen, die in den Zellen von ↗ Keimblättern und des ↗ Endosperms fettreicher Samen vorkommen. G. sind somit an der Umwandlung von Reservefetten in Kohlenhydrate beteiligt. In G. werden die Fettsäuren aus den in den Oleosomen gespeicherten Triacylglycerolen durch die β-Oxidation sowie den ↗ Glyoxylatzyklus metabolisiert.

GM-CSF, ↗ Kolonie stimulierende Faktoren.

GMO, Abk. für ↗ gentechnisch veränderter Organismus.

GMP, Abk. für Guanosin-5'-monophosphat (↗ Guanosinphosphate).

Gnathobdelliformes, Gruppe der ↗ Euhirudinea.

Gnathosoma, ↗ Acari.

Gnathostomata, *Kiefermünder*, *Kiefermäuler*, Taxon, das alle Wirbeltiere mit Ausnahme der Kieferlosen (Agnatha) umfasst.

Gnathostomulida, *Kiefermäulchen*, zu den ↗ triploblastischen Eumetazoa gehörendes Taxon mit weniger als 100 ausschließlich marin lebenden, mikroskopisch kleinen Würmern. Sie sind weltweit überwiegend im Eulitoral und Sublitoral (bis 25 m Tiefe) verbreitet und treten vor allem in sulfidreichen Sanden in Massen auf. Sie sind drehrund und meist bis 1 mm lang. Der Körper ist von einer einschichtigen Epidermis umgeben, deren Zellen je eine Wimper tragen, die in ihrer Gesamtheit der Fortbewegung dienen. Das Nervensystem besteht aus je einem unpaaren Frontalganglion und Buccalganglion sowie paarigen Buccal- und Längsnerven.

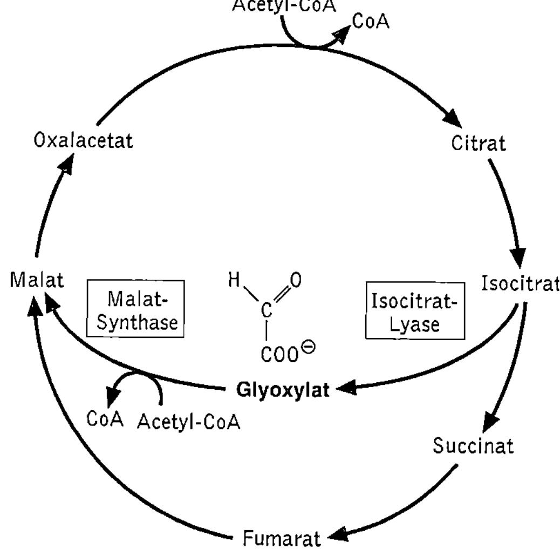

Glyoxylatzyklus Ablaufschema das Glyoxylatzyklus

Exkretionsorgane sind ↗ Protonephridien, Respirations- und Kreislauforgane sind nicht vorhanden. Charakteristisch für die ganze Gruppe ist der bilaterale, cuticulare Kieferapparat. Alle G. sind ↗ Hermaphroditen, die Spermienübertragung erfolgt durch Kopulation oder Injektion in den Partner. Die Entwicklung ist direkt, ohne Larvenstadien. Die G. werden als sehr ursprüngliche Bilateria angesehen und mitunter als Schwestergruppe der Plathelminthes mit diesen zusammen in dem Taxon Plathelminthomorpha zusammengefasst. Man unterscheidet zwei übergeordnete Taxa: die *Filospermoida* mit fadenförmigem Körper mit spitzem Rostrum und die *Bursovaginoida* mit einem eher gedrungenen Körper und rundlichem Rostrum.

Gnetatae, die ↗ Gnetopsida.

Gnetopsida, *Gnetatae, Chlamydospermae,* Klasse der ↗ Cycadophytina. Sie umfasst Pflanzen, deren stammesgeschichtliche Beziehung untereinander noch unklar ist. Molekulargenetische Untersuchungen zeigen, dass die G. näher mit den ↗ Coniferophytina als mit den ↗ Angiospermae verwandt sind, obwohl sie zahlreiche Merkmale besitzen, die an die Angiospermae erinnern. So weist das Holz der G. neben Tracheiden auch Tracheen auf. Manche Vertreter haben netznervige Laubblätter. Die stark reduzierten Blüten haben meist eine Blütenhülle und werden z. T. durch Insekten bestäubt. Die merkwürdigste Art der drei isoliert stehenden Gatt. der G. ist die *Welwitschie, Welwitschia mirabilis,* die in nebelreichen Küstenwüsten Südafrikas und Angolas wächst. Diese Pflanze besteht nur aus einem kurzen, rübenförmigen, oben bis zu 1 m Meter breiten Stamm mit tiefer Pfahlwurzel und zwei bandförmigen, mehrere Meter lang werdenden Laubblättern. Die Blüten stehen in zapfenartigen Blütenständen auf der Stammkrone. Die Vertreter der Gatt. *Gnetum* sind Kletterpflanzen oder Bäume mit großen, netznervigen Laubblättern und ährenförmigen Blütenständen. Sie sind in den tropischen Regenwäldern beheimatet. Die dritte Gatt. der G. ist ↗ Ephedra oder *Meerträubel.*

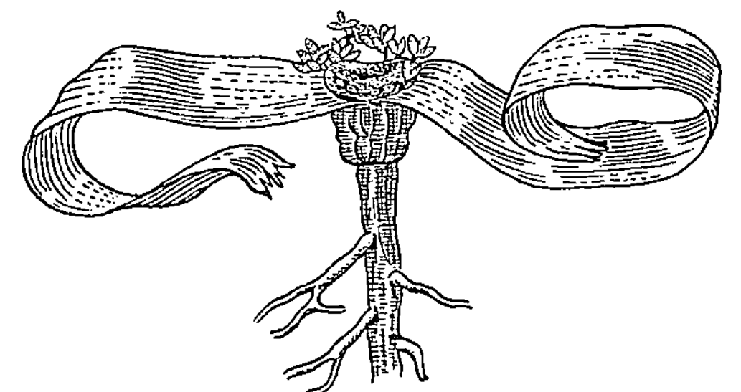

Gnetopsida Welwitschie, *Welwitschia mirabilis,* Habitus einer jüngeren Pflanze mit weiblichen Blüten

Gnetum, Gatt. der ↗ Gnetopsida.

Gnitzen, die Fam. ↗ Ceratopogonidae.

Gnus, *Connochaetes,* etwa hirschgroße, in den Savannen Afrikas lebende Antilopen mit Nacken- und Brustmähne, langer Schwanzquaste und gebogenen Hörnern bei beiden Geschlechtern. Zur Gatt. gehören zwei Arten. Das *Streifengnu (Connochaetes taurinus)* lebt mit fünf Unterarten in Süd- und Ostafrika; Streifengnus sind Herdentiere, die im Zusammenhang mit Regen- und Trockenzeiten über 1.000 km lange Wanderungen unternehmen, häufig gefolgt von Raubfeinden. Das in Südafrika lebende *Weißschwanzgnu (Connochaetes gnou)* wurde dort als „Wildebeest" fast ausgerottet; die heutigen Bestände leben vorwiegend in Parks und Reservaten und stammen von halbwilden Farmtieren ab.

Gobiidae, *Grundeln, Meergrundeln,* Fam. der Knochenfische mit rund 1870 in den Küstenregionen aller (besonders der tropischen) Meere verbreiteten Arten, die meist 5-15 cm lang sind. Es sind Bodenfische mit zwei Rückenflossen, gedrungenem Körper, an den Schultergürtel verlagerten, miteinander verschmolzenen Beckenknochen und oft zu einer Saugscheibe verwachsenen Bauchflossen. Viele Arten betreiben Brutpflege. Einige Arten sind geschätzte Speisefische. Die auf den Philippinen heimische *Zwerggrundel (Pandaka pygmaea)* gilt mit rund 10 mm Länge als das kleinste erwachsene Wirbeltier. Amphibisch lebende Vertreter der G. sind die *Schlammspringer* der Gatt. *Periophthalmus* und *Periophthalmodon* sowie die in Mangrovesümpfen Südostasiens heimischen *Glotzaugen* (Gatt. *Boleophthalmus*).

Goette'sche Larve, ↗ Müller'sche Larve.

Goldalgen, die Fam. ↗ Chrysophyceae.

Goldammer, Art der ↗ Emberizidae.

Goldbutt, die ↗ Scholle.

Goldfisch, Zuchtform der Silberkarausche (↗ Karauschen), die als Jungfisch graugrün und als adultes Tier meist gelblich oder orange gefärbt ist. G. wurden bereits seit dem Jahr 968 in chinesischen Tempelteichen gehalten und gelten als die ersten Aquarienfische (erster Nachweis aus dem 16. Jh.). G. sind weltweit vielfach ausgewildert worden und überleben in frostfreien Gewässern, wobei oft eine Rückselektion in die grausilberne Wildform beobachtet wurde. Außer als Kaltwasseraquarien- und Teichfische haben G. auch als Versuchstiere Bedeutung. G. werden in zahlreichen Varietäten gezüchtet.

Goldhafer, Futtergras der ↗ Poaceae.

Goldhähnchen, *Regulus,* Gatt. der Singvögel mit fünf Arten, davon zwei in Europa, das *Sommergoldhähnchen (Regulus ignicapillus)* und das *Wintergoldhähnchen (Regulus regulus).* G. sind mit einer Größe von 9 cm die kleinsten einheimischen Vögel. Sie haben nadelfeine Schnäbel und einen kurzen

Schwanz; kennzeichnend ist der gelb bis orange (Männchen) gefärbte, schwarz eingefasste Scheitelstreif. Die Federn des Scheitels werden bei Erregung aufgestellt. Das Sommergoldhähnchen, ein Zugvogel, hat außerdem einen weißen Überaugenstreif. Beide Arten der G. ernähren sich von Insekten und Spinnen und rütteln bei der Nahrungssuche oft vor Zweigspitzen.

Goldregenpfeifer, Art der ↗ Charadriidae.

Goldstein, *Joseph Leonard*, amerikan. Mediziner und Molekulargenetiker, ✳ 18.4.1940 Sumter (South Carolina); ab 1977 Prof. für Molekulargenetik an der Universität of Texas in Dallas. G. erhielt 1985 zusammen mit M.S. ↗ Brown den Nobelpreis für Physiologie oder Medizin für Arbeiten über die molekularen Grundlagen des Cholesterinstoffwechsels und der Arteriosklerose.

Golgi, *Camillo*, ital. Mediziner und Histologe, ✳ 7.7.1844 Corteno (Provinz Brescia), † 21.1.1926 Pavia; ab 1875 Prof. für Histologie in Siena und Turin, ab 1877 für Allg. Pathologie in Pavia. G. klärte durch Anwendung neuer Färbemethoden (Versilberungsfärbung, *Golgi-Färbung*, 1873) den Feinbau insbesondere der Nervenzellen und des Gehirns auf und erhielt dafür zusammen mit S. ↗ Ramón y Cajal 1906 den Nobelpreis für Physiologie oder Medizin. 1898 entdeckte G. das plasmatische Zisternensystem in der Zelle (↗ Golgi-Apparat).

Golgi-Apparat, das in eukaryotischen Zellen vorhandene ↗ Kompartiment, in dem Membrankomponenten und Exportproteine modifiziert werden. Der nach C. Golgi benannte G.-A. besteht aus Stapeln flacher Membranvesikel mit einem Durchmesser von 1-2 µm (*Golgi-Zisternen*), die zu mehreren als *Dictyosom* (engl. golgi stack) in einer Funktionseinheit zusammengefasst sind. Alle Dictyosomen einer Zelle bilden den G.-A., wobei deren Anzahl je nach Zelltyp verschieden ist. Bei manchen Algenzellen besteht der G.-A. nur aus einem einzigen Dictyosom, wohingegen Leberzellen bis zu 250 aufweisen.

Als „Durchgangsstation" zwischen dem rauen ↗ endoplasmatischen Reticulum (ER) und der Plasmamembran sind die Dictyosomen und somit der G.-A. unsymmetrisch aufgebaut. Die zum ER bzw. Nucleus hin orientierte Seite wird als *cis-Seite (Bildungsseite)* und die i. d. R. der Plasmamembran zugewandte Seite als *trans-Seite (Sekretionsseite)* bezeichnet. Zwischen den Dictyosomen bestehen Unterschiede, was die Beschaffenheit ihrer Membranen sowie ihre enzymatische Ausstattung anbelangt. Proteine durchlaufen auf dem Weg vom ER zur Plasmamembran den G.-A. in Vesikeln, wobei der Transport zwischen den einzelnen Zisternen noch nicht völlig geklärt ist.

Die äußerste, häufig als *trans-Golgi-Netzwerk* bezeichnete Zisterne dient dazu, die modifizierten Proteine auf unterschiedliche Transportvesikel zu verteilen, mit denen sie zu ihren Bestimmungsorten (Plasmamembran, sekretorische Vesikel oder Lysosomen) gebracht werden.

Im G.-A. finden eine Reihe von kovalenten Modifikationen an Makromolekülen statt. Durch unterschiedliche *Glykosylierungen* werden Proteine je nach späterer Verwendung auf verschiedene Weise mit Zuckerverbindungen markiert. Weiterhin werden im G.-A. Peptidhormone (z. B. Insulin) durch

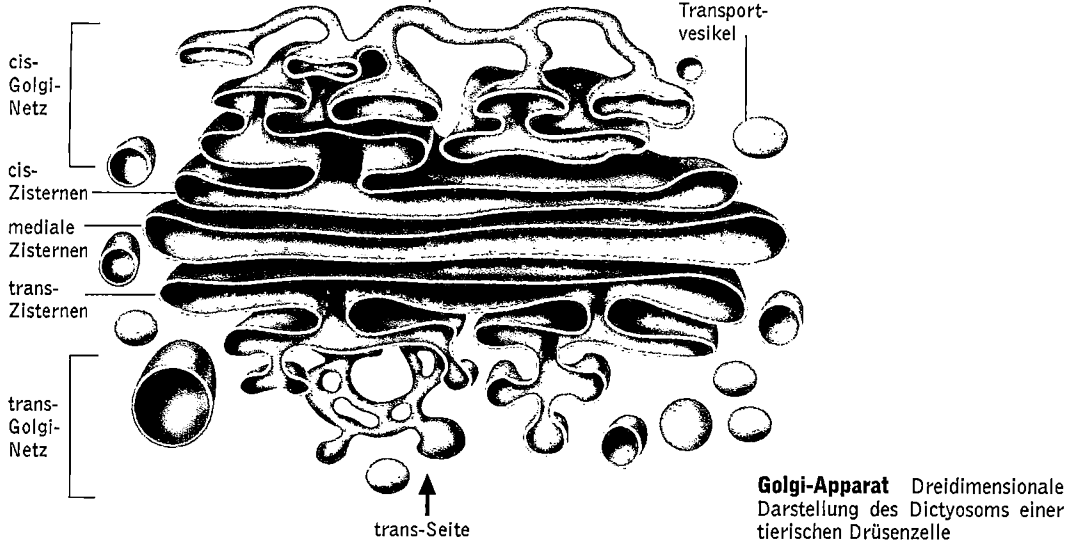

Golgi-Apparat Dreidimensionale Darstellung des Dictyosoms einer tierischen Drüsenzelle

Proteolyse in ihre aktive Form überführt. Der G.-A. von Pflanzenzellen synthetisiert zudem große Mengen an Polysacchariden, die in die ↗ Zellwand eingebaut werden.

Golgi-Sehnenorgane, ↗ Muskel.

Golgi-Zisterne, ↗ Golgi-Apparat.

Goliathfrosch, Art der Fam. Ranidae.

Gonaden, *Keimdrüsen*, Organe, in denen die Geschlechtszellen (Ei- oder Samenzellen) gebildet werden. G. sind im weiblichen Geschlecht als ↗ Eierstock und im männlichen Geschlecht als ↗ Hoden ausgebildet. Bei zwittrigen Lungenschnecken liegen sie als ↗ Zwitterdrüse vor. Die G. differenzieren sich embryonal später als alle anderen Organsysteme. Bei Wirbeltieren entstehen die G. medial von der Urniere aus längsverlaufenden Genitalleisten, in welche die vermutlich aus dem Entoderm stammenden Urkeimzellen einwandern. Im männlichen Geschlecht werden im Verlauf der ↗ Spermatogenese Spermien gebildet, wobei dieser Vorgang häufig zyklisch geschieht (Brunstzeiten). Im weiblichen Geschlecht hingegen gehen die primären Keimstränge zugrunde, und es wachsen sekundär Keimstränge mitsamt den Ureizellen ein, aus denen die reifen Eizellen entstehen (↗ Oogenese).

Gonadoliberin, ↗ Gonadotropin-Releasing Hormon.

gonadotrope Hormone, *Gonadotropine*, Sammelbez. für drei der glandotropen Hormone des Hypophysenvorderlappens (↗ Hypophyse) vieler Wirbeltiere, welche die Hormonausschüttung der Gonaden steuern: ↗ Follikel stimulierendes Hormon, ↗ luteinisierendes Hormon, ↗ luteotropes Hormon. Außerdem gehört zu den g.H. noch das in der Placenta gebildete ↗ Choriongonadotropin.

Gonadotropine, die ↗ gonadotropen Hormone.

Gonadotropin-Releasing Hormon, Abk. *GRH*, *Gonadotropin-Releasing Factor*, Abk. *GRF*, *Gonadoliberin*, ein im ↗ Hypothalamus gebildetes Peptidhormon (Decapeptid), das neurosekretorisch ausgeschüttet wird und in die ↗ Hypophyse gelangt. Dort bewirkt es im Hypophysenvorderlappen die Freisetzung des ↗ luteinisierenden Hormons und des ↗ Follikel stimulierenden Hormons.

Gonan, aus vier gesättigten Ringen bestehender Grundkörper der ↗ Steroide.

Gonidium, Plural *Gonidien*,

1) Spore, die nicht durch eine Reduktionsteilung entstanden ist.

2) bei Flechten (↗ Lichenes) eine als Symbiosepartner im Thallus befindliche Algenzelle.

Gonococcus, *Neisseria gonorrhoeae*, Erreger der ↗ Gonorrhoe.

Gonoducte, *Gonodukt*, Geschlechtsausführgänge, Sammelbez. für ↗ Samenleiter und ↗ Eileiter. (↗ Geschlechtsorgane)

Gonopoden, bei Krebsen (↗ Crustacea) und Doppelfüßern (↗ Diplopoda) zu Begattungsorganen umgewandelte Extremitäten.

Gonopodium, *Mixopterygium*, Begattungsorgan der Knorpelfische (↗ Chondrichthyes) und der Lebendgebärenden Zahnkarpfen (↗ Poeciliidae). Bei letzteren entwickelt sich das G. aus Strahlen und Afterflossen, die nach Umwandlungsprozessen schließlich in der Brustregion lokalisiert sind.

Gonorrhoe, *Tripper*, häufigste Geschlechtskrankheit (↗ sexuell übertragbare Krankheiten) des Menschen, die von Gonokokken (*Neisseria gonorrhoeae*; ↗ Neisseria) verursacht wird. Die Krankheit wird nahezu ausschließlich durch Geschlechtsverkehr übertragen. Kranke Mütter stecken häufig ihre Kinder während der Geburt an. Die G. äußert sich zunächst in eitrigen Entzündungen der Schleimhäute von Harnröhre, Muttermund, Eileiter, Mastdarm und der Augenbindehaut. Bei Nichtbehandlung der Krankheit geht die G. nach mehreren Wochen in ein chronisches Stadium über. Die Erreger können dann über die Blutbahn in andere Organe gelangen, was zu schubweisen Fieberphasen, Hautekzemen und Gelenkbeschwerden führt.

gonosomaler Erbgang, ↗ Geschlechtschromosomen-gebundene Vererbung.

Gonosomen, die ↗ Geschlechtschromosomen.

Gonozooide, ↗ Geschlechtstiere 1).

Gonyaulax, marine Gatt. der ↗ Dinophyta mit panzerartiger Zellhülle. Einige Arten zeigen ↗ Biolumineszenz und verursachen das Meeresleuchten, andere rufen bei Massenauftreten Verfärbungen von Gewässern hervor, z. B. die so genannten Red Tides, die häufig von ausgedehntem Fischsterben begleitet sind. Sie enthalten das giftige Alkaloid *Saxitoxin*, das sich u. a. in Muscheln anreichert und bei Verzehr größerer Mengen auch für den Menschen tödlich sein kann.

Gorgonaria, *Hornkorallen*, Gruppe der ↗ Octocorallia, die Kolonien mit bis 3 m großen, baumartig verzweigtem, kalkigem oder hornigem (*Gorgonin*) Achsenskelett bildet. Bekannteste Art ist die *Edelkoralle (Corallium rubrum)*, deren rotes, manchmal auch rosa oder weißes Achsenskelett poliert und zu Schmuck verarbeitet wird.

Gorgonenhaupt, eine Art der Schlangensterne (↗ Ophiuroida).

Gorilla, *Gorilla* je nach Auffassung Gatt. mit einer Art (*Gorilla gorilla*) und drei Unterarten oder mit zwei Arten (die zweite ist *Gorilla beringei*) und insgesamt fünf Unterarten. G. sind mit bis zu 1,8 m Körpergröße und bis zu 200 kg Gewicht die größte Art der rezenten Menschenaffen. Sie haben kurze kräftige Gliedmaßen und einen massigen Kopf, der bei männlichen G. einen starken knöchernen Kamm als Ansatzstelle für die Kaumuskulatur trägt.

Das Fell ist dunkelbraun bis schwarz, bei erwachsenen Männchen im Rücken- und Lendenbereich silbergrau. G. sind bodenlebende Tiere, die in den Regenwäldern Äquatorialafrikas leben. Sie können gut klettern, bewegen sich aber überwiegend auf allen vier Beinen im Knöchelgang fort. Sie sind tagaktiv und verbringen die Nacht in selbst gebauten Nestern. G. ernähren sich überwiegend von Pflanzenteilen, fressen jedoch auch kleinere Wirbellose. Drei Unterarten der G. sind akut vom Aussterben bedroht, aber auch die anderen Unterarten sind durch fortschreitende Zerstörung ihres Lebensraums sowie durch Bejagung in ihrem Bestand bedroht.

Gossypium, Gatt. der ↗ Malvaceae.

Gottesanbeterin, Art der ↗ Mantodea.

Gotteslachsverwandte, die ↗ Lampriformes.

G₀-Phase, ↗ Zellzyklus.

G₁-Phase, ↗ Zellzyklus.

G₂-Phase, ↗ Zellzyklus.

G-Proteine, *Guaninnucleotid bindende Proteine, GTP bindende Proteine, GTPasen*, eine große Superfam. an Proteinen, die die Fähigkeit besitzen, GTP zu binden und dessen Hydrolyse in GDP und einen Phosphatrest (P_i) zu katalysieren. Durch diesen Vorgang wird ein „Ein-Aus-Schalt"-Mechanismus für jeweils bestimmte Zellaktivitäten in Gang gesetzt. Die Superfam. kann in folgende verschiedene Fam. unterteilt werden: 1) Translationsfaktoren, die an der ribosomalen Proteinsynthese beteiligt sind (z. B. EF-Tu; ↗ Elongationsfaktoren). 2) Die heterotrimeren G-Proteine, die das transmembrane Signal von Hormonen und Licht übertragen. 3) Die Ras-Proteine, die bei der Regulation der Zellproliferation und der Zelldifferenzierung eine Rolle spielen. 4) Andere kleine GTPasen, die vermutlich in der Regulation des intrazellulären Transports von Vesikeln sowie bei der Aktivierung von Bewegungsvorgängen und der Organisation des Cytoskeletts einbezogen sind. 5) Solche G-P., die an der Bindung der neu entstehenden Polypeptidkette an das endoplasmatische Reticulum beteiligt sind.

Alle G-P. durchlaufen den gleichen „Ein-Aus-Schalt"-Zyklus, der zwei verschiedene Konformationszustände beinhaltet, abhängig davon, ob GTP oder GDP an das Enzym (E) gebunden ist: E-GTP oder E-GDP. Die aktive Konformation, die der „Ein"-Position des Schalters entspricht, ist E-GTP. Sie signalisiert, dass der Prozess, der durch den Schalter reguliert wird, ablaufen kann. E-GDP ist die inaktive Konformation, die der „Aus"-Position des Schalters entspricht und die signalisiert, dass der Prozess beendet ist. Die Umwandlung von E-GDP in E-GTP vollzieht sich durch Austausch von GDP durch GTP und wird durch ein *Guaninnucleotid-Austauschprotein (GEP)* stimu-

liert. Dieses löst durch seine Bindung an E-GDP eine Konformationsänderung am Enzym (E) aus, wodurch die Affinität der Nucleotidbindungsstelle für GDP erniedrigt und für GTP erhöht wird. GTP, dessen intrazelluläre Konzentration höher ist als die von GDP, bindet an E, sobald GDP abdissoziiert. Die Überführung von E-GTP ind E-GDP vollzieht sich aufgrund der dem Enzym innewohnenden GTPase-Aktivität, die durch die Bindung eines *GTPase-aktivierenden Proteins (GAP)* an E-GTP sehr stark angeregt wird. Die Natur von GEP und GAP hängt von der GTPase ab. Im Fall des Elongationsfaktors EF-Tu von *Escherichia coli* übernimmt EF-Tu die Rolle des GEP und das Ribosom diejenige des GAP, während bei den heterodimeren G-Proteinen beide Parts durch den Liganden-Rezeptor-Komplex und eine Domäne der α-Untereinheit des G-P. übernommen werden. Die Liganden sind in diesem Fall Hormone (z. B. ↗ Adrenalin, ↗ Glucagon).

Graaf, *Reinier de*, niederländ. Anatom und Physiologe, ✳ 30.7.1641 Schoonhoven, † 17.8.1673 Delft; praktizierender Arzt in Paris, später in Delft. G. verfasste Arbeiten über die frühe ↗ Embryonalentwicklung sowie über den Eierstock und die Bauchspeicheldrüse. G. ist der Entdecker des Graaf-Follikels im ↗ Eierstock.

Graaf-Follikel, ↗ Eierstock, ↗ Eisprung.

Grabfüßer, die ↗ Scaphopoda.

Gradation, ↗ Massenwechsel.

Gradualismus, ↗ Evolution, ↗ Typogenese.

Gram-Färbung, von H.D.J Gram (1853-1938) entwickelte Färbemethode zur Differenzierung von Bakterien aufgrund ihres Zellwandaufbaus. *Grampositive* Bakterien bleiben nach der Anfärbung mit bestimmten basischen Farbstoffen (z. B. Gentianaviolett) und kurzem Spülen mit Alkohol violett gefärbt, *gramnegative* werden dagegen durch Alkohol entfärbt. Zellwände von gramnegativen Bakterien enthalten typischerweise einen dünnen ↗ Murein-Sacculus und eine äußere Membran, grampositive eine dickere Zellwand mit einem mehrschichtigen Mureinnetz und Teichonsäure (↗ Bakterienzellwand). Zur Identifizierung eines unbekannten Bakteriums ist die G. eine häufig angewendete Methode. Sie ist jedoch nicht immer eindeutig. So können Zellwände mit grampositivem Aufbau ein gramnegatives Färbeverhalten zeigen oder die G. ändert sich mit dem physiologischen Zustand der Bakterien. Diese Bakterien bezeichnet man als *gramlabil* oder *gramvariabel*.

Graminales, *Glumiflorae*, die ↗ Poales.

Gramineae, *Süßgräser*, die Fam. ↗ Poaceae.

gramnegativ, ↗ Gram-Färbung.

gramnegative Bakterien, veraltete Bez.: *Negibacteriota*, Bakterien, die ein gramnegatives Färbeverhalten (↗ Gram-Färbung) aufweisen bzw. einen gramnegativen Zellwandaufbau besitzen (↗ Bakterienzellwand).

grampositiv, ↗ Gram-Färbung.

grampositive Bakterien, veraltete Bez.: *Posibacteriota*, Bakterien, die ein grampositives Färbeverhalten (↗ Gram-Färbung) zeigen bzw. einen grampositiven Zellwandaufbau besitzen (↗ Bakterienzellwand). Nach molekulargenetischen Untersuchungen sind die g. B. miteinander verwandt. Sie bilden im Gegensatz zu den ↗ gramnegativen Bakterien eine phylogenetische Gruppe, die aus einem Clostridienast und dem Actinomycetenast besteht. Eine zweite, unabhängige phylogenetische Gruppe g. B. bilden die Deinokokken. Nach dem ↗ GC-Gehalt unterscheidet man g. B. mit niedrigem GC-Gehalt und g. B. mit hohem GC-Gehalt.

Granadilla, die ↗ Passionsfrucht.

Granatapfel, *Punica granatum*, vom Himalaya bis zum Mittelmeer beheimateter immergrüner Strauch oder Baum der ↗ Punicaceae mit orangeroten Blüten und kugeligen, etwa apfelgroßen Früchten. Die geleeartigen Teile der Samenschalen sind essbar.

Granatapfelgewächse, die Fam. ↗ Punicaceae.

Granne, der borstenförmige Fortsatz, der auf dem Rücken oder an der Spitze der ↗ Deckspelzen im ↗ Ährchen vieler ↗ Gräser ansetzt.

Granulocyten, *polymorphkernige Leukocyten*, typische Granula enthaltende weiße Blutkörperchen (↗ Leukocyten), die im Knochenmark gebildet werden (↗ Hämatopoese) und einen wichtigen Teil der Infektabwehr darstellen. Ihre Aufgabe ist die Phagocytose von Fremdkörpern, Bakterien usw. Kerne reifer G. sind segmentiert (*segmentkernige G.*), während diejenigen unreifer G. unsegmentiert sind (*stabkernige G.*). Bei Infektionen werden große Mengen G. mobilisiert, wobei auch unreife G. in die Blutbahn gelangen. Man spricht in diesem Fall von einer *Linksverschiebung*. Treten mehr hypersegmentierte G. auf, wie z. B. bei perniziöser Anämie, so spricht man von *Rechtsverschiebung*. Nach der Färbbarkeit der Granula unterscheidet man *neutrophile G., eosinophile G.* und *basophile G.*, wobei die neutrophilen G. im normalen Blutbild 55-65% aller Leukocyten ausmachen. Pro Tag werden etwa 120×10^9 G. vom Knochenmark in die Blutbahn abgegeben. Sie haben dort eine Lebensdauer von zwei bis drei Tagen.

Granuloreticulosea, nach der phylogenetischen Systematik wahrscheinlich polyphyletische Gruppe der Amoebozoa (↗ Amöbina), deren Vertreter ein anastomosierendes, stark verzweigtes Netz von Pseudopodien aufbauen, in denen das Plasma simultan in verschiedene Richtungen strömt. Die Zellen besitzen ein bis viele Kerne. Die G. werden systematisch nach dem Vorhandensein und dem Aufbau von Schalen gegliedert.

Grapefruit, *Citrus paradisi*, *Citrus*-Art (↗ Rutaceae), die aus der Kreuzung zwischen ↗ Pampelmuse und ↗ Apfelsine entstanden sein soll. Die G. wird oft fälschlich als Pampelmuse bezeichnet.

Graptolithina, *Graptolithen*, Gruppe kleiner, Kolonie bildender Meeresorganismen, die im frühen Paläozoikum (mittleres ↗ Kambrium bis unteres ↗ Karbon, vor rund 540 bis 333 Mio. Jahren) weltweit verbreitet waren. G. lebten, mit einer wurzelartigen Basis befestigt, am Meeresboden in tieferen Gewässern. Sie besaßen ein chitiniges Gehäuse aus *Graptin*, einem Skleroprotein. Das Erscheinungsbild der Kolonien reichte von strauchartig bis zu konischen Formen. Ihre systematische Stellung war lange umstritten, verwandtschaftliche Beziehungen zu den Flügelkiemern (↗ Pterobranchia) gelten als gesichert. G. sind wichtige Leitfossilien, die besonders in dunklen Schiefern, aber auch in Kalken gefunden werden.

Gräser, 1) die Süßgräser (↗ Poaceae),
2) die Sauergräser oder Riedgräser (↗ Cyperaceae).

Grasfrosch, *Rana temporaria*, bis 10 cm große Art der Frösche (↗ Ranidae) mit Verbreitung in Europa und Asien. Die vorwiegend braun gefärbten G. leben bevorzugt an Land in feuchten Wiesen und Wäldern und suchen das Wasser nur zur Fortpflanzung und manchmal zum Überwintern auf. G. laichen bereits von Februar bis April als erste heimische Frösche ab. Andere Froscharten meiden die Laichgewässer der G., da ihr später abgelegter Laich von den Kaulquappen der G. gefressen wird.

Grashüpfer, Gatt. der Kurzfühlerschrecken (↗ Caelifera).

Grasland, geschlossene, von ↗ Gräsern beherrschte Vegetationsdecke. Neben den ↗ Wiesen der gemäßigten Zone unterscheidet man ↗ Savannen, ↗ Prärien und ↗ Steppen.

Grauammer, Art der Fam. ↗ Emberizidae.

grauer Halbmond, im befruchteten Ei mancher ↗ Amphibia (z. B. beim ↗ Grasfrosch) vorkommendes, schwach pigmentiertes halbmondförmiges Areal, das bei der ↗ Embryonalentwicklung durch Umlagerung des Plasmas auf der der Spermieneintrittsstelle gegenüber liegenden Seite sichtbar wird. Mit dem Entstehen des g. H. sind die Medianebene sowie die dorsoventrale Polarität des Keims festgelegt. Die Furchungszellen (↗ Furchung) aus dem Bereich des g. H. gelangen bei der ↗ Gastrulation als Chordamesoderm ins Urdarmdach.

graue Substanz, ↗ Gehirn, ↗ Rückenmark.

Grauhai, Art der Gatt. ↗ Carcharhinus.

Grauhaie, die Fam. Kammzähner (↗Hexanchidae).

Grauschnäpper, Art der Fam. Fliegenschnäpper (↗ Muscicapidae).

Grauspecht, Art der Fam. Spechte (↗ Picidae).

Grauwale, die Fam. ↗ Eschrichtidae.

Gravidität, die ↗ Schwangerschaft.

Gravitaxis, ↗ Geotaxis.

Gravitropismus, der ↗ Geotropismus.

Greengard, *Paul*, amerikan. Neurowissenschaftler, * 11.12.1925 New York; ab 1961 Prof. am Albert Einstein College of Medicine in New York, ab 1968 an der Yale University School of Medicine, seit 1983 Leiter des Laboratory of Molecular and Cellular Neuroscience an der Rockefeller University in New York. G. trug mit seinen Arbeiten über Neurotransmitter (↗ Transmittersubstanzen) und deren Wirkmechanismen wesentlich zum Verständnis der Kommunikation zwischen Nervenzellen und somit der gesamten Signaltransduktion im Nervensystem bei. Im Jahr 2000 erhielt er zusammen mit Arvid ↗ Carlsson und E.R. ↗ Kandel den Nobelpreis für Physiologie oder Medizin.

Greenpeace, 1971 in Vancouver (Kanada) gegründete, internationale, unabhängige und überparteiliche Umweltschutzorganisation mit Büros in über 30 Staaten. Die Organisation macht mit gewaltfreien und oft unkonventionellen Aktionen auf Umweltbelastungen, Naturzerstörung und technologische Gefahren aufmerksam.

Gregarinida, *Gregarinen*, in der herkömmlichen Systematik Gruppe der ↗ Sporozoa, in der phylogenetischen Systematik als *Gregarinea* den ↗ Apicomplexa zugeordnete Einzeller. G. sind häufige Parasiten im Darmtrakt oder in Körperhöhlen vor allem von ↗ Annelida und ↗ Arthropoda. Charakteristisch ist ihre Fortpflanzung durch ↗ Gamontogamie, wobei beide Gamonten sich encystieren und Vielfachteilungen durchmachen, sodass weibliche und männliche Gamonten eine ähnlich hohe Anzahl von Gameten erzeugen, die verschieden oder gleich gebaut sein können.

Greifhand, für die Primaten (↗ Primates) charakteristisches anatomisches Merkmal. Durch *Opponierbarkeit*, d. h. Gegenüberstellbarkeit mindestens eines Fingers ist die Hand zum Umgreifen von Gegenständen befähigt. Bei den Primaten ist der erste Finger (*Daumen*) opponierbar, d. h. seine Unterseite berührt beim Zugreifen die Unterseite der anderen Finger. Eine Art G. findet sich auch beim ↗ Koala, bei dem erster und zweiter Finger opponierbar sind. (↗ Anthropogenese)

Greifreflex, Bez. für zwei frühkindliche ↗ Reflexe: Beim *palmaren Greifreflex* führt das Bestreichen der Handinnenflächen im ersten Lebenshalbjahr zur Beugung und (unter Zug verstärktem) Faustschluss. Analog lässt sich dieser Reflex durch Bestreichen der Fußsohle (*plantarer Greifreflex*) auslösen.

Greifvögel, die ↗ Falconiformes.

Grenzmembran, die ↗ Basallamina.

Grenzplasmolyse, bei Pflanzen ein Verfahren zur Bestimmung des osmotischen Potenzials des Zellsaftes, indem die Konzentration der Außenlösung ermittelt wird, die gerade noch, d. h. im Gewebe bei 50 % der Zellen, ↗ Plasmolyse hervorruft.

Grenzschicht, (engl. *boundary layer*), bei Blättern der dünne unbewegte Luft- bzw. Wasserdampffilm direkt über ihrer Oberfläche, welcher zusammen mit den ↗ Stomata den Wasserverlust reguliert (↗ Transpiration). Der durch die Dicke der G. hervorgerufene *Grenzschichtwiderstand* hängt primär von der Windgeschwindigkeit ab. Bei Windstille kann er so hoch sein, dass die Transpiration weitgehend eingeschränkt ist. Die Blätter vieler Pflanzen zeigen anatomische (z. B. Blattform) und morphologische (z. B. Haare an der Blattoberfläche) Anpassungen, die die Dicke der G. beeinflussen.

Grenzschichtwiderstand, ↗ Grenzschicht, ↗ Transpiration.

Grenzstrang, *Truncus sympathicus*, paarige segmental aufgebaute Ganglienkette des sympathischen Nervensystems (↗ Sympathikus) rechts und links der ↗ Wirbelsäule bei den meisten Wirbeltieren. Die Ganglien (↗ Ganglion) sind untereinander durch interganglionäre Äste verbunden. Sie stehen über Rami communicantes mit den Spinalnerven (↗ Rückenmark) und über postganglionäre Fasern mit den betreffenden inneren Organen in Verbindung.

GRF, Abk. für Gonadotropin-Releasing Factor (↗ Gonadotropin-Releasing Hormon).

GRH, Abk. für ↗ Gonadotropin-Releasing Hormon.

Griffel, der faden- oder säulenförmige Teil des ↗ Fruchtblatts, der ↗ Fruchtknoten und ↗ Narbe verbindet (↗ Blüte).

Grillen, die ↗ Grylloida.

Grillenschaben, die ↗ Notoptera.

Grindwale, Gatt. der ↗ Globicephalidae.

Grippe, *Virusgrippe*, *Influenza*, durch eine Vielzahl von ↗ Viren (↗ Influenzaviren) hervorgerufene ↗ Infektionskrankheit des Menschen. Sie wird durch die Luft von Mensch zu Mensch übertragen, vor allem durch ausgestoßene Tröpfchen beim Husten und Niesen (Tröpfcheninfektion). Als Symptome treten allgemeine Abgeschlagenheit, Frösteln, Gelenk-, Muskel- und Thoraxschmerzen, Fieber, Halsschmerzen, Husten und Luftröhrenentzündung auf. Zur Behandlung sind oft einfache Maßnahmen wie bei einem fiebrigen Infekt ausreichend (vor allem Bettruhe, Fieber senkende Mittel), besonders gefährdete Personen sollten einen Arzt aufsuchen. Bei älteren und abwehrgeschwächten Personen sind schwere Verläufe mit zusätzlichen bakteriellen Infektionen möglich. Eine Schutzimpfung (↗ Impfung) gegen die häufigsten Erregertypen ist möglich und wird vor allem bei alten und kranken Menschen empfohlen. Die G. tritt häufig in Form von ↗ Epidemien auf. (↗ Erkältung)

Grippevirus, ↗ Influenzaviren.

Grizzly, Art der Fam. Großbären (↗ Ursidae).

Grönlandwal, Art der Glattwale (↗ Balaenidae).

Groppen, *Cottidae*, Fam. der Panzerwangen (↗ Scorpaeniformes) mit über 300 bodenlebenden Arten im nördlichen Pazifik und einigen Arten im Süßwasser. Der Körper der G. trägt keine Schuppen, z. T. aber Knochenplatten, die Stacheln tragen können.

Großbären, die Fam. ↗ Ursidae.

Große Vorhofdrüsen, die ↗ Bartholin-Drüsen.

Großhirn, ↗ Gehirn.

Großlibellen, die ↗ Anisoptera.

Grossulariaceae, *Stachelbeergewächse*, Fam. der ↗ Saxifragales mit ca. 150 Arten, die hauptsächlich in der gemäßigten Zone der nördlichen Erdhalbkugel vorkommen. Es sind Sträucher mit einfachen, häufig gelappten Blättern und Beerenfrüchten. Wichtige Arten der Gatt. *Ribes* sind die ↗ Stachelbeere und verschiedene Arten der ↗ Johannisbeere.

Grubenauge, ↗ Lichtsinnesorgane.

Grubenorgan, der Wärmerezeption dienendes Organ bei Grubenottern (↗ Viperidae), insbesondere ↗ Klapperschlangen. G. liegen beiderseits zwischen den Augen und den Nasenöffnungen. Sie sind nach dem Prinzip der Lochkamera gebaut: Durch eine Öffnung fällt die Infrarotstrahlung (Wärmestrahlung) auf eine stark durchblutete Membran an der Basis der G., in der Wärmerezeptoren liegen. Diese Anordnung und das paarige Vorkommen der G. ermöglichen eine Richtungslokalisation von Wärmequellen (warmblütige Beutetiere). Die Wärmerezeptoren sind stark vergrößerte, verzweigte Endigungen myelinisierter afferenter Axone, die zahlreiche Mitochondrien und Vesikel enthalten und von Ausläufern des ↗ Nervus trigeminus innerviert werden. Sie können noch Temperaturunterschiede von 3/1000 °C wahrnehmen.

Grubenottern, ↗ Viperidae.

Grubenwurm, ↗ Hakenwürmer.

Gruidae, die Fam. Kraniche (↗ Gruiformes).

Gruiformes, *Kranichvögel*, alte und vielgestaltige Ord. der Vögel (↗ Aves) mit rund 205 Arten; G. erreichten im Tertiär eine große Formenvielfalt, u. a. mit sehr großen, flugunfähigen Arten (z. B. Gatt. *Diatryma*). Zu den G. gehören u. a. die Fam. Kraniche (Gruidae), Rallenkraniche (Aramidae), Rallen (↗ Rallidae), Trompetervögel (Psophiidae), Kagus (Rhynochetidae) und Seriemas (Cariamidae). Die Trappen (↗ Otididae), die neben zwei weiteren Fam. früher auch zu den G. gehörten, werden mittlerweile eher in die Nähe der Regenpfeifervögel (↗ Charadriiformes) gestellt.

Die Fam. *Kraniche (Gruidae)* ist mit 14 Arten, außer in Südamerika, Madagaskar und Neuseeland, weltweit verbreitet. Es sind große, hochbeinige und langhalsige Vögel mit kräftigem Schnabel, die in sumpfigen und steppenartigen Regionen leben. Kraniche geben laute trompetende Rufe von sich und viele Arten zeigen eindrucksvolle Balztänze. Wie die Störche auch, fliegen Kraniche mit vorgestrecktem Hals, und zwar meist laut rufend in V-Formation oder in Reihen. In Nord- und Osteuropa verbreitet ist der etwa 1,2 m große *Kranich (Grauer Kranich, Grus grus)*, der auf einem schmalen Zugweg über Deutschland von Skandinavien bis nach Südspanien zieht. Er ist grau, mit schwarzem Kopf und Hals, roter Kopfkappe und weißem Halsstreif, der seitlich bis zum Auge zieht. Alle Kraniche sind insbesondere durch Lebensraumzerstörung bedroht und international geschützt.

Grünalgen, die ↗ Chlorophyta.

Gründelenten, *Anas*, Gatt. der Entenvögel (Anatidae; ↗ Anseriformes), deren Vertreter von der Wasseroberfläche aus oder gründelnd (Name!) fressen, aber selten tauchen. Die Geschlechter sind unterschiedlich gefärbt, wobei die Weibchen meist bräunlich sind, aber denselben Spiegel (farbige Flügelzeichnung) wie das Männchen besitzen (Bestimmungsmerkmal). Zu den G. gehören u. a. die *Stockente (Anas platyrhynchos;* Größe 51-62 cm), die häufigste G. bei uns und die Stammform der Hausenten. Das Prachtkleid des Männchens ist unverkennbar mit grünem Kopf, braunroter Brust und „Erpellocke" am Schwanz; der Schnabel ist bei beiden Geschlechtern gelbgrün, der Spiegel blau. Am weißen Flügelspiegel und dem schwarzen Steiß erkennbar ist die etwas kleinere und auch seltenere *Schnatterente (Anas strepera)*. Auf dem Zug und im Winter findet sich in Mitteleuropa die *Pfeifente (Anas penelope)*, die im Prachtkleid einen braunen Kopf mit gelber Stirn, eine weinrote Brust und einen grauen Körper mit schwarzweißem Steiß hat. Die kleinste Ente in unseren Breiten ist die *Krickente (Anas crecca;* Größe bis 38 cm), deren Kopf im Prachtkleid kastanienbraun ist, mit einem seitlich vom Hals bis zum Auge gehenden, cremefarbig eingefassten grünen Band. Am Hinterkörper ist ein auffällig gelber Fleck. Kaum größer ist die *Knäkente (Anas querquedula)*, die im Prachtkleid an einem weißen Band, das vom Auge bis zum Nacken verläuft, gut erkennbar ist. Wintergast an der Küste ist die *Spießente (Anas acuta)*, mit langem weißem Hals, im Prachtkleid schokoladenfarbenem Kopf und stark verlängerten mittleren Schwanzfedern. Die an Seen, Teichen und in Sümpfen brütende *Löffelente (Anas clypeata)* ist gut erkennbar an dem löffelförmigen Schnabel. Das Männchen hat im Prachtkleid einen glänzend grünen Kopf mit hervorstechend gelbem Auge; die Flanken sind rostfarben, die Brust ist weiß.

Grundeln, die Fam. ↗ Gobiidae.

Gründelwale, die ↗ Monodontidae.

Gründereffekt, Form der ↗ Gendrift, bei der die Ursache für die im Vergleich zu anderen ↗ Populationen stark verschiedene Allelfrequenz (↗ Genfrequenz) in der geringen genetischen Varianz der Gründungsmitglieder liegt. Die Gründer dieser neuen Subpopulationen tragen mutante oder ursprünglich seltene ↗ Allele zufällig mit höherer Häufigkeit als in ihrer Ursprungspopulation.

Grundgewebe, das ↗ Parenchym.

Grundmuster, ↗ Bauplan.

Grundnährstoffe, ↗ Ernährung.

Grundplasma, das ↗ Cytoplasma.

Grundspirale, ↗ Blattstellung.

Grundumsatz, *Ruheumsatz*, Bez. für den Energieverbrauch des ruhenden Körpers ohne Energiezufuhr und bei optimaler Temperatur, der zur Erhaltung des Lebens und seiner Funktionen notwendig ist.

Gründüngung, das Einarbeiten von grünen Pflanzen oder angewelktem Pflanzenmaterial (Ernterückstände, Stroh) in den Boden. Dadurch wird der Boden mit organischer Masse und mit Nährstoffen angereichert sowie das Bodenleben gefördert. Zur G. werden bevorzugt Klee, Wicken, Lupinen und andere Schmetterlingsblütler (↗ Fabaceae) angebaut, die mit Hilfe von Rhizobien (↗ Rhizobium) Luftstickstoff binden können.

Grundwasser, die hauptsächlich aus dem Niederschlagswasser stammende zusammenhängende Wassermasse in den Gesteinshohlräumen und Bodenporen. Der *G.-Spiegel* schwankt jahreszeitlich und hängt örtlich von der Niederschlagsmenge, der Durchlässigkeit der tieferen Bodenbereiche und der Oberflächenneigung ab. Die Auswaschung von Nitrat (bei übermäßiger Stickstoffdüngung) und ↗ Pestiziden aus landwirtschaftlich genutzten Böden sowie Schadstoffeinträge aus der Industrie können die Nutzung von G. zur Trinkwassergewinnung einschränken. (↗ Trinkwasser)

Grüne Gentechnik, die eher umgangssprachlichsaloppe Bezeichnung für gentechnische Verfahren an Pflanzen (↗ Gentechnik, ↗ transgene Pflanzen, ↗ Pflanzentransformation). Der Begriff wird vor allem im Zusammenhang mit der gentechnischen Veränderung von ↗ Nutzpflanzen verwendet, trifft aber auch auf alle zu Forschungszwecken erzeugten Pflanzen bzw. pflanzlichen Modellorganismen zu (z. B. ↗ Arabidopsis thaliana).

Grün ist die Hoffnung – durch oder für Gentechpflanzen?

Dr. Daniel C. Dreesmann, Institut für Biologie und ihre Didaktik, Universität zu Köln

Bessere Nutzpflanzen, sichere Ernten und qualitativ hochwertigere Nahrungsmittel: Wünsche wie diese werden laut, wenn das Schlagwort „Grüne Gentechnik" fällt. Doch wecken gentechnisch veränderte Pflanzen auch Ängste und nähren Befürchtungen. Denn während Befürworter der Grünen Gentechnik von Pflanzen reden, die sich selber vor lästigen Schädlingen schützen oder vom „goldenen Reis", der die Vitamin A-Versorgung in Südostasien erheblich verbessern kann, sehen Gegner bereits nie da gewesene „Superunkräuter" auf allen Feldern wachsen oder warnen vor der Zunahme von Allergien die durch den Verzehr gentechnisch veränderter Nutzpflanzen hervorgerufen werden. Hämisch führen sie den Hundert Millionen Dollar-Flop der „Flavr Savr-Tomate" an, die weltweit als erste zum Verzehr freigegebene Gentech-Frucht Furore machte. Sie erfüllte nicht die Erwartungen der Tomaten verarbeitenden Industrie: Vollreif vom Strauch gepflückt, hielten sie dem Transport nicht unbeschadet stand, und das, obwohl sie zu dem Zweck verändert wurden, auch sonnengereift noch knackig fest zu sein. Von „Antimatschtomaten" konnte folglich keine Rede sein.

In der Diskussion um die Grüne Gentechnik geht es vor allem um die gezielte Veränderung von landwirtschaftlichen Nutzpflanzen und weniger um die vielen Tausend bereits mit gentechnischen Verfahren erzeugten transgenen Pflanzen, die von Wissenschaftlern bei der Erforschung der unterschiedlichsten biologischen Fragestellungen eingesetzt werden. Die meisten verlassen Labor und Gewächshaus nie.

Was bei Gentechnik-Befürwortern und Gegnern – dem Thema angemessen – die Köpfe tomatenrot anlaufen lässt und zu hitzigen Diskussionen führt, hat vor allem mit Aspekten der Grünen Gentechnik zu tun, die grundsätzliche ökologische Fragen betreffen oder in Verbindung mit der Verwendung als Nahrungsmittel stehen. So wird der Gebrauch von pflanzenfremden Genen wie bakteriellen Antibiotikaresistenzgenen, die als Selektionshilfsmittel bei der Genübertragung eingesetzt werden, kontrovers diskutiert. Darüber hinaus werden die Risiken, dass sich die Fremdgene nach der Freisetzung auf andere Pflanzenarten übertragen, als unterschiedlich hoch bewertet. Und schließlich stufen Kritiker die durch die Grüne Gentechnik entstandenen Produkte als für Menschen bedenklich ein, da ihrer Ansicht nach durch die Übertragung von Fremdgenen und den von ihnen codierten Proteinen bislang unbekannte Eigenschaften geschaffen werden, die z. B. Lebensmittelallergien auslösen könnten.

In diesem Zusammenhang tragen immer wieder medienwirksam gestaltete Berichte zur Verunsicherung von Laien bei, die auf Schäden durch den Verzehr gentechnisch veränderten Pflanzenmaterials hindeuten. Ganz gleich, ob die Raupen des amerikanischen Monarchfalters durch den Kontakt mit Pollen einer durch Gentechnik zur Produktion eines Insektizids befähigten Maissorte getötet werden oder aber Ratten der Verzehr transgener Kartoffeln nicht bekommt, lassen solche Forschungsergebnisse, wenn sie auch noch in angesehenen Fachzeitschriften publiziert wurden, aufhorchen. In einer Diskussion, die ganz nach dem Schwarz-Weiß-Prinzip keine „Ja, aber"-Argumente zuzulassen scheint, bleiben die auch von durchaus kritischen Forschern geäußerten Kommentare zur Art und Weise, wie diese Experimente durchgeführt wurden, auf der Strecke. Die Grüne Gentechnik stieß bislang in Deutschland seitens der Verbraucher nicht auf große Akzeptanz. Auf dem Höhepunkt der BSE-Krise im Februar 2001 setzten die deutschen Behörden sogar die Gespräche mit der Biotechnologie-Branche auf unbegrenzte Dauer aus, um in Zeiten, in denen Verbraucher das Vertrauen in die Nahrungsmittelproduktion weitgehend verloren haben, dieses nicht noch weiter zu strapazieren. Ganz anders sieht die Situation hingegen in den USA aus, wo gentechnisch veränderte Pflanzen großflächig angebaut werden. Zwischen 1996 und 1998 stieg ihre Anbaufläche von gut 16 Millionen auf über 160 Millionen Hektar. Und im Jahr 1999 stammten 40 % der Maisernte und 60 % der Sojaernte von gentechnisch veränderten Sorten.

Gentechnik der ersten Stunde – einem Bodenbakterium in die Karten geschaut

Wer der Ansicht ist, dass die Übertragung von Genen in Pflanzen erst eine Erfindung der modernen Agrarindustrie ist, der irrt sich gewaltig. Denn eines der gängigsten Verfahren bei der Herstellung transgener Pflanzen greift auf ein Transformationssystem zurück, das als „ganz natürlich" bezeichnet werden kann. Das Bodenbakterium *Agrobacterium tumefaciens* kann von Natur aus etwas, an das Pflanzenzüchter und Botaniker bis vor kurzem in ihren kühnsten Träumen nicht gedacht hätten: Es überträgt ein Stück seines Erbguts dauerhaft in die Zellkerne von Pflanzenzellen und verändert deren

Stoffwechsel dabei so, dass bestimmte Aminosäureverbindungen produziert werden, von denen sich Agrobakterien ernähren. Man hätte diese „Pflanzenbiotechnologen unter den Bakterien" wohl kaum entdeckt, wenn mit der Umprogrammierung des pflanzlichen Stoffwechsels nicht ein gleichzeitiges Wuchern des Gewebes einherginge und zu der als Wurzelhalsgallenkrebs bezeichneten Erscheinung an den Übergängen von Wurzeln zum Spross führen würde. Bereits zu Beginn des 20. Jh. war klar, dass Agrobakterien dessen Verusacher sind, doch erst im Jahr 1974 wurde entdeckt, was gut und gerne als ein Meilenstein auf dem Weg zur ersten transgenen Pflanze bezeichnet werden kann: Agrobakterienstämme, die die Entstehung von Pflanzentumoren auslösen, enthalten ein riesiges Plasmid, auf dem ein Großteil der für den Gentransfer erforderlichen Gene vorhanden ist. Diese Entdeckung war insofern wichtig, da sich Plasmide als ringförmige DNA-Moleküle unabhängig vom Bakterienchromosom in den Bakterienzellen befinden. Mit mikrobiologischen Methoden lassen sie sich isolieren, im Reaktionsgefäß bearbeiten und anschließend wieder in die Bakterien hineinbringen. Gleichsam als Nebenprodukt eines der spannendsten Kapitel aus den Anfängen der Pflanzenmolekularbiologie entstanden somit leicht handhabbare experimentelle Verfahren, mit denen sich prinzipiell jedes beliebige Gen in das Erbgut von Pflanzen einbauen lässt.

Dass dies möglich ist, ist letztlich der Universalität des genetischen Codes zu verdanken. Einfach ausgedrückt bedeutet dies, dass jedes Gen korrekt in ein Protein umgeschrieben wird, solange die Pflanzenzellen die Basensequenzen in Aminosäuresequenzen übersetzen können. Neben Pflanzengenen stehen somit auch bakterielle und tierische Gene zur Verfügung und erschließen Pflanzenbiotechnologen viele neue Möglichkeiten, die von dem reichlichen Angebot in unterschiedlichster Weise Gebrauch gemacht haben.

Alles ist möglich: herbizidresistente Pflanzen bis hin zu Pflanzen als Bioreaktoren

Zu den ersten und immer noch umstrittensten Ideen gehören all jene gentechnisch veränderten Mais- oder Sojapflanzen mit Herbizidresistenzgenen oder dem Gen für das Bt-Toxin, das als Bioinsektizid der Bekämpfung wirtschaftlich bedeutsamer Schadinsekten, wie z. B. des Maiszünslers, dient. Die erste Generation dieser transgenen Pflanzen wurde unter Verwendung eines Antibiotikaresistenzgens hergestellt, das es den Forschern ermöglichte, unmittelbar nach der Transformation nur die Pflanzen auszuwählen, die das übertragene Gen enthielten. Zudem wurden dieses Gen unter die Kontrolle eines Promotors gestellt, der zwar für hohe Mengen des Insektizids in Blättern und Stängeln sorgen sollte, allerdings mit dem Nachteil, dass das Bt-Toxin überall in der Pflanze präsent war. Die bereits erwähnten Pollenfütterungsversuche legten nahe, dass die mit dem Wind verbreiteten Pollenkörner auch für andere Insekten als den Maiszünsler schädlich sein können, wenn sie zufällig mit ihnen in Berührung kommen.

Mit dem Pollen könnten die Fremdgene auch an unbeteiligte Dritte – Kultur- und Wildpflanzen gleichermaßen – weitergegeben werden. Eine Reihe von Kulturpflanzen wie Getreidearten, Hirse oder Raps haben wilde Verwandte, die oft als Unkräuter mit ihnen Seite an Seite wachsen. Hier kommt es zur Bildung von Hybriden, auch mit herkömmlichen Arten. So ist es denkbar, dass die Herbizidresistenz von dort, wo sie erwünscht ist, auf eben diejenigen Pflanzen übertragen wird, die durch den Einsatz von Gentechnik ursprünglich bekämpft werden sollten. Dass dies der Fall ist, wurde in einer Reihe von Studien gezeigt, doch kommen Befürworter der Grünen Gentechnik zu anderen Ergebnissen, was die Bewertung der Ergebnisse in Bezug auf Pollenflugweiten, Überleben von Hybriden usw. anbelangt, als die Gegner.

Generell ist dieses Dilemma auf zweierlei Weise zu lösen. Entweder wird die Verbreitung eines Fremdgens durch Pollen unterbunden, was durch Gentransfer in Chloroplasten möglich ist, oder es müssen weitere Studien durchgeführt werden, die mit modernen Methoden der Populationsgenetik die mögliche Ausbreitung von artfremden Genen in Populationen untersuchen. Letzteres ist vor allem auch angesichts der Tatsache notwendig, dass gentechnisch veränderte Pflanzen im Feld neben konventionellen Sorten angebaut werden.

Während sich in der Öffentlichkeit die Diskussion vor allem um diese Anwendungsmöglichkeiten der Grünen Gentechnik zu drehen scheint, sind transgene Pflanzen der zweiten und dritten Generation erzeugt worden. Sie enthalten die Bauanleitungen für pharmazeutisch oder technisch interessante Verbindungen und stellen erste Schritte in Richtung von Nutzpflanzen als Bioreaktoren dar, die nicht nur verbesserte Fette und Schmiermittel oder Rohstoffe für die Kunststoffindustrie liefern, sondern auch die Produktion von Impfstoffen, Antikörpern und anderen pharmazeutisch interessanten Stoffen. Gerade in Ländern, in denen die Verteilung herkömmlicher Impfstoffe problematisch ist, könnten nach Ansicht von Experten der Weltgesundheitsorganisation Impfungen zukünftig nicht mehr mit der ungeliebten Spritze sondern durch den Verzehr von beliebtem Obst oder Gemüse erfolgen. In diese Richtung, nämlich den Gesundheitszustand der Bevölkerung in Ländern mit andauernder Unter- oder Mangelernährung langfristig zu verbessern, zielen auch die Bemühungen ab, Grundnahrungsmittel wie Reis gentechnisch mit Provitamin A oder Eisen anzureichern. So mussten gleich mehrere Gene für Enzyme übertragen werden, damit aus Vorstufen im Reiskorn die gewünschten orangegelben Verbindungen entstehen, die dem „goldenen Reis" seinen Namen verleihen. Das Entwicklungsprogramm der Vereinten Nationen (UNDP) kommt in seinem im Jahr 2001 veröffentlichten „Bericht über die menschliche Entwicklung" deshalb zu dem Schluss, dass die Grüne Gentechnik trotz kontroverser Diskussionen in den Industrienationen für die Ernährungssicherung von Entwicklungsländern einen wesentlichen Beitrag leisten kann. Denn dort sei man vor allem an höheren Erträgen, besserer Qualität und höherer Resistenz gegenüber Pflanzenschädlingen interessiert, die mit Hilfe dieser Technologie erreicht werden können.

Sichere Gentechnik im Interesse von Wissenschaft und Verbrauchern

Damit in Deutschland gentechnisch veränderte Nutzpflanzen mittelfristig eine Chance haben, sollen die von Ökologen und Verbraucherschützern schon seit längerem geforderten Langzeitstudien voraussichtlich ab dem Jahr 2002 durchgeführt werden. Sie könnten klären, wie sich die übertragenen Gene bei mehrjährigem Anbau auf großen Flächen verhalten, welche Auswirkungen dies im Feldversuch auf andere Lebewesen hat und ob der Anbau von herbizidresistentem oder Bt-Mais zu Rückgängen im Pestizidverbrauch führt. Gleichzeitig müssen auch Befürchtungen wie ein erhöhtes Allergierisiko ernst genommen werden. Dass auch in diesem Punkt Bewegung ins Spiel kommt, macht der Vorstoß von Weltgesundheitsorganisation und UN-Landwirtschaftsorganisation (FAO) deutlich, die im Jahr 2001 ein strenges Protokoll entwickelt haben, mit dem das allergene Potenzial gentechnisch veränderter Nahrungsmittel abgeschätzt werden kann.

Umfragen zur Haltung gegenüber Gentechnik, die innerhalb der EU regelmäßig durchgeführt werden, zeigen, dass man in Deutschland und seinen Nachbarländern sehr wohl zwischen dem vielfältigen Nutzen von Grüner Gentechnik als solcher und gentechnisch veränderter Nahrung differenzieren kann. Nur wenn von Fall zu Fall diskutiert und auch von Fall zu Fall entschieden wird, können gentechnisch veränderte Nutzpflanzen großflächig angebaut werden. Und nur wenn Chancen und Risiken gleichermaßen ernst genommen werden, besteht Hoffnung für die Grüne Gentechnik, weltweit zu einer Schlüsseltechnologie des 21. Jahrhunderts zu werden.

Grüne Landpflanzen, die ↗ Embryophyta.

Grüne Nichtschwefelbakterien, *Grüne schwefelfreie Bakterien*, Ast der *Bacteria* (↗ Bakterien) mit den Hauptgattungen *Chloroflexus* und *Thermomicrobium*. Alle kultivierten Vertreter der G.S. sind thermophil. *Chloroflexus* und die meisten anderen G. N. sind filamentöse Prokaryoten und leben in neutralen bis alkalischen heißen Quellen. Wie die ↗ Grünen Schwefelbakterien enthält *Chloroflexus* Bakteriochlorophyll *c* und Chlorosomen.

Grüner Leguan, Art der Leguane (↗ Iguanidae).

Grüner Salat, *Lactuca sativa*, Kulturart der ↗ Asteraceae, deren Varietäten wahrscheinlich vom Wilden Lattich (*Lactuca serriola*), einer Steppenpflanze Südeuropas, abstammen.

Grüne Schwefelbakterien, Ast der *Bacteria* (↗ Bakterien) mit den Hauptgattungen *Chlorobium* und *Prosthechochloris*. Es sind unbewegliche anoxygene ↗ fototrophe Bakterien. Ihre Energie gewinnen sie durch die Oxidation von H_2S zu elementarem Schwefel und die Oxidation von Schwefel zu Sulfat. Die G. S. leben in anoxischen aquatischen Umgebungen mit hohem Gehalt an H_2S. Als Lichtsammelstruktur besitzen die G. S. besondere Strukturen, die *Chlorosomen*, die Bakteriochlorophyll enthalten. Einige G. S. bilden eine enge Lebensgemeinschaft mit chemoorganotrophen Bakterien (↗ Consortium).

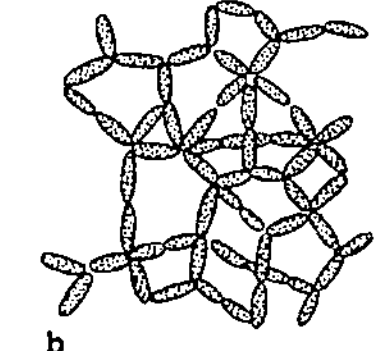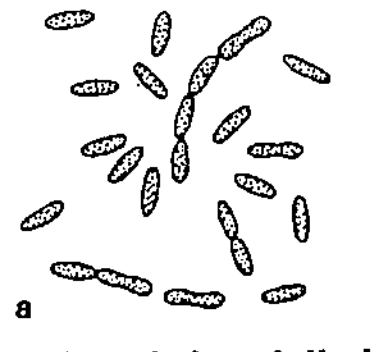

Grüne Schwefelbakterien a Einzelzellen von *Chlorobium*-Arten, b Consortium Grüner Schwefelbakterien (*„Chlorochromatium aggregatum"*)

Grüne schwefelfreie Bakterien, die ↗ Grünen Nichtschwefelbakterien.

Grünes Heupferd, Art der Laubheuschrecken (↗ Tettigonioida).

Grünfrösche, Bez. für die meist grün gefärbten, mehr im Wasser lebenden Arten der Gattung *Rana*, i. e. S. für die europäischen Wasserfrösche Seefrosch (*Rana ridibunda*) Teichfrosch (*Rana esculenta*) und Tümpelfrosch (*Rana lessonae*). ↗ Ranidae

Grünling, Art der Finken (↗ Fringillidae).

Grünlücke, Bez. für die im Absorptionsspektrum von ↗ Chlorophyll *a* und *b* gut zu erkennende geringe Absorption dieser ↗ Fotosynthesepigmente im grünen Bereich des Sonnenlichtes. Sie erklärt, warum Pflanzen für das menschliche Auge grün erscheinen. (↗ Engelmann-Versuch)

Grünspecht, Art der Spechte (↗ Picidae).

Gruppen übertragende Coenzyme, Bez. für ↗ Coenzyme, die bei Stoffwechselreaktionen Molekülgruppen auf andere Moleküle übertragen. Hierzu gehören u. a. die Nucleosid-Phosphate (↗ Adenosinphosphate, ↗ Guanosinphosphate), die Phosphatreste übertragen (*Phosphorylierung*) und damit der Energie-Konservierung und Bereitstellung dienen und endergonische (Energie verbrauchende Reaktionen) durch energetische Kopplung ermöglichen. Acylreste (Säurereste) und Thioester werden von ↗ Coenzym A übertragen, eine Form der Gruppenübertragung, die bei vielen Stoffwechselreaktionen vorkommt. Aldehyde und Ketone können von Thiaminpyrodiphosphat in Hydroxyalkyl-Gruppen überführt (aktiviert) und dann übertragen werden (z. B. ↗ Transketolase). ↗ Pyridoxalphosphat spielt eine Rolle bei ↗ Transaminierungen (Übertragung von Aminogruppen) sowie ↗ Decarboxylierungen und ↗ Dehydratisierungen von ↗ Aminosäuren. Es ist das wichtigste Coenzym im Aminosäurestoffwechsel. Das in ↗ Carboxylasen enthaltene ↗ Biotin wiederum überträgt ↗ Kohlenstoffdioxid auf andere Moleküle (z. B. in der ↗ Gluconeogenese). ↗ Tetrahydrofolat schließlich überträgt C_1-Körper.

Gruppenübertragungsreaktionen, *Gruppenübertragung*, die bei zahlreichen chemischen Reaktionen im Stoffwechsel stattfindende, durch ↗ Transferasen katalysierte Übertragung von ↗ funktionellen Gruppen oder von mehr oder weniger großen Molekülgruppen von einem Donor-Molekül („Geber-Molekül") auf ein Akzeptor-Molekül („Empfänger-Molekül"). Durch die G. können die in einer Molekülgruppppe vereinigten Atome als „vorgefertige Teile" zum Aufbau größerer Moleküle verwendet werden und müssen nicht immer wieder von neuem zusammengesetzt werden. Als Donor-Moleküle wirken vielfach die entsprechenden aktivierten Verbindungen (↗ aktivierte Metabolite, ↗ energiereiche Verbindungen), die sich unter Spaltung von ATP o. a. energiereichen Phosphaten aus den inaktiven Vorstufen bilden. Aufgrund der in den aktivierten Verbindungen bereits gespeicherten Energie (auch als *Gruppenübertragungspotenzial* bezeichnet), verlaufen die eigentlichen Gruppenübertragungsreaktionen ohne zusätzlichen Energieaufwand, d. h. ohne Spaltung von ATP o. a. energiereichen Phosphaten. Ausnahmen von dieser Regel sind die direkt von ATP bzw. anderen energiereichen Phosphaten ausgehenden Reaktionen (Phosphorylierungen, Nucleotidgruppenübertragung), bei denen erstere als Gruppen-Donor fungieren und während der Gruppenübertragung gespalten werden. Je höher das Gruppenübertragungspotenzial einer aktivierten Verbindung ist, desto mehr liegt das Gleichgewicht der betreffenden Gruppenübertragungsreaktion auf seiten der Endprodukte.

Gryllacridoida, Gruppe der Langfühlerschrecken (↗ Ensifera).

Grylloblattodea, die Grillenschaben (↗ Notoptera).

Grylloida, *Grillen*, Gruppe der Langfühlerschrecken (↗ Ensifera), deren Arten an beiden Vorderflügeln eine Schrillader tragen. Die Hinterflügel ragen, wenn sie gefaltet sind, wie Spieße unter den Vorderflügeln hervor. Bekannte Arten sind das aus dem Mittelmeergebiet stammende *Heimchen (Acheta domesticus)*, dessen Entwicklung über 12-16 Nymphenstadien geht. Weiterhin die *Feldgrille (Gryllus campestris)*, die in selbstgegrabenen Erdröhren lebt; sie hat ein kompliziertes Gesangsverhalten. Einen auffallenden Gesang hat das *Weinhähnchen (Oecanthus pellucens)*, das in Weinbaugebieten in der Strauchschicht und auf Blüten lebt. Die *Ameisengrille (Myrmecophila acervorum)* lebt in Nestern von Ameisen von deren Nahrung, aber auch von deren Eiern und Larven.

GSH, Abk. für ↗ Glutathion.

GTP, Abk. für Guanosin-5'-triphosphat (↗ Guanosinphosphate).

Guanako, Art der Gatt. ↗ Lamas.

Guanin, *2-Amino-6-hydroxypurin*, Abk. *Gua* oder *G*, eine ↗ Purinbase, die in gebundener Form als eine der vier Nucleobasen von ↗ Desoxyribonucleinsäuren und ↗ Ribonucleinsäuren sowie in den Vorläufermolekülen GMP, GDP und GTP (↗ Guanosinphosphate) und in ↗ Coenzymen weit verbreitet ist. Freies G. ist in Teeblättern und Hefe enthalten. In kristalliner Form ist freies G. als Exkretionsprodukt der silbrig glänzende Bestandteil von Fisch- und Reptilienschuppen, ferner erscheint es im Exkretionsstoffwechsel von Spinnen („Kreuz" der Kreuzspinnen; ↗ Araneidae), Plattwürmern (↗ Plathelminthes), und ↗ Regenwürmern. In den Mantelrandaugen der Kamm-Muscheln (↗ Pteriomorpha) liegt zwischen Pigmentschirm und Retina eine reflektierende Schicht, in deren Zellen 30 bis 40 Lagen Guaninkristalle regelmäßig übereinander gestapelt sind. Ähnliche Strukturen finden sich in den Flitterzellen (Iridocyten) der Kopffüßer (↗ Cephalopoda).

Guano, aus Exkrementen von Seevögeln entstandener organischer ↗ Dünger, der sich an den Küsten von Chile und Peru angesammelt hat und vorwiegend aus Calciumphosphat (bis 30 %) und Stickstoff (bis 15 %) besteht.

Guanosin, Abk. G, ein Nucleosid, das aus ↗ Guanin und β-D-Ribose aufgebaut ist. G. ist einer der vier Bausteine der ↗ Nucleinsäuren sowie ihrer Vorläufer, der ↗ Guanosinphosphate und einiger ↗ Coenzyme.

Guanosin-5'-diphosphat, Abk. *GDP*, ↗ Guanosinphosphate.

Guanosin-5'-monophosphat, Abk. *GMP*, ↗ Guanosinphosphate.

Guanosinphosphate, Phosphorsäureester des ↗ Guanosins, die im Stoffwechsel von großer Bedeutung sind. Biologisch wichtig sind die am C5' der Ribose veresterten Derivate. Entsprechend der Anzahl an Phosphorsäureresten werden Guanosinmono-, Guanosindi- und Guanosintriphosphat unterschieden.

Guanosin-5'-monophosphat (GMP, Guanylsäure) entsteht bei der Purinbiosynthese aus Xanthosinmonophosphat und ist Ausgangssubstanz für die Synthese der anderen G. GMP hat u. a. Bedeutung als Würz- und Aromastoff und wird zu diesem Zweck aus Hefe-Nucleinsäure gewonnen oder mit Hilfe von Mutanten bestimmter Mikroorganismen, wie *Corynebacterium glutamicum*, großtechnisch produziert. *Guanosin-5'-diphosphat (GDP)* entsteht durch Phosphorylierung aus GMP mittels einer Kinase oder durch Dephosphorylierung aus Guanosintriphosphat. Bestimmte Zucker, z. B. ↗ Mannose, werden durch Bindung an GDP aktiviert (*Nucleosiddiphosphatzucker*). In Analogie zum Adenosin-5'-triphosphat (↗ Adenosinphosphate) kann *Guanosin-5'-triphosphat (GTP)* Energie für biochemische Reaktionen bereitstellen. Die Energie, die bei der Dehydrierung von α-Ketoglutarat im ↗ Citratzyklus frei wird, fließt in dieses GDP/GTP-System. Die Energie kann von hier aus auf das ADP/ATP-System übertragen werden. GTP kann auch die Phosphatgruppe bei der Synthese von Phosphoenolpyruvat aus Oxalacetat im Rahmen der ↗ Gluconeogenese liefern. Darüber hinaus ist GTP eine wichtige Energiequelle für die Proteinbiosynthese (↗ Translation). Zum zyklischen Adenosin-3',5'-monophosphat strukturanalog ist das *zyklische Guanosin-3',5'-monophosphat (cyclo-GMP, cGMP)*, das in vielen Geweben in vergleichbaren Konzentrationen vorkommt. cGMP wird von einer für GTP hochspezifischen *Guanylat-Cyclase* synthetisiert. Das cGMP-Guanylat-Cyclase-System hat biologische Bedeutung bei der Vermittlung der Wirkung bestimmter Hormone und neurohumoraler Überträgerstoffe, wie ↗ Acetylcholin, ↗ Prostaglandinen und ↗ Histamin.

Guanosin-5'-triphosphat, Abk. *GTP*, ↗ Guanosinphosphate.

Guaraná, *Paullinia cupana*, in Südamerika beheimatete Kletterpflanze der ↗ Sapindaceae. Aus den coffeinhaltigen Samen werden ein anregendes Bier und ein Erfrischungsgetränk hergestellt.

Guillemin, *Roger Charles Louis*, franz.-amerikan. Physiologe und Biochemiker, * 11.1.1924 Dijon; ab 1957 Prof. am Baylor College of Medicine in Houston (Texas), seit 1970 Prof. für Endokrinologie und Polypeptidchemie am Salk Institute in San Diego (Kalifornien). G. erzielte zusammen mit A.V. ↗ Schally bedeutende Fortschritte in der Hypothalamusforschung durch die Isolierung, Strukturaufklärung und Synthetisierung (1969) von TSH-RF, einem Releasing-Hormon, das die Ausschüttung des thyreotropen (die Schilddrüse stimulierenden) Hormons, TSH, veranlasst. Zwischen 1973 und 1976 gelang ihm die Isolierung von ↗ Somatostatin, Gonadoliberin und der ↗ Endorphine. G. erhielt 1977 zusammen mit Schally und R. Yalow den Nobelpreis für Physiologie oder Medizin.

Gullstrand, *Allvar*, schwed. Augenarzt, ✳ 5.6.1862 Landskrona, † 28.7.1930 Stockholm; Prof. in Uppsala. G. erhielt 1911 den Nobelpreis für Physiologie oder Medizin für seine zusammen mit Louis Otto Moritz von Rohr (1868-1940) durchgeführten Arbeiten zum dioptrischen Apparat des Auges, mit denen sie die Korrektur von Brechnungsfehlern des Auges durch die Brille auf eine wissenschaftliche Grundlage stellten.

Gulo, der ↗ Vielfraß.

Gummi, 1) Sammelbez. für Sekretionsprodukte von Pflanzen, die an der Luft elastisch erhärten und in Verbindung mit Wasser klebrige Lösungen bilden. Bei der Bildung des G. wird durch Wundreize die ↗ Cellulose der Zellwände in andere wasserlösliche ↗ Kohlenhydrate umgewandelt, v. a. in ↗ Arabinose, ↗ Xylose, ↗ Galactose und Glucuronsäure. Zu den G. liefernden Pflanzen gehören u. a. *Acacia senegal* (↗ Akazie) und *Astragalus gummifer* (↗ Tragant).
2) der durch Vulkanisieren von ↗ Kautschuk entstehende Gummi.

Gummi arabicum, aus der Rinde verschiedener Arten der Akazie gewonnenes Strukturpolysaccharid, das überwiegend aus ↗ Galactose- und Glucuronsäure-Resten besteht, daneben aber auch ↗ Arabinose und ↗ Rhamnose enthält.

Gummibaum, *Ficus elastica*, ein im tropischen Asien beheimateter Baum der ↗ Moraceae, der 20 - 25 m hoch werden kann. Aus dem ↗ Milchsaft des G. (und anderer Arten) wird ↗ Kautschuk gewonnen.

Gunnerales, Ord. der ↗ Rosopsida mit der einzigen Fam. Gunneraceae. Die Rhizome der Gatt. *Gunnera* enthalten ↗ Nostoc als Symbionten.

Guppy, Art der Lebendgebärenden Zahnkarpfen (↗ Poeciliidae).

Guramis, die Fam. ↗ Belontiidae.

Gurke, *Salatgurke*, *Cucumis sativus*, im tropischen Asien beheimatete Art der ↗ Cucurbitaceae. Die einjährige Pflanze bildet niederliegende Sprosse und klettert mit Hilfe von Blattranken. Botanisch gesehen ist die G. eine Beere.

Gurkenbaum, *Averrhoa bilimbi*, der ↗ Bilimbi.

Gurkenkraut, der ↗ Borretsch.

Gürtelrose, *Herpes zoster*, *Zoster*, akute Hautkrankheit, die durch den *Varicella-Zoster*-Virus ausgelöst wird. Als Symptome treten gürtelförmige, schmerzhafte Rötungen entlang von Hauptner-

vensegmenten (↗ Dermatome) auf, meist im Brustkorbbereich und Lendenbereich. Eine Erstinfektion mit dem *Varicella-Zoster*-Virus führt im Kindesalter zu ↗ Windpocken. Bei geschwächter Immunabwehr kann es zu einem Wiederaufflammen der Infektion kommen, die sich dann als G. äußert.

Gürteltiere, die Fam. ↗ Dasypodidae.

Gürtelwürmer, die ↗ Clitellata.

GUS, Abk. für das als ↗ Reportergen verwendete Enzym ↗ β-Glucuronidase.

gus-Gen, Abk. für das auch als *uidA* bezeichnete Gen für eine bakterielle β-Glucuronidase (GUS), ein bei Pflanzen häufig verwendetes ↗ Reportergen.

Gutta, ein hochmolekulares ungesättigtes Polyterpen (↗ Isoprenoide), das aus ca. 100 Isopreneinheiten aufgebaut ist und dessen C=C-Doppelbindungen in trans-Form vorliegen. G. wird aus dem Milchsaft südostasiatischer *Palaquium*-Arten gewonnen. Im Gegensatz zu seinem cis-Strukturisomeren, dem Naturkautschuk (↗ Kautschuk), ist G. hart und unelastisch, jedoch nicht spröde. Die Mischung von G. mit Harzen heißt *Guttapercha*. G. findet vielseitige Verwendung z. B. als Isolierung von Tiefseekabeln, für Pflaster, Golfbälle usw.

Guttation, die durch Wurzeldruck verursachte Ausscheidung von Xylemsaft in Tropfenform, die sich meistens an Blättern bemerkbar macht und fälschlicherweise als Tautropfen angesehen wird. Die G.-Flüssigkeit lässt sich vor allem bei hoher Luftfeuchtigkeit beobachten und wird als Anpassung von Pflanzen angesehen, auch bei geringer oder nicht vorhandender ↗ Transpiration einen Wasserstrom aufrechtzuerhalten. Die Abscheidung der Xylemflüssigkeit erfolgt dabei durch ↗ Hydathoden.

Guttiferales, Ord. der ↗ Rosopsida mit der umfangreichen Fam. ↗ Clusiaceae.

GVO, Abk. für ↗ gentechnisch veränderter Organismus.

Gymnolaemata, seit dem ↗ Ordovizium nachgewiesene Gruppe der Moostierchen (↗ Bryozoa) mit rund 650 rezenten, ausschließlich marinen Gattungen. Die Tentakel am Körpervorderende (Polypid) sind kreisförmig angeordnet, ein Epistom (Oberlippe) ist nicht vorhanden. Das Gehäuse (Zooecium) ist kastenförmig bis zylindrisch, der Polypid wird durch Verformung der Körperwand ausgestülpt. Die G. werden in zwei Gruppen unterteilt, die *Ctenostomata* mit zylindrischem Gehäuse und die *Cheilostomata* mit schachtelförmigem Gehäuse.

Gymnophiona, *Blindwühlen*, Ord. der ↗ Amphibia mit sechs Fam. B. sind langgestreckte, wurmförmige oder schlangenähnliche Tiere, denen Schultergürtel, Beckengürtel und Schwanz fehlen (Ausnahme Fam. *Ichthyophiidae*). Die nackte Haut trägt bei ursprünglichen Gatt. in tieferen Schichten kleine Knochenschuppen. Sie ist durch Ringfalten in Segmente unterteilt, die der Wirbelsegmentierung entsprechen, aber meist noch weitergehend geringelt sind. Nur die rechte Lunge ist ausgebildet. Die kleinsten Arten werden maximal 18 cm, die größte Art, die in Südamerika beheimatete *Caecilia thompsoni*, wird 1,35 m lang. Die meisten Arten leben wühlend im Boden und haben dementsprechend unterschiedlich stark reduzierte Augen, aber einen gut ausgebildeten Geruchssinn. Sie ernähren sich von Regenwürmern, Nacktschnecken und kleinen Wirbeltieren.

Gymnosomata, die Ruderschnecken (↗ Opisthobranchia).

Gymnospermae, *Nacktsamer*, zusammenfassende Bez. für zwei Unterabteilungen der Samenpflanzen (↗ Spermatophyta), die als Hauptmerkmal nackte Samenanlagen haben, d. h., die Samenanlagen sind im Gegensatz zu denjenigen der ↗ Angiospermae nicht in ein Fruchtblattgehäuse eingeschlossen. Bei den G. handelt es sich ausschließlich um vieljährige Holzpflanzen mit sekundärem Dickenwachstum. Die Sprosse sind entweder unverzweigt oder mit großer Regelmäßigkeit meist monopodial verzweigt. Ihr Holzkörper besteht aus ringförmig angeordneten offenen kollateralen Leitbündeln, deren Wasser leitende Zellen Tracheiden mit großen Hoftüpfeln sind. Dem Siebteil fehlen die Geleitzellen. Häufig kommen Schleim und Harz führende Sekretbehälter vor. Die Laubblätter der heute lebenden Vertreter sind meist ledrig, derb, oft nadelförmig, auch gefiedert oder fächerig verbreitert, teilweise sind sie nur noch schuppenförmig. Die Blüten sind außer bei einigen fossilen Arten immer eingeschlechtig und meist einfach gebaut. Die Staub- und Fruchtblätter sind entweder je an einer Achse zu mehreren als Zapfenblüten vereinigt, die den Achseln von Deckblättern entspringen (z. B. Fichte, Lärche) oder sie sitzen einzeln in den Achseln von Deckblättern (z. B. Eibe).

Bei den *männlichen Blüten* sind die Staubblätter an der Achse meist quirlig oder schraubig angeordnet. Sie haben an der Unterseite fast immer eine größere Zahl von Pollensäcken. Der Pollen wird fast ausschließlich vom Wind auf die weiblichen Blüten übertragen. Bei der Bildung des männlichen Gametophyten, die schon vor dem Ausstäuben erfolgt, werden in dem vorerst einzelligen Pollenkorn mehrere Zellen, die Prothalliumzellen, gegen eine bestimmte Stelle der Wand hin abgegliedert. Die übrige Zelle teilt sich in eine große vegetative Zelle, die Pollenschlauchzelle, und eine kleinere generative Zelle (einem ↗ Antheridium gleichzusetzen), die sich weiter in eine Stielzelle und eine spermatogene Zelle teilt. Aus dieser entstehen zwei Spermazellen, die sich vereinzelt noch zu Spermatozoiden mit

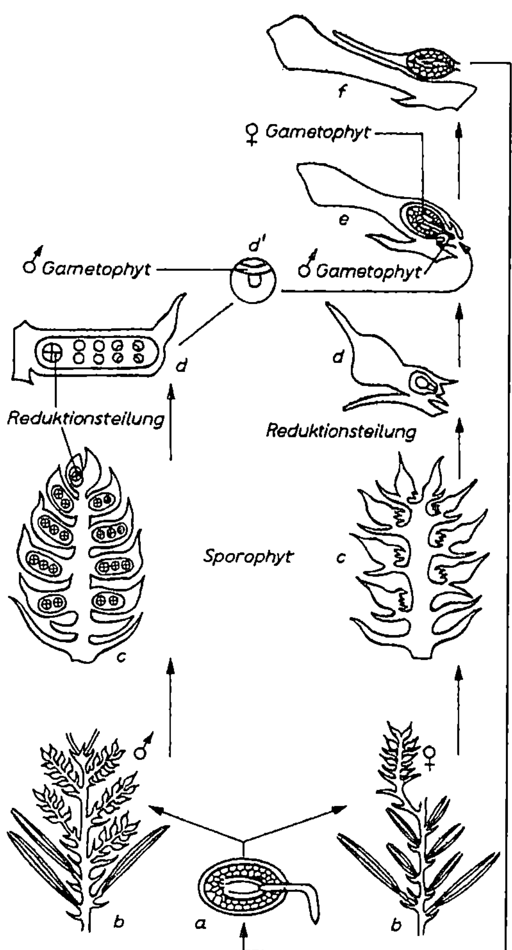

Gymnospermae Entwicklungsschema eines Nacktsamers (Kiefer): a keimender Samen, b männlicher und weiblicher blühender Spross, c männliche und weibliche Blüte, d Staubblatt, d' Pollenkorn, e, d und d' zur Zeit der Befruchtung, f mit reifen Samen

zahlreichen Geißeln umbilden, ansonsten aber ohne Umwandlung bei der Befruchtung durch die zum Pollenschlauch ausgewachsene vegetative Zelle zur Eizelle geleitet werden.

Die *weiblichen Blüten* bestehen aus einem oder mehreren Fruchtblättern, welche die Samenanlagen offen tragen. Die Samenanlagen bestehen aus dem Embryosack, dem Nucellus und einem Integument. Die Mikropyle an der Spitze des Integuments scheidet zur Blütezeit einen Bestäubungstropfen aus. Die Bildung des weiblichen Gametophyten erfolgt innerhalb der Samenanlage im Embryosack, der völlig im Nucellusgewebe eingeschlossen ist. In ihm entsteht ein vielzelliges Megaprothallium, das eine unterschiedliche Anzahl von Archegonien entwickelt, die die Eizellen enthalten. Die befruchtete Eizelle entwickelt sich zu einem Embryo mit mindestens zwei Keimblättern. Das Integument wird zur Samenschale. Die weiblichen Blüten oder Blütenstände verwandeln sich dabei meist zu verholzenden Zapfen, zwischen deren Schuppen sich die Samen befinden.

Zu den G. gehören die Unterabt. ⌐ Coniferophytina und ⌐ Cycadophytina. Die Vertreter beider Unterabt. entwickelten sich wahrscheinlich im Oberdevon parallel aus iso- bzw. heterosporen Progymnospermen (oder aus frühen Pteridospermae im Unterkarbon).

Gymnosporangium, *Gitterrost*, Gatt. der Rostpilze (⌐ Uredinales).

Gynaeceum, das ⌐ Gynözeum.

Gynäkomastie, die einseitige oder beidseitige Vergrößerung der männlichen Brustdrüsen. Unterschieden werden die durch hormonelle Störungen (Überwiegen der ⌐ Estrogene) unterschiedlichster Ursache bedingte *echte G.* sowie die durch Fettansammlung bei ⌐ Fettsucht verursachte *unechte G.*, und die bei rund 50 % aller Jungen in der Pubertät auftretende Brustdrüsenschwellung, die fälschlich als G. bezeichnet wird.

Gynander, *Mosaikzwitter*, ein Mosaiktier, das aus Arealen mit männlich und Arealen mit weiblich determinierten und entsprechend differenzierten Zellen zusammengesetzt ist („Sexual-Chimäre“). G. sind i. d. R. nicht fortpflanzungsfähig und nur bei Gliederfüßern (⌐ Arthropoda) bekannt.

Gynandrae, die ⌐ Orchidales.

Gynandrie, die weibliche Form des ⌐ Pseudohermaphroditismus.

Gynoeceum, das ⌐ Gynözeum.

Gynoecium, das ⌐ Gynözeum.

Gynogenese, die Entwicklung einer Eizelle nach Eindringen eines Spermiums, jedoch ohne Beteiligung der väterlichen Chromosomen. G. kommt natürlich vor bei manchen Fadenwürmern (Nematoda) und Fischen (z. B. ⌐ Karauschen) oder sie kann experimentell z. B. durch Bestrahlung oder chemische Beeinflussung der Spermien-Chromosomen erzeugt werden.

Gynözeum, *Gynaeceum, Gynoeceum, Gynoecium*, Gesamtheit der Fruchtblätter (⌐ Fruchtblatt) einer ⌐ Blüte.

Gyrinocheilidae, Fam. der Karpfenfische (⌐ Cypriniformes).

Gyrus, Plural *Gyri*, die nur im Gehirn höherer Wirbeltiere vorkommenden, wulstartigen Hirnwindungen, die durch Einfaltungen (*Sulcus*) voneinander getrennt sind.

H

H, 1) chemisches Symbol für ↗ Wasserstoff.

2) Ein-Buchstaben-Symbol für ↗ Histidin.

3) Symbol für ↗ Enthalpie.

Haarbalgmilben, die ↗ Demodicidae.

Haare, Sammelbez. für fadenförmige Oberflächenfortsätze unterschiedlicher Größenordnung, Struktur und Funktion.

1) *Zoologie:* Bei Insekten u. a. ↗ Arthropoda sind H. Anhänge der ↗ Cuticula. Hierbei wird unterschieden zwischen *unechten H. (Microtrichia),* massiven, nicht gelenkig mit der Cuticula verbundenen Gebilden, die meist nur aus Exo- und Epicuticula bestehen und *echten H. (Macrotrichia,* ↗ Borsten). Alle echten H. sind gleichzeitig Sinnesborsten. Bei Krebsen (↗ Crustacea) und Insekten sind sie häufig von Sinneszellen begleitet, die mit Rezeptorstiftchen ausgestattet sind. Je nach Funktion wird zwischen ↗ Sinneshaaren, Gifthaaren, Hafthaaren und Drüsenhaaren unterschieden. Speziell umgewandelte H. sind auch die Schuppen vieler Insekten, z. B. von Schmetterlingen (↗ Lepidoptera).

Die H. *(Pili)* der *Säugetiere,* bestehen aus α-Keratin (↗ Keratine), das meist in α-Helix-Konfigu-

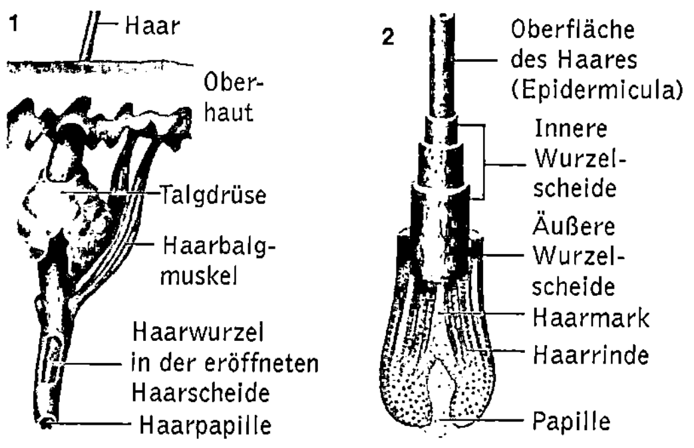

Haare Säugerhaar: 1 Modell eines Haares in der Haut; 2 Schichten eines Haares und seiner Wurzel

ration vorliegt, gelegentlich aber auch in β-Faltblattstruktur mit parallel angeordneten Proteinketten. Das Säugerhaar ist ein aus mehreren konzentrischen Zellschichten bestehender Hornfaden. Es ist seiner Länge nach gegliedert in den über die Haut ragenden *Haarschaft (Scapus pili)* und die lange, schräg in der ↗ Haut steckende und tief in der Subcutis zur *Haarzwiebel (Haarbulbus, Bulbus pili)* verdickte *Haarwurzel (Radix pili).* Ein H. entsteht aus einem soliden Epidermiszapfen, der

von der Oberfläche her schräg in das Corium einwächst, sich an seinem unteren Ende in der Subcutis birnenförmig verdickt (*Haarzwiebel, Haarfollikel*) und wie eine Glocke über eine fingerförmige Bindegewebspapille (*Haarpapille,* zur Ernährung) stülpt. Diese Haaranlage ist von einer straffen Bindegewebsscheide umgeben. Stark teilungsaktive Zellen im Zentrum der Haarzwiebel schieben sich in der Achse des Epithelzapfens oberflächenwärts vor und verhornen, während sich über ihnen durch Absterben von Zellen ein Haarkanal zur Hautoberfläche öffnet. Die ebenfalls verhornenden Wandzellen des Haarkanals gehen in die Epidermis über. Sie bilden eine äußere Wurzelscheide, innerhalb derer die Außenschicht des wachsenden H. entlanggleitet. Nahe der Mündung des Haarkanals zerfällt die innere Wurzelscheide in Hornschuppen, und der zentrale Hornfaden aus drei Zellagen, Cuticula, Rinde und Mark, tritt als H. nach außen. Die aus feinen, dachziegelartig einander überlappenden Hornschüppchen bestehende Cuticula zeigt in Zellform und -anordnung ein artspezifisches Muster und besitzt deshalb taxonomischen Wert. Die Rinde aus fibrillären Zellen verleiht dem H. seine Reißfestigkeit und ist gleichzeitig Träger von Pigmentgranula und damit der Haarfarbe. Die geldrollenartig aneinander gereihten, besonders im Alter mit Gasblasen erfüllten Markzellen bilden eine lockere Füllmasse. Die Haarfarbe wird durch den Gehalt an eingelagertem ↗ Melanin (dunkle H.) und Phäomelanin (helle bzw. rote H.), Gasblasen und den Fettgehalt der Cuticula bestimmt. Sie ist mit der Augenfarbe und der Hautfarbe korreliert, was auf einen einheitlichen Genkomplex schließen lässt. Das *Ergrauen* der H. erfolgt bei Beendigung der Melaninbildung oder dem Verlust von Melanocyten im Verlauf des Haarwechsels, indem ein Zurückziehen der Pigment liefernden Melanocytenfortsätze unterbleibt und diese mit dem Haar verloren gehen. Derartige Störungen sind genetisch bedingt, nehmen aber auch mit dem Alter zu. Bei Albinos (*Albinismus*) können die Melanocyten aufgrund eines genetischen Enzymdefekts kein Pigment erzeugen. Nahe der Austrittsöffnung des H. mündet gewöhnlich eine große Talgdrüse in den Haarkanal. Unmittelbar unter ihr setzt im stumpfen Winkel der Haarneigung ein zur Hautoberfläche ziehender Hautmuskel (*Musculus arrector pili*) an, der das Haar aufzustellen vermag (*Haare sträuben,* Bildung von *Gänsehaut*).

Das Wachstum der H. im Haarfollikel verläuft in einem dreistufigen Zyklus: Auf das Wachstum folgt eine Phase der Abstoßung und Regeneration sowie eine Ruhephase. Der Eintritt in einen neuen Zyklus wird durch einen Estrogenrezeptor reguliert.

Ihrer Form nach lassen sich mehrere Haartypen unterscheiden: kurze stark gekräuselte *Wollhaare*

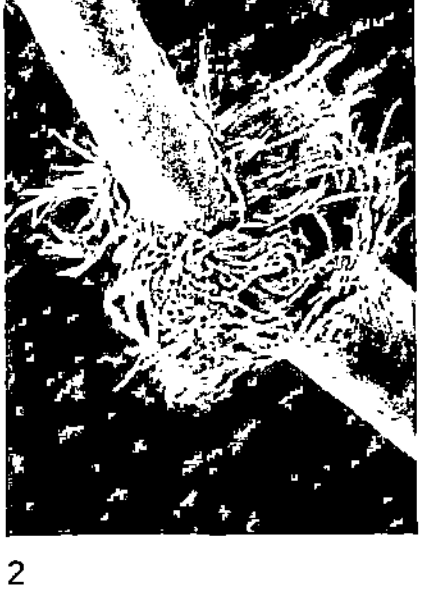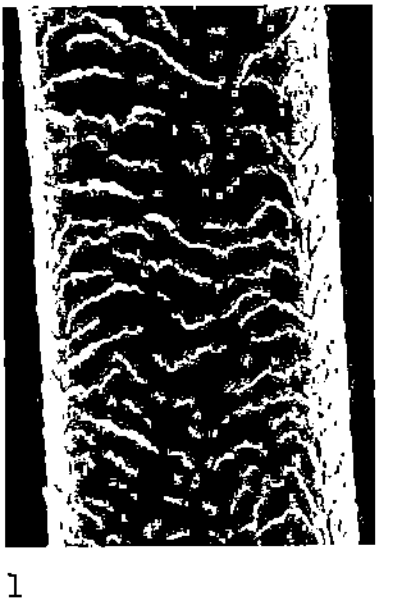

Haare Rasterelektronenmikroskopische Aufnahme 1 eines menschlichen Haares mit konzentrisch angeordneten und sich überlappenden Hornplättchen und -schuppen, 2 eines gebrochenen und aufgesplitterten Haares

(*Unterhaare*), welche die Wärmeisolationsschicht bilden und lange, kräftige *Deckhaare* oder *Konturhaare (Oberhaare)*, die vielfach die äußere Körperform bestimmen. Viele Säuger besitzen *Tasthaare (Vibrissen, Sinushaare)*, lange Borsten, deren Wurzeln von Nervenendigungen umsponnen sind. Die Haarzeichnung kann der Tarnung dienen oder, versehen mit artspezifischen Mustern, der inner- und zwischenartlichen Kommunikation. Gleiches gilt für die Betonung von Körperteilen durch unterschiedlichen Haarwuchs, z. B. Mähnen, Bartwuchs und Schambehaarung als sekundären ↗ Geschlechtsmerkmalen. Haarähnliche, den Säugerhaaren jedoch in keinem Fall homologe Epidermisanhänge kennt man auch bei einzelnen Amphibien, Reptilien und Vögeln. So trägt das Haarfrosch-Männchen zur Fortpflanzungszeit einen Pelz durchbluteter Epithelauswüchse an den Körperflanken, die dem Gasaustausch dienen. Manche Flugsaurier (↗ Pterosauria) besaßen ein Wärmeschutzkleid aus haarförmigen Schuppenderivaten, und Vögel können haarartig differenzierte Tastfedern an der Schnabelwurzel und den Augenlidern besitzen.

2) *Botanik:* ↗ Pflanzenhaare.

Haarlinge, ↗ Phtiraptera.

Haarnadelstrukturen, engl. *hairpin loops*, die in einzelsträngigen Nucleinsäuren auftretenden doppelsträngigen Bereiche, die aufgrund ihrer Sekundärstrukturen zur Stabilisierung bestimmter räumlicher Anordnungen von DNA- und RNA-Molekülen beitragen können. H. sind ferner Signale für DNA- oder RNA-bindende Faktoren und spielen bei der Kontrolle von ↗ Rekombination, ↗ Transkription sowie ↗ Translation eine Rolle. (↗ inverted repeats)

Haarsinneszellen, 1) *Haarsensillen*, vor allem bei Gliederfüßern vorkommende haarförmige Borsten, die meist als ↗ Mechanorezeptoren, mitunter auch als ↗ Chemorezeptoren fungieren. Einzeln oder in Borstenfeldern angeordnet, werden sie durch Abbiegung der Haarfortsätze erregt, wodurch der an der Dendritenspitze der Sinneszelle lokalisierte Tubularkörper deformiert wird. H. sind auf der Körperoberfläche, den Beinen, Antennen und Mundgliedmaßen lokalisiert.

2) *Haarzellen*, in den ↗ Gehörorganen von Wirbeltieren sowie den ↗ Gleichgewichtsorganen und ↗ Seitenlinienorganen der Fische und Amphibien befindliche ↗ Mechanorezeptoren, die durch Druck-, Biegungs- oder Scherkräfte erregt werden.

Haarsterne, die Comatulida (↗ Crinoida).

Haarwurm, ↗ Wuchereria bancrofti.

Haarzellen, ↗ Haarsinneszellen.

Haberlandt, *Gottlieb Johann Friedrich*, österr. Botaniker, ✳ 28.11.1854 Ungarisch-Altenburg (heute zu Mosonmagyaróvár), † 30.1.1945 Berlin; ab 1880 Prof. in Graz, ab 1910 Direktor des Botanischen Instituts in Berlin, Begründer und 1914-23 Direktor des Pflanzenphysiologischen Instituts der Universität in Berlin-Dahlem. H. gilt gemeinsam mit S. Schwendener (1829-1919) als Begründer der physiologischen Pflanzenanatomie. Er ist Mitbegründer der Statolithentheorie des Geotropismus (1900), Entdecker der Wuchshormone, die später als Auxine charakterisiert wurden und verfasste eine ganze Reihe grundlegender pflanzenanatomischer und pflanzenphysiologischer Arbeiten.

Habichtartige, die Fam. ↗ Accipitridae.

Habichte, *Accipiter*, mit 47 Arten die artenreichste Gatt. der Greifvögel (↗ Falconiformes). Kennzeichnend sind relativ kurze, breite Flügel und ein langer Schwanz. Das Gefieder ist meist in Braun- oder Grautönen, bei einigen Arten mit rostroten oder schwarzen Partien. Die Weibchen sind deutlich größer als die Männchen. H. sind wendige und schnelle Jäger, die ihre Beute, vor allem Vögel, im Flug schlagen. Sie leben und jagen bevorzugt in Wald und Buschland. In Mitteleuropa leben der *Habicht (Accipiter gentilis*; Größe 48-62 cm), der auf der Oberseite braun und unterseits gelblichbraun und dunkel gesperbert (quergebändert) ist, und der mit 28-38 cm Größe deutlich kleinere *Sperber (Accipiter nisus)*, mit rostroten Wangen und graubraun gebänderter Unterseite.

Habitat, durch spezifische abiotische und biotische Faktoren bestimmter Lebensraum, an dem eine Organismenart in einem der Stadien ihres Lebenskreislaufs zu Hause ist.

Habituation, *Gewöhnung*, das Abgewöhnen einer angeborenen Reaktion auf einen bestimmten, sich wiederholenden ↗ Reiz. Durch H. lernen Tiere, zwischen bedeutsamen und bedeutungsneutralen Reizen zu unterscheiden. (↗ Lernen)

Habitus, die äußere Erscheinung, das Gesamterscheinungsbild von Lebewesen.

Hackordnung, ältere Bez. für die ↗ Rangordnung der Hühner, die durch Schnabelhacken ausgefochten wird.

Hadal, Zone der ↗ Tiefsee.

Hadrom, der aus den Gefäßen (↗ Tracheen) und dem dazugehörigen Gefäßparenchym bestehende Gefäßteil des ↗ Leitbündels. (↗ Xylem)

Haeckel, *Ernst Heinrich Philipp August*, deutscher Mediziner, Zoologe und Naturphilosoph, * 16.2.1834 Potsdam, † 9.8.1919 Jena; 1862-1909 Prof. für Zoologie in Jena, Gründer des dortigen Zoologischen Instituts und Direktor des Zoologischen Museums. Auf einer Studienreise nach Italien beschrieb er 144 neue Radiolarienarten; mit seiner Monographie „Die Radiolarien" (1862) wurde er zum entschiedenen Verfechter der Evolutionstheorie von C.R. ↗ Darwin. Er deutete die Morphologie als Ergebnis phylogenetischer und ontogenetischer Entwicklung („Generelle Morphologie der Organismen, 2 Bde., 1866). H. führte eine ganze Reihe von Begriffen in die Biologie ein, so z. B. Akme, Phylogenie, Ontogenie, Ökologie, Caenogenese, Palingenese, Biodynamik (für die Physiologie i. w. S.), Protisten, Coelom und Herrentiere. Er interpretierte die bereits vorher von einigen anderen Biologen erkannten Beziehungen zwischen Individualentwicklung und Stammesentwicklung in seiner ↗ Biogenetischen Grundregel (1872). In seiner im gleichen Jahr erschienenen Monographie „Die Kalkschwämme", formulierte er die Gastraea-Theorie zur Herleitung der Grundorganisation des Metazoenkörpers. Aus den vielfältigen Arbeiten Haeckels entstand als fachlich-ästhetische Glanzleistung das Buch „Kunstformen der Natur" (1899-1904). Da H. ein entschiedener Verfechter des ↗ Darwinismus war, wurde er von Wissenschaftlern, Klerikern und Philosophen angegriffen. In seinem letzten evolutionstheoretischen Werk „Systematische Phylogenie. Entwurf eines natürlichen Systems der Organismen auf Grund ihrer Stammesgeschichte" (1894-96) entwickelte er durch morphologischen Vergleich einen genealogischen Stammbaum aller Organismen, in den der Mensch mit eingeschlossen war. Er lehnte eine Schöpfungstheorie ab und entwickelte seine Lehre vom Monismus, wonach „Gott" mit der Natur identisch und Kraft, Stoff und Geist voneinander untrennbar seien.

Haemophilus, Gatt. gramnegativer Bakterien, die zarte Stäbchen bilden und unter fakultativ anaeroben Bedingungen wachsen. ↗ H. influenzae kann zahlreiche Krankheiten verursachen, u. a. ↗ Meningitis, ↗ Sepsis, ↗ Arthritis, Mittelohrentzündung, Nasennebenhöhlenentzündung und Lungenentzündung. *H. ducreyi* ist der Erreger der Geschlechtskrankheit *Ulcus molle* (Weicher Schanker).

Hafer, *Avena sativa*, Rispengras (↗ Poaceae) mit 15 - 30 cm langen Rispen, die an der Spitze meist zwei- bis dreiblütige Ährchen tragen. Die eiweißreichen Körner sind bei der Reife mit der Deckspelze und Vorspelze fest verwachsen.

Haftorgane, Strukturen bei Pflanzen und Tieren zum Verankern bzw. Festhalten an einer Unterlage.

1) Bei *Pflanzen* besitzen die ↗ Algen, Flechten (↗ Lichenes) und Moose (↗ Bryophyta) Rhizome oder Haftscheiben, und die großen Braunalgen (↗ Phaeophyceae) besonders kräftig entwickelte Rhizoide als Haftkrallen. Die als Kletterpflanzen lebenden Kormophyten haben Ranken, Dornen, Hakenhaare, Stacheln und Haftwurzeln als H. entwickelt. Eine Reihe von Samen und Früchten ist mit hakenförmigen Stacheln, Haaren, einige Fruchtstände, z. B. die Klette, mit verdornten Hüllblättern ausgerüstet, sodass sie an vorbei streichenden Tieren zeitweise haften bleiben und somit ausgebreitet werden (↗ Zoochorie).

2) Bei *Tieren* finden sich H. in mannigfaltiger Ausprägung. Beispiele sind die Glutinanten der Nesseltiere (↗ Cnidaria; ↗ Nematocysten), die Byssusfäden bei Muscheln (↗ Bivalvia), Saugnäpfe oder Sauggruben u. a. bei verschiedenen Insektenlarven, bei Bandwürmern (↗ Cestoda), Egeln (↗ Hirudinea), Kopffüßern (↗ Cephalopoda) und

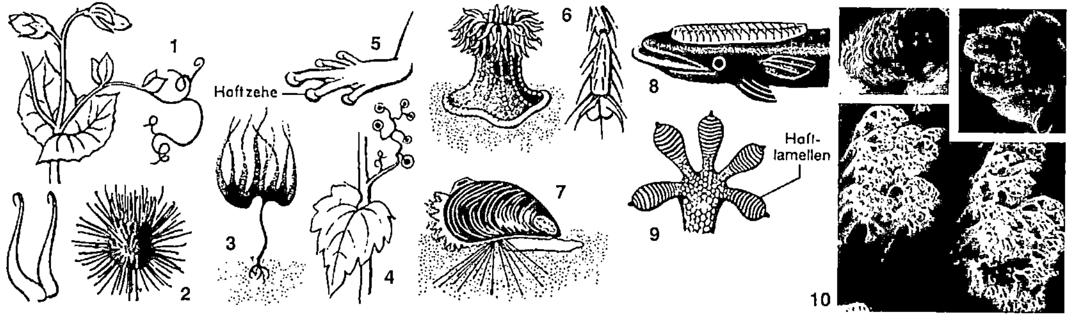

Haftorgane 1 Blattranke der Erbse, 2 mit hakenförmigen, dornigen Spitzen versehene Hüllblätter des Fruchtstands der Klette, 3 Haftkrallen am Palmtang, 4 Sprossranke des wilden Weins mit Haftscheiben, 5 Haftzehen des Laubfroschs, 6 Haftballen am Fliegenfuß, links daneben Haftplatte bei der Seerose, 7 Byssusfäden bei der Miesmuschel, 8 Saugscheibe des Schiffshalters, 9 Haftlamellen des Gekkos, 10 Haftpolster eines Geckos in verschiedenen Vergrößerungen. Das Haftpolster baut sich aus wellenförmigen Strukturen auf, die wiederum aus Büscheln mit feinsten Verästelungen zusammengesetzt sind

als Saugmaul bei Neunaugen (↗ Petromyzonta), Saugfüßchen bei den Stachelhäutern (↗ Echinodermata), Saugscheiben bei einigen Fischen wie z. B. den Schiffshaltern (↗ Echeneidae), Haftlamellen bei Geckos (↗ Gekkonidae), Haftzehen bei Laubfröschen (↗ Hylidae).

Haftwurzeln, kurze ↗ Luftwurzeln, die sich an feste Gegenstände oder Pflanzen anklammern, ohne in diese einzudringen. H. finden sich z. B. beim ↗ Efeu und beim Wilden Wein.

Hagebutte, ↗ Rose.

Hagedorn, der ↗ Weißdorn.

Hahnenfußgewächse, die Fam. ↗ Ranunculaceae.

Hahnentritt, die ↗ Keimscheibe im Vogelei.

Haie, die ↗ Selachimorpha.

Hainbuche, *Weißbuche, Carpinus betulus*, zu den ↗ Betulaceae gehörender Baum. Die H. besitzt eine glatte Rinde und kann bis 20 m hoch werden.

hairpin loops, ↗ Haarnadelstrukturen.

Hakenwürmer, Name für die Vertreter der zu den ↗ Nematoda gehörenden Gatt. *Ancylostoma* und *Necator*. H. parasitieren als adulte Tiere vor allem im Dünndarm von Säugetieren, die Eier werden mit dem Kot ausgeschieden, und die ersten Jugendstadien entwickeln sich im Kot zu den infektionsfähigen Dauerlarven. Sie sitzen dort in Gruppen und führen winkende Bewegungen aus. Bei Kontakt mit dem Wirt bohren sie sich aktiv in ihn ein, vor allem über die Haarwurzeln. H. besitzen eine mit cuticulären Zähnen und Platten versehene Mundkapsel, mit der sie sich an der Darmwand des Wirts verankern und ohne Unterbrechnung Blut saugen. Mit Hilfe von Antigerinnungsmitteln verhindern sie die Blutgerinnung, sodass schwere innere Blutungen des Wirts die Folge sind. Beim Menschen können der Befall mit dem *Grubenwurm (Ancylostoma duodenale)* und mit dem *Todeswurm (Necator americanus)* zur *Hakenwurmkrankheit* führen, die zu vielfältigen Beschwerden an den Atmungs- und Verdauungsorganen sowie, bei längerer Dauer, zur Blutarmut und unbehandelt schließlich zum Tod führt.

Halbacetale, meist instabile organische Verbindungen mit der allg. Formel $R^1R^2C(OH)(OR^3)$, die bei der Addition von ↗ Aldehyden und ↗ Alkoholen zu Acetalen entstehen. Von Bedeutung sind die durch intramolekulare Addition einer Hydroxygruppe an eine Carbonylgruppe gebildeten zyklischen H. in den ↗ Kohlenhydraten.

Halbaffen, die Prosimiae (↗ Primates).

Halbesel, *Equus hemionus*, zu den Pferden gehörende Art der Unpaarhufer (↗ Perissodactyla) mit Verbreitung in den Berg- und Wüstensteppen Asiens. Sie zeigen sowohl Merkmale von Pferden als auch von Eseln. Es werden mehrere Unterarten unterschieden, von denen der im südlichen Turkmenistan beheimatete *Kulan (Equus hemionus ku-*

lan) noch in etwas größeren Beständen vorkommt. Häufigste H.-Unterart in den europäischen Zoos ist der *Onager (Equus hemionus onager)*, der wild im Iran beheimatet ist. Alle H. sind stark bedroht.

Halbparasiten, *Halbschmarotzer, Hemiparasit*, ↗ Parasitismus.

Halbseitenzwitter, *Halbseitengynander*, besonders auffällige Form eines ↗ Gynanders, vor allem bei Insekten. Ein H. entsteht z. B. bei ↗ Drosophila melanogaster, wenn bei einer Zygote mit zwei X-Chromosomen (XX, also weiblich determiniert), in der ersten Furchungsteilung während der Anaphase ein X-Chromosom verloren geht. Dann haben später alle Zellen der einen Körperhälfte nur ein X-Chromosom und damit eine X0-Konstellation, die bei *Drosophila* wie XY männlich determinierend wirkt. Diese Körperhälfte bildet dementsprechend sekundäre männliche Geschlechtsmerkmale aus.

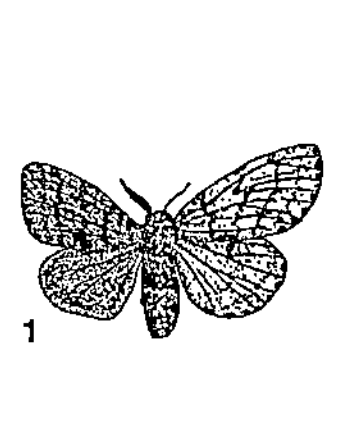

Halbseitenzwitter Halbseitenzwitter bei Insekten; jeweils die linke Körperhälfte ist männlich, die rechte weiblich. 1 Schwammspinner (*Lymantria dispar*), 2 Hirschkäfer (*Lucanus cervus*)

Halbstrauch, *Hemiphanerophyt*, eine Pflanze, bei der nur der Stängelgrund verholzt und ausdauernd ist, während der obere, krautige Teil jedes Jahr abstirbt (z. B. Gartensalbei).

Halbwertszeit, diejenige Zeit, während der die Hälfte einer Substanz zerfallen, abgebaut oder umgesetzt ist. Die H. wird in der ↗ Reaktionskinetik zur Charakterisierung von Reaktionen 1. Ordnung, in der Radiochemie zur Kennzeichnung der Stabilität von radioaktiven Isotopen sowie in der Medizin, Pharmakologie und Landwirtschaft zur Angabe der Abbaugeschwindigkeit von Arznei-, Pflanzenschutz- und Schädlingsbekämpfungsmitteln verwendet.

Halbwüste, ↗ Wüste.

Haldane, *John Burdon Sanderson*, engl. Mathematiker, Genetiker und Tierzüchter, ✳ 5.11.1892 Oxford, † 1.12.1964 Bhubaneswar (Indien); 1927-36 genetische Studien am John Innes Horticultural Institute, 1930-32 Prof. für Physiologie an der Royal Institution in Cambridge, ab 1933 Prof. für Genetik, später für Biometrie am University College London. H. emigrierte 1957 nach Indien und war ab 1962 Leiter des Laboratory of Genetics in Bhubaneswar; Er verfasste bedeutende Arbeiten über Genetik und

Biometrie und war einer der Wegbereiter der ↗ Synthetischen Theorie der Evolution. Die *Halda-ne-Regel* besagt, dass das in der Nachkommenschaft einer Kreuzung seltener oder nur steril auftretende Geschlecht gewöhnlich das heterogametische ist.

Halimedales, Ord. der Schlauchalgen (↗ Bryopsidophyceae), deren Vertreter in wärmeren Meeren verbreitet sind und Chlorophyll sowie Amyloplasten enthalten.

Haliotis, die Seeohren, eine Gatt. der ↗ Archaeogastropoda.

Haller, *Albrecht* von, schweizer. Arzt, Naturforscher und Schriftsteller, * 16.10.1708 Bern, † 12.12.1777 Bern; ab 1736 Prof. für Medizin und Botanik in Göttingen, ab 1753 wieder in Bern, ab 1769 Leiter des Medizinalwesens. H. war Mitbegründer der experimentellen Physiologie. Er verfasste grundlegende Arbeiten zur Atemphysiologie, zur Physiologie des Herzens (Herzautomatismus) und des Blutkreislaufs sowie über die Nervensensibilität und die Reizbeantwortung durch die Muskeln; außerdem erkannte er die Bedeutung der Galle für die Fettverdauung und führte embryologische Untersuchungen an Hühnerkeimen durch.

Haller-Organ, der Wirtsfindung dienendes Sinnesorgan in den Vorderbeinen der Zecken (↗ Ixodides).

Hallimasch, zu den Blätterpilzen (↗ Agaricales) gehörende Gatt. der Pilze mit fast 20 Arten. Sie haben einen gelblich-bräunlichen Hut und Lamellen die zumindest kurz am Stiel (mit Ring) herablaufen. Der Sporenstaub ist weißlich. Man findet sie von Juli bis November büschelig wachsend an Baumstümpfen, am Fuß toter und lebender Bäume oder in Mooren. H.-Arten sind gefährliche Parasiten vieler Laub- und Nadelbäume. Sie können in der Forstwirtschaft und in Obstplantagen große Schäden verursachen, indem sie die Bäume zum Absterben bringen. Sie führen zu Rindenschäden sowie Weißfäule bei Laub- und Kernfäule bei Nadelhölzern. Das vom ↗ Mycel des H. befallene Holz leuchtet bisweilen im Dunkeln (↗ Biolumineszenz).

Halluzinogene, Gruppe von Rauschmitteln, die in nichttoxischen Dosen Veränderungen in der Wahrnehmung, im Bewusstsein und in der Gemütslage hervorrufen (z. B. ↗ LSD, ↗ Mescalin und ↗ Psilocybin)

halo-, in Zusammensetzungen: Salz-.

Halobacterium, ↗ Halobakterien.

Halobakterien, häufige Bez. für die extrem halophilen (↗ Halophile) Archaea (↗ Archaebakterien). Die Bez. kommt daher, dass ↗ Halobacterium die erste beschriebene Gatt. dieser Gruppe war. Jedoch gehören auch viele andere Gatt. zu dieser Gruppe, z. B. *Halorubrum, Haloferax* und *Haloarcula. Halobacterium salinarum* und andere extrem Halophile enthalten das purpurfarbene ↗ Bakteriorhodopsin, das als lichtgetriebene Protonenpumpe fungiert, die Protonen über die Membran pumpt. Der entstehende Protonengradient treibt eine ATPase an, die ATP synthetisiert. Der Mechanismus der ↗ Fotosynthese bei den H. unterscheidet sich gänzlich von dem der aeroben und anaeroben fotosynthetischen Bakterien (↗ fototrophe Bakterien), bei denen ↗ Bakteriochlorophylle und „normale" Chlorophylle eine Rolle spielen.

Halobionten, Bez. für Organismen, die nur im Salzwasser oder in anderen salzhaltigen ↗ Biotopen vorkommen.

halophil, Bez. für Organismen, die ↗ Biotope mit hohen Salzkonzentrationen bevorzugen.

Halophile, Bez. für Mikroorganismen, die für ihr Wachstum Natriumchlorid benötigen. Die *schwach halophilen* Mikroorganismen wachsen optimal bei 1 - 6 % NaCl, die *moderat halophilen* haben ihr Optimum bei 6 - 15 % NaCl. Als *extrem halophil* bezeichnet man Mikroorganismen, die 15 - 30 % NaCl für ein optimales Wachstum benötigen. Bei den extrem halophilen ↗ Archaebakterien unterscheidet man zwei Gruppen, die mindestens 8 % NaCl bzw. 12 % NaCl zum Wachstum benötigen. Die Zellen der extrem halophilen Archaebakterien sind durch sehr hohe Salzkonzentrationen im Zellinneren osmotisch stabil. Die Zellkomponenten sind an die hohen Salzkonzentrationen angepasst. Die extem halophilen Archaea (*Halobacterium, Haloferax, Natronobacterium*) bewohnen u. a. Meersalzgewinnungsanlagen und natürliche Salzseen (z. B. Totes Meer, Great Salt Lake).

Halophyten, *Salzpflanzen*, Pflanzen salzhaltiger Standorte. Man unterscheidet zwischen *obligaten H.*, die ausschließlich an Salzstandorten wachsen, und *fakultativen H.*, die zwar Salzböden besiedeln können, deren physiologisches Optimum jedoch im salzfreien oder salzarmen Milieu liegt. H. verfügen über verschiedene Anpassungsmechanismen an die hohen Salzkonzentrationen: *Sukkulente H.* speichern oft beträchtliche Salzmengen in den Vakuolen und sorgen damit für eine geringe Salzkonzentration im Plasma. Andere H. können überschüssiges Salz über *Salzdrüsen* entfernen. Eine weitere Möglichkeit ist die Regulierung der Natriumaufnahme in die Wurzel mittels Ionenpumpen (z. B. bei Mangrovengehölzen). Daneben gibt es auch Pflanzen ohne Regelmechanismen, bei denen der Salzgehalt während der Vegetationsperiode kontinuierlich ansteigt, bis ein tödlicher Gehalt erreicht wird (z. B. *Juncus gerardii*). Dieser Zeitabschnitt genügt aber der Pflanze, um einen vollständigen Entwicklungszyklus zu durchlaufen.

Zu den H. gehören z. B. der Meerkohl (*Crambe maritima*), die Salzmelde (*Halimione portulacoides*) und der Queller (*Salicornia* spec.). ↗ Glykophyten.

Halsberger, Unterord. der Schildkröten (↗ Chelonia).

Halswender, Unterord. der Schildkröten (↗ Chelonia).

Halteren, *Schwingkölbchen*, das umgewandelte hintere Flügelpaar der ↗ Diptera und vordere der Strepsiptera, die als *Drehsinnesorgan* dienen. H. bestehen im Gelenkbereich aus Feldern von Sinneszellen (*campaniforme Sensillen*), die in Kontakt zum Flügelrudiment, einem kleinen Stiel mit endständiger Schwungmasse, stehen. Bei jeder Körperdrehung oder -verlagerung des Tieres im Flug wird mindestens immer eine H. im Verhältnis zum Körper abgewinkelt. Dadurch wirken Scherkräfte auf die campaniformen Sensillen ein und erregen diese. Die Stellung der H. zum Körper liefert wichtige Informationen für die Flugsteuerung. Tiere, deren H. experimentell entfernt wurden, stürzen nach wenigen Sekunden ab.

Häm, Plural: *Häme*, Eisen(II)-Komplexe von ↗ Porphyrinen. H. kommen natürlich fast ausschließlich als prosthetische Gruppen von Hämoproteinen vor. Diese dienen dem Sauerstofftransport und der Sauerstoffspeicherung (↗ Hämoglobin) oder als ↗ Oxidoreduktasen (↗ Cytochrome, ↗ Katalasen, ↗ Peroxidasen). Am verbreitetsten ist das *Häm b*, das Protoporphyrin IX als Porphyrinkomponente enthält. Häm *b* ist in den Hämoglobinen, im Cytochrom *b* sowie in Katalasen und Peroxidasen enthalten. In Cytochromen kommen außerdem noch die Häme *a* und *c* vor, in denjenigen der Mikroorganismen auch noch andere.

Hämagglutination, die sichtbare Verklumpung von roten Blutkörperchen (↗ Erythrocyten), die auf der Antigen-Antikörper-Reaktion zwischen den Oberflächen-Antigenen der Erythrocyten und dagegen gerichteten Antikörpern (*Hämagglutinine*) im Blut. Die H. wird im Labor u. a. bei der Bestimmung von ↗ Blutgruppen genutzt, sie kann aber auch unerwünscht auftreten, so z. B. bei Transfusionszwischenfällen. Zu den Hämagglutininen gehören u. a. Blutgruppenantikörper, Proteine aus Virushüllen z. B. von Masern-, Mumps-, Röteln- und Influenzaviren sowie ↗ Lektine. Im Falle der Viren erfolgt die H. durch Anlagerung der Virus-Hämagglutinine an Rezeptoren der Erythrocytenmembran.

Hamamelidaceae, *Hamamelisgewächse*, *Zaubernussgewächse*, Fam. der Hamamelidales, zu denen Bäume und Sträucher mit Kapselfrüchten gehören. Die zahlreichen Sorten der Zaubernuss, *Hamamelis*, besitzen gelbe bis rötliche Blüten.

Hamamelidales, Ord. der ↗ Rosopsida mit den Fam. ↗ Hamamelidaceae und Cercidiphyllaceae. Es sind Holzpflanzen mit ungeteilten Blättern und Stipeln.

Hamamelis, Gatt. der ↗ Hamamelidaceae.

Hamamelisgewächse, die Fam. ↗ Hamamelidaceae.

Hämatopoese, *Blutbildung*, der in den Blut bildenden Organen ablaufende zelluläre Teilungs- und Reifungsvorgang, der die Blutzellen hervorbringt. Ausgangszelle ist die pluripotente, undifferenzierte hämatopoetische ↗ Stammzelle, die in der Lage ist, sich selbst zu erneuern und noch nicht für eine spezielle Funktion determiniert ist. Bei weiterer Ausreifung bringt die Stammzelle Vorstufen hervor, die sich nicht selbst erneuern können und nur einen spezialisierten Zelltyp zur Ausreifung bringen. Die unreifen Vorstufen können im ↗ Blut zirkulieren und sich wieder im ↗ Knochenmark ansiedeln, dessen Gesamtheit als einheitliches Organ der H. angesehen werden kann. Ein Teil der undifferenzierten Stammzellen ruht und kann bei Bedarf aktiviert werden. Die Zellproduktion ist durch Rückkopplungsmechanismen reguliert (z. B. bei Sauerstoffmangel vermehrte Produktion von ↗ Erythrocyten, bei ↗ Entzündungsreaktionen von ↗ Granulocyten). Die Regulation der H. erfolgt durch Milieufaktoren (z. B. Zell-Zell-Kontakt) oder humoral, z. B. über ↗ Cytokine und ↗ Erythropoetin. (↗ Lymphocyten, ↗ Erythropoese, ↗ Thrombocyten, ↗ Thrombocytopoese)

Hämerythrin, ein Nichthäm-Eisen-Protein, das in einigen meeresbewohnenden Wirbellosen die Funktion der Hämoglobine der höheren Tiere besitzt. Die sauerstofffreie Form ist farblos, die sauerstoffbeladene Form, das *Oxyhämerythrin*, ist blauviolett gefärbt.

Hammer, *Malleus*, eines der Gehörknöchelchen im ↗ Ohr.

Hammerhaie, Fam. der ↗ Selachimorpha.

Hämocyanin, ein Sauerstoff übertragendes Metalloprotein, das frei gelöst im Blut von Weichtieren (↗ Mollusca) und Gliederfüßern (↗ Arthropoda) die Funktion der Hämoglobine bei den höheren Tieren erfüllt. Die sauerstofffreie Form ist farblos, die sauerstoffbeladene Form mit einwertigem Kupfer, das *Oxyhämocyanin*, ist kräftig blau gefärbt.

Hämocyten, die ↗ Blutzellen.

Hämoglobin, Abk. *Hb*, der rote Blutfarbstoff. Die Hämoglobine sind eine Gruppe von Chromoproteinen, die vorwiegend dem Sauerstofftransport dienen und in den ↗ Erythrocyten des Menschen und der Wirbeltiere, sowie bei vielen Wirbellosen frei in der ↗ Hämolymphe vorkommen. Das H. der Erythrocyten ist ein Tetramer, das aus vier Polypeptidketten – je zwei identischen – und vier eisenhaltigen farbgebenden prosthetischen Hämgruppen besteht. Die extrazellulären H. der Wirbellosen können bis zu 250 Häm-haltige Untereinheiten haben. In den Erythrocyten liegt H. als 34 %ige Lösung vor und transportiert den Sauerstoff von der Lunge zu den anderen Geweben, bzw. das im Körper gebil-

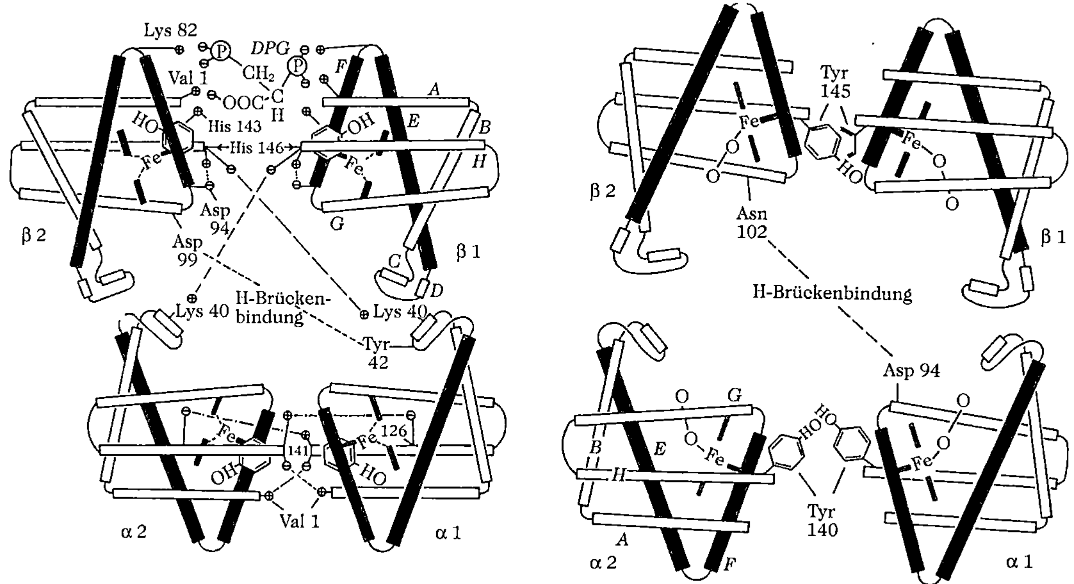

Hämoglobin Links schematische Darstellung der vier Untereinheiten des Desoxyhämoglobins und rechts daneben des Oxyhämoglobins; hier ist kein 2,3-Bisphosphoglycerat mehr vorhanden und die beiden β-Untereinheiten haben sich aufeinander zu bewegt. Die helicalen Bereiche sind durch A, B, usw. gekennzeichnet

dete Kohlenstoffdioxid zu den Atmungsorganen. Rund 80 % des Gesamtkörpereisens des menschlichen Körpers sind im H. enthalten.

Das H. des Menschen besteht aus zwei α-Ketten mit je 141 Aminosäuren und zwei β-Ketten mit je 146 Aminosäureresten. Die Sequenzen des Human-H. und die vieler anderer Wirbeltier-H. sind aufgeklärt. In der Tertiärstruktur unterscheidet man acht helikale Hauptsegmente, die mit den Buchstaben A bis H, ergänzt mit der Nummer des jeweiligen Restes bezeichnet werden. Dazwischen liegen fünf nicht helikale Segmente. Die Faltung der H.-Ketten ist ganz ähnlich derjenigen des ↗ Myoglobins. Auch die Fixierung der Hämgruppe über ihr Eisen(II)-Atom an zwei Histidinreste sowie über hydrophobe Wechselwirkungen in der Hämtasche entspricht der Anordnung im Myoglobin. Zusätzlich finden sich beim H. nichtkovalente, vorwiegend hydrophobe Wechselwirkungen zwischen den einzelnen Ketten. Sie bilden besonders zwischen den α- und β-Ketten große hydrophobe Kontaktregionen, die die Grundlage für die Wechselwirkungen der vier räumlich getrennten Hämgruppen bei der reversiblen kooperativen Bindung von vier Sauerstoffmolekülen je H.-Molekül bilden.

Die hydrophoben Wechselwirkungen ermöglichen das Aufeinandergleiten der beiden Dimere während der O$_2$-Beladung und -Abgabe. Man unterscheidet zwei Konformationen des H., den kompakteren *R-Zustand* (relaxed = entspannt) des *Oxyhämoglobins* (*Oxy-Hb*) und den *T-Zustand* (tense =

gespannt) des *Desoxyhämoglobins* (*Desoxy-Hb*). Letzteres ist durch eine höhere Anzahl von Ionenbindungen zwischen den verschiedenen Untereinheiten charakterisiert. Im Oxy-Hb sind die Untereinheiten weniger fest assoziiert, die ionisierbaren Gruppen weisen andere Dissoziationskonstanten auf und die Salzbrücken (Ionenbindungen) werden aufgebrochen. Die β-Untereinheiten lagern sich im Oxy-Hb enger zusammen, ihre Hämtaschen werden weiter und lassen die Bindung von Sauerstoff zu. Die Fähigkeit des H., im Lungengewebe O$_2$ zu binden und CO$_2$ abzugeben, im übrigen Körper hingegen den umgekehrten Prozess zu durchlaufen, erklärt sich aus einer reversiblen Verschiebung seiner O$_2$-Affinität in Abhängigkeit von der Acidität und dem CO$_2$-Druck des umgebenden Gewebes (↗ Bohr-Effekt). Verbunden ist dieses Phänomen mit der unterschiedlichen Affinität von Desoxy-Hb und Oxy-Hb zu Protonen. Oxy-Hb bindet keine

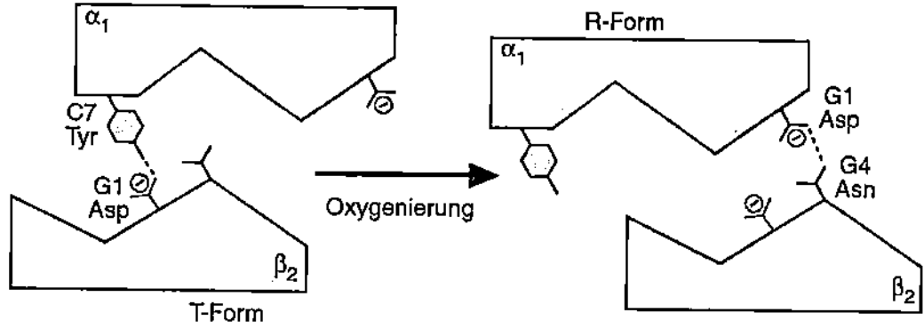

Hämoglobin Bei der Oxygenierung geht das Hämoglobin bzw. der Kontakbereich von α$_1$- und β$_2$-Untereinheit von der T-Form in die R-Form über. Die Untereinheiten können aufgrund der so genannten Schwalbenschwanzgestalt leicht beide Formen einnehmen

Protonen, Desoxy-Hb hingegen für vier O_2-Moleküle je zwei Protonen.

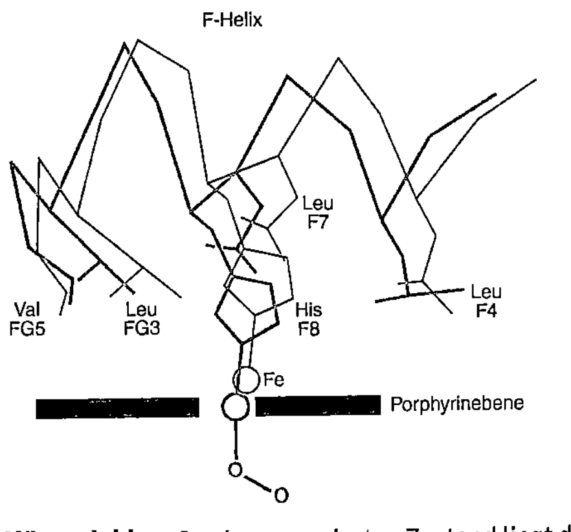

Hämoglobin Im desoxygenierten Zustand liegt das Häm-Eisen etwas außerhalb der Ebene des Porphyrinrings. Bei der Oxygenierung bewegt sich das Eisenatom in die Häm-Ebene hinein, wobei die Position des proximalen Histidinrestes (F8) und damit der ganzen F-Helix sowie der angrenzenden nichthelikalen Segmente (EF- und FG-Ecke) verschoben wird

2,3-Bisphosphoglycerat (DPG) bindet nichtkovalent an Desoxy-Hb., jedoch nicht an Oxy-Hb. Im Desoxy-Hb ist ein DPG-Molekül mit den geladenen α-Aminogruppen und den N-terminalen Valinresten der beiden β-Ketten verbunden. Auch andere β-Kettengruppen können möglicherweise zur DPG-Bindung beitragen. Das DPG verschiebt das Gleichgewicht

Oxy-Hb $\rightleftharpoons$ Desoxy-Hb + O_2

auf die rechte Seite. Die molare Konzentration des DPG ist in den Erythrocyten ungefähr so groß wie diejenige des H. Die Erythrocyten-DPG-Konzentration kann sich als Antwort auf eine mangelhafte Sauerstoffversorgung der Gewebe verändern. Wenn z. B. die Luftzufuhr in den Bronchien begrenzt ist, nimmt der O_2-Druck des arteriellen Blutes ab. Dies wird durch eine Verschiebung der O_2-Dissoziationskurve kompensiert, indem die Konzentration von DPG in den Erythrocyten auf bis fast das Doppelte zunimmt. DPG spielt auch bei·der Anpassung an größere Höhen eine Rolle.

Hämogramm, das ⌐ Blutbild.

Hämolymphe, die aus ⌐ Blut und ⌐ Lymphe bestehende Leibeshöhlenflüssigkeit der Tiere mit offenem Blutkreislauf (insbesondere ⌐ Mollusca und ⌐ Arthropoda). Die H. erfüllt einheitlich das Hämocoel und die interzellulären Flüssigkeitsräume. (⌐ Leibeshöhle)

Hämolyse, *Blutzerfall*, die Verkürzung der normalen Lebensdauer der ⌐ Erythrocyten. Sie kann u. a. verursacht werden durch Gifte (*toxische H.*, z.B. durch Benzol, Schlangengifte, Knollenblätterpilz, Medikamente), Störungen des Erythrocyten-

stoffwechsels, erbliche Störungen der Hämoglobinsynthese (*Porphyrien*), Transfusionszwischenfälle, Autoimmunreaktionen (z. B. durch Wärme- oder Kälteagglutinine); weiterhin kann sie im Rahmen von bakteriellen oder parasitologischen Infekten auftreten (z. B. bei Blutvergiftung, ⌐ Gasbrand, ⌐ Malaria) oder bei schweren Verbrennungen. Eine Sonderform ist der so genannte *Morbus haemolyticus neonatorum*, eine H., die als Folge einer Rhesus-Unverträglichkeit bei Mutter und Kind auftritt.

Hämophilie, die ⌐ Bluterkrankheit.

Hämoproteine, überall vorkommende Chromoproteine, die als prosthetische Gruppe Häm enthalten, das fest an das Protein gebunden ist. Sie sind vor allem als Atmungspigmente am Sauerstofftransport (⌐ Hämoglobin, ⌐ Hämerythrin, ⌐ Hämocyanin) und der Sauerstoffspeicherung (⌐ Myoglobin) beteiligt. ⌐ Katalasen und ⌐ Peroxidasen sind für die Reduktion von Peroxiden zuständig, ⌐ Cytochrome sind am Elektronentransport zwischen ⌐ Dehydrogenasen und Akzeptoren beteiligt.

Hämosiderin, ein Eisen-Protein-Komplex, der die weniger verfügbare Form des Speichereisens und im Vergleich mit ⌐ Ferritin kaum wasserlöslich ist. H. entsteht aus Ferritin nach prolongierter intrazellulärer Eisenspeicherung z. B. bei häufigen Bluttransfusionen. Es hat einen Eisenanteil von 25 bis 35 % gegenüber dem Ferritin mit einem Eisengehalt von 16 bis 23 %. Bei Erkrankungen mit erhöhtem Blutzerfall oder gesteigerter Eisenresorption ist die Ablagerung von H. in der Leber, z. T. auch in der Milz, stark erhöht (*Hämosiderose*); auch in Blutergüssen ist H. angereichert.

Hämostase, ⌐ Blutgerinnung.

Hamster, die ⌐ Cricetinae.

Hand, ⌐ Extremitäten.

Händigkeit, 1) Bez. für die Bevorzugung der rechten (*Rechtshändigkeit*) oder linken Hand (*Linkshändigkeit*) als Schreibhand und Greifhand. Die H. ist vermutlich angeboren, kann aber durch Übung geändert werden.

2) die ⌐ Chiralität.

Handlungsbereitschaft, die innere Bereitschaft oder Disposition, eine bestimmte instinktive Verhaltensweise (⌐ Instinkthandlung, ⌐ Instinktverhalten) auszuführen. Die H. wird von inneren und äußeren Faktoren bestimmt, z. B. vom Hunger und der Tageszeit. Nach dem Fangen eines Beutetieres verringert sich die H. zum Jagen.

Hanf, *Cannabis sativa*, alte Faser- und Ölpflanze der ⌐ Cannabaceae (Abb. siehe dort). Die einjährigen, zweihäusigen Pflanzen werden bis zu 4 m hoch. *Cannabis sativa* var. *sativa* wird hauptsächlich zur Fasergewinnung genutzt. Aus dem Harz der Blütenstände der weiblichen Pflanzen des Rauschhanfs, *Cannabis sativa* var. *indica*, wird ⌐ Haschisch gewonnen. Das Harz enthält die Rausch erzeugende Substanz Tetrahydrocannabinol (THC). Im Faserhanf ist TCH dagegen nur in sehr geringen Mengen enthalten.

Hanfgewächse, die Fam. ↗ Cannabaceae.

Hansen, *Emil Christian*, dän. Botaniker und Bakteriologe, ✳ 8.5.1842 Ripen, † 27.8.1909 Hornbæck; seit 1879 Direktor der physiologischen Abteilung des Carlsberg-Laboratoriums bei Kopenhagen. H. verfasste bedeutende Arbeiten zur Physiologie der ↗ alkoholischen Gärung und über Reinkulturen von Hefen, insbesondere *Saccharomyces carlsbergensis* (Bierhefe), für industrielle Zwecke, und wurde dadurch zum Mitbegründer der Gärungsindustrie.

Hansen's che Krankheit, ↗ Lepra.

Hanuman, der ↗ Hulman.

hapaxanthe Pflanzen, nur einmal blühende Pflanzen, die ihre Individualentwicklung mit der erstmaligen Frucht- und Samenbildung beenden.

haploid, ↗ Haploidie.

Haploidie, Bez. für das Vorhandensein eines *einfachen* Chromosomensatzes. Bei höheren Organismen ist der Zustand der H. auf die Geschlechtszellen beschränkt, wohingegen in somatischen Zellen ↗ Diploidie vorliegt. Die Zeitdauer einer *haploiden* Phase (Haplophase) im Lebenszyklus eines Organismus kann je nach Organismus unterschiedlich lang sein. (↗ Generationswechsel)

Haplonema, der ↗ Fadenthallus.

Haplont, ein Organismus, dessen Zellen einen haploiden Chromosomensatz aufweisen (↗ Haploidie) und bei dem nur die ↗ Zygote im Zustand der ↗ Diploidie vorkommt (↗ Generationswechsel). Gegensatz: ↗ Diplont

Haplophase, Bez. für den Abschnitt im Entwicklungszyklus eines Organismus bzw. einer Zelle, in dem diese nur einen Chromosomensatz aufweisen (↗ Generationswechsel). Gegensatz: ↗ Diplophase

Haplorhini, Taxon, in dem alle Primaten (↗ Primates) mit einer behaarten Haut zwischen Nase und Mund, also ohne Nasenspiegel, zusammengefasst werden. Hierzu gehören alle Affen (↗ Platyrrhini und ↗ Catarrhini) sowie die auf den Philippinen und den indonesischen Inseln vorkommenden *Koboldmakis* (Fam. *Tarsiidae*).

Haptene, unvollständige ↗ Antigene.

Hapteren, den ↗ Sporen von Schachtelhalmgewächsen angeheftete Bänder, die im feuchten Zustand eng schraubig um die Spore gewunden sind, sich bei Austrocknung jedoch abrollen. Diese hygroskopischen Bewegungen dienen der Sporenausbreitung.

Haptophyta, *Prymnesiophyta*, Abt. der ↗ Algen mit ca. 250 Arten, deren Vertreter hauptsächlich begeißelte Einzeller sind und überwiegend im Meer leben. Als Besonderheit besitzen sie neben den beiden Geißeln einen dritten geißelähnlichen Faden (*Haplonema*), der der Anheftung dient.

Zu den H. gehört nur die Klasse *Haptophyceae* mit den Ord. ↗ Prymnesiales und ↗ Coccolithophorales.

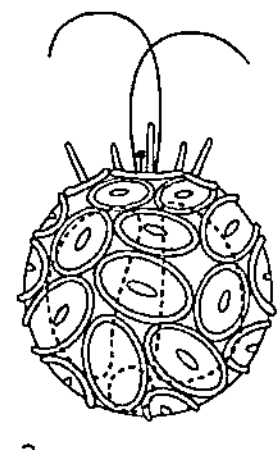

a   b

Haptophyta Ablagerung von Calcit auf den Panzerplättchen der Coccolithophorales: a *Syracosphaera pulchra*. Reduziertes Haptonema zwischen den Geißeln (1500fach). b fossiler Coccolith mit sich überlappenden Kristallzellen. Die Coccolithen haben einen Durchmesser von 0,002 bis 0,01 mm

Harden, Sir *Arthur*, engl. Biochemiker, ✳ 12.10.1865 Manchester, † 17.6.1940 London; ab 1897 Leiter der chemischen Abteilung und seit 1905 der chemischen und biochemischen Abteilungen des Jenner Institute of Preventive Medicine (später Lister Institute) in London, ab 1912 Prof. in London. J. entdeckte 1906 mit W.J. Young bei Untersuchungen der alkoholischen Gärung das Enzym Zymase und als Bestandteil der Hefeenzyme die Cozymase (heutige Bez. NAD). Außerdem beschrieb er als Erster die Bildung von Zuckerphosphaten (z. B. Fructose-1,6-bisphosphat) im Stoffwechsel. H. erhielt 1929 zusammen mit H.K.A.S. von ↗ Euler-Chelpin den Nobelpreis für Chemie.

Hardy, Sir *Godfrey Harold*, engl. Mathematiker, ✳ 7.2.1877 Cranleigh (Surrey), † 1.12.1947 Cambridge; 1919-28 Prof. in Oxford, danach in Princeton (New Jersey), ab 1931 in Cambridge. Neben bedeutenden Arbeiten zur Analysis sowie zur Zahlentheorie, stellte er 1908 unabhängig von dem deutschen Arzt und Biologen Wilhelm Weinberg (1862-1937) das ↗ Hardy-Weinberg-Gesetz der Populationsgenetik auf.

Hardy-Weinberg-Gesetz, *Hardy-Weinberg-Regel*, die durch den britischen Mathematiker G.H. Hardy und den deutschen Arzt W. Weinberg unabhängig voneinander entwickelte biologische Gesetzmäßigkeit, wonach in einer so genannten *idealen Population* die relative prozentuale Häufigkeit (*Frequenz*), mit der bestimmte ↗ Allele im ↗ Genpool vorhanden sind, über Generationen hinweg unveränderlich ist. Die dabei postulierten Eigenschaften der idealen Population (keine Mutationen, unendlich große Population, Panmixie, alle Allele gleichwertig) sind in natürlichen Populationen nie erfüllt, sodass dort Evolution durch die Veränderung der Allelfrequenz (↗ Genfrequenz) möglich ist. Hier treten i. d. R. Mutationen und Zufallsereignisse auf (↗ Gendrift) und findet die Bildung von Subpopulationen sowie ↗ Selektion statt.

Die Allelfrequenzen lassen sich am Beispiel der Allele A und a eines beliebigen Gens über Generationen hinweg wie folgt berechnen:

p_A = Frequenz des Allels A
q_a = Frequenz des Allels a
Es gilt:
$p_A + q_a = 1$
$(p_A + q_a) \times (p_A + q_a) = (p_A + q_a)^2 = 1$
Daraus folgt:
$p^2 + 2pq + q^2 = 1$
mit p^2 = homozygot AA, pq = heterozygot Aa und q^2 = homozygot aa.

Die Berechnung der Allelfrequenz soll an folgendem Beispiel illustriert werden: In einer Population von 16 Individuen finden sich fünf für das Allel A homozygote Individuen (AA), vier Individuen sind homozygot für Allel a (aa), und sieben Tiere sind heterozygot für beide Allele (Aa). Daraus errechnet sich eine Allelfrequenz für das Allel A von $(2 \times 5+7)/(2 \times 16) = 0{,}531$ und für Allel a $(2 \times 4+7)/(2 \times 16) = 0{,}469$. Die Summe der Allelfrequenzen aller Allele eines Locus ergibt dabei immer 1.

Harn, *Urin*, flüssiges oder (z. B. bei Vögeln und Insekten) mehr oder weniger festes Ausscheidungsprodukt von ↗ Exkretionsorganen. Der tatsächlich ausgeschiedene H. (*Endharn*) unterscheidet sich in seiner Zusammensetzung nahezu immer von dem in den entsprechenden Organen gebildeten H. (*Primärharn*). Der H. des Menschen ist normalerweise durch *Urochrome* (u. a. ↗ Porphyrine, ↗ Bilirubin, ↗ Urobilin) mehr oder weniger intensiv gelb gefärbt. Eine abweichende Färbung kann auftreten durch abnorme Konzentrationen der erwähnten oder anderer, im Stoffwechsel entstandener oder mit der Nahrung bzw. als Medikamente aufgenommener Substanzen sowie als Folge von bakteriellen Infektionen. Der ↗ pH-Wert kann zwischen 4,8 und 7,4 schwanken; er liegt normalerweise durch Schwefel- und Phosphorsäuren, die aus dem Protein- und Phospholipidabbau stammen, im sauren Bereich. Bei vegetarischer Ernährung kann er auch in den alkalischen Bereich verschoben sein, da die in Pflanzen enthaltenen organischen Säuren zu Hydrogencarbonat abgebaut werden. Die Untersuchung des H. in Bezug auf Farbe, Aussehen, Osmolalität, Viskosität, Menge und Zusammensetzung ist eine wichtige Methode zur Diagnose von Krankheiten und Organfunktionsstörungen. Der Nachweis von HCG (↗ Choriongonadotropin) im H. dient als Schwangerschaftsnachweis.

Harnblase, *Vesica urinaria*, bei den meisten Wirbeltieren vorkommendes dehnbares Hohlorgan zur Harnspeicherung. Die H. entsteht in der Individualentwicklung als Ausstülpung der Kloake. Bei Säugetieren einschließlich dem Menschen besteht die Wand der H. aus geflechtartig angeordneter glatter Muskulatur, welche die Größe der H. ihrem Füllungszustand anpasst. Das Fassungsvermögen beim Menschen beträgt etwa 300 bis 500 cm³. Die Entleerung der H. erfolgt durch Kontraktion der Wandmuskulatur, wobei der Blasenschließmuskel entspannt ist. Gesteuert wird die Blasenmuskulatur reflektorisch über Zentren im Rückenmark und willkürlich über die Großhirnrinde. Der ↗ Harn wird von der Niere über den *Harnleiter* (*Ureter*) zur H. geleitet und aus der H. heraus über die *Harnröhre* (*Urethra*) bzw. die Kloake abgeleitet. Eine H. fehlt unter den Reptilia den Doppelschleichen (↗ Amphisbaenia), Waranen (↗ Varanidae), Krokodilen (↗ Crocodylia) und Schlangen (↗ Serpentes) sowie den Vögeln (↗ Aves) mit Ausnahme der Strauße (↗ Struthioniformes). Bei Froschlurchen (↗ Anura) und Schildkröten (↗ Chelonia) dient die H. auch als Wasserreservoir.

Harnhaut, die ↗ Allantois.

Harnleiter, *Ureter*, ↗ Harnblase, ↗ Niere.

Harnmarkieren, das bei Raub- und Nagetieren verbreitete Markieren des Reviers mit Harn (↗ Duftmarken).

Harnröhre, *Urethra*, ↗ Harnblase.

Harnsack, ↗ Allantois.

Harnsamenröhre, ↗ Samenleiter.

Harnsäure, *2,6,8-Trihydroxypurin*, stickstoffhaltiges Endprodukt des Abbaus von Proteinen, Aminosäuren, Nucleotiden und anderen stickstoffhaltigen Verbindungen bei Reptilien, Vögeln und vielen Insekten. Die Bildung von H. findet in Leber und Niere bzw. entsprechenden Organen, wie z. B. dem Fettkörper der Wirbellosen, statt, durch Einschleusung einfacher stickstoffhaltiger Zwischenstufen wie Ammoniak, Glutamin und Aspartat in den Purinstoffwechsel. Durch Oxidation von Hypoxanthin und Xanthin, den Abbauprodukten der Purinnucleotide, entsteht H. Bei Primaten ist H. lediglich das Abbau- und Ausscheidungsprodukt der Purinnucleotide, während die übrigen Stickstoffverbindungen als ↗ Harnstoff ausgeschieden werden. (↗ Exkretion)

Harnstoff, das Diamid der ↗ Kohlensäure. H. bildet in reiner Form in Wasser leicht lösliche Kristalle. Er ist das hauptsächliche Stickstoffausscheidungsprodukt des Menschen, der ureotelischen Tiere und bestimmter Pilze. (↗ Exkretion, ↗ Harnstoffzyklus, ↗ Niere)

Harnstoffzyklus, *Arginin-Harnstoff-Zyklus, Ornithinzyklus, Krebs-Henseleit-Zyklus*, ein bei Säugetieren u. a. ureotelischen Tieren vorkommender Stoffwechselkreislauf, über den ↗ Harnstoff aus ↗ Kohlenstoffdioxid, ↗ Ammoniak und dem α-Aminostickstoff von L-Asparaginsäure unter Verbrauch von ATP synthetisiert wird. Für die Synthe-

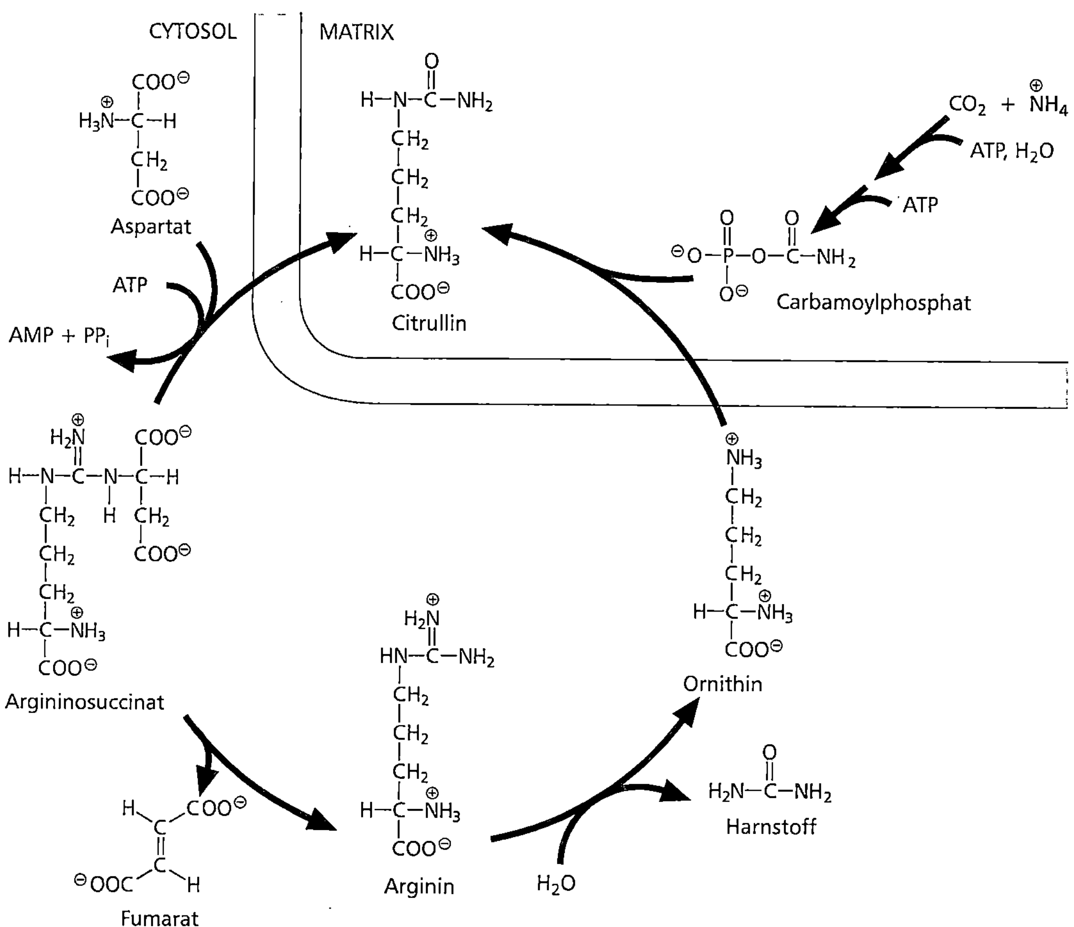

Harnstoffzyklus Reaktionsschema des Harnstoffzyklus, dessen Reaktionen z. T. im Cytoplasma (Cytosol) und z. T. in den Mitochondrien ablaufen

se eines Moleküls Harnstoff oder L-Arginin werden drei Moleküle ATP benötigt und vier energiereiche Bindungen verbraucht. Die primäre Funktion des H. besteht darin, den als Abfall anfallenden Stickstoff in den nicht toxischen, wasserlöslichen Harnstoff zu überführen, der ausgeschieden werden kann. Der Zyklus dient jedoch auch – durch Übertragung der Amidingruppe auf Glycin – zur Bildung von L-Ornithin und Guanidinoacetat, dem Vorläufer von ↗ Kreatin. Eine weitere Funktion ist die Synthese der proteinogenen Aminosäure L-Arginin. Bei Tieren wird der H. durch die Synthese von L-Ornithin aufgefüllt. Diese erfolgt aus L-Glutamat oder in gewissem Ausmaß aus Abbauprodukten des L-Prolins. L-Ornithin und L-Arginin stehen über den H. miteinander im Gleichgewicht, sodass der H. auch durch L-Arginin aus der Nahrung bedient werden kann. Umgekehrt kann die Synthese von L-Ornithin und dessen Umwandlung in L-Arginin den ernährungsbedingten Bedarf an L-Arginin decken.

Der Hauptort des H. ist die ↗ Leber. Die Umwandlung von L-Ornithin in L-Citrullin sowie die Synthese von Carbamoylphosphat geschehen in der mitochondrialen Matrix, alle anderen Reaktionen laufen im Cytoplasma ab. Das Nierencytoplasma enthält zwar die Enzyme für die Überführung von L-Citrullin in L-Ornithin, jedoch fehlen den Nieren-Mitochondrien die notwendigen Enzyme zur Umwandlung von L-Ornithin in L-Citrullin und zur Synthese von Carbamoylphosphat. Ein Teil des L-Citrullins wird von der Leber zur ↗ Niere transportiert, wo es in L-Ornithin und Harnstoff umgewandelt wird. Der H. ist über folgende Reaktionsfolge mit dem ↗ Citratzyklus verbunden: Fumarat, das durch die Wirkung von Argininosuccinat-Lyase produziert wird, tritt in die ↗ Mitochondrien ein und wird im Citratzyklus in Oxalacetat umgewandelt. Mit Hilfe der ↗ Transaminierung von Oxalacetat zu Aspartat wird Abfallstickstoff in die Aminogruppe von Aspartat eingebaut. Dieses reicht den Stickstoff durch die Wirkung von Argininosuccinat-

Synthase an den H. weiter. Eine dieser Reaktionen (Malat + NAD$^+$ → Oxalacetat + NADH + H$^+$) stellt über die oxidative Phosphorylierung eine Quelle für drei Moleküle ATP dar. Der Hauptteil des Ammoniaks, der bei der Synthese von Carbamoylphosphat verbraucht wird, stammt aus der oxidativen Desaminierung von L-Glutamat durch die L-Glutamat-Dehydrogenase: L-Glutamat + NAD$^+$ + H$_2$O → α-Ketoglutarat + NADH + H$^+$ + NH$_3$. Auch hier werden durch die Oxidation von NADH drei Moleküle ATP gebildet. Der Energiebedarf des H. wird demnach durch die Energieproduktion assoziierter Proteine nahezu gedeckt. ($\nearrow$ Ammoniumassimilation, $\nearrow$ Exkretion)

Hartheu, das $\nearrow$ Johanniskraut.

Hartheugewächse, die Fam. $\nearrow$ Clusiaceae.

Hartig'sches Netz, $\nearrow$ Mykorrhiza.

Hartlaubgehölze, *Sklerophylle*, Pflanzen mit steifen, ledrigen, meist immergrünen Blättern. Die an trocken-heiße Sommer und milde Winter angepassten Pflanzen haben ihre Hauptvegetationszeit im Frühjahr. Durch die ledrigen Blätter schützen sie sich in den längeren Trockenperioden vor zu hohen Wasserverlusten. Manchmal sind die Blätter auch nadelartig oder stark behaart. Zu den H. gehören z. B. $\nearrow$ Lorbeer (*Laurus nobilis*), Myrte (*Myrtus communis*; $\nearrow$ Myrtaceae), $\nearrow$ Olivenbaum (*Olea europaea*) und Steineiche (*Quercus ilex*).

H. findet man hauptsächlich im Mittelmeerraum, im westlichen Nord- und Südamerika (Kalifornien, Mittel-Chile), in Südafrika (Kapland) und in Südaustralien. Die Hartlaubzone des Mittelmeergebietes wird als $\nearrow$ Macchie bezeichnet, diejenige Nordamerikas als $\nearrow$ Chaparral. Der *Fynbos* ist eine macchienartige Strauchformation in der Vegetation des Kaplandes ($\nearrow$ Capensis). Eine weitere Formation, die von H. dominiert wird, ist die $\nearrow$ Garigue, im östlichen Mittelmeer auch *Phrygana* genannt.

Hartline, *Haldan Keffer*, amerikan. Physiologe, ✳ 22.12.1903 Bloomsburg (Pennsylvania), † 17.3.1983 Fallston (Maryland); 1949-53 Prof. an der Johns Hopkins University in Baltimore (Maryland), seit 1953 an der Rockefeller University in New York. H. arbeitete vor allem über den Stoffwechsel von Nervenzellen. Er führte Untersuchungen mit Mikroelektroden an den lichtempfindlichen Retinazellen (Netzhaut) des Auges durch. 1967 erhielt er zusammen mit R.A. Granit und G. Wald den Nobelpreis für Physiologie oder Medizin.

Hartriegel, *Cornus*, Gatt. der $\nearrow$ Cornaceae, Sträucher mit parallelnervigen Blättern und blauen bis schwarzen, roten oder weißen Beeren.

Hartriegelgewächse, die Fam. $\nearrow$ Cornaceae.

Hartwell *Leland H.*, amerikan. Molekularbiologe, ✳ 30.10. 1939 Los Angeles (California); seit 1997 Direktor am Fred Hutchinson Cancer Research Center in Seattle. H. erhielt 2001 mit R.T. $\nearrow$ Hunt und P.M. $\nearrow$ Nurse für die Entdeckung von Schlüsselsubstanzen in der Regulation des Zellzyklus den Nobelpreis für Physiologie oder Medizin.

Harze, feste oder zähflüssige, meist gelbe bis braune Exkrete, die aus einem Gemisch aus $\nearrow$ Terpenen, Harzsäuren und $\nearrow$ etherischen Ölen bestehen. Sie sind besonders bei Nadelhölzern, Wolfsmilchgewächsen, Doldengewächsen und Sumachgewächsen verbreitet. Das H. wird meist in besondere, im Holz verlaufende $\nearrow$ Harzkanäle abgesondert. Bei Verletzung tritt H. aus den Harzkanälen aus (primärer Harzfluss). Die Verwundung stimuliert die H.-Bildung, wodurch ein sekundärer Harzfluss einsetzt, der oft jahrelang anhalten kann. Wichtige H. sind die Kiefernharze, die überwiegend aus Abietinsäure und weiteren isomeren Diterpensäuren bestehen. Ein fossiles H. ist der $\nearrow$ Bernstein.

Harzgänge, die $\nearrow$ Harzkanäle.

Harzkanäle, *Harzgänge*, röhrenartige, mit $\nearrow$ Harz oder harzähnlichen Substanzen angefüllte Hohlräume in Nadel- und Laubhölzern, die meist in Faserrichtung des Holzes verlaufen.

Haschisch, das getrocknete Harz aus den Drüsenhaaren der weiblichen Hanfpflanze (*Cannabis sativa*, $\nearrow$ Hanf). *Marihuana* nennt man die getrockneten und zerkleinerten Triebspitzen des weiblichen Hanfs. Sowohl H. als auch (in geringerer Menge) Marihuana enthalten *Tetrahydrocannabinol*, das – je nach Stimmungslage – unterschiedliche Rauscherlebnisse verursacht: von wohligem Behagen bis hin zu Angstzuständen, von Antriebsverlust bis Ruhelosigkeit ist das ganze Spektrum möglich; Sinneseindrücke (Farben, Töne) können intensiver wahrgenommen werden. H. und Marihuana werden meist mit Tabak gemischt geraucht, können aber auch Getränken oder Gebäck zugesetzt werden. Zwar wird das Suchtpotenzial als gering eingestuft, doch kann bei längerem Missbrauch eine psychische Abhängigkeit entstehen sowie ein Nachlassen der Leistungs- und Konzentrationsfähigkeit und mitunter Depressionen.

Hasel, *Corylus*, Gatt. der $\nearrow$ Betulaceae. Der *Gemeine H., Corylus avellana*, ist ein bis 5 m hoher Strauch, dessen Früchte, die Haselnüsse, von einer becherförmigen Hülle umgeben sind.

Haselhuhn, Art der $\nearrow$ Tetraoninae.

Haselmaus, Art der Fam. $\nearrow$ Gliridae.

Hasen, Gatt. der Hasenartigen ($\nearrow$ Leporidae).

Hasenartige, die Fam. $\nearrow$ Leporidae.

Hasenmäuse, Gatt. der $\nearrow$ Chinchillidae.

Hasentiere, die $\nearrow$ Lagomorpha.

Hatch-Slack-Zyklus, $\nearrow$ C$_4$-Pflanzen.

Hatschek, *Berthold*, österr. Zoologe, ✳ 3.4.1854 Kirwein (Mähren), † 18.1.1941 Wien; Prof. in Prag, seit 1896 Leiter des Zoologischen Instituts in Wien. Neben grundlegenden Untersuchungen zum Ursprung des Wirbeltierbauplans am Lanzettfischchen (↗ Acrania), prägte er 1878 die Bez. „Trochophora" für die Larve der Ringelwürmer (↗ Annelida) und Igelwürmer (↗ Echiura). Nach ihm ist die ↗ Hatschek-Grube des Lanzettfischchens benannt.

Hatschek-Grube, *Geißelorgan,* Wimpergrube am Mundhöhlendach des Lanzettfischchens, ↗ Acrania. Die H.-G. ist der Adenohypophyse der Wirbeltiere homolog.

Haubenlerche, Art der Lerchen (↗ Alaudidae).

Haubenmeise, Art der Meisen (↗ Paridae).

Haubentaucher, Art der Lappentaucher (↗ Podicipedidae).

Haupthistokompatibilitätskomplex, Abk. *MHC* (von engl. *major histocompatibility complex*), Bez. für eine ↗ Genfamilie, deren Produkte, die *Histokompatibilitäts-Antigene* (beim Menschen auch als *HLA-System* bezeichnet), die Wechselwirkung zwischen ↗ T-Lymphocyten und Antigen-präsentierenden Zellen (↗ Antigen-Präsentation) im Rahmen einer Immunantwort vermitteln. Diese Antigene sind ↗ Glykoproteine der Plasmamembran von Zellen. Es gibt mindestens 20 MHC-Gene sowie 100 Allele von jedem Gen. Dies bedeutet, dass es, abgesehen von eineiigen Zwillingen praktisch unmöglich ist, dass zwei Menschen die gleichen MHC-Marker auf ihren Zellen besitzen. Daher ist der H. ein für jedes Individuum einzigartiger biochemischer Fingerabdruck, der es dem ↗ Immunsystem ermöglicht, „Selbst" von „Fremd" zu unterscheiden. Zwei Hauptklassen von MHC-Molekülen werden unterschieden: *MHC-Klasse-I-Moleküle* befinden sich auf allen kernhaltigen Zellen, d. h. auf nahezu jeder Körperzelle. *MHC-Klasse-II-Moleküle* sind auf wenige spezialisierte Zellen des Immunsystems begrenzt, und zwar vor allem ↗ Makrophagen, ↗ B-Lymphocyten und aktivierte T-Lymphocyten. Die MHC-Klasse-II-Moleküle haben eine wichtige Rolle bei der Wechselwirkung zwischen Zellen des Immunsystems inne, insbesondere bei der Aktivierung von T-Helferzellen (↗ spe-

zifische Immunantwort). Daneben gibt es noch einige andere Gene, z. B. für Komponenten des ↗ Komplementsystems, die als *MHC-Klasse-III-Moleküle* bezeichnet werden. Ebenfalls eng mit dem H. gekoppelt ist der *Eigengeruch* eines Individuums. Je näher verwandt zwei Individuen sind, desto ähnlicher ist der Eigengeruch. So können eineiige Zwillinge selbst von speziell trainierten Tieren nicht mehr aufgrund ihres Eigengeruchs unterschieden werden. MHC-assoziierte Gerüche beeinflussen die Mutter-Kind-Bindung, die Partnerwahl, die Inzestschranke und die Fehlgeburtenrate.

Hauptzellen, Pepsinogen sezernierende Zellen der Magenschleimhaut (↗ Magen).

Hausbock, Art der Bockkäfer (↗ Cerambycidae).

Hausen, *Huso,* Gatt. der Störe (↗ Acipenseridae) mit zwei Arten. Der bis 9 m lange *Europäische H.* (*Beluga, Huso huso*) ist ein anadromer Fisch, der zum Laichen aus dem Schwarzen Meer in die Donau aufsteigt. Der H. ist vor allem als Lieferant des Beluga-Kaviars berühmt und von wirtschaftlicher Bedeutung. Heute ist er vom Aussterben bedroht, und man versucht, die Bestände durch Schutzmaßnahmen und künstliche Zucht zu erhalten.

Haushaltsgene, *housekeeping genes, konstitutive Gene,* Bez. für ↗ Gene, die in Zellen ständig exprimiert werden (↗ Genexpression), da sie zur Aufrechterhaltung grundlegender Zellfunktionen erforderlich sind. Zu den H. gehören z. B. Gene für ↗ ribosomale RNA oder Enzyme wie die ↗ RNA-Polymerasen. (↗ differentielle Genaktivität, ↗ Genregulation)

Hausmaus, *Mus musculus,* Art der Echten Mäuse (↗ Muridae), die ursprünglich in Steppen und Halbwüsten Asiens südlich des 45. Breitengrades und im Mittelmeerraum beheimatet war. Heute ist sie, vor allem durch den Menschen, weltweit verbreitet. H. sind 7-12 cm lang und schlank, mit spitzer Schnauze und etwa körperlangem, fast nacktem Schwanz. Das Fell ist braun- bis bleigrau, unterseits etwas

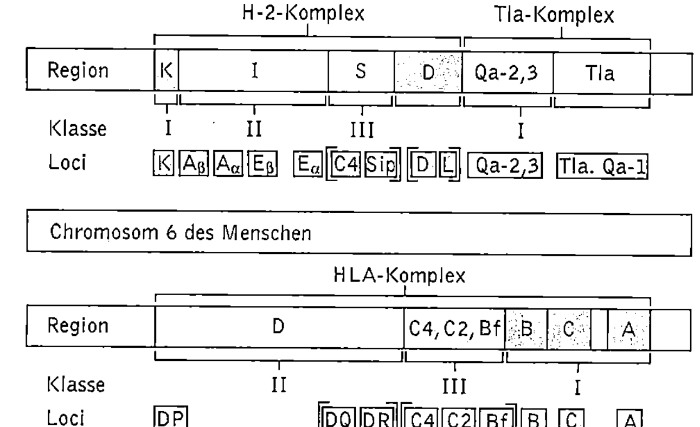

Haupthistokompatibilitätskomplex Organisation des Histokompatibilitäts-Locus von Maus und Mensch. Die Lage und die wichtigsten Loci der Klasse I, II und III sind eingezeichnet. Eckige Klammern kennzeichnen Gene, die für andere Proteine als die Komplementkomponenten C2 und C4 codieren

heller. H. sind nachtaktiv und können gut springen und schwimmen. Sie sind Allesfresser, die, ursprünglich freilebend, als Kulturfolger in menschlichen Behausungen leben. H. können sich das ganze Jahr über fortpflanzen. Die Tragzeit beträgt 20 Tage, und die Jungen sind nach zwei bis drei Monaten geschlechtsreif. In Europa kommt die H. in mehreren, z. T. sehr unterschiedlichen Unterarten vor. Sie ist die Stammform der albinotischen *Weißen Maus* u. a. Zuchtformen, die in der biologischen und medizinischen Forschung wichtige Versuchstiere sind.

Hausrotschwanz, Art der Gatt. ↗ Rotschwänze.

Hausschwamm, *Serpula*, Gatt. der Pilzord. ↗ Boletales. Der echte *Hausschwamm (Serpula lacrimans)* lebt in Gebäuden mit hoher Luftfeuchtigkeit, wo er in kurzer Zeit das verbaute Holz (insbesondere Nadelholz) zerstören kann. Das Holz wird leicht brüchig und querrissig und lässt sich schließlich zu braunem Staub zerreiben (Braunfäule). Von feuchten Stellen kann der H. auch in trockenes Holz vordringen, mit seinen Mycelsträngen sogar Mauerritzen durchwachsen und in wenigen Jahren das gesamte Holzwerk eines großen Hauses vernichten. Die anfangs watteartigen Mycelflocken entwickeln sich zu flächigen Häuten oder Platten, in denen sich eine bräunliche Fruchtkörperschicht ausbildet. Zur Bekämpfung muss das befallene Holz vollständig vernichtet und das verbliebene gesunde sowie neues Holz chemisch konserviert werden. Der H. bleibt etwa fünf Jahre im Holz oder Mauerwerk lebensfähig.

Haussperling, Art der Sperlinge (↗ Passeridae).

Hausspinne, Art der Trichterspinnen (↗ Agelenidae).

Hausstaubmilbe, *Dermatophagoides pteronyssinus*, Art der Milben (↗ Acari), die weltweit verbreitet ist und im Staub von Matratzen, Polstermöbeln, Fußböden u. ä. lebt. Sie ernährt sich von organischem Material, wie z. B. menschlichen und tierischen Hautschuppen. Sie gilt als wichtigster Auslöser der Hausstauballergie und ist eine häufige Ursache u. a. für das allergische Bronchialasthma.

Haustiere, i.e.S. zur Nutzbarmachung ihrer Produkte und Leistungen oder aus ideellen Gründen vom Menschen über eine Vielzahl von Generationen gehaltene Tiere, die sich durch künstliche Zuchtwahl morphologisch, physiologisch und ethologisch gegenüber ihren wildlebenden Vorfahren verändert haben und damit zu eigenen Rassen wurden. H. gibt es seit über 10000 Jahren. Als älteste H. gelten Schaf, Ziege, Rind und Hund, die der Mensch ursprünglich zunächst als Nahrungsmittel- und Rohstofflieferant genutzt hat. Die Verwendung von Haustieren als Trag- oder Zugtiere und der Gebrauch des Hundes als Jagdhelfer oder Hütehund folgten erst wesentlich später. Nur aus etwa 20 von

insgesamt fast 4500 bekannten Säugetierarten entstanden durch *Domestikation (Haustierwerdung)* echte H. Wiederum nur ein kleiner Teil von diesen erreichte wirtschaftliche Bedeutung und weltweite Verbreitung. Die zur wissenschaftlichen Forschung gezüchteten Tiere (↗ Tierversuche) sind hinsichtlich ihrer Domestikation jüngeren Datums. Auch unter den Vögeln ist die Zahl der Haustierformen gering im Vergleich zu ihrer Artenzahl. Unter den Fischen gibt es eine ganze Reihe von Arten, die als Nutz- und Zierfische zu H. des Menschen geworden sind. Zwar werden Honigbienen und Seidenspinner häufig als H. bezeichnet, streng genommen sind sie es jedoch nicht, da sie sich in Aussehen und natürlicher Lebensweise nicht geändert haben und sie vom Menschen nicht abhängig geworden sind. Ebensowenig gelten vom Menschen in Farmen gezüchtete, so genannte Pelztiere wie Silberfuchs, Nerz, Waschbär, Nutria oder Chinchilla als H. Die Mehrzahl der echten H. entstand in Eurasien. Aus Afrika stammen nur Esel, Katze und Perlhuhn. In Amerika wurden Guanako (als Lamas und Alpaka), Meerschweinchen, Truthuhn und Moschusente zu H. Werden H. wieder natürlichen Bedingungen ausgesetzt, so können sie auch wieder „verwildern" (z. B. Dingo oder Mustangs).

Literatur: Benecke, H.: Der Mensch und seine Haustiere. Die Geschichte einer jahrtausendealten Beziehung, Stuttgart 1994. – Engelhardt, G.B.: Physiologie der Haustiere, Stuttgart 2000. – Herre, W., Röhrs, M.: Haustiere – zoologisch gesehen, Stuttgart ²1990. – Salomon, F.-V., Geyer, H.: Atlas der angewandten Anatomie der Haustiere, Stuttgart 1997. – Schnott, B., Kressin, M.: Embryologie der Haustiere, Stuttgart 2001.

Haustorien, Saugorgane parasitisch (↗ Parasitismus) oder halbparasitisch lebender Pflanzen und

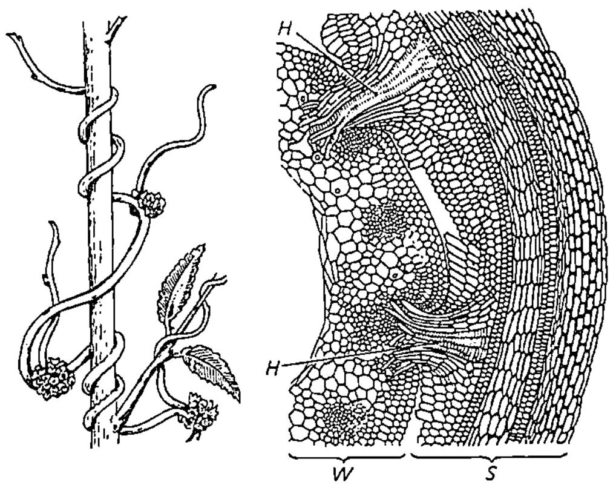

Haustorien Links: Weidenzweig, der von Hopfenseide (*Cuscuta europaea*) umwunden ist; rechts Querschnitt durch den umwundenen Stängel des Wirtes (W) mit einem kurzen, längs durchgeschnittenen Stängelstück des Schmarotzers (S). H Haustorien

Pilze. Sie entwickeln sich aus papillären Wucherungen des Parasiten und dringen mehr oder weniger tief in das Gewebe der Wirtspflanzen ein. Treffen sie auf Leitgewebe des ⌐ Wirtes, werden in den H. ebenfalls Siebröhren und Wasserleitungsgefäße ausgebildet, mit deren Hilfe der Wirtspflanze Wasser und Nährstoffe entzogen werden und in die Schmarotzerpflanze geleitet werden. Bei Schmarotzerpilzen werden die Ausstülpungen der Hyphen, die in das Gewebe der Wirtspflanze eindringen, als H. bezeichnet.

Haut, i.w.S. Sammelbez. für flexible, zugelastische und abdichtende Deck- und Grenzschichten unterschiedlichen Aufbaus, die ganze Organismen oder einzelne Organe bzw. Körperhohlräume umkleiden oder auskleiden können (z. B. Knochenhaut, Schleimhaut, Netzhaut). – I.e.S. *Integument,* die äußere Körperbedeckung aller mehrzelligen Tiere. Sie ist i. d. R. ein einschichtiges und nur bei ⌐ Chaetognatha und bei Wirbeltieren (⌐ Vertebrata) mehrschichtiges Epithel, das bei Schnurwürmern (⌐ Nemertini) und bei Wirbeltieren mit einer Schicht unterlagernden Bindegewebes eine funktionelle Einheit (Cutis) bildet. Als Grenzschicht zwischen Körperinnerem und Außenwelt bietet die H. Schutz gegen Außeneinwirkungen, wie Parasiten, Schadstoffe sowie bei Landtieren gegen Verdunstung. Vor allem bei Wassertieren ermöglicht sie einen kontrollierten Stoffaustausch zwischen Innen- und Außenmilieu. Ferner dient die H. der Aufnahme von Sinneseindrücken (⌐ Hautsinne) und über das Aussenden optischer und chemischer Signale (z. B. Pigmentierungsmuster, Erröten) der Kommunikation. Für manche Organismen spielt sie eine Rolle bei der Fortbewegung, z. B. mit Hilfe von Flimmerepithelien oder von Gleitschleimen wie bei Schnecken. Bei Säugern ist die H. das wichtigste Organ für die ⌐ Temperaturregulation.

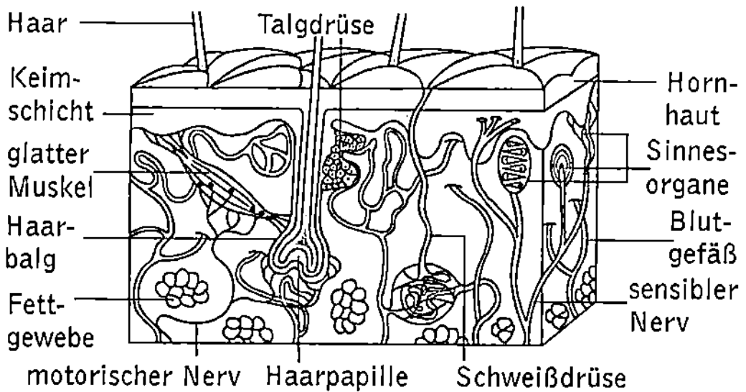

Haut Schema eines Schnitts durch die menschliche Haut

Die *Wirbeltierhaut (Cutis)* besteht aus der ektodermalen, oft vielschichtigen *Epidermis (Oberhaut)* und dem darunter liegenden mesodermalen Bindegewebe des *Coriums (Unterhaut, Dermis, Lederhaut).* Beide Schichten sind durch ein System papillen- oder leistenförmiger Coriumvorwölbun-

gen und tief zwischen diese hineinragende Epidermiszapfen innig miteinander verzahnt. Vom reich durchbluteten Corium her erfolgt die Ernährung der Epidermis. Pigmentzellen im Corium verleihen der H. ihre Färbung, und in den Coriumpapillen liegende Sinnesrezeptoren der Hautsinne vermitteln Tast-, Schmerz- und Temperaturempfindung. Das genetisch fixierte Muster der Coriumleisten bestimmt u. a. die individuelle Ausprägung der epidermalen Hautfelderung und Hautleisten an Handflächen und Fußsohlen der Primaten (⌐ Hautleistenmuster). In der Tiefe geht das Corium kontinuierlich in ein fettreiches *Unterhautbindegewebe (Subcutis)* über, das als Verschiebe- und Einbauschicht die Verbindung zu Skelett und Muskulatur herstellt.

Die oberflächlichen Zell-Lagen der Wirbeltierepidermis unterliegen einem ständigen Verschleiß und werden nach Art einer holokrinen Drüse aus einer basalen, zeitlebens teilungsaktiven *Basalzellschicht (Stratum basale* oder *Keimschicht, Stratum germinativum)* kontinuierlich ersetzt. Bei wasserlebenden Wirbeltieren (Fische, Amphibien) hat die Epidermis gewöhnlich nur wenige Schichten und die mechanische Verfestigung der Körperdecke wird durch Verknöcherungen im Corium erreicht, so durch die Ausbildung von Schuppen oder gar ganzer Hautknochenpanzer (z. B. bei den ⌐ Placodermi). Bei den landlebenden Wirbeltieren hingegen tritt die Abdichtungsfunktion der Epidermis in den Vordergrund. Sie ist hier vielschichtig und besteht zuweilen aus mehr als hundert Zell-Lagen. Auf die Basalzellschicht folgen nach außen mehrere Lagen zunehmend über ⌐ Desmosomen mechanisch verbundener Stachelzellen, die von einem dichten inneren Netzwerk aus Keratinfibrillen durchzogen werden (*Stachelzellschicht, Stratum spinosum).* Die oberen Lagen der Epidermis verhornen mehr oder weniger stark durch zunehmende Einlagerung miteinander verschmelzender Keratin-Granula in die absterbenden mittleren epidermalen Zell-Lagen, die *Körnerschicht (Stratum granulosum)* und die *Glanzschicht (Stratum lucidum),* und werden dadurch wasserundurchlässiger und abriebfester. Flächige oder lokal begrenzt erhöhte Zellproduktion und Verhornung der Epidermis (*Hornschicht, Stratum corneum)* führen bei Säugern zur Bildung von Hornschwielen an stark belasteten Hautpartien (Hand, Fußsohle), zu Panzerbildungen (z. B. Nashorn), zur Ausbildung von ⌐ Hufen, ⌐ Klauen, ⌐ Nägeln und ⌐ Hörnern oder zur Bildung von Schnabelscheiden (Schnabeltier, Vögel), epidermalen Schuppenfeldern (z. B. Vogelbeine, Biberschwanz) oder auch ganzen Hornschuppenpanzern (Reptilien). Letztere müssen durch Abstoßen der gesamten Haut periodisch erneuert werden (⌐ Häutung). Sonderbildungen der epidermalen Verhornung sind die ↗ Haare der Säugetiere und die ↗ Federn der Vögel. Eine Vielzahl von aus der Epidermis hervorgehenden ↗ Drüsen dient insbesondere bei Säugern der Temperaturregulation (↗ Schweißdrüsen), der Erhaltung der Geschmeidigkeit der Haut (↗ Talgdrüsen), dem Sozialkontakt und der Sexualanziehung (↗ Duftdrüsen) sowie der Brutpflege (↗ Milchdrüsen).

Hautatmung, Bez. für den Gasaustausch durch die ↗ Haut. H. findet sich insbesondere bei Tieren, deren Körperoberfläche im Verhältnis zum Volumen groß ist, wie dies z. B. für Nesseltiere (↗ Cnidaria), Strudelwürmer (↗ Turbellaria) oder Fadenwürmer (↗ Nematoda) zutrifft. Außerdem kommt H. bei Tieren mit geringer Stoffwechselintensität vor. Bei einigen Tiergruppen ist sie in nennenswertem Umfang zusätzlich zum Gasaustausch über spezielle Atmungsorgane vorhanden. So haben Fische einen Anteil an H. von schätzungsweise 5 - 30 %, Amphibien sogar von 30 - 60 %, wobei Frösche (↗ Anura) z. B. im Winter ausschließlich über die Haut atmen. Eine spezielle Form ist die *Enddarm-Atmung*, z. B. bei vielen ↗ Oligochaeta oder ↗ Copepoda und Libellenlarven. Hier wird Wasser durch Wimpern (Oligochaeta) oder mittels Muskelkontraktionen (Insekten) in den Enddarm befördert, der als respiratorische Oberfläche für den Gasaustausch dient.

Hautflügler, die ↗ Hymenoptera.

Hautknochen, die Deckknochen (↗ Knochen).

Hautleistenmuster, auf der Hautoberfläche sichtbares Muster aus Erhebungen (*Hautleisten*), das sich an Handinnenflächen und Fußsohlen der Primaten befindet. Dort ist die Epidermis verdickt und besonders tief mit dem Corium (↗ Haut) verzapft. Das H. ist für jedes Individuum typisch und wird beim Menschen zur Identifizierung von Personen benutzt (*Fingerabdruck*).

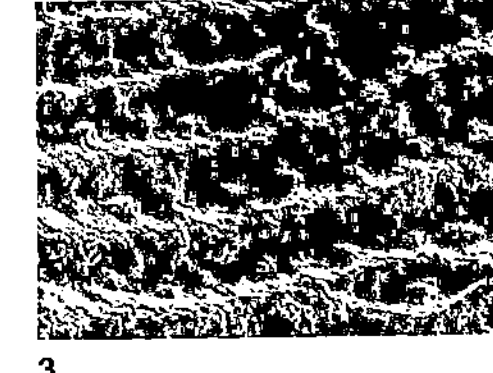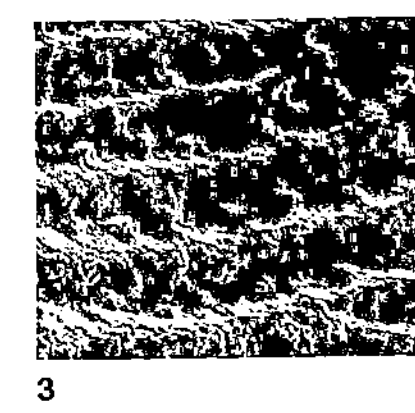

Hautleistenmuster 1 Hautleisten auf der Fingerbeere (Fingerabdruck); 2 Hautleistenmuster vergrößert; die Punkte in den Furchen sind die Mündungen der Schweißdrüsen; 3 Rasterelektronenmikroskopische Aufnahme von Hautleisten der Handflächen; in den erhöhten Bereichen liegen Schweißporen

Hautmuskelschlauch, die Körperwand wurmförmiger Tiere, bei der ↗ Epidermis mit ↗ Cuticula und eine oder mehrere Muskelschichten eine funktionelle Einheit bilden. Der H. dient der Fortbewegung. Die Muskulatur kann aus Ring- und Längsmuskeln (↗ Annelida) oder nur aus Längsmuskeln (↗ Nematoda) bestehen. Entsprechend unterschiedlich ist die Bewegungsweise: geradliniges, peristaltisches Kriechen bei Anneliden und Schlängeln bei Fadenwürmern.

Hautpilze, Pilze, die bevorzugt auf Haut, Haaren und Nägeln von Menschen und Tieren wachsen (↗ Dermatophyten).

Hautsinne, die Gesamtheit aller Sinnesmodalitäten, die mit einer Vielzahl verschiedener Typen von Hautsinnesorganen wahrgenommen werden. So erlauben Mechanorezeptoren die Wahrnehmung von Berührung, Druck und Vibration und liefern als ↗ Tastsinn Informationen aus dem Nahfeld der Umwelt. Der ↗ Temperatursinn wird über Wärme- und Kälterezeptoren vermittelt und der Schmerzsinn (↗ Schmerz) über die ↗ Nozizeptoren der ↗ Haut.

Häutung, *Ecdysis*, periodisches Abstreifen und Neubildung der Körperbedeckung. Regelmäßige H. kommen in ganz unterschiedlichen Tiergruppen vor. Abgestreift werden entweder ein azelluläres Exoskelett oder abgestorbene äußere Schichten der ↗ Epidermis. Bei vielen wirbellosen Tieren sezerniert die einschichtige Epidermis ein festes Exoskelett, die ↗ Cuticula. Arthropoden können nur in Intervallen, durch periodische H. wachsen und ihre Form verändern. Die H. der *Wirbellosen* wird durch in den Häutungsdrüsen gebildete Hormone gesteuert. Bei Insekten (↗ Insecta) ist *Ecdysteron* (↗ Ecdysteroide) das Hormon, das die Vorgänge der H. an sich auslöst während die jeweils vorhandene Konzentration an Juvenilhormon die Art der H. festlegt, denn über die Larvalhäutungen bis zur Puppenhäutung nimmt jeweils die Konzentration an Juvenilhormon ab. Bei der Adulthäutung schließlich ist kein Juvenilhormon mehr nachzuweisen. Jeweils einige Tage vor der H. löst sich die Cuticula einschließlich der chitinigen Auskleidung von ↗ Tracheen sowie Vorder- und Enddarm von der Epidermis (*Apolyse*). Der zwischen Cuticula und Epidermis entstehende Häutungsspalt (*Exuvialraum*) enthält die *Exuvialflüssigkeit*, welche die inneren Schichten der Cuticula abbaut. Von den Epidermiszellen wird die neue Cuticula sezerniert, die zuerst weich und dehnbar bleibt und erst einige Tage nach der H. ihre endgültige Festigkeit erhält. Für die Gerbung und Sklerotisierung der neuen Cuticula ist das Hormon Bursicon verantwortlich. Die alte Cuticula wird in einem Stück als *Exuvie* abgestreift. Die hierzu notwendige motorische Aktivität und das Schlüpfverhalten unterliegen der Kontrolle des ↗ Eclosionshormons.

Unter den *Wirbeltieren* häuten sich nur solche Landwirbeltiere, bei denen die oberen Schichten der mehrschichtigen Epidermis als Schutz gegen Austrocknung verhornen. Bei ↗ Reptilia und ↗ Amphibia werden alle Epithelzellen gleichzeitig

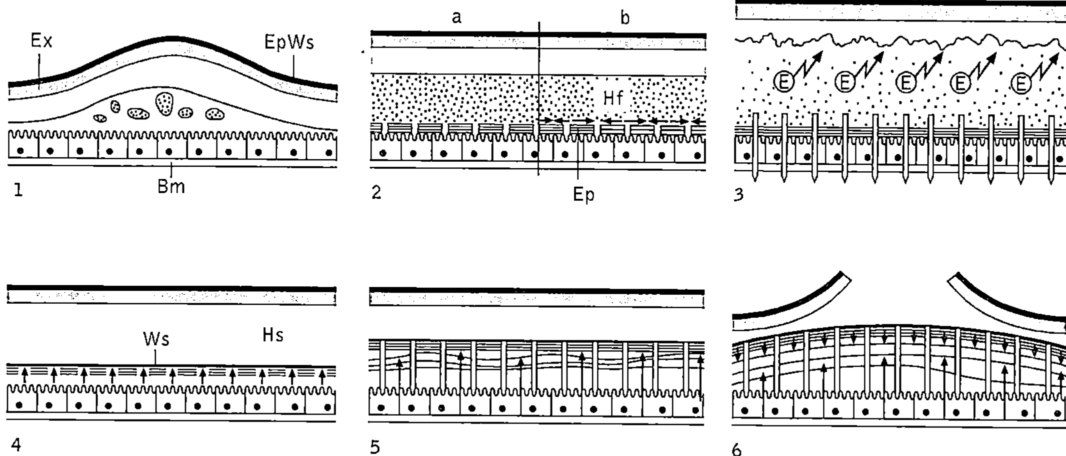

Häutung   Auf- und Abbau der Insektencuticula während eines Häutungsintervalls. **1** Durch Sekretion der Häutungsflüssigkeit entsteht der Exuvialspalt (Apolyse). **2** Der Exuvialspalt ist mit Häutungsflüssigkeit gefüllt, die Epidermis sezerniert eine neue dreischichtige Epicuticula, die Poren enthält. **3** Anschließend werden Enzyme (Chitinasen, Proteasen) in der Häutungsflüssigkeit aktiviert und verdauen die Endocuticula mehr oder weniger vollständig. Die Verdauungsprodukte werden durch die Poren der Epicuticula resorbiert. **4** Danach werden die Poren der Epicuticula durch eine Wachsschicht verschlossen und die neue Endocuticula (5) beginnt, sich zu bilden. Dabei werden die Porenkanäle zur Epidermis aufrechterhalten. **6** Durch Streckung der neuen Cuticula wird ein Größenwachstum erreicht, das aber durch die Epicuticula begrenzt wird. Die alte Exocuticula platzt auf (Ecdysis). Unterhalb der Epicuticula beginnen Sklerotisierung und Melanisierung. Beide Prozesse dauern nach der Häutung an. Bm Basallamina, Ed Epidermis, En Endocuticula, Ep Epicuticula, Ex Exocuticula, Hf Häutungsflüssigkeit, Hs Häutungsspalt, Ws Wachsschicht

ersetzt, sodass die alte Schicht als Einheit abgestreift werden kann. Amphibien fressen meist ihre abgestreifte Haut. Bei Vögeln (↗ Aves) und Säugetieren (↗ Mammalia) werden die Epithelzellen in kleinen Gruppen neu gebildet und in Stücken (*Schuppen*) abgeschilfert.

Häutungsdrüsen, bei Gliederfüßern (↗ Arthropoda) spezielle Drüsen, welche die Häutung steuern und kontrollieren. H. der Insekten sind die ↗ Corpora allata und die ↗ Prothorakaldrüse, diejenigen der Krebse (↗ Crustacea) sind die ↗ X-Organe und die ↗ Y-Organe in den Augenstielen und bei den Tausendfüßern (↗ Myriapoda) sind es die Cerebraldrüsen. – Als H. werden auch die epidermalen *Exuvialdrüsen* bezeichnet, welche die Exuvialflüssigkeit in den während der ↗ Häutung entstehenden Hohlraum zwischen Epidermis und bereits abgelöster Cuticula absondern.

Häutungshormon, das Ecdyson (↗ Ecdysteroide).

HAV, Abk. für Hepatitis-A-Virus (↗ Hepatitisviren).

Havers-Kanäle, ↗ Knochen.

Haworth, Sir *Walter Norman*, brit. Chemiker, * 19.3.1883 White Coppice (bei Chorley, Lancashire), † 19.3.1950 Barnt Green (bei Birmingham); ab 1920 Prof. in Newcastle, 1925-48 in Birmingham. H. klärte mit der *Haworth-Zucker-Methylierung* 1915 die Konstitution von ↗ Kohlenhydraten auf. Er bewies die Ringstruktur von Zuckern und bezeichnete 5-Ringzucker als Furanosen und 6-Ringzucker als Pyranosen. Außerdem

bestimmte er den Polymerisationsgrad von Polysacchariden und ermittelte u. a. die Struktur von ↗ Cellulose (1927) und ↗ Amylopektin. Er führte die ↗ Haworth-Projektionsformel als Schreibweise für Strukturformeln organischer Verbindungen zur Darstellung von deren dreidimensionaler Konfiguration ein. 1932 klärte er die Struktur von Vitamin C auf, synthetisierte es und nannte es ↗ Ascorbinsäure. H. erhielt 1937 zusammen mit P. ↗ Karrer den Nobelpreis für Chemie.

Haworth-Projektionsformel, eine Möglichkeit zur Darstellung zyklischer Monosaccharide (↗ Fischer-Projektion, ↗ Sesselform). Bei der H. - P. wird der Ring planar dargestellt. Diejenigen Bindungspart-

Fischer-Projektion   Haworth-Schreibweise   Sesselform

Haworth-Projektionsformel   Die unterschiedlichen Darstellungsweisen für zyklische Monosaccharide: Fischer-Projektion, Haworth-Projektionsformel, Sesselform

ner, die in der Fischer-Projektion rechts liegen, werden in der H. - P. unter der Ringebene geschrieben, alle Bindungspartner, die in der Fischer-Projektion links liegen, sind in der H. - P. über der Ringebene.

HBV, Abk. für Hepatitis-B-Virus (↗ Hepatitisviren).

HCG, Abk. für *human* chorionic gonadotropin, ↗ Choriongonadotropin.

HCV, Abk. für Hepatitis-C-Virus (↗ Hepatitisviren).

HDL, Abk. für High density lipoproteins (↗ Lipoproteine).

heat shock-Gene, die ↗ Hitzeschockgene.

heat shock-Proteine, die ↗ Hitzeschockproteine.

Heberer, *Gerhard*, deutscher Zoologe und Anthropologe, ✳ 20.3.1901 Halle/Saale, † 13.4.1973 Göttingen; ab 1938 Prof. in Jena, ab 1947 in Göttingen. H. befasste sich hauptsächlich mit Untersuchungen zur Evolution und Stammesgeschichte des Menschen, der Paläoanthropologie und Rassenkunde Südostasiens und arbeitete über menschliche Chromosomen. Er prägte 1958 den Begriff „Tier-Mensch-Übergangsfeld" für den Zeitabschnitt, in dem sich der Mensch aus tierischen Vorfahren entwickelt hat. H. ist der Mitbegründer der ↗ Synthetischen Theorie der Evolution.

Hecheln, Verhalten bei vielen Vögeln (↗ Aves) und Säugetieren (↗ Mammalia), das der ↗ Temperaturregulation dient: Durch schnelle, oberflächliche Atembewegungen wird Luft über die Schleimhäute des Mundes und über die Zunge bewegt, sodass diese durch ↗ Verdunstung abkühlen. Die Kühlwirkung kann durch besondere Gefäßsysteme (↗ Rete mirabile) ins Körperinnere vermittelt werden. (↗ Hitzeresistenz)

Hecht, *Esox lucius*, bis 1,5 m lange, holarktisch verbreitete Art der Lachsverwandten (↗ Salmoni-

formes), die bevorzugt in der Uferzone von Süßgewässern Fische, aber auch Amphibien, Vögel und Kleinsäuger durch schnelles Vorstoßen jagt. Die Weibchen legen bis zu einer Mio. Eier in Flachzonen und Überschwemmungsgebieten an Pflanzenteilen ab. Von den schlüpfenden Jungen werden rund 97% der Jungfische durch Artgenossen gefressen. Die natürlichen Populationen der H., die beliebte Angel- und Speisefische sind, sind durch Abnahme geeigneter Laichplätze gefährdet, und die Bestände werden vor allem durch Nachzucht und Fischbesatz erhalten.

Hecke, aus Feldgehölzen oder gepflanzten Sträuchern gebildete Umrandung oder Abgrenzung eines Garten- oder Flurstücks. Flurumgrenzende H. sind von großer landschaftsökologischer Bedeutung: Sie gewähren Tieren Unterschlupf und haben überdies deutliche Wind bremsende Funktion; deshalb finden sich in Europa ausgedehnte Heckenlandschaften vor allem in dem Wind ausgesetzten, küstennahen Tiefebenen.

Heckenrose, die ↗ Hundsrose.

Hectocotylus, für die Übertragung der Spermatophoren spezialisierter Arm der ↗ Cephalopoda.

Hedera, Gatt. der ↗ Araliaceae.

Hefen, einzellige Pilze, deren Vertreter i.d.R. zu den Ascomyceten (↗ Ascomycetes) gehören. Die Zellen sind meist kugelförmig, oval oder zylindrisch. Die Vermehrung erfolgt durch Knospung, wobei sich eine neue Zelle als kleiner Auswuchs aus der alten bildet. Unter bestimmten Bedingungen können H. auch Filamente (Pseudomycel) bilden. Auch geschlechtliche Vermehrung kommt bei einigen H. vor. Einige Hefen, z. B. Candida-Arten, können in zwei Formen vorkommen: in Form von Sprosszellen (Hefe-Phase) und in einer fadenförmigen Mycel-Form (Hyphen-Phase). Eine Hefe-Phase und teilweise auch eine Mycel bildende Hyphen-

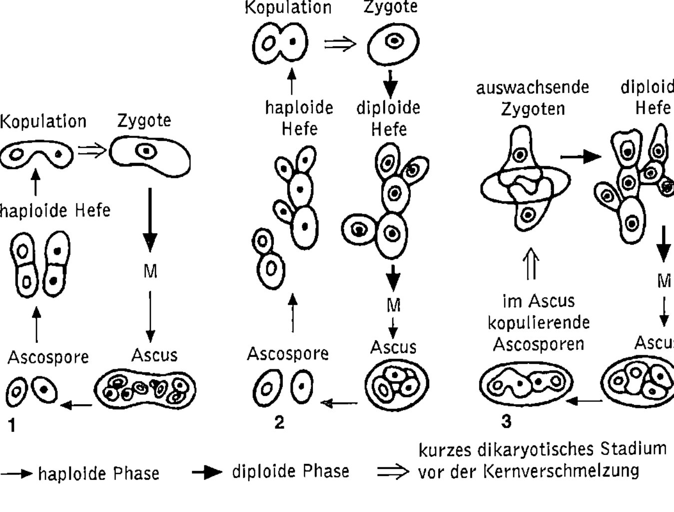

Hefen Entwicklungszyklus von Bierhefe (*Saccharomyces cerevisiae*): Zunächst sprossen haploide Zellen; nach der Kopulation verschmelzen die Kerne; aus der Zygote entstehen diploide Sprosszellen; unter besonderen Bedingungen bilden sich aus den diploiden Zellen Asci; nach der Meiose (M) sprossen die Ascosporen zu haploiden Zellen aus (Generationswechsel)

Phase findet man bei den Zygomyceten, den Ascomyceten und den Basidiomyceten.

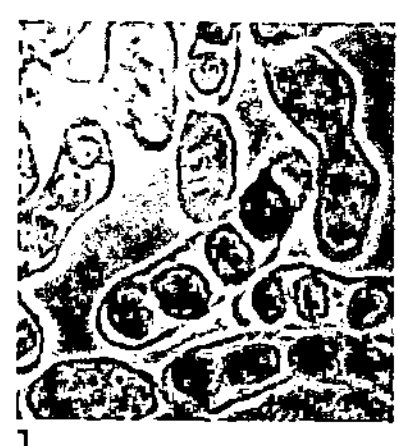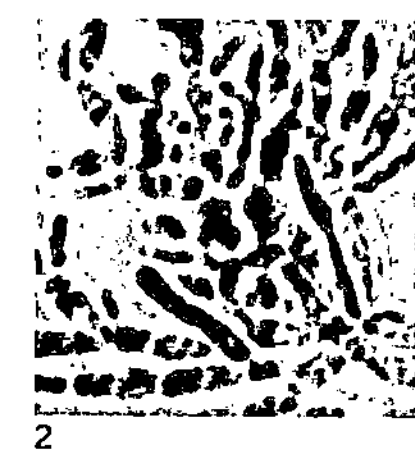

1　　2

Hefen Mikroskopische Aufnahmen von Hefen. 1 Hefe kopulierend und Ascosporen bildend. 2 Kahmhefe im Sprossverband

H. gedeihen in Biotopen, in denen Zucker vorhanden ist, z. B. in Obst und Obstsäften. Aus wirtschaftlicher Sicht sind H. vor allem von Bedeutung bei der Herstellung von Backwaren (↗ Backhefe), Bier (↗ Bierhefe) und Wein (↗ Weinhefen). H. sind auch ideale Organismen für die ↗ Gentechnik, da sich in ihr einzelne Gene leicht verändern oder ganz ausschalten lassen. Zu den Standardobjekten genetischer Forschung gehört die Bierhefe, *Saccharomyces cerevisiae*. Sie war der erste Eukaryot, dessen Genom vollständig sequenziert wurde.

Eine pathogene H. ist *Candida albicans* (↗ Candida).

Hegi, *Gustav*, schweizer. Botaniker, ✻ 3.11.1876 Rickenbach (heute zu Ottenbach, Kanton Zürich), † 23.4.1932 Küssnacht (Kanton Zürich); ab 1910 Prof. in München. H. wurde bekannt als der Herausgeber der „Illustrierten Flora von Mittel-Europa" (7 Bde., 1906-31).

Heide, baumfreie oder baumarme Vegetationsform, die sich aus niedrigen, immergrünen Sträuchern, Zwergsträuchern oder derbblättrigen Gräsern zusammensetzt.

Heidekorn, der ↗ Buchweizen.

Heidekraut, *Besenheide, Calluna vulgaris*, auf nährstoffarmen, sauren Böden wachsender immergrüner Zwergstrauch der ↗ Ericaceae. Das Kraut enthält das desinfizierend wirkende Glykosid *Arbutin*.

Heidekrautgewächse, die Fam. ↗ Ericaceae.

Heidelbeere, *Blaubeere, Vaccinium myrtillus*, auf rohhumushaltigen Böden verbreiteter Zwergstrauch der ↗ Ericaceae (Abb. siehe dort). Durch Kreuzung nordamerikanischer Arten entstand die *Kulturheidelbeere, Vaccinium corymbosum*.

Heidelerche, Art der Fam. ↗ Alaudidae.

Heilbutt, *Hippoglossus hippoglossus*, in Nordatlantik und Nordpazifik verbreitete Art der Plattfische (↗ Pleuronectiformes), die bis über 4 m lang wird, bei fast 300 kg Gewicht. H. sind Grundfische, die in 50-2000 m Tiefe leben und sich bevorzugt von Fischen ernähren; im Winter ziehen H. in grö-

ßere Tiefen und fressen vor allem Garnelen. H. unternehmen weite Wanderungen. Die Larven leben pelagisch, das Bodenleben wird erst aufgenommen, wenn die H. etwa 4 cm lang sind.

Heilpflanzen, *Drogenpflanzen*, Pflanzen mit hohem Gehalt an medizinisch verwertbaren Inhaltsstoffen. Neben vielen Pflanzen, die in der *Homöopathie* verwendet werden oder in der pharmazeutischen Industrie als Lieferanten bestimmter Wirk- und Ausgangsstoffe dienen, gelten zur Zeit nach dem Deutschen Arzneibuch (DAB) bzw. den Europäischen Arzneibüchern etwa 80 Arten als *offizinelle Heilpflanzen* Dabei handelt es sich fast ausschließlich um Pflanzen aus feldmäßigem, kontrolliertem Anbau. Für den feldmäßigen Anbau sind neben Kosten- und Qualitätsgründen auch Aspekte des Artenschutzes ausschlaggebend, da durch Sammeln inzwischen zahlreiche H. in ihrem Bestand gefährdet sind.

Zu den H. zählen u. a. Pflanzen mit entzündungshemmender Wirkung (↗ Kamille, ↗ Ringelblume), Pflanzen mit beruhigender Wirkung (↗ Baldrian, ↗ Johanniskraut), Pflanzen mit Harn treibender Wirkung (↗ Birke, ↗ Schachtelhalm, ↗ Brennnessel) und Pflanzen mit abführender Wirkung (↗ Rizinus, ↗ Rhabarber). Oft werden ↗ Giftpflanzen (z. B. ↗ Fingerhut, ↗ Tollkirsche, ↗ Stechapfel) in geeigneter Dosierung als H. verwendet.

Wichtige Inhaltsstoffe der H. sind ↗ Alkaloide, ↗ Glykoside, ↗ Saponine, Bitterstoffe, ↗ Gerbstoffe, Schleimstoffe und ↗ etherische Öle. Der je nach Entwicklungszustand, Herkunft und Sammeljahr wechselnde Gehalt an Inhaltsstoffen hat dazu geführt, dass heute die meisten stark wirksamen Inhaltsstoffe chemisch isoliert werden oder dass man die Drogen auf einen bestimmten Wirkstoffgehalt einstellt. Auch heute noch sind H. der Ausgangspunkt zur Herstellung von ca. 55 % aller Arzneimittel.

H. werden meist in getrockneter und zerkleinerter Form (als so genannte *Droge*) verwendet, wobei entweder die gesamte Pflanze oder nur bestimmte Teile verarbeitet werden. Die verarbeiteten Pflanzenteile werden mit lateinischen Namen bezeichnet: *Folia* (Blätter), *Flores* (Blüten), *Stipites* (Stängel), *Lignum* (Holz), *Fructus* (Frucht), *Cortex* (Rinde), *Semen* (Samen), *Radix* (Wurzel), *Rhizoma* (Wurzelstock), *Bulbus* (Zwiebel), *Resina* (Harz), *Balsamum* (Balsam).

Bei der Suche nach neuen Pflanzenwirkstoffen und noch bisher unbekannten H. spielt die *Ethnobotanik* eine wichtige Rolle. Ethnobotaniker erforschen dazu das traditionell in allen Kulturen vorhandene Wissen über heilende Pflanzen. Große Hoffnungen werden in die Entdeckung neuer H. in tropischen Regenwäldern gesetzt.

Die Behandlung von Krankheiten mit H. wird als ↗ Phytotherapie bezeichnet.

Heilpflanzen Auswahl offizineller Heilpflanzen und der aus ihnen hergestellten Drogen (nach DAB 2000 und Europäischem Arzneibuch 1997/NT 2000)

Achillea millefolium (↗ Schafgarbe) Millefolii herba	*Chelidonium majus* (↗ Schöllkraut) Chelidonii herba	*Juniperus communis* (↗ Wacholder) Juniperi fructus
Alchemilla vulgaris (↗ Frauenmantel) Alchemillae herba	*Chinchona succirubra* (↗ Chinarindenbaum) Cinchonae succirubrae cort.	*Linum usitatissimum* (↗ Lein) Lini semen
Angelica archangelica (↗ Engelwurz) Angelicae radix	*Convallaria majalis* (↗ Maiglöckchen) Convallariae herba	*Matricaria chamomilla* (↗ Kamille) Matricariae flos
Arctostaphylos uva-ursi (↗ Bärentraube) Uvae ursi folium	*Crataegus monogynalaevigata* (↗ Weißdorn) Crataegi folium cum Flore	*Melissa officinalis* (↗ Melisse) Melissae folium
Arnica montana (↗ Arnika) Arnicae flos	*Datura stramonium* (↗ Stechapfel) Stramonii folium	*Mentha piperita* (↗ Minze) Menthae piperitae folium
Artemisia absinthium (↗ Beifuß) Absinthii herba	*Digitalis purpurea* (↗ Fingerhut) Digitalis purpureae folium	*Panax ginseng* (↗ Ginseng) Ginseng radix
Atropa belladonna (↗ Tollkirsche) Belladonnae folium	*Equisetum arvense* (↗ Schachtelhalm) Equiseti herba	*Salvia officinalis* (Salbei) Salviae folium
Betula pendula/pubescens (↗ Birke) Betulae folium	*Eucalyptus globulus* (↗ Eukalyptus) Eucalypti folium	*Silybum marianum* (Mariendistel) Cardui mariae fructus
Calendula officinalis (↗ Ringelblume) Calendulae flos	*Foeniculum vulgare* (↗ Fenchel) Foeniculi fructus	*Thymus vulgaris/zygis* (↗ Thymian) Thymi herba
Carum carvi (↗ Kümmel) Carvi fructus	*Gentiana lutea* (↗ Enzian) Gentianae radix	*Tilia cordata/platyphyllos* (↗ Linde) Tiliae flos
Centaurium umbellatum (↗ Tausendgüldenkraut) Centaurii herba	*Hyoscyamus niger* (↗ Bilsenkraut) Hyoscyami folium	*Urtica dioica* (↗ Brennnessel) Urticae folium
Cetraria islandica (↗ Isländisch Moos) Lichen islandicus	*Hypericum perforatum* (↗ Johanniskraut) Hyperici herba	*Valeriana officinalis* (↗ Baldrian) Valerianae radix

Literatur: Hänsel, R., Hölzl, J.: Lehrbuch der Pharmazeutischen Biologie, Heidelberg 1996. – Hiller, K., Melzig, M.F.: Lexikon der Arzneipflanzen und Drogen. 2 Bde. Heidelberg 1999.

Weitere Informationen unter: www.hpfldb.de

Heilpflanzenkunde, Pflanzenheilkunde, die ↗ Phytotherapie.

Heimchen, Art der ↗ Grylloida.

Heinroth, *Oskar August*, deutscher Ornithologe, ✳ 1.3.1871 Kastel (bei Mainz), † 31.5.1945 Berlin; seit 1904 Tätigkeit am Zoologischen Garten in Berlin unter L. Heck (1860-1951); Begründer und von 1913-1944 Leiter des Berliner Aquariums, 1929-36 Leiter der Vogelwarte Rossitten; erster Vorsitzender der Deutschen Ornithologischen Gesellschaft. Neben Arbeiten zur Aquarien- und Terrarienkunde, forschte er vor allem über die Aufzucht und Verhaltensweisen von Vögeln; er wird auch als „Vater der Verhaltensforschung" bezeichnet. Zusammen mit seiner Frau Magdalena verfasste er „Die Vögel Mitteleuropas" (3 Bde., 1925-28; Ergänzungsband 1933).

Helfer-Virus, ↗ defekte Viren.

Helianthus, Gatt. der ↗ Asteraceae.

Helicasen, Enzyme, die bei der ↗ Replikation unter Hydrolyse von ATP die DNA vor der Replikationsgabel entwinden, sodass die DNA's als Einzelstränge vorliegen. Sowohl für den *Leitstrang*, als auch für den *Folgestrang* sind bestimmte H. vorhanden. Dies wird durch die bei der ATP-Hydrolyse eintretende Konformationsänderung des Enzyms möglich.

Helicobacter pylori, gramnegatives, spiralförmiges, monopolar begeißeltes Bakterium, das erstmals 1983 im menschlichen Darm identifiziert wurde. H. p. setzt sich unter der Magenschleimhaut fest und verursacht Magenschleimhautentzündungen (↗ Gastritis) und Magengeschwüre. Im sauren Milieu des Magens kann H. p. vor allem durch die Produktion von ↗ Urease überleben. Bei der Spaltung von Harnstoff durch dieses Enzym entsteht Ammoniak, der neutralisierend auf die Magensäure wirkt. Als Folge der Gastritis können Magenlymphome und Magenkrebs entstehen. Die Übertragung des Erregers erfolgt von Mensch zu Mensch.

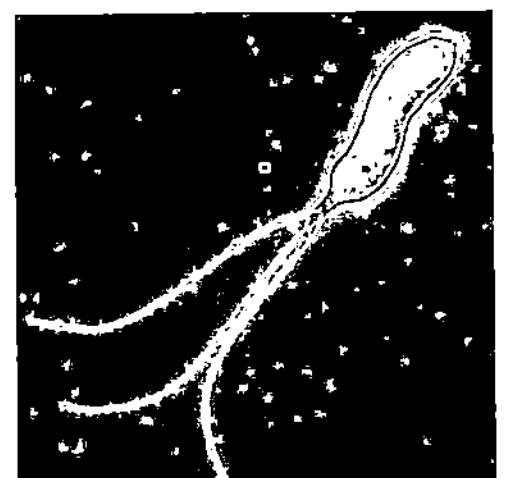

Helicobacter pylori Elektronenmikroskopische Aufnahme von *Helicobacter pylori*

Helicotrema, ↗ Ohr.

Heliobakterien, fototrophe anaerobe grampositive Bakterien mit niedrigem GC-Gehalt. Zusätzlich zu ihrem fototrophen Wachstum können sie auch durch Pyruvatgärung chemotroph wachsen und sind daher fotoheterotroph. Weitere Merkmale sind eine gleitende Bewegung und das Vorhandensein von Bakteriochlorophyll *g*. Sie leben im Boden, insbesondere in tropischen Reisfeldböden. Die Endosporen (↗ Bakteriensporen) von H. enthalten wie diejenigen von Clostridium (↗ Clostridien) und ↗ Bacillus Dipicolinsäure. Zu den H. gehören die Gatt. *Heliobacterium, Heliophilum* und *Heliobacillus*.

Heliophyten, *Lichtpflanzen, Starklichtpflanzen, Sonnenpflanzen,* Pflanzenarten, die an Standorte mit hohen Lichtintensitäten angepasst sind, z. B. Wüstenpflanzen. Häufig stellen diese Pflanzen ihre Blätter so, dass sie nicht von der vollen Strahlung getroffen werden. Als Strahlungsschutz sind oft eine dicke Epidermis, Cuticula und eine Behaarung ausgebildet. (↗ Schattenpflanzen, ↗ Lichtblätter)

Heliotropismus, die durch den Stand der Sonne beeinflussten Blattbewegungen, die entweder dazu dienen, die Lichtabsorption der Blattoberfläche zu optimieren (*diaheliotrope Bewegung*) oder aber den entgegengesetzten Effekt bewirken, sodass starker Wasserverlust (↗ Transpiration) und zu große Wärmeaufnahme vermieden werden. Diese Form der Nachführbewegungen wird als *paraheliotrop* bezeichnet. (↗ Fototropismus)

Heliozoa, *Sonnentierchen,* in der herkömmlichen Systematik eine Ord. der Wurzelfüßer (↗ Rhizopoda). In der phylogenetischen Systematik werden die H. mit den ähnlichen ↗ Radiolaria im Taxon *Actinopodea* zusammengefasst, wobei die H. ihrerseits nicht als Monophylum angesehen werden, sondern in fünf Taxa aufgeteilt werden. Kennzeichnend sind die durch hoch geordnete Mikrotubuli-Bündel ausgesteiften Pseudopodien (*Axopodien*). Die kugeligen H. leben sowohl im Süßwasser als auch im Meer. Manche Arten bilden Skelettnadeln aus. (↗ Einzeller)

Helix, 1) *Biochemie:* Sekundärstruktur bei Proteinen und Nucleinsäuren (↗ Doppelhelix).

2) *Anatomie:* der äußere Rand der menschlichen Ohrmuschel (↗ Ohr).

Helix pomatia, die ↗ Weinbergschnecke.

Helix-Turn-Helix-Motiv, ↗ DNA-bindende Proteine.

Hell-Dunkel-Adaptation, die Anpassung des Sehsystems an wechselnde Lichtintensitäten. Diese findet in mehreren Stufen statt. Die erste Stufe ist die reflektorische Verengung oder Erweiterung der Pupille. So gelangt bei geöffneter Irisblende bis zu 80mal mehr Licht ins Auge als bei nahezu geschlossener Blende. In einer zweiten Stufe werden je nach Lichtverhältnissen besonders die Stäbchen oder die Zapfen im Auge aktiviert. Die *Stäbchen* ermöglichen nur Schwarzweißsehen. Gleichzeitig sind sie die Schwachlichtrezeptoren im Auge, d. h. sie werden in der Dämmerung aktiviert (*skotopisches Sehen, Schattensehen*), während bei hellem Licht bevorzugt die das Farbensehen ermöglichenden *Zapfen* aktiviert sind (*fotopisches Sehen, Lichtsehen*). Darüber hinaus wird beim Übergang vom Zapfensehen zum Stäbchensehen (*Dunkeladaptation*) über mehrere Mechanismen die Lichtausbeute erhöht: Zum einen ist von vorneherein die Zahl der Stäbchen etwa 20mal so hoch wie diejenige der Zapfen. Zum anderen wird durch Neusynthese von Rhodopsin und Erhöhung der Rhodopsinmenge pro Stäbchen deren Lichtempfindlichkeit in der Anpassungsphase gesteigert. Nach etwa zwei Stunden sind die Stäbchen etwa 1000mal lichtempfindlicher als die Zapfen. Außerdem sind jeweils mehrere Stäbchen (beim Tiger z. B. 2500) durch ↗ Gap junctions zu funktionellen Einheiten verbunden, die ein und dasselbe Neuron aktivieren, sodass die Wahrscheinlichkeit eines ↗ Aktionspotenzials und damit die Lichtempfindlichkeit gesteigert ist.

Die *Helladaptation* geht sehr viel schneller. Zum einen wird die Pupille verengt, um den Lichteinfall zu verändern. Zum anderen wird auf Rezeptorzellebene bei längerer Belichtung eine Schließung der Kationen-Kanäle in der Membran und dadurch eine Verringerung der zelleigenen Ca^{2+}-Konzentration induziert, die ihrerseits wiederum die Öffnung der Kationen-Kanäle bewirkt, und somit dem Belichtungseffekt entgegenwirkt (negative Rückkopplung): Die Zelle wird unempfindlicher für Belichtung. (↗ Auge, ↗ Farbensehen, ↗ Retinomotorik, ↗ Sehen)

Helmholtz, *Hermann Ludwig Ferdinand,* deutscher Physiker und Physiologe, ✳ 31.8.1821 Potsdam, † 8.9.1894 Charlottenburg (Berlin); Schüler von J.P. ↗ Müller; ab 1849 Prof. für Physiologie in Königsberg (Preußen), 1855 Prof. für Anatomie und Physiologie in Bonn, 1858 in Heidelberg und seit 1870 Prof. für Physik in Berlin; seit 1888 erster Präsident der Physikalisch-Technischen Reichsanstalt in Berlin-Charlottenburg. H. war einer der vielseitigsten Naturwissenschaftler des 19. Jh. Er arbeitete über Nerven- und Sinnesphysiologie und wies u. a. nach, dass die Nervenfasern mit Ganglienzellen in Verbindung stehen, bestimmte 1852 die Geschwindigkeit der Erregungsleitung in Nervenfasern, erweiterte die Dreifarbentheorie von T. Young (*Young-Helmholtz-Theorie*), befasste sich mit dem Hörvorgang (*Ohm-Helmholtz-Gesetz*) und der Akustik (Begründer der Klanganalyse). Ferner verfasste er eine Reihe bedeutender, rein physikalischer sowie erkenntnistheoretischer Arbeiten, u. a.

über die Grundbegriffe der naturwissenschaftlichen Forschung. Nach H. sind u. a. auch die *Gibbs-Helmholtz-Gleichung* und die Freie Energie (*Helmholtz-Funktion*) benannt.

Helokrene, *Sumpfquelle*, die moorige Sickerquelle eines ↗ Fließgewässers.

Helophypten, *Sumpfpflanzen*, Pflanzen, die nur mit ihren Wurzeln und untersten Sprossteilen im Wasser stehen. In ihrem inneren und äußeren Bau sind sie den Wasserpflanzen (↗ Hydrophyten) sehr ähnlich. Die oberen Sprossteile gleichen dagegen eher denjenigen der Landpflanzen. Die H. sind daher als Übergangstypus zwischen Wasser- und Landpflanzen anzusehen. (↗ Sumpf)

hemerophile Arten, die ↗ Kulturfolger.

hemerophobe Arten, die ↗ Kulturflüchter.

Hemerophyten, Pflanzen, die bevorzugt in der ↗ Kulturlandschaft siedeln.

Hemicellulosen, Sammelbez. für wasserunlösliche Polysaccharide in pflanzlichen Zellwänden besonders der Zellen verholzter Pflanzenteile (↗ Holz), die sich nur durch die Behandlung mit konzentrierten Alkali-Lösungen aus der Zellwand herauslösen lassen. Ihre Zusammensetzung unterscheidet sich nicht nur zwischen unterschiedlichen Gatt., sondern auch im Laufe der Entwicklung einer Pflanze.

Hemichordata, *Branchiotremata*, Stamm der ↗ Deuterostomia mit etwa 85 Arten, die ausschließlich benthisch im Meer leben. 70 der bekannten Arten gehören zu den Eichelwürmern (↗ Enteropneusta), die restlichen zu den Flügelkiemern (↗ Pterobranchia). Aufgrund der Tatsache, dass die Enteropneusta im vorderen Rumpfbereich einen Kiemendarm besitzen, und neuerdings auch der Ergebnisse von Untersuchungen der rRNA, wurden die H. in die Nähe der ↗ Chordata gestellt.

Hemiedaphon, Bez. für die in luftnahen Grenzschichten des Bodens lebenden ↗ Bodenorganismen. – In adjektivischer Form: zeitweilig zum ↗ Edaphon gehörig (↗ Lebensformen).

Hemikryptophyten, ↗ Lebensform mehrjähriger Pflanzen, deren Erneuerungsknospen unmittelbar an der Erdoberfläche liegen. Die Knospen sind während der ungünstigen Jahreszeit durch lebende oder abgestorbene Schuppen, Blätter oder Blattscheiden geschützt. (↗ Kryptophyten)

Hemimetabolie, Form der ↗ Metamorphose.

Hemiparasiten, *Halbschmarotzer*, ↗ Parasitismus.

Hemiphanerophyt, der ↗ Halbstrauch.

Hemisphären, *Anatomie:* Bez. für die linken und rechten halbkugeligen Hälften von Kleinhirn und Großhirn bei Vögeln und Säugetieren. (↗ Gehirn)

Hemizygotie, Bez. für den Zustand, bei dem ein Chromosom, Gengruppen oder einzelne Gene nicht doppelt, sondern einzeln vorkommen. Dies ist bei den ↗ Geschlechtschromosomen der Fall, wenn im *männlichen* Geschlecht dem X-Chromosom ein nicht homologes Y-Chromosom gegenübersteht (↗ Heterogametie). H. tritt auch bei bestimmten Mutanten auf, bei denen ein Allel durch eine Deletion verlorengegangen ist.

Hemmhof, ↗ Agardiffusionsmethode.

Hemmung, 1) *Biochemie:* Unterbinden des Ablaufs von Stoffwechselreaktionen (↗ Enzyme).

2) *Neurophysiologie:* die Verhinderung der Aktivität einer Nervenzelle, einer Gruppe von Nervenzellen oder eines Erfolgsorgans (z. B. Muskel) durch die Wirkung anderer Nervenzellen. H. wird entweder vermittelt durch besondere hemmende ↗ Synapsen oder durch ↗ Hormone. H. in diesem Sinne gehört zu den Grundfunktionen des Nervensystems und wirkt bei nahezu jeder Leistung dieses Organs mit. So kontrollieren hierarchisch übergeordnete Instanzen untergeordnete oft durch Wechsel von H. und Enthemmung.

3) *Ethologie:* die Unterdrückung eines Verhaltens durch den Einfluss äußerer Reize bzw. innerer Vorgänge (wie Aktivierung anderer, unvereinbarer Verhaltenstendenzen). H. gehört zu den Grundfunktionen der Verhaltenssteuerung, da jede Verhaltenstendenz, die ein Handeln bestimmt, andere Tendenzen hemmen muss, wenn eine sinnvolle Handlungsfolge ablaufen soll. So hemmt ein aktiviertes Fluchtverhalten i. d. R. alle Ernährungs- und Ruheverhaltensweisen.

Hench, *Philip Shoewalter*, amerikan. Endokrinologe und Arzt, ✳ 28.2.1896 Pittsburgh (Pennsylvania), † 30.3.1965 Ocho Rios (Jamaika); ab 1947 Prof. an der Universität von Minnesota. H. erforschte an der Mayo-Klinik in Rochester (Minnesota) zusammen mit E.C. ↗ Kendall und T. ↗ Reichstein (Universität Basel) den Aufbau und die biologischen Wirkungen der Nebennierenrindenhormone. Er erkannte die therapeutische Wirkung des Cortisons auf arthritisches Rheuma. 1950 erhielt H. zusammen mit Kendall und Reichstein den Nobelpreis für Physiologie oder Medizin.

Henle, *Friedrich Gustav Jakob*, deutscher Anatom, Histologe und Pathologe, ✳ 19.7.1809 Fürth, † 13.5.1885 Göttingen; Schüler von J.P. ↗ Müller; ab 1840 Prof. in Zürich, 1844 in Heidelberg, ab 1852 in Göttingen. H. entdeckte das Zylinderepithel des Darmkanals, die *Henle-Schleife* der Nierenkanälchen und die *Henle-Scheide* (eine der Schwann-Scheide aufliegende Hülle der Nervenfaser). Bereits 1840 mutmaßte er lebende Erreger als Ursache von Infektionskrankheiten. Von ihm stammt der Begriff „Epithel" als Sammelbez. für alle Deck- und Abschlussgewebe.

Henle-Kochsche-Postulate, ↗ Kochsche Postulate.

Henle-Schleife, ↗ Niere.

Henna, aus den Blättern und Stängeln des Hennastrauches, *Lawsonia inermis* (↗ Lythraceae), gewonnener Farbstoff. Der Hennastrauch wächst wild oder kultiviert vom Mittelmeer bis Indien.

Hennig *Willi*, deutscher Biologe, * 20.4.1913 Dürrhennersdorf (Kreis Löbau), † 5.11.1976 Ludwigsburg-Pflugfelden; 1951-54 Prof. an der Pädagogischen Hochschule Potsdam, ab 1963 Abteilungsleiter am Staatlichen Museum für Naturkunde in Stuttgart, seit 1970 Prof. an der Universität Tübingen. H. begründete eine theoretisch fundierte, auf Prinzipien der Logik basierende Vorgehensweise zur konsequent phylogenetischen Gliederung des Tierreichs (*phylogenetische Systematik* oder *Kladistik*).

Hensen-Knoten, *Hensen'scher Knoten,* im Sauropsiden- und Säugerkeim eine Anschwellung am Vorderende der Primitivrinne. Der H.-K. enthält zukünftiges Chordamaterial und entspricht der dorsalen Urmundlippe der Amphibien.

Hepar, die ↗ Leber.

Heparin, ein besonders in der Leber, aber auch in Herz, Lunge und Darmschleimhaut vorkommendes, wasserlösliches, stark saures ↗ Mucopolysaccharid. H. ist neben ↗ Histamin ein Hauptinhaltsstoff der Mastzellen in der Nähe der Blutgefäßwände und auf den Oberflächen der Endothelzellen. H. ist aus äquimolekularen Mengen ↗ N-Acetyl-Glucosamin und einer ↗ Uronsäure aufgebaut und enthält zusätzlich Sulfatreste. Es hemmt die Blutgerinnung und wird deshalb zur Vorbeugung und Behandlung von ↗ Thrombosen eingesetzt.

Hepaticae, *Lebermoose,* zusammenfassende Bez. für die Moose der Klassen ↗ Marchantiopsida und ↗ Jungermaniopsida. Die Marchantiopsida enthalten die Lebermoose mit ungegliedertem ↗ Thallus (*thallose Lebermoose*), während die Jungermaniopsida überwiegend beblätterte Lebermoose (*foliose Lebermoose*), jedoch auch thallose Lebermoose umfassen.

Hepatitis, Plural *Hepatitiden,* die meist infektiöse, durch Viren (↗ Hepatitisviren), Bakterien oder Protozoen verursachte Entzündung der Leber mit sekundärer Leberzellschädigung. Bei den Virushepatitiden unterscheidet man die Formen A, B, C, D, E, F und G. In allen Fällen beginnt die Krankheit mit Abgeschlagenheit, allg. Krankheitsgefühl, Fieber und Appetitlosigkeit. Nach einigen Tagen kommt es zum Auftreten eines Ikterus (↗ Gelbsucht). Die *Hepatitis A* verläuft meist harmlos und heilt normalerweise völlig aus. Bei einer *Hepatitis B* kommt es in 5 - 10 % der Fälle zu einer chronisch-aggressiven Leberentzündung. Chronische Hepatitis-B- und -C-Infektionen können zu chronisch aktiver H. führen, die häufig in einer *Leberzirrhose* und im Tod durch Leberversagen endet. Ein großer Teil der Virushepatitiden verläuft anik-

terisch (ohne Gelbsucht) nur unter Allgemeinsymptomen oder klinisch vollkommen unauffällig. Diese Virushepatitiden werden daher oft nicht diagnostiziert.

Die Hepatitiden A und E werden fäkal und oral übertragen. Häufige Infektionsquellen für eine Hepatitis A sind rohe oder ungenügend gekochte Muscheln, Austern oder andere Schalentiere, die aus mit Fäkalien kontaminiertem Wasser stammen. Die Erreger der Hepatitis B, C und D werden dagegen ausnahmslos über das Blut übertragen. Gegen Hepatitis A und B kann man sich durch ↗ Impfungen schützen.

Hepatitisviren, ↗ Viren, deren Zielorgan die Leber ist und die eine Virus- ↗ Hepatitis auslösen. Man unterscheidet mehrere H., die sich in ihrem Aufbau unterscheiden: Das *Hepatitis-A-Virus* (*HAV*), ein einzelsträngiges lineares RNA-Virus, gehört zu den ↗ Picornaviren. Das *Hepatitis-B-Virus* (*HBV*) ist ein Hepadnavirus und enthält ein zirkuläres doppelsträngiges DNA-Molekül. Das *Hepatitis-C-Virus* (*HCV*) und das *Hepatitis-G-Virus* (*HGV*) sind einzelsträngige lineare RNA-Viren aus der Gruppe der ↗ Flaviviren. Das *Hepatitis-D-Virus* (*HDV*) ist ein defektes Virus mit einer ringförmigen Einzelstrang-RNA. Den Caliciviren zugerechnet wird das *Hepatitis-E-Virus* (*HEV*), ein einsträngiges lineares RNA-Virus.

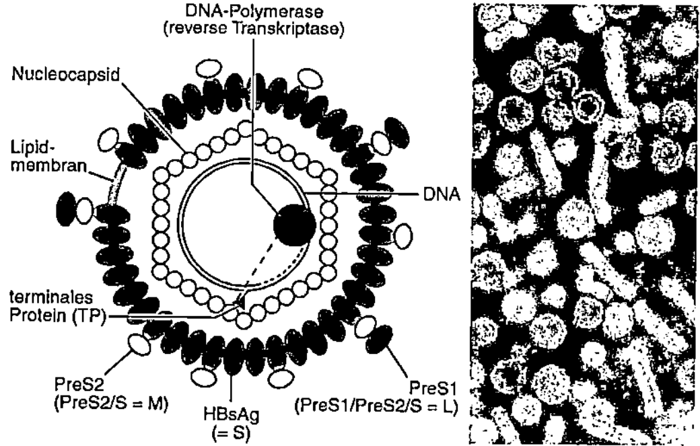

Hepatitisviren Links: Querschnitt durch ein Virion des Hepatitis-B-Virus. HbsAg = S-Oberflächenprotein; PreS1, PreS2 = verlängerte S-Proteine: Rechts Elektronenmikroskopische Aufnahme von Hepatitis-B-Viren des Menschen

Hepatocyten, die Leberzellen (↗ Leber).

Heptosen, aus sieben Kohlenstoffatomen aufgebaute Monosaccharide, wie z. B. die im ↗ Calvin-Zyklus in phosphorylierter Form vorkommende Sedoheptulose.

Heracleum, die Gatt. ↗ Bärenklau.

Herbarium, *Herbar,* zu Forschungs-, Archiv- und Lehrzwecken angelegte Sammlung getrockneter, meist gepresster und auf Papierbögen aufgezogener Pflanzen. Da getrocknete Pflanzen bei sachgemäßer Aufbewahrung die meisten ihrer diagnostisch wichtigen Merkmale behalten, werden Herbarbelege als so genannte *Typusexemplare* von jeder neu aufgefundenen und gültig beschriebenen Pflanzenart als Belegmaterial aufbewahrt.

Herbivoren, *Herbivora*, Bez. für Tiere die sich bevorzugt oder ausschließlich von Pflanzen ernähren. (↗ Ernährung, ↗ Fructivoren)

Herbizide, *Unkrautvernichtungsmittel*, überwiegend organische chemische Verbindungen, die der Bekämpfung von Wildpflanzen („Unkräuter") dienen, die mit den Kulturpflanzen um Licht, Wasser, Nährstoffe und Lebensraum konkurrieren. H. werden entweder als Granulat oder in flüssiger Form zusammen mit Substanzen appliziert, die z. B. die Benetzung der Blätter und die Aufnahme in das Blattinnere der behandelten Pflanzen verbessern. H. können nach einer Reihe von Kriterien wie folgt klassifiziert werden:

Den Zeitpunkt der Behandlung betreffend, wird zwischen *Vorsaat, Vorauflauf* (vor dem Auftreten von Blättern an der Erdoberfläche) und *Nachauflauf* unterschieden. Dabei werden *Blatt-H.* über die Blätter, *Boden-H.* über die Wurzeln und *Kontakt-H.* über den Ort der jeweiligen Benetzung aufgenommen. *Systemische H.* gelangen anschließend über Xylem oder Phloem in die gesamte Pflanze, wohingegen *nicht-systemische H.* am Ursprungsort verbleiben. Schließlich können H. noch als *Total-H.*

bezeichnet werden und jeglichen Pflanzenwuchs vernichten, oder aber es handelt sich um *selektive H.*, die z. B. nur auf zweikeimblättrige krautige Pflanzen wirken, wohingegen einkeimblättrige Getreidearten unversehrt bleiben.

H. bewirken das Absterben von Pflanzen, indem sie z. B. den fotosynthetischen Elektronenfluss bzw. die Atmung hemmen oder aber bestimmte Biosynthesewege von aromatischen Aminosäuren, Carotinoiden oder Lipiden beeinträchtigen. Manche H. wirken auch auf den Stoffwechsel bestimmter Pflanzenhormone und führen z. B. zum Blattabwurf (↗ Abscission).

Herbstfärbung, die in den gemäßigten Breiten besonders im Herbst zu beobachtende Umfärbung der Blätter vieler Pflanzen, bei der die charakteristische Grünfärbung des Chlorophylls langsam durch Chlorophyllabbau verloren geht und die Farbe der im Blatt ebenfalls vorhandenen ↗ Carotinoide zum Vorschein kommt. Die leuchtenden Rottöne werden durch die Synthese von ↗ Anthocyanen hervorgerufen. Die *Braunfärbung* absterbender Blätter entsteht u. a. durch Gerbstoffe und Hydrochinone. (↗ Gerontoplast)

Herbstzeitlose, *Colchicum autumnale*, auf feuchten Wiesen verbreitete Art der ↗ Colchicaceae. Die Knollen enthalten sehr giftige ↗ Alkaloide der Colchicin-Gruppe.

Herbizide Herbizidstrukturen und Wirkorte

Herbizid	inhibierter Stoffwechselweg	primäres Ziel	Struktur
Chlorosulfon (Sulfonylharnstoff)	verzweigtkettige-Amino-säuren-Biosynthese	Acetolactat-Synthase	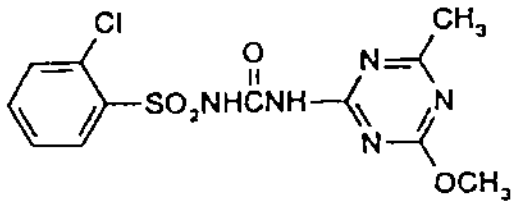
Imazapyr (Imidazolinon)	verzweigtkettige-Amino-säuren-Biosynthese	Acetolactat-Synthase	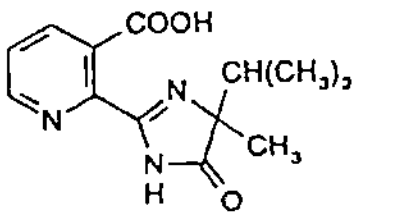
Glyphosat	aromatische-Aminosäuren-Biosynthese	5-Enolpyruvyl-shikimat-3-phosphat-Synthase	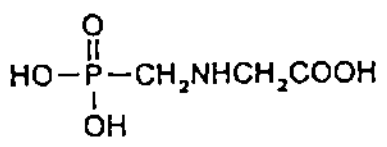
Phosphinothricin	Glutamin-Biosynthese	Glutamin-Synthase	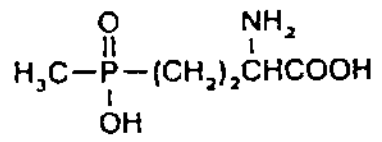
Atrazin (Triazin)	Fotosynthese	Q_β-Protein	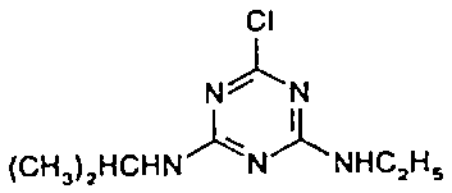
Bromoxynil	Fotosynthese	Q_β-Protein	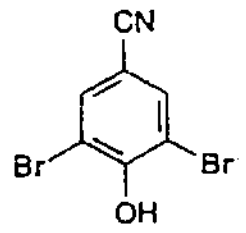

Herbstzeitlosengewächse, die Fam. ↗ Colchicaceae.

Hérelle, *Félix Hubert* d', kanad. Bakteriologe, ✳ 25.4.1873 Montreal, † 22.2.1949 Paris; Prof. am Institut Pasteur in Paris. H. gilt als Entdecker (1917) der ↗ Bakteriophagen, obwohl der brit. Bakteriologe F.W. Twort (1877-1950) die Bakterienviren bereits 1915 durch erstmalige Beobachtung einer Lyse von Staphylokokken gefunden hatte, aber als Effekt eines „aktiven autolytischen Prinzips" gedeutet hatte. Das *Twort-d'Hérelle-Phänomen* beschreibt die Plaquebildung auf spezifischen Bakterienrasen zur Bestimmung der verschiedenen Bakteriophagentypen.

Hering, *Clupea harengis*, Art der Heringsverwandten (↗ Clupeiformes), die einer der wichtigsten Nutzfische Mitteleuropas ist. H. leben im Nordatlantik in bis 250 m Tiefe, wobei sie nachts zur Oberfläche aufsteigen. Die in Küstengewässern abgelaichten Eier sinken zu Boden und bilden einen dicken Eierteppich. Die nach 14 Tagen schlüpfenden Larven steigen zur Oberfläche auf. H. bilden in planktonreichen Meeresgebieten riesige Schwärme. Es gibt zahlreiche Lokalrassen, die sich in Individuengröße sowie Laichplätzen und Laichzeiten unterscheiden, so gibt es *Frühjahrslaicher* und *Herbstlaicher*. Aufgrund seiner wirtschaftlichen Bedeutung wurde und wird der H. erheblich überfischt, Schutzmaßnahmen haben zu einer gewissen Erholung geführt.

Hering, *Karl Ewald Konstantin*, deutscher Arzt und Physiologe, ✳ 5.8.1834 Altgersdorf (heute zu Neugersdorf), † 26.1.1918 Leipzig; ab 1865 Prof. in Wien, 1870 in Prag, ab 1895 in Leipzig. H. verfasste vor allem bedeutende Arbeiten zur Nerven-, Sinnes- und Atmungsphysiologie. Zusammen mit J. Breuer (1842-1925) entdeckte H. die Selbststeuerung der Atmung durch Dehnung der Lungen (*Hering-Breuer-Reflex*) und fand damit als Erster ein Beispiel eines biologischen Regelmechanismus. Er entwickelte eine Theorie des Farbensehens (*Gegenfarbentheorie, Hering'sche Vierfarbentheorie*) und befasste sich mit optischen Täuschungen. Nach ihm ist die *Hering'sche Täuschung* benannt: von sternförmig verlaufenden Strahlen durchzogene Parallelen erscheinen gebogen.

Hering-Breuer-Reflex, ↗ Atemzentrum.

Heringshai, Art der Makrelenhaie (↗ Lamnidae).

Heringskönig, Art der Petersfische (↗ Zeidae).

Heringsmöwe, Art der Möwen (↗ Laridae).

Heringsverwandte, die ↗ Clupeiformes.

Heritabilität, ein Maß für die Weitergabe von phänotypischen Unterschieden durch ↗ Eltern an ihre Nachkommen, das bei der Untersuchung von Veränderungen einer Population verwendet wird. Mit Hilfe der H. kann der Einfluss genetisch bedingter und durch Umweltfaktoren beeinflusster individu-eller Unterschiede ermittelt werden. (↗ Populationsgenetik)

Herkogamie, Bez. für die Verhinderung einer ↗ Selbstbestäubung (↗ Autogamie) durch eine ungünstige Anordnung von ↗ Staubblättern und ↗ Narben zueinander.

Hermaphrodit, *Zwitter*, Bez. für Individuen, die sowohl männliche, als auch weibliche Gameten produzieren. (↗ Hermaphroditismus)

Hermaphroditismus, *Zwittrigkeit, Zwittertum,* 1) *Zoologie:* bei Tieren die Bildung von männlichen und weiblichen Gameten im selben Organismus. Dies kann sowohl gleichzeitig (*Simultanzwitter*), als auch zeitlich zueinander versetzt (*konsekutive Zwitter*) erfolgen, wobei die männlichen Geschlechtsorgane zuerst aktiv sein können (*Protandrie* oder *Proterandrie*), oder zunächst weibliche Gameten gebildet werden (*Protogynie*). H. tritt z. B. bei bestimmten Schnecken, Krebsen und Ringelwürmern auf. Die gelegentlich auftretenden Fälle von *Pseudohermaphroditismus* sind jedoch i. d. R. unfruchtbar.

2) *Botanik:* Bei Samenpflanzen Bez. für die Bildung fertiler Fruchtblätter und fertiler Staubblätter in derselben Blüte (↗ Zwitterblüte).

Heroin, *Diacetylmorphin, Acetomorphin,* aus dem Milchsaft unreifer Kapseln des Schlafmohns gewonnene Substanz, die zu den Betäubungsmitteln und harten Drogen gehört. H. ist ein Derivat des ↗ Morphins und wird im Körper auch wieder zu diesem metabolisiert. Es ist ein weißes Pulver, das vorwiegend in Lösung injiziert, seltener auch geschnupft wird. Es besitzt etwa die dreifache Wirksamkeit des Morphins, und kann infolge seiner Lipidlöslichkeit die ↗ Blut-Hirn-Schranke schneller durchdringen, sodass eine intensive Wirkungsüberflutung eintritt, die zu einem momentanen ekstatischen Glücksgefühl führt („Flash"). Dieses wird jedoch bei regelmäßigem Gebrauch schon sehr bald auch bei hoher Dosierung nicht mehr erreicht, sondern H. muss dann genommen werden, um die außerordentlich starken Entzugserscheinungen zu vermeiden. Sie bestehen in Schwindel, Durchfall, Erbrechen, Gliederschmerzen, Schweißausbrüchen, Schlaflosigkeit, Depressionen. Das dadurch bedingte sehr hohe Suchtpotenzial führt meist zum schnellen sozialen Abstieg der Heroinsüchtigen, da das ganze Leben auf die Beschaffung der Droge ausgerichtet ist, und der Heroinkonsum in vielen Fällen durch Prostitution und Beschaffungskriminalität finanziert wird. Da beim Entzug mit dem Ziel völliger Abstinenz die Rückfallquote sehr hoch ist, gingen in den letzten zehn Jahren viele Staaten dazu über, Langzeitabhängigen eine Substitutionsbehandlung mit dem synthetischen Opioid *Methadon* (bzw. Derivaten) anzubieten. Diese zeigt insofern Erfolge, als die Süchtigen unter Methadonbehandlung sozial und beruflich meist wieder erfolgreich reintegriert werden können, und ein hoher Prozentsatz selbst nach Jahren noch keinen Rückfall hatte.

Herpes, mit Bläschenbildung einhergehender Hautausschlag; i. e. S. die mit diesem Hauptsymptom einhergehenden Krankheiten Herpes zoster (↗ Gürtelrose) und Herpes simplex (↗ Herpes-simplex-Viren).

Herpes-simplex-Viren, ↗ Herpesviren, die in zwei serologischen Typen auftreten: *Herpes-simplex-Virus Typ 1 (HSV-1)* und *Herpes-simplex-Virus Typ 2 (HSV-2)*. HSV-1 kommt überwiegend im Gesichtsbereich vor, besonders an der Lippe (*Herpes labialis*). HSV-2 tritt an den Geschlechtsorganen auf (*Herpes genitalis*) und kann bei Neugeborenen schwere Allgemeinerkrankungen (*Herpes neonatorum*) auslösen.

Herpestes, Gatt. der ↗ Mangusten.

Herpestinae, die ↗ Mangusten.

Herpesviren, *HSV*, doppelsträngige DNS-↗ Viren mit ikosaederförmigem ↗ Capsid aus 162 ↗ Capsomeren und einer Lipidhülle Sie überdauern lebenslang in ihrem natürlichen Wirt, so dass es immer wieder zu Reaktivierungen kommen kann. Zu den H. gehören die ↗ Herpes-simplex-Viren, das ↗ Varicella-Zoster-Virus, das ↗ Epstein-Barr-Virus und das ↗ Cytomegalievirus.

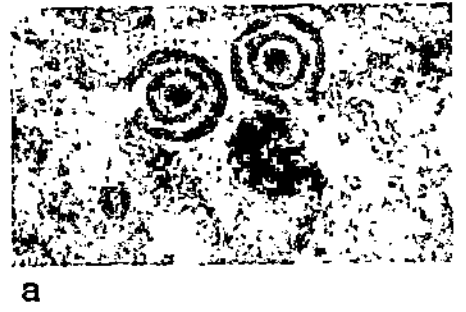

Herpesviren ektronenmikroskopische Aufnahme von Herpesviren. a Entstehung durch Knospung an der inneren Kernmembran, b komplettes Virus

Herpes zoster, die ↗ Gürtelrose.

Herrentiere, die ↗ Primates.

Hershey, *Alfred Day*, amerikan. Molekularbiologe, ✳ 4.12.1908 Owosso (Michigan), † 22.5.1997; Prof. für Genetik an der Washington University in Saint Louis (Missouri), seit 1951 (ab 1963 Leiter) an der Genetik-Abteilung der Carnegie Institution in Cold Spring Harbor (New York). H. arbeitete über Antigen-Antikörper-Reaktion, Bakterienwachstum, Genetik und Vermehrungsmechanismen bei Bakteriophagen. Er wies 1952 nach, dass die ↗ Desoxyribonucleinsäure Träger der Erbinformation ist und bestätigte damit frühere Versuche von O.T. ↗ Avery. 1969 erhielt H. für seine Arbeiten zur Phagengenetik und -vermehrung zusammen mit M. ↗ Delbrück und S.E. ↗ Luria den Nobelpreis für Physiologie oder Medizin.

Hertwig, *Oskar Wilhelm August*, deutscher Anatom und Biologe, ✳ 21.4.1849 Friedberg (Hessen), † 25.10.1922 Berlin; Schüler von E. ↗ Haeckel; ab 1878 Prof. in Jena, 1888 in Berlin, Mitbegründer des Kaiser-Wilhelm-Instituts für Biologie in Berlin. H. beschrieb als erster 1875 die Befruchtung einer tierischen Eizelle (Seeigel) – nahezu gleichzeitig mit der entsprechenden Entdeckung von E.A. ↗ Strasburger an Pflanzen. Ferner gelangte er 1890 zu der Erkenntnis, dass der Zellkern der Träger der Erbinformation ist und beschrieb im gleichen Jahr die Gleichartigkeit der Vorgänge bei ↗ Spermatogenese und ↗ Oogenese. Er stellte der Keimplasmatheorie A.F.L. ↗ Weismanns seine *Biogenesis-Theorie* gegenüber, die alle Zellen in der Embryonalentwicklung aufgrund erbgleicher Kernteilungen als gleichwertig betrachtete und die weitere Differenzierung der Zellen u. a. von Umwelteinflüssen, Lagebeziehungen zueinander und zum Keim abhängig machte.

Herz, *Cor*, *Kardia*, speziell ausgebildeter Abschnitt des Blutgefäßsystems der Tiere und des Menschen, der als muskulöses Hohlorgan eine Strömung der Körperflüssigkeit (↗ Blut bzw. ↗ Hämolymphe) bewirkt.

Die einfachste Form eines H. findet sich bei den Ringelwürmern (↗ Annelida) mit geschlossenem Blutgefäßsystem. Bei diesen sind große Abschnitte des Gefäßsystems kontraktil und erzeugen einen gerichteten Blutstrom. In den Gefäßen strömt das Blut automatisch, dem Druckgradienten folgend, in die kontraktilen Abschnitte zurück und füllt diese erneut. Ein aktives Ansaugen durch das Herz ist in diesen Fällen nicht notwendig.

Anders sind die Verhältnisse bei den Gliederfüßern (↗ Arthropoda) mit offenem Blutgefäßsystem. Hier ist das H. ursprünglich ein dorsal im Körper gelegener muskulöser Schlauch, der als Saug-Druck-Pumpe arbeitet. Durch eine horizontale Scheidewand (*Pericardialmembran*), die jedoch Öffnungen enthält, ist es von der übrigen Leibeshöhle abgetrennt. Das nur mit Ringmuskel ausgestattete H. ist mit feinen Muskelzügen (*Flügelmuskeln*) an der inneren Körperwand und der Pericardialmembran aufgehängt. So liegt es frei in einem Gleitraum und kann unabhängig von Körperbewegungen und der Aktivität der Eingeweidemuskulatur arbeiten. Die Flügelmuskeln sind ein wichtiges funktionelles Element des Herzens, denn ihre Kontraktion ermöglicht erst eine Dehnung (*Diastole*) des H. Dabei wird Hämolymphe durch seitliche Öffnungen des Herzschlauches (*Ostien*) aus dem Pericardialsinus in das Herzlumen eingesogen. Während der anschließenden Kontraktion (*Systole*) des Herzmuskels wird die Hämolymphe durch die Aorta kopfwärts gepumpt. Die Ostien besitzen Klappen, die verhindern, dass die Hämolymphe zurückströmt. Bei den Insekten und jenen Spinnentieren, deren Gewebe über Tracheen direkt mit

Sauerstoff versorgt werden, liegt das H. im Hinterleib. Bei den mit Kiemen oder Lungen atmenden Krebsen hingegen ist es immer in der Nähe der Atmungsorgane, sodass sauerstoffreiches Blut angesaugt und in den Körper gepumpt werden kann.

Die Weichtiere (↗ Mollusca) besitzen ein kurzes schlauchförmiges H., das wie bei den Arthropoda von einem *Perikard* (ein Coelomrest) umschlossen ist. Das H. hat keine Verbindung mit dem Lumen des Perikards, sondern bekommt das Blut aus Venen zugeführt, die sich vor dem Herz zu *Vorhöfen* *(Atrien)* erweitern und das Blut in die *Herzkammer (Ventrikel)* pumpen. Der Ventrikel ist durch Klappenventile gegen das Zurückströmen von Blut in die Atrien gesichert.

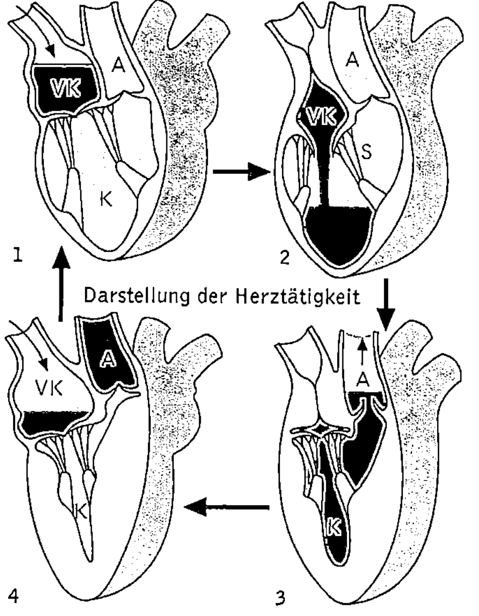

Herz Anordnung der Herzklappen und der Weg des Blutes durch das Herz

Das H. der *Wirbeltiere* (Vertebrata) ist in seiner ursprünglichen Form ein ventromedian kurz hinter dem Kiemendarm gelegener viergliedriger Schlauch. Die aus dem Körper zum H. führenden Venen münden in einen weichhäutigen Sack (*Sinus venosus*). An diesen schließt sich kopfwärts der *Vorhof (Atrium)* an, der in die stark muskulöse *Hauptkammer (Ventrikel)* mündet. Von dort leitet der *Conus arteriosus* in die vom H. wegführenden Arterien über. Zwischen den einzelnen Abschnitten des Herzens sind Ventilklappen ausgebildet. Das H. ist in einen Gleitraum, den *Herzbeutel (Perikard)* eingeschlossen. Dieser Bau des H. findet sich bei allen kiemenatmenden Fischen, wobei das H. S-förmig geknickt ist, sodass der Ventrikel, schwanzwärts weisend, eine Herzspitze bildet, während das Atrium dorsal kopfwärts liegt. Dem H. wird aus dem Körper sauerstoffarmes Blut zugelei-

tet, das dann weiter zu den Kiemen·gepumpt wird. Der Übergang zum Landleben mit Lungenatmung ist mit einer grundlegenden Umgestaltung von H. und ↗ Blutkreislauf verbunden.

Das H. des *Menschen* liegt zwischen den beiden Lungenflügeln dem Zwerchfell auf, und zwar zu zwei Dritteln auf der linken Seite der Brustmittellinie. Es ist im Perikard frei verschieblich und lediglich mit seiner Basis verwachsen. Die freie Beweglichkeit und der im Brustkorb herrschende Unterdruck machen die Herzarbeit erst möglich. Innen ist das Herz von der *Herzinnenwand (Endokard)* ausgekleidet. Die Muskelschicht wird als *Myokard* und die bindegewebige Hülle als *Epikard* bezeichnet. Die beiden Herzhälften sind ensprechend der unterschiedlichen Druck- und Arbeitsbeanspruchung durch Lungen- und Körperkreislauf verschieden stark entwickelt. Im Lungenkreislauf kommt das sauerstoffarme Blut über die Hohlvenen in den *rechten Vorhof (Atrium dextrum)*. Die Vorhöfe werden lediglich durch Auffaltungen gegen die Venen abgegrenzt. Die Öffnung zwischen rechtem Vorhof und *rechter Kammer (Ventriculus dexter)* wird Ostium atrioventriculare genannt; sie wird durch die rechte *Atrioventrikularklappe* (Segelklappe) verschlossen. Das Blut strömt nun zur Herzspitze in den unteren, durch Muskelwülste (Trabekel) unregelmäßig gestalteten Kammerbereich. Anschließend erfolgt eine Strömungsumkehr, die das Blut in den glattwandigen Teil der Kammer führt. Durch die rechte *Semilunarklappe* (Taschenklappe) fließt das Blut zur Lungenarterie. Beim Körperkreislauf gelangt das sauerstoffreiche Blut aus dem Kapillarnetz der Lungen durch die Lungenvene in den *linken Vorhof (Atrium sinistrum)*. Anschließend fließt das Blut durch das linke Ostium atrioventriculare in die *linke Kammer (Ventriculus sinister)*, die ähnlich wie die rechte aufgebaut ist. Schließlich gelangt das Blut über die linke Taschenklappe in die Aorta. Die vier Herzklappen liegen in einer Ebene, der *Ventilebene*. Äußerlich ist sie durch die *Kranzfurche (Sulcus coronarius)* gekennzeichnet. Die Segelklappen und die Taschenklappen werden von Sehnenringen bzw. bindegewebigen Faserringen umgeben, dem so genannten Herzskelett. Die rechte Segelklappe (*Valva tricuspidalis, Trikuspidalklappe*) besteht aus drei gefäßfreien, segelartigen Bindegewebsplatten, die kräftigere linke (*Valva bicuspidalis, Mitralklappe*) nur aus zwei. Über Sehnenfäden sind die Klappen mit drei bzw. zwei Papillarmuskeln verbunden, die in den Kammerwänden verankert sind. Dadurch wird ein Durchschlagen der Segel in die Vorhöfe bei Kammerkontraktion verhindert. Die Taschenklappen, die linke *Aortenklappe (Valva aortae)* und die rechte *Pulmonalklappe (Valva trunci pulmonalis)*, bestehen aus drei taschenarti-

gen, in das Lumen hineinragenden derben Bindege-
webshäuten. Die Blutversorgung der Herzmuskulatur reicht durch das Blut im Herzlumen keineswegs
aus. Die Versorgung mit Nährstoffen und Sauerstoff
(das Herz kann keine Sauerstoffschuld eingehen,
wie der Skelettmuskel) übernimmt ein eigenes Gefäßsystem, die *Herzkranzgefäße (Koronargefäße)*,
in denen bis zu 10 % des in die Aorta gepumpten
Blutes fließen.

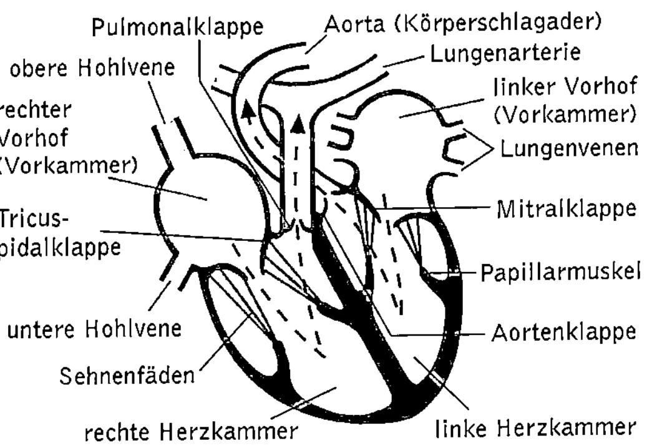

Herz Arbeitsweise des Herzens: Aus den Hohlvenen fließt sauerstoffarmes Blut in den rechten Vorhof. Durch die Tricuspidalklappe gelangt das Blut in die rechte Herzkammer und fließt zur Herzspitze. Hier erfolgt eine Strömungsumkehr; durch die Pulmonalklappe wird das Blut schließlich in die Lungenarterie gepumpt. Angereichert mit Sauerstoff, kehrt es aus der Lunge zum linken Herzen zurück. Aus dem linken Vorhof fließt es durch die geöffnete Mitralklappe in die linke Herzkammer zur Herzspitze. Anschließend wird das Blut durch die geöffnete Aortenklappe in die Aorta (Körperschlagader) gepumpt.

Das menschliche H. ist funktionell eine Druck- und Saugpumpe, die durch ein eigenes Erregungsbildungssystem gesteuert wird, die Herzmuskelzellen sind selbsterregend (*Herzautomatie*). Schrittmacher für die rhythmische Herztätigkeit ist ein als *Sinusknoten* bezeichneter Herzbereich. Der sich in der rechten Vorhofwand, nahe der Eintrittsstelle der oberen Hohlvene befindet. Er erzeugt elektrische Impulse, die Nervenimpulsen ähneln. Durch die Glanzstreifen sind die Herzmuskelzellen elektrisch gekoppelt und so breiten sich die Impulse aus dem Sinusknoten rasch über die Atriumwände aus und bringen sie insgesamt zur Kontraktion. Außerdem gelangen die Impulse zu einem anderen, besonders spezialisierten Teil des H., dem *Atrioventrikularknoten (AV-Knoten)*. Dieser ist ein Übertragungspunkt zwischen dem rechten Vorhof und der rechten Herzkammer, an dem die Impulse um etwa 0,1 Sekunde verzögert werden, sodass die Vorhöfe vollständig kontrahiert und entleert sind, bevor sich die Herzkammern kontrahieren. Auch werden die Impulse von speziellen Muskelfasern in alle Bereiche der Kammerwand geleitet. Die während eines Herzschlags durch den Herzmuskel laufenden

elektrischen Impulse erzeugen einen elektrischen Strom, der durch die Körperflüssigkeiten auf die Körperoberfläche geleitet wird und dort über Hautelektroden als ↗ Elektrokardiogramm aufgezeichnet werden kann. Der Sinusknoten selbst wird durch ↗ Sympathikus (Beschleunigung des Rhythmus) und ↗ Parasympathikus (Verlangsamung) reguliert, sowie durch ↗ Hormone wie z. B. ↗ Adrenalin.

Die Zahl der Herzschläge pro Minute wird als *Herzfrequenz* bezeichnet, das dadurch hervorgerufene rhythmische Dehnen der Arterien infolge Blutdruckerhöhung ist als ↗ Puls an verschiedenen Körperteilen tastbar. Das Blutvolumen, das pro Minute von der linken Herzkammer in den Körperkreislauf gepumpt wird, bezeichnet man als *Herzzeitvolumen*. Es ist abhängig von der Schlagfrequenz und vom Schlagvolumen, d. h. der von der linken Kammer bei jeder Kontraktion gepumpten Blutmenge. Das durchschnittliche Schlagvolumen des Menschen beträgt 75 ml. Bei diesem Schlagvolumen und einem Ruhepuls von 70 Schlägen pro Minute beträgt das Herzzeitvolumen somit fünf Liter pro Minute, was in etwa der gesamten Blutmenge eines Menschen entspricht. Bei extremer körperlicher Arbeit kann das Herzzeitvolumen um das Fünffache zunehmen.

Herzfrequenz, die Zahl der Herzschläge pro Minute (↗ Herz).

Herzglykoside, ↗ Digitalis-Glykoside.

Herzinfarkt, ↗ Herz-Kreislauf-Erkrankungen.

Herzkörper, der Exkretspeicherung dienendes Gewebe bei vielen Ringelwürmern (↗ Annelida), das den Darm umgibt und häufig in das Herz vorgeschoben wird.

Herzkranzgefäße, *Koronargefäße*, ↗ Herz.

Herz-Kreislauf-Erkrankungen, die Gesamtheit der Erkrankungen und Störungen des Herzens und der Blutgefäße. Erkrankungen des Herzens sind neben angeborenen Herzfehlern, vor allem Verengungen der Herzkranzgefäße, die aufgrund der Minderdurchblutung *Angina pectoris* und *Herzinfarkt*, also eine irreversible Schädigung des Herzmuskelgewebes mit Verlust der Kontraktionsfähigkeit zur Folge haben können, sowie Entzündungen des Herzbeutels (*Perikarditis*), der Herzinnenhaut und der Herzklappen (*Endokarditis*) und die Herzmuskelentzündung (*Myokarditis*). Herzklappenfehler können entweder zu einer Herzmuskelzunahme (*Druckhypertrophie*) oder zu einer Erweiterung des Herzinnenraums (*Herzdilatation*) führen. Weiterhin gehören zu den H. - K - E. die ↗ Arteriosklerose, die Erkrankungen der Hirngefäße, einschließlich des ↗ Schlaganfalls, der arterielle Bluthochdruck sowie Venenerkrankungen wie Krampfadern, Hämorrhoiden, ↗ Thrombose. H. - K. - E., insbesondere die Gefäßkrankheiten, sind in industrialisierten Ländern die Hauptursache frühzeitiger Invalidität und vorzeitiger Todesfälle. Neben erblicher Disposition werden vor allem Einflüsse der modernen Lebensweise wie Stress, Überreizung, zu wenig Bewegung, falsche und zu reichliche Ernährung, unzureichender Schlaf sowie Alkohol- und Medikamentenmissbrauch als Verursacher der H. - K. - E. gesehen.

Herzminutenvolumen, das pro Minute vom ↗ Herz beförderte Blutvolumen, ein Maß für die Leistungsfähigkeit des Herzens.

Herzmuschel, ↗ Heterodonta.

Herzmuskel, ↗ Herz, ↗ Muskel.

Herzmuskelgifte, die ↗ Cardiotoxine.

Hess, *Walter Rudolf*, schweizer. Neurophysiologe, * 17.3.1881 Frauenfeld (Thurgau), † 12.8.1973 Muralto (Tessin); ab 1917 Prof. für Physiologie und Direktor des Physiologischen Instituts in Zürich. Von H. stammen grundlegende experimentelle Arbeiten über die Lokalisation von Hirnfeldern, indem er bei Katzen spezifische Verhaltensweisen (insbesondere „Umstimmungen") durch lokale Reizungen von Hirnregionen über eingeführte Reizelektroden auslöste. Ferner erkannte H. die Steuerung vegetativer Funktionen (Schlaf-Wach-Rhythmus, Fressverhalten). Er erhielt 1949 zusammen mit A.C. Moniz den Nobelpreis für Physiologie oder Medizin.

hetero-, in Zusammensetzungen: verschieden-, anders-.

Heterobasidiomycetidae, Unterklasse der ↗ Basidiomycetes.

Heterobathmie, Bez. für das mosaikähnliche Nebeneinander von abgeleiteten (apomorphen) und ursprünglichen (plesiomorphen) Merkmalen bei Organismen.

heterochlamydeisch, Bez. für eine Blüte, deren äußere und innere Blütenhüllblätter verschieden gestaltet sind und einen i. d. R. unscheinbaren grünen Kelch und eine meist auffällig gefärbte Krone besitzen. Gegensatz: *homochlamydeisch*.

Heterochromatin, ↗ Chromatin.

Heterochronie, Bez. für eine zeitliche Verschiebung in der Anlage oder Entwicklung der einzelnen Teile eines Organismus, z. B. ↗ Akzeleration bzw. ↗ Retardation in der Individualentwicklung.

Heterocyste, eine differenzierte ↗ Cyanobakterien-Zelle, die ↗ Stickstoff-Fixierung durchführt, aber keine oxygene ↗ Fotosynthese.

Heterodera, ↗ Rübennematode.

heterodont, 1) Bez. für einen Scharniertyp der Schalen von Muscheln (↗ Bivalvia).

2) Bez. für ein aus Gruppen verschiedenartiger Zähne bestehendes ↗ Gebiss.

Heterodonta, zu den Muscheln (↗ Bivalvia) gehörendes Taxon mit kleinen, aber auch bis über einen Meter großen Muscheln. Ihre Schalen sind sehr verschieden, die Scharnierzähne unterschiedlich und z. T. mehr oder weniger reduziert. H. besitzen Blattkiemen (↗ Kiemen); die Ein- und Ausströmöffnungen haben oft Siphonen. Zu den H. gehört u. a. die etwa 5 cm große, im Nordatlantik und seinen Nebenmeeren verbreitete *Essbare Herzmuschel (Cerastoderma edule)* mit herzförmiger, gerippter Schale und kurzen Siphonen. Herzmuscheln leben oberflächlich im Sand eingegraben. Sie bilden im Watt den größten Anteil der Muschelbiomasse und werden in West- und Südeuropa gegessen. Mit bis 1,2 m Länge und bis zu 200 kg Gewicht ist die *Riesenmuschel (Tridacna gigas)* die größte Muschel. Sie lebt in tropischen Meeren und ernährt sich durch Filtrieren kleinster Partikel. Ihr Weichkörper ist in der Schale um 180° gedreht, sodass bei geöffneter Schale im dorsalen Mantelrand lebende, symbiontische Zooxanthellen dem Licht zugewandt sind und Photosynthese betreiben können. In Nord- und Ostsee lebt die ursprünglich in Nordamerika beheimatete *Sandklaffmuschel (Mya arenaria*; Länge 12 cm) bis 40 cm tief im Sand eingegraben, wobei die Siphonen bis an die Sedimentoberfläche ausgestreckt sind. In Süß- und Brackwasser kommt die bis 3 cm große *Wandermuschel (Dreissena polymorpha)* vor, die sich mit Byssusfäden am Substrat festsetzt. Sie war ursprünglich im Schwarzmeergebiet beheimatet, wurde jedoch Ende des 19. Jh. nach Nordamerika und Europa verschleppt, wo sie z. T. in sehr hohen Besiedlungsdichten vorkommt. Ebenfalls zu den H. gehören die ↗ Schiffsbohrmuscheln.

Heteroduplex, Plural *Heteroduplices*, die Bez. für ein doppelsträngiges DNA-Molekül, bei dem die beiden Stränge in ihrer komplementären Basensequenz nicht vollständig übereinstimmen. H. treten bei Prozessen auf, die im Zusammenhang mit der ↗ Rekombination stehen und sind häufig an der Entstehung von Mutationen beteiligt (↗ DNA-Reparatur). H. können auch künstlich induziert werden, um z. B. ↗ Introns nachzuweisen.

heterogametisch, ↗ Geschlechtsbestimmung.

heterogene Kern-RNA, ↗ hnRNA.

Heteroglykane, Polysaccharide, die aus mehr als einer Monosaccharidart aufgebaut sind, z. B. ↗ Hyaluronsäure. Gegensatz: ↗ Homoglykane

Heterogonie, das Aufeinanderfolgen unterschiedlich gestalteter Geschlechtsgenerationen, von denen sich eine oder auch mehrere parthenogenetisch (↗ Parthenogenese) fortpflanzen können. (↗ Generationswechsel)

Heterokarpie, das Vorkommen verschiedener Fruchtformen an der gleichen Pflanze.

Heterokonta, Taxon der phylogenetischen Systematik, in dem alle einzelligen (eukaryotischen) Organismen zusammengefasst sind, die eine heterokonte Begeißelung (↗ Heterokontie) aufweisen, deren Mastigonemen in Golgi-Vesikeln gebildet werden, deren Plastiden an das endoplasmatische Reticulum gebunden sind und die gleich bleibende Lagebeziehungen zwischen Zellkern, Golgi-Apparat und Geißelwurzeln zeigen. Hierzu zählen Arten mit sehr verschiedener Organisation, so z. B. pflanzliche Vertreter wie die einzelligen Braunalgen (↗ Phaeophyceae) oder Kieselalgen (↗ Bacillariophyceae), pilzartige Organismen wie die Oomyceten (↗ Oomykota) sowie in Verhalten und Ernährung eindeutig tierische Organismen.

Heterokontophyta, *Chrysophyta*, Abt. der ↗ Algen mit den Klassen ↗ Chloromonadophyceae, ↗ Xanthophyceae, ↗ Chrysophyceae, ↗ Bacillariophyceae und ↗ Phaeophyceae. Gemeinsames Merkmal ist eine Falte des ↗ endoplasmatischen Reticulums, welche die Plastiden umgibt. Typisch ist auch die Anordnung der ↗ Thylakoide in Dreierstapeln. Die meisten Vertreter besitzen zwei unterschiedlich lange Geißeln, von denen die längere nach vorne gerichtet ist und als Zuggeißel dient. Die gelben, gelbbraunen bis braunen Plastiden enthalten Chlorophyll a und c, β-Carotin und verschiedene Chlorophylle.

Heterolyse, die Trennung einer Atombindung, wobei die beiden Bindungselektronen bei einem Bindungspartner bleiben.

heteroözisch, Bez. für Parasiten (↗ Parasitismus) oder pilzliche Krankheitserreger mit Wirtswechsel.

Heterophyllie, das Vorkommen unterschiedlich geformter Blätter an einer Pflanze.

Heteroptera, *Wanzen*, Gruppe der Insekten (↗ Insecta) mit rund 36000 Arten, von denen 800 in Mitteleuropa vorkommen. Wanzen sind zwischen 1,5 und 40 mm groß, die größte Art (*Belostoma grande*) erreicht 110 mm. Sie leben auf dem Land, im Süßwasser oder auf der Wasseroberfläche, Arten der Gatt. *Halobates* leben sogar auf der Oberfläche der Hochsee. Der Kopf der H. trägt einen schnabelförmigen, mehrgliedrigen Rüssel, der in Ruhestellung unter den Körper gelegt wird, die Mundgliedmaßen sind stechend-saugend. Am Thorax befinden sich dorsal ein *Halsschild* (Prothorax) und ein *Schildchen* (Mesothorax). Oberhalb der Hinterhüften münden am Metathorax *Stinkdrüsen*, deren Sekrete der Abwehr und der Freihaltung der Körperoberfläche von Mikroorganismen dienen und einen typischen Geruch verbreiten („Wanzengeruch"). Die Vorderflügel sind in ihrem proximalen (vorderen) Teil versteift (*Hemielytren*), der hintere Teil ist häutig, ebenso wie die Hinterflügel. Körperform und Färbung sind sehr unterschiedlich, ebenso wie Spezialisierungen der Beine in Anpassung an die Lebensweise. Die Verwandlung ist unvollkommen (Hemimetabolie; ↗ Metamorphose), fast immer sind fünf Nymphenstadien vorhanden. Zu den H. gehören u. a. die Wasserläufer (↗ Gerro-

morpha), die Wasserwanzen (↗ Nepomorpha), die ↗ Cimicomorpha und die *Pentatomorpha*, u. a. mit der ↗ Feuerwanze.

Heterosexualität, eine Form der sexuellen Orientierung, bei der sich das Begehren auf Angehörige des jeweils anderen Geschlechts richtet. (↗ Homosexualität, ↗ Sexualität)

Heterosiphonales, Ord. der ↗ Xanthophyceae.

Heterosis, *Heterosiseffekt*, die gesteigerte Wüchsigkeit, Ertragsleistung oder erhöhte Vitalität von heterozygoten Individuen, die nach Kreuzung bestimmter Inzuchtlinien am größten und dann in der ersten Nachkommengeneration am stärksten ausgeprägt ist. Die so genannte *somatische* oder *reproduktive* H. wird in der Landwirtschaft dazu verwendet, Pflanzen wie Mais, Reis oder Weizen mit höheren Erträgen und Tiere mit verbessertem Endgewicht oder höherer Nachkommenzahl zu erzeugen (*Luxurieren*).

Der Begriff *adaptive* H. bezeichnet hingegen den Vorteil von Hybriden unter natürlichen Auslesebedingungen. Ein Beispiel hierfür sind die besseren Überlebenschancen von Menschen, die an der ↗ Sichelzellenanämie erkrankt sind, in Malariagebieten.

Heterosomen, die ↗ Geschlechtschromosomen.

Heterosporie, im Gegensatz zur ↗ Isosporie die Ausbildung unterschiedlich großer geschlechtlich differenzierter ↗ Sporen.

Heterostylie, ↗ Bestäubung.

Heterotardigrada, zu den Bärtierchen (↗ Tardigrada) gehörendes Taxon.

heterothallisch, Bez. für Farne mit getrenntgeschlechtlichen Prothallien (↗ Prothallium).

heterotroph, Bez. für Organismen, die ihren Zellkohlenstoff aus organischen Verbindungen gewinnen.

Heteroxenie, ↗ Wirtswechsel.

heterozerk, Bez. für einen Flossentyp (↗ Flossen).

Heterozooide, besonders spezialisierte Einzelindividuen der Moostierchen (↗ Bryozoa).

heterozygot, ↗ Heterozygotie.

Heterozygotie, *Mischerbigkeit*, das Auftreten unterschiedlicher ↗ Allele eines Gens in einem Organismus (↗ Genotyp, ↗ Mendel-Regeln). Gegensatz: ↗ Homozygotie

Heubacillus, *Bacillus subtilis*, ↗ Bacillus.

Hevea, Gatt. der ↗ Euphorbiaceae.

Hexacorallia, Gruppe der ↗ Anthozoa mit meist großen Polypen, die einzeln oder in Kolonien leben. Die Zahl der Tentakel ist entweder sechs oder (häufiger) ein Vielfaches von sechs; sie sind ungefiedert und besitzen spezielle Klebkapseln (*Spirocysten*). Ebenso sind die Sarcosepten in Sechszahl vorhanden. Die Larven durchlaufen bei vielen H. ein „Octocorallia-Stadium" mit acht Tentakeln und acht Septen. Zu den H. gehören die Zylinderrosen (↗ Ceriantharia), die Stein- oder Riffkorallen (↗ Madreporaria), die Seeanemonen (↗ Actiniaria) und die Krustenanemonen (↗ Zoantharia).

Hexactinellida, *Glasschwämme*, Gruppe der Schwämme (↗ Porifera) mit rund 400 Arten, die vor allem in der Tiefsee, aber in bestimmten Regionen auch im Flachwasser vorkommen. Sie sind oft becher- oder röhrenförmig, die aus Kieselsäure bestehenden Spicula sind triaxon (dreistrahlig). Das Gewebe besteht aus Syncytien. Viele Arten haben einen basalen Stiel aus großen einstrahligen (monaxonen) Spicula, mit dem sie im Schlammboden verankert sind. H. sind seit dem Kambrium nachgewiesen und hatten ihre größte Formenfülle wohl in Jura und Kreide. Zu den H. gehört u. a. der röhrenförmige bis 40 cm hohe *Gießkannenschwamm (Euplectella aspergillum)*.

Hexanchidae, *Kammzähner, Grauhaie*, Fam. der Haie (↗ Selachimorpha), die mit wenigen Arten weltweit verbreitet sind. H. besitzen sechs oder sieben Paar Kiemenspalten und nur eine, weit hinten ansetzende Rückenfinne. Bekannteste Art ist der bis 8 m Länge erreichende, für den Menschen ungefährliche *Grauhai (Hexanchus griseus)*, der auch im Mittelmeer und in der Nordsee vorkommt.

Hexapoda, die ↗ Insecta.

Hexenbesen, durch Bakterien, Pilze oder tierische Parasiten hervorgerufene abnorme Astwucherungen an Bäumen. Durch übermäßige Verzweigungen entstehen besen- und vogelnestähnliche Gebilde.

Hexenring, kreisförmige Anordnung von Pilzfruchtkörpern (meist ↗ Hutpilze). H. entstehen dadurch, dass sich das Pilzmycel (↗ Mycel) von einer Spore aus strahlenförmig nach allen Seiten ausbreiten kann. Am äußeren Rand des Mycels wachsen dann die Fruchtkörper, während das Mycel im Inneren des Kreises infolge Nährstoffmangels allmählich abstirbt. Von Jahr zu Jahr entsteht eine größer werdende kreisförmige Zone, deren Durchmesser von einem bis zu 50 m betragen kann.

Hexokinase, ein Enzym, das den ersten Schritt der ↗ Glykolyse, die Übertragung eines Phosphatrestes von ATP auf ↗ Glucose, unter Bildung von Glucose-6-phosphat katalysiert. Ist in der Zelle keine Glucose vorhanden, liegt das Enzym in einer inaktiven Konformation vor, binden Glucose und ATP, wird die katalytisch aktive Enzymkonformation induziert. In tierischen Geweben werden vier Isoenzyme der H. unterschieden.

Hexosemonophosphat-Weg, der ↗ Pentosephosphat-Weg.

Hexosen, Sammelbez. für ↗ Monosaccharide mit sechs Kohlenstoffatomen.

Heymans, *Cornelius (Corneille) Jean François*, belgischer Physiologe und Pharmakologe, * 28.3.1892 Gent, † 18.7.1968 Knokke; ab 1930 Prof. und Direktor des Heyman-Instituts für Pharmakologie in Gent. H. entdeckte die Funktion der Barorezeptoren (Blutdruckzügler) in der Wand der Halsschlagader (Carotissinus) und der Aorta. Er erhielt 1938 den Nobelpreis für Physiologie oder Medizin.

Hibernacula, *Hibernakeln*, Überdauerungsorgane, abgegrenzte, von Speicherstoffen erfüllte und gewöhnlich gegen physikalische und chemische Außeneinflüsse durch eine derbe Hülle geschützte Portionen regenerationsfähiger somatischer Gewebe in vielzelligen Organismen. H. dienen dem Überdauern ungünstiger Lebensbedingungen und sind dementsprechend gegenüber Frost, Austrocknung, osmotische Belastung und in manchen Fällen auch gegenüber chemischen Außeneinflüssen ungewöhnlich resistent. Zumeist entsprechen die H. vegetativen, in ihrer Differenzierung zeitweilig gehemmten Individuenknospen oder Sprossen. Zur Fortsetzung ihrer Entwicklung bedürfen sie i. d. R. eines spezifischen Auslösereizes (Lichtrhythmus, Temperatur, Vernalisation). – Unter den Pflanzen bilden vor allem frei schwimmende Wasserpflanzen regelmäßig im Herbst H., die am Gewässergrund überwintern und im Frühjahr wieder an die Wasseroberfläche treiben. Beispiele für H. im Tierreich sind die Gemmulae der Schwämme (↗ Porifera), Dauerknospen bei den ↗ Kamptozoa und Statoblasten bei den Moostierchen (↗ Bryozoa).

Hibernation, der ↗ Winterschlaf.

Hibiscus, Gatt. der ↗ Malvaceae.

Hickorybaum, der ↗ Pekannussbaum.

Hildegard von Bingen, deutsche Mystikerin, * 1098 Gut Bermersheim bei Alzey, † 17.9.1179 Kloster Rupertsberg (bei Bingen am Rhein). H. v. B. verfasste neben den Niederschriften ihrer Visionen theologische, mystische und medizinisch-natur-

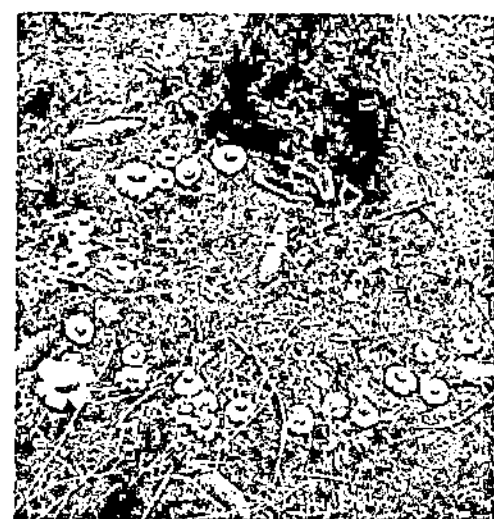

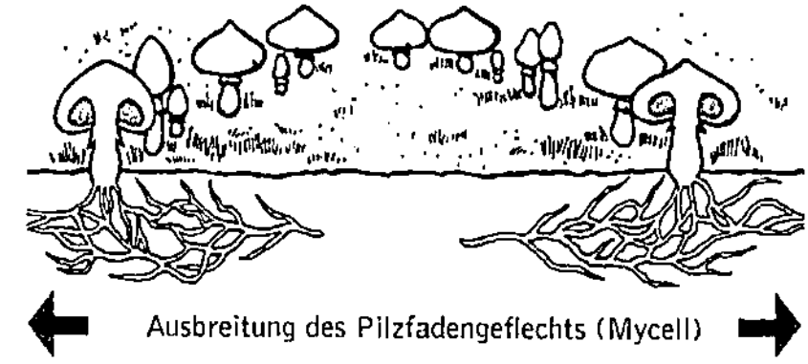

Hexenring Links Hexenring aus Erdsternen (*Geastrum fimbriatum*). Rechts Schema eines Hexenrings. Die Pfeile deuten die Ausbreitung des Pilzmycels an

wissenschaftliche Bücher. Auf das nicht erhaltene, zwischen 1150 und 1160 entstandene „Liber subtilitatum diversarum naturarum creaturarum" gehen die „Physica", eine für den Hausgebrauch bestimmte Heilmittellehre und Naturkunde, in der viele Pflanzen und Tiere, aber auch Fabelwesen beschrieben waren, und „Causae et curae", eine Verbindung der Humoralpathologie und antiken Kosmologie mit der christlichen Schöpfungs- und Erlösungslehre, hervor. Dieses Werk war in Mitteleuropa die wichtigste Quelle naturkundlicher Erkenntnisse des frühen Mittelalters.

Hill, *Archibald Vivian,* brit. Physiologe, ✳ 26.9.1886 Bristol, † 3.6.1977 Cambridge; ab 1920 Prof. in Manchester, ab 1923 in London (1926-51 bei der Royal Society). H. erhielt 1922 zusammen mit O.F. *Meyerhof* den Nobelpreis für Physiologie oder Medizin für Arbeiten über den Muskelstoffwechsel (Energetik der Muskelkontraktion). Er prägte den Begriff der *Sauerstoffschuld,* für den Bedarf an Sauerstoff nach Beendigung der anaeroben Skelettmuskeltätigkeit zur Wiederherstellung einer aeroben Stoffwechsellage.

Hill-Reaktion, die durch R. Hill erstmals 1939 beschriebene Reaktion, bei der isolierte ↗ Thylakoide im Licht Eisensalze wie z. B. *Ferricyanid* $Fe(CN)_6^{3+}$, die als künstliche Elektronenakzeptoren wirken, reduzieren können, wobei Sauerstoff entsteht: $4\ Fe^{3+} + 2\ H_2O \rightarrow 4\ Fe^{2+} + O_2 + 4\ H^+$

Die H.-R. hat entscheidend zum Verständnis der ↗ Fotosynthese und ihrer ↗ Lichtreaktionen beigetragen. Es wurde nämlich experimentell bewiesen, dass Sauerstoff (O_2) ohne die gleichzeitig erfolgende Reduktion von Kohlenstoffdioxid (CO_2) gebildet wird und dass die Sauerstoffatome dem Wasser entstammen (↗ Fotolyse).

Hilum, 1) bei Pilzen die Ansatzstelle einer Pilzspore an ihrem Sporenträger (Sterigma).

2) bei Pflanzen die Stelle, an der die Samenanlage am Samenstiel (Funiculus) oder an der Placenta ansetzt.

Himbeere, *Rubus idaeus* ssp. *idaeus,* in ganz Eurasien heimische Staude der ↗ Rosaceae mit beerenartig erscheinenden roten Sammelfrüchten.

Himmelsleitergewächse, die Fam. ↗ Polemoniaceae.

Hinterhauptsbein, *Occiput,* ↗ Schädel.

Hinterhirn, das Tritocerebrum (↗ Gehirn) der Arthropoda.

Hinterkiemerschnecken, die ↗ Opisthobranchia.

Hinterleib, ↗ Abdomen.

Hiobsträne, *Coix lacryma-jobi,* eine mit ↗ Mais verwandte Futterpflanze aus Ostasien (Fam. ↗ Poaceae). An den Ähren entwickeln sich kirschkerngroße, perlenartige Scheinfrüchte.

Hipparion, ausgestorbene Gatt. der Pferde (↗ Equidae), die im oberen Miozän bis unteren Pleistozän Europas und Afrikas sowie im unteren Pliozän bis unteren Pleistozän Nordamerikas und Asiens lebte. H. waren etwa zebragroß und hatten dreistrahlige Extremitäten, deren Mittelzehe schon stark verlängert war. H. ist kein direkter Vorfahr der rezenten Pferde.

Hippeastrum, Gatt. der ↗ Amaryllidaceae.

Hippocampus, C-förmiger, dreischichtiger Bereich in der medialen Wand des Endhirns (↗ Gehirn). Der H. ist am ↗ limbischen System und an der Gedächtnisbildung beteiligt. Schädigungen führen dazu, dass Inhalte aus dem Kurzzeitgedächtnis nicht mehr in das Langzeitgedächtnis übernommen werden können (↗ Gedächtnis).

Hippocastanaceae, *Rosskastaniengewächse,* Fam. der ↗ Rosopsida mit 15 Arten, die überwiegend in der nördlichen Hemisphäre verbreitet sind. Es sind Bäume oder Sträucher mit gegenständigen, gefingerten Blättern und unregelmäßig zygomorphen Blüten. Der dreiteilige Fruchtknoten entwickelt sich zu einer glatten oder bestachelten Kapsel. Bekannte Arten sind die aus dem Balkan stammende Gemeine Rosskastanie, *Aesculus hippocastaneum,* und die Rote Rosskastanie, *Aesculus x carnea,* eine Kreuzung aus *Aesculus hippocastaneum* und der aus Nordamerika stammenden Art *Aesculus pavia.*

Hippoglossus hippoglossus, der ↗ Heilbutt.

Hippophaë, Gatt. der ↗ Elaeagnaceae.

Hippopotamidae, *Flusspferde,* Fam. der nicht wiederkäuenden Paarhufer (↗ Artiodactyla) mit nur zwei, in Teilen Afrikas verbreiteten Arten, die sich überwiegend im Wasser aufhalten. Flusspferde haben einen walzenförmigen Körper mit kurzem Hals und kurzen Beinen. Der Kopf ist mächtig mit breitem Maul und kleinen Ohren. Sie sind reine Pflanzenfresser, die das Wasser überwiegend nachts verlassen, um über feste Wechsel zum Weiden an Land zu gehen. Ihr Magen ist groß und dreiteilig, sie besitzen keinen Blinddarm und keine Gallenblase. Die großen Eckzähne im Unterkiefer sind dauernd nachwachsende Stoßzähne. Sie können gut schwimmen und tauchen, bevorzugen jedoch flaches Wasser, in dem sie durch Auftrieb „schwebend" auf dem Grund gehen. Die beiden Arten, das 3-4 m körperlange *Flusspferd (Nilpferd, Hippopotamus amphibius)* und das etwa 1,4 m körperlange *Zwergflusspferd (Choeropsis liberiensis)* sind durch Vernichtung der Lebensräume und Bejagung (Elfenbein der großen Eckzähne) selten geworden.

Hippotraginae, *Pferdeböcke,* Unterfam. der Hornträger (↗ Bovidae) mit drei Gatt. Die Geschlechter gleichen einander, und alle Arten der H. besitzen eine mehr oder weniger ausgeprägte Gesichtszeichnung. Zur Gatt. *Pferdeantilopen (Hippotragus)* gehören je nach Auffassung zwei bis drei Arten, die in Savannen und Steppen Afrikas südlich der Sahara beheimatet sind. Die zweite Gatt. sind die *Spieß-böcke (Oryxantilopen, Oryx)*, deren vier Arten z. T. auch als Unterarten einer einzigen Art *(Oryx gazella)* angesehen werden. Sie haben alle eine schwarzweiße Gesichtszeichnung und sehr lange spießförmige Hörner. Sie waren ursprünglich über ganz Afrika und die Arabische Halbinsel verbreitet, sind aber bis auf kleine Restbestände ausgerottet. Zur dritten Gatt., den *Mendesantilopen (Addax)* gehört nur eine gleichnamige Art *(Addax nasomaculatus)*, die ebenfalls bis auf Restbestände ausgerottet ist.

Hippuridales, Ord. der ↗ Rosopsida mit der einzigen Fam. Hippuridaceae und der einzigen Art *Tannenwedel, Hippuris vulgaris*, einer Sumpf- und Wasserpflanze mit nadelähnlichen, wirtelig angeordneten Blättern.

Hippursäure, *N-Benzoylglycin*, chemische Formel: C_6H_5–CO–NH–CH_2–COOH, Entgiftungsprodukt und Ausscheidungsform der Benzoesäure bei herbivoren Säugern; p-Aminohippursäure wird zur ↗ Clearance verwendet.

Hirn, das ↗ Gehirn.

Hirnanhangsdrüse, die ↗ Hypophyse.

Hirnhäute, *Meningen*, die das ↗ Gehirn der Wirbeltiere umgebenden bindegewebigen Hüllen, die als Rückenmarkshäute auch das ↗ Rückenmark umschließen. Eine äußere *harte Hirnhaut (Dura mater)* ist durch einen kapillären Spalt *(Subduralraum)* von den beiden weichen Hirnhäuten, der *Arachnoidea* und der innen liegenden *Pia mater* getrennt; letztere beiden werden durch den *Subarachnoidalraum* voneinander getrennt. Die H. verankern das Gehirn in der Schädelkapsel und führen alle versorgenden Blutgefäße.

Hirnhautentzündung, die ↗ Meningitis.

Hirnkorallen, *Platygyra*, Gatt. der Stein- oder Riffkorallen (↗ Madreporaria).

Hirnlappen, *Lobi cerebri*, vier durch Spalten (Fissuri) oder Hirnfurchen (Sulci) getrennte Bereiche der Großhirnrinde: *Frontallappen* (Stirnlappen), *Parietallappen* (Scheitellappen), *Occipitallappen* (Hinterhauptslappen) und *Temporrallappen* (Schläfenlappen).

Hirnnerven, *Gehirnnerven*, *Nervi craniales*, zwölf Nervenpaare der Wirbeltiere und des Menschen, deren Aus- und Eintrittsstellen im Bereich des ↗ Gehirns liegen. Sie werden mit römischen Ziffern bezeichnet. Nach Verlassen des Schädels verzweigen sich ihre Äste vorwiegend im Kopfbereich.

Funktionell kann man die H. in drei Gruppen gliedern: 1) *Sinnesnerven*, zu denen der I., II. und VIII. (↗ Nervus statoacusticus) H. gehören; zu dieser Gruppe zählen auch die beiden bei primitiven wasserlebenden Wirbeltieren vorkommenden Nerven für die Seitenlinienorgane *(Lateralisnerven)*. Die beiden ersten Hirnnerven sind eigentlich keine Nerven im strengen Sinn. Der ↗ Nervus olfactorius (I) wird von den Axonen der Riechepithelien gebildet, die in Form einzelner Faserbündel und nicht als einheitlicher Strang in das Schädelinnere ziehen. Der ↗ Nervus opticus (II) ist eigentlich ein Teil des Zwischenhirns. 2) *Branchialnerven*, zu denen der V. (↗ Nervus trigeminus), VII. (↗ Nervus facialis), X. (↗ Nervus vagus) und XI (↗ Nervus accessorius) H. gehören; sie entwickelten sich aus den die Kiemenbögen versorgenden Nerven. Bei Kiefer besitzenden Fischen ist die ursprüngliche Anordnung teilweise noch erhalten; bei ihnen und den Amphi-

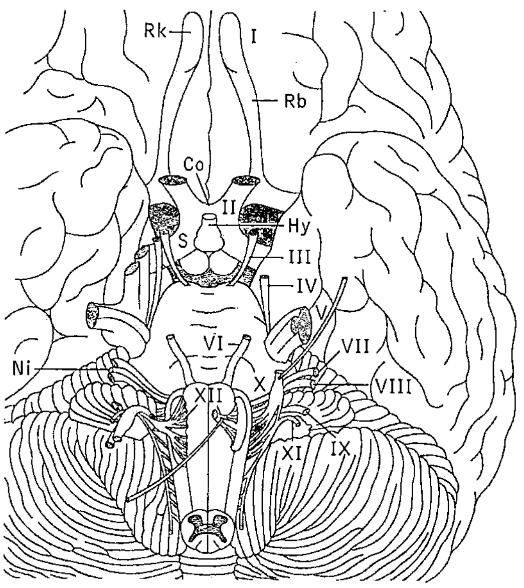

Hirnnerven Blick auf die Basis des menschlichen Gehirns. Die Hirnnerven sind mit den Ziffern I bis XII bezeichnet. Co Chiasma opticum (Sehnervenkreuzung), Hy Hypophysenstiel, Ni Nervus intermedius (= Geschmacksfasern des Nervus facialis, VII), Rb Riechbahn, Rk Riechkolben, S Sehbahn

bien fehlt noch der XI. H., der ursprünglich Bestandteil des X. H. ist. 3) Die dritte Gruppe sind die *Augenmuskelnerven* mit dem III. (↗ Nervus oculomotorius), IV. (↗ Nervus trochlearis) und VI. (↗ Nervus abducens) H. sowie dem XII. H. Letzterer fehlt bei den rezenten Amphibien, er ist sekundär zurückgebildet. Bei Fischen fehlt noch ein eigentlicher XII. H., ihm entsprechen die *Occipitalnerven*, die sich zu einem Stamm vereinigen.

Hirn-Rückenmarksflüssigkeit, der ↗ Liquor cerebrospinalis.

Hirnstamm, ↗ Gehirn.

Hirsche, die Fam. ↗ Cervidae.

Hirscheber, Art der Schweine (↗ Suidae).

Hirschferkel, die Fam. ↗ Tragulidae.

Hirschkäfer, die Fam. ↗ Lucanidae.

Hirschziegenantilope, Art der Unterfam. ↗ Antilopinae.

Hirsen, Bez. für mehrere Getreidearten (↗ Getreide, ↗ Poaceae) der Tropen und Subtropen, die sich durch relativ kleine, meist rundliche ↗ Karyopsen auszeichnen. Alle Hirsearten sind wärmebedürftig und frostempfindlich. Neben der ökonomisch wichtigsten Art ↗ Sorghumhirse (*Sorghum bicolor*) gehören zu den H. auch die ↗ Rispenhirse (*Panicum miliaceum*), die Fingerhirse (*Eleusine coracan*), die ↗ Perlhirse oder Rohrkolbenhirse (*Pennisetum americanum*), die ↗ Kolbenhirse (*Setaria italica*) und die Zwerghirse oder ↗ Teff (*Eragrostis tef*).

Hirsutismus, Bez. für das Auftreten männlicher Behaarung bei einer Frau mit stärkerer Gesichts- (Bart) und Körperbehaarung sowie typisch männlicher Schambehaarung. Der H. tritt oft gemeinsam mit ↗ Akne und übermäßiger Talgproduktion der Talgdrüsen (*Seborrhoe*) auf. Ursache ist meist eine zu starke Produktion von ↗ Androgenen in Eierstöcken oder Nebennierenrinde, mitunter auch eine stärkere Empfindlichkeit der Haarfollikel gegenüber den auch bei einer Frau in geringer Menge vorkommenden männlichen Geschlechtshormonen.

Hirudin, ein im Blutegel (*Hirudo medicinalis*) vorkommendes Polypeptid. Es besitzt eine hohe Affinität zur Protease ↗ Thrombin und gehört daher zu den wirksamsten Thrombin-Inhibitoren, wirkt also hemmend auf die ↗ Blutgerinnung. H. wird heute gentechnisch gewonnen.

Hirudinea, *Egel*, mit rund 300 Arten vorwiegend im Süßwasser, aber auch in feuchten Landbiotopen und selten im Brackwasser oder im Meer lebende Gruppe der ↗ Annelida. Egel können 0,5-50 cm lang sein und haben einen wurmförmigen bis länglich-eiförmigen Körper, der je einen vorderen (Ausnahme Acanthobdellida) und einen hinteren Saugnapf trägt. Die Saugnäpfe dienen zum einen der Festheftung am Wirt, zum anderen ermöglichen sie die charakteristische spannerartige Fortbewegungen. Ihre Lebensweise ist vorwiegend ektoparasitisch, manche Arten leben sekundär räuberisch. Die Muskulatur besteht aus einer äußeren Ringmuskelschicht, einer inneren Längsmuskelschicht und einer dazwischen liegenden Schicht diagonal verlaufender Muskeln, deren Fibrillen sich rechtwinklig kreuzen. Sie unterstützen einerseits Streckung und Kontraktion des Körpers, und andererseits ermöglichen sie dem Egel, sich zu versteifen und sozusagen auf dem hinteren Saugnapf zu stehen. Darüber hinaus ermöglicht ein System von Dorsoventralmuskeln das bandartige Abflachen des Körpers. Blut saugende H. besitzen viele Magenblindsäcke (Darmblindsäcke), in denen sie größere Mengen (bis zum 10fachen des Körpergewichts) Blut speichern können; auch nach Erschöpfung dieser Vorräte können H. lange hungern. Exkretionsorgane sind ↗ Metanephridien, außerdem dienen ↗ Botryoidzellen u. a. der Exkretion. Das primäre ↗ Blutgefäßsystem ist oft reduziert und wird durch ein gut ausgebildetes Coelomsystem ersetzt, dessen Gefäße rhythmische Kontraktionen ausführen und in ihrer Flüssigkeit ↗ Hämoglobin enthalten. H. sind protandrische Zwitter (↗ Protandrie).

Die H. werden als monophyletische Gruppe angesehen, was u. a. durch folgende ↗ Autapomorphien gestützt wird: fehlendes ↗ Pygidium, die spezielle Form der Muskelzellen, die starke Ausbildung der Diagonalmuskulatur im Hautmuskelschlauch, die Umbildung des Coeloms, die Struktur der Nephridien, die innere Besamung mittels Spermatophoren und die besondere Fortbewegungsweise. Zu den H. gehören die *Borstenegel (Acanthobdellida)*, an Lachsen, die nur einen hinteren Saugnapf besitzen sowie noch einige Borsten am Vorderende und ein gut differenziertes primäres Blutgefäßsystem, und weiterhin die *Borstenlosen Egel (Euhirudinea)*, zu denen u. a. der ↗ Medizinische Blutegel gehört.

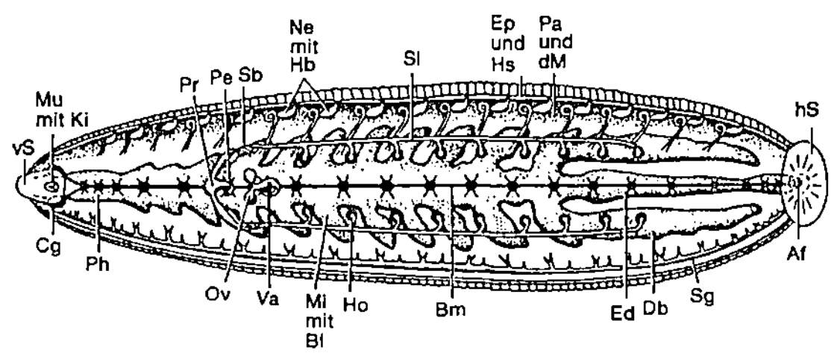

Hirudinea Bauplan eines Blutegels (Gatt. *Hirudo*; Ventralansicht). Af After, Bl Blindsäcke, Bm Bauchmark, Cg Cerebralganglion, Db Darmblindsack, dM dorsoventrale Muskulatur, Ed Enddarm, Ep Epidermis, Hb Harnblasen, Ho Hoden, hS hinterer Saugnapf, Hs Hautmuskelschlauch, Ki Kiefer, Mi Mitteldarm, Mu Mund, Ne Nephridien, Ov Ovar, Pa Parenchym, Pe Penis, Ph Pharynx, Pr Prostata, Sb Samenblase, Sg Seitengefäß, Sl Samenleiter, Va Vagina, vS vorderer Saugnapf

Hirudo medicinalis, der ↗ Medizinische Blutegel.

Hirundinidae, *Schwalben*, Fam. der Sperlingsvögel (↗ Passeriformes) mit etwa 75 Arten, die nahezu weltweit verbreitet sind. Schwalben sind schlanke, etwa 10-23 cm große Vögel mit langen, schmalen Flügeln, einem meist gegabelten Schwanz und kurzem, weit sperrendem Schnabel. Das Federkleid ist meist bräunlich oder schwarzweiß gefärbt, oft mit metallischem Glanz; die Geschlechter sind gleich. Alle H. sind ausdauernde Flugjäger, die sich von Insekten ernähren. Die meisten Arten leben gesellig. Die Nester werden oft aus feuchter Erde gebaut und stehen in Baum- oder Erdhöhlen oder kleben balkonartig an Wänden. Häufigste Schwalbe in Mitteleuropa ist die *Rauchschwalbe (Hirundo rustica)*, mit schwarzblauer Oberseite, rotbrauner Stirn und Kehle und einem schwarzen Band um den Brustansatz. Die Schwanzfedern sind lang ausgezogen und gegabelt. Die *Mehlschwalbe (Delichon urbica)* ist die einzige Schwalbe in Europa mit durchgehend weißer Unterseite und leuchtend weißem Bürzel. Der gegabelte Schwanz ist weniger tief gegabelt als derjenige der Rauchschwalbe. Beide Arten brüten gerne in (Rauchschwalbe) und an (Mehlschwalbe) Gebäuden. Die kleinste europäische Schwalbe ist die *Uferschwalbe (Riparia riparia)*, die oberseits erdbraun ist und unterseits weiß mit braunem Brustband; der kurze Schwanz ist nur schwach gegabelt. Sie brütet in selbstgegrabenen Röhren in Steilwänden.

His, Abk. für die Aminosäure ↗ Histidin.

Histamin, ein ↗ biogenes Amin, das durch enzymatische ↗ Decarboxylierung von ↗ Histidin entsteht. H. kommt als Gewebshormon im menschlichen und tierischen Organismus besonders in Haut und Lunge, aber auch in Leber, Milz und quergestreifter Muskulatur sowie in der Schleimhaut von Magen und Darm vor. H. regt die Magenfundusdrüsen zur Magensaftsekretiion an, erweitert die Blutkapillaren, wodurch die Durchblutung erhöht (Rötung) und der Blutdruck gesenkt werden; weiterhin erhöht es die Kapillarpermeabilität (Quaddelbildung) und löst bei Freisetzung eine starke Juckempfindung aus. H. und ähnliche Substanzen werden bei jeder Schädigung menschlicher und tierischer Zellen freigesetzt. Bei Verbrennungen und schweren allergischen Reaktionen kann es durch die massive H.-Freisetzung und die folgende Erweiterung der Kapillaren zu lebensbedrohlichen Folgen wie Blutdruckabfall, Kehlkopfschwellung, Spasmen der Bronchien kommen (↗ anaphylaktischer Schock). Bei Wirbeltieren wurde H. darüber hinaus als Neurotransmitter (↗ Transmittersubstanzen) identifiziert, seine genaue Funktion ist jedoch noch nicht bekannt.

Histidin, Abk. *His*, basische, proteinogene und halbessentielle ↗ Aminosäure, die insbesondere im ↗ Hämoglobin, ↗ Casein, ↗ Fibrin und ↗ Keratin vorkommt. H. ist im physiologischen Bereich als Säure-Base-Katalysator geeignet und häufig Bestandteil des aktiven Zentrums von Globinen und ↗ Enzymen (z. B. ↗ Chymotrypsin); dementsprechend beobachtet man beim Fehlen von H. Blutar-

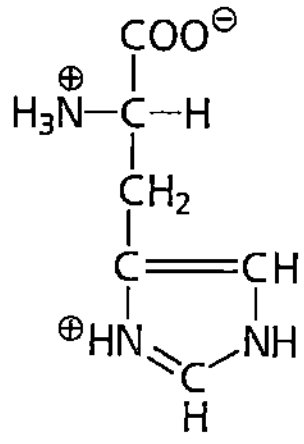

Histidin

mut aufgrund einer gestörten Globinsynthese. An Protein gebundenes H. ist auch an der Pufferung proteinhaltiger Zell- und Körperflüssigkeiten beteiligt. Durch ↗ Decarboxylierung wird H. zu ↗ Histamin abgebaut, ein anderer Abbauweg führt über Urocaninsäure zu ↗ Glutaminsäure. Industriell wird H. durch Hydrolyse von Keratinen und durch mikrobielle ↗ Fermentation gewonnen. Es wird zur Behandlung von Allergien, Blutarmut, Arteriosklerose, rheumatischer Arthritis sowie in Infustionslösungen und chemisch definierten Diäten eingesetzt.

Histochemie, Bez. für chemische Nachweismethoden, mit deren Hilfe sich Zellen und Gewebe untersuchen lassen. Die H. umfasst zahlreiche Verfahren der selektiven Färbung sowie ↗ Fixierung von Zellen und Zellorganellen, die vielfach die Grundlage für weitere Untersuchungen darstellen (z. B. ↗ In-situ-Hybridisierung, ↗ Mikroskopie).

Histokompatibilität, *Gewebsverträglichkeit*, die Verträglichkeit der Gewebe von Spender und Empfänger eines Gewebetransplantats. Sie beruht auf der Übereinstimmung vor allem der Haupthistokompatibilitäts-Antigene (↗ Haupthistokompatibilitätskomplex).

Histokompatibilitäts-Antigene, ↗ Haupthistokompatibilitätskomplex.

Histologie, *Gewebelehre*, die Lehre von der Struktur der ↗ Gewebe von Pflanzen, Pilzen und Tieren.

Histolyse, *Gewebsauflösung*, 1) die Umwandlung eines differenzierten Gewebes in ein Bildungsgewebe (Blastem), z. B. unter Abbau des kontraktilen Apparats bei Muskelgewebe. H. und Blastembildung sind häufig Voraussetzung für Regenerationsvorgänge.

2) Gewebszerfall in der Metamorphose holometaboler Insekten, wobei die Zellen absterben oder nach Dedifferenzierung eine andere Spezialisierung durchlaufen (z. B. manche Muskeln von Fliegenlarven).

3) Die Auflösung des Gewebes nach dem Tod oder (beim lebenden Organismus) nach schädigender Einwirkung durch enzymatische oder bakterielle Zersetzung.

Histone, eine Gruppe von basischen Proteinen, die in den *Nucleosomen* der ↗ Chromosomen mit der DNA assoziiert sind. H. enthalten einen hohen Anteil an den basischen ↗ Aminosäuren *Lysin* und *Arginin*, die zur festen Bindung der Proteine an das negativ geladene Zucker-Phosphat-Rückgrat der DNA führt (↗ Desoxyribonucleinsäure). Der *oktamere Histonkern* eines Nucleosoms wird durch H. gebildet, die in vier Klassen eingeteilt werden können. Je zwei H. aus jeder Klasse sind in einem Nucleosom vorhanden. In ihrer Aminosäuresequenz zählen die H. zu den am stärksten konservierten Proteinen bei Eukaryoten überhaupt. So wurden z. B. zwischen dem Histon H4 von Erbse und Rind lediglich zwei Unterschiede gefunden. Bis vor kurzem galten H. als ein Merkmal der ↗ Eucyte, doch wurden auch bei ↗ Archaebakterien histonähnliche Proteine nachgewiesen.

Histone

Typ	Aminosäuren	M_r	Lysin/Arginin-Verhältnis
H1	215	21000	20,0
H2A	129	14500	1,25
H2B	125	13700	2,50
H3	135	15300	0,72
H4	102	11200	0,79

Hitchings, *George Herbert*, amerikan. Biochemiker, ✳ 18.4.1905 Hoquiam (Washington), † 27.2.1998; Forschungsdirektor der Burroughs Wellcome Co. in Triangle Park. H. erhielt 1988 zusammen mit J.W. Black und G.B. ↗ Elion den Nobelpreis für Physiologie oder Medizin für die Erforschung der Unterschiede im Nucleinsäurestoffwechsel von menschlichen Zellen, Krebszellen, Bakterien, Viren und Protozoen sowie die Anwendung der Erkenntnisse auf die Bekämpfung von Krebszellen und pathogenen Organismen.

Hitzeresistenz, Widerstandsfähigkeit von Organismen gegen hohe ↗ Temperaturen. Normalerweise können Temperaturen, die nur wenige Grad über dem Stoffwechseloptimum für einen bestimmten Organismus liegen, zu Schädigungen führen. Bei Temperaturen oberhalb 44 - 55 °C werden Enzyme inaktiviert und denaturiert (↗ Denaturierung). Als Folge hoher Temperaturen können auch ↗ Dehydratationen auftreten. Organismen, die in heißen Umgebungen (Wüsten, geo-

therm beeinflusste Regionen und Gewässer, Komposthaufen) leben, haben sich auf unterschiedliche Weise an die Hitze angepasst. Bei extrem hitzeresistenten Organismen spielen ↗ Hitzeschockproteine eine entscheidende Rolle. Diese werden als Antwort auf ↗ Stress (z. B. abrupte Temperaturerhöhung) gebildet, verhindern die unspezifische Aggregation von Proteinen und unterstützen deren Faltung bzw. Rückfaltung. Die hohe H. von Dauerformen wie ↗ Cysten, ↗ Sporen und ↗ Samen ist im Wesentlichen auf einen geringen Wassergehalt zurückzuführen.

Pflanzen. Bei Temperaturen über 45 °C sind nur noch wenige Pflanzen lebensfähig. An Standorten, an denen die Wasserverfügbarkeit nicht eingeschränkt ist, können sich viele Pflanzen durch die mit der ↗ Transpiration verbundene Kühlung schützen. Die im Death Valley, Kalifornien, wachsende Wüstenpflanze *Tidestromia oblongifolia* kann auf diese Weise ihre Blatttemperatur um 10 °C absenken. Diese Form der Wärmeregulierung ist jedoch bei ↗ CAM-Pflanzen nicht möglich, da sie ihre Stomata tagsüber geschlossen halten. Trotzdem ertragen einige sukkulente (↗ Sukkulente) CAM-Pflanzen Temperaturen von bis zu 65 °C und zählen zu den hitzeresistentesten Pflanzen, so z. B. *Opuntia* (↗ Cactaceae) und *Sempervivum* (↗ Crassulaceae). Ihr Mechanismus der H. besteht darin, dass sie langwellige Strahlung reflektieren und durch Wärmeleitung (Konduktion) und Konvektion Wärme an die Umgebung abgeben. Außerdem ist bei Sukkulenten in Wüsten der Wasserverlust durch ein geringes Oberflächen-Volumen-Verhältnis begrenzt. ↗ Dornen, Haare (↗ Pflanzenhaare) oder Wachse (↗ Cuticula) schützen vor Wasserverlusten und einer zu starken Erwärmung der Pflanzenoberfläche. Andere Pflanzen vermeiden Hitzeschäden, indem sie sich gegen die Strahlung abschirmen, z. B. durch Vertikalstellung der Blätter (bei Kompasspflanzen, Akazien, Eukalyptus). In heißem, trockenem Klima leiden viele Pflanzen nicht nur unter hohen Temperaturen, sondern auch unter Wassermangel (↗ Dürreresistenz). ↗ Feuer, ↗ Pyrophyten, ↗ Xerophyten.

Tiere. Die meisten Tiere sterben bei Temperaturen über 50 °C (↗ Hitzetod), viele bei weitaus niedrigeren Temperaturen. Welche Temperatur für ein bestimmtes Tier tödlich ist, hängt nicht nur von der Höhe der Temperatur, sondern auch der Dauer der Exposition ab. So überstehen viele Tiere hohe Temperaturen für eine kurze Zeit, sterben jedoch bei längerer Exposition. Die extrem hitzeresistente Wüstenrennameise, *Cataglyphis bombycina*, aus der Sahara begibt sich auch bei Temperaturen von 46 - 53 °C für wenige Minuten unbeschadet auf Futtersuche. Die meisten aquatischen Tiere weisen nur eine geringe H. auf. So kann das Rädertier

Filinia hofmanni nur bei Temperaturen unter 10 °C existieren.

Zur Abgabe überschüssiger Wärme und zur Aufrechterhaltung einer bestimmten Körpertemperatur existieren unterschiedliche Mechanismen (↗ Temperaturregulation). Bei Säugern spielt vor allem die Verdunstungskühlung eine Rolle, die beim ↗ Hecheln oder ↗ Schwitzen entsteht, sowie die Wärmeabgabe durch Erweiterung der Blutgefäße (Vasodilation). Die großen Ohren des Wüstenfuchses und des Elefanten sind gut durchblutet und können sehr viel Wärme abstrahlen. ↗ Ektotherme Tiere wie Reptilien können ihre Körpertemperatur nur dadurch reduzieren, dass sie kühlere Plätze aufsuchen oder ihren Körper so zur Sonne orientieren, dass weniger Wärme absorbiert wird.

Viele Wüstentiere entziehen sich der Hitze, indem sie nur nachts aktiv sind (Hamster) oder indem sie sich in den Boden eingraben (Wüstenschildkröte, Skorpione). Collembolen und Milben können sich durch ↗ Anhydrobiose vor Trockenheit und Hitze schützen. Einige Kleintiere verfallen bei hohen Temperaturen und Trockenheit in einen Sommerschlaf (↗ Sommerruhe).

Pilze. Zu den hitzeresistentesten Eukaryoten gehören Arten der Gatt. *Mucor, Rhizopus* und *Humicula*, die Temperaturen zwischen 50 und 60 °C ertragen. Der thermophile Pilz *Thermoascus aurantiacus* lebt in feuchtem Heu.

Prokaryoten. Die Prokaryoten weisen von allen Organismen die höchste H. auf. In terrestrischen heißen Quellen und hydrothermalen Schloten der Tiefsee leben die als ↗ Hyperthermophile bezeichneten ↗ Archaebakterien und Bakterien. Ihre Temperaturoptima liegen über 80 °C, teilweise über dem Siedepunkt.

Hitzeschockgene, *heat-schock-genes,* eine Gruppe von Genen, die durch Hitzestress induziert werden und für die ↗ Hitzeschockproteine codieren. Die ↗ Promotoren von H. werden in speziellen *Expressionsvektoren* dazu verwendet, die Expression von Genen experimentell durch eine Hitzebehandlung auszulösen. In ähnlicher Weise können durch Hitze induzierbare Promotoren auch dazu dienen, die Funktion von Genen in transgenen Organismen zu studieren.

Hitzeschockproteine, *heat shock-Proteine,* Abk. *Hsp,* bei allen bislang untersuchten Organismengruppen vorkommende Gruppe von Proteinen, deren Proteinbiosynthese im Unterschied zu den meisten anderen Proteinen bei höheren Temperaturen nicht zum Erliegen kommt, sondern während der so genannten *Hitzeschockantwort* für bestimmte Zeit stark erhöht ist. Dabei kommt ihnen die Funktion von ↗ Chaperonen zu. H. interagieren auch mit intrazellulären Signalmolekülen und beeinflussen auf diese Weise die Genexpression weiterer Gene sowie den Zellstoffwechsel. Inzwischen ist bekannt, dass H. auch unter normalen Temperaturbedingungen ihre Funktion ausüben. Außerdem lässt sich die Synthese einiger H. auch durch andere Stressfaktoren wie Säurestress, osmotischen Stress oder oxidativen Stress induzieren, weshalb diese auch als Stressproteine bezeichnet werden. (↗ Hitzeresistenz)

Hitzschlag, die Überwärmung (Hyperthermie) des Körpers durch Wärmestau bei verminderter Wärmeabgabe. Ein H. kann entstehen bei heißem, feuchtem Klima mit direkter Sonneneintrahlung, verdunstungsbehindernder Kleidung, Überanstrengung. Symptome sind u. a. Gesichtsröte, Schweißausbruch, Schwindel, Kopfschmerzen, Übelkeit, Ohnmacht, manchmal Krämpfe. Steigt die Körpertemperatur auf über 41 °C, kann ein tödliches Kreislaufversagen eintreten.

HIV, Abk. für humanes Immundefizienz-Virus, ↗ Aids.

H-Ketten, ↗ Immunglobuline.

HLA-System, ↗ Haupthistokompatibilitätskomplex.

HMG-CoA, Abk. für ↗ 3-Hydroxy-3-Methylglutaryl-Coenzym A.

HMG-CoA-Reduktase, das Schlüsselenzym der Synthese von ↗ Cholesterin.

hnRNA, Abk. für engl. *heterogenous nuclear RNA, heterogene Kern-RNA,* die bei Eukaryoten im ↗ Nucleoplasma vorhandenen ↗ Primärtranskripte der späteren messenger RNA-Moleküle. Die hnRNA umfasst mRNAs in verschiedenen Stadien der Weiterverabeitung und stellt eine komplexe Mischung aus unterschiedlich großen Molekülen dar. Bei ↗ Mosaikgenen sind in der hnRNA noch die ↗ Introns vorhanden, die während der Prozessierung herausgespleißt werden müssen (↗ Spleißen).

Hoatzin, *Schopfhuhn, Opisthocomus hoatzin,* Vogelart mit völlig unklarer systematischer Stellung. Er ist ein schlecht fliegender Bewohner der Überschwemmungswälder Südamerikas, der sich hauptsächlich von Blättern ernährt. Sein Gefieder ist bräunlich mit Schopf. Die Küken klettern im Geäst mit Hilfe besonders stark entwickelter Krallen.

Hochblätter, Blätter (↗ Blatt), die sich zwischen den Laubblättern und den Blütenblättern einer Pflanze befinden. Sie können durch Übergangsformen mit den Laubblättern verbunden sein oder ohne scharfe Trennung in die Blütenhüllblätter übergehen.

Hochgebirgsstufe, *alpine Stufe,* ↗ Höhenstufen.

Hochmoor, ↗ Moor.

Hochwald, forstwirtschaftlich genutzer ↗ Wald, dessen Bäume erst nach 80 bis 120 Jahren Wachstum gefällt werden.

Hoden, *Testis, Didymis, Orchis,* die meist paarigen und oft in einzelne Follikel aufgeteilten männlichen Keimdrüsen (↗ Gonaden). Die H. der *Wirbellosen* sind oft bipolar gebaut: von der Keimzone bis zur Zone der fertigen Spermien. Bei vielen Arthropoden sind jeweils mehrere Spermatiden (↗ Spermiogenese) sowie die meisten Vorstufen von Cystenzellen umhüllt und zu Bündeln zusammengeschlossen. Bei *Wirbeltieren* sind die Verhältnisse anders: Die gesamte Spermatogenese findet in den Samenkanälchen von der Peripherie zum Lumen hin statt. Der H. des *Menschen* ist in rund 250

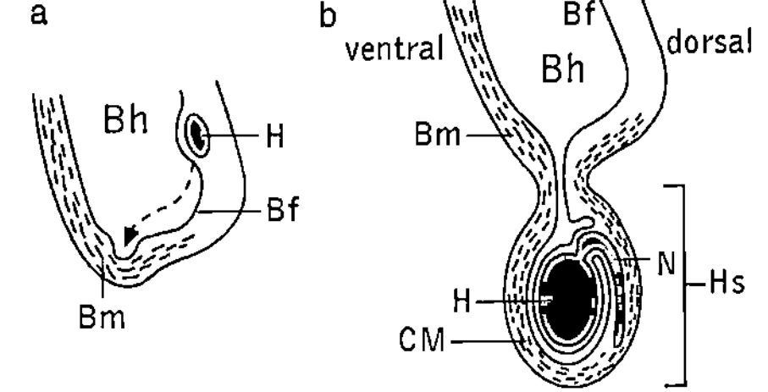

Hoden 1a-c: Bau des menschlichen Hodens (stark schematisiert). a Übersicht (Sagittalschnitt), b Querschnitt durch Samenkanälchen, c Ausschnitt aus b: Sertoli-Zelle mit Spermatogenese-Stadien. 2 Hoden bei Fadenwürmern (*Nematoda*; Längsschnitt). Die Keimzellen sind punktiert mit schwarzen Kernen, die somatischen Zellen des Hodenepithels sind weiß. BHS Blut-Hoden-Schranke, Bk Bindegewebskapsel, Bs Bindegewebssepten, De Duculi efferentes, Hl Hodenläppchen, K Blutkapillare, Ko Kollagen, Le Leydig-Zellen, Lg Lymphgefäß, Lu Lumen des Samenkanälchens, MZ Myoide Zellen, NK „Kopf" des Nebenhodens, NS „Schwanz" des Nebenhodens, Re Rete testis, Rh Rhachis, S Sertoli-Zelle, SB Basallamina der Sertolizellen, SK, Kern einer Sertoli-Zelle, Sc Spermatocyten, Sg Spermatogonien, St Spermatiden, Sz Spermatozoen (= Spermien), Tp Tunica propria, Tz Terminal-Zelle, Vd Vas deferens (Samenleiter)

Hodenläppchen (Lobuli testi) unterteilt, wobei in jedem Läppchen ein bis vier stark aufgewundene *Samenkanälchen* liegen; ausgestreckt haben die Samenkanälchen für beide Hoden eine Länge von 0,5 km. Die so erreichte Oberflächenvergrößerung ermöglicht erst die hohe Produktion von täglich rund 100 Mio. Spermien. Das Epithel der Samenkanälchen besteht aus *Sertoli-Zellen*, die nach der Geburt keine Mitosen mehr durchmachen. In ihnen befinden sich die Spermatogenese-Stadien, wobei

die letzten Stadien zum Lumen hin liegen. Zwischen den Samenkanälchen liegen die gut mit Blutgefäßen versorgten *Leydig-Zwischenzellen (interstitielle Zellen)*; sie produzieren ↗ Testosteron und in geringer Menge auch weibliche Geschlechtshormone und sind somit für die körperliche und die psychosexuelle Entwicklung, für die Spermienbildung, aber auch für die Libido und die Funktion der ↗ Geschlechtsorgane unabdingbar. Die Hormonproduktion wird über das von der Adenohypophyse ausgeschüttete ↗ luteinisierende Hormon (auch: *Interstitialzellen stimulierendes Hormon, ICSH*, genannt) stimuliert. Die fast fertigen Spermien werden in das Lumen der Samenkanälchen abgegeben und über die *Ductuli efferens* weiter zu den *Nebenhoden (Epididymis)*, die jeweils aus einem stark aufgewundenen Kanal bestehen, transportiert. Dort machen sie einen ein- bis zweiwöchigen Reifeprozess durch, in dessen Verlauf sie auch ihre Beweglichkeit erlangen. Der untere Teil des Nebenhodens dient auch als Samenspeicher.

Bei den Kloakentieren (↗ Monotremata), einigen primitiven Insektenfressern und wenigen anderen Säugetieren, liegen die H. dorsal in der Leibeshöhle. Bei den meisten Säugetieren kommt es zumindest während der ↗ Brunst zum *Hodenabstieg (Descensus testiculorum)*; dieser findet beim Menschen im dritten bis neunten Monat der Fetalentwicklung statt. Dabei werden das Bauchfell (Peritoneum) und Teile der Bauchmuskulatur (*Musculus cremaster*) vorgewölbt. Die Haut um die beiden Cremastersäcke bildet einen median verwachsenen *Hodensack (Scrotum)*, der bei ↗ Placentalia den großen ↗ Schamlippen der Frau (bzw. der Weibchen) homolog ist. Unterbleibt der Hodenabstieg (*Hodenhochstand, Kryptorchismus*), kommt es zu schweren Störungen bei der Bildung der Spermien, vermutlich aufgrund der höheren Temperatur in der Bauchhöhle. Wasserlebende Säugetiere, deren Hoden im hinteren Teil der Bauchhöhle liegen, erreichen die notwendige Abkühlung durch ein Gegenstrom-Austauschersystem zwischen von der Rückenfinne und der Schwanzfluke kommenden

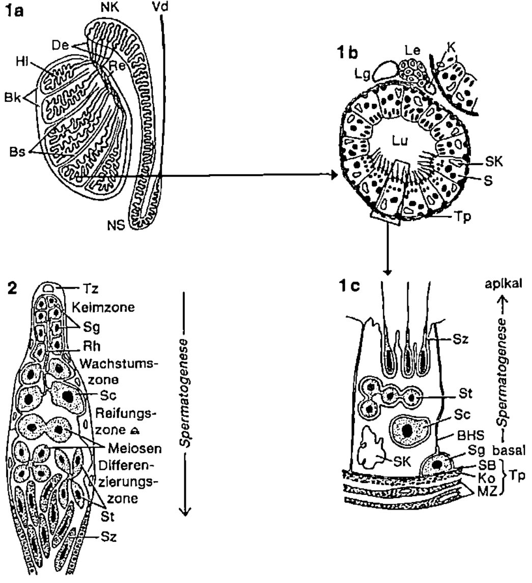

Hoden Hodenabstieg (*Descensus testiculorum*) bei Säugetieren; a ursprünglicher (embryonaler) Zustand; b räumliche Beziehungen nach erfolgtem Hodenabstieg

Venen und dem die H. versorgenden Arteriengeflecht.

Als *Blut-Hoden-Schranke* wird eine Permeabilitäts-Barriere, vergleichbar der Blut-Hirn-Schranke, bezeichnet, welche die meisten Stoffe daran hindert, zwischen den Sertoli-Zellen durchzudringen. Die Bedeutung dieser Schranke liegt vermutlich in der Vermeidung von Autoimmunreaktionen gegen Antigene auf der Oberfläche von Spermatiden und Spermien.

Hodgkin, Sir *Alan Lloyd*, brit. Physiologe, ✱ 5.11.1914 Banbury (Oxfordshire), † 20.12.1998 Cambridge, ab 1952 Prof. in Cambridge. H. gab der Ionentheorie der Erregungsleitung im Nervensystem (Entstehung und Weiterleitung von ↗ Aktionspotenzialen, *Hodgkin-Huxley-Zyklus*) entscheidende Impulse. Er erhielt 1963 zusammen mit J.C.↗ Eccles und A.F. ↗ Huxley den Nobelpreis für Physiologie oder Medizin.

Hodgkin, *Dorothy Mary*, geb. Crowfoot, brit. Chemikerin, ✱ 12.5.1910 Kairo, † 29.7.1994 Shipston-on-Stour (Warwickshire); ab 1956 Prof. in Oxford. H. analysierte die Struktur zahlreicher biochemischer Verbindungen mittels Röntgenstrukturanalyse. Sie erhielt 1964 den Nobelpreis für Chemie für die Strukturbestimmung (1955) des ↗ Cobalamins (Vitamin B_{12})

Hofmeister, *Wilhelm Friedrich Benedikt*, deutscher Botaniker, ✱ 18.5.1824 Leipzig, † 12.1.1877 Lindenau (bei Leipzig); ab 1863 Prof. in Heidelberg, ab 1872 in Tübingen. H. ist der Mitbegründer der Pflanzenmorphologie. Er beschrieb erstmalig die Entwicklung der Eizelle höherer Pflanzen, die Morphologie des Embryosacks und die Bildung des Eiapparats mit Synergiden und Antipoden. Ferner beobachtete er das Wachstum des Pollenschlauchs zur Eizelle und die Entwicklung von Staubbeutel und Pollen. Um 1849 klärte er die sexuelle Fortpflanzung und den Generationswechsel der Kryptogamen und Angiospermen auf. Seine Untersuchungen beeinflussten die botanische Systematik entscheidend.

Höhenkrankheit, Folge der mangelnden Sauerstoffsättigung des ↗ Hämoglobins infolge des niedrigen Sauerstoffpartialdrucks in Höhen über ca. 2000 m. Die Symptome der *akuten H.* sind Müdigkeit, Abnahme der Leistungsfähigkeit, Schwindel und Kopfschmerzen infolge angeschwollener, ins Gehirn ziehender Arterien, rasche flache Atmung und Herzklopfen. Sie treten auf bei zu raschem Aufstieg in größere Höhen. In über 2700 m Höhe kann die H. lebensbedrohlich werden. Symptome sind Auftreten von ↗ Cheyne-Stokes-Atmung, Lungenödem (Wasseransammlung in der Lunge) wegen der großen hydrostatischen Druckdifferenz zwischen Blut und Höhenluft, Gehirnödeme (Schlaganfall) mit Gang- und Sehstörungen sowie Verwir-

rung, Bewusstlosigkeit, Koma. Bei Langzeitaufenthalten in Höhen über 4000 m kommt es zur *chronischen H.*, die sich durch Müdigkeit, Herzklopfen, Brustschmerzen, geschwollene Gelenke und eine vermehrte Zahl von ↗ Erythrocyten (Gefahr von Embolien, Schlaganfall, Herzinfarkt) bemerkbar macht. Eingeborene Höhenbewohner besitzen, vermutlich genetisch bedingt, größere Lungen und in den Zellen größere ↗ Mitochondrien. Doch ist auch für sie ein Daueraufenthalt in Höhen über 5000 m nicht möglich.

Höhenstufen, *Vegetationsstufen*, durch Temperatur und Niederschlag bedingte Vegetationskomplexe der Gebirge. In Mitteleuropa unterscheidet man eine planare, kolline, montane und nivale Stufe. Die *planare Stufe* ist die unterste H. und reicht bis etwa 100 m Höhe. Bevor diese Region landwirtschaftlich genutzt wurde, wuchsen hier Buchen-Eichen-Wälder und Eichen-Kiefern-Wälder. Die *kolline Stufe* folgt auf die planare Stufe bis in eine Höhe von 500 m (max. 800 m). Zur ursprünglichen Vegetation gehörten Eichenmischwälder und Kiefernwälder. Die sich an die kolline Stufe anschließende *montane Stufe* ist in den Alpen meist dicht mit Fichten bewaldet (bis auf eine Höhe von 1500 - 2400 m). Die Pflanzen der darauf folgenden *alpinen Zone* sind an starke Winde angepasst, indem sie sich eng an den Boden anschmiegen. Hier wachsen nur noch Zwergsträucher (↗ Zwergstrauch), vereinzelte Baumkrüppel und in der hochalpinen Zone „Pionier-Rasen" und dikotyle Polster- und Teppichpflanzen. In der oberhalb der Schneegrenze liegenden *nivalen Stufe* findet man an schneearmen Standorten noch Moose und Flechten und einige wenige Blütenpflanzen.

Höhlenbewohner, *Troglobionten*, wasser- und luftlebende Tiere, die ständig in Höhlen oder anderen unterirdischen Hohlräumen leben. Sie sind an die gleichmäßig niedrige Temperatur und die gleichmäßig hohe Luftfeuchtigkeit angepasst. Echte H. (*Eutroglobionten*) sind weitgehend oder völlig unpigmentiert (z. B. Höhlenfische, Grottenolme), haben oft zurückgebildete Augen und/oder Flugorgane. Dagegen sind die Tastorgane stark entwickelt, z. B. die Fühler bei Arthropoden. Da der jahreszeitliche Wechsel der abiotischen Faktoren in der Höhle keinen Einfluss hat, ist die Aktivitäts- und Fortpflanzungsrhythmik (↗ Biorhythmik) oft völlig verlorengegangen. Alle H. sind an ein karges Nahrungsangebot angepasst, da Pflanzen als Nahrungsbasis aufgrund des Lichtmangels in der Höhle entfallen und sämtliche Nahrung nur von außen über Tropfwasser und Wind in die Höhle gelangen kann. In manchen Höhlengewässern sind chemolithoautotrophe Bakterien eine wichtige Nahrungsquelle für heterotrophe Organismen. Beispiele typischer Höhlenbewohner sind der Käfer *Duvalis* *hungaricus*, Höhlenfische (z. B. *Amblyopsis spelaeus*), Höhlenkrebse (z. B. *Cambarus tenebrosus*), der Amphipode *Niphargus aquilex* und unter den Amphibien der *Grottenolm* (*Proteus anguinus*). Tiere, die sich nur zeitweilig in Höhlen aufhalten, wie z. B. Fledermäuse und überwinternde Schmetterlinge, werden nicht als Troglobionten bezeichnet, sondern als *Troglophile*.

Höhlenbrüter, Bez. für Vögel, die selbst gegrabene oder vorgefundene Höhlen im Holz absterbender oder abgestorbener Bäume, in Felsen oder im Boden als Brutplatz benutzen. Zu den H. der heimischen Fauna gehören z. B. Spechte, Meisen, Kleiber, und Rotschwänzchen.

Hohltiere, die ↗ Coelenterata.

Holarktis, größte biogeografische Region, die aus dem gesamten nicht tropischen Bereich der nördlichen Halbkugel besteht (Abb. ↗ biogeografische Regionen). Die H. ist in zwei Unterregionen gegliedert: die altweltliche *Paläarktis* und die neuweltliche *Nearktis*. Diese Unterregionen unterscheiden sich nur gering in ihrem Organismenbestand. Nur in der H. verbreitet sind Pflanzengattungen wie *Abies* und *Picea* (↗ Tanne), *Larix* (↗ Lärche) und *Pinus* (↗ Kiefer). Stark verbreitet sind Arten der ↗ Betulaceae, ↗ Brassicaceae, ↗ Fagaceae, ↗ Ranunculaceae. Bei den Säugetieren sind z. B. zu nennen: Biber, Elch, Rentier. Nur in der Nearktis kommt die Gabelhornantilope vor, nur in der Paläarktis Dachs, Gämse und Reh.

Holley, *Robert William*, amerikan. Biochemiker, ✳ 28.1.1922 Urbana (Illinois), † 11.2.1993 Los Gatos (Kalifornien); ab 1957 Prof. an der Cornell University in Ithaca (New York), daneben Forschungschemiker am dortigen U.S. Plant, Soil and Nutrition Laboratory, ab 1958 Prof. in La Jolla (Kalifornien). H. isolierte 1960 die Alanin-tRNA der Hefe, bestimmte bis 1964 deren vollständige Nucleotidsequenz (Sequenzierung der ersten tRNA) und schlug für sie 1965 als Tertiärstruktur die „Kleeblattstruktur" vor. Er erhielt für seinen Beitrag zur Entschlüsselung des genetischen Codes zusammen mit H.G. ↗ Khorana und M.W. ↗ Nirenberg 1968 den Nobelpreis für Physiologie oder Medizin.

Holliday-Struktur, ↗ Crossing over.

Holobasidium, *Holobasidie*, Typ der Basidie bei den ↗ Basidiomycetes.

Holocephali, *Chimären*, Unterklasse der Knorpelfische (↗ Chondrichthyes).

Holoenzym, ↗ Enzyme.

Hologamie, Form der geschlechtlichen ↗ Fortpflanzung.

Holometabola, Taxon, in dem alle Insekten (↗ Insecta) zusammengefasst werden, die vor dem Stadium der Imago noch ein nicht zur Nahrungsaufnahme befähigtes Puppenstadium aufweisen. Hierzu zählen über 85 % aller Insekten.

Holometabolie, Form der ↗ Metamorphose.

Holomixis, vollständige Durchmischung der temperaturbedingten Schichtungen eines ↗ Sees.

Holoparasiten, ↗ Parasitismus.

Holoplankton, ↗ Plankton.

Holostei, zu den ↗ Actinopterygii zählende paraphyletische Gruppe von Knochenfischen, die im ↗ Mesozoikum in großer Formenvielfalt verbreitet waren. Als ursprüngliche Merkmale gelten u. a. die Ganoinschicht auf den Schuppen, die Atemfunktion der Schwimmblase, der Rest einer Spiralfalte im Darm und die heterozerke Schwanzflosse (↗ Flossen). Fortschrittliches Merkmal ist die Ausbildung von Wirbelkörpern. Heute gibt es noch zwei Fam. Die bis 3 m langen *Knochenhechte* (Fam. *Lepisosteidae*), sehen äußerlich dem Hecht ähnlich und leben als Stoßräuber in Flüssen und Seen Nord- und Mittelamerikas. Dort lebt auch die einzige rezente Art (*Amia calva*) der *Schlammfische* (Fam. *Amiidae*). Diese ebenfalls räuberischen Fische können in sauerstoffarmen Gewässern leben und überstehen sogar bis zu 24 Stunden im Luftraum.

Holothuroida *Holothuroidea, Seegurken, Seewalzen*, rund 1200 Arten zählende Gruppe der ↗ Echinodermata, die eine große Formenvielfalt zeigt. H. variieren in der Körpergröße von etwa 1 mm bis zu 2 m. Sie besiedeln alle Bereiche des Meeresbodens und stellen in Tiefen ab 4000 m den Großteil der benthischen Biomasse. Manche Arten, die in den Gezeitenzonen leben, können längeres Trockenfallen aushalten. Filtrierende Arten sind nahezu sessil, andere bewegen sich kriechend und kletternd fort und mehrere Arten schwimmen aktiv. H. haben eine dicke ledrige Körperdecke mit kleinen Kalkkörperchen, die zusammen mit einem den Schlund umschließenden Kalkring das Skelett bilden, sowie einen massiven Hautmuskelschlauch. Rund um die Mundöffnung stehen Tentakel, die der Nahrungsaufnahme dienen. Charakteristisch sind die *Cuvier-Organe*, zwei in den Enddarm mündende Schläuche, die bei Gefahr aus dem After ausgestoßen werden und den Angreifer entweder durch ein klebriges Sekret („*Holothurienseide*") bewegungsunfähig machen oder durch ein Gift betäuben. Viele H. besitzen als inneres Atmungssystem *Wasserlungen*, das sind bäumchenartige Verzweigungen des Enddarms, die durch Pumpbewegungen der Kloake ventiliert werden. Ein bekanntes Phänomen bei den H. ist das Ausstoßen der inneren Organe einschließlich der Gonaden, meist durch den After. Dies scheint bei manchen ↗ Arten regelmäßig vor Winterbeginn stattzufinden. Die Regeneration dauert etwa neun Tage (Tropen) bis maximal sechs Wochen (gemäßigte Breiten). H. sind meist getrenntgeschlechtlich ohne Geschlechtsdimorphismus. Sie geben ihre Geschlechtszellen in das freie

Wasser ab. Typische Larve ist die *Auricularia*, eine bilaterale, quaderförmige Larve mit einem Wimperband an den Seitenkanten.

Holozän, *Alluvium, Nacheiszeit, Postglazial*, jüngere Epoche des ↗ Quartärs, von etwa 8000-10000 v. Chr. bis heute, also die geologische Gegenwart.

Holst, *Erich Walther* von, deutscher Zoologe, * 28.11.1908 Riga, † 26.5.1962 Herrsching am Ammersee; ab 1946 Prof. in Heidelberg, 1948 in Wilhelmshaven, dort 1949 Mitbegründer und Abteilungsleiter des Max-Planck-Instituts für Meeresbiologie, seit 1954 dessen Direktor (umbenannt in Max-Planck-Institut für Verhaltensphysiologie, ab 1957 in Seewiesen bei München). H. formulierte 1950 zusammen mit H. Mittelstaedt das Reafferenzprinzip, erkannte 1956 das Muskelspindel-System als Folgeregelkreis und arbeitete seit 1957 über optische Täuschungen und Konstanzphänomene. Er übertrug die von W.R. ↗ Hess an der Katze eingeführte Methode der lokalisierten elektrischen Hirnreizung auf das Huhn und erarbeitete durch die damit mögliche beliebige Auslösbarkeit von Instinkthandlungen zahlreiche neue Erkenntnisse für die Verhaltensforschung.

Holunder, *Sambucus*, Gatt. der ↗ Sambucaceae (von einigen Autoren den ↗ Caprifoliaceae zugeordnet) mit den in Europa verbreiteten Arten *Schwarzer Holunder, Sambucus nigra*, und *Berg-* oder *Traubenholunder, Sambucus racemosa*. Die reifen Steinfrüchte beider Arten sind essbar, die unreifen Früchte des Schwarzen Holunders schwach giftig.

Holz, *sekundäres Xylem*, die Gesamtheit der vom Kambium abgegebenen Zellen. Zu den Geweben des H. gehören Leitgewebe (↗ Tracheen, ↗ Tracheiden), Festigungsgewebe (Sklerenchym-

fasern) und ↗ Parenchym (Speicher- und Leitparenchymzellen).

Das H. der Laubgehölze (*Laubholz*) ist komplizierter gebaut als das der Nadelgehölze. Die auffälligsten Elemente des Laubholzes sind die Tracheen mit ihren weiten Lumina, die bei manchen Bäumen in gleicher Größe über das gesamte Holz verteilt sind, bei anderen nur im Frühjahr vorherrschen, während im Spätholz englumigere *Tracheiden* angelegt werden. Als Festigungsgewebe sind im Laubholz außerdem Holzfaserzellen vorhanden. Im Laubholz ist immer mehr Parenchym vorhanden als im Nadelholz. Das Parenchym umgibt die längs verlaufenden Gefäße als *Holzparenchym*, während das *Markstrahlparenchym* in einer oder mehreren Schichten genau wie beim Nadelholz radial verläuft. Es bildet mit dem H.-Parenchym ein zusammenhängendes System lebender Zellen.

Bei den meisten Gymnospermen ist das H. relativ einfach gebaut. Das *Nadelholz* besteht vorwiegend aus Tracheiden, deren Wände je nach der Jahreszeit, in der sie gebildet werden, verschieden stark verdickt sind. Im Frühjahr werden weitlumige Tracheiden angelegt, die ausschließlich der Wasserleitung dienen (*Frühholz*), während im Spätsommer zunehmend englumigere Zellen mit dickeren Zellwänden gebildet werden, die vorwiegend als Festigungselemente fungieren (*Spätholz*). Zwischen den Tracheiden befinden sich ↗ Harzkanäle, die von Holzparenchymzellen umgeben sind, das H. längs durchziehen und mit benachbarten Harzgängen durch Querverbindungen netzartig verbunden sind. Die *Markstrahlen* dagegen, die im Nadelholz meist nur aus einer Zellschicht bestehen, verlaufen vorwiegend radial.

Zwischen dem Spätholz des einen Jahres und dem Frühholz des nächsten Jahres besteht meist

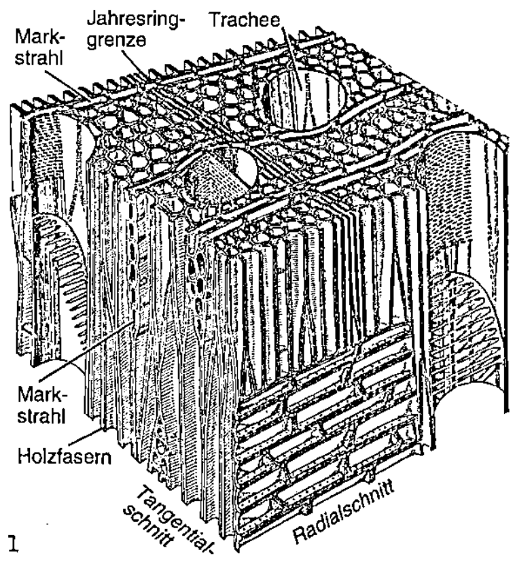

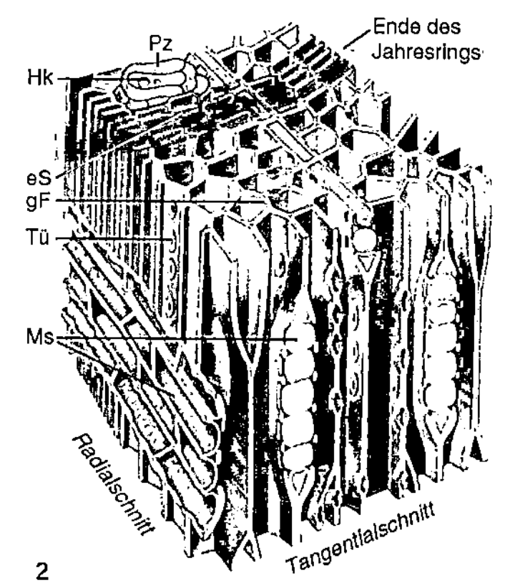

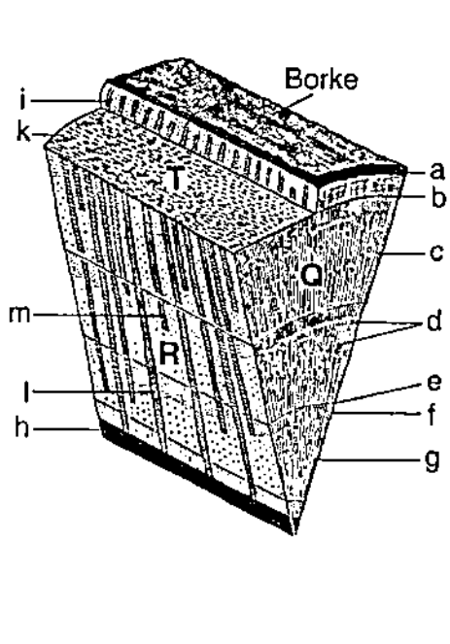

Holz 1 Blockschema des Angiospermenholzes (Birke) und 2 des Gymnospermenholzes (Kiefer). eS englumiges Spätholz, gF großlumiges Frühholz, Hk Harzkanal, Ms Mark- bzw. Holzstrahlen, Pz Parenchymzelle, Tü Tüpfel. 3 Ausschnitt aus einem vierjährigen Kiefernzweig. a Bast, b Kambium, c Markstrahlen, (quer), d Harzgang, e Jahresgrenze, f Spätholz, g Frühholz, h Mark, i Markstrahlen (im Bast), k Markstrahlen (tangential), l primäre Markstrahlen, m Holzstrahlen, Q Querschnitt, R radialer Längsschnitt, T tangentialer Längsschnitt

eine scharfe Grenze. Diese kommt dadurch zustande, dass in der gemäßigten Zone im Frühjahr (Frühholz) großlumigere Zellen angelegt werden als im Spätsommer (Spätholz). Dabei bildet sich eine deutliche Jahresring-Grenze. Man kann deshalb fast immer den Zuwachs des Baumes innerhalb eines Jahres erkennen und durch Auszählen der *Jahresringe* das Alter des betreffenden Baumes feststellen (↗ Altersbestimmung). Nur bei tropischen Holzgewächsen mit kontinuierlicher Entwicklung während des gesamten Jahres fehlen die Jahresringe.

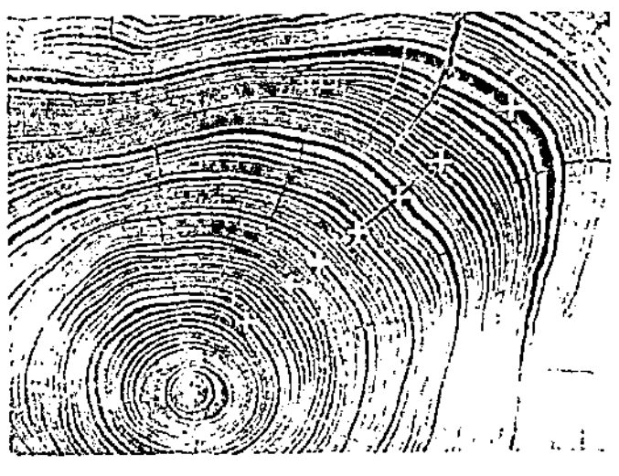

Holz Stammquerschnitte einer Jahrhunderte alten Kiefer. Etwa alle elf Jahre (durch Kreuzchen markiert) zeigen die Jahresringe in Abhängigkeit von der Rhythmik der Sonnenfleckenhäufigkeit ein besonders starkes Wachstum

Die jüngsten, peripheren Jahresringe bilden bei den meisten Bäumen das *Splintholz* oder das *Weichholz*, dessen lebende Zellen Wasser leitend und Stoff speichernd sind, während die älteren, zentralen Jahresringe den aus toten Zellen bestehenden Kern, das *Kernholz* (*Hartholz*) bilden, das allein der Festigung dient. Das Kernholz ist oft wirtschaftlich wertvoller als das Splintholz, da es bei vielen Baumarten durch bestimmte Stoffeinlagerungen, z. B. ↗ Gerbstoffe, vor der Zersetzung geschützt ist. In das Kernholz sind außerdem oft Farbstoffe eingelagert. Die Gefäße des Kernholzes können durch blasenförmige Ausstülpungen der Tüpfelschließhäute (*Thyllen*) verstopft sein.

Zu den zahlreichen Funktionen des H. gehören vor allem die Wasserleitung, die Erhöhung der Festigkeit des Spross- und Wurzelsystems und die Speicherung organischer Substanzen.

Holzbock, Art der Zecken (↗ Ixodides).

Holzpflanzen, *Xylophyten*, Pflanzen, die relativ umfangreiche Holzgewebe erzeugen. Hierzu gehören Bäume, Sträucher und holzige Lianen.

Holzstoff, ↗ Lignin.

Homalorhagida, Gruppe der ↗ Kinorhyncha.

Homarus, ↗ Hummer.

hominid, menschlich, menschenartig, z. B. von anatomischen Merkmalen gesagt.

Hominidae, *Menschenartige*, Fam. der Primates, die die Gatt. Ardipithecus, ↗ Australopithecus und ↗ Homo umfasst. In neueren Klassifikationen werden auch die Großen Menschenaffen (Fam. *Pongidae*) zu den H. gestellt.

Hominisation, die Menschwerdung (↗ Anthropogenese).

hominoid, menschenähnlich, z. B. von anatomischen Merkmalen gesagt.

Hominoidea, *Menschenähnliche*, Taxon, das die Fam. ↗ Hominidae, die Großen Menschenaffen als paraphyletische Fam. der Pongidae und die ↗ Gibbons umfasst.

Homo, *Menschen*, Gatt. der ↗ Euhomininae, die neben dem heutigen und dem fossilen ↗ Homo sapiens auch die Formen ↗ Homo habilis, ↗ Homo rudolfensis, ↗ Homo ergaster sowie ↗ Homo erectus umfasst. Es wird noch eine Reihe weiterer Arten der Gatt. H. zugeordnet, die aber oft auch nur als Unterarten der oben genannten Arten angesehen werden oder nur von lokaler Bedeutung sind. (↗ Anthropogenese, ↗ Australopithecus, ↗ Mensch)

Homoacetatgärung, ↗ Gärung, bei der u. a. durch *Clostridium*-Arten (z. B. *Clostridium aceticum*) Hexosen überwiegend zu Acetat abgebaut werden. Dabei werden pro mol Hexose nahezu 3 mol Acetat gebildet.

Homobasidiomycetidae, Unterklasse der ↗ Basidiomycetes.

homochlamydeisch, ↗ heterochlamydeisch.

Homochromie, Anpassung der Färbung an die Umgebung.

Homocystein, Abbauprodukt und gleichzeitig Vorstufe der Aminosäure ↗ Methionin, das aus H. durch Methylierung entsteht. Diese Methylierung ist abhängig von ↗ Cobalamin (Vitamin B_{12} als Coenzym der *Homocystein-Methyl-Transferase*), so dass bei Mangel an Cobalamin oder an Folsäure (↗ Tetrahydrofolsäure ist der Methylgruppendonator) ein erhöhter H.-Spiegel im Blut vorliegt. Dies ist insofern von Bedeutung, als H. heute als eine der Ursachen für die Entstehung der ↗ Arteriosklerose diskutiert wird, indem es u. a. über Förderung der Sekretion von Wachstumsfaktoren und damit der Zellproliferation der glatten Gefäßmuskulatur zu den für die Arteriosklerose typischen Gefäßveränderungen beiträgt.

homodont, Bez. für ein aus gleichartigen Zähnen bestehendes ↗ Gebiss.

Homo erectus, Art der Gatt. Homo, die 1895 von dem niederländ. Arzt E. Dubois erstmals als *Pithecanthropus* der Öffentlichkeit vorgestellt wurde. H. e. umfasst Funde aus dem Alt- bis Mittelpleistozän in Asien, Afrika und Europa. H.e. zeigt gegenüber Homo rudolfensis und Homo habilis, die als Vorläufer diskutiert werden, ein größeres Hirnschädelvolumen, eine verstärkte Knickung der Schädelbasis und eine tiefere Lage des Foramen magnum an der Schädelbasis, sowie Proportionen des Hirn- und Gesichtsschädels und einen Bau des

Kiefergelenks, die bereits eine Entwicklung zum Homo sapiens andeuten.

Die ältesten Funde von H.e. sind rund 1,9 Mio. Jahre alt und bereits rund 100000 Jahre nach seinem ersten Auftreten hat er sich zuerst nach Asien und später nach Europa ausgebreitet (↗ Anthropogenese), wo er noch bis vor 40000 Jahren existiert hat. Seine phylogenetische Einordnung ist umstritten. Nimmt man vor allem die Gehirngröße als Maßstab, so käme ↗ Homo rudolfensis als möglicher direkter Vorfahr in Betracht. Eine andere Theorie sieht ↗ Homo habilis als direkten Vorfahren und führt vor allem die starke Ähnlichkeit von Gesicht, Kauapparat und der Zähne ins Feld. Eine dritte Theorie nimmt die Entstehung mehrerer Hominiden vor rund zwei Mio. Jahren an, die jeweils unterschiedliche ökologische Nischen verwirklichten: Homo habilis, Homo rudolfensis und der – bisher nur hypothetische – direkte Ahn von Homo erectus. Darüber hinaus herrscht auch Uneinigkeit darüber, ob H. e. eine einzige Art ist. Ein Teil der Forscher befürwortet eine Aufspaltung in zwei Arten, aufgrund ihres Musters aus ursprünglichen und abgeleiteten Merkmalen. Dabei werden einige in Afrika gefundene frühe Funde in der Art *Homo ergaster* zusammengefasst. Aus dieser sei eine asiatische Linie, eben H. e., entstanden, die jedoch in einer Sackgasse endete, während sich aus der afrikanischen Homo ergaster-Linie ↗ Homo sapiens entwickelt habe.

Homo ergaster, eine Frühform oder ein direkter Vorfahr des ↗ Homo erectus in Afrika.

homogametisch, ↗ Geschlechtsbestimmung.

Homogentisinsäure, ↗ Alkaptonurie.

Homoglykane, Bez. für ↗ Polysaccharide die, wie z. B. ↗ Stärke und ↗ Glykogen, nur aus einer einzigen Art monomerer Einheiten aufgebaut sind. Gegensatz: ↗ Heteroglykane

Homo habilis, frühe Art der Gatt. ↗ Homo, die erstmals 1960 anhand einiger Schädelbruchstücke aus der Olduvai-Schlucht in Tansania beschrieben wurde. Sein Alter wird auf 2,1 bis 1,5 Mio. Jahre datiert. H. h. war etwa 1,45 m groß und hatte ein Gehirnvolumen von 500 bis 750 cm³. Wesentliche Unterscheidungsmerkmale zu den Australopithecinen sind das größere Gehirnvolumen und die Reduktion der Größe der Backenzähne. Der Name H. h. (lat. habilis = geschickt) nimmt Bezug auf die Fähigkeit zur Werkzeugherstellung, da man H.h. für den Hersteller der Werkzeuge der Oldowan-Industrie hielt; es gibt jedoch auch ältere Belege für Werkzeugherstellung, sodass nicht sicher ist, ob H h. der Erste war, der Werkzeug herstellte. Der Umfang der Art H. h. und ihre genaue Zuordnung innerhalb der Gatt. Homo werden noch kontrovers diskutiert. Während einige Wissenschaftler aufgrund morphologischer Merkmale einen Teil der

Funde einer zweiten Art, *Homo rudolfensis*, zuordnen, plädieren andere dafür, dass es nur eine Art H. h. gab. Als Indizien für die Existenz zweier Arten, werden vor allem Unterschiede in der Gehirngröße, Gesicht, Zähnen und Körperskelett angesehen. *Homo rudolfensis* besitzt danach ein größeres Gehirn, ein eher Homo-ähnliches Körperskelett, während Gesicht und Zähne mehr an die Gatt. ↗ Australopithecus erinnern. Hingegen sind Gesicht und Zähne von H. h. eher leicht gebaut und Homo-ähnlich, dafür ist das Gehirn kleiner und der Körperbau menschenaffenähnlicher.

homoio-, *homöo-*, als Wortbestandteil: gleichartig, ähnlich.

homoiohydrisch, Bez. für Pflanzen, die ihren Wasserzustand so regeln können, dass er unabhängig von der relativen Wasserdampfspannung der Atmosphäre weitgehend konstant bleibt. Hierzu gehören als typische Landpflanzen fast alle ↗ Kormophyten.

Homoiostase, die ↗ Homöostase.

homoiotherm, *isotherm*, Bez. für Tiere, die gleichförmige Körpertemperaturen haben; solche Tiere sind i. d. R. endotherm, wie z. B. Vögel und Säuger.

homologe Chromosomen, Bez. für diejenigen väterlichen und mütterlichen ↗ Chromosomen, die sich während der ↗ Meiose miteinander paaren, sodass es zu Rekombinationsereignissen kommen kann (↗ Crossing over).

homologe Gene, Bez. für Gene mit ähnlicher Basensequenz, die sich im Verlauf der Evolution aus einem gemeinsamen Ursprung entwickelt haben dürften. H. G. innerhalb einer Art, die z. B. durch Genduplikation hervorgegangen sind, werden als *paralog* bezeichnet, solche in verschiedenen Arten als *ortholog*.

homologe Rekombination, die während der Meiose auftretende Form der ↗ Rekombination, bei der durch ↗ Crossing over homologe DNA-Abschnitte ausgetauscht werden können. Die h. R. ist im Bereich der Gentechnik zunehmend von Interesse, da so funktionierende Gene an ihrem Genort durch mutierte Formen oder umgekehrt ausgetauscht werden können. Bei Mäusen konnten auf diese Weise so genannte *knockout-Mäuse* erzeugt werden.

Homologie, einander entsprechende Strukturen, die bei verschiedenen Organismen oder innerhalb eines Organismus auftreten. Zentral für die Feststellung einer H. ist die Übereinstimmung oder Ähnlichkeit eines Merkmals in der räumlichen und gegebenenfalls zeitlichen Struktur. H. wird auf alle vergleichbaren Merkmale angewendet und zumeist phylogenetisch definiert: *Homologe Merkmale* zweier oder mehrerer Arten gehen auf einen ihnen gemeinsamen Ahnen mit dem betreffenden Merkmal zurück. Homologien sind somit grundlegend für die Rekonstruktion von Abstammungsbeziehungen (↗ Apomorphie). Zur Objektivierung der H.-For-

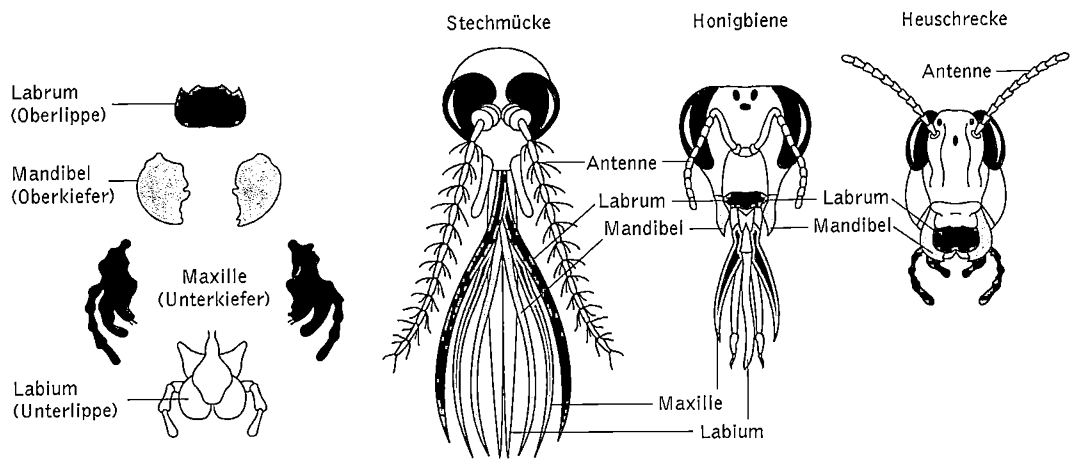

Homologie Die Mundgliedmaßen der Insekten sind durch Funktionswechsel aus Extremitäten hervorgegangen. Mundwerkzeuge und Extremitäten entstehen daher beim Insektenembryo in gleicher segmentaler Anordnung zunächst als einfache Höcker. Erst in einem späteren Stadium lässt sich die unterschiedliche Ausbildung erkennen: beißende Mundwerkzeuge bei der Heuschrecke, stechend-saugende bei der Stechmücke und saugende bei der Honigbiene

schung wurden von A. Remane so genannte *Homologiekriterien* aufgestellt, welche die Ergebnisse einer umfassenden Merkmalsanalyse offenlegen und damit prüfbar machen sollen: 1) Das *Kriterium der spezifischen Qualität* besagt, dass Übereinstimmung in der Komplexität des Baues und damit verbundener Reichtum an Information ein sicherer Hinweis auf H. ist. 2) Das *Kriterium der Lage* sagt, dass einander unähnliche Strukturen dann als homolog erkannt werden können, wenn sie in ihrem Lagebezug zu anderen, ihrerseits homologen Strukturen übereinstimmen. 3) Nach dem *Kriterium der Kontinuität oder Stetigkeit* können selbst unähnliche und verschieden gelagerte Strukturen als homolog angesehen werden, wenn zwischen ihnen Zwischenformen nachweisbar sind, sodass bei Betrachtung zweier benachbarter Formen die unter 1) und 2) angegebenen Bedingungen erfüllt sind. Die Zwischenformen können der Ontogenie der Strukturen entnommen sein oder echte systematische Zwischenformen sein.

Um der großen Zahl vergleichbarer Phänomene gerecht zu werden, wurde eine H.-Definition eingeführt, in welcher der Begriff der Information im Mittelpunkt steht: Homolog sind Strukturen, deren nicht zufällige Übereinstimmung auf gemeinsamer Information beruht. Wenn die gemeinsame Information, auf der eine strukturelle Ähnlichkeit beruht, genetisch festgelegt ist und durch Vererbung weitergegeben wird, liegt eine *Erb-H.* vor. Diese sind die „klassischen" H., die als Indizien für stammesgeschichtliche Verwandtschaft verwertbar sind. Beruht die strukturelle Ähnlichkeit aber darauf, dass „frei verfügbare Informationen" aus der Umwelt z. B. durch Lernen oder Prägung aufgenommen und in ein entsprechendes Verhaltensrepertoire umgesetzt werden (z. B. Nachahmung von Gesängen bei Vögeln), dann liegt eine *Traditions-H.* vor. Diese sind für phylogenetische Aussagen unbrauchbar, es sei denn, es gelingt der Nachweis, dass ein tradiertes Merkmal nur in der Abstammungslinie weitergegeben wird. Eine ähnliche Einschränkung gilt, wenn ein Merkmal auf ↗ Transduktion beruht, also der Genübertragung mit Hilfe von Viren als Vehikel.

Homolyse, die Trennung einer Atombindung, sodass bei jedem Bindungspartner je ein Bindungselektron verbleibt und reaktionsfähige Radikale entstehen.

Homo neanderthalensis, ↗ Neandertaler.

Homonomie, *serielle Homologie*, Bez. für das Phänomen, dass bei einem Organismus homologe Merkmale in Mehrzahl vorhanden sind. Diese können unterschiedlich differenziert sein, können aber dann auch als H. gedeutet werden, wenn sie innerhalb eines Individuums durch eine Serie von Zwischenformen verknüpft sind. So werden die Mundgliedmaßen der Arthropoden als seriale Knospen angelegt, was ein Hinweis auf ihre Extremitätennatur ist. (↗ Homologie)

Homöobox, ↗ Homöobox-Gene.

Homöobox-Gene, *homöotische Gene*, *Hox-Gene*, die Bez. für eine Gruppe von Genen, die erstmals bei ↗ Drosophila melanogaster beschrieben wurden und dort durch ihre Aktivität die Embryonalentwicklung steuern. H. - G. stehen dabei am Ende einer sukzessiv ablaufenden Segmentierungskaskade, die für die spätere Ausbildung von Kopf, Thorax und Abdomen sowie der jeweiligen zugehörigen Strukturen (Antennen, Flügel, Beine) verantwortlich ist, deren genaue Lage bereits in den Segmenten des Embryos bestimmt wird. So sorgt z. B. das so genannte *Antennapedia*-Gen normalerweise für die Ausbildung von Beinen. Durch eine *homöotische Mutation* dieses Gens tragen die Mutanten am Kopf Beine, wo normalerweise die Antennen vorhanden sind.

Sequenzvergleiche der H. - G. von *Drosophila* ergaben, dass allen Genen eine 180 bp lange DNA-Sequenz, die *Homöobox* gemein ist, die auf Proteinebene für einen als *Homöodomäne* bezeichneten Abschnitt codiert. Sie weist ein typisches Helix-Turn-Helix-Motiv auf, das auf eine Funktion der Proteine als ↗ DNA-bindende Proteine und ↗ Transkriptionsfaktoren hindeutet.

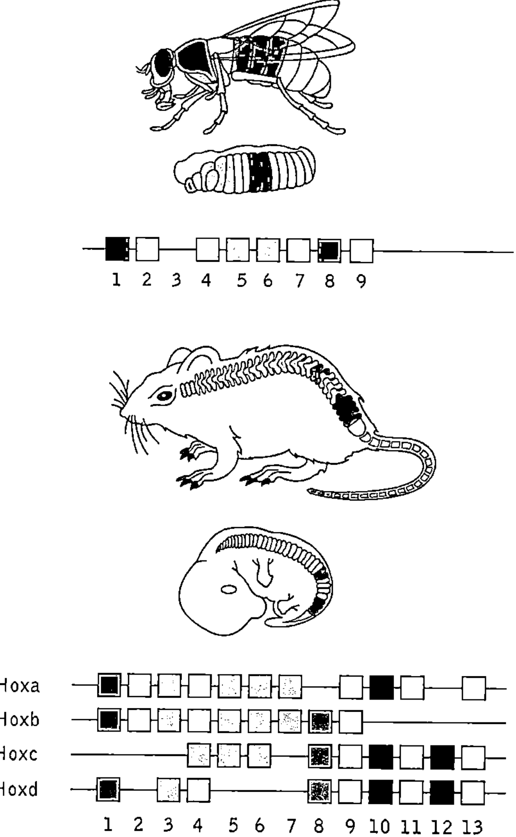

Homöobox-Gene Vergleich zwischen Fliege und Maus. Die einzelnen Klassen sind nummeriert und ihre Lage in den Genkomplexen angezeigt. Bei Drosophila existiert ein Genkomplex, bei der Maus gibt es vier

Mit Hilfe der Homöobox wurden H. - G. inzwischen u. a. auch beim Nematoden ↗ Caenorhabditis elegans, beim ↗ Krallenfrosch, *Xenopus laevis*, beim ↗ Zebrafisch sowie bei Mäusen und dem Menschen identifiziert. Bei letzteren sind die H. - G. an der Bildung von Fingern und Zehen beteiligt. Die H. - G. sind sowohl bei *Drosophila* als auch bei der Maus in Genkomplexen angeordnet, wobei eine räumliche Kolinearität zwischen der Anordnung der Gene und ihrer Expression entlang der Körperachse bzw. den Gliedmaßenknospen vorhanden ist.

Bei *Pflanzen* existieren Blühmutanten (↗ Blütenbildung), die an die homöotischen Mutationen von *Drosophila* erinnern, da bei ihnen die Identität der Wirtel innerhalb der Blüte verändert ist (↗ MADS-Box-Gene).

Homöostase, *Homoiostase,* eine Systemeigenschaft von Zellen bzw. Organismen, welche die Gesamtheit der endogenen Regulationsvorgänge umfasst, die für ein stabiles inneres Milieu sorgen, wie z. B. die Konstanthaltung des Blutdrucks, die ionale Zusammensetzung der Körperflüssigkeiten oder die Körpertemperatur.

homöotische Gene, anderer Name der ↗ Homöobox-Gene.

Homoptera, *Gleichflügler,* Taxon der ↗ Insecta mit über 40000 landlebenden Arten, die weltweit verbreitet sind. Alle H. sind Pflanzensauger und besitzen einen Saugrüssel. Vorder- und Hinterflügel sind häutig und ähnlich ausgebildet; sie werden in Ruhe dachförmig gehalten. Innerhalb der H., die wahrscheinlich keine monophyletische Gruppe sind, werden zwei Subtaxa unterschieden, die Zikaden (↗ Auchenorrhyncha) und die Pflanzenläuse (↗ Stenorrhyncha).

Homorrhizie, *Homorhizie, Gleichwurzeligkeit,* ↗ Allorrhizie.

Homo rudolfensis, Art der Frühmenschen, die vor 2,5 bis 1,8 Mio. Jahren in Afrika lebte. Die H. r. zugeordneten Fossilien werden von einem Teil der Wissenschaftler als zu ↗ Homo habilis gehörig aufgefasst, sodass über die Existenz der Art H. r. Uneinigkeit besteht.

Homo sapiens, von C. von ↗ Linné gegebener wissenschaftlicher Name für den eine einzige Art bildenden Menschen (↗ Mensch). Die Art umfasst sowohl die gesamte heutige Menschheit (Unterart *Homo sapiens sapiens*) als auch fossile Vertreter. H.s. unterscheidet sich von ↗ Homo erectus vor allem durch sein größeres Gehirnvolumen von 1250 bis 2000 cm³. (↗ Anthropogenese)

Homosexualität, Form der sexuellen Orientierung, bei der sich das Begehren auf Angehörige des gleichen Geschlechts richtet. H. ist der Gegenbegriff zu *Heterosexualität,* bei der sich das Begehren auf Angehörige des jeweils anderen Geschlechts richtet. H. ist ebenso wie Heterosexualität eine Identität oder Seinsweise, die bestimmte Grundstimmungen, Grundüberzeugungen und Erlebnisformen sowie Handlungs- und Ausdrucksweisen umfasst. Trotz intensiver Forschung und vieler, z. T. widersprüchlicher Theorien die Ursachen der H. betreffend, konnte bislang keine biologisch-genetische Grundlage gefunden werden, die den Menschen in Richtung H. oder Heterosexualität zwingen würde. – Gleichgeschlechtliche sexuelle Beziehungen sind nicht nur auf den Menschen beschränkt, sondern scheinen, neureren Beobachtungen zufolge, bei einer Reihe von Tieren zum normalen Sexual- und Sozialverhalten zu gehören. (↗ Sexualität)

Homosporie, die ↗ Isosporie.

Homo steinheimensis, Bez. für die europäische Form des archaischen *Homo sapiens*. Aus H. s. ging in Europa der ↗ Neandertaler (*Homo sapiens neanderthalensis* oder *Homo neanderthalensis*) hervor. (↗ Mensch)

Homoxenie, ↗ Wirtswechsel.

homozerk, Bez. für einen Flossentyp (↗ Flossen).

homozygot, ↗ Homozygotie.

Homozygotie, *Reinerbigkeit*, das Vorhandensein identischer Allele eines Gens bei einem Organismus (↗ Genotyp, ↗ Mendel-Regeln) Gegensatz: ↗ Heterozygotie

Honig, der von den ↗ Honigbienen eingesammelte, auf Siebröhrensaft zurückzuführende Nektar höherer Pflanzen oder der von Blattläusen (↗ Aphidina) ausgeschiedene Honigtau, der von den Bienen in einem mehrstündigen Prozess verändert, dann in den Waben gespeichert wird und dort zu dem flüssigen, zähflüssigen oder kristallisierten Stoff heranreift, den der Imker aus den Waben gewinnt. Die Bienen versetzen Nektar und Honigtau in ihrer Honigblase mit Drüsensekreten. Diese bewirken einen enzymatischen Abbau zu einfachen Zuckern, und die Synthese von vorher nicht vorhandenen Zuckern und außerdem wird dem Honig Glucose-Oxidase beigesetzt, auf die seine bakterizide Wirkung zurückgeführt wird. Im Anschluss reift der nun in die Waben eingefüllte Honig, wobei die Bienen durch Flügel schlagen den Verdunstungsprozess unterstützen. Der reife Honig hat noch einen Wassergehalt von 20 %. Er enthält neben Wasser und Zuckern, Proteine (Enzyme), Aminosäuren, Acetylcholin, Cholin, Mineral- und Aromastoffe, Vitamine, anorganische und organische Säuren.

Honiganzeiger, Art der ↗ Piciformes.

Honigbiene, *Apis mellifera*, zu den Staaten bildenden Bienen (Fam. *Apidae*) gehörende, mit zahlreichen Unterarten und Rassen weltweit verbreitete Art der Bienen (↗ Apoidea). Die Hinterbeine der H. sind als *Pollensammelapparat* ausgebildet, indem der Unterschenkel und das erste Fußglied stark verbreitert sind, der Unterschenkel zudem eine Eindellung auf der Außenseite besitzt (*Körbchen*) und das Fußglied auf der Innenseite Borstenreihen (*Bürste*), mit denen die Pollen in das Körbchen des gegenüber liegenden Hinterbeins abgestreift werden (Bildung von „*Höschen*"). Beim Pollen sammeln bleibt der Pollen zunächst in den Haaren des gesamten Körpers hängen. Er wird dann erst während des Flugs in das Körbchen des ge-

genüber liegenden Beins gebracht. Zur Bereitung des *Honigs*, werden der aufgenommene Nektar, Honigtau oder auch Pflanzensäfte im *Honigmagen* mit einem enzymhaltigen Sekret der Kopfdrüsen gemischt. Der entstandene Honig wird in Waben gespeichert und reift unter Verdunstung von Wasser und weiteren enzymatischen Reaktionen heran.

H. besitzen spezielle Wachsdrüsen, aus denen das zum Nestbau verwendete Wachs (*Bienenwachs*) abgesondert wird. Weibliche Bienen haben einen Stachel, der mit einer Giftdrüse in Verbindung steht und mit Widerhäkchen ausgerüstet ist, weshalb er nach dem Stich nicht wieder aus der Säugetierhaut herausgezogen werden kann. Daher wird der gesamte Stachelapparat herausgerissen, die Arbeiterin „opfert" sich also gleichsam. Der Stechapparat pumpt noch geraume Zeit Gift in die Wunde.

Im Bienenvolk besteht eine Arbeitsteilung, wobei die *Arbeiterinnen* im Laufe ihres etwa 4-5 Wochen dauernden Lebens nacheinander alle Arbeiten im Staat übernehmen: In den ersten paar Tagen säubern sie als „*Putzbienen*" den Stock. Etwa vom dritten bis zum zwölften Tag füttern sie als *Ammenbienen (Brutammen)* die Larven und unternehmen kurze Orientierungsflüge in die Umgebung. Anschließend sind sie etwa bis zum 18. Tag als *Baubienen* mit dem Bau von Waben und dem Auffüllen von Pollenzellen mit Pollen beschäftigt, um dann vom 19. bis etwa zum 22. Tag als *Wehrbienen* am Stockeingang Wache zu halten. Die restlichen Tage ihres Lebens verbringen sie mit Pollen sammeln (*Trachtbienen*). Die Verständigung über die Lage von Nahrungsquellen erfolgt über die ↗ Bienensprache. Arbeiterinnen, die überwintern, werden wesentlich älter als die im Sommerhalbjahr schlüpfenden, sie leben etwa sechs bis acht Monate.

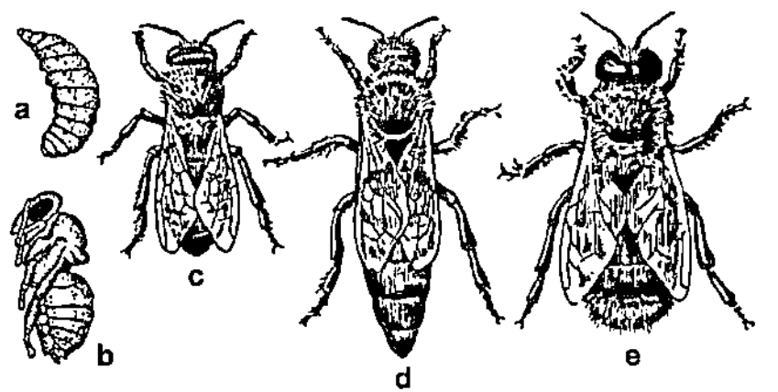

Honigbiene a Larve (Made), b Puppe, c Arbeiterin, d Königin, e Drohne der Honigbiene (*Apis mellifera*)

Die Männchen (*Drohnen*), die aus unbefruchteten, haploiden Eiern entstehen, unterscheiden sich von den Arbeiterinnen durch ihre plumpere Gestalt, die über der Stirn zusammenstoßenden Komplexaugen und den fehlenden Stechapparat. Sie werden von den Arbeiterinnen gefüttert und dann gegen Ende Juli aus dem Stock vertrieben (*Drohnenschlacht*).

Die Königin ist deutlich größer als Arbeiterinnen und Männchen (20 - 25 mm lang) und nur zum Eierlegen (bis zu 1500 Eier pro Tag) befähigt, sodass sie gefüttert werden muss. Sie wird auf dem so genannten *Hochzeitsflug* von verschiedenen Drohnen begattet und speichert die Spermien dann in einer Samentasche. Aus den befruchteten Eiern entwickeln sich Weibchen, die nur dann zur Königin werden, wenn sie in eine größere Zelle (*Weiselwiege*) kommen und *Gelée Royale* als Larvenfutter bekommen, andernfalls entwickeln sie sich zu Arbeiterinnen. Jeder Staat kann nur eine Königin haben. Ist eine neue Königin reif zum Schlüpfen, verlässt die alte Königin den Stock mit einem Teil des Volkes (*Schwärmen*) und bildet mit ihnen in Stocknähe eine *Schwarmtraube*. Von dort fliegen so genannte *Spurbienen* aus, um einen geeigneten Platz für ein neues Nest zu finden. Eine Königin wird drei bis fünf Jahre alt. Zur Gatt. *Apis* gehören noch weitere Arten, so u. a. die im indomalayischen Raum verbreiteten Arten Riesenhonigbiene *(Apis dorsata)* und Zwerghonigbiene *(Apis florea)* sowie die in Indien lebende Indische Honigbiene *(Apis indica)*.

Honigtau, 1) Zuckerhaltige Exkremente der Blattläuse und anderer Pflanzensauger, die vielen Insekten, z. B. Ameisen, Bienen und Fliegen, als Nahrung dienen.

2) von Pflanzen ausgeschiedene, zuckerhaltige Flüssigkeit. Diese Ausscheidung kann unterschiedliche Ursachen haben. Bekannt ist z. B. die Bildung von H. in Getreideblüten unter dem Einfluss des Mutterkornpilzes, *Claviceps purpurea*. Die von diesem H. angelockten Insekten tragen zur Verbreitung der Pilzsporen bei. Unter bestimmten Bedingungen, insbesondere bei pathologischen Stoffwechselstörungen, werden auch durch ⌐ Guttation Flüssigkeiten aus Blättern ausgeschieden, die Zucker und organische Säuren enthalten (*Blatthonig*).

Hopfen, *Humulus lupulus,* in Mitteleuropa heimische Kulturpflanze der ⌐ Cannabaceae (Abb. siehe dort). Genutzt werden die zapfenartigen Blütenstände der weiblichen Pflanzen. Sie enthalten neben ⌐ etherischen Ölen die Hopfenbittersäuren Humulon und Lupulon, die beruhigend und antibiotisch wirken und dem Bier seine Würze geben.

Hoplocarida, anderer Name der Fangschreckenkrebse (⌐ Stomatopoda).

Hoppe-Seyler, *Ernst Felix Immanuel,* deutscher Arzt, Physiologe und Chemiker, ✱ 26.12.1825 Freyburg/Unstrut, † 11.8.1895 Wasserburg (Bodensee); ab 1860 Prof. für Medizin in Berlin, ab 1861 für Chemie in Tübingen, seit 1872 für Physiologische Chemie in Straßburg, wo 1884 das weltweit erste Institut für Physiologische Chemie eingerichtet wurde. H. - S. ist der Begründer der modernen physiologischen Chemie. Er erkannte die Bedeutung des ⌐ Hämoglobins für die innere Atmung durch dessen reversible Bindung des Sauerstoffs und untersuchte die der Kohlenstoffmonooxid-Vergiftung zugrunde liegenden chemischen Prozesse. 1864 entdeckte H. - S. das Methämoglobin und führte auch die Bez. Hämoglobin und Oxyhämoglobin ein, 1871 fand er das Enzym Invertase. H.-S. ist Begründer der „Zeitschrift für physiologische Chemie" (später „Hoppe-Seylers Zeitschrift für physiologische Chemie").

Hordeum vulgare, die ⌐ Gerste.

Hören, bei vielen Tieren und dem Menschen vorhandene Fähigkeit zur Wahrnehmung und Auswertung von Schallwellen mit Hilfe von Gehörorganen. Durch H. gewinnt der Organismus detailreiche Informationen über seine Umwelt, beim Menschen hat das H. für die sprachliche Kommunikation elementare Bedeutung.

Beim Menschen werden die auf das als Schalldruckempfänger (⌐ Gehörsinn) arbeitende ⌐ Ohr einwirkenden Schallwellen durch den äußeren Gehörgang, der als Resonanzverstärker fungiert, zum *Trommelfell* geleitet, das die auftreffende Schallenergie fast reflexionsfrei absorbiert und in Form von Schwingungen an die anschließenden Gehörknöchelchen weitergibt, welche die Schallleitung durch die luftgefüllte *Paukenhöhle* (Mittelohr) ermöglichen. Da Flüssigkeit (hier die Perilymphe und Endolymphe des Innenohrs) einen wesentlich härteren Schallwiderstand hat als Luft, muss eine Anpassung an den Wechseldruck-Widerstand (fachsprachlich: Impedanzanpassung) stattfinden. Hier sind zwei Mechnismen wirksam, um eine Schalldruckverstärkung zu erreichen: Zum einen wirken die Gehörknöchelchen über ihre Gelenke wie ein Hebel und zum anderen wird z. B. beim Menschen eine Druckverstärkung um rund das 25fache dadurch erreicht, dass der Schalldruck vom großflächigen äußeren Trommelfell auf das kleinflächige innere Trommelfell, das *ovale Fenster,* übertragen wird. Ohne diese Anpassung würden 98 % der Schallenergie reflektiert werden und somit verloren gehen. Damit die luftgefüllte Paukenhöhle nicht jede Änderung des äußeren Luftdrucks auf das Trommelfell überträgt, wird der innere Luftdruck über die ⌐ Eustachi-Röhre dem äußeren angeglichen.

Vom ovalen Fenster aus setzen sich die Schallwellen in die *Vorhoftreppe (Scala vestibuli)* fort und „beulen" die zwischen Vorhoftreppe und *Cochlea* befindliche *Reissner-Membran* aus, wodurch Schallenergie in die Endolymphe der Cochlea übertragen wird. Diese ist nicht komprimierbar und gibt die Druckwelle ihrerseits sofort an die zwischen Cochlea und *Paukentreppe (Scala tympani)* gelegene *Basilarmembran* weiter, die sich in die Paukentreppe vorwölbt; die dort befindliche Perilymphe leitet die Druckwelle an das *runde Fenster* und

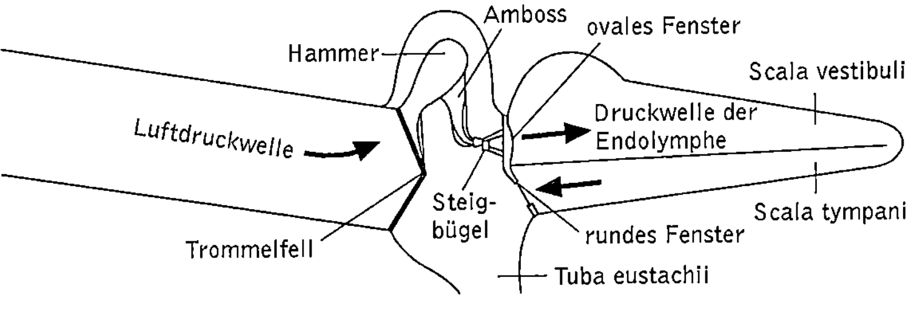

Hören Stark schematisierte Darstellung des Säugerohrs, die den Weg des Schallsignals vom äußeren Gehörgang über Trommelfell, Gehörknöchelchen und ovales Fenster in die Schneckengänge veranschaulicht. Die Pfeile geben die Ausbreitungsrichtung der Schallwellen an

dieses leitet sie an die widerstandsarme luftgefüllte Paukenhöhle ab. Die Schwingungen in den einzelnen Teilen des Innenohrs verlaufen fast synchron. Sie verhalten sich wie Wanderwellen, d. h. eine große Welle wandert ein Stück über die Membran und ebbt dann wieder ab. In der Cochlea sitzt der Basilarmembran das eigentliche Hörorgan, das *Corti-Organ*, auf. Dieses besitzt Haarzellen mit Mikrovilli (*Stereocilien*), die durch die Schwingungen der Basilarmembran abgelenkt werden. Dem Corti-Organ liegt eine Deckmembran, die *Tektorialmembran*, auf, durch welche die Auf- und Abschwingungen der Basilarmembran in Scherbewegungen umgewandelt werden. Jede Haarzelle des Corti-Organs besitzt am oberen Ende etwa 100 Stereocilien, wobei die innen stehenden kürzer sind als die außen befindlichen. Die Spitzen der niedrigen sind jeweils mit den Spitzen der längeren Härchen durch fadenartige Strukturen verknüpft („tip links"). Im Ruhezustand besitzen die inneren Stereocilien ein Ruhepotenzial von -40 mV und die äußeren eines von -70 mV. Werden nun die Härchen einer Haarzelle durch Schwingungen an der Tektorialmembran abgelenkt, so ändert sich das Membranpotenzial, das mechanische Signal ist in ein elektrisches umgewandelt worden (*mechanoelektrische Kopplung*). Eine wichtige Rolle spielt dabei die Flüssigkeit in der Scala media (Cochlea). Die *Endolymphe* hat eine im Körper einzigartige Ionenzusammensetzung: Sie besitzt eine extrem hohe Kaliumkonzentration und ist positiv geladen, sodass sie gegenüber dem Inneren der Haarzellen ein Potenzial von etwa $+85$ mV besitzt (*endolymphatisches Potenzial*). Werden nun die Stereocilien in Reizrichtung abgelenkt, öffnen sich am oberen Ende der Haarzellen Ionenkanäle und infolge der hohen Potenzialdifferenz strömen Kaliumionen aus der Endolymphe in das Cytoplasma der Haarzelle. Dies führt zu einer Änderung des Membranpotenzials der Haarzelle, es kommt zur Depolarisation und damit zu einem Sensorpotenzial. Dieses bewirkt einerseits einen Anstieg der intrazellulären Calciumkonzentration und am unteren Ende der Haarzellen die Freisetzung eines Transmitters, vermutlich Glutamat. Dieses bindet nach Diffusion durch den synaptischen Spalt an Rezeptoren der Hörnervenzelle und löst dort ein ↗ Aktionspotenzial aus. Diese Aktionspotenziale führen zu einer Kette neuronaler Erregungen über den Hörnerven, den Hirnstamm und die Hörbahn bis zum auditorischen Cortex im Temporallappen der Großhirnrinde. Die Transmitterfreisetzung ist zeitlich ganz eng mit der Auslenkung der Stereocilien verknüpft. Eine Auslenkung der Stereocilien in die dem Reiz entgegengesetzte Richtung hemmt die Transmitterfreisetzung.

Die in der Endolymphe erzeugten *Wanderwellen* haben als Besonderheit, dass ihre Amplitude im Verlauf ihrer Wanderung plötzlich drastisch verstärkt wird, um dann unmittelbar wieder scharf abzufallen. Diese Verstärkung findet nun für jede Tonhöhe (sprich für jede Frequenz) an einer anderen Stelle der Cochlea statt: für hohe Töne (hohe Frequenzen) ganz nah am Steigbügel, je tiefer der Ton (niedrige Frequenz) ist, desto weiter Richtung Spitze der Cochlea. So ist das Unterscheidungsvermögen des Ohrs für Frequenzunterschiede auf die Wanderwellen zurückzuführen.

Hörhaare, ↗ Gehörorgane der Insekten; meist besonders lange, leicht bewegliche und an exponierten Körperstellen lokalisierte Haare, die aufgrund ihrer leichten Beweglichkeit von schnell schwingenden Teilchen in Resonanz versetzt werden (*Schallschnelleempfänger*). H. können jedoch auch auf andere mechanische Reize reagieren, sodass in vielen Fällen keine eindeutige Zuordnung möglich ist. H. reagieren i. Allg. auf niederfrequente Töne (unter 200 Hertz), da diese eine hohe Schallschnelle haben; die Raupen einiger Schmetterlinge können jedoch noch Frequenzen bis 1000 Hertz wahrnehmen.

Horizont, ↗ Stratum.

Hörknöchelchen, die Gehörknöchelchen (↗ Ohr).

Hormondrüsen, die endokrinen ↗ Drüsen.

Hormone, 1) *Botanik*: ↗ Phytohormone.

2) *Zoologie*: Gruppe von Substanzen bei Tieren und dem Menschen, die an Zielorganen, deren Zellmembranen mit entsprechenden Hormonrezeptoren ausgestattet sind, spezifische Wirkungen vermitteln. Chemisch gehören die H. bis auf einige Ausnahmen zu folgenden Stoffklassen: Sie sind entweder Aminosäure-Derivate, Peptide und Proteine, Steroide bzw. Steroid-Derivate oder Abkömmlinge ungesättigter Fettsäuren (Eicosanoide, z. B. die ↗ Prostaglandine). H. werden häufig in spezifischen

endokrinen ↗ Drüsen gebildet und sind in ↗ Blut oder ↗ Hämolymphe normalerweise in sehr geringen Konzentrationen vorhanden. Wird ein H. freigesetzt, kann seine Konzentration um mehrere Zehnerpotenzen ansteigen. Nach Aufhören der H.-Produktion sinkt sie sehr schnell wieder ab, da H. im Blut rasch enzymatisch abgebaut werden. H., die nicht in speziellen Drüsen, sondern in einzelnen Zellen eines Gewebes gebildet werden, bezeichnet man als *Gewebshormone* (aglanduläre Hormone). Gewebshormone wirken dann im Unterschied zu den H. i. e. S. oft direkt in der Nachbarschaft ihres Produktionsorts. Dieser Sekretionsmechanismus wird als *parakrin* bezeichnet (z. B. Prostaglandine), während *autokrin* einen Mechanismus beschreibt, bei dem das H. auf die es synthetisierende Zelle selbst wirkt (z. B. Wachstumsfaktoren in der Embryonalentwicklung). *Endokrine H. (glanduläre H.)* hingegen wirken als „echte" H. auf weiter entfernte Organe. *Neuroendokrine H.* sind solche, die vom Axonende einer Nervenzelle freigesetzt werden, meist in eine Blutkapillare hinein (z. B. ↗ Adiuretin, ↗ Oxytocin). *Glandotrope H.* schließ-

lich steuern die Hormonproduktion und -freisetzung anderer, untergeordneter Drüsen (↗ Hypophysenhormone, ↗ Hypothalamushormone). Die Freisetzung von H. erfolgt – abgesehen von einer basalen Sekretion – entweder ereignisgesteuert oder in regelmäßigen Rhythmen und kann im Bereich von Minuten oder Stunden liegen oder aber circadianen, monatlichen oder jahreszeitlichen Schwankungen unterliegen.

H. dienen zusammen mit den Nervensignalen der Koordination des Stoffwechsels. Alle wirken über spezifische Hormonrezeptoren der Zielzellen, die H. spezifisch und mit hoher Affinität binden. Dabei hat jeder Zelltyp seine eigene Kombination von Hormonrezeptoren und damit sein eigenes Spektrum von H., auf die er reagiert. Durch die Hormon-Rezeptor-Bindung wird die Antwort der Zielzelle auf das hormonelle Signal ausgelöst. Die Wirkung eines Hormons wird i. d. R. durch ein entgegengerichtetes (antagonistisches) Signal kontrolliert. Oft ist dies ein anderes H. Ein Beispiel für das Zusammenspiel antagonistischer H. sind ↗ Insulin und ↗ Glucagon.

Hormone Klassen der Hormone und hormonähnliche Verbindungen mit Beispielen

Hormon	sezernierende Organe/ Gewebe/Zellen	Funktion oder Aktivität
Peptidhormone		
Thyreotropin-Releasing-Hormon (TRH)	Hypothalamus	stimuliert die Thyreotropinausschüttung durch den Hypophysenvorderlappen
adrenocorticotropes Hormon, ACTH	Hypophysenvorderlappen	stimuliert die Synthese der Steroidhormone in der Nebennierenrinde
Adiuretin	Hypophysenhinterlappen	erhöht den Blutdruck, fördert die Wasserrückresorption in den Nieren
Insulin	Bauchspeicheldrüse	stimuliert Aufnahme und Verwertung von Glucose
Glucagon	Bauchspeicheldrüse	stimuliert die Glucoseproduktion in der Leber
Aminhormone		
Adrenalin (Epinephrin)	Nebennierenmark	steuert Stressreaktionen, beschleunigt den Puls
Thyroxin (Schilddrüsenhormon)	Schilddrüse	stimuliert den Stoffwechsel in vielen Geweben
Steroidhormone		
Cortisol	Nebennierenmark	begrenzt die Glucoseverwertung, steigert den Blutglucosespiegel
Aldosteron	Nebennierenmark	steuert die Natriumrückgewinnung und den Blutdruck
β-Estradiol	Eierstöcke	steuert die Aktivität der weiblichen Fortpflanzungsorgane
Testosteron	Hoden	steuert die Aktivität der männlichen Fortpflanzungsorgane
Progesteron	Gelbkörper (im Eierstock)	steuert die Aktivität der weiblichen Fortpflanzungsorgane in Menstruationszyklus und Schwangerschaft
Eicosanoide (hormonähnlich)		
Prostaglandine	die meisten Gewebe	lösen die Muskelkontraktion aus; Fieber; Entzündungen
Leukotriene	Leukocyten (weiße Blutkörperchen), Milz u.a.	verursachen Verengungen der Atemwege; an Überempfindlichkeitsreaktionen beteiligt
Thromboxane	Blutplättchen und andere Gewebe	steuern die Blutgerinnung; Gefäßverengung; Assoziation der Blutplättchen

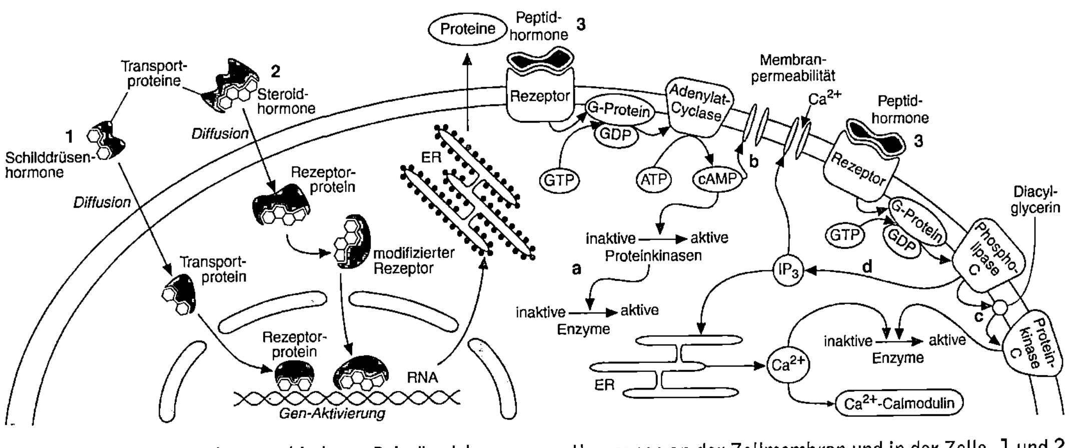

Hormone Prinzipien der verschiedenen Primärwirkungen von Hormonen an der Zellmembran und in der Zelle. 1 und 2 zeigen Diffusion (hypothetisch) und anschließende Wirkung in der Zelle bei lipophilen Hormonen am Beispiel des Schilddrüsenhormons und eines Steroidhormons. 3 zeigt die verschiedenen Möglichkeiten, wie Peptidhormone Signaltransduktionswege nutzen. a Aktivierung einer Proteinkinase (z. B. durch Adrenalin), b über die Beeinflussung der Membranpermeabilität, c über Diacylglycerol und d Inositoltriphosphat (IP₃) als second messenger

Die Wirkung der H. folgt einer Reihe grundlegender Prinzipien: H. können in sehr geringen Konzentrationen wirken; ein H. kann auf verschiedene Zielzellen unterschiedlich wirken, auch kann seine Wirkung in verschiedenen Tiergruppen unterschiedlich sein (z. B. ↗ Thyroxin). Lipophile H., insbesondere die Steroide, dringen in ihre Zielzellen ein. Dabei ist noch offen, ob sie, wie bislang angenommen, durch die Zellmembran diffundieren, oder ob es doch Transportsysteme gibt. Die ↗ Steroidhormone werden sodann nach Bildung des Hormon-Rezeptor-Komplexes in den Zellkern transportiert und binden über ein Akzeptorprotein an bestimmte Bereiche der DNA. Dadurch wird eine Induktion oder Suppression bestimmter Gene bewirkt, wodurch wiederum die Synthese bestimmter Proteine beeinflusst wird. Hingegen binden die meisten von Aminosäuren abgeleiteten, hydrophilen Hormone an die Zelloberfläche und beeinflussen die Zellfunktionen über sekundäre Botenstoffe von Signalübertragungswegen. Hierbei gibt es verschiedene Möglichkeiten: Im Falle des ↗ Adrenalin z. B. wird nach Bildung des Hormon-Rezeptor-Komplexes ein ↗ G-Protein aktiviert, das seinerseits nach Bindung von GTP einen Effektor der ↗ Adenylat-Cyclase stimuliert. Diese setzt ATP zu cAMP um, das als sekundärer Botenstoff (second messenger) die Reaktionen der Zielzelle in Gang setzt. So aktiviert es z. B. im Falle des Adrenalins eine cAMP-abhängige Proteinkinase, die ihrerseits wieder eine Enzymkaskade in Gang setzt, die letztendlich die Freisetzung von ↗ Glucose aus ↗ Glykogen bewirkt. Solche H. beeinflussen die Aktivität von Proteinen im Zellinnern (im Unterschied zu den Steroid-H.). Ein zweiter Typ von G-Proteinen wirkt hemmend auf die Adenylat-Cyclase, sodass z. B. geringe Mengenveränderungen antagonistischer H. die Feineinstellung des Stoffwechsels ermöglichen.

Eine Reihe von H., Transmittersubstanzen und Wachstumsfaktoren wirkt nach Bildung des Hormon-Rezeptor-Komplexes über Signalübertragungswege, welche die Konzentration von Ca²⁺-Ionen im Cytoplasma erhöhen. Die Bindung an den Rezeptor bewirkt entweder die Aufnahme von Ca²⁺ aus der Extrazellulärflüssigkeit oder die Ausschüttung von Ca²⁺ aus einem Speicher im Innern der Zelle, meist aus dem endoplasmatischen Reticulum. Der Anstieg der Ca²⁺-Konzentration verändert entweder direkt oder über die Bindung an ↗ Calmodulin die Aktivität bestimmter Enzyme. Bei diesem Mechanismus ist Inositoltriphosphat (IP₃; ↗ Inositol) der eigentliche sekundäre Botenstoff. Und zwar wird nach Bildung des Hormon-Rezeptor-Komplexes durch ein G-Protein die Phospholipase C aktiviert, die ihrerseits ein Phospholipid in IP₃ und Diacylglycerin spaltet. Beide Spaltprodukte wirken nun als second messenger.

Den unterschiedlichen Wirkungsmechanismen entsprechend, tritt die Wirkung der Steroid-H. langsamer ein als die der Peptidhormone, dafür dauert sie auch länger an und Steroid-H. sind oft an der Entwicklung von Geweben beteiligt. (↗ Catecholamine, ↗ Corticosteroide, ↗ Ecdysteroide, ↗ Geschlechtshormone, ↗ gonadotrope Hormone, ↗ Hormonsystem, ↗ Hypothalamushormone, ↗ Hypophysenhormone)

Hormonsystem, Bez. für das System aus Hormondrüsen (endokrinen ↗ Drüsen) und den von ihnen sezernierten ↗ Hormonen. Bei den Wirbeltieren ist das H. für die ↗ Homöostase verantwortlich und reguliert Wachstum, Entwicklung und Fortpflanzung. Grundsätzlich haben alle H., ob bei Wirbeltieren oder Wirbellosen, zweierlei gemeinsam: Sie sind hierarchisch gegliedert, und sie sind funktionell sehr eng mit dem ↗ Nervensystem verbunden, wobei das ↗ Gehirn in beiden Fällen sozusagen die oberste Befehlsinstanz ist. Als Vermittler zwischen dem Gehirn und dem H. fungieren die neuroendokrinen Zellen, die ihre Botenstoffe in so genannten *Neurohämalorganen* an das ↗ Blut abgeben bzw. bei Insekten u. a. Arthropoden an die ↗ Hämolymphe. Beispiele für Neurohämalorgane sind u. a. die Neurohypophyse der Wirbeltiere oder die ↗ Corpora allata der Insekten. Bei Wirbeltieren spielt der ↗ Hypothalamus eine herausragende Rolle beim Zusammenwirken von H. und Nervensystem. (↗ Hypophyse, ↗ Hypophysenhormone, ↗ Hypothalamushormone)

Hörnchen, die Fam. ↗ Sciuridae.

Hörner, *Gehörn*, Bez. für die paarigen Stirnwaffen der Hornträger (↗ Bovidae). Das einzelne Horn besteht aus einem dem Stirnbein (↗ Schädel) aufsitzenden Knochenzapfen, dem so genannten *Hornzapfen (Os cornu)*, der von einer epidermalen, hohlen Hornscheide umhüllt wird. Man bezeichnet diese Hornform auch als *Hohlhorn*. Weder Knochenzapfen noch Hornscheide werden jemals gewechselt – im Gegensatz zum ↗ Geweih.

Hörnerv, ↗ Nervus vestibulocochlearis.

Hornhaut, 1) *Cornea*, der vordere durchsichtige Teil der äußersten Augenhaut (↗ Auge).

2) Verdickung der Hornschicht der ↗ Haut an stark beanspruchten Stellen.

Hornhechte, Fam. der ↗ Cyprinodontiformes.

Hornisse, Art der Fam. ↗ Vespidae.

Hornkorallen, die ↗ Gorgonaria.

Hornmoose, die ↗ Anthocerotopsida.

Hornträger, die Fam. ↗ Bovidae.

Hornvipern, Gatt. der Vipern (↗ Viperidae).

Hörorgane, die ↗ Gehörorgane.

Hörsinn, der ↗ Gehörsinn.

Hortensie, ↗ Hydrangeaceae.

Hortensiengewächse, die Fam. ↗ Hydrangeaceae.

Hörzentrum, Bez. für den auditorischen Cortex, in dem die vom Innenohr über die Hörbahn eintreffenden Erregungen verarbeitet werden (↗ Hören).

Hospitalismus, Bez. für die Gesamtheit der körperlichen und seelischen Schäden, die im Zusammenhang mit einem Krankenhausaufenthalt stehen. Zu den physischen Schäden gehören vor allem Krankenhausinfektionen (*infektiöser H.*). Die Ursachen sind einerseits Resistenzbildung (↗ Resistenz, ↗ Antibiotika) bei verschiedenen Krankheitserregern, andererseits mangelnde Hygiene sowie Ansteckung durch das Personal. Psychische Probleme treten als Folge von längeren Krankenhausaufenthalten insbesondere bei Kleinkindern auf, oft bedingt durch das Fehlen einer Bezugsperson.

Hot Spots, von engl. „heiße Stellen", (↗ Genmutation).

Hounsfield, *Godfrey Newbold*, engl. Elektroingenieur, ✳ 28.8.1919 Newark (Nottinghamshire); seit 1951 bei der brit. Elektronikfirma EMI tätig. H. erhielt 1979 zusammen mit A.M. Cormack den Nobelpreis für Physiologie oder Medizin für die ab 1967 geleistete Entwicklung des Computertomographen.

Houssay, *Bernardo Alberto*, argentinischer Physiologe, ✳ 10.4.1887 Buenos Aires, † 21.9.1971 Buenos Aires; ab 1955 Prof. in Buenos Aires. H. erkannte um 1925 die Funktion der Hormone des Hypophysenvorderlappens (↗ Hypophysenhormone) im Zusammenhang mit dem Zuckerstoffwechsel. Er erhielt 1947 zusammen mit dem Ehepaar G. T. und C.F. ↗ Cori den Nobelpreis für Physiologie oder Medizin.

Hox-Gene, die ↗ Homöobox-Gene.

Hsp, Abk. für ↗ Hitzeschockproteine.

HSV, Abk. für ↗ Herpes-simplex-Viren.

Hubel, *David Hunter*, amerikan. Neurophysiologe, ✳ 27.2.1926 Windsor (Provinz Ontario); ab 1965 Prof. an der Harvard Medical School in Boston (Massachusetts), wo er gemeinsam mit T. Wiesel die differenzierte hierarchische Verarbeitung visueller Reize von der Netzhaut bis in die verschiedenen Regionen der Sehrinde erforschte. Sie zeigten, dass diese synaptische Organisation sich nur bei aktiver Nutzung in frühester Kindheit richtig ausbildet. H. und Wiesel erhielten gemeinsam mit R.W. Sperry 1981 den Nobelpreis für Physiologie oder Medizin.

Huber, *Robert*, deutscher Biochemiker, ✳ 20.2. 1937 München; Prof. in München, seit 1986 Direktor des Max-Planck-Instituts für Biochemie in Planegg-Martinsried; H. erhielt 1988 zusammen mit J. ↗ Deisenhofer und H. ↗ Michel den Nobelpreis für Chemie für die Aufklärung der dreidimensionalen Struktur des fotosynthetischen Reaktionszentrums von Purpurbakterien. Er entschlüsselte zusammen mit seinen Mitarbeitern die Raumstruktur zweier an der Lichtreaktion beteiligter Protein-Pigment-Komplexe, wodurch man erstmals Einblick in den atomaren Feinbau der Elektronenpumpe gewann, die unter Lichtzufuhr Ladungen ins Zellinnere befördert.

Huf, *Ungula*, unterster Teil der Extremitäten der ↗ Huftiere (Ungulata), der von einer Hornkapsel (*Hornschuh*) bedeckt ist. Die Hornsubstanz wird von der *Huflederhaut* nach außen abgegeben. Die Hornwand umgibt den H. vorn und an beiden Seiten und umschließt die vordersten zwei Zehen- bzw. Fingerglieder), das *Hufbein* und das darüber liegende *Kronbein*. Der *Kronrand* bildet die Oberkante, der *Tragrand* die Unterkante der Hornwand. Die *Hornsohle* ist der zentrale, nach innen gewölbte Teil des H. Von hinten ragt der *Hornstrahl* mit der vertieften *Strahlfurche* in die Hornsohle. Der *Huf-*

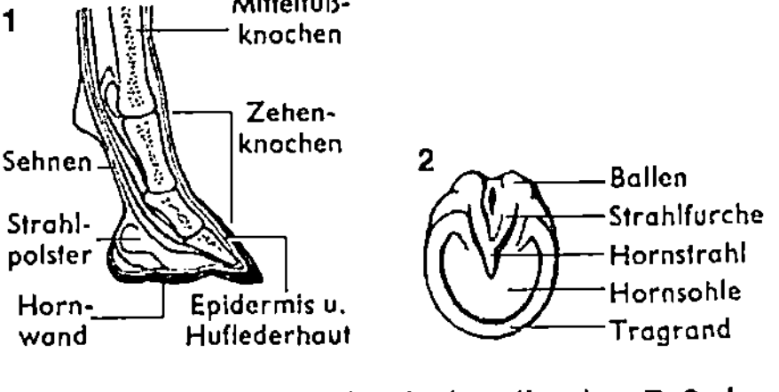

Huf 1 Längsschnitt durch den distalen Fuß des Pferdes, 2 Bodenfläche des Hufs

ballen besteht aus elastischem *Hufbeinknorpel* beidseits und dem Strahlpolster unterhalb des Hufbeins. Dies erlaubt bei Belastung eine Erweiterung und Abflachung des H. und so einen gefederten Gang.

Hufeisennasen, die Fam. ↗ Rhinolophidae.

Hufeisenwürmer, die ↗ Phoronida.

Huflattich, *Tussilago farfara*, Art der ↗ Asteraceae (Abb. siehe dort) mit gelben, löwenzahnähnlichen Blüten. Zu den arzneilich wirksamen Inhaltsstoffen gehören u. a. die in den Blättern enthaltenen Schleimstoffe, Inulin und Gerbstoffe.

Huftiere, *Ungulata*, ursprünglich die Bez. für alle Pflanzen fressenden Säugetiere, die in Anpassung an das Laufen hornige Umkleidungen (*Huf*) um die letzten Zehenglieder entwickelt haben und die in Paarhufer (↗ Artiodactyla) und Unpaarhufer (↗ Perissodactyla) unterteilt werden. In dieser Form gelten die H. heute nicht mehr als systematische Einheit. Vielmehr führten neuere Erkenntnisse zur Einbeziehung weiterer Säugetierordnungen (Röhrenzähner, Seekühe, Rüsseltiere, Schliefer) sowie zahlreicher ausgestorbener Gruppen in eine Art „Sammelgruppe" Huftiere, die somit sehr verschiedene Erscheinungsformen umfasst. Ihre Abstammung wird in alttertiären Stammhuftieren (*Condylarthra*) vermutet. Funde von 85 bis 90 Millionen Jahre alten Huftierzähnen aus Usbekistan lassen neuerdings auch an einen noch früheren Ursprung der H. denken.

Hühner, 1) allg. Bez. für die Rassen des Haushuhns, die sämtlich vom *Bankivahuhn (Gallus gallus)* abstammen, einer bis 70 cm langen, von Kaschmir bis Südchina und Java verbreiteten Art. 2) Die Fam. ↗ Phasianidae.

Hühnervögel, die ↗ Galliformes.

Hüllblätter, ↗ Hochblätter, die entweder alleine (z. B. die Spatha der Aronstabgewächse) oder zu mehreren (z. B. bei Alliaceae, Asteraceae) die Blüten umgeben.

Hulman, *Hanuman, Presbytis entellus*, größte und bekannteste Art der Schlank- und Stummelaffen (Unterfam. *Colobinae*), der mit etwa 15 Unterarten über den gesamten indischen Subkontinent verbreitet ist. H. haben ein graues Fell, Gesicht, Hände und Füße sind schwarz. Sie ernähren sich vor allem pflanzlich und gelegentlich von kleinen Arthropoden. Sie werden in Indien als heiliges Tier (Affengott Hanuman) verehrt.

Hülse, Frucht der Hülsenfrüchtler (↗ Frucht).

Hülsenfrüchtler, *Leguminosae*, die Ord. Fabales.

humanes Immundefizienz-Virus, Abk. *HIV*, ↗ Aids.

Humanethologie, Forschungsrichtung der ↗ Ethologie, die von dem österreichischen Verhaltensforscher und Humanethologen I. Eibl-Eibesfeldt (∗ 1928) begründet wurde und die stammesgeschichtlichen Grundlagen menschlichen Verhaltens untersucht. Sie entstand auf der Grundlage der vergleichenden Verhaltensforschung aus der Tierethologie.

Literatur: Eibl-Eibesfeldt, I.: Die Biologie des menschlichen Verhaltens. Grundriss der Humanethologie, München 1997.

Humangenetik, das Teilgebiet der ↗ Genetik, das sich mit der Weitergabe der genetischen Information beim Menschen befasst. Dabei spielt neben der Erforschung der Ursachen und Entstehung von ↗ Erbkrankheiten auch die ↗ genetische Beratung eine große Rolle. Während bei der *klassischen H.* neben der ↗ Zwillingsforschung die Analyse von *Familienstammbäumen* das wichtigste Hilfsmittel war, stehen dem Humangenetiker heute eine Reihe von cytologischen (*pränatale Diagnostik*), biochemischen und molekularbiologischen Methoden zur Verfügung, mit denen es gelungen ist, bei einigen Erbkrankheiten bereits die molekulare Ursache (↗ Mutation) aufzudecken. Dadurch ist es prinzipiell möglich, ihr Vorhandensein durch einen ↗ Gentest zu ermitteln.

humangenetische Beratung, ↗ genetische Beratung, ↗ Humangenetik.

Humanökologie, die Wissenschaft von den Wechselwirkungen zwischen Mensch und Umwelt. Sie ist nicht ein Teilgebiet der ↗ Ökologie, sondern ein gemeinsames Arbeitsgebiet von naturwissenschaftlicher Ökologie und Sozialwissenschaften. Die H. untersucht z. B. die Zusammenhänge zwischen Weltbevölkerung, Ernährung und Umwelt, die Bedeutung von Städten als Lebensraum, Möglichkeiten einer präventiven Umweltpolitik, Bevölkerungswachstum und Umweltzerstörung, die ökologischen Folgen der Urbanisierung, ethische Aspekte der Ökologie.

Humboldt, *Friedrich Heinrich Alexander* Freiherr von, deutscher Naturforscher, ∗ 14.9.1769 Berlin, † 6.5.1859 Berlin; H. war einer der bedeutendsten und vielseitigsten Naturforscher. Er suchte die Natur als Ganzes zu erfassen und zu beschreiben. Auf seinen zahlreichen Reisen sammelte er riesige Mengen botanischen und geologischen Materials, z. B. umfasste seine Sammlung am Lebensende ca. 60000 Pflanzen. Mit seinen zahlreichen wissenschaftlichen Arbeiten wurde er zum Mitbegründer der Geologie, der Tier- und Pflanzengeografie (dieser Begriff wurde 1805 von ihm geprägt) sowie der Klimatologie und der modernen länderkundlichen Darstellung. Neben zahlreichen geologischen, geografischen und physikalischen Arbeiten beschrieb er u. a. auch die Herstellung und Wirkung von Curare und fand die Existenz von Harnsäure in Guano. Angeregt durch Arbeiten von L. Galvani, untersuchte er elektrische Erscheinungen an Nerven und Muskeln.

humid, Bez. für einen Klima-Typ (↗ Klima), bei dem die Niederschläge während eines Jahres die potenzielle Verdunstung übersteigen.

Humifizierung, *Humusbildung*, die Umwandlung organischer Substanz in ↗ Huminstoffe mit Hilfe von Bodentieren und Mikroorganismen. (↗ Humus)

Humine, Bez. für diejenigen ↗ Huminstoffe, die nicht mit Natronlauge aus dem Boden extrahierbar sind.

Huminsäuren, Bez. für ↗ Huminstoffe, die aus einem NaOH-Bodenextrakt durch starke Säuren (z. B. HCl) wieder ausgefällt werden können. Es sind meist hochmolekulare, dreidimensional vernetzte Sphärokolloide mit Säurecharakter und der Fähigkeit zum Kationenaustausch. Man unterscheidet die rotbraunen *Hymatomelansäuren*, die braun gefärbten *Braunhuminsäuren* und die grauschwarzen *Grauhuminsäuren*.

Huminstoffe, dunkel gefärbte Bestandteile des ↗ Humus. Sie besitzen die Fähigkeit, Wassermoleküle und Ionen anzulagern und auszutauschen und sind damit neben Tonmineralen ein wichtiger Faktor der Bodenfruchtbarkeit. Nach ihren Stoffeigenschaften unterteilt man die H. in ↗ Fulvosäuren, ↗ Huminsäuren und ↗ Humine.

Hummeln, *Bombus*, Gatt. der Bienen (↗ Apoidea) mit weltweit rund 500 Arten, davon etwa 30 in Mitteleuropa, die alle unter Naturschutz stehen. H. sind 10-15 mm lang, von gedrungener, plumper Gestalt und meist mit dichter, oft bunter Behaarung. Der Hinterleib ist vom Thorax abgesetzt, die vier häutigen Flügel erzeugen beim Flug ein typisches Brummen. H. gehören zu den Staaten bildenden Insekten und bilden drei Morphen, die sich aber nicht so stark unterscheiden wie bei der ↗ Honigbiene. Die Königin ist das einzige fruchtbare Weibchen, die Eierstöcke der Arbeiterinnen bleiben durch eine von der Königin abgegebene Substanz in einem sterilen Stadium. Die Männchen wachsen aus unbefruchteten Eiern heran, haben also nur einen einfachen Chromosomensatz. Nur befruchtete Weibchen überwintern. Sie sind im Frühjahr die ersten Blütenbestäuber und gründen dann einen neuen Staat. Das Nest wird je nach Art in unter- oder oberirdischen Hohlräumen gebaut; es besteht aus Pflanzenteilen und Tierhaaren und wird mit Wachs abgedichtet. Hummeln besitzen einen langen Saugrüssel und können so an Blüten Nektar saugen, deren Kronröhren für Honigbienen zu lang sind. Königin und Arbeiterinnen können stechen, sind aber nicht stechfreudig. Bekannte Arten sind die in unterirdischen Nestern lebende *Erdhummel (Bombus terrestris)* mit schwarzem behaartem Körper und je einem gelben Band auf Vorderbrust und Hinterleib, die *Feldhummel (Bombus agrorum)*, die eine einfarbig rostrote Brust und einen schwarz und gelbrot behaarten Hinterleib hat und die samtartig schwarze *Steinhummel (Bombus lapidarius)*, die ein tiefrotes Hinterleibsende hat und ihr Nest in Steinhaufen anlegt.

Hummer, *Homarus*, Gatt. der ↗ Decapoda. Bei uns bekannteste Art ist der bis 60 cm lange *Europäische Hummer (Homarus gammarus*; Gewicht 5 - 6 kg), der an den europäischen Felsküsten vom Nordatlantik bis ins Mittelmeer vorkommt, an der deutschen Küste nur bei Helgoland. Seine nördliche Verbreitungsgrenze liegt dort, wo die Wassertemperaturen unter 5 °C sind. Seine großen Scheren sind asymmetrisch, eine ist kräftiger mit stumpfen, runden Zähnen zum Zerkleinern, die andere ist schlanker und hat spitze Zähne. Tagsüber verbergen sich H. in Felshöhlen, nachts machen sie Jagd u. a. auf Krabben, Muscheln und Seeigel. H. pflanzen sich nur alle zwei Jahre fort. Die Weibchen legen bis zu 30000 Eier ab. Nach einem Jahr schlüpfen Mysislarven, die sich drei bis vier Wochen im Plankton aufhalten; im Postlarvalstadium leben H. am Boden. Die Adulten häuten sich nur alle zwei Jahre.

humorale Immunität, ↗ spezifische Immunantwort.

Humulus, Gatt. der ↗ Cannabaceae.

Humus, die Gesamtheit der in und auf dem Boden befindlichen toten organischen Substanz sowie deren organische Abbau- und Umwandlungsprodukte. H. stammt aus abgestorbenen Pflanzen, Tieren und ↗ Bodenmikroorganismen.

Humusformen. Zu den terrestrischen Humusformen gehören der Rohhumus, der Moder und der Mull. Der *Rohhumus* ist durch eine mächtige Humusauflage gekennzeichnet, in der gebräunter, nur teilweise und grob zerkleinerter Streuhumus dominiert. Die Streuzersetzung findet ausschließlich im Auflagehumus statt und verläuft sehr langsam. Bakterien, Actinomyceten und Bodenwühler sind kaum vertreten. Typisch ist ein hoher Gehalt an ↗ Fulvosäuren sowie pH-Werte von 3 - 4. Rohhumus bildet sich insbesondere bei extrem nährstoffarmen Böden unter einer Vegetationsdecke, die schwer abbaubare und nährstoffarme Streu liefert, wie Heiden oder Koniferen. Bei weniger saurer Reaktion und stärkerer Beteiligung der Fauna, besonders der Arthropoden, entsteht *Moder*, der sich durch raschere Zersetzung und beginnende Einmischung in den Mineralboden auszeichnet. Moder bildet sich vor allem unter krautarmen Laub- und Nadelwäldern oder unter kühlfeuchten Klimaverhältnissen. Der vorwiegend durch Bakterien und Regenwürmer erfolgende Streuabbau führt zur Bildung von *Mull*, der eine annähernd neutrale Reaktion aufweist und sehr intensiv in den Mineralboden eingearbeitet ist. In dieser Humusform sind viele wühlende und erdfressende Bodentiere vertreten. Die gebildeten Huminstoffe sind hochpolymer und liegen durch die vermischende Tätigkeit des Regenwurms in sehr stabilen Ton-Humus-Komplexen vor.

Zu den semiterrestrischen Humusformen zählen Zwischenmoortorf, Hochmoortorf und Anmoortorf (↗ Moor). Zu den *Unterwasserhumusformen* gehören Dy, Gyttja, Sapropel und Flachmoortorf.

Humusbestandteile. Man unterscheidet *Nichthuminstoffe*, d. h. Rückstände lebender und toter Organismen und deren unmittelbare Zersetzungsprodukte, und ↗ Huminstoffe, die sich sekundär aus den Nichthuminstoffen bilden.

Humusarten. Nach der Mineralisierbarkeit und Funktion unterscheidet man *Nährhumus*, d. h. schnell mineralisierbare, niedermolekulare, organische Stoffe, und *Dauerhumus*, der schwer zersetzbar, Struktur bildend (Krümel) und durch das hohe Bindungsvermögen von Mineralstoffen als Nährstoffträger bedeutsam ist.

Ökologische Funktion. Der H. ist an nahezu allen biologischen Prozessen im Boden beteiligt. Er bildet die Lebengrundlage für das ↗ Edaphon (↗ Bodenorganismen) und alle heterotrophen Boden-Mikroorganismen (↗ Bodenbakterien). Die im H. festgelegten Pflanzennährstoffe (vor allem Stickstoff) werden bei der ↗ Mineralisierung freigesetzt und stehen den Pflanzen zur Verfügung. Wichtig ist auch die Austauscherfunktion des H., nämlich die Fähigkeit, Kationen und Anionen der Bodenlösung zu sorbieren. Dies ist vor allem auf leichten, sandigen Böden von Bedeutung, weil dort aufgrund fehlender Tonminerale H. die einzige sorptionsfähige Komponente des Bodens ist. Eine weitere Eigenschaft des H. ist es, Mikronährstoffe und Schadstoffe zu mobilisieren und festzulegen.

Humusbildung, die ↗ Humifizierung.

Hunde, die Fam. ↗ Canidae.

Hundebandwurm, ↗ Echinococcus.

Hundertfüßer, die ↗ Chilopoda.

Hundsaffen, die ↗ Cercopithecoidea.

Hundsgiftgewächse, die Fam. ↗ Apocynaceae.

Hundsrobben, die Fam. ↗ Phocidae.

Hundsrose, *Heckenrose, Rosa canina,* bis 3 m hoher Strauch der ↗ Rosaceae. Die Blüten besitzen fünf große rosarote Blumenblätter. Aus der fleischigen Blütenachse bildet sich als Scheinfrucht die Hagebutte.

Hunger, eine durch Nahrungsmangel hervorgerufene angeborene physiologische Allgemeinempfindung, die beim Menschen subjektiv auf die Magengegend projiziert wird und einem vernetzten System neuronaler, hormoneller und metabolischer Ereignisse (↗ Hungerstoffwechsel) entspringt. Bei höheren Tieren und dem Menschen ist H. mit psychischen Erscheinungen wie Unruhe und Unlust verknüpft, die im Zustand der Sättigung nicht auftreten. Abzugrenzen von H. ist die Empfindung *Appetit,* d. h. der Wunsch, eine bestimmte Nahrung aufzunehmen.

Steuerzentrale für die Regulation der Nahrungsaufnahme ist bei Wirbeltieren der ↗ Hypothalamus. Dort ist im ventromedianen Bereich neben einem „*Sättigungszentrum*" ein „*Hungerzentrum*" lokalisiert, wobei letzteres andauernd aktiv ist und über einen Hemm-Mechanismus die ständige Nahrungsaufnahme verhindert werden muss.

Über die Faktoren, die H. auslösen, gibt es verschiedene Theorien. Mit Hinblick auf eine *längerfristige Regulation* zur Erhaltung der Energiebilanz und der Reservestoffe werden folgende zwei Signale diskutiert: Nach der *lipostatischen Hypothese* wird die Nahrungsaufnahme durch Signale aus dem Fettgewebe kontrolliert. Das im Fettgewebe gebildete Peptidhormon ↗ Leptin wird in umso größerer Menge ins Blut ausgeschüttet, je mehr Energiedepots im Fettgewebe sind. Im Hypothalamus bindet Leptin an spezifische Rezeptoren und hemmt darüber die Nahrungsaufnahme. Nach der *ponderostatischen Hypothese* übernimmt das Körpergewicht die Regulation der Nahrungsaufnahme, indem ein genetisch vorprogrammiertes Zielgewicht nach kurz- oder langfristiger Gewichtsveränderung durch Fasten und bei erneutem Nahrungsangebot wieder erreicht wird. Für eine *kurzfristige Regulation* ist nach der der *glucostatischen Hypothese* die Glucosekonzentration im Blut entscheidend für die Auslösung von H. Über Glucosesensoren im Hypothalamus, in der ↗ Bauchspeicheldrüse und in der ↗ Leber wird die Blutglucosekonzentration gemessen und bei abnehmender Verfügbarkeit ein Hungergefühl ausgelöst, das zu einer steigenden Nahrungsaufnahme führt. Erst nach Normalisierung des Blutzuckerspiegels tritt ein Sättigungsgefühl ein. ↗ Insulin ist ein weiteres afferentes Signal an das Zwischenhirn, das über die im Blut zirkulierende ↗ Glucose informiert. Je höher die Blutglucosekonzentration ist, desto mehr Insulin wird in den ↗ Blutkreislauf ausgeschüttet. Einerseits fördert Insulin die Speicherung von Energie in ↗ Muskel und ↗ Fettgewebe, andererseits bindet es im Hypothalamus an spezifische Rezeptoren und hemmt darüber mittelfristig das Hungergefühl.

Eine vorausplanende Nahrungsaufnahme ohne H. kommt bei den meisten Warmblütern vor, um den zu erwartenden Energieaufwand bis zur nächsten Mahlzeit zu decken. Dabei wird die Nahrungsaufnahme beendet, lange bevor es zur Resorption der aufgenommenen Nährstoffe kommt (*präresorptive Sättigung*). Die daran beteiligten Faktoren sind zum einen der Kauakt selbst, aber auch Geruchs-, Geschmacks- und Mechanorezeptoren des Nase-Mund-Rachenraums sowie die Dehnung des Magens. Als hormonelles Sättigungssignal an den Hypothalamus wirkt auch das im Dünndarm synthetisierte ↗ Cholecystokinin.

Ein gut ernährter Mensch erträgt H. über bis zu 50 Tage (ohne Flüssigkeitszufuhr nur zwölf Tage), bis schließlich nach ↗ Glykogen und Fettdepots das Organprotein abgebaut wird. Dies führt in kurzer Zeit zum Tod (*Kachexie*). Zehn bis 15 % der Weltbevölkerung leiden derzeit ständig an H., wobei es zu akuten oder chronischen Störungen des Stoffwechsels, der inneren Sekretion, Hungerödemen sowie Atrophien des Körpergewebes kommt (↗ Kwashiorkor, ↗ Marasmus).

Hungerstoffwechsel, Stoffwechselsituation nach der Resorptionsphase bis zum Beginn der nächsten Resorption nach einer Mahlzeit. Bei länger andauerndem Hunger wird der Grundstoffwechsel generell drastisch gesenkt (bei Spinnen bis zu 83 % unter die normale Rate). Im Zentralnervensystem der Wirbeltiere, das kein Fett metabolisieren kann, kommt es zu einer Einsparung von Glucose durch Verwertung von ↗ Ketonkörpern und Bildung von Lactat, in Muskel und Leber werden weniger Proteine gebildet und in der Niere finden eine gesteigerte ↗ Gluconeogenese und erhöhte Ausscheidung von ↗ Ammoniak aufgrund einer metabolischen ↗ Acidose statt. Leber, Muskeln, Herz und Niere gewinnen im Hungerzustand die notwendige Energie im wesentlichen durch Oxidation der ↗ Fettsäuren, bei der vermehrt Ketonkörper entstehen.

Hunt, *R. Timothy.*, brit. Molekularbiologe, * 19.2. 1943 Großbritannien; seit 1991 als Wissenschaftler im Imperial Cancer Research Fund, London. H. erhielt 2001 mit L.H. ↗ Hartwell und P.M. ↗ Nurse für die Entdeckung von Schlüsselsubstanzen in der Regulation des Zellzyklus den Nobelpreis für Physiologie oder Medizin.

Hüpfmäuse, die Fam. ↗ Zapodidae.

Huso, die Gatt. ↗ Hausen.

Hustenreflex, Schutzreflex, welcher der Reinigung der Atemwege dient. Ursachen sind Reizungen der Mechanorezeptoren in den Schleimhäuten des ↗ Kehlkopfes und der ↗ Luftröhre durch Fremdkörper, Rauch, Gase, Staub, Entzündungen. Die Erregungsfortleitung geschieht über den ↗ Nervus vagus zum verlängerten Mark (Medulla oblongata), wo die Umschaltung auf efferente Fasern stattfindet, die zum ↗ Zwerchfell, zur Zwischenrippen- und zur Bauchdeckenmuskulatur ziehen. Durch

deren reflektorisch gesteuerte Kontraktion wird dann eine plötzliche Ausatembewegung mit Öffnung der Stimmritze ausgelöst, und ein Fremdkörper mit dem Luftstrom herausgeschleudert.

Hutpilze, in Hut und Stil gegliederte Fruchtkörper von Pilzen. Es sind überwiegend Ständerpilze (↗ Basidiomycetes) und wenige Schlauchpilze (↗ Ascomycetes).

Huxley, Sir *Andrew Fielding*, engl. Physiologe, * 22.11.1917 London; seit 1960 Prof. in London, bis 1990 Master of Trinity College (Cambridge). H. wies 1939 zusammen mit A.L. ↗ Hodgkin an Riesenaxonen von Tintenfischen Aktionspotenziale und die Ionenselektivität der Nervenzellmembranen nach. Er erhielt 1963 zusammen mit J.C. ↗ Eccles und Hodgkin den Nobelpreis für Physiologie oder Medizin.

Hyacinthaceae, Fam. der ↗ Asparagales mit ca. 1000 Arten, die Zwiebeln und traubige Blütenstände bilden. Hierzu gehören u. a. die Gatt. Blaustern (*Scilla*), die Traubenhyazinthen (*Muscari*) und die Hyazinthen (*Hyacinthus*).

Hyaenidae, *Hyänen*, mit den Schleichkatzen (↗ Viverridae) und den Erdwölfen (Protelidae) verwandte Fam. der Landraubtiere mit drei Arten, die in Afrika, Vorderasien und auf dem indischen Subkontinent verbreitet sind; mitunter wird der Erdwolf auch zu den Hyänen gestellt. Die äußere Ähnlichkeit mit Hunden beruht auf konvergenter Entwicklung. Hyänen sind hochbeinig mit nach hinten abfallendem Rücken (längere Vorder- als Hinterbeine) und tragen eine Mähne. Sie haben ein sehr kräftiges Gebiss. Sie sind dämmerungs- und nachtaktive Allesfresser, die aber auch Beutetiere bis zur Größe eines Zebras jagen.

Hyaluronsäure, ein saures ↗ Mucopolysaccharid, das als ↗ Proteoglykan vorliegt. H. kommt im ↗ Knorpel, in der Gelenkschmiere, in der Nabelschnur sowie im Glaskörper des Auges vor. H. wird enzymatisch durch *Hyaluronidasen* gespalten.

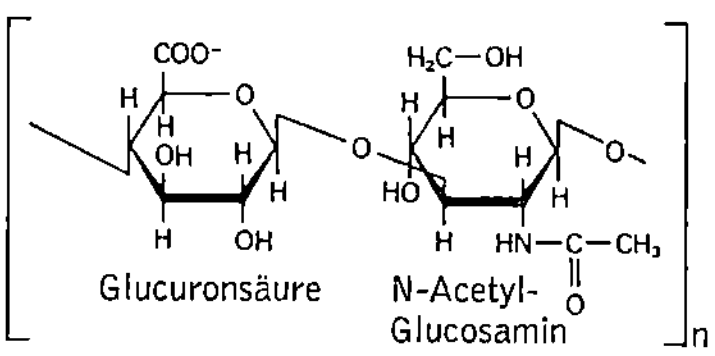

Hyaluronsäure

Hyänen, die Fam. ↗ Hyaenidae.

Hybridisierung, 1) *sexuelle H.*, die auch als *Bastardierung* bezeichnete Entstehung von Nachkommen genetisch unterschiedlicher Eltern, die verschiedenen Rassen, Arten oder Gattungen angehören können (↗ Heterosis). Letztere sind jedoch nur selten und führen i. d. R. zu sterilen *Bastarden*, wie

z. B. das Maultier das Ergebnis der vom Menschen herbeigeführten H. von Esel und Pferd ist.

2) *somatische H.*, die unter Laborbedingungen induzierte Verschmelzung von Zellen unterschiedlicher (genetischer) Herkunft, sodass im Nucleus von *Hybridzellen* die Genome beider Ausgangszellen vorhanden sind. Solche Verfahren sind sowohl bei tierischen, als auch bei Pflanzenzellen möglich.

3) Kurzbez. für ↗ Nucleinsäurehybridisierung.

Hybridomzelle, Verschmelzungsprodukt eines B- oder T-Lymphocyten mit einer Tumorzelle. H. vereinen die Spezifität des ↗ Lymphocyten mit der Unsterblichkeit der Tumorzelle. Die Tumorzellen selbst dürfen jedoch keine Antikörper oder T-Zell-Rezeptoren exprimieren. B-Zell-H. produzieren Antikörper einer definierten Spezifität und sind die klassischen Quellen ↗ monoklonaler Antikörper.

Hybridschwärme, ↗ Bastardschwärme.

Hybridzüchtung, Die Züchtung von Pflanzen (z. B. Mais, Zuckerrübe) oder Tieren unter Ausnutzung des Heterosis-Effektes (↗ Heterosis). Da dieser in der ersten Filialgeneration der Kreuzung zweier Inzuchtlinien besonders stark ausgeprägt ist, muss das so genannte *Hybridsaatgut* durch Saatgutbetriebe von Jahr zu Jahr neu produziert werden.

Hybridzusammenbruch, *Bastardzusammenbruch*, Form der ↗ Isolationsmechanismen.

Hydathoden, *Wasserspalten*, Bez. für Wasser abscheidende ↗ Drüsen bei Pflanzen. Sie sind den als Luftspalten fungierenden ↗ Stomata homolog. Neben den *passiven H.*, die bei Gräsern anzutreffen sind und bei denen die Flüssigkeitsabgabe allein aufgrund des ↗ Wurzeldrucks erfolgt, arbeiten *aktive H.* unabhängig vom Wurzeldruck. Sie kommen z. B. bei der Kapuzinerkresse (Gatt. *Tropaeolum*) oder dem Frauenmantel (Gatt. *Alchemilla*) vor. Bohnen (Gatt. *Phaseolus*) besitzen spezielle Drüsenhaare, die als H. fungieren (*Trichomhydathoden*). ↗ Guttation

Hydatiden, die blasigen Finnen von Hundebandwurm und Fuchsbandwurm (↗ Echinococcus).

Hydra, *Süßwasserpolypen*, Gatt. der ↗ Hydroida. In Deutschland an Wasserpflanzen im Süßwasser weit verbreitet sind die beiden etwa 1 - 1,5 cm langen Arten *Hydra vulgaris* und *Hydra viridissima*. Letztere ist durch symbiontische Algen grün gefärbt. Hydren vermehren sich bei guten Nahrungsbedingungen durch Knospung, bei schlechten bilden sie Geschlechtszellen aus, im Extremfall ein einziges Ei, das von einer Hülle (Oothek) umgeben ist. Hydren sind für morphogenetische und funktionsmorphologische Experimente als Labortiere von großer Bedeutung.

Hydrangeaceae, *Hortensiengewächse*, Fam. der Cornales mit ca. 170 Arten, zu denen Sträucher, Halbsträucher, Kräuter oder Lianen mit unterschiedlich geformten Blüten gehören. Bekannte Zierpflanzen sind die Hortensie, *Hydrangea*, und der Falsche Jasmin, *Philadelphus*.

Hydratasen, Sammelbez. für Wasser anlagernde ↗ Enzyme; H. wirken i. d. R. auch als ↗ Dehydratasen.

Hydratation, die Wechselwirkung von Wassermolekülen mit gelösten Stoffen wie Ionen, Molekülen, Kolloiden. Die gebildeten Produkte werden als *Hydrate* bezeichnet. H. hat einen großen Einfluss auf die Wasserlöslichkeit von Salzen (Lösungen) und beruht auf einer elektrostatischen Ion-Dipol-Wechselwirkung. Diese ist umso ausgeprägter, je größer die Ionenladung und je kleiner der Ionenradius ist. Kationen werden generell stärker hydratisiert als Anionen. Die Anzahl der an ein Ion gebundenen Wassermoleküle wird als *Hydratationszahl* bezeichnet.

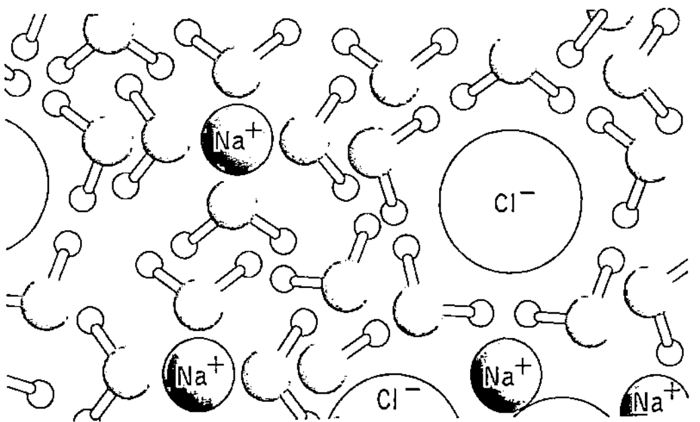

Hydratation Beim Lösen eines Salzkristalls (hier Natriumchlorid, NaCl) werden die einzelnen Ionen von einer Wasserhülle umgeben. Die Anziehungskräfte der Ionen untereinander werden dadurch soweit vermindert, dass die erneute Ausbildung eines Kristallgitters unterbleibt; das Salz bleibt in Lösung

Hydrierung, ↗ Dehydrierung.

hydro-, in Zusammensetzungen: Wasser-.

Hydrobiologie, Wissenschaft, die sich mit den Wechselbeziehungen zwischen wasserlebenden Organismen und ihrer belebten und unbelebten Umwelt befasst. Sie umfasst die ↗ Limnologie und die ↗ Meeresökologie.

Hydrochaeridae, *Wasserschweine*, Fam. der Meerschweinchenartigen (*Caviomorpha*) mit nur einer Art, dem in Mittel- und Südamerika verbreiteten *Wasserschwein* oder *Capybara* (*Hydrochaeris hydrochaeris*). Sie sind die größten rezenten Nager und reine Pflanzenfresser, die vorzugsweise Gras fressen. Wasserschweine halten sich gerne im Wasser auf, was sie wie die Biber auch, als Fastenspeise beliebt machte, denn sie wurden zu den Fischen gezählt und konnten so in der Fastenzeit ohne Bedenken gegessen werden. Wasserschweine wurden und werden in manchen Regionen ihres Verbreitungsgebietes so stark bejagt, dass sie geschützt werden mussten.

Hydrocharitaceae, *Froschbissgewächse*, Fam. der ↗ Hydrocharitales mit ca. 90 Arten. Es sind krautige Sumpf- und Wasserpflanzen mit unterständigen Fruchtknoten. Hierzu gehören u. a. der Froschbiss (*Hydrocharis morsus-ranae*), eine Schwimmblattpflanze, und die in Europa eingeschleppte ↗ Wasserpest, *Elodea* (*=Anacharis*) *canadensis*.

Hydrocharitales, Ord. der ↗ Liliopsida mit der einzigen Fam. ↗ Hydrocharitaceae.

Hydrochinon, *1,4-Dihydroxybenzol*, mehrwertiges Phenol, das in der Natur z. B. in Blättern und Blüten von Preiselbeeren, in Blattknospen von Birnbäumen, in Anissamenöl, in Brombeerblättern sowie als Glucosid in den Blättern der Bärentraube und als Bestandteil des Wehrsekrets der Bombardierkäfer (↗ Carabidae) vorkommt. Freies H. polymerisiert leicht und verursacht so die herbstliche braune bis schwarze Färbung mancher Blätter.

Hydrochorie, die Ausbreitung von Früchten und Samen durch das Wasser, z. B. bei Wasser- und Strandpflanzen. Durch Luft führende Gewebe sind die Früchte oder Samen längere Zeit schwimmfähig.

Hydrocoel, das ↗ Gefäßsystem der Echinodermata.

Hydrocorisa, anderer Name der Wasserwanzen (↗ Nepomorpha).

Hydrogamie, *Wasserblütigkeit*, *Wasserbestäubung*, ↗ Bestäubung mit Hilfe des Wassers. H. kommt z. B. bei einigen untergetaucht lebenden Pflanzen wie Seegras, *Zostera*, vor.

Hydrogencarbonat, veraltete Bez. *Bicarbonat*, das Anion (HCO_3^-) der Kohlensäure. Aufgrund des Gleichgewichts: $CO_2 + H_2O \rightleftarrows H^+ + HCO_3^-$ ist H. als die unter physiologischem pH-Wert in Zell- und Körperflüssigkeiten lösliche Transportform des Kohlenstoffdioxids aufzufassen. Diese Gleichgewichtsreaktion ist das wichtigste ↗ Puffersystem des Zellplasmas.

Hydroida, Taxon der ↗ Hydrozoa mit rund 2300 Arten, bei denen die Polypen meist Tierstöcke bilden und die Medusen überwiegend zu am Polypenstock festsitzenden *Gonophoren* reduziert sind, die Geschlechtszellen bilden. Da bei vielen Arten der Entwicklungszyklus nur unvollständig bekannt war oder noch ist, haben Polypen und die dazugehörigen Medusen noch oft unterschiedliche wissenschaftliche Namen. Man unterscheidet zwei große Taxa. Zum einen die Thecata (*Leptomedusae*), deren Polypen kelchförmige Hüllen (*Thecae*) des Periderms tragen. Die Medusen sind meist flach, die Gonaden sitzen an den Radiärkanälen. Zu den Thecata gehört u. a. das Zypressenmoos (↗ Sertularia cupressina). Zum anderen die Athecata (*Anthomedusae*), bei deren Polypen das Periderm keine Theca bildet. Die Medusen sind oft hoch aufgewölbt und

tragen die Gonaden am Magenstiel. In diese Gruppe gehört u. a. die Gatt. ↗ Hydra.

Hydrokultur, *Hydroponik*, Bez. für eine Anzuchtmethode von Pflanzen, die ohne die Verwendung von Erde auskommt, da die Pflanzen in wässrigen Nährlösungen, teilweise unter Verwendung von Tonpartikeln, angezogen werden. Neben der Haltung und Anzucht von Zierpflanzen sowie bei der kommerziellen Gemüseproduktion kommt die H. auch bei der Untersuchung des pflanzlichen Mineralstoffwechsels zum Einsatz (↗ Pflanzenernährung).

Hydrolasen, zur dritten Hauptklasse gehörende ↗ Enzyme. H. katalysieren hydrolytische Spaltungen, d. h. solche unter Freisetzung von Wasser. Die vier Hauptgruppen der H. sind die ↗ Esterasen, die ↗ Glykosidasen, die Desaminasen (spalten Säureamidbindungen) und die ↗ Proteinasen.

Hydrolyse, die Spaltung einer chemischen Verbindung unter Umsetzung eines Moleküls Wasser (H_2O) pro gespaltener Bindung nach der allg. Gleichung: $AB + H_2O \rightarrow AOH + HB$

Die H. ist ein Sonderfall der Solvolyse. Wichtige H.-Reaktionen im Stoffwechsel sind die Spaltung der Fette, der Abbau von ↗ Nucleinsäuren, ↗ Polysacchariden und ↗ Proteinen zu den Monomerbausteinen; sie laufen im Stoffwechsel unter der katalytischen Wirkung der ↗ Hydrolasen ab.

Hydronastie, ↗ Hygronastie.

Hydrophiinae, die ↗ Seeschlangen.

hydrophil, Wasser anziehend, mit Wasser gut mischbar bzw. in Wasser gut löslich; auf molekularer Ebene besonders die Eigenschaft polarer Moleküle oder funktioneller Gruppen, mit den Wassermolekülen des umgebenden Mediums Wasserstoffbrücken auszubilden. Gegensatz: ↗ hydrophob

Hydrophilidae, *Wasserkäfer, Kolbenwasserkäfer*, zu den ↗ Polyphaga gehörende Fam. der Käfer mit rund 1700 Arten, davon in Mitteleuropa 75. Wasserkäfer leben in Gewässern, an Gewässerrändern, in frischem Dung oder in faulenden Pflanzenresten und fressen vor allem Detritus. Die Larven größerer Arten leben räuberisch. Der schwarze *Große Kolbenwasserkäfer (Hydrous piceus)* ist mit bis zu 47 mm Länge die größte Art der H. Das Weibchen betreibt Brutfürsorge, indem es seine Eier auf Blättern in einen Gespinstkokon einspinnt, der mit einem Schlot zur Belüftung versehen ist. Er steht unter Naturschutz.

hydrophob, Wasser abstoßend, mit Wasser nicht oder nur wenig mischbar. Von besonderer Bedeutung in biologischen Systemen ist die hydrophobe Wechselwirkung. Sie bewirkt eine schwache und räumlich nicht gerichtete wechselseitige Anziehung zwischen unpolaren Molekülen oder Molekülgruppen. Beispiele sind die *hydrophoben Wechselwirkungen* zwischen Kohlenwasserstoffresten von

Fettsäuren und Lipiden bei der Bildung von Membrandoppelschichten oder zwischen unpolaren Seitengruppen hydrophober Aminosäuren bei der Faltung von Proteinen; auch bei der Bindung von Substraten oder allosterischen Effektoren an Enzyme sind oft hydrophobe Wechselwirkungen beteiligt. Gegensatz: ↗ hydrophil

Hydrophyllaceae, Fam. der ↗ Boraginales mit ca. 270 Arten, die Kapselfrüchte ausbilden. Hierzu gehört die nordamerikanische Nutzpflanze ↗ Phacelia.

Hydrophyten, *Wasserpflanzen*, alle höheren Pflanzen, deren Überdauerungsorgane in der ungünstigen Jahreszeit im Wasser untergetaucht sind. Dabei unterscheidet man Schwimmpflanzen (Wasserschwimmer) und Wasserwurzler. *Schwimmpflanzen* sind wurzellose, untergetaucht im Wasser schwimmende Pflanzen (z. B. Hornblatt, Wasserschlauch) und bewurzelte, an der Wasseroberfläche schwimmende Pflanzen (z. B. ↗ Wasserlinse). Zu den *Wasserwurzlern* gehören wurzelnde, untergetaucht lebende Pflanzen (Seegras, bestimmte Laichkrautarten), wurzelnde Pflanzen mit Schwimmblättern (Seerose, Teichrose) und wurzelnde amphibisch lebende Pflanzen, die zu den Sumpfpflanzen überleiten (z. B. Sumpfknöterich).

Bei untergetaucht lebenden Pflanzen kann die Stoffaufnahme über die gesamte Oberfläche erfolgen. Diese ist oft stark vergrößert durch die Ausbildung sehr zarter, dünner, oft fädig zerschlitzer Blätter. In stark bewegtem Wasser ist die Blattspreite oft bandartig entwickelt, z. B beim Seegras. Die Epidermis ist so strukturiert, dass Nährstoffe schnell aufgenommen werden: Die chloroplastenreichen Epidermiszellen besitzen dünne Wände und meist keine Cuticula. Bei der Mehrzahl der H. fehlen Spaltöffnungen und Haare. Das Blattparenchym ist meist nicht in Palisaden- und Schwammparenchym gegliedert, sondern von großen Interzellularen durchzogen (↗ Aerenchym), die dem Auftrieb und der Gasdiffusion in der Pflanze dienen. Das Leitgewebesystem ist nur schwach entwickelt, ebenso ist ein Festigungsgewebe weitgehend überflüssig.

Hydroponik, die ↗ Hydrokultur.

Hydropterides, *Salviniidae, Wasserfarne*, Entwicklungsstufe der ↗ Pteridopsida, zu denen Wasser und Sumpf bewohnende Arten mit dünnwandigen Mega- und Mikrosporangien gehören. Die H. umfassen die ↗ Salviniales und ↗ Marsileales.

Hydrosaurus, Gatt. der Agamen (↗ Agamidae).

Hydroskelett, *hydrostatisches Skelett*, Flüssigkeitspolster, das analog zu einem Festkörperskelett wie dem Knochengerüst der Wirbeltiere (↗ Vertebrata) oder dem Chitinpanzer der ↗ Arthropoda, den Körper weichhäutiger Tiere stützt und als Antagonist zur Muskulatur wirkt. Als H. fungierende Flüssigkeitspolster sind z. B. die Coelomräume der

Ringelwürmer (↗ Annelida), das Pseudocoel der Rundwürmer (↗ Nemathelminthes), das Haemocoel der Blutegel (↗ Hirudinea), das Gastrovaskularsystem der Nesseltiere (↗ Cnidaria) oder das von flüssigkeitserfüllten Span räumen durchzogene Parenchym der Plattwürmer (↗ Plathelminthes).

Hydrosphäre, die Wasserhülle der Erde. Sie umfasst das Wasser der ↗ Meere, der Binnengewässer, des ↗ Bodens und der ↗ Atmosphäre.

hydrostatischer Druck, der sich nach allen Seiten gleichmäßig ausbreitende Druck im Innern einer ruhenden Flüssigkeit. Der h. D. ist eine wichtige Größe im Wasserhaushalt der Pflanzen und bei der Regulation des Grundwasserspiegels.

Hydrothermalquellen, heiße, mineralreiche Unterwasserquellen (bzw. Unterwasser-Geysire) aus Vulkanschloten am Boden der Tiefsee. H. befinden sich hauptsächlich dort wo Kontinentalplatten aneinander grenzen, meist in einer Tiefe von rund 2000 m. Die ausgestoßenen Wässer sind sauer, besitzen stark reduzierende Eigenschaften und enthalten Metalle, molekularen Wasserstoff sowie Schwefelwasserstoff. Beim Kontakt des meist sehr heißen Wassers der H. mit dem kalten Seewasser, fallen viele Mineralien, vor allem Metallsulfide, aus. Rund um die H. gibt es Lebensgemeinschaften mit bislang mehr als 300 entdeckten Arten: Bakterien, Archaebakterien, Muscheln, Krabben, Schnecken und Röhrenwürmer. Primärproduzenten sind unter den herrschenden Bedingungen chemolithoautotrophe Bakterien und Archaebakterien, insbesondere Schwefel oxidierende Organismen. Die Lebensräume rund um die H. werden als ein Ort der Entstehung des Lebens diskutiert (↗ Evolution).

β-Hydroxybuttersäure, *3-Hydroxybutansäure*, die ionische Form ist das *3-Hydroxybutyrat*; Stoffwechselprodukt, das sich besonders beim unvollständigen Abbau von ↗ Fettsäuren aus ↗ Acetyl-Coenzym A bildet. H. befindet sich bei ↗ Hunger oder ↗ Diabetes mellitus zusammen mit ↗ Ketonkörpern in höheren Konzentrationen in Blut und Urin.

3-Hydroxy-Flavane, die ↗ Catechine.

Hydroxygruppe, Bez. für die Atomgruppierung –OH, die als Substituent in anorganischen und organischen Verbindungen (z.B. Alkohole) vorkommen kann.

Hydroxyl-Ion, der Rest OH⁻.

3-Hydroxy-3-methylglutaryl-Coenzym A, Abk. *HMG-CoA*, ein wichtiges Zwischenprodukt des Stoffwechsels, das sowohl im Cytosol als auch in den Mitochondrien der Leberzellen vorkommt. Das mitochondriale H. ist die Vorstufe der ↗ Ketonkörper, während das cytosolische H. durch die *3-Hydroxy-3-methylglutaryl-CoA-Reduktase* in Mevalonat übergeführt wird und damit eine wichtige Zwischenstufe in der Biosynthese des ↗ Cholesterins ist.

Hydroxyprolin, Abk. *Hyp* oder *Pro(OH)*, nur in bestimmten Proteinen (z. B. ↗ Kollagen) vorkommende Aminosäure, die durch Hydroxylierung von ↗ Prolin durch eine Eisen enthaltende, Vitamin-C-abhängige Hydroxylase (nach dem Einbau ins Protein) entsteht.

6-Hydroxypurin, das ↗ Hypoxanthin.

5-Hydroxytryptamin, das ↗ Serotonin.

Hydroxytyramin, das ↗ Dopamin.

Hydrozoa, Gruppe der Nesseltiere (↗ Cnidaria) mit rund 2600 meist im Meer lebenden Arten, die eine große Formenvielfalt zeigen. Ihre Größe variiert von wenigen Millimetern bis zu 2,2 m Höhe (*Branchiocerianthus imperator*, eine Tiefseeart) bei Einzelpolypen und bis zu 40 cm Durchmesser bei Medusen. Die meisten H. sind etwa um 1 cm groß. Viele Arten bilden Kolonien, die bis 3 m hoch werden können. Nur etwa ein Drittel der H. bildet noch frei lebende Medusen, beim Rest entstehen durch Knospung Medusenanlagen, die als festsitzende *Gonophoren (Medusoide)* am Stock bleiben. Bei einem Teil der Arten gibt es zwei Morphen. Der *Hydropolyp* besteht aus einem Körper (*Hydrocaulus*) und einem Köpfchen (*Hydranth*) mit einem Mund, der von Tentakeln umgeben ist. Hydropolypen pflanzen sich ungeschlechtlich fort, meist durch Bildung von Knospen, die bei den meisten Arten am Mutterpolyp bleiben, sodass Stöcke mit Tausenden von Einzelindividuen entstehen (festsitzende ↗ Hydroida, frei schwimmende ↗ Siphonophora).

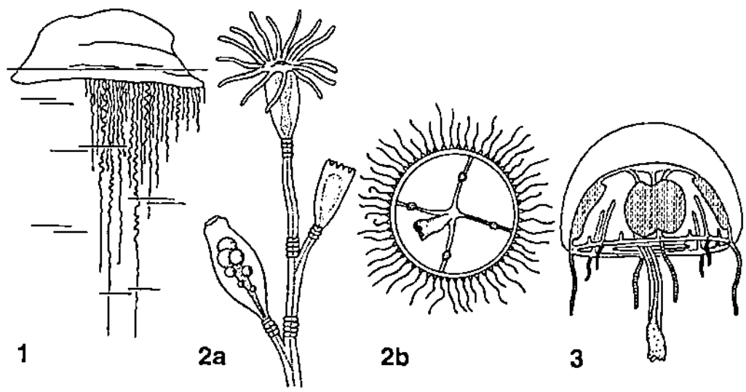

Hydrozoa 1 Staatsqualle (*Siphonophora*), 2a Polyp und 2b Meduse (*Hydroida*), 3 Vertreter der *Trachylina*

Die Einzelindividuen sind über Entodermkanäle verbunden, die die Gastralräume verbinden. Die *Hydromedusen* sind i. d. R. nur wenige Zentimeter groß und besitzen eine zellfreie Mesogloea. Die Gonaden befinden sich entweder am Magenstiel oder an den Radiärkanälen. Der Raum unter dem Schirm (Subumbrellarraum) wird durch das so genannte Velum, einen nach innen gerichteten Saum aus zwei Ektodermlamellen, verengt. Es wirkt beim Auspressen des Wassers aus dem Subumbrellarraum durch Kontraktion der Ringmuskulatur wie

eine Düse und ermöglicht so schnelles Schwimmen und rasche Richtungsänderungen.

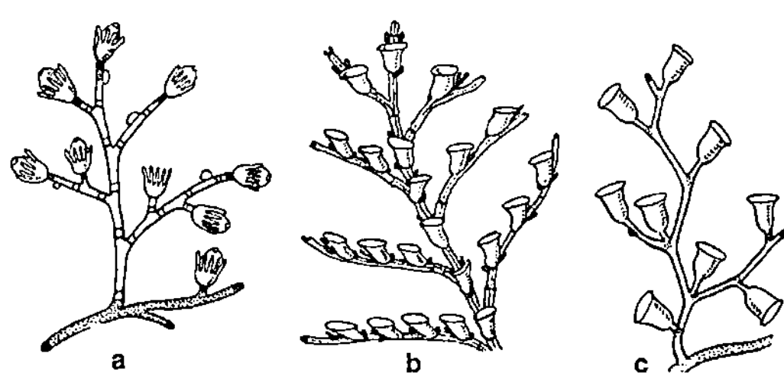

Hydrozoa Stockbildungen bei Hydrozoenpolypen: a Monopodium mit Endpolypen, b monopodiales Wachstum mit terminalem Vegetationspunkt und seitlicher Polypenbildung, c sympodiales Wachstum

Die Entwicklung der H. ist bei den einzelnen Subtaxa sehr unterschiedlich; typisch ist eine birnen- oder keulenförmige, pelagisch lebende Planulalarve.

Die H. wurden lange Zeit als die ursprünglichste Gruppe der Hohltiere angesehen, da ihre Polypen und Medusen relativ einfach gebaut sind. In neuerer Zeit werden sie zusammen mit den ↗ Cubozoa und den ↗ Scyphozoa den ↗ Anthozoa als Schwestergruppe gegenübergestellt.

Hygiene, die Lehre von der Gesunderhaltung des Einzelnen und der Allgemeinheit, der Vorbeugung von Krankheiten und Gesundheitsschäden wie auch der positiven Gesundheitsförderung. Unterschieden werden private und öffentliche H., wobei letztere zum *Gesundheitswesen* erweitert wurde. Arbeitsbereiche sind u. a. *Umwelthygiene*, welche die H. der Luft, des Wassers, der Abfallstoffe, körperliche H. und Kleidung, Wohnungshygiene und Arbeitshygiene umfasst, weiterhin die *Sozialhygiene*, die sich mit den Wechselwirkungen zwischen Gesundheit/Krankheit und der sozialen/ kulturellen Umwelt beschäftigt sowie die *Psychohygiene*, deren Bereich die Pflege der seelischen Gesundheit ist.

hygro-, in Zusammensetzungen: feucht-.

Hygronastie, auch *Hydronastie*, Typ der ↗ Nastie, der durch Änderungen der Luftfeuchtigkeit ausgelöst wird. Ein Beispiel für H. sind die *hygronastischen Bewegungen* der ↗ Stomata.

hygrophil, feuchtigkeitsliebend.

Hygrophyten, *Feuchtpflanzen*, Pflanzen, die an feuchte Standorte (↗ Feuchtgebiete) angepasst sind. Zur Förderung der ↗ Transpiration besitzen sie meist dünne, behaarte Blätter und eine nur schwach ausgebildete ↗ Cuticula. Der Gasaustausch wird bei vielen H. auch durch empor gehobene ↗ Stomata begünstigt. Einige H. besitzen ↗ Hydathoden, die der aktiven Wasserausscheidung dienen. Zu den heimischen H. gehört z. B. die Sumpfdotterblume.

hygroskopische Bewegungen, die durch Quellung bzw. Entquellung von Pflanzenteilen entstehenden Krümmungsbewegungen. An h. B. sind keine lebenden Zellen beteiligt, sie sind nur auf physikalische Prozesse wie z. B. Torsion zurückzuführen. h. B. dienen der Verbreitung von Sporen, Pollen, Samen und Früchten. So öffnen sich z. B. Fruchtkapseln, sobald die Fruchtwandzellen abgestorben sind und das Austrocknen der Zellwände beginnt.

Auch das Phänomen der „Rose von Jericho" (*Anastatica hierochuntica*) ist auf eine h. B. zurückzuführen. Bei toten Exemplaren dieser nordafrikanischen Brassicaceenart sind die trockenen Äste kugelförmig eingekrümmt, im feuchten Zustand hingegen jedoch weit ausgebreitet. Dieser Vorgang ist beliebig oft wiederholbar.

Hylidae, *Laubfrösche,* Fam. der Froschlurche (↗ Anura) mit über 600 Arten, die außer der Gatt. *Hyla,* in der Neuen Welt verbreitet sind. H. sind oft baumlebend und haben Haftscheiben an Fingern und Zehen. Die Gestalt ist bei den einzelnen Taxa sehr unterschiedlich, die Grundfärbung ist meist gelb, grün oder braun. Die meisten Arten legen ihre Eier im Wasser ab, einige betreiben Brutpflege. Bei einigen Arten findet die Entwicklung auf dem Rücken, im Brutbeutel oder in Waben statt. Die Gatt. *Hyla* ist die artenreichste Gatt. der H. mit Verbreitung in Neuguinea, Australien und Europa. Bekanntester Vertreter bei uns ist der *Europäische Laubfrosch (Hyla arborea),* der in fast ganz Europa verbreitet ist. Die Oberseite ist meist grün und von der weißlichen Unterseite durch ein schwarzes Band abgesetzt. Er steht unter Naturschutz, da seine Bestände durch Lebensraumzerstörung vom Aussterben bedroht sind.

Hylobatidae, die ↗ Gibbons.

Hymen, das ↗ Jungfernhäutchen.

Hymenium, *Sporenlager,* eine Schicht der Fruchtkörper von Pilzen, die aus Asci bei den Schlauchpilzen (↗ Ascomycetes) oder Basidien bei den Ständerpilzen (↗ Basidiomycetes), gewöhnlichen sterilen, palisadenförmig angeordneten ↗ Hyphen sowie *Cystiden* (sterilen Zellen verschiedener Gestalt und Funktion) besteht.

Hymenophyllales, Ord. der ↗ Pteridopsida mit ca. 650 Arten, die in den Tropen und Subtropen verbreitet sind. Es sind kleine Pflanzen mit zarten, dünnen Wedeln, die meist epiphytisch auf Baumstämmen oder epilithisch an vermoosten Felswänden wachsen.

Hymenoptera, *Hautflügler,* Taxon der Insekten (↗ Insecta) mit etwa 115000 Arten, von denen 11500 in Mitteleuropa vorkomen. H. sind 0,25 bis maximal 60 mm lang, mit Flügelspannweiten von 1 mm (Erzwespen, die kleinsten geflügelten Insek-

ten) bis 110 mm. Die Mundgliedmaßen zeigen viele Variationen von beißend bis leckend-saugend. Als ↗ Autapomorphie wird der *Labiomaxillarkomplex* angesehen, der aus Cardo und Stipes der ersten Maxille, die über eine Membran mit dem Postmentum des Labiums verbunden sind, gebildet wird. Ebenfalls Autapomorphien sind die modifizierte Aderung der Flügel und die Kopplung von Vorderflügel und Hinterflügel, indem der am hinteren Rand umgebogene Vorderflügel in eine Reihe mit häkchenförmigen Borsten (*Hamuli*) des Hinterflügels greift. Einige Arten sind zeitweise oder überhaupt flügellos.

Der erste Hinterleibsring ist mit dem Metathorax verschmolzen und somit in den Bau des Brustabschnitts einbezogen und schließt diesen nach hinten ab (Autapomorphie). Die Wespentaille der Apocrita befindet sich zwischen dem ersten und zweiten Abdominalsegment. Der Hinterleib (Abdomen) ist gepanzert, Tergite und Sternite liegen schuppenartig übereinander (Autapomorphie). Die Weibchen besitzen am Hinterleibsende einen Stachelapparat, der bei den Pflanzenwespen und den Legewespen als Legestachel und bei den Stechwespen (Aculeata) als Wehrstachel dient.

Alle H. legen Eier, deren Zahl pro Weibchen von einigen wenigen bis zu mehreren Mio. variiert. Die Entwicklung ist eine vollkommene Verwandlung (Holometabolie, ↗ Metamorphose). Männchen entwickeln sich parthenogenetisch aus unbefruchteten, haploiden Eiern (Autapomorphie), die Weibchen aus befruchteten, diploiden Eiern. – Die meisten Arten der H. sind einzeln lebend (solitär), bei Bienen, Faltenwespen und allen Ameisen gibt es Staatenbildung. Man unterscheidet zwei größere Subtaxa, die Pflanzenwespen (↗ Symphyta) als paraphyletische Gruppe und die (monophyletischen) ↗ Apocrita.

Hyoidbogen, der ↗ Zungenbeinbogen.

Hyomandibulare, dorsales Skelettelement des ↗ Zungenbeinbogens der Wirbeltiere.

DL-Hyoscyamin, das ↗ Atropin.

Hyoscyamus, die Gatt. ↗ Bilsenkraut.

Hyp, Abk. für ↗ Hydroxyprolin.

hyper-, in Zusammensetzungen: über, übermäßig.

Hyperakkumulatoren, die Bez. für metalltolerante Pflanzen, die in ihren Vakuolen hohe Konzentrationen an Nickel, Cadmium oder Zink speichern können. (↗ Phytosanierung)

Hypericum, Gatt. der ↗ Clusiaceae.

Hypermastigida, nach herkömmlicher Systematik Gruppe der ↗ Flagellata, in der phylogenetischen Systematik Subtaxon der ↗ Tetramastigota. H. besitzen sehr viele Geißeln, die am Vorderende oder entlang der Peripherie entspringen, viele oder buschig verzweigte Parabasalkörper und einen Zellkern, der am Vorderpol in einem Kernsäckchen liegt. H. kommen ausschließlich im Darm von Holz fressenden Insekten (Termiten, ↗ Isoptera und Schaben, ↗ Blattariae) vor.

Hypermetropie, ↗ Weitsichtigkeit.

hypermorph, Bez. für ein mutiertes ↗ Allel eines Gens, dessen Phänotyp stärker als der des Wildtyp-Allels ausgebildet ist. Gegensatz: ↗ hypomorph

Hyperoartria, anderer Name der Neunaugen (↗ Petromyzonta).

Hyperotreta, anderer Name der Schleimaale (↗ Myxinoidea).

Hyperparasit, Parasit, der an oder in einem anderen Parasiten schmarotzt (↗ Parasitismus).

Hyperplasie, die Vergrößerung eines Organs oder Gewebes durch vermehrtes Wachstum (Vermehrung der Zellen; ↗ Hypertrophie).

hypersensitive Reaktion, ein häufiger Mechanismus der pflanzlichen ↗ Abwehr, bei der durch raschen, räumlich begrenzten Zelltod (↗ Apoptose) ein großflächiger Befall durch Pflanzenpathogene verhindert werden soll. Vom Pathogen ausgehende Signale werden von den Pflanzen erkannt und anschließend intrazellulär weiterverarbeitet. Dabei scheinen Sauerstoffradikale wie das Superoxid (O_2^-) eine Rolle zu spielen. Eine Reihe von ↗ Arabidopsis-Mutanten weisen Defekte in diesen Signaltransduktionsketten auf, sodass die Pflanzen auch in Abwesenheit von Pathogenen die typischen Symptome eines Befalls, meist in Form von nekrotischen Läsionen (↗ Nekrose) zeigen.

hypertelische Bildungen, ↗ atelische Bildungen.

Hyperthermie, allg. Bez. für eine Überwärmung des Organismus, z. B. bei ↗ Fieber. I. e. S. meint H. die Überwärmung durch von außen zugeführte Energie. In der experimentellen Tumortherapie wird die H. in Kombination mit ↗ Cytostatika oder ionisierenden Strahlen mit dem Ziel der Wirkungsverstärkung untersucht.

Hyperthermophile, Bez. für Mikroorganismen, deren Wachstumsoptima über 80 °C betragen, und die je nach Art bei bis zu 113 °C wachsen können. Zu den Biotopen der H. gehören die hydrothermalen Schlote der Tiefsee und kontinentale heiße (Schwefel-)Quellen. Die H. umfassen zahlreiche Vertreter der Archaea (↗ Archaebakterien), z. B. *Thermococcus* und *Pyrococcus*, aber auch Vertreter der Bacteria (↗ Bakterien), z. B. Arten der Gatt. *Aquifex*. Der molekulare Mechanismus der Hyperthermophilie ist noch nicht vollständig aufgeklärt. Ein wichtiger Faktor der ↗ Hitzeresistenz der Enzyme und der anderen Proteine scheint eine besondere Art der Faltung der Proteine zu sein. In der ↗ Biotechnologie sind H. von Bedeutung bei der Produktion thermostabiler Enzyme.

Hypertonie, *Bluthochdruck*, Erhöhung des ↗Blutdrucks auf Werte von systolisch > 140 mmHg und diastolisch > 90 mmHg.

Hypertrophie, die Vergrößerung eines Organs oder Gewebes durch Volumenvergrößerung seiner Zellen, bei gleichbleibender Zellenzahl (↗ Hyperplasie).

Hyperventilation, die über den Bedarf hinaus gesteigerte Lungenbelüftung mit gleichzeitig erniedrigtem CO_2-Partialdruck (↗ Alkalose). Die H. kann psychogener Ursache sein oder Begleiterscheinung von Fieber, Schilddrüsenüberfunktion, Erkrankungen des Zentralnervensystems bzw. kompensatorisch bei Sauerstoffmangel (Hypoxie) und bei metabolischer ↗ Acidose.

Hypervitaminosen, Bez. für Erkrankungen, die durch Überdosierung von ↗ Vitaminen (in Form von Vitaminpräparaten) verursacht werden. H. kommen vor allem bei den fettlöslichen Vitaminen vor, da diese im Unterschied zu den wasserlöslichen gespeichert werden.

Hyperzyklus, von M. ↗ Eigen postulierte zyklische Folge von Reaktionen zwischen primitiven, präbiotischen ↗ Nucleinsäuren und ↗ Proteinen, die als Ursache der spontanen Entstehung replikativer Systeme und damit des Übergangs von der chemischen Evolution zur biologischen Evolution angenommen wird. Ein H. funktioniert nach dem Prinzip der Rückkopplung: RNA-Moleküle katalysierten die Bildung von Proteinen, wobei sich unter diesen Moleküle befanden, die ihrerseits eine ↗ Replikation der RNA-Moleküle katalysierten. Dies führte dazu, das die katalytischen RNA-Moleküle und Proteine bevorzugt gebildet wurden, da sie sich bei Kooperation schneller vermehrten. Jede Stammsequenz eines solchen Informationsträgers brachte aufgrund von Kopierfehlern Mutanten hervor, die ein genetisches Reservoir bildeten. Eine Stammsequenz mit ihren Mutanten zusammen wird als *Quasi-Spezies* bezeichnet. Überschritten die bei der Replikation auftretenden Fehler einen Schwellenwert, veränderten sich die Sequenzen so stark, dass sie auseinander drifteten und jeweils neue Quasi-Spezies bildeten. Führen die Mutationen in einer Sequenz zu einem rascheren Ablauf der Replikation, so wird sich dieses neue mutierte System gegenüber anderen Sequenzen, die im Wettbewerb um die für die Replikation nötigen Stoffe aus der Umwelt stehen, durchsetzen. So sind bereits auf dieser Ebene die Prinzipien der ↗ Evolution durch Selektion verwirklicht; H. zeigen bereits grundlegende Eigenschaften von Lebewesen: Selbstvermehrung und Vererbung (Weitergabe von Information), Stoffwechsel sowie Mutation (Veränderung von Informationsträgern).

Hyphen, fädige Vegetationsorgane (Zellfäden), die für die überwiegende Anzahl der Pilze und pilzähnlichen Protisten charakteristisch sind. Die Gesamtheit der H. wird ↗ Mycel genannt. H. können unverzweigt oder verzweigt sein, sich parallel aneinanderlagern, als Substrathyphen zur Nährstoffaufnahme und als Lufthyphen zur Bildung von Frucht bildenden Organen wachsen, sich zu Dauer- oder Vermehrungsorganen differenzieren (z. B. ↗ Chlamydosporen, ↗ Konidien, ↗ Sklerotien) und sich in Scheingeweben zu Fruchtkörpern als ↗ Plektenchym zusammenlagern.

hypo-, in Zusammensetzungen: unter, unterhalb.

Hypoblast, beim Vogel- und Säugerkeim vor der ↗ Gastrulation die untere Schicht der Keimscheibe. Der H. bildet nach erfolgter Gastrulation das extraembryonale Ektoderm. Gegensatz: ↗ Epiblast

Hypobranchialrinne, das Endostyl der ↗ Acrania.

hypogäisch, 1) Bez. für eine Keimungsart, bei der die ↗ Keimblätter i. d. R. unter der Erde bleiben, z. B. bei der Erbse.

2) Bez. für Arten, die im Boden leben.

hypogyn, ↗ Blüte.

Hypokotyl, der zwischen dem oberen Ende der Keimwurzel (Wurzelhals) und den ↗ Keimblättern liegende Sprossabschnitt.

Hypolimnion, untere, unbelichtete und damit kalte und tropholytische Wasserschicht in einem stehenden Gewässer. (↗ See, ↗ Epilimnion)

hypomorph, Bez. für ein mutiertes ↗ Allel eines Gens, dessen Phänotyp schwächer als der des Wildtyp-Allels ausgebildet ist. Gegensatz: ↗ hypermorph

Hyponastie, die durch verstärktes Wachstum auf z. B. der Blattunterseite hervorgerufene Entfaltungsbewegung bei Pflanzen, durch die es zur Aufrichtung des betreffenden Pflanzenteils kommt.

Hyponeuston, ↗ Neuston.

Hypophyse, 1) *Botanik:* a) die Endzelle(n) des Embryoträgers (↗ Embryo). b) bei Moosen die Anschwellung am oberen Ende des Stieles einer Mooskapsel.

2) *Zoologie: Hirnanhangsdrüse, Glandula pituitaria*, an der Basis des Zwischenhirns (↗ Gehirn) gelegene, übergeordnete innersekretorische Drüse der Wirbeltiere, deren Hormone (↗ Hypophysenhormone) die Tätigkeit vieler anderer Drüsen regulieren. Die H. selbst steht unter der Kontrolle des ↗ Hypothalamus, mit dem sie über den *Hypophysenstiel (Infundibulum)* verbunden ist. Sie ist beim Menschen etwa erbsengroß und besteht aus zwei histologisch und funktionell verschiedenen Teilen: Die *Neurohypophyse (Hypophysenhinterlappen)* ist eine Ausstülpung des Gehirns und dient der Speicherung und Sekretion zweier Peptidhormone, die von einer Gruppe neurosekretorischer Zellen im Hypothalamus gebildet werden. Sie ist ein *Neurohämalorgan*, denn sie speichert die Hypothalamushormone und schüttet sie ins Blut aus. Im Unterschied dazu ist die *Adenohypophyse (Hypophysenvorderlappen)* eine rein endokrine Drüse, d. h. sie synthetisiert selbst Hormone. Deren Sekretion

wird durch den Hypothalamus über die Freisetzung von ↗ Releasing-Hormonen (Freisetzungshormonen) bzw. Releasing-Inhibiting-Hormonen kontrolliert.

Beide Anteile der H. entstehen im Verlauf der Individualentwicklung aus verschiedenen Keimregionen. Im Verlauf der Stammesentwicklung hat sich eine Differenzierung von einer bei den ↗ Crossopterygii noch offenen Verbindung zwischen dem Hypophysenvorderlappen und dem Rachendach bis hin zu einer deutlichen Trennung der beiden Bereiche vollzogen. Bei den ↗ Myxinoidea (Schleimfische) und den ↗ Selachimorpha (Haie) wird die Verbindung geschlossen, existiert aber noch als Gang. Reste dieses Ganges sind bei den Knochenfischen (↗ Teleostei) noch als Aushöhlung in der Adenohypophyse zu sehen. Erst bei den ↗ Amphibia kommt es zu einer deutlichen Trennung zwischen den Vorderlappen und den anderen Bereichen. Bei ihnen und den höheren Wirbeltieren ist die Adenohypophyse mit der *Eminentia mediana* (einer Erhebung am neurohypophysären Teil des Hypophysenstiels) durch ein Pfortadersystem verbunden. Der *Hypophysenzwischenlappen (Pars intermedia)* ist dann sehr variabel gestaltet: relativ groß z. B. bei Nagetieren, nicht vorhanden bei Walen, Gürteltieren und Vögeln und beim Menschen zu einer rudimentären Zwischenzone reduziert. Bei Säugern (↗ Mammalia) ist der Hypophysenhinterlappen am stärksten entwickelt. Sauropsiden (Reptilien und Vögel) haben dagegen einen auffallend entwickelten Hypophysenvorderlappen.

Hypophysenhormone, Sammelbez. für alle in der ↗ Hypophyse gebildeten bzw. freigesetzten Hormone. Die *Adenohypophyse*, der endokrine Teil der Hypophyse, produziert vier glandotrope Hormone, welche die Synthese und Ausschüttung der Hormone anderer, untergeordneter Drüsen stimulieren. ↗ Thyreotropin (TSH) reguliert die Schilddrüsenhormone, ↗ adrenocorticotropes Hormon (ACTH) wirkt auf die Nebennierenrinde und ↗ Follikel stimulierendes Hormon (FSH) sowie ↗ luteinisierendes Hormon (LH) wirken auf die Keimdrüsen (↗ Gonaden). Weitere, von der Adenohypophyse gebildete Hormone sind das ↗ somatotrope Hormon (ein Wachstumshormon), ↗ Prolactin (PRL), ↗ Melanocyten stimulierendes Hormon (MSH) und die ↗ Endorphine.

Die als Neurohämalorgan fungierende *Neurohypophyse* speichert und sezerniert die vom ↗ Hypothalamus sezernierten Hormone ↗ Oxytocin und ↗ Adiuretin.

hypostomatisch, Bez. für Blätter, die nur auf der Unterseite Spaltöffnungen (↗ Stomata) tragen.

Hypothalamus, phylogenetisch alter, ventraler Bereich des Zwischenhirns der Wirbeltiere, der eine

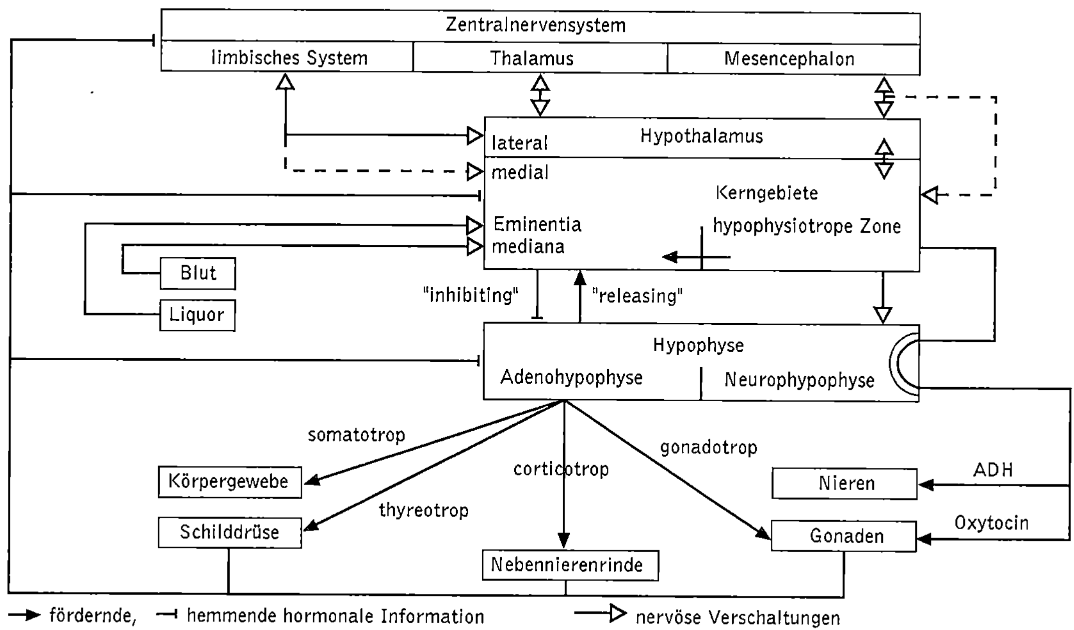

Hypothalamus Funktioneller Zusammenhang zwischen *hypothalamisch-hypophysärem System*, Hormonrezeptoren und höheren zentralnervösen Zentren: Der Hypothalamus als Regulationszentrum zahlreicher autonomer Funktionen und Allgemeinempfindungen ist ein vermittelndes Glied, das in seinem lateralen Bereich Informationen von höheren Zentren des Zentralnervensystems (z. B. dem limbischen System) erhält und diese über *Releasing-Hormone* aus dem medialen Bereich an die Adenohypophyse und damit an das Hormonsystem weitergibt. Die Übertrittsstelle von Releasing-Hormonen aus den Axonen in die Blutbahn (das hypothalamisch-hypophysäre Pfortadersystem) wird als *Eminentia mediana* bezeichnet, das Kernareal, in dem sie produziert werden, als *hypophysiotrope Zone*.

übergeordnete Funktion hat, indem er die inneren Organe sowie die endokrinen Drüsen kontrolliert und eine wichtige Schaltstelle für das Zusammenwirken von ↗ Hormonsystem und ↗ Nervensystem ist. Im H. sind Neuronen konzentriert, welche die Aktivität von präganglionären motorischen Neuronen des ↗ Sympathikus und des ↗ Parasympathikus beeinflussen. Der H. hat Einfluss auf so grundlegende Körperfunktionen wie Wärme- und Wasserhaushalt, die Funktionen von ↗ Herz, Kreislauf und Atmungssystem, auf die Nahrungsaufnahme, die sexuelle Reifung und Aktivität sowie den ↗ Schlaf-Wach-Rhythmus. Er ist die höchste Instanz für die Aufrechterhaltung der ↗ Homöostase und gleichzeitig das Zentrum aller vegetativen Prozesse im Körper. Die anatomische Abgrenzung des H. zum dorsal angrenzenden ↗ Thalamus ist anatomisch nicht sehr deutlich. Nach ventral verjüngt er sich zu einem engen Stiel, der die Verbindung zur Hypophyse bildet (*hypothalamisch-hypophysäres System*). Der Hypophysenstiel endet im Hypophysenhinterlappen (Neurohypophyse), der als Neurohämalorgan für die ↗ Hypothalamushormone wirkt. Der H. seinerseits steht in enger Verbindung zum ↗ limbischen System, zum ↗ Hippocampus und zum ↗ Mandelkern und ist daher auch an der Steuerung gefühlsbedingten Verhaltens beteiligt.

Hypothalamushormone, i. e. S. die im Hypothalamus gebildeten Peptidhormone mit stimulierender oder hemmender Wirkung auf die Freisetzung der Hormone der Adenohypophyse (↗ Hypophyse). Hierbei wird grundsätzlich unterschieden zwischen den ↗ Releasing-Hormonen (*Liberine*), welche die Bildung und Sekretion der Adenohypophysenhormone anregen und den *Statinen* oder *Inhibiting-Hormonen*, die hemmend auf die Freisetzung von ↗ somatotropem Hormon, ↗ Prolactin und ↗ Melanocyten stimulierendem Hormon wirken. I. w. S. werden als H. auch die über die Neurohypophyse ins Blut abgegebenen Hormone ↗ Oxytocin und ↗ Adiuretin sowie weitere Neurohormone wie Substanz P oder Neurotensin bezeichnet.

Hypothermie, allg. Bez. für eine herabgesetzte Körpertemperatur; i. e. S. die gesteuerte künstliche Erniedrigung der Körpertemperatur, z. B. beim ↗ Winterschlaf.

Hypotonie, niedriger ↗ Blutdruck, bei dem die Werte für den systolischen Druck beim Mann < 110 mmHg und bei der Frau < 100 mmHg und für den diastolischen Druck unter 60 mmHg sind.

Hypoxanthin, *6-Hydroxypurin*, Desaminierungsprodukt von ↗ Adenin, das zu ↗ Xanthin und ↗ Harnsäure weiter umgesetzt wird. Vorkommen: in freier und gebundener Form als Nucleobase in vielen tRNA-Spezies, besonders im Anticodonbereich. In letzterem Fall kann es bei der Codon-Anticodon-Wechselwirkung sowohl mit ↗ Uracil und ↗ Cytosin als auch mit Adenin eine Basenpaarung eingehen, zeigt also verminderte Spezifität der Basenpaarung.

Hypoxie, Sauerstoffmangel des Gesamtorganismus, einzelner Körperteile oder Gewebe. (↗ Anoxie)

Hyracoidea, *Schliefer*, zu den Huftieren gehörende Ord. der Säugetiere mit nur einer Fam., die zehn oder elf Arten in drei Gatt. enthält. Schliefer sind 32 - 60 cm groß und haben einen gedrungenen Körper und einen sehr kurzen Schwanz. Sie besitzen eine Rückendrüse, die von einem Haarkranz umgeben ist, der sich bei Erregung aufrichtet. Sie sind Pflanzen fressende Wiederkäuer und besitzen einen zweiteiligen Magen. Vor allem im Tertiär erreichten die H. einen großen Formenreichtumg, einzelne Arten waren nashorngroß. Rezente Gatt. sind die Klippschliefer (Gatt. *Procavia*), die Busch- oder Steppenschliefer (Gatt. *Heterohyrax*) und die Baumschliefer (Gatt. *Dendrohyrax*). Sie sind in Afrika und Vorderasien verbreitet.

Hyracotherium, *Eohippus*, katzen- bis fuchsgroße alttertiäre ausgestorbene Stammform der Pferdeartigen (*Equoidea*), aus der in der Alten Welt die Palaeotherien, in Nordamerika die Equiden hervorgegangen sind. H. waren Buschschlüpfer mit vorne vier- und hinten dreizehigen Füßen. Ihre Vorläufer waren die Urhuftiere (*Condylarthra*). ↗ Urpferd

Hyssopus, Gatt. der ↗ Lamiaceae.

Hystricidae, *Stachelschweine*, Fam. der Nagetiere (↗ Rodentia) mit elf Arten in vier Gatt., die in den wärmeren Gegenden Europas, Afrikas und Asiens verbreitet sind. H. sind scheue Boden bewohnende Tiere mit zu Stacheln und Borsten umgebildeten Haaren. Sie sind nachtaktiv und ernähren sich vorwiegend pflanzlich, gelegentlich von Aas.

H-Zone, ↗ Muskel.

I

I, 1) chemisches Symbol für ↗ Iod.

2) Abk. für ↗ Inosin.

3) Ein-Buchstaben-Symbol für ↗ Isoleucin.

IAA, die Abk. für ↗ Indol-3-essigsäure (↗ Auxine).

I-Bande, isotroper, im mikroskopischen Bild hell erscheinender Teil der Muskelfaser (↗ Muskel).

Ibisse, die Fam. ↗ Threskiornithidae.

Ichneumonidae, *Schlupfwespen,* zu den Legewespen (↗ Terebrantes) gehörende Fam. der Hautflügler (↗ Hymenoptera) mit weltweit über 30000 Arten (in Mitteleuropa über 3000). Sie sind 4 - 50 mm lang und meist braun oder schwarz gefärbt, öfter mit weißer, gelber oder roter Zeichnung und mit langen Beinen. Der Legebohrer kann von sehr kurz bis mehrfach körperlang sein. Schlupfwespen ernähren sich von Blütennektar und Honigtau der Blattläuse. Sie legen mit Hilfe des Legebohrers ihre Eier an oder in einen Wirt (Larven verschiedener Insekten und Spinnen). Viele Arten sind als Parasiten wichtige Nützlinge in der Forst- und Landwirtschaft.

Ichthyornis, ausgestorbene Gatt. an Seeschwalben erinnernder Vögel aus der oberen Kreide (Niobrara-Schichten) von Kansas und Texas; die bekannteste Art ist *Ichthyornis victor* Marsh.

Ichthyosauria, *Fischsaurier, Fischechsen,* Ord. mit mehr als 50 Gatt. und über 80 Arten, die von der unteren ↗ Trias bis zur oberen Kreide nachgewiesen sind. I. hatten eine Länge von 1 m bis 23 m und waren so sehr an das Leben im Meer angepasst, dass sie zur Eiablage nicht mehr an Land gingen und lebende Junge gebaren. Der Körper war bei den ursprünglichen Formen aalähnlich und nur mit Schwanzflossensaum und bei den fortschrittlicheren Formen stromlinienförmig mit häutiger Rückenflosse und fischartiger Schwanzflosse. Von

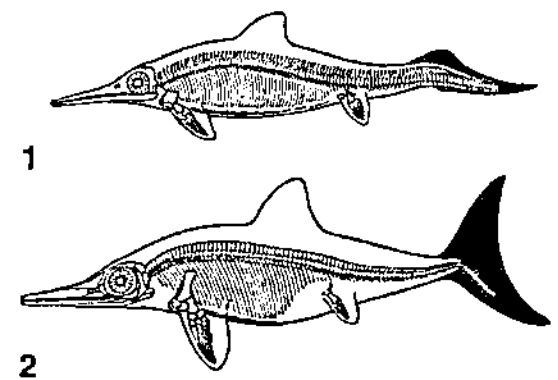

Ichthyosauria Skelettzeichnung mit Körperumriss. 1 *Mixosaurus* aus der mittleren Trias im Tessin (Schweiz), 2 *Stenopterygius* aus dem unteren Jura von Holzmaden (Württemberg)

den in der unteren Trias auf Südostasien beschränkten Formen abgesehen, waren die I. weltweit verbreitet und sind auf allen Kontinenten nachgewiesen. Ihr Niedergang begann an der Wende von Jura zur ↗ Kreide. Die letzte Gatt. *Platypterygius* starb noch in der oberen Kreide aus.

Ichthyostega, Ausgestorbene Gatt. über 1 m langer Tiere mit massiv gebautem Schädel, dessen große Augenöffnungen in seiner Mitte liegen. Schädeldach und Oberkiefer waren fest miteinander verbunden, der Oberkiefer trug zwei parallel zueinander verlaufende Zahnreihen, wobei die innere Zahnreihe vorne zwei große Fangzähne hatte. Ihr Skelett zeigt eine fischartige Schwanzflosse und kurze, stämmige Extremitäten mit mehr als fünf Zehen. I. gilt als der ursprünglichste Amphibien-

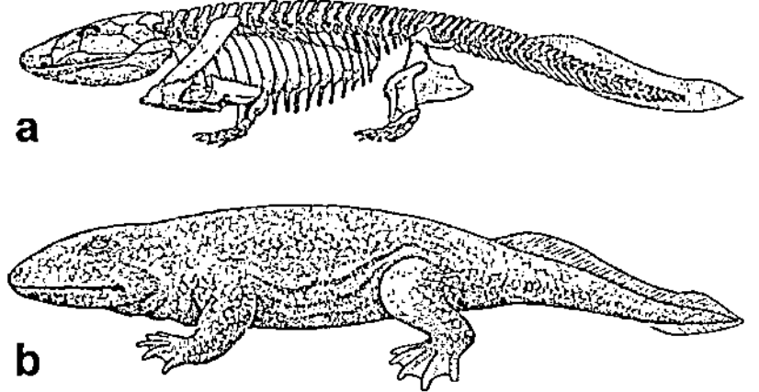

Ichthyostega a Rekonstruktion des Skeletts, b des Lebensbildes

Vorfahr und als basale Gatt. der von den Quastenflossern abgeleiteten Labyrinthodontia; sie ist ein missing link zwischen Quastenflossern (Crossopterygii) und ↗ Amphibia. I. kam im oberen ↗ Devon von Grönland vor.

Ichthyostegalia, *Fischschädellurche,* ausgestorbene Ord. der Labyrinthodontia; die als die geologisch ältesten und ursprünglichsten Amphibien gelten. Die bekanntesten Fossilfunde stammen von ↗ Ichthyostega.

ICSH, Abk. für engl. *Interstitial cell stimulating hormone,* das Interstitialzellen stimulierende Hormon (↗ luteinisierendes Hormon).

ICSI, Abk. für *intracytoplasmatische Spermieninjektion* (↗ Reproduktionsmedizin).

Icteridae, die *Trupiale,* eine Fam. der Sperlingsvögel (Passeriformes; ↗ Passeres).

ICTV, Abk. für ↗ *International Comitee on Taxonomy of Viruses.*

Idioblasten, Einzelzellen mit besonderen Aufgaben innerhalb eines andersartigen pflanzlichen Gewebeverbandes, z. B. Zellen mit Kristalldrusen.

Idiosoma, ↗ Acari.

Idiotyp, 1) *Genetik*: Bez. für die Gesamtheit der Erbanlagen einer Zelle, die neben der im ↗ Nucleus enthaltenen Erbinformation (↗ Genotyp) auch die Genome der Mitochondrien (*Chondrom*) und Plastiden (*Plastom*) einschließt. Der Begriff I. wird heute nur noch selten verwendet, an seine Stelle ist der Begriff ↗ Genom getreten.

2) *Immunbiologie*: antigene Determinante der variablen Region der leichten und schweren Kette des Immunglobulins oder T-Zell-Rezeptors. Die Determinanten können innerhalb oder außerhalb der Antigen-Bindungsstelle liegen. Nach der Netzwerk-Theorie von N.K. ↗ Jerne induzieren diese Determinanten die Bildung von Antikörpern, den idiotypischen Antikörpern, im selben Organismus und damit ein Netzwerk interner Regulation. (↗ Immunglobuline)

Ig, Abk. für ↗ Immunglobulin.

Igel, die Fam. ↗ Erinaceidae.

Igelfische, ↗ Tetraodontiformes.

Igelkopf, ↗ Echinaceae.

Igelwürmer, die ↗ Echiura.

IGF, Abk. für engl. *Insulin-like Growth Factor* (↗ Somatomedine).

IgG, Abk. für die Gammaglobuline (↗ Immunglobuline).

Ig-Klassen, Abk. für Immunglobulinklassen (↗ Immunglobuline).

Ignarro, *Louis J.*, amerikan. Pharmakologe, ✳ 31.5.1941 Brooklyn (New York); ab 1979 Prof. an der Tulane University in New Orleans, seit 1985 an der University of California in Los Angeles. I. identifizierte 1986, unabhängig von R.F. ↗ Furchgott, das Gas ↗ Stickstoffmonooxid (NO) als das Signalmolekül, das die Erweiterung der Blutgefäße als Antwort auf Acetylcholin-Freisetzung bedingt. Er erhielt 1998 zusammen mit Furchgott und E. ↗ Murad den Nobelpreis für Physiologie oder Medizin.

Iguanidae, *Leguane*, mit rund 650 Arten in etwa 50 Gatt. die größte Echsenfam. der Neuen Welt und nur zwei Arten auf Madagaskar bzw. den polynesischen Inseln. Ihre Körperlänge variiert von 10 cm bis 2 m, die Beine sind gut entwickelt, und der Schwanz ist meist mehr als körperlang. Die Zähne stehen seitlich am Kieferrand und sind bei Pflanzenfressern mehrkronig. Die meisten Arten ernähren sich von tierischer Kost. Einige Arten (z. B. der Gatt. *Anolis*) zeigen eine ausgeprägte Fähigkeit zum Farbwechsel. Bei vielen Arten sind Helme, Kehlanhänge oder Kämme ausgebildet. Die meisten Arten leben auf Bäumen, so z. B. der als Terrarientier beliebte, bis 1,8 m lange *Grüne Leguan (Iguana iguana*, der von Mexiko bis Mittelbrasilien verbreitet ist) und die *Basilisken* (Gatt. *Basiliscus*), die im trop. Amerika leben; die Männchen haben einen aufrichtbaren Hautlappen an Kopf und Rücken. Auf den Galápagos-Inseln kommen die in Erdhöhlen lebende Gatt. *Drusenköpfe (Conolophus*) mit zwei Pflanzen fressenden Arten vor, sowie die *Meerechse (Amblyrhynchos cristatus*) mit mehreren Unterarten, die im tiefen Wasser nach Algen taucht.

Iguanodon, erster, 1822 in England durch einen Zahnfund bekannt gewordener Dinosaurier aus der Ord. ↗ Ornithischia. I. war bis 10 m lang und konnte aufgerichtet bis 5 m hoch sein. Er lief auf vier und auf zwei Beinen und war ein Pflanzenfresser. I. kam in der unteren Kreide von Europa vor.

Iguanodon a Skelett, b Rekonstruktion des Habitus

ikosaedrisch, Bez. für eine symmetrische Struktur mit 20 Flächen, die ungefähr die Form einer Kugel hat. Viele ↗ Viren sind ikosaedrisch.

Ile, Abk. für ↗ Isoleucin.

Ileum, der Krummdarm, ein Teil des Dünndarms (↗ Darm).

Ilex, Gatt. der Fam. ↗ Aquifoliaceae.

Illiciales, eine den ↗ Magnoliales nahe stehende Ord., deren Arten hauptsächlich in den Tropen verbreitet sind. Es sind kleine Bäume und Sträucher mit schraubig angeordneten Blütenorganen.

Iltisse, Bez. für drei Arten der zu den Marderartigen gehörenden Gatt. *Mustela*. In Europa, Nordafrika und Asien beheimatet ist der bis zu 45 cm körperlange, in Mitteleuropa vom Aussterben bedrohte *Waldiltis (Europäischer Iltis; Mustela putorius*). Das Fell ist schwarzbraun mit gelblichen Seiten und heller Gesichtsmaske. Der Iltis sondert bei Gefahr ein übel riechendes Sekret ab.

Imaginalscheiben, Gruppen ektodermaler Zellen bei bestimmten Insekten, aus denen die Körperteile des adulten Tieres (↗ Imago) hervorgehen. Die I. entstehen während der ↗ Embryonalentwicklung meist als Einstülpung des Ektoderms und liegen dann in der Körperhöhle der Larve als etwa ein Dutzend paarige Epithelsäckchen vor. Kurz vor der Puppenruhe stülpen sie sich während der Metamorphose wieder aus, differenzieren sich und bilden die Körperoberfläche der Adultform, aber auch innere Organe. I. finden sich vor allem bei Schmetterlingen (↗ Lepidoptera), Zweiflüglern (↗ Diptera) und Hautflüglern (↗ Hymenoptera).

Imago, vor allem bei Gliederfüßern das geschlechtsreife Stadium (Adultstadium) nach einer Adulthäutung, die oft die letzte Häutung ist. Bei Insekten wird die I. auch *Vollinsekt* oder *Vollkerf* genannt. (↗ Subimago)

Immergrün, *Vinca*, Gatt. der ↗ Apocynaceae, zu der kleine Stauden mit immergrünen Blättern und blauen Blüten gehören. Alle Arten enthalten das Alkaloid ↗ Vinblastin, welches die Polymerisation von Tubulin zu Mikrotubuli unterbindet und in der experimentellen Zellforschung eingesetzt wird. Außerdem ist es neben anderen Vinca-Alkaloiden ein sehr gebräuchliches ↗ Cytostatikum, das als Kernspindelgift zur Mitosehemmung in der Metaphase führt.

Immigration, *Einwanderung*, Form der ↗ Gastrulation.

Immission, Einwirkung von Rauch, Gas, Staub, Gerüchen, Geräuschen, Licht, Wärme, Strahlung auf Lebewesen oder Gegenstände. I. ist die Folge der ↗ Emission.

Immunantwort, ↗ spezifische Immunantwort, ↗ unspezifische Immunantwort.

Immunfluoreszenz, Methode der Zell -und Molekularbiologie, bei der mit fluoreszierenden Farbstoffen markierte Antikörper dazu verwendet werden, Proteine in Zellen und Geweben spezifisch nachzuweisen. Dabei können die jeweiligen Antigene intrazellulär oder aber an der Zelloberfläche dargestellt werden, indem das Untersuchungsmaterial mit Licht bestimmter Wellenlängen bestrahlt und die *Fluorochrome* dadurch angeregt werden. I. d. R. wird die I. als *indirekte I.* eingesetzt: Nicht der *primäre Antikörper* wird mit einem Fluoreszenzfarbstoff gekoppelt, sondern ein *sekundärer Antikörper*, der diesen erkennt. Vor allem durch den Einsatz des konfokalen Lasermikroskops (↗ Mikroskopie) ist es mit Hilfe der I. möglich, Zellen und Gewebe dreidimensional zu erfassen. Bei der Erforschung des Cytoskeletts entstehen dabei beeindruckende Aufnahmen von den Mikrotubuli.

Immungenetik, das Teilgebiet der ↗ Genetik, das sich mit der genetischen Analyse von Immunglobulin-Genen und den Genen des ↗ Haupthistokompatibilitätskomplexes befasst.

Immunglobuline, Abk. *Ig*, *Antikörper*, Proteine (↗ Globuline), die spezifisch mit einem ↗ Antigen reagieren. Alle I. haben eine gemeinsame Struktur: Sie bestehen aus zwei großen, „schweren" *H-Ketten* mit einer relativen Molekülmasse von ca 50000 und zwei kleinen „leichten" *L-Ketten* mit einer Molekülmasse von ca. 25000, alles Polypeptidketten, die durch Disulfidbrücken miteinander verbunden sind. Die I. werden von den ↗ B-Lymphocyten gebildet und exocytiert (↗ Exocytose). Beim Menschen werden fünf Antikörperklassen (*Immunglobulinklassen* oder *Ig-Klassen*) unterschieden: *IgM*, *IgD*, *IgG*, *IgE*, *IgA*, deren H-Ketten unterschiedlich sind. Die L-Ketten kommen, abgesehen von den variablen Teilen, in zwei Formen vor, den häufigeren κ-Ketten und den λ-Ketten. IgM kommt in zwei Formen vor, löslich und als Antigenrezeptor auf der Plasmamembran von B-Lymphocyten. Löslich tritt es als pentamerer Komplex auf, durch eine zusätzliche Polypeptidkette (J-Kette) zusätzlich stabilisiert. *IgG (Gammaglobulin)* ist das häufigste I. und kommt in vier Subklassen (λ_1 - λ_4) vor, die etwas unterschiedliche Eigenschaften haben (isoelektrischer Punkt, Disulfidbrücken, Plasma-Halbwertszeit). Die Antikörper-Antwort gegen ein bestimmtes Antigen setzt sich jedoch aus allen vier Subklassen zusammen. Das sehr seltene IgE kann an ↗ Mastzellen und basophile ↗ Granulocyten binden und nach Antigen-Kontakt diese Zellen zur Ausschüttung von ↗ Histamin veranlassen (↗ Allergie). Es kommt auch, ebenso wie IgA, in Sekreten vor.

Die Spezifität der I. liegt im variablen Teil der so genannten *hypervariablen Regionen*. Dort sind die Aminosäureketten so gefaltet, dass sich Bindungsstellen für ein ganz bestimmtes Antigen bilden. Diese Antigenbindungsstellen (*haptophore Gruppen*) sind nicht groß; minimal sind fünf Aminosäure- bzw. Zuckerreste nötig, um immunogen zu wirken. Da antigene Makromoleküle jedoch meist viel größer sind, also eine Vielzahl antigener Determinanten oder ↗ Epitope tragen, wird die Immunantwort

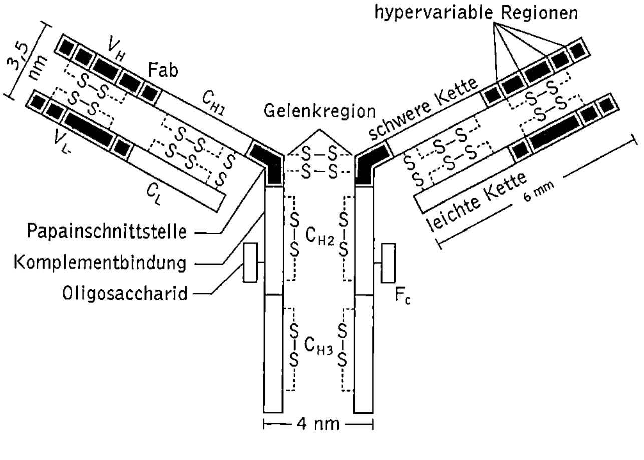

Immunglobuline Schematische Darstellung eines IgG-Antikörpermoleküls (Gammaglobulin). Die hypervariablen Regionen sind diejenigen Bereiche, in denen die Aminosäuresequenzen bei Antikörpern unterschiedlicher Spezifitäten besonders stark variieren können

in der Produktion vieler Antikörperspezies gegen verschiedene Epitope bestehen. Man nimmt an, dass der Körper nahezu unbegrenzt viele I. unterschiedlicher Spezifität bilden kann (ca. 10^7). Eine diesen Spezifitäten entsprechende Vielzahl von *Immunglobulin-Genen* kann es jedoch nicht geben (die Summe aller Gene im Genom des Menschen ist ca. 4×10^4). Mit modernen molekulargenetischen Methoden konnte gezeigt werden, dass die Stammzellen der Immunglobulin-produzierenden Immunzellen tatsächlich keine fertigen Gene für bestimmte Antikörper enthalten, dafür aber verschiedene Genkomponenten. Diese existieren meist in mehrfachen Versionen, die durch Rearrangement der betreffenden DNA in vielfältige Kombinationsmöglichkeiten während der Lymphocytenentwicklung die erforderliche Anzahl von Spezifitäten ergeben. Für jede Spezifität gibt es einen B-Lymphocyten-Klon. Innerhalb der ca. 10^{12} Lymphocyten eines Menschen finden sich mehr als 10^7 in ihren Immunglobulin-Genen unterschiedliche Klone. Bei einer Attacke durch ein bestimmtes Antigen werden diejenigen Lymphocyten-Klone zur Immunglobulinproduktion angeregt, deren ↗ Idiotypen den antigenen Determinanten entsprechen. (spezifische Immunantwort, ↗ unspezifische Immunantwort)

Immunisierung, der passive oder aktive Erwerb von ↗ Immunität. (↗ aktive Immunisierung, ↗ passive Immunisierung)

Immunität, 1) *Physiologie*: die erworbene spezifische Widerstandskraft des Körpers gegen Krankheitserreger. Sie beruht auf den durch das Antigen ausgelösten Immunreaktionen (Immunantwort). Die I. kann passiv durch Applikation von Antikörpern (↗ Immunglobuline, ↗ passive Immunisierung) oder aktiv durch Applikation von abgeschwächten Erregern (↗ aktive Immunisierung) erworben sein. (↗ spezifische Immunantwort, ↗ unspezifische Immunantwort)

2) *Botanik*: Bez. für die ↗ Resistenz einer Pflanze gegenüber einem pflanzenpathogenen Bakterium oder Pilz.

Immunkompetenz, die Fähigkeit, auf einen Antigen-Reiz zu antworten. Der Begriff wird sowohl zur Beschreibung von Zellen als auch ganzer Organismen verwendet. (↗ spezifische Immunantwort, ↗ unspezifische Immunantwort)

Immunkrankheiten, die ↗ Immunopathien.

Immunologie, Die Wissenschaft von den biologischen und chemischen Grundlagen der auf Immunreaktionen beruhenden Abwehrmechanismen des menschlichen und tierischen Organismus, die beim Kontakt mit infektiösen Erregern oder anderen Antigenen ausgelöst werden.

Immunopathien, *Immunkrankheiten*, Erkrankungen bei deren Entstehung ein immunologischer Mechanismus eine wesentliche Rolle spielt. Dabei werden durch die Immunantwort gegen Fremd-Antigene oder gegen körpereigene Komponenten immunologische Prozesse in Gang gesetzt, die zu Entzündungen oder Gewebeschädigungen führen. (↗ Allergie, ↗ Autoimmunkrankheiten, ↗ spezifische Immunantwort, ↗ unspezifische Immunantwort)

Immunpräzipitation, *Präzipitationsreaktion*, Reaktion eines löslichen Antikörpers (↗ Immunglobuline) mit einem löslichen Antigen. Die I. kann zur Untersuchung von Protein-Protein-Wechselwirkungen oder von ↗ posttranslationalen Modifizierungen verwendet werden. Hierbei verwendet man monoklonale oder polyklonale Antikörper, welche gegen spezifische definierte ↗ Epitope ihrer ↗ Antigene gerichtet sind. Diese Antikörper können an Agarose- oder Sepharose-Kügelchen gekoppelt sein und erlauben damit eine Abtrennung des gebundenen Antigens aus komplexen Gemischen, wie z. B. Zell-Lysaten. Die auf diese Weise gewonnenen *Immunpräzipitate* können mittels eines ↗ Western Blot auf weitere assoziierte Proteine untersucht werden. Mit Hilfe von quantitativen Präzipitationsmethoden lassen sich über die I. auch Antikörpermengen in einem Serum bestimmen.

Immunreaktion, i. e. S. die in vitro oder in vivo ablaufende Reaktion zwischen ↗ Antigen und Antikörper (↗ Immunglobuline; *humorale Immunreaktion*) bzw. zwischen Antigen und Immunzellen (*zelluläre Immunreaktion*). I. w. S. die Immunantwort (↗ spezifische Immunantwort, ↗ unspezifische Immunantwort).

Immunschwäche, allg. Bez. für Defekte in der humoralen oder zellvermittelten Immunabwehr. Man unterscheidet zwischen angeborener I. und erworbener I. Eine *angeborene I.* ist z. B. der durch einen Mangel an dem Enzym Adenosin-Desaminase (ADA) verursachte *schwere kombinierte Immundefekt* (Abk. *SCID* von engl. *severe combined immunodeficiency*), der mittlerweile durch Gentherapie mit einem gewissen Erfolg behandelt werden kann. *Erworbene I.* entwickeln sich erst im Verlauf des Lebens durch äußere oder innere Einflüsse. So unterdrücken z. B. bestimmte Krebsformen das Immunsystem, insbesondere die Lymphogranulomatose, die durch Schädigung des lymphatischen Systems den Patienten für zahlreiche Infektionen anfällig macht. Viren können ebenfalls I. verursachen, wie z. B. das HI-Virus (↗ Aids). Außerdem entsteht eine I., wenn z. B. nach Organtransplantationen der Organismus mit das Immunsystem unterdrückenden Medikamenten behandelt wird (*Immunsuppression*), um die Abstoßung des Transplantats zu verhindern.

Immunsuppression, ↗ Immunschwäche.

Immunsystem, körpereigenes Schutzsystem des Menschen und vieler Tiere. Bereits bei *Wirbellosen* ist die Fähigkeit, „Selbst" und „Fremd" zu unterscheiden, die Grundlage einer funktionierenden Abwehr, gut entwickelt. Den ↗ Immunglobulinen strukturverwandte Proteine konnten nachgewiesen werden, wie z. B. das *Hämolin* in der Hämolymphe von Nachtfaltern; es bindet an die Oberfläche von Mikroorganismen und wirkt so an deren Beseitigung mit. Bei Insekten und Krebsen konnte eine Kaskade enzymatischer Reaktionen nachgewiesen werden, das *Phenoloxidase-System*, das dem ↗ Komplementsystem der höheren Wirbeltiere analog ist. Außerdem besitzen viele Wirbellose ↗ Lektine, die ähnlich wie Immunglobuline wirken.

Das I. besteht aus der Gesamtheit aller Immunzellen eines Organismus, einschließlich aller immunologisch kompetenten Organe, so beim Menschen und den höheren Wirbeltieren ↗ Lymphknoten, ↗ Milz, ↗ Thymus sowie dem ↗ Knochenmark und den humoralen Komponenten (Immunglobuline). Aufgaben des I. sind das Erkennen von körperfremdem Material, also die Unterscheidung zwischen „Selbst" und „Fremd", das Auslösen spezifischer Abwehrreaktionen und, sich in Form eines immunologischen Gedächtnisses an spezifische Antigene zu erinnern. Das I. ist somit verantwortlich für die Bekämpfung von Krankheitserregern, aber auch für die Abstoßung von Transplantaten und Formen der ↗ Allergie. Auch die immunologische Überwachung somatischer Mutationen und maligner Entartung körpereigener Zellen (↗ Krebs) obliegt der Kontrolle des I. Das I. eines Organismus ist nicht unangreifbar und kann Fehler machen. Werden z. B. nicht alle transformierten Zellen vernichtet, kann es zur Ausbildung von Tumoren kommen. Bei ↗ Autoimmunkrankheiten wird die Toleranz gegen das „Selbst" aufgehoben mit der Folge, dass Antikörper gegen körpereigene Moleküle gebildet werden. Schließlich haben manche Parasiten, wie ↗ Trypanosoma, Mechanismen entwickelt, sich dem Immunsystem des Wirts zu entziehen. (↗ Psychoneuroimmunologie, ↗ spezifische Immunantwort, ↗ unspezifische Immunantwort)

Immuntoleranz, die für ein betimmtes Antigen spezifische Reaktionsunfähigkeit eines Individuums, das normalerweise gegen dieses Antigen eine Immunantwort einleitet. I. kann z. B. durch Kontakt mit einem Antigen während der Embryonalentwicklung entstehen oder beim Erwachsenen durch Zufuhr großer Antigenmengen. Außerdem können schwach immunogene Antigene eine unvollständige I. hervorrufen, wenn sie in kleinen Dosen aufgenommen werden. Die I. erlischt normalerweise, wenn das betreffende Antigen aus dem Körper verschwindet. Sie muss auch nicht vollständig sein, sondern es kann sein, dass nur ein Teil der

Immunantwort stattfindet (z. B. nur Antikörperproduktion, aber keine zellvermittelte Immunantwort). Die I. gegen körpereigene Immunogene (Proteine usw.) beruht vermutlich auf einer dauernden Hemmung bestimmter ↗ B-Lymphocyten und T-Helferzellen (↗ T-Lymphocyten) durch T-Suppressorzellen, sodass normalerweise eine Autoimmunisierung verhindert wird. Diese Toleranz gegen „Selbst" kann jedoch unter bestimmten Umständen zusammenbrechen, sodass es zu ↗ Autoimmunkrankheiten mit lebensbedrohlichen Konsequenzen kommen kann.

Impatiens, Gatt. der ↗ Balsaminaceae.

Impfnadel, Instrument zur Übertragung von ↗ Mikroorganismen. Es besteht aus einem nadelförmigen Draht, der in einem Metallhalter oder Glasstab befestigt ist. Das Gerät wird als *Impföse* bezeichnet, wenn das Drahtende zu einer Öse gebogen ist. Durch Ausglühen in der Flamme wird die I. sterilisiert.

Impföse, ↗ Impfnadel.

Impfstoff, *Vakzine*, aus ↗ Mikroorganismen oder immunogenen Teilen dieser Mikroorganismen bestehendes Impfmaterial (↗ Impfung). *Lebendimpfstoffe* enthalten vermehrungsfähige Mikroorganismen, die durch wiederholte in vitro-Kultivierung und Mutationen in ihrer ↗ Virulenz stark abgeschwächt sind. *Totimpfstoffe* bestehen aus abgetöteten Erregern und sind i. Allg. weniger immunogen als Lebendimpfstoffe.

Impfung, 1) ein Verfahren zur Erzeugung von ↗ Immunität (↗ aktive Immunisierung). In den 1950er- und 1960er-Jahren wurde damit begonnen, Kinder durch I. vor ↗ Infektionskrankeiten zu schützen. Dies hatte zur Folge, dass bestimmte Infektionskrankheiten wie z. B. die Kinderlähmung heute viel seltener vorkommen. In Deutschland gibt die Ständige Impfkommission (STIKO) am Robert-Koch-Institut in Berlin regelmäßig Impfempfehlungen heraus. Die meisten I. werden im Kindesalter durchgeführt. Wenig bekannt ist die Notwendigkeit von Auffrischungsimpfungen in späteren Lebensjahren (z. B. bei Diphtherie, Tetanus). Vor Reisen in bestimmte tropische und subtropische Länder sind besondere I. erforderlich. Auskunft hierüber geben z. B. die Gesundheitsämter oder Apotheken.

Weitere Informationen bei: Robert-Koch-Institut, Berlin: www.rki.de

2) in der *Mikrobiologie* das Übertragen lebender Mikroorganismen auf oder in Nährmedien. Für diesen Vorgang sind die Bez. *Animpfung* oder *Beimpfung* üblich.

Implantation, die ↗ Nidation.

Imponierverhalten, dem ↗ Drohverhalten ähnliches Verhalten, das dem Anlocken von Partnern dient. Typische Verhaltensweisen sind z. B. Flügelabstellen, Fell- oder Federnsträuben und Zur-Schau-Stellen der männlichen Geschlechtsorgane oder Waffen (Geweih, Zähne, Schnabel).

Imprinting, ↗ genomische Prägung.

Incus, *Amboss*, eines der Gehörknöchelchen im ↗ Ohr.

Indicatoridae, die Honiganzeiger (↗ Piciformes).

Indigenae, Tiere, die sich in einem ↗ Biotop durch Vermehrung halten und damit bodenständig sind. Sie werden auch als biotopeigene Arten bezeichnet.

Indigo, 1) *Indigofera tinctoria*, aus Indien stammende ↗ Färberpflanze der ↗ Fabaceae. Der Strauch trägt rote oder weiße Schmetterlingsblüten.

2) der aus den Blättern des Indigostrauches und anderer Pflanzen (u. a. ↗ Färberwaid) gewonnene blaue Farbstoff.

Indigofera, Gatt. der ↗ Fabaceae.

Indikatororganismen, Organismen, die bestimmte Umweltbedingungen anzeigen (↗ Bioindikatoren).

Individualdistanz, Mindestabstand zwischen frei beweglichen Tieren als Kriterium der Distanzregulation in ↗ Populationen und Gruppenstrukturen.

Individualselektion, in der ↗ Ethologie die Auslese von Individuen aufgrund ihrer Überlebens- und Vermehrungsfähigkeit. (↗ Fitness)

Individuenabundanz, ↗ Abundanz.

Individuendichte, ↗ Abundanz.

Indol, *2,3-Benzopyrrol*, blumig jasminähnlich riechende Substanz, die z. B. in Jasminblüten-, Orangenblüten- und Neroliöl sowie den Blüten der ↗ Robinie und in Fäkalien als Abbauprodukt von ↗ Tryptophan vorkommt. I. wird vor allem in der Kosmetikindustrie verwendet.

Indol-3-essigsäure, Abk. *IAA*, das häufigste und physiologisch wichtigste Pflanzenhormon aus der Gruppe der ↗ Auxine, das in den 1930er-Jahren als erstes Auxin in seiner chemischen Struktur charakterisiert wurde.

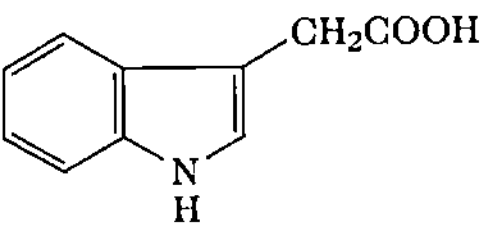

Indol-3-Essigsäure

Indriidae, *Indris*, Fam. der Halbaffen mit vier Arten in drei Gatt., die auf Madagaskar beheimatet sind. Indris sind Baumbewohner, deren Fuß durch die opponierbare Großzehe zum Greifen geeignet ist. An der zweiten Zehe sitzt die für Halbaffen typische Putzkralle. Alle Indris sind Pflanzenfresser und leben sozial. Größte Art ist der bis 90 cm körperlange *Indri (Indri indri)* mit schwarzbraun und weißem Fell und Stummelschwanz, kleinste

Art ist der nachtaktive *Wollmaki (Avahi laniger)*. Zu den I. gehört außerdem noch die Gatt. *Sifakas (Propithecus)* mit zwei mittelgroßen, langschwänzigen Arten.

Induktion, 1) ↗ Enzyminduktion.

2) ↗ Blütenbildung.

3) in der Embryonalentwicklung die Auslösung von neuen Entwicklungsvorgängen durch ein Signal von außerhalb der induzierten Zellpopulation. Auf das jeweilige Induktionssignal reagieren nur kompetente Zellen (↗ Kompetenz), und zwar jeweils nur im Rahmen ihrer Reaktionsnorm. Die tierische Ontogenese lässt sich als Kette oder Kaskade aufeinander folgender und aufeinander aufbauender Induktionsvorgänge auffassen. I. kann einen engen Kontakt von Signalgeber (*Induktor*) und regierendem Gewebe voraussetzen (*embryonale I.*, z. B. die I. des Zentralnervensystems der Wirbeltiere) oder aber aufgrund von weiter reichenden Signalen stattfinden (*hormonelle I.*). Zellen verschiedener Kompetenz reagieren auf gleiche Signale verschieden. So veranlasst z. B. derselbe Induktor in embryonaler Unken-Epidermis die Bildung von Unkenmund-Strukturen, in der Molch-Epidermis hingegen die Bildung von Molchmund-Strukturen. Bei der Kaulquappe löst ein einziges Hormon (↗ Thyroxin) – in verschiedenen Konzentrationen – im Schwanz Abbauvorgänge, in der Beinknospe Aufbauvorgänge und im Auge Umbauvorgänge aus.

Das Phänomen der I. wurde 1924 von H. ↗ Spemann und H. ↗ Mangold an Molch-Embryonen entdeckt. Die Transplantation von Gewebe der dorsalen Urmundlippe („*Spemann-Organisator*" genannt, bildet später die Chorda dorsalis) in eine Region, welche normalerweise Bauchhaut gebildet hätte, induziert dort die Entwicklung einer zweiten embryonalen Achse mit Neuralrohr und Somiten, die vom induzierten Wirtsgewebe gebildet werden, und der vom Transplantat gebildeten Chorda. Mitbeteiligt bei der I. sind vom Spemann-Organisator abgegebene Stoffe wie *Noggin* und *Chordin*. Sie inaktivieren in benachbarten Ektodermzellen einen sezernierten Faktor, der die Bildung von epidermalem Ektoderm auslöst, und ermöglichen so die Bildung von neuralem Ektoderm. Die Bildung des Spemann-Organisators selbst wurde zuvor vom ↗ Nieuwkoop-Zentrum induziert. (Abb. s. S. 161)

Induktor, Bez. für Substanzen, die zur Aktivierung der ↗ Genexpression bestimmter Gene führen, deren Genprodukte (i. d. R. Enzyme) für den Abbau dieser Substanzen erforderlich sind (↗ Enzyminduktion, ↗ Arabinose-Operon, ↗ Lactose-Operon).

Indusium, die Hülle, die bei den Farnen die Sporangienhaufen (Sori) vollständig umgibt.

industrielle Mikrobiologie, die kommerzielle Nutzung von ↗ Mikroorganismen zur Herstellung von

INDUKTION

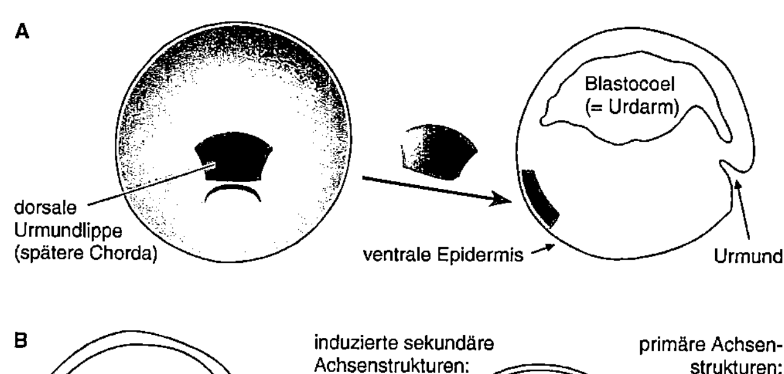

Induktion einer zweiten Körperachse durch die dorsale Urmundlippe beim Molchembryo

A Gewebe der dorsalen Urmundlippe wird in einen Bereich implantiert, der normalerweise ventrale Epidermis gebildet hätte. B Die implantierte Urmundlippe bildet einen zweiten Urmund und induziert die Bildung von sekundären Achsenstrukturen mit Neuralrohr und Somiten. Das Transplantat selbst bildet die Chorda, den ventralsten Anteil des Neuralrohrs und vereinzelt Somitenzellen **(C)**. D Resultierender siamesischer Molch-Zwilling mit 2 dorsalen Achsen.

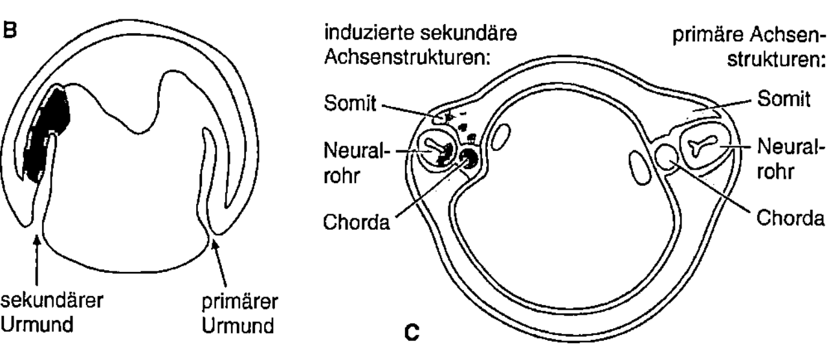

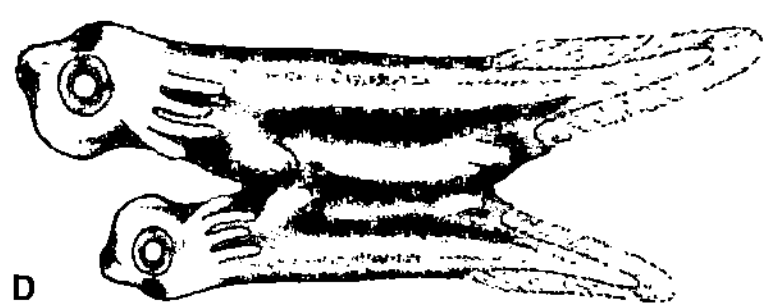

Experimente zum Nachweis der Linseninduktion beim Molchauge

Die Bildung der Augenlinse wird durch das Augenbläschen in der benachbarten Kopfepidermis induziert. Dies zeigt sich nach Einpflanzung eines Stückchens zukünftiger Bauchhaut in den Kopfbereich. Die Bauchepidermis (dunkler Rahmen) stülpt sich dort zur Linsenbildung in den Augenbecher ein. Benutzt man Arten mit verschieden großen Linsen (z.B. Axolotl bzw. Molch) als Spender bzw. Wirt für das Transplantat, so entspricht die Linsengröße der genetischen Norm der Epidermis-Spenderart. Der Wirt wird durch Signale zur Anpassung der Größe des Augenbechers veranlaßt.

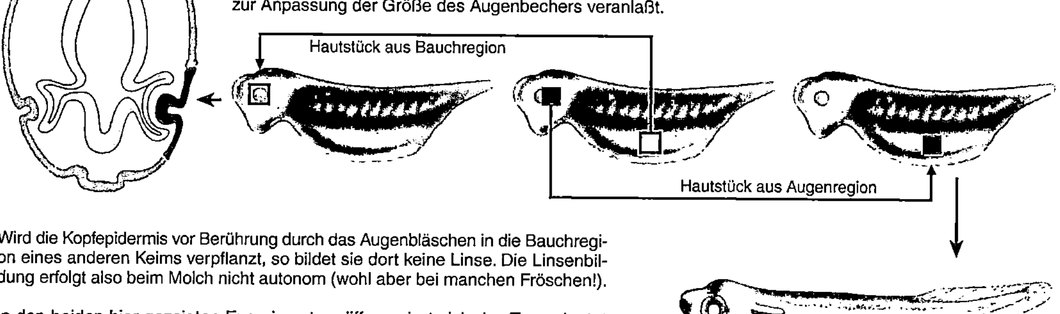

Wird die Kopfepidermis vor Berührung durch das Augenbläschen in die Bauchregion eines anderen Keims verpflanzt, so bildet sie dort keine Linse. Die Linsenbildung erfolgt also beim Molch nicht autonom (wohl aber bei manchen Fröschen!).

In den beiden hier gezeigten Experimenten differenziert sich das Transplantat also „ortsgemäß". Seine spezifische Ausgestaltung (z.B. Linsengröße oder Hautpigmentierung) hängt vom Genotyp der Transplantatzellen ab.

Induktion

Lebensmitteln, pharmazeutischen Wirkstoffen, Enzymen und Chemikalien. Die moderne i. M. wird als *mikrobielle* ↗ *Biotechnologie* bezeichnet.

Industriemelanismus, Bez. für die mit fortschreitender Luftverschmutzung einhergehende Umstrukturierung von Populationen mit überwiegendem Anteil von hellen wildfarbenen Individuen und seltenen melanistischen (↗ Melanismus) Varianten zu Populationen mit überwiegenden Anteilen melanistischer und seltener wildfarbener Individuen. Das klassische Beispiel ist die Zunahme dunkel gefärbter Individuen des Birkenspanners, *Biston betularia*, mit zunehmender Luftverschmutzung. Während der helle Wildtyp dieses Falters an Birken mit einem sauberen Stamm optimal getarnt ist und dieser Typ in allen Populationen dominiert, wird er mit zunehmender Luftverschmutzung auf verrußten und flechtenfreien Stämmen zu einer gut sichtbaren Beute. Hier haben dunkel gefärbte Birkenspanner einen Selektionsvorteil und können sich stärker vermehren. Das Phänomen des I. wurde bereits im 19. Jh. in England beschrieben. Seitdem in den Industrieländern Maßnahmen der Luftreinhaltung ergriffen wurden, nahmen die hellen Formen des Birkenspanners wieder zu.

induzierbarer Promotor, ein ↗ Promotor, der durch Umweltfaktoren wie Licht, Temperatur (↗ Hitzeschockgene) oder bestimmte chemische

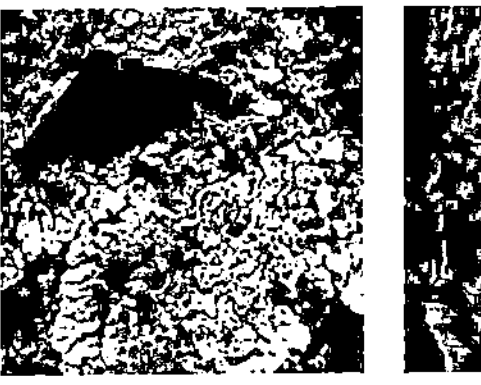

Industriemelanismus Die beiden Morphen des Birkenspanners (*Biston betularia*). Auf hellen, flechtenbewachsenen Baumstämmen (links) fallen hell gefärbte Birkenspanner weniger auf als dunkle Birkenspanner, die das melanistische Allel *carbonaria* tragen. In Industriegebieten mit verrußten und flechtenfreien Baumstämmen ist es umgekehrt, weshalb dort die dunkle Variante vorherrscht

Verbindungen aktiviert wird und somit für eine umweltfaktorengesteuerte ⁊ Genexpression sorgt.

Infauna, die ⁊ Endofauna.

Infektion, 1) das Eindringen von ⁊ Mikroorganismen (z. B. Bakterien, Viren, Pilze, Protozoen) in einen Makroorganismus (Mensch, Tier oder Pflanze), wo sie haften bleiben und sich vermehren. Dabei muss es jedoch nicht zu Krankheitssymptomen kommen; die I. kann auch asymptomatisch verlaufen. Bei mangelnden Abwehrmechanismen führen I. zum Ausbruch von ⁊ Infektionskrankheiten. Je nach Infektionserreger kann die Übertragung indirekt, z. B. durch Insekten, oder direkt, z. B. durch Kontaktinfektion oder Tröpfcheninfektion erfolgen.

2) in der *Mikrobiologie* die Verunreinigung einer Reinkultur mit anderen, unerwünschten Mikroorganismen.

Infektionskrankheiten, durch ⁊ Infektion hervorgerufene Krankheiten bei Menschen, Tieren und Pflanzen. Zu den Krankheitserregern gehören Bakterien, Viren, Pilze und Protozoen. Beim Menschen und bei Tieren laufen I. nach einem bestimmten Muster ab: Zunächst beginnt der Mikroorganismus, sich im Wirtsorganismus zu vermehren (*Infektion*). Darauf folgt eine Phase, in der noch keine Krankheitssymptome auftreten (*Inkubationszeit*). Diese kann wenige Tage (bei ⁊ Erkältungen) oder mehrere Jahre (z. B. bei ⁊ Aids) dauern. Am Ende der Inkubationszeit entwickeln sich die ersten Symptome. In der *akuten Phase* erreicht die Krankheit ihren Höhepunkt und wird von eindeutigen Symptomen wie ⁊ Fieber begleitet. Bei gutem Verlauf der

Krankheit nehmen in der darauf folgenden *Abklingphase* die Krankheitssymptome wieder ab, bis das *Konvaleszenzstadium* erreicht ist.

Nach Angaben der WHO sterben jährlich 20 Mio. Menschen an I., hauptsächlich in den Entwicklungsländern. (⁊ Immunreaktionen, ⁊ Impfung, ⁊ Kochsche Postulate, ⁊ Koch)

Literatur: Hahn, H.: Medizinische Mikrobiologie und Infektiologie, Heidelberg 2001. – Marre, R.: Klinische Infektiologie, München 2000. (Weitere Literatur ⁊ Mikrobiologie)

Weitere Informationen bei: Robert Koch-Institut, Berlin: www.rki.de

Infektiosität, die Fähigkeit eines Mikroorganismus, eine ⁊ Infektion zu verursachen. I. darf jedoch nicht mit ⁊ Kontagiosität verwechselt werden.

Infertilität, die Unfruchtbarkeit (⁊ Sterilität).

Infloreszenz, der ⁊ Blütenstand.

Influenza, *Virusgrippe*, die ⁊ Grippe.

Influenzaviren, einzelsträngige RNS-⁊ Viren mit helikalem ⁊ Capsid und Hülle. Sie gehören zu den

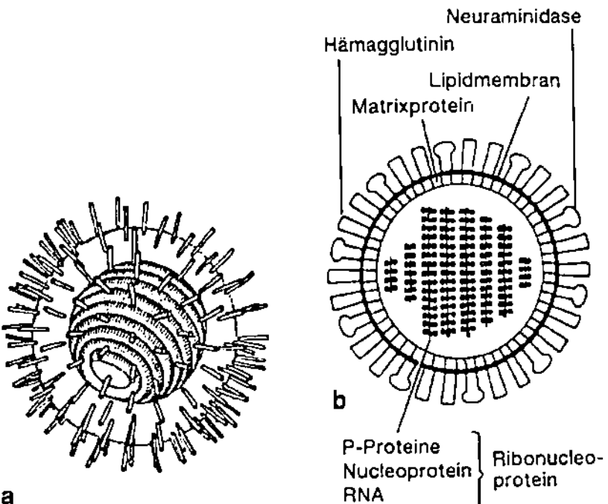

Influenzaviren a Schema eines Viruspartikels, b Zusammensetzung des Viruspartikels im Detail

Orthomyxoviren und lassen sich in drei Typen (A, B, C) unterteilen, wobei Typ A der häufigste Erreger der *Influenza* oder ⁊ Grippe ist. Bei diesem Virustyp führen Punktmutationen zu kleineren Oberflächenantigenen (*Antigen-Drift*); es entstehen unterschiedliche Subtypen. Beim Austausch von Genabschnitten kommt es etwa alle 10 - 15 Jahre zum Auftreten neuer Subtypen (*Antigen-Shift*), die zu Panepidemien führen können.

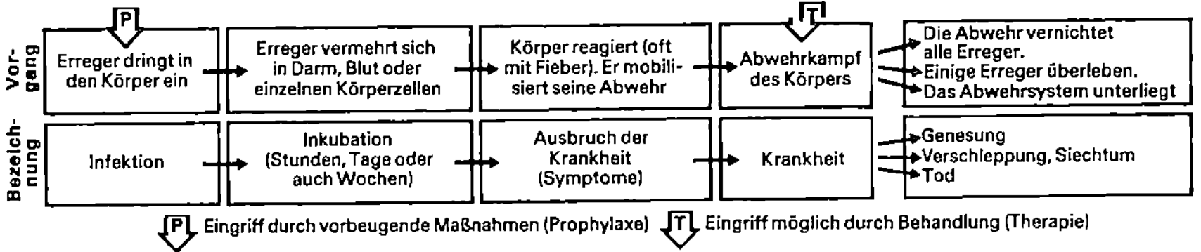

Infektionskrankheiten Stadien einer Infektionskrankheit

Influx, der Einstrom von Molekülen und Ionen in Zellen oder Zellkompartimente. Gegensatz: ⬈ Efflux

Infraortung, die Fähigkeit, Beutetiere aufgrund der von ihnen ausgestrahlten Wärmestrahlung zu orten. Infrarotstrahlung hat eine Wellenlänge die größer ist als 0,7 μm; sie löst, wenn sie absorbiert wird, bei beweglichen Molekülen (wie z. B. Wassermoleküle) Rotations- und Pendelbewegungen aus. Diese erregen z. B. beim Menschen die Temperaturrezeptoren, was zu der Empfindung Wärme führt (daher Wärmestrahlung). Warmblüter senden überwiegend Infrarotlicht in einem Wellenlängenbereich von 1,5 μm bis 1 mm aus (zum Vergleich Mikrowellenherde erzeugen Infrarotstrahlung mit Wellenlängen von i. d. R. 12 cm). Die Fähigkeit, Beutetiere über I. aufzufinden ist nachgewiesen bei Grubenottern (⬈ Viperidae), Riesenschlangen (⬈ Boidae) und der Vampirfledermaus, die jeweils spezielle Rezeptoren für Infrarotstrahlung besitzen.

Infusorien, die ⬈ Aufgusstierchen.

Ingenhousz, *Jan*, niederländ. Arzt, Botaniker und Naturforscher, ✳ 8.12.1730 Breda, † 7.9.1799 Bowood (Wiltshire); Arzt in Breda, ab 1765 in Edinburgh und London, ab 1768 Leibarzt Maria Theresias, seit 1789 wieder in England. I. stellte 1779 fest, dass grüne Pflanzenteile nur unter Lichteinwirkung (am Tag) Sauerstoff abgeben, im Dunkeln hingegen Kohlenstoffdioxid (CO_2), und dass nichtgrüne Pflanzenteile in beiden Fällen CO_2 abgeben; er entdeckte damit die Dissimilation (Atmung) und die Assimilation (Fotosynthese) bei Pflanzen. Außerdem fand er die Planosporen (Schwärmsporen) bei Algen und führte das Deckglas in die Mikroskopie ein.

Ingestion, die Aufnahme von festen (⬈ Phagocytose) oder flüssigen (⬈ Pinocytose) Nahrungspartikeln durch Zellen. (Endocytose)

Ingwer, das getrocknete ⬈ Rhizom von *Zingiber officinale*, einer aus Südasien stammenden Staude der ⬈ Zingiberaceae (Abb. siehe dort).

Ingwergewächse, die Fam. ⬈ Zingiberaceae.

Inhibine, aus zwei Untereinheiten bestehende Proteine, die als Hormone oder parakrine bzw. autokrine Regulatoren vielfältigen Einfluss auf zelluläre Funktionen und Entwicklungsvorgänge bei Tieren und dem Menschen ausüben. So hemmt ein in den Gonaden und im Follikel produziertes I. die FSH-Sekretion (⬈ Follikel stimulierendes Hormon) der ⬈ Hypophyse, eine Funktion die an diejenige der Inhibiting Hormone (⬈ Releasing-Hormone) erinnert. I. erfüllen jedoch noch eine ganze Reihe weiterer Aufgaben im Organismus.

Inhibiting Hormone, ⬈ Releasing-Hormone.

Inhibition, die ⬈ Hemmung.

inhibitorisch, in der *Sinnesphysiologie* gleichbedeutend mit hemmend.

Initialzellen, die meristematisch, d.h. teilungsfähig bleibenden Ausgangszellen von Geweben, z. B. ⬈ Vegetationspunkte und ⬈ Scheitelzellen.

Initiation, *Genetik*: die Abfolge von Reaktionen, die die Synthese von ⬈ Desoxyribonucleinsäuren, ⬈ Ribonucleinsäuren, ⬈ Proteinen oder ⬈ Polysacchariden einleiten. Der I. folgen i. d. R. ⬈ Elongation und ⬈ Termination. (⬈ Elongationsfaktoren)

Initiationsfaktoren, Abk.: *IF*, Bez. für Proteine, die analog zu den ⬈ Trankriptionsfaktoren zu Beginn der ⬈ Translation aktiv sind (⬈ Initiation), sodass diese am Startcodon AUG der ⬈ messenger-RNA (mRNA) im korrekten ⬈ Leseraster beginnt. Hierzu vermitteln bestimmte I. die Bindung der kleinen ribosomalen Untereinheit (⬈ Ribosomen) an die mRNA (*Initiationskomplex*), während andere für die Anbindung der ersten ⬈ transfer-RNA sorgen. Bei Bakterien sind drei, bei eukaryotischen Zellen (⬈ Eucyte) mindestens sechs I. bekannt. Die Kontrolle der Translation erfolgt bei Eucyten i. d. R. bei der Initiation, wobei Phosphorylierungen der I. nachgewiesen wurden.

Initiationskomplex, ⬈ Initiationsfaktoren.

Inkompatibilität, 1) In der *Bakteriengenetik* der gegenseitige Ausschluss von Plasmiden mit demselben *F-Faktor*, wodurch die Replikation weiterer F-Plasmide in ein und derselben Zelle verhindert wird. Der Begriff I. wird ferner mit der Verhinderung der Gametenvereinigung (*gametische I.*) gebraucht, wobei zwischen einer interspezifischen und einer intraspezifischen Form (⬈ Selbstinkompatibilität) unterschieden wird, die zur Vermeidung von ⬈ Inzucht beitragen kann. Als *somatische I.* werden Störungen bei Hybridisierungen und Pfropfungen bezeichnet, die sich in veränderter Morphologie sowie Chromosomenveränderungen bemerkbar machen.

2) *Phytopathologie*: Im Rahmen der *pflanzlichen Abwehr* wird unter I. das Phänomen verstanden, dass ein Pflanzenpathogen zwar eine Überempfindlichkeitsreaktion der Pflanze, nicht aber das Auftreten von Krankheitssymptomen auslösen kann, sodass dessen Hemmung oder Abtöten möglich ist.

Inkrustierung, die Einlagerung von Mineralsubstanzen (Silikate, Calciumcarbonat) und ⬈ Lignin in die ⬈ Zellwand.

Inkubation, 1) Bebrütung von Eiern oder Mikroorganismen unter Wärmezufuhr.

2) Aufzucht im Inkubator (Brutkasten).

3) Kurzform für ⬈ Inkubationszeit.

Inkubationszeit, *Latenzperiode*, bei ⬈ Infektionskrankheiten die Zeitspanne zwischen der Ansteckung (Eindringen der Erreger in den Körper) und dem Auftreten von Krankheitszeichen.

Innengruppe, eine als Monophylum angesehene Gruppe, für welche die Lesrichtung unterschiedlich ausgeprägter Merkmale bestimmt werden soll. (↗ Außengruppenvergleich)

Innenparasit, ↗ Endoparasit.

innerartlich, ↗ intraspezifisch.

innerer Raum, *apparent free space*, Abk. *AFS*, der beim apoplastischen Transport von Wasser und Nährelementen zur Verfügung stehende Teil der Wurzelrinde, dessen Anteil zwischen 8 und 25 % des gesamten Gewebevolumens ausmacht. Dabei wird die Beweglichkeit von Ionen durch das Vorhandensein der überwiegend negativen Ladungen beeinflusst, wobei es zu einer Akkumulation von Kationen kommt. Somit wird die experimentell zu ermittelnde Größe des i. R. nicht als Volumen, sondern als Ionenkapazität angegeben.

innere Uhr , *physiologische Uhr*, ein bei einigen Prokaryoten und allen Eukaryoten vorhandener endogener Zeitmessapparat, mit dessen Hilfe diese Organismen an die durch die geophysikalischen Zyklen der Erde erzeugten Rhythmen, die sich täglich (*circadiane Rhytmik*) , monatlich (*circaluna-re Rhythmik*) oder jährlich (*circaannuale Rhythmik*) wiederholen, angepasst sind (↗ Biorhythmik).

Ohne ihre Bestandteile genau zu kennen, kann die i. U. in einem aus drei funktionellen Einheiten bestehenden Modell beschrieben werden. In dessen Zentrum steht der so genannte *zentrale Oszillator*, der für die Erzeugung der endogenen Rhythmen verantwortlich ist. Über einen oder mehrere *„Input"-Wege* wird dieser zentrale Oszillator mit Informationen aus der Umwelt versorgt, die er verarbeitet und über einen oder mehrere *„Output"-Wege* in eine Vielzahl von rhythmischen Prozessen umsetzt. In Analogie zur mechanischen Uhr können diese auch als Zeiger der i. U. bezeichnet werden, wohingegen der zentrale Oszillator das eigentliche Uhrwerk darstellt, dessen (molekulare) Federn und Räder es zu entschlüsseln gilt.

Bei der Aufklärung des molekularen Aufbaus der i. U. waren seit den 1970er-Jahren zunächst zwei Organismen hilfreich. Bei *Neurospora crassa* diente die circadian gesteuerte Sporulation, die sich bei dem so genannten *band*-Stamm in einem einfach zu beobachtenden Bandenmuster der Konidien äußert, als brauchbarer Phänotyp bei der Suche nach Mutanten mit veränderten circadianen Rhythmen. Bei ↗ Drosophila melanogaster stellten sich der circadian gesteuerte Schlüpfrhythmus der verpuppten Larven und die rhythmische Bewegungsaktivität als günstig für die Isolierung von Mutanten mit veränderten circadianen Rhythmen heraus.

Ein vereinfachtes Modell, das aufgrund dieser Arbeiten über die molekulare Natur des zentralen Oszillators entwickelt wurde, beschreibt diesen als einen auf ↗ Transkription und ↗ Translation basierenden Rückkopplungsprozess, in dem Proteine ihre eigene Synthese kontrollieren. Damit der zentrale Oszillator nicht zum Stillstand kommt, müssen *positive Elemente* und *negative Elemente* vorhanden sein. Die positiven Elemente, bei denen es sich beispielsweise um ↗ Transkriptionsfaktoren handelt, aktivieren zu einem bestimmten Zeitpunkt die Transkription von so genannten „Clock-Genen", so dass deren intrazellulärer mRNA-Gehalt und zeitlich versetzt die Konzentration an „Clock-Proteinen" ansteigt. Ist ein bestimmter Schwellenwert überschritten, unterbinden diese ihre eigene Synthese. Durch die unterbundene Neusynthese und die natürlichen Halbwertzeiten sinkt die intrazelluläre Proteinkonzentration ab, so dass ein neuer Zyklus mit der Aktivierung der Transkription beginnen kann. In Verbindung mit den positiven Elementen entstehen auf diese Weise rhythmische Schwankungen von Transkript- und Proteinkonzentrationen der Oszillatorkomponenten, die durch die Kontrolle von „Output-Genen" letztlich zur Erzeugung der Biorhythmik führen.

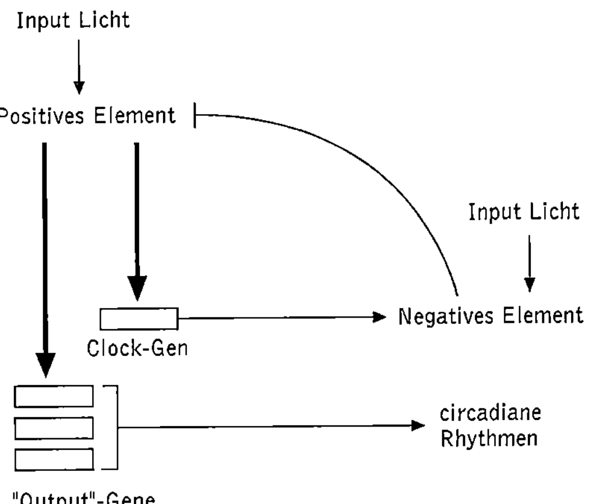

innere Uhr Schematische Darstellung des zentralen Oszillators: Bestandteile sind ein oder mehrere negative Elemente, die in einer negativen Rückkoppelungsschleife ihre eigene Expression herunter regulieren, und ein oder mehrere positive Elemente, die verhindern, dass der Rhythmus zum Erliegen kommt. Auf diese Weise entsteht eine zeitliche Verzögerung. Gleichzeitig wirken die positiven Elemente auf Gene, die an der Ausbildung der durch die innere Uhr gesteuerten rhythmischen Phänomene beteiligt sind („Output"-Gene)

Sowohl bei *Drosophila* als auch bei *Neurospora* konnten bereits in den 1980er-Jahren Gene kloniert werden, die die Anforderungen an „Clock-Gene" erfüllen. Als Beweis dafür, dass ein mögliches „Clock-Gen" tatsächlich Bestandteil des zentralen Oszillators ist, mussten mehrere Kriterien erfüllt sein: (1) Die Aktivität oder Konzentration eines Bestandteils des zentralen Oszillators muss selbst einen circadianen Rhythmus zeigen, wobei die eigene Synthese rhythmisch kontrolliert wird, (2) kommt diese Komponente in einer konstanten Konzentration vor, führt dies zu arrhythmischen „Output"-Phänomenen, (3) durch schnelle Veränderungen einer Komponente entstehen vorhersagbare Phasenverschiebungen und (4) Mutationen in einem „Clock-Gen" führen zu einer Veränderung der circadianen Rhythmen.

Umfangreiche Studien haben sich diesbezüglich dem so genannten frequency-Gen *(frq)* aus *Neurospora* gewidmet. Auch bei *Drosophila* konnten mit den Genen *period (per)* und *timeless (tim)* zwei Bestandteile des zentralen Oszillators identifiziert werden. Und erst kürzlich gelang es, mit der Klonierung von weiteren „Clock-Genen" den evolutionären Rahmen von molekularen Komponenten der „inneren Uhr" zu erweitern: Mit dem Cyanobakterium *Synechococcus* steht ein prokaryotisches Untersuchungssystem zur Verfügung, für das Bestandteile der i. U. bekannt sind. Hinzu kommt, dass auch bei der Maus „Clock-Gene" identifiziert wurden, die es gestatten, die i. U. der Säugetierzelle genauer zu untersuchen

Obwohl die Erforschung der durch die i. U. kontrollierten circadianen Rhythmen bei Pflanzen eine lange Tradition hat, dient ↗ Arabidopsis thaliana erst seit kurzem als chronobiologisches Untersuchungsobjekt, da die bei anderen Pflanzenarten so auffälligen rhythmischen Phänomene schon aufgrund der geringen Größe dieser Modellpflanze weit weniger dramatisch ausgebildet sind.

Gleichwohl lassen sich unter Verwendung eines vergrößernden Kamerasystems z. B. Blattbewegungen beobachten. Gleiches trifft auch für die bei anderen Pflanzen beschriebene Steuerung des Spaltöffnungsapparates zu. Schließlich steht mit dem *Blühverhalten* der fakultativen Langtagpflanze ein weiteres „makroskopisches" circadianes Phänomen zur Verfügung, in dem sich die Rolle der i. U. als biologischer Zeitmesser widerspiegelt (↗ Blütenbildung, ↗ Fotoperiodismus). Inzwischen sind auch Komponenten der i. U. von *Arabidopsis* identifiziert worden.

innere Zellmasse, in der ↗ Blastocyste der Säugetiere eine Ansammlung von Zellen, aus denen sich der eigentliche Embryo entwickelt. (↗ Embryonalentwicklung)

innersekretorische Drüsen, die Hormondrüsen (↗ Drüsen).

Inoceramus, ausgestorbene Muschel-Gatt. mit meist eiförmiger, fast gleich- bis stark ungleichklappiger Schale, die konzentrisch verziert war, mit zahnlosem Schlossrand. Die Schale besteht aus parallelen dünnen Calcitprismen, die bei der Verwesung auseinander fallen und dann gesteinsbildend werden. Die Blütezeit von I. war die Obere Kreide mit bis über 50 cm langen Schalenklappen; für diese Zeit sind viele Formen von I. Leitfossilien.

Verbreitet war I. vom unteren Jura bis zur oberen Kreide.

Inokulation, 1) Übertragung eines ↗ Pathogens in einen Wirtsorganismus (z. B. ↗ Prionen in Tiere) oder auf die Oberfläche desselben (z. B. Rostpilze auf Blattoberflächen). 2) Beimpfung von Pflanzen und Wachstumsmedien (z. B. Böden) mit nicht pathogenen Mikroorganismen, z. B. mit Mykorrhiza-Pilzen (↗ Mykorrhiza) oder ↗ Rhizobium.

Inokulum, *Beimpfungskultur*, Mikroorganismen, die zur (Be-)Impfung eines Organismus oder eines Mediums verwendet werden (↗ Inokulation).

Inositol, *Hexahydroxycyclohexan*, *1,2,3,4,5,6-Cyclohexanol*, in acht stereoisomeren Formen vorkommender sechswertiger zyklischer Alkohol. Das wichtigste Isomer ist der süß schmeckende *myo-Inositol*, der in pflanzlichem und tierischem Gewebe weit verbreitet in freier Form (z. B. ↗ Muskel) oder gebunden, z. B. als Mono- und Diphosphorsäureester (Phosphatidylinositole) in ↗ Phospholipiden vorkommt.

Inositolphosphate, Phosphatester des zyklischen Alkohols *myo-Inositol* (↗ Inositol), die in der Plasmamembran als Bestandteil von ↗ Phospholipiden, den so genannten Phosphatidylinositolen vorkommen. Ihre wichtigste Funktion ist diejenige eines ↗ second messenger in der ↗ Signaltransduktion über ↗ G-Protein gekoppelter Rezeptoren. Das wichtigste I. ist *Inositol-1,4,5-triphosphat (InsP$_3$ oder IP$_3$)*, Es ist an der Mobilisierung von Ca^{2+}-Ionen (↗ Calcium) aus intrazellulären Speichern beteiligt, indem es die Öffnung von Ca^{2+}-Kanälen über Bindung an einen spezifischen *Inositol-1,4,5-triphosphatrezeptor* vermittelt.

Insecta, *Insekten*, *Hexapoda*, mit allein etwa einer Mio. bestimmten Arten, vermutlich aber insgesamt mehreren Mio. Arten sind die I. die arten- und auch die individuenreichste Gruppe überhaupt. Ihre Körperlänge liegt meist bei 1 - 20 mm, die größte Art ist eine Stabheuschrecke (↗ Phasmatodea) mit 33 cm Länge, die kleinsten Arten sind zu den Käfern (↗ Coleoptera) gehörende Federflügler mit 0,25 mm sowie die Erzwespen (*Chalcidoidea*) mit 0,2 mm Länge. Insekten haben praktisch alle Lebensräume der Erde besiedelt. Viele Arten bzw. ihre Produkte werden vom Menschen schon seit z. T. vielen Tausend Jahren genutzt, so die ↗ Honigbiene und der Maulbeer-Seidenspinner (↗ Bombycidae). Aus Schildläusen wurden Farbstoffe, Lacke und Wachse gewonnen, und viele Kulturen schätzen Insekten als gute Eiweißlieferanten in ihrer Ernährung. Auch als Versuchstiere werden eine Reihe von Insekten genutzt, das bekannteste Beispiel ist wohl ↗ Drosophila melanogaster. Ökologische Bedeutung haben I. sowohl durch den Abbau von Laubstreu, Holz, Dung und Aas und deren Remineralisierung als auch als die wichtigsten Blütenbestäuber. Eine große Zahl von Insekten lebt räuberisch oder als Parasiten, wobei einige Arten Bedeutung als Überträger von Krankheiten (z. B. Malaria, Schlafkrankheit, Nagana-Seuche) haben. Eine Reihe von Arten können als Schädlinge von Kulturpflanzen riesige Ernteausfälle verursachen, wie z. B. die ⬈ Wanderheuschrecke oder vor allem früher der Kartoffelkäfer (⬈ Chrysomelidae).

Körperbau: Charakteristische und wichtigste, die Monophylie der I. begründende ⬈ Autapomorphie ist die Gliederung des Körpers in drei Abschnitte (*Tagmata*): *Caput* (Kopf) aus sechs Segmenten,

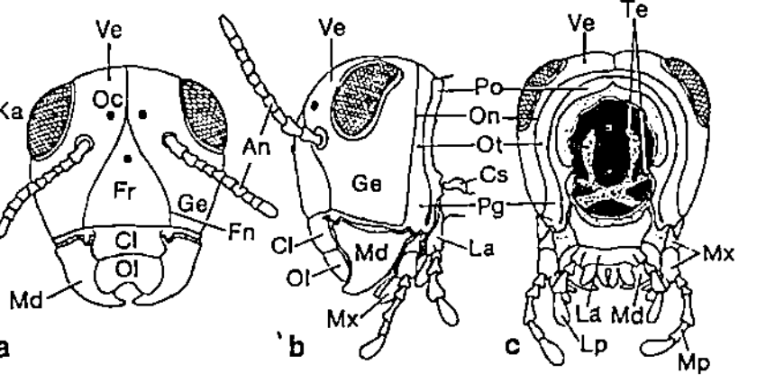

Insecta Bauplan eines geflügelten Insekts. An Antenne (Fühler), Bm Bauchmark, Ca Cercus, Co Coxa (Hüfte), Ed Enddarm, Fe Femur (Schenkel), Hs Herzschlauch, Ka Komplexauge, La Labium (Unterlippe), Mb Mandibel (Oberkiefer), Md Mitteldarm, MG Malpighi-Gefäße, Mx Maxille (Unterkiefer), Og Oberschlundganglion, Ov Ovar, Sa Stirnauge, Sd Speicheldrüse, St Samentasche, Ta Tarsus (Fuß), Ti Tibia (Schiene), Ug Unterschlundganglion, Vd Vorderdarm

Thorax (Bruststück) aus drei Segmenten und *Abdomen* (Hinterleib) aus elf Segmenten sowie *Acron* und *Telson* als vorderstes bzw. hinterstes unechtes Segment. Zu jedem Segment gehören grundsätzlich als Elemente des Außenskeletts ein dorsales *Tergit*, ein ventrales *Sternit* und zwei laterale *Pleurite*, außerdem jeweils ein Paar Stigmen (Atemöffnungen), Ganglien und Extremitäten. Die Skelettelemente sind durch Häute verbunden, die eine Volumenänderung z. B. durch Eiproduktion, Nahrungsaufnahme und Atmung zulassen. Die Körperhülle besteht aus einer aus Protein und Chitin bestehenden ⬈ Cuticula, der Epidermis und einer basalen Matrix an der Innenseite der ⬈ Epidermis. Sie enthält die Sinnesorgane und kann Sekrete abgeben, kann Dornen, Höcker, Warzen, Haare, Borsten und Schuppen ausgebildet haben, sowie durch Einlagerung von Farbstoffen (Pigmentfarben) oder durch physikalische Effekte (Interferenzfarben) gefärbt sein.

Am *Kopf (Caput)* befinden sich der Mund mit den der Nahrungsaufnahme dienenden Mundgliedmaßen sowie die wichtigsten Sinnesorgane. Er besteht aus Acron und sechs Segmenten, die zu einer Kapsel verschmolzen sind, in der das Gehirn (Ober-

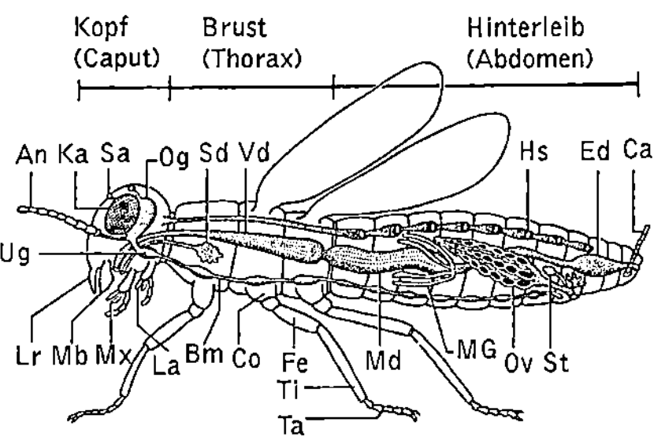

Insecta Grundtyp des Kopfes der Insekten. a Vorder-, b Seiten-, c Hinteransicht. An Antenne (Fühler), Cl Clypeus, Cs Cervicalsklerit, Fn Frontalnaht, Fr Frons (Stirn), Ge Gena (Wange), Ka Komplexauge, La Labium (Unterlippe), Lp Labialpalpus (Lippentaster), Md Mandibel (Oberkiefer), Mp Maxillarpalpus, Mx Maxille (Unterkiefer), Oc Ocellus (Stirnauge), Ol Oberlippe (Labrum), On Occipitalnaht, Ot Occiput (Hinterhaupt), Pg Postgena, Po Postocciput, Te Tentorium, Ve Vertex

schlundganglion) liegt. Auf dem Acron liegen die ⬈ Facettenaugen, auf dem ersten und dritten Segment befinden sich keine Extremitäten, das zweite Segment trägt die ⬈ Antennen und auf dem vierten bis sechsten Segment entspringen jeweils ein Paar ⬈ Mundgliedmaßen (*Mandibeln*, erste *Maxillen*, zweite Maxillen = *Labium*). Das unpaare *Labrum* bedeckt die Mundgliedmaßen von oben. Im Innern der Kopfkapsel befindet sich das *Tentorium* als der Cuticula entstammendes Endoskelett. An der Basis der Antenne sitzt das der Wahrnehmung von Luftbewegungen, Erschütterungen und Schall dienende ⬈ Johnston-Organ, die sich anschließende Geißel ist mit vielen Sinneszellen besetzt, die vor allem der Geruchswahrnehmung dienen.

Der *Thorax (Brust)* besteht aus drei Segmenten, *Prothorax*, *Mesothorax* und *Metathorax*. An jedem der Segmente entspringt ein Paar *Thorakalbeine* (Autapomorphie, daher der ältere Name Hexapoda) und an Meso- und Metathorax entspringen die Flügel (sofern vorhanden). Grundsätzlich zeigen die Beine (⬈ Extremitäten) die typische Gliederung in *Coxa*, *Trochanter*, *Femur*, *Tibia* und *Tarsus*, der einen *Praetarsus* mit meist zwei Krallen sowie oft weitere, dem Festhalten dienende Bildungen trägt.

Im *Abdomen (Hinterleib)*, das aus elf Segmenten und dem *Telson* besteht, liegen die meisten inneren Organe. Abkömmlinge der Abdominalextremitäten sind z. B. die ⬈ Cerci, die ⬈ Gonopoden der Männchen oder Legestachel bzw. Legebohrer der Weibchen.

Das *Nervensystem* der I. besteht grundsätzlich aus dem *Oberschlundganglion (Cerebralganglion, Gehirn)*, das über Schlundkonnektive mit dem ventral gelegenen *Unterschlundganglion* verbunden ist. Das Gehirn teilt sich in das vordere *Protocerebrum*, das die Augen innerviert, das in der Mitte gelegene *Deuterocerebrum*, von dem die Antennennerven abgehen und das *Tritocerebrum*. Die Mundgliedmaßen werden durch das aus mehreren Ganglien zusammengesetzte Unterschlundganglion innerviert. Das *Bauchmark* zeigt eine typische Strickleiterstruktur bestehend aus drei Brust-, sieben segmentalen Abdominalganglien und einem im achten Segment gelegenen Ganglion, in dem die Ganglien aller übrigen Segmente verschmolzen sind. Bei einigen Taxa werden die Ganglien noch weiter konzentriert. Insekten besitzen ein hoch

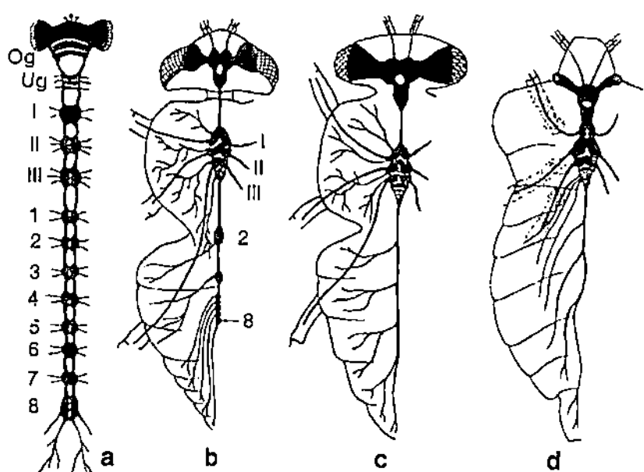

Insecta Die Abb. zeigt die verschiedenen Stufen der Konzentration des Nervensystems bei Insekten. a „Urinsekt", b Bremse (Tabanidae) , c Fleischfliege (Diptera), d Schildwanze (Pentatomidae). I-III Thorakalganglien, 1-8 Abdominalganglien, Og Oberschlundganglion, Ug Unterschlundganglion

entwickeltes endokrines System, das vor allem im Gehirn neurosekretorische Zellen und Neurohämalorgane (z. B. ↗ Corpora cardiaca) aufweist, sowie endokrine Drüsen, wie die ↗ Corpora allata (Ausschüttung von ↗ Juvenilhormon) und die ↗ Prothorakaldrüsen (Ausschüttung der Häutungshormone, ↗ Ecdysteroide). Sinnesorgane kommen z. B. in Form von Haarsensillen vor, die aus cuticulären Haaren mit einer bis vielen Sinneszellen bestehen und auf Berührung, Erschütterung, Feuchtigkeit, Temperatur, Duft- und Geschmacksstoffe ansprechen. Weiterhin als Organe des mechanischen Sinns die Chordotonalorgane wie z. B. das Johnston-Organ und die ↗ Tympanalorgane, die Schwingungen zwischen 1 und 100000 Hertz wahrnehmen können. Optische Sinnesorgane sind drei mediane *Ocellen*, die Einzelaugen (*Stemmata*) vieler Larven und die Facettenaugen.

Atmungsorgane sind Röhrentracheen (↗ Tracheen), die von einer dünnen Cuticula ausgekleidet sind, welche mitgehäutet wird und die sich nach außen über Stigmen öffnen. Der *Darmtrakt* ist in drei Abschnitte gegliedert. Der *Vorderdarm* besitzt ein oder zwei Paar Speicheldrüsen und einen muskulösen Pharynx. Der Ösophagus zeigt oft Sonderbildungen wie z. B. einen *Kropf* oder einen *Vormagen (Proventriculus),* der als Kaumagen mit Chitinleisten und Zähnen ausgestattet sein kann. Der *Mitteldarm* ist von einem Drüsenepithel ausgekleidet, das Verdauungsenzyme produziert und der Re-

sorption dient. Am Übergang zum *Enddarm* münden zwei oder meist mehrere blinde ↗ Malpighi-Schläuche, die der Exkretion sowie der Ionen- und ↗ Osmoregulation dienen. Im *Enddarm* sitzen Rektalpapillen zur Wasserresorption. Zentrales Stoffwechselorgan, sozusagen die „Leber" der I. ist der *Fettkörper*, welcher der Synthese und Speicherung von Fett und ↗ Glykogen sowie dem Abbau von ↗ Aminosäuren und der Speicherung von Exkreten dient (↗ Exkretion).

Das *Blutgefäßsystem* besteht fast immer aus einem hinten geschlossenen Rückengefäß, dessen abdominaler Teil als *Herz* und dessen vorderer, im Kopf offener Abschnitt *Aorta* heißt. Die Leibeshöhle wird durch zwei Diaphragmen in den dorsalen *Pericardialsinus* (mit dem Herz), den mittleren *Perivisceralsinus* (enthält Darm und Geschlechtsorgane) sowie den ventralen *Perineuralsinus* (mit dem Bauchmark) getrennt (Abb. siehe ↗ Arthropoda). Die *Hämolymphe* besteht aus Hämocyten und Plasma. Sie transportiert Kohlenstoffdioxid, Exkrete, Nährstoffe, Hormone, dient der Aufrechterhaltung des Innendrucks sowie dem Wundverschluss, der Phagocytose und der Osmoregulation.

Fortpflanzung und Entwicklung: Insekten sind fast alle getrenntgeschlechtlich, Parthenogenese kommt in vielen Gruppen vor. Geschlechtsorgane der Männchen sind paarige ↗ Hoden und ↗ Samenleiter, ein paariger oder unpaarer Ductus ejaculatorius sowie Anhangsdrüsen und fast immer ein Penis (*Aedeagus*). Die Geschlechtsorgane der Weibchen bestehen aus einem Büschel von Ovariolen, die in Germarium (↗ Keimstock) und Vitellarium (↗ Dotterstock) unterteilt sind und in einer Vagina münden, die ihrerseits entweder direkt nach außen oder in einer inneren Bursa copulatrix (↗ Begattungstasche) mündet. Meist existiert ein ↗ Receptaculum seminis zur Aufbewahrung der ↗ Spermien.

Überwiegend findet eine Begattung und direkte Übertragung einer Spermatophore statt, bei verschiedenen ursprünglichen Taxa (↗ Archaeognatha, ↗ Diplura, ↗ Collembola, ↗ Zygentoma) werden die Spermien in ↗ Spermatophoren indirekt übertragen. Typisch für Insekten sind dotterreiche Eier, die superfiziell furchen (↗ Furchung), selten kommt totale Furchung vor. Die meisten I. sind ovipar, viele Arten zeigen Brutfürsorge oder Brutpflege. Die postembryonale Entwicklung verläuft sehr unterschiedlich, meist über mehrere Nymphen- oder Larvenstadien (↗ Metamorphose), unter Einschaltung eines Puppenstadiums (*Holometabolie*) oder ohne ein solches (*Hemimetabolie*) vor dem Stadium der Imago.

Stammesgeschichte und Systematik: Das älteste fossile Insekt mit einem Alter von 380 Mio. Jahren (mittleres Devon) ist *Rhyniella praecursor*, das älteste geflügelte Insekt stammt aus dem oberen Devon (vor 374-360 Mio. Jahren). Eine erste große Artenentfaltung hatte ihren Höhepunkt im Oberkarbon (333-286 Mio. Jahre) mit riesigen Formen, so z. B. Urlibellen mit fast 80 cm Flügelspannweite. Eine zweite Entfaltungswelle liegt im Perm mit Erscheinen der Käfer, Schmetterlinge, Hautflügler und Fliegen, und eine dritte geht mit dem Erscheinen der Blütenpflanzen in der Oberkreide einher.

Die primär ungeflügelten I. gliedern sich in *Entognatha* (Mundgliedmaßen in Kiefertaschen versenkt) und *Ectognatha* (mit Geißelantenne und Legebohrer), letztere umschließen die *Pterygota* (primär mit zwei Flügelpaaren) und diese die *Neoptera* (Flügel können über das Abdomen zusammengefaltet werden). Diese umfassen drei große monophyletische Gruppen, die *Paraneoptera*, die *Paurometabola* und die *Holometabola*, Letztere mit Puppenstadium und vollständiger Verwandlung. (↗ Wasserinsekten)

Literatur: Dettner, K., Peters, W. (Hg): Lehrbuch der Entomologie, Heidelberg 1999.

Insectivora, *Insektenfresser*, Ord. der Säugetiere, die mit 360 Arten in sechs Fam. nahezu weltweit verbreitet ist (außer Australien, den Polargebieten und großen Teilen Südamerikas). Sie sind vermutlich die ursprünglichsten unter den heute lebenden placentalen Säugern. Ihre Nahrung besteht aus Insekten u. a. Gliedertieren, kleinen Wirbeltieren sowie Pflanzenkost und Aas. Das Gebiss besteht aus bis zu 44 Zähnen mit scharfen Höckern auf den Kronen der Backenzähne. Entsprechend den unterschiedlichen Lebensräume zeigt der Körperbau zahlreiche Anpassungen. Nach der Körperform werden folgende Körperbautypen unterschieden: *Spitzmaustyp* (Spitzmäuse, ↗ Soricidae; Schlitzrüssler, Solenodontidae), *Maulwurftyp* (Maulwürfe, ↗ Talpidae; Goldmulle, Chrysochloridae), *Igeltyp* (Stacheligel, ↗ Erinaceidae; Borstenigel, Tenrecidae), *Rattentyp* (Haarigel, Erinaceidae), *Schwimm-* oder *Ottertyp* (Otterspitzmäuse).

Insekten, die ↗ Insecta.

Insektenblumen, Pflanzen, deren ↗ Blüten an eine ↗ Bestäubung durch ↗ Insekten angepasst sind (↗ Entomogamie).

Insektenblütigkeit, die ↗ Entomogamie.

Insektenflug, die Flugmechanik der Insekten (rund 98 % sind geflügelt) unterliegt grundsätzlich den gleichen physikalischen Gesetzen wie der ↗ Vogelflug. Aufgrund ihrer Kleinheit ist jedoch für Insekten die Luft ein sehr viel zäheres (viskoseres) Medium als für Vögel. Kleine Insekten schwimmen sozusagen in der Luft, wodurch leichte Abwandlungen in der Bewegungsmechanik notwendig werden. So erzeugen Fliegen (↗ Brachycera) im Unterschied zum Vogelflug durch starke Verwindung der Flügel beim Auf- und Abschlag einen Vortrieb, der sogar beim Aufschlag stärker ist. Prinzipiell können vier Bewegungsphasen unterschieden werden: Zwei Translationsphasen (Auf- und Abschlag), wobei

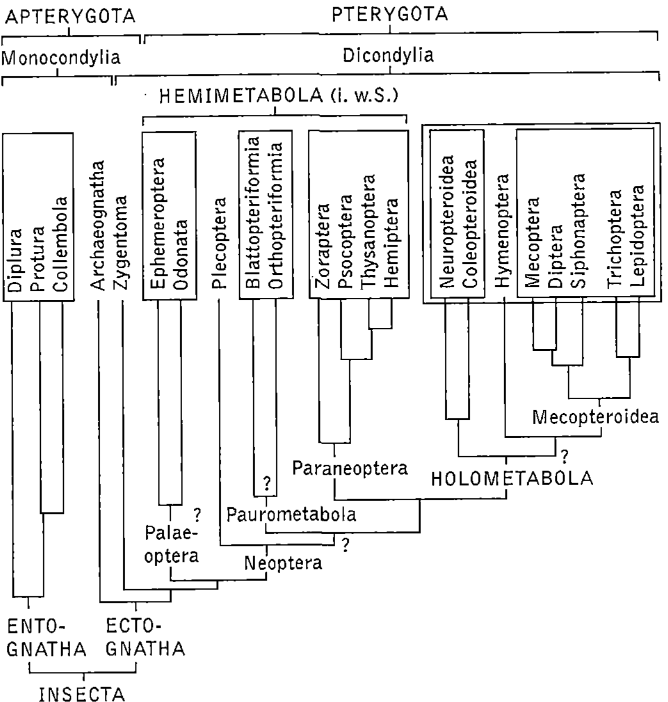

Insecta Stammbaum (Dendrogramm) der Insekten, verändert nach Hennig u. a.

sich die Flügel mit einem hohen Anstellwinkel zwischen 35° und 45° bewegen und zwei Rotationsphasen, in denen die Flügel extrem schnell (bis zu 100 000 mal pro Sekunde) um ihre Längsachse gedreht werden. – Die Flugleistung von Insekten und ihr Manövriervermögen sind einzigartig. Sie sind zu sehr schnellen Ausweichmanövern befähigt, können bewegungslos in der Luft stehen, rückwärts starten oder rücklings landen.

Insektenfresser, die ↗ Insectivora.

Insektenkunde, die ↗ Entomologie.

Insektenviren, ↗ Viren, die Krankheiten bei ↗ Insekten hervorrufen. Dabei werden vorwiegend Insekten mit vollständiger Verwandlung, besonders Schmetterlinge (↗ Lepidoptera), Hautflügler (↗ Hymenoptera), Zweiflügler (↗ Diptera) und Käfer (↗ Coleoptera), befallen. Meist werden die Larvenstadien geschädigt. Man unterscheidet I., die in den Zellen befallener Insekten lichtmikroskopisch sichtbare, vieleckige bis ellipsoide, parakristalline *Einschlusskörper* bilden, und eine zweite Gruppe ohne diese Einschlusskörper. In den Einschlusskörpern können die Viren mehrere Jahre infektös bleiben. Für die Bekämpfung bestimmter Schadinsekten werden ↗ Baculoviren eingesetzt.

Insektivoren, ↗ carnivore Pflanzen.

Insektizide, Pflanzenschutzmittel zur Bekämpfung und zum Abtöten von ↗ Insekten (↗ Schädlingsbekämpfung). Sie können als Fraß-, Berührungs- und/oder Atemgift wirken. Nach der Eindringtiefe in das Pflanzengewebe unterscheidet man *Kontaktinsektizide*, die nur an der Oberfläche der Pflanzen wirken, *I. mit Tiefenwirkung* bzw. lokalsystemische I. und die *systemischen I.*, die in der Pflanze transportiert werden.

Alle I. sind Nervengifte und verursachen durch Überreaktionen der Nerven den Tod des Insekts. Die meisten I. erfassen sowohl nützliche als auch indifferente Insekten. Zu den wenigen selektiv wirksamen I. gehören die systemischen I. Sie schädigen nur saugende Insekten, Nutzinsekten werden dagegen geschont. Die meisten I. sind bienengefährlich und fischgiftig. Heute werden vorwiegend organische I. eingesetzt. Zu ihnen gehören die ↗ Chlorkohlenwasserstoffe (↗ DDT, Lindan), die *Phosphorsäureester*, die *Carbamate* und die synthetischen *Pyrethroide*. Phosphorsäureester wirken neurotoxisch, indem sie die ↗ Acetylcholinesterase hemmen, ein Enzym, das für den Abbau von ↗ Acetylcholin verantwortlich ist. Phosphorsäureester besitzen im Gegensatz zu den Kohlenwasserstoffen eine hohe akute Toxizität, werden jedoch schnell wieder abgebaut. Carbamate hemmen ebenfalls die Acetylcholinesterase und wirken daher ähnlich wie die Phosphorsäureester.

Zu den *natürlichen I.* gehören die Pyrethroide (Hauptwirkstoff ↗ Pyrethrin I), deren insektizide Wirkung auf einer Beeinflussung der Natriumkanäle der Nervenmembranen besteht. (↗ Schädlingsbekämpfung)

Inselbiogeografie, Forschungsgebiet der ↗ Biogeografie, das sich mit der Verbreitung von Arten und der Zusammensetzung von Lebensgemeinschaften auf „Inseln" befasst. Dabei standen zu Beginn der Untersuchungen marine Inseln, also „echte" Inseln, im Mittelpunkt, während später auch terrestrische Ökosysteme mit inselartigem Verbreitungsmuster mit einbezogen wurden.

Die von den nordamerikanischen Biogeografen MacArthur und Wilson 1967 postulierte *Inseltheorie (Gleichgewichtstheorie der Inselbiogeografie)* geht davon aus, dass sich bei der Besiedelung von Inseln ein Gleichgewicht zwischen Zuwanderung und Aussterben von Tier- und Pflanzenarten einstellt, das statistisch berechenbar ist. Nach dieser Theorie sind Inselpopulationen relativ kurzlebig, was z. B. auf die geringe Individuenzahl, beschränkte genetische Reserven, Fehlen von Refugien bei extremen Witterungsbedingungen, Raummangel u. a. zurückzuführen ist. Dies gilt vor allem für kleine Inseln. Die Zuwanderungsmöglichkeit nimmt mit zunehmender Entfernung vom Festland ab. Sie ist umso geringer, je mehr ↗ ökologische Nischen bereits gebildet und damit weniger ökologische Lizenzen für immigrierende Arten geboten werden. Umgekehrt steigt die Aussterberate zwangsläufig mit der Zahl vorhandener Arten an. Die errechneten statistischen Wahrscheinlichkeiten entsprachen bei vielen Untersuchungen gut den tatsächlichen Verhältnissen.

Die Inseltheorie erwies sich auch als auf „kontinentale Inseln" isolierter Festlandsgebiete (Hochgebirge, Seen, Moore u. a.) anwendbar. Besondere Bedeutung hat sie für Probleme des ↗ Artenschutzes erlangt. Die Planung von ↗ Naturschutzgebieten basiert häufig auf den Prinzipien der I. Um den Artenreichtum eines bestimmten Gebietes zu erhalten, ist eine bestimmte minimale Größe erforderlich, die wiederum von den Flächenansprüchen der einzelnen Arten abhängt. Bei der Konzeption von Schutzgebieten stellt sich oft die Frage, ob ein großes Reservat vorteilhafter ist als mehrere kleine. Wenn die zu erhaltende ↗ Biozönose aus Arten mit unterschiedlichen Habitat-Ansprüchen besteht, sind mehrere kleine Reservate vorzuziehen, die evtl. auch untereinander vernetzt sein können (↗ Biotopvernetzung).

Inselbrücken, Inselketten, die das etappenweise Vordringen von Tier- und Pflanzenarten ermöglichen. Ein derartiges *Inselspringen (Island hopping)* ist fast ausschließlich in Flachmeeren möglich.

Inselorgan, ↗ Bauchspeicheldrüse.

Inseltheorie, ↗ Inselbiogeografie.

Insemination, die ↗ Besamung. In der *Humanmedizin* versteht man unter I. (eigentlich *künstliche I.*) das künstliche Einbringen von Sperma, das durch Masturbation gewonnen wurde, entweder an oder in den Gebärmutterhals oder direkt in die Gebärmutter zum Zweck der Befruchtung. Auch wird das Einbringen von Sperma in ein Gefäß, in dem eine In-vitro-Fertilisation (IVF) vorgesehen ist, als I. bezeichnet. Bezüglich des Samenspenders wird unterschieden zwischen der *homologen I.* mit Samen des Ehemannes, und der *heterologen I.* mit dem Samen eines (bekannten oder anonymen) Spenders. Die In-vitro-Fertilisation mit Spendersamen (*heterologe IVF*) ist in Deutschland verboten. Neben der oben beschriebenen intrauterinen I. gibt es auch die intratubare I. (die Methoden werden als EIFT, GIFT und ZIFT bezeichnet, ↗ Reproduktionsmedizin). ↗ Embryonenschutzgesetz

Insertion, *Genetik:* Typ der ↗ Genmutation, bei der durch das Einfügen von einem bis wenigen Basenpaaren unter Umständen das Leseraster so verändert wird, dass ein verändertes Genprodukt entstehen kann. Große I. führen hingegen i. d. R. zum Ausfall des Genproduktes. Dies ist z. B. bei ↗ Insertionselementen der Fall.

Insertionselement, *IS-Element, Insertionssequenz*, einfachster Typ der mobilen genetischen Elemente, der an vielen unterschiedlichen Orten des Bakteriengenoms vorkommt. Auf den 700 bis 1500 Basenpaaren langen DNA-Abschnitten ist nur die genetische Information der für die Verlagerung des I. erforderlichen genetischen Information ent-

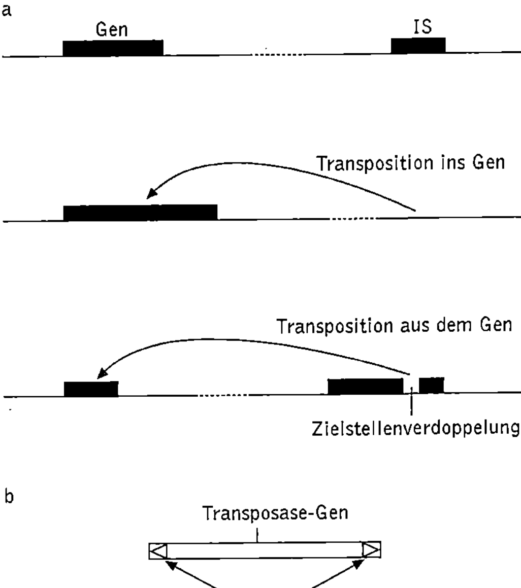

Insertionselement a Durch Transposition eines IS-Elements verursachte Mutation b Struktur eines IS-Elements

halten (Transposasen). Während dieses als *Transposition* bezeichneten Prozesses, für den keine größeren Übereinstimmungen mit der Sequenz des Integrationsortes erforderlich ist, hinterlässt ein I. eine kurze Zielstellenverdoppelung der Zielstelle von fünf bis 15 Basenpaaren. Dies bedeutet, dass I. Mutationen verursachen können, auch wenn sie einen bestimmten Abschnitt der DNA wieder verlassen haben. An ihren Enden zeichnen sich I. durch ↗ inverted repeats (invertierte terminale Sequenzwiederholungen) aus. (↗ Transposon)

Insertionsmutagenese, Bez. für Verfahren, bei denen Mutationen durch die zufällige ↗ Insertion eines DNA-Fragmentes innerhalb des Genoms erzeugt werden. Vielfach wird dadurch das betroffene Gen in seiner Funktion ausgeschaltet. Die I. kann durch die Verwendung von ↗ Transposons oder IS-Elementen durchgeführt werden, bei Pflanzen kommt auch die ↗ T-DNA (↗ Agrobacterium tumefaciens) zum Einsatz. Da die Sequenzen der verwendeten DNA-Fragmente i. d. R. bekannt sind, lassen sich betroffene Gene leicht mittels ↗ Polymerasekettenreaktion isolieren, aufwendigere Verfahren sind deshalb nicht notwendig.

Insertionsmutation, ↗ Insertion.

Insertionssequenz, ↗ IS-Element.

In-situ-Hybridisierung, ein besonderes Verfahren der ↗ Nucleinsäurehybridisierung, das bei fixierten Zellen oder Gewebeschnitten zur Anwendung kommt, um die Expression bestimmter Gene in ausgewählten Zell- bzw. Gewebetypen zu untersuchen. Zu diesem Zweck werden die i. d. R. mit einem ↗ Ultramikrotom erzeugten Schnitte zunächst fixiert und entwässert, um anschließend mit einer radiokativ oder nicht-radioaktiv markierten ↗ Gensonde *hybridisiert* zu werden. Dabei tritt aufgrund der komplementären Basenpaarung zwischen dem als Sonde verwendeten DNA- oder RNA-Fragment und den nachzuweisenden mRNA-Molekülen eine stärkere Interaktion auf, als mit anderen mRNAs. Nach mehreren Waschschritten, die dazu dienen, alle unspezifischen Bindungen zu entfernen, wird der behandelte Schnitt mit Fotoemulsion beschichtet, die ähnliche Eigenschaften wie ein Röntgenfilm besitzt (↗ Autoradiographie). Über den Zell- oder Gewebeschnitten lassen sich bei mikroskopischer Betrachtung später mikroskopisch große Silberkörner an den Stellen finden, an denen das zu untersuchende Gen exprimiert wird.

Darüber hinaus kommt die I.-v.-H. auch zum Einsatz, um ein bestimmtes Gen auf ↗ Chromosomen zu lokalisieren und dadurch ↗ Chromosomenanomalien nachzuweisen. Bei der *Fluoreszenz-in-situ-Hybridisierung (FISH)* kann durch die Verwendung von mit unterschiedlichen Fluoreszenzfarbstoffen markierten Gensonden die Lage mehrerer Gene gleichzeitig untersucht werden.

Außerdem ist die Identifizierung individueller Chromosomen möglich, wenn zur Hybridisierung chromosomenspezifische DNA-Sequenzen verwendet werden (↗ Bänderungstechniken) sodass FISH auch im Rahmen der ↗ pränatalen Diagnostik eingesetzt wird.

Inspiration, die Einatmung (↗ Atmung).

Instinkt, heute in der ↗ Ethologie nicht mehr gebräuchliche Bez. für das angeborene Verhalten von Tieren. (↗Erbkoordination, ↗Instinktverhalten)

Instinktbewegung, die ↗ Erbkoordination.

Instinkthandlung, genetisch festgelegte Handlung im Rahmen des ↗ Instinktverhaltens. Nach der klassischen ↗ Ethologie besteht eine I. aus drei Teilen: ↗ Appetenzverhalten, Erkennen des ↗ Schlüsselreizes und Ausführung des Verhaltensablaufs.

Instinkt-Lern-Verschränkung, Bez. für das Ergebnis von Lernprozessen (↗ Lernen) im Rahmen des ↗ Instinktverhaltens. Eine Ratte, die zum ersten Mal einen Giftköder wahrnimmt, wird diesen mit großer Wahrscheinlichkeit fressen. Wenn sie von dem Köder aufgrund niedriger Dosierung des Giftes nicht stirbt, sondern nur Schmerzen bekommt, wird sie diese Giftköder in Zukunft meiden.

Instinktverhalten, genetisch festgelegtes Verhalten (Bewegungen, Lautäußerungen, Körperhaltungen), das durch ein Zusammenwirken von Genen und Umwelteinflüssen bestimmt wird. Männliche Nachtfalter fliegen z. B. bei Wahrnehmung eines bestimmten, von den Weibchen erzeugten Duftstoffs (↗ Pheromon) immer zum Ort der höheren Konzentration des Pheromons, bis sie schließlich das Weibchen in einigen Kilometern Entfernung finden. Das I. ist jedoch nicht starr, sondern in gewissen Grenzen veränderbar. Durch ↗ Lernen und durch die Ausbildung von ↗ Instinkt-Lern-Verschränkungen können Tiere ihr I. abändern.

instrumentelles Lernen, ↗ Lernen.

Insulin, ein aus zwei Peptidketten aufgebautes Peptidhormon. Die A-Kette mit 21 und die B-Kette mit 30 Aminosäureresten werden durch zwei Disulfidbrücken zu einem bizyklischen System verknüpft, außerdem gibt es noch eine Disulfidbrücke innerhalb der A-Kette. I. wird in den Langerhans-Zellen des Inselorgans der ↗ Bauchspeicheldrüse gebildet und senkt als Gegenspieler des ↗ Glucagons bei physiologischem Bedarf den Blutglucosespiegel. I. ist das einzige Blutzucker senkende Hormon. Es beeinflusst den gesamten Intermediärstoffwechsel, speziell von Leber, Fettgewebe und Muskulatur. I. erhöht die Zellpermeabilität für Monosaccharide, ↗ Aminosäuren und ↗ Fettsäuren, beschleunigt die ↗ Glykolyse, den ↗ Pentosephosphat-Weg und in der ↗ Leber die Glykogensynthese. Außerdem fördert es die Fettsäure- und Proteinsynthese. Entsprechend seiner Wirkung ist

der wichtigste physiologische Reiz für die Insulinsekretion eine hohe Blutglucosekonzentration. Gehemmt wird die Insulinsekretion durch ↗ Somatostatin, ↗ Adrenalin und ↗ Noradrenalin. Die Synthese des I. wird bereits durch Blutglucosekonzentrationen angeregt, die etwa halb so hoch sind, wie diejenigen, die die Sekretion von I. anregen.

Bei der I.-Synthese wird zuerst ein aus 100 Aminosäuren bestehendes *Präproinsulin* gebildet; sobald dieses im Zuge der Synthese in das Lumen des ↗ endoplasmatischen Reticulums eintritt, wird eine Signalsequenz von 16 Aminosäuren abgespalten und es entsteht *Proinsulin*. Dieses wird zum Golgi-Apparat transportiert, wo eine interne Sequenz (das C-Peptid) entfernt wird. Die Speicherung des Insulins erfolgt als hexameres Zink-I. in mikrokristalliner Form in Speichergranula (β-Granula). Durch Fusion der Membran reifer Speichergranula wird I. freigesetzt. Ausgelöst wird die I.-Ausschüttung durch eine Erhöhung der cytoplasmatischen Ca^{2+}-Konzentration infolge vermehrten Einströmens von Ca^{2+} ins Cytoplasma durch spannungsabhängige Calciumkanäle und die Mobilisierung intrazellulärer Calciumspeicher. Die Plasmahalbwertszeit von I. beträgt weniger als 10 Minuten, jedoch ist die Wirkungsdauer länger, da die Halbwertszeit des an den Insulinrezeptor gebundenen Anteils bei etwa 40 Minuten liegt. Hauptabbauort für I. ist die Leber. Bei Mangel an I. entsteht das Krankheitsbild des ↗ Diabetes mellitus.

integrierter Pflanzenbau, ↗ Pflanzenbau unter Beachtung ökologischer und ökonomischer Erfordernisse. Zu den angewendeten Verfahren gehören u. a. die Berücksichtigung von ↗ Schadensschwellen, die Auswahl von krankheitsresistenten Sorten (Resistenz), eine umweltschonende Bodenbearbeitung, eine vielgestaltige ↗ Fruchtfolge sowie Maßnahmen des *integrierten Pflanzenschutzes*, die ackerbauliche, biologische (↗ Schädlingsbekämpfung), physikalische (z. B. mechanische Unkrautbekämpfung) und chemische Maßnahmen beinhalten.

Integrine, ↗ Adhäsionsmoleküle, ↗ Fibronectin.

Integument, 1) in der Botanik die Hülle der ↗ Samenanlage, die den ↗ Nucellus umschließt.

2) die ↗ Haut der vielzelligen Tiere.

Intelligenz, die Fähigkeit, Wahrnehmungsinhalte und Gedächtnisspuren (Engramme) auf gegenstands- und problemgerechte Weise neu zu kombinieren und gegebenenfalls entsprechend zu verknüpfen. Mit bloßer Lernfähigkeit (↗ Lernen) ist die Fähigkeit der Neukombination auf der Ebene der inneren Repräsentation noch nicht gewährleistet; Lernfähigkeit und Intelligenz sind fundamental unterschiedliche Gegebenheiten. In die mittels psychologischer Testverfahren gemessene I.

gehen auch Gedächtnis- und Sprachleistungen ein, jedoch fehlt häufig die Erfassung intelligenter Fähigkeiten im sozioemotionalen (emotionale I.) und im praktischen Bereich. Daher ist ihre Aussagekraft begrenzt. In der Ethologie und in Bezug auf tierisches Problemlösen gilt hingegen die Gleichsetzung von I. und Einsichtsfähigkeit. In diesem Sinne stehen außer dem Menschen die Menschenaffen auf einer hohen Stufe allg. I., während bei den übrigen Tieren das Problemlösen durch Einsicht eine geringere Rolle spielt. Eine Reihe von Studien haben gezeigt, dass für die Ausprägung von I. sowohl Erbgut als auch Umweltfaktoren von Bedeutung sind. (↗ Denken, ↗ Gedächtnis, ↗ Sprache)

Literatur: Calvin, W.H.: Wie das Gehirn denkt. Die Evolution der Intelligenz, Heidelberg, 1998. – Goleman, D.: Emotionale Intelligenz, München 1997.

Intentionsbewegung, Bewegung, die ein spezielles Verhalten einleitet. I. sind unvollständig ablaufende Verhaltensweisen, in denen nur die Bewegungen aus dem Beginn einer Handlungskette erscheinen. Meist haben diese Bewegungen Signalcharakter, z. B. bei Hunden die Ansatzbewegung zu einem Sprung, die als Spielaufforderung gemeint ist.

Intercrine, die ↗ Chemokine.

interfaszikulär, Bez. für das ↗ Kambium, das sich zwischen den ↗ Leitbündeln in den primären Markstrahlen befindet.

Interferenz, *Genetik:* ↗ Centromerinterferenz, ↗ Chromatideninterferenz, ↗ Chromosomeninterferenz.

Interferone, Abk. *IFN* oder *INF*, zu den ↗ Cytokinen gehörende ↗ Glykoproteine, die in Zellen nach Virusinfektion oder anderen äußeren Reizen gebildet werden und antivirale, die Vermehrung der Viren hemmende und immunologische Reaktionen, so z. B. die Aktivierung von ↗ Makrophagen und natürlichen Killerzellen, auslösen. Außerdem scheinen I. die Expression von Onkogenen, die für die unkontrollierte Vermehrung von Tumorzellen verantwortlich sind, zu hemmen. (↗ unspezifische Immunantwort)

Interkalation, in der *Molekularbiologie* die Interaktion von aus aromatischen Ringsystemen aufgebauten Molekülen (↗ Acridinfarbstoffe, ↗ Ethidiumbromid) an doppelsträngige DNA. Bei der I. schieben sich die Farbstoffmoleküle zwischen zwei benachbarte Basenpaare und können dadurch ↗ Leseraster-Mutationen erzeugen (↗ Carcinogene, ↗ Krebs).

Interkinese, bei der ↗ Meiose die Phase zwischen der ersten und zweiten meiotischen Teilung, in der die ↗ Chromatiden spiralisiert vorliegen und an den Centromeren verbunden sind, während sich die Arme auseinander bewegen.

Interkonversion, in der *Biochemie* allg. die metabolische Umwandlung von Intermediaten des Stoffwechsels ineinander, in der Enzymologie speziell die reversible Überführung von Enzymen in aktive und inaktive Formen.

Interleukine, Abk. *Il* oder *IL*, Sammelbez. für ↗ Cytokine, die hauptsächlich durch ↗ Leukocyten nach physiologischen oder nicht physiologischen Reizen abgegeben werden und ↗ Lymphocyten sowie ihre Vorläuferzellen aus dem Knochenmark, aber auch andere Blutzellen, im Hinblick auf deren Proliferation, Differenzierung und Zell-Zell-Interaktionen beeinflussen. Neben anderen Zellen können auch die Zellen, welche die I. produzieren, selbst von diesen beeinflusst werden. Die Vielzahl ihrer Bildungsorte, Wirkorte und der von ihnen ausgelösten Reaktionen zeigt sich in einer ebensolchen Vielzahl von Synonymen, die für die einzelnen I. gebräuchlich sind. (↗ Wachstumsfaktoren)

intermediäre Filamente, die ↗ Intermediärfilamente.

intermediärer Erbgang, Bez. für einen ↗ Erbgang, bei dem sich im Falle der ↗ Heterozygotie die Wirkung beider ↗ Allele im ↗ Phänotyp äußert. Im Unterschied zum *dominant-rezessiven Erbgang* (↗ Dominanz) ist z. B. die Blütenfarbe der Nachkommen von Eltern der Wunderblume *Mirabilis jalapa* mit weißen bzw. roten Blüten rosa gefärbt. Allerdings lässt sich die Beteiligung der Allele beider Eltern nicht immer bei der Ausprägung eines Merkmals so deutlich wie in diesem Beispiel nachvollziehen, sodass heute eher der Begriff *unvollständig dominanter* Erbgang verwendet wird. (↗ Kodominanz)

Intermediärfilamente, *intermediäre Filamente*, Bestandteile des ↗ Cytoskeletts, die Zellen aller Tiere, die Arthropoden ausgenommen, ihre Form und Festigkeit verleihen. Bei Pflanzen wurden sie noch nicht nachgewiesen. Ihr Durchmesser beträgt 8 – 10 nm, weshalb sie auch als *10-nm-Filamente* bezeichnet werden.

I. sind zahlreich in denjenigen Zellen vorhanden, die wie Epithelzellen einer starken mechanischen Belastung ausgesetzt sind (*Keratine*). Über Desmosomen führen I. zu einer großen Reißfestigkeit dieser Gewebe. Bei den langen Axonen der Nervenzellen sind ein bestimmter Typ der I., die *Neurofilamente*, zusammen mit Mikrotubuli die Struktur gebenden Komponenten. Bei den *Laminen* der Kernlamina (↗ Nucleus) handelt es sich ebenfalls um einen Typ der I.

Die I. bestehen aus dimeren Proteinhelices, die die Grundbausteine der 2 – 3 nm dicken *Protofilamente* sind. Zwei Protofilamente bilden zusammen eine *Protofibrille*; I. bestehen schließlich aus vier Protofibrillen. Der Auf- und Abbau der I. wird z. B. während der Mitose weitgehend durch Phosphorylierungen und Dephosphorylierungen kontrolliert.

Intermediärstoffwechsel, Begriff aus den Anfängen der physiologischen Chemie, der jenen Bereich des Stoffwechsels bezeichnet, der zwischen Nahrungsaufnahme und der Ausscheidung von Exkreten liegt. Im Wesentlichen ist der Begriff I. heute mit ↗ Primärstoffwechsel identisch. Er bezeichnet den Stoffwechsel von Zwischenprodukten auf- und abbauender Reaktionsfolgen. Der I. ist primär auf Erhaltung und Vermehrung des Lebens ausgerichtet und verläuft in allen Zellen grundsätzlich ähnlich. Er verkörpert die grundlegenden Stoffwechselprozesse unter Berücksichtigung von Wachstum, Vererbung und Evolution.

International Committee on Taxonomy of Viruses, Abk. *ICTV*, ein seit 1966 bestehendes internationales Kommittee, dessen Ziel es ist, eine international anerkannte Taxonomie für alle ↗ Viren zu etablieren.

Internationale Naturschutzunion, ↗ IUCN.

International Union for Conservation of Nature and Natural Resources, ↗ IUCN.

Interneuron, *Zwischenneuron*, allg. Bez. für alle Nervenzellen (↗ Neuron), die von anderen Neuronen Input erhalten und die empfangenen Signale nach Verarbeitung an naheliegende Nervenzellen weiterleiten. I. wirken auf die nachfolgenden Neuronen meist hemmend (inhibitorisch).

Internodium, *Stängelglied*, der zwischen zwei Knoten (↗ Nodium) liegende Teil der ↗ Sprossachse.

Interorezeptoren, *Interozeptoren*, Rezeptoren zur Wahrnehmung des inneren Zustands eines Organismus. Dazu gehören die ↗ Propriorezeptoren sowie die ↗ Enterorezeptoren, die ihre Signale über viscerale Nerven an das Zentralnervensystem weiterleiten.

Interphase, die zwischen zwei Kernteilungen liegende Phase des ↗ Zellzyklus, in der Chromosomen stark aufgelockert vorliegen und die ↗ Replikation der DNA sowie ↗ Genexpression erfolgt. (↗ Mitose, ↗ Meiose)

Interphasekern, *Arbeitskern*, Bez. für den Zellkern (↗ Nucleus) zwischen zwei Kernteilungen (↗ Interphase).

Interruptio, der ↗ Schwangerschaftsabbruch.

Intersexualität, 1) *Biologie*: das Vorkommen von männlichen und weiblichen bzw. von intermediären Merkmalen bei ein und demselben Individuum, dem so genannten *Intersex*, bei normalerweise getrenntgeschlechtigen Arten. I. führt meist zur Unfruchtbarkeit (↗ Sterilität) und kann unterschiedliche Ursachen haben: a) von der Norm abweichende Chromosomenzahlen, z. B. Individuen von *Drosophila* mit drei Autosomen-Sätzen und zwei X-Chromosomen (bei *Drosophila* entscheidet das Verhältnis von X-Chromosomen zu Autosomen über das Geschlecht). b) Kreuzung verschiedener Rassen, von denen die eine stärker, die andere schwächer wirksame Geschlechtsrealisatoren besitzt; z. B. haben bei der Bastardierung von europäischen und japanischen Schwammspinnern an sich weiblich determinierte Tiere innerhalb derselben Ovariolen Eizellen und Spermien. c) Störung der Geschlechtsdifferenzierung; dies kann z. B. bei Säugetieren durch die hormonelle Wirkung eines männlichen Embryos auf sein genetisch weiblich determiniertes Zwillingsgeschwister geschehen, sofern Blutaustausch über eine gemeinsame Placenta möglich ist; auf diesem Weg entstehen z. B. bei Rindern sterile so genannte *Zwicken*.

2) In der *Humanmedizin* ist I. das Vorhandensein von Merkmalen beider Geschlechter bei einem Menschen, d. h. Geschlechtsorgane und sekundäre Geschlechtsmerkmale sind nicht eindeutig weiblich oder männlich, sondern stehen zwischen den Geschlechtern; er wird dann als *Intersex, Zwitter* oder *Hermaphrodit* bezeichnet. Ursache können überzählige oder fehlende Geschlechtschromosomen sein (z. B. ↗ Klinefelter-Syndrom, ↗ Turner-Syndrom, ↗ Triplo-X-Syndrom), oft sind aber Mutationen in einzelnen Genen verantwortlich. Immer ist damit eine Hormonstörung verbunden. Es gibt auch das Phänomen, dass Menschen äußerlich einem Geschlecht angehören, das nicht ihr genetisches ist (↗ Pseudohermaphroditismus). ↗ Hermaphroditismus

interspezifisch, *zwischenartlich*, zwischen Individuen verschiedener ↗ Arten.

Interstitial, die mit Wasser gefüllten Hohlräume im Bodensediment von ↗ Gewässern.

Interstitialzellen stimulierendes Hormon, Abk. *ICSH* von engl. *interstitial cell stimulating hormone*, das ↗ luteinisierende Hormon.

Interstitium, der Bereich zwischen Organen oder zwischen den organtypischen Epithelkomplexen (z. B. in ↗ Hoden und ↗ Niere). Das I. enthält Bindegewebe, Blutgefäße und Lymphgefäße und gegebenenfalls Hormon produzierende Zwischenzellen (z. B. die Leydig-Zwischenzellen in den Hoden).

Interzellularen, die miteinander zusammenhängenden lufterfüllten Zwischenräume in pflanzlichen Grundgeweben (↗ Parenchym). Die I. bilden ein Netz feiner Kanäle, die bei der Umbildung von Bildungsgewebe (↗ Meristem) in Dauergewebe durch die Trennung der Zellwände an bestimmten Stellen entstehen. Sie stehen mit den Spaltöffnungen oder Lentizellen der primären bzw. sekundären Abschlussgewebe in Verbindung und vermitteln den Gasaustausch (Abb. s. S. 174). ↗ Aerenchym

intestinale Mikrobiologie, der Bereich der ↗ Mikrobiologie, der sich mit der ↗ Flora des Verdauungstraktes (↗ Darmflora, ↗ Pansensymbiose) befasst.

Intestinum, der ↗ Darm.

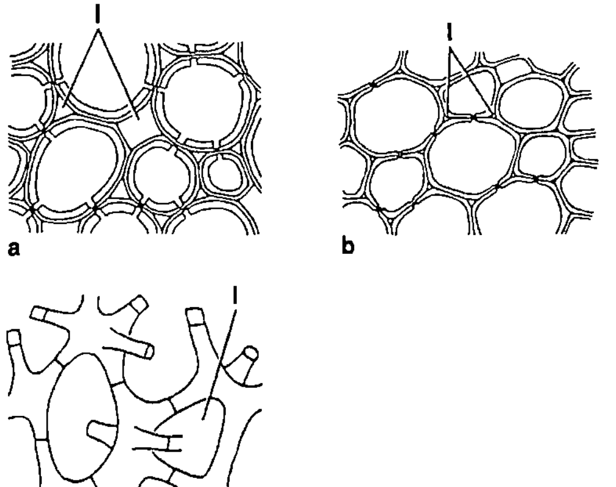

Interzellularen Interzellularen (I), a im Markgewebe älterer, b jüngerer Birkenzweige; c Aerenchymgewebe im Blattstiel von *Canna* (Blumenrohr)

Intine, die innere Schicht der Sporenwandung der Moose und Farne sowie der Pollenkörner der höheren Pflanzen.

intracytoplasmatische Spermieninjektion, Abk. *ICSI*, *Mikroinjektion*, *Mikroinsemination*, die Injektion eines Spermiums direkt in das Plasma einer Eizelle (↗ Reproduktionsmedizin).

intraspezifisch, *innerartlich*, zwischen Individuen der gleichen ↗ Art. (↗ interspezifisch)

intratubarer Embryotransfer, Abk. *EIFT* (von engl. *Embryo-intrafallopian-transfer*), die Einführung eines extrakorporal erzeugten Embryos in den Eileiter (↗ Reproduktionsmedizin).

intratubarer Gametentransfer, Abk. *GIFT* (von engl. *Gamete-intrafallopian-transfer*), das Einsetzen von männlichen und weiblichen Keimzellen (↗ Gameten) in den Eileiter (↗ Reproduktionsmedizin).

intratubarer Zygotentransfer, Abk. *ZIFT* (von engl. *Zygote-intrafallopian-transfer*), das Einführen der ↗ Zygote in den Eileiter (↗ Reproduktionsmedizin).

Intrauterinpessar, ↗ Empfängnisverhütung.

intrazellulär, innerhalb der Zelle liegend.

Intrinsic factor, *Hämogenase*, *Castle-Ferment*, ein Glykoprotein, das in den Zellen der Magenschleimhaut gebildet wird und an das Magenlumen abgegeben wird. Es bewirkt im Dünndarm die Aufnahme des Vitamins B_{12} (↗ Cobalamin = Extrinsic factor) durch Komplexbildung mit diesem. Fehlt der I. f., kann Cobalamin nicht mehr in genügender Menge aufgenommen werden und es entwickelt sich eine *perniziöse Anämie*, eine Form der Blutarmut, die durch eine Störung der Erythrocytenbildung verursacht wird und bei der die ↗ Erythrocyten mehr ↗ Hämoglobin als gewöhnlich enthalten.

Introgression, die durch Hybridisierung und Rückkreuzung zu Stande kommende Übertragung von Genen einer Art in den Genpool einer anderen Art. I. wird heute bewusst in der Forschung und zum Zweck der Tier- und Pflanzenzüchtung eingesetzt, um bestimmte Gene und mit ihnen verbundene Merkmale zwischen Arten zu übertragen.

Intron, Plural: *Introns*, Abk. für *intervenierende Sequenzen*, bei ↗ Mosaikgenen die Abschnitte im ↗ Primärtranskript, die während des ↗ Spleißens aus diesen entfernt werden und somit nicht zum *codierenden Bereich* des Gens zählen. I. lassen sich in DNA-Sequenzen leicht anhand bestimmter ↗ Consensussequenzen erkennen. So sind die meisten I., die für im Zellkern lokalisierte mRNAs codieren, nach der *GT-AG-Regel* zu erkennen: Am 5'-Ende ist bei Wirbeltieren die Spleißstelle durch 5'-AGGTAAGT-3' und die 3'-Spleißstelle durch 5'-PyPyPyPyPyPyNCAG-3' gekennzeichnet, wobei Py für die ↗ Pyrimidinbasen Cytosin oder Uracil und N für jede beliebige Base steht. I. können auch im Elektronenmikroskop nachgewiesen werden, wenn der DNA-Abschnitt mit seiner korrespondierenden (gespleißten) mRNA hybridisiert wird. I. ragen dann als schleifenförmige Strukturen aus der so genannten ↗ Heteroduplex hervor.

Introvert, Bez. für einen vorderen Körperteil, der frontal einen Mund trägt, in Richtung frontal aus- und eingestülpt werden kann und dabei den gesamten Darmtrakt nach frontal bzw. caudal zieht. Ein I. findet sich bei den ↗ Priapulida, den ↗ Kinorhyncha, den ↗ Loricifera sowie Larven der ↗ Nematomorpha und auch in abgewandelter Form bei den ↗ Rotatoria (ein- und ausstülpbares Räderorgan).

Intumeszenz, bei Pflanzen kleine, pustelförmige Wucherung an Stängeln, Blättern, Blüten oder Früchten, die vom Grundgewebe gebildet wird.

Intussuszeption, bei Pflanzen die Bez. für das Wachstum der ↗ Zellwand durch Einlagerungen von neuem Material zwischen bereits vorhandene Wandbestandteile. I. hat sich im Gegensatz zur ↗ Apposition bislang nicht bestätigen lassen.

Inulin, *Alantstärke*, leicht wasserlösliches Reservepolysaccharid vieler Pflanzen wie Dahlien, Artischocken, Löwenzahn, Zichorie u. a. Vertreter der ↗ Asteraceae, das 1904 im Alant entdeckt wurde. I. enthält etwa 30 β-1→2-glykosidisch verbundene *Fructofuranoseeinheiten* und gehört zur Gruppe der *Fructane*. In der Physiologie dient I. zur Bestimmung des extrazellulären Raumvolumens, da es leicht in das Interstitium, nicht aber in die Zellen eindringt. Ferner ist es die klassische Substanz zur Bestimmung der glomerulären Filtrationsrate (↗ Clearance).

Invagination, allg. die Bez. für Einstülpungen von Zellschichten wie z. B. die Cristae der Mitochondrien. In der ↗ Embryonalentwicklung wird die Bildung des ↗ Urdarms während der ↗ Gastrulation auch als I. bezeichnet.

Invasion, 1) das Einfallen von Organismen in Gebiete, in denen sie sonst nicht leben. Die Ursachen hierfür sind z. B. kurzzeitige Änderungen der Umweltbedingungen (Ressourcenknappheit, Überbevölkerung). I. treten u. a. bei Lemmingen, Wanderheuschrecken und den so genannten *Invasionsvögeln* (z. B. Sibirischer Tannenhäher, Fichtenkreuzschnabel) auf. (↗ Tierwanderungen)

2) das Eindringen eines Parasiten (↗ Parasitismus) in den Wirt, ohne dass am Befallsort eine Vermehrung stattfindet.

3) die Besiedlung neuer Lebensräume in geologischer Zeit, z. B. die Landeroberung durch Pflanzen, die Eroberung des Luftraums durch Tiere, die erst durch die Entwicklung von Flugorganen (bei Insekten, Sauriern, Vögeln, Säugetieren) ermöglicht wurde, sowie die Besiedlung des Süßwassers durch Tiere und Pflanzen, nachdem Mechanismen der ↗ Osmoregulation entwickelt waren.

invers, Bez. für ↗ Augen, bei denen die Licht absorbierende Schicht vom Licht abgewandt ist. Gegensatz: ↗ evers

Inversion, *Genetik:* ↗ Chromosomenmutationen.

Invertebrata, *Evertebrata, Wirbellose,* eine nicht systematische, sondern nur beschreibende Bez. für alle Tiere, die keine Wirbelsäule besitzen, also alle Tiere außer den Wirbeltieren (↗ Vertebrata).

inverted repeats, *invertierte Sequenzwiederholungen,* Abk. *IR,* die an den Enden von ↗ Insertionselementen und ↗ Transposons vorhandenen Sequenzmotive, die als Erkennungssequenzen für ↗ Transposasen dienen. Dadurch, dass i. R. bestimmte DNA-Abschnitte flankieren, können innerhalb eines DNA-Moleküls so genannte *Haarnadelschleifen* (engl. *hairpin loops*) entstehen, die bei der Beweglichkeit der mobilen genetischen Elemente eine Rolle spielen.

Invertzucker, ein Gemisch gleicher Teile von ↗ Glucose und ↗ Fructose, das durch saure oder enzymatische Spaltung von Rohrzucker (↗ Saccharose) entsteht. I. ist in Nektar, Honig und in den meisten süßen Früchten enthalten. Der Name I. kommt daher, dass die Rechtsdrehung der Ebene des polarisierten Lichts beim Rohrzucker in Linksdrehung umschlägt, da Fructose stärker nach links dreht als Glucose nach rechts.

in vitro , im Reagenzglas, außerhalb des Körpers; gesagt von Experimenten und bestimmten Methoden der ↗ Reproduktionsmedizin.

In-vitro-Fertilisation, *In-vitro-Fertilisierung,* Abk. *IVF, „extrakorporale Befruchtung",* die Vereinigung einer Eizelle mit einer Samenzelle außerhalb des Körpers (↗ Reproduktionsmedizin).

In-vitro-Mutagenese, Bez. für experimentelle Verfahren der Molekularbiologie (↗ site-directed mu-

tagenesis) bei denen auf unterschiedliche Weise die DNA-Sequenz eines klonierten Gens (↗ Klonierung) gezielt verändert werden kann, um die Auswirkungen der künstlich eingeführten Veränderungen studieren zu können. Eine I.-v.-M. ist sowohl im *codierenden Bereich* möglich, sodass z. B. eine Veränderung der Aminosäuresequenz eines Proteins erfolgt, kann aber auch im *Promotor* sinnvoll sein, um bestimmte Promotorelemente zu charakterisieren. Durch das Einführen einer Punktmutation lässt sich z. B. die Rolle einer bestimmten Aminosäure in einem Polypeptid überprüfen.

In-vitro-Transkription, die im Reaktionsgefäß erfolgende ↗ Transkription eines bestimmten Gens durch entsprechende ↗ RNA-Polymerasen. Die dabei entstehenden mRNA-Moleküle können entweder als ↗ Gensonden bei der ↗ Nucleinsäurehybridisierung eingesetzt werden oder aber durch ↗ In-vitro-Translation der Gewinnung von Proteinen dienen. Daneben kann diese Technik auch zur Untersuchung der Transkriptionsaktivität oder durch In-vitro-Mutagenese veränderter Promotoren verwendet werden.

In-vitro-Translation, ein experimentelles Verfahren der Molekularbiologie, mit dessen Hilfe aus Zellen isolierte oder mittels ↗ In-vitro-Transkription erzeugte mRNA-Moleküle im Reaktionsgefäß zur Proteinbiosynthese verwendet werden (↗ Translation). Dabei sind so genannte *In-vitro-Translationssysteme* hilfreich, die die nötigen Enzyme und tRNA-Moleküle sowie Aminosäuren enthalten, sodass es nach Zugabe der mRNA zur Proteinsynthese kommt. Häufig wird dem Reaktionsgemisch mit dem Schwefelisotop ^{35}S markiertes Methionin zugesetzt, um die Translationsprodukte nachweisen zu können. Gängige *zellfreie Systeme* sind *Weizenkeimextrakt* und *Retikulocytenlysat;* Die Eizellen des Krallenfrosches *Xenopus laevis* dienen als *zelluläres System.* Die I.-v.-T. stellt den Ausgangspunkt für zahlreiche biochemische und physiologische Experimente dar, wie z. B. die Messung von Enzymaktivitäten (↗ Enzyme) oder Charakterisierung von Ionenkanälen. Auch Protein-DNA-Interaktionen (↗ DNA-bindende Proteine) erfordern vielfach zunächst eine I.-v.-T. der entsprechenden Gene.

in vivo, im Körper, in der lebenden Zelle, von biologischen Vorgängen oder wissenschaftlichen Experimenten gesagt.

Inzucht, Bez. für die sexuelle Fortpflanzung nahe verwandter Individuen, sodass es zu einer Zunahme der ↗ Homozygotie und Abnahme der ↗ Heterozygotie kommt. Dies kann beim Menschen zum vermehrten Auftreten von ↗ Erbkrankheiten führen. Tiere und Pflanzen können I. durch beispielsweise geeignete Verhaltensweisen bei der Partnerwahl bzw. durch Verhinderung der Selbstbefruchtung (↗ Selbstinkompatibilität) umgehen (*Inzuchtvermeidung*). Dadurch wird dem als *Inzuchtdepression* bezeichneten Verlust der generativen und vegetativen Leistungsfähigkeit vorgebeugt, der bei manchen vom Aussterben bedrohten Arten wie dem ↗ Gepard beobachtet wurde.

In der Tier- und Pflanzenzucht werden jedoch bewusst so genannte *Inzuchtlinien* erzeugt, die durch wiederholte Kreuzung verwandter Individuen bzw. Selbstbefruchtung entstehen und bei der Hybridzüchtung eingesetzt werden (↗ Heterosis).

Iod, chemisches Symbol *I*, alte Schreibweise *Jod*, ein zu den Halogenen zählendes chemisches Element. I. kommt in der Natur in Form von *Iodaten* im Chilesalpeter vor, außerdem in Meeresalgen und Korallen, in zahlreichen Pflanzen und Tieren sowie in der Ackererde und in Mineralquellen. Im menschlichen und tierischen Organismus ist das in Form von *Iodid* aufgenommene I. ein lebenswichtiges Spurenelement, das von besonderer Bedeutung für den Hormonhaushalt ist. I. ist in der ↗ Schilddrüse zum Aufbau von ↗ Thyroxin und Triiodthyronin erforderlich. Der tägliche Bedarf beträgt ca. 200 µg und wird hauptsächlich über den Verzehr von Milch, Eiern und Seefischen gedeckt, wobei der Iodgehalt der Speisen stark vom regionalen Iodvorkommen abhängt. *Iodmangel* führt beim Menschen zur Kropfbildung. Sehr schwerer Iodmangel während der Schwangerschaft hat eine Schilddrüsenunterfunktion (*Hypothyreose*) mit irreparablen Entwicklungsstörungen beim Kind zur Folge. Das radioaktive Isotop ^{131}I spielt wegen seiner Speicherung in der Schilddrüse eine wichtige Rolle in der Untersuchung der Schilddrüse und bei der Strahlentherapie von Schilddrüsenerkrankungen. Außerdem wird I. als Bestandteil von Desinfektionslösungen zur Wundbehandlung eingesetzt.

Iod-Stärke-Reaktion, eine Nachweisreaktion für ↗ Stärke.

Ionen, Atome oder Atomgruppen, die ein- oder mehrfach positiv (*Kation*) oder negativ (*Anion*) geladen sind.

Ionenaustauscher, anorganische oder organische, natürliche oder künstliche wasserunlösliche Polymere, in die ionische Gruppen eingebaut sind, deren Gegenionen gegen andere Ionen aus dem umgebenden flüssigen Milieu ausgetauscht werden können. Nach der Art des Ions am Austauscher unterscheidet man *Kationenaustauscher*, deren negative funktionelle Festionen zum Ladungsausgleich mit positiven Gegenionen (Kationen) assoziiert sind, und *Anionenaustauscher* mit positiv geladenen Festionen und negativen Gegenionen (Anionen).

Ionenkanäle, *Tunnelproteine*, Bez. für Proteine, die eine ringförmige Kanalpore durch die Zellmembran bilden, welche vorübergehend geöffnet wer-

den kann. Vermutlich wird die Öffnung durch eine Konformationsänderung der Kanal bildenden Proteine ermöglicht, die wiederum durch eine Ladungsverschiebung in der Kanalpore bewirkt wird. Bei der Öffnung des Kanals können Ionen entlang ihres spezifischen Konzentrationsgradienten entweder vom Extrazellularraum in das Cytosol oder in die Gegenrichtung fließen; insbesondere für die physiologisch relevanten Ionen Na^+ (Natrium), K^+ (Kalium), Ca^{2+} (Calcium) und Cl^- (Chlorid) bestehen Konzentrationsgradienten zwischen Intra- und Extrazellulärraum, die u. a. durch Membranpumpen wie die Natrium-Kalium-Pumpe (↗ Ionenpumpen) aufrechterhalten werden. Der bei Öffnung der Ionenkanäle stattfindende Transport wird daher als passiver Transport bezeichnet, im Unterschied zum aktiven Transport mittels Ionenpumpen, bei denen die Ionen unter Energieverbrauch transportiert werden. Selektive I. lassen nur bestimmte Ionen passieren, der „Filter" ist eine Engstelle im Kanal. Geladene Aminosäurereste der Poreninnenwand sowie der Ionenradius und die Ladung des Ions sind Determinanten der Selektivität.

Die Benennung der I. erfolgt nach der Ionenspezies, für die sie durchlässig sind. Nach ihrer Funktionsweise werden folgende I. unterschieden: 1) *spannungsgesteuerte I.* sind dadurch charakterisiert, dass eine Veränderung im elektrischen Feld der Zellmembran zu ihrer Öffnung führt. Ihnen kommt in erregbaren Zellen eine entscheidende physiologische Funktion zu; Beispiele sind spannungsabhängige Natrium-, Kalium- und Calciumkanäle. 2) Bei *Liganden gesteuerten I.* (*Klasse-I-Rezeptoren*) führt die Bindung von Transmittersubstanzen oder deren Analoga zu ihrem Öffnen, Transmitterbindungsstelle und Transmembranpore sind in einem Molekül zusammengefasst. Sie spielen vor allem bei der schnellen synaptischen Übertragung eine Rolle. In dieser Gruppe sind insbesondere unspezifische Kationenkanäle und Chloridkanäle von Bedeutung. Beispiele sind nicotinische Acetylcholinrezeptor-Kanäle, Glutamatrezeptorkanäle oder GABA-Rezeptor-Kanäle. 3) Die *second messenger gesteuerten I.* werden nach Aktivierung eines räumlich getrennten Rezeptors (Klasse-II-Rezeptor) und der nachgeschalteten second-messenger-Kaskade von der intrazellulären Seite her aktiviert. Sie haben eine Funktion vor allem bei der langsamen synaptischen Übertragung sowie bei der Vermittlung der Wirkung von ↗ Hormonen und ↗ Cytokinen.

Jeder Ionenkanaltyp besitzt eine oder mehrere charakteristische Leitfähigkeitszustände, die durch die ↗ Patch-clamp-Methode bestimmt werden können. Grundsätzlich kann sich ein Kanal in einem offenen, inaktivierten oder geschlossenen Zustand befinden. I. sind von essentieller Bedeutung bei der

Aktivierung erregbarer Zellen wie Nervenzellen (↗ Neuronen), Muskelzellen (↗ Muskel) und sekretorischen Zellen und sie sind von wesentlicher Bedeutung für die synaptische Übertragung sowie Hormon- und Cytokinwirkungen. Sie kommen aber auch in nicht-erregbaren Zellen vor, so in ↗ Astrocyten, Oligodendrocyten (↗ Gliazellen), ↗ Lymphocyten und ↗ Makrophagen. Neben den beschriebenen I. gibt es auch *pH-sensitive* und *mechanosensitive I.* In jüngster Zeit wurden viele Punktmutationen in I. als Ursache bestimmter Erbkrankheiten, wie z. B. der ↗ Mukoviszidose ausfindig gemacht.

Ionenpumpen, in Biomembranen gelegene spezielle aktive Transportmechanismen für ↗ Ionen, die diese gegen das elektrochemische Gleichgewicht transportieren (aktiver Transport). Eine der wichtigsten I. ist die *Natrium-Kalium-Pumpe (Na⁺/K⁺-ATPase)*, die für zwei K⁺, die sie in die Zelle pumpt, drei Na⁺ nach außen schleust. Ihre Hauptfunktion ist, sicherzustellen, dass jederzeit im Zellinneren 20- bis 30mal mehr K⁺-Ionen sind als im Extrazellulärraum und dort etwa 10mal mehr Na⁺-Ionen sind als im Cytosol. Die meisten I. sind *elektrogen*, d. h. sie sind am Aufbau einer elektrischen Potenzialdifferenz an den Zellgrenzen beteiligt. So genannte ↗ elektrochemische Gradienten können zum Transport anderer Substanzen genutzt werden, aber auch zur ↗ Signaltransduktion. Derartige I. haben an dünnen Nervenfasern und Muskelzellen einen wesentlichen Anteil an der Bildung des ↗ Membranpotenzials.

ionisierende Strahlung, Bez. für elektromagnetische Strahlung von hinreichend hoher Quantenenergie (↗ UV-Strahlung, Röntgenstrahlen oder Gammastrahlen) und für jede Art durchdringender Korpuskularstrahlung (z. B. Alphastrahlen, Betastrahlen), die bei Wechselwirkung mit Materie in der Lage sind, Elektronen aus Atomhüllen herauszuschlagen und somit Atome zu ionisieren (↗ Ionen).

Ionophoren, Bez. für ringförmige und helicale Moleküle, die ein- und zweiwertige Kationen wie K⁺, Na⁺, Ca²⁺ und Protonen durch ↗ Biomembranen hindurch transportieren können und dadurch die zwischen dem Zellinnern und Zelläußeren bestehenden Ionen- bzw. Protonengradienten stören oder aufheben können. I. besitzen an ihrer Außenseite hydrophobe Reste, die mit der Lipiddoppelschicht von Membranen interagieren und entweder als *mobile Carrier* oder aber als *Ionenkanäle* fungieren. Von synthetischen I. abgesehen, handelt es sich bei fast allen natürlich vorkommenden I. um ↗ Antibiotika.

IP₃, Abk. für Inositol-1,4,5-triphosphat (↗ Inositolphosphate).

Ipomoea, Gatt. der ↗ Convolvulaceae.

Ipomoea batatas, die ↗ Batate.

Iridaceae, *Schwertliliengewächse*, Fam. der ↗ Asparagales mit ca. 1400 Arten, die hauptsächlich in tropischen und subtropischen Gebieten verbreitet sind. Es sind krautige Pflanzen mit schwertförmigen Blättern, sechszähligen Blüten und dreifächerigen Fruchtknoten. Als unterirdische Speicherorgane besitzen sie Knollen, Zwiebeln und Wurzelstöcke. Als Zierpflanzen bekannt sind Arten der Gatt. Krokus (*Crocus*), Schwertlilie (*Iris*) und Gladiole (*Gladiolus*). Die Narben von *Crocus sativus* liefern den gelben Farbstoff *Safran*.

Iridaceae   1 *Crocus sativus,* 2 *Iris sibirica*

Iridocyten, Guaninkristalle enthaltende Zellen bei den ↗ Cephalopoda.

Iris, 1) *Botanik*: Gatt. der ↗ Iridaceae.
2) *Zoologie*: ↗ Auge.

Irländisches Moos, medizinisch und technisch verwendete Mischung aus zwei Arten der Rotalgen (↗ Rhodophyta), *Chondrus crispus* und *Gigartina mamillosa*.

Isatis, Gatt. der ↗ Brassicaceae.

Ischium, das Sitzbein (↗ Becken).

Ischnocera, Gruppe der Tierläuse (↗ Phtiraptera).

Isidien, Auswüchse des Flechtenlagers, die leicht abbrechen und der vegetativen Fortpflanzung dienen; sie enthalten sowohl den Mykobionten als auch den Fotobionten.

Isländisches Moos, *Centraria islandica*, Strauchflechte (↗ Lichenes) mit Verbreitung in trockenen Wäldern und Heiden. Sie wird als Heilpflanze (Schleimdroge) verwendet.

iso-, in Zusammensetzungen: „gleich".

Isocitronensäure, Zwischenprodukt des ↗ Citratzyklus und des ↗ Glyoxylatzyklus. Die Salze der I.

sind die *Isocitrate*. I. ist als Pflanzeninhaltsstoff, insbesondere in ↗ Crassulaceae und in Früchten, weit verbreitet.

Isocrinida, Gruppe der ↗ Crinoida.

isodont, Scharniertyp bei Muschelschalen (↗ Bivalvia).

isoelektrische Fokussierung, eine besondere Form der ↗ Elektrophorese.

isoelektrischer Punkt, derjenige ↗ pH-Wert, bei dem die Gesamtladung eines zwitterionischen Moleküls (z. B. einer ↗ Aminosäure) neutral ist, d. h. gleichviele positive wie negative Ladungen vorliegen.

Isoenzyme, *Isozyme*, Bez. für ↗ Enzyme mit gleicher oder fast gleicher Substrat- und Wirkungsspezifität, die jedoch in den Primärstrukturen mehr oder weniger große Unterschiede aufweisen.

Isoëtales, Ord. der Bärlappgewächse (↗ Lycopodiopsida), die rezent nur mit zwei Gatt. vertreten ist: *Isoëtes* (↗ Brachsenkraut) und *Stylites*. Wie das Brachsenkraut besitzen auch die in Peru vorkommenden Arten von *Stylites* eine knollige, gestauchte Sprossachse, an der längliche Blätter rosettig angeordnet sind.

Isoëtes, die Gatt. ↗ Brachsenkraut.

Isogameten, ↗ Gameten.

Isogamie, ↗ Befruchtung, ↗ Fortpflanzung.

Isogenie, der Zustand, dass zwei Individuen genetisch nahezu identisch sind. (↗ Inzucht)

Isolationsmechanismen, die Gesamtheit der Faktoren, die dazu führen, dass eine genetische Durchmischung verschiedener Arten unterbleibt. Die verschiedenen Fortpflanzungsbarrieren, welche die Genpools von Arten isolieren, können in präzygotische I., die eine Paarung zwischen Arten bzw. die Befruchtung der Eizelle beim Versuch der Paarung verhindern, und postzygotische I. unterschieden werden. Letztere verhindern, dass eine entstandene Bastardzygote sich zu einem lebensfähigen und fruchtbaren adulten Individuum entwickelt.

Präzygotische (progame) I.: 1) *Habitatisolation.* Selbst wenn zwei Arten in demselben Gebiet leben, so können sie unterschiedliche Habitate bewohnen; eine Art lebt z. B. vorwiegend im Wasser, die andere überwiegend an Land, oder Parasiten bevorzugen unterschiedliche Wirte und haben so keine Gelegenheit, sich zu paaren. 2) *Verhaltensisolation.* Vor allem mit dem Paarungsverhalten zusammenhängende Verhaltensweisen können, wenn sie sehr spezifisch für eine bestimmte Art sind, hochwirksame Fortpflanzungsbarrieren sein. Ein Beispiel sind die Leuchtkäfer, deren Männchen durch Leuchtsignale der Weibchen angelockt werden, deren Muster streng artspezifisch ist. 3) *Zeitliche Isolation.* Paaren sich Arten zu unterschiedlichen Tages- oder Jahreszeiten oder in unterschiedlichen Jahren, so ist keine Vermischung möglich. Z. B.

bastardieren drei im gleichen Regenwaldgebiet wachsende Orchideen nicht, da sie an verschiedenen Tagen blühen und die Blüten am Abend jeweils welken, sodass die Bestäubung auf einen Tag beschränkt ist. 4) *Mechanische Isolation.* Bei Pflanzen ist die Blütenanatomie oft an bestimmte Bestäuber angepasst, die den Pollen dann nur zwischen Pflanzen derselben Art übertragen. Bei Tieren spielt die mechanische Isolation durch Nichtpassen von Geschlechtsorganen hingegen wohl keine Rolle, da Mechanismen der Arterkennung früher wirksam werden. 5) *Genetische Isolation.* Selbst wenn Gameten verschiedener Arten aufeinander treffen, so gibt es oft artspezifische molekulare Erkennungsmechanismen (bestimmte Oberflächenmoleküle), die nur eine Befruchtung innerhalb der Art zulassen.

Postzygotische (metagame) I.: 1) *Bastardsterblichkeit.* Eine verringerte Lebensfähigkeit der Bastarde kann dazu führen, dass deren Entwicklung z. B. während der Embryonalentwicklung abgebrochen wird; ein Beispiel sind Bastarde zwischen verschiedenen Arten der Froschgatt. Rana, die i. d. R. ihre Entwicklung nicht beenden (eine Ausnahme ist der Wasserfrosch *Rana esculenta*). 2) *Bastardsterilität.* Oft sind die Bastarde zweier Arten völlig oder größtenteils steril, z. B. weil sie keine normalen Gameten bilden können. Das bekannteste Beispiel hierfür sind Maultiere (Pferdestute und Eselhengst) bzw. Maulesel (Pferdehengst und Eselstute), die steril sind. 3) *Bastardzusammenbruch.* Die Bastarde der ersten Generation können noch fruchtbar sein, jedoch sind die Nachkommen der folgenden Generation schwach oder steril. Ein Beispiel sind Baumwollarten, deren Hybriden in der zweiten Generation zu schwachen, kranken Pflanzen heranwachsen.

Im Pflanzenreich sind I. oft weniger wirksam, und so entstehen im Kontaktbereich nahe verwandter Pflanzen oft *Bastardschwärme (Hybridschwärme)*, die fruchtbar und aufgrund ihrer Mischeigenschaften sehr variabel sind; Beispiele sind Birken, Eichen und Weiden.

isolecithal, Bez. für Eier, deren ↗ Dotter gleichmäßig verteilt vorliegt. (↗ Furchung)

Isoleucin, Abk. *Ile* oder *I*, in nahezu allen Proteinen vorkommende ↗ Aminosäure, die durch eine hydrophobe Seitenkette gekennzeichnet ist. Aus-

$$\begin{array}{c} \text{COO}^{\ominus} \\ | \\ \text{H}_3\overset{\oplus}{\text{N}}-\text{C}-\text{H} \\ | \\ \text{H}_3\text{C}-\text{C}-\text{H} \\ | \\ \text{CH}_2 \\ | \\ \text{CH}_3 \end{array}$$

Isoleucin

gangsprodukt der Biosynthese von I. ist die Aminosäure ↗ Threonin, die von der Threonin-Dehydratase unter NH_3-Abspaltung in α-Ketobuttersäure umgewandelt wird. Über mehrere Zwischenstufen entsteht α-Keto-β-Methylvaleriansäure, die von der Valin-Transaminase in I. umgewandelt wird. Der Abbauweg ähnelt ebenso wie die Biosynthese demjenigen der Aminosäure ↗ Valin.

isolierte Aufzucht, ↗ Kaspar-Hauser-Versuch.

Isomerasen, die fünfte Haupklasse der ↗ Enzyme, in der alle Enzyme zusammengefasst sind, die Isomerisierungsreaktionen, also intramolekulare Umlagerungen innerhalb der Substrate, katalysieren.

Isomerie Einige Beispiele für Stereoisomerie (linke Spalte) und Strukturisomerie

Isomerie, die Erscheinung, dass zwei oder mehrere chemische Verbindungen, die sich in ihren physikalischen und chemischen Eigenschaften unterscheiden, die gleiche Bruttoformel und die gleiche Molekülmasse, aber verschiedene Strukturformeln aufweisen. Bei der *Strukturisomerie (Konstitutionsisomerie)* sind die Atome innerhalb eines Moleküls unterschiedlich verknüpft; die Isomeren haben verschiedene Konstitutionsformeln. Hierzu gehören u. a. die *Stellungsisomerie*, bei der die *Isomere* durch Platzwechsel von funktionellen Gruppen entstehen, sowie die *Funktionsisomerie*, besser bekannt als *Tautomerie*, die meist durch intramolekulare Protonenwanderung zustande-

kommt. Für Strukturisomerie gilt, dass es umso mehr Isomeriemöglichkeiten gibt, je größer die Atomanzahl je Molekül ist. Bei der *Stereoisomerie* ist die räumliche Anordnung der Atome oder Atomgruppen im Molekül unterschiedlich. (↗ asymmetrisches Kohlenstoffatom)

isometrische Kontraktion, ↗ Muskel.

isometrisches Wachstum, gleichmäßiges Wachstum von Körperteilen im Verhältnis zum Gesamtwachstum. (↗ allometrisches Wachstum)

Isopoda, *Asseln*, zu den ↗ Peracarida gehörende Gruppe der Krebstiere (↗ Crustacea) mit mehr als 10000 weltweit verbreiteten, meist 1 - 5 cm langen Arten. Asseln zeigen eine große ökologische Vielfalt, sie sind Benthosbewohner in den unterschiedlichsten Gewässern von der Tiefsee über Seen und Flüsse bis zu heißen Quellen und Salzseen. Einige der landlebenden Arten können sogar in Trockengebieten existieren. Daneben gibt es viele parasitische Formen, deren Körperbau so abgewandelt sein kann, dass sie nur anhand ihrer Larven als I. identifiziert werden konnten.

Der Körper ist meist dorsoventral abgeflacht und erscheint durchgehend segmentiert, da ein Carapax fehlt und der *Cephalothorax* (Kopfbrust) außer dem Kopf mit ungestielten Augen nur ein, maximal zwei Brustsegmente enthält. Das vorderste Brustbeinpaar ist als *Maxillipeden* ausgebildet, die folgenden sieben Paare (*Peraeopoden*) sind untereinander gleiche Schreitbeine ohne Exopoditen. Die fünf Paar *Pleopoden* sind zweiästig, die Endo- und Exopoditen blattförmig abgeflacht, mit randständigen Schwimmborsten. Sie dienen dem Schwimmen, aber auch dem Ionen- (Endopodit) und Gasaustausch (Exopodit). Bei gut schwimmenden Arten bilden die *Uropoden* einen Schwanzfächer, der als Steuerruder dient, bei den meisten benthischen Formen werden sie zu stabförmigen Tastorganen oder zu einem Schutzschild und Grabwerkzeug. Asseln häuten sich in zwei Abschnitten, wobei erst der hintere Körperabschnitt und danach erst der vordere Abschnitt gehäutet wird. Die alte Cuticula wird oft gefressen.

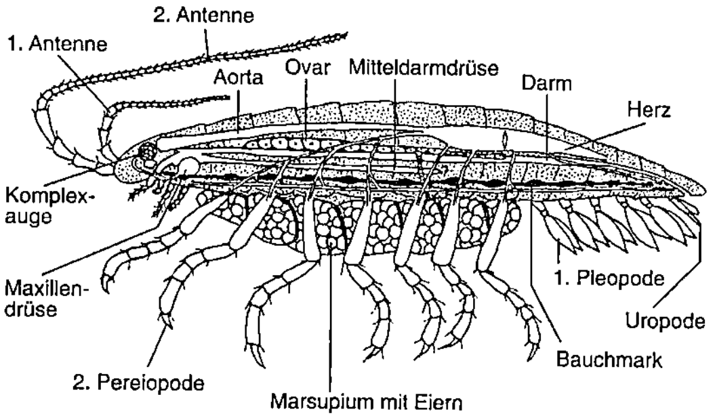

Isopoda Schema einer weiblichen Assel mit Marsupium und Eiern

Die meisten I. sind getrenntgeschlechtlich, daneben gibt es protandrische und protogyne Zwitter und bei Landasseln vereinzelt ↗ Parthenogenese. Die Begattung ist meist nur während einer Häutungspause nach der ersten Reifehäutung möglich. Die Eier entwickeln sich im *Marsupium* bis zum so genannten *Manca-Stadium*, dem noch das siebte Peraeopodenpaar fehlt. Diesem folgen noch drei Manca-Stadien teils noch im Marsupium, teils schon im Freien. Daran schließt sich eine Jugendphase an, die mit der Reifehäutung endet. Bei vielen parasitischen Asseln ist dieser Entwicklungsablauf abgewandelt, und es treten spezifische Stadien auf, die als Larven bezeichnet werden.

Isoprenoide, im Pflanzen- und Tierreich weit verbreitete, umfangreiche Gruppe von Naturstoffen, die biochemisch aus *Isopren-Einheiten* (C_5H_8) aufgebaut sind und daher i. Allg. eine durch fünf teilbare Anzahl von C-Atomen (*Isoprenregel*) besitzen. Je nach Anzahl der C_5-Einheiten spricht man von Mono-, Di-, Tri- usw. -prenyl-Verbindungen. I. mit einer von der Isoprenregel abweichenden Zahl von C-Atomen entstehen sekundär durch Einführen oder Verlust von C-Atomen. Auch andere Folgereaktionen wie Umlagerungen, Zyklisierungen, Einführung funktioneller Gruppen, Einbau von Heteroatomen usw., tragen zur Strukturvielfalt der I. bei. Man unterscheidet mehrere Gruppen unter den I. Die aus zwei Isopreneinheiten bestehenden ↗ Terpene, die aus drei Isopreneinheiten zusammengesetzten ↗ Sesquiterpene sowie die ↗ Steroide, die sich aus sechs Isopreneinheiten (bzw. drei Terpeneinheiten; *Triterpene*) zusammensetzen und die aus *Tetraterpenen* gebildeten ↗ Carotinoide.

Isoptera, *Termiten*, Gruppe der ↗ Insecta, die mit etwa 3000 Arten fast ausschließlich in tropischen und subtropischen Gebieten beheimatet ist. I. sind 2 - 20 mm körperlang, mit einer Flügelspannweite von maximal 88 mm (*Macrotermes goliath*). Die Königinnen der Art *Macrotermes natalensis* können bei prall mit Eiern gefülltem Abdomen bis 140 mm lang werden. Alle I. sind Staaten bildend, wobei mehrere Kasten vorkommen. Sie ernähren sich von pflanzlichen Stoffen, vorwiegend von Holz. Dessen Verdauung ist durch symbiontische Einzeller und Bakterien im Enddarm (Gärkammer) gewährleistet. Es gibt auch Arten, die „Pilzgärten" auf Pflanzenresten anlegen.

Termiten sind braun oder weiß, mit fadenförmigen Antennen und kauenden Mundgliedmaßen, die aber bei einzelnen Kasten abgewandelt sein können. Die Flügel liegen flach über dem Körper, Vorder- und Hinterflügel sind einander ähnlich (Name!). An der Flügelbasis befinden sich Vorbruchstellen, an denen die Flügel nach dem Hochzeitsflug abbrechen. Dies wird als Autapomorphie angesehen, ebenso wie die Viergliedrigkeit der Tarsen.

Termitenstaaten haben unter den Staaten bildenden Tieren die höchste Individuenzahl (bis zu drei Mio. bei *Macrotermes natalensis*). An Kasten gibt es geflügelte *Geschlechtstiere* (Königin und Männ-

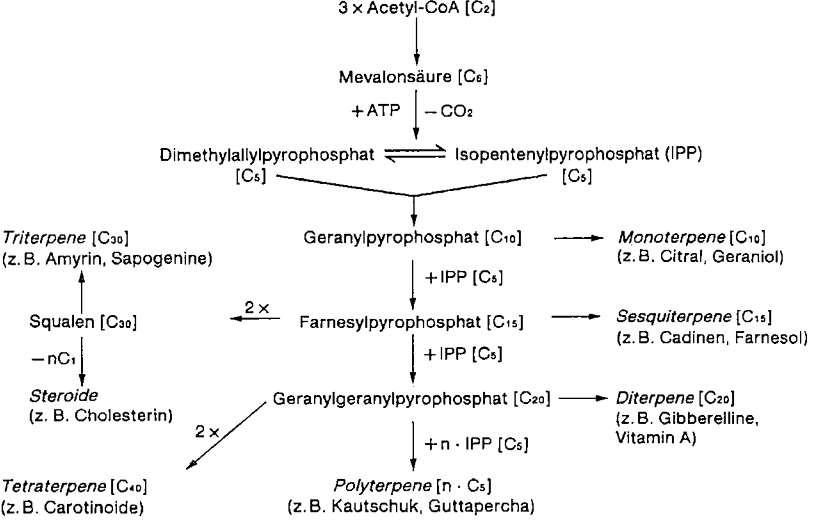

Isoprenoide Biosynthese der Isoprenoide. Im Cytoplasma wird aus drei Molekülen Acetyl-CoA über Mevalonsäure *3-Isopentenylpyrophosphat (IPP, aktives Isopren)* gebildet, das mit *Dimethylallylpyrophosphat* im Gleichgewicht steht (Mevalonat-Weg). Der weitere Biosyntheseweg beschränkt sich auf die für sie spezifischen Zellorganellen; z. B. erfolgt die Biosynthese von *Sesquiterpenen* und *Steroiden* (Triterpenen) im Cytoplasma, diejenige der isoprenen Seitenkette des Ubichinons in Mitochondrien und diejenige von *Monoterpenen, Diterpenen* und *Tetraterpenen* (Carotinoide) sowie der isoprenoiden Seitenketten der Chlorophylle, Plastochinone und Tocopherole in Plastiden.

chen), Altnymphen, die sich nicht zur Imago häuten können (*Scheinarbeiter*), die flügellosen *Arbeiter*, die die meisten Individuen eines Staates stellen, die Nahrung beschaffen und Geschlechtstiere, Eier und Larven sowie die Nester pflegen und *Soldaten*. Arbeiter und Soldaten entstammen beiden Geschlechtern, haben aber keine funktionsfähigen Keimdrüsen. – Die aus Nordamerika nach Hamburg eingeschleppte Art *Reticulitermes flavipes* zerstört verbautes Holz.

Isospondyli, die ↗ Clupeiformes.

Isosporie, *Homosporie*, im Gegensatz zur ↗ Heterosporie Ausbildung völlig gleicher, also meist geschlechtlich nicht differenzierter ↗ Sporen. Die I. ist bei vielen Farnen und Moosen verbreitet.

isotherm, ↗ homoiotherm.

isoton, *isotonisch*, Bez. für eine Lösung, die denselben osmotischen Druck wie eine Vergleichslösung aufweist (↗ Osmose).

isotonische Kontraktion, ↗ Muskel.

Isovaleriansäure, verzweigte, in freier Form in Baldrianwurzeln (*Baldriansäure*) vorkommende und nach Baldrian riechende Fettsäure, die beim Abbau von ↗ Leucin in Form von *Isovaleryl-Coenzym A* entsteht. Durch Folgereaktionen wird Letzteres zu Acetoacetat und ↗ Acetyl-Coenzym A abgebaut.

Isozönosen, Lebensgemeinschaften, die aufgrund ähnlicher Umweltbedingungen strukturell weitgehend übereinstimmen, aber aus unterschiedlichen Arten zusammengesetzt sind.

Isozyme, die ↗ Isoenzyme.

IUCN, *International Union for Conservation of Nature and Natural Resources, Internationale Naturschutz-Union*, von der UNESCO 1948 gegründete internationale Naturschutzorganisation mit Sitz in Gland (Schweiz). Ihr gehören Staaten, staatliche Behörden und nicht staatliche Organisationen an. Zu ihrer Aufgabe gehört u. a. die Erarbeitung und Aktualisierung der ↗ Roten Listen.

IUPAC, Abk. für *International Union of Pure and Applied Chemistry*, im Jahr 1919 gegründeter internationaler Verband chemischer Gesellschaften, der sich u. a. mit der Vereinheitlichung der chemischen Nomenklatur, der Festlegung von chemischen Symbolen, Konstanten und relativen Atommassen („Atomgewichten") befasst und die Zusammenarbeit der verschiedenen chemischen Gesellschaften koordiniert.

IVF, Abk. für ↗ In-vitro-Fertilisation (↗ Reproduktionsmedizin).

Ixodides, *Ixodida*, *Zecken*, Gruppe der Milben mit rund 800 weltweit verbreiteten Arten, die an Landwirbeltieren und Meeressäugern Blut saugen. Zecken haben einen flach gedrückten Körper, der bei Blutaufnahme auf ein Vielfaches seiner Größe anschwellen kann. An den Vorderbeinen befindet sich ein Geruchsorgan, das *Haller-Organ*, das beim am Menschen saugenden *Holzbock (Ixodes ricinus)* auf Buttersäure im Schweiß anspricht. Am Menschen saugende Zecken können gefährliche Krankheiten übertragen, so der Holzbock die ↗ Lyme-Borreliose und die ↗ Frühsommer-Meningoencephalitis, und die vor allem in Süddeutschland verbreitete, an Schafen saugende Art *Dermacentor marginatus* das Q-Fieber.

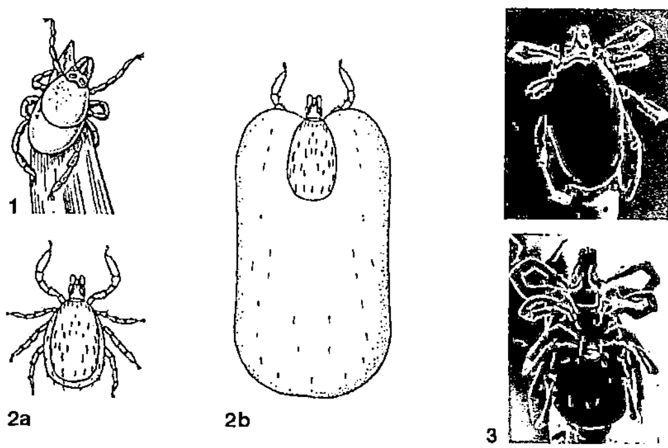

Ixodides 1 Weibchen des Holzbocks (*Ixodes ricinus*); 2a Holzbock vor (1 - 2 mm lang) und b nach der Blutmahlzeit (über 10 mm lang); 3 rasterelektronenmikroskopische Aufnahme eines Holzbocks von oben und unten

J

Jackfruchtbaum, *Artocarpus heterophyllus*, in Vorderindien heimischer Baum der ⁊ Moraceae. Die bis zu 20 kg schweren Fruchtstände werden roh oder gekocht gegessen; die Samen werden geröstet.

Jacob, *François*, franz. Physiologe und Genetiker, ✳ 17.6.1920 Nancy; seit 1960 am Institut Pasteur in Paris, ab 1964 Prof. J. erhielt 1965 zusammen mit A. Lwoff und J.L. ⁊ Monod den Nobelpreis für Physiologie oder Medizin für molekulargenetische Arbeiten an Bakterien, insbesondere für die Entdeckung gemeinsam regulierter Gene (⁊ Operon), der zugehörigen Regulatorgene und der regulatorisch wirksamen Signalelemente (Operator, Promotor) am Lactose-Operon (*Jacob-Monod-Modell*, 1961).

Jacob-Monod-Modell, ⁊ Operon.

Jacobson-Organ, *Jacobson'sches Organ*, bei den meisten ⁊ Tetrapoda vorkommendes Geruchsorgan. Es findet sich bei Krokodilen, Vögeln, marinen Säugern und einigen Primaten nur embryonal und beim Adulttier höchstens als Rudiment. Beim Menschen wird ein J. - O. fetal angelegt, beim Erwachsenen ist es jedoch bislang nicht einwandfrei identifiziert. Bei Säugetieren ist das J. - O. in einer vom Vomer (Pflugscharbein; ⁊ Schädel) gebildeten Nebenhöhle der Nasenhöhle lokalisiert und öffnet sich über den *Stenson-Gang (Ductus nasopalatinus)* in den hinteren Gaumenbereich. Bei Eidechsen und Schlangen liegt es paarig in einer besonderen Tasche, die vom Dach der Mundhöhle abgeht. Über die Zunge, die in das J. - O. geschoben wird, werden die Geruchsstoffe, die sich auf der Zungenschleimhaut angeheftet haben, auf den Flüssigkeitsfilm des Sinnesepithels übertragen. Hauptaufgabe des J. - O. scheint bei den niederen Tetrapoda die Wahrnehmung der Geruchsreize der Nahrung in der Mundhöhle zu sein. Bei Huftieren und Katzen steht das J. - O. auch mit der Wahrnehmung von Sexualhormonen in Zusammenhang (⁊ Flehmen).

Jäger, *Räuber*, Bez. für Tiere, welche die Tiere, von denen sie sich ernähren, durch Jagd erbeuten. J. sind z. B. viele Laufkäfer (⁊ Carabidae), Libellen (⁊ Odonata), Raubwanzen, Spinnen (⁊ Araneae) sowie Greifvögel (⁊ Falconiformes), Fledermäuse (⁊ Microchiroptera) und Raubtiere (⁊ Carnivora).

Jaguar, *Panthera onca*, in Süd- und Mittelamerika verbreitete Art der Pantherkatzen (⁊ Felidae), mit meist gelbbraunem Fell und schwarzen Punkten im Innern der rosettenförmigen Fellflecken, doch kommen auch ganz schwarze Tiere vor. Der 110 - 180 cm körperlange J. bewohnt Urwald- und Buschlandschaften hauptsächlich in Wassernähe. Sie jagen ihre Beute (Säugetiere, Vögel, Reptilien) meist am Boden. Alle acht Unterarten sind durch Lebensraumzerstörung und Bejagung in ihrem Bestand gefährdet.

Jahresrhythmik, Anpassungen von Organismen in Verhalten und Stoffwechsel an die Jahresperiodik. Beispiele im Tierreich sind jahreszeitlich bedingte Tierwanderungen, ⁊ Vogelzug, ⁊ Mauser, ⁊ Winterschlaf, ⁊ Diapause, Brunstzeiten und im Pflanzenreich der herbstliche Blattfall (⁊ Abscission) oder die Blütezeit. Als Zeitgeber spielen u. a. die Belichtungsdauer (zunehmende oder abnehmende Tageslänge) sowie die Temperatur eine Rolle. (⁊ Biorhythmik)

Jahresringchronologie, Methode zur Bestimmung des Alters von Bäumen (⁊ Altersbestimmung).

Jahresringe, ⁊ Holz.

Janthina, Gatt. der ⁊ Mesogastropoda.

Jasmonate, Bez. für die teilweise flüchtigen Esterderivate der ⁊ Jasmonsäure, die als ⁊ Phytohormone eine Reihe von Entwicklungsprozessen steuern und an der pflanzlichen ⁊ Abwehr von Pathogenen und Fressfeinden beteiligt sind. J. wurden bei höheren Pflanzen, Farnen, Algen und Pilzen nachgewiesen, wobei ihre höchsten Konzentrationen in wachsenden Geweben anzutreffen sind. J. haben bei der systemischen *Pathogenabwehr* eine wichtige Rolle inne, indem sie als Signalmolekül für die Synthese von Abwehrsubstanzen (z. B. ⁊ Alkaloide, ⁊ Flavonoide) fungieren. Bei mechanischer Beschädigung durch Schädlingsfraß kommt es ebenfalls zum Anstieg des intrazellulären J.-Spiegels, sodass z. B. rasch *Proteinase-Inhibitoren* synthetisiert werden können. Diese werden zusammen mit einer Reihe weiterer Proteine als so genannte *Jasmonat-induzierte Proteine* (Abk. *JIPs*) bezeichnet. Weitere JIPs sind u. a. *Lipoxygenasen*, ⁊ Thionine, ⁊ Systemin und Enzyme wie die Phenylalanin-Ammonium-Lyase (PAL) und Chalkonsynthase (Anthocyane, ⁊ Phytoalexine), deren ⁊ Genexpression neben anderen biotischen und abiotischen Stresssignalen auch durch Jasmonate induziert wird.

Jasmonsäure, zu den etherischen Ölen zählende Verbindung, die bei Pflanzen weit verbreitet ist und als Duftstoff dem *Jasminöl* seinen charakteristischen Duft verleiht. Die Synthese der J. erfolgt von der Linolensäure aus. Strukturell ähnelt die J. den ⁊ Prostaglandinen der Säugetiere, was auf ihre Funktion als ⁊ Phytohormon hinweist. Dabei steuert J. mit ihren Derivaten, vor allem ihren Estern (⁊ Jasmonate), eine Reihe von Entwicklungs- und Abwehrprozessen.

Java-Nashorn, Art der ⁊ Rhinocerotidae.

Jejunum, der Leerdarm, ein Teil des Dünndarms (↗ Darm).

Jerne, *Nils Kaj*, dän. Biochemiker und Immunologe, * 23.12.1911 London, † 7.10.1994 Castillon-du-Gard; ab 1960 Prof. in Genf, 1962-65 in Pittsburgh (Pennsylvania), 1966 - 69 Direktor des Paul-Ehrlich-Instituts in Frankfurt a. M., 1970 - 80 des Instituts für Immunologie in Basel. Von J. stammen grundlegende theoretische Arbeiten über das Immunsystem, insbesondere über die Klonselektions-theorie und das inzwischen experimentell verifizierte Postulat, dass somatische Mutationen und Rekombinationen Grundlage für die Diversität der ↗ Immunglobuline sind. 1984 erhielt er zusammen mit G.J.F. ↗ Köhler und C. ↗ Milstein für seine grundlegenden Leistungen auf dem Gebiet der Immunologie und das Erkennen des Prinzips der ↗ monoklonalen Antikörper den Nobelpreis für Physiologie oder Medizin.

Jetlag, eine durch Anpassung an andere Zeitzonen verursachte Störung des ↗ Schlaf-Wach-Rhythmus. Beim Menschen zeigen sich u. a. Unwohlsein und verminderte psychische und physische Leistungsfähigkeit. Die Beschwerden gehen nach einigen Tagen von selbst zurück.

Jetztmenschen, die heute lebenden Menschen (*Homo sapiens sapiens*; ↗ Mensch).

Jochalgen, die Fam. ↗ Zygnematophyceae.

Jochbein, *Os zygomaticum*, ein Knochen des ↗ Schädels.

Jochpilze, die Abteilung *Zygomycota* bzw. in botanischen Systemen die Klasse ↗ Zygomycetes.

Jod, nicht mehr übliche Schreibweise für ↗ Iod.

Joghurt, Milchprodukt, das durch die Animpfung von pasteurisierter Milch mit z. B. *Streptococcus thermophilus* und *Lactobacillus bulgaricus* unter Wärmezufuhr hergestellt wird.

Johannisbeere, Bez. für mehrere Arten der Gatt. *Ribes* (↗ Grossulariaceae). Zu den Kulturarten gehören die Rote Johannisbeere, *Ribes rubrum*, und die Schwarze Johannisbeere, *Ribes nigrum*.

Johannisbrotbaum, *Ceratonia siliqua*, aus dem östlichen Mittelmeergebiet stammender Baum oder Strauch der ↗ Caesalpiniaceae. Aus den Samen der bis zu 25 cm langen breiten Hülsen wird das Johannisbrotkernmehl gewonnen, das Polysaccharide mit sehr hoher Quellfähigkeit enthält.

Johannisbrotbaumgewächse, die ↗ Caesalpiniaceae.

Johanniskraut, *Hartheu*, *Hypericum*, Gatt. der ↗ Clusiaceae, deren Arten in ganz Europa verbreitet sind. *Hypericum perforatum* wird bei psychovegetativen Störungen als „pflanzliches Antidepressivum" verwendet. Der Inhaltsstoff *Hypericin* wirkt hemmend auf die Monoaminooxidase und daher ähnlich wie eine bestimmte Gruppe synthetischer Antidepressiva.

Johanniskrautgewächse, *Hartheugewächse*, die Fam. ↗ Clusiaceae.

Johnston-Organ, *Johnston'sches Organ*, bei allen Insekten (↗ Insecta), die eine Geißelantenne besitzen, im zweiten Fühlerglied befindliches Sinnesorgan (↗ Chordotonalorgane), das der Wahrnehmung von Luftschall, und zwar als Schallschnelle-Empfänger (↗ Gehörsinn), sowie bei flugfähigen Insekten der Wahrnehmung der Fluggeschwindigkeit und der eigenen Lage im Raum dient. Adäquater Reiz ist die Ablenkung des Antennenschafts gegen die Antennenbasis, in der sich die rezeptiven Scolopidien befinden.

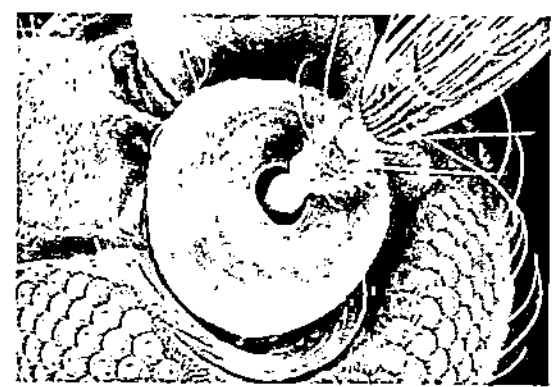

Johnston-Organ Mikroskopische Aufnahme der Fühlerbasis der Bartmücke *Atrichopogon brunnipes* (Ceratopogonidae)

Joule, Einheitenzeiten *J*, SI-Einheit der Energie in ihren verschiedenen Energieformen (z. B. Wärme, Arbeit). Es gilt: $1\,J = 1\,m^2\,kg\,s^{-2} = 1\,Ws$. Das J. ersetzt die früher übliche Einheit ↗ Kalorie (1 cal = 4,1868 J).

Judasohr, zu den ↗ Auriculariales gehörender Pilz.

Judenkirsche, *Blasenkirsche*, *Lampionblume*, *Physalis alkekengi*, krautige Pflanze der ↗ Solanaceae mit einem lampionförmigen Kelch und schwach süß schmeckenden, essbaren Beeren.

Juglandaceae, *Walnussgewächse*, Fam. der Juglandales, deren Arten in den subtropischen bis

Juglandaceae Walnuss (*Juglans regia*), blühender Zweig und Frucht

gemäßigten Gebieten der nördlichen Hemisphäre verbreitet sind. Es sind Holzpflanzen mit wechselständigen, unpaarig gefiederten Blättern. Die eingeschlechtigen, einhäusigen Blüten haben eine unscheinbare Blütenhülle, stehen in kätzchenförmigen Blütenständen und werden vom Wind bestäubt (↗ Anemogamie). Die weiblichen Blüten sind meist von Hochblättern umgeben, die um die ausgereifte Steinfrucht eine fleischige Hülle bilden. Zu den kultivierten Arten gehören die ↗ Walnuss (*Juglans regia*), die Schwarze Walnuss (*Juglans nigra*) und der ↗ Pekannussbaum oder Hickorybaum (*Carya illinoinensis*).

Juglandales, Ord. der ↗ Rosopsida mit den Fam. *Rhoipteleaceae* und ↗ Juglandaceae.

Juglans, Gatt. der ↗ Juglandaceae.

Juncaceae, *Binsengewächse*, Fam. der Juncales mit ca. 320 Arten, die überwiegend in der gemäßigten Zone der Nord- und Südhemisphäre verbreitet sind. Es sind krautige, grasartige Pflanzen ohne Halmknoten. Hierzu gehören die Gatt. Binse, *Juncus*, und Hainsimse, *Luzula*.

Juncaceaea a Gliederbinse (*Juncus articulatus*), b Schmalblättrige Hainsimse (*Luzula nemorosa*)

Juncaginaceae, *Dreizackgewächse*, Fam. der ↗ Najadales, deren Arten meist an sumpfigen Standorten vorkommen. Es sind ausdauernde, z. T. einjährige Kräuter mit schmallinealischen, grundständigen Blättern und meist kleinen, zwittrigen Blüten, die in traubigen oder ährigen Blütenstän-

den stehen. Einheimisch sind nur zwei Arten der Gatt. *Dreizack* (*Triglochin*).

Juncales, Ord. der ↗ Liliopsida mit den Fam. ↗ Juncaceae und *Thurniaceae*.

Juncus, Gatt. der ↗ Juncaceae.

Jungermaniales, Ord. der ↗ Jungermaniopsida, die etwa 90 % aller Lebermoose (↗ Hepaticae) umfasst. Die überwiegend foliosen (beblätterten) Arten kommen auf der Erde, an Baumstämmen und in den Tropen auch auf Blättern von Bäumen vor. Charakteristisch ist die Gliederung in ein Stämmchen und einschichtige Blättchen ohne Mittelrippe.

Jungermaniopsida, Klasse der Moose (↗ Bryophyta), in der überwiegend *foliose* Lebermoose sowie *thallose* Lebermoose (↗ Hepaticae) und Übergänge zwischen foliosen und thallosen Formen enthalten sind. Die J. umfassen die Ord. ↗ Metzgeriales, ↗ Calobryales und ↗ Jungermaniales. (↗ Marchantiopsida)

Jungfernhäutchen, *Hymen*, eine etwa ringförmige Schleimhautfalte am Scheideneingang des Mädchens und der Frau, die beim ersten ↗ Geschlechtsverkehr, spätestens bei der ersten Geburt einreißt. Auch in unversehrtem Zustand lässt das J. eine oder mehrere Öffnungen frei, die das Abfließen des Menstruationsblutes ermöglichen.

Jungfernzeugung, die ↗ Parthenogenese.

Jungpaläolithikum, *Altsteinzeit*, die älteste und längste Epoche der Menschheitsgeschichte. Das J. begann vor etwa 2,5 Mio. Jahren und endete mit der letzten Kaltzeit um 8000 v. Chr. Charakteristisch sind Steinwerkzeuge, die aus hartem, spaltbarem Gestein (z. B. Quarz, Feuerstein) hergestellt wurden; im jüngeren P. wurden Steine auch zur Herstellung von u. a. Schmuck geschliffen.

Juniperus, Gatt. der ↗ Cupressaceae.

Junk Food, ↗ Fast Food.

Jura, *jurassisches System*, die zweite Periode des Mesozoikums (von ca. 213 bis 144 Mio. Jahren vor heute). Sie wird nach verschiedenen Systemen untergliedert in *Lias* (*Unterer* oder *Schwarzer J.*, vor 218 bis 188 Mio. Jahren), *Dogger* (*Mittlerer* oder *Brauner J.*, vor 188-163 Mio. Jahren) und *Malm* (*Oberer* oder *Weißer J.*, vor 163 bis 144 Mio. Jahren). Nach einem weiteren System wird der J. faunistisch in Zonen gegliedert. Leitfossilien sind vor allem Ammoniten (↗ Ammonoidea), aber auch ↗ Belemnitida, ↗ Brachiopoda, Muscheln, Schnecken, Stachelhäuter, Fische und Tetrapoda. Unter den Pflanzen herrschen Farne und Gymnospermen vor. Mitteleuropa ist von ausgedehnten Schelfmeeren bedeckt, das zentrale Urmittelmeer (Tethys) tritt in Verbindung zum Atlantik und der Großkontinent Pangäa beginnt zu zerfallen.

Jute, *Corchorus*, Gatt. der ↗ Tiliaceae (Abb. siehe dort). Als Faserpflanzen werden die aus Indien stammenden Arten *Corchorus capsularis* und

Corchorus olitorius genutzt. Die einjährigen Pflanzen werden bis zu 4 m hoch.

Juvenilhormon, Abk. *JH*, *Neotenin*, ein Isoprenoidhormon, das chemisch ein Abkömmling des ↗ Farnesols ist und in den ↗ Corpora allata der Insekten (↗ Insecta) gebildet wird. Während des Larvenstadiums kontrolliert J. im Wechselspiel mit Ecdyson (↗ Ecdysteroide) die ↗ Metamorphose, indem es die Adulthäutung verhindert. Im Adultstadium ist JH ein Geschlechtshormon, das maßgeblich an der Synthesekontrolle von Proteinen beteiligt ist, die der ↗ Fortpflanzung dienen. Hierzu gehören u. a. das im weiblichen ↗ Fettkörper gebildete Dotterprotein ↗ Vitellogenin, das in den Eileitern gebildete Kokonschaumsekret, in das die Eier bei Ablage eingebettet werden, und die Synthese von Proteinen in den männlichen akzessorischen Drüsen, die zur Bildung von ↗ Spermatophoren benötigt werden. Darüber hinaus kontrolliert JH bei vielen Insekten das Paarungsverhalten und die Produktion von ↗ Pheromonen. Die Bedeutung des JH für obengenannte Prozesse ist artspezifisch unterschiedlich. Die Regulation der Synthese des JH erfolgt durch die Neuropeptide *Allatostatin* (hemmend) und *Allatotropin* (fördernd) und ist abhängig vom Ernährungszustand, der Fotoperiode oder bei sozialen Insekten von der sozialen Hierarchie.

juxtaglomerulärer Apparat, zelluläres System der ↗ Niere.

juxtaligamentale Zellen, besondere Bindegewebszellen bei den ↗ Echinodermata.

Jyngidae, die Wendehälse, eine Fam. der ↗ Piciformes.

K

K, 1) chemisches Symbol für ⁊ Kalium.
2) Ein-Buchstaben-Symbol für ⁊ Lysin.
3) Abk. für ⁊ Kapazität.

Kabeljau, *Dorsch, Gadus morhua*, bis 1,10 m lange Art der Fam. Dorsche (Gadidae, ⁊ Gadiformes) mit Verbreitung in den Küstengewässern des Nordatlantik, einschließlich Nord- und Ostsee. K. sind oberseits grünlich mit messingfarbener Marmorierung, unterseits heller. Der meist in Grundnähe bis in 600 m Tiefe lebende K. ist einer der wichtigsten Nutzfische. Man unterscheidet mehrere Unterarten, die sich bezüglich ihrer Laich- und Nahrungswanderungen unterscheiden. K. leben in Schwärmen und laichen auch in großen Schwärmen paarweise ab. Sie sind Allesfresser, die oft den Schwärmen anderer Fische folgen, die sie dann erbeuten.

Käfer, die ⁊ Coleoptera.

Käferschnecken, die ⁊ Polyplacophora.

Kaffee, *Coffea*, Gatt. der ⁊ Rubiaceae (Abb. siehe dort). Im Wesentlichen werden drei Arten angebaut: *Coffea arabica, Coffea robusta* und *Coffea liberica*. Wichtigste Art dabei ist die in Äthiopien beheimatete Art *Coffea arabica*. Die K.-Pflanze ist ein Baum von 3 - 8 m Höhe, wird jedoch meist als Strauch kultiviert. Die K.-Kirschen enthalten jeweils zwei Kerne, die K.-Bohnen. Diese enthalten 1 - 2,5 % ⁊ Coffein und gelangen nach unterschiedlicher Aufbereitung in den Handel. Das Coffein des K. ist im Gegensatz zum Coffein des Tees nicht an Gerbstoffe gebunden und daher schneller wirksam.

Kaffeezichorie, die ⁊ Wurzelzichorie.

Kaffernbüffel, afrikan. Art der ⁊ Rinder.

Kahnfüßer, die ⁊ Scaphopoda.

Kaiserfische, die Fam. ⁊ Pomacanthidae.

Kakaobaum, *Theobroma cacao*, aus Mittel- bzw. Südamerika stammender Baum der ⁊ Sterculiaceae (Abb. siehe dort) mit stammfrüchtigen (⁊ Cauliflorie) Blüten und großen, gurkenförmigen Früchten, deren eiweiß- und ölreiche Samen die Kakaobohnen enthalten. Die Samen liefern Kakaobutter und Kakaopulver. Sie enthalten u. a. das anregend wirkende ⁊ Alkaloid *Theobromin*.

Kakaobaumgewächse, die Fam. ⁊ Sterculiaceae.

Kakipflaume, *Diospyros kaki*, in China und Japan beheimateter Baum der ⁊ Ebenaceae mit fast apfelgroßen, gelben bis orangeroten essbaren Beeren.

Kakteengewächse, die ⁊ Cactaceae.

Kalium, chemisches Symbol *K*, zu den Alkalimetallen gehörendes Element, das in der Natur in Kalisalzlagerstätten, gelöst in Meerwasser sowie in den Zellen aller Organismen ausschließlich als Kation (K^+) vorkommt. K. gehört zu den zehn häufigsten chemischen Elementen auf der Erde. Es ist ein starkes Reduktionsmittel und eines der reaktivsten Elemente.

Im pflanzlichen Organismus sind K^+-Ionen unentbehrlich für Fotosynthese und Atmung sowie die Aufrechterhaltung des osmotischen Drucks, weshalb der Einsatz von Kalidünger in der Landwirtschaft eine wichtige Rolle spielt. Im tierischen Organismus ist K^+ das quantitativ wichtigste intrazelluläre Kation. Als lebensnotwendiger Mineralstoff ist es für die Osmoregulation und damit für den Wasserhaushalt der Zelle essentiell. K. spielt eine wesentliche Rolle beim Aufbau von ⁊ Membranpotenzialen bzw. bei der Aufrechterhaltung des Ruhepotenzials mit Hilfe der Na^+/K^+-ATPase (⁊ Ionenpumpen) und ermöglicht damit eine Vielzahl molekularer Transportprozesse an den Membranen und speziell die Erregungsleitung der Nervenzellen. Außerdem hat K. Einfluss auf die Aktivität vieler Enzyme. Der Menschen nimmt bei normaler Ernährung täglich ca. 4 g K^+ auf. Der Umsatz pro Tag beträgt weniger, da die Resorption im Darm oft unvollständig ist. Kaliummangel ist die häufigste Elektrolytstörung und äußert sich außer in Herzrhythmusstörungen in Muskelschwäche und Lethargie.

Kalkflagellaten, die ⁊ Coccolithophorales.

Kalkmeider, *calcifuge Pflanzen*, Bez. für Pflanzen, die niemals auf kalkhaltigen Böden vorkommen. Oft fehlt diesen Pflanzen die Fähigkeit, bei hohen ⁊ pH-Werten schlecht verfügbare Nährstoffe wie Phosphor, Eisen, Mangen, Zink usw. aufzunehmen. Zu den K. gehört z. B. das ⁊ Heidekraut.

Kalkpflanzen, Pflanzen, die an Böden mit hohen Ca^{2+}- und HCO_3^--Konzentrationen sowie hohen pH-Werten angepasst sind. Auf diesen Böden ist die Verfügbarkeit der meisten ⁊ Mikronährelemente (u. a. Eisen, Mangan, Zink) und von Phosphor gering. Typisch für K. sind hohe Mengen an gelöstem Calcium im Zellsaft. Zu den Echten K. gehören z. B. Arten der Gatt. Schleierkraut, *Gypsophila* (Caryophyllaceae).

Kalkschwämme, die ⁊ Calcarea.

Kallikrein-Kinin-System, Abk. *KKS*, ein physiologisches Regulationssystem für die Freisetzung von Plasmakininen, das aus den vier Komponenten *Kininogene, Kininogenasen* (Plasma-Kallikrein, Gewebs-Kallikrein), *Plasmakinine* (Bradykinin, Kallidin) und *Kininasen* besteht. Die Kininogenasen sowie auch ⁊ Trypsin und ⁊ Plasmin setzen aus den im Plasma vorkommenden Kininogenen das Nonapeptid ↗ Bradykinin (Kallidin 9) oder das Decapeptid *Kallidin 10* frei, beides so genannte Plasmakinine. Beide haben in der Frühphase der Entzündungsreaktion wichtige Funktionen, indem sie die Erweiterung (Vasodilatation) der Arteriolen und die Verengung (Vasokonstriktion) der postkapillären Venen sowie die Kontraktion der glatten Muskulatur bewirken. Der Abbau erfolgt durch Kininase I und II. Kininase II wirkt außerdem auf ↗ Angiotensin, steuert also zugleich die antagonistischen Wirkungen der Kinine (Blutdruck senkend) und von Angiotensin (Blutdruck steigernd). Die Aktivierung des KKS ist eng mit der Auslösung der endogenen ↗ Blutgerinnung gekoppelt. Beide Vorgänge beginnen mit der Aktivierung von Faktor XII an Oberflächen.

Kalmare, *Teuthoidea*, zu den zehnarmigen Kopffüßern (↗ Decabrachia) gehörende Gruppe frei schwimmender Tintenfische, deren innere Schale zu einer hornigen Lamelle (*Gladius*) reduziert ist.

Kalmus, *Acorus calamus*, aus Ostasien stammende Art der ↗ Acoraceae. Die schilfartige Staude bildet lange Rhizome und dreikantige Stängel mit einem terminalen Blütenkolben. Das Rhizom enthält ↗ etherische Öle, das harzartige bittere *Acoretin* und den glykosidischen Bitterstoff *Acorin*. Das Gewürz wurde schon im Altertum als Magenheilmittel verwendet und wird heute bei der Herstellung von Magenbitter genutzt.

Kalorie, Kurzzeichen *cal*, gesetzlich nicht mehr zulässige Einheit der Energie; 1 cal = 4,1868 Joule.

Kalorimetrie, die ↗ Calorimetrie.

Kaltblüter, umgangssprachliche Bez. für wechselwarme Tiere (↗ poikilotherm).

Kaltbrüter, Bez. für Tierarten, die sich in den kalten Jahreszeiten, also in Herbst und Winter, fortpflanzen. Beispiele sind unter den Insekten die zu den Schmetterlingen gehörenden Frostspanner (z. B. *Operophthera brumata*) und unter den Säugetieren die Bären. (↗ Dauerbrüter, ↗ Warmbrüter)

Kälteresistenz, *Kältetoleranz*, die Widerstandsfähigkeit von Organismen gegenüber niedrigen Temperaturen oberhalb und unterhalb des Gefrierpunktes. (Zur K. unterhalb des Gefrierpunktes ↗ Frostresistenz)

Pflanzen. Die K. von Pflanzen ist u. a. von der Lipidzusammensetzung ihrer Membranen abhängig. Die Membranen kälteempfindlicher Arten (Mais, Baumwolle) besitzen einen hohen Anteil gesättigter Fettsäuren und gehen bei niedrigen Temperaturen oberhalb 0 °C in einen semikristallinen Zustand über. Sie sind dann weniger fluide, wodurch ihre Proteinkomponenten nicht mehr normal funktionieren können. Die Membranen kälteresistenter Pflanzen besitzen dagegen meist einen höheren Anteil an ungesättigten Fettsäuren und

bleiben daher auch bei niedrigen Temperaturen noch fluide. Weiterhin reagieren kältesensitive Pflanzen auf Kälte auch mit einer ↗ Fotoinhibition, was zu Schäden am Fotosyntheseapparat führt. Mit Hilfe der ↗ Gentechnik könnte die K. vieler Kulturpflanzen erhöht werden. Durch Transformation von Tabak mit einem Gen aus einer kältetoleranten *Arabidopsis*-Mutante wurde z. B. die K. des Tabaks gesteigert. (↗ Akklimatisierung)

Tiere. Die K. von Tieren ist auf unterschiedliche Anpassungen zurückzuführen. Bei ↗ homoiothermen Arten (Vögel, Säugetiere), die in den gemäßigten und kalten Regionen leben, schützen dichte Federn, ein dickes Fell oder Fettpolster vor einer zu intensiven Wärmeabgabe. Außerdem wird bei übermäßigem Wärmeverlust zusätzlich Wärme produziert (Kältezittern u. a.). Einige ↗ poikilotherme Arten sind ebenfalls in der Lage, ihre Körpertemperatur in einem gewissen Umfang zu regulieren. Bei Fluginsekten geschieht dies durch Bewegung der Flugmuskulatur vor dem Abflug, bei bestimmten Schlangenarten durch eine erhöhte Stoffwechselaktivität. Bei einigen Raubfischen, z. B. beim Thunfisch und bei Makrelenhaien, werden beim Tauchen in kälteren Wasserschichten in verschiedenen inneren Körperbereichen hohe Temperaturen aufrechterhalten. Einige kleine Säugetiere und Vögel (z. B. die amerikanischen Kolibris) können bei nächtlicher Kälte in einen *Starrezustand (Torpor)* übergehen. Eine andere Anpassung an die Kälte ist der von vielen homoiothermen Tieren vollzogene ↗ Winterschlaf, der mit einer starken Absenkung der Körpertemperatur einhergeht.

Im Gegensatz zu den kältetoleranten Tieren sind viele andere Tiere sehr empfindlich gegenüber Kälte und sterben bereits bei Temperaturen über dem Gefrierpunkt ab (z. B. tropische Fische). Bei diesen Fischen schädigt Kälte offensichtlich das Atemzentrum, wodurch Sauerstoffmangel eintritt.

Mikroorganismen. Die kältetoleranten Mikroorganismen teilt man ein in die *psychrophilen* (Temperaturoptima bei 15 °C oder darunter, maximales Wachstum unter 20 °C, Temperaturminimum bei 0 °C) und die *psychrotoleranten* (Wachstum bei 0 °C, optimales Wachstum bei 20 - 40 °C) Arten. Zu den psychrotoleranten Mikroorganismen gehören verschiedene Gatt. von Bakterien, Pilzen, Algen und Protozoen. Die K. der Psychrophilen ist auf einen besonderen Aufbau ihrer Enzyme zurückzuführen, deren molekulare Struktur noch nicht vollständig aufgeklärt wurde. Auch die Cytoplasmamembranen der Psychrophilen sind anders aufgebaut als diejenigen der kältesensitiven Mikroorganismen und besitzen einen höheren Gehalt an ungesättigten Fettsäuren. Dadurch bleiben die Membranen bei niedrigen Temperaturen fluide. (↗ Hitzeresistenz)

Kälterezeptoren, ↗ Temperatursinn.

Kältestarre, reversible Abnahme der Lebensfunktionen bei Pflanzen und poikilothermen Tieren bei erheblicher Erniedrigung der normalen Temperatur, besonders im Winter. K. äußert sich durch Einstellen der Plasma- und Muskelbewegung und kann bei fortschreitender Temperatursenkung direkt zum *Kältetod* führen. Dieser tritt infolge intrazellulärer Eiskristallbildung, mechanischer Wirkungen des Gefrierens oder Änderung der ostmotischen Verhältnisse durch den Wasserentzug ein.

Kältetoleranz, die ↗ Kälteresistenz.

Kalyptra, die ↗ Calyptra.

Kalyx, der Kelch der ↗ Crinoida.

Kambium, Teilungsgewebe, das sich in älteren Abschnitten des Pflanzenkörpers der ↗ Gymnospermae, der zweikeimblättrigen Pflanzen (↗ Dicotyledonae), einiger baumförmiger Liliengewächse und der fossilen baumförmigen Bärlappgewächse und Schachtelhalmgewächse befindet. Vom K. gehen das sekundäre ↗ Dickenwachstum und die Bildung von ↗ Kork aus.

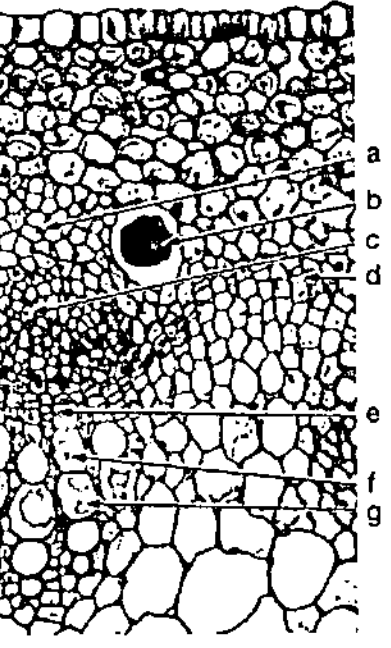

Kambium Kambium im Stängel des Hornklees. a altes, funktionsuntüchtiges Phloem, b Tanninzellen, c funktionstüchtiges, jüngeres Phloem, d intrafaszikuläres und e faszikuläres Kambium, f und g noch unreife Tracheenglieder.

Kambrium, *kambrisches System*, die älteste Periode des Erdaltertums (Paläozoikum; vor 543 bis 490 Mio. Jahren). Die stratigraphischen Grenzen liegen derzeit noch nicht exakt fest. Auf der Südhalbkugel befindet sich eine weitgehend geschlossene Landmasse (Gondwanaland) und im Norden gibt es Teilschollen im Bereich des heutigen Nordamerika, Europa sowie Mittel- und Ostasien. Die Hemisphären sind durch ein breites Mittelmeer (Protethys), und Nordamerika und Europa durch den Uratlantik getrennt. Leitfossilien sind in erster Linie ↗ Trilobita, daneben u. a. auch ↗ Archaeocyatha, ↗ Scyphozoa und ↗ Brachiopoda. Im K. ist erstmals in der Erdgeschichte eine reiche fossile Lebenswelt überliefert. Bis auf eindeutige Wirbeltiere sind fast alle großen Tiergruppen des Meeres in über 900 Arten vertreten. Landpflanzen sind unbekannt, im Meer gehören Kalk abscheidende

↗ Cyanobakterien zu den wichtigen Gesteinsbildnern.

Kamele, *Camelidae*, Fam. der Paarhufer (↗ Artiodactyla) mit zwei Gattungen und insgesamt vier Arten sowie drei Haustierformen (*Hauskamel, Lama* und *Alpaka*). Die Gatt. *Großkamele* oder *Eigentliche K. (Camelus)* umfasst zwei Arten und das Hauskamel. Großkamele sind langbeinig und haben einen langen Hals sowie ein dichtes und wolliges Haarkleid. Ihre Nasenlöcher sind verschließbar. Sie sind Pflanzenfresser und haben einen vierteiligen Magen, der vergleichbar dem Magen der Wiederkäuer funktioniert, sich aber dennoch von diesem unterscheidet. Typische Fortbewegungsart ist der ↗ Passgang. K. treten nur mit zwei Zehen (der dritten und vierten) auf. Unter diesen befindet sich eine dicke federnde Schwiele, die den Fuß polstert. Weiteres charakteristisches Kennzeichen ist ihr aus Fettgewebe bestehender Rückenhöcker, der als Energiespeicher für Hungerzeiten dient. Die Annahme, dass er auch als Wasserreservoir dient (bei der Fettsäureoxidation wird Wasser frei), hat sich nicht bestätigt. Bei beiden Arten werden zwei Rückenhöcker angelegt, beim Dromedar wird nur der hintere voll entwickelt, daher hat es scheinbar nur einen Höcker. Die Wildform des *Zweihöckrigen Kamels (Trampeltier, Camelus bactrianus)* lebt in kleinen Beständen noch in Trockenregionen Innerasiens. Von ihm stammt das vermutlich seit dem vierten Jahrtausend v. Chr. domestizierte Hauskamel ab. Das *Dromedar (Camelus dromedarius)* kommt heute nur noch in der domestizierten Form vor. Die zweite Gatt. der K. sind die Südamerikan. Schwielensohler oder ↗ Lamas (Gatt. *Lama*).

Kamelhalsfliegen, die ↗ Raphidioptera.

Kameraauge, Bez. für bestimmte Augentypen, die aufgrund der einer fotografischen Kamera ähnlichen Funktionsweise geprägt wurde. Meist werden mit K. die Augentypen bezeichnet, deren Prinzip einer Lochkamera entspricht (*Lochkameraauge*), z. B. das Auge von Nautilus. Teilweise wird der Begriff K. nur für die sich phylogenetisch aus den Grubenaugen (↗ Lichtsinnesorgane) ableitenden Linsenaugen (↗ Auge) verwendet.

Kamille, *Matricaria*, Gatt. der ↗ Asteraceae, deren Arten in Eurasien beheimatet sind. Die Blütenköpfe der Echten Kamille, *Matricaria chamomilla* (syn. *Matricaria recutita*), enthalten u. a. ↗ Terpene, ↗ Glykoside, Cumarinderivate, Flavonoide und das etherische Kamillenöl, das für die pharmakologische Wirkung von K. verantwortlich ist. Die Echte K. wird oft mit der Hundskamille, *Anthemis*, verwechselt.

Kamm-Molch, *Triturus cristatus*, bis 18 cm lange Molche (↗ Salamandridae), die in großen Teilen Europas und in Südwestasien beheimatet sind und in stehenden und langsam fließenden Gewässern im Flachland und in den Mittelgebirgen leben Die Männchen bilden in der Fortpflanzungszeit einen hohen gezähnelten Rückenkamm aus. Neueren systematischen Untersuchungen zufolge bilden die bisher der Art *Triturus cristatus* zugeordneten Tiere einen ganzen Komplex nah verwandter Arten.

Kamm-Muscheln, *Pecten*, Gatt. der ⌐ Pteriomorpha.

Kammzähner, die Fam. ⌐ Hexanchidae.

Kampfer, ⌐ Campher.

Kampferbaum, der ⌐ Campherbaum.

Kampffisch, *Betta splendens*, Art der Guramis (⌐ Belontiidae).

Kampfläufer, Art der Schnepfenvögel (⌐ Scolopacidae).

Kamptozoa, *Entoprocta*, *Kelchwürmer*, Gruppe stets festsitzender und fast ausschließlich mariner Wirbelloser mit 150 Arten, die z. T. Kolonien bilden. Diese leben auf Felsen, Muschelschalen und Tangen, einzeln lebende K. auch epizoisch auf einer Reihe anderer Wirbelloser. K. haben etwa die Form eines langstieligen Weinglases und sind meist glasklar durchsichtig. Am Rand des Kelches (*Kalyx*), der die inneren Organe enthält, befindet sich ein Tentakelkranz, dessen bewimperte Tentakeln nicht einziehbar sind. Sie dienen zum Einstrudeln von

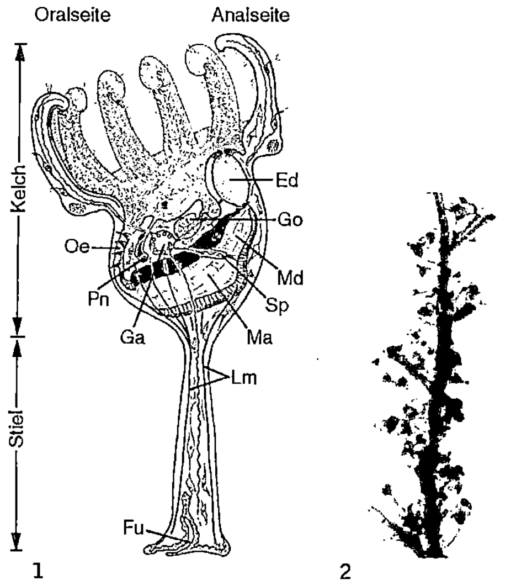

Kamptozoa 1 Bauplan der Kamptozoa im Längsschnitt; 2 Kolonie einer Art der Fam. *Pedicillinidae*

Plankton in den Mund, der ebenso wie der After im Inneren des Tentakelkranzes liegt. Der Stiel ist beweglich und führt typische, z. T. heftige Nick- und Pendelwegungen aus. Die Größe der Einzeltiere variiert von 0,1 mm bis 7 mm. Die K. sind getrenntgeschlechtlich oder zwittrig, ursprüngliche Arten

zeigen eine ausgeprägte Fähigkeit zu ungeschlechtlicher Vermehrung durch Knospung. Bei der geschlechtlichen Fortpflanzung werden die Eier bereits im Eierstock befruchtet und verbleiben bis zur schlupfreifen Larve (Trochophora-ähnliche Schwimmlarve) im Muttertier in paarigen Bruttaschen.

Kanadagans, Art der ⌐ Meergänse.

Kandel, *Eric Richard*, amerikan. Neurowissenschaftler, ✳ 7.11.1929 Wien; ab 1965 Prof. an der New York University School of Medicine, ab 1974 Leiter des Center for Neurobiology and Behavior an der Columbia University New York. K. wies als Erster nach, dass das ⌐ Lernen das Ergebnis funktioneller Veränderungen spezifischer Nervenzellen und ihrer Verbindungen ist, wobei biochemische Prozesse eine wichtige Rolle spielen. Er erhielt 2000 zusammen mit A. ⌐ Carlsson und P. ⌐ Greengard den Nobelpreis für Physiologie oder Medizin.

Kängurus, die Fam. ⌐ Macropodidae.

Kaninchen, ⌐ Leporidae.

Kanker, anderer Name der Weberknechte (⌐ Opiliones).

Kannenblatt, *Kannenpflanze*, *Nepenthes*, Gatt. der ⌐ Nepenthaceae, deren Arten zu Tierfallen umgewandelte Schlauchblätter besitzen (Abb. ⌐ carnivore Pflanzen).

Kannenpflanze, ⌐ Kannenblatt.

Kannibalismus, das Fressen von Artgenossen, i. w. S. auch das Auffressen eigener Körperteile. K. ist für viele Tierarten von Einzellern bis zu Primaten und Menschen, auch von Pflanzenfressern, nachgewiesen worden. Räuberisch lebende Tiere greifen bei Nahrungsmittelmangel Artgenossen an; Jungtiere werden häufig wie normale Beute behandelt, z. B. bei räuberischen Wirbellosen. Bei einigen Spinnen, Skorpionen und Insekten wird das Männchen nach der Paarung vom Weibchen gefressen (sexueller K.). Zu große Individuendichte und daraus resultierender Nahrungsmangel kann z. B. bei Käfern, Amphibien und Greifvögeln ebenfalls zu K. führen.

Känozoikum, *Neozoikum*, *Erdneuzeit*, auf dem Wandel in der Tierwelt gründende jüngste Ära der Erdgeschichte, die als das „Zeitalter der Säugetiere" charakterisiert und in das ⌐ Tertiär und das aus Pleistozän und Holozän bestehende ⌐ Quartär untergliedert wird.

Kapazität, *Umweltkapazität*, Abk. *K*, die maximale Populationsgröße (⌐ Population), die ein bestimmter Lebensraum über einen relativ langen Zeitraum erhalten kann. Sie ist sowohl räumlich als auch zeitlich von der Menge an verfügbaren Ressourcen abhängig. In einem Habitat mit zahlreichen Insekten kann z. B. die Umweltkapazität für Singvögel hoch sein, in einem anderen Habitat mit weniger Nahrung entsprechend niedriger.

Kapazitation, Bez. für diejenigen physiologischen Prozesse im weiblichen Geschlechtstrakt, durch welche die Spermien zur endgültigen Befruchtungsfähigkeit heranreifen. Die K. ist Voraussetzung für die Akrosomreaktion (↗ Befruchtung). ↗ Spermium

Kapensis, die ↗ Capensis.

Kapernstrauch, *Capparis spinosa*, im Mittelmeergebiet, in Westasien und Vorderindien wild vorkommender und teilweise kultivierter Strauch der ↗ Capparidaceae (Abb. siehe dort), dessen Blütenknospen als echte *Kapern* zum Würzen verwendet werden.

Kapernstrauchgewächse, die Fam. ↗ Capparidaceae.

Kapillaren, die Blutkapillaren (↗ Blutgefäße).

kapländisches Florenreich, die ↗ Capensis.

Kapokbaum, *Ceiba pentandra*, Art der ↗ Bombacaceae (Abb. siehe dort); ursprünglich in Südamerika beheimateter Baum des Regenwaldes, der heute hauptsächlich in Südostasien angebaut wird. Das Mark der Früchte enthält Wollhaare, die als Polster- und Isoliermaterial genutzt werden. (↗ Faserpflanzen)

Kapsel, 1) aus mehreren Fruchtblättern gebildete Streufrucht oder Einzelfrucht (↗ Frucht).

2) bei Moosen der Sporen bildende terminale Behälter des ↗ Sporophyten, meist auf einem Stiel.

3) Schleimschicht, die auf die Zellwände vieler Bakterien aufgelagert ist. Die K. haben unterschiedliche Funktionen: Adhäsionsfunktion bei pathogenen Mikroorganismen, Schutz vor ↗ Phagocytose bei Makrophagen, Schutz vor Austrocknung. Die K. bestehen meist aus Polysacchariden (z. B. *Streptococcus pneumoniae*), bei einigen Arten von *Bacillus*, *Mycobacterium*, *Planococcus* u. a. auch aus Polypeptiden (z. B. *Bacillus anthracis*). Polypeptidkapseln bestehen nur aus Glutaminsäure oder Glutamin.

Kapuzenspinnen, die ↗ Ricinulei.

Kapuzineraffen, Unterfam. der ↗ Cebidae.

Kapuzinerartige, die Fam. ↗ Cebidae.

Karauschen, *Carassius*, Gatt. der Karpfenfische (↗ Cyprinidae) mit zwei einander sehr ähnlichen, vor allem in Nord-, Ost- und Mitteleuropa verbreiteten Arten. Die bis 50 cm lange *Karausche (Carassius carassius)* lebt am Boden flacher und nährstoffreicher Stillgewässer. Sie wird z. T. durch den *Giebel (Silberkarausche, Carassius auratus)* verdrängt, der im Unterschied zu ersterer eine schwarze Bauchseite und größere Schuppen hat. In Mitteleuropa gibt es vom Giebel nur reine Weibchenbestände, da die Eier durch die Spermien verschiedener Karpfenarten zur parthenogenetischen Fortpflanzung veranlasst werden, ohne dass eine Kernverschmelzung stattfindet. Der ↗ Goldfisch ist eine Zuchtform des Giebels.

Karbon, die vorletzte Periode des Paläozoikums (von 360 bis 286 Mio. Jahren vor heute). Das Gebiet der Alpen gehörte mit dem Mittelmeergebiet zum Meeresgebiet der ↗ Tethys. In Mitteleuropa herrschte ein warmfeuchtes, tropisch bis subtropisches Klima, in dem sich eine üppige Sumpfwaldvegetation entwickelte. Hier entstanden durch Torfanhäufung viele Kohlenflöze, die immer wieder von Meeresablagerungen bedeckt wurden. Von Großbritannien bis nach Oberschlesien erstreckt sich der Steinkohlegürtel, der im K. entstand. Auf der Südhalbkugel lag die Festlandmasse Gondwana, die aus Südamerika, Afrika, Vorderindien, Antarktis und Australien bestand. In der Tierwelt traten erstmals Fusulinen (große Foraminiferen), Süßwasserschnecken und -muscheln auf. Moostierchen (↗ Bryozoa) bildeten Riffe, ↗ Ammonoidea (Goniatiten), Muschelkrebse (↗ Ostracoda) und ↗ Conodonten sind Leitfossilien für diese Zeit. Spinnentiere (↗ Arachnida), Armfüßer (↗ Brachiopoda) und Amphibien waren stark vertreten. Unter den geflügelten Insekten entwickelten sich vor allem die Riesenformen der Urlibellen (z. B. Meganeura mit 75 cm Spannweite), außerdem breiteten sich Knorpel- und Knochenfische aus und im Oberkarbon erschienen die ersten Reptilien. Unter den Pflanzen waren ↗ Cyanobakterien und ↗ Algen Kalk bildend. Höhere Pflanzen eroberten das Festland: Bärlappgewächse (z. B. ↗ Lepidodendron), Schachtelhalme (z. B. ↗ Calamitaceae), Samenfarne und ↗ Cordaitidae erreichten die Größe von Bäumen und im obersten K. erschienen die ersten Nadelbäume.

Kardamom, *Elettaria cardamomum*, tropische Gewürzpflanze der ↗ Zingiberaceae. Die schilfartige Staude wird bis 3 m hoch und hat bis zu 70 cm lange Blätter. Die etwa 3 mm großen Samen enthalten etherische Öle, u. a. Limonen, Borneol und Cineol.

Kardia, das ↗ Herz.

Kardinalpunkte, die für die Wirkung der ↗ Umweltfaktoren auf den Organismus entscheidenden Grenzpunkte Pessimum, Minimum, Optimum und Maximum (↗ ökologische Potenz).

Kardiovaskularsystem, das Herz-Kreislaufsystem (↗ Herz, ↗ Blutkreislauf).

Kardone, *Spanische Artischocke, Cynara cardunculus*, im Mittelmeergebiet beheimatete ausdauernde Staude der ↗ Asteraceae. Die mit der ↗ Artischocke verwandte Pflanze bildet eine Rosette von lang gestielten, schmalen Blättern.

Karenzzeit, die gesetzlich vorgeschriebene Wartezeit von der letzten Ausbringung eines ↗ Pflanzenschutzmittels auf Nutzpflanzen bis zur Ernte oder Futternutzung.

Karettschildkröte, Name zweier Arten der ↗ Cheloniidae.

Karibu, ↗ Rentiere.

Karpell, das ↗ Fruchtblatt.

Karpfen, *Cyprinus carpio*, bereits seit der Römerzeit in Europa und mittlerweile weltweit als Speisefisch gezüchtete Art der Karpfenfische (↗ Cyprinidae). Der K. wird bis über 1 m lang und bis zu 60 cm hoch. Am vorstülpbaren Mund befinden sich zwei lange und zwei kurze Barteln. K. leben in tieferen langsam fließenden oder stehenden Gewässern. Sie ernähren sich vorwiegend von wirbellosen Bodentieren und manchmal auch von Pflanzen, die Jungfische von Plankton. Der Laich wird in warmem Flachwasser auf Pflanzen abgelegt. Es gibt verschiedene Zuchtformen: den *Schuppenkarpfen* mit großen Schuppen, den *Spiegelkarpfen* mit nur einzelnen großen Schuppen und den *Lederkarpfen*, der keine Schuppen hat.

Karpfenfische, die Ord. ↗ Cypriniformes, auch deutscher Name der Fam. ↗ Cyprinidae.

Karpfenläuse, die ↗ Branchiura.

Karpfenverwandte, die Ord. ↗ Cypriniformes.

Karpose, *Nutznießertum*, *Probiose*, Form der Beziehung zwischen Organismen, bei der ein Partner einen Vorteil aus der Beziehung hat, der andere jedoch nicht erkennbar benachteiligt ist. Nach der Art dieser Beziehung unterscheidet man ↗ Entökie, ↗ Parökie und ↗ Phoresie. (↗ Wechselbeziehungen zwischen Lebewesen)

Karrer, *Paul*, schweizer. Biochemiker, ✳ 21.4. 1889 Moskau, † 18.6.1971 Zürich; ab 1912 Mitarbeiter von P. ↗ Ehrlich in Frankfurt a. M. und nach dessen Tod (1915) Leiter der Chemie-Abteilung des dortigen Georg-Speyer-Hauses, 1919-59 Prof. in Zürich. K. entdeckte den enzymatischen Abbau von ↗ Cellulose und ↗ Chitin, ermittelte die Konstitution von β-Carotin (1930) und synthetisierte es 1950. Er verfasste bahnbrechende Arbeiten über Vitamine; ihm gelang die Strukturaufklärung von ↗ Retinol und ↗ Phyllochinon sowie darüber hinaus die Synthese von ↗ Riboflavin, ↗ Tocopherol, Aneurinpyrophosphat (Vitamin-B$_1$-pyrophosphat). Er erhielt 1937 zusammen mit W.N. ↗ Haworth den Nobelpreis für Chemie.

Karst, Bez. für Gebiete, die durch die Korrosion löslicher Gesteine (v. a. Carbonatgesteine, Gips, Steinsalz) durch Oberflächen- und Grundwasser geprägt sind. Unter Einfluss des Wassers entstehen bei der *Verkarstung* Hohlräume im Boden, die das Wasser unterirdisch abführen. Die oberflächliche Entwässerung hat in diesen Gebieten dagegen eine untergeordnete Bedeutung. Man unterscheidet den *bedeckten K.*, der durch eine geschlossene Vegetationsdecke und einen intakten Boden gekennzeichnet ist, und den *offenen K.*, bei dem die Vegetation fehlt (z. B. in Hochgebirgslagen oder aufgrund von Beweidung) und kein Boden ausgebildet ist oder durch ↗ Erosion abgeschwemmt wurde.

Kartoffel, *Solanum tuberosum*, Kulturpflanze der ↗ Solanaceae, die im 16. Jh. aus den Anden Südamerikas nach Europa gelangte. Die krautige Pflanze besitzt unterbrochen gefiederte Blätter und weiße oder violette Blüten. Die ungenießbaren Beeren enthalten das ↗ Alkaloid *Solanin*. An der Basis der Sprosse entspringen noch im Boden plagiotrope Ausläufer (Stolonen), deren Enden zu Knollen anschwellen. Neben Stärke enthält die K. auch Vitamin C.

Kartoffelbovist, *Scleroderma aurantium*, in eine eigene Ord. (*Sclerodermatales*) gestellter kugelförmiger Pilz mit gelblicher oder bräunlicher rissiger Außenhaut und unangenehm stechendem Geruch. Der K. ist giftig.

Kartoffelkäfer, Art der Fam. ↗ Chrysomelidae.

Kartoffelnematode, Name zweier aus Südamerika stammender Arten der Nematoda, die mittlerweile nahezu weltweit in Kartoffelanbaugebieten verbreitet sind: *Gelber K. (Globodera rostochiensis)* und *Weißer K. (Globodera pallida)*. Sie saugen an den Kartoffelwurzeln, wo sich unter Einwirkung ihrer Speichelsekrete Syncytien (vielkernige Riesenzellen) bilden. Dies kann die Wurzelfunktion stören und damit zu erheblichen Ertragseinbußen führen. Wichtigste Bekämpfungsmethode ist die Züchtung resistenter Kartoffelsorten.

karyo-, in zusammengesetzten Wörtern: Kern-.

Karyogamie, *Kernverschmelzung*, die Verschmelzung der Kerne bzw. Chromosomensätze eines männlichen und eines weiblichen Gameten zu einer ↗ Zygote. Die K. stellt im Anschluss an die *Plasmogamie* somit die Befruchtung i. e. S. dar.

Karyogramm, die vor allem für eine ↗ genetische Beratung erstellte Übersicht aller ↗ Chromosomen eines Organismus. Ein K. gibt Aufschluss über ↗ Chromomosomenanomalien, wie z. B. numerische Aberrationen, oder andere strukturelle Merkmale wie Lage des Centromers, Schenkellängen usw. Mit Hilfe von ↗ Bänderungstechniken lassen sich weitere Veränderungen nachweisen.

Karyokinese, *Kernteilung*, die Teilung des Zellkerns (↗ Nucleus) in zwei oder mehrere *Tochterkerne*, die i. d. R. (Ausnahmen: ↗ Amitose, ↗ Endomitose) zu einer ↗ Zellteilung führt. (↗ Cytokinese, ↗ Meiose, ↗ Mitose)

Karyolymphe, ↗ Kernplasma.

Karyoplasma, das ↗ Kernplasma.

Karyopse, Sonderform der Nuss (↗ Frucht).

Karyotyp, die mit cytologischen Methoden erkennbaren Eigenschaften der Chromosomen (*Chromosomensatz*) einer Zelle oder eines Individuums wie deren Größe, Anzahl und Gestalt. Individuen einer Spezies zeichnen sich durch einen in Anzahl und Struktur gleichen K. aus. (↗ Karyogramm)

Karzinogene, die ↗ Carcinogene.

Karzinom, das ↗ Carcinom.

Kaschubaum, *Anacardium occidentale,* aus Brasilien stammender immergrüner kleiner Baum der ↗ Anacardiaceae (Abb. siehe dort) mit eiförmigen Blättern. An einem birnenförmigen fleischigen Fruchtstiel („Kaschuapfel") entwickelt sich eine nierenförmige, holzige Steinfrucht, die *Cashew-Nuss.*

Kasein, ↗ Casein.

Kaspar-Hauser-Versuch, Bez. für Experimente in der ↗ Ethologie, bei denen man Tiere ohne jeglichen Kontakt zu Artgenossen aufzieht *(isolierte Aufzucht).* Mit diesen Versuchen soll ererbtes Verhalten nachgewiesen werden.

Kastanie, 1) Rosskastanie (↗ Hippocastaneaceae). 2) ↗ Edelkastanie.

Kaste, im engeren Sinne Morphotyp bei eubiosozialen Insekten, wie Ameisen oder Termiten, der bestimmte Funktionen in der Gruppe ausführt („Arbeiter", „Soldat", „Geschlechtstier"). Im weiteren Sinne werden heute alle Morphotypen innerhalb einer Art als K. bezeichnet, beispielsweise Weibchen, Männchen, Altersklassen wie Infantile oder Juvenile.

Kastration, in der *Humanmedizin* und in der Veterinärmedizin die operative Entfernung der männlichen bzw. weiblichen Keimdrüsen oder ihre Zerstörung durch Röntgenbestrahlung (nicht mehr gebräuchlich) bzw. die Ausschaltung ihrer Wirkung durch Gabe von Hormonen *(chemische K.).* In jedem Fall hat K. die Zeugungsunfähigkeit (↗ Sterilität) zur Folge, da keine Eizellen oder Spermien mehr gebildet werden. Wird die K. im Kindesalter vorgenommen, so führt das Fehlen der ↗ Geschlechtshormone dazu, dass die Ausbildung aller sekundären ↗ Geschlechtsmerkmale unterbleibt und die kindliche Stimmlage erhalten bleibt („Kastratenstimme"). Außerdem zeigen die Gliedmaßen ein übernormales Längenwachstum, da die Verknöcherung der Epiphysen verspätet eintritt. Bei einer K. im Erwachsenenalter sind die körperlichen Veränderungen geringer (↗ Eunuch). Bei Frauen zeigen sich die gleichen Erscheinungen wie nach dem natürlichen Versiegen der Tätigkeit der Eierstöcke in den ↗ Wechseljahren. Häufig treten bei beiden Geschlechtern Stoffwechselstörungen auf, die eine Neigung zum Fettansatz begünstigen. Das sexuelle Verlangen kann geringer werden oder ganz versiegen und oft treten starke psychische Probleme auf. Eine zwangsweise K. ist in Deutschland verboten. K. wird bei bestimmten Erkrankungen (insbesondere Tumoren) als Heilbehandlung eingesetzt.

In der *Veterinärmedizin* wird vor allem die K. von männlichen Nutztieren vorgenommen, um z. B. unerwünschte Paarungen zu vermeiden, zahmere Arbeitstiere zu erhalten, oder auch, um bei Masttieren einen besseren Fettansatz und wohlschmeckenderes Fleisch zu erhalten. Die männ-

lichen *Kastrate* heißen beim Pferd *Wallach,* beim Rind *Ochse,* beim Haushuhn *Kapaun* und beim Schaf *Hammel.*

Katabolismus, ↗ Dissimilation.

Katabolitrepression, ein z. B. beim ↗ Lactose-Operon vorkommender Regulationsmechanismus, bei dem die Aktivität des Operons in Anwesenheit von Glucose abgeschaltet wird, da dieses Monosaccharid im Unterschied zu Lactose im katabolen Stoffwechsel von *Escherichia coli* direkt umgesetzt werden kann. An der K. ist der ↗ CAP-cAMP-Komplex beteiligt. Auch bei Hefe ist K. bei der Regulation der Genexpression von am Abbau von Zuckern beteiligten Enzymen nachgewiesen worden.

Katal, Abk. *kat,* eine seit 1972 von der Enzymkommission der International Union of Biochemistry (IUB) empfohlene SI-Maßeinheit für die Enzymaktivität. 1 kat ist diejenige Enzymmenge, die 1 mol Subtrat pro Sekunde umsetzt. Da diese Einheit sehr groß und unhandlich ist (1 kat = 6×10^7 U), wird vielfach noch die Maßeinheit Unit (U) verwendet. 1 U entspricht 16,67 nkat.

Katalase, ein zu den ↗ Oxidoreduktasen gehörendes tetrameres Hämenzym, das die Entfernung des hochgiftigen Wasserstoffperoxids (H_2O_2) aus der Zelle katalysiert. Je Untereinheit enthält die K. eine Hämgruppe in Form von Ferriprotoporphyrin IX. Die K. kommt in allen tierischen Organen, besonders in der ↗ Leber (hier vor allem in den ↗ Peroxisomen) sowie den ↗ Erythrocyten und pflanzlichen Organen sowie bei fast allen aeroben Mikroorganismen vor. Sie hat eine der höchsten Wechselzahlen unter den ↗ Enzymen. Bei niedrigen H_2O_2-Konzentrationen wirkt die K. als ↗ Peroxidase. Sie wird durch Schwefelwasserstoff (H_2S), Blausäure (HCN) und Azide (z. B. NaN_3) gehemmt.

Katalyse, die Erscheinung, dass die Geschwindigkeit einer Reaktion durch den Zusatz eines Stoffes erhöht wird, der selbst nicht in der Stoffbilanz der Reaktion erscheint. Der Stoff, der fest, flüssig oder gasförmig sein kann, wird als *Katalysator* bezeichnet. In Stoffwechselreaktionen sind ↗ Enzyme die Katalysatoren; sie werden dementsprechend auch als Biokatalysatoren bezeichnet.

Katastergene, ↗ Blütenbildung.

Katastrophentheorie, vor allem von G. Baron de ↗ Cuvier erstmals vertretene Theorie, nach der die Tier- und Pflanzenwelt durch Naturkatastrophen in größeren geologischen Zeitabständen immer wieder vernichtet wurde und durch Neuschöpfung oder durch außerirdische Einflüsse immer wieder neu entstanden sei. (↗ Evolutionstheorien)

Katechine, die ↗ Catechine.

Katecholamine, die ↗ Catecholamine.

Kathepsine, die ↗ Cathepsine.

Kathstrauch, *Catha edulis,* vom Jemen bis Äthiopien und an der afrikanischen Ostküste wild vorkommender 25 m hoher Baum der ↗ Celastraceae. Die anregende Wirkung der Blätter beruht auf ihrem Gehalt an den ↗ Alkaloiden Cathin, Norisoephedrin, Cathinin und Cathidin.

Kation, ein einfach oder mehrfach positiv geladenes Atom oder Ion, das aufgrund seiner Ladung im elektrischen Feld, z. B. bei einer Elektrolyse, zur Kathode wandert.

Kattfisch, der ↗ Seewolf.

Katz, Sir *Bernard*, deutsch-brit. Biophysiker, ✳ 26.3.1911 Leipzig, 1935 Emigration nach London, ab 1952 Prof. in London. K. lieferte wichtige Beiträge zur Aufklärung der Funktion von ↗ Acetylcholin als Informationsüberträger in der Nervenleitung und der Mechanismen, die zur Freisetzung von Acetylcholin in den ↗ Synapsen führen. Er erhielt 1970 zusammen mit J. ↗ Axelrod und U.S. von ↗ Euler-Chelpin den Nobelpreis für Physiologie oder Medizin.

Kätzchen, ↗ Blütenstand.

Katzen, die Fam. ↗ Felidae.

Katzenbären, die Fam. ↗ Ailuridae.

Katzenfrett, Art der Fam. ↗ Procyonidae.

Katzenhaie, die Fam. ↗ Scyliorhinidae.

Katzenmakis, die ↗ Cheirogaleidae.

Katzenschreisyndrom, eine ↗ Chromosomenmutation beim Menschen, die mit dem durch eine ↗ Deletion verusachten Verlust eines kleinen Stücks des Chromosoms 5 verbunden ist. Das K. äußert sich bei Neugeborenen durch katzenartiges Schreien und weit auseinanderstehende Augen und ist mit geistiger Retardation verbunden. Es tritt bei einem von 50000 Neugeborenen auf.

kaudal, ↗ caudal.

Kauen, beim Menschen und vielen Tieren die Zerkleinerung der Nahrung mit Hilfe spezieller Kauorgane, z. B. ↗ Kiefer mit ↗ Zähnen bei den Säugetieren (↗ Gebiss), kauende ↗ Mundgliedmaßen bei den ↗ Arthropoda, der Laterne des Aristoteles bei den Seeigeln (↗ Echinoida). ↗ Ernährung

Kaulbarsch-Flunder-Region, ↗ Fischregionen, ↗ Brackwasser.

Kauliflorie, ↗ Cauliflorie.

Kaulquappe, die wasserlebende, über Kiemen atmende Larvenform der Amphibien. K. haben einen eiförmigen Rumpf mit Ruderschwanz, diejenigen der Froschlurche (↗ Anura) besitzen einen Hornkiefer mit kleinen Raspelzähnchen zum Abweiden von Algen. Im Verlauf der Metamorphose werden die Kiemen und der Kiemenkreislauf zurückgebildet, Lungen und Lungenkreislauf gebildet, die Hornkiefer fallen ab und der Schwanz bei den Froschlurchen bzw. der Flossensaum bei den Schwanzlurchen (↗ Urodela) werden abgebaut. Bei den K. der Schwanzlurche entstehen zuerst die Vorderbeine, bei denjenigen der Froschlurche die Hinterbeine.

Kaumagen, *Mastax*, Abschnitt des Darmtrakts, der mit Chitinleisten oder -zähnen versehen ist und der Zerkleinerung der Nahrung dient; ein K. findet sich z. B. bei Rädertierchen (↗ Rotatoria) sowie Insekten (↗ Insecta) und Krebsen (↗ Crustacea). – Funktionell wirkt auch der als *Muskelmagen* ausgebildete Pylorusteil des Magens von Körner fressenden Vögeln als K., indem mit der Nahrung aufgepickte Steinchen wie „Mahlsteinchen" wirken.

Kaurischnecken, die Gatt. ↗ Cypraea.

Kautschuk, ein Polyterpen, das meist aus dem milchig-weißen Saft von *Hevea brasiliensis* (Abb. ↗ Euphorbiaceae) gewonnen wird. *Hevea brasiliensis* ist im Amazonasgebiet heimisch und wird fast überall in den Tropen kultiviert. Der bis 20 m hohe Baum besitzt eine weißliche Rinde und dreizählig gefingerte Blätter. Nach Anritzen der Stammrinde tritt der Milchsaft (*Latex*) aus und wird durch Gerinnung zu Rohkautschuk verarbeitet. Zur Herstellung von ↗ Gummi muss der Rohkautschuk vulkanisiert werden. K. findet sich auch im Milchsaft anderer Pflanzen, v. a. bei den ↗ Moraceae, ↗ Asclepiadaceae, ↗ Euphorbiaceae und ↗ Asteraceae.

kb, Abk. für ↗ Kilobasen.

Kegelrobbe, Art der Seehunde (Fam. ↗ Phocidae).

Kegelschnecken, Fam. der ↗ Neogastropoda.

Kehlkopf, *Larynx*, Organ zur Stimmerzeugung am Eingang der Luftröhre. Der K. kann gegen den Schlund durch den Kehldeckel (*Epiglottis*) abgeschirmt werden. Das Kehlkopfskelett eines Säugers setzt sich aus *Schildknorpel (Cartilago thyreoidea)*, *Ringknorpel (Cartilago cricoidea)* und *Kehldeckelknorpel (Cartilago epiglottica)* sowie den paarigen *Stellknorpeln (Cartilagines arytaenoideae)* zusammen. Beim Mann ist der Schildknorpel

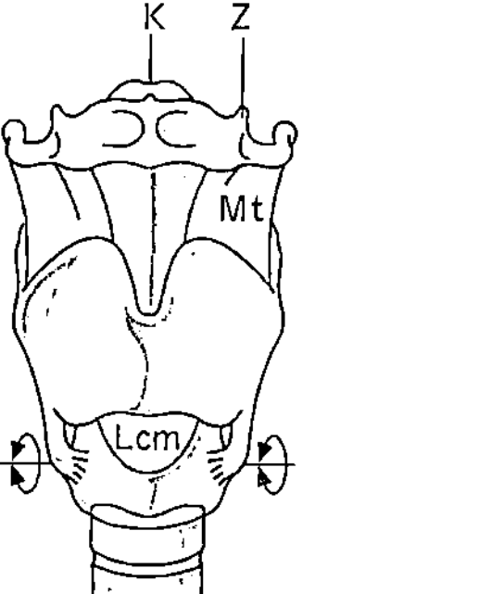
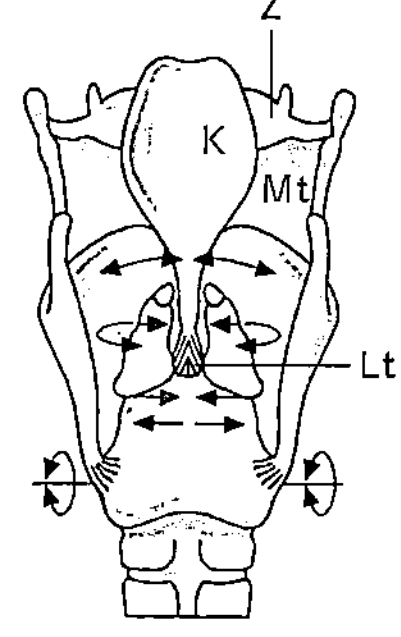

Kehlkopf Skelett- und Bänderapparat des menschlichen Kehlkopfes, links von ventral gesehen und rechts von dorsal. K Kehldeckel (Epiglottis), Lt Ligamentum thyroepiglotticum, Mt Membrana thyrohyoideum, Z Zungenbein, Lcm Ligamentum cricothyroideum medianum

als *Adamsapfel* äußerlich erkennbar. Die einzelnen Knorpel sind durch Bänder miteinander verbunden und durch die Kehlkopfmuskulatur, die ein Erweitern oder Verengern der *Stimmritze (Glottis)* ermöglicht, gegeneinander beweglich. In der Mitte des aus drei Etagen bestehenden K. springen zwei Faltenpaare vor, oben die Taschenfalten, unten die Stimmfalten, deren freie Ränder als *Stimmbänder* bezeichnet werden. Die Stimmerzeugung erfolgt durch die bei der Ausatmung vorbeistreichende Luft, die die Stimmbänder in Schwingungen versetzt. Als Resonanzverstärker wirken bei Säugetieren, z. B. Orang Utan, Bartenwalen, Paarhufern, *Kehlsäcke*, das sind seitliche Ausstülpungen der Kehlkopfwandung. Ring- und Stellknorpel sind schon bei den Froschlurchen (↗ Anura) nachweisbar, der Schildknorpel kommt jedoch erst bei den Säugern (↗ Mammalia) vor. Bei Vögeln (↗ Aves) ist der eigentliche K. reduziert, sie besitzen dafür einen unteren K., die ↗ Syrinx, die sich an der Gabelungsstelle der Luftröhre befindet und durch Funktionswechsel von Trachealknorpeln, Ausbildung von Stimmlippen und z. T. von Resonanzverstärkern entstanden ist.

Keilbein, *Os sphenoidale*, *Sphenoid*, ein Knochen des ↗ Schädels.

Keilblattgewächse, die Ord. ↗ Sphenophyllales.

Keim, 1) der ↗ Embryo,

2) Bez. für eine Mikroorganismen-Zelle, wobei diese Zelle entweder tot oder vermehrungsfähig sein kann; insbesondere für Krankheitserreger gebräuchlich.

Keimbahn, bei vielzelligen *Tieren* (↗ Metazoa) die Bez. für diejenigen Zellen, aus denen die Keimzellen (↗ Gameten) hervorgehen und durch die in ununterbrochener Folge die individuellen und artspezifischen Eigenschaften eines Lebewesens weitergegeben werden. Die von der K. abzweigenden Zelllinien, die sich zu Körperzellen entwickeln, werden als *Soma* bezeichnet. Somatische Zellen unterliegen einem natürlichen Tod, wohingegen K.-Zellen potenziell unsterblich sind. Morphologisch können K.-Zellen häufig in frühen Stadien der Ontogenese von somatischen Zellen unterschieden werden. Im Rahmen der als *Keimbahntherapie* bezeichneten Form der ↗ Gentherapie ist es prinzipiell möglich, durch Eingriffe in die K. Organismen mit veränderten genetischen Eigenschaften zu erschaffen, welche die genetische Veränderung an ihre Nachkommen weitergeben können.

Bei *Pflanzen* wird der Begriff K. im Zusammenhang mit der *Samenmutagenese* für diejenigen Zellen des Sproßmeristems verwendet, aus denen später Blüten hervorgehen (↗ Arabidopsis-Mutanten). Ist eine dieser Zellen von einer Mutation betroffen, entstehen Blüten, die die Mutation an die nächste Generation weitervererben.

Keimbahntherapie, Form der ↗ Gentherapie, bei der die ↗ Keimbahn genetisch verändert wird.

Keimbläschen, das ↗ Blastocoel.

Keimblätter, 1) *Botanik: Cotyledonen, Kotyledonen*, die ersten Blätter einer Samenpflanze, die bereits innerhalb der Samenschale ausgebildet werden. Man unterscheidet einkeimblättrige (↗ Monocotyledonae) und zweikeimblättrige Pflanzen (↗ Dicotyledonae).

2) *Zoologie*: im frühen Tierembryo vorhandene Zellschichten, die sich im Verlauf der Gastrulation trennen und aus denen verschiedene Gewebetypen entstehen. Tiere, die nur zwei Keimblätter (Ektoderm und Entoderm) ausbilden, werden als ↗ diploblastische Eumetazoa bezeichnet. Die meisten Tiere haben drei Keimblätter (↗ triploblastische Eumetazoa): Das *Ektoderm* geht i. d. R. direkt aus den Wandzellen der ↗ Blastocyste hervor. Aus einem Teil entsteht die Oberhaut (Epidermis) und aus einem anderen das Nervensystem. Das *Entoderm*, das bei der ↗ Gastrulation durch Invagination, Epibolie, Immigration oder Delamination entsteht, bildet im Wesentlichen Darm und innere Organe. Das *Mesoderm* schließlich kann sich auf drei unterschiedliche Arten und Weisen bilden: Zum einen durch *Abfaltung* seitlicher Taschen vom Darm, die sich schließlich völlig vom Darm abschnüren und flüssigkeitserfüllte Hohlräume zwischen Ektoderm und Entoderm bilden. Das Wandepithel dieser Hohlräume ist das Mesoderm, der Hohlraum selbst wird als sekundäre ↗ Leibeshöhle (Coelom) bezeichnet (z. B. bei ↗ Echinodermata, ↗ Hemichordata, ↗ Branchiostoma). Zum anderen durch *Abwanderung* (Emigration), bei der sich auf jeder Seite eine Zellschicht vorschiebt, die Mesodermstreifen und sekundär auch epithelumgrenzte Hohlräume bildet. Vor allem bei ↗ Annelida und ↗ Mollusca bilden sich schon sehr früh im Entodermbereich *Urmesodermzellen*, die erst paarige Urmesodermstreifen und schließlich Coelomhöhlen bilden. Aus dem Mesoderm entstehen u. a. Muskelgewebe, Herz und Blut bildende Gewebe, die Niere.

Keimblattscheide, die ↗ Coleoptile.

Keimdrüsen, die ↗ Gonaden.

Keimling, 1) der ↗ Embryo,

2) die ↗ Keimpflanze.

Keimpflanze, *Keimling*, die sich während der ↗ Samenkeimung aus dem Embryo entwickelnde Pflanze, die ihren Energiebedarf durch die im Samen bzw. in den Keimblättern enthaltenen Reservestoffe deckt.

Keimruhe, die allg. Bez. für den Entwicklungszustand von in den Dienst der geschlechtlichen oder vegetativen Fortpflanzung gestellten Pflanzenteilen, der sich durch das Fehlen oder die starke Verminderung von Stoffwechselleistungen auszeichnet (↗ Samenruhe, ↗ Knospenruhe, ↗ Sporenruhe). Für die K. sind eine Reihe von *Keimungs-*

sperren verantwortlich wie z. B. eigene oder von anderen Pflanzen ausgeschiedene Keimungshemmstoffe (↗ Allelopathie) oder eine harte Samenschale, die erst durch mikrobiellen Abbau für Wasser und Gase durchlässig gemacht werden muss.

Ein Vorteil der K. ist, dass im Boden stets eine große Menge ruhender Samen etc. vorhanden ist, die nach Katastrophen wie Feuer den Lebensraum neu besiedeln können. Bei *Kulturpflanzen*, bei denen möglichst alles Saat- bzw. Pflanzgut keimen bzw. austreiben soll, wurde die K. weggezüchtet.

Keimsack, der ↗ Embryosack.

Keimscheibe, Bez. für den frühen Embryo der Vögel, der nach Beendigung der Furchungsteilungen nicht als kugelförmige ↗ Blastocyste vorliegt, sondern als kompakte Zellschicht (*Blastoderm*) dem Dotter aufliegt.

Keimscheide, die ↗ Coleoptile.

Keimstock, *Keimlager*, *Germarium*, allg. der Bereich der ↗ Gonaden, in dem Oogonien bzw. Spermatogonien gebildet werden; so z. B. in den Gonaden der ↗ Arthropoda der Endteil der Hodenfollikel bzw. das Endfach der Ovariolen, in denen die Urkeimzellen gelagert sind und die ↗ Spermatogenese bzw. ↗ Oogenese beginnt. Bei vielen Plattwürmern (↗ Plathelminthes) wird als K. der kleine, meist unpaare Eierstock bezeichnet, der die fast dotterlosen Eizellen bildet, denen erst vom ↗ Dotterstock (Vitellarium) Dotterzellen zugegeben werden.

Keimträger, ↗ Ausscheider.

Keimung, i. w. S. das Austreiben von für die Entwicklung neuer Pflanzen erforderlichen Pflanzenteilen, die entweder der geschlechtlichen (Samen, Sporen) oder der vegetativen Fortpflanzung (Knollen, Zwiebeln, Brutknospen) dienen. Die K. erfolgt dabei meist nach einer gewissen Ruhephase (↗ Keimruhe). Bei der K. von Samen und den oben genannten vegetativen Pflanzenorganen handelt es sich überwiegend um das Wachstum bereits vorgebildeter Organe, wohingegen Sporen und Pollenkörner morphologisch noch undifferenziert sind. I. e. S. wird der Begriff vielfach als Synonym für die ↗ Samenkeimung der Samenpflanzen verwendet.

Keimwurzel, *Radicula*, Wurzel des ↗ Keimlings der Samenpflanzen.

Keimzellen, die ↗ Gameten.

Kelch, *Blütenkelch*, *Calyx*, aus den *Kelchblättern* (*Sepalen*) gebildeter äußerer Teil des Perianths einer doppelten Blütenhülle (↗ Blüte).

Kelchwürmer, die ↗ Kamptozoa.

Kenaf, *Hibiscus cannabinus*, aus dem afroasiatischen Raum stammende einjährige ↗ Faserpflanze der ↗ Malvaceae mit rauhaarigen Stängeln und gelappten Blättern.

Kendall, *Edward Calvin*, amerikan. Biochemiker, * 8.3.1886 South Norwalk (Connecticut), † 4.5.1972 Princeton (New Jersey); K. leitete von 1914-51 die Sektion Chemie an der Mayo-Klinik in Rochester (Minnesota), 1921-1951 Prof. in Minneapolis (Minnesota). K. isolierte 1914 das Schilddrüsenhormon ↗ Thyroxin und stellte 1936 das aus der Nebennierenrinde gewonnene (und 1939 so benannte) Cortison (↗ Cortisol) rein dar. Er isolierte und kristallisierte ↗ Glutathion und ermittelte 1935 dessen Konstitution. 1950 erhielt er zusammen mit P.S. ↗ Hench und T. ↗ Reichstein den Nobelpreis für Physiologie oder Medizin.

Kendrew, Sir *John Cowdery*, brit. Biochemiker und Molekularbiologe, * 24.3.1917 Oxford; Prof. in Cambridge und ab 1962 Vizedirektor des Medical Research Council Laboratory of Molecular Biology. 1974-82 Leiter des Europäischen Laboratoriums für Molekularbiologie in Heidelberg. K. klärte mit Hilfe der Röntgenstrukturanalyse die Konstitution des Myoglobins auf. Er erhielt zusammen mit M.F. ↗ Perutz 1962 den Nobelpreis für Chemie.

Kennarten, die ↗ Charakterarten.

Kennreiz, in der *Ethologie* ein Außenreiz mit informativem Charakter. K. werden nicht gesendet, jedoch vom Empfänger wahrgenommen und mit Bedeutung belegt.

Kenozooide, besonders spezialisierte Einzelindividuen der Moostierchen (↗ Bryozoa).

Keratine, Gruppe von Strukturproteinen, die u. a. in Wolle, Haaren, Krallen, Hufen, Hörnern und Federn vorkommen. Man unterscheidet *α-Keratine*, die sich durch einen hohen Gehalt an ↗ Cystein (12 - 16 %) und eine α-Helix-Grundstruktur aus-

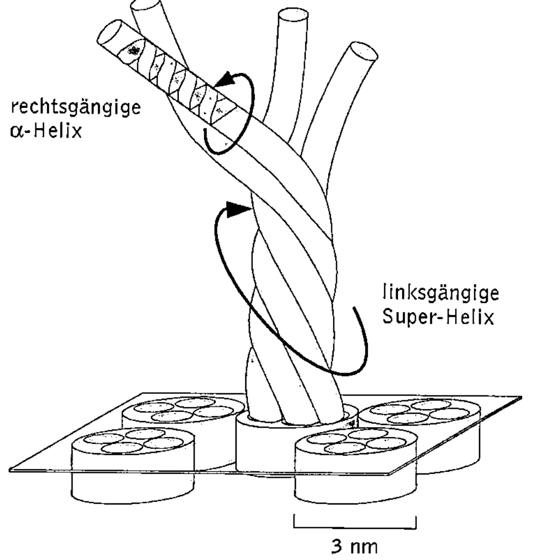

Keratine   Rechtsgängige α-Helix des Keratins, die superspiralisiert ist

zeichnen, und *β-Keratine*, deren typische Vertreter kein Cystein enthalten und durch die Ausbildung antiparalleler Faltblattstrukturen gekennzeichnet sind.

In den α-Keratinen (z. B. Wolle) können zwei bis vier rechtsgängige Einzel-α-Helices zu einer superspiralisierten linksgängigen Zweier-, Dreier- oder Vierer-Super-Helix zusammentreten. In diesem Fall können die einzelnen α-Helices dann über 100 nm lang sein. Diese Anordnung der α-Helices kommt außer im α-Keratin so gut wie nicht vor. Die α-Keratinfasern zeichnen sich durch eine hohe Dehnbarkeit und Elastizität aus. In feuchtem Zustand können sie auf das Doppelte ihrer Länge gedehnt werden, was auf dem konformativen Übergang der α-Helices in eine β-Kettenstruktur mit parallel geordneten Polypeptidketten beruht. Die Elastizität basiert auf einer Quervernetzung der Helices durch Disulfidbrücken. Wichtigstes β-Keratin ist das Seidenfibroin.

Kerckring-Falten, Ringfalten, die in das Darmlumen vorspringen und mit zur Vergrößerung der Dünndarmoberfläche beitragen (↗ Darm).

Kermesbeere, *Phytolacca americana*, in Mexiko beheimatete 1 - 3 m hohe giftige Staude der Phytolaccaceae, die einen roten Farbstoff liefert. Die Wurzeln werden in der Homöopathie verwendet.

Kern, Kurzbezeichnung für den Zellkern (↗ Nucleus).

Kernäquivalent, ↗ Nucleoid.

Kernfragmentation, der Zerfall des Zellkerns in unregelmäßige Stücke während der ↗ Amitose oder nach Eintreten des Zelltods.

Kernholz, ↗ Holz.

Kernhülle, *Kernmembran*, das den membranfreien Innenraum des Zellkerns (↗ Nucleus) umgebende, aus zwei Membranen bestehende Endomembransystem der Eucyten. Die beiden jeweils 9 nm dicken ↗ Biomembranen sind durch einen als *perinucleären Raum* bezeichneten 20 - 40 nm breiten Spalt voneinander getrennt. Die äußere Membran der K. ist mit dem ↗ endoplasmatischen Reticulum (ER) verbunden, sodass zwischen diesem und dem perinucleären Raum eine Verbindung besteht. In der K. befinden sich zahlreiche ↗ Kernporen, die diese durchspannen. An ihren Rändern gehen die innere und äußere Kernmembran ineinander über. Während der ↗ Mitose und ↗ Meiose kommt es zur vorübergehenden Auflösung der Kernhülle. An diesem Prozess ist die ↗ Kernlamina beteiligt.

Evolutionär gesehen stellt die K. in ihrer Funktion als *Perinuclearzisterne* vermutlich das älteste Endomembransystem der Euycte dar. Von ihr aus erfolgt auch die Regeneration von ER und ↗ Golgi-Apparat, wenn z. B. in hungernden Zellen ein Abbau dieser Kompartimente erfolgt ist.

Kernkörperchen, der ↗ Nucleolus.

Kernlamina, die auf der Innenseite der ↗ Kernhülle befindliche 20 - 50 nm dicke Proteinschicht, die mit dem ↗ Chromatin interagiert. Die K. ist aus zu den ↗ Intermediärfilamenten gehörenden *La-mininen* aufgebaut. Während der Mitose ist die K. am Auf- und Abbau der Kernhülle beteiligt. (↗ Nucleus)

Kernmatrix, Bez. für die das Chromatin umgebende, amorph erscheinende Masse, die aus löslichen Proteinen (*Nuclear-Sol*) und dem ↗ Kernskelett (*Nuclear-Gel*) besteht. Die Kernmatrix enthält auch so genannte *hnRNPs* (engl. für *heterogenous nuclear ribonucleoproteins*), die an der Prozessierung und Verpackung von ↗ Ribonucleinsäuren beteiligt sind. Weitgehend synonym zum Begriff K. wird der Begriff ↗ Kernplasma verwendet (↗ Kompartimentierungsregel).

Kernphasenwechsel, der während der Individualentwicklung eines Organismus erfolgende Wechsel zwischen einer haploiden und einer diploiden Entwicklungsphase, der vielfach auch mit einem ↗ Generationswechsel verbunden ist. Der K. ist auf die während der ↗ Meiose erfolgende Halbierung der Chromosomenzahl und die sich bei der Befruchtung anschließende ↗ Karyogamie zurückzuführen.

Kernplasma, *Karyoplasma*, *Nucleoplasma*, der von der ↗ Kernhülle umgebene Inhalt des ↗ Nucleus, der aus einem löslichen Anteil, dem *Nuclear-Sol* (früher auch *Karyolymphe* oder *Kernsaft* genannt) und den darin enthaltenen Einschlüsse wie Chromatin, Nucleolen, Kernskelett usw. besteht. Anstelle des Begriffs K. wird auch der Begriff *Kernmatrix* benutzt.

Kern-Plasma-Relation, von Richard Hertwig (1850 - 1937) geprägte Bez. für das bei Zellen i. d. R. konstante Größenverhältnis von Zellkern und Cytoplasma, das erklärt, warum polyploide Zellen größer sind als diploide. Die K. - P. - R. ermöglicht offenbar eine optimale Steuerung des Zellstoffwechsels durch das Genom der Zelle. Ausnahmen von dieser Regel findet man z. B. bei tierischen Eizellen.

Kernporen, die ↗ Kernhülle des ↗ Nucleus durchspannende und aus mindestens 50 als *Nucleoporine* bezeichneten Proteinen bestehende dynamische, supramolekulare Strukturen (Molekulargewicht ca. 125 MDa), die Transportvorgänge durch die Kernhülle vermitteln. Die Porenfrequenz (K. pro μm^2) richtet sich nach Größe und Aktivität der Zellkerne, kann aus strukturellen Gründen jedoch den Wert von 80 nicht übersteigen. Innerhalb der Kernhülle können K. ihre Lage ändern und zudem aus mehreren K. bestehende Aggregate bilden. Die Porenkomplexe sind durch integrale Membranproteine in dieser verankert. K. sind 50 - 70 nm weit und auf der cyto- und karyoplasmatischen Seite von einer wulstartigen Ringstruktur (*Anulus*) umgeben, die aus acht globulären Untereinheiten besteht. Vom äußeren Anulus reichen filamentarige Fibrillen in das Cytoplasma hinein. Zwischen diesen kern- und plasmaseitigen Ringwulsten ragen acht Speichen in das Innere des Porenkomplexes; im Zentrum sitzt ein Zentralgranulum, das eine Rolle beim Transport von Molekülen durch die K. spielt. Dabei werden z. B. die bei Eucyten ausschließlich im Cytoplasma synthetisierten so genannten *karyophilen Proteine* aktiv in den Zellkern hinein transportiert, wohingegen RNAs und an sie assoziierte Proteine aus dem Innern ins Cytoplasma exportiert werden.

Kernproteine, *Nucleoproteine*, Sammelbegriff für die im Zellkern vorhandenen Struktur gebenden Proteine (↗ Histone, ↗ Kernmatrix, ↗ Kernskelett) und Enzyme der DNA-Replikation, ↗ Transkription sowie RNA-Prozessierung.

Kernsaft, ↗ Kernplasma.

Kernskelett, das Struktur gebende Proteingerüst des ↗ Nucleus, das etwa 10 % der dort enthaltenen Proteinen ausmacht. Neben der normalen Kugelform des Zellkerns ist das K. auch für die davon abweichenden Formen verantwortlich, wie die länglichen, mit Einbuchtungen versehenen Zellkerne von Muskelzellen. Das K. kann in die drei Untersysteme ↗ Kernlamina, Kerngerüst und *Chromatingerüst* eingeteilt werden. Das *Kerngerüst* besteht aus einem hoch strukturierten Netzwerk von Filamenten und steht in Kontakt mit der Kernlamina und dem Chromatingerüst, an das das ↗ Chromatin gebunden ist.

Kernspindel, der ↗ Spindelapparat.

Kernteilung, die ↗ Karyokinese.

Kerntemperatur, ↗ Körpertemperatur.

Kernverschmelzung, die ↗ Karyogamie.

Ketoacidose, die durch ↗ Ketonkörper verursachte metabolische ↗ Acidose.

β-Ketobuttersäure, die ↗ Acetessigsäure.

α-Ketoglutarsäure, *2-Oxoglutarsäure*, HOOC–CO–CH$_2$–CH$_2$–COOH, eine Ketodicarbonsäure, die einen wichtigen Verzweigungspunkt im ↗ Citratzyklus darstellt. α-K. entsteht als Salz *(α-Ketoglutarat)* durch oxidative ↗ Decarboxylierung von Isocitrat, bei der ↗ Transaminierung im Aminosäurestoffwechsel aus Glutamat sowie beim Abbau von ↗ Lysin über Glutarat und α-Hydroxyglutarat. Die oxidative Decarboxylierung von α-Ketoglutarat liefert Succinyl-Coenzym A. Die reduktive Aminierung führt zu Glutamat.

Ketohexosen, Bez. für ↗ Monosaccharide mit sechs C-Atomen und einer Ketogruppe.

Keton, organische Verbindung, die als funktionelle Gruppe die *Ketogruppe* (R$_2$C=O) im Molekül enthält.

Ketonkörper, organische Verbindungen, die in der Leber aus dem bei der β-Oxidation der ↗ Fettsäuren entstehenden ↗ Acetyl-Coenzym A (Acetyl-CoA) gebildet werden *(Ketogenese)*; es handelt sich dabei um *Acetoacetat* als Primärprodukt, sowie β-

Hydroxybutyrat und *Aceton*, die aus Acetoacetat gebildet werden. Normalerweise tritt Acetyl-CoA in den ↗ Citratzyklus ein, sodass K. nur in sehr geringen Konzentrationen gebildet werden. Ist jedoch, wie z. B. im Hungerzustand, zu wenig Oxalacetat (weil es zur Glucosesynthese verbraucht wird) vorhanden, tritt wenig Acetyl-CoA in den Citratzyklus ein und es werden verstärkt K. gebildet. Bei unbehandeltem ↗ Diabetes mellitus können aufgrund des Insulinmangels die Gewebe nicht genügend Glucose aus dem Blut aufnehmen und für die Energiegewinnung und den Glykogenaufbau verwenden. Um den Energiebedarf zu decken, werden die Stoffreserven des Körpers aktiviert, d. h. Glykogenabbau, Proteinabbau im Skelettmuskel und Fettabbau werden verstärkt. Letzteres führt zu einer höheren Konzentration von freien Fettsäuren (und Cholesterin) im Blut und daher zu einer verstärkten Fettsäureoxidation in der Leber. Das dabei entstehende Acetyl-CoA kann nicht ausreichend über den Citratzyklus verwertet werden, sodass es zu einer starken Anhäufung von K. kommt. Diese werden aus der Leber exportiert und dienen als Energiequelle für Herz, Skelettmuskel, Nieren und Gehirn. Der Anstieg der Konzentration von Acetoacetat und β-Hydroxybutyrat im Blut führt zu einer pH-Senkung und einer Beeinträchtigung des Kohlensäure-Hydrogencarbonat-Puffersystems, es entsteht eine metabolische Acidose *(Ketoacidose)*. Diese stimuliert das Atemzentrum, die Atmung wird tiefer bei höherer Atmungsfrequenz, was durch erhöhte CO$_2$-Abgabe zunächst zu einer teilweisen Kompensation der Acidose führt. Bei Fortdauer der Ketogenese kann jedoch die Acidose nicht mehr kompensiert werden, der gesamte Stoffwechsel entgleist, es kommt zum (diabetischen) Koma, und schließlich tritt der Tod ein. Vor allem Acetoacetat und Aceton (das vorwiegend über die Lungen ausgeatmet wird, typischer Acetongeruch!) haben darüber hinaus auch eine toxische Wirkung auf das Zentralnervensystem. K. werden werden auch bei längeren Fastenperioden oder sehr kalorienarmer Diät vermehrt gebildet, da die gespeicherten Fettvorräte vorwiegend als Energiequelle genutzt werden, sodass auch unter diesen Bedingungen im Extremfall eine Ketoacidose entstehen kann.

Ketopentosen, Bez. für ↗ Monosaccharide mit fünf C-Atomen und einer Ketogruppe.

2-Ketopropansäure, die ↗ Brenztraubensäure.

Ketosen, ↗ Monosaccharide mit einer Ketogruppe.

Kettenreaktion, in der *Ökologie* eine Folge von (meist nachteiligen) Erscheinungen, die durch schwerwiegende Eingriffe in die Natur entstehen. Eine K. kann durch Naturereignisse wie Überschwemmungen und Erdbeben ausgelöst werden;

meist sind aber menschliche Eingriffe die Ursache. Die ⟶ Einbürgerung und ⟶ Einschleppung fremder Arten führt z. B. oft zu einer Veränderung ganzer Lebensgemeinschaften.

Keuchhusten, *Pertussis*, hochinfektiöse Atemwegserkrankung, deren Ursache *Bordetella pertussis*, ein gramnegatives Kurzstäbchen (Kokkobacillus) ist. Meist tritt K. bei Kindern unter einem Jahr auf und äußert sich als krampfartiger, heftiger Husten.

Khorana, *Har Gobind*, indisch-amerikanischer Biochemiker, ✳ 1922 Raipur (Indien); ab 1958 Prof. in New York, ab 1960 am Institute for Enzyme Research an der Universität von Wisconsin in Madison, ab 1970 am Massachusetts Institute of Technology in Cambridge, außerdem 1974-1979 Prof. in Ithaca (New York). K. trug durch seine Arbeiten wesentlich zur Entschlüsselung des genetischen Codes bei. 1967 klärte er die Sequenz der Phenylalanin-tRNA auf. 1970 gelang ihm die erste Totalsynthese eines Gens (für Alanin-tRNA), der Synthesen weiterer Gene folgten. K. erhielt 1968 zusammen mit R.W. ⟶ Holley und M.W. ⟶ Nirenberg den Nobelpreis für Physiologie oder Medizin.

Kichererbse, *Cicer arietinum*, alte Kulturpflanze der ⟶ Fabaceae, die insbesondere in Indien, Pakistan und im Mittelmeerraum angebaut wird. Die erbsengroßen Samen der einjährigen, etwa 50 cm hohen Pflanze enthalten ca. 20 % Eiweiß.

Kiebitz, Art der ⟶ Charadriidae.

Kiefer, 1) *Botanik*: *Pinus*, Gatt. der ⟶ Pinaceae mit ca. 100 Arten. Die *Gemeine K.*, *Waldkiefer* oder *Föhre*, *Pinus sylvestris* (Abb. ⟶ Pinaceae), hat ihr natürliches Verbreitungsgebiet im nördlichen gemäßigten Eurasien. Sie liefert Terpentin, Teer und Pech; ihr weiches Holz ist sehr dauerhaft und wird vielfältig verwendet. Im Mittelmeergebiet sind die Aleppokiefer, *Pinus halepensis*, und die Pinie, *Pinus pinea*, beheimatet.

2) *Anatomie*: *Mandibula*, Bei *wirbellosen Tieren* harte, aus Cuticula oder anorganischer Substanz bestehende Strukturen, die der Nahrungsaufnahme dienen. Bei den Gliederfüßern sind die K. umgebildete Extremitäten (⟶ Mundgliedmaßen), Seeigel (⟶ Echinoida) besitzen als kalkiges K.-Gerüst die Laterne des Aristoteles. Bei den Wirbeltieren gehört die K. zum knöchernen Anteil des Gesichtsschädels (⟶ Schädel) und stammt als *Kieferbogen* (*Mandibularbogen*) stammesgeschichtlich von einem oder zwei Paaren der vorderen Kiemenbögen ab.

Kieferegel, Gruppe der ⟶ Euhirudinea.

Kieferhöhle, eine der ⟶ Nasennebenhöhlen.

Kieferlose, die ⟶ Agnatha.

Kiefermäulchen, die ⟶ Gnathostomulida.

Kiefermäuler, *Kiefermünder*, die ⟶ Gnathostomata.

Kieferngewächse, die Fam. ⟶ Pinaceae.

Kiemen, *Branchien*, spezialisierte Atmungsorgane bei wasserlebenden Tieren. K. sind gut durchblutete respiratorische Ausstülpungen und Anhänge der verschiedensten Körperpartien bei Ringelwürmern (⟶ Annelida), Krebsen (⟶ Crustacea), Weichtieren (⟶ Mollusca), Amphibienlarven, Manteltieren (⟶ Tunicata) und ⟶ Fischen. Zur Vergrößerung der Oberfläche sind die K. in unterschiedlichster Art und Weise entweder in zahlreiche nebeneinander stehende Fäden oder Einzelblättchen aufgeteilt (*Fadenkiemen* oder *Filibranchien* zahlreicher Muscheln und Krebse, Kiemenblätter der Knochenfische), reich gefiedert, wie z. B. die *Kammkiemen* (*Ctenidien*) vieler Meeresschnecken oder die äußeren Kiemen der Frosch- und Molchlarven, oder sie sind gitterartig durchbrochen, wie z. B. die *Blattkiemen* (*Eulamellibranchien*) vieler Muscheln oder der *Kiemenkorb* der Manteltiere.

Im einfachsten Fall sind die K. wirbelloser Tiere frei auf der Körperoberfläche angeordnet, so z. B. die äußeren K. der Borstenwürmer (⟶ Polychaeta), Seesterne (⟶ Asteroida) und Seeigel (⟶ Echinoida). Die K. der Weichtiere sind bei Muscheln (⟶ Bi-

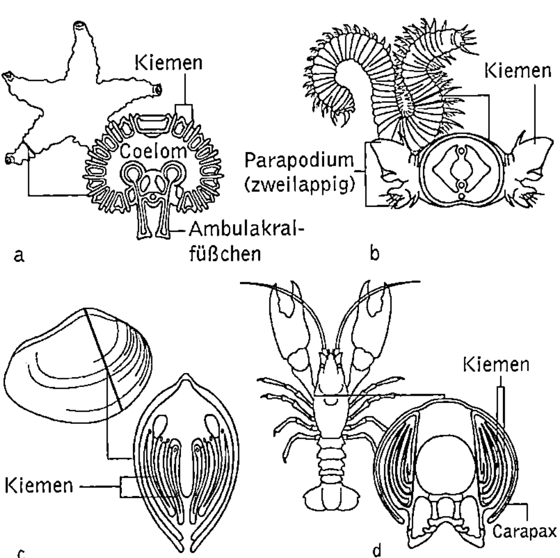

Kiemen a Die Kiemen eines Seesterns sind einfache fingerförmige Hautausstülpungen, wobei der Hohlraum jeder Kieme eine Ausstülpung der sekundären Leibeshöhle (Coelom) ist. b Bei den Polychaeta ist jede der paarigen Kiemen Teil eines Parapodiums. c Die Kiemenblätter der Muscheln hängen in der Schale wie Vorhänge herab. Das Atemwasser wird durch Wimpernfelder über die Kiemenoberfläche getrieben. d Bei decapoden Krebsen sind die Kiemen in einer Kiemenhöhle untergebracht, die vom Carapax gebildet wird. Ein spezieller Anhang der zweiten Maxille, der Scaphognathit, treibt das Wasser durch die Kiemenhöhle

valvia) und Schnecken (⟶ Gastropoda) mit Cilien besetzt und liegen in einer ebenfalls bewimperten Mantelgrube. Sie werden von einem gerichteten

Wasserstrom durchspült. Insbesondere die stark vergrößerten K. (häufig besonders gestaltete Faden- oder durchbrochene Blattkiemen) der Muscheln dienen zusätzlich wie eine Fangreuse dem Transport von Nahrungsteilchen. Bei Kopffüßern (↗ Cephalopoda) wird ein Atemstrom durch Muskelkontraktion der hinteren Mantelhöhlenwand hervorgerufen, der an den dort gelegenen K. vorbeiführt. Die Muskelkontraktion beim Auspressen des Wassers aus der Mantelhöhle wird gleichzeitig zur Fortbewegung genutzt (Rückstoßprinzip). Die Krebse haben K. in enger Verbindung mit den Spaltfüßen entwickelt, indem sich, besonders an den Laufbeinen, basale Anhänge (*Epipodite*) zu blattförmigen, fächerförmigen oder baumförmig verästelten Kiemenanhängen umgebildet haben. Die K. sind vor allem bei den höheren Krebsen in einer *Kiemenhöhle* untergebracht, die von einer seitlichen Hautduplikatur, dem *Carapax*, gebildet wird. Besonders gestaltete Anhänge (*Scaphognathite*) der Kieferfüße erzeugen in der Kiemenhöhle einen von hinten nach vorn verlaufenden Atemwasserstrom. Innerhalb der Gruppe der Krebse sind die verschiedensten Übergänge zur Luftatmung zu beobachten. Die K. bleiben dabei zunächst noch erhalten. Die ↗ Strandkrabbe (*Carcinus maenas*) hält ihre Kiemenkammer auch an Land mit Wasser gefüllt und erreicht durch kräftige Schläge mit dem Scaphognathiten eine Anreicherung des Wassers mit Sauerstoff. Berieselungsatmung ist eine andere Art, die K. an Land mit Sauerstoff zu versorgen. Dabei wird wiederum mit Hilfe des Scaphognathiten das Wasser aus der Kiemenhöhle ausgetrieben, fließt über Rinnen auf der Ventralseite entlang, wo es mit Sauerstoff angereichert wird, und wieder in die Kiemenhöhle zurück (z. B. ↗ Wollhandkrabbe, *Eriocheir*). Derartige Einrichtungen erlauben es den Krebsen, stundenlang an Land zu atmen. Ähnliche Wasserleitungssysteme, die bei manchen Arten völlig geschlossen sind und diese dann unabhängig von äußerer Wasserversorgung machen, gibt es bei den Landasseln. Sie vereinen die Funktionen ↗ Atmung, ↗ Osmoregulation und ↗ Exkretion.

Bei den sekundär zum Wasserleben übergegangenen Insektenlarven sind neben ↗ Tracheenkiemen mit Blut versorgte Körperausstülpungen als echte K. entwickelt, so z. B. bei Eintags- und Köcherfliegenlarven.

Die K. der Fische werden durch blattförmige Ausstülpungen des die ↗ Kiemenbögen umgebenden Entoderms gebildet (*Kiemenblätter*); senkrecht zu den Kiemenblättern ist das Entoderm zu zahlreichen Duplikaturen gefaltet (*Kiemenlamellen*), innerhalb derer feinste Blutgefäße (Arteriolen) in Form eines Wundernetzes (↗ Rete mirabile) angeordnet sind. Wasserströmung und Blutströmung verlaufen im Gegenstrom und ermöglichen so eine

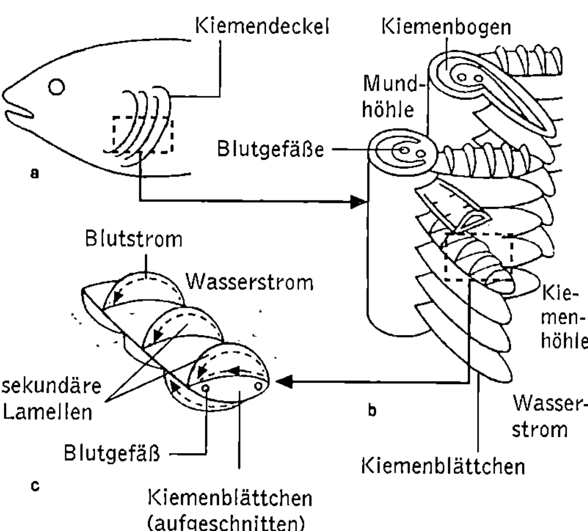

Kiemen Schematische Darstellung der Anatomie von Fisch-Kiemen zur Verdeutlichung des Gegenstromaustausches an Kiemenblättchen (b) und sekundären Lamellen (c), der eine effektive Ausnutzung des im Wasser vorhandenen Sauerstoffs ermöglicht

effektivere Ausnutzung des im Wasser vorhandenen Sauerstoffs (↗ Gegenstromaustausch). Auch bei den Fischen dienen die K. nicht nur der Atmung, sondern auch der Exkretion. Bei den Knochenfischen (↗ Osteichthyes) ist der Kiemenraum von einem Deckel (*Operculum*) umschlossen, der schwanzwärts in eine dünne, elastische Membran ausläuft (*Branchiostegalmembran*). Knorpelfische (↗ Chondrichthyes) besitzen nach außen offene Kiemenspalten. Während der Ventilation der K. wirken Druck- und Pumpmechanismen in harmonischer Weise zusammen. Schnelle Schwimmer, wie z. B. Makrelen, haben die Fähigkeit zur aktiven Ventilation mehr oder weniger stark verloren; sie schwimmen mit offenem Mund und erzeugen auf diese Weise den notwendigen Wasserstrom an den Kiemenblättern.

Kiemenbögen, knorpelige oder knöcherne Spangen, die bei primär im Wasser lebenden Wirbeltieren, als *Kiemenskelett* die ↗ Kiemen stützen. Jeder K. besteht aus den vier Anteilen *Pharyngobranchiale*, *Epibranchiale*, *Keratobranchiale* und *Hypobranchiale*. Die K. der Rundmäuler bilden einen Kiemenkorb aus acht K. sowie einem *Kardiobranchiale*, das dem Schutz des Herzens dient. Fische haben manchmal fünf K., der letzte ist bei Knochenfischen meist reduziert. Bei den zum Landleben übergegangenen Wirbeltieren entwickeln sich aus den ersten beiden K. der Kiefer- und Zungenbeinapparat sowie die ↗ Gehörknöchelchen, während aus den nachfolgenden Bögen vor allem das knorpelige Kehlkopfskelett (↗ Kehlkopf) hervorgeht.

Kiemendarm, *Branchiogaster, Pneumogaster*, der vordere Teil des Darms bei Eichelwürmern (↗ Enteropneusta) und ↗ Chordata, der von seitlichen

Spalten durchbrochen ist. Er dient bei Manteltieren (↗ Tunicata) und Lanzettfischchen (↗ Acrania) neben der Atmung vor allem auch dem Nahrungserwerb, indem die Nahrungsteilchen aus dem durch die *Kiemenspalten* in den *Peribranchialraum* eingestrudelten Wasser wie in einer Reuse an den Kiemenspalten zurückgehalten werden. Von dort werden sie durch Cilien des K.-Epithels nach dorsal befördert und in der *Epibranchialrinne* nach caudal in den Mitteldarm transportiert.

Kiemenfußkrebse, *Kiemenfüßer,* die ↗ Anostraca.

Kiemenherzen, ↗ Cephalopoda.

Kiemenspalten, ↗ Kiemendarm.

Kieselalgen, *Diatomeae,* die Klasse ↗ Bacillariophyceae.

Kieselgur, *Diatomeenerde,* überwiegend aus Siliciumdioxid bestehende, weißliche, äußerst poröse und zerreibbare Masse aus den Panzern abgestorbener ↗ Bacillariophyceae (früher *Diatomeae*).

Kieselsäuren, Bez. für die Sauerstoffsäuren des *Siliciums,* die sich in der Natur nur in Form ihrer Salze, der Silikate, finden. (↗ Siliciumdioxid).

Killeralgen, nicht wissenschaftliche Bez. für verschiedene Algen-Arten, die Giftstoffe produzieren oder die – nach ↗ Einschleppung in fremde Lebensräume – die Lebensräume einheimischer Arten zerstören. Als K. werden z. B. Arten der Dinoflagellaten (↗ Dinophyta) bezeichnet, deren Toxine u. a. zu ↗ Fischsterben und Hautirritationen führen. (↗ Wasserblüte)

Killerzellen, ↗ T-Lymphocyten.

Kilobasen, Abk. *kb,* Größenangabe in 1000 Basenpaaren (Nucleotidpaaren) zur Charakterisierung von DNA-Fragmenten bzw. Genen.

Kinasen, zu den ↗ Transferasen gehörende Enzyme, die Phosphatreste von ATP insbesondere auf alkoholische Hydroxygruppen von ↗ Monosacchariden übertragen, z. B. ↗ Hexokinase, Glucokinase, ↗ Phosphofructokinase. (↗ cyclinabhängige Kinasen)

Kinästhesie, bei vielen Wirbeltieren und dem Menschen vorhandene Fähigkeit, die Stellung der Körperteile zueinander, sowie ihre Lage und Bewegungsrichtung im Raum mithilfe von ↗ Propriorezeptoren zu kontrollieren und zu steuern. (↗ Muskel)

Kindchenschema, Gestaltmerkmale des menschlichen Kleinkindes und Säuglings, die beim Menschen Betreuungs- und Pflegeverhalten auslösen. Zum K. gehören z. B. ein relativ großer Kopf im Verhältnis zum übrigen Körper, große Augen, kurze Extremitäten. Viele junge Tiere entsprechen ebenfalls dem Kindchenschema.

Kinderlähmung, *Polio,* die ↗ Poliomyelitis.

Kinesen, ungerichtete Bewegungen frei beweglicher Tiere. Man unterscheidet *Orthokinesen,* die sich mit der Reizintensität verstärken oder vermin-

dern und *Klinokinesen,* bei denen die Reizstärke das Ausmaß der Wendebewegungen beeinflusst. K. ermöglichen dem Organismus auch bei ungerichteter Fortbewegung das Aufsuchen eines für ihn optimalen Lebensbereichs.

Kinesin, ein ↗ Motorprotein, das Vesikel und Organellen in einer Richtung an Mikrotubulusbahnen entlang bewegt. Es besteht aus zwei großen Untereinheiten mit zwei Köpfen, einem superspiralisierten Stiel und einem gespaltenen Schwanz, mit dem zwei leichte Ketten assoziieren. Das N-terminale Ende der globulären Domäne jeder schweren Kette enthält eine ATP-Bindungsstelle für den Mikrotubulus, und die C-terminale Schwanzregion bindet sich zusammen mit den beiden leichten Ketten an einen spezifischen Rezeptor in der Membran einer Organelle oder eines Vesikels. Im Unterschied zu ↗ Myosin und ↗ Dynein fördert das ATP (↗ Adenosinphosphate) beim K. seine Bindung an einen Proteinpartner. Durch die intrinsische ATPase-Aktivität wird ATP hydrolysiert und dadurch löst sich K. kurzzeitig vom Mikrotubulus um einen „Schritt" nach vorne zu machen. Der durch K. vermittelte Transport geht immer vom Minusende zum Plusende des Mikrotubulus.

Kinetin, eine zu den ↗ Cytokininen zählende künstliche Verbindung, die erstmals 1955 als ein Nebenprodukt der degradativen Erhitzung von DNA aus Heringssperma beschrieben wurde. Seine Entdeckung war die Folge von Experimenten, die durchgeführt wurden, um Substanzen zu identifizieren, welche die Teilungsaktivität von Tabakzellen förderten. Mit K. war der Beweis erbracht, dass eine relativ einfache chemische Verbindung Zellteilungen induzieren kann. Anhand der chemischen Struktur konnten natürlich vorkommende Cytokinine wie das *Zeatin* identifiziert werden.

Kinetochor, Bez. für Proteinkomplexe an ↗ Chromosomen, an die sich während der ↗ Mitose ↗ Mikrotubuli anheften. (↗ Centromer)

Kinetoplast, bei Trypanosomen und verwandten Einzellern vorkommendes Mitochondrium, dessen DNA-haltiger Bereich nahe der Geißelbasis liegt und dessen Funktion früher mit der Geißelbewegung in Zusammenhang gebracht wurde. Die Kinetoplasten-DNA ist komplex aufgebaut und besteht aus etwa 50 identischen Maxiringen von je ca. 26000 bp und 5000 - 10000 Miniringen mit einer Größe von 800 - 2500 bp. Bei Parasiten wie der Gatt. *Trypanosoma,* dem Erreger der Schlafkrankheit, ist der K. für das Überleben im wirbellosen Überträger, nicht jedoch im Wirbeltierkörper erforderlich.

Kinorhyncha, zu den ↗ Nemathelminthes gehörende Gruppe mit rund 150 bekannten, 0,2-0,8 mm großen Arten, die im Meer zwischen Algen oder in Schlamm und Sand leben. Der Körper ist arthropodenähnlich in 13 Segmente (*Zonite*) gegliedert, was die Monophylie der K. begründet. Sie haben jedoch keine Gliedmaßen, sondern bewegen sich mit Hilfe des ersten, mit hakenähnlichen Fortsätzen (*Skaliden*) besetzten Zonits (*Introvert*) fort. Dieses wird durch Kontraktion der Rumpfmuskulatur ausgestülpt, und die nach hinten gerichteten Skaliden ziehen den restlichen Körper nach. Die meisten Arten fressen Kleinstpartikel, manche ernähren sich von Kieselalgen (↗ Bacillariophyceae).

Kirsche, Bez. für mehrere Arten der Gatt. *Prunus* (↗ Rosaceae). Zu den K. gehören die von Südosteuropa bis Westasien verbreitete *Sauerkirsche* (*Prunus cerasus*) und die Süßkirsche (*Prunus avium*), die von der in Europa und Vorderasien wild vorkommenden *Vogelkirsche* (*Prunus avium* var. *silvestris*) abstammen.

Kitasato, *Shibasaburō*, japan. Bakteriologe, ✳ 20.12.1856 Oguni (Präfektur Kumamoto), † 13.6.1931 Nakanojō (Präfektur Gunma); 1885-92 Schüler von R. Koch; Prof. in Tokio. K. gründete ein zuerst privates, später staatliches Institut für Infektionskrankheiten in Tokio und 1914 das private Kitasato-Institut. Er züchtete 1889 als erster das Tetanusbakterium (*Clostridium tetani*) und entdeckte 1890 zusammen mit E.A. von ↗ Behring die Tetanus- und Diphterieantitoxine sowie 1894 (unabhängig von A.J.É Yersin, 1863-1943) den Erreger der Pest (*Pasteurella pestis, Yersinia pestis*) und 1898 den Erreger der Bakterienruhr (*Shigella*). K. ist zusammen mit Behring Begründer der Serumtherapie.

Kitzler, *Klitoris*, Schwellkörper bei der Frau, dessen etwa linsen- bis erbsengroße *Eichel*, die von einer Schleimhaut bedeckt ist, unter einer kapuzenartigen, von den kleinen ↗ Schamlippen gebildeten Vorhaut verborgen liegt. An die Eichel schließt sich der 3 - 4 cm lange Kitzlerschaft an, der in zwei Kitzlerschenkel übergeht, die länger sind als der Schaft und V-förmig in Richtung Scheide in die Tiefe ziehen. Sie sind mit Muskeln am Schambein (Os pubis) des ↗ Beckens befestigt. Der mit Nerven und Sinneskörperchen reich versehene K. ist das für die Lustempfindung der Frau wichtigste Organ. Er entspricht den beiden Rutenschwellkörpern (↗ Schwellkörper) und der Eichel des männlichen Glieds (↗ Penis). ↗ Geschlechtsorgane

Kiwi, *Actinidia chinensis*, aus China stammende zweihäusige Schlingpflanze der ↗ Actinidiaceae. Die bis 8 m hoch rankenden Pflanzen besitzen große, herzförmige Blätter und 3 - 5 cm große cremig-weiße Blüten. Die Kiwifrucht bildet sich (außer bei einhäusigen Kultursorten) nur an den weiblichen Pflanzen.

Kiwis, ↗ Dinornithiformes.

Kladistik, *Cladistik*, ein von dem deutschen Zoologen W. ↗ Hennig entwickeltes Klassifizierungssystem, das Lebewesen anhand der zeitlichen Reihenfolge ihrer Entstehung klassifiziert (↗ phylogenetische Systematik).

Kladogenese, *Cladogenese*, ein Muster der evolutionären Veränderung, bei dem ↗ Biodiversität zustande kommt, indem Arten sich jeweils in zwei neue Arten aufspalten (↗ Speziation).

Kladogramm, *Cladogramm*, Darstellungsweise der Abstammungsbeziehungen zwischen Organismen im Rahmen der Kladistik (↗ phylogenetische Systematik); das K. ist ein aus gabelartigen Verzweigungen bestehender Stammbaum.

Klaffmoos, Gatt. der Unterklasse ↗ Andreaeidae.

Klammerreflex, vor allem bei Jungtieren vieler Säugetiere vorkommendes reflektorisches Festklammern an den elterlichen Körper (oder auch an andere Gegenstände). Bei Primaten wird er als *Handgreifreflex* durch Berühren der Hand- oder Fußinnenfläche ausgelöst und er ist in dieser Form auch beim menschlichen Säugling in den ersten Lebenswochen noch vorhanden; Frühgeborene können sich bei Auslösen des Reflexes unter Umständen im Handhang selber halten. – Bei den Froschlurchen (↗ Anura) zeigen die paarungsbereiten Männchen einen ausgeprägten K.; sie halten das Weibchen bei der Paarung mit den Vorderbeinen vom Rücken her umklammert und lösen durch Druck mit den Daumenschwielen die Eiablage aus.

Klammerschwanzaffen, Unterfam. der ↗ Cebidae.

Klappenfalle, ↗ carnivore Pflanzen.

Klappergrasmücke, Art der Grasmücken (Fam. ↗ Sylviidae.)

Klapperschlangen, *Crotalus*, Gatt. der Grubenottern (↗ Viperidae) mit etwa 27 Arten (Länge 40 - 250 cm), die überwiegend in trockenen Regionen Nordamerikas verbreitet sind. K. sind meist graubraun mit dunklem rautenförmigem Muster. Typisch und namengebend ist die *Schwanzklapper*, die aus mehreren Horntüten besteht, die ineinander greifen und gegeneinander frei beweglich sind. Sie erzeugen bei schnellem Vibrieren ein schwirrendes Warngeräusch. Die Schwanzklapper wird mit jeder Häutung um eine weitere Horntüte verlängert. K. ernähren sich von Säugetieren und Vögeln. Sie sind nachtaktiv. Ihr Gift, das für den Menschen tödlich sein kann, enthält vor allem Blutgifte, das Gift einer Art, des südamerikanischen Cascavals (*Crotalus durissus*) enthält zusätzlich noch Nervengifte.

Klappmütze, Art der Seehunde (↗ Phocidae).

Kläranlage, Anlage zur ↗ Abwasserreinigung, die meist aus einer mechanischen und einer biologischen Stufe besteht. In Deutschland wird überwiegend das *Belebtschlammverfahren* eingesetzt. Dabei werden zunächst in einem Vorklärbecken die gröberen Abfälle durch Siebe, Rechen und einen

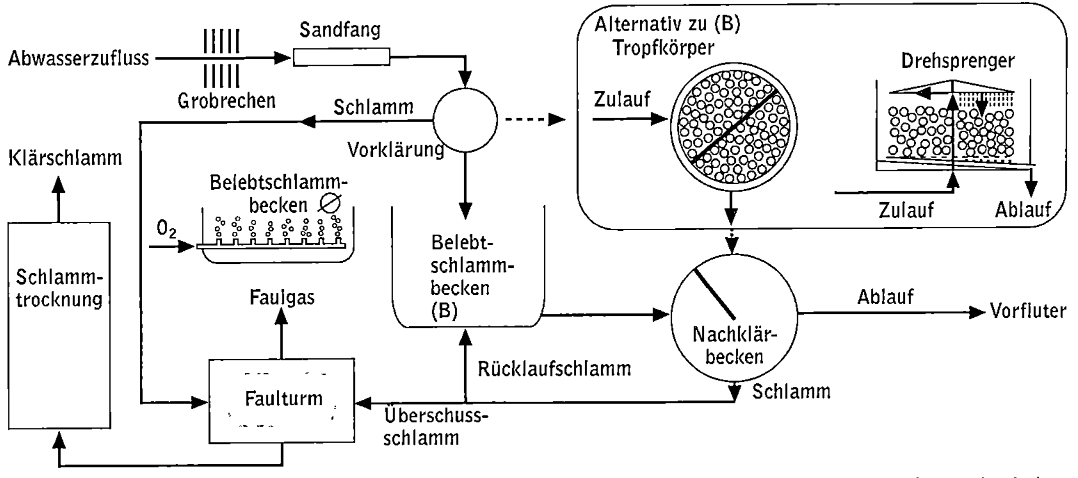

Kläranlage Schematische Darstellung einer zweistufigen Kläranlage für häusliches Abwasser. In der mechanischen Stufe werden gröbere Abfälle mechanisch entfernt. In der biologischen Stufe werden im Abwasser enthaltene organische Inhaltsstoffe biologisch abgebaut. An diesem Abbau sind hauptsächlich Bakterien beteiligt. Alternativ zum Belebtschlammverfahren kann das Abwasser auch über so genannte Tropfkörper geleitet werden

Sandfang entfernt. In der biologischen Klärstufe werden anschließend im *Belebtschlammbecken* die organischen Inhaltsstoffe des Abwassers durch Mikroorganismen abgebaut. Der *Belebtschlamm* enthält zahlreiche Vertreter der ↗ Destruenten-Saprophagen-Nahrungskette, also hauptsächlich Bakterien, Pilze, Bakterien und Protozoen fressende Ciliaten und einige Rotatorien- und Nematodenarten. Um einen optimalen aeroben Abbau zu gewährleisten, wird das Belebtschlammbecken künstlich belüftet. Die noch verbliebene Biomasse sedimentiert in einem Nachklärbecken (*Absetzbecken*). Ein Teil des Belebtschlamms und der in der Vorklärung anfallende Schlamm gelangen in den *Faulturm*. Dieser Schlamm wird einer anaeroben Behandlung unterworfen. Ohne diese Behandlung würde der Schlamm aufgrund seiner Zusammensetzung (hohe Gehalte an Kohlenhydraten, Fetten und Eiweißen) rasch faulen und zu Geruchsbelästigungen führen. Nach Trocknung des Faulschlamms entsteht ↗ Klärschlamm. Das im Faulturm entstehende ↗ Biogas kann zu Heizzwecken genutzt werden. Oft ist dem Nachklärbecken noch eine zusätzliche Reinigungsstufe nachgeschaltet, in der Phosphate ausgefällt werden.

Eine Alternative zum Belebtschlammverfahren ist die biologische Abwasserreinigung in so genannten *Tropfkörpern*, in denen das Abwasser über Steine, Schlacken oder Kunststoffwaben geleitet wird, die auf der Oberfläche Bakterien, Ciliaten und andere ↗ Detritusfresser beherbergen.

Klärschlamm, Schlamm, der bei der Abwasserreinigung in ↗ Kläranlagen anfällt. Dieser enthält viele Humusstoffe und Pflanzennährstoffe, jedoch auch viele Schadstoffe (Schwermetalle, organische Schadstoffe). Die zurzeit in Deutschland gültige Klärschlammverordnung von 1992 regelt die Ausbringung von K. auf landwirtschaftlich, forstwirtschaftlich und gärtnerisch genutzten Flächen. Danach ist das Ausbringen von K. auf Gemüse- und Obstanbauflächen, auf forstwirtschaftlich genutzten Böden sowie Dauergrünland verboten. In der Verordnung sind für sieben Schwermetalle (Blei, Cadmium, Chrom, Kupfer, Nickel, Quecksilber, Zink) Höchstwerte festgelegt. Auch für die Gehalte an Nährstoffen und organischen Schadstoffen sind Höchstwerte festgelegt. Es darf nur K. ausgebracht werden, der vorher entkeimt wurde (durch Erhitzung oder UV-Bestrahlung). Eine Entkeimung ist erforderlich, da z. B. viele Krankheitserreger oder Eier von parasitischen Würmern bei der Abwasserreinigung nicht abgetötet werden.

Klasse, Taxon der biologischen ↗ Systematik, das zwischen Stamm und Ordnung steht.

Klassensprung, *Klassenwechsel, class-switching*, Wechsel in der Immunglobulin-Klasse (Entstehen eines neuen *Isotyps*), den ein ↗ B-Lymphocyt exprimiert. Der K. betrifft dabei nur den Wechsel der ↗ Exonen, die für den konstanten Teil des ↗ Immunglobulins codieren. Der rearrangierte Teil, der die Antigen-Spezifität der Zelle ausmacht, bleibt unverändert. Der K. beruht auf einer Deletion der Gensegmente, die zwischen dem rearrangierten Segment und den Exonen liegen, die für den neuen Isotyp codieren. Als Mechanismen für die Deletion der DNA werden ein ungleicher Austausch zwischen den homologen Chromosomen oder den Schwesterchromatiden angenommen oder eine Schleifenbildung, gefolgt von dem Herausschneiden der DNA. Der K. findet nach der Aktivierung der B-Lymphocyten durch ↗ Antigen statt.

klassische Konditionierung, ↗ bedingter Reflex.

Klauen, 1) Name der Hufenden der Paarhufer (↗ Huf).

2) Bez. für die bei vielen ↗ Arthropoda (insbesondere Insekten) ausgebildeten hakenartigen Fortsätze am Fußende.

Kleber, das ↗ Gluten.

Klebfalle, ↗ carnivore Pflanzen.

klebrige Enden, ↗ cohesive ends.

Klebsiella, Gatt. der ↗ Enterobacteriaceae. Es sind fakultativ anaerobe gramnegative Stäbchen, deren Arten meist im Boden, im Wasser und im Intestinaltrakt vorkommen. Die meisten Stämme können unter anaeroben Bedingungen Stickstoff fixieren (↗ Stickstoff-Fixierung).

Klebsormidiophyceae, Klasse der ↗ Chlorophyta, deren Arten kokkale bis trichale Vertreter enthalten. Die Cellulose der Zellwände ist fibrillär angeordnet. Arten dieser Algenklasse kommen im Süßwasser und an luftfeuchten Standorten vor. Zu den K. gehören die Klebsormidiales und die ↗ Coleochaetales.

Klee, *Trifolium*, Gatt. der ↗ Fabaceae, zu der zahlreiche Futterpflanzen gehören. Typisch sind dreizählige Blätter und köpfchenartige Blütenstände. Wichtige ausdauernde Kleearten sind Rotklee (*Trifolium pratense*), Weißklee (*Trifolium repens*) und Schwedenklee (*Trifolium hybridium*).

Kleeblattstruktur, Bez. für die Sekundärstruktur der transfer-Ribonucleinsäuren (tRNA).

Kleeseide, gelegentliche Bez. für die Gatt. Seide oder Teufelszwirn (*Cuscuta*), ↗ Cuscutaceae.

Kleiber, die Fam. ↗ Sittidae.

Kleiderlaus, *Pediculus humanus*, etwa 3 mm große weißliche Art der Läuse (↗ Anoplura), die als Ektoparasit beim Menschen Blut saugt. Ihr Speichelsekret, das die Blutgerinnung verhindert, führt zu dem typischen Juckreiz an der Saugstelle. Die Eier (*Nissen*) werden an Haaren und Stofffasern abgelegt. K. kommen vor allem bei unzureichenden hygienischen Verhältnissen vor. Sie übertragen mehrere Krankheitserreger (↗ Rickettsien und ↗ Spirochäten).

Kleidermotte, Art der Motten (↗ Tineidae).

Kleinbären, die Fam. ↗ Procyonidae.

Kleine Essigfliege, ↗ Drosophila melanogaster.

Kleine Menschenaffen, die ↗ Gibbons.

Kleiner Fuchs, Art der Fleckenfalter (↗ Nymphalidae).

Kleine Taufliege, ↗ Drosophila melanogaster.

Kleinhirn, *Cerebellum*, Teil des ↗ Gehirns.

Kleinkärpflinge, die ↗ Cyprinodontiformes.

Kleinlebewesen, die ↗ Mikroorganismen.

Kleinlibellen, die ↗ Zygoptera.

Kleinspecht, Art der Fam. ↗ Picidae.

Kleistogamie, ↗ Befruchtung in einer noch nicht geöffneten ↗ Blüte.

Kleistokarpie, Fruchtbildung bei kleistogamen Blüten (↗ Kleistogamie).

Kleistothecium, Form des Fruchtkörpers (↗ Ascoma) der Schlauchpilze (↗ Ascomycetes).

Klematis, Gatt. der ↗ Ranunculaceae.

Klenow-Fragment, Bez. für das nach der Proteolyse der DNA-Polymerase I (↗ DNA-Polymerasen) mit Subtilin entstehende große Fragment, das neben der Polymeraseaktivität auch die 3'-5'-Exonucleaseaktivität beinhaltet. Aus diesem Grund wird es zur DNA-Synthese in vitro eingesetzt. Das kleinere Proteolysefragment enthält die 5'-3'-Exonuclease.

Kletterpflanzen, *Lianen*, im Boden wurzelnde Kräuter, Stauden und Holzgewächse, die mit dünnen Sprossen an anderen Pflanzen und Stützen emporwachsen.

Nach der Art des Festhaltens unterscheidet man *Spreizklimmer* mit spreizenden, widerhakenähn-

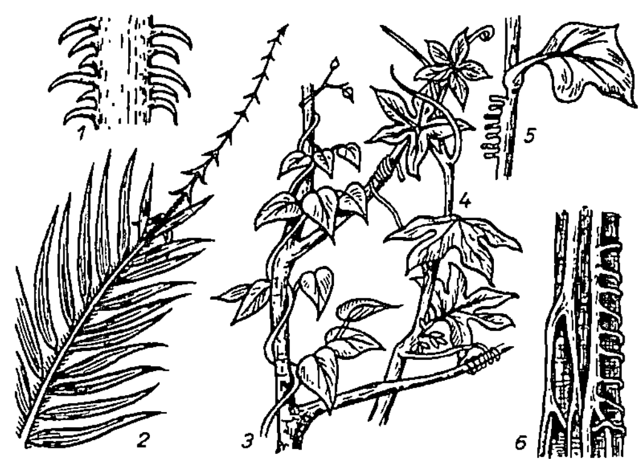

Kletterpflanzen Anpassungen bei Kletterpflanzen: 1 Hakenhaare (Klettenlabkraut), 2 Blattfiederdornen (Rotangpalme), 3 windende Sprossachse (Feuerbohne), 4 Rankenbildung (Zaunrübe), 5 Haftwurzelbildung (Efeu), 6 Haft- und Nährwurzeln (Würgefeige)

lichen Seitensprossen, starren Klimmhaaren (Klettenlabkraut), mit Stacheln (Kletterrose, Brombeere) oder mit Dornen (Bocksdorn), *Wurzelkletterer* mit sprossbürtigen Haftwurzeln (Efeu), *Rankenkletterer* mit Ranken aus umgebildeten Blatt- und Sprossteilen (Zaunrübe, Wein), *Winde-* und *Schlingpflanzen* mit sehr langen Internodien (Feuerbohne, Hopfen).

Die Tracheen der K. sind oft ungewöhnlich weit und lang (bis 10 m Länge). ↗ Haftorgane

Kliesche, *Limanda limanda*, bis 40 cm lange Art der Plattfische (↗ Pleuronectiformes), die mit zu den häufigsten Fischen in der südlichen Nordsee gehört. Sie ernährt sich vorwiegend von Muscheln, Krebsen und Polychaeten. Die K. wird zunehmend als Speisefisch genutzt.

Klima, der aus langfristigen Untersuchungen (mehrere Jahre) ermittelte durchschnittliche jährliche Witterungsverlauf eines Gebietes sowie die Häufigkeit seltener, für dieses Gebiet charakteristischer meteorologischer Ereignisse wie z. B. Gewitter, Orkane etc. Das K. wird bestimmt durch das Zusammenspiel der ↗ Klimafaktoren.

Klimadiagramm, graphische Darstellung einzelner oder mehrerer ↗ Klimafaktoren (z. B. Temperatur, Niederschläge), die über einen bestimmten Zeitraum an einem bestimmten Ort gemessen wurden.

Klimafaktoren, die klimatischen Umweltfaktoren wie Temperatur, Strahlungsintensität der Sonne, Niederschlags- und Verdunstungsmenge, Luftfeuchte, Luftdruck, Luftbewegung u. a.

Klimakammer, Raum, in dem Temperatur, Licht, Luftfeuchtigkeit, Druck und Gaszusammensetzung variiert werden können. Während in freier Natur mehrere ↗ Umweltfaktoren gleichzeitig auf die Organismen einwirken, kann man in der K. gezielt den Einfluss eines bestimmten Faktors auf einen Organismus (Pflanze, Tier usw.) untersuchen.

Klimakterium, 1) *Botanik:* Bez. für den während der ↗ Fruchtreifung bestimmter Früchte über einen bestimmten Zeitraum erfolgenden Anstieg der Atmungsaktivität, die durch die endogene Produktion des Pflanzenhormons ↗ Ethylen ausgelöst wird. Auch durch eine künstliche Begasung mit Ethylen lässt sich das K. induzieren. Die hohe Atmungsaktivität des K. ist vor allem auf den so genannten *cyanidresistenten Weg* der mitochondrialen ↗ Atmungskette zurückzuführen.

2) *Anthropologie:* die ↗ Wechseljahre.

Klimakterium

Früchte mit Klimakterium	Früchte ohne Klimakterium
Apfel	*Ananas*
Avocado	Brechbohne
Birne	Erdbeere
Cantaloupe-Melone	Kirsche
Feige	einige Paprikasorten
Mango	Trauben
Olive	Wassermelone
Pfirsich	Zitrusfrüchte
Pflaume	
Tomate	

Klimaregeln, Regeln für das klimabeeinflusste Auftreten gleichgerichteter morphologisch-physiologischer Unterschiede zwischen nah verwandten Tierrassen oder -arten. Neben Regeln für die Körpergröße (↗ Bergmann-Regel) und die Körperproportionen (↗ Allen-Regel) bestehen u. a. auch Gesetzmäßigkeiten für die Behaarung, das Herzgewicht und die Färbung. So sind die Dichte und

Länge des Haarkleides von Säugern in Gebieten wärmeren Klimas reduziert (*Rensch'sche Haarregel*). Bei Warmblütern nimmt zum kalten Klima hin das relative Herzgewicht zu (*Herzgewichtsregel* oder *Hesse-Regel*). Dies erklärt sich aus den erhöhten Anforderungen an Stoffwechsel und Blutkreislauf. Tiere sind im feucht-warmen Milieu dunkler gefärbt, da hier die Bildung von Eumelanin begünstigt wird (*Färbungsregel* oder *Gloger-Regel*).

Klimax, 1) die ↗ Klimaxgesellschaft.

2) das Endstadium einer ↗ Sukzession.

Klimaxgesellschaft, *Klimax*, in der Vegetationsgeografie ursprüngliche Bez. für das hypothetische Endstadium der Vegetationsentwicklung in alleiniger Abhängigkeit vom Großklima. Dieses Stadium wird oft nicht erreicht, da neben dem Klima auch andere Faktoren (anthropogene Einflüsse, Bodenfaktoren) Einfluss auf die Vegetationsentwicklung haben. Heute bezeichnet man mit K. auch andere Stadien der Vegetationsentwicklung, die relativ stabil sind. (↗ Sukzession)

Klimazonen, großflächige Gebiete mit ähnlichem ↗ Klima. Die Hauptklimazonen der Erde sind die Tropen, die Subtropen, die gemäßigten Breiten und die Polargebiete.

Tropen: das Klimagebiet zwischen den Wendekreisen, d. h. zwischen 23° 27' N und 23° 27' Süd. Charakteristisch sind kurze Tage, die nur 10,5 bis 13,5 h dauern. Die *Subtropen* schließen sich im Norden und Süden an die Tropen an. Sie reichen bis zum 45. Breitengrad und sind durch einen hohen Sonnenstand gekennzeichnet. *Gemäßigte Breiten* sind die Gebiete zwischen dem 45. Breitengrad und dem Polarkreis (66° 30') im Norden und Süden. Der Sommer ist durch sehr lange Tage gekennzeichnet, der Winter durch kurze Tage und einen tiefen Sonnenstand am Mittag.

Die Gebiete nördlich bzw. südlich der Polarkreise werden als *Polargebiete* bezeichnet. Im Polarsommer bleibt die Sonne länger als 24 h über dem Horizont, im Polarwinter bleibt sie länger als 24 h unter dem Horizont; mit zunehmender geografischer Breite nimmt die Dauer der Polartage und Polarnächte zu, sodass sie an den Polen fast ein halbes Jahr lang andauern.

Die Haupt-K. untergliedert man je nach Temperatur und Niederschlägen, wobei man die Temperaturbereiche heiß, warm, mäßig warm (gemäßigt) und kalt unterscheidet sowie die Niederschlagsbereiche feucht und trocken. Dabei ergeben sich z. B. K. wie feucht-gemäßigtes Klima oder heiß-feuchtes Tropenklima.

Kline, ↗ Cline.

Klinefelter-Syndrom, eine Form der ↗ Genommutation, bei der eine *Geschlechtschromosomenaberration* dazu führt, dass zu einem normalen weiblichen Chromosomensatz mit zwei X-Chromosomen ein Y-Chromosom zusätzlich vorhanden ist. Die betroffenen Personen sind männlich, jedoch verläuft bei ihnen die Spermatogenese anormal. Ferner ist bei Patienten mit K. - S. die Körpergröße überdurchschnittlich groß und oft wird eine mentale Retardierung beobachtet.

Klinostat, Gerät zur Erforschung der Wirkung der Schwerkraft auf Pflanzen (↗ Geotropismus). Dabei kommt es zu einer einseitigen Schwerkraftreizung, die durch eine in Horizontallage erfolgende langsame Rotation der Pflanzen um die Längsachse verursacht wird.

Klippspringer, Art der Böckchen (↗ Neotraginae).

Klitoris, der ↗ Kitzler.

Kloake, der Endabschnitt des Darmkanals einiger Wirbelloser (z. B. der ↗ Nemathelminthes), und der meisten Wirbeltiere, in den die Ausführungsgänge der Geschlechts- und Exkretionsorgane einmünden. Unter den Säugetieren haben nur die Kloakentiere (↗ Monotremata) eine K. Bei allen übrigen Säugetieren hingegen wird die embryonal angelegte K. durch eine Scheidewand in einen dorsalen Abschnitt, der das Ende des Rectums (↗ Darm) bildet, und einen ventralen Abschnitt aufgeteilt. Aus dem dorsocranialen Abschnitt des Letzteren geht die ↗ Harnblase hervor, die über die Harnröhre mit ihm in Verbindung steht.

Kloakentiere, die ↗ Monotremata.

Klon, eine Gruppe genetisch identischer Individuen oder Zellen, die sich von einem gemeinsamen Vorläufer ableiten.

klonale Selektion, die Bildung eines Klons von Zellen nach Kontakt eines ↗ Lymphocyten mit einem ↗ Antigen im Rahmen der ↗ spezifischen Immunantwort.

Klonen, Bez. für die Erzeugung genetisch identischer Organismen, die vor allem auf Tiere und Menschen angewendet wird. Dabei kann prinzipiell zwischen dem reproduktiven K. und dem therapeutischen K. unterschieden werden. Bei beiden Verfahren wird der Zellkern aus einer Spenderzelle entfernt und in eine zuvor durch UV-Bestrahlung zellkernlos gemachte Eizelle übertragen. Im Anschluss an diesen Zellkerntransfer kommt es zu einer normalen Weiterentwicklung der Eizelle.

Beim *reproduktiven K.* konnten zu Beginn der 1970er-Jahre zunächst beim südafrikanischen Krallenfrosch *Xenopus laevis* erste Erfolge erzielt werden. Prinzipiell ließen sich die Ergebnisse auch auf Säugetiere übertragen. In der Tierzucht können z. B. bei Rindern genetisch identische Nachkommen von Hochleistungsrindern erzeugt werden, wobei die Eizellen durch Ammenkühe ausgetragen werden. Durch die so genannte *Mehrlingsspaltung* können ferner aus Embryonen im frühen Stadium mehrere Individuen entstehen, da die Zellen zu diesem Zeitpunkt noch *totipotent* sind. Während beim

reproduktiven K. die übertragenen Zellkerne zunächst immer aus embryonalem Gewebe isoliert wurden, gelang es im Jahr 1997 mit dem so genannten *Klonschaf Dolly* erstmals, auch Zellkerne aus erwachsenen, differenzierten Zellen für das K. zu verwenden. Beim *Dollyverfahren* wurden Euterzellen verwendet, deren Zellkerne durch eine Behandlung in Zellkultur „umprogrammiert" wurden, sodass sie sich wie Zellkerne aus embryonalem Gewebe verhielten. Allerdings war die Effizienz der Methode, die auch bei Mäusen, Schweinen und

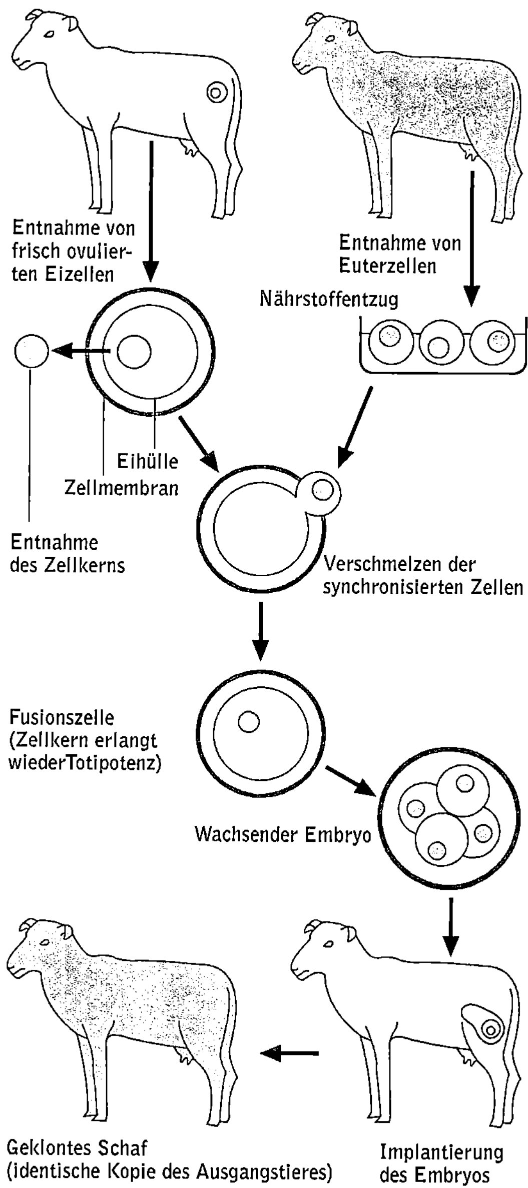

Klonen Dargestellt ist das so genannte *Dollyverfahren*, bei dem der zu übertragende Zellkern aus einer bereits differenzierten Euterzelle stammt

Rindern angewendet wurde, nicht hoch. Weniger als 1 % der erzeugten Eizellen konnten ausgetragen werden und führten zur Geburt eines lebenden Jungtieres. Zudem wird diskutiert, ob auf diesem Wege geschaffene Tiere schneller altern als auf natürlichem Wege, d. h. durch die Verschmelzung von Spermium und Eizelle entstandene Jungtiere.

Das *therapeutische K.* hat vor allem im Zusammenhang mit seiner Anwendung beim Menschen nicht die Schaffung von geklonten Individuen zum Ziel, sondern die Erzeugung von Embryonen zur Gewinnung von ↗ embryonalen Stammzellen, deren Immunsystem mit dem des Spenders identisch ist. Betroffenen Patienten könnten analog zum Dollyverfahren bereits ausdifferenzierte Zellen entnommen werden. Auf diese Weise ließen sich Abstoßungsreaktionen vermeiden, nachdem diese Zellen im Rahmen von therapeutischen Anwendungen zum Einsatz gekommen sind. Der Einsatz des therapeutischen K. ist jedoch bislang umstritten. (Essay: ↗ Die Forschung an embryonalen Stammzellen)

Klonierung, i. w. S. die Herstellung genetisch identischer Zellen (*Klone*). Der Begriff wird i. e. S.

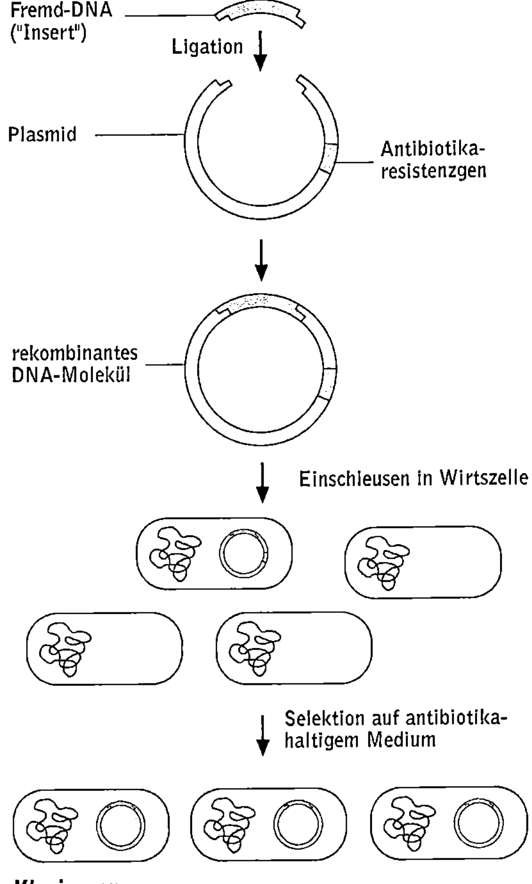

vor allem für die *DNA-Klonierung* benutzt, wohingegen sich für die identische Vermehrung von ganzen Organismen der Begriff ↗ Klonen eingebürgert hat. Als *Genklonierung* wird die Isolierung des korrespondierenden DNA-Abschnittes eines in seiner Funktion bekannten Gens, verbunden mit der Ermittlung seiner Basensequenz bezeichnet.

Bei der DNA-Klonierung werden DNA-Fragmente beliebiger Herkunft in einen ↗ Klonierungsvektor eingefügt (↗ Restriktionsenzyme, ↗ DNA-Ligase) und das so entstandene rekombinante DNA-Molekül häufig in Bakterienzellen (vor allem *Escherichia coli*), aber auch in Hefezellen oder andere eukaryotische Zellen eingeschleust (↗ Transfektion, ↗ Transformation). In diesen Wirtszellen kommt es zur Vervielfältigung dieser DNA-Moleküle. Durch Zellteilung entstehen Bakterienkolonien, die aus Zellen mit identischem genetischem Inhalt bestehen. Sie werden als *Klone* bezeichnet. Mit Hilfe der DNA-Klonierung lässt sich somit ein zu untersuchendes Gen nicht nur in unbegrenzter Menge herstellen, sondern ein bestimmtes Gen auch in Vektoren einklonieren, die z. B. zu ihrer Expression und somit zur Bildung des Genproduktes führen. (↗ Gentechnik)

Klonierungsvektoren, die allgemeine Bez. für häufig ringförmige DNA-Moleküle unterschiedlichen Ursprungs, die für den experimentellen Gebrauch größtenteils so modifiziert wurden, dass sie zu Forschungszwecken benötigte DNA-Fragmente aufnehmen können. Wichtige, ursprünglich natürlich vorkommende K. sind ↗ Plasmide und ↗ Bakteriophagen. Aus der Kombination von für das molekularbiologische Arbeiten günstigen Eigenschaften dieser beiden Systeme sind künstliche, so genannte *Phagemide*, aber auch ↗ Cosmide, ↗ BACs und ↗ YACs hervorgegangen.

Klopfkäfer, die Fam. ↗ Anobiidae.

Klug, *Aaron*, südafrikan.-brit. Chemiker, ✳ 11.8. 1926 Johannesburg; seit 1962 (heute Direktor) am Medical Research Council Laboratory of Molecular Biology in Cambridge (Großbritannien), seit 1995 Präsident der Royal Society, London. K. lieferte bedeutende Beiträge zur Ermittlung der Tertiärstrukturen von Nucleinsäuren und Nucleoproteinen, Nucleosomen, Bakteriophagen sowie der Enzyme Katalase und Cytochromoxidase und von Hämocyanin und Sichelzellen-Hämoglobin. Er erhielt 1982 für die genauere Darstellung der molekularen Chromosomenstruktur den Nobelpreis für Chemie.

Knabenkrautgewächse, die Fam. ↗ Orchidaceae.

Knäkente, Art der ↗ Gründelenten.

Knallgasbakterien, die ↗ Wasserstoffbakterien.

Knauelgras, *Dactylis glomerata*, Futtergras der ↗ Poaceae.

Kniegelenk, *Articulatio genus*, *Femoropatellargelenk*, das größte Gelenk des menschlichen Körpers. Es ist die Sonderform eines Drehscharniergelenks, bei dem im gebeugten Zustand eine Rotation um die Längsachse des Unterschenkels möglich ist. Der Gelenkkörper wird von den Gelenkknorren des Oberschenkelknochens (*Femurkondylen, Condyli femoris*) und den Gelenkknorren des Schienbeins (*Tibiakondylen, Condyli tibiae*) sowie der Kniescheibe (*Patella*) gebildet. Die Gelenkflächen sind nicht sehr passgenau; diese Inkongruenz wird durch den dicken Knorpelbelag der Gelenkflächen und durch die eingelagerten Menisken (↗ Meniskus) ausgeglichen. Die Gelenkkapsel ist relativ schlaff und weit, sie wird durch Bänder verstärkt. Die wichtigsten sind das *Ligamentum patellae*, das eine Fortsetzung der Sehne des *Musculus quadriceps femoris* ist und von der Kniescheibe zur Tibia zieht, die beiden seitlich gelegenen Kollateralbänder (*Ligamenta collaterale*), sowie die beiden Kreuzbänder (*Ligamenta cruciata*), die innerhalb der Kapsel liegen und das K. vor allem bei Drehbewegungen stabilisieren. (↗ Gelenke)

Kniesehnenreflex, der ↗ Patellarsehnenreflex.

Knoblauch, *Allium sativum*, in Zentralasien beheimatete Kulturpflanze der ↗ Alliaceae. Die „Zehen" (Beiknospen der Blätter) des K. enthalten schwefelhaltige Würzstoffe, v. a. ↗ Allicin.

Knochen, *Os*, Plural *Ossa*, feste, harte und elastische, aus Stützgewebe, dem Knochengewebe, bestehende Stützstrukturen der Wirbeltiere, die in ihrer Gesamtheit das ↗ Skelett bilden.

Die besondere Festigkeit und Härte des K.-Gewebes beruht auf der chemischen Zusammensetzung und der komplizierten Architektur der reich ausgebildeten Interzellularsubstanz. Diese setzt sich zusammen aus der mit *Calciumphosphat* gehärteten Grundsubstanz, dem *Ossein*, und darin eingekitteten *Kollagenfibrillen*, die sich bündelartig vereinigen. Das Calciumphosphat bedingt die Härte, die Kollagenfibrillen die Elastizität der K. In der Interzellularsubstanz liegen die *Knochenzellen* (*Osteocyten*) eingeschlossen. Ihr Zellleib hat zahlreiche verzweigte Fortsätze, mit denen benachbarte K.-Zellen in Verbindung stehen.

Nach der Anordnung der Interzellularsubstanz werden zwei Typen von K. unterschieden: 1) *Faser-K.* oder *Geflecht-K.*, bei denen die Kollagenfasern ein unregelmäßiges Flechtwerk bilden, in dessen Lücken die Knochenzellen eingelassen sind. 2) *Schalenknochen* oder *Lamellenknochen*; hier ist die Interzellularsubstanz zu einem System von Schalen oder Lamellen angeordnet, die sich um die Blutgefäße ablagern. Sie werden als *Havers'sche Lamellensysteme*, der zentrale Kanal mit den Blutgefäßen als *Havers'scher Kanal* bezeichnet. Alle knöchernen Skelettelemente bestehen zunächst aus Faserknochen. Bei einigen niederen Gruppen bleiben sie in dieser Form zeitlebens erhalten, bei den übrigen Wirbeltieren wandeln sich die meisten durch komplizierte Umbauprozesse zu Schalenknochen um. In den Röhrenknochen der Vögel sind die Kollagenfibrillen vielfach ohne lamelläre Schichtung parallel zur Längsachse angeordnet (parallelfaseriges K.-Gewebe). Beim erwachsenen Menschen bleibt der Faserknochen nur an wenigen Stellen, z. B. in den Schädelnähten und in der knöchernen Labyrinthkapsel, bestehen. Die Oberfläche des K. bedeckt eine gefäß- und nervenreiche *Knochenhaut* (*Periost*). Die Versorgung des K. erfolgt über die Gefäße des Periosts, die sich auch in die Havers'schen Kanäle fortsetzen, und von diesen zu den einzelnen Knochenzellen über deren Plasmafortsätze. Im Innenraum der langen, im Schaft hohlen Röhrenknochen, der Markhöhle, ist ↗ Knochenmark enthalten. Auch der fertig ausgebildete K. ist eine sehr stoffwechselaktive Struktur, die als lebendes Gewebe einem ständigen Umbau unterliegt und bei Belastungsänderungen zu Umkonstruktionen sowie zur Ausheilung von Knochenbrüchen befähigt ist. Diese Prozesse sind durch das wechselseitige Wirken von *Osteoklasten* (*Knochenzerstörern*) und *Osteoblasten*, den *Knochenbildnern*, möglich.

Bei der *Knochenbildung*, scheiden die vom embryonalen Bindegewebe abstammenden Osteoblasten eine aus Grundsubstanz und Kollagenfibrillen bestehende Interzellularsubstanz ab, und in diese die der Knochenhärtung dienenden Calciumsalze (85% Calciumphosphat). Dadurch mauern sich die Osteoblasten sozusagen selbst in die Interzellularsubstanz ein und werden zu *Knochenzellen* (*Osteocyten*). Die Knochenbildung kann nun auf zwei Wegen stattfinden: Bei der *desmalen Knochenbildung* entsteht das Knochengewebe unmittelbar aus Bindegewebe, indem innerhalb desselben von den Osteoblasten *Knochenbälkchen* (*Osteonen*) aufgebaut und zu einem räumlichen Gitterwerk verbunden werden. Dieses kann sehr fest sein (*Compacta*) oder nur ein lockeres System von Osteonen bilden (*Spongiosa*). Die auf diese Weise gebildeten K. sind die *Deckknochen* (*Haut-, Bindegewebs-* oder *Beleg-K.*). Bei der *chondralen Knochenbildung* werden die Skelettteile bereits embryonal vor der Verknöcherung (*Ossifikation*) knorpelig angelegt. Diese Skelettstücke werden dann zu *Ersatzknochen* umgewandelt und dabei vergrößert. Diese Form der Knochenbildung vollzieht sich auf der Oberfläche (*perichondrale Knochenbildung*) und im Innern (*enchondrale Knochenbildung*) des Knorpels. Bei den höheren Wirbeltieren überwiegen die Ersatzknochen, lediglich verschiedene K. des Kopfskeletts und das Schlüsselbein gehören zu den Deckknochen. Zur Bildung der *Röhrenknochen* wird zunächst durch perichondrale Knochenbildung eine sich allmählich verdickende Knochenmanschette um das Mittelstück des Knorpels gelegt, während im Innern die enchondrale Knochenbildung einsetzt. Der hyaline ↗ Knorpel verkalkt hier und wird dann von *Chondroklasten* (*Knorpelzerstörern*) aufgelöst. In den dadurch entstandenen Hohlraum ragen verkalkte Knorpelreste zackenförmig hinein, und an ihnen scheiden die Knochenbildner Knochensubstanz ab. Bei den Säugetieren bilden sich später auch in den Gelenkenden des Knorpels Verknöcherungszonen aus. Der zwischen dem Mittelstück und den Gelenkenden gelegene Knorpel wächst zunächst noch weiter, erst am Ende der Jugendentwicklung findet die Knochenbildung ihren Abschluss, und damit wird auch das Längenwachstum des Skeletts eingestellt.

Die Anatomie des K. ist ein Schulbeispiel für Leichtbauweise, bei der mit geringem Materialaufwand die erforderliche Festigkeit erreicht wird. Die Schädelknochen zeigen eine zarte, wabige Struktur zwischen zwei festen Abschlussschichten, die eine hohe Druck- und Biegestabilität bei geringem Gewicht gewährleistet. In der Spongiosa des Oberschenkelhalses und -kopfes sind die Knochenbälkchen flächig in Zonen gleicher Spannung (*Trajektorien*) angeordnet, die einander rechtwinklig durchkreuzen und den K. durchziehen. Sie halten großen Druck- und Zugspannungen stand und können innerhalb kurzer Zeit veränderten Belastungen angepasst werden. Das Knochenmaterial zeigt eine Elastizität wie Eichenholz, eine Zugfestigkeit wie Kupfer, eine Druckfestigkeit, die noch die von Muschelkalk und Sandstein übertrifft, und eine statische Biegefestigkeit wie Flussstahl.

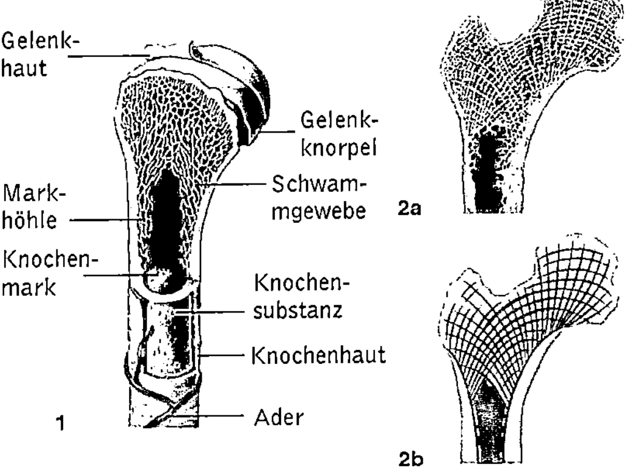

Knochen Funktionelle Struktur eines Röhrenknochens. 1 Schnitt durch einen Röhrenknochen. 2a Schnitt durch das obere Ende des Oberschenkelknochens, dessen Knochenbälkchen in Radien und Bögen entsprechend den Belastungslinien (Trajektorien) angeordnet sind. 2b Schema der Belastungslinien

Knochenfische, die ↗ Osteichthyes.

Knochenhechte, Fam. der ↗ Holostei.

Knochenleitung, die Schallübertragung über den Schädelknochen, die für das ↗ Hören der eigenen Stimme von Bedeutung ist. Da das Knochenmaterial anders leitet als Luft, hört sich die eigene Stimme für einen selbst anders an als für andere Personen.

Knochenmark, *Medulla ossium*, retikuläres Bindegewebe, das die Spongiosa-Lücken und die Knochenhohlräume (Markhöhlen) der Knochen der höheren Wirbeltiere ausfüllt. Es ist ab der Geburt als *rotes K.* an der Blutbildung beteiligt; die ↗ Stammzellen der Blutzellen liegen in den Maschen des retikulären Bindegewebes. Beim Knochenwachstum wandelt sich das rote K. in den Schäften (Diaphysen) der langen Knochen in fettzellreiches *gelbes K.* um. Nach Abschluss des Körperwachstums ist rotes K. nur noch in kurzen und platten Knochen sowie in den Epiphysen, den rundlichen Enden der langen Knochen, vorhanden. Das K. gehört zum ↗ retikuloendothelialen System. Seine Zellen sind zur ↗ Phagocytose befähigt.

Knochenzüngler, die Fam. ↗ Osteoglossidae.

Knöllchenbakterien, Bez. für Bakterien, die mit Leguminosen (↗ Fabales) und Nicht-Leguminosen in ↗ Symbiose leben und dabei Luftstickstoff binden können (↗ Stickstoff-Fixierung). Nach Infektion der Wurzeln entstehen ↗ Wurzelknöllchen, in deren Zellen sich die K. vermehren und sich zu vielgestaltigen ↗ Bakteroiden umwandeln. Zu den K. der Leguminosen gehören vor allem Arten der Gatt. ↗ Rhizobium, aber auch Vertreter der Gatt. *Azorhizobium* und *Bradyrhizobium*. Die K. der Nicht-Leguminosen gehören der Gatt. ↗ Frankia an.

Knollen, Verdickungen pflanzlicher Organe zur vegetativen Fortpflanzung und Nährstoffspeicherung. Man unterscheidet ↗ Sprossknollen und ↗ Wurzelknollen.

Knollenbildung, die Umdifferenzierung der entsprechenden Meristeme von Wurzeln und Sproß zu Knollen. Dies erfolgt in den meisten Fällen (z. B. Kartoffel) durch primäres Dickenwachstum von Rinden- und Markgewebe, seltener durch anomal verlaufendes sekundäres Dickenwachstum, wie dies bei der Hypokotylknolle der Roten Rübe der Fall ist. Wie auch die ↗ Blütenbildung steht die K. unter fotoperiodischer Kontrolle und ist dann i. d. R. eine *Kurztagreaktion*. Bei manchen Pflanzen erfolgt deshalb die generative Fortpflanzung unter Langtag- und die vegetative Fortpflanzung unter Kurztagbedingungen.

Knollenblätterpilze, *Amanita*, Gatt. der Blätterpilze (↗ Agaricales), zu der einige sehr gefährliche Giftpilze gehören, insbesondere der *Grüne K.* (*Amanita phalloides*) und der *Kegelhütige K.* (*Amanita virosa*). K. enthalten als Gifte zyklische Peptide (↗ Amatoxine und ↗ Phallotoxine), deren (tödliche) Giftwirkung erst nach etwa 15 Stunden eintritt. K. besitzen – im Unterschied zu ↗ Champignons – frei abgerundete, also nicht mit dem Stiel verwachsene weiß oder weißlich bleibende Lamellen sowie eine sackförmige Scheide an der Stielbasis als Überbleibsel des ↗ Velums.

Knorpel, *Cartilago*, Stützgewebe, das bei Wirbellosen nur bei Schnecken (↗ Gastropoda) und Kopffüßern (↗ Cephalopoda) vorkommt und bei den Wirbeltieren gemeinsam mit den ↗ Knochen das ↗ Skelett bildet. Bei Wirbeltierembryonen formt der aus embryonalem Bindegewebe hervorgehende K. deren Knorpelskelett. Dieses wird bei den höheren Wirbeltieren zum größten Teil zum Knochenskelett des adulten Organismus umgewandelt. K. besteht aus *Knorpelzellen* (*Chondrocyten*) und der sie umgebenden Interzellularsubstanz, die aus einer gallertigen Grundsubstanz mit einem hohen Anteil an ↗ Chondroitinsulfat und darin eingekitteten Kollagenfasern zusammensetzt. Alle Knorpelstücke werden, mit Ausnahme der Gelenkknorpel, von einer bindegewebigen *Knorpelhaut*, dem *Perichondrium*, umhüllt. K. hat nur eine geringe Zugfestigkeit, jedoch hohe Druckfestigkeit und Elastizität. Bei den Wirbeltieren tritt K. in drei Formen auf: Der glasig und homogen erscheinende *hyaline K.* ist die am weitesten verbreitete Form; er bildet bei niederen Wirbeltieren zeitlebens und bei höheren während der Embryonalzeit das Skelett. Beim adulten Säuger findet er sich nur noch an den Rippen, im Skelett der Luftwege und auf den Gelenkflächen. *Elastischer K.*, der durch elastische Fasernetze eine besonders hohe Elastizität hat, findet sich z. B. in der Ohrmuschel der Säugetiere. *Faserknorpel* kommt nur in den Zwischenwirbelscheiben und in der Symphyse (Schambeinfuge; ↗ Becken) vor; er nimmt eine Zwischenstellung zwischen Sehnengewebe und hyalinem K. ein; in eine gallertige Grundsubstanz sind Bündel von Kollagenfasern eingelagert mit nur wenigen dazwischen liegenden Knorpelzellen.

Knorpelfische, die ↗ Chondrichthyes.

Knorpelganoiden, die ↗ Chondrostei.

Knospe, 1) in der *Botanik* der von Blattanlagen (↗ Blatt) und jugendlichen Blättern eingehüllte Vegetationspunkt eines ↗ Sprosses. Bei der Bildung von K. eilen die Blattanlagen in ihrem Wachstum der Stängelspitze voraus. K. haben die Funktion, den Vegetationskegel gegen Austrocknung, Beschädigung u. a. zu schützen.

2) in der *Mikrobiologie* die im Anfangsstadium der ↗ Knospung gebildete blasige Ausstülpung einer Mikroorganismenzelle

Knospenruhe, der vorübergehende Zustand von ↗ Knospen, in dem diese über reduzierte Stoffwechselleistungen und Wachstum verfügen, und der zeitlich zwischen der Anlage der Knospen und

deren Austreiben liegt (↗ Dormanz). Sowohl endogene Faktoren wie der Gehalt der Pflanzenhormone ↗ Auxine (↗ Apikaldominanz), ↗ Abscisinsäure und ↗ Gibberelline als auch Umwelteinflüsse (Licht, Temperatur) können für die K. verantwortlich sein. Dabei reicht für das Brechen der K. nicht die Überführung in Langtagbedingungen aus, die den Frühling ankündigen, sondern die Knospen müssen zuvor eine bestimmte Zeit Kälte ausgesetzt gewesen sein (↗ Vernalisation). ↗ Keimruhe, ↗ Samenruhe

Knospenschuppen, schuppenförmige Niederblätter, die die zarten Teile einer ↗ Knospe schützen.

Knospung, *Sprossung*, Form der ungeschlechtlichen ↗ Fortpflanzung.

1) bei *Tieren* werden Zellkomplexe an der Oberfläche des Mutterindividuums abgeschnürt und es entstehen Tochterindividuen; wenn diese am Mutterorganismus bleiben, entstehen Kolonien (↗ Tierstock). K. findet sich vor allem bei Schwämmen (↗ Porifera), Hohltieren (↗ Coelenterata), Moostierchen (↗ Bryozoa) und Manteltieren (↗ Tunicata).

2) bei *Pflanzen* durch örtliche Wachstumsvorgänge entstandene Auswüchse, die sich mehr oder weniger vollständig von der Mutterpflanze lösen.

3) bei *Bakterien* eine inäquale Zellteilung, die sich durch lokales Wachstum vollzieht. Die Tochterzelle (Knospe) ist dabei meist kleiner als die Mutterzelle. Zu den knospenden Bakterien gehören Wasser- und Bodenbakterien. Bei *Planctomyces* wächst aus einer Mutterzelle eine Tochterzelle heraus (etwa vergleichbar mit Hefen).

4) bei *Sprosshefen* (↗ Hefen) die Bildung einer neuen Zelle als kleiner Auswuchs aus der alten Zelle.

5) bei *Viren* das Ausbrechen von Viren aus der Wirtszelle, wobei sie einen Teil der Zellmembran als Hülle mitnehmen („Budding").

Knoten, ↗ Nodium.

Knöterich, *Polygonum*, Gatt. der Polygonaceae mit zahlreichen Arten. Viele einheimische K.-Arten sind ↗ Ruderalpflanzen oder Ackerunkräuter, z. B. der Flohknöterich, *Polygonum persicaria*. Mehrere Arten werden als ↗ Kletterpflanzen kultiviert, z. B. der Japanische K., *Polygonum cuspidatum*.

Knöterichgewächse, die Fam. ↗ Polygonaceae.

Knurrhähne, Fam. der ↗ Scorpaeniformes.

Knutt, Art der ↗ Scolopacidae.

Koadaptationen, ↗ Koevolution.

Koala, *Beutelbär*, *Phascolarctus cinereus*, bis 82 cm große, in Australien beheimatete Art der Beuteltiere (↗ Marsupialia) mit silbergrauem wolligem Fell und Greifhänden mit spitzen Krallen. K. sind überwiegend nachtaktiv und ernähren sich ausschließlich von Blättern und Rinde ganz bestimmter Eukalyptusarten; ihrer Nahrung entsprechend besitzen K. einen sehr langen Blinddarm (bis 2,5 m). Koala-Weibchen bringen nach rund 35 Tagen Tragzeit meist ein Junges zur Welt, das anschließend rund sieben Monate in dem nach hinten offenen Beutel getragen und gegen Ende dieser Zeit durch Zufüttern von Blinddarmbrei auf die pflanzliche Nahrung vorbereitet wird. Der K. ist das Vorbild für den Teddybären und das Symboltier Australiens. Da früher die Felle sehr begehrt waren, sind die Bestände durch Bejagung stark dezimiert worden. Heute ist der K. streng geschützt.

Koazervate, *Koacervate*, tröpfchenförmige Gebilde, die entstehen, wenn stark verdünnte wässrige Lösungen verschiedener Makromoleküle gemischt werden. Diese Tröpfchen enthalten Ansammlungen von Makromolekülen, an ihrer Oberfläche bilden sich membranartige Strukturen. Sie sind nicht ganz gegen das umgebende Medium abgegrenzt, sodass ein Stoffaustausch stattfinden kann. Sie werden von manchen Wissenschaftlern als Vorläufer der heutigen Zellen angesehen. (↗ Mikrosphären)

Kobalt, *Cobalt*, chemisches Symbol *Co*, ein essenzielles Bioelement, das in Spuren bei Pflanzen, Tieren und Mikroorganismen vorkommt. Es hat als Bestandteil von Vitamin B_{12} Bedeutung. Für das mikrobielle Wachstum werden Spuren von Co benötigt. Zudem dient Co als Cofaktor oder prosthetische Gruppe in mehreren Enzymen, z. B. in Pyrophosphatasen, Peptidasen, Arginase und bestimmten Enzymen, die an der Stickstoff-Fixierung beteiligt sind.

Kobras, Gattungsgruppe der Giftnattern (↗ Elapidae) mit 1,4 - 2 m langen Arten, die in Afrika und Asien verbreitet sind. Charakteristisch für K. ist ihr Drohverhalten: das Aufrichten des Vorderkörpers und Abflachen der Halsregion durch Spreizen der Rippen zum so genannten Schild. Einige Arten können ihr Gift, das auch für den Menschen sehr gefährlich ist, einige Meter weit spritzen, so z. B. die in Afrika südlich der Sahara verbreitete *Spei-K. (Naja nigricollis)*. Bekannteste Art der *Eigentlichen K.* (Gatt. *Naja*) ist die in Südasien sowie auf den Sundainseln und Philippinen lebende *Brillenschlange (Naja naja)*, die eine Brillenzeichnung (Name!) auf ihrem Halsschild trägt.

Koch, *Heinrich Herrmann Robert*, deutscher Bakteriologe und Hygieniker, ✳ 11.12.1843 Clausthal (heute zu Clausthal-Zellerfeld), † 27.5.1910 Baden-Baden; seit 1880 Prof. und Leiter des bakteriologischen Laboratoriums am Kaiserlichen Gesundheitsamt in Berlin, ab 1891 Direktor des Instituts für Infektionskrankheiten in Berlin (heute *Robert-Koch-Institut*), ab 1904 Mitglied der Akademie der Wissenschaften. Koch schuf die Grundlagen der heutigen Bakteriologie. Er führte 1876 das *Koch'sche Plattengussverfahren* zur Gewinnung von Reinkulturen und zur Lebend-Keimzahlbe-

stimmung ein, entdeckte den Milzbranderreger und 1882 den Erreger der ↗ Tuberkulose (*Mycobacterium tuberculosis*) sowie 1883 den Erreger der ↗ Cholera (*Vibrio cholerae*). 1884 stellte er die ↗ Koch'schen Postulate auf. K. erhielt 1905 für seine Tuberkuloseforschungen den Nobelpreis für Physiologie oder Medizin.

Köcherfliegen, die ↗ Trichoptera.

Koch'sche Postulate, *Henle-Koch'sche-Postulate*, von Robert Koch (1843 - 1910) aufgestellte Postulate, die in ihrer Gesamtheit erfüllt sein müssen, um zu beweisen, dass ein obligat pathogener Mikroorganismus der ↗ Erreger einer ↗ Infektionskrankheit ist. Danach muss der Erreger regelmäßig im erkrankten Organismus nachgewiesen werden können und in vitro in ↗ Reinkultur angezüchtet werden können. Weiterhin muss sich bei einer experimentellen Infektion eines empfänglichen Makroorganismus mit einer Reinkultur des Erregers die typische Krankheit ausbilden, und der Erreger muss sich aus dem experimentell infizierten Makroorganismus wieder in Reinkultur anzüchten lassen.

Für fakultativ pathogene Bakterien, Pilze und Viren müssen noch weitere Infektionsmarker bestimmt werden.

Kodein, ↗ Codein.

Kodominanz, eine von der ↗ Dominanz und ↗ Rezessivität abweichende Situation der Merkmalsausprägung von Genen, bei der beide Allele im heterozygoten Zustand aktiv sind und dadurch unabhängig von der Konstitution des jeweils anderen Allels voll zur Ausprägung kommen. Ein Beispiel für K. ist das ABO-Blutgruppensystem des Menschen (↗ Blutgruppen).

Koenigswald, *Gustav Heinrich Ralph* von, deutsch-niederländ. Anthropologe und Paläontologe, ✳ 13.11.1902 Berlin, † 10.7.1982 Bad Homburg vor der Höhe; 1930-48 in Bandung (Java), ab 1948 Prof. in Utrecht, seit 1968 Leiter der paläanthropologischen Abteilung am Forschungs-Institut Senckenberg in Frankfurt a. M. K. entdeckte 1935-41 mehrere Hominoiden, insbesondere fossile Zähne in chines. Apotheken, und in Java 1936 u. a. einen fast vollständigen Kleinkindschädel, der heute als *Homo erectus modjokertensis* bezeichnet wird, sowie *Meganthropus palaeojavanicus*.

Koevolution, die ↗ Evolution von Merkmalen in Abhängigkeit von Wechselbeziehungen zwischen nicht verwandten Taxa, indem sich die Eigenschaften der einen ↗ Art z. B. zusammen mit solchen einer anderen Art weiterentwickeln. Anpassungen, die aufgrund von Wechselbeziehungen entstanden sind, werden *Koadaptationen* genannt. Zu diesen Wechselbeziehungen gehören u. a. die Abhängigkeit zwischen Wirten und ihren Parasiten, zwischen Partnern einer Symbiose oder von Räubern und ihrer Beute sowie Beziehungen zwischen Tieren und ihren Futterpflanzen oder auch zwischen Pflanzen und ihren tierischen Bestäubern.

Koexistenz, das Vorkommen mehrerer Arten in demselben Lebensraum. (↗ Biozönose, ↗ Konkurrenz, ↗ Kommensalismus)

Kofferfische, ↗ Tetraodontiformes.

Kohäsion, die zwischen gleichartigen Molekülen bestehende Kraft, welche diese zusammenhält. Die für den pflanzlichen Wassertransport erforderliche K. der Wassermoleküle beruht auf deren elektrostatischer Anziehung der Wasserstoffbrückenbindungen. Die K. ist in gasfreiem Wasser und in gasfreien wässrigen Lösungen sehr hoch (↗ Kohäsionstheorie der Wasserleitung). K. ist auch an so genannten *Kohäsionsbewegungen* beteiligt, die z. B. beim Öffnen von Farnsporangien beobachtet werden können.

Kohäsionstheorie der Wasserleitung, seit über 100 Jahren kontrovers diskutierte, inzwischen jedoch allg. akzeptierte Theorie, welche die Wasserleitung von den Wurzeln zur Blattoberfläche erklären kann (↗ Transpiration). Der dafür erforderliche Transpirationssog ist möglich, weil die Wassermoleküle durch ↗ Kohäsion starken Zugspannungen im ↗ Xylem standhalten können. Dies wird besonders deutlich, wenn man sich die Druckdifferenz verdeutlicht, die für den Wassertransport bei fast 100 m hohen Mammutbäumen (*Sequoia sempervirens*) benötigt wird und fast 2 MPa beträgt. Sie entsteht, weil in der Baumkrone ein starker Sog bzw. starker negativer hydrostatischer Druck ausgebildet wird (*Kohäsionsspannung*), der sich aufgrund der mechanischen Festigkeit dieser Wasserleitbahnen auf die Wassersäulen im Xylem überträgt. (↗ Cavitation, ↗ Wasserpotenzial)

Kohl, *Brassica oleraceae*, Art der ↗ Brassicaceae, aus der durch Züchtung die heutigen Kulturvarietäten entstanden, so z. B. der Blattkohl (*Brassica oleraceae var. viridis*), der Rosenkohl (*Brassica oleraceae var. gemmifera*) und der Blumenkohl (*Brassica oleraceae var. botrytis*).

Kohle, brennbare Überreste von Pflanzen, die im Verlauf der Erdgeschichte in braune bis schwarze Sedimentgesteine umgewandelt wurden. Aus Pflanzen entstand unter Luftabschluss zunächst Torf, dann Braunkohle und schließlich Steinkohle. Die ↗ Braunkohle stammt aus dem ↗ Tertiär, die Steinkohle aus dem ↗ Karbon. An der Bildung von Steinkohle waren Arten der Gatt. *Calamites* (↗ Calamitaceae) wesentlich beteiligt. (↗ fossile Rohstoffe)

Kohlendioxid, veraltete Schreibweise für ↗ Kohlenstoffdioxid.

Kohlenhydrate, eine umfangreiche Klasse von Naturstoffen, die strukturchemisch zu den *Polyhydroxycarbonylverbindungen* und deren Derivaten gehört. Die K. entsprechen i. Allg. der Zusammensetzung $(C)_n(H_2O)_n$. sie wurden ursprünglich als hydratisierte Form des Kohlenstoffs aufgefasst und von K. Schmidt 1844 als Kohlenhydrate bezeichnet. Dieser Name ist beibehalten worden, obwohl er vom chemischen Standpunkt her unzutreffend ist und heute auch Verbindungen zu den K. gerechnet werden, die eine abweichende Summenformel aufweisen, z. B. Aldonsäuren, ↗ Uronsäuren, Desoxyzucker, oder zusätzlich Stickstoff oder Schwefel enthalten, wie z. B. Aminozucker oder ↗ Mucopolysaccharide. Monosaccharide und Oligosaccharide werden häufig auch *Zucker* bzw. *Saccharide* genannt. Die einzelnen Vertreter der K. werden mit Trivialnamen oder davon abgeleiteten systematischen Namen bezeichnet, die die Endung *-ose* tragen, z. B. ↗ Glucose, ↗ Fructose. Zur Nomenklatur der K. haben 1969 die ↗ IUPAC und die IUPAC-IUP-Commissions on Biochemical Nomenclature verbindliche Richtlinien herausgegeben.

K. sind in jeder pflanzlichen und tierischen Zelle enthalten und stellen mengenmäßig den größten Anteil der auf der Erde vorkommenden organischen Verbindungen dar. Sie entstehen in den Pflanzen im Verlauf der Fotosynthese und bilden zusammen mit den Fetten und Eiweißen die organischen Nährstoffe für Menschen und Tiere. Die K. werden aufgrund ihrer Molekülgröße in ↗ Monosaccharide, ↗ Oligosaccharide und ↗ Polysaccharide eingeteilt. Vor allem das Polysaccharid ↗ Stärke, ein pflanzliches Reservekohlenhydrat, aber auch einige Disaccharide sind wichtige, jedoch nicht essenzielle Nahrungsbestandteile. Das Polysaccharid ↗ Glykogen ist das wichtigste Reservekohlenhydrat im tierischen Organismus. Außerdem dienen Polysaccharide vielen Organismen als Baustoffe, so z. B. das ↗ Murein der Bakterienzellwände oder die ↗ Cellulose der pflanzlichen Zellwand. Verbindungen von oligomeren und polymeren K. mit Proteinen (↗ Glykoproteine) oder Lipiden (↗ Glykolipide) sind wichtige Bestandteile z. B. von Zellmembranen. (↗ Ernährung, ↗ Gluconeogenese, ↗ Glykolyse, ↗ Pentosephosphat-Weg)

Kohlenmonoxid, veraltete Schreibweise für ↗ Kohlenstoffmonooxid.

Kohlensäure, H_2CO_3, nur in wässriger Lösung bekannte zweibasige Säure, die durch Lösen von ↗ Kohlenstoffdioxid (CO_2) in Wasser gewonnen wird. (↗ Hydrogencarbonat)

Kohlenstoff, chemisches Symbol C, chemisches Element aus der vierten Hauptgruppe des Periodensystems, ein Nichtmetall. Elementarer K. existiert in mehreren Modifikationen: als farbloser kubischer *Diamant*, als grauer, hexagonaler *Graphit*, der bei Zimmertemperatur thermodynamisch stabilsten Form, und in Form verschiedener ↗ Fullerene. Amorpher K. wie z. B. Ruß, Holzkohle, Tierkohle, Aktivkohle, besteht hauptsächlich aus mikrokristallinem, stark gestörtem Graphit. K. ist reaktionsträge und reagiert erst bei höheren Temperaturen, dann allerdings mit sehr vielen Elementen, wobei vor allem die Wasserstoff- und Sauerstoffverbindungen sowie Carbide von großer Bedeutung sind. Fast immer liegt K. in seinen Verbindungen vierwertig vor. Die herausragendste Eigenschaft des K. ist die Fähigkeit, mit sich selbst Ketten und Ringe von beliebiger Länge und Anordnung zu bilden, eine Eigenschaft, welche zu einer unendlichen Mannigfaltigkeit von Verbindungen führt und die Grundlage der organischen Chemie ist.

In der organischen Natur ist K. das wichtigste Element, denn alle organischen Substanzen, d. h. die Körper (Zellen) von Mikroorganismen, Pflanzen, Pilzen und Tieren bestehen im Wesentlichen aus Kohlenstoffverbindungen. Durch Verwesung der Organismen und chemische Prozesse haben sich in früheren Erdzeitaltern z. T. riesige Lager von K. bzw. Kohlenstoffverbindungen in Form von Kohle (↗ Braunkohle, ↗ Steinkohle), ↗ Erdöl und ↗ Erdgas gebildet. Wichtige anorganische Verbindungen des K. sind ↗ Kohlenstoffdioxid und die Carbonate.

Kohlenstoffdioxid, *Kohlendioxid, CO$_2$*, ungiftiges, farbloses, nicht brennbares Gas. Die Luft enthält 0,03 - 0,04 % K., ausgeatmete Luft etwa 4 %. K. ist nicht giftig, wirkt aber erstickend. In wässriger Lösung bildet sich ein Gleichgewicht, welches das wichtigste Puffersystem im Zellplasma ist (↗ Hydrogencarbonat). K. bildet sich bei der ↗ Atmung sowie bei der Verbrennung fossiler Brennstoffe und aller organischen Verbindungen. Von Pflanzen und

fototrophen Bakterien wird K. aufgenommen und in organische Verbindungen verwandelt (↗ Fotosynthese, ↗ Kohlenstoffkreislauf). In den letzten Jahrzehnten hat die anthropogene CO$_2$-Belastung der Atmosphäre in hohem Maße zugenommen, wodurch der ↗ Treibhauseffekt wesentlich verstärkt wurde. Nach dem ↗ Kyoto-Abkommen von 1997 sollen die Emissionen von K. und anderen Treibhausgasen reduziert werden.

Kohlenstoff-Fixierung, die ↗ CO$_2$-Fixierung.

Kohlenstoffkreislauf, der Kreislauf des ↗ Kohlenstoffs in der ↗ Biosphäre. Dieser besteht aus einer terrestrischen und einer maritimen Komponente, die über den CO$_2$-Austausch zwischen ↗ Atmosphäre und ↗ Hydrosphäre miteinander verknüpft sind. Im Verlauf des K. nehmen die autotrophen ↗ Primärproduzenten (Pflanzen, ↗ fototrophe Bakterien) gasförmiges ↗ Kohlenstoffdioxid aus der Luft auf und synthetisieren es zu organischen Verbindungen. Die gebildeten organischen Stoffe gelangen in die ↗ Nahrungskette. Durch Atmung der Organismen und Abbau toter organischer Substanz durch die Destruenten wird CO$_2$ wieder der Atmosphäre zugeführt. Ein Teil des Kohlenstoffs wird bei der Bildung von ↗ Torf, ↗ Kohle, ↗ Erdöl und ↗ Erdgas dem Kreislauf in Form organischer Verbindungen entzogen und abgelagert. Durch Verbrennung wird der Kohlenstoff aus diesen fossilen Stoffen wieder freigesetzt. Seit Jahrzehnten beobachtet man eine Zunahme des CO$_2$-Gehalts der Atmosphäre. Dieser Anstieg könnte tiefgreifende ökologische Folgen haben, da CO$_2$ zusammen mit anderen Gasen den ↗ Treibhauseffekt verursacht.

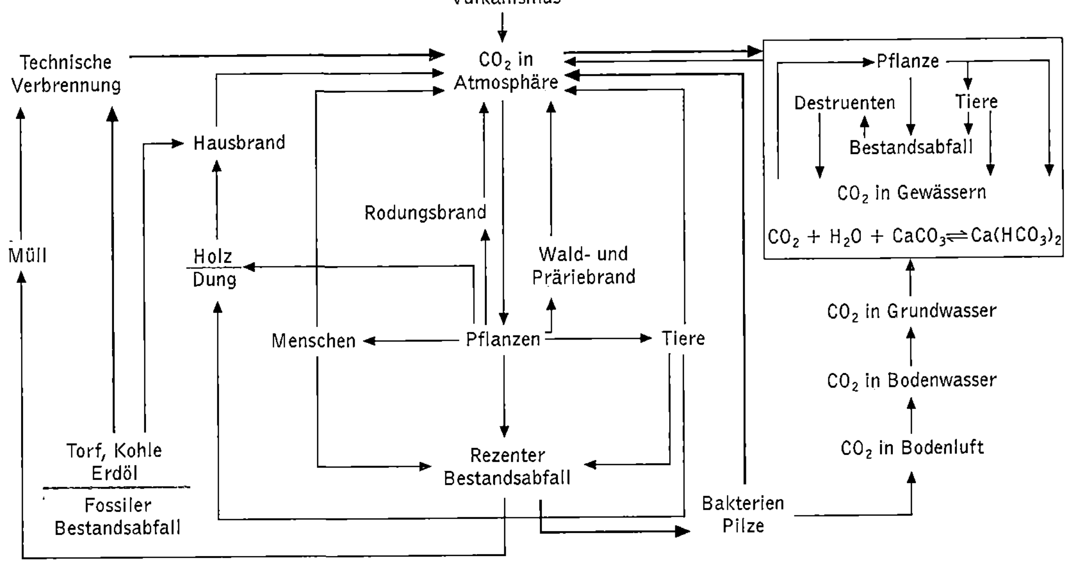

Kohlenstoffkreislauf Biogeochemischer Kreislauf des Kohlenstoffs

Kohlenstoffmonooxid, *Kohlenmonoxid*, *CO*, farb- und geruchloses brennbares Gas. K. ist äußerst giftig, da es eine 300-mal höhere Affinität zu ↗ Hämoglobin (Hb) hat als ↗ Sauerstoff und diesen aus dem Hämoglobinmolekül verdrängt. Dadurch können die roten Blutkörperchen (↗ Erythrocyten) ihre normale Funktion, den Sauerstofftransport zu den Geweben, nicht mehr erfüllen. Zwar ist die Reaktion reversibel, doch kann nur ein großer Überschuss an Sauerstoff das CO aus seiner Bindung an Hb lösen. Eine Vergiftung mit K. zeigt folgende Stadien: Durch die Bildung von HbCO wird die Transportkapazität des Blutes für Sauerstoff erniedrigt. Als Folge treten in Geweben mit hohem Sauerstoffbedarf, wie dem Gehirn, Intoxikationen auf, die sich u. a. in Kopfschmerzen, Sehstörungen und Schwindelgefühl äußern. Bei weiterer Einwirkung von CO fällt das Atemzentrum aus, es tritt Atmungslähmung ein, der Betroffene wird bewusstlos, das Herz kann seine Tätigkeit wegen akuten Sauerstoffmangels nicht mehr ausüben und der Tod tritt ein. CO dringt in den Körper nur über die Lungenalveolen ein. Bereits Konzentrationen von weniger als 0,01% gelten als toxisch.

Eine endogene Bildung von CO findet (hauptsächlich in Milz, Leber und Niere) während des Abbaus von Protohäm statt, das aus Hämoglobin u. a. Hämproteinen stammt. Die Reaktion wird durch die mikrosomale Hämoxigenase katalysiert. Bei der Überführung des Protohäms in Biliverdin wird CO freigesetzt.

Kohlenstoff-Stickstoff-Verhältnis, *C/N-Verhältnis*, Massenverhältnis von Kohlenstoff (C) zu Stickstoff (N) in pflanzlichem Material oder im Boden. Bei einem engen C/N-Verhältnis (hoher N-Gehalt) im Boden ist die organische Substanz leicht mineralisierbar, wodurch der im Humus gebundene Stickstoff pflanzenverfügbar wird. Die sehr fruchtbaren Schwarzerden weisen ein C/N-Verhältnis von 1 : 10 auf. Stark eingeschränkt ist die Mikroorganismentätigkeit dagegen bei einem hohen C/N-Verhältnis (bei Hochmooren ca. 50 : 1).

Kohlenwasserstoffe, Verbindungen mit einem Kohlenstoffgerüst, an das ausschließlich Wasserstoffatome gebunden sind. Je nachdem, ob es sich um Verbindungen mit ketten- oder ringförmiger Anordnung der C-Atome handelt und in Abhängigkeit von den Bindungsverhältnissen werden gesättigte K. (*Alkane*, *Cycloalkane*), ungesättigte K mit Doppelbindungen bzw. Dreifachbidnungen (z. B. *Alkene, Cycloalkene, Diene, Polyene, Alkine*) sowie aromatische benzoide K. wie *Arene* und aromatische nichtbenzoide wie ↗ Azulene unterschieden. Die meisten Biomoleküle können als Derivate der K. aufgefasst werden. Durch Austausch der Wasserstoffatome gegen funktionelle Gruppen ergeben sich Familien organischer Verbindungen, wie z. B.

Alkohole mit einer oder mehreren Hydroxygruppen, Amine mit Aminogruppen, Aldehyde und Ketone mit Carbonylgruppen und Carbonsäuren mit Carboxygruppen.

Köhler, *Pollachius virens*, bis 1,2 m lange Art der Dorsche (↗ Gadidae), der als adulter Fisch weite Wanderungen unternimmt. Er ernährt sich vor allem von ↗ Hering und Lodde. Der K. ist ein Speisefisch, der meist als „Seelachs" oder rot gefärbt und in Öl eingelegt als „Lachsersatz" in den Handel kommt.

Köhler, *Georges Jean Franz*, deutscher Immunologe, ✳ 17.4.1946 München, † 1.3.1995 Freiburg i. Br.; zunächst am Immunologie-Institut in Basel, 1974-76 am Medical Research Council Laboratory in Cambridge (England) im Arbeitskreis von C. ↗ Milstein, wo er zusammen mit diesem erstmals die Möglichkeit zur Bildung monoklonaler Antikörper durch Zellfusion von Lymphocyten mit Krebszellen entdeckte. 1976-84 wieder am Immunologie-Institut in Basel, ab 1984 am Max-Planck-Institut für Immunbiologie (ab 1985 Leiter der Abteilung für Molekulare Immunologie) in Freiburg i. Br. K. erhielt 1984 zusammen mit N.K. ↗ Jerne und Milstein den Nobelpreis für Physiologie oder Medizin.

Köhler, *Wolfgang*, deutsch-amerikan. Psychologe und Verhaltensforscher, ✳ 21.1.1887 Reval, † 11.6.1967 Lebanon (New Hampshire); ab 1921 Prof. in Göttingen, 1922 in Berlin, 1935 in Princeton (New Jersey). K. wurde besonders bekannt durch seine Untersuchungen (um 1915) des Verhaltens und der Intelligenzleistungen von Schimpansen (Herstellung und Gebrauch von „Werkzeugen").

Kohlhernie, durch *Plasmodiophora brassicae* (Plasmodiophoromycota) verursachte Krankheit junger Kohlpflänzchen.

Kohlmeise, *Parus major*, mit 14 cm größte einheimische Art der Meisen (↗ Paridae) und einer der häufigsten Vögel in Wäldern, Parks und Gärten. Charakteristisch sind der schwarzweiße Kopf und das schwarze Längsband, das von der Kehle bis zum Steiß über die gelbe Unterseite läuft. Die K. ernährt sich von Samen, Früchten und Insekten, vor allem Blattläusen. Ihr Gesang ist, selbst bei ein und demselben Individuum, sehr variabel.

Kohlrabi, *Brassica oleraceae* var. *gongylodes*, Kulturvarietät der ↗ Brassicaceae. Der Knollenkörper ist eine Sprossknolle. Zu den Inhaltsstoffen gehören Senföl-Glykoside und Oxalsäure.

Kohlweißling, Art der Weißlinge (↗ Pieridae).

Koinzidenz, räumliches und zeitliches Zusammentreffen zweier Partner, z. B. der Geschlechtspartner. Sie ist ebenso ein wichtiger Faktor für das Räuber-Beute-Verhältnis, die Parasit-Wirt-Beziehung oder das Zusammenleben symbiontischer Partner.

Koitus, der ↗ Geschlechtsverkehr.

Kojote, *Präriewolf*, *Canis latrans*, überwiegend nachtaktive Art der Hunde (↗ Canidae) mit Verbreitung in offenen Landschaften Nord- und Mittelamerikas. Der K. hat ein bräunlich- bis rötlichgraues Fell mit heller Unterseite und buschigem Schwanz. Er ernährt sich vorwiegend von Kleintieren und Aas. Paarungen zwischen K. und Haushunden sind häufig, die kojotenähnlichen Bastarde heißen *Coydogs*.

Kokain, ↗ Cocain.

Kokastrauch, *Erythroxylum coca*, von Peru bis Kolumbien beheimateter Strauch der ↗ Erythroxylaceae (Abb. siehe dort), dessen Blätter das Alkaloid ↗ Cocain enthalten.

Kokastrauchgewächse, die Fam. ↗ Erythroxylaceae.

Kokken, ↗ Bakterienformen.

kokkenförmig, kugelförmig (↗ Bakterienformen).

Kokon, als *Puppenkokon* eine Hülle, mit der sich holometabole Insekten vor der Verpuppung umgeben. Der K. besteht hier aus Sekreten der Labialdrüsen oder auch z. B. der ↗ Malpighi-Schläuche oder von Hautdrüsen. Als *Eikokon* ist ein K. eine Hülle aus Gespinst oder Sekreten, die dem Schutz des Eigeleges dient, z. B. beim ↗ Regenwurm, den Egeln (↗ Hirudinea) und bei Spinnen (↗ Araneae).

Kokospalme, *Cocos nucifera*, aus Südostasien stammende Palme (↗ Arecaceae; Abb. siehe dort), deren schlanke Stämme bis 30 m erreichen können. Botanisch gesehen sind die *Kokosnüsse* Steinfrüchte. Das faserige Mesokarp wird als *Kokosfaser* verwendet; aus dem festen Nährgewebe des Samens wird Öl gewonnen.

Kolabaum, *Cola*, Gatt. der ↗ Sterculiaceae (Abb. siehe dort), deren Arten in tropischen Regenwäldern beheimatet sind. Die bis zu 15 m hohen Bäume liefern die pflaumengroßen, fälschlich als „Nüsse" bezeichneten *Kolanüsse*. Die coffeinhaltigen Samen der „Kolanüsse" werden als Anregungsmittel gekaut oder zur Herstellung von Erfrischungsgetränken verwendet.

Kolben, *Spadix*, ↗ Blütenstand mit verdickter Hauptachse und ungestielten Blüten.

Kolbenhirse, *Borstenhirse*, *Setaria italica*, im Mittelmeergebiet bis Japan angebaute Getreideart der ↗ Poaceae. Die bis 2 m hohen Pflanzen tragen 5 - 30 cm lange Scheinähren. Die Körner sind ca. 2 mm dick.

Kolbenschimmel, die Gatt. ↗ Aspergillus.

Kolbenwasserkäfer, die Fam. ↗ Hydrophilidae.

Koleoptile, die ↗ Coleoptile.

Kolibris, die Fam. Trochilidae (↗ Apodiformes).

Kolkrabe, Art der Fam. ↗ Corvidae.

Kollagen, *Collagen*, zu den Skleroproteinen (Gerüstproteinen) zählendes wasserunlösliches Prote-

in, das mit 25 bis 30 % das am häufigsten auftretende Protein des tierischen Organismus ist. K. findet sich in den Fibrillen und in der Interzellularsubstanz der Bindegewebe, es ist Bestandteil von Sehnen, Häuten, Knorpel, Schuppen und Gefäßwänden. Als Hauptaminosäuren kommen Glycin (35 %), Alanin (11 %), Prolin (12 %) und Hydroxyprolin (9 %) vor, bemerkenswert ist weiterhin der Gehalt an Hydroxylysin und 1 bis 2 % Kohlenhydraten. Schwefelhaltige Aminosäuren sind nur im K. der Wirbellosen enthalten. Basisstruktur der K. sind stäbchenförmige Tropokollagenmoleküle mit einer Länge von 3000 nm und einem Durchmesser von 1,5 nm sowie einer relativen Molekülmasse von 300 kD. Die Tropokollagene des Knorpels bestehen aus drei identischen Polypeptidketten, die mit drei Aminosäureresten je Windung linksgängige, gestreckte Helices bilden. Aufgrund bestimmter, sich

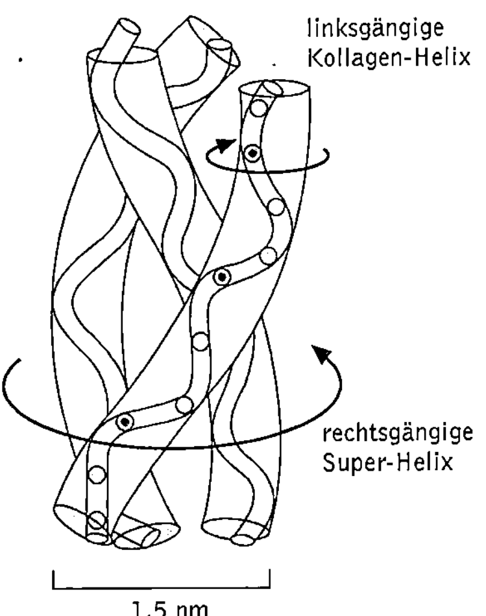

Kollagen Die linksgängige Kollagen-Helix ist steiler und schmaler als eine rechtsgängige α-Helix. Drei linksgängige Kollagen-Helices bilden eine superspiralisierte, rechtsgängige Tripelhelix. Dies ist der Grund, warum fast jede dritte Aminosäure Glycin ist: Ihr Rest ist stets zur Mitte der Tripelhelix orientiert, da Wasserstoff als einziger Rest klein genug ist, die Bildung dieser Dreierhelix nicht zu stören.

wiederholender Sequenzen erfolgt eine Verdrillung der Einzelketten zu einer rechtsgängigen Super- oder Tripelhelix. Die Helixstrukturen lagern sich zu Fibrillen zusammen mit einem Durchmesser von bis zu 500 nm. Innerhalb dieser Fibrillen sind die zueinander parallelen Einzelmoleküle um ein Viertel ihrer Länge gegeneinander versetzt, wodurch das typische Querstreifenmuster der Kollagenfibrille zustande kommt. Der Abstand der Streifen liegt je nach Kollagentyp zwischen 60 und 70 nm. Durch Erhitzen der wässrigen Lösung wird die Tripelhelixstruktur der K. zerstört, die erkaltete Lösung erstarrt gelartig zu Gelatine.

Kollenchym, lebendes ↗ Festigungsgewebe, dessen lang gestreckte Zellen entweder an den Ecken (*Ecken-* oder *Kantenkollenchym*) oder an den Seitenwänden (*Plattenkollenchym*) verdickt sind. Die Wandverdickungen bestehen nur zu einem geringen Teil aus Cellulose und enthalten immer einen größeren Anteil an stark gequollenem Protopektin. Sie verleihen den Zellen eine hohe Reißfestigkeit.

Kolletere, die ↗ Drüsenzotten.

Kölliker-Grube, ↗ Acrania.

kolline Stufe, ↗ Höhenstufen.

kolloide Lösungen, Lösungen in denen Moleküle oder Aggregate mit 100 bis 1 nm Durchmesser (*Kolloide*) feinst verteilt (dispergiert) sind. Hierzu gehören z. B. Aerosole, Emulsionen, Sole, Gele sowie Lösungen die Micellen enthalten. Blut, Protoplasma oder Milch sind z. B. kolloide Lösungen.

Kolonie, 1) eine vielzählige Gruppe artgleicher Einzeltiere, die zeitweilig (Möwen, Uferschwalben) oder dauernd auf engem Raum zusammenlebt, z. B. Ziesel.

2) eine ↗ Bakterienkolonie.

3) Auch durch Teilung entstehende Tierstöcke werden als K. bezeichnet, z. B. bei Korallen sowie manchen Kelchwürmern und Manteltieren.

Kolonie stimulierende Faktoren, Abk. *CSF* (von engl. colony stimulating *factors*), zu den ↗ Cytokinen zählende ↗ Glykoproteine, welche die ↗ Stammzellen zur Bildung von Zellkolonien stimulieren. Es gibt folgende Unterklassen: *M-CSF* (Makrophagenstimulation), *G-CSF* (Granulocytenstimulation), *GM-CSF* (Granulocyten- und Makrophagenstimulation) und *multi-CSF*, die auch Interleukin 3, P-Zellen sowie das Wachstum von eosinophilen Leukocyten, Megakaryocyten, Erythrocyten und Mastzellen, neutrophilen Granulocyten und Makrophagen stimulieren. Einige menschliche CSF werden in Form rekombinanter Proteine produziert und klinisch dazu eingesetzt, dem Leukocytentod während einer Chemotherapie entgegenzuwirken und Knochenmarkstransplantationen zu erleichtern. Vermutlich werden die CSF in allen tierischen Geweben und den meisten normalen Zellen produziert.

Kolostrum, *Vormilch*, Sekret der weiblichen ↗ Milchdrüsen, das oft schon gegen Ende der ↗ Schwangerschaft, insbesondere jedoch in den ersten Tagen nach der ↗ Geburt gebildet wird. Das K. hat einen höheren Gehalt an ↗ Proteinen, ↗ Vitaminen und ↗ Immunglobulinen als die nachfolgend gebildete reife Muttermilch.

Kolumella, die ↗ Columella.

Komfortverhalten, Verhaltensweisen, die der Behaglichkeit und Bequemlichkeit dienen, wie z. B. Körperpflege, Streckbewegungen und Gähnen.

Kommensalismus, Form des Zusammenlebens von Organismen verschiedener Arten, wobei der eine (Kommensale) von der Nahrung des anderen (↗ Wirt) profitiert, diesen aber weder schädigt (im Gegensatz zum ↗ Parasitismus) noch ihm Nutzen bringt (im Gegensatz zur ↗ Symbiose).

Kommentkampf, Kampf, der nach erblich festgelegten Regeln verläuft, die ernste Verletzungen verhindern. Beim K. von Hirschen stoßen z. B. die gegnerischen Tiere die Geweihe aneinander und versuchen, sich gegenseitig fortzuschieben. Gegensatz: ↗ Beschädigungskampf

Kommunikation, bei Tieren und beim Menschen der inner- und zwischenartliche Austausch von Nachrichten zwischen einem Sender und einem Empfänger, wobei der Empfänger eine reziproke Antwort gibt oder zumindest eine erkennbare Reaktion zeigt. Dieser Austausch wird vielfach als *Biokommunikation* bezeichnet. Oft verläuft die K. in einem „Wechselgespräch", in dem Sender und Empfänger ständig ihre Rollen tauschen. *Tiere* kommunizieren über zahlreiche optische, akustische, mechanische und olfaktorische (chemische) Signale sowie eine Vielzahl differenzierter Verhaltensweisen. Beim *Menschen* ist die ↗ Sprache das wichtigste K.-Mittel. Daneben tragen auch Mimik, Gestik und Körperhaltung zur K. bei (*nonverbale K.*).

Zu den *optischen Signalen* der K. gehören z. B. Körpermerkmale, die nur zu bestimmten Zeiten auftreten, wie der rot gefärbte Bauch des Dreistachligen Stichlings zur Laichzeit. Durch *akustische Signale* können Tiere Partner anlocken (Lockruf), Artgenossen warnen (Warnruf), Feinde verjagen oder das Revier markieren. Als *mechanische Signale* wirken z. B. Berühren und Beißen. *Olfaktorische Signale* dienen der Markierung des Reviers (↗ Harnmarkieren) oder von Wegen zu Beuteobjekten oder Nahrungsquellen (↗ Duftstraßen), der Abwehr (↗ Wehrdrüsen), der Anlockung von Partnern und der Verständigung bei Staaten bildenden Insekten (↗ Pheromone, ↗ Tierstaaten). Auch viele Verhaltensweisen wie ↗ Drohverhalten, Balzverhalten (↗ Balz) und ↗ Territorialverhalten sind Formen der K.

Eine besonders differenzierte Form der K. haben Honigbienen entwickelt. Durch bestimmte Tanzformen des *Bienentanzes* (↗ Bienensprache) können sie anderen Bienen Richtung und Entfernung einer Futterquelle mitteilen. (↗ Hormone, ↗ Erregungsleitung, ↗ Nervensystem, ↗ Signaltransduktion, ↗ Transmittersubstanzen)

Komodowaran, Art der Fam. ↗ Varanidae.

Kompartiment, 1) *Cytologie*: Bez. für einen so genannten *Reaktionsraum* im Innern der ↗ Eucyte, der immer durch eine Plasmamembran abgegrenzt wird. Das Vorhandensein von K. ermöglicht es, dass innerhalb derselben Zelle gegenläufige Stoffwechselwege ablaufen und Energie konservierende Protonengradienten (↗ Atmungskette,

↗ Lichtreaktionen) aufgebaut werden können. So findet z. B. die Fettsäuresynthese bei Tieren im Cytoplasma statt, wohingegen der Fettsäureabbau in Mitochondrien erfolgt.

Ein K. kann aus der Gesamtheit zahlreicher gleichartiger Reaktionsräume einer Zelle bestehen. So werden alle ↗ Dictyosomen einer Zelle als ↗ Golgi-Apparat bezeichnet. Allerdings wird der Begriff nicht immer konsequent verwendet, sodass das Cytoplasma selbst auch als K. bezeichnet werden kann. Des weiteren ist der Begriff K. nicht gleich dem Begriff ↗ Organell.

2) *Entwicklungsbiologie:* Bez. für abgegrenzte Bereiche im Embryo, in denen sich alle Nachkommen einer kleinen Gruppe von Gründerzellen befinden und die klonale Restriktion zeigen, d. h. sie verbleiben innerhalb eines bestimmten Bereichs und vermischen sich nicht mit benachbarten Zellgruppen. K. sind oft eigenständige Entwicklungseinheiten.

Kompartimentierungsregel, beschreibt die als *Kompartimentierung* bezeichnete intrazelluläre Gliederung der Eucyte in von einer Biomembran umschlossene Reaktionsräume (↗ Kompartiment). Sie wurde 1965 von E. Schnepf formuliert und besagt, dass eine Biomembran eine *plasmatische Phase* von einer *nichtplasmatischen Phase* trennt, wobei der Inhalt von ↗ endoplasmatischem Reticulum, ↗ Golgi-Apparat, ↗ Lysosomen, Vakuolen und Vesikeln als nichtplasmatisch angesehen wird. Bei tierischen Zellen unterscheidet man drei, bei Pflanzenzellen vier so genannte *Plasmen:* das ↗ Cytoplasma und das *Karyoplasma* (↗ Kernplasma), die miteinander durch Kernporen verbunden sind, die Matrix der Mitochondrien (*Mitoplasma*) und das Stroma der Plastiden (*Plastoplasma*). Nach der K. müssen immer zwei Membranen und der dazwischen liegende nichtplasmatische Bereich passiert werden, um von einem Plasma in ein anderes zu gelangen. Bei Vorgängen, die im Zusammenhang mit Fusion und Vesikelbildung stehen, können sich stets nur gleiche Phasen miteinander verbinden oder voneinander trennen. Durch ↗ Endocytose, ↗ Exocytose und Membranfluss stehen fast alle nichtplasmatischen Phasen in einem dynamischen Austausch mit der extrazellulären Umgebung. Ausnahmen sind z. B. die Thylakoide. Mit der Unterscheidung zwischen plasmatischen und nichtplasmatischen Phasen steht im Einklang, dass die Biomembranen der Kompartimente unsymmetrisch organisiert sind.

Kompasspflanzen, Bez. für verschiedene Pflanzenarten, die in Anpassung an stark besonnte Standorte ihre Blattspreiten in Nord-Süd-Richtung stellen, z. B. der Stachellattich, *Lactuca serriola.* Durch die Blattstellung wird erreicht, dass die Blätter zur Zeit der höchsten Strahlungsintensität, d.h. mittags, mit ihren Kanten genau in Strahlungsrichtung stehen und die Blattflächen in der Mittagszeit nicht von der Strahlung getroffen werden.

kompatible Stoffe, Bez. für Substanzen, die sich bei ↗ Dürrestress oder ↗ Salzstress im Cytoplasma von Blatt- bzw. Wurzelzellen in beträchtlichen Mengen ansammeln, um der Akkumulation von Ionen im Zellsaft der Vakuole entgegenzuwirken, ohne jedoch die Funktion der dort vorhandenen Enzyme zu beeinträchtigen. Zu den k. S. zählen Prolin, Sorbitol und das quartäre Amid Glycinbetain. (↗ osmotische Einstellung)

Kompetenz, 1) *Genetik:* die Fähigkeit von Bakterienzellen, während der ↗ Transformation freie, i. d. R. als Plasmid vorkommende DNA aufzunehmen. Die so genannten *kompetenten Zellen* werden durch bestimmte experimentelle Verfahren hergestellt.

2) *Cytologie* und *Entwicklungsbiologie:* die Fähigkeit von Zellen, auf bestimmte Signale bzw. Reize zu reagieren.

kompetitive Hemmung, Form der Enzymhemmung (↗ Enzyme), bei der der Hemmstoff oder *Inhibitor (Kompetitor)* mit dem Substrat um die Bindungsstelle am aktiven Zentrum des Enzyms konkurriert, dort aber nicht umgesetzt wird. Kompetitive Hemmstoffe haben eine strukturelle Ähnlichkeit mit dem natürlichen Substrat und werden daher als *Susbstratanaloga* oder *Strukturanaloga* (manchmal auch als Antimetabolite) bezeichnet. Man braucht eine höhere Substratkonzentration, um die halbmaximale Geschwindigkeit zu erreichen, d. h. die Michaelis-Konstante K_m steigt, währen die Maximalgeschwindigkeit der Reaktion (V) nicht beeinflusst wird. Der Inhibitor kann durch Erhöhung der Substratkonzentration wieder vom Enzym verdrängt werden. (↗ Michaelis-Menten-Gleichung)

Komplement, das ↗ Komplementsystem.

komplementäre Basenpaarung, eine wichtige Eigenschaft der ↗ Desoxyribonucleinsäure (DNA), die bewirkt, dass in der DNA-Doppelhelix aufgrund ihrer chemischen Struktur immer Adenin und Thymin sowie Cytosin und Guanin über Wasserstoffbrückenbindungen interagieren. Durch diese ↗ Basenpaare verhalten sich die beiden Polynucleotide einer Doppelhelix zueinander *komplementär.* Die für die Molekularbiologie und molekulare Genetik grundlegende Bedeutung der k. B. zeigt sich in der Tatsache, dass während der DNA-Replikation die Doppelhelix in ihrer Struktur erhalten bleibt. Auch bei der ↗ Genexpression spielt die k. B. eine wichtige Rolle, damit biologische Information in eine durch Zellen nutzbare Form übersetzt wird (↗ Transkription, ↗ Translation).

komplementäre DNA, ↗ cDNA.

Komplementärgene, Bez. für Gene, die gemeinsam dafür verantwortlich sind, dass ein bestimmter

Phänotyp ausgebildet wird. K. codieren z. B. für unterschiedliche Enzyme, die an komplexen Stoffwechselwegen beteiligt sind.

Komplementation, die gegenseitige Ergänzung zweier Defektmutationen, die in trans-Konfiguration (↗ cis-trans-Test) auf zwei verschiedenen Genen (*intergene K.*) oder aber als Punktmutation an zwei verschiedenen Stellen eines Gens (*intragene K.*) liegen, sodass bei diploiden Organismen das jeweils andere ↗ Gen oder ↗ Allel zur Ausbildung des Wildtypmerkmals führt.

Mit Hilfe von so genannten *Komplementationstests* kann entschieden werden, ob Mutationen ein- und dasselbe Gen betreffen. Ihnen kommt bei Modellorganismen wie *Drosophila melanogaster* oder *Arabidopsis thaliana* bei der Charakterisierung von neuen Mutanten in Anbetracht der zahlreichen, bereits charakterisierten Mutanten eine große Bedeutung zu (↗ Arabidopsis-Mutanten). Besteht ein Verdacht, dass sich Mutanten zueinander allelisch verhalten, kann dies durch eine ↗ Kreuzung überprüft werden. Zeigen die Nachkommen die Merkmalsausprägung des Wildtyps, sind zwei verschiedene Gene betroffen.

Komplementsystem, ein System aus mindestens 20 Blutproteinen, die mit anderen Mechanismen der Immunabwehr kooperieren und eine unspezifische Abwehr gegen Bakterien u. a. Krankheitserreger bilden. Das K. wird durch Einsetzen der Immunantwort oder durch Oberflächenmoleküle von Mikroorganismen aktiviert. Die Komponenten werden als *Faktoren C1* bis *C9* sowie *Faktoren B* und *D* bezeichnet. Die zuerst aktivierten Komponenten des K. sind *Serin-Proteinasen*, die eine sich selbst verstärkende Enzymkaskade bilden. Bindet nun ein Faktor C1 an IgG oder ein IgM (↗ Immunglobuline) auf der Oberfläche eines Mikroorganismus bzw. der Faktor B an ein bakterielles Lipopolysaccharid, so zerfällt Faktor C3 in zwei Komponenten. Das kleinere Teil fördert die ↗ Entzündungsreaktion, indem es auf chemotaktischem Weg Leukocyten anlockt, das größere Teil bindet auf der Oberfläche des Mikroorganismus und setzt dort eine Reaktionskette in Gang, die zur Bildung eines Komplexes aus Komplementfaktoren führt, der die Membran angreift. Dieser ist eine ionendurchlässige Pore, die von vielen C9-Einheiten gebildet wird und durch deren Zentrum Wassermoleküle und Ionen diffundieren können. Aufgrund des höheren osmotischen Drucks im Inneren des Mikroorganismus, nimmt dieser Wasser auf, schwillt an und platzt schließlich (*Lyse*). Neben Lyse und Förderung der Entzündungsreaktion wirkt das K. auch durch *Opsonierung*; dabei wird ein Mikroorganismus durch Anlagerung von Komplementfaktoren markiert, sodass phagocytierende Zellen (↗ Makrophagen, ↗ Leukocyten) ihn erkennen und phagocytieren.

Komplexauge, das ↗ Facettenauge.

Komplexbindung, die ↗ koordinative Bindung.

komplexe Plastiden, die ↗ Plastiden mit mehr als zwei Hüllmembranen, die unter Algen – die Rot- und Grünalgen ausgenommen – weit verbreitet sind. So besitzen die k. P. von Arten der Gattung *Euglena* und der meisten Dinoflagellaten drei, die der Chromophyten vier Hüllmembranen. Nach der ↗ Endosymbiontentheorie sind k. P. aus sekundären und tertiären Symbiosen hervorgegangen. Eine Reihe rezenter ↗ Endocytobiosen sind bekannt, bei denen z. B. plastidenhaltige eukaryotische Algenzellen in phagotrophen Protozoen existieren. (↗ einfache Plastiden)

Kompost, aus pflanzlichen (Grünschnitt, Laub, Holz), tierischen (Mist) und anderen organischen Abfällen sowie Klärschlämmen (↗ Klärschlamm) durch ↗ Kompostierung erzeugtes Produkt, das zur Düngung und Bodenverbesserung verwendet wird.

Kompostierung, die gezielte Verrottung kompostierbarer Abfälle (↗ Kompost) durch Bodenorganismen. Vorraussetzung für eine optimale K. sind ein ausreichender Wassergehalt, eine gute Belüftung, ein nicht zu weites ↗ Kohlenstoff-Stickstoff-Verhältnis und ein neutraler bis alkalischer ↗ pH-Wert. Im Idealfall werden bei der K. Temperaturen von 50 - 60 °C erreicht, wodurch Krankheitskeime und Unkrautsamen vernichtet werden. Je nach Materialzusammensetzung ist die K. nach wenigen Monaten oder einem Jahr abgeschlossen.

Konditionierung, das Herbeiführen von Reaktionen und Reflexen durch den zielgerichteten Einsatz von Verstärkern. Man unterscheidet die *klassische K.* (↗ bedingter Reflex) und die *operante K.* Das Ziel der operanten K. ist die Veränderung von Verhaltensweisen des lernenden Individuums.

Kondom, ↗ Empfängnisverhütung.

Kondore, ↗ Cathartidae.

Konfiguration, die räumliche Anordnung der Atome bzw. Atomgruppen in einem organischen Molekül. Sie ergibt sich entweder durch Doppelbindungen, um die keine freie Rotation möglich ist, oder durch chirale Zentren (↗ Chiralität), um welche die substituierten Gruppen in einer bestimmten Reihenfolge gruppiert sind. Charakteristisches Kennzeichen von Konfigurationsisomeren (↗ Isomerie), ist, dass sie sich nicht ohne Bruch einer oder mehrerer Bindungen ineinander überführen lassen.

Konfliktverhalten, ein Verhalten, das auftritt, wenn zwei Verhaltenstendenzen miteinander konkurrieren, also ein *Konflikt* vorliegt.

Konformation, die räumliche Anordnung von Substituentengruppen, die wegen der freien Drehbarkeit um Einfachbindungen ohne Auflösung von Bindungen verschiedene Stellungen im Raum einnehmen können.

Konformer, Organismen, bei denen sich mit Änderungen der äußeren Gegegebenheiten auch die Bedingungen innerhalb des Körpers ändern. So verhalten sich Flechten (↗ Lichenes) und Moose wie tote Quellkörper, die den jeweiligen Trocken- und Feuchteverhältnissen entsprechen. K. findet man häufig in relativ stabilen Umgebungen. Gegensatz: Regulierer. (↗ Osmokonformer, ↗ Osmoregulierer)

Konidien, der ungeschlechtlichen Fortpflanzung der Pilze dienende Exosporen, die seitlich und an der Spitze von Hyphen und *Konidienträgern (Konidiophor)* abgeschnürt werden oder durch Sprossung entstehen.

Koniferen, ↗ Pinidae.

Königsschlange, Art der Riesenschlangen (↗ Boidae).

Konjugate, im Rahmen der ↗ Biotransformation durch Kopplung von u. a. Steroiden, Bilirubinen oder Pharmaka mit sehr polaren Molekülen entstehende Verbindungen.

Konjugation, 1) *Genetik:* die Übertragung von genetischem Material durch direkten Kontakt von Zelle zu Zelle.

a) Bei Prokaryoten ist die K. am besten bei ↗ Escherichia coli (*E. coli*) erforscht. Die K. erfolgt hier, indem eine „männliche" Zelle (Spenderzelle, Donor) von *E. coli* mit Hilfe von Zellfortsätzen, den *Sexpili*, eine „weibliche" Zelle (Empfängerzelle, Recipient) von *E. coli* bindet und nach Ausbildung einer Cytoplasmabrücke DNA in den weiblichen Partner transferiert.

b) Bei ↗ Ciliata Form der ↗ Fortpflanzung, bei der sich zwei Zellen aneinanderlegen und im Bereich des Mundfeldes miteinander verschmelzen. Der Makronucleus löst sich jeweils auf. Die Mikronuclei machen eine Meiose durch und von den vier entstehenden Kernen gehen drei zugrunde. Der verbliebene Kern teilt sich nochmals; einer der entstandenen Kerne verbleibt als *Stationärkern* in der Zelle, der andere wandert als *Wanderkern* in den Konjugationspartner, wobei ein gegenseitiger Austausch der Wanderkerne stattfindet. Anschließend verschmelzen jeweils Stationärkern und Wanderkern miteinander und die jetzt genetisch gleichen Zellen trennen sich wieder.

2) *Physiologie:* ↗ Biotransformation.

Konkordanz, in der ↗ Zwillingsforschung die Übereinstimmung von qualitativ und quantitativ zu ermittelnden Merkmalen und Eigenschaften. Gegenteil: ↗ Diskordanz

Konkurrenz, Wettbewerb von Organismen um den Anteil an einer begrenzten Ressource (z. B. Nahrung, Wohnraum, Geschlechtspartner u. a.). Die K. zwischen Angehörigen einer Art (*intraspezifische K.)* ist ein wichtiger Faktor für die Auslese geeigneter Genotypen, senkt aber gleichzeitig die durchschnittliche Überlebenschance insgesamt. Die Minderung der intraspezifischen K. dadurch, dass verschiedene Juvenilstadien oder Geschlechter verschiedene Teilnischen (↗ ökologische Nische) bilden, ist daher eine bedeutende ökologische Strategie. Die K. zwischen Angehörigen verschiedener Arten (*interspezifische K.)* ist unter Umständen nur auf eine oder wenige Dimensionen begrenzt. So können Räuber bei Auftreten eines überlegenen Konkurrenten die „Vorzugsbeute" durch eine „Ausweichbeute" ersetzen bzw. in Gebiete ausweichen, die für den Konkurrenten nicht nutzbar sind.

Konkurrenzausschlussprinzip, *Gause-Volterra-Gesetz*, Regel, die besagt, dass mit zunehmender Ähnlichkeit der Umweltansprüche zweier konkurrierender Arten die Möglichkeit einer dauerhaften Besiedelung des gleichen Lebensraums abnimmt. Eine Art wird sich immer als konkurrenzstärker erweisen und die andere verdrängen.

Konnektiv, das die beiden Theken (↗ Theka) verbindende Gewebe der ↗ Anthere.

konsensuelle Lichtreaktion, ↗ Pupillenreflex.

Konservierung, in der Lebensmitteltechnologie die Haltbarmachung von Lebensmitteln. Alle Methoden zielen darauf ab, das Wachstum von ↗ Mikroorganismen zu reduzieren. Dieses ist gehemmt bei niedrigen oder sehr hohen Temperaturen, bei niedrigen pH-Werten (die meisten Bakterien, die Nahrungsmitteln verderben können, zeigen kein Wachstum bei pH-Wert < 5), Trockenheit, hohen Konzentrationen an Salzen, Zucker, Alkohol, hohen Dosen ionisierender Strahlung. Die wichtigsten Verfahren sind: Tiefgefrieren, Gefriertrocknung, Erhitzung (Pasteurisierung, Ultrahocherhitzung, „Einwecken"), Trocknung (Trocknen, Dörren), Ansäuerung, durch mikrobielle Reaktionen im Nahrungsmittel selbst: Bildung von Essigsäure (↗ Essigsäurebakterien) und Milchsäure (↗ Milchsäurebakterien); durch Zusatz von Säuren (z. B. Sorbinsäure), Zusatz von Salz, Zucker (Marmelade), Alkohol, chemische Konservierung (u. a. durch Sorbinsäure, Schwefeldioxid, Natriumbenzoat, Nitrate), Räuchern, Bestrahlung (UV-Strahlen, Röntgen- und Gammastrahlen), luftdichte Aufbewahrung (Gläser, Konservendosen). Oft werden die verschiedenen Methoden miteinander kombiniert.

Während viele chemische K.-Stoffe als unbedenklich gelten (z. B. Sorbinsäure), können einige auch ↗ Allergien auslösen. Der Einsatz von Nitraten und Pökelsalzen zur K. kann ebenfalls gesundheitliche Folgen haben, da sich im Körper Krebs erregende Nitrosamine bilden können.

Konsortium, das ↗ Consortium.

Konstitutionsisomerie, Form der ↗ Isomerie.

konstitutive Gene, die ↗ Haushaltsgene.

Konsument, Organismus, der organisches Material verzehrt. Hierzu gehören Tiere, Pilze und heterotrophe Bakterien. *K. erster Ordnung* sind die phytophagen Tiere (Pflanzenfresser). Zu den *K. zweiter Ordnung* zählt man Zoophagen, die Pflanzenfresser (also K. erster Ordnung) als Nahrung nutzen. Von diesen wiederum ernähren sich die *K. dritter Ordnung* usw. (↗ Nahrungskette, ↗ Nahrungsnetz)

Kontagiosität, das Ausmaß, in dem eine ↗ Infektionskrankheit ansteckend (*kontagiös*) ist. (↗ Infektiosität)

Kontaktgesellschaft, an eine Pflanzengesellschaft räumlich unmittelbar angrenzende Gesellschaft, oftmals eine Ersatzgesellschaft.

Kontakttier, Tier, das zu seinen Partnern möglichst Körperkontakt aufnimmt, z. B. bei der Körperpflege und beim Ruhen. K. sind u. a. Papageien, Schweine und Affen. (↗ Distanztier)

Kontamination, die Verseuchung von toten Gegenständen, Körperteilen oder der Umwelt (Boden) durch Schadstoffe, radioaktive Substanzen oder ↗ Mikroorganismen.

Kontinentalverschiebung, von Alfred Wegener (1880-1930) im Jahr 1929 aufgestellte Theorie, nach der die Kontinente ursprünglich den Urkontinent Pangaea bildeten. Dieser teilte sich und die einzelnen Teile drifteten im Verlauf von Erdmittelalter (↗ Mesozoikum) und Erdneuzeit (↗ Känozoikum) in ihre heutige Lage. Die Drift der Kontinente beruht darauf, dass die dünne, feste Gesteinsschicht der Erde (Erdkruste) auf einer glühendflüssigen Magmamasse schwimmt und Wärmeausgleichsströmungen des Magmas zu Verschiebungen einzelner Platten der Erdkruste führen. Unterstützt wird diese Theorie durch das Vorkommen alter Tiergruppen in ehemals zusammenhängenden Kontinenten: So kommen z. B. eng verwandte Arten der Lungenfische (↗ Dipnoi), der Strauße (↗ Struthioniformes) und von Fröschen (↗ Anura) sowohl in Afrika als auch in Südamerika vor.

kontinuierliche Kultur, *Dauerkultur,* ↗ Kultur von Mikroorganismen in einem Fließsystem, in dem im Gegensatz zur ↗ statischen Kultur die Zusammensetzung des Kulturmediums über längere Zeit konstant gehalten werden kann. Am häufigsten wird hierzu der *Chemostat* (ein „Bioreaktor") verwendet, ein Behälter, der ein flüssiges Kulturmedium und die Kultur enthält, einen regulierbaren Zulauf für das Medium, eine Zuleitung für sterile Luft und einen Überlauf, aus dem Zellen entnommen werden können. Im Chemostat lassen sich sowohl die Wachstumsgeschwindigkeit als auch die Zellzahl unabhängig voneinander regulieren. Bei der k. K. befinden sich die Mikroorganismen ständig im exponentiellen Wachstum (↗ mikrobielles Wachstum). ↗ Fermenter

kontraktile Vakuole, *pulsierende Vakuole,* ein bei wandlosen, im Süßwasser lebenden Einzellern vorhandenes Organ, das vor allem der Osmoregulation dient und vermutlich eine abgewandelte Form ei-

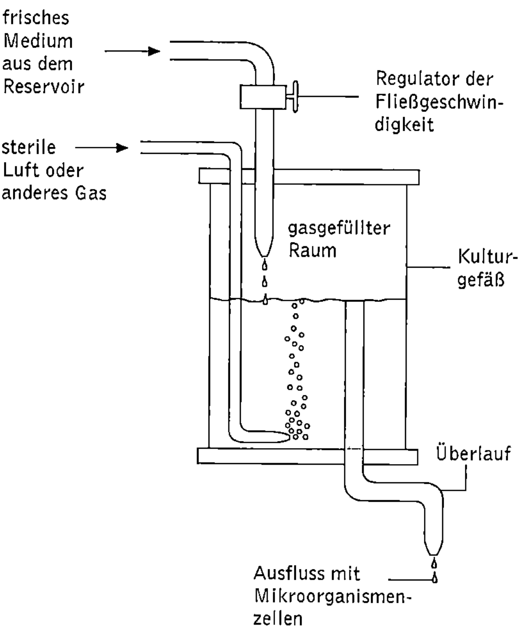

kontinuierliche Kultur Kontinuierliche Kultur von Mikroorganismen in einem Chemostat

nes ↗ Dictyosoms darstellt. Durch die k. V. wird Wasser, welches aufgrund von ↗ Osmose in die Zelle eingedrungen ist, wieder aus dieser heraustransportiert. Die in rhythmischen Intervallen stattfindende Entleerung durch eine kurze Fusion mit der Plasmamembran lässt sich z. B. beim Pantoffeltierchen *Paramecium* bereits mit Hilfe eines Lichtmikroskops gut beobachten. Im Elektronenmikroskop ist zudem der bisweilen komplizierte Aufbau mit Ampullen, Radialkanälchen und Vesikeln zu erkennen. Die Vermutung liegt nahe, dass an den Kontraktions-Relaxations-Zyklen ↗ Actin und ↗ Myosin beteiligt sind.

Kontrazeption, die ↗ Empfängnisverhütung.

Kontrazeptiva, die Empfängnisverhütungsmittel (↗ Empfängnisverhütung).

Konvergenz, 1) in der *Evolutionsbiologie* Bez. für Merkmale, die bei verschiedenen Arten sehr ähnlich sind, jedoch im Verlauf der Stammesgeschichte unabhängig voneinander entstanden sind, z. B. infolge der Nutzung gleichartiger Ressourcen oder der Einwirkung ähnlicher Selektionsfaktoren. Ein Beispiel ist die Torpedoform bei Fischen, ↗ Ichthyosauria und Walen (↗ Cetacea). ↗ Analogie, ↗ Homologie

2) in der *Sinnesphysiologie* Bez. für das Phänomen, dass mehrere Neurone Signale an ein bestimmtes Neuron weiterleiten. Gegensatz: ↗ Divergenz

Konversion, Bez. für abweichende Segregationsverhältnisse, die auf während der ↗ Meiose erfolgende Rekombinationsereignisse zurückzuführen sind. Dabei wird ein ↗ Allel in ein anderes umgewandelt.

Konzentrationsgradient, das Konzentrationsgefälle zwischen zwei mischbaren Stoffen unterschiedlicher Konzentration. In Lösungen oder Gasen führt ein K. immer zur Diffusion von Molekülen bis der Konzentrationsunterschied ausgeglichen ist. In biologischen System sind K. an Membranen treibende Kräfte u. a. für den Aufbau von Membranpotenzialen und für die Gewinnung von Energie.

Kooperativität, die Wechselwirkung zwischen den Untereinheiten eines Proteins, die dazu führt, dass eine Konformationsänderung einer Untereinheit (z. B. durch Bindung eines Liganden) auf alle anderen Untereinheiten einwirkt und deren Bindungsfähigkeit für den entsprechenden Liganden beeinflusst. Bekanntestes Beispiel für K. ist das Hämoglobinmolekül, das als aus vier Untereinheiten bestehendes Tetramer Sauerstoff infolge K. viel effektiver binden kann, als jede Untereinheit für sich alleine. (↗ Hämoglobin)

koordinative Bindung, *Komplexbindung*, Bez. für chemische Verbindungen, bei denen ein Zentralatom oder Zentralion von mehreren anderen, meist auch für sich existenzfähigen Atomen, Ionen oder Molekülen (*Liganden*) umgeben ist. Die Anzahl der an das Zentralatom gebundenen Liganden wird als *Koordinationszahl* des Zentralatoms bezeichnet.

Kopf, ↗ Caput.

Kopfbildung, die ↗ Cephalisation.

Köpfchen, ein ↗ Blütenstand.

Köpfchenschimmel, *Mucor mucedo*, weit verbreitete Art der ↗ Zygomycetes.

Kopfeibengewächse, die Fam. ↗ Cephalotaxaceae.

Kopffuß, das Cephalopodium der ↗ Mollusca.

Kopffüßer, die ↗ Cephalopoda.

Kopflaus, *Pediculus capitis*, Art der Läuse (↗ Anoplura), die als Ektoparasit am Menschen Blut saugt. Sie lebt bevorzugt in der Kopfbehaarung des Menschen und legt ihre Eier (*Nissen*) an den Haaren ab. Ebenso wie die sehr ähnliche und nah verwandte ↗ Kleiderlaus, ist sie Überträger von ↗ Rickettsia-Arten und ↗ Spirochäten.

Kopfstellreflex, ein Stellreflex (↗ Reflex), der bewirkt, dass der Kopf und die Augen nach Möglichkeit unter allen Umständen horizontal gehalten werden, um zu vermeiden, dass das Bild auf der Netzhaut verdreht wird.

Kopienzahl, engl. *copy number*, gibt die Anzahl von Plasmiden, die eine Bakterienzelle enthält, oder die Anzahl von Kopien eines Gens (z. B. ↗ Einzelkopie-DNA), eines Transposons oder repetitiven Elementes im Genom an.

Kopplung, auch *Koppelung*, in der Genetik die Bez. für die räumliche Verbundenheit von Genen, die auf demselben Chromosom liegen. Die K. er-

klärt, warum bestimmte Merkmale stets zusammen an die Nachkommen weitergegeben werden. Die K. und auftretende ↗ Kopplungsbrüche wurden durch Versuche von T. H. ↗ Morgan an ↗ Drosophila melanogaster gezeigt.

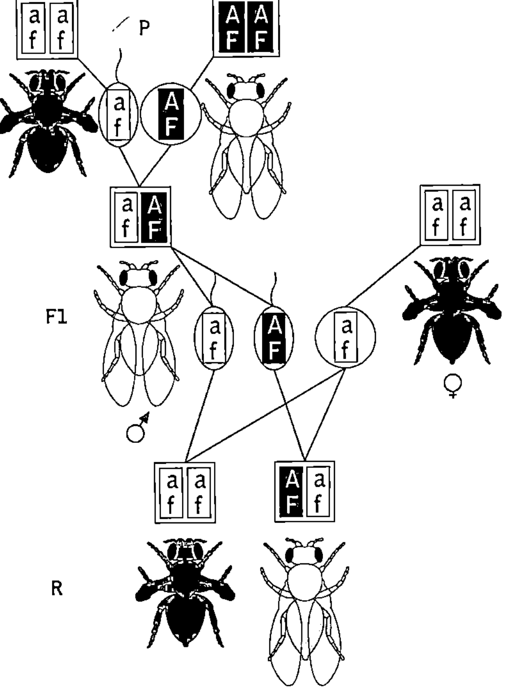

Kopplung Gekoppelte Vererbung der rezessiven Merkmale schwarze Körperfarbe (a) und Stummelflügel (f). Werden die Nachkommen der F₁-Generation (Aa/Ff) mit homozygoten Mutanten (aa/ff) rückgekreuzt, treten unter den Nachkommen die beiden Elternphänotypen im Verhältnis 1:1 auf

Kopplungsbruch, Bez. für die Durchbrechung der gekoppelten Vererbung von Genen einer ↗ Kopplungsgruppe, die auf ↗ Crossing over zurückzuführen ist. Ein klassisches Beispiel für K. sind die von T. H. ↗ Morgan durchgeführten Experimente zur Vererbung von Augenfarbe und Flügelform bei *Drosophila melanogaster*, die in der F_2-Generation bei fast einem Drittel der Nachkommen zu unerwarteten Merkmalskombinationen führten.

Kopplungsgruppe, Bez. der Genetik für ↗ Chromosomen, die zahlreiche Gene aufgrund von ↗ Kopplung gemeinsam vererben. Allerdings werden Gene nicht immer absolut gekoppelt an die Nachkommen weitergegeben. Dies zeigten Experimente von W. Bateson, E. Saunders und R. Punnett zu Beginn des 20. Jh. Bei der Untersuchung eines dihybriden Erbgangs von Blütenfarbe und Pollenkornform der Gartenwicke stellten sie fest, dass die F_2-Generation eine nicht nach den ↗ Mendel-Regeln zu erwartende Aufspaltung von 9:3:3:1 für nicht gekoppelte Gene bzw. 3:1-Aufspaltung für gekoppelte Gene zeigte. In ihrem Fall lag somit eine *partielle Kopplung* vor.

Kopplungswert, bezeichnet den prozentualen Anteil der ↗ Gameten, bei denen Gene gekoppelt vererbt wurden. (↗ Kopplungsbruch)

Koprolithen, *Kotsteine*, fossile Kotballen; K. stammen meist von Sauriern und Fischen.

Koprophagie, *Kotfressen*, Ernährungsweise, bei der sich Tiere zeitweise oder dauernd von Kot, bevorzugt von Pflanzenfresserkot, ernähren. *Koprophagen* sind z. B. manche Käfer (↗ Coleoptera), Milben (↗ Acari) oder Rundwürmer (↗ Nemathelminthes).

Von der K. zu unterscheiden ist die *Caecotrophie*, bei der eigener Blinddarmkot wegen der darin enthaltenen Wirk- und Nährstoffe von Hasenartigen (↗ Leporidae) und Nagetieren (↗ Rodentia) gefressen wird.

Kopulation, die ↗ Begattung.

Kopulationsorgane, die ↗ Begattungsorgane.

Korallen, anderer Name der Blumentiere (↗ Anthozoa), sowie Bez. für Schmucksteine, die aus deren Skelett gefertigt werden.

Korallenriff, bis an oder über den Meeresspiegel aufragende Kalkablagerungen, die hauptsächlich durch Kalk abscheidende, in Kolonien lebende Steinkorallen (↗ Madreporaria) aufgebaut werden. K.

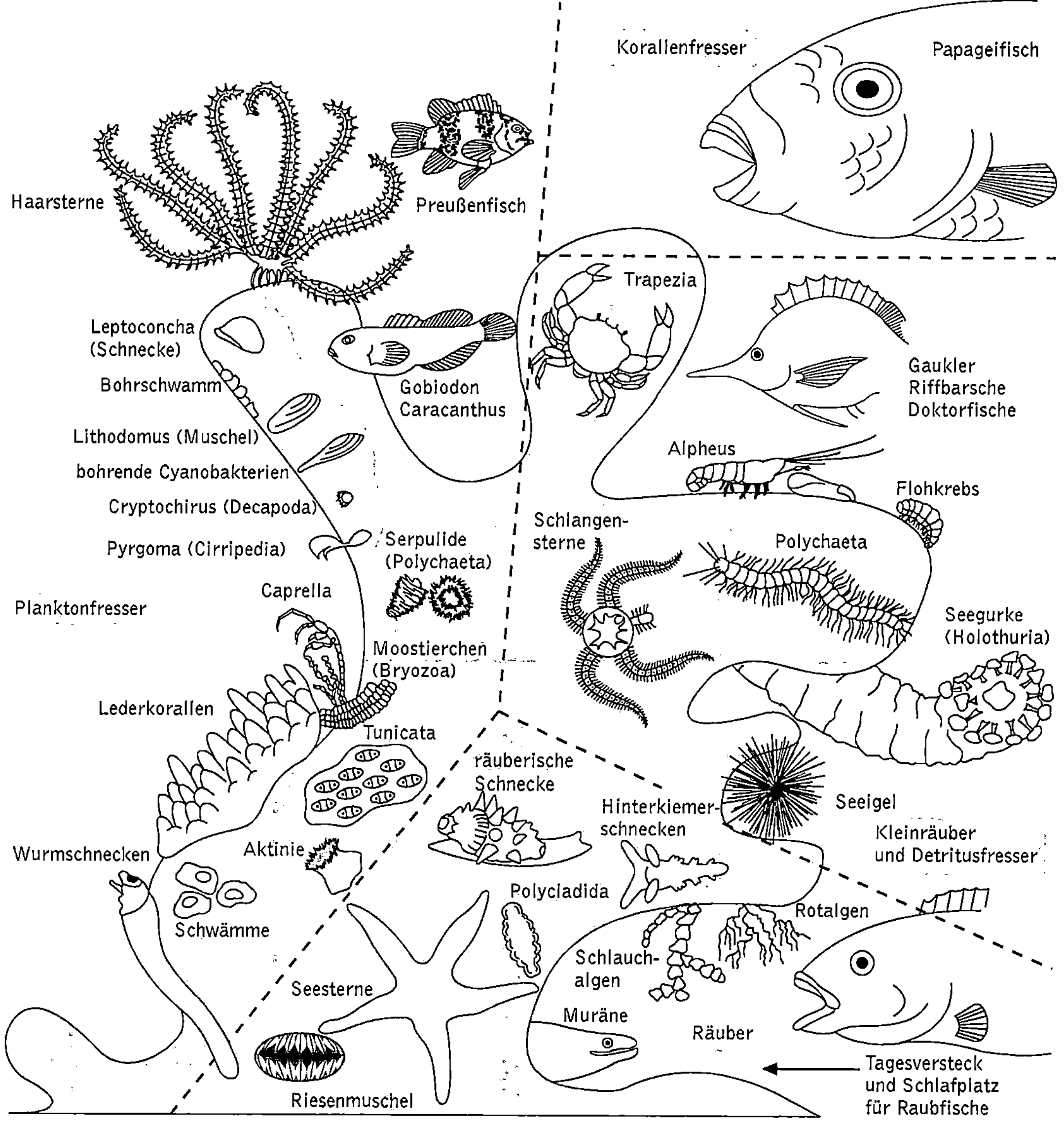

Korallenriff   Schema der Makrofauna von Korallenriffen der Malediven

kommen vorwiegend im Küstenbereich tropischer Meere vor, da die meisten Riff bildenden Korallen Temperaturen von über 20 °C zum Wachstum benötigen. Der Aufbau eines K. geht sehr langsam vor sich, ein 50 m hohes Riff ist etwa 1800 Jahre alt.

Rifftypen. Man unterscheidet unterschiedliche Formen von K.: *Korallenbänke* sind breite, von Riffkorallen bewachsene Untiefen. *Saumriffe* treten in der Nähe der Küste auf und sind von dieser durch flache Lagunen getrennt. Zu den weiter von der Küste entfernten *Barriereriffen* gehört auch das Great Barrier Reef vor der Ostküste Australiens mit rund 2000 km Länge. *Atolle* sind ringförmige K., die eine zentrale Lagune umschließen.

Riffbildung. Die Polypen der Riff bildenden Formen der Madreporaria scheiden an der Fußscheibe ein Außenskelett aus Kalk ab, das zu mehr als 98 % aus $CaCO_3$ (Calciumcarbonat) besteht. Durch Wachstum der Steinkoralle wird der Kalksockel immer dicker. Der Durchmesser der Steinkorallen beträgt etwa 1 cm. Auch verkalkende, krustenförmig wachsende Rotalgen und Kalk abscheidende Grünalgen tragen zum Aufbau von K. bei.

Endosymbionten. Einen wesentlichen Anteil an der Primärproduktion von K. haben die endosymbiontisch (↗ Endosymbiose) in Entodermzellen der Korallen lebenden Dinoflagellaten (↗ Dinophyta). Die als *Zooxanthellen* bezeichneten gelbbraunen einzelligen Endosymbionten sind fotoautotroph und tragen wesentlich zur Ernährung der Polypen bei. Die Symbionten decken bis zu 80 % des Energiebedarfs der Korallen durch Lieferung von Glycerin, Glucose und Aminosäuren. Pro cm^2 Korallenpolyp sind ca. eine Mio. Algenzellen enthalten. Aufgrund der Lichtansprüche ihrer Endosymbionten können Steinkorallen nur in der belichteten oberen Wasserschicht (meist bis 25 m, bei klarem Wasser bis 170 m) leben. Bei Stress (z. B bei zu starker Wassererwärmung) stoßen die Korallen ihre Zooxanthellen aus, was zum Absterben der Korallen führen kann.

Riffbewohner. K. beherbergen zahlreiche Tier- und Pflanzenarten und werden aufgrund ihrer Artenvielfalt auch die „Regenwälder der Meere" genannt. Auf den abgestorbenen Korallen wachsen Schwämme, Lederkorallen, Hornkorallen, Moostierchen, Seescheiden und Röhrenwürmer. Einsiedlerkrebse und Rankenfüßer sind meist völlig in den Korallenstock eingewachsen. Weitere Bewohner der K. sind Seeigel, Plattwürmer, Schlangensterne, Seewalzen, Grundeln, Garnelen, Krebse, Schnecken, Seesterne und zahlreiche Fische (davon viele phytophage Arten).

Ein großer Teil der K. gilt heute als akut bedroht. Hauptursachen für das Absterben von K. sind die globale Erwärmung (↗ Treibhauseffekt) und die Verschmutzung der Gewässer.

Korbblütler, die Fam. ↗ Asteraceae.

Körbchen, ein ↗ Blütenstand.

Koriander, *Coriandrum sativum*, im vorderen Orient beheimatete einjährige Gewürzpflanze der ↗ Apiaceae. Die Früchte enthalten ↗ etherische Öle.

Kork, vom Korkkambium (*Phellogen*) gebildetes sekundäres ↗ Abschlussgewebe von Gymnospermen (↗ Gymnospermae) und dikotylen Angiospermen (↗ Angiospermae). An älteren Pflanzenorganen ersetzt es die ↗ Epidermis und schützt die darunter liegenden Gewebe. Es besteht aus mehreren Schichten regelmäßig angeordneter toter Zellen. Die dicht aneinander liegenden, rasch verkorkenden, oft dickwandigen Zellen besitzen keine Interzellularen. K., Phellogen und Phelloderm bilden zusammen das Korkgewebe (*Periderm*). Bei der K.-Bildung werden die ↗ Stomata durch ↗ Lentizellen ersetzt. Zu zentimeterdicken Schichten wächst der K. bei der ↗ Korkeiche.

Korkeiche, *Quercus suber*, im Mittelmeerraum angebaute Art der ↗ Fagaceae. Durch anhaltende Teilungen des Korkkambiums entsteht eine bis 8 cm dicke Kork-Schicht, die alle zehn bis zwölf Jahre regelmäßig abgeschält wird, wodurch die Bildung einer neuen Korkschicht ausgelöst wird.

Korkkambium, das ↗ Phellogen.

Korkporen, die ↗ Lentizellen.

Korkrinde, das ↗ Phelloderm.

Kormophyten, *Cormobionta, Sprosspflanzen,* Pflanzen, deren Körper in Sprossachse, Blatt und Wurzel gegliedert ist (↗ Kormus) oder von Vorfahren mit dieser Gliederung abstammt. Hierzu gehören die ↗ Spermatophyta und ↗ Pteridophyta. (↗ Thallophyten)

Kormorane, die Fam. ↗ Phalacrocoracidae.

Kormus, *Cormus*, der Vegetationskörper einer Pflanze, der sich in ↗ Sprossachse, ↗ Blatt und ↗ Wurzel gliedert.

Kornberg, *Arthur*, amerikan. Biochemiker, ✳ 3.3.1918 Brooklyn (New York); ab 1959 Prof. an der Stanford University in Palo Alto (California). K. leistete durch Isolierung der DNA-Polymerase I (*Kornberg-Enzym*; 1956) aus Colibakterien und durch Charakterisierung weiterer an der DNA-Synthese beteiligter Enzyme sowie durch Aufklärung vieler Einzelschritte der DNA-Replikation und DNA-Reparatur bedeutende Beiträge zur Enzymologie von DNA und damit generell von Vererbungsmechanismen. K. erhielt 1959 zusammen mit S. ↗ Ochoa den Nobelpreis für Physiologie oder Medizin.

Kornelkirsche, *Cornus mas*, Strauch der ↗ Cornaceae mit kleinen, blassgelben Blüten. Die ovalen, glänzend roten Früchte sind essbar.

Kornrade, *Agrostemma githago*, früher als Ackerunkraut verbreitete Art der ↗ Caryophyllaceae, deren giftige Samen Triterpensaponine enthalten.

Koronargefäße, die Herzkranzgefäße, ↗ Herz.

Körper, ↗ Corpus.

Körperachsen, Richtachsen, die durch den Körper eines Organismus gelegt werden können und dessen Polarität in verschiedene Richtungen definieren. Bei *Tieren* werden zwei Hauptachsen unterschieden: Die *anterior-posteriore Achse*, die vom Kopf- zum Schwanzende verläuft, und die dazu senkrecht verlaufende *dorsoventrale Achse*, die von der Rücken- zur Bauchseite verläuft. Die Lage des Mundes definiert dabei, wo sich die Bauchseite befindet. Bei *Pflanzen* verläuft die Hauptachse von der äußersten Sprossspitze zur Wurzelspitze und heißt apikal-basale Achse.

Körperkreislauf, ↗ Blutkreislauf.

Körpertemperatur, die Temperatur im Körperinneren des tierischen und menschlichen Organismus. Da bei den gleichwarmen Tieren und beim Menschen meist ein Temperaturgefälle zwischen dem Körperinneren und den äußeren (peripheren) Bereichen des Organismus besteht, gibt es keine einheitliche K. Es wird unterschieden zwischen einer konstant gehaltenen Temperatur des Körperkerns (*Kerntemperatur*) und einer mit der Umgebungstemperatur schwankenden Temperatur der Körperschale (*Schalentemperatur*. Zur physiologischen Charakterisierung eignet sich nur die Kerntemperatur . Sie wird annähernd richtig durch die im Rectum gemessene Temperatur (*Rektaltemperatur*) bestimmt und liegt beim Menschen etwa bei 36,5 - 37 °C.

Sowohl beim Menschen als auch bei Tieren lässt sich eine tageszeitliche Schwankung der Kerntemperatur feststellen. Diese Tagesperiodik ist von Tierart zu Tierart verschieden. Bei Nachttieren ist die K. während der Nacht, bei Tagtieren tagsüber am höchsten. Die Tagesperiodik bleibt auch bei konstanten Außentemperaturen bestehen. Bei der geschlechtsreifen Frau gibt es einen charakteristischen Verlauf der Kerntemperatur in Abhängigkeit vom ↗ Menstruationszyklus (↗ Empfängnisverhütung). Bei körperlicher Tätigkeit erhöht sich die K. Je nach Schweregrad der Arbeit kann die Temperaturerhöhung beim Menschen bis zu 2 °C betragen.

Zuständig für die Regulation der K. ist bei Säugetieren der ↗ Hypothalamus. Dort sitzen so genannte *Warmneuronen*, die vor allem auf eine Zunahme der Kerntemperatur reagieren. In der Haut hingegen sitzen so genannte *Kaltsensoren*, die eine Abnahme der Schalentemperatur registrieren. Im hinteren Bereich des Hypothalamus laufen die Informationen von Warmneuronen und Kaltsensoren zusammen und werden verarbeitet. Zerstört man diesen Bereich wird der Organismus wechselwarm, d. h. er kann seine K. nicht mehr unabhängig von der Außentemperatur konstant halten. Die durch den Hypothalamus gesteuerte Konstanthaltung der

K. läuft über Wärmeproduktion und Wärmeabgabe ab. Die Wärmeproduktion geschieht entweder durch erhöhte Muskelaktivität (*Kältezittern*) oder beim Neugeborenen und manchen Winterschlaf haltenden Tieren, durch Steigerung des Abbaus von Fetten im braunen Fettgewebe (*zitterfreie Thermogenese*). Die Wärmeabgabe geschieht über eine Steigerung der *Hautdurchblutung* und über Verdunstung von Schweiß (*Schwitzen*). ↗ Fieber.

Kosmopoliten, Arten, die in einem der drei Bereiche Land, Süßwasser oder Meer weltweit verbreitet sind. Ursprüngliche K. gibt es vor allem unter passiv ausgebreiteten Kleintieren und Pflanzen. Viele andere Arten oder Gatt. sind durch Einbürgerung oder Verschleppung zu K. geworden.

Kossel, *Albrecht Ludwig Karl Martin Leonhard*, deutscher Biochemiker und Physiologe, ✳ 16.9.1853 Rostock, † 5.7.1927 Heidelberg; ab 1887 Prof. in Berlin, 1895 in Marburg und ab 1901 in Heidelberg, seit 1924 Direktor des Instituts für Proteinforschung. K. war einer der Wegbereiter der Nucleinsäureforschung. Er isolierte ab 1879 das „Nuclein" aus Zellkernen und wies dessen Zusammensetzung aus Nucleinsäuren, bestehend aus Purin- und Pyrimidinbasen, nach. Außerdem entdeckte er das Enzym Arginase und 1896 die Aminosäure Histidin. 1910 erhielt K. den Nobelpreis für Physiologie oder Medizin.

Kot, ↗ Fäzes.

Kotabbau, Abbau von Kot durch ↗ Destruenten und ↗ Koprophagen.

Kotfressen, die ↗ Koprophagie.

Kotsteine, die ↗ Koprolithen.

Kotyledonen, die ↗ Keimblätter.

Kouprey, Art der ↗ Rinder.

Kragenbär, Art der Großbären (↗ Ursidae).

Kragengeißelzellen, die ↗ Choanocyten.

Krähen, Sammelbez. für einige Arten der Fam. ↗ Corvidae.

Krähenvögel, die Fam. ↗ Corvidae.

Kraits, *Bungarus*, Gatt. der Giftnattern (↗ Elapidae) mit etwa zwölf bis 2 m langen, meist kontrastreich geringelten Arten in Süd- und Südostasien. K. sind nachtaktiv und ernähren sich vorwiegend von anderen Schlangen. Ihr starkes Nervengift ist auch für den Menschen sehr gefährlich.

Kraken, Gruppe der achtarmigen Kopffüßer (↗ Octobrachia) mit gedrungenem, sackförmigem Körper und acht Armen, die zwei Reihen von Saugnäpfen besitzen. Bekannteste Art ist der *Gemeine Krake (Octopus vulgaris)*, der in der Nordsee bis 1 m, im Mittelmeer bis 3 m (Gesamtlänge von Körper und Armen) groß werden kann. Er lebt in Höhlen oder innerhalb selbst gebauter Steinwälle und frisst vorwiegend Muscheln und Krebse. Die Weibchen des *Papierboot (Argonauta argo)* leben in einer bis 20 cm langen Sekundärschale, die aus den oberen Armen abgeschieden wird und auch als Eibehälter fungiert. Die Männchen sind etwa 1 cm lange Zwergmännchen. Der Hectocotylus, der sich bei der Paarung löst und im Weibchen verbleibt, wurde früher als bei diesem parasitierender Wurm beschrieben.

Kralle, am Ende der Zehen aus Hautverdickungen hervorgegangene gebogene, spitze hornige Hülse einiger Amphibien, der meisten Reptilien, Vögel und Säugetiere. K. können in mannigfaltiger Weise als Werkzeug, Putzorgan oder Waffen spezialisiert oder an bestimmte Fortbewegungsweisen angepasst sein. Entsprechend dem ↗ Nagel werden *Krallenbett, Krallensohle* und *Krallenplatte* unterschieden. Bei den Katzen können die K. in Hauttaschen zurückgezogen werden.

Krallenaffen, die Fam. ↗ Callithricidae.

Krallenfrosch, *Xenopus laevis*, in Afrika südlich der Sahara beheimatete Art der Zungenlosen Frösche mit Hornkrallen an den Zehen, die bevorzugt im Wasser lebt. Die Kaulquappen haben lange Mundtentakel. Sie schweben mit dem Kopf nach unten nahezu senkrecht im Wasser. K. wurden früher zum Schwangerschaftstest benutzt. Sie sind wichtige Versuchstiere vor allem in der Entwicklungsbiologie.

kranial, ↗ cranial.

Kraniche, Fam. der ↗ Gruiformes.

Kranichvögel, die ↗ Gruiformes.

Krankheitserreger, ↗ Erreger von ↗ Infektionskrankheiten.

Krapp, die ↗ Färberröte.

Krappgewächse, die Fam. ↗ Rubiaceae.

Krätze, ↗ Krätzmilben.

Kratzer, ↗ Acanthocephala.

Krätzmilben, Sammelbez. für zu den Fam. Sarcoptidae und Psoroptidae gehörende Milben (↗ Acari), die in der Haut warmblütiger Wirbeltiere Gänge fressen und dadurch u. a. beim Menschen die *Krätze* (durch die *Krätzmilbe, Sarcoptes scabiei*) und bei Hunden die *Hunderäude (Sarcoptes canis)* hervorrufen.

Kräuselkrankheit, durch den Pilz *Taphrina deformans* (↗ Taphrinomycetidae) verursachte Krankheit der Pfirsichblätter.

Krautfäule, durch den Pilz *Phytophthora infestans* (↗ Peronosporales) verursachte Krankheit der Kartoffel, die nicht nur das Kraut, sondern auch die Knollen befällt und vor allem in feuchten Jahren zu großen Ernteverlusten führen kann.

Kreatin, *β-Methylguanidoessigsäure*, ein Produkt des Aminosäurestoffwechsels, das leicht in das zyklische Anhydrid, das *Kreatinin*, umgewandelt wird. Über 90 % des K. eines erwachsenen Menschen sind in seiner Muskulatur lokalisiert. Die Konzentration ist in kontrahierenden Muskeln besonders hoch, d. h. wenn in großem Maße chemische Energie in mechanische Arbeit umgesetzt wird. Das aus ATP und K. unter katalytischer Wirkung des Enzyms *Kreatinkinase* gebildete *Kreatinphosphat* ist die wichtigste Phosphatreserve des Muskels, da es eine rasche Regeneration von ATP aus ADP bei Muskelarbeit ermöglicht. Aus dem Organismus wird K. in Form von Kreatinin ausgeschieden. Dieses kann, da die ausgeschiedene Konzentration der Muskelmasse eines Menschen direkt proportional ist und daher die täglich ausgeschiedene Menge konstant ist, zur Bestimmung der glomerulären Filtration (↗ Clearance) der Niere verwendet werden.

Kreationismus, ↗ Evolutionstheorien.

Krebs, allg. Bez., unter der abnorme Wucherungen bei Pflanzen (↗ Wurzelhalsgallenkrebs, ↗ Agrobacterium tumefaciens), Menschen und Tieren zusammengefasst werden. Durch unkontrolliertes Gewebewachstum kommt es dabei zur Zerstörung von Geweben und Organen. Der Begriff geht auf Hippokrates zurück, der die Venen, die von manchen Brusttumoren ausgehen, mit den Beinen eines Krebses (griechisch *karkinoma*) verglich.

Bei Menschen und Tieren bezeichnet K. bösartige, also *maligne Tumoren*, die im Unterschied zu gutartigen, also *benignen Tumoren* unkontrolliertes, (*entartetes*) Wachstum zeigen, was auf den Verlust der Proliferationskontrolle zurückzuführen ist. Auf zellulärer Ebene zeichnen sich Tumorzellen durch atypische Mitosen, chromatindichte Zellkerne und unregelmäßige Formen auf; der Chromosomensatz ist zudem häufig durch ↗ Aneuploidie gekennzeichnet. K. kann aus allen sich teilenden Zelltypen entstehen, sodass mehr als 100 verschiedene Krebserkrankungen bekannt sind. Ihre Gefährlichkeit richtet sich nach der Wachstumsgeschwindigkeit der K.-Geschwulst und dem Ort ihrer Entstehung. Je nach Ausgangsgewebe unterscheidet man verschiedene Typen. Ein wichtiges Merkmal malig-

Krebs Wichtige Krebstypen

Gewebetyp	Krebsart
Epithel	Karzinome *Lunge, Blase, Dickdarm, Brust, usw.*
Drüsengewebe	Adenome, Adenocarcinome *Leber, sekretorische Gewebe*
Bindegewebe	Sarkome *Muskel, Knochen, Fettgewebe*
Blut bildendes System	Lymphome Myelome Erythroleukämien lymphocytäre Leukämien
Melanocyten der Haut	Melanome
Nervengewebe, zentrales Nervensystem (Gehirn)	Neuroblastome Gliome Astrocytome

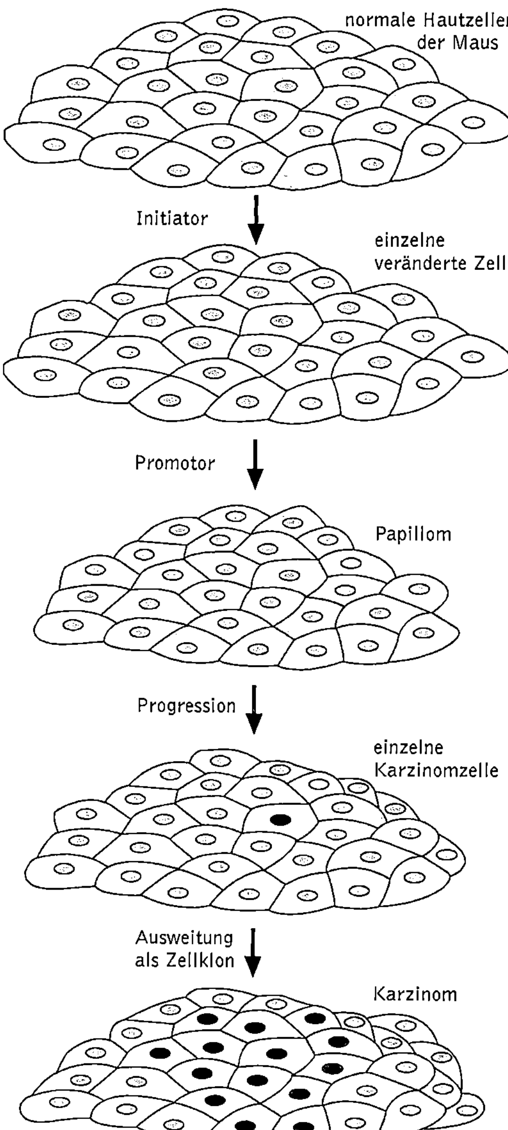

Krebs Krebsentstehung am Beispiel eines künstlich erzeugten Hauttumors der Maus. Aus einem gutartigen Papillom (warzenähnliche Wucherung) kann durch eine geeignete Mutation eine Karzinomzelle entstehen.

ner Tumoren und zugleich der Grund dafür, dass K. in Industrienationen nach Herzkreislauferkrankungen die häufigste Todesursache ist, ist ihre Fähigkeit zur Bildung von Tochtergeschwülsten (*Metastasen*), die über den Blut- und Lymphweg in andere Organe gelangen können.

Die Krebsentstehung wird mit einer Reihe von Umwelteinflüssen in Zusammenhang gestellt. Mehr als 1000 Chemikalien sind als ↗ Cancerogene, d. h. K. auslösende Substanzen bekannt. Viele von ihnen sind auch ↗ Mutagene wie energiereiche Strahlen.

Dies deutet darauf hin, dass K. aufgrund von somatischen Mutationen entsteht. In einigen Fällen spielen Hormone und Entzündungsprozesse eine Rolle. Ferner werden bestimmte Krebsformen durch ↗ Tumorviren erzeugt. Auf zellulärer Ebene sind an der Tumorbildung ↗ Onkogene und ↗ Tumorsuppressorgene beteiligt.

Die Behandlung von K. erfolgt durch die chirurgische Entfernung der Krebsgeschwulst einschließlich deren verdächtiger Randzonen häufig in Kombination mit einer Strahlen- oder ↗ Chemotherapie. Bei örtlich nicht begrenzten Tumoren wie Leukämien (Blutkrebs) kommen ↗ Cytostaktika zum Einsatz, die das Wachstum entarteter Zellen hemmen sollen. Die Chancen auf Heilung steigen dabei mit der *Früherkennung* von K., die durch regelmäßige *Vorsorgeuntersuchungen* für bestimmte K.-Formen (Hautkrebs, Brustkrebs, Dickdarmkrebs, Prostatakrebs, Scheiden- und Gebärmutterkrebs) möglich ist.

Gegenstand der *Krebsforschung* ist die Aufklärung der K.-Entstehung und die Entwicklung von neuen bzw. verbesserten Therapien. Zur Molekularbiologie von K. (↗ Tumor)

Literatur: Lerner, M.: Krebs – Wege zur Heilung, München 2000. – Oehlrich, M., Stroh, N.: Internetkompass Krebs, Berlin 2001.
Weitere Informationen unter: www.dkfz.de

Krebs, *Edwin Gerhard*, amerikan. Biochemiker, * 6.6.1918 Lansing (Iowa); ab 1948 Prof. in Seattle (Washington), ab 1968 in Davis (California), 1977-88 wieder in Seattle. Von K. stammen bedeutende Arbeiten zur Regulation von Stoffwechselvorgängen durch Phosphatasen und Kinasen. Er erhielt 1992 für die Entdeckung der reversiblen Phosphorylierung gemeinsam mit Edmond H. ↗ Fischer den Nobelpreis für Physiologie oder Medizin.

Krebs, Sir *Hans Adolf*, deutsch-brit. Biochemiker, * 25.8.1900 Hildesheim, † 22.11.1981 Oxford; ab 1945 Prof. für Biochemie in Sheffield, ab 1954 Prof. an der Universität Oxford, seit 1967 Leiter des Metabolic Research Laboratory am Radcliffe-Krankenhaus in Oxford. K. entdeckte 1932 den ↗ Harnstoffzyklus (*Krebs-Henseleit-Zyklus*) und 1937 (neben F. Knoop und G. Martius) die Reaktionsfolge des nach ihm benannten *Krebs-Zyklus* (↗ Citratzyklus); ebenfalls nach ihm und H.L. ↗ Kornberg ist der *Krebs-Kornberg-Zyklus* (↗ Glyoxylatzyklus) benannt. K. erhielt 1953 zusammen mit F.A. ↗ Lipmann den Nobelpreis für Physiologie oder Medizin.

Krebse, die ↗ Crustacea.

Krebs-Henseleit-Zyklus, der ↗ Harnstoffzyklus.

Krebszyklus, der ↗ Citratzyklus.

Kreide, die letzte Periode des Erdmittelalters (↗ Mesozoikum). Sie wird anhand von Leitfossilien der Taxa ↗ Ammonoidea, ↗ Belemnitida, Muscheln (z. B. ↗ Inoceramus) und ↗ Foraminifera untergliedert, wobei die Abteilungen *Unterkreide* (144 bis 138 Mio. Jahre vor heute) und *Oberkreide* (98 bis 65 Mio. Jahre vor heute) unterschieden werden. Nordamerika und Europa bildeten noch eine Landmasse (Laurasia), während sich die Gondwana bildenden Kontinente voneinander lösten und der Südatlantik entstand. Mitteleuropa wurde im Verlauf der K. größtenteils von flachen Meeren bedeckt, die durch eine zentrale Landmasse in einen südlichen (zur Tethys gehörenden) und einen nördlichen Teil getrennt waren. In Mitteleuropa wurden zu Beginn der K. Sandsteine abgelagert, die Kohle, Erdöl und Erdgas enthielten.

In der Pflanzenwelt traten in der Unter-K. erstmals Bedecktsamer (↗ Angiospermae) auf; unter den Nadelhölzern gab es u. a. *Sequoia* (↗ Taxodiaceae) und als erste Laubholzgatt. erschien *Credneria*. In der Tierwelt zeigten in den Meeren die Foraminifera und die Schwämme (↗ Porifera) eine starke Entfaltung. Korallen und Moostierchen (↗ Bryozoa) bildeten Riffe, unter den Muscheln dominierte die Gatt. *Inoceramus*. Die Ammonoidea zeigten eine große Formenvielfalt mit z. T. riesigen (bis 2,5 m Durchmesser) sowie turmförmigen oder schraubig bzw. unregelmäßig aufgewickelten Gehäusen. Die ↗ Holostei wurden gegen Ende der K. weitgehend von den ↗ Teleostei verdrängt, außerdem lebten u. a. ↗ Ichthyosauria im Meer. An Reptilien zeigten Schlangen, Schildkröten und vor allem die Dinosaurier und Flugsaurier (↗ Pterosauria) eine starke Entwicklung. Bei den Vögeln entwickelten sich viele heutige Formen, während die Säugetiere noch eine untergeordnete Rolle spielten. Erste Beuteltiere, Plazentatiere, Urhuftiere und Primaten entwickelten sich. – Am Ende der K. starben die Ammonoidea, Belemnitida und die Dinosaurier sowie viele Gruppen der anderen Taxa aus. Die Landpflanzen waren von diesem Massensterben nicht betroffen, das je nach Auffassung auf einen Meteoriteneinschlag, terrestrische Katastrophen bzw. andere ökologische Ursachen zurückgeführt wird (↗ Dinosaurier).

Kreislaufzentrum, Bereich in der Medulla oblongata (↗ Gehirn), der den ↗ Blutdruck regelt.

Krenon, die Organismengesellschaft der Quellregion (*Krenal*) von ↗ Fließgewässern.

Kresse, ↗ Brunnenkresse, ↗ Gartenkresse.

Kreuzbein, *Os sacrum*, *Sacrum*, Knochen des ↗ Beckens (↗ Wirbelsäule).

Kreuzbestäubung, Form der Fremdbestäubung, bei der Pollen auf eine Blüte einer anderen, artgleichen Pflanze übertragen wird.

Kreuzblütler, die Fam. ↗ Brassicaceae.

Kreuzgang, ↗ Gangarten.

Kreuzkröte, Art der ↗ Kröten.

Kreuzkümmel, *Cumimum cyminum*, aus dem Mittelmeerraum stammende Gewürzpflanze der ↗ Apiaceae.

Kreuzotter, *Vipera berus*, 60 - 80 cm lange Art der Grubenottern (↗ Viperidae), die in feuchten, sonnigen Habitaten Europas und Asiens vorkommt. Sie ist tagaktiv und ernährt sich vor allem von Mäusen, Braunfröschen, Jungvögeln und Eidechsen. Die Winterruhe wird oft in Gemeinschaftsquartieren verbracht. Das Gift der K. ist auch für den Menschen gefährlich, jedoch selten tödlich. Die K. ist infolge Lebensraumzerstörung und gezielter Ausrottungskampagnen in ihrem Bestand stark gefährdet und steht unter Schutz.

Kreuzspinnen, die Fam. ↗ Araneidae.

Kreuzung, in der Genetik und ihren Anwendungsgebieten wie Tier- oder Pflanzenzüchtung die Paarung zwischen genetisch unterschiedlichen, verschiedengeschlechtlichen Individuen bzw. Gameten. Die *Kreuzungspartner* gehören i. d. R. derselben Art an (*intraspezifische K.*), weil *interspezifische K.* meist aufgrund von Inkompatibilität der Gameten letal sind. Die Verteilung des Erbguts auf die Nachkommen erfolgt nach den ↗ Mendel-Regeln. K. stellen somit eine Möglichkeit dar, durch Neukombination von Genen und Allelen Organismen mit Merkmalen zu erzeugen, die bei den Eltern nicht vorhanden waren (so genannte *Kreuzungszüchtung*). Zur Analyse eines ↗ Erbgangs werden Kreuzungsexperimente durchgeführt, wobei bei einer *reziproken K.* das Geschlecht der Eltern vertauscht wird, um gegebenenfalls eine ↗ Geschlechtschromosomen-gebundene Vererbung nachzuweisen. Von einer *Rückkreuzung* wird immer dann gesprochen, wenn die Kreuzung eines Nachkommens der ersten Filialgeneration mit einem seiner Elterntypen erfolgt.

Krickente, Art der ↗ Gründelenten.

Kriebelmücken, die Fam. ↗ Simuliidae.

Kriechen, Form der ↗ Fortbewegung bei Tieren ohne Extremitäten, die nur in der Ebene der Substratoberfläche stattfindet, so z. B. das K. der Landschnecken oder das K. der Amöben (↗ Amoebina) mit Hilfe von Pseudopodien. – Eher umgangssprachlich werden auch das Schlängeln der Schlangen und die peristaltischen Bewegungen des Regenwurms als Kriechen bezeichnet.

Kriechtiere, die ↗ Reptilia.

Krill, Name einiger Arten der Leuchtkrebse (Euphausiacea; ↗ Eucarida).

Kristallkegel, ↗ Facettenauge.

Kristallstiel, Struktur im Verdauungstrakt der Muscheln (↗ Bivalvia) und der ↗ Monoplacophora.

kritische Periode, die ↗ sensible Phase.

Krogh, *Schack August Steenberg*, dän. Physiologe, ✳ 15.11.1874 Grenå (Jütland), † 13.9.1949 Kopenhagen; ab 1916 Prof. in Kopenhagen. K. arbeitete über Osmoregulation und Atmungsphysiologie (Gasaustausch in der Lunge), die Regulation der Kapillarerweiterung und -verengung sowie den Grundumsatz. Er erhielt 1920 den Nobelpreis für Physiologie oder Medizin.

Krokodile, die ↗ Crocodylia.

Kronblätter, *Blütenkronblätter*, *Petalen*, die meist auffällig gefärbten ↗ Blütenblätter der ↗ Blütenkrone.

Krone, ↗ Blütenkrone.

Kronendach, die aus (meist flachen) Baumkronen bestehende geschlossene Vegetationsdecke des Regenwaldes.

Kronengruppe, ein monophyletisches Taxon (Monophylum), für das durch Fossilien eine aus mehreren Arten bestehende Ahnenlinie nachgewiesen ist, also eine Kette der Stammarten, in der alle ↗ Apomorphien des Monophylums entstanden sind.

Kropf, 1) *Zoologie*: *Ingluvies*, Erweiterung oder auch seitliche Ausstülpung des ↗ Ösophagus vieler wirbelloser Tiere (vor allem bei Insekten) sowie der Vögel. Der K. dient der Aufbewahrung oder/und mechanischen sowie bei manchen Tieren auch enzymatischen Aufbereitung der Nahrung.

2) *Medizin*: Vergrößerung der ↗ Schilddrüse, insbesondere als Folge von Iodmangel.

Kröten, *Bufo*, artenreichste und am weitesten verbreitete Gatt. der Fam. Bufonidae, die vom trop. Regenwald über Halbwüsten bis in 4500 m Höhe sehr unterschiedliche Lebensräume in Afrika, Südostasien und Europa besiedeln. K. bilden in den Ohrdrüsen ein giftiges Sekret. In Europa kommen drei Arten vor: Die *Erdkröte (Bufo bufo)* ist mit bis 15 cm Größe (Weibchen, die Männchen sind etwas kleiner) relativ groß. Sie hat eine recht trockene Haut, ist überwiegend landlebend und nachtaktiv. Sie ernährt sich vor allem von Insekten, Spinnen, Tausendfüßern und Schnecken. Die *Kreuzkröte (Bufo calamita)*, eine überwiegend nachtaktive, in Sanddünen, Ödlandbiotopen und Flussauen Südwest- und Mitteleuropas vorkommende Art der Kröten besitzt eine große kehlständige Schallblase. Die Männchen stimmen in den Laichgewässern abends und nachts weithin hörbare Chorgesänge an. Ihre Bestände sind gefährdet. Ebenfalls bis 15 cm lang wird die *Wechselkröte (Bufo viridis)*, die auf der Haut grüne Flecken und kleine rote Warzen trägt.

Krümmungstest, ↗ Auxine, ↗ Bioassay.

Krümmungswachstum, ↗ Auxine.

Krustenanemonen, die ↗ Zoantharia.

Krustenflechten, ↗ Lichenes.

Kryofixierung, ein Verfahren zur Konservierung von Zellen und Geweben durch Schockgefrieren, d. h. blitzschnelles Abkühlen der Proben auf −190 °C bis −270 °C in flüssigem Stickstoff. Auf diese Weise bleiben zelluläre Strukturen erhalten. Die K. kommt z. B. bei der ↗ Gefrierätztechnik zum Einsatz.

Kryokonservierung, Bez. für das Tiefgefrieren (in flüssigem Stickstoff bei −196 °C) insbesondere von

Eizellen, Spermien und Embryonen im Rahmen der ↗ Reproduktionsmedizin. Eizellen werden zum Zweck des nachfolgenden Embryotransfers im *Vorkernstadium* (Pronucleusstadium) eingefroren, d. h. nachdem das Spermium in die Eizelle eingedrungen ist, die Kernverschmelzung jedoch noch nicht stattgefunden hat. Einen Tag vor dem ↗ Embryotransfer wird die Eizelle in einen Inkubator für die Embryokultur gebracht, wo die Kernverschmelzung stattfindet und sich der Embryo entwickelt. Die K. hat den Vorteil, dass nach einer einzigen Follikelpunktion zur Gewinnung der Eizellen in mehreren aufeinanderfolgenden Zyklen Embryotransfers mit jeweils bis zu drei Embryonen durchgeführt werden können.

kryptische Tracht, ↗ Abwehr.

krypto-, in Zusammensetzungen: verborgen.

Kryptobiose, die ↗ Anabiose.

Kryptogamen, auf C. von ↗ Linné zurückgehende Bez. für die sich mit Sporen vermehrenden, *blütenlosen Pflanzen* (Moose, Farne, Schachtelhalme) und Pilze. Diese wurden den Samen bildenden Pflanzen (↗ Spermatophyta) gegenübergestellt. Die K. bilden keine biologisch-systematische Einheit.

Kryptophyten, Pflanzen, die ungünstige Lebensbedingungen mit Hilfe von Erneuerungsknospen überdauern, die sich bei ↗ Geophyten in der Erde und bei ↗ Hydrophyten bzw. ↗ Helophyten am Gewässergrund oder Sumpfboden befinden.

Kryptosporidiose, durch Arten der Einzellergatt. ↗ Cryptosporidium verursachte Erkrankung.

Kryptotypus, Bez. für die Gesamtheit derjenigen Anteile des ↗ Genotyps, die im Phänotyp, also im äußeren Erscheinungsbild, nicht realisiert sind.

Kryptozoikum, ↗ Präkambrium.

K-Selektion, die ↗ K-Strategie.

K-Strategie, *K-Selektion*, Anpassungsstrategie an langfristig konstante Umweltbedingungen, bei der nur wenige Nachkommen produziert werden, in die viel investiert wird und die daher eine hohe Überlebensfähigkeit haben. *K-Strategen* haben über längere Zeit eine nahezu gleichbleibende Populationsgröße nahe der *Kapazitäts-Grenze* ihrer Lebensstätte, worauf die Bez. zurückgeht. Relativ zu vergleichbaren Arten, die mehr einer ↗ r-Strategie folgen, sind sie größer, haben eine langsamere Entwicklung, längere Generationszeit und intensivere elterliche Fürsorge.

Küchenschabe, *Kakerlak*, *Blatta orientalis*, bis 3 cm lange braune Art der Schaben (↗ Blattariae), die aus subtropischen Gebieten auch nach Mitteleuropa eingeschleppt wurde und hier vorwiegend in (Groß-)Küchen und Bäckereien zu finden ist.

Küchenzwiebel, *Allium cepa*, ausdauernde Kulturpflanze der ↗ Alliaceae. Für den Geruch und den scharfen Geschmack der K. sind schwefelhaltige Stoffe verantwortlich wie *Allicin*, das Tränen auslösende Thiopropanalsulfoxid und organische Sulfide. Einige Stoffe wirken antibiotisch gegen Bakterien.

Kuckucke, Fam. der Kuckucksvögel (↗ Cuculiformes).

Kuckucksvögel, die Ord. ↗ Cuculiformes.

Kuehneromyces, ↗ Stockschwämmchen.

Kugelalge, ↗ Volvox.

Kugelfische, die Fam. ↗ Tetraodontidae.

Kugelfischverwandte, die ↗ Tetraodontiformes.

Kugelspinnen, die Fam. ↗ Theridiidae.

Kuhantilopen, die Unterfam. ↗ Alcelaphinae.

Kühn, *Alfred*, deutscher Zoologe und Genetiker, ✳ 22.4.1885 Baden-Baden, † 22.11.1968 Tübingen; ab 1914 Prof. in Freiburg i. Br., 1918 in Berlin, 1920 in Göttingen, seit 1937 Direktor am Kaiser-Wilhelm-Institut (heute Max-Planck-Institut) für Biologie in Berlin-Dahlem, 1951-58 Direktor des Max-Planck-Instituts für Biologie und Prof. für Zoologie in Tübingen. K. arbeitete vor allem über Genetik und Entwicklungsphysiologie, insbesondere bei Insekten. Zusammen mit A.F.J. ↗ Butenandt entdeckte er die Genwirkkette bei der Vererbung der Augenfarbe bei Mehlmotten. Er wies als erster das Verpuppungshormon bei Schmetterlingen und 1921 zusammen mit R.W. Pohl die Dressierbarkeit von Bienen auf Spektralfarben nach.

Kultur, 1) der angebaute Bestand einer Kulturpflanzenart.

2) die Zucht von ↗ Mikroorganismen.

3) ein bestimmter Stamm oder eine bestimmte Art von Mikroorganismen, die in oder auf einem Nährmedium (↗ Kulturmedium) vermehrt oder gehalten werden. Nach dem verwendeten Medium unterscheidet man *flüssige Nährmedien* und *feste Nährmedien*. Als Gelierungsmittel für feste Nährmedien werden meist ↗ Agar oder Gelatine verwendet. In *Flüssigkeitskulturen* können die Mikroorganismen als *Oberflächenkultur* gehalten werden, wobei sie eine zusammenhängende Schicht bilden. In der *Submerskultur* vermehren sich die Mikroorganismen innerhalb der Nährlösung, wobei diese meist in ständiger Bewegung gehalten wird. K. auf festen Medien unterscheiden sich nach Art der Beimpfung des Nährbodens. Die *Plattenkultur* besteht aus einer dünnen Nährbodenschicht und den sich darauf vermehrenden Mikroorganismen in einer Petrischale. Bei der *Strichkultur* werden die Mikroorganismen linienförmig mit der Impföse auf die Nährbodenoberfläche aufgeimpft, sodass auch linienförmige ↗ Kolonien entstehen. Eine *Stichkultur* wird durch Einstechen einer ↗ Impfnadel in einen Nährboden angelegt, der sich in einem ↗ Kulturröhrchen befindet. Beim Bebrüten entwickeln sich die eingeimpften Mikroorganismen entlang des Stichkanals.

Im Gegensatz zu einer *Mischkultur* enthält eine Reinkultur nur Mikroorganismen eines Stammes

oder einer Art. (↗ kontinuierliche Kultur, ↗ statische Kultur)

Kulturbiozönose, eine Lebengemeinschaft, die durch Einwirkung des Menschen aus natürlichen Lebensgemeinschaften entstanden ist, z. B. Ruderalzönose, Agrozönose und Forst.

Kulturensammlung, für wissenschaftliche und kommerzielle Zwecke angelegte Sammlung von lebenden ↗ Reinkulturen verschiedener Mikroorganismenarten und -stämme.

Kulturflüchter, *hemerophobe Arten*, Arten, die durch landwirtschaftliche Kultivierungsmaßnahmen zurückgedrängt werden.

Kulturfolger, *hemerophile Arten*, Arten, die durch Kultivierung gefördert werden.

Kulturlandschaft, durch den Menschen umgestaltete ↗ Landschaft, z. B. Agrarlandschaft, Industrielandschaft. Gegensatz: ↗ Naturlandschaft

Kulturmedium, *Nährmedium*, in der ↗ Mikrobiologie Bez. für flüssige und feste Medien (↗ Nährböden), die der Anzucht von ↗ Mikroorganismen dienen. Das K. enthält alle Nährstoffe, die für das Wachstum von bestimmten Mikroorganismen erforderlich sind. Man unterscheidet *chemisch definierte* K., die exakte Mengen hochgereinigter Chemikalien enthalten, und *undefinierte* oder *komplexe K.*, die aus Hydrolysaten von Casein, Rindfleisch, Sojabohnen, Hefezellen und Ähnlichem bestehen. Da die Nährstoffansprüche der einzelnen Mikroorganismen sehr unterschiedlich sind, muss das K. alle essenziellen Nährstoffe in der richtigen Form und in den richtigen Mengen enthalten. (↗ kontinuierliche Kultur, ↗ statische Kultur, ↗ mikrobielles Wachstum)

Kulturpflanzen, von Menschen in Kultur genommene, meist auch züchterisch bearbeitete Nutz- und Zierpflanzen, die planmäßig angebaut werden. Die K. haben ihren Ursprung in Wildpflanzen, aus denen sich durch jahrhundertelange Selektion und Kombination erwünschter Eigenschaften die meisten der heute angebauten K. entwickelten. Von den Domestikationszentren der K. sind vor allem drei von überragender Bedeutung: 1) die vorderasiatische Region, die als „fruchtbarer Halbmond" bezeichnet wird, 2) China, 3) Süd- und Mittelamerika. Weltweit waren die wichtigsten K.-Arten bereits 2000 bis 1000 v. Chr. bekannt und wurden systematisch angebaut.

Nach Nutzungsrichtungen kann man die K. einteilen in *Nahrungspflanzen* (Feldfrüchte, Gemüse, Obst), *Futterpflanzen* (Pflanzenarten der Wiesen und Weiden), ↗ Ölpflanzen, ↗ Faserpflanzen, ↗ Heilpflanzen, *Gründüngungs-Pflanzen* (Bodenverbesserung, Stickstoffanreicherung), *Zierpflanzen*. Einige K. werden auch genutzt, um Duftstoffe, Farbstoffe (↗ Färberpflanzen), Gerbstoffe, Harze, Insektizide, ↗ Kautschuk, Saponine, Wachse, Drogen und Treibstoff (↗ Biokraftstoffe) zu gewinnen. Zu den K. zählen etwa 4800 Arten aus ca. 230 botanischen Fam. Davon gehören fast 700 Arten zur Fam. der Hülsenfrüchtler (↗ Fabales), ca. 600 Arten zu den Süßgräsern (↗ Poaceae), ca. 220 Arten zu den Rosengewächsen (↗ Rosaceae), 210 Arten zu den Korbblütlern (↗ Asteraceae), ca. 130 Arten zu den Wolfsmilchgewächsen (↗ Euphorbiaceae), ca. 130 Arten zu den Lippenblütlern (↗ Lamiaceae) und ca. 110 Arten zu den Nachtschattengewächsen (↗ Solanaceae). Den entscheidenden Anteil an der Gesamtproduktion an Nahrung stellen mit 40 % die Getreidearten ↗ Weizen, ↗ Mais und ↗ Reis. Andere weltweit bedeutende K.-Arten sind ↗ Kartoffel, ↗ Gerste, Süßkartoffel (↗ Batate), ↗ Maniok und ↗ Sojabohne.

Innerhalb der K.-Arten entstanden durch systematische Züchtung *Sorten*, bei denen es sich um spezialisierte Pflanzen handelt, die für den Anbau unter bestimmten Standortbedingungen und für bestimmte Nutzungsrichtungen geeignet sind.

Bei der Züchtung der meisten K. stehen auch heute noch die klassischen Methoden im Vordergrund. In einigen Ländern haben jedoch auch gentechnisch veränderte K. (↗ grüne Gentechnik) ökonomische Bedeutung erlangt. An erster Stelle steht hier der gentechnisch veränderte Mais (USA), gefolgt von Sojabohnen (Kanada, Südamerika) und Reis (China).

↗ Ackerbau, ↗ Ackerbaugrenze, ↗ Hybridzüchtung, ↗ Schädlingsbekämpfung

Kulturröhrchen, dickwandiges Reagenzglas, das in der ↗ Mikrobiologie zum Kultivieren und Aufbewahren von ↗ Mikroorganismen unter sterilen Bedingungen verwendet wird.

Kümmel, *Carum carvi*, in Europa weit verbreitete zweijährige Gewürz- und Heilpflanze der ↗ Apiaceae. K. enthält die ↗ etherischen Öle *Carvon* und *Limonen*.

Kumquat, *Fortunella margarita*, strauchartiger Baum der ↗ Rutaceae mit pflaumenförmigen Früchten, die ähnlich wie Apfelsinen aufgebaut sind.

Kunstdünger, ↗ Dünger.

künstliche Befruchtung, eher umgangssprachliche und nicht ganz korrekte Bez. für verschiedene Verfahren der ↗ Reproduktionsmedizin, bei denen die Befruchtung entweder außerhalb des Körpers stattfindet (In-vitro-Fertilisation) oder für solche, bei denen die Samenzellen lediglich in die Nähe der Eizelle gebracht werden (↗ künstliche Besamung).

künstliche Besamung, 1) *Humanmedizin:* ↗ Insemination.

2) In der *Tierzucht* die Übertragung von Sperma in die Gebärmutter des weiblichen Tieres mittels Pipette oder Samenkatheter anstelle einer natürlichen Begattung. Das in Besamungsstationen ge-

wonnene Sperma wird meist bei –196 °C in flüssigem Stickstoff aufbewahrt (↗ Kryokonservierung), ohne dass die Spermien ihre Funktionsfähigkeit verlieren. Die Vorteile der k. B. sehen Tierzüchter darin, dass aufwendige Tiertransporte entfallen, da kein physischer Kontakt zwischen den Elterntieren stattfinden muss. Außerdem kann über k. B. durch ein hochwertiges Vatertier ein Vielfaches mehr an Nachkommen gezeugt werden, als dies auf natürlichem Wege möglich wäre. Vor allem in der Fischzucht ist auch die außerhalb des Körpers vorgenommene Besamung (*extrakorporale Besamung*) üblich, indem Spermien und Eier durch vorsichtiges Abstreifen gewonnen und anschließend vermischt werden.

künstliches Bakterienchromosom, ↗ BAC.
künstliches Hefechromosom, ↗ YAC.

Kupfer, chemisches Symbol *Cu*, chemisches Element aus der ersten Nebengruppe (Kupfergruppe) des Periodensystems. Cu, ein hellrotes, weiches, aber zähes und sehr dehnbares Metall, ist für alle Organismen ein wichtiges Bioelement und wird zu den Spurenelementen gerechnet. Der menschliche Körper enthält etwa 100 bis 150 mg Cu. K. ist in Organismen vor allem an Elektronenübertragungsreaktionen beteiligt. Es ist für die Chlorophyllsynthese der Pflanzen erforderlich und nimmt als Bestandteil mehrerer Enzyme auch am Aufbau des Hämoglobins teil. Im Blut von Weichtieren (↗ Mollusca) und Krebsen (↗ Crustacea) übernimmt kupferhaltiges ↗ Hämocyanin anstelle von Hämoglobin die Funktion des Sauerstoffüberträgers. Auch im menschlichen Blut ist eine Reihe – häufig blau gefärbter – Kupferproteine enthalten. Ferner kann Cu an organspezifische Eiweiße gebunden vorliegen.

Kupffer'sche Sternzellen, phagocytierende Zellen im Endothelverband der Lebersinusoide, die Fremdkörper, wie z. B. Zelltrümmer oder Bakterien, speichern und vermutlich auch am Abbau des Hämoglobins beteiligt sind. (↗ Leber, ↗ unspezifische Immunantwort)

Kürbis, *Cucurbita*, Gatt. der ↗ Cucurbitaceae, deren Arten aus Mittel- und Südamerika stammen. Die größten Früchte der Pflanzenwelt erzeugen die Arten *Gartenkürbis* (*Cucurbita pepo*) und *Riesenkürbis* (*Cucurbita maxima*). Eine Varietät des Gartenkürbis ist die *Zucchini* (*Cucurbita pepo convar. giromontiina*).

Kürbisgewächse, die Fam. ↗ Cucurbitaceae.

Kuru, durch ↗ Prionen verursachte Erkrankung, die zu den spongiformen Encephalopathien gehört und nur im Osten Neuguineas auftritt. Charakteristisch sind das Absterben von Nervenzellen sowie eine schwammartige Durchlöcherung der Hirnrinde. Symptome sind u. a. Gangunsicherheit, Schütteltremor (in der Sprache der Papua: Kuru)

Wesensveränderung; die Krankheit verläuft tödlich. (↗ bovine spongiforme Encephalopathie, ↗ Creutzfeldt-Jacob-Erkrankung, ↗ Scrapie)

kurzer Kreislauf, in der Ökologie Bez. für einen ↗ Stoffkreislauf, an dem nur ↗ Produzenten und ↗ Destruenten beteiligt sind. Gegensatz: ↗ langer Kreislauf

Kurzfingrigkeit, eine autosomal dominant vererbte Erbkrankheit, die sich durch das Fehlen eines Fingergliedes bemerkbar macht. Anhand der Analyse des Stammbaums einer englischen Familie mit K. konnte am Anfang des 20. Jh. erstmals der Beweis erbracht werden, dass die ↗ Mendel-Regeln auch für den Menschen gültig sind.

Kurzfühlerschrecken, die ↗ Caelifera.

Kurzkeimentwicklung, Typ der ↗ Embryonalentwicklung bei Insekten, bei der die meisten Körpersegmente nacheinander heranwachsen. Aus dem Blastoderm (↗ Keimscheibe) gehen lediglich die vorderen Segmente des Embryos hervor. (↗ Langkeimentwicklung)

Kurzschlusshandlung, die ↗ Affekthandlung.

Kurzsichtigkeit, *Myopie*, Form der Fehlsichtigkeit, bei der weit entfernte Gegenstände nicht mehr scharf gesehen werden können, da die Bildebene *vor* der Netzhaut liegt. Ein kurzsichtiger Mensch muss Kontaktlinsen oder eine Brille mit einer zerstreuenden Linse tragen, damit der Brennpunkt der einfallenden Strahlung auf der Netzhaut zu liegen kommt und er dadurch auch in der Ferne scharf sehen kann. (↗ Sehen)

Kurzspross, der ↗ Kurztrieb.

Kurztagpflanzen, Abk. *KTP*, Bez. für Pflanzen, bei denen die ↗ Blütenbildung nur dann erfolgt (*qualitative K.*) bzw. diese beschleunigt wird (*quantitative K.*), wenn sie an ihrem natürlichen Standort oder unter künstlichen Bedingungen im Gewächshaus so genannten Kurztagen ausgesetzt sind, deren Beleuchtungsphase z. B. acht Stunden, gefolgt von 16 Stunden Dunkelheit, andauert. Die Lichtphase muss im Gegensatz zu den Verhältnissen bei ↗ Langtagpflanzen dabei stets unterhalb eines artspezifischen kritischen Wertes, der *kritischen Tageslänge*, liegen. Typische Kurztagpflanzen sind Vertreter der Gattung *Pharbitis* ((Trichterwinde), *Xanthium* (Spitzklette), sowie die Tabakvarietät *Nicotiana tabacum* Maryland Mammoth. (↗ Fotoperiodismus)

Kurztrieb, *Kurzspross*, Haupt- und Seitenzweige mit geringem Längenwachstum und meist dichter Beblätterung.

Küstenseeschwalbe, Art der Seeschwalben (↗ Laridae).

Kutikula, die ↗ Cuticula.

Kwashiorkor, im Kleinkindalter auftretende, durch einseitige Ernährung mit Kohlenhydraten nach dem Abstillen, hervorgerufener Eiweiß- und Vitaminmangelzustand. Kennzeichen sind Abbau der Skelettmuskulatur, Ödeme, Blutarmut (Anämie), Hautveränderungen mit Pigmentverlust auch der Haare (Rotfärbung), Leberschwellung und Fettleber, sowie Hemmung des Wachstums und erhöhte Infektanfälligkeit. Der K. ist die tropische Form eines Mehlnährschadens. Die Therapie besteht in der Verabreichung eiweißreicher Nahrung.

Kyoto-Abkommen, auf der Weltklimakonferenz von 1997 in Kyoto von 160 Staaten beschlossenes Abkommen, nach dem sich die Industriestaaten bis zum Jahr 2012 verpflichten, den Ausstoß von Klima schädigenden Gasen (↗ Treibhauseffekt) gegenüber dem Jahr 1990 um 5,2 % zu senken.

L

L, 1) Symbol für die L-Konfiguration am ↗ asymmetrischen Kohlenstoffatom.

2) Ein-Buchstaben-Symbol für ↗ Leucin (↗ Aminosäuren).

Labferment, *Rennin*, *Chymosin*, eine im Magen von Säuglingen, Kleinkindern und Kälbern gebildete pepsinähnliche Endopeptidase (↗ Proteinasen) hoher Substratspezifität. L. wird aus einer inaktiven Vorstufe freigesetzt und benötigt Ca²⁺-Ionen als Cofaktor. Als Milchgerinnungsenzym reagiert L. mit dem κ-Casein der Milch als einzigem Substrat und wandelt es in das unlösliche para-κ-Casein und ein C-terminales Glykopeptid um.

Labiatae, die Fam. ↗ Lamiaceae.

Labium, gleichbedeutend mit Lippe (↗ Mund); bei den Insekten die Unterlippe der ↗ Mundgliedmaßen.

Labkrautgewächse, die Fam. ↗ Rubiaceae.

Labmagen, *Abomasus*, Teil des Magens der ↗ Wiederkäuer.

Labridae, *Lippfische*, Fam. der Barschartigen Fische (↗ Perciformes) mit rund 400 Arten, die in trop. und subtrop. Küstengewässern leben. L. sind lebhaft gefärbt und haben vorstreckbare, wulstige Lippen. Viele Arten leben in Korallenriffen. Der *Putzer-Lippfisch* (Gatt. *Labroides*) reinigt große Fische von Hautparasiten. Von vielen Arten der L. sind regelmäßige Geschlechtsumwandlungen bekannt.

Labrum, bei den Insekten die Oberlippe der ↗ Mundgliedmaßen.

Laburnum, Gatt. der ↗ Fabaceae.

Labyrinthfische, die Fam. ↗ Anabantidae.

Labyrinthorgan, Teil des ↗ Ohrs.

Labyrinthulomycetes, *Netzschleimpilze*, Gruppe der Pilze, die aufgrund ihrer heterokonten Begeißelung in die Nähe der Algenpilze (↗ Oomycota) gestellt werden. Charakteristisch ist die Bildung vielzelliger Netzplasmodien, weshalb die L. früher den Schleimpilzen zugeordnet wurden. Einige Arten der L. befallen im Salzwasser lebende Pflanzen als Endoparasiten.

Laccase, *Monophenol-Monooxygenase*, ein zu den Oxidoreduktasen gehörendes kupferhaltiges Flavinenzym. Die L. besitzt eine geringe Spezifität und vermag unterschiedliche Substrate wie Guajakol, Hydrochinon, Aminophenole und auch p-Phenylendiamin über Phenoxyradikale zu oxidieren; außerdem spielt sie eine Rolle bei der Biosynthese des ↗ Lignins. L. kommt in verschiedenen Pilzen (zusammen mit den Ligninasen) und auch im japanischen Lackbaum vor. Bedeutung hat die L. für die Bestimmung von Phenolen mit Enzymelektroden.

Lacertidae, *Eidechsen*, Fam. meist kleiner, sehr beweglicher und langschwänziger Reptilien, die mit fast 200 Arten in Eurasien und Afrika verbreitet sind. E. haben eine flache zweizipflige Zunge, die Extremitäten sind stets gut entwickelt. Die Rückenschuppen sind immer kleiner als die Bauchschuppen, der Schwanz kann an einer vorgebildeten Bruchstelle abgeworfen (*Autotomie*) und später wieder regeneriert werden. E. leben bevorzugt in warmen, trockenen Gebieten. Sie ernähren sich vor allem von Insekten, bisweilen auch Schnecken und Regenwürmern, größere Arten fressen auch kleinere Wirbeltiere. Die meisten Arten sind Eier legend. Einheimische Arten sind die Zauneidechse (*Lacerta agilis*), die Waldeidechse (*Lacerta vivipara*), die lebendgebärend ist, die Mauereidechse (*Podarcis muralis*) sowie die Smaragdeidechsen mit zwei Arten (*Lacerta viridis* und *Lacerta bilineata*).

Lacertilia, *Echsen*, *Sauria*, zu den Schuppenkriechtieren (↗ Squamata) gehörendes Taxon.

Lachesis, *Buschmeister*, Gatt. der Grubenottern (↗ Viperidae).

Lachmöwe, Art der Möwen (↗ Laridae).

Lachs, *Salmo salar*, bis 1,5 m lange Art der Lachsfische (↗ Salmoniformes), welche die meiste Zeit ihres Lebens im Meer verbringt. Nur zum Laichen steigen L. im Herbst in die Süßgewässer auf, in denen sie geschlüpft sind. Sie nehmen in dieser Zeit kaum Nahrung zu sich. Die Weibchen legen bis zu 10000 Eier in eine bis 2 m breite und bis 50 cm tiefe Nestgrube, die mit Kies zugedeckt wird. Die Jungen schlüpfen zum Winterende, bauen ihren Dottersack innerhalb von ein bis zwei Monaten ab und wandern dann im Verlauf von zwei bis drei Jahren ins Meer. Sie sterben meist im Alter von vier bis sechs Jahren, die Männchen insbesondere nach der ersten Laichwanderung. L. sind begehrte Speisefische und mittlerweile in Mitteleuropa so gut wie ausgerottet. Insgesamt ist die Nutzung der Wildbestände rückläufig; zur Züchtung der wirtschaftlich genutzten L. wird u. a. die Methode des *Lachsranching* angewandt, bei der den adulten Rückkehrern in ihren Heimatgewässern die Gonaden abgestreift und die Jungtiere künstlich aufgezogen werden, um die hohe natürliche Sterberate der Jungfische zu verringern. Häufiger ist die Aufzucht von Junglachsen in *Lachsfarmen*. Neben dem im Nordatlantik heimischen *Salmo salar* sind auch einige Arten der Gatt. *Oncorhynchus* (Pazifische Lachse) von großer wirtschaftlicher Bedeutung. So stellen sie in Alaska die größten Lachsbestände der Erde.

Lachsfische, die Fam. Salmonidae (↗ Salmoniformes).

Lachsverwandte, die ↗ Salmoniformes.

Lackmus, ein natürlicher Farbstoff aus der Färberflechte (Gatt. *Rocella*), der aus Phenoxazon- und Phenoxazinderivaten besteht. L. dient vor allem zur Herstellung des *Lackmuspapiers*, das als Indikatorpapier verwendet wird: Es zeigt im sauren Milieu eine rote, im basischen eine blaue Färbung. Das Umschlagsintervall liegt bei pH 4,5 bis 8,3.

lac-Operon, das ↗ Lactose-Operon.

lac-Repressor, Bez. für das wichtigste im ↗ Lactose-Operon wirksame Regulatorprotein.

Lactarius, *Milchlinge,* Gatt. der ↗ Russulales.

Lactase, die β-Galactosidase.

Lactat, das Salz der ↗ Milchsäure.

Lactat-Dehydrogenase, Abk. *LDH,* ein zu den ↗ Oxidoreduktasen gehörendes Enzym, das die Hydrierung von ↗ Pyruvat zu Lactat (Salz der ↗ Milchsäure) sowie die Rückreaktion katalysiert (↗ Glykolyse); LDH ist dabei absolut spezifisch für L(+)-Lactat, D(−)-Lactat wird nicht dehydriert. L. - D. kommt in Wirbeltiergeweben in mindestens fünf verschiedenen Isoenzymformen vor (↗ Isoenzyme). Hohe Konzentrationen finden sich in Herzmuskel und Leber. Die L. - D. besteht aus vier etwa gleich großen Untereinheiten, deren Biosynthese von zwei verschiedenen Genen determiniert wird. Durch Kombination der beiden Kettentypen zum tetrameren Enzymmolekül bilden sich die fünf Isoenzyme der L. Das beispielsweise im Skelettmuskel vorherrschende Isoenzym enthält vier Ketten M_4, das im Herzen hingegen vier Ketten H_4, während in anderen Geweben ein Gemisch aus den fünf möglichen Isoenzymformen auftritt. Aufgrund der unterschiedlichen ↗ isoelektrischen Punkte können die Isoenzyme durch ↗ Elektrophorese getrennt werden. Bei Herzinfarkt und ↗ Hepatitis dient der erhöhte LDH-Spiegel im Blut zur Diagnose dieser Krankheiten.

Lactobacillaceae, Fam. der ↗ grampositiven Bakterien mit niedrigem ↗ GC-Gehalt, zu der nur die Gatt. Lactobacillus gehört.

Lactobacillus, artenreiche Gatt. der ↗ grampositiven Bakterien mit niedrigem ↗ GC-Gehalt. Es sind meist stäbchenförmige ↗ Milchsäurebakterien, von denen die überwiegende Zahl der Arten homofermentativ ist, einige auch fakultativ heterofermentativ. L. -Arten kommen in Milchprodukten, in sich zersetzenden Pflanzen, im Darm und auf Schleimhäuten von Mensch und Tier vor.

Lactobacteriaceae, nach früherer Systematik die ↗ Milchsäurebakterien, die heute jedoch verschiedenen Fam. zugeordnet werden.

Lactose, *Milchzucker,* ein reduzierendes Disaccharid, das β-1→4-glykosidisch aus je einem Molekül D-Galactose und D-Glucose aufgebaut ist, wobei beide Monosaccharideinheiten als ↗ Pyranosen vorliegen. L. wird von gewöhnlicher Hefe nicht ver-

$^6CH_2OH$ $^6CH_2OH$
HO — O — H — OH — O — H — O — OH — H — H — H — OH — H — β — β — H — OH — H — OH — β — H — OH — H — OH

Lactose

goren, sondern nur von Spezialhefen, wie Kefir. ↗ Milchsäurebakterien wandeln L. zu ↗ Milchsäure um. Auf diesem Prozess beruht das Sauerwerden der Milch.

L. ist das wichtigste Kohlenhydrat der Milch der Säugetiere. Daneben findet sie sich als Kohlenhydratbaustein einiger Oligosaccharide, kommt aber auch im Pflanzenreich, z. B. in Früchten und Pollen vor. L. wird in den Milchdrüsen der Säugetiere durch die L.-Synthase synthetisiert. Die β-Form der Uridindiphosphat-Galactose (UDP-Galactose) tritt dabei mit D-Glucose zusammen, wobei in β-glykosidischer Bindung der Galaktoserest auf die OH-Gruppe am C4 der Glucose übertragen wird. Gespalten wird die L. durch die β-Galactosidase.

L. kann durch Eindampfen der bei der Käseherstellung anfallenden Molke gewonnen werden und dient als Grundsubstanz pharmazeutischer Präparate sowie als Nährsubstrat für Mikroorganismen.

Lactose-Operon, *lac-Operon,* das ↗ Operon, das die Gene enthält, welche für den Lactosemetabolismus von *Escherichia coli* erforderlich sind. Sie codieren für Enzyme, die die Aufnahme des Disaccharids in die Zelle sowie für dessen Hydrolyse verantwortlich sind. Die Gene des L. - O. werden nur in Anwesenheit von Lactose exprimiert, das für die präferenziell Glucose nutzenden Bakterien eine alternative Energiequelle darstellt. Mit Hilfe des L. - O. haben F. ↗ Jacob und J. ↗ Monod 1961 das Operon-Modell und das Konzept der messenger-RNA entwickelt. Für ihre Arbeiten erhielten sie, zusammen mit A. ↗ Lwoff, 1965 den Nobelpreis.

Durch die Charakterisierung von Mutanten mit gestörtem Lactosestoffwechsel gelang es Jacob und Monod, die drei Gene des L. - O. zu identifizieren, die für Lactose verwertende Enzyme codieren. Sie sind in der Reihenfolge *lacZ-lacY-lacA* nacheinander im Genom angeordnet. Das ↗ lacZ-Gen codiert für das Enzym β-*Galactosidase,* das Lactose zu Glucose und Galactose umsetzt, das *lacY-*Gen codiert für eine *Galactosid-Permease,* die die Aufnahme von Lactose in die Zelle katalysiert. Die Funktion des Enzyms *Thiogalactosid-Transacetylase* dessen genetische Information im *lacA-*Gen enthalten ist, konnte bislang nicht ermittelt werden. Zusätzlich enthält das L. - O. noch das *lacI-*Gen, das nicht für ein Enzym, sondern für ein als *Lactose-Repressor (lac-Repressor)* bezeichnetes Protein codiert. Es ist für die Regulation der Expression des L. - O. von zentraler Bedeutung.

Auf die Funktion des lac-Repressors als *Regulator* wurde man aufmerksam, weil bei einer Mutation von *lacI* die drei Strukturgene des L. - O. auch in Abwesenheit von Lactose konstitutiv exprimiert wurden.

Der lac-Repressor bindet an einen bestimmten Bereich vor dem Promotor der drei Strukturgene, der als *Operator* bezeichnet wird und verhindert deren Transkription. Ist hingegen Lactose im Wachstumsmedium der Bakterien vorhanden, bindet ein Zwischenprodukt des Lactoseabbaus, die *Allolactose*, an den lac-Repressor; durch die dadurch erfolgende Konformationsänderung des Proteins kann dieses nicht mehr an den Operator binden, sodass die Gene des L. - O. exprimiert werden können. Allolactose, i. w. S. auch Lactose, werden deshalb als *Induktoren* des L. - O. bezeichnet. Die Repressor-Induktor-Bindung stellt einen Gleichgewichtszustand dar, sodass mit allmählicher Umsetzung der Lactose wieder mehr Repressormoleküle vorhanden sind, die an den Operator binden. Die drei Gene des L. - O., welche die drei für den Lactoseabbau benötigten Enzyme enthalten, unterliegen somit einer *negativen Kontrolle*; der lac-Repressor wird konstitutiv exprimiert und ist deshalb ständig in der Zelle vorhanden.

Neben der Kontrolle durch den lac-Repressor wird das L. - O. auch mittels ↗ Katabolitrepression kontrolliert. Hierbei spielt die intrazelluläre Glucosekonzentration eine wichtige Rolle. Im L. - O. befindet sich neben dem Operator noch eine zweite Bindestelle, an die das *Katabolit-Aktivatorprotein (CAP)* anbinden kann. Geringe Glucosekonzentrationen führen zur Entstehung des ↗ CAP-cAMP-Komplexes, der mit der CAP-Bindungsstelle intera-

giert und ebenfalls die Transkription stimuliert. Ist hingegen viel Glucose und infolgedessen wenig cAMP vorhanden, findet keine Expression des L. - O. statt. Mit diesen beiden Kontrollmechanismen können Bakterienzellen ihren Stoffwechsel koordinieren, wenn z. B. Lactose *und* Glucose vorhanden sind.

Lactuca, Gatt. der ↗ Asteraceae.

lacZ-Gen, ein Gen des ↗ Lactose-Operons von *Escherichia coli*, das für das Enzym β-Galactosidase codiert. Es hydrolysiert das Disaccharid Lactose zu Glucose und Galactose. Das Gen ist für die Molekularbiologie von großem Nutzen, da es den zunächst farblosen Farbstoff 5-Brom-4-Chlor-3-Indolyl-β-D-Galactopyranosid („Xgal") zu einem blauen Produkt umsetzen kann. Eine Reihe von ↗ Plasmiden enthalten einen Teil des Gens, in dem sich auch die so genannte *multi cloning site* befindet. Bei dem *Blau-Weiß-Screening* genannten Verfahren wird dem festen antibiotikahaltigen Wachstumsmedium Xgal zugesetzt. Durch das Einfügen eines DNA-Fragmentes in das Plasmid wird das Leseraster des lacZ-G. unterbrochen und es ist somit möglich, rekombinante und nicht rekombinante DNA in weißen bzw. blauen Bakterienkolonien voneinander zu unterscheiden (↗ Klonierung).

Lagerpflanzen, die ↗ Thallophyten.

lagging strand, der ↗ Folgestrang.

Lagomorpha, *Hasentiere*, Ord. der Säugetiere mit zwei Familien, den Hasenartigen (↗ Leporidae), zu denen die Hasen und die Kaninchen gehören, und den eher meerschweinchenähnlichen *Pfeifhasen* oder *Pikas (Ochotonidae)*, die in Halbwüsten und in Geröll- und Blockhalden der Gebirge Asiens und Nordamerikas in bis 6000 m Höhe vorkommen. Charakteristisch für die L. sind die großen vorderen, zum Nagen geeigneten Schneidezähne, hinter

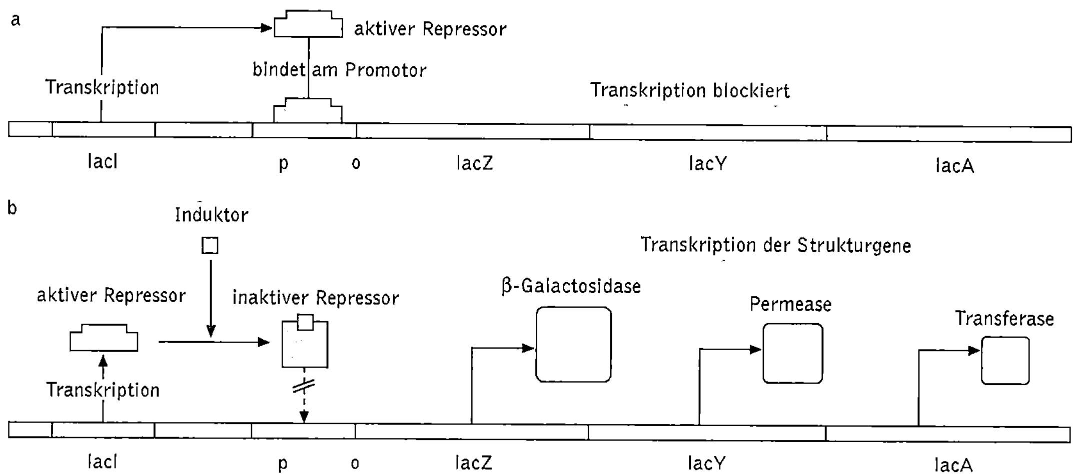

Lactose-Operon a in Abwesenheit und b in Anwesenheit von Lactose im Wachstumsmedium. Die Regulation mittels CAP-cAMP-Komplex ist nicht dargestellt

denen kleine Stiftzähnchen sitzen, sowie die doppelte Verdauung. Die frische Pflanzennahrung wird im Magen mit dem weichen, braunen Blinddarmkot, der wieder verzehrt wurde, vermischt. Der Blinddarmkot enthält durch die Tätigkeit von Bakterien im Blinddarm aufgeschlossene Nährstoffe, die nur im Dünndarm resorbiert werden können und muss deshalb wieder gefressen werden (*Caecotrophie*). Außer dem Blinddarmkot setzen die L. noch eine größere Menge härteren Kots ab, der nicht mehr gefressen wird. Alle L. besitzen ein ziemlich langhaariges, weiches Fell mit vollständig behaarten Füßen. Die Augen sitzen seitlich am Kopf, sodass ein Sehfeld mit Rundsicht ermöglicht wird. Alle L. ernähren sich ausschließlich von Pflanzen.

lag-Phase, die Anlaufphase des ⤳ Populationswachstums, in der die Organismen unter den gegebenen Bedingungen noch nicht die höchsten Vermehrungsraten aufweisen. In dieser Phase passen sich die Organismen zunächst an die Gegebenheiten an. Besonders deutlich zeigt sich diese Phase beim Wachstum von Bakterienpopulationen (⤳ Bakterienwachstum).

Laich, Bez. für die ins Wasser abgelegten Eier von Weichtieren, Fischen und Amphibien. *Freilaicher* legen die Eier einzeln, in Klumpen oder in Schnüren (*Laichschnüre*) frei ins Wasser ab, *Haftlaicher* heften die Eier an Pflanzen, Steine oder andere Gegenstände an.

Lamarck, *Jean-Baptiste Antoine Pierre de Monet*, Chevalier de, franz. Zoologe und Botaniker, * 1.8.1744 Bazentin-le-Petit (Somme), † 18.12. 1829 Paris; ab 1779 Mitglied der Pariser Akademie, ab 1792 Prof. der Naturgeschichte der niederen Tiere am Jardin des Plantes in Paris. L. verwendete 1802 unabhängig von K.F. Burdach (1776-1847) und G.R. Treviranus (1779-1864) erstmals den Begriff *Biologie* und prägte um 1794 die Begriffe *Wirbeltiere* und *Wirbellose*. Letztere systematisierte er 1809 in Mollusca, Cirripedia, Annelida, Crustacea, Arachnida, Insecta, Vermes, „Strahltiere" (Echinodermata), Polypen und Infusorien. L war Anhänger der Stufenleitertheorie des Lebendigen („scala naturae") in dem Sinne, dass die Ähnlichkeiten und Übergänge zwischen verschiedenen Formen phylogenetisch begründet sind. Er gilt aufgrund seiner Annahme der Kontinuität der Formen als Wegbereiter der ⤳ Deszendenztheorie. Die Ursachen für die Umgestaltung der Organismen sah er in auf diese einwirkende Umweltfaktoren, durch die sie zu neuen Anpassungen gezwungen werden. Diese vitalistische, allerdings nicht auf den Menschen bezogene Auffassung von der Vererbung erworbener Eigenschaften (⤳ Lamarckismus) prägte die Vorstellung vieler Forscher bis ins 20. Jh. hinein.

Lamarckismus, eine ⤳ Evolutionstheorie, die von dem franz. Naturforscher J.B. de ⤳ Lamarck 1809 aufgestellt wurde. Für den Formenwandel der Organismen postulierte L. zweierlei Ursachen: Zum einen sollte ein den Organismen innewohnender Vervollkommnungstrieb die Entwicklung von einfachen Formen zu den komplizierten bewirkt haben. Unter neuen Verhältnissen empfindet der Organismus sozusagen neue Bedürfnisse, aufgrund derer neue Organe entstehen können (psychische Induktion). Zum anderen ging er davon aus, dass sich Organe durch Gebrauch bzw. Nichtgebrauch ändern, also Körperteile, die intensiv gebraucht wurden, sich vergrößerten und solche, die nicht gebraucht wurden, verkümmerten. Ein Beispiel für Veränderung durch intensiven Gebrauch war für L. der lange Hals der Giraffe, der sich durch das Strecken nach den Blättern entwickelt habe, und für Nichtgebrauch die rückgebildeten Augen des Maulwurfs. L. ging auch davon aus, dass erworbene Eigenschaften an die Nachkommen weitervererbt werden.

Lamas, *Lama, südamerikanische Schwielensohler*, südamerikan. Gatt. der ⤳ Kamele (*Camelidae*) mit zwei Arten und zwei Haustierformen. Die zwei wild lebenden Arten sind das Vikunja (*Lama vicugna*) und das Guanako (*Lama guanicoë*). Allen L. gemeinsam ist das Spucken: Bei starker Erregung oder innerartlichen Kämpfen nehmen sie den Kopf hoch und stoßen in Richtung des Kontrahenten Luft, vermischt mit Speichel und Nahrung, aus. Die zierlichen *Vikunjas* leben oberhalb der Baumgrenze bis in Höhen von 5500 m. Ein ungewöhnlich großes Herz und einige Besonderheiten der Erythrocyten sind Anpassungen an das Leben in diesen Höhen. Mit einer Schulterhöhe bis 1,25 m ist das *Guanako* etwas größer als das Vikunja. Es ist im südlichen Feuerland sowie in ganz Patagonien verbreitet. Von ihm stammen die zwei Haustierformen *Lama* und *Alpaka* (*Lama guanicoë* forma *glama*) ab, wobei das Lama vorwiegend als Tragtier, in unwegsamem Gelände auch heute noch, eingesetzt wird und das Alpaka große Bedeutung als Wolllieferant hat.

Lamiaceae, *Labiatae, Lippenblütler*, Fam. der ⤳ Lamiales mit ca. 5600 Arten, die über die ganze Erde verbreitet sind, besonders häufig jedoch im Mittelmeerraum. Es sind Kräuter oder Sträucher mit in der Regel vierkantigem Stängel, kreuzgegenständigen Zweigen und Blättern und einem meist starken Duft, der von ⤳ etherischen Ölen herrührt. Viele Arten der L. enthalten auch Bitterstoffe, Polyphenole und Gerbstoffe. Die Blüten sind zweiseitig symmetrisch und bestehen aus einem oft zweilippig verwachsenen Kelch, einer langen, zweilippigen Kronröhre, zwei längeren und zwei kürzeren Staubblättern und einem Griffel mit zweiteiliger Narbe. Der oberständige Fruchtknoten ist tief vierteilig und entwickelt sich zu einsamigen Teilfrüchten, den so genannten Klausen.

Viele Arten der L. werden als Heil- und Küchenkräuter verwendet, u. a. ↗ Basilikum (*Ocimum basilicum*), ↗ Bohnenkraut (*Satureja hortensis*), ↗ Lavendel (*Lavendula angustifolia*), ↗ Majoran (*Majorana hortensis*), ↗ Rosmarin (*Rosmarinus officinalis*) ↗ Salbei (*Salvia officinalis*), ↗ Thymian (*Thymus vulgaris*), ↗ Minze

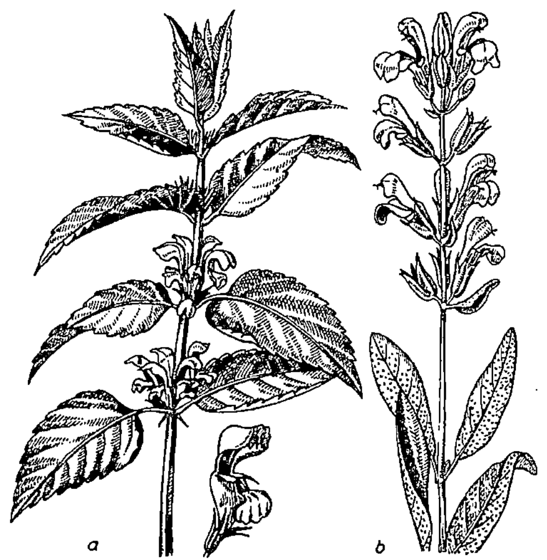

Lamiaceae a Weiße Taubnessel (*Lamium album*), blühend, rechts: Einzelblüte; b Garten-Salbei (*Salvia officinalis*), blühend

(*Mentha*), ↗ Zitronenmelisse (*Melissa officinalis*) und ↗ Ysop (*Hyssopus officinalis*).

Lamiales, Ord. der ↗ Rosopsida, deren Vertreter fast immer gegenständig beblättert sind und die falsche Scheidewände in meist zweiblättrigen Fruchtknoten besitzen. Zu den L. gehören die ↗ Lamiaceae und die ↗ Verbenaceae.

Lamina, 1) *Botanik*: die ↗ Blattspreite.

2) *Anatomie*: Bez. für eine dünne, meist nicht zelluläre Schicht in Geweben.

Laminaria, Gatt. der ↗ Phaeophyceae.

Laminariales, Ord. der Braunalgen (↗ Phaeophyceae), zu der die größten Algen überhaupt gehören. Sie weisen i. d. R. eine Gliederung in wurzel-, spross- und blattartige Thallusabschnitte auf und bilden zum Teil echte Gewebe aus. Die sexuelle Fortpflanzung erfolgt durch Oogamie, weibliche und männliche Gametophyten sind unterschiedlich gestaltet. Zu den L. gehören der ↗ Riesentang, *Macrocystis pyrifera*, und der ↗ Zuckertang, *Laminaria saccharina*.

Laminine, zu den ↗ Adhäsionsmolekülen gehörende heterotrimere Glykoproteine, die vor allem in der ↗ Basallamina vorkommen und Bindestellen für eine Reihe von Komponenten der ↗ extrazellulären Matrix besitzen. Die drei Untereinheiten sind über ihre α-helicalen Bereiche durch Disulfidbrücken miteinander verbunden. Am aminotermi-

nalen Ende jeder Untereinheit sind globuläre Bereiche vorhanden, die verschiedene Bindestellen erhalten. L. sind essentiell für die Substratanheftung von Epithelien und Endothelien; sie wird über eine so genannte RGD-Sequenz (für die Aminosäuren Arg-Gly-Asp) vermittelt. Bei Nervenzellen stimulieren L. das Dendritenwachstum. Während der Embryonalentwicklung sind L. die ersten Matrixproteine, die nachgewiesen werden können.

Lampetra, Gatt. der Neunaugen (↗ Petromyzonta).

Lampionblume, die ↗ Judenkirsche.

Lampriformes, *Gotteslachsverwandte*, in der Hochsee lebende Ord. der Knochenfische, deren gemeinsames Merkmal der Bau des Kiefers ist: Das Vorstrecken des oberen Mundrandes wird nicht durch den Zwischenkiefer (Praemaxillare, wie bei allen anderen Fischen), sondern durch einen Teil des Maxillare bewerkstelligt. Zu den L. gehören u. a. der bis 1,8 m lange, hochrückige *Gotteslachs* (*Lampris guttatus*) sowie die Fam. *Bandfische* oder *Riemenfische* (*Regalecidae*) mit bis 8 m langen, z. T. prächtig gefärbten Arten, deren erste Rückenflossenstrahlen verlängert, leicht nach vorne gebogen und z. T. frei sind. Bandfische verbergen sich oft hinter Geschichten über „Riesenmeerschlangen".

Lampyridae, *Leuchtkäfer*, Fam. der Käfer mit über 2000 dämmerungs- oder nachtaktiven Arten, davon in Mitteleuropa drei. Die L. zeigen einen auffallenden ↗ Geschlechtsdimorphismus: Die Männchen haben Flügel, die Weibchen besitzen nur Flügelstummel und sind flugunfähig. Charakteristisch für die L. ist ferner das Leuchtvermögen, das auch bei Larven vorkommt. In Leuchtorganen auf dem Abdomen wird durch ein ↗ Luciferin-Luciferase-System Licht erzeugt, das der Partnerfindung, aber auch dem Beuteerwerb dient. Adulte Käfer nehmen meist keine Nahrung auf, jedoch locken z. B. die Weibchen der Gatt. *Photuris* die Käfer einer anderen Leuchtkäferart an und fressen sie; die Larven ernähren sich von Schnecken.

Landlungenschnecken, die ↗ Stylommatophora.

Landpflanzen, ↗ Embryophyta.

Landschaft, durch einheitliche Struktur und gleiches Wirkungsgefüge seiner natürlichen und anthropogenen Komponenten geprägter konkreter Teil der Erdoberfläche. Die für die Bildung der L. verantwortlichen Faktoren sind die *Geofaktoren*, die drei unterschiedlichen Bereichen angehören. Zum anorganischen Bereich zählt man Oberflächenform, Gestein, ↗ Boden, ↗ Atmosphäre und ↗ Hydrosphäre. Den organischen Bereich bilden die Tiere, Pflanzen, Pilze und Prokaryoten. Zum dritten Bereich gehört die menschliche Gesellschaft einschließlich ihrer Tätigkeit und ihrer Werke.

Jede L. setzt sich mosaikartig aus *Landschaftszellen* oder *Ökotopen* zusammen. Das sind landschaftliche Grundeinheiten von in sich weitgehender Gleichförmigkeit. Sie treten in einer für jede L. typischen Auswahl, Anordnung und charakteristischen Vergesellschaftung (L.-Komplex) auf. (↗ Naturlandschaft, ↗ Kulturlandschaft)

Landschaftsschutzgebiet, naturnahe Fläche, die zur Erhaltung ihrer biologischen Vielfalt und eines ausgeglichenen Naturhaushaltes gegen Veränderungen geschützt wird. In Deutschland sind viele Waldgebiete, Seeufer, Mittelgebirgs- und Heidelandschaften als L. ausgewiesen.

Landsteiner, *Karl*, österr.-amerikan. Bakteriologe und Serologe, ✳ 14.6.1868 Wien, † 26.6.1943 New York; ab 1922 Prof. am Rockefeller Institute für Medical Research in New York. L. gilt als Mitbegründer der ↗ Immunologie. Er entdeckte 1901 das ABO-System der menschlichen ↗ Blutgruppen und 1940 zusammen mit A.S. Wiener (1894-1964) und P. Levine den Rhesusfaktor. 1930 erhielt er den Nobelpreis für Physiologie oder Medizin.

Landwirbeltiere, die ↗ Tetrapoda.

Landwirtschaft, die geplante und gelenkte Nutzung von terrestrischen Pflanzen- und Tierbeständen, die zum Ziel hat, Menschen mit Nahrungsmitteln und Rohstoffen (außer Holz) zu versorgen. Mit Ausnahme der flächenunabhängigen ↗ Massentierhaltung vollzieht sich die landwirtschaftliche Produktion in ↗ Agrarökosystemen.

Einen gezielten Anbau von Pflanzen gibt es seit etwa 13000 Jahren, als der Mensch vom wandernden Jäger und Sammler zum sesshaften Anbauer wurde. Durch züchterische Maßnahmen entwickelten sich aus den ursprünglichen Wildpflanzen ertragreiche ↗ Nutzpflanzen. Ein weiterer Schritt war die Haltung von Haustieren (↗ Nutztiere), die sich von wild lebenden Stammformen ableiteten.

Die anfängliche Feldgraswirtschaft wurde später durch die Dreifelderwirtschaft (↗ Brache) abgelöst.

Erst im 18. Jh. wurde die Fruchtwechselwirtschaft (↗ Fruchtfolge) eingeführt. Im 19. Jh. ergänzte man die nicht mehr ausreichende Stallmistdüngung durch natürlich vorkommende Phosphate und Stickstoffdünger (↗ Dünger). Eine neue Phase der L. begann im 20 Jh. mit der industriellen Herstellung von Handelsdüngern. Durch ↗ Düngung, Einsatz von Pflanzenschutzmitteln, zunehmende Mechanisierung, Züchtung ertragreicherer Pflanzensorten und leistungsstarker Nutztiere sowie intensivierte Tierhaltungsverfahren wurde die landwirtschaftliche Produktion enorm gesteigert. Weitere tiefgreifende Veränderungen in der landwirtschaftlichen Produktion sind durch gentechnische Veränderungen an Nutzpflanzen (↗ grüne Gentechnik) zu erwarten.

Zu den Schattenseiten des Fortschritts in der L. zählen die Zerstörung von Lebensräumen, die Belastung von Gewässern und Grundwasser durch Düngestoffe (↗ Eutrophierung) und ↗ Pflanzenschutzmittel, eventuelle Belastungen des Erntegutes mit Rückständen, Schädigungen des Bodens durch Verdichtung (↗ Bodenverdichtung), die meist nicht artgerechte Haltung von Tieren unter rein ökonomischen Gesichtspunkten. Der Rückgang an Tier- und Pflanzenarten in der Agrarlandschaft ist im Wesentlichen auf die Zerstörung von Hecken, Rainen, Feldgehölzen, Brachflächen und kleinen Gewässern zurückzuführen (↗ Flurbereinigung).

Neben der vorherrschenden „konventionellen" L. existieren auch verschiedene Formen einer umweltverträglichen Landbewirtschaftung wie z. B. der ↗ integrierte Pflanzenbau und die verschiedenen Richtungen der ↗ ökologischen L. Hier strebt man einen möglichst geschlossenen Kreislauf des Agrarökosystems an. (↗ Agenda 21, Essay: ↗ Tierquälerei in der Landwirtschaft)

Tierquälerei in der Landwirtschaft

Inke Drossé, Akademie für Tierschutz, Neubiberg

Nachhaltig zerstört ist das Bild von der idyllischen Landwirtschaft, in der Kühe auf saftigen Wiesen grasen, Hühner im Sonnenschein sandbaden und Schweine sich auf dem Boden suhlen. Inzwischen verbinden die meisten mit der heutigen Landwirtschaft etwas gänzlich anderes: Lebensmittelskandale um Dioxine, Antibiotika und Hormone im Fleisch, Bilder über Massentötungen von z. T. gesunden Rindern, Schafen, Schweinen und Ziegen im Zuge von BSE, MKS oder Schweinepest, oder Berichte über Tiere, die mehr tot als lebendig transportiert werden.

Infolge der jüngsten Skandale ist eine gesellschaftspolitische Diskussion über die Agrarpolitik i. Allg. und die Tierhaltung im Besonderen ausgelöst worden. Auch bei denjenigen, die sich bislang nicht für die Herkunft ihres Schnitzels interessiert haben, werden Rufe nach einem Wandel der Landwirtschaftspolitik laut, die die Tiere, die Umwelt und die Gesundheit der Verbraucher gleichermaßen schützt.

Zentralisierte Landwirtschaft

Die gängige Nutztierhaltung bietet dabei reichlich Raum für Überlegungen. Diese folgt bis heute dem Prinzip, höchstmögliche Gewinne zu erzielen. Je spezialisierter, intensiver und mechanisierter die Tierhaltung ist, desto billiger kann produziert werden. Kaum ein Tier wird heute dort geschlachtet, wo es aufgezogen wurde, weil die Agrarlandschaft in Deutschland und innerhalb der EU zentralisiert ist in spezielle Aufzucht-, Mast- und Schlachtbetriebe. Dazwischen liegen oft Hunderte von Kilometern. Die Tiere werden deshalb in ihrem Leben mehrfach hin und her transportiert: Ein Schwein, das z. B. in Holland geboren wurde, wird in Mecklenburg-Vorpommern aufgezogen, dann in Nordrhein-Westfalen gemästet, um schließlich in Bayern geschlachtet zu werden. Oft werden die Tiere zur Schlachtung innerhalb der EU oder aber nach Drittländern weiter transportiert. Es ist einleuchtend, dass diese umfangreichen Transporte nicht nur Tiere und Umwelt belasten, sondern auch ideale Voraussetzungen für die Verbreitung von Krankheiten und Seuchen wie der Maul- und Klauenseuche schaffen.

Massentierhaltung versus Intensivtierhaltung

In Deutschland werden viele Millionen Tiere landwirtschaftlich gehalten. Im Zusammenhang mit der Tierhaltung fallen häufig die Begriffe „Massentierhaltung" und „Intensivtierhaltung". Obwohl damit meistens ein und dasselbe gemeint ist, werden mit dem Begriff „Massentierhaltung" meist hohe Tierbestände pro Betrieb und mit „Intensivtierhaltung" mehr die wirtschaftlich orientierte Tierhaltung mit hohen Besatzdichten und hoher Mechanisierung bezeichnet. In den letzten Jahrzehnten hat die Anzahl vieler landwirtschaftlich genutzter Tiere pro Betrieb rasant zugenommen, insbesondere im Bereich der Geflügelhaltung. 1995 wurden in Deutschland z. B. 60 % mehr Masthühner gehalten als noch fünf Jahre zuvor. Heute sind Bestände von 100000 Legehennen, Zehntausenden Masthühnern oder Puten pro Betrieb eher die Regel als die Ausnahme. Immerhin 91 % der Schweine in den neuen Bundesländern wurden 1996 in Beständen von mehr als 1000 Tieren gehalten. Trotz Zunahme der Betriebsgröße ist eine Abnahme der Anzahl der Betriebe zu verzeichnen. Nach dem Prinzip des „Wachsen oder Weichen" hat ein dramatisches Höfesterben eingesetzt. 1997 gab es im Vergleich zu 1949 in Deutschland nur noch etwa ein Drittel der Betriebe.

Im Hinblick auf den Tierschutz spielt vor allem die Art und Weise, wie die Tiere gehalten werden und

damit der Platz pro Einzeltier eine wesentliche Rolle. Die Anzahl der Tiere pro Betrieb ist deshalb aber nicht unwichtig. Denn bei zu großen Gruppen – z. B. bei Geflügel – kann sich keine stabile Rangordnung bilden und mit immer neuen Rangordnungskämpfen entsteht Stress bei den Tieren. Weiterhin ist bei großen Gruppen eine effektive Gesundheitskontrolle des Einzeltieres und damit eine entsprechende (tierärztliche) Behandlung der Tiere nahezu ausgeschlossen, weshalb sich die Kontrollen bei Hühnern und Puten oft darauf beschränken, tote Tiere irgendwann aus dem Haltungssystem zu entfernen.

Um die Produktionskosten der landwirtschaftlichen Tierhaltung gering zu halten, sind neben der genannten Spezialisierung und Vergrößerung der Tierbestände neuzeitliche Haltungssysteme eingeführt worden, die weitgehend auf eingestreute Liege- und Laufflächen verzichten. Die Tiere werden auf engstem Raum und in reizarmer Umgebung gehalten, in Käfigen (Legehennen, Kaninchen) in Ställen ohne Tageslicht (Puten, Masthühner) in Anbindehaltung (Milchkühe) oder einzeln in Kastenständen (Sauen). In solchen Haltungssystemen sind die Tiere in ihrer Bewegungsmöglichkeit erheblich eingeschränkt, z. T. können sie sich nicht einmal umdrehen. Wegen der Enge und der strukturlosen Umgebung können die Tiere einen Großteil ihres arteigenen Verhaltens wie Bewegung, Ruhen, Futteraufnahme, Erkundungs-, Komfort- oder Sozialverhalten nicht ausleben. Erzwungenes Nichtverhalten führt zu Stress und Frustrationen. Dies äußert sich wiederum in Verhaltensstörungen wie Aggressivität, Ängstlichkeit, Stereotypien und Kannibalismus. Der Bewegungsmangel und die einstreulosen Gitter-, Spalten- oder betonierten Böden führen in der Praxis zudem zu schmerzhaften Veränderungen des Bewegungsapparates, Klauen- oder Fußballenentzündungen und Hautgeschwüren. Nicht zuletzt wirken sich artwidrige Haltungssysteme und hohe Besatzdichten negativ auf den Gesundheitszustand aus, in gleichem Maße nehmen der Infektionsdruck und die Krankheitsanfälligkeit der Tiere zu.

Wenn sich Tierschutzprobleme in wirtschaftlichen Ausfällen niederschlagen, werden die Symptome, nicht aber die Ursachen bekämpft. Damit sich die Tiere nicht gegenseitig verletzen, kürzt man Legehennen und Puten prophylaktisch die Schnäbel, Ferkeln die Zähne und Schwänze oder entfernt Rindern die Hörner. Diese Manipulationen sind allesamt außerordentlich schmerzhafte Eingriffe in lebendes, innerviertes Nerven-, Haut- und Knochengewebe. Dennoch werden sie ohne Betäubung und Schmerzbehandlung durchgeführt. Die Tiere leiden aufgrund dieser Eingriffe nicht nur an akuten, z. T. chronischen Schmerzen und Sekundärinfektionen – sie werden auch erheblich in ihrem Verhalten eingeschränkt. Schnabelkupierte Puten z. B. können unter Umständen Nahrung nicht mehr pickend, sondern nur noch schaufelnd zu sich nehmen. Bei Schweinen ist zumindest das Sozialverhalten eingeschränkt, weil der Schwanz ein wichtiges Kommunikationsorgan ist.

Gelöst werden die Tierschutzprobleme durch Manipulationen nicht, weil die Ursachen, die tierwidrigen Haltungssysteme, die erhöhte Besatzdichte und die unstrukturierte Umgebung völlig unberührt bleiben.

Ebenso symptomatisch werden Krankheiten der Tiere bekämpft. Da hohe Tierzahlen und Besatzdichten die Krankheitsanfälligkeit und -verbreitung fördern, werden die Tiere prophylaktisch geimpft und mit Medikamenten behandelt. Solche Maßnahmen belasten den Körper der Tiere unnötig.

Hochleistungstiere

Gewinnmaximierung ist auch in der Tierzucht oberste Maxime. Je nach Nutzungswille sollen die Tiere rekordverdächtige und unphysiologisch hohe Leistungen bringen, die die Körper der Tiere jedoch nur kurze Zeit aufrechterhalten können. Fällt die Leistung ab, wird das Tier geschlachtet. Milchkühe produzieren heute zehnmal mehr Milch als zum Ernähren des Kalbes erforderlich wäre. Die heute zur Mast eingesetzte Pute wiegt mehr als das Dreifache der Wildform. Legehennen können etwa 300 Eier pro Jahr legen, mehr als das Fünffache ihrer Vorfahren. Geplante Genmanipulationen und Klonierungstechniken lassen Schwindel erregende Möglichkeiten offen. Doch bereits jetzt sind massive Tierschutzprobleme offensichtlich: Bei Kühen haben Euterentzündungen sprunghaft zugenommen. Puten und Masthühner sind inzwischen so schwer gezüchtet, dass ihre Beine übermäßig belastet werden und schmerzhafte Beindeformationen entstehen. Legehennen leiden an Eileiterentzündungen und Schweine sind inzwischen extrem stressanfällig und neigen vermehrt zu Herz-Kreislauf-Versagen.

Fütterung und Medikamentierung stehen ebenfalls im Dienste der Leistungssteigerung. Ungeachtet der Physiologie der Tiere werden sie mit energiereichem Kraftfutter und mit leistungsfördernden Antibiotika gefüttert; unangenehmer Begleiteffekt ist die Entstehung von Antibiotikaresistenzen und zwar nicht nur beim Tier selbst, sondern auch beim Verbraucher. Bis 1988 war es erlaubt, Hormone in der Tiermast einzusetzen, aus Verbraucherschutzgründen wurde dies in der EU verboten. Auch die seit jeher umstrittene Fütterung mit Tiermehlen an Pflanzen fressende Rinder, ist erst Ende 2000 EU-weit verboten worden, nachdem BSE-Fälle auch in Deutschland aufgetreten sind.

Tiere als Produktionsgut

Die Verwandlung des Tieres vom Mitgeschöpf in ein Produktionsgut zeigt sich auch in einer extremen Form der Spezialisierung. Da sich die Mast der männlichen Küken von Legehennen wirtschaftlich nicht rechnet, werden diese gar nicht erst aufgezogen, sondern sofort nach dem Schlüpfen im so genannten Homogenisator, einer Art Häcksler, getötet. Auch Eber werden nicht gemästet. Männliche Ferkel werden im Alter von wenigen Wochen aus Angst vor möglichem Ebergeruch im Fleisch betäubungslos kastriert, ein Eingriff, der erhebliche Schmerzen verursacht und vermeidbar wäre, wenn man Schweine bei einem etwas früheren Schlachtgewicht schlachten würde, wie dies in anderen Ländern bereits praktiziert wird.

Wenn die Tiere schließlich zur Schlachtbank geführt werden, ist ihr Leiden nicht vorbei. Entscheidend für die Wahl des Schlachthofes ist nicht dessen Nähe, sondern der Preis. Tiere werden so Hunderte oder Tausende Kilometer transportiert. Langzeittransporte werden zudem auch von der EU gefördert. Aufgrund der Überproduktion von Rindfleisch in der EU werden Subventionen für den Export von Rindfleisch, aber auch von lebenden Tieren in Drittländern gezahlt; für den Export von Rindern gewährte die EU 1999 über 90 Mio. Euro. Die erhebliche Tierqual finanziert der Steuerzahler also mit. Trotz Protesten von Tierschützern und der Öffentlichkeit gibt es keine maximale Dauer für länderübergreifende Tiertransporte und auch sonst keine Regelungen, die den Schutz der Tiere gewährleisten. Tierschutzprobleme infolge Futter- und Wassermangel, Erschöpfung und Misshandlung der Tiere sind seit langem bekannt. Aber erst mit Ausbruch der Maul- und Klauenseuche sind in Deutschland und der EU kurzzeitig Tiertransporte eingeschränkt worden.

Am Ende ihres Lebens steht für landwirtschaftlich genutzte Tiere der Schlachthof. Dort, wo die Tiere nicht mit der nötigen Ruhe entladen werden, entstehen Stress und Panik bei den Tieren. Vor der Tötung müssen die Tiere betäubt werden. Die Betäubung der Tiere ist üblicherweise industriell automatisiert. Aufgrund des hohen Zeitdrucks ist eine hohe Fehlbetäubungsrate zu verzeichnen. In der Betäubungs- und Schlachtmaschinerie werden also auch Tiere bei vollem Bewusstsein entblutet. Besonders eklatant ist diese Tierquälerei bei vollautomatischen Geflügelschlachtanlagen, bei denen ein Großteil der Tiere unbetäubt bleibt.

Was bedeutet artgerecht?

Angesichts dieser Praxis in der Tierhaltung stellt sich die Frage, ob wir mit Tieren so umgehen dürfen. Auch Tiere in der Landwirtschaft unterstehen in Deutschland dem Schutz durch das Tierschutzgesetz. Darin ist festgelegt, dass Tiere ihrer Art und ihren Bedürfnissen entsprechend verhaltensgerecht untergebracht werden müssen. Weitergehende gültige Vorschriften, die die Haltung der Nutztiere spezifizieren, gibt es nicht mehr. Im Juli 1999 ist die Deutsche Legehennenhaltungsverordnung durch ein bahnbrechendes Urteil des Bundesverfassungsgerichtes für nichtig erklärt worden. Der Grund: Die Käfighaltung widerspricht dem Gebot des Tierschutzgesetzes, Tiere verhaltensgerecht unterzubringen. Da auch in den bisher gültigen Verordnungen zur Schweine- und Kälberhaltung dieses Gebot und formale Gründe nicht hinreichend beachtet wurden, müssen diese Verordnungen ebenfalls als ungültig gelten.

Doch wie sieht nun eine art- oder tiergerechte Tierhaltung aus? Während mit „artgerecht" die gesamten Funktionskreise der Tierart betrachtet werden, stellt das Wort „tiergerecht" mehr die Verhaltensweisen und Bedürfnisse des Einzeltieres in den Vordergrund und ermöglicht damit eine differenziertere Betrachtungsweise. In Anlehnung an das deutsche und schweizerische Tierschutzgesetz sind „Haltungsbedingungen dann tiergerecht, wenn sie den spezifischen Eigenschaften der in ihnen lebenden Tiere Rechnung tragen, die körperlichen Funktionen nicht beeinträchtigt werden, die Anpassungsfähigkeit der Tiere nicht überfordert und die essentiellen Verhaltensmuster der Tiere nicht so eingeschränkt werden, dass Schmerzen, Leiden oder Schäden am Tier entstehen." (Albert Sundrum). Wesentlich für eine tiergerechte Unterbringung ist, dass das Haltungssystem nach den Tieren ausgerichtet wird und nicht umgekehrt. Das setzt voraus, dass man das natürliche Verhalten und die Bedürfnisse der Tiere kennt.

Aus Sicht des Deutschen Tierschutzbundes ist ein wesentliches Kriterium für eine tiergerechte Haltung, sozial lebende Tiere in Gruppen zu halten und ihnen Auslauf im Freiland zu bieten. Ausreichende Bewegungsmöglichkeiten, Tageslicht, eine Gruppengröße, die den Aufbau einer geordneten Sozialstruktur zulässt, und eine strukturierte Umgebung ermöglichen es den Tieren, das arteigene Verhaltensrepertoire auszuleben.

Eingriffe und Amputationen dürfen nicht mit wirtschaftlichen Erwägungen begründet werden. Sie sind absolut unzulässig und unnötig, weil die Tiere in einem tiergerechten Haltungssystem ihr Beschäftigungsbedürfnis und ihre Neugier an geeigneten Objekten befriedigen können.

Zu einem tiergerechten Umgang gehört aber auch, dass die Tiere nicht auf extreme Leistungen getrimmt werden – weder durch Zucht, Gentechnik noch durch Fütterung oder Medikamentierung. Statt dessen sollten gesunde und robuste alte Nutz-

tierrassen gehalten werden. Nicht zuletzt muss durch eine fachgerechte Betreuung der Tiere und der Haltungssysteme gewährleistet werden, dass ihre Gesundheit regelmäßig überprüft wird und die hygienischen Verhältnisse und das Stallklima ihren Bedürfnissen entsprechen.

Der Verbraucher hat die Macht

Der Verbraucher kann gezielt dazu beitragen, solche Haltungssysteme zu fördern, indem er Produkte aus dem Ökolandbau oder dem NEULAND-Verein für tiergerechte und umweltschonende Nutztierhaltung bezieht. Derzeit wirtschaften jedoch nur 1,8 % der Betriebe mit einer Fläche von 2,4 % in Deutschland nach ökologischen Kriterien. Nach wie vor kommt der überwiegende Anteil der Nahrungsmittel tierischen Ursprungs aus der konventionellen Landwirtschaft. Die Nachfrage der Verbraucher nach Produkten aus tiergerechter Haltung wächst, jedoch nicht so schnell wie sich mancher erhofft hat. Ein Grund ist, dass Produkte aus dem Ökolandbau vorwiegend in Naturkostläden oder in speziellen Läden und nur zu einem geringen Prozentsatz in Supermärkten angeboten werden. In nordeuropäischen Ländern wie Schweden wird in Supermärkten dagegen nahezu zu jedem Lebensmittel aus der konventionellen Landwirtschaft eine ökologische Alternative angeboten. Das erleichtert dem Verbraucher den Einkauf von ökologischen Produkten.

Auch der höhere Preis hält einige Verbraucher vom Kauf ab. Produkte aus tiergerechter Haltung sind i. d. R. teurer, weil weniger Tiere pro Fläche gehalten werden können und Haltungssysteme, Fütterung und Pflege unter Umständen einen höheren Arbeitsaufwand und damit höhere Produktionskosten nach sich ziehen. Schwieriger gestaltet sich der Verkauf von solchen Produkten nicht zuletzt deshalb, weil die konventionelle Ware nicht als solche gekennzeichnet ist und die Verbraucher zu wenig über die verschiedenen Marken und die Tierhaltungssysteme wissen. Das Beispiel Eier zeigt dies besonders deutlich. Zwar lehnt ein Großteil der Öffentlichkeit nach verschiedenen Umfragen die Käfighaltung von Legehennen ab, der Großteil der Verbraucher lässt sich aber nach wie vor von Phantasiebezeichnungen der Eierindustrie wie „Landeier" oder „Eier frisch vom Bauernhof" und idyllischen Bildern auf der Verpackung täuschen. Nach einer Umfrage im Auftrag des Deutschen Tierschutzbundes glauben mehr als 60 % der Befragten, dass sich hinter solchen Bezeichnungen Eier aus der Freilandhaltung verbergen. Eine verpflichtende EU-weite Kennzeichnung nach dem Haltungssystem, die ab 2004 vorgeschrieben wird, wird dies hoffentlich ändern.

Raus aus der Nische

Um den Ökolandbau und vergleichbare tiergerechte Nutztierhaltungsprogramme aus der Nischenwirtschaft herauszubringen, müssen diese sowohl finanziell als auch durch vereinfachte Vermarktungsmöglichkeiten von der Politik gefördert werden. Eine Wende in der Agrarwirtschaft scheint in der EU und in Deutschland mehr als je zuvor wahrscheinlich. Verbraucherschutzministerin Künast hat in ihrer Regierungserklärung zur neuen Verbraucherschutz- und Landwirtschaftspolitik im Februar 2001 angekündigt, den Anteil der Produkte auf bis zu 20 % Marktanteil zu bringen. Nach einer Studie des Öko-Institutes erscheint sogar eine vollständige Umstellung der deutschen Landwirtschaft auf den ökologischen Landbau möglich. Doch am Ende ist es der Verbraucher mit seinem Kaufverhalten, der entscheidet, ob Produkte aus tiergerechter Haltung langfristige Marktchancen haben oder nicht. Ausschlaggebend hierfür sollten die bessere Qualität, weniger Rückstände in der Nahrung und das gute Gefühl sein, tiergerechte Haltung zu honorieren.

Literatur: Burdick, B.: Leitlinien und Wege für einen Schutz von Nutztieren in Europa – Eine Studie des Wuppertal Instituts für Klima, Umwelt, Energie GmbH im Auftrag des Ministeriums für Umwelt und Forsten des Landes Rheinland-Pfalz, Mainz 1999. – Drossé, I., Rempe, B.: Tierschutz durch tiergerechte Haltung – zum ethisch korrekten Umgang mit Tieren in der Landwirtschaft, in: Forum – Argumente zur Verbraucherpolitik, Hg. Arbeitsgemeinschaft der Verbraucherverbände (AgV) e.V., Bonn 1999. – NEULAND-Verein: NEULAND-Richtlinien für die artgerechte Legehennen-, Masthühner-, Schweine- und Rinderhaltung.

Langerhans-Inseln, ↗ Bauchspeicheldrüse.

langer Kreislauf, in der Ökologie Bez. für einen ↗ Stoffkreislauf, an dem neben den ↗ Produzenten und den ↗ Destruenten die ↗ Konsumenten einer ganzen ↗ Nahrungskette oder eines weit verzweigten ↗ Nahrungsnetzes beteiligt sind. Gegensatz: ↗ kurzer Kreislauf

Langfühlerschrecken, die ↗ Ensifera.

Langkeimentwicklung, Typ der ↗ Embryonalentwicklung bei Insekten, bei dem der gesamte Embryo aus dem Blastoderm (↗ Keimscheibe) hervorgeht; L. findet sich z. B. bei *Drosophila.* (↗ Kurzkeimentwicklung)

Langschwanzmäuse, ↗ Muridae.

Langspross, der ↗ Langtrieb.

Langtagpflanzen, Abk. *LTP,* Pflanzen, bei denen die ↗ Blütenbildung nur beginnt, wenn Langtagbedingungen vorherrschen, d. h. die Beleuchtungsdauer die arttypische *kritische Tageslänge* übersteigt. Bei qualitativen L. wie *Sinapis alba* (Senf) kommt es im Kurztag überhaupt nicht zur Ausbildung von Blüten, wohingegen quantitative L. (↗ Arabidopsis thaliana) mit Verzögerung blühen. (↗ Fotoperiodismus)

Langtrieb, *Langspross,* Haupt- und Seitenzweig mit starkem Längenwachstum.

Langusten, *Palinuridae,* Fam. der ↗ Decapoda mit bis 60 cm langen Arten, die lange Antennen, aber keine Scheren besitzen. Ein beliebter Speisekrebs ist die bis 45 cm lange farbenprächtige *Europäische Languste* (*Palinurus elephas*), die im Nordatlantik von Norwegen über Schottland bis zum Mittelmeer und auch an der nordamerikanischen Küste vorkommt. Sie lebt in Tiefen zwischen 40 und 70 m auf Felsböden. Charakteristisch sind je ein paar weißer Flecken auf jedem Pleonsegment. Sie ist nachtaktiv und hält sich tagsüber in Spalten und Höhlen auf. Ihre Nahrung besteht aus Schnecken, Muscheln und Stachelhäutern.

Langzeitpotenzierung, ↗ Gedächtnis.

Laniidae, *Würger,* Fam. der Singvögel mit etwa 75 bis 30 cm großen Arten. Sie leben in offenen, buschigen Landschaften vor allem der Alten Welt, zwei Arten in Nordamerika. Ihre Schnäbel sind hakig gebogen mit einem kräftigen Hornzahn hinter der Oberschnabelspitze, die Greiffüße haben spitze Krallen. Würger sitzen auf erhöhten Warten und spähen auf Beute, vor allem große Insekten und kleine Wirbeltiere. Beute, die nicht gleich verzehrt wird, spießen sie als Vorrat auf Dornen oder Stacheln auf. Der *Raubwürger* (*Lanius excubitor*); ist der größte einheimische Würger und der einzige Vogel seiner Größe (24 cm), der schwarz-weiß-grau gefärbt ist. Mit bis 18 cm Größe deutlich kleiner ist der *Neuntöter* (*Lanius collurio*), der einen grauen Kopf mit schwarzer Maske, einen rotbraunen Rücken und eine rosafarbene Unterseite hat.

Lanugo, Bez. für ein aus Wollhaaren bestehendes weiches Haarkleid, das den Körper des Fetus etwa vom vierten bis zum achten Schwangerschaftsmonat bedeckt. Bei reifen Neugeborenen sind von der L. nur noch Reste im Schulterbereich zu finden.

Lanzenottern, Name zweier Gatt. der Grubenottern (↗ Viperidae).

Lanzettfischchen, *Branchiostoma,* Gatt. der ↗ Acrania.

Lappentaucher, die Fam. ↗ Podicipedidae.

Lärche, *Larix*, Gatt. der ↗ Pinaceae, bei deren Arten die Nadeln gebüschelt an Kurz- und Langtrieben stehen und im Herbst abgeworfen werden. Die *Europäische L., Larix decidua*, wird 20 - 30 m hoch und liefert ein weiches, sehr dauerhaftes Holz.

Laridae, *Möwenvögel*, Fam. der Vögel mit rund 90 Arten, die auf die Unterfam. Möwen (*Larinae*) und Seeschwalben (*Sterninae*) verteilt sind. Die *Möwen* sind gesellig lebende, langflügelige Seevögel, mit breiten Flügeln und Schwimmhäuten zwischen den Zehen. Der Schwanz ist gerade oder gerundet. Die Jungmöwen sind meist braun mit dunklem Band am Schwanzende. Sie werden im Verlauf des Adultwerdens (meist drei bis vier Jahre) immer heller. Ihre Nahrung ist vielfältig: Wirbellose, Fische, kleine Wirbeltiere, Vogeleier, organische Abfälle. Die meisten Möwenarten brüten in großen Kolonien auf Felsen, in Dünen oder im Röhricht. Häufigste einheimische Arten sind die *Lachmöwe (Larus ridibundus*; bis 46 cm), mit roten Beinen und im Prachtkleid mit schokoladenbraunem Kopf und die bis 67 cm große *Silbermöwe (Larus argentatus)* mit fleischfarbenen Beinen, gelbem Schnabel mit rotem Fleck und silbergrauen Flügeln. Der Silbermöwe ähnlich, aber kleiner, mit gelben Beinen und ohne roten Schnabelfleck ist die *Sturmmöwe (Larus canus)*. Mit bis 78 cm die größte Möwe ist die *Mantelmöwe (Larus marinus)* mit schiefergrauen Flügeln und fleischfarbenen Beinen. Ähnlich in der Färbung, aber etwa so groß wie die Silbermöwe und mit gelben Beinen ist die *Heringsmöwe (Larus fuscus)*.

Die *Seeschwalben* sehen meist aus wie kleine zierliche Möwen mit langen, schmalen Flügeln und gegabeltem Schwanz. Sie sind außerordentlich geschickte Flieger; typisch ist der Beutefang durch Stoßtauchen. Einheimische Arten sind die *Küstenseeschwalbe (Sterna paradisaea*; bis 35 cm) mit schwarzer Kopfkappe und rotem Schnabel und Beinen und die sehr ähnliche *Fluss-Seeschwalbe (Sterna hirundo)*, die von ersterer zur Brutzeit durch eine schwarze Schnabelspitze unterschieden werden kann. Kleinste Art der Region ist die *Zwergseeschwalbe (Sterna albifrons*; bis 24 cm).

Larix, Gatt. der ↗ Pinaceae (↗ Lärche).

Larolimicolae, die ↗ Charadriiformes.

Larvacea, die ↗ Appendicularia.

Larve, bei Tieren, die keine direkte Entwicklung vom Ei zum geschlechtsreifen Tier durchmachen, sondern eine ↗ Metamorphose, ist die L. ein auf die frühen Entwicklungsstadien folgendes Stadium, das durch Merkmale gekennzeichnet ist, die beim adulten Tier nicht vorkommen. Neben ganz spezifischen Larvalorganen, wie z. B. Wimpernkränzen, Klebdrüsen, äußeren Kiemen besitzen die L. meist auch eine völlig andere Gestalt und Lebensweise als das voll entwickelte Tier. Behalten geschlechtsreife

Tiere noch larvale Merkmale, liegt ↗ Neotenie vor. Reptilien, Vögel (↗ Aves) und Säugetiere besitzen keine Larven, aber durchaus auf frühe Jugendstadien beschränkte Organe wie z. B. Eizahn, Eischwiele, Saugmund. (Tabelle s. S. 242)

Larviparie, Form der Entwicklung, bei der sich das Larvenstadium im Mutterkörper entwickelt, aus dem dann die Larven entlassen werden. L. kommt z. B. beim ↗ Feuersalamander und bei einigen Eintagsfliegen (↗ Ephemeroptera) vor. (↗ Pupiparie)

Larynx, der ↗ Kehlkopf.

Lassa-Fieber, in Westafrika auftretende, durch das *Lassa-Virus* (↗ Arenaviren) verursachte ↗ Infektionskrankheit mit hoher Letalität. Zu den Symptomen des L. - F. gehören hohes Fieber, Gelenkschmerzen, Mundgeschwüre und Hautblutungen.

latentes Virus, in der Zelle vorhandenes ↗ Virus, das noch keine nachweisbare Wirkung hat.

Latenzperiode, die ↗ Inkubationszeit.

lateral, seitlich, seitwärts, von der Mitte abgewandt.

Lateralinhibition, ein Mechanismus in der Embryonalentwicklung, bei dem Zellen ihre benachbarten Zellen daran hindern, sich in gleicher Weise zu entwickeln. L. spielt z. B. bei der Entwicklung des Nervensystem eine Rolle, denn während der ↗ Gastrulation werden z.B. bei *Drosophila* und bei den Wirbeltieren nur bestimmte Zellen zu Neuronen bzw. deren Vorläuferzellen, da die anderen Zellen durch L. daran gehindert werden.

Laterne des Aristoteles, Name des komplizierten Kauapparats der Seeigel (↗ Echinoida), der von ↗ Aristoteles mit einer Laterne verglichen wurde.

Latex, der ↗ Milchsaft.

Lathraea, Gatt. der ↗ Scrophulariaceae.

Lathyrus, Gatt. der ↗ Fabaceae.

Latimeria chalumnae, Art der Quastenflosser (↗ Crossopterygii).

Latosol, ↗ Bodentyp, der durch tiefe Verwitterung und die Anreicherung von Eisen- und Aluminiumoxiden gekennzeichnet ist. L. bilden sich vor allem in den Tropen aus verschiedenen Silikaten.

Laubblatt, grüne, meist flächig ausgebildete Blätter (↗ Blatt), die nicht zur Blütenhülle gehören.

Laubfall, ↗ Abscission.

Laubflechten, ↗ Lichenes.

Laubfrösche, die Fam. ↗ Hylidae.

Laubheuschrecken, die ↗ Tettigonioida.

Laubmoose, *Musci*, die Klasse ↗ Bryopsida.

Laubsänger, *Phylloscopus*, Gatt. der Grasmücken und Verwandten (Fam. ↗ Sylviidae) mit kleinen (etwa 11 cm großen) grünlich oder gelblich gefärbten Vögeln, die am besten an ihrem Gesang unterschieden werden können. Einheimische Arten sind

Larve Larvenformen verschiedener Tiergruppen

Tiergruppe	Larve	Tiergruppe	Larve
Mesozoa	Wimperlarve	Priapswürmer (Priapulida)	Wimperlose Primärlarve, Sekundärlarve
Schwämme (Porifera)	Amphiblastula, Parenchymula	Hufeisenwürmer (Phoronida)	Actinotrocha
Hohltiere (Coelenterata)	Planula, Actinula (Ephyra)	Moostierchen (Bryozoa)	Cyphonautes
Strudelwürmer („Turbellaria")	Müller'sche Larve, Goette'sche Larve	Armfüßer (Brachiopoda)	Schwimmlarve
Saugwürmer (Trematoda)	Miracidium, Cercarie	Eichelwürmer (Enteropneusta)	Tornaria
Bandwürmer (Cestoda)	Coracidium, Lycophora, Procercoid, Plerocercoid, Oncosphaera, Cysticercus, Coenurus	Flügelkiemer (Pterobranchia)	Wimperlarve
Schnurwürmer (Nemertini)	Pilidium, Desor'che Larve, Schmidt'sche Larve	Seesterne (Asteroida)	Bipinnaria, Brachiolaria
Weichtiere (Mollusca)	Trochophora, Veliger, Glochidium	Seeigel (Echinoida)	Pluteus (Echinopluteus)
Kelchwürmer (Kamptozoa)	Schwimmlarve	Schlangensterne (Ophiurida)	Pluteus (Ophiopluteus)
Igelwürmer (Echiura)	Trochophora-ähnliche Schwimmlarve	Seegurken (Holothuroida)	Auricularia, Doliolaria, Pentactula
Ringelwürmer (Annelida)	Trochophora, Mitraria	Seescheiden (Ascidiacea)	Frei schwimmende, geschwänzte Larve
Krebse (Crustacea)	Nauplius, Metanauplius, Protozoea, Zoea, Cypris, Mysis	Fische	Querder (Neunaugen), Leptocephalus (Aale), Larven mit äußeren Kiemen (Flösselhechte und Lungenfische)
Insekten (Insecta)	Raupe, Made, Engerling und viele andere Formen	Lurche (Amphibia)	Kaulquappe
Saitenwürmer (Nematomorpha)	Wurmförmige Larve mit Bohrrüssel		
Kratzer (Acanthocephala)	Acanthor, Acanthella, Cystacanthus		

der *Zilpzalp (Phylloscopus collybita)*, dessen Gesang aus der Wiederholung der Silben zilp zalp besteht, der *Fitis (Phylloscopus trochilus)*, der wohl häufigste L. bei uns, und der Waldlaubsänger *(Phylloscopus sibilatrix)*.

Lauchgewächse, die Fam. ↗ Alliaceae.

Lauerjäger, Bez. für räuberisch lebende Tiere, die ihre Beute nicht suchen, sondern ihr von einem festen Platz aus auflauern (z. B. die Gottesanbeterin, ↗ Mantodea).

Laufen, ↗ Gehen.

Laufkäfer, die Fam. ↗ Carabidae.

Lauraceae, *Lorbeergewächse*, Fam. der ↗ Laurales, zu denen ca. 3000 Arten mit überwiegend tropischer und subtropischer Verbreitung gehören. Es sind Holzpflanzen mit ungeteilten, derben Blättern und zwittrigen, teils auch eingeschlechtigen, regelmäßigen Blüten, deren Glieder meist in dreizäh-

ligen Wirteln angeordnet sind. Der i. d. R. einfächerige Fruchtknoten entwickelt sich zu einer Beere oder Steinfrucht. Ökonomisch wichtige Arten sind

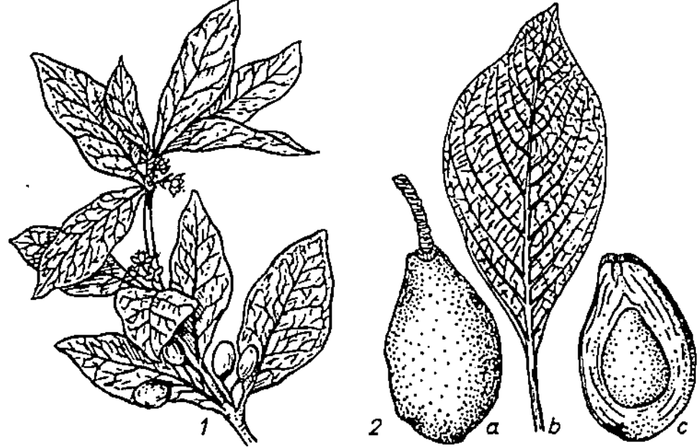

Lauraceae 1 Lorbeer *(Laurus nobilis)*, 2 Avocado-Birne *(Persea americana)*: a Blatt, b Frucht, c Längsschnitt der Frucht

der ↗ Campherbaum (*Cinnamomum camphora*), der ↗ Lorbeerbaum (*Laurus nobilis*), der ↗ Zimtbaum (*Cinnamomum ceylanicum*) und die ↗ Avocadobirne (*Persea americana*).

Laurales, Ord. der ↗ Magnoliopsida mit den Fam. Monimiaceae, ↗ Lauraceae und Calycanthaceae.

Läuse, die ↗ Anoplura.

Lavendel, *Lavendula,* Gatt. der ↗ Lamiaceae. Der *Echte L., Lavendula angustifolia,* ist ein ausdauernder Halbstrauch des Mittelmeergebiets mit violettblauen Lippenblüten. *Lavendelöl* wird u. a. in der Parfümindustrie genutzt.

Lavendula, Gatt. der ↗ Lamiaceae.

Lawsonia, Gatt. der ↗ Lythraceae.

LD, Abk. für ↗ letale Dosis.

LDH, Abk. für ↗ Lactat-Dehydrogenase.

LDL, Abk. für *Low density lipoproteins,* ↗ Lipoproteine.

Leakey, *Lous Seymour Bazett,* brit.-kenian. Paläontologe und Prähistoriker, Ehemann von M.D. ↗ Leakey, ✳ 7.8.1903 Kabete (Kenia), † 1.10.1972 London; 1945-61 Museumskurator in Nairobi (Kenia). Zusammen mit seiner Frau führte er bedeutende Ausgrabungen in Ostafrika (Olduvai) durch. Er fand u. a. 1949 am Victoriasee fossile Reste von *Proconsul,* einem fossilen Menschenaffen und, neben anderen Hominoiden-Fossilien, 1967 den *Homo habilis.*

Leakey, *Mary Douglas,* geborene *Nicol,* britische Archäologin und Anthropologin, Ehefrau von L.S.B. ↗ Leakey, ✳ 6.2.1913 London, † 6.12.1996 Nairobi (Kenia). Zusammen mit ihrem Mann führte sie bedeutende Ausgrabungen in der Olduvai-Schlucht (Tansania) durch. Dort fand sie 1959 den von ihr *Zinjanthropus* genannten, heute als *Australopithecus boisei* zu den robusten Australopithecinen (↗ Australopithecus) zählenden Hominiden, der mit 1,8 Mio. Jahren wesentlich älter ist, als die bis dahin bekannten Hominiden. 1978 fand sie in Laetoli (Tansania) frühmenschliche Fußspuren, die belegen, dass die Australopithecinen bereits zweibeinig aufrecht gingen.

LEA-Proteine, (Abk. für engl. *late embryogenesis abundant*), pflanzliche Proteine, die während der Bildung von Samen und deren Austrocknung sowie bei Dürre- und Salzstress eine wichtige Rolle spielen, indem sie den Wasserverlust von Zellen mindern und Membranen stabilisieren.

Leben, nach der klassischen, auf die Antike zurückgehenden Definition, die Seinsweise der Lebewesen. Es gibt eine Reihe von Eigenschaften, die kennzeichnend für L. sind. Doch nur das gemeinsame Vorhandensein aller dieser Eigenschaften ermöglicht die Abgrenzung lebender von leblosen Systemen. Dabei gelten für das L. die Gesetze von Physik und Chemie, auch wenn es in der Vielfalt seiner Erscheinungen nicht einfach auf sie zurück-

geführt werden kann. Ein Lebewesen besitzt folgende Eigenschaften: 1) Lebewesen sind zur *Selbstvermehrung* in der Lage. 2) Sie sind aus *Makromolekülen* wie Proteinen, Nucleinsäuren, Kohlenhydraten, Lipiden sowie weiteren organischen Molekülen aufgebaut. Diese Moleküle werden ausschließlich von Lebewesen synthetisiert. 3) Ein lebendes System besitzt einen *hohen Ordnungsgrad,* wobei sich biologische Ordnung auf eine Hierarchie von Strukturebenen gründet, von denen jede auf der darunter liegenden aufbaut. So sind Atome zu komplexen biologischen Molekülen organisiert, diese ordnen sich zu winzigen funktionellen Strukturen, den ↗ Organellen, die ihrerseits Bestandteil der Zelle sind usw. Mit jeder Stufe der Hierarchie biologischer Ordnung treten neue Eigenschaften auf, die auf den einfacheren Organisationsebenen noch nicht vorhanden waren. Diese so genannten *emergenten Eigenschaften* resultieren aus Wechselwirkungen zwischen den Komponenten *(Synergien)* und entspringen einer speziellen Hierarchie von Organisationsebenen, die unter den unbelebten Gegenständen kein Gegenstück besitzt. 4) Lebewesen sind *offene Systeme,* die zur Erhaltung des Lebenszustandes einen mit einem Energiewechsel gekoppelten *Stoffwechsel* haben. 5) Lebewesen zeigen *Wachstum* und *Entwicklung.* Bei Mehrzellern führt die Entwicklung über einen Alterungsprozess schließlich zum *Tod.* 6) Lebewesen können über Rezeptoren *Umweltreize aufnehmen* und auf sie reagieren. 7) Lebewesen zeigen die Fähigkeit zur *Bewegung* (Motilität), die z. B. bereits in der Zelle in Form der Plasmabewegung auftritt. 8) Lebewesen besitzen mit ihrem ↗ Genom abrufbare *Information* in Form der ↗ Nucleinsäuren. Diese tragen die Information für ihre eigene Synthese und für die der ↗ Proteine, die als Funktionsträger fungieren. Im Genom sind alle Informationen gespeichert, welche die Kontinuität des L. sichern. Diese Information wird an die nächste Generation weitergegeben. Durch ↗ Mutation und ↗ Rekombination der Informationsträger entsteht eine *genetische Variabilität,* die für die Vielfalt der Lebewesen verantwortlich ist. 9) L. existiert in Form abgegrenzter Einheiten. Die Zelle ist der Elementarorganismus der Lebewesen. Sie besitzt alle Kennzeichen des Lebendigen.

↗ Viren und ↗ Viroide erfüllen nicht alle Kriterien des L. Sie enthalten Nucleinsäuren, sind aber für ihre Vermehrung auf echte Zellen angewiesen. Sie haben keine zelluläre Organisation, besitzen keinen eigenen Stoffwechsel und zeigen keine Reaktionen auf Reize. Deshalb werden sie nicht zu den eigentlichen Lebewesen gezählt, sondern als Zellparasiten betrachtet.

Es ist nicht bekannt, wann genau L. entstand (vor etwa 4 bis 3,8 Mrd. Jahren), doch gibt es recht genaue Vorstellungen über die Minimalausstattung der ersten Zelle. Sie muss ein Genom mit mehreren hundert Genen gehabt haben, die für die DNS-Replikation, für Transkription und Translation sowie die Ausstattung der Ribosomen benötigt werden. Außerdem wurden Enzyme für einen einfachen Energiestoffwechsel und für die Synthese von Membranlipiden benötigt. Die kleinsten bekannten heute lebenden Zellen gehören zu den wandlosen Mykoplasmen, die in höheren Organismen extrazellulär parasitisch leben. Bei ihnen kam es aufgrund der parasitischen Lebensweise zu einer Reduktion der nicht benötigten Gene, sodass das Genom der Mykoplasmen Information für etwa 500 Proteine enthält. (↗ Evolution, ↗ Hyperzyklus, ↗ Zelle)

lebende Fossilien, Bez. für rezente Organismen, die über lange geologische Zeiträume (Millionen von Jahren) in fossil nachweisbaren Strukturen unverändert geblieben sind. Meist handelt es sich um Arten, die in Lebensräumen vorkommen, die sich über lange Zeiträume kaum verändert haben. Fehlen von Konkurrenz oder Feinden spielen ebenfalls eine Rolle. Beispiele aus der Botanik sind der ↗ Mammutbaum, der ↗ Ginkgobaum, die Gatt. *Wollemia* (↗ Araucariaceae). Im Tierreich gehören u. a. die ↗ Anisozygoptera, die Gatt. *Lingula* (↗ Brachiopoda), die Rüsselspringer (↗ Macroscelidea), der Quastenflosser (↗ Crossopterygii), die Gatt. *Limulus* (↗ Xiphosura), die ↗ Brückenechse und ↗ Nautilus zu den lebenden Fossilien.

Lebende Steine, ↗ Aizoaceae.

Lebend gebärende Zahnkarpfen, die Fam. ↗ Poeciliidae.

Lebendrekonstruktion, die Rekonstruktion von fossilen Organismen auf der Basis ihrer fossilen Skelette oder Skelettteilen. Die Weichteile werden aufgrund von Vergleichen mit lebenden, nah verwandten Arten geformt, sodass die L. ein möglichst wahrheitsgetreues Abbild ist.

Lebendzellzahl, die Anzahl an lebenden (vermehrungsfähigen) Zellen in einer mikrobiellen Population.

Lebensbaum, ↗ Thuja.

Lebensdauer, die ↗ Lebensspanne.

Lebensformen, funktionell ähnliche Anpassungserscheinungen bei Organismen, die unter ähnlichen Umweltbedingungen (z. B. gleicher Klimabereich) aufwachsen. Je nach Umweltfaktor kann man die Organismen unterschiedlich klassifizieren.

Pflanzen. Eine bekannte Einteilung bei Pflanzen ist das von dem dänischen Botaniker C. Raunkiaer (1860-1938) entwickelte System, bei dem die Lage der Erneuerungsknospen während der ungünstigen Jahreszeit Grundlage für die Einteilung ist. Danach werden Pflanzen unterteilt in ↗ Phanerophyten, ↗ Chamaephyten, ↗ Hemikryptophyten, ↗ Kryptophyten und ↗ Therophyten. Andere Klassifizierungen basieren auf der unterschiedlichen Anpassung an den Wassergehalt (↗ Hydrophyten, ↗ Helophyten), an Bodenfaktoren (↗ Halophyten, Kalkpflanzen), an den Lichtfaktor (Sonnenpflanzen, Schattenpflanzen) oder besondere Ernährungsweisen (↗ carnivore Pflanzen, Schmarotzer).

Tiere: Die L. werden meist als *Lebensformtypen* bezeichnet. Einteilungskriterien sind hier z. B. die Formen der Bewegungsweise (Schwimmer, Gräber, Läufer, Kletterer, Flieger u. a.), die Form des Nahrungserwerbs (↗ Strudler, ↗ Filtrierer, ↗ Substratfresser, ↗ Fallensteller, ↗ Jäger), die Art der Atmung (Hautatmer, Kiemenatmer, Tracheenatmer u. a.) oder nach der Anpassung des ↗ Edaphon im Boden (epedaphische, euedaphische und hemiedaphische Tiere).

Lebensformen Lebensformtypen der Schaufelgräber: a Nagetier (*Spalax*), b Insektenfresser (Maulwurf), c Insektenfresser (*Chrysochloris*), d Beutelmull

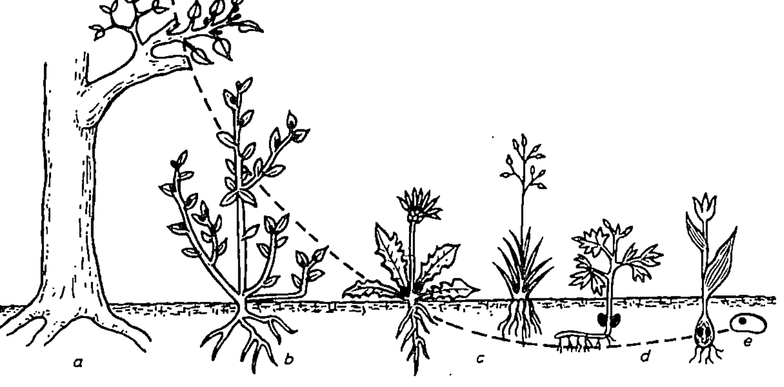

Lebensformen a Phanerophyt, b Chamaephyt, c Hemikryptophyt, d Kryptophyt, e Therophyt. Die gestrichelte Linie zeigt die Position der Erneuerungsknospen oder Überwinterungsorgane

Lebensformenspektrum, das Spektrum der ↗ Lebensformen einer bestimmten Vegetationseinheit oder eines bestimmten Gebietes. Natürliche Lebensgemeinschaften weisen meist sehr verschiedene Lebensformen auf. Zur Charakterisierung des L. wird oft der relative Anteil der einzelnen Lebensformen an der gesamten Artenzahl angegeben.

Lebensformtypen, komplexe konvergente Anpassungen bei verschiedenen Arten (↗ Lebensformen). In der Zoologie wird der Begriff L. meist synonym mit Lebensformen verwendet.

Lebensgemeinschaft, die ↗ Biozönose.

Lebensmittelmikrobiologie, Teilbereich der angewandten ↗ Mikrobiologie, in dessen Mittelpunkt Forschungen auf folgenden Gebieten stehen: mikrobielle Prozesse bei der Herstellung von Lebensmitteln (↗ alkoholische Gärung, ↗ Milchsäuregärung), Krankheitserreger und mikrobielle Toxine (↗ Bakterientoxine, ↗ Aflatoxine, ↗ Lebensmittelvergiftung) in Lebensmitteln, mikrobieller Verderb von Lebensmitteln, Haltbarmachung von Lebensmitteln (↗ Konservierung), gentechnische Herstellung von Starter- und Reifungskulturen (↗ Biotechnologie).

Lebensmittelvergiftung, *Nahrungsmittelvergiftung*, Erkrankung, die durch bakteriell infizierte Lebensmittel oder natürliche und chemische Gifte in Lebensmitteln ausgelöst wird. Meist treten Magen-Darm-Entzündungen auf. L. durch *Bakterien* stellen den größten Anteil der Erkrankungen. Die Bakterien werden i. d. R. durch infizierte Nahrungsmittel wie Fleisch (besonders Hackfleisch, Geflügel), Milch, rohe Eier, Geflügel, Mayonnaise und Speiseeis übertragen.

Die Vergiftungserscheinungen werden entweder durch die Bakterien selbst (*Endotoxine*) oder durch Bakterientoxine (*Enterotoxine*; ↗ Bakterientoxine) ausgelöst. Häufige Erreger der L. sind Salmonellen (↗ Salmonellose) und Staphylokokken (↗ Staphylococcus). Besonders gefährlich ist das von *Clostridium botulinum* (↗ Clostridien) produzierte ↗ Botulinustoxin, das zu Botulismus führt. Dieses Toxin ist vor allem in verdorbenen Konserven enthalten. Zu den Symptomen bakterieller L. gehören meist plötzliche Bauchschmerzen, Erbrechen, Durchfälle (↗ Diarrhö), teilweise auch Fieber. Zu den L. durch *natürliche Gifte* zählen Vergiftungen durch Pilze, Zersetzungsprodukte aus verdorbenem Fleisch oder Fisch, Schimmelpilzgifte (↗ Aflatoxin) und Pflanzengifte (↗ Giftpflanzen).

Als *chemische Gifte* können z. B. Metalle (Blei, Kupfer, Zink u. a.) wirken, die bei Aufbewahrung saurer Speisen aus heute nicht mehr zulässigen Kochgeschirren herausgelöst werden.

Lebensraum, das ↗ Biotop.

Lebensspanne, *Lebensdauer*, die von der Entstehung bzw. Geburt eines Individuums bis zu seinem Tod reichende Zeitspanne. Sie kann bei den verschiedenen Lebewesen sehr unterschiedlich sein. Die größtmögliche L. eines Organismus ist grundsätzlich genetisch festgelegt, wird aber unter Umständen aufgrund ungünstiger Umweltbedingungen, aber auch durch physiologische Faktoren (die wiederum erblich sein können) erheblich verkürzt. Ein die L. bei allen Organismen begrenzender Faktor ist das ↗ Altern, bei Pflanzen als ↗ Seneszenz bezeichnet. Die Angaben über die L. der verschiedenen Organismen gründen i. d. R. auf Einzelbeobachtungen oder statistischen Mittelwerten. Die höchsten Lebensalter erreichen Pflanzen (z. B. der Mammutbaum bis über 4000 Jahre) und Dauerstadien, so z. B. Bakteriensporen bis 1000 Jahre und die Samen einer bestimmten Lupinenart (aus einer arktischen Dauerfrostschicht) mit einem nachgewiesenen Alter von 10000 Jahren. Bei Tieren erreichen die höchsten bislang bekannten L. manche Schildkröten, die bis zu 300 Jahre alt werden können.

Leber, *Hepar*, eine Anhangsdrüse des Mitteldarms und das größte Stoffwechselorgan des Wirbeltierorganismus. Sie wird in der Individualentwicklung vom Darmepithel aus angelegt. Ihre ursprüngliche Aufgabe ist die Absonderung von Verdauungssekreten. Doch gehen ihre Aufgaben weit darüber hinaus.

Funktionen: So werden in der L. aus vielen im Darm resorbierten und über den Pfortaderkreislauf zugeführten Stoffen körpereigene Substanzen synthetisiert, insbesondere ↗ Glykogen, Proteine (Fibrinogen, Prothrombin), ↗ Heparin, Fette. Zudem ist die L. vor allem für Glykogen, bei einer Reihe von Tieren auch für Fett (*Lebertran*) ein wichtiger Speicherort, außerdem findet in ihr eine Anreicherung der Vitamine A, B_2, B_{12} und D statt. Sie ist neben der Niere das wichtigste Entgiftungsorgan (↗ Biotransformation), in dem Gifte (z. B. ↗ Ethanol, Arzneimittelsubstanzen) und auch Zwischenprodukte der bakteriellen Eiweißfäulnis im Darm unschädlich gemacht werden. Sie ist außerdem am körpereigenen Abwehrsystem beteiligt, indem sie Anteil an den Aufgaben des Makrophagensystems hat (Kupffer'sche Sternzellen, Phagocytose von Fremdstoffen). Eine wichtige Aufgabe ist auch die Entgiftung von Ammoniak, meist zu ↗ Harnstoff (↗ Harnstoffzyklus), bei Vögeln und vielen Reptilien zu ↗ Harnsäure. Durch die Produktion von ↗ Galle ist die L. als exkretorische Drüse an der Fettverdauung beteiligt. Darüber hinaus ist die L. ein Blutspeicher und für den Abbau der roten Blutkörperchen (↗ Erythrocyten) zuständig, sowie während der Embryonalentwicklung auch ein Ort der Blutbildung.

Die hohe Stoffwechselintensität der Leber spiegelt sich im vergleichsweise hohen Sauerstoffverbrauch (rund 12 % des gesamten, im arteriellen Blut transportierten Sauerstoffs) sowie der Tatsache wieder, dass Leberblut mit einer Temperatur von etwa 40 °C deutlich über der durchschnittlichen Körpertemperatur liegt.

Aufbau. Bei den Schleimaalen (↗ Myxinoidea) ist die L. noch eine tubuläre, exokrine Drüse. Hingegen besteht sie bei den höheren Wirbeltieren aus vielfach miteinander verbundenen Zellbalken und gefensterten Zellplatten, zwischen denen zahlreiche Blutgefäße verlaufen. Bei den Säugetieren (aber auch bei einigen niederen Wirbeltieren) zeigt die L. eine charakteristische Gliederung in *Leberläppchen*, d. h. die Leberzellplatten sind kreisförmig um eine Zentralvene angeordnet. Die im Querschnitt oft sechseckigen Leberläppchen haben einen

Durchmesser von 1 - 2 mm. In den Winkeln, in denen sie aneinander grenzen befinden sich je ein Endast von Leberpfortader und Leberarterie, Lymphgefäße und ein kleiner Gallengang. Diese Anordnung wird als *Glisson-Trias* bezeichnet.

Über die Pfortader tritt nährstoffreiches venöses Blut aus dem Verdauungstrakt ein. Im Leberläppchen gehen die Blutgefäße gemeinsam in das recht weitlumige Kapillarensystem (*Lebersinus, Sinusoide*) über, das einen intensiven Stoffaustausch mit den *Leberzellen* (*Hepatocyten*) ermöglicht; nach Sammlung in den Zentralvenen der Leberläppchen wird es zu den Lebervenen zurückgeführt. Im Endothel der Kapillaren befinden sich *Kupffer'sche Sternzellen*, die zum Makrophagensystem gehören

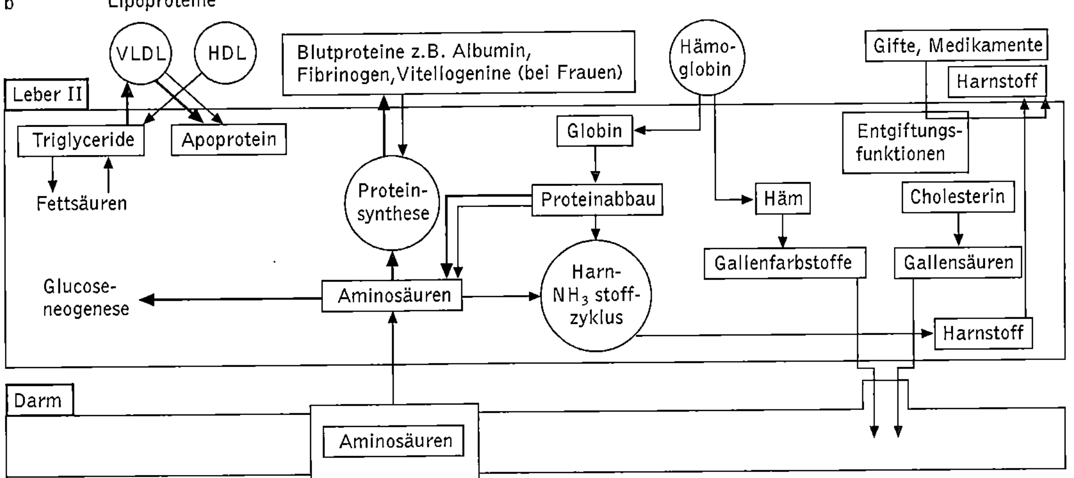

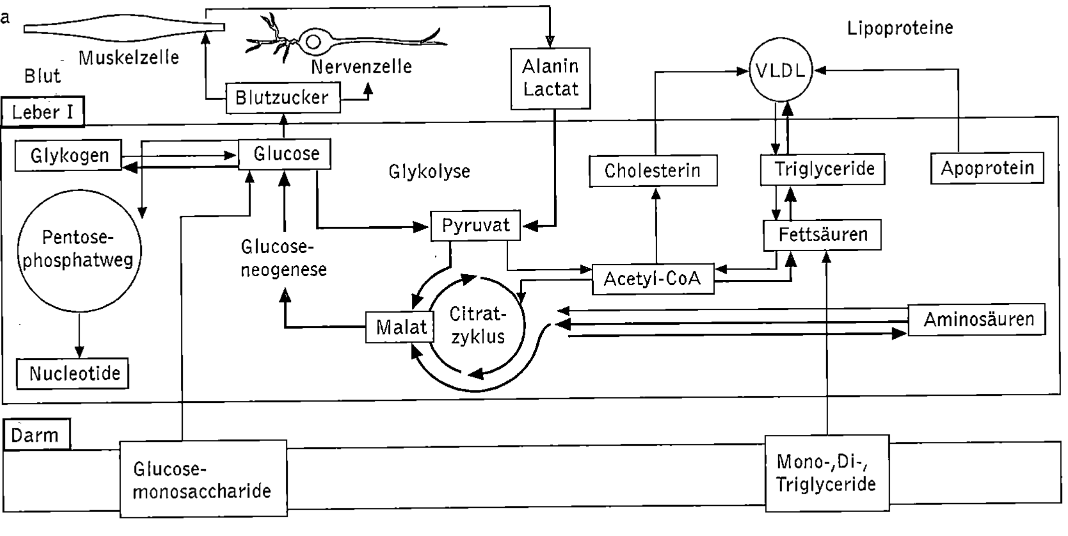

Leber Schematische Darstellung der Stoffwechselleistungen der Leber; a Stoffwechsel von Kohlenhydraten und Lipiden, b Synthese und Abbau von Proteinen, Gallensäureproduktion sowie Harnstoffzyklus u. a. Entgiftungsreaktionen

und Fremdkörper (Bakterien, Zelltrümmer, Farbstoffe) speichern sowie vermutlich am Abbau des ↗ Hämoglobin beteiligt sind. Das Endothel ist von den Leberzellen durch einen schmalen Raum, den *Disse-Raum* getrennt, der für den Sauerstoffaustausch zwischen L. und Blut wichtig ist. Die von den Leberzellen produzierte Gallenflüssigkeit wird in ein interzelluläres Lückensystem abgegeben, die *Gallencanaliculi*, fließt von dort zum Rand der Leberläppchen und sammelt sich in den *Gallengängen*, die wiederum in den *Ductus hepaticus* einmünden. Von dort zweigt der *Ductus choledochus* in die ↗ Gallenblase ab, die der Speicherung der Galle dient.

Die L. des Menschen ist in gesundem Zustand dunkelrotbraun mit einer spiegelnd glatten Oberfläche. Sie wiegt rund 1500 bis 2000 g. Sie wird umschlossen von einer Bindegewebskapsel (*Tunica fibrosa*) und erstreckt sich vom Raum unter der rechten Zwerchfellkuppel bis zur linken Seite oberhalb der sechsten Rippe. Dabei folgt der untere Leberrand einer gesunden Leber dem Rippenbogen bis zur Medioclavicularlinie. Ist sie bei Einatmung unterhalb des Rippenbogens tastbar, ist sie vergrößert. Die L. macht aufgrund ihrer Lage und der Befestigung am Zwerchfell über Ligamente alle Bewegungen des Zwerchfells mit, sodass ihre Lage stets von der jeweiligen Atmungsphase abhängig ist. Mit der kleinen Kurvatur des Magens ist sie über das *Omentum minus (Kleines Netz)* verbunden. (↗ Gluconeogenese, ↗ Hepatitis, ↗ Hungerstoffwechsel, ↗ Ketonkörper, ↗ Lipoproteine)

Bei wirbellosen Tiere haben die ↗ Mitteldarmdrüsen bzw. der ↗ Fettkörper der Insekten der L. vergleichbare Aufgaben.

Leberegel, Sammelbez. für einige Saugwürmer, die im Adultstadium vor allem in den Gallengängen der Leber von Wiederkäuern, Schweinen und Pferden, aber z. T. auch des Menschen leben. Hierzu gehören u. a. der Große L. (↗ Fasciola), der Kleine L. (↗ Dicrocoelium) und der Chinesische L. (↗ Clonorchis).

Lebermoose, ↗ Hepaticae.

Lecanora, Gatt. der Flechten (↗ Lichenes).

Lecithin, Abk. für ↗ Phosphatidyl-Cholin.

Lecker, Bez. für Tiere, die sich von Flüssigkeiten ernähren oder kleine Tiere mit der Zunge auflecken (z. B. Bienen, Papageien, Ameisenbären).

Lederberg, *Joshua*, amerikan. Mikrobiologe, * 23.5.1925 Montclair (New Jersey); 1947-54 Prof. in Madison (Wisconsin), danach in Palo Alto (Californien). L. zeigte zusammen mit E.L. ↗ Tatum durch Kreuzungsversuche mit Bakterienstämmen, dass Bakterien sich auch geschlechtlich vermehren können. 1952 gelang ihm der Nachweis, dass Bakteriophagen DNA von einem auf ein anderes Bakterium übertragen können (*Transduktion*) und präg-

te im gleichen Jahr die Bez. *Plasmide* für extrachromosomale Erbfaktoren in Bakterien. 1958 erhielt er zusammen mit G.W. ↗ Beadle und Tatum den Nobelpreis für Physiologie oder Medizin.

Lederhaut, *Sklera*, Bindegewebsschicht im ↗ Auge.

Lederkorallen, die ↗ Alcyonaria.

Lederschildkröten, die Fam. ↗ Dermochelyidae.

Leerlaufhandlung, ein bei Ausbleiben eines angemessenen äußeren Reizes ins Leere ablaufendes arttypisches Verhalten.

Leeuwenhoek, *Antony van*, niederländ. Naturforscher, * 24.10.1632 Delft, † 27.8.1723 Delft; L. konstruierte über 200 Mikroskope (Vergrößerungen 40-275fach) und entdeckte damit zahlreiche Mikroorganismen. Er beschrieb Wimpertierchen, Geißeltierchen, Rädertierchen und Moostierchen (1674) sowie Bakterien (1676), beobachtete die Blutbewegung durch die Kapillaren im Schwanz der Kaulquappe und entdeckte dabei die Blutkörperchen. Ferner beschrieb er die parthenogenetische Fortpflanzung der Blattläuse, die quer gestreifte Muskulatur und die Herzmuskulatur, Unterschiede zwischen monokotyledonen und dikotyledonen Pflanzen sowie die Tüpfel. Seine Beobachtungen an Säugerspermien (1677) und die Interpretation ihrer Feinstruktur machten ihn zu einem der führenden Vertreter der ↗ Präformationstheorie.

Legebohrer, *Legestachel, Ovipositor*, bei vielen Insekten vorkommende Eiablagevorrichtung, die sich aus Anhängen des achten und neunten Hinterleibssegments zusammensetzt. Ein L. kann vielfach spezialisiert sein und ist z. B. bei den Stechimmen (↗ Aculeata) zu einem Giftstachel umgewandelt.

Legewespen, *Terebrantes*, Taxon der ↗ Apocrita.

Leghämoglobin, ↗ Stickstoff-Fixierung.

Legionärskrankheit, *Legionellose*, von *Legionella pneumophila* verursachte atypische Lungenentzündung, die erstmals 1976 nach einem Treffen von Kriegsveteranen (Name!) als eigenständige Krankheit erkannt wurde. Die Infektion erfolgt über feuchte Aerosole, z. B. über Klimaanlagen, die nach dem Verdunstungsprinzip arbeiten.

Legionella, Gatt. der γ-Untergruppe der ↗ Proteobacteria. (↗ Legionärskrankheit)

Legionellose, die ↗ Legionärskrankheit.

Leguane, die Fam. ↗ Iguanidae.

Leguminosen, *Leguminosae, Hülsenfrüchtler*, ↗ Fabales. Nach veralteter Systamik waren die L. eine Fam., die jedoch inzwischen durch die Ord. Fabales abgelöst wurde.

Leibeshöhle, ein im Körper der Tiere befindlicher, embryonal durch die ganze Länge des Rumpfes sich erstreckender, mehr oder weniger unterteilter Hohlraum, der die meisten inneren Organe beherbergt. Die L. kann eine primäre L. (*Protocoel, Pseu-*

docoel) oder eine sekundäre oder echte L. (*Coelom, Deuterocoel*) sein.

Die *primäre L.* ist entweder eine aus dem Blastocoel hervorgegangene Höhle ohne epitheliale Auskleidung, oder sie ist aus Spalträumen im Mesenchym entstanden (*Schizocoel*). Sie kommt z. B. bei allen Plattwürmern (↗ Plathelminthes) und ↗ Nemathelminthes vor.

Die *sekundäre L.* besteht aus epithelial begrenzten Hohlräumen, die durch Kanäle nach außen münden oder mit den Ausscheidungsorganen in Verbindung stehen. Bei den *Weichtieren* (↗ Mollusca) beschränkt sich die sekundäre L. auf den Keimdrüsen-, Nieren- und Herzbereich. Die sekundäre L. der *Gliedertiere* (↗ Articulata) beteht aus einzelnen segmentalen Abschnitten, die als paarige Coelomsäcke über und unter dem Darmrohr zusammenstoßen und so die Mesenterien bilden. Die hintereinander liegenden Coelomkammern werden durch senkrechte, doppelwandige Scheidewände (*Dissepimente*) voneinander getrennt. Bei den *Gliederfüßern* (↗ Arthropoda) werden die Anlagen der Coelomsäcke bereits während der Embryonalentwicklung wieder aufgelöst, sodass die sekundäre und primäre L. einen einheitlichen Körperhohlraum, das *Mixocoel*, bilden. Die sekundäre L. der *Eichelwürmer* (↗ Enteropneusta) und der *Stachelhäuter* (↗ Echinodermata) besteht aus drei paarigen, hintereinander liegenden Abschnitten, dem *Hydrocoel, Axocoel* und *Somatocoel*. Die sekundäre L. der *Wirbeltiere* (↗ Vertebrata) besteht aus einem epithelial begrenzten Hohlraum, der bei niederen Vertebraten durch Poren oder Kanäle nach außen mündet oder mit den Ausscheidungsorganen in Verbindung stehen kann. Bei den meisten Wirbeltieren geht das Coelom durch Spaltbildung aus Mesodermmaterial hervor, das sich aus dem Urdarm abgegliedert hat. Vom cranialen Abschnitt der ursprünglich einheitlichen L. sondert sich zuerst die *Perikardhöhle* ab, der übrige Teil gliedert sich später in *Pleura-* und *Peritonealhöhle*. In alle diese von Epithel ausgekleideten Räume wölben sich Organe vor, sodass es zur Näherung der Epithelien kommt, wodurch kapilläre Spalträume entstehen. So sind die Lungen von der Pleurahöhle, die außen vom Rippen- und innen vom Lungenfell begrenzt ist, umgeben, und im Bauchraum umhüllt das Peritoneum (Bauchfell) die meisten Organe, insbesondere den Darm und seine Anhangsdrüsen.

Leichengifte, *Ptomaine*, Bez. für die biogenen Amine ↗ Cadaverin und ↗ Putrescin, die bei der Leichenfäulnis durch bakterielle Zersetzung entstehen und im Wesentlichen für den Verwesungsgeruch von Leichen verantwortlich sind.

Leichenstarre, die ↗ Totenstarre.

Leierschwänze, *Menuridae*, Fam. der Sperlingsvögel mit zwei bis 1 m großen Arten in Australien.

Charakteristisch sind die leierförmigen äußeren Federn des langen Schwanzes, der bei der Balz aufgefächert und über den Kopf geschlagen wird.

Leihmutter, Bez. für eine Frau, die, meist nach einer In-vitro-Fertilisation mit anschließendem Embryotransfer (↗ Reproduktionsmedizin) ein fremdes Kind austrägt, das sie nach dessen Geburt den leiblichen Eltern, von denen Spermium und Oocyte stammen, zurückgibt. Die Leihmutterschaft ist in Deutschland seit 1992 durch das ↗ Embryonenschutzgesetz verboten.

Lein, *Flachs*, *Linum usitatissimum*, alte ↗ Kulturpflanze der ↗ Linacea (Abb. siehe dort). Die einjährige 60 - 100 cm hohe Pflanze trägt linealische Blättchen und eine rispige Infloreszenz mit fünf hellblauen Blütenblättern. Man unterscheidet *Öllein*, der in erster Linie gutes Öl produziert, *Faserlein*, der eine gute Faserqualität liefert, sowie Sorten, die sowohl zur Ölgewinnung als auch zur Fasergewinnung geeignet sind (*Ölfaserlein*). ↗ Ölpflanzen, ↗ Faserpflanzen

Leingewächse, die Fam. ↗ Linaceae.

Leishmania, ausschließlich endoparasitisch lebende Einzeller mit nur einer Geißel, die im Geißelsäckchen der rundlichen Zellen bleibt und daher lichtmikroskopisch nicht sichtbar ist. L.-Arten sind in tropischen und subtropischen Gebieten verbreitet und verursachen beim Menschen als Leishmaniasis bezeichnete Krankheiten: *L. donovani* die *viscerale Leishmaniasis* (*Kala Azar*), die mit Milz- und Leberschwellung und Blutarmut einhergeht und *L. tropica* die *Hautleishmaniasis (Orientbeule)* mit begrenzten Hautläsionen. L.-Arten werden durch Mücken der Gatt. *Phlebotomus* übertragen.

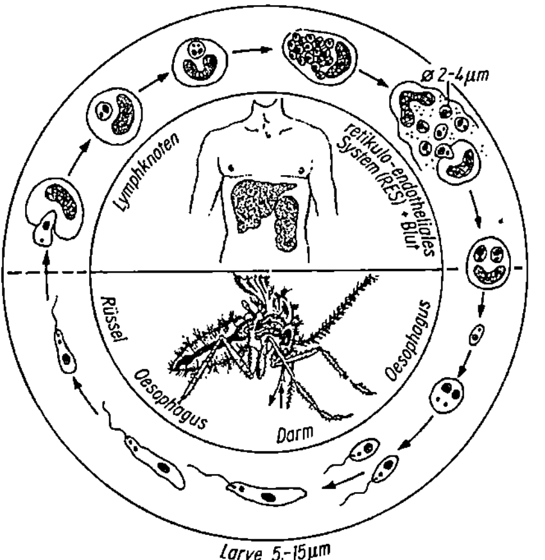

Leishmania Entwicklungszyklus von *Leishmania donovani*. Der innere Kreis zeigt die Wirte, der äußere die jeweiligen Parasitenstadien (RES = retikuloendotheliales System)

Leistenkrokodil, Art der Krokodile (↗ Crocodylia).

Leitbündel, ↗ Leitgewebe.

Leitenzyme, *Markerenzyme*, Bez. für Enzyme, die in einer Zell- oder Membranfraktion vorwiegend oder ausschließlich vorkommen. L. dienen der biochemischen Charakterisierung und Reinheitsprüfung der nach Zellaufschluss und fraktionierter Zentrifugation erhaltenen Zellfraktionen.

Leitformen, ↗ Leitorganismen.

Leitfossilien, Bez. für ↗ Fossilien, die für bestimmte stratigraphische Einheiten, d. h. Schichten mit gleichem geologischem Alter, charakteristisch sind und die Datierung isolierter Reste solcher Schichten erlauben. L. müssen einerseits geographisch weit verbreitet gewesen sein, andererseits dürfen sie nur während der Zeit der Ablagerung „ihrer" Schicht gelebt haben. Wichtige L. sind u. a. die ↗ Ammonoidea für das Erdmittelalter (↗ Mesozoikum) oder die ↗ Trilobita für das ↗ Kambrium.

Leitgewebe, *Leitungsgewebe*, pflanzliches Dauergewebe, dessen Zellen der Wasserleitung und dem Stofftransport dienen. Es sind i. d. R. lang gestreckte Röhren, die zu *Leitbündeln* vereinigt sind. In Blättern sind die Leitbündel als Blattnerven bereits mit bloßem Auge zu sehen. In den Wurzeln ist das Leitsystem in einem Zentralzylinder zusammengefasst. Dem L. gehören zwei unterschiedliche Gewebetypen an, die sich in Struktur und Funktion unterscheiden: ↗ Xylem (Gefäßteil) und ↗ Phloem (Siebteil; Abb. siehe dort). Nach der räumlichen Anordnung von Xylem und Phloem unterscheidet man drei Arten von Leitbündeln: Beim *kollateralen Leitbündel* hat das Phloem den gleichen Durchmesser wie das Xylem (typisch für Gymnospermen und Angiospermen). Bei dem selten vorkommenden *bikollateralen Leitbündel* existieren zwei Phloemgruppen, inner- und außerhalb des Xylems mit gleichem Radius. Beim *konzentrischen Leitbündel* umgibt eine Gewebeart die andere.

Leitorganismen, *Leitformen*, 1) allg. Bez. für Arten, die mit großer Regelmäßigkeit in den Beständen eines ↗ Biotops auftreten. Sie dienen zusammen mit den ↗ Charakterarten der Kennzeichnung von ↗ Biozönosen.

2) in der ↗ Saprobiologie ↗ Indikatororganismen, welche die Stärke von Gewässerverunreinigungen anzeigen und daher für die Güteklassifizierung von Gewässern (↗ Gewässergüte, ↗ Saprobien) herangezogen werden.

Leitstrang, *leading strand*, der Strang der DNA-Doppelhelix, der während der ↗ Replikation kontinuierlich, d. h. in 5'-3'-Richtung synthetisiert werden kann. (↗ Folgestrang)

Leitungsgewebe, das ↗ Leitgewebe.

Lektine, Glykoproteine vor allem pflanzlichen Ursprungs, die sich durch ein spezielles Bindevermögen für Kohlenhydrate und kohlenhydrathaltige Zelloberflächen auszeichnen. Wegen ihrer Fähigkeit, ↗ Erythrocyten u. a. Zellstrukturen zu agglutinieren, werden L. auch als *Phytohämagglutinine* bezeichnet. Die molekularen Wechselwirkungen zwischen den L. und den Fremdkohlenhydraten sind mit der Antigen-Antikörper-Reaktion vergleichbar. Ein wichtiger Unterschied ist jedoch, dass die L. von Anfang an in der Pflanze enthalten sind und ihre Bildung nicht erst durch Kontakt mit dem Zuckerrest induziert wird.

N-Acetylglucosamin-bindende L. stören die Chitinbildung bei der Zellwandsynthese von Pilzen und schützen so die Pflanzen vor Infektion. In Nachtschattengewächsen bewirken L. die Fixierung von Bakterien an die Zellwände der infizierten Pflanzen. Leguminosenlektine erkennen und fixieren die Luftstickstoff bindenden, symbiontischen Bakterienstämme (↗ Knöllchenbakterien). Zu den tierisches Kohlenhydrat bindenden Proteinen der Zelloberflächen gehören die *Selektine*, die als ↗ Adhäsionsmoleküle bei der Wechselwirkung von ↗ Leukocyten mit Endothelzellen von Bedeutung sind. Von medizinischer Bedeutung ist die Verwendung von L. zur Bestimmung der ↗ Blutgruppen. Die bevorzugte Agglutination von Tumorzellen durch L. gegenüber Normalzellen wird zum Nachweis der Bildung von Krebszellen in Zellkulturen herangezogen.

Leloir, *Luis Frederico*, franz.-argentin. Biochemiker, ✳ 6.9.1906 Paris, † 3.12.1987 Buenos Aires; ab 1941 Prof. in Buenos Aires, seit 1947 Direktor des biochemischen Forschungsinstituts der Fundación Campomar in Buenos Aires. L. arbeitete über die Fettsäureoxidation in der Leber, über ↗ Transaminasen, die Milchsäuregärung sowie die Wirkungen von ↗ Angiotensin und ↗ Adrenalin. Er isolierte das erste Zuckernucleotid (UDP-Galactose) und wies deren Bedeutung für den Kohlenhydratstoffwechsel nach. Außerdem klärte er die Biosynthesereaktionen von Polysacchariden (z. B. ↗ Glykogen und ↗ Stärke) auf. 1970 erhielt L. den Nobelpreis für Chemie.

Lemma, die ↗ Deckspelze.

Lemminge, *Lemmini*, Gatt.-Gruppe der Wühlmäuse (↗ Arvicolidae), mit 13 Arten, die im arktischen Eurasien und in Nordamerika verbreitet sind. Die 8 - 15 cm langen L. sind nachtaktive Pflanzenfresser. Sie haben lange Grabkrallen an den Füßen, mit deren Hilfe sie ausgedehnte Gangsysteme graben. Den Winter verbringen sie unter der Schneedecke (kein Winterschlaf). In günstigen Jahren („Lemmingjahre") kommt es zu Massenvermehrungen, die mehr oder weniger ausgedehnte Wanderungen zur Folge haben. Die L. durchqueren bei der Suche nach einem neuen Lebensraum auch Flüsse und Seen.

Lemnaceae, *Wasserlinsengewächse*, Fam. der ↗ Arales mit ca. 30 Arten. Es sind ausschließlich sehr kleine, frei schwimmende oder untergetaucht lebende Wasserpflanzen mit einem stark reduzierten, linsenförmigen oder gestielt-lanzettlichen Vegetationskörper und nur selten auftretenden eingeschlechtigen Blüten ohne Hülle, die entweder nur aus einem Staubblatt oder nur aus einem Fruchtblatt bestehen und bei einigen Vertretern von einem Hochblatt, der Spatha, umgeben sind. Häufigste mitteleuropäische Art ist die Kleine ↗ Wasserlinse, *Lemna minor.* Weitere Arten sind die Vielwurzelige Teichlinse, *Spirodela polyrhiza,* und die *Zwergwasserlinse, Wolffia arrhiza,* die nur 1 - 2 mm groß wird und wurzellos ist. Die Zwergwasserlinse ist die kleinste Blütenpflanze.

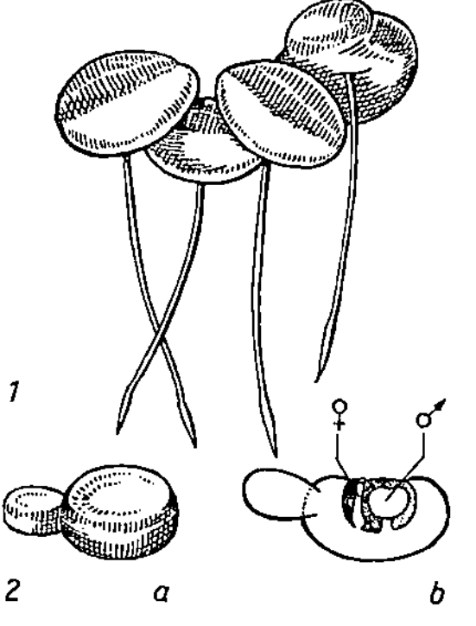

Lemnaceae 1 Kleine Wasserlinse (*Lemna minor*), 2 Zwerg-Wasserlinse (*Wolffia arrhiza*): a Pflanzen, b blühender Spross im Längsschnitt

Lemuridae, *Lemurenartige, Lemuren,* Fam. der Halbaffen (↗ Prosimiae) mit 21 Arten in zwölf Gatt., die auf Madagaskar leben. Die kleinste Art, der *Mausmaki (Microcebus murinus),* ist mit 11 cm Körperlänge der kleinste Primat überhaupt; die größte Art, der *Indri (Indri indri),* wird bis 80 cm lang. Die L. haben (außer Indri) einen meist langen und buschig behaarten Schwanz. Die zweite Zehe besitzt eine Putzkralle, erster Finger und erste Zehe sind opponierbar (Greifhand bzw. Greiffuß). Der Nasenspiegel ist feucht, die unteren Schneide- und Eckzähne stehen fast waagerecht und bilden einen *Putzkamm.* Die nachtaktiven Formen haben große Augen meist ohne Zapfen, aber mit ↗ Tapetum lucidum. Ihre Nahrung ist überwiegend pflanzlich, jedoch werden vereinzelt auch Insekten und kleine Wirbeltiere verzehrt. Alle L. sind Baumbewohner und gute Kletterer und Springer. Sie leben oft in Familiengruppen.

Leng, *Molva molva,* mit bis 1,8 m Länge die größte Art der Dorsche (↗ Gadiformes). Der in Nordatlantik und Nordsee verbreitete L. ist oberseits braun bis grau und unterseits weißlich. Er ist ein geschätzter Speisefisch.

lenitisch, Bez. für Bereiche von ↗ Gewässern mit schwacher lokaler Wasserbewegung. Gegensatz: lotisch.

Lens, Gatt. der ↗ Fabaceae.

Lentibulariaceae, Fam. der ↗ Scrophulariales, deren Arten sich durch Carnivorie (↗ carnivore Pflanzen) auszeichnen. Zu den L. gehören die Gatt. *Pinguicula* (Fettkraut) und *Utricularia* (Wasserschlauch).

Lentizellen, *Korkporen,* luftdurchlässige, häufig linsenförmige Poren im Korkmantel, die den Gasaustausch ermöglichen. Sie werden unter den Stomata angelegt und übernehmen später deren Aufgabe. An jungen Stämmen oder Zweigen sind sie als vorspringende Warzen oft gut sichtbar.

Leopard, *Panther, Panthera pardus,* Art der Großkatzen, die mit zahlreichen Unterarten in großen Teilen Afrikas und Südwestasiens verbreitet ist. Der bis 1,5 m körperlange L. ist vorwiegend dämmerungs- und nachtaktiv. Das Fell ist fahl bis rötlich, am Bauch weißlich, mit ringförmig angeordneten schwarzen Flecken, jedoch gibt es auch reine Schwärzlinge (*Schwarzer Panther*). L. ernähren sich vor allem von Antilopen u. a. Paarhufern, an die sie sich bis auf wenige Meter heranschleichen, um sie dann durch einen Nacken- oder Kehlbiss zu töten.

Leopardus, die Gatt. ↗ Pardelkatzen.

Leotiales, Ord. der ↗ Ascomycetidae mit becher- bis schüsselförmigen Fruchtkörpern. Außer den typischen Apothecien (↗ Ascoma) gibt es auch abgeleitete Fruchtkörperformen, wie z. B. keulenförmige (Gatt. *Trichoglossum*), gestielt-schüsselförmige (Gatt. *Sclerotinia*) oder gestielt-hutartige (Gatt. *Cudonia*). Die meisten Arten leben saprophytisch, einige auch parasitisch. (↗ Botrytis cinerea)

Lepas, Gatt. der Rankenfüßer (↗ Cirripedia).

Lepidium, Gatt. der ↗ Brassicaceae.

Lepidochitona, Gatt. der Käferschnecken (↗ Polyplacophora).

Lepidodendraceae, *Schuppenbäume,* ↗ Lepidodendrales.

Lepidodendrales, *Lepidophyten, Bärlappbäume,* ausgestorbene Ord. der Bärlappgewächse (↗ Lycopodiopsida). Hierzu gehören die *Siegelbäume, Sigillariaceae,* deren Stämme mit Längsreihen mehr oder weniger sechseckiger Blattpolster bedeckt waren (Abb. ↗ Lycopodiopsida), und die *Schuppenbäume, Lepidodendraceae,* mit rhombischen Blattpolstern. Neben den Calamiten (↗ Calamitaceae), Samenfarnen (↗ Lyginopteridopsida) und Cordaiten (↗ Cordaitidae) gehören sie zu den wichtigsten Pflanzen des Karbons und sind mit diesen die bedeutendsten Steinkohlebildner. Die Bäume waren 30 bis 40 m hoch mit bis über 5 m Durchmesser. Mit zahlreichen dichotom verzweigten Wurzelträgern waren sie im Boden verankert. Die höchste Entwicklungsstufe hatte die als *Samen-bärlappe, Lepidospermae,* zusammengefasste Gruppe, deren Megasporangien bis zur Ausbildung des Embryos an der Mutterpflanze verblieben. Die Reduktion des Gametophyten war hier am weitesten fortgeschritten.

Lepidophyten, die ↗ Lepidodendrales.

Lepidoptera, *Schmetterlinge,* Taxon der ↗ Insecta mit etwa 150000 Arten, von denen rund 3000 in Mitteleuropa leben. L. haben i. Allg. eine Flügelspannweite von 3 - 120 mm, die größte Spannweite hat mit 320 mm *Thysania agrippina,* ein südamerikanischer Eulenfalter. L. haben sehr unterschiedlich gebaute Antennen, die oft verzweigt sind. Autapomorphien der Gruppe sind u. a. das Fehlen eines vorderen unpaaren Ocellus, die Schuppen der Flügel, die Umbildungen von Haaren sind, wie sie bei der gemeinsamen Stammart mit den Köcherfliegen (↗ Trichoptera) vorkamen, sowie ein Fortsatz an der Tibia der Vorderbeine, der zum Reinigen der Antennen dient. Ursprünglich sind kauende Mundgliedmaßen, die Mehrzahl der L. hat allerdings einen Saugrüssel. Mittel- und Hinterbeine sind meist dicht beschuppt und dienen als Klammerbeine. Einige nachtaktive Arten besitzen ↗ Tympanalorgane am Ende des dritten Thoraxsegments oder am ersten Abdominalsegment, mit denen sie die Ultraschallortungslaute von Fledermäusen (↗ Microchiroptera) wahrnehmen können. Einige Arten können durch Erzeugen von Ultraschalllauten auch das Peilsystem ihrer Fressfeinde stören. Die Larven (*Raupen*) sehen sehr unterschiedlich aus. Sie sind oft sehr bunt, manche haben auffällige Körperfortsätze oder Borsten. Bei vielen dienen zwei Labialspeicheldrüsen als Spinndrüsen zur Anfertigung des Raupenkokons oder -gespinstes, eines Larvensacks oder als Orientierungsfaden. Die Raupen haben drei Paar Thorakalbeine, an einigen Abdominalsegmenten können Stummelfüße vorhanden sein, und am zehnten Abdominalsegment sitzt ein Paar Nachschieber. Es gibt meist vier bis fünf Larvenstadien (Raupen). Die meisten Larven sind Pflanzenfresser, nur wenige leben von tierischer Nahrung, Pilzen, Keratin oder auch Vorräten.

Subtaxa der L. sind die *Zeugloptera,* die *Aglossata* sowie die *Glossata,* die einen Saugrüssel besitzen. Zu letzteren gehören u. a. die Fam. ↗ Tineidae (Echte Motten), ↗ Zygaenidae (Widderchen), ↗ Noctuidae (Eulenfalter), ↗ Bombycidae (Seidenspinner), ↗ Arctiidae (Bärenspinner), ↗ Sphingidae (Schwärmer), ↗ Pieridae (Weißlinge) und ↗ Lycaenidae (Bläulinge).

Lepidosauria, Gruppe der ↗ Reptilia, die rezent die ↗ Brückenechse, die Doppelschleichen (↗ Amphisbaenia), die Eidechsen (↗ Lacertidae) und die Schlangen (↗ Serpentes) umfasst.

Lepidospermae, *Samenbärlappe,* ↗ Lepidodendrales.

Lepisma saccharina, das Silberfischchen (↗ Zygentoma).

Lepisosteidae, die Knochenhechte (↗ Holostei).

Leporidae, *Hasenartige,* Fam. der Hasentiere (↗ Lagomorpha) mit 44 Arten in zehn Gatt., die fast weltweit verbreitet sind, wobei sie in Australien und Neuseeland vom Menschen eingeschleppt wurden. Das Fell ist meist rötlich- bis graubraun, wobei viele Arten einen deutlichen Unterschied zwischen Sommer- und Winterfell zeigen (z. B. Schneehase). Die Ohren („Löffel") sind i. d. R. auffällig lang, bei Hasen stets mit schwarzer Ohrspitze und länger als bei Kaninchen. Wie bei allen Hasentieren sitzen die großen Augen seitlich am Kopf. Die Oberlippe besteht aus zwei getrennten Hautfalten („Hasenscharte"), der Hals ist schlank und einziehbar. Die Hinterbeine und -füße sind lang und ermöglichen eine schnelle Fortbewegung. Man unterscheidet die *Echten Hasen* (Gatt. *Lepus*) mit den Hasen und Jackrabbits und die Kaninchen mit den übrigen neun Gatt. Von den Echten Hasen gibt es in Europa nur zwei Arten: Der 40 bis 70 cm körperlange *Feldhase* (*Lepus capensis*) ist über weite Teile Eurasiens verbreitet und bewohnt bevorzugt offene Landschaften. Er drückt sich bei Gefahr nieder, verhält sich ganz ruhig und beobachtet. Die Häsin setzt zwei- bis viermal im Jahr zwei bis fünf Junge. Durch die moderne Landwirtschaft mit Monokulturen und Anwendung von Pflanzenschutzmitteln sind viele Populationen drastisch zurückgegangen. Die zweite Art ist der etwa gleich große *Schneehase* (*Lepus timidus*). Er besiedelt auch die Hochlagen der Gebirge und die Tundra. Sein Fell ist im Winter schneeweiß und im Sommer braun.

Einzige Art der Wildkaninchen (Gatt. *Oryctolagus*) und auch einzige europäische Art der Kaninchen ist das *Europäische Wildkaninchen* (*Oryctolagus cuniculus*), das heute außerdem in Australien, Neuseeland und Chile eingebürgert ist. Kaninchen bewohnen bevorzugt deckungsreiche, offene Landschaften.

Sie leben gesellig in ausgedehnten Erdröhrensystemen und sind infolge der hohen Vermehrungsrate in ihren Verbreitungsgebieten i. Allg. zahlreich. Innerhalb der Kolonien gibt es eine Rangordnung und ein ausgeprägtes Revierverhalten mit Duftmarkierung. In manchen Verbreitungsgebieten wurden die Bestände durch die *Myxomatose,* eine tödliche Viruserkrankung, die durch Ödembildung insbesondere der Schleimhäute gekennzeichnet ist, stark dezimiert. Das Europäische Wildkaninchen ist die Stammform des *Hauskaninchens,* das in einer großen Zahl unterschiedlicher Rassen gezüchtet wird.

Lepra, *Aussatz, Hansen'sche Krankheit,* von *Mycobacterium leprae* verursachte tropische und subtropische ↗ Infektionskrankheit, die sich durch Muskelatrophien, Lähmungen, Hautulcera und Zerstörung von befallenem Gewebe manifestiert. In fortgeschrittenem Stadium können Verstümmelungen an Gliedmaßen und Gesicht auftreten.

Leptin, *OB-Protein, hOB* (OB von Obesitas = Fettleibigkeit), ein aus 145 Aminosäureresten mit einer Disulfidbrücke aufgebautes Protein, das als Signalmolekül für die Erhaltung des Körpergewichts Bedeutung zu haben scheint. L. steht in Verbindung mit Adipositas (↗ Fettsucht) und ↗ Diabetes mellitus vom Typ II. L. tritt mit betimmten Rezeptoren im Gehirn in Wechselwirkung und unterdrückt die Freisetzung von Neuropeptid Y, einem Signalpeptid. Normalerweise wird L. von Fettzellen, die „gesättigt" sind freigesetzt, sodass keine weiteren Fettreserven angelegt werden. Fehlt L. oder sind die Hormonrezeptoren defekt, werden alle verfügbaren Fette als Reserven angelegt. Umgekehrt führt die Injektion von L. in genetisch veränderte Mäuse, die an Fettsucht leiden, zu einer Verminderung ihres Körpergewichts. Ebenso kann über L.-Injektion ein Diabetes gebessert werden.

Leptocardia, die ↗ Acrania.

Leptomedusae, ↗ Hydroida.

Leptomitus, Gatt. der ↗ Saprolegniales, die als „Abwasserpilz" in stark verschmutztem Wasser vorkommt.

Leptosporangiatae, *Baumfarne*, Farne mit baumförmigem Wuchs, aber ohne sekundäres Dickenwachstum. Hierher gehören vor allem die permokarbonischen Vertreter der ↗ Marattiales und die zu den ↗ Leptosporangiatae gehörenden Gatt. *Cyathea*, *Dicksonia*, *Cibotium*; der armdicke Stamm trägt am Ende eine Rosette schraubig gestellter Wedel.

Leptostraca, Taxon der ↗ Malacostraca mit 13 rezenten, ausschließlich marinen Arten, die auf weichen Schlammböden vom Litoral bis in die Tiefsee leben. Die mit 4 cm Länge größte Art, *Nebaliopsis typica*, lebt pelagisch. Alle Arten sind Filtrierer.

Leptotän, ↗ Meiose.

Leptothrix, Gatt. filamentöser Bakterien der β-Untergruppe der ↗ Proteobacteria, die von röhrenförmigen Hüllen aus einem Heteropolysaccharid umgeben sind. Auf den Hüllen sind Eisenoxide abgelagert. L. lebt in eisenreichen Gewässern und kann sowohl Mn^{2+} als auch Fe^{2+} oxidieren. (↗ Scheidenbakterien)

Lerchen, die Fam. ↗ Alaudidae.

Lernen, eine Veränderung des individuellen Verhaltens unter dem Einfluss von Verstärkern und Erfahrungen. Voraussetzung für alle Formen des L. ist ein ↗ Gedächtnis. Wichtige Lernformen sind die ↗ Habituation, die ↗ Prägung, das assoziative L., das L. durch Nachahmung und das L. durch Einsicht. Beim *assoziativen L.* werden während eines Lernvorgangs (Konditionierung) Verknüpfungen (↗ Assoziationen) zwischen zwei Ereignissen hergestellt, die ursprünglich nichts miteinander zu tun hatten. Ein Lernerfolg tritt i. d. R. nur dann ein, wenn die beiden Ereignisse unmittelbar aufeinander folgen. Formen des assoziativen L. sind die klassische ↗ Konditionierung (↗ bedingter Reflex) und die operante Konditionierung, die man auch als *instrumentelles L.* oder ein L. nach *Versuch und Irrtum* bezeichnet. Bei der operanten Konditionierung wird ein neues Verhalten mit einer positiven oder negativen Erfahrung (z. B. Belohnung oder Bestrafung) verknüpft. Versuchseinrichtungen und Verfahren zur operanten Konditionierung sind z. B. die ↗ Skinner-Box, Labyrinth-Versuche und ↗ Dressuren. Viele Vögel und Säugetiere können auch durch *Einsicht* lernen, d. h. durch die Fähigkeit, komplexe Situationen durch das Erfassen der Zusammenhänge und planmäßiges Handeln zu meistern. (↗ Intelligenz)

Leseraster, engl.: *reading frame*, Bez. für die Eigenschaft des ↗ genetischen Codes, durch das *Startcodon* die hintereinander angeordneten Nucleotide eines DNA-Moleküls definierten Basentripletts zuzuordnen, sodass nur eine der drei möglichen Kombinationen zum Genprodukt führt (↗ Transkription).

Leserastermutation, *frameshift mutation*, eine zu den ↗ Genmutationen gehörende Mutation, bei der das ↗ Leseraster durch Deletionen oder Insertionen verändert wird, sodass meist veränderte Genprodukte entstehen bzw. die Translation durch ein früh auftretendes Stoppcodon beendet wird. L. waren bei der Aufklärung des ↗ genetischen Code sehr hilfreich.

AUG AU[A] GGA CUA GUU CGA GGC AUA AUU...
Met Ile Gly Leu Val Arg Gly Ile Ile

Deletion der markierten Base

AUG AUG GAC UAG UUC GAG GCA UAA UU...
Met Met Asp Stop

Leserastermutation Durch Deletion des markierten Adenosins kommt es zur Verschiebung des Leserasters, wodurch vorzeitig ein Stopp-Codon entsteht.

letale Dosis, Abk. *LD*, diejenige Dosis einer Substanz, die zum Tod eines Organismus führt. Zur Charakterisierung der schädigenden Wirkung einer Substanz ist oft die LD_{50} angegeben. Das ist diejenige Dosis, bei der 50 % der Versuchstiere sterben.

Letalfaktoren, Bez. für ↗ Allele, deren Ausprägung bei Individuen vor Erlangen der Geschlechtsreife zum Tod führt. In heterozygotem Zustand können *rezessive L.* an Nachkommen vererbt werden, wohingegen *dominante L.* und rezessive L. im homozygoten Zustand immer zum Absterben in der Embryonal- oder Juvenilphase führen. Bei rezessiven L. kommt es in der F_2-Generation zu einer Abweichung von der nach den ↗ Mendel-Regeln zu erwartenden 3:1-Aufspaltung der Nachkommenschaft. Dies wurde bereits 1904 durch L. Cuénot (1866–1951) gezeigt, der Kreuzungen an Mäusen mit normaler und hellerer („gelber") Fellfärbung durchführte. Es stellte sich später heraus, dass das für diese Haarfarbe verantwortliche Allel im heterozygoten Zustand zum intrauterinen Tod der Merkmalsträger führt. Ein besonderer Typ der L. sind die so genannten *konditionellen L.*, die ihre letale Wirkung nur in einer bestimmten Umweltsituation (z. B. Temperatur) entfalten. Die Analyse von rezessiven L. wird häufig erschwert durch die Tatsache, dass sie nicht auf eine bestimmte Lebensphase (prä- oder postnatal) beschränkt sein können. Zudem erfolgt die Wirkung von dominanten und rezessiven L. nicht immer nach dem Alles-oder-Nichts-Prinzip. Fälle von so genannter *Subletalität* sind möglich, in denen eine abgeschwächte Wirkung eines L. auftritt.

Leu, Abk. für ↗ Leucin.

Leuchtbakterien, marine ↗ fototrophe Bakterien, die in ↗ Symbiose mit Tintenfischen und Tiefseefischen in deren ↗ Leuchtorganen leben, sowie saprophytisch auf totem Fisch lebende Bakterien. Zu den L. zählen u. a. *Photobacterium phosphoreum* und *Vibrio fischeri*. (↗ Biolumineszenz)

Leuchtbakterientest, Biotest zur Feststellung von Schadstoffen in Wasser- und Bodenproben. Der Test beruht auf einer Hemmung der ↗ Biolumineszenz bestimmter mariner Bakterien (↗ Leuchtbakterien) durch toxische Substanzen. Bei dem Test werden Leuchtbakterien einer Wasserprobe oder einem wässrigen Bodenextrakt zugesetzt und die Hemmung der Leuchtintensität nach einer vorgegebenen Einwirkzeit gemessen. (↗ Gewässergüte)

Leuchtkäfer, die Fam. ↗ Lampyridae.

Leuchtkrebse, *Euphausiacea*, Taxon der ↗ Eucarida.

Leuchtorgane, *Fotophoren, Photophoren*, bei verschiedenen Tieren vorkommende Organe, die durch ↗ Biolumineszenz oder mit Hilfe von symbiontischen Bakterien (↗ Leuchtbakterien) Licht aussenden. Während einfache L. lediglich aus einem von schwarzen Pigmentzellen umgebenen Leuchtteil bestehen, haben höher entwickelte L. noch eine Licht reflektierende Schicht und z. B. die L. der Tiefseebeilfische eine Linse. L. dienen dazu, Geschlechtspartner (z. B. bei den ↗ Leuchtkäfern)

oder Beutetiere (z. B. bei Tiefseefischen) anzulocken oder Feinde abzuwehren.

Leuchtorganismen, Bez. für Organismen, die Licht aussenden. Diese Fähigkeit kommt vor allem bei Meeresorganismen vor, vom Einzeller (z. B. *Noctiluca, Ceratium, Gonyaulax, Peridinium*) bis zu Fischen (viele Tiefseefische), ist aber auch bei landlebenden Tieren verbreitet. Bekanntestes Beispiel sind die ↗ Leuchtkäfer, aber auch einige Hundertfüßer und Schnecken besitzen ↗ Leuchtorgane. Die Fähigkeit des Leuchtens besitzen auch eine ganze Reihe von Bakterien, die ↗ Leuchtbakterien, sowie der ↗ Hallimasch, ein Holz zerstörender Pilz. (↗ Biolumineszenz)

Leuchtqualle, Art der Fahnenquallen (↗ Semaeostomea).

Leucin, Abk. *Leu, L-α-Aminoisocapronsäure*, eine aliphatische, neutrale proteinogene ↗ Aminosäure, die zu den essenziellen und ketoplastischen (d. h. Ketonkörper bildenden) Aminosäuren gehört. L. findet sich besonders reichlich in Serumalbuminen und -globulinen. Durch ↗ Desaminierung und ↗ Decarboxylierung wird L. über Isovaleriansäure zu Acetessigsäure und Essigsäure abgebaut. Die Biosynthese folgt dem Schema der verzweigten Aminosäuren und zweigt erst auf der Stufe der α-Ketoisovaleriansäure ab, die über Reaktionen, welche denen des Citratzyklus analog sind, zu α-Ketoisocapronsäure umgesetzt wird. Diese wird anschließend zu L. transaminiert.

$$H_3 \overset{\oplus}{N} - \overset{\overset{\displaystyle COO^{\ominus}}{|}}{\underset{\underset{\displaystyle CH_2}{|}}{C}} - H$$
$$\underset{H_3C \diagup \ \diagdown CH_3}{CH}$$

Leucin

Leucin-Zipper, ↗ DNA-bindende Proteine.

Leuckart, *Rudolf Karl Georg Friedrich*, deutscher Zoologe, ✳ 7.10.1822 Helmstedt, † 6.2.1898 Leipzig; ab 1850 Prof. in Gießen. L. war maßgeblich an der Aufklärung der Lebens- und Fortpflanzungsweise der Protozoen beteiligt. Er erkannte parasitische Einzeller als Krankheitserreger und beschrieb und klassifizierte erstmals die Sporozoa und die Coccidia. Neben weiteren Arbeiten über Wirbellose wurde er durch Aufklärung der Lebenszyklen verschiedensten Parasiten (Leberegel, Trichinen) zum Begründer der modernen Parasitologie.

Leuconostoc, ↗ Milchsäurebakterien.

Leukämie, eine umgangssprachlich auch „Blutkrebs" genannte Erkrankung des die weißen Blutkörperchen bildenden Gewebes in Knochenmark, Milz und Lymphknoten, die mit einer außergewöhnlichen Vermehrung unreifer weißer Blutkörperchen und dem Fehlen gesunder Zellen einhergeht. Der Begriff (griechisch: „weißes Blut") ist auf das weißliche oder blasse Blut zurückzuführen, das eine bestimmte Gruppe von Leukämie-Patienten hat. In Deutschland erkranken pro Jahr zwischen 4000 und 9000 Erwachsene und Kinder an L. Eine Heilung bei Erkrankung im Kindesalter ist in etwa drei Vierteln der Fälle möglich. Die Prognosen bei Erwachsenen sind i. Allg. ungünstiger.

Als Ursachen für L. werden eine Reihe von Umwelteinflüssen wie ionisierende Strahlung, Schwächung des Imunsystems, eine erbliche Veranlagung sowie bei bestimmten L. auch Viren diskutiert. Zu den Symptomen, die für L., aber auch für andere Krankheiten typisch sind – weshalb bei Verdacht auf L. stets das *Blutbild* untersucht werden muss – zählen: Fieber, Blässe, Anämie, verminderte Leistungsfähigkeit, Müdigkeit/Abgeschlagenheit, Atemnot, Nasenbluten, uncharakteristische Kopfschmerzen, Benommenheit, Knochenschmerzen, Entzündungen, geschwollene Lymphknoten, vergrößerte Leber und Milz.

Man unterscheidet nach dem Verlauf zwischen *chronischen L.* und *akuten L.* Chronische Formen beginnen meist ohne Symptome und schreiten langsam voran. Akute L., die vor allem bei Kindern vorkommen, gehen in der Regel mit schweren Symptomen einher und können unbehandelt in wenigen Wochen oder Monaten zum Tode führen. Sie werden nach Herkunft der vermehrt im Blut der betroffenen Menschen auftretenden Zellen in *Akute Lymphatische Leukämien* (Abk. *ALL*) und *Akute Myeloische Leukämien* (Abk. *AML*) unterschieden. Die ALL, bei denen die Lymphocyten betroffen sind, treten meistens bei Kindern (zwischen dem 2. und 10. Lebensjahr), seltener bei Erwachsenen (zwischen dem 30. und 50. Lebensjahr) auf. Die AML ist durch das vermehrte Auftreten von Myeloblasten, den Vorläuferzellen des Knochenmarks gekennzeichnet, die krebsartig verändert sind. Sie ist bei Erwachsenen mit 2,5 Erkrankungen pro Jahr pro 100.000 Einwohner die am häufigsten vorkommende Leukämieart.

Die *chronischen L.* werden in analoger Weise als CLL und CML bezeichnet. Die *CLL* ist eine Form der Leukämie, bei der die reifen Lymphozyten betroffen sind. Die Leukozytenzahl ist deutlich erhöht, der in ihnen enthaltene Lymphozytenanteil kann bis zu 95 % betragen. Von einer CLL sind meistens ältere Menschen ab dem 50. Lebensjahr betroffen. Bei der *CML* kommt es hingegen zu einer erheblichen Vermehrung von Granulocyten und deren Vorstufen in Knochenmark, Blut, Milz und Leber. Betroffen sind meistens Menschen im mittleren bis höheren Alter.

Für die Behandlung kommen wie bei anderen Arten von ↗ Krebs Chemo- und Strahlentherapie sowie bei L. zusätzlich eine Knochenmarktransplantation infrage.

Leukocyten, *weiße Blutkörperchen, weiße Blutzellen*, Bez. für eine Reihe von kernhaltigen und hämoglobinfreien Blutzellen, die der Infekt- und Fremdkörperabwehr dienen. Nach morphologischen und funktionellen Kriterien werden drei große Gruppen von L. unterschieden, die ↗ Granulocyten, die ↗ Lymphocyten und die ↗ Monocyten. In 1 µl des menschlichen Bluts eines gesunden Erwachsenen befinden sich 4000 bis 10000 L. Sind mehr als 10000 L. pro µl vorhanden, liegt eine *Leukocytose* vor. Sie ist ein Symptom entzündlicher Erkrankungen sowie in ihrer schwersten Form von ↗ Leukämien. Bei weniger als 4000 L. pro µl spricht man von *Leukopenie*. Sie tritt auf bei manchen bakteriellen Infektionskrankheiten, bei Knochenmarksschädigung, z. B. durch ↗ Cytostatika, ↗ ionisierende Strahlen oder durch Blutkrankheiten (z. B. perniziöse Anämie, ↗ Intrinsic factor) sowie reaktiv bei Viruserkrankungen.

Leukoplasten, Überbegriff für alle farblosen bzw. durch Carotinoide leicht gelblich gefärbten ↗ Plastiden, die i. d. R. Speicherfunktionen ausüben. Zu den L. zählen ↗ Amyloplasten, ↗ Elaioplasten und *Proteinoplasten.*

Leukopoese, die Bildung der weißen Blutkörperchen (↗ Leukocyten).

Leukotriene, Lipidhormone, die von der ↗ Arachidonsäure abstammen und durch die katalytische Wirkung einer *Lipooxygenase* entstehen. Und zwar entsteht über Zwischenprodukte zunächst L. A, das in L. B und L. C sowie die L. D, E und F umgewandelt wird. Alle L. enthalten drei konjugierte Doppelbindungen (daher -*triene*). Sie unterscheiden sich in der Struktur und auch in der physiologischen Wirkung. Grundsätzlich sind die L. identisch mit den so genannten langsamen Substanzen der Anaphylaxie, die die Immunüberempfindlichkeit vermitteln. Sie verursachen eine starke Verengung (Konstriktion) der Bronchien (insbesondere L. C spielt hier im Zusammenhang mit allergischem Asthma bronchiale eine Rolle) und verstärken außerdem Entzündungen. L. B ist ein chemotaktisches Agens für ↗ Makrophagen und eosinophile ↗ Granulocyten. Die Makrophagen werden zur Aggregation und zur Freisetzung von Superoxid und lysosomalen Enzymen veranlasst. Außerdem induziert L. B die Transformation von T-Lymphocyten in T-Supressorzellen und hat möglicherweise noch andere Wirkungen, die die Immunantwort modulieren.

Levi-Montalcini, *Rita*, ital.-amerikan. Neurobiologin, ✳ 22.4.1909 Turin; ab 1947 an der Washington University in Saint Louis (Missouri), Prof. in Rom und 1969-79 Direktorin des dortigen Laboratoriums für Zellbiologie des Nationalen Forschungsrats.

L. - M. leistete wesentliche Beiträge zum Verständnis der zellulären Nachrichtenübertragung und der Steuerungsmechanismen des Zell- und Gewebewachstums. Sie entdeckte den Epidermal Growth Factor (EGF) und den Nervenwachstumsfaktor (Nerve Growth Factor, NGF). Für dessen Isolierung und Charakterisierung erhielt sie 1986 zusammen mit S. ↗ Cohen den Nobelpreis für Physiologie oder Medizin.

Levisticum, Gatt. der ↗ Apiaceae.

Lewis, *Edward B.*, amerikan. Genetiker, * 20.5.1918 Wilkes-Barre (Pennsylvania); 1956-88 Prof. in Pasadena (California). L. entdeckte 1978, dass die Larve von *Drosophila* in zahlreiche Segmente aufgegliedert ist, von denen jedes für die Entwicklung eines Organs bzw. Körperteils verantwortlich ist. Er erhielt für den Nachweis des als Colinearitätsprinzips bezeichneten Phänomens der Genaktivierung in der Embryonalentwicklung 1995 zusammen mit C. ↗ Nüsslein-Volhard und E.F. ↗ Wieschaus den Nobelpreis für Physiologie oder Medizin.

Leydig-Zwischenzellen, ↗ Hoden.

LH, Abk. für ↗ luteinisierendes Hormon.

LHC, Abk. für *light harvesting complex*, ↗ Lichtsammelkomplexe.

LH-Releasing-Hormon, *LH/FSH-Releasing Hormon*, andere Bez. für das ↗ Gonadotropin-Releasing-Hormon.

Lianen, die ↗ Kletterpflanzen.

Lias, älteste Periode des ↗ Jura.

Libellen, die ↗ Odonata.

Liberine, die ↗ Releasing Hormone (↗ Hypothalamushormone).

Lichenes, *Flechten*, etwa 16000 Arten umfassende Gruppe der Eukaryoten, die durch eine hochentwickelte ↗ Symbiose zwischen Pilzen und fotoautotrophen Organismen (↗ Algen oder ↗ Cyanobakterien) charakterisiert ist. Die Flechten sind eine eigenständige Organismengruppe, die man ebensowenig wie die Pilze den Pflanzen zuordnen darf. Die Symbionten leben in engem Kontakt miteinander und bilden einen dauerhaften, spezifisch gebauten ↗ Thallus (*Lager*), der eine morphologisch-anato-

mische und physiologische Einheit darstellt. Jede Flechtenart ist durch eine spezifische, nur bei ihr vorkommende Pilzart (*Mykobiont*) und eine spezifische Algen- oder Cyanobakterienart (*Phycobiont*, besser *Fotobiont* bzw. *Cyanobiont*) gekennzeichnet. Manche Flechtenarten bestehen aus zwei Algenarten und einem Pilz, gelegentlich sind auch zwei Pilze an der Symbiose beteiligt. Die Algen sind entweder gleichmäßig im Thallus verteilt (*homöomerer Bau*) oder nur auf eine bestimmte Schicht zwischen oberer Rinde und Mark des Flechtenkörpers beschränkt (*heteromerer Bau*). Fast alle Flechtenpilze sind auf die Symbiose mit dem fotoautotrophen Partner angewiesen und kommen nicht freilebend vor. Die Flechten-Algen bzw. -Cyanobakterien kommen dagegen frei in der Natur vor, einige jedoch sehr selten.

Flechten können z. T. lange Trockenperioden vertragen. Bei Benetzung nehmen spezielle *Quellhyphen* rasch Wasser auf. Die Nährstoffaufnahme erfolgt überwiegend durch den Pilzpartner, der seinerseits die durch Fotosynthese von den Algen gebildeten Kohlenhydrate und andere organische Substanzen ausnutzt. Meist umgibt der Pilz die Alge mit seinen Hyphen oder er senkt ↗ Haustorien in den Algenkörper.

Nach der Wuchsform unterscheidet man *Strauchflechten*, deren Habitus an höhere Pflanzen erinnert, *Laubflechten* (*Blattflechten*) mit blattartigem Thallus, *Krustenflechten* mit krustenförmigem Thallus sowie die wenig differenzierten *Gallertflechten* und *Fadenflechten*, deren äußere Form weitgehend durch die Algen bestimmt wird. Die physiologische Einheit der Flechten beruht auf der Ausbildung typischer Stoffwechselprodukte, den Flechtenfarbstoffen und Flechtensäuren, die ein Partner allein nicht erzeugen kann. Die Flechten als Ganzes können sich nur ungeschlechtlich vermehren und zwar durch Thallusbruchstücke oder durch Brutknöspchen (*Soredien*), die aus dicht von Pilzhyphen umsponnenen Algenzellen bestehen und durch den Wind verbreitet werden.

Flechten leben häufig auf Baumrinden und Felsen, einige auch auf der Erde. Oft sind sie maßgeblich an der Zersetzung der Gesteinsoberflächen und damit an den Anfängen der Bodenbildung beteiligt. Die Laub- und Strauchflechten sind hauptsächlich in den kälteren Zonen der Erde (arktische Tundra, Hochgebirge) verbreitet, die Krustenflechten kommen auch in den Tropen vor.

Fast alle Flechtenpilze gehören zur Pilzklasse ↗ Ascomycetes, einige zur Klasse ↗ Basidiomycetes. Bei den Fotobionten handelt es sich überwiegend um Algen, besonders der Grünalgen-Ord. ↗ Chlorococcales und ↗ Ulotrichales. Viele Flechtenarten werden wirtschaftlich genutzt, so z. B. die ↗ Rentierflechte (*Cladonia rangiferina*), die

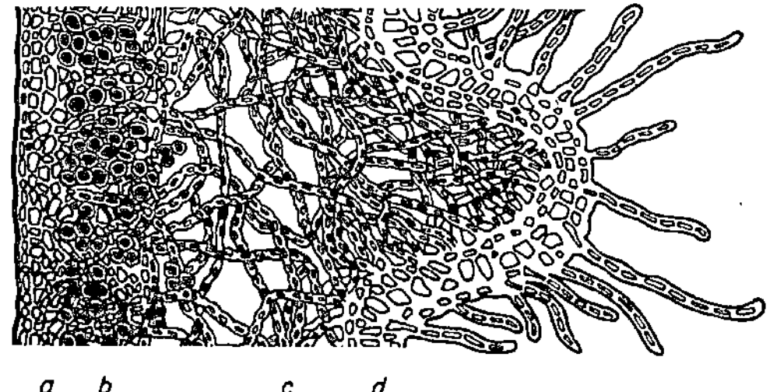

Lichenes   Thallusquerschnitt einer Flechte mit heteromerem Bau. a obere Rindenschicht, b Algenschicht, c Mark, d untere Rindenschicht mit Rhizoiden

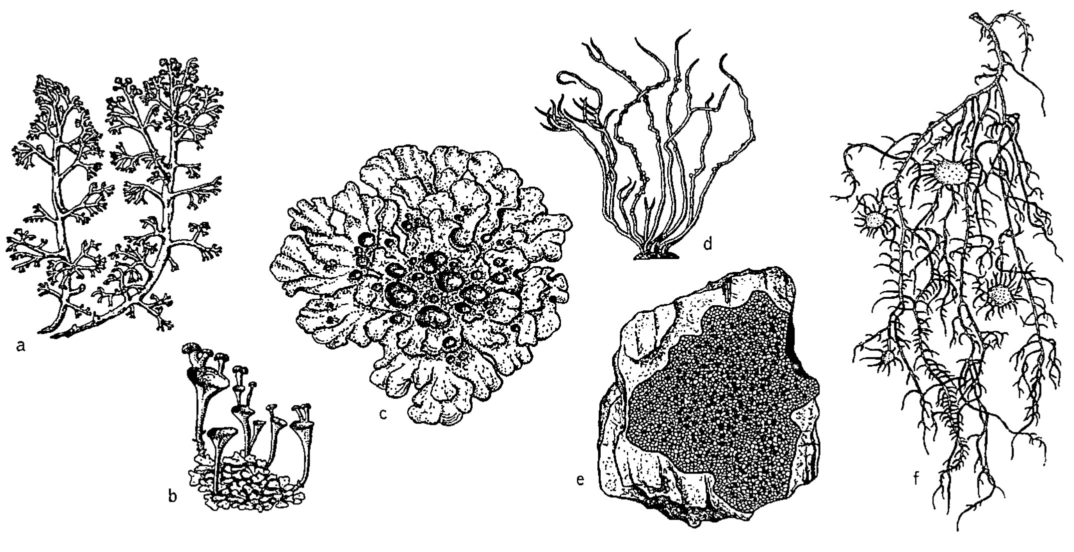

Lichenes a Rentierflechte (*Cladonia rangiferina*), b *Cladonia pyxidata* (Thallus mit becherförmigen Podetien, welche die Apothecien tragen), c *Parmelia acetabulum*, d *Roccella boergesenii*, e Landkartenflechte (*Rhizocarpon geographicum*), f Bartflechte (*Usnea florida*)

↗ Mannaflechte (*Lecanora esculenta*), das ↗ Isländische Moos (*Cetraria islandica*) und Arten der Gatt. ↗ Bartflechte (*Usnea*).

Aufgrund fehlender Luftfeuchtigkeit und Luftverschmutzung bilden sich in Ballungsgebieten oft ↗ Flechtenwüsten. Da Flechten sehr empfindlich auf Luftverunreinigungen reagieren, werden sie häufig als ↗ Bioindikatoren eingesetzt.

Literatur: Masuch, G.: Biologie der Flechten, Wiesbaden 1993. – Schöller, H. (Hg.): Flechten. Kleine Senckenberg-Reihe 27, Frankfurt 1997. – Wirth, V.: Flechtenflora, Stuttgart 1995.

Lichenin, celluloseähnliches Polysaccharid, das aus 150 bis 200 D-Glucoseresten aufgebaut ist, die α-1→4-glykosidisch verknüpft und 1→3-glykosidisch verzweigt sind. L. kommt in vielen Flechten (↗ Lichenes) vor und besitzt cytostatische Eigenschaften (↗ Cytostatika).

Licht, der sichtbare Bereich der elektromagnetischen Wellen. Die Wellenlängen des L. reichen von etwa 380 bis 780 nm. I. w. S. zählt man zum L. auch infrarote und ultraviolette Strahlung *(unsichtbares L.)*. Der ↗ Umweltfaktor L. wird in der Ökologie oft als *Lichtfaktor* bezeichnet.

Nur ein kleiner Teil der ↗ Globalstrahlung wird in der ↗ Fotosynthese in chemische Energie überführt, der größte Teil geht beim Durchgang durch die Atmosphäre durch Absorption verloren. Die globale Ausbeute der fotosynthetisch aktiven Strahlung wird auf 2,5 % der Gesamtstrahlung geschätzt. Die höchste L.-Ausbeute wird in landwirtschaftlichen Intensivkulturen wie Zuckerrohr oder Reis erreicht, die geringsten Ausbeuten in trockenen und kalten Klimaten.

Energielieferant. Alle lebenden Organismen mit Ausnahme der chemolithotrophen Bakterien (↗ Chemolithotrophie) sind direkt oder indirekt von der Energie des L. abhängig. Von den Primärproduzenten werden bei der Fotosynthese etwa 0,025 % der gesamten solaren L.-Energie, welche die Erde erreicht, chemisch gebunden und daraus eine Trockenbiomasse von 105 - 125 x 10^9 t an Land und 45 - 55 x 10^9 t in den Ozeanen gebunden. Diese Biomasse steht den Konsumenten zur Verfügung. Hinsichtlich der Ansprüche an die L.-Intensität bestehen sehr große artpezifische Unterschiede. Bei geringer L.-Intensität überwiegt die Atmung, wodurch es zu einer negativen Kohlenstoffbilanz kommt. Die Nettofotosynthese ist nur dann posititv, wenn die L.-Intensität über dem ↗ Lichtkompensationspunkt liegt, d. h. wenn weniger CO_2 verbraucht wird, als bei der Atmung entsteht. Lichtpflanzen (↗ Heliophyten) haben einen höheren L.-Kompensationspunkt als ↗ Schattenpflanzen und können daher erst bei höheren Beleuchtungsstärken Stoffgewinne erzielen. In Anpassung an die L.-Intensität bilden sich an ein und derselben Pflanze oft unterschiedlich gestaltete Blätter (↗ Lichtblätter, ↗ Schattenblätter). Auch die Ausbildung anderer Pflanzenmerkmale wird maßgeblich vom L. beeinflusst (↗ Fotomorphogenese).

Signalwirkung. Durch den rhythmischen Wechsel von Hell und Dunkel im Verlauf eines Tages und eines Jahres hat sich bei vielen Organismen eine ausgeprägte Anpassung physiologischer Vorgänge entwickelt (↗ Biorhythmik), u. a. bei der ↗ Fortpflanzung, der Stoffwechselaktivität, dem ↗ Schlaf-Wach-Rhythmus, der ↗ Keimung (↗ Lichtkeimer,

↗ Dunkelkeimer) und der ↗ Blühinduktion (↗ Fotoperiodismus). Bei geringer L.-Intensität oder geringer Tageslänge wird der Stoffwechsel meist auf Sparbetrieb umgeschaltet. Über eine Beeinflussung des Hormonspiegels steuert das L. das Tempo von Entwicklung und Wachstum. Oft werden auch Orientierung und Aktivität vom L. beeinflusst. So ist der morgendliche Gesangsbeginn bei Vögeln (*Vogeluhr*) nicht nur von der ↗ inneren Uhr abhängig, sondern mit artspezifisch unterschiedlichen Bindungen an eine bestimmte Helligkeit zu erklären. Bei vielen Menschen können längere Perioden mit geringer Tageslänge und geringer L.-Intensität zu einer Winter- ↗ Depression führen. Sie beginnt in den Herbstmonaten und endet im Frühjahr. Zu den Symptomen gehören Energielosigkeit, Traurigkeit und – im Unterschied zu anderen Depressionsformen – verstärkter Appetit auf Süßes.

Orientierung zum L.. Bei den lichtgerichteten Bewegungen von Organismen unterscheidet man die freien Ortsbewegungen (↗ Fototaxis) von Tieren, bestimmten Algen und fototrophen Bakterien und die lichtgerichteten Wachstumsbewegungen von Pflanzen (↗ Fototropismus). (↗ Auge, ↗ Dämmerungssehen, ↗ Fotoinhibition, ↗ Fotomorphose, ↗ Fotonastie, ↗ Fototrophie, ↗ Heliophyten, ↗ Lichtsinnesorgane, ↗ Lichtverschmutzung, ↗ Schattenpflanzen, ↗ Sehen,

Lichtatmung, die ↗ Fotorespiration.

Lichtblätter, *Sonnenblätter*, die äußeren Laubblätter der sonnigen Südseite eines Baumes. L. sind im Allg. wesentlich dicker als die ↗ Schattenblätter derselben Pflanze und besitzen ein stark ausgebildetes Palisadenparenchym.

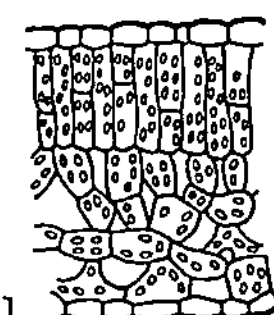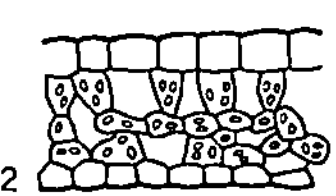

Lichtblätter Querschnitt durch ein Lichtblatt (1) und durch ein Schattenblatt (2) der Rotbuche

Lichtfaktor, ↗ Licht.

Lichtkeimer, Pflanzen, bei denen die ↗ Samenkeimung bei geeigneter Temperatur und Luftfeuchtigkeit nur in Anwesenheit von Licht erfolgen kann. Werden Samen im Dunkeln mit ↗ Gibberellinen behandelt, kann die normalerweise erforderliche Lichtwirkung umgangen werden. An der Keimung ist das Phytochrom-System (↗ Phytochrome) beteiligt. Gegensatz: ↗ Dunkelkeimer

Lichtkompensationspunkt, derjenige Punkt einer so genannten *Lichteffektkurve*, die die Fotosyntheserate in Abhängigkeit von der Beleuchtungsstärke darstellt, an dem die fotosynthetische CO_2-Fixie-

rung die durch mitochondriale Atmung entstandene CO_2-Produktion ausgleicht. Die *Nettofotosynthese* und die Gaswechselrate des Kohlenstoffdioxids sind demnach gleich null. Zwischen Lichtpflanzen mit einem L. von 10 - 20 µmol Quanten m^{-2}s^{-1} und Schattenpflanzen, deren L. bei 1 - 5 µmol Quanten m^{-2} s^{-1} liegt, bestehen dabei deutliche Unterschiede. Sie kommen zustande, weil bei Schattenpflanzen die mitochondriale Respiration äußerst niedrig ist. Der L. des im Wasser lebenden Phytoplanktons wird i. d. R. in einer Tiefe erreicht, in die nicht mehr als 1 % des an der Wasseroberfläche vorhandenen Lichtes vordringt („Kompensationstiefe").

Lichtpflanzen, die ↗ Heliophyten.

Lichtreaktionen, *Thylakoid-Reaktionen*, die Reaktionen der ↗ Fotosynthese, die in den ↗ Chloroplasten an den Membranen der ↗ Thylakoide ablaufen und die für die Fixierung von Kohlenstoffdioxid im ↗ Calvin-Zyklus („Dunkelreaktion") benötigten Verbindungen ATP und NADPH bereitstellen. Im Zentrum der L. stehen dabei die ↗ Fotosysteme, die vor allem aufgrund des in ihnen vorhandenen ↗ Chlorophylls das Sonnenlicht absorbieren, dessen Energie die Übertragung von Elektronen zwischen Elektronendonoren und Elektronenakzeptoren ermöglicht und letztlich zur Reduktion von NADP$^+$ führt. Durch Elektronentransport wird ferner ein pH-Gradient über die Thylakoidmembranen erzeugt, dessen protonenmotorische Kraft die ATP-Synthese antreibt. Dabei wird bei den grünen Pflanzen und Cyanobakterien Wasser zu Sauerstoff oxidiert. Alle Sauerstoff entwickelnden, fotosynthetisch aktiven Organismen besitzen zwei hintereinander geschaltete Fotosysteme, die als Fotosysteme (Abk. PS) I und II bezeichnet werden und sich in ihren fotochemischen Eigenschaften sowie ihrer Funktion innerhalb der L. voneinander unterscheiden. Auf ihre Existenz wurde man erst in Verbindung mit Experimenten aufmerksam, die die Quantenausbeute der Fotosynthese in Abhängigkeit von der bestrahlten Wellenlänge untersuchten (↗ Emerson-Effekt, ↗ red drop). PS I absorbiert vorzugsweise langwelliges Rotlicht mit Wellenlängen über 680 nm und bildet ein starkes Reduktionsmittel, das NADP$^+$ reduzieren kann. Im Unterschied dazu wird PS II von Licht unter 680 nm angeregt und bildet ein extrem starkes Oxidationsmittel, das über ein als ↗ Sauerstoff entwickelnder Komplex bezeichnetes Enzymsystem Wasser oxidieren kann. Fast der gesamte Sauerstoffgehalt der Erdatmosphäre ist auf dieses einzigartige biochemische System zurückzuführen. Bei den L. wird folglich ein Redoxsystem mit starkem negativem Potenzial (NADPH + H$^+$/NADP$^+$: E$'_0$ = -0,32 V) durch ein Redoxsystem mit starkem positivem Potenzial (H$_2$O/ ½ O$_2$: E$'_0$ = +0,82 V) reduziert, sodass der Prozess der L. stark endergonisch ist und somit der Energiezufuhr bedarf.

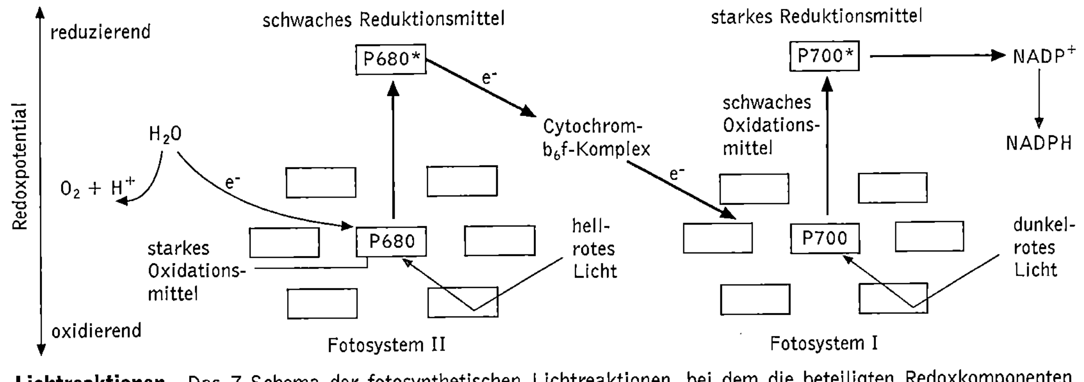

Lichtreaktionen Das Z-Schema der fotosynthetischen Lichtreaktionen, bei dem die beteiligten Redoxkomponenten entsprechend ihres Standardredoxpotenzials E′₀ (d. h. bei pH 7.0) angeordnet sind. Die Lichtenergie wird über die als Rechtecke dargestellten Lichtsammelkomplexe an die Reaktionszentren P680 und P700 geleitet. Die jeweils angeregten Chlorophyllmoleküle P680* und P700* geben Elektronen an den Cytochrom b₆f-Komplex bzw. NADP⁺ ab. Das am Fotosystem II gebildete starke Oxidationsmittel oxidiert Wasser und führt somit zur Sauerstoffbildung

Zwischen den beiden räumlich getrennten Fotosystemen vermittelt der Cytochrom-b₆f-Komplex als Redoxsystem und sorgt somit für einen Elektronenfluss von PS II zu PS I, wie er im so genannten *Z-Schema* der Fotosynthese dargestellt wird, das von grundlegender Bedeutung für das Verständnis der L. ist und das Grundprinzip der fotosynthetischen Energieübertragung verdeutlicht.

Die meisten der an der L. beteiligten Chlorophyllmoleküle fungieren zusammen mit Carotinoiden als Antennen in den ↗ Lichtsammelkomplexen und leiten die absorbierte Energie mittels Resonanztransfer an bestimmte Chlorophyllmoleküle, die als ↗ Reaktionszentren (P680 bei PS II und P700 bei PS I) bezeichnet werden, weiter.

Ein genaueres Bild der L. zeigt, dass an der L. vier Proteinkomplexe der Thylakoidmembran und zwei mobile Elektronenüberträger existieren, damit ein gerichteter Elektronen- und Protonentransfer ablaufen kann. Die membrangebundenen Komplexe sind die beiden Fotosysteme, der Cytochrom b₆f-Komplex mit dem Rieske-Eisen-Schwefel-Protein und die ATP-Synthase; als mobile Elektronenüberträger fungieren das ↗ Plastochinon vom PS II zum Cytochrom b₆f-Komplex und das ↗ Plastocyanin von diesem zum PS I. Die vektorielle Anordnung führt letztlich zur Wasseroxidation im Thylakoidlumen und zur Reduktion von NADP⁺ an der Stromaseite der Thylakoidmembranen. Die Lichtabsorption im Reaktionszentrum P680 des PS II führt dazu, dass das Chlorophyllmolekül in den angeregten Zustand übergeht, ein Elektron auf ein Akzeptormolekül überträgt und durch sich anschließende Reaktionen die Trennung der positiven und negativen Ladung erfolgt. Das angeregte Chlorophyllmolekül wird anschließend re-reduziert, wobei Wasser als eigentlicher Elektronendonor der L. fungiert. Der chemische Mechanismus der ↗ Foto-

lyse des Wassers ist noch nicht völlig aufgeklärt (↗ S-Zustand-Mechanismus). Die am PS I stattfindende Reduktion von NADP⁺ zu NADPH erfolgt unter Beteiligung einer Reihe von Eisen-Schwefel-Komplexen, wobei die Elektronen vom PS I aus auf das ↗ Ferredoxin übertragen werden und die eigentliche Bildung von NADPH durch das membrangebundene Enzym Ferredoxin-NADP-Reduktase katalysiert wird. Das während des *nichtzyklischen Elektronentransports* entstandene reduzierte Ferredoxin ist in Pflanzenzellen noch an weiteren Redoxreaktionen beteiligt, wie z. B. der Nitratreduktion und der Lichtregulation von Enzymen des Calvin-Zyklus.

Das in den L. neben NADPH gebildete ATP entsteht durch den Aufbau eines Protonengradienten über die Thylakoidmembran, wobei die H⁺-Konzentration im Thylakoidlumen größer als im Stroma ist, sodass Protonen durch die ATP-Synthase („Kopplungsfaktor") wieder in das Stroma gelangen. In ihrer Funktionsweise ähnelt die ↗ Fotophosphorylierung somit der mitochondrialen Atmungskette. Protonen entstehen dabei nicht nur während der Oxidation von Wasser, sondern auch während des als ↗ Q-Zyklus bezeichneten Mechanismus des Protonen- und Elektronentransportes im Cytochrom b₆f-Komplex. ATP entsteht nicht nur aufgrund des nichtzyklischen Elektronentransportes, sondern auch während des so genannten *zyklischen Elektronentransportes*, bei dem das reduzierte Ferredoxin Elektronen wieder an den Cytochrom-b₆f-Komplex überträgt.

Abgesehen von den ↗ Cyanobakterien und Prochlorobakterien, die wie grüne Pflanzen zur *oxygenen Fotosynthese* fähig sind, besitzen fotosynthetische Prokaryoten wie Purpurbakterien und Schwefelbakterien nicht die Fähigkeit, Wasser als Elektronendonor zu verwenden, sondern sie ver-

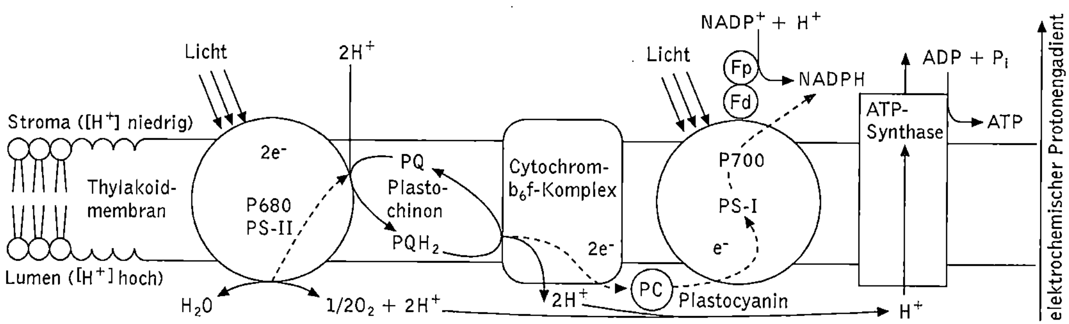

Lichtreaktionen Schematische Darstellung der an den Lichtreaktionen beteiligten Proteinkomplexe der Thylakoidmembran. Deren Anordnung ist räumlich voneinander getrennt, wodurch Elektronenübertragung (gestrichelte Linien) und Protonentransfer (durchgezogene Linien) erst möglich werden. Die Oxidation des Wassers erfolgt im Thylakoidlumen, die $NADP^+$-Reduktion auf der Stromaseite. Nicht nur die Fotolyse von H_2O, sondern auch der Cytochrom b_6f-Komplex führt zum Protonentransport ins Lumen, sodass sich ein Protonengradient aufbauen kann, der zur ATP-Synthese auf der Stromaseite führt

wenden z. B. Schwefelwasserstoff. Diese Organismen führen einen zyklischen Elektronentransport durch, der zum Aufbau eines pH-Gradienten für die ATP-Synthese führt. Da die Redoxdifferenz zwischen H_2S und NAD^+ deutlich geringer ist als die von H_2O zu $NADP^+$, lässt sich nachvollziehen, warum die Bakteriochlorophylle auch im langwelligen Bereich über 700 nm absorbieren und dadurch die L. ablaufen können.

Lichtsammelkomplex, *Lichtsammelfalle, light harvesting complex,* Abk. *LHC,* die Reaktionszentren der Fotosysteme umgebende Pigment-Protein-Komplexe, in denen die absorbierte Lichtenergie über eine Abfolge von verschiedenen Pigmenten (Carotinoide → Chlorophyll b → Chlorophyll a) an diese weitergeleitet werden. Die Anzahl der in den L. enthaltenen Chlorophyllmoleküle kann zwischen wenigen Hundert und mehreren Tausend betragen. Der Energietransfer ist möglich, weil deren Absorptionsmaxima immer weiter in den Rotbereich verschoben sind. Die L. der Fotosysteme unterscheiden sich voneinander in ihrer Pigmentzusammensetzung. Die Chlorophyllmoleküle der L. sind mit den Chlorophyll *a/b*-bindenden Proteinen (Abk. *LHC-Proteine*) assoziiert, wobei die korrespondierenden Gene für LHC-Proteine des Fotosystems I mit *Lhca* und die des Fotosystems II als *Lhcb* bezeichnet werden. Interessanterweise sind

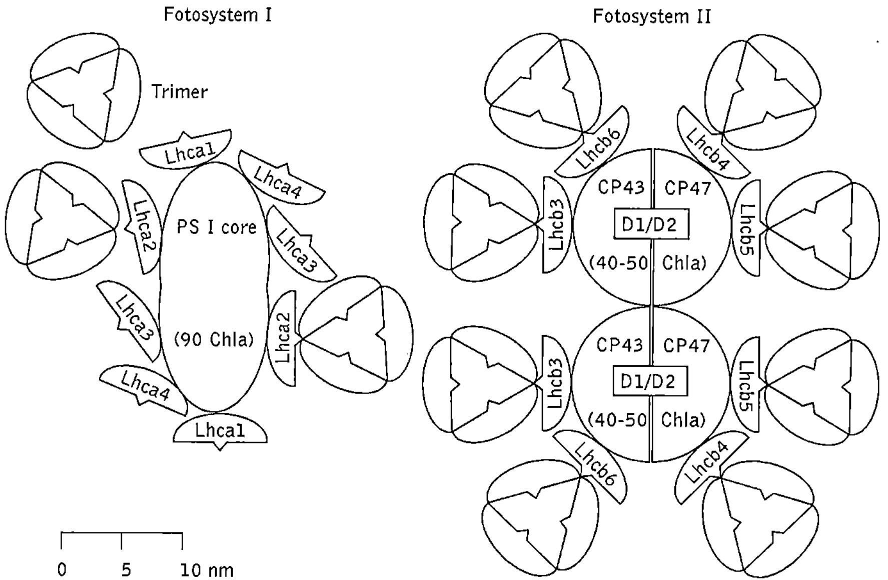

Lichtsammelkomplex Organisation der LHC-Proteine der Fotosysteme I und II. Sie sind teilweise als Monomere, teilweise als Trimere um die Reaktionszentren angeordnet. Die Bezeichnung der einzelnen Bestandteile bezieht sich auf die für die Proteine codierenden Gene

sie im Nucleus lokalisiert und ihre Expression wird durch die ⊅ innere Uhr gesteuert (⊅ Biorhythmik). Anhand der circadianen Rhythmen der Lhc-Transkriptoszillationen wurde erstmals bei Pflanzen gezeigt, dass deren innere Uhr auch Prozesse auf der Ebene der Genexpression kontrolliert. Die Promotoren dieser Gene waren zudem hilfreich, um mit Hilfe des ⊅ Reportergens Luciferase ⊅ Arabidopsis-Mutanten mit veränderter Rhythmik zu isolieren. (Abb. s. S. 259)

Lichtsättigung, die Beleuchtungsstärke, bei der die physiologisch maximal mögliche Fotosyntheserate erreicht ist und eine Erhöhung der Lichtintensität über den in *Lichteffektkurven* zu erkennenden *Lichtsättigungspunkt* hinaus zu Schäden durch ⊅ Fotoinhibition führt. L. tritt nur bei C_3-Pflanzen auf, nicht jedoch bei C_4-Pflanzen, deren fotosynthetische CO_2-Fixierung so effizient ist, dass sie auch bei hoher Lichtintensität noch erfolgen kann. Die Werte, bei denen L. eintritt, sind zudem für Schattenpflanzen wesentlich niedriger als für Sonnenpflanzen. (⊅ Fotosynthese)

Lichtsehen, das fotopische Sehen (⊅ Hell-Dunkel-Adaptation).

Lichtsinn, die Fähigkeit, auf ⊅ Licht zu reagieren. Ein L. ist bei fast allen tierischen Organismen vorhanden. Er beruht auf der Reaktion von Zellen auf bestimmte Wellenlängen des elektromagnetischen Spektrums zwischen 300 und 800 nm (*Fotorezeption*). Oft sind die Lichtrezeptoren in Organen zusammengefasst (⊅ Auge, ⊅ Facettenauge, ⊅ Lichtsinnesorgane). Die Auswertung der eingehenden Lichtreize, d. h. die zu ihrer Wahrnehmung und Interpretation führenden Prozesse leistet das Nervensystem, das bei den einzelnen Tiergruppen entsprechende Differenzierungen zeigt. (⊅ Akkommodation, ⊅ Farbensehen, ⊅ Sehen)

Lichtsinnesorgane, der Aufnahme von Lichtreizen dienende Organe, deren adäquater Reiz elektromagnetische Wellen mit Wellenlängen im Bereich von 200 bis 800 nm sind. Die Energie der Lichtwellen wird i. d. R. zur Lichtwahrnehmung von Sehfarbstoffen absorbiert. Diese sind in einzelnen Plasmabezirken oder Zellgruppen (*Rezeptoren*) in unterschiedlicher Konzentration angeordnet, wobei bis zur Sättigung mit zunehmender Konzentration der Sehfarbstoffe eine steigende Lichtempfindlichkeit erreicht wird.

Schon bei ⊅ Einzellern findet man Hilfsstrukturen, die einfallende Lichtstrahlen auf die Sehfarbstoffe konzentrieren. Meist sind dies blasenartige Ausstülpungen des Plasmas, denen eine Linsenfunktion zukommt. Als „*Augenfleck*" oder *Stigma* bezeichnet man z. B. bei *Euglena* im Lichtmikroskop zu erkennende orangefarbene Strukturen. Sie liegen im Chloroplasten und enthalten Lipid-Tröpfchen mit carotinoidhaltigen Pigmenten. Diese die-

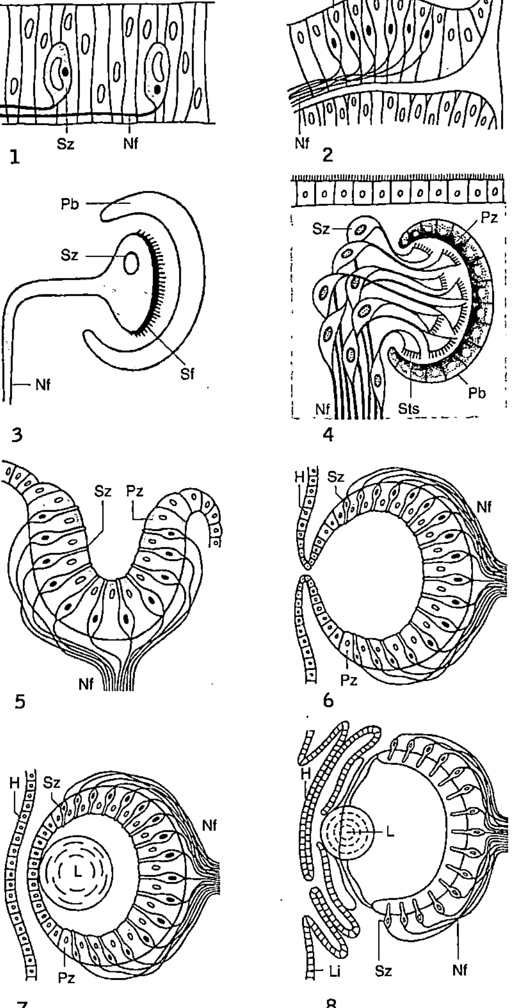

Lichtsinnesorgane Längsschnitte durch die Lichtsinnesorgane verschiedener Tiere. 1 Lichtsinneszellen in der Haut des Regenwurms (Annelida); 2 Flachauge einer Qualle (Coelenterata); 3 einfaches Becherauge (z. B. Lanzettfischchen, Acrania); 4 zusammengesetztes Becherauge (z. B. Turbellaria); 5 Grubenauge einer Napfschnecke (Archaeogastropoda); 6 einfaches Lochkameraauge bei niederen Tintenfischen (Cephalopoda); 7 Blasenauge einer Weinbergschnecke (Gastropoda); 8 Linsenauge bei höheren Tintenfischen. H Hornhaut, L Linse, Li Lid, Nf Nervenfasern, Pb Pigmentbecher, Pz Pigmentzellen, Sf Sehfarbstoff, Sts Stiftchen-(Mikrovilli-)Saum, Sz Sehzellen

nen hauptsächlich der Lichtabsorption und werfen damit einen Schatten auf den eigentlichen Rezeptor (vermutlich an der Geißelbasis), sodass eine Richtungsorientierung in Bezug zum Licht möglich ist. Einige Einzeller zeigen präzise Reaktionen auf Licht auch ohne „Augenfleck" (z. B. *Chlamydomonas*). Die Sehfarbstoffe besitzen bereits bei den Einzellern und einigen niederen Metazoa z. T. unterschiedliche spektrale Empfindlichkeit. Als Sehfarbstoff wurden z. B. Flavine (u. a. bei *Euglena*) oder Rhodopsine (u. a. bei *Chlamydomonas*) identifiziert. Sie sind fähig zur Hell-Dunkel-Unterscheidung. Zudem orientieren sich viele Einzeller durch Fototaxis, was eine richtungsspezifische Lichtwahrnehmung voraussetzt.

Die Fähigkeit zur einfachen Hell-Dunkel-Wahrnehmung mit der ganzen Körperoberfläche oder einigen exponierten Körperteilen ist bei vielen Wirbellosen (↗ Annelida, ↗ Coelenterata, ↗ Bivalvia, ↗ Holothuroida, ↗ Asteroida) ausgebildet. Dabei erfolgt die Lichtwahrnehmung i. d. R. durch einzelne Fotorezeptoren. Diese können mit dem Nervensystem verbunden sein, wo die durch die Lichtreize ausgelöste Erregung verarbeitet wird.

Lichtsinneszellen, die zu Gruppen zusammengefasst in der Epidermis liegen, werden als *Flachauge* oder *Plattenauge* bezeichnet. Durch spezielle Anordnung in der Epidermis wird eine Art Richtungssehen ermöglicht, da Licht nur aus einer bestimmten Richtung einstrahlen kann. Eine weitere Verbesserung des Richtungssehens ist mit den *Becheraugen* oder *Pigmentbecherocellen* möglich. Zwei Typen werden unterschieden: Bei den *einfachen Becheraugen* wird eine Lichtsinneszelle von einer Licht absorbierenden Pigmentzelle mehr oder weniger halbkreisförmig umgeben (z. B. Lanzettfischchen). Das nur durch die Becheröffnung fallende Licht ermöglicht hier das Richtungssehen. Bei den *zusammengesetzten Becheraugen* sind mehrere Sinneszellen von einem absorbierenden Pigmentepithel becherartig umgeben (z. B. Blutegel, *Hirudo*, sowie Strudelwürmer, ↗ Turbellaria). Durch die Becheröffnung einfallendes Licht erzeugt in Abhängigkeit von seiner Einfallsrichtung ein spezifisches Erregungsmuster verschiedener Sinneszellen. Dadurch ist mit nur einem Becherauge die Lokalisation einer Lichtquelle möglich. – Die nächsthöhere Entwicklungsstufe sind die *Grubenaugen* oder *Napfaugen* einiger Schnecken (↗ Gastropoda). Bei diesen ist eine grubenförmig gestaltete Sehzellenschicht körperwärts von lichtundurchlässigen Pigmenten abgeschirmt. Diese können ein eigenes Epithel bilden oder Bestandteil der Sehzellenschicht sein. Da einfallende Lichtstrahlen stets eine Gruppe von Sinneszellen gleichmäßig erregen, aber kein differenziertes Erregungsmuster erzeugen, ist mit diesem Augentyp ein gutes Richtungssehen, aber kein Bildsehen möglich.

Voraussetzung für die Abbildung eines Gegenstands auf der Rezeptorenschicht ist, dass die von verschiedenen benachbarten Punkten eines Gegenstands ausgehenden Lichtstrahlen auch entsprechende benachbarte Sinneszellen anregen. Dies wird bei dem *Lochkameraauge* oder *Lochauge* (bei *Nautilus*) erreicht, einer Weiterentwicklung des Grubenauges, das auch nach dem Prinzip der Camera obscura arbeitet. Dabei wird die Grube zu einer blasenförmigen Einstülpung mit einem Sehzellenepithel (*Netzhaut* oder *Retina*). Die Grubenöffnung verengt sich zu einem kleinen Sehloch. Ein Gegenstand erscheint somit auf der Netzhaut als lichtschwaches, kleines und umgekehrtes Bild, dessen Schärfe proportional der Anzahl der erregten Sinneszellen ist. Da die Menge der erregten Rezeptoren darüber hinaus mit dem Abstand des Gegenstands zum Sehloch korreliert, ermöglicht dieser Augentyp bereits ein bedingtes Entfernungssehen. – Nach demselben Prinzip, jedoch mit verbesserter Leistung arbeitet das *Blasenauge*. Es entsteht durch eine blasenartige Einstülpung der Epidermis, die mit einem Pigmentepithel und einer Sehzellenschicht ausgekleidet ist. Mit diesen Augen (u. a. bei Gastropoda und Annelida) ist in Abhängigkeit von dem Durchmesser der Sehöffnung ein lichtstärkeres, aber unscharfes, oder ein lichtschwächeres, aber scharfes Bildsehen möglich. Eine Leistungsverbesserung wird bei einigen Schnecken erreicht, indem die Augenblase mit einem lichtdurchlässigen Sekret ausgefüllt wird. Diesem kommt eine Linsenfunktion zu, deren Wirkung jedoch begrenzt ist, da das Sekret nicht akkommodieren (↗ Akkommodation) kann. – Ein gänzlich anderer Augentyp ist das Komplex- oder ↗ Facettenauge. Die leistungsfähigsten L. schließlich sind die Linsenaugen (↗ Auge) der Kopffüßer (↗ Cephalopoda) und der Wirbeltiere (↗ Vertebrata). (↗ Farbensehen, ↗ Sehen)

Lichtverschmutzung, Bez. für das Phänomen, dass insbesondere durch Straßenbeleuchtung, Lichtreklame und Industriebeleuchtung in vielen Bereichen der Erde nachts keine natürliche Dunkelheit mehr herrscht. L. verändert die Lebensbedingungen vieler Tiere dramatisch. So sterben viele Tausende von Insekten und Vögeln an beleuchteten Gebäuden, Leuchttürmen, Bohrinseln, da sie durch das Licht angelockt werden, und dann diese bis zur Erschöpfung umkreisen (Insekten) oder durch Aufprall auf das durch die Beleuchtung nicht sichtbare Hindernis sterben (Vögel). Auch andere Tiere (z. B. frisch geschlüpfte Meeresschildkröten, die das Meer aufsuchen), die sich nach dem Licht von Mond und Sternen orientieren, werden fehlgeleitet und sterben dann oft. In hell beleuchteten Städten singen Vögel oft bis mitten in die Nacht oder füttern ihre Jungen nachts. Zugvögel werden durch die Skybeamer der Diskotheken so verwirrt, dass sie unter Umständen bis zur Erschöpfung orientierungslos umherfliegen. Selbst der Mensch wird vor allem in seinem Schlaf durch künstliche Beleuchtung gestört, was langfristig zu Stresssymptomen führen kann. (Essay: ↗ Lichtverschmutzung und ihre fatalen Folgen für Tiere)

Lichtverschmutzung und ihre fatalen Folgen für Tiere

Professor Dr. Gerhard Eisenbeis, Universität Mainz

In Satellitenaufnahmen der NASA lässt sich am besten die Lichtflut ermessen, in welche die Erdoberfläche täglich des nachts getaucht wird. Über den Siedlungsgebieten und Küstenlinien breiten sich Lichtglocken aus, die in dunklen Nächten und bei diffusen Lichtverhältnissen über viele Kilometer wahrgenommen werden. Dieses Phänomen wird heute *Lichtverschmutzung* genannt. Kein Kontinent bleibt davon verschont, weshalb hierfür der Begriff *Global change* angemessen ist, da es sich um einen bedeutenden Eingriff in die Ökologie der Biosphäre handelt. Nicht gemeint ist, dass Licht schmutzig ist, sondern dass es im Übermaß verbraucht und zunehmend als Störgröße im Naturhaushalt wirksam wird. Als Maß für die Zunahme der öffentlichen Beleuchtung in Deutschland kann eine Angabe aus Kiel dienen, wonach dort die städtische Straßenbeleuchtung zwischen 1948 und 1998 von 380 auf 20000 Leuchten zugenommen hat (Kollig, 2000). Eine andere Angabe spricht von einer täglichen Zunahme der beleuchteten Fläche in der Bundesrepublik um ca. 1 km² (Haas et al. 1997). Aus den Ergebnissen wissenschaftlicher Untersuchungen und aus Naturbeobachtungen kristallisiert sich heraus, dass neben den Insekten noch zahlreiche andere Tiergruppen durch künstliches Licht betroffen sind. Dabei erhebt sich die Frage, ob Licht nicht zur generellen Bedrohung von Lebensgemeinschaften und letztendlich der gesamten Natur signifikant beiträgt.

Licht und Tiere

Licht übt auf Tiere eine starke Wirkung aus, indem es vielfältig in ihre Biologie eingreift. So verfügen Insekten häufig über sensibilisierende Proteine in ihren Augen, wodurch sich ihre Empfindlichkeit für UV-Licht im Wellenlängenbereich zwischen 300 und 400 nm erhöht, doch auch der blau-grüne Bereich zwischen 400 und 450 nm hat vermutlich noch große Bedeutung für ihre Anlockung. Besonders von der Gruppe der Nachtschmetterlinge ist bekannt, dass sie magisch von Lichtquellen angezogen wird, was mancherorts von Biologen für gezielte Nachtfänge mit Hilfe spezieller UV-Lampen ausgenutzt wird. Auch natürliche Lichtquellen wie der Mond beeinflussen häufig die biologische Aktivität von Tieren, wobei Meeres- und Süßwasserbewohner sowie Landtiere gleichermaßen betroffen sind. Bei Vollmond vermindert sich der Hintergrundkontrast bei künstlicher Beleuchtung, weshalb Insekten dann in weit geringerer Zahl von den Lampen angezogen werden als in Nächten mit Neumond (Konkurrenzphänomen). Allerdings wird auch von umgekehrtem Verhalten berichtet, sodass Insekten bei Vollmond verstärkt mit Lichtfallen gefangen wurden. Umfangreiches Datenmaterial zur Wirkung von künstlichem Licht auf Tiere wurde von Schmiedel (1992) zusammengetragen und in den Niederlanden wurde 1997 eine Literaturstudie zum Einfluss der Straßenbeleuchtung und von Licht allg. auf Tiere publiziert.

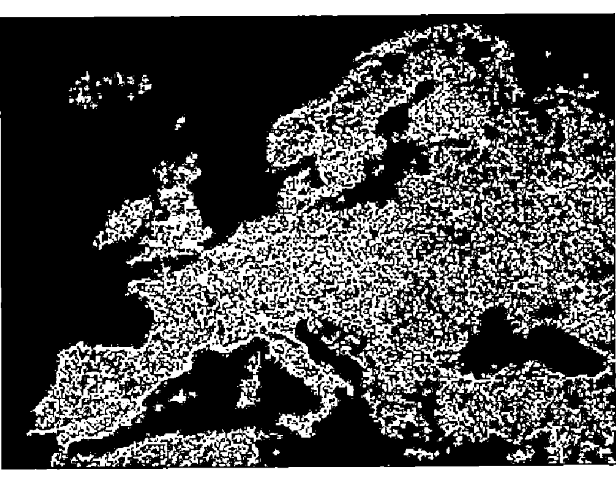

Lichtverschmutzung Europa bei Nacht aus der Satellitenperspektive, rechts daneben Skybeamer

Eine Auswahl von Veränderungen der Biologie von Tieren durch Licht soll die nachfolgende Aufstellung zeigen:

1) Fehlverhalten bei der *Orientierung* durch Störungen von Wanderungszügen, durch permanente Punktorientierung („Fesseleffekt") an Lichtquellen, durch „Leitplankeneffekte" von Lichterketten, durch Flugkollisionen mit großen beleuchteten Bauwerken,

2) Störung der *Fortpflanzung* durch fehlgeleitete Kommunikation der Geschlechter,

3) Störung der *Nahrungsbiologie* durch Fehlverhalten bei der Nahrungssuche,

4) *Populationsverluste* durch permanente Ausfälle an Individuen unmittelbar an den Leuchten oder in ihrem Umfeld (Staubsaugereffekt),

5) Störungen im Hormonhaushalt,

6) Störungen in der *Biorhythmik* (im Tagesablauf und saisonal),

7) Negative Energiebilanz.

Beleuchtung als Todesfalle

In der Summe ist zu erwarten, dass all diese Effekte zu einer kontinuierlichen Schwächung von Tiergemeinschaften und Populationen führen, doch besteht noch erheblicher Forschungsbedarf der Quantifizierung und Validierung. Nach einer Projektstudie zur Wirkung von Straßenbeleuchtungen in der Agrarlandschaft von Rheinhessen (Eisenbeis & Hassel 2000) wurde an den UV-armen Natriumdampf-Hochdrucklampen ein um 55 % geringerer Insektenanflug gegenüber den UV-haltigen Quecksilberdampf-Hochdrucklampen mit weißem Licht gemessen. Für die Nachtschmetterlinge reduzierte sich dieser Rückgang noch einmal deutlich auf 75 %. Berücksichtigt man, dass in warmen Sommernächten Tausende von Insekten im Lichtkegel einer einzigen Lampe herumschwirren, so wird schnell klar, dass durch die Umrüstung der Straßenbeleuchtung auf Natriumdampflicht eine beträcht-

liche Reduzierung des Todesfalleneffekts von Beleuchtungsanlagen erreicht wird. Vorsichtige Berechnungen zeigen, dass etwa 33 % der nächtlich anfliegenden Insekten an den Lampen bzw. im Umfeld der Lampen zu Tode kommen oder geschädigt werden. Bei einem Leuchtenpool von 20000 Straßenleuchten und einer durchschnittlichen Anflugrate von 450 Insekten pro Leuchte und Nacht errechnet sich für das weiße Licht eine nächtliche Todesrate von drei Mio. Insekten. Für das gelbe Licht der Natriumdampf-Hochdrucklampen ist demgegenüber nur eine Rate von 1,4 Mio. zu erwarten. Für die Bundesrepublik mit einem geschätzten Park von 6,8 Mio. Straßenleuchten (d. h. eine Leuchte auf je zwölf Einwohner), ergibt die Hochrechnung über eine dreimonatige Flugperiode bei Verwendung von weißem Licht die Zahl von 91,8 Mrd. getöteter Insekten. Rechnet man nun noch die Leuchten im privaten Bereich, beleuchtete Reklame- und Schaufensterflächen, Schmuckbeleuchtungen von Sehenswürdigkeiten und Großobjekten und die Beleuchtung von Industrieanlagen hinzu, dann ergibt sich eine weitere gigantische Steigerung für die nächtliche Todesrate von Insekten durch künstliches Licht. Die zugrunde gelegten Zahlen beziehen sich auf Landschaften mit einer vermutlich schon stark ausgedünnten Insektenaktivität. Für naturnahe Gebiete – etwa Reste der alten Kulturmosaiklandschaft, Feuchtgebiete, Heidegebiete, Trockenrasenfluren, Naturwald – sind wesentlich höhere Insektenflugraten zu veranschlagen, so dass die obige Berechnung vermutlich weit untertrieben ist. Allerdings gibt es auch Tiere, die vom Insektenanflug an Lichtquellen profitieren. Es sind dies Spinnen, die ihre Netze im Lichtkegel der Lampen aufhängen, es sind dies Fledermäuse, die im Umkreis der Leuchten jagen, und auch Vögel und epigäische Raubinsekten wie Laufkäfer finden am Boden unter den Leuchten jeden Morgen einen reich gedeckten Tisch an toten und ermatteten

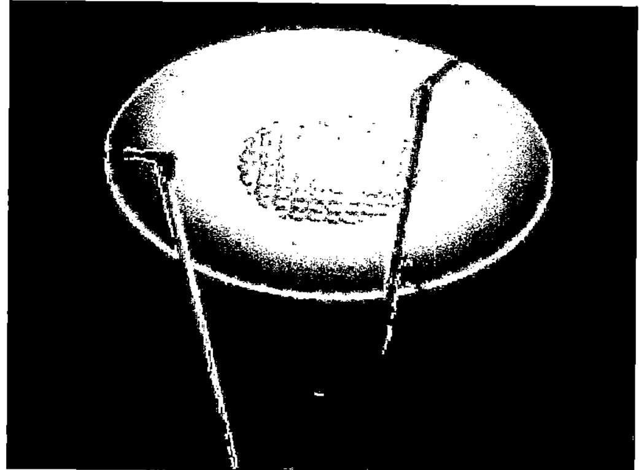

Lichtverschmutzung   Defekte Kastenleuchte als Todesfalle für Insekten; das rechte Foto zeigt eine umweltfreundliche moderne Tellerleuchte mit Optik

Insekten. Kurzfristig haben diese Tiere folglich einen Gewinn, doch gilt dies auch langfristig? Für den von Artenschützern prognostizierten dramatischen Artenrückgang bis zur Mitte des 21. Jh. dürfte auch die Gruppe der Insekten maßgeblich mitbetroffen sein. Insekten nehmen in den Nahrungsketten der Landökosysteme elementare Positionen ein. Verhält sich die Insektendichte allgemein rückläufig, dann führt dies unausweichlich zu Konsequenzen für andere Tiergruppen bis zum Menschen. Auch die Pflanzenwelt ist davon nicht ausgenommen. Ein Großteil der Blütenpflanzen ist auf die Bestäubungshilfe durch Insekten, vor allem durch Schmetterlinge, Bienen und Hummeln, angewiesen. Von den in Tirol nachgewiesenen 2700 Schmetterlingsarten sind rund 85 % nachtaktiv, weshalb die Dezimierung dieser Gruppe durch Licht negative Folgen für die Vegetationsökologie vieler Wildpflanzen befürchten lässt.

Fehlorientierung durch Licht

Spektakuläre Störungen der Biologie von Tieren durch künstliche Beleuchtung werden auch für Tiergruppen berichtet, die normalerweise in ihrem natürlichen Lebensraum nicht davon beeinträchtigt sind. Es handelt sich um die Meeresschildkröten, z. B. die Art *Caretta caretta*. Diese suchen zur Fortpflanzungszeit flache Sandstrände in Buchten warmer Meere auf, um ihre Gelege oberhalb der Küstenlinie im Sand einzugraben. Für die Rückkehr ins Meer orientieren sich sowohl die Weibchen als auch die später schlüpfenden Jungen an dem von der Meeresoberfläche reflektierten natürlichen Licht. Werden nun künstliche Lichtquellen oberhalb der Küstenlinie im Hinterland installiert, dann werden die Tiere in ihrer Wanderungsrichtung umgepolt, d. h. sie bewegen sich in die falsche Richtung. Dies erhöht beträchtlich ihr Todesrisiko, da ein hoher Anteil der Population ohnehin den zahlreichen natürlichen Feinden zum Opfer fällt. Viele Kommunen in Florida haben deshalb Beleuchtungsverbote an den betroffenen Stränden ausgesprochen. In ähnliche Richtung weisen auch Gesetze oder Gesetzesinitiativen in den USA gegen die allg. Lichtverschmutzung, nach denen die Installation von Beleuchtungseinrichtungen nach strengen Richtlinien zu erfolgen hat. Leuchten im Freien dürfen demzufolge nicht mehr in den freien Himmel abstrahlen, sondern der Strahlkegel muss möglichst eng zum Erdboden hin gerichtet sein.

Auch von Vögeln werden Kollisionen ganzer Schwärme mit erleuchteten Großobjekten wie Hochhäusern, Leuchttürmen, Bohrinseln usw. berichtet, die häufig in einem Massensterben enden (s. a. Schmiedel 1992). Eine moderne Variante dieser Ereignisse wird durch die Skybeamer erzeugt, deren mobile Strahlkegel Störungen des Vogelzuges hervorrufen. So mussten Kranichschwärme in Hessen wegen Erschöpfung im Umfeld von Skybeamern notlanden, wobei zahlreiche Tiere zu Tode kamen. Kollisionen von Vögeln mit gefährlichen Lichtobjekten treten maßgeblich bei Trübwetterlagen (verhangener Himmel, Nebel) auf, wobei es häufig zu Schrecksituationen kommt und den Vögeln nicht mehr die natürlichen optischen Orientierungshilfen wie der Sternenhimmel und der Mond zur Verfügung stehen. So wie Insekten in den Strahlkegel einer einzelnen Leuchte gebannt werden, so werden ziehende Vögel von der Lichtglocke über den Städten eingefangen, aus der sie nur schwer wieder entweichen können. Vielfach soll dies erst beim Nachlassen der Lichtintensität in den frühen Morgenstunden gelingen.

Energetische Aspekte

Lichtverschmutzung bedeutet nicht nur Schäden für die Tierwelt, sondern ist Zeichen einer gigantischen Energieverschwendung. Die Umrüstung veralteter öffentlicher Beleuchtungsanlagen auf das umweltfreundliche Natriumdampflicht und Leuchten mit verbesserter Leuchtenoptik birgt ein hohes Energiesparpotential, wobei auch die Möglichkeit des nächtlichen Teillastbetriebes eingeschlossen ist. Der Energieverbrauch moderner Leuchten lässt sich stufenweise bis fast 60 % reduzieren, und die Anschlussleistung je Straßenkilometer Leuchtstrecke kann maximal auf 30 % im Vergleich zum Betrieb mit Quecksilberdampf-Hochdrucklampen gesenkt werden (Quelle: AEG-Lichttechnik). Die Spannweite der täglichen Energieersparnis liegt für mit Natriumdampf-Hochdrucklampen ausgerüstete Leuchten zwischen 0,5 und 1,8 kWh. Das entsprechende CO_2-Äquivalent wird von der Industrie derzeit mit 0,55 bzw. 0,6 kg CO_2 für 1 kWh angesetzt. Bei dem für die Bundesrepublik geschätzten Straßenleuchtenpool von 6,8 Mio. Einheiten ließen sich somit täglich rund vier Mio. kg CO_2 einsparen. Das Thema Lichtverschmutzung sollte zu einem Toppthema für die Agenda 21 werden, da sowohl der Schutz und die Erhaltung der Tierwelt, der Schutz des Klimas wie auch die Schonung der Energieressourcen davon betroffen sind. Grundsätzlich trägt jeder Einzelne zur Lichtverschmutzung bei, weshalb der sparsame Umgang mit Licht auch das häusliche Umfeld betrifft. Vor allem aber sind die Entscheidungsträger in den Kommunen und alle in der Planung Tätigen aufgerufen, für die Öffentliche Beleuchtung die Grundsätze der Sparsamkeit, das Vorsorgeprinzip und die nach dem Stand der Technik bestmögliche Umweltverträglichkeit anzuwenden. Lichtverschmutzung ist daher ein Politikum.

Literatur: Eisenbeis u. Hassel: Natur und Landschaft, 75. Jhg. H 4, 2000. – Haas, R. et al. Z. Umweltchem. Ökotox.

9:24, 1997. – Kolligs, D.: Faun.-Ökol. Mitt. Suppl. 28 u. Dissertation, Universität Kiel, 2000. – Schmiedel, J.: Diplomarbeit Universität Hannover, 1992. – Steck, B. LiTG-Publikationen, 15, 1997.

Lieberkühn'sche Krypten, ↗ Darm.

Liebespfeil, Bez. für einen in mehreren Fam. der ↗ Stylommatophora gebildeten stilettartigen Kalkkörper, der während des Paarungsvorspiels in den Fuß des Partners gestoßen wird, vermutlich um diesen zu stimulieren, das Paarungsvorspiel fortzusetzen.

Liebig, *Justus* Freiherr von, deutscher Chemiker, ✳ 12.5.1803 Darmstadt, † 18.4.1873 München; ab 1824 Prof. in Gießen, ab 1852 in München. L. ist Mitbegründer der Agrarwissenschaften, der Agrikulturchemie und der Elementaranalyse. Er charakterisierte zahlreiche organische Verbindungen, begründete die Radikaltheorie der organischen Chemie und führte den Begriff der Neutralisation in die Chemie ein. Als erster postulierte er einen Kohlenstoffkreislauf in der Natur, und er machte erstmals Versuche mit chemischen Düngemitteln, weshalb L. als Begründer der modernen Düngelehre gilt. 1855 formulierte L. das ↗ Gesetz des Minimums. Viele seiner Entdeckungen wurden industriell umgesetzt (Backpulver, Säuglingsnahrung, Liebigs Fleischextrakt).

Liebstöckel, *Levisticum officinale,* in Westasien beheimatete ausdauernde Art der ↗ Apiaceae. Der Maggi-ähnliche Duft geht auf ↗ etherische Öle zurück.

Lien, die ↗ Milz.

Ligamente, 1) bei den Muscheln (↗ Bivalvia) elastische, hornige Scharnierbänder, die die beiden Schalenklappen miteinander verbinden und die Schale aufklappen lassen, wenn die Schließmuskulatur erschlafft.

2) *Bänder,* bei den höheren Wirbeltieren und dem Menschen vorkommende Stränge aus kollagenem Material, die als Verstärkungsbänder für die Gelenkkapsel (↗ Gelenke) dienen, oder als Führungsbänder Bewegungen ermöglichen bzw. als Hemmungsbänder Bewegungen einschränken.

Liganden, die bei der ↗ koordinativen Bindung um das Zentralatom gruppierten Atome oder Atomgruppen.

Ligasen, die sechste Hauptklasse der ↗ Enzyme nach der EC-Nomenklatur. L. katalysieren die energieabhängige Knüpfung von Bindungen, wobei ATP bzw. analoge Verbindungen mit hohem Gruppenübertragungspotenzial als Energiedonoren fungieren. Als synonyme Bez. ist der Begriff *Synthetasen* in Gebrauch. (↗ DNA-Ligase)

lignikol, Bez. für Organismen, die Holz bewohnen, wie z. B. Bockkäfer (↗ Cerambycidae).

Lignin, *Holzstoff,* ein aus aromatischen Ringen bestehendes Polymerisat, das als Inkrustationsmaterial der Zellwand von Pflanzenzellen dient und für deren Stärke verantwortlich ist. Es ist neben ↗ Cellulose und den Hemicellulosen der Hauptbestandteil der verholzten pflanzlichen Zellwände; so enthalten Laub- und Nadelhölzer etwa 20 bis 35 % L. Chemisch ist L. schlecht definierbar. Es entsteht biosynthetisch durch reduktive Polymerisation (Dehydrierungspolymerisation) von hydroxylierten und teilweise methoxylierten Zimtalkoholen, insbesondere des Coniferylalkohols, die im Wesentlichen durch die ↗ Laccasen katalysiert wird. Der Abbau von L. geschieht vor allem durch *Ligninasen,* die sich in einer Reihe von Pilzen (insbesondere Weißfäulepilze) und Mikroorganismen finden, insbesondere bei bestimmten Basidiomyceten. Man unterscheidet eine ↗ Braunfäule und eine ↗ Weißfäule.

Ligula, Bez. für das bei manchen Gräsern vorhandene Blatthäutchen an der Übergangsstelle zwischen Blattscheide und Blattspreite.

Liliaceae, *Liliengewächse,* Fam. der ↗ Liliales mit ca. 400 Arten. Zu den L. gehörten nach früherer Systematik auch noch knapp 3000 andere Arten,

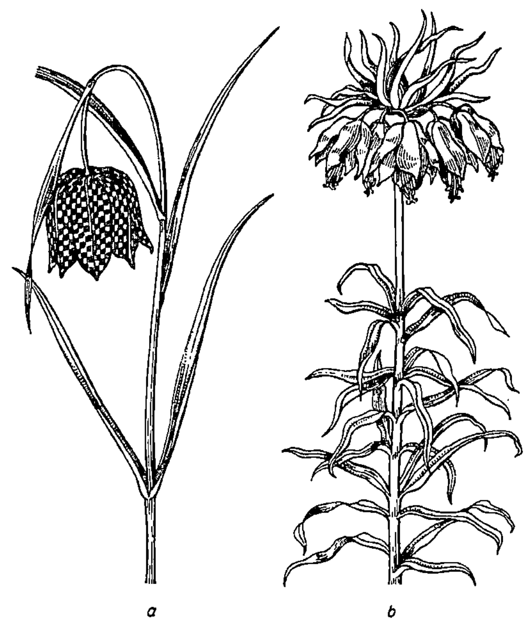

a   b

Liliaceae   a Schachbrettblume (*Fritillaria meleagris*), b Kaiserkrone (*Fritillaria imperialis*)

die inzwischen anderen Fam. zugeordnet wurden, z. B. Vertreter der ↗ Alliaceae, ↗ Asparagaceae, ↗ Asphodelaceae, ↗ Hyacinthaceae und Ruscaceae. Die Arten der L. sind ausdauernde Kräuter mit sechs gleichartigen freien Perigonblättern und einem dreifächerigen, überwiegend oberständigen Fruchtknoten. Als unterirdische Speicherorgane bilden die L. ↗ Zwiebeln. Zu den L. gehören u. a. die Gatt. Hundszahn (*Erythronium*), *Fritillaria*, Gelbstern (*Gagea*), Lilie (*Lilium*) und Tulpe (*Tulipa*).

Liliales, Ord. der ↗ Liliopsida, deren Vertreter durch streifenaderige Blätter und zerstreute Leitbündel gekennzeichnet sind. Die meisten Arten enthalten giftige ↗ Alkaloide. Zu den L. gehören u. a. die ↗ Liliaceae, die ↗ Colchicaceae, die Melanthiaceae und die Trilliaceae.

Liliengewächse, die Fam. ↗ Liliaceae.

Liliopsida, *Monocotyledoneae, Monokotyle, Moncots, einkeimblättrige Pflanzen*, Klasse der ↗ Angiospermae, deren Vertreter im Gegensatz zu den ↗ Magnoliopsida und ↗ Rosopsida nur ein Keimblatt (↗ Keimblätter) ausbilden. Die Scheide des scheinbar endständig angelegten Keimblatts umschließt den seitenständigen Vegetationspunkt. Die geschlossenen ↗ Leitbündel sind im Stängelquerschnitt unregelmäßig zerstreut angeordnet, sie durchziehen die meist wenig verzweigten Sprosse und Blätter als parallele Stränge. Da die Leitbündel kein ↗ Kambium besitzen, findet auch kein sekundäres ↗ Dickenwachstum wie bei den zweikeimblättrigen Pflanzen (↗ Dicotyledonae) statt. Die meist ungestielten Blätter sind bis auf wenige streifennervig und in der Regel einfach, linealisch, lanzettlich oder eiförmig. Typisch sind Büten mit der Formel (↗ Blütenformel): P3 + 3, A3 + 3, G3. Dies sind radiäre Blüten mit sechs Perigonblättern in zwei Kreisen (P3 + 3) und sechs Staubblättern in zwei Kreisen (A3 + 3). Der Fruchtknoten besteht aus drei Fruchtblättern (G3). Die Hauptwurzel ist meist kurzlebig und wird durch sprossbürtige Adventivwurzeln ersetzt (sekundäre ↗ Homorrhizie). Chemisch sind die L. durch das Fehlen von Ellagsäure und das Vorkommen verschiedender Steroidsaponine charakterisiert.

DNA-analytische Befunde legen nahe, dass die L. aus Magnoliopsida-ähnlichen Ausgangsformen entstanden sind. Man nimmt an, dass die einkeimblättrigen Pflanzen durch Verlust des einen Keimblattes aus den zweikeimblättrigen entstanden sind. Einige zweikeimblättrige Pflanzen weisen Merkmale auf, die man sonst nur bei einkeimblättrigen findet, z. B. Anordnung der Leitbündel in mehreren Kreisen, Homorrhizie, streifenaderige Blätter, dreizählige Blüten.

Zu den L. gehören die ↗ Alismatales, ↗ Hydrocharitales, ↗ Najadales, Acorales, ↗ Arales, ↗ Dioscoreales, ↗ Liliales, ↗ Asparagales, ↗ Orchidales, ↗ Cyclanthales, Pandanales, Arecales, Bromeliales, Pontederiales, Typhales, ↗ Commelinales, ↗ Poales, Juncales, Cyperales.

Lilium, Gatt. der ↗ Liliaceae.

Limanda limanda, die ↗ Kliesche.

Limax, Gatt. der Landlungenschnecken (↗ Stylommatophora).

limbisches System, in der Tiefe des Großhirns liegender Bereich, der bei dem Entstehen von Gefühlsreaktionen, bei der Gedächtnisbildung sowie für Antrieb und Motivation eine wesentliche Rolle spielt. Zum l. S. gehören u. a. der ↗ Hippocampus, der ↗ Mandelkern (Corpus amgydaloideum) und Teile des ↗ Thalamus. (↗ Angst, ↗ Gedächtnis, ↗ Gehirn)

Limicolae, *Watvögel*, Sammelbez. für alle zu den Regenpfeifervögeln (↗ Charadriiformes) gestellten Arten außer den Alken, Möwen und Raubmöwen. Zu den L. gehören u. a. die Austernfischer (Haematopodidae) mit dem *Austernfischer (Haematopus ostralegus);* er ist oberseits schwarz, unterseits weiß, mit leuchtend rotem Schnabel und Beinen. Ebenfalls zu den L. gehört die Fam. Säbelschnäbler (Recurvirostridae) mit dem *Säbelschnäbler (Recurvirostra avosetta)*, einem ebenfalls schwarzweiß gefärbten Vogel, der durch den nach oben gebogenen Schnabel und die blaugrauen Beine unverwechselbar ist. Die *Triele (Burhinidae)* sind ziemlich große (bis 44 cm) nachtaktive Vögel in offenen Landschaften. Sie haben große Augen und sind tarnfarben. Neben den Regenpfeifern (↗ Charadriidae) und den Schnepfenvögeln (↗ Scolopacidae) gehört noch eine Reihe weiterer Fam. in diese Gruppe.

limnisch, im Süßwasserbereich vorkommend.

Limnokrene, *Tümpelquelle*, Bez. für eine Quelle, die erst einen kleinen See bildet, bevor das Wasser abfließt. (↗ Fließgewässer)

Limnologie, die Wissenschaft von den Binnengewässern, die mit der chemisch-physikalischen Faktorenanalyse der Gewässer vor allem durch A. ↗ Thienemann in der ersten Hälfte des 20. Jh. einer modernen, analytischen Ökologie den Weg bereitet hat. L. befasst sich heute weltweit mit Fragen der Ökosystemforschung und der Ökophysiologie in Binnengewässern. In der angewandten L. wurde die ↗ Saprobiologie der Gewässer erforscht und damit wurden Wege aufgezeigt zur nachhaltigen Nutzung (↗ Nachhaltigkeit) der Gewässer, zur Abwasserbelastung und zur Wasseraufbereitung z. B. in ↗ Kläranalagen. (↗ Altwasser, ↗ Feuchtgebiete, ↗ Fließgewässer, ↗ Grundwasser, ↗ See, ↗ Tümpel, ↗ Weiher)

Limonen, ein monozyklischer Terpenkohlenwasserstoff, ein farbloses Öl mit zitronenartigem Geruch. L. ist als D-L. (z. B. Pomeranzenschalen oder

Kümmelöl) und als L.-L. (z. B. in Edeltannenzapfen) in etherischen Ölen weit verbreitet und kann durch fraktionierte Destillation gewonnen werden. Das Racemat (*Dipenten*) wird in großem Umfang in der Riechstoffindustrie verwendet.

Limulus, Gatt. der Schwertschwänze (➚ Xiphosura).

Linaceae, *Leingewächse*, Fam. der ➚ Linales mit ca. 300 Arten, die überwiegend in den außertropischen Gebieten der nördlichen Erdhalbkugel vorkommen. Es sind Kräuter, seltener Sträucher, mit einfachen, wechselständigen Blättern und regelmäßigen, meist fünfzähligen Blüten. Der Fruchtknoten entwickelt sich zu einer fünffächerigen Kapsel. Die wichtigste Kulturart ist der ➚ Lein oder *Flachs*, *Linum usitatissimum*.

Linaceae   Lein (*Linum usitatissimum*): a blühende Pflanze, b Frucht im Querschnitt

Linales, Ord. der ➚ Rosopsida, deren Vertreter wechselständige Blätter, Zwitterblüten, meist zwei Staubblattkreise und Kapsel-, Spalt- oder Steinfrüchte aufweisen. Zu den L. gehören die ➚ Linaceae, die ➚ Erythroxylaceae und die ➚ Malpighiaceae.

Linde, *Tilia*, Gatt. der ➚ Tiliaceae (Abb. siehe dort), zu der die einheimischen Arten Sommerlinde (*Tilia platyphyllos*) und Winterlinde (*Tilia cordata*) gehören. Das Holz der Sommerlinde ist weich und leicht spaltbar, dasjenige der Winterlinde etwas fester.

Lindengewächse, die Fam. ➚ Tiliaceae.

linearer Elektronentransport,   ➚ nichtzyklischer Elektronentransport.

Lineweaver-Burk-Diagramm,   ➚ Michaelis-Menten-Gleichung.

Lingua, die ➚ Zunge.

Lingula, *Zungenmuscheln*, Gatt. der ➚ Brachiopoda.

Linie, in der Tier- und Pflanzenzüchtung i. w. S. die Bez. für eine Population mit bestimmten Merkmalen, die durch Auslese erhalten bleiben. Reine L. entstehen aus sich wiederholender Inzucht oder Selbstbefruchtung. I. e. S. wird der Begriff L. in der Pflanzenzüchtung für die Nachkommen einer einzelnen selbstbefruchtenden (Mutter-)Pflanze verwendet. Allgemeiner werden solche Einzelnachkommenschaften auch als *Stämme* bezeichnet.

Linné, *Carl* von, schwed. Mediziner, Botaniker und Naturforscher, ✳ 23.5.1707 Råshult (Småland), † 10.1.1778 Uppsala; ab 1741 Prof. der Medizin und ab 1742 auch der Botanik in Uppsala sowie Direktor des Botanischen Gartens, den er ausbauen und nach seiner Systematik umgestalten ließ. L. war der bedeutendste Systematiker seiner Zeit, der die biologische Systematik grundlegend reformierte. Seine wichtigsten Leistungen sind der Entwurf einer hierarchischen Gliederung des Organismenreiches in Form eines einschließenden Systems und die Einführung der übersichtlichen binären Nomenklatur, die jede biologische Art mit einem zweiteiligen lateinischen Namen benennt, der aus dem Gattungsnamen und einem meist adjektivischen Zusatz besteht. Beim Entwurf der neuen Systematik, die er erstmals 1735 in seinem Werk „Systema naturae" veröffentlichte, zog er zur Identifikation der Pflanzen vier Merkmale heran: Zahl, Gestalt, Proportion und Lage von Staubblättern und Fruchtblättern (von ihm als „Sexualsystem" bezeichnet) und verwendete in seinem System nur vier Kategorien: Art, Gattung, Ordnung und Klasse. Für L. war die Gatt. die von Gott geschaffene Einheit, die der Forscher erkennen kann. Zu jeder Gatt. gehörte eine Gruppe von Arten, deren Fortpflanzungsorgane strukturell übereinstimmten. Höhere Kategorien hingegen sah er als künstlich an, weil ihre Festlegung nach willkürlichen Regeln erfolgte. Ab der zehnten Auflage seines „Systema naturae" wurde die binäre Nomenklatur mit lateinischen Namen für Tiere und Pflanzen das allg. anerkannte Verfahren zur Benennung. Es ist bis heute Standard in der gesamten Biologie.

Linolensäure, eine mehrfach ungesättigte essenzielle Fettsäure, die weit verbreitet in Pflanzen und Tieren vorkommt, von Säugetieren jedoch nicht synthetisiert werden kann. Sie ist häufiger Bestandteil von Pflanzenfetten und Glycerophosphatiden.

Linolsäure, eine mehrfach ungesättigte, für Säugetiere essenzielle Fettsäure, die im Pflanzen- und Tierreich als Glyceridbestandteil zahlreicher Fette und Öle (z. B. Leinöl, Sonnenblumenöl) weit verbreitet ist. L. wird u. a. in der Medizin therapeutisch bei Dermatosen (Hauterkrankungen) eingesetzt.

Linse, 1) *Botanik*: *Lens culinaris*, einjährige krautige Kulturpflanze der ➚ Fabaceae (Abb. siehe dort), die schon ca. 6000 v. Chr. domestiziert wurde. Die Blätter sind gefiedert, die Blüten blassblau.

2) *Zoologie*: Teil des Linsenauges u. a. ↗ Lichtsinnesorgane, welcher der Strahlenführung dient. (↗ Auge, ↗ Facettenauge)

Linsenauge, i. w. S. Bez. für ↗ Lichtsinnesorgane, die eine Linse zur Strahlenführung besitzen, i. e. S. werden mit L. die ↗ Augen der Kopffüßer (↗ Cephalopoda) und der Wirbeltiere (↗ Vertebrata) bezeichnet. (↗ Facettenauge)

Linum, Gatt. der ↗ Linaceae.

Lipasen, zu den ↗ Hydrolasen zählende Enzyme, welche die Spaltung von Neutralfetten (Triacylglycerine, Triglyceride) in Fettsäuren und ↗ Glycerin oder Monoglycerid katalysieren. L. sind z. B. in den Fettzellen und in keimenden Samen enthalten, wo sie gespeicherte Triglyceride hydrolytisch spalten und so Fettsäuren für den Transport in andere Gewebe freisetzen. Im Darm sind die L. an der Verdauung und Resorption von Nahrungsfetten beteiligt.

Lipide, überwiegend lipophile Derivate langkettiger Monocarbonsäuren, der ↗ Fettsäuren. L. können unterteilt werden in einfache und komplexe L. Bei den *einfachen L.* sind die Fettsäuren esterartig an Alkohole gebunden. Zu dieser stark lipophilen Gruppe gehören die Wachse als Ester lipophiler Alkohole sowie die ↗ Fette und fetten Öle als Ester des ↗ Glycerins. Die komplexen L., auch *Lipoide* genannt, enthalten außer den Fettsäuren und der Alkoholkomponente noch weitere Bausteine, wie Phosphorsäure oder deren Ester (↗ Phospholipide) oder Mono- bzw. Oligosaccharidreste (↗ Glykolipide). Die komplexen L. sind amphiphile Substanzen. Sie bestehen aus einer lipophilen Komponente, den Alkylketten der Fettsäuren und des Sphingoids, sowie einer hydrophilen Komponente („Kopfgruppe"), dem Phosphorsäure- oder Kohlenhydratrest. Die hydrophile Komponente kann neutral (z. B. ↗ Phosphatidyl-Cholin, Sphingomyelin, neutrale Glykolipide) oder sauer sein (z. B. ↗ Phosphatidyl-Serin, Phosphatidyl-Glycerin, saure Glykolipide).

Lipmann, *Fritz Albert*, deutsch-amerikan. Mediziner und Biochemiker, ✳ 12.6.1899 Königsberg (Preußen), † 24.7.1986 Poughkeepsie (New York); ab 1932 am biologischen Carlsberg-Institut in Kopenhagen tätig, seit 1939 in den USA, Leiter des biochemischen Forschungslabors am General Hospital in Boston, ab 1949 Prof. an der dortigen Harvard Medical School, ab 1957 in New York. L. entdeckte 1941 die zentrale Rolle des ATP (↗ Adenosinphosphate), 1947 das Coenzym A, später ↗ Carbamoylphosphat als aktive Zwischenstufe des Stickstoff-Stoffwechsels sowie das GTP (↗ Guanosinphosphate). Er erhielt 1953 zusammen mit H.A. ↗ Krebs den Nobelpreis für Physiologie oder Medizin.

Lipochrome, die ↗ Carotinoide.

Liponsäure, *6,8-Dithiooctansäure*, ein Wasserstoff und Acylgruppen übertragendes Coenzym. L. ist Bestandteil der *Pyruvat-* und *α-Ketoglutarat-Dehydrogenase-Komplexe* (↗ Citratzyklus). L. und *Dihydroliponsäure* bilden ein biochemisch wichtiges Redoxpaar. Die Dihydroliponsäure (reduzierte L.) wird als *Lip(SH₂)* und die oxidierte Form als *Lip(S₂)* dargestellt. In der Zelle liegt die L. häufig als Carbonsäureamid (*Liponamid*) vor. Wenn sie als Coenzym fungiert, ist L. kovalent über eine Amidbindung an die ε-Aminogruppe eines Lysinrests des Enzyms gebunden. Ist sie am Transfer von Acylgruppen beteiligt, ist die Acylgruppe mit einem der Schwefelatome über eine Thioesterbindung verknüpft.

lipophil, bezeichnet die Affinität von Stoffen zu Fetten und Lipiden bzw. ihre Löslichkeit in Fetten und fetten Ölen sowie Lipiden.

Lipopolysaccharide, Abk. *LPS*, charakteristische Bestandteile der äußeren Membran gramnegativer ↗ Bakterien. L. sind *amphiphil* und können in drei Bereiche unterschieden werden: 1) Das *Lipid A* ist der lipophile Anteil. Es besteht aus zwei bis drei Zuckerresten, an die bis zu sechs Fettsäuren über Ester- oder Amidbindungen geknüpft sind. 2) das *Kern-Oligosaccharid* ist ein relativ konstantes Oligosaccharid mit *2-Keto-3-desoxyoctonat* (KDO) als typischem Zucker. 3) Die sich daran anschließende O-spezifische Kette (*O-Antigen*) ist relativ variabel und besteht aus nur wenigen Zuckern, allerdings in bis zu 40 sich wiederholenden Einheiten. Sie bedingt die serologische Spezifität der Bakterien. Die endotoxischen Eigenschaften der L. sind auf das Lipid A zurückzuführen, durch das die L. auch in der Membran verankert sind.

Lipoproteine, zusammengesetzte Proteine, die Lipide als prosthetische Gruppe enthalten. Ihr Kohlenhydratanteil beträgt 1 - 2 %. L. kommen im Blut- und Zellplasma, in den Zell- und Zellorganellmembranen sowie im Eidotter vor, in der Leber werden sie gebildet. Die Funktion der L. im Blutplasma besteht im Transport und der Verteilung der aus dem Dünndarm resorbierten Neutralfette und fettähnlichen Stoffe, wie Phosphatide, freiem und verestertem Cholesterin, freien Fettsäuren, fettlöslichen Vitaminen und Hormonen, über die Lymph- und Blutbahn zur Leber und in andere Organe. L. sind von besonderer Bedeutung bei Transport und Ablagerung von ↗ Cholesterin. L. können elektrophoretisch oder durch Ultrazentrifugation im Dichtegradienten charakterisiert werden. Die dabei beobachteten Dichten werden zur Klassifizierung genutzt; die wichtigsten Klassen sind high densitiy lipoproteins (HDL), low densitiy lipoproteins (LDL), very low densitiy lipoproteins (VLDL) und ↗ Chylomikronen. Jede L.-Klasse besitzt eine spezifische Funktion, die von ihrem Syntheseort, der Zusammensetzung ihres Lipidanteils sowie dem Gehalt an Apoprotein abhängt. Die an der Außenseite befindlichen *Apoproteine* schwimmen sozusagen in der Hüllschicht der L.. Sie sind für deren Schicksal entscheidend, da sie als Erkennungsmoleküle für Membranrezeptoren und als essenzielle Partner für Enzyme und Proteine dienen, die am Lipidstoffwechsel beteiligt sind.

Lipoproteine hoher Dichte (*high-densitiy lipoproteins, HDL*) dienen als Transportform von Phospholipiden und Cholesterin von der Peripherie zur Leber. Ihre Vorstufen werden im Darm gebildet, die endgültige Ausformung erfolgt jedoch erst im Blut. Sie haben von allen Lipoproteinen mit 5 - 10 % den höchsten Proteinanteil, der Lipidanteil beträgt 50 - 55 %. Hohe HDL-Cholesterinkonzentrationen werden als Schutzfaktor gegen Herz- und Gefäßerkrankungen angesehen.

Sind in der Nahrung mehr Fettsäuren enthalten, als unmittelbar als Brennstoff benötigt werden, so werden sie in der Leber in Triacylgylcerine umgewandelt und mit spezifischen Apolipoproteinen zu L. sehr geringer Dichte (*very low-densitiy lipoproteins, VLDL*) gepackt; ebenso können überschüssige Kohlenhydrate in VLDL's gepackt werden. VLDL's werden dann über das Blut zum Fettgewebe transportiert, wo die Fettsäuren wieder freigesetzt, durch die Fettzellen aufgenommen und nach erneuter Rückführung in Triacylglyceride in Fetttröpfchen gespeichert werden.

Durch Verlust von Triacylglyceriden werden VLDL in Lipoproteine geringer Dichte (*low-density lipoproteins, LDL*) umgewandelt. Diese enthalten sehr viel Cholesterinester und Cholesterin, das sie zu peripheren Geweben transportieren, die spezifische Oberflächenrezeptoren besitzen, welche die Aufnahme von Cholesterin und seinen Estern vermitteln. Ein hoher intrazellulärer Cholesterinspiegel führt zu einer verminderten Produktion des LDL-Rezeptors, wodurch die Cholesterinaufnahme aus dem Blut verlangsamt wird. Übersteigt nun die mit der Nahrung aufgenommene Cholesterinmenge diejenige, die für Synthesen gebraucht wird, so können sich beim Menschen krankhafte Ablagerungen von Cholesterin in den Blutgefäßen (*Atherosklerose*) bilden. LDL enthalten an ihrer Oberfläche nicht kovalent gebundenes Cholesterin, das ihnen durch seine hydrophile Eigenschaft ermöglicht, als Suspension im Blut zu bleiben. Dieses Cholesterin kann nun sehr leicht verloren gehen. In diesem Mechanismus wird der Grund für den Zusammenhang zwischen hohen LDL-Konzentrationen im Blut und der Atherosklerose gesehen. Hohe LDL-Konzentrationen im Blut treten auch auf, wenn die Gene für die LDL-Rezeptoren defekt sind, und daher

LDL langsam oder gar nicht aus dem Blut entfernt werden.

Lipoproteinlipase, ↗ Chylomikronen.

Lippenblütler, die Fam. ↗ Lamiaceae.

Lippfische, die Fam. ↗ Labridae.

Liquor cerebrospinalis, *Cerebrospinalflüssigkeit, Hirn-Rückenmarksflüssigkeit*, extrazelluläre wässrige Flüssigkeit in den Hohlräumen des Zentralnervensystem der Wirbeltiere, die dem Stoffaustausch in diesen Gebieten dient. Zudem reduziert sie das Gewicht, mit dem das ↗ Gehirn auf die Schädelbasis drückt und sie schützt das Zentralnervensystem gegen Stoß und Druck von außen. Der L. c. wird vor allem in den *Plexus choriodei* der Seitenventrikel gebildet. Die insgesamt 100 bis 160 ml werden drei- bis fünfmal pro Tag erneuert. Die Resorption des Liquors erfolgt „saugpumpenartig" durch die Arachnoidvilli in die Venen im Schädel und im Rückenmarkskanal. Bestimmte Krankheiten des Zentralnervensystems spiegeln sich in einer veränderten Zusammensetzung des L. c. wider. Durch eine Punktion des Subarachnoidalraumes, die meist im Bereich der Lendenwirbelsäule als Lumbalpunktion durchgeführt wird, kann L. c. für eine Untersuchung gewonnen werden.

Listeriose, durch das Bakterium *Listeria monocytogenes* hervorgerufene sporadische ↗ Infektionskrankheit des Menschen. Sie verläuft bei gesunden Erwachsenen meist inapparent, stellt jedoch eine Gefahr für Schwangere und abwehrgeschwächte Erwachsene dar. Bei schweren Verläufen kommt es zu ↗ Meningitits, ↗ Encephalitis und ↗ Sepsis. Die L. wird über verseuchte rohe Tierprodukte (Milch, Fleisch, Fisch) oder über Kontaktinfektion übertragen.

Litchipflaume, *Litchi chinensis, Litchi*, aus Südchina stammender, bis 12 m hoher Baum der ↗ Sapindaceae mit weinroten Früchten, die als Obst genutzt werden.

Lithobiomorpha, Gruppe der Hundertfüßer (↗ Chilopoda).

Lithobius, Gatt. der ↗ Chilopoda.

Lithocholsäure, eine ↗ Gallensäure.

Lithophaga, Gatt. der ↗ Pteriomorpha.

Lithops, Gatt. der ↗ Aizoaceae.

Lithostratigraphie, ↗ stratigraphische Einheiten.

lithotroph, Bez. für Organismen, die in ihrem Energiestoffwechsel anorganische Substanzen (z. B. Schwefelwasserstoff, Schwefel) als Wasserstoffdonatoren verwenden.

Litoral, der durchlichtete Bereich des ↗ Benthals der ↗ Meere und ↗ Seen bis zur Grenze des Pflanzenwuchses. Dieser Bereich erstreckt sich im Meer bis zu einer Tiefe von etwa 200 m, bei Seen bis zu einer Tiefe von fünf bis 30 m (↗ Gewässerregionen). Im See mit Algen und Pflanzen ist das L. die Uferzone. Es gliedert sich in folgende Zonen: das

Epilitoral (wassereinflussfreie Zone, Landzone), das *Supralitoral* (Uferzone, Spritzwasserzone), das *Eulitoral* (Gezeitenzone, im Süßwasser Zone der höheren Wasserpflanzen) und das *Sublitoral* (Schelf).

Littorina, *Strandschnecken*, Gatt. der Mittelschnecken (↗ Mesogastropoda) mit vier marinen Arten. Häufigste Art im Eulitoral der südlichen Nordseeküste ist die *Gemeine Strandschnecke* (*Littorina littorea*). Ihr Gehäuse ist bis 3 cm hoch und sie ernährt sich von Algen und Balanus-Arten (↗ Cirripedia).

L-Ketten, ↗ Immunglobuline.

Lobeliaceae, Fam. der ↗ Campanulales, zu der ca. 800 Arten mit tropischer Verbreitung gehören. Sie besitzen dorsiventrale Blüten und enthalten ↗ Alkaloide. Viele Arten sind Gift- und Heilpflanzen.

Lobenlinie, Bez. für die Verwachsungsnaht (*Sutur*) von Kammerscheidewand und Außenwand des Gehäuses von Kopffüßern (↗ Cephalopoda). Hierbei werden Ausbuchtungen in Richtung zur Gehäusemündung (*Sattel*) und solche entgegengesetzt der Gehäusemündung (*Loben*) unterschieden. Bei einfachen L. werden die *goniatitische* und die *agoniatitische L.* unterschieden, eine Verfaltung zweiter Ord. (Zackung) ergibt die *ceratitische L.* (z. B. bei ↗ Ceratitida); eine weitere Zersplitterung und Verästelung der ceratitischen L. führt im Extremfall zur kleinblättrigen *ammonitischen Lobenlinie.*

Locus, ↗ Genlocus.

Locusta migratoria, die ↗ Wanderheuschrecke.

Loewi, *Otto*, deutsch-amerikan. Physiologe und Pharmakologe, ✳ 3.6.1873 Frankfurt a.M., † 25.12. 1961 New York; ab 1904 Prof. in Marburg, 1907 in Wien, 1909 in Graz, ab 1940 am University College of Medicine in New York. L. wies 1901 nach, dass der menschliche Organismus Fett nicht in Zucker umwandeln, und 1902, dass er aus Aminosäuren Proteine synthetisieren kann. Er erhielt für die Erforschung (1921) der chemischen Übertragung der Nervenimpulse durch ↗ Acetylcholin 1936 zusammen mit H.H. ↗ Dale den Nobelpreis für Physiologie oder Medizin. Im gleichen Jahr identifizierte er ↗ Adrenalin als zweite Transmittersubstanz.

Löffelente, Art der ↗ Gründelenten.

Löffler, Unterfam. der Ibisse (↗ Threskiornithidae).

Loganiaceae, Fam. der ↗ Gentianales mit ca. 600 meist holzigen Arten, die in den Tropen und Subtropen verbreitet sind. Sie besitzen einen oberständigen Fruchtknoten und keine Milchröhren. Viele Arten sind Giftpflanzen, so z. B. der ↗ Brechnussbaum (*Strychnos nux vomica*).

Lokomotion, die ↗ Fortbewegung.

Loligo, Gatt. der ↗ Decabrachia, u. a. mit dem Nordischen Kalmar.

Lolium, Gatt. der ↗ Poaceae.

Lonicera, Gatt. der ↗ Caprifoliaceae.

Lophiiformes, *Armflosser*, *Pediculati*, Ord. der Knochenfische mit etwa 260 marinen Arten, die oft bizarr anmuten mit großem Kopf und Rumpfvorderteil. Die Basis der Brustflossen ist armähnlich verlängert (Name!), und der erste Stachelstrahl der Rückenflosse ist meist zu einer Angel mit Köder umgebildet. Zu den L. gehört u. a. die Fam. Anglerfische (*Lophiiformes*) mit dem bis 2 m langen *Seeteufel* (*Anglerfisch, Lophius piscatorius*), der in europäischen Meeren verbreitet ist und bisweilen als Forellenstör in den Handel kommt. Weiterhin die Fam. Antennenfische (*Antennariidae*) u. a. mit dem *Sargassofisch* (*Histrio histrio*), der an treibenden Tangen u. a. auch im Atlantik lebt und dessen Brustflossen zum Greifen und Festhalten dienen. Die rund 80 Arten der Fam. Tiefseeanglerfische (*Ceratiidae*) leben in bis zu 4000 m Tiefe. Bei einigen Arten gibt es winzige parasitierende Männchen (*Zwergmännchen*), die an den Weibchen festgewachsen sind.

Lophophor, bewimperte Tentakeln der ↗ Tentaculata.

Lophophora, Gatt. der ↗ Cactaceae.

Lophophorata, die ↗ Tentaculata.

Lophopoda, die Süßwasserbryozoen (↗ Phylactolaemata).

Loranthaceae, *Mistelgewächse, Riemenblumengewächse*, Fam. der ↗ Santatales mit ca. 900 Arten, die überwiegend in den Tropen vorkommen. Der Aufbau der Pflanzen entspricht demjenigen anderer Misteln. In Europa ist nur eine Art von *Loranthus* verbreitet, die südeuropäische *Eichenmistel* oder *Gelbbeerige Riemenblume, Loranthus europaeus,* die nur auf Eichen und Echten Kastanien schmarotzt. Die Büten sind in einer terminalen Traube angeordnet; die Beeren sind gelb. Arten der Gatt. *Viscum* wurden früher auch den L. zugeordnet, bilden heute jedoch eine eigenständige Fam., die ↗ Viscaceae. Viele Arten werden als Heilpflanzen verwendet, u. a. in der Krebstherapie.

Loranthus, Gatt. der ↗ Loranthaceae.

Lorbeerbaum, *Laurus nobilis*, im Mittelmeergebiet beheimatetes strauch- oder baumförmiges Hartlaubgewächs der ↗ Lauraceae. Die Blätter enthalten das etherische Öl *Cineol.*

Lorbeergewächse, die Fam. ↗ Lauraceae.

Lorenz, *Konrad*, österr. Zoologe und Verhaltensforscher, ✳ 7.11.1903 Wien, † 27.2.1989 Wien; ab 1940 Prof. in Königsberg (Preußen), ab 1953 in Münster, ab 1957 in München; L. gründete 1949 eine Station für vergleichende Verhaltensforschung in Altenberg (Niederösterreich), war 1951-54 Leiter der Forschungsstelle für Verhaltensphysiologie auf Schloss Buldern (Westfalen), ab 1955 stellvertretender, 1961-73 leitender Direktor des nach seinen Plänen von der Max-Planck-Gesellschaft gegründeten Instituts für Verhaltensphysiologie in Seewiesen (Oberbayern); zuletzt Leiter der tiersoziologischen Abteilung am Institut für vergleichende Verhaltensforschung der österr. Akademie der Wissenschaften in Grünau (Oberösterreich) und Altenberg. L. ist Mitbegründer der vergleichenden Verhaltensforschung. Er untersuchte u. a. die ontogenetischen und phylogenetischen Grundlagen des instinktiven Verhaltens der Tiere (insbesondere bei Dohlen, Kolkraben und Graugänsen) und führte zahlreiche ethologische Begriffe ein. 1973 erhielt L. zusammen mit N. ↗ Tinbergen und K. von ↗ Frisch den Nobelpreis für Physiologie oder Medizin.

Lorenzini-Ampullen, bei Haien (↗ Selachimorpha) und Rochen (↗ Batidoidimorpha) vorkommende, von den Seitenlinienorganen abgeleitete elektrische Sinnesorgane, die der ↗ Elektrorezeption dienen. Die L. - A. sind bis 10 cm lange, mit Gallerte gefüllte Epidermiseinstülpungen, die mit sekundären Sinneszellen besetzt sind. Ihre Wandung ist so isoliert, dass die elektrische Spannung zwischen ihrer Mündung und dem Sinnesepithel über diesem konzentriert wird, sodass die Empfindlichkeit der L. - A. von der Schlauchlänge bestimmt wird. Die Sinneszellen entsprechen in ihrem Bau den Haarsinneszellen in den Seitenlinienorganen, d. h. sie besitzen Mikrovilli und ein Kinocilium, jedoch fehlt ihnen die Cupula.

Loricata, die Käferschnecken (↗ Polyplacophora).

Loricifera, den ↗ Nemathelminthes zugeordnete Gruppe winziger (80-400 μm) Metazoa, die aus bis zu 10000 winzigen Zellen aufgebaut sein sollen. Die 80 bisher bekannten Arten leben in Sand und Schlick der Meere vom Litoral bis in die Tiefsee. Der Körper gliedert sich in ein ein- und ausstülpbares *Introvert*, das den Mund und ringförmig angeordnete *Skaliden*, zarte Körperfortsätze mit sensorischer Funktion, trägt. Der sackförmige Rumpf ist von einem Panzer aus längs verlaufenden Platten und Furchen umgeben (*Lorica*). Introvert mit Skaliden deuten auf eine enge Verwandtschaft zu den ↗ Priapulida und den ↗ Kinorhyncha hin.

Lorisidae, *Loris*, Fam. der Halbaffen (↗ Prosimiae), die mit vier stummelschwänzigen Arten in den Tropen der Alten Welt verbreitet sind. Loris sind nachtaktiv, mit großen Augen. Sie sind Allesfresser und leben in Bäumen, in denen sie sich langsam kletternd fortbewegen.

Löss, meist carbonathaltiges, lockeres Sediment, das durch Wind aus glazialen Flächen und Urstromtälern ausgeweht und in einer breiten Zone vor den deutschen Mittelgebirgen abgelagert wurde. Aus L. haben sich die fruchtbarsten Böden, z. B. die Schwarzerden, entwickelt.

Lösung, Bez. für homogene Mischungen mehrerer flüssiger, fester oder gasförmiger Stoffe, wenn eine der Komponenten, das *Lösungsmittel*, in großem Überschuss vorliegt. Die im Unterschuss vorhandenen Komponenten bezeichnet man als *gelöste Stoffe*. Ihre Verteilung der Komponenten ist molekulardispers. *Kolloide L.* sind in diesem Sinne keine echten L., sondern Systeme, die aus zwei Phasen bestehen. In L. von Elektrolyten (Säuren, Basen, Salze) liegen die gelösten Stoffe teilweise in ↗ Ionen dissoziiert vor. Die Ionen umgeben sich mit einer Hülle von Lösungsmittelmolekülen (*Solvathülle*; bei wässrigen Lösungen *Hydrathülle*, ↗ Hydratation), deren Ausdehnung vom Ionenradius, der Ladung und der Polarität des Lösungsmittels abhängt.

Lota lota, die ↗ Quappe.

lotisch, Bez. für Bereiche von ↗ Gewässern mit starker lokaler Wasserbewegung. Gegensatz: ↗ lenitisch.

Lotka-Volterra-Regeln, die ↗ Volterra-Gesetze.

Lotosblume, *Nelumbo nucifera*, Art der ↗ Nymphaceae (Abb. siehe dort). Die in Indien als heilig geltende Pflanze besitzt stärkehaltige essbare Rhizome und Samen.

Löwe, *Panthera leo*, Art der Großkatzen, die früher in den Steppen und Savannen Afrikas, des Balkans sowie Vorder- und Südasiens verbreitet war, heute jedoch in weiten Teilen des Verbreitungsgebietes ausgerottet ist. L. sind 1,7 - 1,9 m körperlang mit kurzhaarigem graugelbem bis ockerfarbenem Fell. Die Männchen haben eine gelbe, rotbraune oder schwarze Nacken- und Schultermähne, die Weibchen sind stets mähnenlos. Der bis 1 m lange Schwanz hat eine dunkle Endquaste. Junge Löwen sind dunkel gefleckt. Löwen sind überwiegend nachtaktiv und jagen meist in kleinen Rudeln insbesondere Paarhufer. Die Beutetiere werden durch Prankenschlag niedergerissen und durch Kehlbiss getötet.

Löwenzahn, Art der ↗ Asteraceae.

Loxodonta, Gatt. der ↗ Elefanten.

LSD, Abk. für *Lysergsäurediethylamid*, eine synthetisch hergestellte Substanz, die zu den Halluzinogenen gehört und nach dem Betäubungsmittelgesetz zu den illegalen Drogen. LSD wird meist gelöst und auf Löschpapier getropft konsumiert. Die Wirkung setzt nach einer halben bis einer Stunde ein und dauert etwa sechs bis zwölf Stunden an. Sie besteht in optischen Sinnestäuschungen bis hin zu Halluzinationen, Veränderung des Körperempfindens, starken Gefühlszuständen von Euphorie bis hin zu Panik, Gleichgewichts- und Gangstörungen sowie unter Umständen der Unfähigkeit, zwischen Rausch und Realität unterscheiden zu können. Die Risiken bestehen in einer erhöhten Unfallgefahr (z. B. wegen des Gefühls, fliegen zu können) sowie körperlichen Stresserscheinungen (erhöhter Blutdruck und hohe Herzfrequenz bis hin zu Herzstillstand und Atemlähmung bei Überdosierung). Langzeitschäden auch bei nur gelegentlicher Einnahme sind Störung der Leistungsfähigkeit, Flashbacks (Rückkehr des Rauschzustands ohne Einnahme von LSD), Auslösung von Psychosen.

LTH, Abk. für *luteotropes Hormon* (↗ Prolactin).

LTP, Abk. für ↗ Langtagpflanzen.

L-Tubuli, ↗ Muskel.

Lucanidae, *Hirschkäfer, Schröter*, Fam. der Käfer (↗ Coleoptera) mit insgesamt 1200 vor allem in Süd- und Südostasien verbreiteten Arten (in Mitteleuropa sieben). Hirschkäfer sind bis 10 cm große Käfer, die meist dunkel- oder hellbraun gefärbt sind. Die Männchen sind i. d. R. größer als die Weibchen und haben oft einen auffällig vergrößerten Oberkiefer („Geweih", daher der Name). Sie ernähren sich von Baumsäften. Die Larven sind engerlingsartig und leben in moderndem Holz; die Entwicklung dauert oft mehrere Jahre. Der Hirschkäfer (Feuerschröter, *Lucanus cervus*) steht bei uns unter Naturschutz.

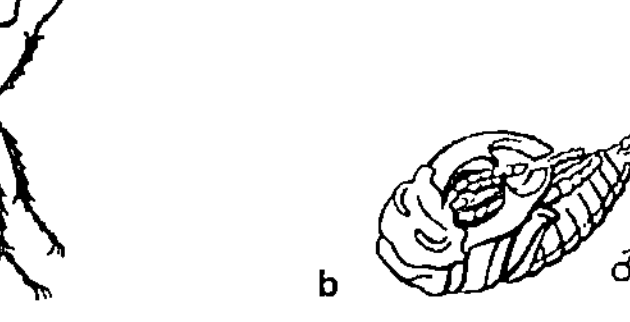
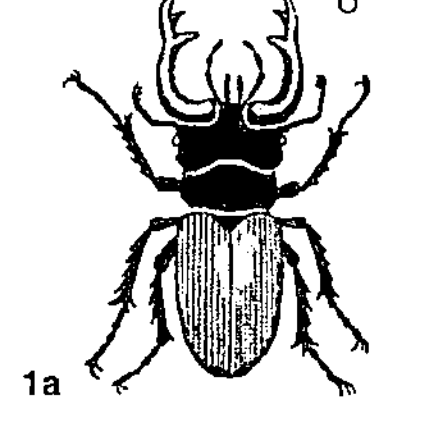

Lucanidae   1a Männchen des Hirschkäfers (*Lucanus cervus*), b Puppe

Luchse, *Lynx*, Gatt. der Katzen (↗ Felidae), die mit zwei Arten in den Halbwüsten Eurasiens und Nordamerikas verbreitet ist. Sie haben ein gelblich- bis rotbraunes Fell, oft mit dunklen Flecken, lange Pinselohren, einen Backenbart und einen Stummelschwanz. L. sind überwiegend dämmerungsaktiv. Sie jagen Säugetiere bis Hirschgröße sowie Vögel, Amphibien und Reptilien. Der bis 1,10 m lange *Nordluchs (Gewöhnlicher Luchs, Lynx lynx)* wurde in Deutschland wegen seines als Pelz begehrten Fells ausgerottet, jedoch seit den 1970er-Jahren im Bayerischen Wald sowie in Österreich, der Schweiz und Frankreich wieder ausgewildert.

Luciferin-Luciferase-System, ein aus mehreren Komponenten bestehendes System zur Erzeugung von ↗ Biolumineszenz. Zu diesem System gehören die *Luciferine*, eine Gruppe von polyzyklischen aromatischen Substanzen, die Energie in Form von Photonen abstrahlen können, und die, ähnlich einem Coenzym, mit Enzymen, den *Luciferasen*, zusammenarbeiten. Wenn diese mit den Luciferinen reagieren, so senden die Luciferine einen Lichtblitz aus. Meist besteht die Reaktion in einer Oxidation der Luciferine mit molekularem Sauerstoff (O_2),

der dann die dritte Komponente in diesem System ist. Als vierte Komponente wird in manchen Fällen (z. B. bei den Leuchtkäfern) noch ATP als Energielieferant gebraucht.

Ludwig, *Carl Friedrich Wilhelm*, deutscher Physiologe, ✳ 29.12.1816 Witzenhausen, † 24.4.1895 Leipzig; 1846-49 Prof. in Marburg, ab 1849 in Zürich. L. begründete die experimentelle und kausalanalytische physiologische Forschung, die mit physikalisch-chemischen Methoden und quantitativen Analysen arbeitet. Von ihm stammen zahlreiche grundlegende Arbeiten auf allen Gebieten der Physiologie. 1846 erfand er das Kymographion („Wellenschreiber") und führte damit die grafische Aufzeichnung von Messergebnissen ein. 1871 formulierte er das Alles-oder-Nichts-Gesetz für das Herz.

Ludwig-Effekt, die ↗ Annidation.

Lues, die ↗ Syphilis.

Luffa, Gatt. der ↗ Cucurbitaceae. Die Art *L. aegyptiaca (Schwammgurke)* bildet bis 40 cm lange Gurken, deren getrocknetes Leitbündelnetz die *Luffaschwämme* liefert.

Luft, das Gasgemisch der ↗ Atmosphäre.

Luftalgen, Bez. für ↗ Algen, die außerhalb des Wassers leben, vor allem an den Schattenseiten von Felsen und Baumstämmen.

Luftfeuchtigkeit, ↗ Feuchtigkeit.

Luftröhre, *Trachea*, bei den Luft atmenden Wirbeltieren das mit einem Flimmerepithel ausgekleidete und von Knorpelstangen gestützte Verbindungsrohr zwischen ↗ Kehlkopf und ↗ Lunge.

Luftschadstoffe, Substanzen, die die natürliche Zusammensetzung der Luft verändern. Zu den häufigsten L. gehören Schwefeldioxid (SO_2), Kohlenstoffmonooxid (CO), Stickstoffdioxid (NO_2), Schwebstaub und ↗ Ozon (O_3).

Luftverschmutzung, Veränderung der natürlichen Zusammensetzung der Luft durch ↗ Luftschadstoffe. Zu den Hauptverursachern gehören Kraftfahrzeugverkehr, Hausbrand, Industrie, Kraft- und Heizwerke. (↗ Emissionen, ↗ Immissionen)

Luftwurzeln, bei ↗ Epiphyten vorkommende Wurzeln, die der Wasseraufnahme aus dem Regenwasser dienen. Die frühzeitig absterbenden Zellen der Außenschicht (*Velamen*) füllen sich bei Befeuchtung mit Wasser.

Lumbricida, *Regenwürmer*, Taxon der Wenigborster (↗ Oligochaeta), u. a. mit dem ↗ Regenwurm.

Lumbriculida, Taxon der Wenigborster (↗ Oligochaeta).

Lumbricus terrestris, der ↗ Regenwurm.

Lumineszenz, die Emission von Licht als Folge einer vorhergehenden nicht-thermischen Energieaufnahme (↗ Fluoreszenz, Phosphoreszenz). L.-Strahlung ist „kaltes Licht", das im Wellenlängenbereich von Ultraviolett bis Infrarot liegt. Je nach Art der Anregung zur L. werden verschiedene Formen unterschieden, von denen in biologischen Systemen die ↗ Biolumineszenz die wichtigste ist. (↗ Luciferin-Luciferase-System)

lunare Rhythmik, Bez. für biologische Rhythmen, bei denen die Periodenlänge mit dem Mondrhythmus korreliert. Die Dauer dieser Rhythmen beträgt bei *lunaren Rhythmen* 29,5 Tage (Dauer eines Mondumlaufs) und bei *semilunaren Rhythmen* 14,7 Tage. L. R. treten vor allem bei im Gezeitenbereich lebenden Meeresorganismen auf, jedoch auch bei anderen marinen Organismen. Bei Vollmond und Neumond verstärken sich die Gravitationskräfte von Sonne und Mond, wodurch in Abständen von 14,7 Tagen Springfluten entstehen. In Anpassung an diesen Wechsel zeigt sich bei verschiedenen Organismen eine entsprechende Periodik der Fortpflanzung und physiologischer Prozesse. Eine Periodenlänge von 29,5 Tagen fand man z. B. bei der Fortpflanzung der Meeresmücke *Clunio marinus*, des Borstenwurms *Typosyllis prolifera* und bei der Farbempfindlichkeit des Guppy, *Lebistes reticulatus*.

Lunge, *Pulmo,* i. e. S. das paarige Atmungsorgan des Menschen und der luftatmenden Wirbeltiere. Ihrem Feinbau nach sind die L. zusammengesetzte alveoläre Drüsen, die aus einer ventralen Ausstülpung des Vorderdarms hervorgehen. Ihnen homologe Organe sind die ↗ Schwimmblasen der Fische. Eine Lungenbildung tritt erstmals unpaar bei Knochenfischen auf (↗ Dipnoi und ↗ Polypteriformes).

Die Luft wird durch die ↗ Luftröhre, die sich in die beiden *Bronchien* gabelt, welche sich weiter in *Bronchiolen* verzweigen, der L. zugeführt. Die Wandung der Bronchien ist wie diejenige der Luftröhre durch Knorpelspangen verstärkt. Die Luft wird durch den Schleim der Nase sowie durch den Wimperschlag des Bronchialepithels weitgehend von Staub gereinigt.

Den einfachsten Bau zeigen die L. der Lurche (↗ Amphibia), sackförmige, glattwandige (z. B. Molche) oder schwach gekammerte Gebilde, deren Innenflächen mit respiratorischem Epithel ausgekleidet sind. Die ↗ Reptilia haben bereits stark gekammerte L. Bei Schlangen (↗ Serpentes) ist nur der rechte Lungenflügel entwickelt, der linke ist zurückgebildet. Nur Eidechsen (↗ Lacertidae) und Schildkröten (↗ Chelonia) sind in der Lage, die L. durch Eigenmuskeln rhythmisch zu verengen und zu erweitern. Die äußerlich sehr kleinen L. der Vögel (↗ Aves) zeigen einen recht komplizierten Bau. Die am unteren Ende der ↗ Syrinx entspringenden beiden Bronchien geben dorsale und ventrale Nebenbronchien ab, die untereinander durch ein System dünner Luftröhren, die *Parabronchien* oder *Lungenpfeifen*, in Verbindung stehen. Sie sind die eigentlichen Respirationsorte der Vogellunge. Die Bronchien enden in blasenartigen *Luftsäcken,*

die im ganzen Körper verbreitet sind und sich sogar bis in Knochen erstrecken. Während des Flugs füllen sie sich beim Einatmen mit Luft, beim Ausatmen entleeren sie sich, sodass die Luft zweimal durch die Parabronchien strömt und genutzt wird.

Die L. der Säuger (↗ Mammalia) ähnelt in ihrem Bau denjenigen der Reptilia. Sie besteht beim Menschen aus zwei völlig voneinander getrennten Teilen, den Lungenflügeln. Diese sind von zwei zarten Häuten umgeben, dem Brust- oder Rippenfell außen und dem Lungenfell innen, die zwischen sich die Brustfell- oder Pleurahöhle einschließen. Beim Menschen und den meisten Säugern ist die L. durch mehrere tiefe Einschnitte in Lungenlappen geteilt. Die rechte L. des Menschen besteht aus drei, die linke aus zwei Lappen. Das Lungengewebe ist schwammig, elastisch und rosafarben. Die in die beiden L. eintretenden Bronchien verzweigen sich baumartig (*Bronchialbaum*) in Bronchiolen und enden blind in den *Lungenbläschen* oder *Lungenalveolen,* in denen auch der Gasaustausch stattfindet. Die Kapillaren der Lungenarterie führen das

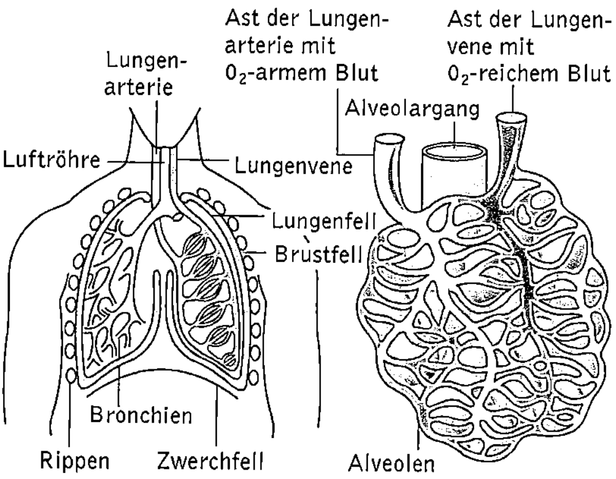

Lunge Die linke Abb. zeigt die Verzweigung der Bronchien und die Gefäßversorgung der Lunge des Menschen; rechts die Gefäßversorgung der Lungenalveolen

sauerstoffarme Blut an die Alveolen heran, wo es durch Abgabe von CO_2 und Aufnahme von O_2 arteriell wird, um anschließend über Lungenvenen dem Herzen zugeführt zu werden. Das Einatmen erfolgt durch Erweiterung des Brustkorbs unter Mitwirkung der Rippenmuskulatur und des Zwerchfells, das Ausatmen durch Zusammenziehen der L. und Auspressen der Luft.

Auch bei wirbellosen Tieren gibt es als L. bezeichnete Atmungsorgane, die jedoch keine echten Ventilationslungen sind. Die *Fächerlungen* der Skorpione (↗ Scorpiones) und Spinnen (↗ Araneae) sind reine Diffusionslungen, die in den Hinterkörper hineinragen und aus einem Atemvorhof sowie mit Chitin ausgekleideten Atemtaschen bestehen;

gleiches gilt für die *Tracheenlunge* bei Landasseln. Die L. der Lungenschnecken (↗ Pulmonata) werden durch Bewegungen des Atemlochs und Kontraktionen von Muskeln am Boden der Atemhöhle langsam ventiliert, bei Land bewohnenden Krebsen sorgt der noch vorhandene Scaphognathit für die Ventilation. (↗ Atmung, ↗ Kiemen, ↗ Tracheen)

Lungenegel, *Paragonimus*, Gatt. der ↗ Digenea mit Verbreitung in Ostasien, Afrika und Südamerika. Die L. parasitieren vornehmlich in der Lunge des Menschen, die Eier gelangen über das Aushusten von Sputum ins Freie. Das entstehende Miracidium dringt aktiv in Schnecken ein. Aus der Sporocyste entstehen mehrere Rediengenerationen und daraus Cercarien, die aktiv Krebse als zweiten Zwischenwirt aufsuchen, und sich dort in Herz oder Muskulatur festsetzen. Der Mensch kann sich durch Essen ungekochter, befallener Krebse infizieren. Die freigesetzte Metacercarie durchbohrt die Dünndarmwand, das Zwerchfell und die Lunge; dort lebt der Wurm in einer vom Wirt gebildeten Bindegewebskapsel.

Lungenfische, die ↗ Dipnoi.

Lungenkraut, Gatt. der ↗ Boraginaceae mit anfangs rötlichen, später blau bis violett gefärbten Blüten. Das L. wurde früher als Heilpflanze genutzt.

Lungenkreislauf, ↗ Blutkreislauf.

Lungenpfeifen, *Parabronchien*, ↗ Lunge.

Lungenschnecken, die ↗ Pulmonata.

Lupine, *Lupinus*, Gatt. der ↗ Fabaceae, deren Arten aus dem Mittelmeergebiet stammen. Erst nach der Züchtung bitterstofffreier Sorten in den 1930er-Jahren konnten die L. als Futterpflanzen genutzt werden. Wichtige Arten der L. sind die Weißlupine (*Lupinus albus*), die Schmalblättrige L. (*Lupinus angustifolius*) und die Gelblupine (*Lupinus luteus*). Genutzt werden die ganzen Pflanzen oder nur die eiweißreichen Samen. (↗ Gründüngung)

Lupinus, Gatt. der ↗ Fabaceae.

Lurche, die ↗ Amphibia.

Luria, *Salvador Edward*, ital.-amerikan. Mikrobiologe, ✳ 13.8.1912 Turin, † 6.2.1991 Lexington (Massachusetts); seit 1940 in den USA, ab 1959 Prof. in Cambridge (Massachusetts). L. erhielt für seinen Beitrag zur Klärung des Vermehrungsmechanismus von Bakteriophagen und ihres Genoms zusammen mit M.L.H. ↗ Delbrück und A.D. ↗ Hershey im Jahr 1969 den Nobelpreis für Physiologie oder Medizin.

Luscinia, Gatt. der Drosselvögel (↗ Turdidae) u. a. mit der ↗ Nachtigall.

Lutein, ein zu den ↗ Xanthophyllen gehörendes ↗ Carotinoid, das denselben Chromophor enthält wie α-Carotin und mit ↗ Zeaxanthin isomer ist.

luteinisierendes Hormon, Abk. *LH*, *Lutropin*, *Interstitialzellen stimulierendes Hormon*, Abk. *ICSH*, im Vorderlappen der ↗ Hypophyse (Adenohypophyse) gebildetes Hormon, das bei der Frau die Eireifung (↗ Oogenese) und den Eisprung auslöst, sowie die Ausbildung des Gelbkörpers bewirkt und die Synthese von ↗ Estrogen und ↗ Progesteron steuert. Beim Mann stimuliert es als *ICSH* die Bildung der Leydig-Zwischenzellen im ↗ Hoden und regt diese zur Bildung des Hormons ↗ Testosteron an. Die Ausschüttung von LH durch die Hypophyse wird durch ein vom ↗ Hypothalamus produziertes Hormon, das ↗ Gonadotropin-Releasing Hormon gesteuert.

luteotropes Hormon, *Luteotropin*, ↗ Prolactin.

Lutrinae, die ↗ Otter.

Lutropin, das ↗ luteinisierende Hormon.

Luzerne, *Medicago sativa*, aus Mittelasien stammende, mehrjährige, bis 80 cm hohe Art der ↗ Fabaceae mit dreizähligen Blättern und violetten Blüten, die als Futterpflanze genutzt wird

Lwoff, *André*, franz. Mikrobiologe, ✳ 8.5.1902 Allier (Hautes-Pyrénées), † 30.9.1994 Paris; 1959-68 Prof. in Paris, Direktor des Instituts für Krebsforschung in Villejuif. L. arbeitete insbesondere über die Beziehungen zwischen Zelle und Virus, sowie zur Lysogenie bei Bakterien. Er erhielt 1965 zusammen mit F. ↗ Jacob und J.L. ↗ Monod den Nobelpreis für Physiologie oder Medizin für den Nachweis von Regulatorgenen, welche die Aktivität von anderen Genen fördern oder hemmen.

Lyasen, Enzyme der vierten Hauptklasse. L. katalysieren die nicht hydrolytische Abspaltung von Gruppen aus Substraten bzw. die Anlagerung einer Gruppe an eine Doppelbindung. Im letzteren Fall spricht man von *Synthasen*. (↗ Enzyme)

Lycaenidae, *Bläulinge*, Fam. der Schmetterlinge (↗ Lepidoptera) mit über 4000 überwiegend in den Tropen der Alten Welt verbreiteten Arten, in Mitteleuropa über 50. Die Männchen sind oft bunter mit blau glänzenden oder feuerroten Flügeln und haben verkümmerte Vorderbeine („Putzpfoten"); die Fühler sind weiß geringelt. Bei uns kommen drei Unterfam. vor: die *Bläulinge i.e.S. (Polyommatinae)* mit oberseits oft leuchtend blauen Flügeln, weiterhin die oberseits oft leuchtend rot oder violett gefärbten *Feuerfalter (Lycaeninae)* und die etwas unscheinbarer gefärbten *Zipfelfalter (Theclinae)* mit feinen weißen Linien auf der Flügelunterseite.

Lycoperdales, *Stäublinge*, Ord. der ↗ Basidiomycetes mit kugeligen bis keuligen Fruchtkörpern, die nur in den frühen Entwicklungsstadien unterirdisch leben. Sie sind außen durch eine meist aus zwei Schichten (*Exoperidie* und *Endoperidie*) bestehende Hülle geschützt. Die Exoperidie reißt bei reifen Fruchtkörpern auf und liegt der Endoperidie in Form von Schollen, Körnern oder Warzen auf. Das Innere des Fruchtkörpers ist gekammert, die Basidien sind kurz und keulig und tragen an langen Sterigmen kugelige Sporen, die durch Zerfall der

Basidien frei werden. Der sporenreife Fruchtkörper enthält eine pulverige Masse (*Gleba*), die aus Sporen und Glebafasern besteht. Eine häufige Art ist der in Wäldern wachsende *Flaschenbovist* (*Lycoperdon perlatum*), dessen Fruchtkörper auf Druck „Wolken" von braunen Sporenmassen freigeben.

Lycoperdanae, Überord. der Pilze, in der die typischen *Bauchpilze* („*Gasteromycetes*") zusammengefasst sind, bei denen zumindest die jungen Fruchtkörper geschlossen sind, und deren Hülle (*Peridie*) erst nach der Sporenreife aufplatzt oder zerfällt. Die aus Basidiosporen und meist verzweigten Hyphenfasern (*Glebafasern*) bestehende Innenmasse wird *Gleba* genannt. Zu den L. gehören u. a. die Stäublinge (⁊ Lycoperdales) und die Erdsterne (⁊ Geastrales).

Lycopersicon, Gatt. der ⁊ Solanaceae.

Lycophora, eines der ersten Larvenstadien der Bandwürmer (⁊ Cestoda).

Lycopodiales, Ord. der Bärlappgewächse (⁊ Lycopodiopsida) mit krautigen, immergrünen, isosporen Pflanzen ohne sekundäres Dickenwachstum. Die Arten werden meist in einer einzigen Fam. (*Lycopodiaceae*) zusammengefasst. Die Blätter haben keine Ligula. Die L. sind weltweit verbreitet und besiedeln außer Wüsten- und Steppengebieten alle Regionen der Erde; ihre größte Entfaltung haben sie in den Tropen.

Die umfangreichste Gattung ist *Lycopodium*. Der *Keulenbärlapp*, *Lycopodium clavatum* (Abb. ⁊ Lycopodiopsida), ist als häufigster heimischer Bärlapp vor allem in lichten Kiefernwäldern zu finden. Fossile Vertreter der L. sind aus dem Unter- und Mitteldevon bekannt und zeigen z. T. eine große Ähnlichkeit mit den fossilen Urfarnen, z. B. die *Drepanophycus*- oder *Protolepidodendron*-Arten (Abb. ⁊ Lycopodiopsida). Dagegen ähneln die aus dem Oberdevon stammenden *Lycopodites*-Arten sehr unseren heutigen Bärlappen, die ihre Gestalt also seit mehr als 300 Mio. Jahren erhalten haben.

Lycopodiopsida, *Bärlappgewächse*, eine Klasse der Farnpflanzen (⁊ Pteridophyta), deren Vertreter gabelig verzweigte Wurzeln und Sprosse aufweisen. Die Sprosse haben spiralig gestellte, kleine Schuppenblätter (*Mikrophylle*), die meist ein zartes Blatthäutchen (*Ligula*) aufweisen. Typisch für die L. ist auch, dass die Sporangien immer einzeln auf der Oberseite von bestimmten Blättern (*Sporophyllen*) sitzen und diese außerdem zu ährenförmigen, an den Sprossen endständigen Sporophyllständen vereint sind. Es gibt sowohl isospore als auch hetero-

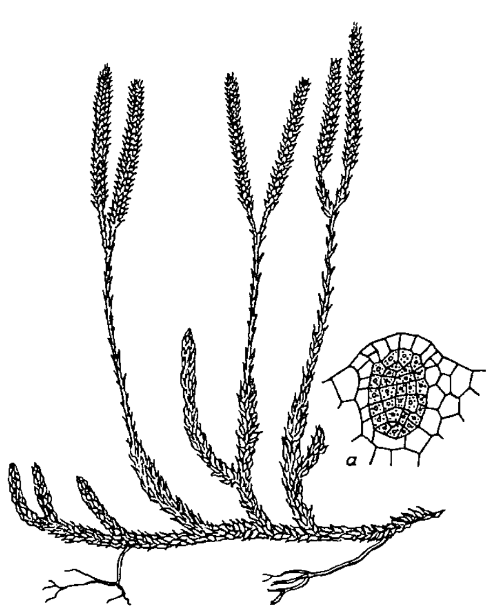

Lycopodiopsida Keulenbärlapp (*Lycopodium clavatum*) mit Sporophyllständen. a Längsschnitt durch ein noch geschlossenes Antheridium

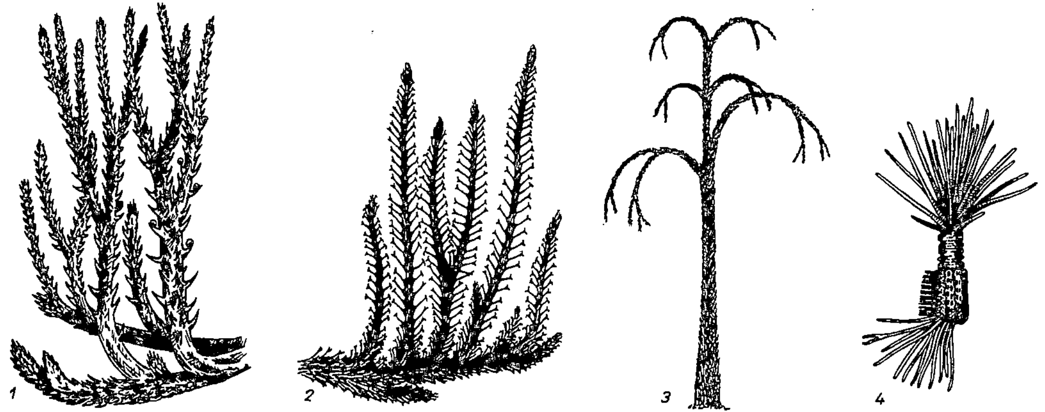

Lycopodiopsida Fossile Formen (Rekonstruktionen): **1** *Drepanophycus spinaeformis* aus dem Unterdevon, **2** *Protolepidodendron scharyanum* aus dem Mitteldevon, **3** Siegelbaum aus dem Oberdevon, **4** *Nathorstiana arborea* aus der unteren Kreide

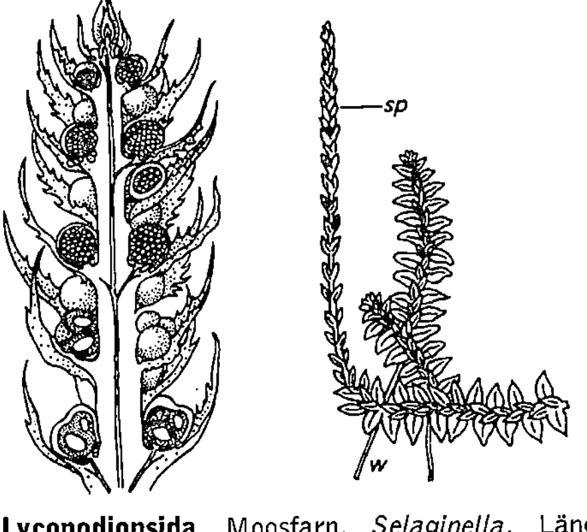

Lycopodiopsida Moosfarn, *Selaginella*, Längsschnitt durch einen Sporophyllstand mit Mega- und Mikrosporangien (links). *Selaginella helvetica;* sp Sporophyllstand, w Wurzelträger (rechts)

spore Formen. Wahrscheinlich haben sich die L. aus Urfarnen (↗ Psilophytopsida) entwickelt. Ihre größte Entwicklung hatten die L. im Karbon, wo häufig baumförmige Arten vorkamen, vor allem in Steinkohlewäldern. Die heute lebenden L. sind krautige Pflanzen und stehen unter Naturschutz. Zu den L. gehören die ↗ Asteroxylales, ↗ Protolepidodendrales, ↗ Lycopodiales, ↗ Selaginellales, ↗ Lepidodendrales und ↗ Isoëtales.

Lycosidae, *Wolfsspinnen*, Fam. der Webspinnen (↗ Araneae), deren Arten jedoch keine Fangnetze weben, sondern ihre Beute im Sprung fangen. Sie sind weltweit mit etwa 3000 Arten verbreitet, in Mitteleuropa gibt es etwa 70 Arten, die 4 - 20 mm groß werden können. Sie sind meist grau, braun oder schwarz. Die Weibchen betreiben Brutpflege, indem sie den Eikokon an den Spinnwarzen festheften und die Jungspinnen nach dem Schlüpfen auf dem Rücken etwa eine Woche umhertragen.

Lyginopteridopsida, *Pteridospermae, Samenfarne*, Klasse der ↗ Cycadophytina, zu der nur ausgestorbene, farnähnliche Pflanzen gehören, die noch keine Blüten haben. Die Pollensackgruppen bzw. Samenanlagen sitzen an einzelnen Abschnitten reich gegliederter Wedel. Ihre Hauptentfaltung hatten die L. im Karbon, in der Kreide starben sie aus. Zu den L. gehören die Ord. Lyginopteridales und Caytoniales. Bei den Lyginopteridales befinden sich die Pollensäcke an räumlich verzweigten Trägern, die ein Teil der Laubblätter sind.

Lyme-Borreliose, *Lyme-Krankheit*, eine durch Zecken übertragene Krankheit, die durch *Borrelia burgdorferi* ausgelöst wird. Bei ca. 60 % der Infizierten bildet sich um die Bissstelle eine ringförmige Hautrötung. Zu den Symptomen gehören Fieber, Lymphknotenschwellungen, Gelenk- und Kopfschmerzen, im späteren Verlauf können u. a. Herzrhythmusstörungen und Lähmungen auftreten.

Lymnaea, Gatt. der Wasserlungenschnecken (↗ Basommatophora).

lymphatische Organe, bei niederen Wirbeltieren oft nur aus schlecht abgegrenzten Ansammlungen von Lymphocyten u. a. Blutzellen bestehende Organe, bei den Säugetieren ein ganzes System von Organen, zu dem die Rachen- und Gaumenmandeln (↗ Mandeln), die ↗ Milz, die ↗ Lymphknoten, die ↗ Peyer'schen Plaques im Endabschnitt des Dünndarms, der Wurmfortsatz des Blinddarms, der Thymus sowie bei Vögeln die *Bursa fabricii* gehören. Die l. O. bestehen aus retikulärem Bindegewebe, in die freie Zellen, überwiegend ↗ Lymphocyten, eingelagert sind; daneben finden sich auch ↗ Makrophagen und ↗ Plasmazellen. Charakteristisch für die meisten l. O. sind inselförmige Ansammlungen von Lymphocyten, die *Lymphfollikel (Folliculi lymphatici; Lymphknötchen)*, in denen sich bei Infektionen Reaktionszentren bilden. Diese sind Ausdruck der Stimulation von B-Lymphocyten. Die l. O. sind an Reifung und immunologischer Prägung der Lymphocyten beteiligt und ein wichtiger Teil des ↗ Immunsystems.

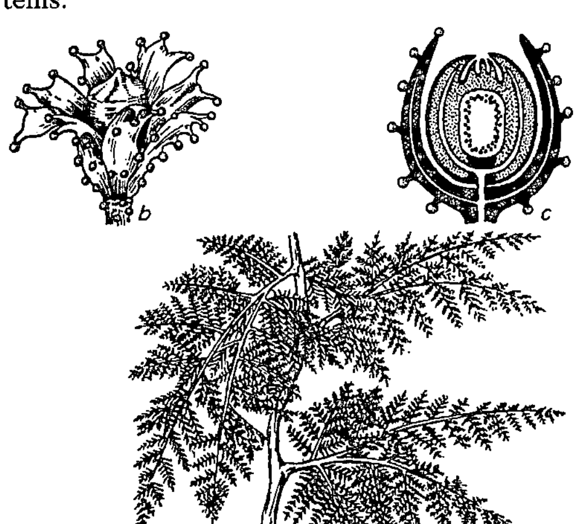

Lyginopteridopsida *Lyginopteris oldhamia* aus dem Oberkarbon: a Rekonstruktion des Stammes mit Laubblättern, b Samen mit Hüllbecher, c Samen im Längsschnitt

Lymphe, bei Tieren mit geschlossenen Blutgefäßsystemen eine neben dem ↗ Blut vorhandene und mit diesem in enger Verbindung stehende, gelbliche bis farblose Körperflüssigkeit, die in einem gesonderten ↗ Lymphgefäßsystem fließt. Außerhalb des Körpers gerinnt L. Sie gleicht grundsätzlich der Interstitialflüssgkeit, ist also von ähnlicher Zusammensetzung wie das Blutplasma, doch kann der Eiweißgehalt der L. regional sehr unterschiedlich sein. So ist er in der *pränodalen L.*, d. h. vor Eintritt in die ↗ Lymphknoten niedriger als dahinter (*postnodale L.*), da in den Kapillaren der Lymphknoten

Wasser resorbiert wird. Zudem enthält die postnodale L. reife ↗ Lymphocyten.

L. hat zum einen Transportfunktion, so vor allem die *Darmlymphe*, die dem Abtransport von resorbierten Nahrungsstoffen, insbesondere von Fetten, dient und durch diese nach einer Mahlzeit ein milchiges Aussehen annimmt (*Chylus*). Das Fett wird dann über den *Ductus thoracicus* der großen Körperhohlvene zugeführt, in die er dicht vor dem Herzen mündet. Zum anderen hat L. eine Schutzfunktion, indem in den Körper eingedrungene Fremdstoffe, Bakterien u. a. von ihr aufgenommen werden. Die bei Säugetieren und Vögeln in die Lymphgefäße eingeschalteten Lymphknoten wirken wie ein reinigender Filter, indem phagocytierende Retikulumzellen eingedrungene Fremdkörper phagocytieren. Unter Normalbedingungen werden im menschlichen Körper etwa zwei bis drei Liter L. pro Tag produziert.

Lymphfollikel, ↗ lymphatische Organe.

Lymphgefäßsystem, aus blind endenden Kanälen bestehendes Gefäßsystem, das die interstitielle

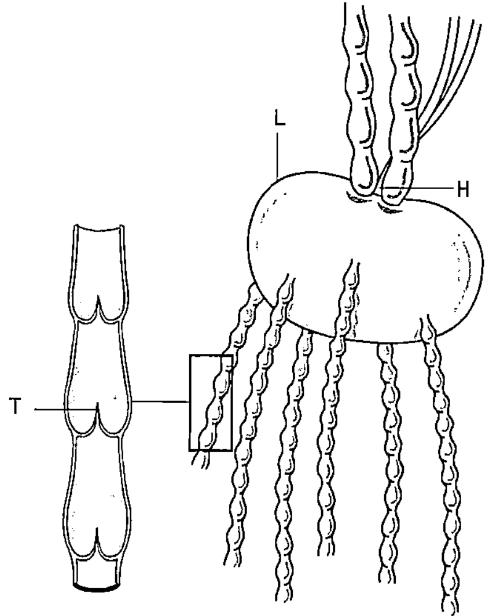

Lymphgefäßsystem Der Längsschnitt durch ein zuführendes Lymphgefäß (links) zeigt die hintereinander geschalteten *Klappensegmente,* die immer aus einer Taschenklappe und einem anschließenden Gefäßstück bestehen. Die Lymphe wird durch aufeinander folgende Kontraktionswellen der Klappensegmente weiterbefördert. Rechts ein Lymphknoten mit zuführenden und abführenden Lymphgefäßen sowie Blutgefäßen (dunkel). H Hilum des Lymphknotens, L Lymphknoten, T Taschenklappe

Flüssigkeit sammelt und dem ↗ Blutgefäßsystem zuführt. Hierzu bilden die Lymphkapillaren in fast allen Organen (außer dem Gehirn) ein dichtes Netz, aus dem die aus dem Interstitium aufgenommene ↗ Lymphe in größere Lymphgefäße und bei den meisten Säugern von diesem über den großen

Lymphsammelgang, den *Brustlymphgang* (*Ductus thoracicus*), in die Blutbahn gelangt. Ähnlich wie die Venen besitzen auch Lymphgefäße ventilartige Klappen, die ein Zurückfließen von Lymphe zu den Kapillaren verhindern. Und wie bei den Venen hängt auch die Flüssigkeitsbewegung in den Lymphgefäßen hauptsächlich von der Arbeit der Skelettmuskulatur ab, die durch ihre Kontraktionen wie eine Pumpe wirkt. Darüber hinaus helfen auch rhythmische Kontraktionen in den ableitenden Gefäßwänden, die interstitielle Flüssigkeit in die Lymphkapillaren zu ziehen. Beim Menschen treten pro Tag etwa 20 Liter Flüssigkeit in die Interstitialräume über, von denen etwa 18 Liter vom Blutkapillarsystem wieder rückresorbiert werden. Die restlichen zwei Liter leitet das L. ab.

Bei den Froschlurchen (↗ Anura) ist das eigentliche L. rückgebildet, dafür sind große Zisternen vorhanden, welche die Lymphe sammeln. Bei den Schwanzlurchen (↗ Urodela) und den Blindwühlen (↗ Gymnophiona) hingegen finden sich mehr Gefäße, kleinere Zisternen sowie ursprünglich segmentale *Lymphherzen,* die ausschließlich unter nervöser Kontrolle stehen und den Lymphfluss beschleunigen. Auch bei den ↗ Reptilia finden sich in einem gut ausgebildeten L. zwei Lymphherzen. Vögel (↗ Aves) und Säugetiere (↗ Mammalia) besitzen meist keine Lymphherzen mehr, dafür aber Klappen in den Lymphbahnen, die den Lymphstrom in eine Richtung lenken. Entlang der Lymphbahnen liegen spezielle Organe, die ↗ Lymphknoten.

Lymphherzen, ↗ Lymphgefäßsystem.

Lymphknötchen, die Lymphfollikel, ↗ lymphatische Organe.

Lymphknoten, entlang der Lymphgefäße liegende spezielle Organe (Durchmesser beim Menschen 2 - 20 mm), die eine wichtige Rolle im Abwehrsystem des Körpers spielen, indem sie die ↗ Lymphe filtern und Bakterien und Viren bekämpfen. Die L. sind von einer bindegewebigen Kapsel umgeben, von der Bindegewebsbalken (*Trabekel*) ins Innere des L. strahlen. Diese bilden ein grobes Gerüst, in dem Äste von Blutgefäßen verlaufen, die am *Hilum,* einer konkaven Einbuchtung, in die L. eintreten. Hier verlässt auch das abführende Lymphgefäß den L. Im Innern des L. befindet sich wabenartiges retikuläres ↗ Bindegewebe, in dessen Zwischenräumen sich B-Lymphocyten, Makrophagen, Plasmazellen sowie T-Killerzellen und T-Helferzellen befinden. Die Funktionen der L. sind: 1) die unspezifische ↗ Phagocytose von Fremdkörpern durch Wandzellen und Makrophagen, 2) das Abfangen von Tumorzellen, die von der Lymphe in die L. geschwemmt werden und dort teilweise durch Makrophagen vernichtet werden, 3) die Vermehrung von B-Lymphocyten, 4) die Freisetzung von ↗ Immunglobulinen durch Plasmazellen in Lymph- und Blutbahn, 5) die Bildung von T-Killerzellen und T-Helferzellen, die gegen virusinfizierte Zellen, Parasiten oder andere fremde Zellen gerichtet sind.

Die Lymphabflüsse einer bestimmten Körperregion sammeln sich immer in einer bestimmten Gruppe von L., den *regionären L.* Diesen sind immer weitere, zentrale L. nachgeschaltet. Bei Entzündungen in ihrem Einflussgebiet schwellen die regionären L. an, da sich die verschiedenen weißen Blutzellen stark vermehren.

Lymphocyten, Gruppe der weißen Blutkörperchen (↗ Leukocyten), die ursprünglich von Knochenmarkstammzellen abstammen, als *Lymphoblasten* in die ↗ lymphatischen Organe wandern und dort zu L. reifen und in die Blut- und Lymphbahn entlassen werden. Im menschlichen Blut machen sie etwa 20 bis 35 % der Leukocyten aus. Nach dem Erscheinungsbild in Blutausstrichen werden *kleine L.* und große L. unterschieden. Erstere stellen 80 % der L. im peripheren Blut. Sie werden ihrerseits nach ihrer Entwicklung sowie funktionell und immunhistochemisch in die cytotoxischen ↗ T-Lymphocyten und die Immunglobuline produzierenden ↗ B-Lymphocyten unterschieden. Die *großen L.* oder *granulierten L.* wirken cytotoxisch auf bestimmte Tumorzellen oder auch virusinfizierte Zellen. Sie werden auch *Non-T,Non-B-Zellen* oder *natürliche Killerzellen* genannt.

Lymphokine, lösliche Proteine mit lokaler Mediatorfunktion, die bevorzugt die Zellen des Immunsystems beeinflussen. L. modifizieren das Verhalten und das Wachstum von Zellen, insbesondere solcher, die an der der Immunantwort beteiligt sind. Im angelsächsischen Sprachraum wird der Begriff L. häufig synonym mit demjenigen der ↗ Cytokine gebraucht, während im deutschsprachigen Raum die L., wie auch die *Monokine*, eher als Teilgruppe der Cytokine angesehen werden.

Lynen, *Fedor Felix Konrad*, deutscher Biochemiker, ✳ 6.4.1911 München, † 6.8.1979 München; Prof. (ab 1947) und Direktor (ab 1956) des Max-Planck-Instituts für Zellchemie in München, ab 1972 Direktor des Max-Planck-Instituts für Biochemie in Planegg-Martinsried. L. isolierte 1951 das ↗ Acetyl-Coenzym A und den Multienzymkomplex der Fettsäuresynthase. 1958 identifizierte er Isopentenylpyrophosphat als Baustein der Terpene und des ↗ Cholesterins und um 1960 die „aktivierte Kohlensäure" als Carboxy-Biotin (↗ Biotin). Für seine Arbeiten über den Mechanismus und die Regulierung des Cholesterin- und Fettsäurestoffwechsels erhielt er 1964 zusammen mit K.E. ↗ Bloch den Nobelpreis für Physiologie oder Medizin.

Lynx, die Gatt. ↗ Luchse.

Lys, Abk. für ↗ Lysin.

Lyse, *Lysis*, Auflösung, Zerstörung von Zellen (Bakterien, Blutkörperchen), z. B. nach Zerstörung der Zellmembran durch bestimmte Antikörper (*Lysine*) von ↗ Bakteriophagen. Eine L. resultiert oft nach Virusinfektionen als Folge der Wirkung viruscodierter Enzyme.

Lysergsäurediethylamid, das ↗ LSD.

Lysin, Abk. *Lys*, *2,6-Diaminocapronsäure*, eine basische proteinogene essenzielle Aminosäure (chemische Formel: $HOOC\text{–}CH\text{–}NH_2\text{–}(CH_2)_4\text{–}NH_2$), die vor allem in tierischen Proteinen, weniger reichlich in pflanzlichen Proteinen (insbesondere in Weizen, Gerste und Reis) vorkommt. Der Bedarf an L. ist besonders bei Kindern und jungen Tieren groß, da es speziell für die Knochenbildung wichtig ist. Es wird dementsprechend als Futtermittelzusatz sowie zur Aufwertung lysinarmer pflanzlicher Nahrungsproteine und als Bestandteil chemisch definierter Diäten und Infusionslösungen verwendet.

$$
\begin{array}{c}
COO^{\ominus} \\
| \\
H_3\overset{\oplus}{N}\text{–}C\text{–}H \\
| \\
CH_2 \\
| \\
CH_2 \\
| \\
CH_2 \\
| \\
CH_2 \\
| \\
\overset{\oplus}{N}H_3 \quad \textbf{Lysin}
\end{array}
$$

Lysis, die ↗ Lyse.

Lysogen, Bakterium, das einen Prophagen enthält.

Lysogenie, Zustand, im Infektionszyklus eines temperenten ↗ Bakteriophagen, in dem er seine Gene nicht exprimiert, sondern sie mit der Wirts-DNA replizieren lässt.

Lysosomen, Zellorganellen, deren Hauptaufgabe der Abbau von in die Zelle aufgenommenen Partikeln, wie Bakterien sowie von verbrauchten Zellbestandteilen ist. Sie sind charakterisiert durch ihren niedrigen pH-Wert und durch ihre Enzymausstattung, insbesondere die sauren Hydrolasen. L. entstehen normalerweise im ↗ Golgi-Apparat als primäre L., die sich nach Aufnahme eines abzubauenden Partikels oder Verbindung mit einer Vakuole, die einen Fremdkörper aufgenommen hat, in ein sekundäres L. umwandeln, dessen Binnenstruktur verändert wird. Endstadien von L. sind oft mit unverdaulichen Substanzen angefüllt und werden in manchen Zellen *Lipofuscingranula* genannt. In der ↗ Schilddrüse setzen L. die Hormone T_3 und T_4 aus dem Thyroglobulin frei. Außerdem haben L. in vielen Zellen eine den Stoffwechsel regulierende Funktion. Es gibt eine ganze Reihe von auf genetischen Defekten beruhenden Krankheiten, die auf Dysfunktionen der L. zurückgehen.

Lysozym, *Muramidase*, eine weit verbreitet vorkommende ↗ Hydrolase, die in ↗ Bakteriophagen, ↗ Bakterien, Pflanzen und Tieren vorkommt. Bei Wirbeltieren findet sich L. vor allem in Speichel, Tränenflüssigkeit und den Schleimhäuten sowie im Eiklar. L. löst als bakteriolytisches Enzym die Proteoglykankomponente der Bakterienmembran auf, indem es die β1→4-Bindung zwischen N-Acetylglucosamin und N-Acetylmuraminsäure hydrolysiert. Auf diese Weise schützt L. vor bakteriellen Infektionen. Tierische L. bestehen stets aus einer Kette von 129 Aminosäuren, die durch vier Disulfidbrücken und Wasserstoffbrücken, insbesondere zwischen den Seitenketten von ↗ Serin, ↗ Threonin, ↗ Asparagin und ↗ Glutamin, zu einem globulären Protein bekannter Tertiärstruktur zusammengefaltet sind. Ein L.-Molekül wird wie andere Hydrolasen auch durch einen Spalt in zwei Hälften geteilt. Dieser Spalt ist das aktive Zentrum des L., das der Aufnahme einer Hexasaccharideinheit des zu hydrolysierenden Proteoglycanmoleküls dient.

Lyssa, die ↗ Tollwut.

Lythraceae, Fam. der ↗ Myrtales mit ca. 580 Arten. Es sind überwiegend krautige Pflanzen mit meist nur zweifächerigen Fruchtknoten.

M

M, 1) in der Chemie Formelzeichen für Molmasse (molare Masse) sowie Abk. für molar;
2) Ein-Buchstaben-Symbol für ↗ Methionin.

Macaca, die Gatt. ↗ Makaken.

Macchie, die Hartlaubzone (↗ Hartlaubgehölze) des Mittelmeergebietes. Sie ist aus den ursprünglichen Hartlaubwäldern des Mittelmeergebiets hervorgegangen und wird von trockenresistentem Hartlaubgebüsch dominiert, das viele Dornensträucher enthält und oft undurchdringlich ist.

Macleod, *John James Rickard,* brit.-kanad. Physiologe, ✳ 6.9.1876 Cluny (Perthshire), † 16.3. 1935 Aberdeen; ab 1903 Prof. in Cleveland (Ohio), 1918-28 in Toronto (Kanada), danach in Aberdeen. Neben F.G. ↗ Banting und C.H. ↗ Best war M. mitbeteiligt am Nachweis der Blutzucker senkenden Wirkung des Insulins (1921); außerdem entwickelte er ein Verfahren zur Isolierung von Insulin aus der Bauchspeicheldrüse. 1923 erhielt er zusammen mit Banting den Nobelpreis für Physiologie oder Medizin.

Macrobrachium, Gatt. der ↗ Decapoda ca. 70 Arten, die nahezu ausschließlich im Süßwasser tropischer Länder verbreitet sind. Das zweite Scherenbein beim Männchen ist stark vergrößert und oft länger als der Körper; Männchen mit den größten Scheren sind dominant gegenüber ihren Geschlechtsgenossen. Die Scheren werden bei jeder Häutung größer, bei einer bestimmten Größe aber autotomiert und regeneriert. Viele Arten sind von großer wirtschaftlicher Bedeutung, z. B. *Macrobrachium rosenbergii,* bis 32 cm lang, die in vielen, vor allem asiatischen Ländern in Aquakultur gehalten wird.

Macrocystis, Gatt. der ↗ Phaeophyceae.

Macrodasyida, Gruppe der ↗ Gastrotricha.

Macropodidae, *Kängurus, Känguruhs,* Fam. der Beuteltiere (↗ Marsupialia) mit rund 50 Arten, die in Australien und Tasmanien sowie auf Neuguinea und einigen vorgelagerten Inseln beheimatet sind. K. haben einen meist dicht behaarten Körper, einen kleinen Kopf, kurze und schwach entwickelte Vorderbeine und meist stark verlängerte Hinterbeine sowie einen langen, kräftigen Schwanz. Kängurus sitzen oft aufrecht auf den Hinterbeinen, wobei der Schwanz als Stütze dient, und bewegen sich auf den Hinterbeinen hüpfend fort; Riesenkängurus (Gatt. *Macropus*) können dabei bis zu 10 m weite und 3 m hohe Sprünge machen. Kängurus sind Pflanzenfresser.

Macroscelidea, *Rüsselspringer,* Ord. der Säugetiere mit 15 Arten in einer Fam., die lange Zeit zu den Insektenfressern (↗ Insectivora) gestellt wurde. M. sind in weiten Teilen Afrikas verbreitet. Die 9 bis 30 cm großen M. sind eine sehr alte Tiergruppe, die als „lebende Fossilien" angesehen werden. Sie haben eine lange bewegliche Nase, große Augen und Ohren. Ihre Beine sind lang und insbesondere die Hinterbeine, auf denen sich die meisten M. hüpfend fortbewegen, sind kräftig entwickelt. Das Fell ist grau bis rötlich, der Schwanz lang und rattenartig. Rüsselspringer ernähren sich überwiegend von Wirbellosen sowie wenig pflanzlicher Kost. Sie sind tag- oder dämmerungsaktiv. Zu den M. gehören die Unterfam. Rüsselhündchen (*Rhynchocyoninae*) mit drei Arten und die Elefantenspitzmäuse (*Macroscelidinae*) mit zwölf Arten.

Macula densa, Teil des juxtaglomerulären Apparats der ↗ Niere.

Macula lutea, der gelbe Fleck im ↗ Auge.

Made, eher umgangssprachlicher Name für Insektenlarven ohne sichtbare Extremitätenbildungen, z. B. für die Larve vieler Fliegen (↗ Brachycera), deren Kopfkapsel weitgehend oder ganz zurückgebildet ist.

Madenwurm, *Enterobius vermicularis,* zu den Oxyurida gehörende Art der Fadenwürmer (↗ Nematoda), die im Blind- und Enddarm des Menschen parasitiert. Die Weibchen kriechen nach der Begattung aus dem After, um die Eier abzulegen und erzeugen dabei einen Juckreiz; beim Kratzen geraten die Eier leicht unter die Fingernägel. Bereits nach kurzer Entwicklungzeit im Freien sind die Eier wieder infektiös. Wenn diese durch den Mund aufgenommen werden, schlüpfen die jungen M. im Dünndarm und wandern zum Blind- oder Dickdarm.

Madreporaria, *Steinkorallen, Riffkorallen,* zu den ↗ Hexacorallia gehörende Polypen, die entweder als skelettlose *Corallimorpharia,* so z. B. die im Mittelmeer vorkommende *Corynactis viridis,* oder als Kalk abscheidende *Scleractinia* vorkommen. Letztere bilden in den Tropen und Subtropen umfangreiche Riffe (↗ Korallenriff), die zu den produktivsten Lebensgemeinschaften auf der Erde gehören. Die Koloniebildung findet durch zwei unterschiedliche Formen der ungeschlechtlichen Fortpflanzung statt. Bei der *extratentakulären Knospung* bilden sich an der Basis eines Polypen Tochterpolypen; diese wachsen heran, und an deren Basis bilden sich wieder Tochterpolypen usw. Diese Form der Koloniebildung findet sich bei schnell wachsenden Formen wie z. B. Baumkorallen (Gatt. ↗ Acropora). Bei der *intratentakulären Knospung* gehen, vergleichbar einer Längsteilung, aus einem Polypen zwei neue hervor. Das Skelett verzweigt sich, indem es dem Wachstum der neuen

Polypen folgt. Bleiben diese Teilungen unvollständig, bilden sich mit der Zeit große mäanderartig gewundene Kolonien wie z. B. bei den Hirnkorallen (Gatt. *Platygyra*). Die M. beherbergen zu den ↗ Dinophyta gehörende symbiontische Zooxanthellen (*Symbiodinium microadriaticum*), welche die Bildung von Calciumcarbonat für das Skelett unterstützen, indem sie für ihre Assimilation ständig CO_2 aufnehmen und dadurch die Ausfällung von $CaCO_3$ begünstigen, das mit Kohlensäure und dem Hydrogencarbonat des Meerwassers im Gleichgewicht steht. Folgende Gleichgewichte spielen hierbei eine Rolle:

$$Ca^{2+} + 2\ HCO_3^- \rightleftarrows CaCO_3\downarrow + H_2CO_3$$
$$H_2CO_3 \rightleftarrows H_2O + CO_2$$

Außerdem geben die Zooxanthellen noch verschiedene Assimilate ab. – Solitär lebende Formen sind z. B. die Arten der Gatt. *Fungia* (*Pilzkorallen*), bei denen der Polyp ab einer bestimmten Größe zu einer pilzförmigen Scheibe auswächst, sich abtrennt und Geschlechtsprodukte ausbildet.

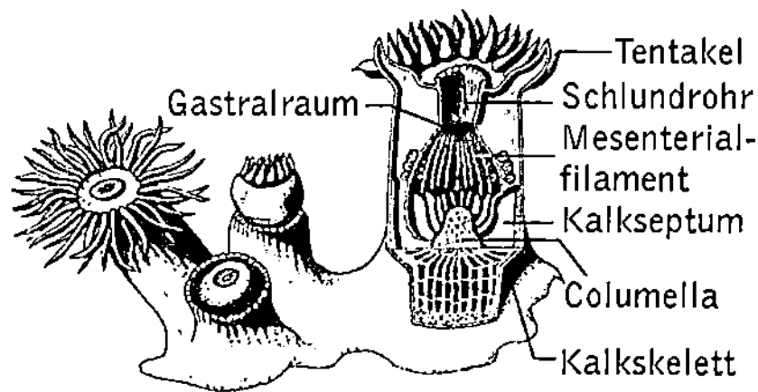

Madreporaria Ausschnitt aus einem Stock der Sternkoralle (*Astroides calycularis*), mit verschieden weit eingezogenen Polypen. Rechts Längsschnitt durch einen Polypen

Madreporenplatte, die Siebplatte der ↗ Echinodermata.

MADS-Box, die Bez. einer konservierten Nucleotidsequenz, die für ein DNA-bindendes Helix-Turn-Helix-Motiv codiert und bei Pflanzen für die ↗ MADS-Box-Gene typisch ist. Das Akronym MADS stammt von den ersten Genen, bei denen dieses Sequenzmotiv gefunden wurde: *MCM-1*, ein Transkriptionsfaktor der Hefe, die Blütenorgan-Identitätsgene *AGAMOUS* und *DEFICIENS* sowie der Serumfaktor aus Säugetieren.

MADS-Box-Gene, regulatorische Gene, die nur vereinzelt im Tierreich und als große ↗ Genfamilie bei Pflanzen vorkommen. M. - B. - G. codieren für Transkriptionsfaktoren, die durch die konservierte MADS-Domäne an bestimme DNA-Abschnitte binden. In Pflanzen wurden M. - B. - G. zuerst als Regulatoren der Blütenentwicklung beschrieben, aber sie kontrollieren auch Meristemidentität, Wurzelbildung, Fruchtöffnung und den Blühzeitpunkt. Mutationen in M. - B. - G., die als Blütenorgan-Identitätsgene eine Rolle spielen, haben dramatische Auswirkungen. So fehlen *agamous*-Mutanten Staub- und Fruchtblätter, und *apetala* 1-Mutanten die Kronblätter. (↗ Arabidopsis-Mutanten)

Magdalénien, Kulturstufe der Altsteinzeit, die nach dem franz. Fundort La Madelaine (Dordogne) benannt ist. Sie begann vor etwa 18000 Jahren, endete mit der letzten Eiszeit vor 12000 Jahren und ist Höhepunkt und gleichzeitig letzte Phase der eiszeitlichen Jägerkultur. Zum M. gehören die Höhlenmalereien von Altamira (Nordspanien) und Lascaux (Südfrankreich).

Magen, *Gaster, Stomachus, Ventriculus*, erweiterter Teil des Verdauungstraktes zwischen Schlund und ↗ Darm, welcher der Vorratshaltung, mechanischen Zerkleinerung, Sterilisierung und chemischen Aufbereitung der Nahrung dient. Im Tierreich sind M. mit unterschiedlicher Funktion vielgestaltig ausgeprägt. Beim Regenwurm findet sich ein einfacher ↗ Muskelmagen, in dem die mit Erde aufgenommenen organischen Bestandteile zerrieben werden. Egel haben einen aus elf Blinddärmen bestehenden Magen, in dem das aufgenommene Blut gespeichert wird. Bei Schnecken (↗ Gastropoda) ist der mit einem Cilienepithel ausgekleidete Mitteldarm zu einem Magen erweitert, in den die ↗ Mitteldarmdrüse einmündet. Bei vielen Muscheln (↗ Bivalvia) liegt in einer Magentasche ein Kristallstiel, der Stärke und Glykogen abbauende Enzyme freisetzt. Bei den höheren Krebsen (↗ Malacostraca) findet sich ein vorderer, mit Chitinzähnen besetzter ↗ Kaumagen, in dem mit mahlenden Bewegungen die Nahrung zerkleinert wird, und ein hinterer Teil (*Pylorus*), in den mittels eines Klappensystems nur kleine Nahrungsteilchen aus der Cardia gelangen, die dort chemisch völlig aufgeschlossen werden. Bei Spinnen (↗ Arachnida) ist ein muskulöser *Saugmagen* ausgebildet und ein sich anschließender Verdauungs-M. Insekten (↗ Insecta) haben eine kropfartige Erweiterung des Vorderdarms, die als Reservoir dient, und aus der durch einen Sphinkter die Nahrung portionsweise an den Darm abgegeben wird. Bei Bienen wird dieser Teil des Verdauungstrakts *Honigmagen* oder *Honigblase* genannt. Bei anderen Insekten schließt sich an den Ösophagus ein chitinöser Kaumagen an. Viele Stachelhäuter (↗ Echinodermata) verdauen ihre Nahrung extraintestinal mit einem ausgestülpten M.

Der typische M. als Bildungsort eigener, vor allem proteolytischer Enzyme (↗ Proteinasen), die in einem stark sauren Milieu (infolge von Salzsäureproduktion) wirksam sind, ist erst für die Wirbeltiere charakteristisch. Er fehlt lediglich bei einigen niederen Fischen (↗ Rundmäulern) und auch Karpfen. Je nach Ernährungsweise ist der Magen unterschiedlich ausgeprägt. Die ↗ Amphibia besitzen einen weiten, innen gefalteten Magen, Schlangen einen langgestreckten, erweiterungsfähigen Magen und Krokodile (↗ Crocodylia) einen mit harten Sehnenscheiben versehenen muskulösen Kaumagen. Bei Vögeln ist der hinter dem *Drüsenmagen* liegende *Kaumagen* mit festen Reibplatten aus erhärtetem Sekret ausgekleidet. Mit der Nahrung aufgenommene Steinchen vervollständigen bei Körnerfressern die Zerkleinerung der Nahrung. Der M. der Säuger wird am proximalen und distalen Teil durch Schließmuskeln *(Sphinkter)* von den zuführenden und abführenden Abschnitten des Verdauungstrakts getrennt. Er gliedert sich in vier Regionen: Schlund-, Cardiadrüsen-, Fundusdrüsen- und Pylorusdrüsenabschnitt. Der Magenausgang liegt auf der rechten Körperseite. Bei Fleischfressern (einschließlich des Menschen) bilden alle Abschnitte eine einheitliche Magenhöhle; Körnerfresser verwenden die ersten drei Abschnitte als Sammel-M., bei Blattfressern (Wiederkäuern; ↗ Ruminantia) ist der Sammel-M. in Pansen und Netz-Magen unterteilt und dient dem fermentativen Aufschluss der Nahrung.

Die *Magenschleimhaut* unterscheidet sich deutlich von der Auskleidung der Darmabschnitte. Sie besteht im Gegensatz zu dem Plattenepithel des Oesophagus aus einem Zylinderepithel, das mit einer Reihe von Drüsen ausgestattet ist. Die *Hauptzellen* im Fundus- und Pylorusabschnitt sezernieren Pepsinogen, das durch die aus den *Belegzellen* abgesonderte 0,3%ige Salzsäure in das proteolytisch wirksame *Pepsin (↗ Pepsine)* gespalten wird. Die Belegzellen bilden ferner den Intrinsic factor, die *Nebenzellen* Schleim. Andere Magendrüsen produzieren Lipasen oder auch das Milch abbauende Labferment. Die im Magen erfolgende Vorverdauung der Nahrung zu einem homogenen, halbflüssigen Brei, dem *Chymus,* findet ihren Abschluss im Dünndarm, wo Hauptverdauung und Resorption der Nahrungsbestandteile erfolgen.

Die Magenfunktion wird nervös und humoral gesteuert. Parasympathisch wird der Magen durch den ↗ Nervus vagus, dessen Reizung eine Zunahme der motorischen und sekretorischen Aktivität bewirkt, sympathisch durch den Nervus splanchnicus mit entgegengesetzter Wirkung versorgt. Afferente sympathische Bahnen melden Schmerzempfindungen, über efferente parasympathische Bahnen wird das ↗ Erbrechen ausgelöst. Die Nerven versorgen drei sich kreuzende Muskelschichten, durch die wellenförmige Kontraktionsbewegungen hervorgerufen werden *(Magenperistaltik),* die den Nahrungsbrei vermischt mit den Verdauungsenzymen in Richtung Pylorus drängen. Beim erwachsenen Menschen faßt der Magen 2,5 - 3 l. Die Verweildauer der Nahrung im Magen ist je nach Konsistenz sehr unterschiedlich und schwankt zwischen einer und etwa acht Stunden. Bei so genannten schwer-

verdaulichen Speisen beträgt die Dauer des Aufenthalts mehr als drei Stunden.

Magenbremsen, *Magenfliegen,* die Fam. ↗ Gasterophilidae.

Magendie, *François,* franz. Physiologe, ✻ 6.10.1783 Bordeaux, † 7.10.1855 Sannois (bei Paris); ab 1835 Prof. in Paris, ab 1837 Präsident der Académie des sciences. M. arbeitete über fast alle Gebiete der Physiologie (unter Anwendung der Vivisektion). Er erkannte etwa gleichzeitig mit C. Bell, dass die ventralen Nervenwurzeln des Rückenmarks motorische, die dorsalen sensorische Funktion haben *(Bell-Magendie-Gesetz).* Außerdem führte M. zahlreiche experimentelle Methoden in Physiologie, Pathologie und Pharmakologie ein. Er benannte die Eiweiße als essenzielle Nahrungsbestandteile und schuf damit die Grundlagen für die modernen Ernährungswissenschaften.

Magersucht, *Anorexie,* 1) allg. die Folge einer unzureichenden Ernährung mit starkem Untergewicht, die auf Unterernährung oder psychische bzw. körperliche Krankheiten zurückgeführt werden kann.

2) als *Anorexia nervosa* eine Sonderform, der M. die vor allem bei Mädchen (zunehmend aber auch bei Jungen) in der Pubertät auftritt, und oft Ausdruck einer mit dem allg. Reifungsprozess verbundenen Angst vor dem Erwachsenwerden und der Übernahme der Geschlechtsrolle ist, oft noch verstärkt durch das zurzeit herrschende extrem schlanke Schönheitsideal sowie durch Spannungen im Elternhaus, für die der/die Magersüchtige sozusagen als „Blitzableiter" dient. Symptome sind eine extreme und irreale Angst vor Übergewicht, verbunden mit einem gestörten Körperschema sowie abnormem Essverhalten, das häufig zu starker Gewichtsabnahme mit Ausbleiben der Menstruation und massiven Stoffwechselstörungen führt. Charakteristisch ist die fehlende Krankheitseinsicht, die den Wunsch abzumagern selbst dann weiter bestehen lässt, wenn die Folgen für den Körper lebensbedrohlich werden. Die Behandlung ist meist verhaltenstherapeutisch oder tiefenpsychologisch und muss fast immer, zumindest zu Anfang, stationär durchgeführt werden.

Magnesium, chemisches Symbol *Mg,* ein chemisches Element aus der zweiten Hauptgruppe des Periodensystems, der Gruppe der Erdalkalimetalle. M. ist ein silbern glänzendes Leichtmetall, dessen Oberfläche infolge Bildung einer dünnen Oxidhaut *(Passivierung)* allmählich matt anläuft. Aufgrund seiner Elektronenkonfiguration neigt M. zur Bildung von Mg^{2+}-Kationen. Es ist ein starkes Reduktionsmittel.

In Organismen erfüllt M. zahlreiche biologische Funktionen. Es ist z. B. Bestandteil des Chlorophylls und als Cofaktor an Phosphorylierungsvorgängen (z. B. der Hexokinase, Phosphofructokinase und Adenylat-Kinase), an der Photosynthese, an den Reaktionen des Energiestoffwechsels sowie an vielen anderen enzymatischen Vorgängen im pflanzlichen Stoffwechsel beteiligt. Im tierischen Organismus fungiert es z. B. als Aktivator des Zuckerabbaus und ist ein Antagonist des Calciums. M.-Mangel, z. B. infolge von Darmresorptionsstörungen oder chronischem Alkoholmissbrauch, führt zu starken Krämpfen.

Magnetfeldorientierung, die Orientierung von tierischen Organismen nach dem Magnetfeld der Erde. Dieses kann entweder durch seine Fähigkeit, paramagnetische Materialien (z. B. Eisenverbindungen) auszurichten (nach diesem Prinzip funktioniert ein Kompass) oder durch Induktion elektrischer Ströme Möglichkeiten zur Orientierung geben. Letzteres wird z. B. von Meeresorganismen genutzt, so reagierten im Experiment die Elektrorezeptoren von Haien und Rochen auf Magnetfelder, gleiches konnte bei Meeresschildkröten festgestellt werden; hier ist das zuständige Sinnesorgan unbekannt. Bei einer Reihe von Tieren konnte das Kompassprinzip nachgewiesen werden. Bei der Honigbiene finden sich in speziellen Zellen im Hinterleib, den Trophocyten, Kristalle von Magnetit, einem stark paramagnetischen Eisenoxid (Fe_3O_4), dessen Kristalle sich ausdehnen oder schrumpfen, je nach Orientierung im Magnetfeld. Magnetit-Kristalle konnten auch in der Oberschnabelhaut von Tauben gefunden werden. Für eine ganze Reihe weiterer Organismen wird M. vermutet, so z. B. Bakterien, Algen, Meeresschnecken, Hornissen, Termiten, Lachse und Thunfische, Salamander und Wale.

Magnoliaceae, *Magnoliengewächse*, Fam. der ↗ Magnoliopsida mit ca. 180 Arten, die überwiegend in Asien und Amerika verbreitet sind. Es sind immer- bis sommergrüne Holzpflanzen mit einfachen Blättern und großen Blüten. Zu den M. gehören die *Magnolie* (*Magnolia* spec.) und der aus Nordamerika stammende *Tulpenbaum* (*Liriodendron tulipifera*).

Magnoliaceae a Längsschnitt durch die Blüte einer Magnolie (*Magnolia* spec.), b Tulpenbaum (*Liriodendron tulipifera*)

Magnoliales, Ord. der ↗ Magnoliopsioda, zu der u. a. die Fam. ↗ Magnoliaceae, Annonaceae und ↗ Myristicaceae gehören.

Magnoliengewächse, die Fam. ↗ Magnoliaceae.

Magnoliophytina, die ↗ Angiospermae.

Magnoliopsida, Klasse der ↗ Angiospermae, zu der ca. 30 Fam., 300 Gatt. und 8000 Arten zählen. Es sind bis auf wenige Ausnahmen zweikeimblättrige Pflanzen mit einem allorrhizen Wurzelsystem. Weitere Merkmale der M. sind i. d. R. auf dem Stängelquerschnitt kreisförmig angeordnete, offene ↗ Leitbündel (Eustele), meist netzaderige, einfache Blätter und vielgliedrige und dann oft schraubige Blüten. Die Pollen sind einfurchig, weshalb die M. auch als *Einfurchenpollen-Zweikeimblättrige* bezeichnet werden. Typisch sind auch Sekretzellen mit etherischen Ölen. Die meisten M. sind Holzpflanzen, einige auch krautige Stauden. Dagegen gibt es keine einjährigen Arten. Zu den M. gehören drei Unterklassen: Die durchwegs holzige Unterklasse Magnoliidae umfasst die Ord. ↗ Winterales, ↗ Magnoliales und ↗ Laurales. Zur zweiten Unterklasse gehören diverse isolierte Ord., zur dritten Unterklasse (Nymphaeidae) die Ord. ↗ Nymphaeales und Ceratophyllales. Nach früherer Systematik bildeten die M. zusammen mit den ↗ Rosopsida die Klasse ↗ Dicotyledonae.

Magot, Art der ↗ Makaken.

Mahagoni, *Swietenia macrophylla*, von Mexiko bis Mittelamerika beheimatete Baumart der ↗ Meliaceae mit bis zu 50 m Höhe und bis 2 m Durchmesser. Das gleichnamige Holz ist sehr wertvoll, tiefbraun, mittelhart und gut polierbar.

Mähnenschaf, *Mähnenspringer*, *Ammotragus lervia*, in den Wüstengebieten Nordafrikas lebende Art der ↗ Caprini, deren Männchen an Halsunterseite und Brust eine Mähne und beide Geschlechter nach hinten geschwungene große Hörner tragen.

Mahonia, Gatt. der ↗ Berberidaceae.

Mahonie, *Mahonia*, Gatt. der ↗ Berberidaceae (Abb. siehe dort). Die *Gewöhnliche Mahonie*, *Mahonia aquifolium*, stammt aus Nordamerika und ist als immergrüner Zierstrauch verbreitet.

Maiglöckchen, *Convallaria majalis*, mehrjährige Art der ↗ Convallariaceae, die herzwirksame ↗ Glykoside enthält.

Maiglöckchengewächse, die Fam. ↗ Convallariaceae.

Maikäfer, *Melolontha*, Gatt. der Blatthornkäfer (↗ Scarabaeidae), deren Arten braune Flügeldecken, einen rotbraunen bis schwarzen Halsschild und ein spitz zulaufendes Hinterleibsende haben. Die Antennen haben lamellenartig verlängerte Endglieder. Die Käfer fressen bevorzugt (Eichen-)Laub, ihre Larven (*Engerlinge*) fressen an Wurzeln; sie haben eine Entwicklungsdauer von drei bis fünf

Jahren. Bekannteste Art bei uns ist der Maikäfer (Feldmaikäfer, *Melolontha melolontha*).

Mais, *Zea mays*, vermutlich aus Mexiko stammende Kulturpflanze der ↗ Poaceae. Neben Weizen und Reis ist M. die wichtigste Getreideart. Man nimmt an, dass M. durch eine Mutation aus der Teosinte, *Euchlaena mexicana*, hervorgegangen ist. M. ist ein zu den ↗ C_4-Pflanzen gehörendes einjähriges bis 4 m hohes Gras, dessen männliche Blütenstände am Halm endständig sind, während die von großen Blattscheiden umgebenen weiblichen Blütenstände in den Achseln der Blätter sitzen. M. wird hauptsächlich als Futterpflanze angebaut, wobei entweder nur die Körner verfüttert werden oder die ganze Pflanze als Grünfutter oder ↗ Silage genutzt wird. In vielen Ländern spielt M. auch eine bedeutende Rolle für die menschliche Ernährung. Weitere Nutzungsrichtungen sind die Gewinnung von Stärke, Mehl und M.-Keimöl. Zuckermais, *Zea mays* convar *saccharata* ist aus einer Mutation entstanden und enthält anstelle von Stärke Zucker und Amylodextrin.

Majoran, *Origanum majorana*, syn. *Majorana hortensis*, aus dem östlichen Mittelmeergebiet stammende Art der ↗ Lamiaceae, deren Blätter ↗ etherische Öle und ↗ Terpene enthalten.

Makaken, *Macaca*, Gatt. der Hundsaffen (↗ Cercopithecoidea) mit etwa 10 Arten, die eine große Formenvielfalt zeigen. Sie leben vorwiegend im südostasiatischen Raum, eine Art, der *Berberaffe* oder *Magot* (*Macaca sylvanus*) ist die einzige in Nordafrika (Atlasgebirge) beheimatete Art; er kommt auch auf Gibraltar vor. Der Magot hat einen ockerfarbenen dicken Pelz, der Schwanz ist ganz zurückgebildet; die Weibchen zeigen eine hell purpurblaue Regelschwellung. Sie ernähren sich von pflanzlicher Kost und Wirbellosen. Der Magot ist durch Bejagung und Lebensraumzerstörung ernsthaft in seinem Bestand bedroht.

Makrelen, die Fam. ↗ Scombridae.

Makroelemente, ↗ Makronährelemente.

Makrogamet, ↗ Gameten, ↗ Fortpflanzung.

Makromere, ↗ Furchung.

Makromoleküle, Bez. für Moleküle, die aus vielen Grundbausteinen bestehen und eine relative Molekülmasse von über 10000 haben. In der Natur vorkommende, biologische M. sind u. a. die ↗ Polysaccharide, die ↗ Proteine und die ↗ Nucleinsäuren; sie werden auch als *Biopolymere* bezeichnet.

Makronährelemente, *Makronährstoffe*, *Makroelemente*, in der ↗ Pflanzenernährung diejenigen chemischen Elemente, die für das Pflanzenwachstum in größeren Mengen erforderlich sind. Neben Kohlenstoff (C), Wasserstoff (H) und Sauerstoff (O), die primär aus Wasser oder Kohlenstoffdioxid gewonnen werden, zählen zu den M.: Stickstoff (N) Schwefel (S), Phosphor (P), Kalium (K), Calcium (Ca), Magnesium (Mg) und Silicium (Si). Die Unterteilung der essentiellen Elemente in M. und ↗ Mikronährelemente sagt nichts über ihre physiologische Bedeutung aus. (↗ Nährelemente)

Makronährstoffe, die ↗ Makronährelemente.

Makrophagen, große und frei bewegliche Zellen, die im ↗ Bindegewebe wandern können. Sie werden aus ihren Vorstufen, den im Blut zirkulierenden *Monocyten*, gebildet. In ihrer Struktur und Funktion sind die M. weitgehend organabhängig; so kann unterschieden werden zwischen M. des lockeren Bindegewebes (*Histiocyten*), M. der Milz, der Lymphknoten und des Knochenmarks (*interstitielle M.*), M. der serösen Häute (z. B. des Peritoneums, der Pleura), den *Kupffer'schen Sternzellen* der ↗ Leber, den M. in den Wänden der Lungenalveolen, der *Mikroglia* (Gehirn), den *Osteoklasten* (↗ Knochen) sowie den *Hofbauer-Zellen* in der Placenta. M. phagocytieren Tumorzellen, Mikroorganismen sowie überalterte oder degenerierte körpereigene Zellen (z. B. ↗ Erythrocyten) und Gewebetrümmer (z. B. aus ↗ Entzündungsreaktionen). Daneben produzieren sie Komplementfaktoren, aber auch viele ↗ Cytokine, die die Entzündungsreaktion sowie Reparaturvorgänge im Gewebe steuern. Außerdem sezernieren sie ↗ Prostaglandine und ↗ Leukotriene, welche die Durchblutung regulieren. Da sie den ↗ Lymphocyten die Antigene der phagocytierten Fremdkörper und Fremdzellen präsentieren sind sie auch an der ↗ spezifischen Immunantwort beteiligt.

Makrophyll, *Megaphyll*, Bez. für die großen Blätter der Farne und Samenpflanzen. Das M. ist meist stark gegliedert und besitzt eine großflächige Blattspreite und einen Stiel. (↗ Mikrophyll)

makroskopisch, mit dem bloßen Auge, ohne optische Hilfsmittel erkennbar.

Makrosmatiker, Bez. für Tiere mit gut ausgebildetem ↗ Geruchssinn.

Makrosporangium, *Megasporangium*, ein ↗ Sporangium, in dem ↗ Makrosporen entstehen. Bei den Samenpflanzen ist es das Nucellusgewebe der Samenanlagen. (↗ Mikrosporangium)

Makrospore, *Megaspore*, Bez. für die bei bestimmten Farnarten bei ↗ Heterosporie gebildeten größeren ↗ Sporen. Aus den M. entwickeln sich weibliche Prothallien (↗ Prothallium). ↗ Mikrospore

Makrosporogenese, die ↗ Megasporogenese.

Makrosporophyll, *Megasporophyll*, fertile Blätter, die ↗ Makrosporangien tragen. Bei den Samenpflanzen sind die M. die Fruchtblätter.

MAK-Wert, der *maximale Arbeitsplatzkonzentrations*-Wert von Schadstoffen. Es handelt sich dabei um den Mittelwert einer Schadstoffmenge, die bezogen auf einen achtstündigen Arbeitstag in einem Kubikmeter Luft bei einer bestimmten Temperatur und einem bestimmten Druck enthalten sein darf, ohne den Gesundheitszustand des Arbeitenden negativ zu beeinflussen.

Malabsorption, Störung der Resorption, d. h. des Transports der Nährstoffe aus dem Darmlumen in die Blut- und Lymphbahnen. Ursachen sind chronische oder akute Darmerkrankungen sowie Nahrungsmittelallergien und -unverträglichkeiten (↗ Gluten).

Malacostraca, Taxon der Krebse (↗ Crustacea) mit über 20000 Arten, in dem sie ihre höchste Organisationsform erreichen. Charakteristisch ist der in *Kau-* und *Filtermagen* unterteilte Magen und die auf acht Thorax- und sechs Abdominalsegmente (Ausnahme ↗ Leptostraca mit sieben Abdominalsegmenten) festgelegte Anzahl der Segmente. Außerdem sind die Thorakal- (Thoracopoden) und Abdominalbeine (Pleopoden) unterschiedlich gebaut. Das letzte Abdominalbeinpaar, die Uropoden, bilden mit dem Telson den *Schwanzfächer* (außer bei Leptostraca). Bei einigen Gruppen sind die vordersten Pleopoden der Männchen zu einem Hilfsorgan für die Begattung, das *Petasma*, umgebildet. Ursprüngliche Merkmale der M. sind das reich entwickelte Arteriensystem, die hohe Zahl der Rumpfgliedmaßen und die Gliedmaßen am Abdomen. Die M. zeigen bemerkenswerte Sinnesleistungen und komplexe Verhaltensweisen. Sie sind unzweifelhaft eine monophyletische Gruppe. Subtaxa sind die Leptostraca, die ↗ Stomatopoda (Fangschreckenkrebse), die ↗ Syncarida, die ↗ Eucarida, die ↗ Decapoda (Zehnfüßer), die ↗ Thermosbaenacea und die ↗ Peracarida, u. a. mit den ↗ Amphipoda (Flohkrebse) und den ↗ Isopoda (Asseln). Die M. sind seit dem Kambrium bekannt.

Malaria, *Sumpffieber*, in den tropischen und subtropischen Regionen vorkommende Infektionskrankheit, die durch Einzeller der Gatt. ↗ Plasmodium hervorgerufen wird; Überträger sind die Weibchen der Stechmücken-Gatt. ↗ Anopheles. Typische Symptome sind in unterschiedlichen Abständen auftretende Fieberschübe, die infolge massenhaften Befalls der roten Blutkörperchen durch bestimmte Entwicklungsstadien (*Merozoiten*), welche die Erythrocyten zum Platzen bringen, auftreten. Je nach Form der M. können auch Durchfall, Kopfschmerzen, Verwirrtheitszustände, Krämpfe, Milz- und Leberschwellungen mit leichter Gelbsucht und Blutarmut mit Zerfall der Blutkörperchen auftreten. Je nach Erregerart werden folgende Formen der M. unterschieden: *M. tertiana* (*Plasmodium vivax* und *ovale*), *M. quartana* (*Plasmodium malariae*) und *M. tropica* (*P. falciparum*); letztere nimmt den schwersten, oft akut lebensbedrohlichen Verlauf.

Malat, das Salz der *Äpfelsäure* (*Hydroxybernsteinsäure*; HOOC–CHOH–CH$_2$–COOH), einer in vielen Pflanzensäften, meist in der L(+)-Form vorkommenden Dicarbonsäure. Malate werden im ↗ Citratzyklus und im ↗ Glyoxylatzyklus gebildet und spielen eine wichtige Rolle im ↗ diurnalen Säurerhythmus der Dickblattgewächse (↗ Crassulaceae).

Malat-Aspartat-Shuttle, ein Transportsystem für die Elektronen des während der Glykolyse gebildeten NADH + H$^+$ vom Cytosol durch die innere Mitochondrienmembran, die für NADPH + H$^+$ völlig undurchlässig ist. Zum M. - A. - S. gehören zwei Membran-Carriersysteme und vier Enzyme. Die Elektronen des im Cytosol gebildeten NADPH + H$^+$ werden unter der Katalyse der cytosolischen ↗ Malat-Dehydrogenase auf ↗ Oxalacetat übertragen. Das gebildete Malat gelangt über den Malat/α-Ketoglutarat-Carrier durch die innere Mitochondrienmembran in die Mitochondrienmatrix und wird dort durch die mitochondriale Malat-Dehydrogenase wieder in Oxalacetat umgewandelt, wodurch der Elektronentransfer vollendet wird. Die Regeneration von Oxalacetat im Cytosol erfolgt durch die zweite Stufe des M. - A. - S.. Hierbei wird durch die Aspartat-Aminotransferase mitochondriales Oxalacetat in Aspartat überführt, das über den Glutamat/Aspartat-Carrier in das Cytosol gelangt, während gleichzeitig aus Glutamat α-Ketoglutarat entsteht. Im Cytosol wird durch Transaminierung des ebenfalls transferierten α-Ketoglutarats Oxalacetat regeneriert und damit der Kreis geschlossen. Der M. - A. - S. ergibt im Gegensatz zum ↗ Glycerinphosphat-Shuttle bei der energetischen Verwertung der Elektronen des NADH + H$^+$ in der Atmungskette drei ATP. Er ist vor allem für den Stoffwechsel in Herz und Leber wichtig.

Malat-Dehydrogenase, eine NAD$^+$-abhängige Oxidoreduktase, die im ↗ Citratzyklus die Dehydrierung von ↗ Malat zu ↗ Oxalacetat katalysiert. Das von der sekundären alkoholischen Hydroxylgruppe des Malats abgespaltene Hydrid-Ion wird auf NAD$^+$ übertragen.

Malatenzym, *L-Malat-NADP-Oxidoreduktase*, ein wichtiges Enzym, das in den meisten Organismen vorkommt und die Decarboxylierung von L-Malat zu Pyruvat und CO$_2$ katalysiert, bei gleichzeitiger Reduktion von NADP$^+$ zu NADPH (bzw. Synthese von Malat durch die Rückreaktion). ↗ Citratzyklus, ↗ C$_4$-Pflanzen

Maleinsäure, *cis-Butendisäure*, eine ungesättigte aliphatische Dicarbonsäure, die cis-Form der ↗ Fumarsäure. Sie kommt im Gegensatz zu Fumarsäure in der Natur nicht vor. M. wird u. a. zur Herstellung von Kunststoffen, pharmazeutischen Präparaten und Konservierungsmitteln verwendet.

Malleus, *Hammer*, eines der Gehörknöchelchen (↗ Ohr).

Mallophaga, *Haarlinge und Federlinge*, Taxon der Tierläuse (↗ Phthiraptera), in dem häufig die Amblycera und die Ischnocera zusammengefasst werden.

Malm, Bez. für den Oberen oder Weißen ↗ Jura.

Malonyl-Coenzym A, *Malonyl-CoA*, ein unter der Katalyse der Acetyl-CoA-Carboxylase aus ↗ Acetyl-Coenzym A, Natriumbicarbonat und ATP (↗ Adenosinphosphate) bei der Fettsäurebiosynthese gebildetes Zwischenprodukt.

Malpighi, *Marcello*, ital. Arzt, Anatom und Physiologe, ✻ 10.3.1628 Crevalcore (bei Bologna), † 29.11.1694 Rom; ab 1656 Prof. in Bologna, 1657-1660 in Pisa, 1662-66 in Messina, danach wieder in Bologna, ab 1691 Leibarzt von Papst Innozenz XII. M. gilt als Begründer der mikroskopischen Anatomie. 1661 entdeckte er den Kapillarkreislauf des Blutes, 1665 die ↗ Erythrocyten sowie die pflanzliche Zelle. Zahlreiche anatomische Strukturen tragen seinen Namen (↗ Malpighi-Schläuche, ↗ Malpighi-Körperchen). Außerdem ist nach ihm die Pflanzenfam. *Malpighiaceae* benannt.

Malpighiaceae, Fam. der ↗ Linales mit ca. 1100 Arten, die besonders in den Neotropen beheimatet sind. Sie bilden an den Kelchblättern Öldrüsen aus, um Bienen anzulocken.

Malpighi-Gefäße, *Malpighi'sche Gefäße*, die ↗ Malpighi-Schläuche.

Malpighi-Körperchen, die Nierenkörperchen (↗ Niere).

Malpighi-Schläuche, *Malpighi-Gefäße*, schlauchförmige Mitteldarmanhänge, die bei Spinnentieren (↗ Arachnida), Insekten (↗ Insecta) und Myriapoda (↗ Chilopoda, ↗ Symphyla, ↗ Pauropoda, ↗ Diplopoda) konvergent entstanden sind. M. - S. bestehen meist aus unterschiedlichen Segmenten, deren Morphologie in Abhängigkeit von der Funktion wechseln kann. Sie sind die wichtigsten Exkretionsorgane dieser Tiergruppen und scheiden z. B. bei den Insekten ↗ Harnsäure, ↗ Harnstoff und ↗ Allantoin aus.

Funktionsweise der M. - S. am Beispiel der Stabheuschrecke (*Carausius morosus*): Durch den höheren Druck im Kreislauf wird am blinden Ende der M. - S. eine klare Flüssigkeit abgepresst, die fast isoosmotisch mit der ↗ Hämolymphe ist, sowie gelöste Harnsäure in Form saurer Natrium- und Kaliumurate enthält. Bei der Exkretion findet aus der Hämolymphe in die M. - S. ein gekoppelter Strom von Wasser sowie Kalium- und Natriumionen statt, welche mit der Harnsäure die löslichen Urate bilden und so deren Transport durch die Schlauchwandung ermöglichen. Im unteren Schlauchende, im Darm und Rectum, werden die Alkalisalze als Hydrogencarbonate sowie Zucker, Aminosäuren und Wasser rückresorbiert. Als Folge der Rückresorption von Na⁺ und K⁺ wird der anfangs neutrale oder

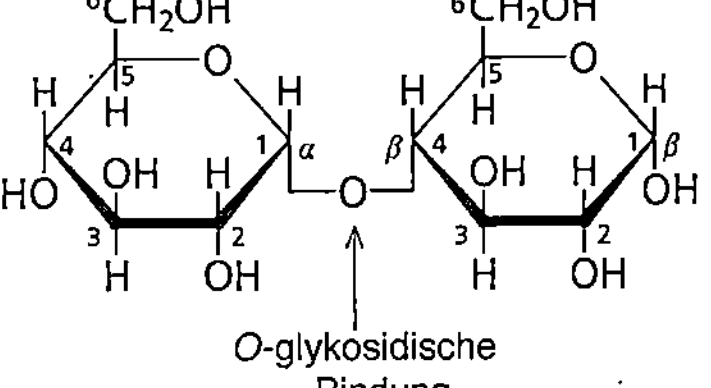

Malpighi-Schläuche Malpighi-Schläuche und Enddarm von Insekten. Die Pfeile zeigen die Richtung der Wasserbewegung in den einzelnen Abschnitten an. Im Mitteldarm kann Wasser vermutlich sowohl aus dem Lumen in die Hämolymphe des Körperinneren resorbiert als auch aus dem Körperinneren in das Darmlumen abgegeben werden; aus den Malpighi-Schläuchen fließt Wasser in den von einer Cuticula ausgekleideten Enddarm und wird hier speziell in den hohen Epithelzellen des Rectums (Rectaldrüse) rückresorbiert

schwach alkalische Harn sauer und die Harnsäure fällt kristallin aus.

Maltafieber, ↗ Brucellosen.

Malthus, *Thomas Robert*, engl. Nationalökonom und Sozialphilosoph, ✻ 17.2.1766 Rookery (bei Guildford), † 23.12.1834 Bath; von 1805-34 Prof. für Geschichte und Nationalökonomie in Haileybury (bei Hertford): M. wurde u. a. bekannt für seine Streitschrift über die Prinzipien der Bevölkerungsdynamik („Essay on the Principles of Population...", 1798), die C.R. ↗ Darwin und A.R. ↗ Wallace zu ihren Theorien über die natürliche Selektion (Selektionstheorie) inspirierte.

Maltose, *Malzzucker*, ein reduzierendes Disaccharid, in dem zwei Moleküle ↗ Glucose α-1→4-glykosidisch verknüpft sind. M. ist stereoisomer zur ↗ Cellobiose. Sie wird durch das in Hefe, Malz und Verdauungssäften enthaltene Enzym α-Glucosidase (früher Maltase) in zwei Moleküle D-Glucose gespalten. M. ist der Grundbaustein von ↗ Stärke und ↗ Glykogen, findet sich aber auch vereinzelt in freier Form in höheren Pflanzen. Neben ↗ Lactose und ↗ Saccharose ist sie eines der drei natürlich

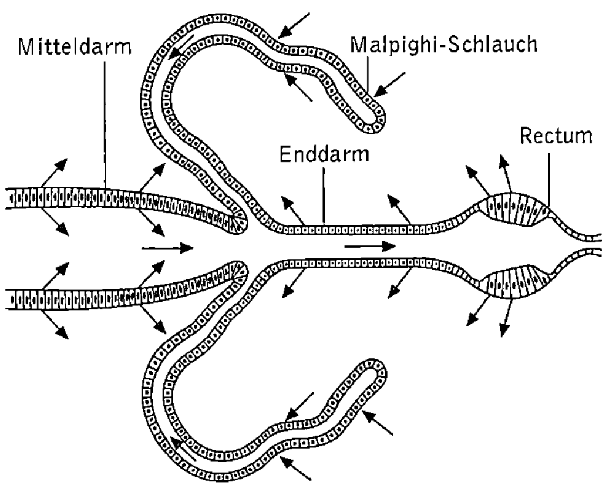

Maltose

vorkommenden Disaccharide. Sie dient als vergärbares Ausgangsprodukt u. a. für Bier und Branntwein sowie als Bienenfutter und Nährbodensubstrat.

Malus, Gatt. der ↗ Rosaceae.

Malvaceae, *Malvengewächse*, Fam. der ↗ Malvales mit ca. 1500 Arten, die hauptsächlich in den Tropen vorkommen. Es sind Bäume, Sträucher oder Kräuter mit einfachen oder gelappten, handnervigen, wechselständigen Blättern und regelmäßigen, zwittrigen, meist fünfzähligen Blüten, die in der Regel groß und auffallend gefärbt sind. Der drei- bis vielfächerige Fruchtknoten entwickelt sich zu einer Kapsel oder zu einer in Teilfrüchte zerfallenden Frucht. Zu den M. gehören der ↗ Baumwollstrauch (*Gossypium herbaceum*), die Stockmalve oder Stockrose (*Althaea rosea*), der Echte ↗ Eibisch (*Althaea officinalis*), der ↗ Kenaf (*Hibiscus cannabinus*), der ↗ Rosellahanf oder Rama (*Hibiscus sabdariffa*), ↗ Okra (*Hibiscus esculentus*) und die Gatt. Malve (*Malva*).

Malvaceae Baumwolle (*Gossypium herbaceum*), a Spross mit Blüten und Früchten, b Same mit Samenhaaren, c Samenhaare vergrößert

Malvales, *Columniferae*, Ord. der ↗ Rosopsida, deren Arten durch das Vorkommen von Schleimzellen und Fettstoffen sowie die Tendenz zur röhrenförmigen Verwachsung der Staubblätter charakterisiert sind. Zu den M. gehören die ↗ Tiliaceae, die ↗ Bombacacae, die ↗ Sterculiaceae und die ↗ Malvaceae.

Malvengewächse, die Fam. ↗ Malvaceae.

Malzzucker, die ↗ Maltose.

Mambas, *Dendroaspis*, Gatt. der Giftnattern (↗ Elapidae) mit vier baum- und strauchbewohnenden Arten im tropischen Afrika. Größte Art ist

die bis 4 m lange *Schwarze M. (Dendroaspis viridis)*, die oliv- bis schwarzbraun gefärbt ist und sich überwiegend von kleineren Säugetieren ernährt. Das Gift der angriffsfreudigen M. ist auch für den Menschen sehr gefährlich.

Mamma, Plural *Mammae*, die weibliche Brustdrüse (↗ Milchdrüsen).

Mammalia, *Säugetiere*, zum Stamm der Chordatiere (↗ Chordata; Unterstamm Wirbeltiere, ↗ Vertebrata) gehörende Klasse, die 20 Ord. mit über 130 Familien und mehr als 4000 Arten umfasst Größe und Gestalt der M. sind sehr unterschiedlich; die kleinste Art ist eine etwa 4 cm große Fledermaus (↗ Microchiroptera), die größte Art ist mit bis über 30 m Länge der Blauwal (↗ Balaenopteridae). Hauptlebensraum der weltweit verbreiteten M. sind der Boden und die Pflanzendecke, jedoch gibt es auch wasserlebende Arten (Otter, Wale, Robben, Seekühe) und solche, die den Luftraum erobert haben (in erster Linie Fledertiere, aber auch Riesengleiter, Gleitbeutler und ↗ Gleithörnchen).

Gemeinsame Merkmale der M. sind die ↗ Milchdrüsen (lat. *mammae*, daher der Name!), deren Sekrete der Ernährung der Jungen dienen (*Säugen*), weiterhin die zumindest ursprünglich vorhandene Körperbedeckung aus ↗ Haaren; sie ist bei verschiedenen Formen nachträglich zurückgebildet. Die Zahl der Schädelknochen ist im Vergleich zu anderen Wirbeltieren verringert, das Gehirn ist höher entwickelt als bei anderen Tieren.

Kloakentiere sind ursprünglich darin, dass sie noch Eier legen, während die übrigen Säugetiere lebende und mehr oder weniger weit entwickelte Junge zur Welt bringen. Alle Säugetiere zeigen ein ausgeprägtes Sozialverhalten mit starker Mutter-Kind-Bindung und intensiver Fürsorge für die Jungen. Grundsätzlich können hier drei Entwicklungstypen unterschieden werden: ↗ Nestflüchter und ↗ Nesthocker und Traglinge. Bei vielen Arten haben sich eine ↗ Rangordnung und/oder ↗ Territorialverhalten herausgebildet.

In der herkömmlichen ↗ Systematik werden die M. in Eier legende Säugetiere (*Prototheria*) mit der Ord. Kloakentiere (↗ Monotremata), Beutelsäuger (*Metatheria*) mit der Ord. Beuteltiere (↗ Marsupialia) und die Placentatiere (↗ Eutheria oder *Placentalia*) untergliedert. Zu letzteren gehören die Ord. Insektenfresser (↗ Insectivora), Rüsselspringer (↗ Macroscelidea), Fledertiere (↗ Chiroptera), Riesengleiter (↗ Dermoptera), Spitzhörnchen (↗ Scandentia), Herrentiere oder Primaten (↗ Primates), Nebengelenktiere (↗ Xenarthra), Schuppentiere (↗ Pholidota), Nagetiere (↗ Rodentia), Raubtiere (↗ Carnivora), Hasentiere (↗ Lagomorpha), Wale (↗ Cetacea), Röhrchenzähner (↗ Tubulidentata), Rüsseltiere (↗ Proboscidea), Seekühe (↗ Sirenia), Schliefer (↗ Hyracoidea), Unpaarhufer (↗ Perissodactyla) und Paarhufer (↗ Artiodactyla). Nach der ↗ phylogenetischen Systematik sind die Säugetiere eine monophyletische Gruppe (Autoapomorphien sind der Besitz von Milchdrüsen und Haaren) und auch ihre drei Teilgruppen (Monotremata, Marsupialia und Placentalia) werden jeweils als monophyletisch angesehen. Zitzen kommen nur bei Marsupialia und Placentalia vor, sodass diese als monophyletische Gruppe (*Zitzentiere, Theria*) zusammengefasst und den Monotremata, die dieses Merkmal nicht besitzen als Schwestergruppe gegenübergestellt werden können.

Die Säugetiere sind vor mehr als 200 Mio. Jahren im Erdmittelalter (↗ Mesozoikum) entstanden, blieben aber rund 150 Mio. Jahre im Schatten der z. T. zu riesigen Formen (↗ Dinosaurier) heranwachsenden Reptilien. Erst mit dem ↗ Tertiär setzte die Blütezeit der Säugetiere ein: Bei Fehlen der Echsen konnten die gebotenen ↗ Umweltlizenzen durch sich zu großer Formenvielfalt entwickelnde Säugetiere genutzt werden, sodass sie alle größeren Landlebensräume besiedelten. Die neu entstandene Vielfalt der Blütenpflanzen zog eine ungeheure Entfaltung der Insekten nach sich, die gleichzeitig ein hochwertiges Nahrungsangebot für Insekten fressende Säugetiere waren. Spitzmausähnliche Insektenfresser wiederum werden als die Vorfahren der Primaten angesehen, aus denen sehr viel später der Mensch hervorging.

Mammutbäume, Sammelbez. für drei zu den ↗ Taxodiaceae gehörende Arten: *Sequoiadendron giganteum* (*Riesenmammutbaum*) stammt aus der Sierra Nevada, *Sequoia sempervirens* (*Küstensequoie* oder *Mammutbaum*) aus den Küstenbergen des westlichen Nordamerikas. Die Art *Metasequoia glyptostroboides* (*Urwelt-Mammutbaum* oder *Chinesisches Rotholz*, Abb. ↗ Taxodiaceae) wurde 1941 ertsmals in China gefunden und war bis dahin nur fossil aus dem Mesozoikum und Tertiär bekannt. Die beiden erstgenannten Arten sind immergrün, die letztgenannte Art wirft im Herbst die Nadeln ab. M. gehören zu den ältesten und höchsten Bäumen der Erde. *Sequoiadendron giganteum* und *Sequoia sempervirens* können über 100 m hoch werden und ein Alter von 1500 bis über 3000 Jahre erreichen. *Metasequoia glyptostroboides* wird bis 35 m hoch. Vor über 100 Mio. Jahren waren die M. auf der nördlichen Hemisphäre weit verbreitet. (↗ lebende Fossilien)

Mammute, *Mammuthus*, eine elefantenähnliche ausgestorbene Gatt. der Rüsseltiere (↗ Proboscidea), die seit dem oberen Pliozän bekannt ist und gegen Ende des Pleistozäns (vor etwa 10000 Jahren) ausgestorben ist. Das *Kältesteppen-Mammut* (*Mammuthus primigenius*) war bis 4 m hoch und hatte bis 5 m lange nach außen oben gebogene Stoßzähne sowie ein langhaariges, dichtes Fell. Es ernährte sich von Gräsern und Kräutern. Im sibirischen Dauerfrostboden konnten vollständig erhaltene Exemplare dieser Art gefunden werden. M. waren in der Eiszeit ein bevorzugtes Jagdwild.

Manatis, Gatt. der Seekühe (↗ Sirenia).

Mandarine, Art der ↗ Rutaceae.

Mandelbaum, *Prunus dulcis*, syn. *Amygdalus communis*, Kulturpflanze des östlichen Mittelmeerraumes. Die Samen (*Mandeln*) der Varietät *amara* enthalten viel Bittermandelöl, diejenigen der Varietät *dulcis* dagegen wenig.

Mandelkern, *Corpus amygdaloideum*, in der Tiefe des Endhirns (Telencephalon) gelegene Struktur, die vor allem zum limbischen System gehört, aber auch Verbindungen mit den Basalganglien und dem olfaktorischen System hat. Der M. spielt eine wichtige Rolle für emotionales Verhalten. (↗ Angst, ↗ Gehirn)

Mandeln, *Tonsillen*, als paarige Gaumenmandeln (*Tonsilla palatina*) beiderseits der Rachenenge oder als unpaare Rachenmandel (*Tonsilla pharyngea*) am Dach des Pharynx liegende ↗ lymphatische Organe der Säugetiere und des Menschen, die im Dienst der Infektionsabwehr stehen.

Mandibeln, ↗ Mundgliedmaßen.

Mandibula, der ↗ Kiefer.

Mandibulata, das artenreichste Taxon der Gliederfüßer (↗ Arthropoda), das die Krebse (↗ Crustacea) und die ↗ Antennata umfasst. Der Kopf bildet ein einheitliches Tagma, das aus dem Acron und fünf bis sechs Segmenten besteht. Fünf Segmente tragen Extremitäten. Nach den ersten und zweiten Antennen folgen die *Mandibeln* (Name!) und dahinter als weitere ↗ Mundgliedmaßen die ersten und zweiten Maxillen (letztere heißen bei den Antennata Labium).

Mangan, chemisches Symbol *Mn*, ein chemisches Element aus der siebten Nebengruppe des Periodensystems, der Mangangruppe. M. ist ein silbergraues, hartes und sehr sprödes Schwermetall. M. ist in allen lebenden Zellen vorhanden, für die meisten Organismen ist es ein Spurenelement. Bei *Bacillus subtilis* ist nachgewiesen, dass es für die Sporenbildung wichtig ist. Diese Bakterien können eine intrazelluläre M.-Konzentration von 0,2 µM gegenüber einer externen M.-Konzentration von 1 µM aufrechterhalten. Bei Tieren führt M.-Mangel zur Degeneration der Keimdrüsen und zu Skelettanormalitäten, bei Pflanzen ist M.-Mangel Ursache für ↗ Chlorose und Dörrfleckenkrankheit. M. ist u. a. Bestandteil von vielen Glycosyltransferasen, der Lactose-Synthetase, des Proteins P680 des Fotosystems II (↗ Fotosynthese), der tierischen, mitochondrialen ↗ Pyruvat-Carboxylase sowie der ↗ Superoxid-Dismutase.

Mangelernährung, 1) *Botanik:* ↗ Nährelemente, ↗ Mangelsymptome.

2) *Physiologie*: Die unzureichende Versorgung mit Nährstoffen und Spurenelementen als Folge von Unterernährung. (↗ Hungerstoffwechsel, ↗ Kwashiorkor, ↗ Marasmus)

Mangelsymptome, in der Pflanzenernährung die bei Mangel eines Nährelementes typischen Symptome, anhand derer die unzureichende Versorgung erkannt werden kann. M. gehen auf durch Nährstoffmangel bedingte Stoffwechselstörungen zurück. Sie sind deutliche Anzeichen für eine starke Unterversorgung der Pflanzen. Wird ein Mangel sichtbar, so sind Abhilfemaßnahmen, meist in Form einer Blatt- oder Bodendüngung, zu treffen. M. zeigen sich auf unterschiedliche Weise: Chlorosen (Bleichsucht), Nekrosen (Absterben von Planzenteilen), Verfärbungen, Verkrümmungen, verringerter Wuchs usw. Die Beurteilung dieser Symptome ist meist nicht einfach, besonders wenn mehrere Elemente gleichzeitig fehlen.

Mangifera, Gatt. der ↗ Anacardiaceae.

Mangobaum, *Mangifera indica*, von Indien bis Burma beheimateter, bis 30 m hoher immergrüner Baum der ↗ Anacardiaceae mit großen, oft lang gestielten Steinfrüchten.

Mangold, *Beta vulgaris ssp. vulgaris var. cicla*, mit der Zuckerrübe verwandte Kulturart der ↗ Chenopodiaceae, die ein spinatartiges Gemüse liefert.

Mangold, *Hilde*, deutsche Biologin, ✳ 20.10.1898 Gotha (Thüringen), † 4.9.1924 Berlin; ab 1920 Mitarbeiterin von H. ↗ Spemann in Freiburg i.Br. M. leistete durch mikrochirurgische Transplantationsexperimente an Molchkeimen einen wichtigen Beitrag zur Erforschung des Organisatoreffekts, für dessen Entdeckung Spemann 1935 den Nobelpreis für Physiologie oder Medizin erhielt.

Mangrove, *Gezeitenwald*, immergrüner Baumbestand, der sich auf sandig-tonigen, versalzten Schlickböden der flachen, von den Gezeiten beeinflussten Küsten und Flussmündungen der Tropen entwickelt. Die M. fällt bei Ebbe trocken und wird bei Flut wieder überschwemmt.

Zu den Baumgatt. der M. gehören u. a. *Avicennia* (Verbenaceae), *Bruguiera*, *Rhizophora* (*Mangrovebaum*; Rhizophoraceae) und *Sonneratia* (Sonneratiaceae). Alle Arten besitzen Salzdrüsen zur Abgabe überschüssig aufgenommener Salze. Weitere Anpassungen sind ↗ Viviparie, ↗ Atemwurzeln, ↗ Luftwurzeln und Stelzwurzeln. Zur Fauna der M. gehören u. a. Amphipoda, Polychaeta, Strandschnecken, Winkerkrabben und amphibisch lebende Fische der Gatt. *Periophthalmus* (Schlammspringer).

Mangusten, *Herpestinae*, Unterfam. der Schleichkatzen (↗ Viverridae) mit 30 Arten in 13 Gatt., die überwiegend in Afrika, einige Arten auch in Asien, verbreitet sind. M. sind tagaktive, schlanke und kurzbeinige Tiere, die sich vorwiegend von Wirbellosen und kleinen Wirbeltieren ernähren. Einzige, nach Südeuropa eingeschleppte Art ist der *Ichneumon (Herpestes ichneumon)*, der außer in Afrika auch im Süden Spaniens, Italiens und Jugoslawiens vorkommt. Bekannteste Art ist der *Indische Mungo (Herpestes edwardsi)*, der aufgrund seiner Gewandtheit selbst bei Kämpfen mit Schlangen bestehen kann, zumal er weniger empfindlich gegen Schlangengift ist, als andere gleich schwere Tiere. Mungos erbeuten als Nahrungstiere alles, was sie überwältigen können und fressen auch Aas und Früchte.

Manifestation, Bez. für die Nachweisbarkeit der Wirkung eines Gens anhand des ↗ Phänotyps eines Organismus.

Manihot, Gatt. der ↗ Euphorbiaceae.

Manilahanf, ↗ Musaceae.

Mannaflechte, *Lecanora esculenta*, in orientalischen Wüstengebieten beheimatete Flechtenart (↗ Lichenes), die als Nahrungsmittel verwendet wird.

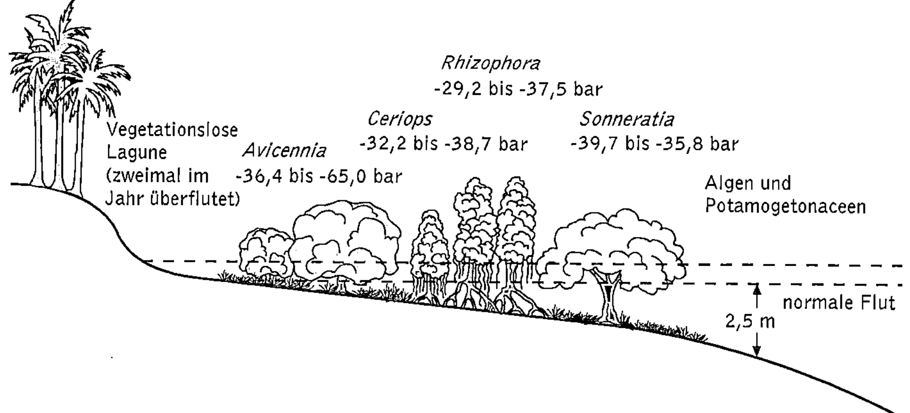

Mangrove: Zonierung einer Mangrove an der ostafrikanischen Meeresküste. Die gestrichelte Linie oberhalb der Flutlinie markiert den Hochwasserstand. Angaben in bar: höchste und geringste Konzentration der Blattzellsäfte

Mannigfaltigkeitszentren, die ↗ Genzentren.

Mannose, eine zu den ↗ Monosacchariden gehörende Hexose, die sich im Pflanzenreich nur vereinzelt in freier Form findet. Jedoch ist sie Baustein zahlreicher hochpolymerer Polysaccharide in Algen, Hefen und höheren Pflanzen.

Maniok, *Cassava*, *Manihot esculenta*, (syn. *Manihot utilissima*), in Brasilien beheimatete strauchartige Pflanze der ↗ Euphorbiaceae (Abb. siehe dort). Die Wurzelknollen enthalten bis zu 40 % Stärke und werden zur menschlichen Ernährung genutzt.

Mantas, *Teufelsrochen*, die Fam. ↗ Mobulidae.

Mantelmöwe, Art der Möwen (↗ Laridae).

Mantelsporen, die ↗ Chlamydosporen.

Manteltiere, die ↗ Tunicata.

Mantodea, *Fangheuschrecken*, Gruppe der ↗ Insecta mit rund 1800 Arten, die in den Tropen und Subtropen beheimatet sind, eine Art in Europa. M. haben einen frei beweglichen Kopf, große und weit auseinander stehende Komplexaugen, die stereoskopisches Sehen ermöglichen, sowie kauende Mundwerkzeuge mit vergrößerten Mandibeln. Die Vorderbeine sind zu Fangbeinen umgestaltet. M. sind tagaktive Lauerjäger, die mit ihren Fangbeinen blitzschnell Insekten fangen. In wärmeren Regionen Mitteleuropas lebt die 4 - 7,5 cm lange *Gottesanbeterin (Mantis religiosa)*.

Manubrium, der Magenstiel der ↗ Cnidaria.

MAO, Abk. für ↗ Monoamin-Oxidase.

Marabus, Gatt. der Fam. ↗ Ciconiidae.

Maracuja, ↗ Passionsfrucht.

Maras, Unterfam. der Meerschweinchen (↗ Caviidae).

Marasmus, durch Mangelernährung verursachte Erkrankung, die vor allem auf einem längere Zeit andauernden Mangel an ↗ Protein und ↗ Kohlenhydraten beruht (Protein-Energie-Mangelernährung). Da zu wenig Kohlenhydrate aufgenommen werden, müssen die Nahrungsproteine zur Energiegewinnung herangezogen werden; dauert der Mangelernährungszustand länger an, wird auch Muskeleiweiß abgebaut, um weitere Proteine zur Aufrechterhaltung der Lebensprozesse zur Verfügung zu haben, mit der Folge einer extremen Abmagerung und Schwächung des Körpers, die häufig tödlich verläuft. Von M. sind weltweit rund zehn Mio. Menschen betroffen, insbesondere Kleinkinder.

Marattiales, Ord. der ↗ Pteridopsida, zu der etwa 200 rezente Arten mit Verbreitung in tropischen Waldgebieten gehören. In früheren Erdepochen umfasste die Ord. wesentlich mehr Arten. Die rezenten Arten gleichen ↗ lebenden Fossilien. Die in Asien verbreiteten Arten von *Angiopteris* haben Wedellängen von bis zu 5 m. (↗ Baumfarne)

Marchantiales, Ord. der ↗ Marchantiopsida, deren Arten einen hochdifferenzierten Thallus mit

Differenzierung in Assimilations- und Speichergewebe aufweisen. Außerdem sind charakteristische Atemöffnungen und Ölkörper vorhanden. Das kosmopolitisch verbreitete *Brunnenlebermoos*, *Marchantia polymorpha* (Marchantiaceae; Abb. ↗ Marchantiopsida) bildet bis 2 cm lange, bandartige, sich gabelig verzweigende Thalli. Die Archegonien und Antheridien werden an gestielten, schirmartigen Gametangienständern gebildet. Weitere Fam. sind die *Lunulariaceae*, die *Monocarpaceae* und die *Ricciaceae*.

Marchantiopsida, Klasse der Moose (↗ Bryophyta), in der die *thallosen Lebermoose* (↗ Hepaticae) zusammengefasst sind. Die übrigen Lebermoose (*foliose Lebermoose*) gehören zur Klasse ↗ Jungermaniopsida. Die M. umfassen die ↗ Sphaerocarpales und ↗ Marchantiales. Es sind Pflanzen mit einem flächigen, gelappten Thallus. Oft sind im Thallus charakteristische Ölkörper vorhanden, die ↗ Terpene enthalten. Ein bekannter Vertreter der M. ist das *Brunnenlebermoos (Marchantia polymorpha)*.

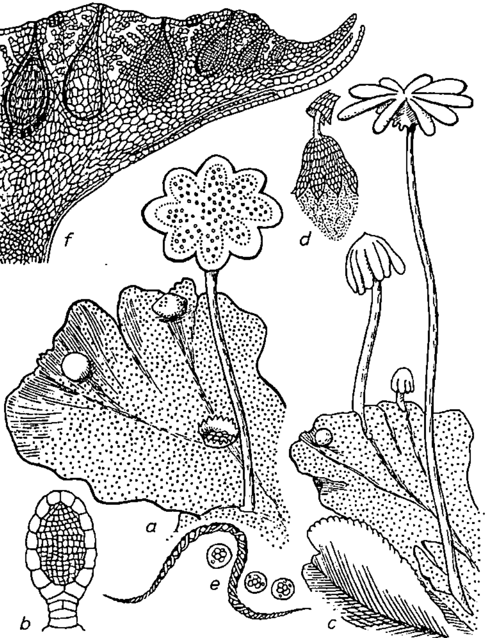

Marchantiopsida Brunnenlebermoos (*Marchantia polymorpha*). a männliche Pflanze mit Brutbecher und Antheridienstand, b Antheridium im Längsschnitt, c weibliche Pflanze mit Archegonienstand, d aufgesprungene Kapsel, aus der Sporen und Elateren austreten, e Sporen und Elater, f Längsschnitt durch Antheridienstand

Marder, *Martes*, Gatt. der Fam. Marderartige (↗ Mustelidae) mit acht Arten, die in Eurasien und Nordamerika verbreitet sind. Sie sind schnelle und gewandte Kletterer, die an ein Leben in Bäumen gut angepasst sind. Weit verbreitet in Eurasien ist der

Edelmarder (Martes martes), dessen Winterfell wegen der langen Behaarung seit jeher als Pelzwerk begehrt war. Er frisst kleine Wirbeltiere, Wirbellose, Eier und Aas; die eher dämmerungs- und nachtaktiven Edelmarder meiden menschliche Siedlungen; dies im Unterschied zu dem mehr in den südlicheren Regionen Eurasiens verbreiteten *Haus-* oder *Steinmarder (Martes foina)*, der sich nicht selten auf dem Dachboden von Häusern ansiedelt. Bemerkenswert ist seine Vorliebe für Kabel und Schläuche von Autos, die angefressen werden. Das seidig glänzende Fell des in Asien verbreiteten *Zobel (Martes zibellina)* galt in allen Zeiten als sehr kostbar; daher wurden die Z. so stark bejagt, dass ihre Bestände zeitweise bedroht waren. Bereits 1936 wurden Zobel in Russland in Farmen gezüchtet und ausgewildert, sodass sich die Bestände erholt haben.

Marderartige, die Fam. ⌐ Mustelidae.

Marienkäfer, die Fam. ⌐ Coccinellidae.

Marihuana, ⌐ Haschisch.

Marille, die ⌐ Aprikose.

marin, zum ⌐ Meer gehörend, im Meer lebend.

marine Ökologie, die ⌐ Meeresökologie.

Mark, 1) der innerhalb des Leitbündelringes liegende Bereich des Grundgewebes (⌐ Parenchym). Das M. besteht aus lebenden oder frühzeitig absterbenden Zellen.

2) bei Flechten die algenfreie Zone zwischen Algenschicht und Unterrinde bzw. Substrat.

Marker, die aus dem Englischen übernommene Bez. („Markierung") für unterschiedliche Begriffe aus biologischen Teildisziplinen.

1) *Gen-M.*, ein durch eine Mutation im Phänotyp leicht erkennbares Allel eines Gens, das bei der ⌐ Genkartierung verwendet wird. In derselben Weise können auch *molekulare Marker* verwendet werden, wie z. B. RAPD-oder RFLP-Marker.

2) *Mikrobiologie, Gentechnik*, ein Gen, mit dessen Hilfe die Transformation von Bakterien, Tieren und Pflanzen überprüft werden kann. Häufig werden Gene verwendet, die für ein Enzym codieren, das eine Resistenz gegenüber einem Antibiotikum oder Herbizid vermittelt (*selektierbarer Marker*). Individuen, die dieses Gen aufgenommen haben, können dadurch auf Antibiotika-haltigem Wachstumsmedium wachsen (⌐ Klonierung).

3) *Elektrophorese, Chromatographie.* Substanzen, die aufgrund ihrer bekannten Größe als Bezugssystem verwendet werden. Bei der Gelelektrophorese von Nucleinsäuren und Proteinen lässt sich so die Größe eines Fragments bzw. Peptids ermitteln. Als DNA-Marker wird häufig virale DNA verwendet, die mit bestimmten ⌐ Restriktionsenzymen in definierte Fragmente hydrolysiert wurde.

4) *Isotope.* Ein radioaktives Isotop, mit dem Biomoleküle markiert werden, um z. B. ihr Schicksal im Organismus verfolgen zu können (*Tracerexperimente*).

Markerenzyme, die ⌐ Leitenzyme.

Markstrahlen, parenchymatische Zellbänder, die den Stängel zwischen den ⌐ Leitbündeln durchsetzen und den Stoffaustausch in radialer Richtung vermitteln.

Marmota, die Gatt. ⌐ Murmeltiere.

Maronen, die Nüsse der ⌐ Edelkastanie.

Marsileales, Ord. der Wasserfarne (⌐ Hydropterides), deren Arten sumpfigen Boden bewohnen. Die Blätter des *Kleefarns, Marsilea quadrifolia*, erinnern an ein vierblättriges Kleeblatt.

Marsupialia, *Beuteltiere*, Taxon der Säugetiere (⌐ Mammalia) mit 17 Fam. und 270 Arten, die in Nord- und Südamerika sowie in Australien beheimatet sind. Gemeinsamkeiten finden sich in Schädelmerkmalen. Der größte Teil der Beuteltiere besitzt einen *Brutbeutel (Marsupium*; Name!). Je nach Gruppe handelt es sich hierbei um eine ringförmige Hautfalte um jede Zitze, einen gemeinsamen Beutelwall, der alle Zitzen umgibt oder einen geschlossenen Beutel, der nach hinten oder vorne geöffnet sein kann. Ursprünglich sind bei den M. zwei getrennte Gebärmuttern („*Didelphia*") und Scheiden angelegt, die aber bei allen heutigen M. mehr oder weniger während der Individualentwicklung verwachsen. Die M. verfügen über keine leistungsfähige Placenta; die Embryonen werden von Ausscheidungen der Uterusschleimhaut ernährt, die über Chorionzotten aufgenommen werden (*Dottersackplacenta*). Die Embryonen werden nach maximal 40 Tagen bei einer Größe von nur 0,5 - 3 cm geboren, mit noch weitgehend unterentwickelten Sinnesorganen und stummelhaften Extremitäten. Ihre Entwicklung setzt sich im Brutbeutel fort, wobei die Jungen während ihres Aufenthalts dort ständig an der mütterlichen Zitze hängen; die Milch wird ihnen eingespritzt. Die Jungen finden den Weg zum Brutbeutel mit Hilfe des Geruchssinns. – Die Ernährung der M. ist sehr unterschiedlich vom reinen Fleisch- bzw. Pflanzenfresser über Allesfresser bis zu Nahrungsspezialisten (Honigbeutler, Ameisenbeutler, Koala). Sie sind meist dämmerungs- und nachtaktiv, bei manchen Gruppen sind Rangordnungen ausgebildet. In ihrem Verbreitungsgebiet bewohnen sie alle Lebensräume, mit Ausnahme des Wassers. – Zu den M. gehören u. a. die Fam. ⌐ Myrmecophagidae (Ameisenbeutler), ⌐ Notoryctidae (Beutelmulle), ⌐ Peramelidae (Nasenbeutler), ⌐ Dasyuridae (Raubbeutler), ⌐ Macropodidae (Kängurus) sowie als einzige Art der Fam. Phascolarctidae der ⌐ Koala.

Marsupium, der ⌐ Brutbeutel.

Martes, die Gatt. ⌐ Marder.

Masern, durch das Masernvirus (⌐ Paramyxoviren) hervorgerufene ⌐ Infektionskrankheit mit hoher Infektiosität. Die Viren werden durch Tröpfcheninfektion übertragen. Zu den Symptomen gehören Fieber, Schnupfen, Husten, Bindehautentzündung und ein grobfleckiges Exanthem (Ausschlag), das sich, am Hals beginnend, auf den gesamten Körper ausbreitet. Als zusätzliche Komplikationen können Mittelohrentzündung, Bronchitis und Lungenentzündung auftreten. M. kann außerdem zu einer Masern-Encephalitis führen, die mit einer hohen Letalität belastet ist.

Maskierung, ↗ Abwehr.

Massenaussterben, Bez. für Phasen in der Erdgeschichte, in denen – meist durch Umweltveränderungen größeren Ausmaßes – die Mehrzahl der Arten vermutlich recht wahllos ausgelöscht wurde und die Vernichtungsrate bis zu 20 Fam. pro Jahrmillion betrug. Solche M. sind vor allem durch die Dezimierung von Tieren mit harten Körperteilen aus flachen Meeren dokumentiert, weil von ihnen die Fossilfunde am vollständigsten sind. Insgesamt sind durch Fossilnachweis im Laufe der Erdgeschichte rund ein Dutzend M. bekannt, von denen zwei besonders einschneidend waren. Das erste war das große Aussterbeereignis im ↗ Perm vor etwa 250 Mio. Jahren, durch das die Grenze zwischen Erdaltertum (↗ Paläozoikum) und Erdmittelalter (↗ Mesozoikum) festgelegt ist. Ihm fielen über 90 % der zuvor existierenden Meerestiere zum Opfer und auch die Bestände der Landtiere erlitten einen Einbruch (so verschwanden acht von 27 Insektenordnungen). Dieses M. geschah in der Zeit, als die Kontinente sich zu Pangäa zusammenschlossen, dadurch zahlreiche marine und terrestrische Lebensräume zerstört wurden, und sich das Klima änderte. So kam es im heutigen Sibirien zu einer Periode massiver Vulkanausbrüche, die unter Umständen zu einer weltweiten Abkühlung führten. Das zweite große M. ist dasjenige am Ende der ↗ Kreide vor 65 Mio. Jahren, das die Grenze zwischen Erdmittelalter und Erdneuzeit (↗ Känozoikum) markiert. Bei diesem M. wurden mehr als die Hälfte aller marinen Arten sowie zahlreiche landlebende Pflanzen- und Tierarten ausgelöscht (↗ Dinosaurier).

Massenströmung, Bez. für den Transport gelöster Substanzen mit dem Lösungsmittelstrom, wie er in der Bodenlösung, im Xylem und Phloem erfolgt. (↗ Druckstromtheorie, ↗ Phloembeladung)

Massentierhaltung, Haltung und Züchtung einer großen Anzahl von Nutztieren (z. B. Schweine, Hühner, Rinder) auf engstem Raum in fabrikähnlichen Anlagen zugunsten rationeller Produktion von Fleisch, Eiern, Milch. Die intensive Aufzucht ist oft mit der Verwendung von Hormonen, ↗ Antibiotika, Beruhigungsmitteln, Wachstumsstimulantien (Masthilfsmittel) und anderen Mitteln verbunden. Da die Tiere sich in ihren Käfigen (bei Hühnern z. B.

in Form von *Legebatterien*) bzw. Stallungen häufig kaum bewegen können und ihre natürlichen Verhaltensweisen völlig ausgeschaltet werden, ist diese Art der Tierhaltung unter dem Gesichtspunkt des Tierschutzes nicht tragbar. (↗ Landwirtschaft und dazugehöriges Essay: ↗ Tierquälerei in der Landwirtschaft, ↗ Tierschutz)

Massenwechsel, *Fluktuation*, Bez. für starke Schwankungen in der Dichte einer ↗ Population in einem bestimmten Raum im Laufe der Generationen. Die jährlichen Schwankungen werden als *Oszillationen* bezeichnet. Kommt es innerhalb weniger Jahre zu einem auffallenden Anstieg der Massenwechselkurve, z. B. bei Forstschädlingen, handelt es sich um eine *Gradation (Massenvermehrung)*. Eine Massenvermehrung führt oft zu ernsthaften wirtschaftlichen Schäden, zu einer *Kalamität*. Vor einer Massenvermehrung ist die Populationsdichte unauffällig (Latenzphase). Den Anstieg bis zum höchsten Punkt der Gradationskurve bezeichnet man als *Progradation*, den Abfall bis zur nächsten Latenzphase als *Retrogradation*. Der Höhepunkt einer Gradation (Kulmination) löst Übervölkerungseffekte aus. Am Zusammenbruch einer Massenvermehrung und am M. generell sind Räuber, Parasiten, Krankheitserreger und klimatische Bedingungen beteiligt. Ein *zyklischer M.* liegt vor, wenn die zeitlichen Abstände zwischen Latenz und Kulmination etwa gleich sind. *Nicht zyklische M.* sind unabhängig von der Populationsdichte und können durch Klima oder Witterung verursacht werden.

Mastax, der ↗ Kaumagen.

Mastdarm, Rectum, Teil des ↗ Darms.

Mastigophora, die ↗ Flagellata.

Mastixstrauch, *Pistacia lentiscus*, im Mittelmeergebiet vorkommender kleiner Baum der ↗ Anacardiaceae. Das *Mastixharz* (↗ Harz) wird u. a. zur Herstellung von Spezialkitten verwendet.

Mastodonten, Singular *Mastodon*, allg. Bez. für die im Tertiär nachgewiesenen Vorfahren der Elefanten (Rüsseltiere, ↗ Proboscidea), die seit dem ↗ Oligozän aus Afrika bekannt sind und sich im Jungtertiär bis nach Amerika ausbreiteten. Die ältesten bekannten M. (Gatt. *Palaeomastodon*) besaßen noch keinen Rüssel, die letzten bekannten M. (Gatt. *Gomphotherium* oder *Mastodon*) lebten zusammen mit dem Menschen in Südamerika, wo sie gegen Ende der letzten Eiszeit ausstarben. Bei ihnen waren die Schneidezähne des Oberkiefers und z. T. auch des Unterkiefers zu langen geraden oder gekrümmten Stoßzähnen ausgebildet. Aus *Gomphotherium* lassen sich die ↗ Mammute ableiten.

Mastzellen, den basophilen ↗ Granulocyten sowohl funktionell als auch strukturell weitgehend entsprechende Zellen des Immunsystems, die im lockeren ↗ Bindegewebe und in den Schleimhäuten vorkommen. Die im Zellkörper liegenden Granula enthalten ↗ Chondroitinsulfat, ↗ Heparin, ↗ Histamin sowie chemotaktische Faktoren, die gezielt ↗ Leukocyten anlocken. Wenn ↗ Antigene die Haut oder Schleimhaut durch Wunden passiert haben, werden die Fremdproteine vermittels Immunglobulin E (IgE) an die Oberfläche der M., die IgE-Rezeptoren trägt, gebunden. Heparin verhindert die ↗ Blutgerinnung in entzündetem Gewebe und das Gefäß erweiternde Histamin wird ebenfalls bei ↗ Entzündungsreaktionen sowie bei ↗ Allergien freigesetzt.

Mate, *Maté*, *Ilex paraguariensis*, aus Südamerika stammender 6 - 14 m hoher Baum der ↗ Aquifoliaceae, dessen coffeinhaltige Blätter den *Mate-Tee* (Jesuitentee) liefern.

maternale Effekte, durch mütterliche Gene (↗ maternale Gene) hervorgerufene Wirkungen im Embryo.

maternale Gene, in der Entwicklungsbiologie die bereits während der ↗ Oogenese aktiven Gene, deren Transkripte allerdings erst im Embryo ihre Funktion erfüllen. Ihre Wirkung wird somit durch die genetische Konstitution der Mutter beeinflusst, wohingegen die des Embryos für seine Embryonalentwicklung bedeutungslos ist. M. G. spielen z. B. bei ↗ Drosophila melanogaster eine wichtige Rolle bei der Organisation des Embryos.

Matoniales, Ord. der ↗ Pteridopsida, bei deren Arten die Sporangien zu wenigen in Sori zusammenstehen und von einem schildförmigen Indusium überdacht sind.

Matricaria, Gatt. der ↗ Asteraceae.

Matrix, i. w. S. eine Grundsubstanz ohne innere Struktur, i. e. S. der Innenraum der Mitochondrien. (↗ extrazelluläre Matrix)

Matrizenstrang, *template strand*, das DNA-Molekül („Strang") der DNA-Doppelhelix, an dem während der ↗ Transkription die Synthese der ↗ messenger RNA erfolgt. Welcher der beiden Stränge der M. ist, kann von Gen zu Gen verschieden sein. Der M. wird gelegentlich auch als *codogener Strang* bezeichnet.

matrokline Vererbung, *mütterliche Vererbung*, die häufigste Form der *extrachromosomalen Vererbung*, die bereits zu Beginn des 20. Jh. durch C. ↗ Correns bei den grün und weiß gefärbten Blättern der Wunderblume *Mirabilis jalapa* beobachtet wurde. Im Unterschied zu einer ↗ Geschlechtschromosomen-gebundenen Vererbung, bei der reziproke Kreuzungen unterschiedliche Phänotypen ergeben, wird bei der m. V. der Phänotyp ausschließlich durch den mütterlichen Phänotyp verursacht. Grund für diese Form der Vererbung ist die Tatsache, dass ↗ Mitochondrien und ↗ Plastiden über ein eigenes Genom verfügen. Beispiele für die m. V. sind die durch mitochondriale Gene hervorgerufene Pollensterilität (*cytoplasmatic male steri-*

lity) beim Mais sowie bestimmte Krankheiten des Menschen. Gegensatz: ↗ patrokline Vererbung

Matte, natürliches Grasland der alpinen Stufe (↗ Höhenstufen).

Mauereidechse, Art der Fam. ↗ Lacertidae.

Mauergecko, Art der Fam. ↗ Gekkonidae.

Mauersegler, ↗ Apodiformes.

Maulbeerbaum, *Morus*, Gatt. der ↗ Moraceae. Der aus Ostasien stammende *Weiße Maulbeerbaum* (*Morus alba*) und der aus Westasien stammende *Schwarze Maulbeerbaum* (*Morus nigra*; Abb. ↗ Moraceae) werden bis zu 10 m hoch. Die Blätter von *Morus alba* sind schon seit 5000 Jahren als Futter für Seidenraupen bekannt. Die brombeerförmigen Früchte beider Arten sind essbar.

Maulbeergewächse, die Fam. ↗ Moraceae.

Maulbeerkeim, die ↗ Morula.

Maulbeer-Seidenspinner, ↗ Bombycidae.

Maulbrüter, Fischarten, die die abgelegten Eier in das Maul nehmen und dort bebrüten. Die geschlüpften Jungfische werden bei einigen Arten zunächst nur zeitweise aus dem Maul gelassen. Maulbrutpflege hat sich bei verschiedenen Fischgruppen entwickelt (z. B. bei Buntbarschen).

Maul- und Klauenseuche, Abk. *MKS*, durch das Aphtenvirus (↗ Picornaviren) verursachte, hochinfektiöse Erkrankung bei Klauentieren (Rinder, Schafe, Ziegen, Büffel, Rotwild, Damwild). Typisch ist die Bildung von Aphten (infektöse Bläschen) an den Schleimhäuten im Maulbereich und an den Eutern. Die Erkrankung breitet sich über die Speiseröhre in die Mägen aus. Dies ist mit starken Schmerzen verbunden, sodass die Tiere nicht mehr fressen. Hinzu kommen schmerzhafte Entzündungen an den Klauen. Die Erkrankung verläuft für Jungtiere oft tödlich.

Maulwürfe, die Fam. ↗ Talpidae.

Maulwurfsgrille, Art der ↗ Grylloida.

Mauritiushanf *Furcraea foetida*, Rosettenbaum der ↗ Agavaceae mit bis zu 3,5 m langen, bandförmigen Blättern. Aus den Blättern werden Fasern gewonnen. (↗ Faserpflanzen)

Mäuse, 1) *Echte Mäuse*, die Fam. ↗ Muridae.

2) *Mäuse im engsten Sinn*, *Mus*, Gatt. der Fam. Muridae mit etwa 35 bis 40 Arten, die in vier Untergatt. zusammengefasst sind. Bekannteste Art ist die ↗ Hausmaus (*Mus musculus*).

Mauser, *Federwechsel*, das Erneuern des ↗ Gefieders (*Vollmauser*) oder von Gefiederteilen (*Teilmauser*) bei Vögeln. Die M. findet meist einmal jährlich im Anschluss an die Fortpflanzungszeit statt, kann aber auch zweimal im Jahr (Sommer- und Winterkleid) oder, wie bei einigen Großvögeln auch nur alle zwei Jahre stattfinden. I. d. R. findet der Gefiederwechsel allmählich statt und beeinträchtig nicht die Flugfähigkeit, eine Ausnahme bilden u. a. Taucher, Enten, Schwäne, Gänse, Kraniche, die alle Schwungfedern gleichzeitig abwerfen und sich für die daraus resultierende Zeit der Flugunfähigkeit verborgen halten. Bei der M. schiebt die neue ↗ Feder die alte aus dem Federbalg heraus. Gesteuert wird die M. vor allem durch Hormone der ↗ Schilddrüse, jedoch ist von einigen Arten auch eine endogene Jahresperiodik bekannt. (↗ Biorhythmik)

Mausohr, Art der Glattnasen (↗ Vespertilionidae).

Maxilla, der Oberkiefer (Schädel).

Maxillardrüse, *Schalendrüse*, neben der Antennendrüse das paarige Ausscheidungsorgan der Krebse (↗ Crustacea). Die M. münden an der Basis der zweiten Maxillen nach außen und sind umgewandelte ↗ Nephridien. Die M. sind die alleinigen Exkretionsorgane aller erwachsenen niederen Krebse, finden sich aber auch bei einigen höheren Krebsen (↗ Malacostraca), so z. B. bei den ↗ Isopoda. Besondere Bedeutung besitzen die M. bei den Süßwasserbewohnern als Regulationsorgane des Wasserhaushalts und Salzstoffwechsels. (↗ Osmoregulation)

Maxillare, *Os maxillare*, der paarige Oberkieferknochen der Wirbeltiere. Er ist bei den Hominoidea mit dem Zwischenkieferknochen zum Oberkiefer (*Maxilla*) verschmolzen. (↗ Schädel)

Maxillen, die Unterkiefer der ↗ Mundgliedmaßen der Gliederfüßer (↗ Arthropoda).

Maxillipeden, ↗ Mundgliedmaßen.

Maxillopoda, Gruppe der Krebse (↗ Crustacea), in der acht Gruppen kleiner Crustaceen zusammengefasst sind, die eine geringe Zahl an Körpersegmenten besitzen. Mit Ausnahme der zu den ↗ Malacostraca gehörenden ↗ Isopoda gehören hierzu alle parasitischen Krebse, oftmals mit auffällig abgewandeltem Körperbau. Den M. werden u. a. folgende Taxa zugeordnet: Muschelkrebse (↗ Ostracoda), Karpfenläuse (↗ Branchiura), Zungenwürmer (↗ Pentastomida), Ruderfußkrebse (↗ Copepoda), ↗ Tantulocarida, ↗ Ascothoracida, Rankenfüßer (↗ Cirripedia) und die mikroskopisch kleinen *Mystacocarida*, die vorwiegend die Sandlückensysteme der Meeresstrände bewohnen und unter günstigen Bedingungen Besiedlungsdichten von bis zu 15 Mio. Tieren pro Kubikmeter Sand erreichen können.

maximale Arbeitsplatzkonzentration, der ↗ MAK-Wert.

Mayr, *Ernst*, deutsch-amerikan. Zoologe und Evolutionsbiologe, ✻ 5.7.1904 Kempten (Allgäu); ab 1926 am Museum für Naturkunde in Berlin, 1932-53 Kustos am American Museum of Natural History in New York, 1953-75 Prof. an der Harvard University in Cambridge (Massachusetts), dort 1961-70 auch Direktor des Museum of Comparative Zoology. M. ist einer der bedeutendsten Evolutionsforscher des 20. Jh. Er verfasste u. a. Arbeiten über den Artbegriff, zu Artenbildung, Tiergeografie und Systematik; er entwickelte die evolutionäre Klassifikation, in der auch paraphyletische (↗ Paraphylum) Gruppen zugelassen sind, und ist Mitbegründer der ↗ Synthetischen Theorie der Evolution.

McClintock, *Barbara*, amerikan. Botanikerin und Genetikerin, ✻ 16.6.1902 Hartford (Connecticut), † 2.9.1992 Huntington (New York); bis 1931 Lehrtätigkeit an der Cornell University in Ithaca (New York), nach Forschungsaufenthalten und Tätigkeiten an verschiedenen Universitäten seit 1974 am Cold Spring Harbour Laboratory (Long Island, New York). M. erhielt 1983 den Nobelpreis für Physiologie oder Medizin für ihre 1957 an Mais u. a. Pflanzen gemachte Entdeckung der „controlling elements", die sie als bewegliche Abschnitte des Genoms („springende Gene", ↗ Transposons) deutete.

M-CSF, Unterklasse der ↗ Kolonie stimulierenden Faktoren.

mechanische Sinne, zusammenfassende Bez. für die bei tierischen Organismen in unterschiedlicher Ausprägung vorhandene Fähigkeit, mechanische Reize wie Druck, Berührung, Bewegung, Schall usw. wahrzunehmen. Die entsprechenden Sensoren, die durch Deformation gereizt werden, bezeichnet man als *Mechanorezeptoren*. Beispiele für Mechanorezeptoren sind u. a. die ↗ Muskelspindeln, die Informationen über die Spannung der Muskeln liefern, die *Ruffini-Körperchen* und die *Borstenfelder* bei Insekten, die über Gelenkstellungen informieren, sowie ↗ Statocysten zur Wahrnehmung der Schwerkraft. Zu den m. S. gehören u. a. der ↗ Tastsinn, der ↗ Gehörsinn, der ↗ Gleichgewichtssinn. (↗ Hautsinn)

Mechanorezeptoren, ↗ mechanische Sinne.

Meckel, *Johann Friedrich* der Jüngere, deutscher Anatom und Zoologe, ✻ 17.10.1781 Halle/Saale, † 31.10.1833 Halle/Saale; ab 1805 Prof. in Halle/Saale. M war der führende Vertreter der Anatomie in Deutschland seiner Zeit. Bereits 1821 deutete er den Grundgedanken der ↗ biogenetischen Grundregel an, dass die Indiviudalentwicklung nach denselben „Gesetzen verläuft" wie die Stammesentwicklung. Nach ihm benannt sind u. a. die *Meckel-Divertikel* und die *Meckel-Knorpel*.

Mecoptera, *Schnabelfliegen*, Gruppe der ↗ Insecta mit 350 Arten, davon in Mitteleuropa zehn. Sie sind 3,5 - 20 mm lang mit einer Flügelspannweite von 20 - 40 mm und haben einen nach vorne geneigten Kopf mit einem schnabelartig verlängerten Vorderteil (Name!). Die vier schmalen Flügel sind selten reduziert, die Verwandlung ist vollkommen. Der Körper der raupenähnlichen Larven ist mit kräftigen Borsten besetzt. Adulte und Larven sind überwiegend Aasfresser und Räuber. Im Unterholz und an Bachrändern findet sich von Frühjahr bis

Herbst die *Gemeine Skorpionsfliege (Panorpa communis)*, deren Männchen am Hinterleibsende ein als Kopulationsorgan dienendes, zangenförmiges Gonopodium tragen.

Medianaugen, Augentyp der Gliederfüßer (↗ Arthropoda). M. sind bei den Webspinnen (↗ Araneae) die Hauptaugen, bei den Krebsen (↗ Crustacea) die Naupliusaugen und bei den Insekten (↗ Insecta) die Stirnocellen.

Mediatoren, durch unterschiedliche Stimuli freigesetzte bzw. aus Vorläufern im Blut oder in Geweben neu gebildete endogene Wirkstoffe, denen pathogenetische Bedeutung u. a. bei ↗ Allergien, ↗ Entzündungsreaktionen und verschiedenen Schockzuständen zugeschrieben wird.

Medicago, Gatt. der ↗ Fabaceae.

Medinawurm, *Dracunculus medinensis*, in den warmen Gebieten der Erde lebender Fadenwurm (↗ Nematoda), der beim Menschen parasitiert. Die 5 - 120 cm langen Weibchen leben im Unterhautgewebe von Körperpartien, die häufig mit Wasser in Berührung kommen. Sie verursachen dort ein blasiges, stark juckendes Geschwür, das durch Kratzen aufreißt. Bei Kontakt mit Wasser streckt das Weibchen sein Vorderende ins Freie und entlässt Tausende winziger juveniler Stadien ins Wasser. Im Körper von Ruderfußkrebsen (↗ Copepoda) der Gatt. *Cyclops* entwickeln sie sich zur infektiösen Dauerlarve. Wird der Ruderfußkrebs mit Trinkwasser verschluckt, bohren sich die jungen M. durch die Darmwand in die Lymphbahnen, häuten sich in der Brust- und Bauchhöhle zweimal, kopulieren, und die Weibchen wandern ins Unterhautgewebe; die Männchen sterben nach der Kopulation. Die aus dem Geschwür herausragenden Weibchen werden mechanisch durch Aufwickeln auf ein Holzstäbchen entfernt, außerdem wird chemotherapeutisch behandelt. Zur Vorbeugung muss das Wasser gefiltert oder abgekocht werden.

mediterranes Klima, ein ↗ Klima, das durch regenreiche, kühle Winter und trockene, heiße Sommer gekennzeichnet ist.

Medizinische Mikrobiologie, Teilgebiet der ↗ Mikrobiologie, das sich mit den krankheitserregenden Mikroorganismen befasst. Sie untersucht deren Eigenschaften, ihre Wirkung auf den Menschen und die Möglichkeiten zur Bekämpfung der Krankheitserreger. (Literatur ↗ Mikrobiologie).

Medizinischer Blutegel, *Hirudo medicinalis*, zu den ↗ Euhirudinea gehörender, in flachen stehenden Gewässern Eurasiens beheimateter Egel, der vor allem an Säugetieren Blut saugt. Der M. B. injiziert beim Saugen ein Speichelsekret, das leicht lokal betäubend wirkt, und durch das enthaltene *Hirudin*, das spezifisch ↗ Thrombin durch Blockierung seiner Substrat bindenden Gruppen hemmt, die ↗ Blutgerinnung verhindert, sodass die Wunde

noch sechs bis zehn Stunden nachblutet. Der M. B. wurde früher in der Medizin zum *Blutschröpfen* verwendet und zu diesem Zweck besonders im 19. Jh. in riesigen Mengen gefangen und gezüchtet. In der plastischen Chirurgie wird er auch heute noch verwendet. In Deutschland ist der M. B. fast ausgestorben.

Medulla, Bez. für das Mark anatomischer Strukturen.

Medulla oblongata, das verlängerte Mark (↗ Gehirn).

Medulla spinalis, das ↗ Rückenmark.

Meduse, *Qualle*, die fast immer frei schwimmende Form der Nesseltiere (↗ Cnidaria) und der Rippenquallen (↗ Ctenophora). ↗ Polyp

Meer, *Ozean*, zusammenhängende Wassermasse der Erde. Mit rund 71 % der Erdoberfläche ist das M. der größte Lebensraum. Die mittlere Meerestiefe liegt bei 3800 m, die Maximaltiefe bei 11000 m. Der Küstenstreifen mit max. 200 m Tiefe bildet die *Flachsee (Schelfmeer)*, die den *Schelf* bedeckt. Wo der Schelf in den Kontinentalabhang, das Bathyal, übergeht, beginnt die küstenferne *Hochsee*. Der Salzgehalt beträgt im Mittel 35 ‰, schwankt jedoch sehr stark in den Nebenmeeren (nördliche Ostsee 2 ‰, Rotes Meer 41 ‰). Das M. gliedert sich in die beiden großen ↗ Gewässerregionen Benthal (Bodenregion) und Pelagial (Freiwasserzone).

Der Bereich des *Benthals* bis zu einer Wassertiefe von 200 m wird als *Litoral* bezeichnet. Dieses gliedert sich in das nur von Spritzwasser und Springtiden erreichbare *Supralitoral*, das zwischen Niedrig- und Hochwasserlinie liegende *Eulitoral* und in einen permanent von Wasser bedeckten Abschnitt, das *Sublitoral*. Nach einer neueren Definition ist das Litoral die *euphotische Zone* (Lichtzone) des Benthals. Unterhalb einer Wassertiefe von 200 m beginnt formal die ↗ Tiefsee, wobei sich jedoch die eigentlichen Tiefseelebewesen erst ab einer Tiefe von 500 - 1000 m finden.

Der über dem Litoral befindliche Bereich des Pelagials ist die *Neritische Provinz*, der Bereich der Hochsee die *Ozeanische Provinz*. Das *Epipelagial* reicht wie das Litoral bis zu einer Tiefe von 200 m. Daran schließt sich das *Bathypelagial* an, in dessen oberem Bereich (*Mesopelagial*) noch geringe Lichtmengen vorhanden sind. Das eigentliche Bathypelagial beginnt unter 1000 m Tiefe und ist lichtlos (aphotische Zone).

Die *Meeresflora* besteht vorwiegend aus ↗ Thallophyten, v. a. aus Rot- und Braunalgen. Blütenpflanzen wie Mangroven-Bäume, Queller und Seegras sind entweder auf den Strand oder auf die Gezeitenzone und die oberen Teile des Sublitorals (Schelf) beschränkt. Das Phytoplankton (↗ Plankton) entwickelt sich im durchleuchteten Epipelagial. Die *Meeresfauna* besteht aus Vertretern aller

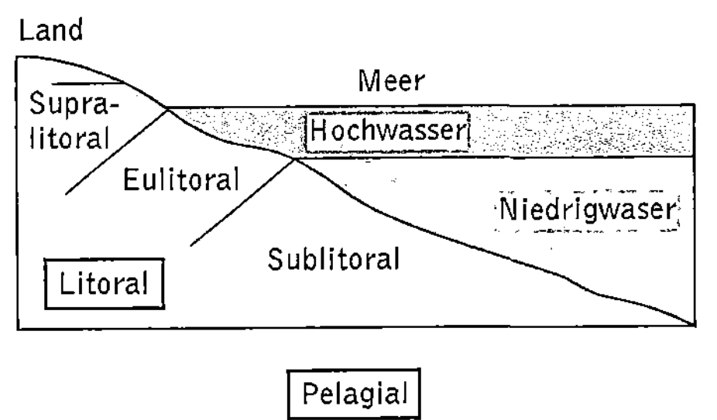

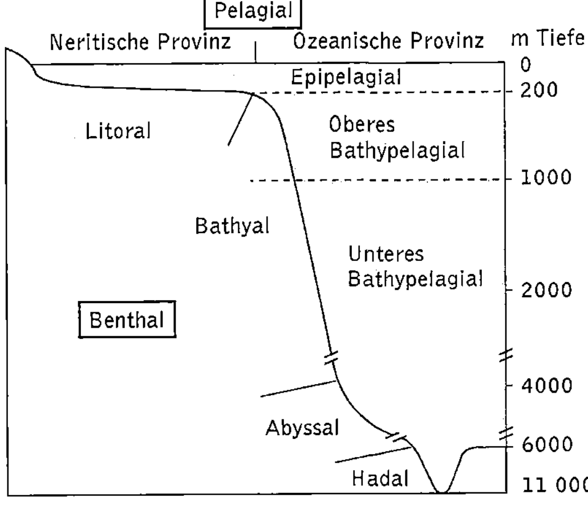

Meer Gliederung des Meeres in Lebensbereiche

Tierstämme und besiedelt alle Regionen des Meeres. Die größte Artenvielfalt findet sich im Sublitoral und im Epipelagial. Mit zunehmender Tiefe nimmt die Arten- und Individuenzahl ab. (Zur Tiefseefauna ↗ Tiefsee)

Eine starke Bedrohung der im Meer lebenden Organismen geht von anthropogenen Stoffeinträgen aus. Die Verschmutzung der M. durch Schadstoffe wird zu mehr als 80 % durch Aktivitäten auf dem Festland verursacht. Durch Flüsse gelangen Halogenverbindungen, Öle, Schwermetalle und Nährstoffe in die Meere und gefährden insbesondere die Lebensgemeinschaften der Küstenregionen und die an den Küsten lebenden Menschen. Die M.-Verschmutzung fernab der Küsten geht im Wesentlichen auf Tankerunfälle und Schadstoffeinleitungen von Schiffen und Plattformen zurück. Die Folgen der M.-Verschmutzung sind: vermehrtes Algenwachstum und darauf folgender Sauerstoffmangel (↗ Eutrophierung), der zum Absterben von Arten führt, Aufnahme von Schadstoffen (↗ Gifte, ↗ Bioakkumulation) durch Tiere und Pflanzen, Ausbreitung von Krankheiten, Aussterben von Tierarten. Besonders gefährdet sind Watt-Gebiete (↗ Watt). Etwa 60 % der weltweiten Fischbestände sind entweder überfischt oder völlig ausgeschöpft. Durch Rohöl aus Tankern und anderen Schiffen gehen zahlreiche Organismen zugrunde. Öl wirkt als Gift, verschmutzt den Körper und beeinträchtigt die Atmung. Bei Seevögeln verklebt Öl das Gefieder, wo-

durch die natürliche Wärmeisolation verloren geht. – Zur Reduzierung der M.-Verschmutzungen existieren eine Reihe internationaler Abkommen, so das *OSPAR-Übereinkommen* (zum Schutz der Meeresumwelt des Nordatlantiks), das *Helsinki-Übereinkommen* (zum Schutz der Meeresumwelt des Ostseegebietes), das *MARPOL-Abkommen* (zur Verhütung der Meeresverschmutzung durch Schiffe), das *Paris-Übereinkommen* (zur Verhütung der Meeresverschmutzung vom Land aus) und das *Oslo-Übereinkommen* (zur Verhütung der Meeresverschmutzung durch das Einbringen von Abfällen durch Schiffe und Luftfahrzeuge). ↗ Felsbodengesellschaften, ↗ Korallenriff, ↗ Mangrove, ↗ Wasserkreislauf, ↗ Watt

Meeraale, die Fam. ↗ Congridae.

Meeräschen , die Fam. ↗ Mugilidae.

Meerbarben, die Fam. ↗ Mullidae.

Meerbrassen, die Fam. ↗ Sparidae.

Meerechse, Art der Fam. ↗ Iguanidae.

Meerengel, *Engelhaie*, die Fam. Squatinidae (↗ Selachimorpha).

Meeresleuchten, Leuchterscheinungen, die besonders in tropischen Meeren durch ↗ Biolumineszenz von Meerestieren, Meerespflanzen und Mikroorganismen hervorgerufen werden. (↗ Luciferin-Luciferase-System)

Meeresneunauge, Art der Neunaugen (↗ Petromyzonta).

Meeresökologie, *marine Ökologie*, der Bereich der ↗ Hydrobiologie, der sich mit der Erforschung vom marinen Ökosystemen befasst. (↗ Korallenriff, ↗ Mangrove, ↗ Meer, ↗ Tiefsee)

Meeresschildkröten, die Fam. ↗ Cheloniidae.

Meergänse, *Schwarze Gänse*, *Branta*, Gatt. der ↗ Gänse, deren Gefieder auffällige Farbkontraste zeigt; Hals und Oberkopf sind meist schwarz. Sie brüten meist in Küstennähe. Drei Arten haben ihre Brutgebiete in arktischen Küstengebieten, davon überwintern die überwiegend schwarze *Ringelgans (Branta bernicla)* und die *Nonnengans (Branta leucopsis)*, deren Gesicht ganz weiß ist, an den westeuropäischen Küsten während die *Rothalsgans (Branta ruficollis)*, deren Hals und Brust rostrot gefärbt sind, den Winter in den Steppen Südosteuropas bzw. Südwestasiens verbringt. Größte Art ist mit einer Körpergröße von 90 - 100 cm die auf den Britischen Inseln und in Südskandinavien eingebürgerte und zwischenzeitlich auch in verschiedenen Teilen Deutschlands brütende, ursprünglich aus Nordamerika stammende *Kanadagans (Branta canadensis)*.

Meergrundeln, die Fam. ↗ Gobiidae.

Meerkatzen, *Cercopithecus*, zu den Altweltaffen gehörende Gatt. mit 21 Arten, die überwiegend in den mittelafrikanischen Waldgebieten leben. M. haben einen kleinen runden Kopf mit kurzer Schnauze und ausgeprägten Überaugenwülsten. Das größenteils behaarte Gesicht zeigt unterschiedlich bunte Farbmuster. An Kinn, Wangen und Hals finden sich oft Haarkränze oder Bärte, die zur Fellfarbe kontrastieren. M. sind in Gruppen lebende Baumbewohner mit langen Hinterbeinen und mehr als körperlangem Schwanz. Sie ernähren sich meist pflanzlich. Die bekannteste Art ist die *Grüne M.* (*Cercopithecus aethiops*), die am Boden und auf Bäumen lebt und sich vor allem von Kleintieren ernährt. Sie wird in der biologisch-medizinischen Forschung als Versuchstier eingesetzt.

Meerkohl, *Crambe maritima*, an den Küsten der Nord- und Ostsee heimische Art der ↗ Brassicaceae mit kohlartigen, blaugrünen Blättern. M. wurde im 18. Jh. in England kultiviert und wie Kohl gegessen.

Meerotter, *Seeotter*, *Enhydra lutris*, im Meer lebende Art der Marderartigen (Fam. ↗ Mustelidae). M. haben ein außerordentlich dichtes Fell, dessen Luftpolster eine gute Kälteisolierung bietet, und einen hohen Stoffumsatz; beides ersetzt die bei wasserlebenden Säugetieren sonst vorhandene isolierende Fettschicht. Ihre sehr großen Nieren ermöglichen ihnen, das salzige Meerwasser zu trinken. M. suchen ihre Nahrung, Wirbellose und Fische, am Meeresgrund. Zum Verzehr der Nahrung, aber auch, um zu ruhen, treiben sie auf dem Rücken liegend auf der Wasseroberfläche. Um Ihre Nahrung (Schalentiere) zu verzehren, legen sie sich einen Stein auf die Brust und zerschlagen die Schale mit einem zweiten Stein (Werkzeuggebrauch!). M. leben in nach Geschlechtern getrennten Gruppen, die bis zu 2000 Tiere zählen können

Meerrettich, *Kren*, *Armoracia rusticana*, syn. *Cochlearia armoracia*, aus Südosteuropa stammende ausdauernde Staude der ↗ Brassicaceae, deren Wurzeln Senföl-Glykoside enthalten.

Meersalat, *Ulva lactuca*, Art der ↗ Ulvales mit blattartigen Gewebethalli (Abb. ↗ Chlorophyta), die an die Blätter von Salat (Name!) erinnern. In einigen Ländern wird M. als Salat oder Gemüse gegessen.

Meerschweinchen, die Fam. ↗ Caviidae.

Meerträubel, die Gatt. ↗ Ephedra.

Megachiroptera, *Flughunde*, *Flederhunde*, Unterord. der Fledertiere (↗ Chiroptera) mit 174 Arten in einer Familie mit 42 Gatt., die in den Tropen und Subtropen der Alten Welt verbreitet sind. Sie sind 6 - 40 cm groß mit Flügelspannweiten von 25 - 150 cm. Flughunde haben zu Flügeln umgebildete Vordergliedmaßen. Die meisten Arten haben eine Kralle auch am zweiten Finger und einen großen, gut beweglichen Daumen. Der Kopf ist hundeartig, die Ohren sind an der Basis zu einem Ring geschlossen, das Fell ist meist bräunlich. M. sind dämmerungs bzw. nachtaktiv und haben große Augen mit einer sehr hohen Dichte der Lichtrezepto-

ren auf der Netzhaut, die jedoch weder zum ↗ Farbensehen noch zur ↗ Akkommodation befähigt sind. Über die Fähigkeit zur ↗ Echoorientierung verfügt nur die Gattung *Rousettus*. Flughunde ernähren sich vor allem von pflanzlicher Kost, vereinzelt auch von Insekten. Sie sind überwiegend Baumbewohner, wenige Arten leben auch in Höhlen.

Megaloceros, *Riesenhirsch*, in Europa vom Ende des ↗ Pliozän bis in frühe ↗ Holozän Eurasiens und Nordamerikas nachgewiesene Gatt. etwa pferdegroßer Hirsche mit weiter Verbreitung in den eiszeitlichen Steppen. Die Arten hatten riesige, bis 3,5 m spannende Geweihe. (↗ atelische Bildungen)

Megaloptera, *Schlammfliegen*, Taxon der ↗ Insecta mit rund 250 Arten, von denen in Mitteleuropa nur drei (davon zwei aus der Fam. Wasserflorfliegen, *Sialidae*) vorkommen. Die Flügelspannweite beträgt 23 - 35 mm, bei dem größten Vertreter (*Acanthocorydalis kolbei*) 16 cm bei einer Körperlänge von 7 cm. Die Flügel sind breit und dunkelbraun und werden in Ruhe dachförmig über dem Hinterleib zusammengelegt. M. leben in der Nähe von Gewässern. Die Imagines nehmen kaum Nahrung auf, höchstens Nektar, die Larven sind räuberisch lebende Wasserbewohner. Die M. sind seit dem Perm, seit rund 230 Mio. Jahren bekannt.

Meganeura, im Oberkarbon (↗ Karbon) verbreitete Urlibellen mit einer Flügelspannweite von bis zu 75 cm.

Megaphyll, das ↗ Makrophyll.

Megapodiidae, *Großfußhühner*, Fam. der Hühnervögel (↗ Galliformes) mit 12 Arten in der australischen Region und Südostasien, die haushuhn- bis truthahngroß und meist bräunlich gefärbt sind. Die G. brüten nicht mit ihrem Körper, sondern bauen Brutanlagen, wobei sie die bei Fäulnisprozessen, durch Sonneneinstrahlung oder vulkanische Aktivität entstehende Wärme zum Ausbrüten nutzen.

Megasporangium, das ↗ Makrosporangium.

Megaspore, die ↗ Makrospore.

Megasporogenese, bei den ↗ Angiospermae die Bildung des weiblichen Gametophyten (Embryosack) durch ↗ Meiose der *Embryosackmutterzelle* und sich daran anschließende *postmeiotische Teilungen*. Aus der *Embryosackmutterzelle* gehen zunächst vier hintereinander angeordnete Zellen hervor, von denen drei absterben und meist die unterste erhalten bleibt, die sich zum Embryosack entwickelt. (↗ Mikrosporogenese, ↗ Blüte)

Megasporophyll, das ↗ Makrosporophyll.

Mehlkäfer, Art der Fam. ↗ Tenebrionidae.

Mehlmilbe, *Acarus siro*, bis 0,6 mm große Art der Milben (↗ Acari), die als Vorratsschädling in Mehl und Getreide lebt. Aufgrund der kurzen Generationsdauer (17 Tage unter günstigen Bedingungen), kann sie sich sehr schnell vermehren. Trockenresistente Jugendstadien der M. können bis zu zwei Jahre unbeweglich auf günstige Lebensbedingungen warten.

Mehlschwalbe, Art der Fam. ↗ Hirundinidae.

Mehltau, durch die Echten Mehltaupilze (↗ Erysiphales) und die Falschen Mehltaupilze (↗ Peronosporales) verursachte Pflanzenkrankheit.

mehrjährige Pflanzen, Bez. für Pflanzen, die über mehrere Jahre von einer Vegetationsperiode zur nächsten überleben. (↗ annuelle Pflanzen, ↗ plurienne Pflanzen)

Mehrlinge, die gleichzeitige Entwicklung mehrerer Keimlinge im Mutterleib, eine bei vielen Tieren regelmäßig vorkommende, beim Menschen jedoch seltene Erscheinung. So tritt unter natürlichen Bedingungen etwa auf 80 Geburten beim Menschen eine Zwillingsgeburt auf, und Drillinge, Vierlinge usw. sind wesentlich seltener. *Eineiige (monozygotische) M.* gehen aus einer einzigen Zygote hervor, die sich im Verlauf der Frühentwicklung in zwei oder mehr Teile spaltet, aus denen sich dann jeweils ein Individuum entwickelt. Bei *mehreiigen (polyzygotischen) M.* sind mehrere Eizellen befruchtet worden. Durch unvollständige Spaltung eines Keims entstehen *Siamesische Zwillinge,* die an einzelnen Körperpartien miteinander verwachsen sind. Zahlreiche Mehrlingsschwangerschaften enden mit der Geburt nur eines Kindes, da die anderen Embryonen häufig früh absterben. Durch die verstärkte Anwendung von Methoden der ↗ Reproduktionsmedizin ist die Zahl der Mehrlingsgeburten gestiegen. (Essay: ↗ Reproduktionsmedizin – Glück bringende Fortschritte oder unzulässige Eingriffe?, ↗ Zwillinge)

Meiose, *Reifeteilung, Reduktionsteilung,* die mit der Bildung von Geschlechtszellen (Gameten bei Tieren und wenigen Pflanzen, Gonosporen bei den meisten Pflanzen) verbundenen Kernteilungen, die zur Halbierung des Chromosomensatzes führen, sodass nach der ↗ Befruchtung wieder eine ↗ Zygote mit einem kompletten Chromosomensatz gebildet wird. Bei diploiden Organismen entstehen während der M. folglich haploide Gameten. Im Unterschied zur ↗ Mitose, bei der die genetische Gleichheit der Tochterzellen gewährleistet werden muss (*erbgleiche Teilung*), kommt es bei der M. zu einer Durchmischung des Erbgutes, sodass die sexuelle Fortpflanzung im Rahmen einer Fortpflanzungsgemeinschaft mit einem sich evolutiv verändernden Genpool ablaufen kann (*erbungleiche Teilung*). Diese so genannte *Rekombination* der Erbinformation wird während der M. durch intra- und interchromosomale Rearrangements ermöglicht.

Die M. erfolgt in zwei hintereinander ablaufenden Teilungen, die als *Meiose I* und *Meiose II* bezeichnet werden. Während der ersten Teilung kommt es zu einer gleichmäßigen Verteilung der Chromosomen auf die beiden Tochterkerne, allerdings werden dabei väterliche und mütterliche Chromosomen zufällig verteilt. Die Meiose II ähnelt in ihrem Ablauf der Mitose, da hier meist identische, z. T. aber auch nicht identische Schwesterchromatiden voneinander getrennt werden.

Meiose I: Die *Prophase I* ist in ihrem Ablauf komplex und kann in charakteristische Phasen unterteilt werden, in denen es zu intrachromosomalen Austauschvorgängen kommt. Im *Leptotän* werden die Chromosomen als dünne Stränge sichtbar, die als *Chromonemen* bezeichnet werden und durch für jedes Chromosom charakteristische Verdickungen (*Chromomeren*) gekennzeichnet sind; diese lassen sich in typischen Abständen erkennen. Im sich anschließenden *Zygotän* kommt es, von den Enden ausgehend, zur Paarung der homologen Chromosomen. Die als *Bivalente* bezeichneten Homologenpaare werden durch einen aus Proteinen und RNA bestehenden *synaptonemalen Komplex* zusammengehalten. Im Lichtmikroskop zeigen die Bivalente ein typisches Strickleitermuster, da die Muster der beiden Chromosomen übereinstimmen. Während des *Pachytän* verkürzen sich die Chromosomen weiter, sodass die beiden Chromatiden deutlich zu erkennen sind. Dieses Vierstrangstadium ist Voraussetzung für das ↗ Crossing over, bei dem ein Austausch zwischen Nichtschwesterchromatiden erfolgt. Im sich anschließenden *Diplotän* kommt es zum Auflösen des synaptonemalen Komplexes und die Homologen weichen auseinander, wobei sie nur noch durch die mikroskopisch sichtbaren Chiasmata (↗ Chiasma) zusammengehalten werden, die sich an die Chromosomenenden verschieben. Die abschließende Endphase der ersten meiotischen Prophase (*Diakinese*) führt zu einer weiteren Kondensation der Chromosomen.

Während der *Metaphase I* sind die Chromosomen wie bei der Mitose im Bereich der Äquatorialebene angeordnet, die Kernhülle löst sich auf. Die Anheftung des ↗ Spindelapparates erfolgt an den Centromeren, die sich jedoch nicht teilen, sodass in der *Anaphase I* ganze Chromosomen auseinandergezogen werden. Die Meiose I wird mit der *Telophase I* abgeschlossen. Zwischen ihr und der Meiose II, die in ihrem Ablauf an eine haploide Mitose erinnert, wird häufig eine Ruhephase (*Interkinese*) eingeschoben. Am Ende der M. sind somit nicht genetisch identische, sondern vier genetisch verschiedene Zellen (*Gonen*) entstanden, aus denen sich die Geschlechtszellen bilden können.

Die M. ist auch in ihrer zeitlichen Organisation wesentlich komplexer als die Mitose. So kann zwischen dem Diplotän und der Diakinese der Prophase I eine lange andauernde Ruhephase eingeschoben werden. Während der Ontogenese des Men-

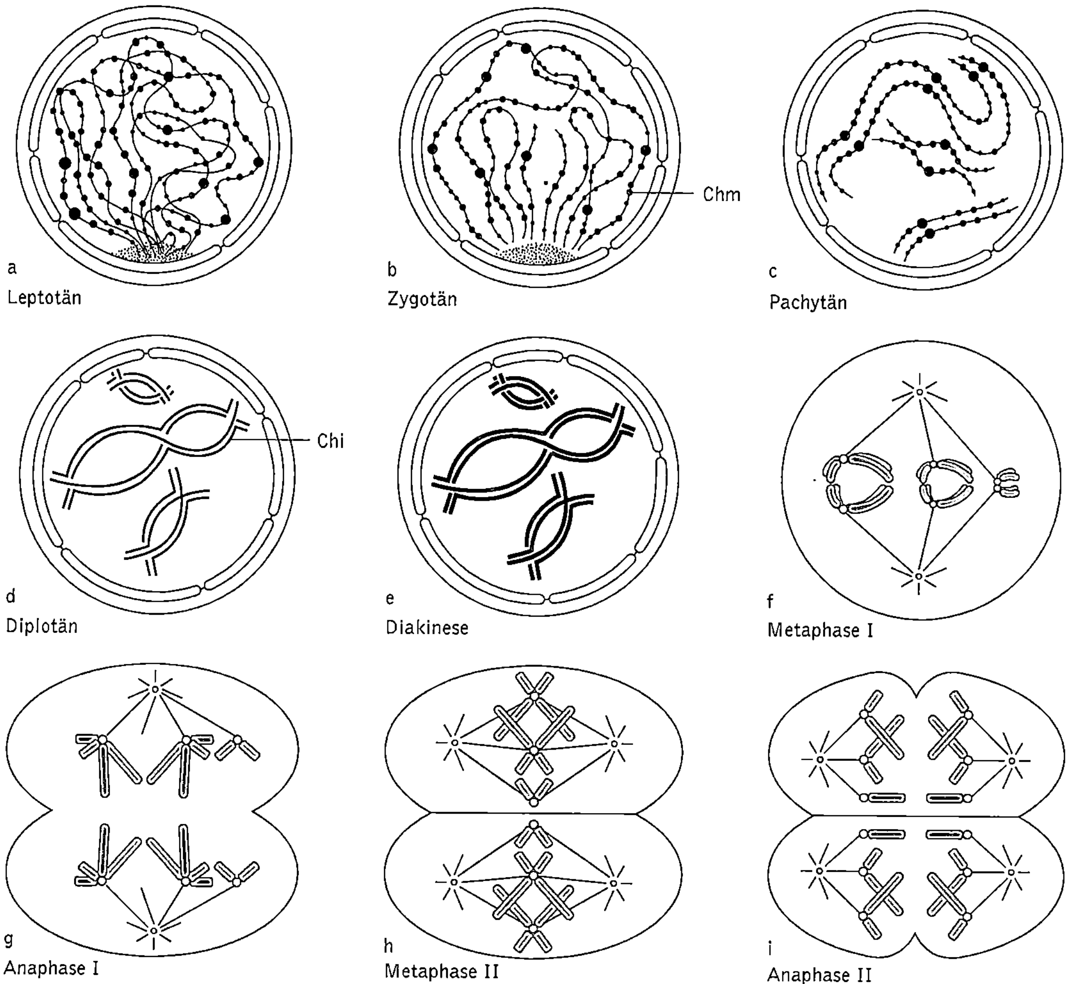

Meiose   Ausgewählte Phasen der Meiose I (a-g) und Meiose II (h,i) am Beispiel eines Chromosomensatzes von 2n = 6.
Chm = Chromomer, Chi = Chiasma

schen kommt die Meiose mehrere Jahre zum Stillstand und dauert von der Geburt bis zur ersten Follikelreifung.

Interessanterweise zeigen die nicht homologen Geschlechtschromosomen während der Meiose ein ähnliches Verhalten wie die ↗ Autosomen. Ihre Paarung erfolgt über einen so genannten *pseudoautosomalen Bereich*. Fehler während der M. sind die Ursache für eine Reihe von ↗ Genommutationen wie z. B. Aneuploidien (↗ Non-Disjunction).

Meiospore, Bez. für ↗ Sporen, deren Bildung mit einer ↗ Meiose verbunden ist.

Meisen, die Fam. ↗ Paridae.

Meißner-Plexus, ↗ Darmnervensystem.

Meißner-Tastkörperchen, ellipsenförmige, besonders zahlreich in den Finger- und Zehenbeeren der Säugetiere und des Menschen gelegene Organe des ↗ Tastsinns.

Melanconiales, ↗ Deuteromycetes.

Melanine, hochmolekulare amorphe Indolchinonpolymere mit der empirischen Summenformel $(C_8H_3NO_2)_x$. M. sind Naturstoffe, die vor allem im Tierreich bei Wirbeltieren und Insekten vorkommen, vereinzelt aber auch in Mikroorganismen, Pilzen und in höheren Pflanzen verbreitet sind. Bei Säugetieren kommen hauptsächlich zwei M.-Typen vor: die schwarzbraunen, stickstoffhaltigen *Eumelanine* und die heller gefärbten, schwefelhaltigen *Phaeomelanine*. Zusätzlich werden die niedermolekularen gelben, roten und violetten *Trichochrome* zu den M. gezählt, da sie ebenfalls als Pigmente dienen und durch Oxidation von ↗ Tyrosin entstehen.

Bildungsort der M. sind die *Melanosomen* in den *Melanocyten* und die Netzhaut des ↗ Auges. Die Biosynthese (*Melanogenese*) führt, ausgehend von der Aminosäure Tyrosin, mit Hilfe des ↗ Melanocyten stimulierenden Hormons und der ↗ Adenylat-Cyclase über verschiedene Zwischenstufen zum Indol-5,6-chinon, das zu Eumelanin polymerisiert wird. Beim Menschen und den Säugetieren wird die Pigmentierung von Haut, Haar und Augen fast ausschließlich durch M. bewirkt. Weiterhin finden sich M. in vielen Vogelfedern, in der Haut von Reptilien und Fischen, im Skelett von Insekten sowie als färbender Bestandteil der Tinte von Tintenschnecken (*Sepiamelanin*). Die M. können diffus verteilt oder in Form von Granula vorliegen. Die Entstehung von Farbmustern bei Säugetieren beruht auf Besonderheiten in der Pigmentverteilung. Beim Menschen sind die Brauntönung der Haut und die Haarfarbe nur von der Konzentration an Melanineinschlüssen abhängig. Leberflecken und Sommersprossen kommen durch besonders hohe Melaninanreicherung zustande, Sonnenlicht bewirkt vermehrte Pigmentierung, wobei das M. als Lichtschutzfaktor gegen übermäßige, schädliche UV-Strahlung gebildet wird. (↗ Albinismus, ↗ Farbwechsel).

Melanocyten stimulierendes Hormon, Abk. *MSH*, *Melanotropin*, *melanotropes Hormon*, ein unter der Kontrolle der ↗ Hypothalamushormone *Melanoliberin* und *Melanostatin* in der ↗ Hypophyse gebildetes Peptidhormon. M. stimuliert durch Aktivierung einer *Tyrosinase* die Synthese des Melanophorenpigments ↗ Melanin sowie den Transport der das Pigment enthaltenden Granula (*Melanosomen*) bei wechselwarmen Vertebraten. Die Dunkelfärbung der Haut wird durch die Verteilung der Melanosomen mittels der vielen Dendriten der Melanocyten verursacht. Im Gegensatz dazu wird die Aufhellung der Haut durch Konzentration der Melanosomen erreicht (induziert durch das *Melanin konzentrierende Hormon*). Eine Dunkelfärbung der Haut wird bei verschiedenen Krankheiten mit erhöhtem MSH-Spiegel, bei Nierenschädigung oder bei ACTH-sezernierenden Tumoren beobachtet. Bei Vögeln und Säugetieren ist die biologische Bedeutung des M. noch nicht hinreichend geklärt, gleichwohl zeigt das MSH bei Säugern starke Effekte auf eine Vielzahl von Geweben. So wurde MSH beim erwachsenen Menschen auch im Zentralnervensystem und in verschiedenen peripheren Organen gefunden. Diskutiert wird die Beeinflussung von Lern- oder Wachstumsprozessen.

Melanogrammus aeglefinus, der ↗ Schellfisch.

Melanotropin, *melanotropes Hormon*, das ↗ Melanocyten stimulierende Hormon.

Melatonin, *N-Acetyl-5-methoxytryptamin*, ein Hormon, das in der der ↗ Epiphyse, ausgehend von ↗ Tryptophan, durch katalytische Wirkung der *N-Acetyltransferase* gebildet wird. Bei Fröschen steuert es die Dispersion des schwarzen Pigments in der Haut, wobei es zur Aufhellung führt. Vermutlich ist M. eine phylogenetisch sehr alte Substanz, denn sie

wird schon bei Einzellern gefunden. M. hat einen synchronisierenden Effekt auf ↗ innere Uhren und über die tagesperiodischen Schwankungen der N-Actyltransferase spielt es eine Rolle bei der Regulation des ↗ Schlaf-Wach-Rhythmus. Außerdem scheint es bei der Regulation der Bewegungsaktivität, des Farbwechsels und der Lichtempfindlichkeit des Auges beteiligt zu sein. Darüber hinaus hemmt es bei jungen Tieren und auch beim jungen Menschen die Entwicklung der Keimdrüsenfunktion und bei erwachsenen Tieren und dem Menschen hat es antigonadotrope Wirkung, d. h. es löst eine Reduktion der ↗ Gonaden aus. (↗ Biorhythmik)

Melde, *Atriplex*, Gatt. der ↗ Chenopodiaceae (Abb. siehe dort), deren an salzreiche Böden angepasste Arten als ↗ Ruderalpflanzen und Unkräuter verbreitet sind.

Meleagrididae, *Truthühner*, Fam. der Hühnervögel, die z. T. auch als Unterfam. *Meleagridinae* der Fasanen (Fam. ↗ Phasianidae) angesehen wird. Zu den M. gehören zwei Arten, von denen das bis 1,3 m große *Truthuhn* (*Meleagris gallopavo*), das im östlichen und südlichen Nordamerika und Nordmexiko beheimatet ist, die Stammform des *Haustruthuhns* (Weibchen: *Pute*, Männchen *Truthahn, Puter*) ist.

Meliaceae, *Zedrachgewächse*, Fam. der ↗ Rutales mit ca. 570 Arten, die in den Tropen verbreitet sind. Viele Arten liefern wertvolle Edelhölzer. Zu den M. gehört auch der ↗ Niembaum.

Melinae, die ↗ Dachse.

Melissa, Gatt. der ↗ Lamiaceae.

Melisse, *Zitronen-Melisse*, *Melissa*, aus dem Vorderen Orient stammende Heil- und Gewürzpflanze der ↗ Lamiaceae mit zitronenartig duftenden Blättern. Diese enthalten die etherischen Öle *Citral*, *Citronellal* und *Linalool*. Die M. wirkt u. a. Gallensekret fördernd.

Meloidae, *Ölkäfer*, zu den ↗ Polyphaga gehörende Fam. mit rund 2400, oft metallisch oder schwarz und rotgelb gefärbten Arten, die bei Bedrohung an den Beingelenken Hämolymphe austreten lassen, die *Cantharidin* enthält. Die Weibchen legen mehrere Tausend Eier. Die sehr bewegliche Eilarve (*Triungulinuslarve*) klammert sich u. a. an Wildbienen an und lässt sich in das Nest tragen, wo sie sich von deren Eiern und Pollen-Nektar-Vorrat ernährt. Die Verpuppung findet in der Erde statt. Die adulten Käfer können als Pflanzenfresser schädlich werden. Bekannte Arten sind der 10 - 32 mm große, schwarzblaue bis schwarze *Ölkäfer* (*Meloë violaceus*) mit verkürzten Vorderflügeln (die Hinterflügel fehlen) und die leuchtend grüne, 12 - 21 mm große *Spanische Fliege* (*Lytta vesicatoria*), die einen hohen Cantharidingehalt hat, das bereits seit dem Mittelalter als Gift und Heilmittel Verwendung fand.

Melolontha, die Gatt. ↗ Maikäfer.

Melonen, Bez. für die Früchte verschiedener Gatt. der ↗ Cucurbitaceae. Wichtige Arten sind die ↗ Zuckermelone (*Cucumis melo*) und die ↗ Wassermelone (*Citrullus lanatus*).

Melonenbaum, *Papaya, Carica papaya*, aus dem tropischen Amerika stammende Kulturpflanze der ↗ Caricaceae (Abb. siehe dort). Der bis zu 10 m hohe Baum trägt handförmig eingeschnittene Blätter und kopfgroße, melonenartige Beeren (*Papayas*). Alle Pflanzenteile enthalten Milchsaft, der ↗ Papain, Chymopapain (Eiweiß spaltende Enzyme) und ↗ Kautschuk enthält.

Melonenbaumgewächse, die ↗ Caricaceae.

Membranellen, Bez. für verschiedene anatomische Strukturen: die Wimpernplatten der Rippenquallen (↗ Ctenophora), sowie die gewöhnlich in Doppelreihen stehenden, zu Cilienblättchen verklebten Cilien im Mundbereich der Wimpertierchen (Ciliata), die eine (adorale) zum Mund führende *Membranellenzone* bilden. (↗ Cilien, ↗ Flagellen)

Membranfilter, für mikrobiologische Arbeiten (u. a. Kaltsterilisation von Flüssigkeiten, Entkeimung von Gasen) verwendeter mikroporöser, bakteriendichter Filter aus Polymeren wie Celluloseacetat, Cellulosenitrat oder Polysulfon.

Membranfluss, Bez. für die in Zellen ablaufende Ausbildung von Vesikeln sowie die Fusion von Membranen, an der neben der Plasmamembran das ↗ endoplasmatische Reticulum, der ↗ Golgi-Apparat, ↗ Lysosomen sowie die Kernhülle beteiligt sind.

Membranlipide, die in ↗ Biomembranen enthaltenen ↗ Lipide, die diesen Stabilität, Flexibilität und Semipermeabilität verleihen. Als amphipathische Moleküle sind M. i. d. R. stets aus einem *lipophilen Bereich* aus Fettsäureresten und einem *hydrophilen Bereich* aus Zuckerresten (*Glykolipide*, z. B. Galactocerebrosid) oder Phosphorsäureestern (*Phospholipide*, z. B. Phosphatidyl-Cholin) aufgebaut. Ausnahmen bilden das ↗ Cholesterin u. a. Sterole.

Membranpotenzial, durch die ungleiche Verteilung verschiedener Ionen und damit elektrischer Ladungen innerhalb und außerhalb der Zelle entstehende elektrische Spannung, also eigentlich eine Potenzial*differenz*. Die elektrische Spannung zwischen Zellinnerem und dem Außenmedium kann, je nach Zelltyp, wenige μV bis etwa 100 mV betragen. Innerhalb der Zelle stellen Kaliumionen (K^+-Ionen) den Hauptanteil an positiv geladenen Ionen und Natriumionen (Na^+-Ionen) kommen nur in geringer Menge vor, außerhalb der Zelle ist es umgekehrt, es gibt viele Na^+-Ionen und wenige K^+-Ionen. Die negative Ladung wird innerhalb der Zelle im Wesentlichen durch Proteine, Aminosäuren, Sulfate, Phosphate und Carbonsäure-Anionen getragen (phosphorylierte Proteine spielen hierbei eine wichtige Rolle), während außerhalb der Zelle das Chloridion (Cl^--Ion) das Hauptanion ist. Entlang dieses Konzentrationsgefälles diffundiert K^+ dauernd aus der Zelle. Die Anionen können nicht folgen, sodass das Zellinnere negativ geladen wird. Solange keine von der Zelle induzierten Veränderungen stattfinden, bleibt dieses M. bestehen und wird als *Ruhepotenzial* der Zelle bezeichnet; das Ruhepotenzial der Muskelzelle liegt z. B. bei etwa −90 mV. Für die Aufrechterhaltung des Ruhepotenzials haben ↗ Ionenpumpen eine große Bedeutung, insbesondere die *Na^+/K^+-ATPase*, die K^+Ionen in die Zelle hineintransportiert und Na^+-Ionen heraustransportiert (im Verhältnis 2:3). Infolge von Reizeinwirkungen treten bei den Zellen Spannungsänderungen auf, die vom Ruhepotenzial ausgehen und wieder zu diesem zurückkehren. Diese Spannungsänderungen, die in Form elektrischer Impulse entlang der Membranen geleitet werden, dienen der Informationsübertragung im Organismus und ermöglichen diesem sowohl die Kommunikation mit der Umwelt als auch eine Kommunikation einzelner Teile bzw. Organe des Organismus untereinander. (↗ Aktionspotenzial, ↗ Biomembran, ↗ Erregungsleitung, ↗ Nervensystem)

Membranproteine, Proteinkomponenten von Membranen, die für die dynamischen Prozesse der meisten Membranfunktionen verantwortlich sind. Die ↗ Membranlipide schaffen als Permeabilitätsbarrieren, die dadurch Kompartimente bilden, das für die M. erforderliche Milieu. Art und Menge der M. variieren sehr stark, So ist im Myelin der Axonen von Nervenzellen der Proteinanteil mit 18 % relativ niedrig, während Plasmamembranen der meisten anderen Zellen etwa 50 % Proteine in Form von ↗ Ionenkanälen, ↗ Ionenpumpen, Rezeptoren und Enzymen u. a. enthalten. Darüber hinaus finden sich in Membranen, die wie die inneren Membranen der Mitochondrien und Chloroplasten der Energieübertragung dienen, sogar Proteinanteile von bis zu 75 %. (↗ Biomembran)

Menachinon, *Vitamin K_3*, ↗ Phyllochinon.

Menarche, Bez. für die erste Monatsblutung (↗ Menstruationszyklus) als Zeichen für die Geschlechtsreife der Frau.

Mendel, *Gregor* (Ordensname), eigentlich *Johann*, österr. Botaniker und Augustinermönch, ✳ 22.7.1822 Heinzendorf (Nordmähren), † 6.1.1884 Brünn; ab 1849 Lehrer für Naturwissenschaft in Brünn und Znaim, seit 1868 Prior des Augustinerklosters in Brünn. M. entdeckte im Verlauf einer mehr als achtjährigen Forschungsarbeit anhand von mehr als 10000 Kreuzungsversuchen die ↗ Mendel-Regeln als grundlegende Gesetze der Vererbung.

Mendel-Regeln, die nach G. ↗ Mendel benannten, allgemein gültigen Regeln über das Verhalten von Genen bei ihrer Vererbung, d. h. deren Weitergabe an die nächste Generation. Die um das Jahr 1847 begonnenen und in der 1866 veröffentlichten Arbeit *Versuche über Pflanzenhybriden* geschilderten Experimente und Ergebnisse blieben zu Mendels Zeit in ihrer Tragweite unbeachtet und wurden erst 1900 durch C. ↗ Correns in Tübingen, H. de ↗ Vries in Amsterdam und E. von ↗ Tschermak in Wien in ihrer Bedeutung erkannt und somit „wiederentdeckt". Die Entdeckung der später nach ihm benannten Regeln war Mendel nur möglich, weil seine bei der Erbse *Pisum sativum* durchgeführten Experimente auf zwei wichtigen Grundlagen basierten: Mendel verwendete *reine Linien* mit sieben klar voneinander abgegrenzten Merkmalen und unterzog seine Ergebnisse einer mathematisch-statistischen Analyse. Durch Kreuzungen und Analyse der Nachkommen in der ersten und zweiten Filialgeneration konnte er seine Beobachtungen als bestimmte Regeln formulieren, mit denen sich die Kreuzungsergebnisse nicht nur erklären, sondern sogar voraussagen lassen. Zu diesem Zweck führte Mendel auch die Begriffe ↗ Dominanz und ↗ Rezessivität ein. Er erkannte zudem, dass während der Bildung der Geschlechtszellen eine Verteilung der Allele erfolgen muss. Mit der ↗ Chromosomentheorie der Vererbung wurde der Zusammenhang zwischen Mendels Merkmalen und den im Zellkern lokalisierten Chromosomen formuliert und mit den Begriffen ↗ Gen bzw. ↗ Genotyp das Pendant zum ↗ Phänotyp der Mendel'schen Merkmale geschaffen. Mendels Ergebnisse lassen sich als drei Regeln wiedergeben:

1. Mendel-Regel, Uniformitätsregel, Reziprozitätsregel. Kreuzt man zwei homozygote (↗ Homozygotie) Eltern, die sich in einem oder mehreren Allelen voneinander unterscheiden, so erhält man in der ersten Filialgeneration (F_1) Nachkommen (*Hybride, Bastarde*), die in ihrem Aussehen identisch sind. Im Falle eines dominant-rezessiv vererbten Merkmals sehen alle Nachkommen so aus, wie der Elternteil, der Träger des dominanten Allels ist. Diese uniforme Merkmalsausprägung bleibt auch bei einer *reziproken Kreuzung*, d. h. beim Tausch des Geschlechts der Eltern erhalten. Die von Mendel untersuchten Merkmale folgten einem autosomalen Erbgang (↗ Geschlechtschromosomen-gebundene Vererbung).

2. Mendel-Regel, Spaltungsregel. Kreuzt man die Nachkommen der F_1-Generation untereinander, gehen aus dieser bei Pflanzen auch als Selbstung bezeichneten Kreuzung nicht mehr uniforme Nachkommen hervor, sondern sie spalten in einem bestimmten Zahlenverhältnis auf. Je nachdem, ob der Erbgang z. B. *monohybrid* oder *dihybrid* ist, kommt es zu unterschiedlichen Zahlenverhältnissen. Bei einem monohybriden, dominant-rezessiven Erbgang sind in der F_2-Generation

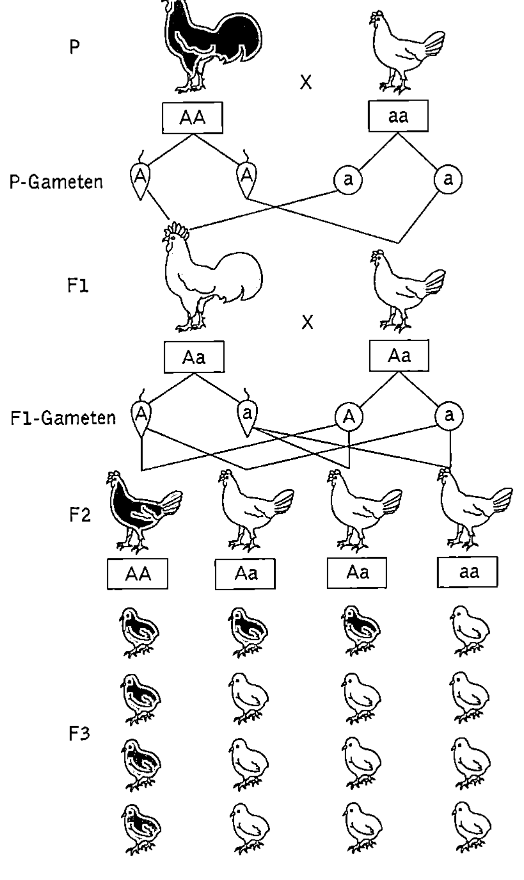

Mendel-Regeln Schema für einen monohybriden, intermediären Erbgang am Beispiel der Gefiederfärbung bei Hühnern. Nach der 1. Mendel-Regel sind die Nachkommen der F_1-Generation in ihrer Gefiederfärbung identisch; in der F_2-Generation kommt es zu der nach der 2. Mendel-Regel zu erwartenden Aufspaltung von 1:2:1. Anhand der F_3-Generation lässt sich die genetische Konstitution der F_2-Generation voraussagen, wenn sich jeweils Tiere mit derselben Färbung kreuzen. Der jeweilige Genotyp ist in den Kästen angegeben, die Kombinationen der Gameten sind durch Verbindungslinien dargestellt. In der F_2-Generation sind zur Übersichtlichkeit nur weibliche Tiere dargestellt

Nachkommen, die den dominanten Phänotyp des einen Elters und Nachkommen, die den rezessiven Phänotyp des anderen Elternteils aufweisen, im Verhältnis von 3:1 vorhanden. Bei einem monohybriden, intermediären Erbgang sieht die Situation anders aus: Hier spalten die Nachkommen zahlenmäßig im Verhältnis 1:2:1 (Phänotyp des einen Elters : Phänotyp der F_1-Generation : Phänotyp des zweiten Elters) auf. Diese Spaltungsverhältnisse setzen jedoch voraus, dass eine ausreichend große Anzahl von Nachkommen vorhanden sind. Sie gelten auch nicht für den Fall der ↗ Rückkreuzung eines F_1-Hybriden mit einem

Mendel-Regeln   Beispiel für einen dihybriden, dominant-rezessiven Erbgang am Beispiel von Fellfarbe und Fellmuster bei Rindern. A steht für schwarz, a für braun, B für ungescheckt, b für gescheckt. Die Nachkommen der F_1-Generation zeigen die Merkmale der dominanten Allele (1. Mendel-Regel), in der F_2-Generation zeigt sich die typische Spaltung nach der 3. Mendel-Regel, weil die beiden Merkmale nicht gekoppelt vererbt werden

doppelt rezessiven Elter; hier treten unter den Nachkommen der so genannten Rückkreuzungsgeneration (Abk. R) die Phänotypen beider Eltern im Verhältnis 1:1 auf.

3. Mendel-Regel, Unabhängigkeitsregel, Regel von der freien Kombinierbarkeit. Bei di- und polyhybriden Erbgängen spalten die einzelnen Merkmale in der F_2-Generation unabhängig voneinander auf und sind somit frei kombinierbar. Im klassischen Fall, in dem zwei Merkmale jeweils einem dominant-rezessiven Erbgang folgen, kommt es somit zu einer Aufspaltung im Verhältnis 9:3:3:1, bei der jeweils drei Nachkommen den Phänotyp des jeweiligen Elternteils, neun Nachkommen den der F_1-Hybriden haben und es in einem Fall zu einer Neukombination kommt. Bei einem trihybriden dominant-rezessiven Erbgang bleibt die freie Kombinierbarkeit in derselben Weise bestehen, was sich im Auftreten der Phänotypen der F_2-Generation bemerkbar macht: 27:9:9:9:3:3:3:1. Diese Erbgänge

gelten nur, so lange bei den untersuchten Merkmalen keine ↗ Kopplung vorliegt.

Die M. - R. beziehen sich, wie bereits deutlich wurde, zunächst auf die Vererbung der auf den Nichtgeschlechtschromosomen (↗ Autosomen) lokalisierten, nicht gekoppelten Gene. Für die Wei-

Mendel-Regeln   Die sieben von G. Mendel untersuchten Merkmale der Erbse

Merkmal	Ausprägung dominant/rezessiv
Samenform	rundlich/kantig
Endospermfarbe	blassgelb/grün
Samenschale	violett/weiß
Hülse	gewölbt/eingeschnürt
Früchte	dunkelgrün/gelb
Blüten	achsenständig/endständig
Achse	lang/kurz

tergabe von auf den Geschlechtschromosomen lokalisierten und gekoppelten Genen scheinen sie hingegen nicht zuzutreffen. Solche Fälle als „Ausnahmen der M. - R." zu bezeichnen ist jedoch nicht richtig, weil auch bei ihnen die Grundannahmen Mendels zutreffen, dass ein Wechsel zwischen Diploidie und Haploidie existieren muss und die Allele bei der Gametenbildung unabhängig voneinander verteilt werden. Durch Ergänzungen zu den M. - R., die z. B. die Art der Verteilung des genetischen Materials berücksichtigen, können diese Erbgänge in analoger Weise beschrieben werden. Neben der Geschlechtschromosomen-gebundenen Vererbung wurden die M. - R. durch die Beschreibung von Phänomenen wie z. B. unvollständige ↗ Dominanz, ↗ Kodominanz, ↗ Pleiotropie, ↗ multiple Allelie und ↗ Polygenie erweitert.

Meningen, die ↗ Hirnhäute.

Meningitis, die Entzündung der Hirn- und/oder Rückenmarkshäute. Charakteristische Symptome einer *Hirnhautentzündung* (*Meningitis cerebralis*) sind Kopf- und Rückenschmerzen, Krämpfe, Nackensteife, Schmerzen beim Beugen des Nackens, Fieber und eine Bewusstseinseinschränkung, die bis zum Koma reichen kann. Weitere Symptome sind Lichtscheu und Übelkeit mit Erbrechen. Die M. wird meist durch verschiedene Bakterien (u. a. Pneumokokken, Staphylokokken, Streptokokken, Meningokokken, *Haemophilus*, Listerien, Salmonellen, Colibakterien, *Mycobacterium*) und Viren (Picornaviren, seltener Mumps-, Coxsackie-, Polio- u. a. Viren) verursacht. Die durch *Neisseria meningitidis* verursachte eitrige Meningokokken-M. (*M. epidemica*) ist durch Tröpfcheninfektion übertragbar.

Meniskus, Plural *Menisken*, scheiben- oder ringförmiger Zwischenknorpel in Gelenken, der aus Faserknorpel besteht, und als Druckverteiler sowie Polster fungiert, indem er die Inkongruenz von Gelenkflächen ausgleicht (z. B. im ↗ Kniegelenk).

Menopause, die ↗ Wechseljahre.

Mensch, *Homo sapiens*, die einzige rezente Art der Gatt. ↗ Homo, zu der alle heute lebenden Menschen gehören. Im Vergleich mit allen anderen Lebewesen besitzt der Mensch das am höchsten entwickelte Gehirn; charakteristisch ist die im Vergleich extreme Vergrößerung der Großhirnrinde durch Faltung. Im Hinblick auf seine geistigen Fähigkeiten und die Möglichkeit, die Welt zu erkennen und zu verändern nimmt der M. eine Sonderstellung gegenüber allen Tieren ein. Hingegen können körperliche Merkmale und Sozialverhalten in vielen Fällen von nichtmenschlichen Primaten abgeleitet werden, was ein Indiz dafür ist, dass er von mit den Primaten gemeinsamen Ahnen abstammt.

Eine morphologische und physiologische Besonderheit des menschlichen Körpers ist der *dauernde aufrechte Gang*, bei dem der Rumpf senkrecht gehalten wird und die Kniegelenke mehr oder weniger gestreckt sind. Damit verbunden sind eine Reihe von charakteristischen Veränderungen an der Wirbelsäule, im Becken, in der Gesäßmuskulatur und an den Extremitäten. Die Hand des M. ist ähnlich geformt wie die der übrigen Primaten, wo sie ihre ursprüngliche Funktion als Greifhand beim Klettern erfüllt. Durch den aufrechten Gang ist die Hand jedoch von der Mitwirkung bei der Fortbewegung völlig befreit und somit frei verfügbar.

Die *Vergrößerung des Gehirns* war eine sekundäre Veränderung, die durch eine verlängerte Wachstumsperiode des Schädels ermöglicht wurde. Im Vergleich zum Menschen kommt das Gehirnwachstum bei den übrigen Primaten relativ früh nach der Geburt zum Stillstand. Der ausgedehnte Zeitraum der menschlichen Entwicklung verlängert die Phase, in der Eltern sich um ihren Nachwuchs kümmern; dies wiederum trägt dazu bei, dass die Kinder von den Erfahrungen früherer Generationen profitieren können. Die Überlieferung angesammelten Wissens über Generationen hinweg ist die Grundlage der Kultur. Und das wichtigste Hilfsmittel dieser Überlieferung ist eine weitere, in dieser Form nur beim M. zu findende Fähigkeit, die ↗ Sprache. Sie wird physisch möglich durch den aus Kehle und Mundraum gebildeten Stimmapparat. Im Unterschied zu den Menschenaffen und allen anderen stimmbegabten Tieren kann der Mensch in unterschiedlichen Tonhöhen eine Vielzahl von Vokalen und Konsonanten formen und zu lautlichen Signalen und zur gesprochenen Sprache formen. Jedoch ist nicht unbedingt die Lautgebung das Entscheidende oder Unterscheidende an der menschlichen Sprache, sondern ihre symbolische Funktion und die syntaktische Struktur. Auch diese Leistung fordert vom Gehirn Höchstleistungen. Wissenschaftler vermuten, dass sich die menschliche Sprache parallel zur Entwicklung der Werkzeugkultur entwickelt hat, mit der auch die *kulturelle Evolution* einsetzte. Während sich Werkzeugkultur, Kommunikation, Sozialverhalten, Gehirnstruktur und Körperbau in unterschiedlichem Ausmaß und zumindest in der Anlage auch bei den anderen Primaten finden, ist der Entwicklungsfortschritt bei der kulturellen Evolution einmalig im Tierreich. Durch kulturelle Evolution ist beim Menschen das entstanden, was als charakteristisch für ihn gewertet wird: menschliche Kognition, also alle Prozesse und Strukturen, die mit Wahrnehmen und Erkennen zusammenhängen, wie Denken, Erinnerung, Vorstellung, Gedächtnis, Lernen, Planen sowie das Bewusstsein. (↗ Anthropogenese, ↗ Menschenrassen, ↗ Primates)

Literatur: Linder, H.: Biologie des Menschen (Lernmaterialien), Hannover 1989. – Mörike, K.D.

et al.: Biologie des Menschen, Wiesbaden 2001. – Schmidt R.F., Thews, G., Lang, F.: Physiologie des Menschen, Heidelberg 2000.

Menschenaffen, Bez. für eine Reihe von Altweltaffen: Als *Kleine Menschenaffen* werden die ↗ Gibbons bezeichnet und als *Große Menschenaffen* die Gatt. *Pongo* mit der Art ↗ Orang-Utan, weiterhin die Gatt. ↗ Gorilla mit der gleichnamigen Art und die Gatt. *Pan*, ↗ Schimpansen, mit zwei Arten. Molekularbiologischen Forschungsergebnissen zufolge sind die Schimpansen die nächsten Verwandten (Schwestertaxon) des Menschen; es folgen abgestuft Gorilla, Orang-Utan und Gibbons.

Menschenähnliche, die ↗ Hominoidea.

Menschenartige, die Fam. ↗ Hominidae.

Menschenfloh, *Pulex irritans*, bis 3 mm große Art der Flöhe (↗ Siphonaptera), die an Mensch, Dachs und Fuchs Blut saugt. An der Saugstelle bildet sich ein juckender roter Punkt; das Blutsaugen kann 20 Minuten bis drei Stunden dauern, bei Unterbrechung der Nahrungsaufnahme liegen mehrere Einstiche dicht nebeneinander. Das Weibchen legt innerhalb mehrerer Monate rund 400 etwa 0,5 mm große weiße Eier ab, die auf den Boden fallen. Die Larven entwickeln sich in Ritzen und Ecken; sie saugen kein Blut, sondern ernähren sich von organischen Substanzen.

Menschenrassen, wie andere biologische Arten ist auch der heutige *Homo sapiens* (↗ Mensch) in jeweils relativ einheitliche ↗ Rassen mit charakteristischen Genkombinationen gegliedert; alle pflanzen sich jedoch fruchtbar miteinander fort. Als *Großrassen* bezeichnet man die *Europiden, Mongoliden* und *Negriden*. Diese sind kontinental verbreitet und umfassen jeweils zahlreiche regionale Rassen, die geographisch und zeitlich stark variieren können. Die Großrassen zeigen deutliche Anpassungen an die Umweltbedingungen ihres Entstehungsraums: Pigmentierung der Haut in Abhängigkeit von der durchschnittlichen Sonneneinstrahlung (Vitamin-D-Produktion), Verhältnis zwischen Körperoberfläche und -volumen in Zusammenhang mit der Thermoregulation, Kraushaar als Luftpolster zum Schutz des Gehirns vor Überhitzung, Schlitzaugen (↗ Mongolenfalte) als Schutz vor Licht, Schnee und Sand usw. Der Rassenbegriff ist in Bezug auf den Menschen immer wieder politisch-ideologisch missbraucht worden, besonders zur Zeit des Nationalsozialismus in Deutschland. Literatur: Cavalli-Sforza, L., Cavalli-Sforza, F.: Verschieden und doch gleich. Ein Genetiker entzieht dem Rassismus die Grundlage, München 1994.

Menschwerdung, die ↗ Anthropogenese.

Menstruationszyklus, bei Primaten einschließlich dem Menschen ausgebildeter Ovarialzyklus mit einer Periodendauer von etwa 28 Tagen, der mit dem periodischen Auf- und (bei fehlender ↗ Befruch-

tung) Abbau der Gebärmutterschleimhaut (Endometrium; ↗ Gebärmutter) einhergeht. Der M. kann in eine *Follikelphase*, die mit dem ↗ Eisprung endet, und eine *Corpus-luteum-Phase* oder Gelbkörperphase, an die sich die *Monatsblutung* oder *Menstruation* anschließt, unterteilt werden. Durch den Einfluss von ↗ Follikel stimulierendem Hormon (FSH) reift ein Graaf-Follikel (↗ Oogenese) im ↗ Eierstock heran; die das unreife Ei umgebenden Epithelzellen werden dabei zur Estrogenproduktion stimuliert. Die Sekretionsrate selbst wird durch das Konzentrationsverhältnis von FSH und LH (↗ luteinisierendes Hormon) bestimmt. Das gebildete ↗ Estrogen wirkt hemmend auf die FSH-Ausschüttung zurück (negative Rückkopplung). Wahrscheinlich infolge der stark vermehrten Estrogenproduktion (positive Rückkopplung) steigt in der Zyklusmitte die Plasmakonzentration des Gonadotropins LH steil an, worauf ein- bis eineinhalb Tage später der Eisprung erfolgt. Die Reste des Follikels schütten als ↗ Gelbkörper (Corpus luteum) unter dem stimulierenden Einfluss von LH weiterhin Estrogen und jetzt zusätzlich ↗ Progesteron aus, dessen Plasmaspiegel sich sprunghaft nach dem Eisprung erhöht (↗ Gelbkörperhormone). Progesteron wirkt als kataboles Hormon, d. h., es steigert den Grundumsatz (neben seinen spezifischen Wirkungen). Daher steigt zum Zeitpunkt der Ovulation die Ruhe-Körpertemperatur (*Basaltemperatur*) um 0,3 - 0,8 °C an (↗ Empfängnisverhütung). Entsprechend der Follikelreifung sorgt wiederum das gebildete Hormon (in diesem Fall hauptsächlich Progesteron) für die Hemmung der Gonadotropinausschüttung (in diesem Fall hauptsächlich LH). Die niedrigen Plasmawerte der Gonadotropine lassen dann zunächst keine weitere Follikelreifung zu. Unter dem Einfluss von Estrogen und Progesteron kommt es zur Umgestaltung des Endometriums: Der Anstieg des Plasma-Estrogenspiegels während der Follikelphase lässt über eine Induktion von Protein synthetisierenden Enzymen das Endometrium dicker werden (*Proliferationsphase*), ferner werden Endometriumdrüsen gebildet. Der Progesteron-Anstieg in der zweiten Zyklusphase führt zur Umgestaltung (Auflockerung) der Uterusschleimhaut, Sekretabsonderung der Endometriumdrüsen und Vorbereitung auf eine mögliche ↗ Nidation (Einnistung) einer Blastocyste (*Sekretionsphase*). Findet eine Nidation statt, stimuliert ein zunächst von der ↗ Blastocyste, später von der ↗ Placenta abgegebenes Hormon, das humane ↗ Choriongonadotropin (HCG), den Gelbkörper zu weiterer Estrogen- und Progesteronproduktion. In dieser Situation (↗ Schwangerschaft) degeneriert der Gelbkörper erst nach etwa fünf Wochen, und die dann voll ausgebildete Placenta wird zum alleinigen Produktionsort von Estrogen und Progesteron. Tritt keine

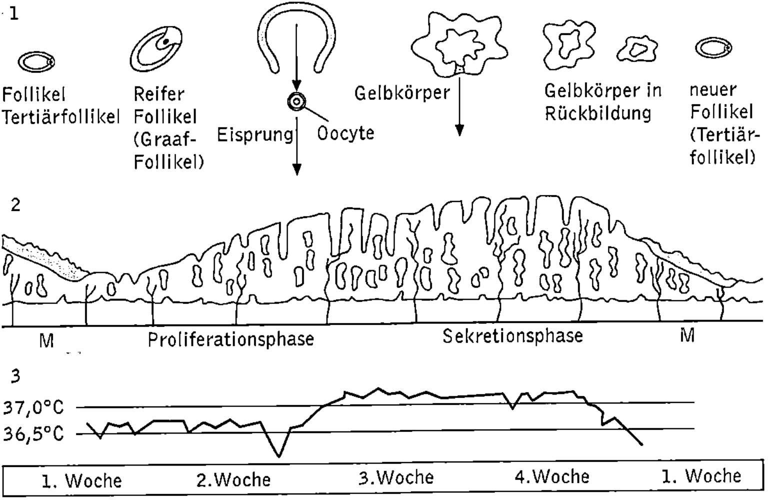

Menstruationszyklus Der obere Teil der Abb. zeigt die Entwicklung des Follikels (1), der mittlere Teil (2) die zyklischen Vorgänge in der Gebärmutterschleimhaut sowie Dauer und Zeitpunkt der Menstruationsblutung und (3) zeigt den Verlauf der Basaltemperatur

Schwangerschaft ein, verkümmert der Gelbkörper am Ende des Zyklus; damit versiegt auch die das Endometrium erhaltende Progesteronproduktion, und es kommt zur Abstoßung der Uterusschleimhaut (*Desquamation*), die mit einer Menstruationsblutung einhergeht.

Mentha, Gatt. der ↗ Lamiaceae.

Menthol, *p-Menthan-3-ol*, der bedeutendste monozyklische Monoterpenalkohol. M. hat drei asymmetrische Kohlenstoffatome und kann in vier Racematen und acht stereoisomeren Formen vorliegen. Der natürliche Vertreter ist (–)-M., das der Hauptbestandteil des Pfefferminzöls ist.

Menuridae, die Fam. ↗ Leierschwänze.

Menyanthaceae, Fam. der ↗ Campanulales mit ca. 40 Arten. Charakteristisch sind oberständige und meist Kapsel bildende Fruchtknoten. Zu den M. gehört u. a. der in Sümpfen vorkommende *Bitterklee* oder *Fieberklee* (*Menyanthes trifoliata*).

Mephitinae, die ↗ Stinktiere.

Mergus, die Gatt. ↗ Säger.

Meristem, *Bildungsgewebe*, *Teilungsgewebe*, pflanzliches Gewebe, das im Gegensatz zum Dauergewebe (↗ Parenchym) noch zu laufenden mitotischen Teilungen fähig ist. Nach ihrer Herkunft unterteilt man die verschiedenen M. in *primäre M.* (*Urmeristeme*, *Promeristeme*), die sich vom Gewebe des Embryos ableiten, und *sekundäre M.* (*Folgemeristeme*), die sich aus Dauergewebe bilden (z. B. die Bildungszellen für Spaltöffnungen und Haare). Die Funktion des M. besteht in der Bildung von Somazellen. Dabei durchlaufen die M.-Zellen ständig den ↗ Zellzyklus. Die meristematischen Zellen des Spross- und Wurzel-M. (*Apikalmeristem*) besitzen noch keine Zentralvakuolen und sind klein und zartwandig. Das Wachstum der M.-Zellen beruht zunächst auf einer Zunahme der Trockensubstanz (embryonales und Plasma-

wachstum). Erst beim Übergang zu Dauerzellen wachsen auch die Vakuolen (postembryonales oder Streckungswachstum).

Das Teilungswachstum beschränkt sich nach Erreichen einer bestimmten Größe des Embryos auf die Spitzen des Sprosspols (Sprossscheitel) und die Spitze des Wurzelpols (Wurzelscheitel). Die Spitzen werden auch Apikale genannt. Je weiter die Zellen vom Apikalmeristem entfernt sind, desto mehr differenzieren sie sich in Dauergewebe.

Meristemkultur, Vermehrung von Pflanzen aus meristematischem Gewebe (↗ Meristem). Dabei wird der ↗ Vegetationskegel aus der Sprossspitze einer vegetativ vermehrbaren Pflanze steril isoliert und auf ein steriles Nährmedium übertragen. Aus den Zellen des Vegetationskegels entwickeln sich neue Pflanzen. Die M. wird bei vielen gärtnerischen Nutzpflanzen eingesetzt, um virusfreie Pflanzen zu erzeugen.

Meristemoide, Einzelzellen oder kleine Zellgruppen des Dauergewebes, die nach teilweiser Differenzierung wieder teilungsfähig werden. (↗ Meristem)

Merkel-Zellen, einzeln oder in Gruppen in der Keimschicht (Stratum germinativum) der ↗ Haut gelegene Druckrezeptoren, die jeweils mit der Endaufzweigung einer markhaltigen Nervenfaser in Kontakt stehen.

Merkmale, *Phäne*, alle Eigenschaften eines Lebewesens, die an ihm „bemerkt" und die benannt und beschrieben werden können. M. werden durch das Erbgut (genetisch) und durch Umwelteinflüsse bzw. Wechselwirkungen mit der Umwelt (modifikatorisch) bestimmt. Dabei legt die genetische Grundlage (*Reaktionsnorm*) die Grenzen für die Ausprägung (*Modifikationsbreite*) eines M. fest. An die Nachkommen vererbbar ist jeweils nur die genetisch festgelegte Reaktionsnorm.

Merogamie, Form der geschlechtlichen ↗ Fortpflanzung.

meromiktisch, Bez. für den Zirkulationstyp eines ↗ Sees, bei dem es nur zu partiellen Durchmischungen des Wassers kommt, z. B. bei sehr großen Seen. Die stagnierende Tiefenschicht wird als *Monimolimnion* bezeichnet, die zirkulierende Schicht als *Mixolimnion*.

Meropidae, *Bienenfresser*, Fam. der Rackenvögel (↗ Coraciiformes).

Meroplankton, ↗ Plankton.

Merospermie, die ↗ Pseudogamie.

Merotop, die kleinste Einheit eines ↗ Ökosystems, die eine spezielle Besiedlung zeigt. M. sind z. B. Blätter und Blüten.

Mescalin, *3,4,5-Trimethoxyphenylethylamin*, der Hauptwirkstoff der mexikanischen Zauberdroge *Peyotl* oder *Peyote* (↗ Cactaceae) ein als Halluzinogen wirkendes biogenes Amin.

Meselson-Stahl-Experiment, der nach M. Meselson und F. Stahl benannte experimentelle Beweis der *semikonservativen Replikation* der DNA-Doppelhelix (↗ Replikation). In ihrem im Jahr 1958 durchgeführten Experiment verwendeten sie das Stickstoffisotop ^{15}N und setzten dieses in Form von Ammoniumchlorid dem Wachstumsmedium von *Escherichia coli* zu. Sie ließen die Bakterien einige Zeit in Anwesenheit des schwereren Isotops wachsen. Während dieser Zeit kam es zum Einbau in die DNA-Moleküle der Bakterienzellen. Nach einem Austausch des Mediums, das kein ^{15}N mehr, sondern nur das Isotop ^{14}N enthielt, wurde die DNA aus

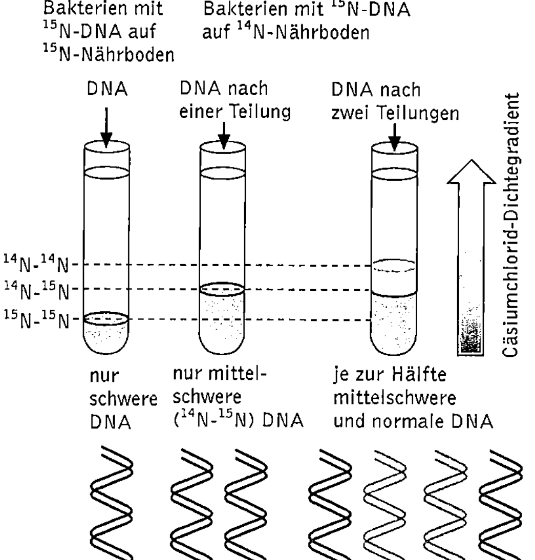

Meselson-Stahl-Experiment Aufgrund der unterschiedlichen Zusammensetzung hinsichtlich der Stickstoffisotope ^{14}N und ^{15}N kommt es zu einer Auftrennung im Cäsiumchlorid-Dichtegradienten

Zellen, die sich einmal geteilt hatten, sowie aus Zellen nach zweifacher Teilung mittels Dichtegradientenzentrifugation untersucht. Nach einer Zellteilung ließ sich nur so genannte mittelschwere DNA nachweisen, wohingegen nach einer weiteren Teilung mittelschwere und normale DNA vorhanden waren. Meselson und Stahl schlossen daraus, dass die von der ursprünglich schweren DNA, in der beide DNA-Moleküle der Doppelhelix mit ^{15}N markiert waren, abstammenden Tochtermoleküle jeweils einen neu synthetisierten und einen ursprünglichen Strang enthalten müssen.

Mesembryanthemum, Gatt. der ↗ Aizoaceae.

Mesencephalon, das Mittelhirn (↗ Gehirn).

Mesenchym, lockeres embryonales Bindegewebe meist mesodermalen Ursprungs, dessen Zellen wandern können; einige Epithelien ektodermalen Ursprungs wie etwa die Neuralleiste machen eine Umwandlung von Epithel zu M. durch.

Mesenterium, *Gekröse*, eine Falte des Bauchfells (↗ Peritoneum), die zur Befestigung des Darms und seiner Anhangsorgane dient. Im M. verlaufen die den Darm versorgenden Gefäße und Nerven.

Mesodaeum, *Mesenteron*, der Mitteldarm (↗ Darm).

Mesoderm, das bei allen ↗ Bilateria bzw. ↗ triploblastischen Eumetazoa ausgebildete mittlere der drei ↗ Keimblätter, aus dem Muskulatur und Skelett, Bindegewebe, Blutzellen sowie innere Organe wie Nieren und Herz hervorgehen. Es bildet um fast alle Organe Bindegewebshäute und unter der Epidermis oft eine Lederhaut. Außerdem bilden sich im M. die Gonaden der Bilateria. Das M. der Wirbeltiere ist im dorsalen Bereich in beiderseits der Chorda liegende Segmente (*Somite*) gegliedert, während es ventral ungegliedert bleibt. Segmentale Abschnitte, die mesodermale Anteile der Haut mit Hautknochen bilden, werden *Dermatome* genannt, die jeweils darunter liegende, zum jeweiligen Segment gehörende Muskulatur *Myotom*. Die Zellen in der Umgebung des Neuralrohrs werden *Sklerotome* genannt, sie bilden die Wirbelsäule.

Mesogastropoda, *Mittelschnecken*, Gruppe der Vorderkiemerschnecken (↗ Prosobranchia) mit meist spiralig rechts gewundenen und seltener mützenförmigen Gehäusen (bei einigen Arten reduziert) mit Operculum. Die Mantelhöhle ist asymmetrisch, mit einer Kieme, außerdem besitzen die M. ein Atrium und eine Niere. M. ernähren sich meist von Pflanzen und leben vorwiegend in Meer und Süßwasser, selten an Land. In ruhigen Süßgewässern Ost- und Mitteleuropas leben die *Sumpfdeckelschnecken (Gatt. Viviparus)*; sie sind lebendgebärend; der rechte Fühler des Männchens fungiert als Penis. Von der Gatt. ↗ Littorina (*Strandschnecken*) kommen vier Arten an unseren Küsten vor. In der Deutschen Bucht, im Ostatlantik und im

Mittelmeer lebt die *Turmschnecke (Turritella communis)*; sie hat ein schlankes turmförmiges Gehäuse (Name!) und strudelt, bis auf den Apex im Schlamm eingegraben, Nahrung herbei. Die in warmen Meeren vorkommende, purpurfarbige *Veilchenschnecke (Janthina janthina)* baut ein „Schaumfloß" aus Luftblasen, die von fest werdendem Fußschleim gebildet werden, auf dem sie ihre Eier ablegt. Ebenfalls in warmen Meeren leben die Kaurischnecken (Gatt. ↗ Cypraea).

Mesogloea, die zwischen Ekto- und Entoderm liegende, zellhaltige Stützlamelle vieler Hohltiere (↗ Coelenterata). Die M. entsteht durch Einwanderung von Zellen, besonders aus dem Ektoderm, in die gallertige Zwischenschicht. In Aufbau und Funktion ähnelt die M. dem Bindegewebe der Wirbeltiere.

Mesohyl, zwischen den epithelartigen Gewebsschichten der Schwämme (↗ Porifera) gelegene Schicht, die aus extrazellulärer Grundsubstanz, Zellen unterschiedlicher Morphologie und Funktion, Kollagenfasern und dem Stützskelett besteht. Das M. entspricht funktionell der ↗ Mesogloea der Coelenterata bzw. dem ↗ Bindegewebe der Wirbeltiere.

Mesokarp, die Mittelschicht der Fruchtwand (↗ Frucht).

Mesonephros, die Urniere (↗ Niere).

Mesopelagial, ↗ Pelagial.

mesophil, Organismen, die an mittlere Temperaturen angepasst sind.

Mesophyll, das zwischen oberer und unterer ↗ Epidermis liegende Blattgewebe, das im Wesentlichen das Palisaden- und Schwammparenchym umfasst.

Mesophyten, Pflanzen, die bevorzugt auf mäßig feuchten Standorten und gut durchlüfteten Böden wachsen.

Mesosoma, der mittlere Körperabschnitt der ↗ Arthropoda und der ↗ Tentaculata.

Mesostoma, Gatt. der zu den ↗ Plathelminthes gehörenden *Rhabditophora* (früher zu den Strudelwürmern, Turbellaria). Die etwa 1 cm große Art *M. ehrenbergi* kommt in der Vegetationszone von Süßwassertümpeln in ganz Eurasien häufig vor. Sie durchzieht das Wasser mit Fangfäden aus Schleim. Jüngere Tiere produzieren durch Selbstbefruchtung ↗ Subitaneier, ältere Tiere kopulieren und produzieren Dauereier mit fester Schale.

mesotroph, Bez. für Gewässer mit mittlerem Gehalt an Nährstoffen. (↗ eutroph, ↗ oligotroph)

Mesozoa, paraphyletische Gruppe, in der die beiden Taxa *Rhombozoa* und *Orthonectida* mit insgesamt etwa 100 Arten sowie die Art *Salinella salve* zusammengefasst werden. Rhombozoa und Orthonectida sind maximal 1 - 2 mm groß und bestehen aus einer einschichtigen somatischen Hülle und einer generativen Kernzone mit einer oder mehreren Zellen. Die Körperoberfläche ist vielzellig und es gibt echte Banddesmosomen. Die Arten der Rhombozoa parasitieren in den Exkretionsorganen benthischer Cephalopoda, wobei die rund 70 Arten der Dicyemidae in nahezu 100 % ihrer Wirte zu finden sind. Die etwa 30 Arten der Orthonectida parasitieren in den Körperhöhlen verschiedener Wirbelloser, wo sie z. T. durch Gewebezerstörung große Schäden verursachen. *Salinella salve* ist ein Detritus fressender, in Erdkulturen einer argentinischen Saline gefundener Organismus. Er besteht aus einer einzigen zweiseitig bewimperten Epithelschicht, die sowohl als Körper- als auch als Darmwand fungiert. Ein zweiseitig bewimpertes Epithel ist einzigartig im gesamten Organismenreich und sein cytologischer Aufbau bislang wenig erforscht. – Die systematische Einordnung der M. zwischen ↗ Porifera und ↗ Coelenterata wird kontrovers diskutiert, da manche Autoren vermuten, dass die M. von parasitischen Plathelminthes abstammen und ihre einfache Organisation eine Folge von Degeneration aufgrund der parasitischen Lebensweise ist. Die phylogenetische Stellung von *Salinella salve* ist völlig ungewiss.

Mesozoikum, *Erdmittelalter*, erdgeschichtliche Periode, die die Systeme ↗ Trias, ↗ Jura und ↗ Kreide umfasst. Besondere biostratigraphische Bedeutung hatten u. a. ↗ Belemnitida sowie ↗ Ceratites und andere ↗ Ammonoidea. Im jüngeren M. sind einzelne Muschelgruppen wichtige Leitfossilien, u. a. ↗ Inoceramos. Als neue Tiergruppen erscheinen im M. die ↗ Hexacorallia und die ↗ Decapoda. Außerdem entwickelten sich die großen Reptilien (↗ Dinosaurier), und erstmalig waren primitive kleine Säugetiere nachweisbar. Mit dem Ende des M. starben Belemnitida, Ammonoidea, viele Muschelfam. und vor allem die Saurier aus. Die Flora zeigt eine kontinuierliche Entwicklung der Nacktsamer (↗ Gymnospermae), in der Unterkreide erschienen die ersten Bedecktsamer (↗ Angiospermae).

Mespilus, Gatt. der ↗ Rosaceae.

Mesquitebaum, *Algarrobobaum, Prosopis juliflorae*, Baumart der ↗ Mimosaceae mit Verbreitung in den Tropen und Subtropen. Genutzt werden das harte Holz und die essbaren Früchte.

Messel, Gemeinde nordöstlich von Darmstadt (Hessen), in deren Nähe sich ein fast 200 m dickes bituminöses Ölschiefervorkommen befindet, das im mittleren Eozän (↗ Tertiär) vor etwa 49 Mio. Jahren durch Ablagerungen in einem Süßwassersee entstand. Die Ölschiefer enthalten Pflanzen mitsamt Blüten und Früchten, Insekten, Knochenfische, Frösche, deren Laich sogar erhalten ist, Schildkröten, Krokodile, Echsen und Schlangen sowie Vögel von der Größe eines Kolibris bis zu einer

2 m großen Art, sowie viele Säugetiere von ursprünglichen Beuteltieren und Insektenfressern (z. B. Gatt. *Leptictidium*) über Fledermäuse, Halbaffen und Ameisenbären (Gatt. *Eurotamandua*) bis zu den Urpferdchen (*Propalaeotherium*). Durch günstige Fossilisationsbedingungen sind die Fossilien mit einer mikroskopisch-detaillierten Genauigkeit auch mit Federn und Weichteilen überliefert. Zudem können hier nicht nur einzelne Tiere und Pflanzen, sondern auch ihr Zusammenleben sozusagen in einer Momentaufnahme eines vorzeitlichen Ökosystems rekontruiert werden.

messenger-RNA, Abk. *mRNA*, *Boten-RNA*, ein Typ der ↗ Ribonucleinsäuren, der als Vermittler zwischen einem Gen und dessen Genprodukt, d. h. einem Polypeptid oder Protein, fungiert. Während der ↗ Transkription wird die genetische Information durch ↗ RNA-Polymerasen in ein einsträngiges m. - R. - Molekül, das *Transkript* umgeschrieben, welches während der sich anschließenden ↗ Translation die Information der Basentripletts in eine Aminosäuresequenz übersetzt. In ihrer Struktur entspricht die m. - R., von der Tatsache abgesehen, dass RNAs anstatt Thymidin Uridin enthalten, dem *codierenden Strang*. Die in 5'-3'-Richtung erfolgende Synthese am ↗ Matrizenstrang (*codogener Strang*) erfolgt somit zu diesem antiparallel.

Während bei Prokaryoten die ↗ Genexpression kontinuierlich verläuft, ist sie bei Eukaryoten räumlich getrennt. Dies bedeutet, dass die m. - R. aus dem ↗ Nucleus, wo sie transkribiert wird, ins Cytosol gelangen muss, dem Ort der Proteinbiosynthese. Die m. - R. der Prokaryoten sind zudem i. d. R. *polycistronisch*, wohingegen die der Eukaryoten *monocistronisch* sind. Die eukaryotischen m. - R. - Moleküle zeichnen sich darüber hinaus durch eine Reihe von Modifikationen aus, die während ihrer ↗ Prozessierung erfolgen. Das *primäre Transkript* entsteht zunächst als ↗ hnRNA, die als Produkt von ↗ Mosaikgenen noch Introns enthält, die durch ↗ Spleißen entfernt werden müssen. Als weitere Modifikationen befinden sich am 5'-Ende die so genannte ↗ Cap-Struktur und am 3'-Ende ein ↗ polyA-Schwanz von bis zu 250 Adenin-Molekülen (↗ Polyadenylierung). Nach dieser Prozessierung ist die m. - R. immer noch länger als der codierende Bereich des korrespondierenden Gens. Im 5'-Bereich befindet sich eine je nach Gen unterschiedlich lange ↗ Leader-Sequenz (oder *5'-untranslatierter Bereich*) und zwischen dem Stopcodon und dem PolyA-Schwanz befindet sich ein als ↗ Trailer (oder *3'-untranslatierter Bereich*) bezeichneter Abschnitt.

Die Halbwertzeit von m. - R. - Molekülen ist von Ausnahmen abgesehen sehr kurz und reicht von wenigen Minuten bis Stunden. Auf diese Weise lässt sich die Gleichgewichtskonzentration eines Tran-

skripts durch unterschiedliche Transkriptionsraten steuern. Eine Reihe von m. - R. werden durch die ↗ innere Uhr kontrolliert, sodass z. B. rhythmische *Transkriptoszillationen* auftreten.

Met, Abk. für ↗ Methionin.

meta-, als Wortbestandteil bedeutet zum einen *nach* und steht zum anderen für eine Veränderung.

Metabolie, die ↗ Metamorphose.

Metabolismus, der ↗ Stoffwechsel.

Metabolite, Substanzen, die im ↗ Stoffwechsel (Metabolismus) umgesetzt oder gebildet werden. Die Biopolymere werden in diese Definition nicht einbezogen, wohl aber ihre Vorstufen, Abbau- und Bildungsprodukte.

Metagenese, *Ammenzeugung*, eine Form des homophasischen ↗ Generationswechsels bei vielzelligen Tieren, bei der mindestens zwei, oft sehr verschiedengestaltige Generationen abwechselnd auftreten, von denen die eine sich nur ungeschlechtlich, die andere i. d. R. nur geschlechtlich vermehrt. Die ungeschlechtliche oder Ammengeneration vermehrt sich vielfach durch Teilung oder Knospung, während die geschlechtliche Generation männliche und weibliche Fortpflanzungszellen bildet. Zum Beispiel werden bei vielen ↗ Coelenterata von den Polypen auf ungeschlechtlichem Weg Quallen erzeugt (Knospung oder *Strobilation*), die auf geschlechtlichem Weg wieder Polypen entstehen lassen. Ein anderes Beispiel für Metagenese sind die Salpen (↗ Thaliaceae), bei denen die Kettensalpen mit den Einzelsalpen in Generationswechsel stehen: Die Kettensalpen bilden Eier und Spermien, aus den Zygoten entstehen Einzelsalpen, die ihrerseits durch Sprossung, also vegetativ, die Kettensalpen produzieren. Unter den Bandwürmern (↗ Cestoda) kommt Metagenese nur beim Hundebandwurm (↗ Echinococcus) vor.

Metalimnion, die Temperatursprungschicht zwischen ↗ Epilimnion und ↗ Hypolimnion. In einer Zone von weniger als 1 m Mächtigkeit kann der Temperaturabfall bis zu 10 °C betragen. Die klare Trennung zwischen Epi- und Hypolimnion ist bei Seen in Klimazonen mit Jahreswechsel nur im Sommer ausgeprägt. (↗ See)

Metallothioneine, in Tieren, Pflanzen und Pilzen vorkommende Polypeptide mit einem hohen Gehalt an ↗ Cystein (20 - 30 %). Die tierischen M. können bis zu sieben zweiwertige und bis zu zwölf einwertige Metallionen (z. B. Cadmium-, Zink-, Kupfer- oder Zinnionen) pro Molekül M. binden. Die meisten Säugetiere enthalten eine Reihe von Isoformen der M. Die Biosynthese der M. wird durch Schwermetallionen, Gewebsverletzungen, ↗ Glucagon, ↗ Cytokine, ↗ Interferone, Glucocorticoide u. a. induziert. Die M. sind an Transport, Stoffwechsel und Entgiftung des Körpers von Schwermetallen sowie der Inaktivierung von Radikalen beteiligt. Die physiologische Funktion ist noch nicht vollständig geklärt. Neben der Entgiftungsfunktion sind die M. bei Tieren auch an der Aufrechterhaltung der normalen zellulären Metallionen-Homöostase, insbesondere Zinkionen betreffend, beteiligt.

Metamerie, die Gliederung des tierischen Körpers in aufeinander folgende *Segmente* oder *Metamere.* Sie sind bei *homonomer M.* einander gleichwertig bzw. gleich gebaut, was als ursprüngliches Merkmal gewertet wird, können aber sekundär ungleich gebaut sein (*heteronome M.,* ein abgeleitetes Merkmal). Tiere mit homonomer M. sind u. a. die Ringelwürmer (↗ Annelida); die Insekten (↗ Insecta) hingegen, bei denen Kopf, Brust und Hinterleib als Metamerengruppen oder Tagmata verschieden gestaltet sind, zeigen eine heteronome Metamerie.

Metamorphose, 1) in der *Botanik* die Umbildung und Umwandlung von Grundorganen wie Sprossachse, Blatt (↗ Blattmetamorphosen) und Wurzel (↗ Wurzelmetamorphosen) im Verlauf der Stammesentwicklung.

2) *Zoologie: Metabolie,* Umwandlung der Larvenform zum erwachsenen, geschlechtsreifen Tier (Adultstadium) bei Tieren, deren Jugendstadien in Gestalt und Lebensweise vom Adultzustand abweichen (↗ Larven). Bei der M. werden die der larvalen Lebensform gemäßen Spezialorgane (Larvalorgane) eingeschmolzen oder abgestoßen und die Anlagen der Adultorgane zur Funktionsfähigkeit entwickelt. Die M. wird i. d. R. hormonell ausgelöst und koordiniert. Sie ist mit einem mehr oder weniger starken Formwechsel verbunden (Gestaltwechsel). Die *kontinuierliche M.* erfolgt während der gesamten postembryonalen Entwicklung; Abbauprozesse spielen dabei eine geringe Rolle (z. B. ↗ Anamerie der Krebse). Die *katastrophale M.* bildet den Übergang vom letzten Larvenzum Adultstadium. Dabei werden große Teile des Larvenkörpers abgeworfen oder resorbiert (z. B. die M. der Pluteus-Larve des Seeigels). Der tiefgreifende Umbau kann häufig in einem zur Nahrungsaufnahme unfähigen und meist auch unbeweglichen Puppen-Stadium erfolgen (z. B. holometabole Insekten, ↗ Holometabola).

Am besten untersucht ist die M. bei Amphibien und Insekten. Bei den ↗ Amphibia erfolgt während der M. eine Vielzahl von strukturellen und physiologischen Veränderungen, die großenteils im Zusammenhang mit dem Übergang vom Wasser- zum Landleben stehen. Bei Froschlurchen (↗ Anura) sind dies: Resorption des Schwanzes, Ausbildung der Beine, Verlust der Kiemen und Entwicklung der Lunge, Ersatz des Larval-Hämoglobins durch Adult-Hämoglobin, Umstellung der ↗ Exkretion vom ammoniotelischen (Ammoniak) zum ureotelischen (Harnstoff) Typ, Übergang von der vorwiegend herbivoren zur carnivoren Ernährung, u. a. unter Verlust der Hornkiefer, Erweiterung der Mundöffnung, Verkürzung des Darms.

Ausgelöst wird die M. durch die Schilddrüsenhormone ↗ Thyroxin und Triiodthyronin. Entfernt man bei der Kaulquappe die Schilddrüse oder hemmt ihre Funktion chemisch, so unterbleibt die M., und die Tiere wachsen zu Riesenlarven heran; Verfütterung von Schilddrüsengewebe oder -hormonen an junge Larven führt hingegen zu verfrühter M. Die Umwandlung der Kaulquappe wird durch einen bis zum Höhepunkt der M. allmählich ansteigenden Spiegel an Schilddrüsenhormonen koordiniert, wobei unterschiedliche Gewebe auf unterschiedliche Hormonkonzentrationen ansprechen: Die Entwicklung der Beine beginnt bei niedrigeren Konzentrationen und damit früher als die Resorption des Schwanzes. Die Ausschüttung der Schilddrüsenhormone wird vom ↗ thyreotropen Hormon (TSH) der ↗ Hypophyse gesteuert, das seinerseits vom ↗ Thyreotropin-Releasing Hormon (TRH) des ↗ Hypothalamus kontrolliert wird.

Die M. der ↗ Insecta wird durch das Zusammenspiel zweier Hormone reguliert, des eigentlichen Häutungshormons *Ecdyson* (↗ Ecdysteroide) und des ↗ Juvenilhormons, das den Charakter des nächsten Stadiums determiniert: Bei hohem Juvenilhormon-Titer finden Larvalhäutungen, bei niedrigem die Puppenhäutung und ohne Juvenilhormon die Häutung zum Adultstadium statt (↗ Häutung). Die Ecdyson-Ausschüttung wird vom ↗ prothorakotropen Hormon des Gehirns gesteuert. Für einzelne Insektenarten wurden noch weitere Neurohormone beschrieben, die verschiedene mit der Adulthäutung zusammenhängende Vorgänge kontrollieren. Im Ausmaß der auftretenden Veränderungen unterscheidet man zwei Haupttypen der Insekten-M. (Hemimetabolie und Holometabolie), die jeweils noch untergliedert werden.

Die *Hemimetabolie* oder *unvollkommene Verwandlung* ist ein schrittweiser Gestaltwechsel der Larve von Stadium zu Stadium bis zur Adultform (*Imago*), wobei schon die Eilarve häufig dem Adulttier recht ähnlich ist; sie kann aber auch spezifische Larvalorgane besitzen. Von Häutung zu Häutung werden die Adultmerkmale (z. B. Flügel, Kopulationsapparat) allmählich auf- und die Larvalmerkmale abgebaut. Die auch als *Nymphe* bezeichneten späten Larvenstadien bilden äußere Imaginalanlagen (z. B. Flügeltaschen). Die hemimetabole Entwicklung ist auf niedere Insekten beschränkt und wird deshalb als der ursprüngliche Typ der M. angesehen. Im Gegensatz zur phylogenetisch abgeleiteten Holometabolie wird zwischen Larve und Imago kein Puppenstadium eingeschoben. Man unterscheidet folgende Typen: 1) *Epimetabolie* (alle Urinsekten): Gestaltwandel zwischen den Häutungen wenig ausgeprägt, eventuell postembryonale

Vermehrung der Segmentzahl (↗ Protura); meist noch eine oder mehrere Häutungen der Imago. 2) *Prometabolie* (Eintagsfliegen, ↗ Ephemeroptera): wasserlebende Larve mit Tracheenkiemen; das erste flugfähige Stadium (Subimago) häutet sich zur geschlechtsreifen Imago. 3) *Heterometabolie* ist der wichtigste Typ der Hemimetabolie: Flügel- und Genitalanlagen entwickeln sich progressiv in Richtung auf die imaginale Stufe, larveneigene Merkmale können bei unterschiedlicher Lebensweise der Larve und der Imago ausgebildet sein. Man unterscheidet *Archimetabolie* und *Paurometabolie*. 4) *Neometabolie*: die äußeren Anlagen der Flügel- und Genitalorgane entstehen spät, sodass flügellose Larven und Flügelanlagen tragende Pronymphen und Nymphenstadien unterschieden werden; der Eintritt ins Pronymphenstadium ist durch tiefgreifende Umwandlungen gekennzeichnet; dieser M.-Typ bildet einen Übergang zur Holometabolie.

Bei der *Holometabolie* oder *vollkommenen Verwandlung* weicht die Larve morphologisch stark vom Adulttier ab, und der Übergang zur Adultform erfolgt im Puppenstadium, das äußere Flügel- und Genitalanlagen aufweist, keine Nahrung aufnimmt und i. d. R. unfähig zur Fortbewegung ist. Im Schutz der Puppencuticula erfolgt ein fast vollständiger Umbau mit Auflösung und Zerstörung der larvalen Organe und Neubildung der Adultorgane. Die Puppe häutet sich dann zur Imago.

Metanephridien, *Nephridien*, der Exkretion und primär vermutlich auch der Ausleitung der Geschlechtszellen dienende offene, mit dem Coelom verbundene Kanäle, die z. T. auf Einstülpungen der Epidermis zurückgehen. Sie bestehen aus einem Wimpertrichter und einem ausführenden Tubulus. Die Ultrafiltration erfolgt vom Blutgefäßsystem aus durch die Reusenspalten der Podocyten des Coelomepithels in das Coelom. Metanephridien kommen bei Articulata, Mollusca, Tentaculata sowie niederen Wirbeltieren (Vertebrata) vor, bei letzteren haben sie aber i. d. R. eine Abwandlung erfahren.

Metanephros, die Nachniere (↗ Niere).

Metaphase, ↗ Mitose, ↗ Meiose.

Metasequoia, Gatt. der ↗ Taxodiaceae.

Metasoma, der hintere Körperabschnitt der ↗ Arthropoda und ↗ Tentaculata.

Metastasen, ↗ Krebs, ↗ Tumor.

Metatheria, ↗ Mammalia.

metazentrisch, ↗ zweischenkelig.

Metazoa, *Vielzeller*, *vielzellige Tiere*, Taxon, in dem alle Tiere zusammengefasst sind, die, im Unterschied zu den ↗ Einzellern, aus mehreren bis vielen Zellen bestehen. Sie können in drei Organisationsstufen unterschieden werden: Die *Parazoa*, zu denen die Schwämme (↗ Porifera) gehören, die noch keine echten Muskel- und Nervenzellen besit-

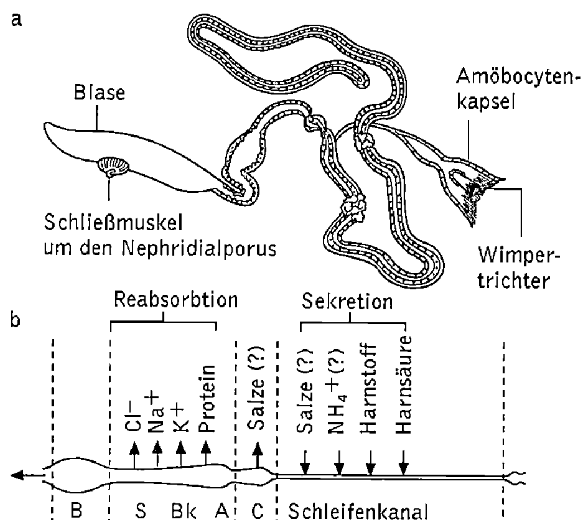

Metanephridien a Metanephridium eines Wenigborsters (Oligochaeta). In der Amöbocytenkapsel befinden sich Zellen, die Partikel phagocytieren können. b Schematische Darstellung der (vermuteten) Funktionen der einzelnen Abschnitte eines Metanephridiums am Beispiel des Regenwurms (*Lumbricus*)

zen, die ↗ Coelenterata als ↗ diploblastische Eumetazoa und der Rest der Tiere als ↗ Bilateria oder ↗ triploblastische Eumetazoa. Als sehr ursprüngliche Metazoa werden die ↗ Placozoa angesehen, die aufgrund ihrer Merkmale als Schwestergruppe der Epithel tragenden Coelenterata und Bilateria angesehen werden. Die Stellung der rein parasitischen ↗ Mesozoa, die zurzeit zwischen Porifera und Coelenterata eingeordnet werden, ist nicht sicher. Bezüglich der Entstehung der Metazoa werden im Wesentlichen drei Möglichkeiten diskutiert: a) Entstehung aus Zellteilungskolonien, wie es vergleichsweise bei Algen wie ↗ Volvox vorkommt, b) aus Aggregationskolonien wie denjenigen der ↗ Schleimpilze und c) durch Zellbildung in einem vielkernigen Einzeller.

Metencephalon, das Hinterhirn (↗ Gehirn).

Methadon, eines der ersten vollsynthetischen Opioide. Es hat morphinähnliche Wirkung, wobei diese länger anhält als diejenige des Morphins und des ↗ Heroins und die Entzugserscheinungen wesentlich milder sind. Außerdem entfällt die euphorisierende Wirkung, wie sie z. B. bei Heroin zunächst auftritt, dadurch ist das Suchtpotenzial wesentlich geringer. M. wird in der Drogentherapie vor allem Langzeit-Heroinsüchtigen mit Erfolg als Heroinersatz verabreicht (*Substitutionstherapie*), um ihnen so einen Ausstieg aus dem Drogenmilieu und die soziale Reintegration zu ermöglichen.

Methämoglobin, ein ↗ Hämoglobin, bei dem das Eisen dreiwertig ist. M. kann keinen Sauerstoff transportieren. Es wird gebildet bei Vorliegen einer *Methämoglobinämie*, einer angeborenen Stoffwechselstörung, die durch einen Mangel an *Cyto-*

chrom-b₅-Reduktase verursacht wird. Die betroffenen Patienten sind zwar nicht ernsthaft beeinträchtigt, haben aber aufgrund des hohen Anteils an M. ein graublaues, cyanotisches Aussehen.

Methanal, der ↗ Formaldehyd.

Methanbakterien, ↗ Methanbildner.

Methan bildende Bakterien, ↗ Methanbildner.

Methanbildner, *Methanogene*, ↗ Archaebakterien (Archaea), die in ihrem Energiestoffwechsel Methan produzieren. Obwohl es sich bei den M. nicht um Bakterien, sondern um Archaea handelt, werden sie noch oft als *Methanbakterien* oder *Methan bildende Bakterien* bezeichnet. Zu den M. gehören u. a. die Gatt. *Methanobacterium, Methanococcus, Methanosarcina* und *Methanospirillum*. Da die M. streng anaerob sind, werden sie durch Luftsauerstoff abgetötet. Sie leben im Schlamm von Gewässern und Abwasser, in Sümpfen, Reisfeldern, *Methanobacterium ruminantium* und *Methanobrevibacter ruminantium* im Pansen des Rindes (↗ Pansensymbiose). Die M. stehen an letzter Stelle in der anaeroben ↗ Nahrungskette (z. B. im Faulschlamm von Seen oder im Faulturm von Kläranlagen), in der verschiedene Gärungen und anaerobe Atmungen unter Beteiligung unterschiedlicher Bakteriengruppen ablaufen. Am Ende der Abbaukette der Polymeren entwickelt sich durch die Aktivität von M. Methan. Das Methan entsteht durch Reduktion von Kohlenstoffdioxid mit Wasserstoff oder aus Acetat, Formiat oder Methanol. (↗ Biogas, ↗ Carbonatatmung)

Methanogene, die ↗ Methanbildner.

Methanol, *Methylalkohol*, CH_3–OH, der einfachste Alkohol, eine farblose alkoholisch riechende und brennend schmeckende Flüssigkeit. In der Natur ist M. in der Pflanzenwelt verbreitet, meist in Form von Estern in etherischen Ölen oder in Form von Methoxygruppen u. a. im ↗ Lignin. Für den Menschen ist M. stark toxisch. Es wird teils unverändert ausgeschieden, teils zu ↗ Formaldehyd und ↗ Ameisensäure oxidiert, wobei die toxische Wirkung auf den Formaldehyd zurückgeht, der Proteine ausfällt. Besonders betroffen bei M.-Vergiftungen ist die Netzhaut des Auges, sodass Sehstörungen auftreten, die bis zur völligen Erblindung führen können. Als Gegenmittel bei einer Vergiftung wird Natriumlactat verabreicht. Bei nicht sachgerechter Destillation selbstgebrannter Schnäpse finden sich z. T. beträchtliche M.-Beimengungen im Destillat.

Methanotrophe, *Methan oxidierende Bakterien*, Bez. für Bakterien, die Methan und einige andere Einkohlenstoffverbindungen (C1-Verbindungen) als Elektronendonatoren für die Energiegewinnung und als einzige Kohlenstoffquelle verwenden. Die M. sind obligate Aerobier und in Boden und Wasser verbreitet. Zu den M. gehören u. a. die Gatt. *Methylomonas* und *Methylococcus*.

Methan oxidierende Bakterien, ↗ Methanotrophe.

Methionin, Abk. *Met, α-Amino-γ-methylmercaptobuttersäure*, eine schwefelhaltige, essenzielle proteinogene ↗ Aminosäure. Die Biosynthese von M. geht von ↗ Cystein und Homoserin aus und führt über Cystathionin zum ↗ Homocystein, das methyliert wird. Die aktive Form von M., das ↗ S-Adenosyl-Methionin fungiert als Methylgruppendonator bei Transmethylierungen. Die biologische Wertigkeit vieler Pflanzenproteine wird durch ihren niedrigen M.-Gehalt begrenzt.

$$\overset{\oplus}{H_3N}-\underset{\underset{\underset{\underset{CH_3}{|}}{S}}{\underset{|}{CH_2}}}{\overset{\overset{COO^{\ominus}}{|}}{C}}-H$$

Methionin

Methylalkohol, der ↗ Methanol.

Methylbenzoyl-Ecgonin, das ↗ Cocain.

β-Methylguanidoessigsäure, das ↗ Kreatin.

Methylierung, die Einführung von Methylgruppen (–CH_3) in organische Verbindungen.

Methylmorphin, das ↗ Codein.

Methylotrophe, Prokaryoten, die allein auf Einkohlenstoffverbindungen wachsen können, d. h. die Substrate enthalten keine C-C-Bindungen. Viele M. sind auch ↗ Methanotrophe. Zu den Substraten der M. gehören u. a. Methan, Methanol, Formiat und Kohlenstoffmonooxid.

Methylrot-Test, Nachweisreaktion zur Identifikation von Säure bildenden Bakterien. Die Säurebildung lässt sich durch den Indikator Methylrot anzeigen. Der M.-Test dient insbesondere zur Unterscheidung von *Escherichia coli* und *Enterobacter aerogenes*.

Metroxylon, Gatt. der ↗ Arecaceae.

Metschnikow, (Mečnikov), *Ilja Iljitsch*, russ. Zoologe und Arzt, ✳ 15.5.1845 Iwanowka (Gebiet Charkow), † 15.7.1916 Paris; 1873-83 Prof. in Odessa, ab 1888 am Institut Pasteur in Paris. M. arbeitete über die vergleichende Entwicklung der Wirbellosen und entwickelte die Parenchymula-Hypothese (1877, 1886) zur Erklärung der stammesgeschichtlichen Entstehung der Grundorganisation des Metazoenkörpers. 1865 entdeckte er an Landplanarien die intrazelluläre Verdauung und 1883 die ↗ Phagocytose von Bakterien durch Leukocyten; daraus begründete er die Theorie der zellulären Immunität, nach der die Abwehr von Infektionen hauptsächlich auf die Aufnahme und Vernichtung der Erreger durch ↗ Leukocyten u. a. Phagocyten beruht. 1908 erhielt M. zusammen mit P. ↗ Ehrlich den Nobelpreis für Physiologie oder Medizin.

Metzgeriales, Ord. der ↗ Jungermaniopsida, deren Arten einen meist gabelig verzweigten Thallus besitzen. Arten der Gatt. *Riccardia*, *Pellia* und *Blasia* leben auf feuchtem Erdboden, *Metzgeria* an Felsen oder epiphytisch auf Laubholzrinden.

Meyerhof, *Otto Fritz*, deutscher Physiologe und Biochemiker, ✳ 12.4.1884 Hannover, † 6.10.1951 Philadelphia (Pennsylvania); ab 1921 Prof. in Kiel, ab 1924 in Berlin, 1929-38 in Heidelberg, danach in Paris, ab 1940 in Philadelphia. M. wies 1919 die Umstellung der Energiegewinnung im Muskel bei Sauerstoffmangel auf den anaeroben Abbau von Glykogen zu Milchsäure nach (*Embden-Meyerhof-Parnas-Abbauweg*) sowie die Gesetzmäßigkeit der ↗ alkoholischen Gärung, wobei er, unabhängig von G. ↗ Embden, ein neues Schema für den Ablauf der ↗ Glykolyse und der alkoholischen Gärung erstellte. 1922 erhielt M. zusammen mit A.V. ↗ Hill den Nobelpreis für Physiologie oder Medizin.

Mg, chemisches Symbol für ↗ Magnesium.

MHC, Abk. für engl. *m*ajor *h*istocompatibility *c*omplex, den ↗ Haupthistokompatibilitätskomplex.

MHK, Abk. für ↗ minimale Hemmkonzentration.

Micellen, *Mizellen*, Molekülaggregate, die häufig spontan entstehen, wenn Substanzen, die ↗ hydrophobe und ↗ hydrophile Gruppen besitzen (so genannte grenzflächenaktive oder amphiphile Substanzen) aufgelöst werden. So neigen z. B. Seifen beim Lösen in Wasser zur M.-Bildung, aber auch Proteine, Steroide sowie biologische Lipidmembranen. Diese neigen zur Bildung kugelförmiger Doppelschichten, die als *Liposom* bezeichnet werden. Die M.-Bildung wird als ein wichtiger Prozess bei der Entstehung des Lebens angesehen. (↗ Evolution)

Michaelis, *Leonor*, deutsch-amerikan. Chemiker, ✳ 16.1.1875 Berlin, † 9.10.1949 New York; ab 1908 Prof. in Berlin, 1922-26 in Nagoya (Japan), anschließend in Baltimore (Maryland), 1929-41 in New York. M. erforschte Redoxreaktionen in lebenden Systemen. Er entwickelte 1913 zusammen mit Maud Menten (1879-1960) eine Gleichung (↗ Michaelis-Menten-Gleichung), welche die Abhängigkeit der Geschwindigkeit einer enzymkatalysierten Reaktion von der Substratkonzentration beschreibt.

Michaelis-Menten-Gleichung, eine mathematische Gleichung zur Beschreibung der Kinetik (↗ Reaktionskinetik) enzymatischer Reaktionen, welche die charakteristische hyperbolische Abhängigkeit der Enzymaktivität von der Substratkonzentration erklärt, allerdings auch eine grobe Vereinfachung darstellt. Bei der Aufstellung der M. - M. - G. wird von folgenden Voraussetzungen ausgegangen: Bei der Bindung des Substrats an das Enzym stellt sich ein Gleichgewichtszustand ein und das Gleichgewicht liegt auf der Seite des Produkts (durch Substratüberschuss).

$$E + S \rightleftharpoons ES \rightleftharpoons E + P$$

Die Reaktion befindet sich im Fließgleichgewicht, d. h. die Konzentration des Enzym-Substrat-Komplexes [ES] ändert sich während der Reaktion nicht (*Fließgleichgewichtskinetik*). Die Bildung des Produktes ist der langsamste und damit der geschwindigkeitsbestimmende Schritt und da infolge hohen Substratüberschusses alle Enzymmoleküle schnell als Enzymsubstrat-Komplex (ES) vorliegen, bleibt die Reaktionsgeschwindigkeit über einen längeren Zeitraum gleich und entspricht der maximalen Anfangsgeschwindigkeit (V_{max}). Unter diesen Bedingungen ist das Enzym mit Substrat gesättigt und eine weitere Erhöhung der Substratkonzentration bringt keine Erhöhung der Reaktionsgeschwindigkeit. Bei Auftragung unterschiedlicher Anfangsgeschwindigkeiten gegen die Substratkonzentration ergibt sich eine Sättigungskurve.

Obwohl eine Vereinfachung, beschreibt die M. - M. - G. das kinetische Verhalten eines Großteils der Enzyme. Zwei Größen in dieser Gleichung sind nicht abhängig von der Substratkonzentration, sondern kennzeichnen Eigenschaften des Enzyms: Dies ist die bei hohen Substratkonzentrationen erreichte Maximalgeschwindigkeit (V_{max}, in der Auftragung der Grenzwert, gegen den sich die Kurve bewegt) und die *Michaelis-Konstante K_m*, das ist in der Auftragung die Konzentration, bei der die halbmaximale Geschwindigkeit der Umsetzung erreicht ist ($1/2\ V_{max}$). Die Michaelis-Konstante steht für die Affinität des Enzyms zu seinem Substrat, je kleiner sie ist, desto höher ist die Affinität. Um verlässliche Werte für K_m und V_{max} zu erhalten, wird die M. - M. - G. so umgeformt, dass die Messwerte in der graphischen Darstellung bei Auftragung der Geschwindig-

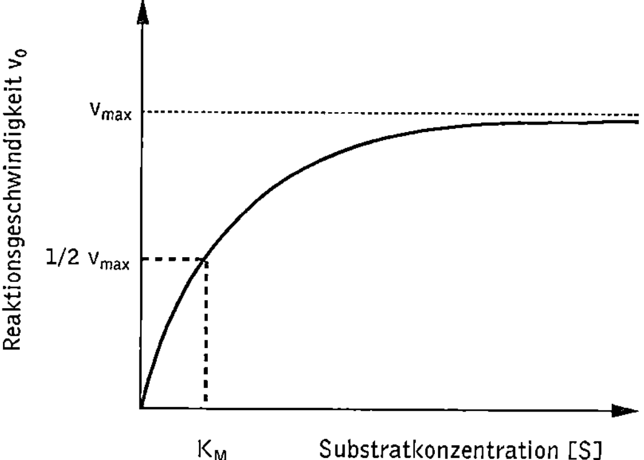

Michaelis-Menten-Gleichung Nichtlineare Darstellung der Michaelis-Menten-Gleichung bei Auftragung der Anfangsgeschwindigkeit V_0 gegen die Substratkonzentration [S]. Bei niedriger Substratkonzentration liegt eine Reaktion erster Ordnung vor, bei hoher Substratkonzentration wird die Reaktionsgeschwindigkeit von der Substratkonzentration unabhängig (Reaktion nullter Ordnung)

keit (V) gegen den Quotienten V/[P], auf einer Gerade liegen (*Eadie-Hofstee-Diagramm*); hierbei ist $-K_m$ die Steigung der Geraden. Eine weitere Umformung der M. - M. - G. ist die doppelt reziproke Auftragung von $1/V_0$ gegen $1/[P]$ (*Lineweaver-Burk-Diagramm*), die eine Gerade gibt, bei der K_m ebenfalls recht einfach ermittelt werden kann, da $-1/K_m$ dem Schnittpunkt der Geraden mit der X-Achse entspricht.

Michel, *Hartmut*, deutscher Biochemiker, ✳ 18.7.1948 Ludwigsburg; Prof. und ab 1987 Direktor der Abteilung Molekulare Membranchemie am Max-Planck-Institut für Biophysik in Frankfurt a. M. M. erhielt 1988 zusammen mit J. ↗ Deisenhofer und R. ↗ Huber den Nobelpreis für Chemie für die Aufklärung der dreidimensionalen Struktur des fotosynthetischen Reaktionszentrums von Purpurbakterien, wobei es ihm 1982 gelungen war, das fotosynthetische Reaktionszentrum in die kristalline und damit röntgenstrukturanalytisch eruierbare Form zu überführen. 1995 entschlüsselte M. die Struktur der Cytochrom-c-Oxidase.

Microarray, *DNA-Chip*, Bez. für die auf einer Glasplatte aufgebrachten DNA-Moleküle, die nach dem Prinzip der ↗ Nucleinsäurehybridisierung analysiert werden können. Mit Hilfe von Robotern können auf einer kleinen Fläche viele verschiedene DNA-Moleküle als definierte Punkte („spots") nebeneinander aufgetragen werden. M. gestatten, innerhalb kurzer Zeit umfangreiche Analysen durchzuführen. Mit Hilfe von M. ist es möglich, die Expression einer sehr hohen Anzahl von Genen simultan zu untersuchen und so z. B. die transkriptionelle Aktivität einer Zelle in verschiedenen physiologischen Zuständen zu analysieren. Auf M. basierende Messverfahren werden für die klinische Diagnostik einer Vielzahl von Erkrankungen sehr stark an Bedeutung gewinnen. Auf der Oberfläche eines M. werden hierzu kleine Abschnitte der gesuchten DNA immobilisiert, d. h. chemisch fixiert. Befindet sich in der zu untersuchenden Probe komplementäre DNA, so wird diese an den aufgetragenen DNA-Abschnitten binden. Die Anbindung wird über ein optisches Verfahren, z. B. mit Fluoreszenzmarkern, die während der Analyse an die Proben-DNA gekoppelt werden, erfasst.

Microascales, Ord. der ↗ Ascomycetidae, zu der u. a. der Erreger des Ulmensterbens (*Ophiostoma ulmi*) gehört. Der Pilz wächst in den Larvengängen des Ulmensplintkäfers. Seine Nebenfruchtform entwickelt Konidienträger. Die Ascosporen und Konidien sammeln sich in tropfenförmigen Ausscheidungen, die von den Käferlarven aufgenommen und ausgebreitet wurden. Das *Ulmensterben* ist eine Welkekrankheit, die durch Ausscheidung eines Giftes (*Ceratoulmin*) und durch Verstopfung der Gefäße junger Zweige verursacht wird.

Microbodies, die ↗ Peroxisomen.

Microchiroptera, *Fledermäuse*, Unterord. der Fledertiere (↗ Chiroptera) mit über 775 Arten in 17 Fam. mit 145 Gatt., die, außer in den Polargebieten, weltweit verbreitet sind. Ihre Vorderextremitäten sind zu Flügeln umgebildet, die Ohren sind an der Basis nie zu einem Ring geschlossen. Das Gebiss hat i. Allg. kleine Schneidezähne und große Eckzähne und zeigt spezielle Anpassungen an die sehr unterschiedlichen Ernährungsweisen (vorwiegend Insekten, aber auch kleine Wirbeltiere, Blut sowie Früchte, Nektar und Pollen). Alle bekannten Arten verfügen über die Fähigkeit zur ↗ Echoorientierung. Fledermäuse sind nachtaktiv und verbringen den Tag in Höhlen, Tunnels, Felsspalten, hohlen Bäumen, Gebäuden usw. Die Arten der gemäßigten Breiten halten vier bis sechs Monate Winterschlaf und alle M., auch die tropischen Arten, können tagsüber oder bei plötzlichen Kälteeinbrüchen in eine Kältelethargie verfallen, in der ihr Stoffwechsel und somit die Körpertemperatur herabgesetzt sind. Die meisten Arten leben gesellig, oft in großen Kolonien. Bei den Arten der gemäßigten Breiten werden die Weibchen im Herbst begattet, Eisprung und Befruchtung finden jedoch erst im darauffolgenden Frühjahr statt. In Mitteleuropa kommen 22 Arten aus zwei Fam. vor: Glattnasen (Fam. ↗ Vespertilionidae) und Hufeisennasen (Fam. ↗ Rhinolophidae). Sie sind alle vom Aussterben bedroht, vor allem infolge des starken Einsatzes von Pflanzenschutzmitteln gegen Insekten, sowie wegen des Fehlens geeigneter Sommer- und Winterquartiere.

Micrococcaceae, *Mikrokokken*, nach älterer Systematik Fam. der grampositiven Bakterien mit den Gatt. ↗ Staphylococcus und ↗ Micrococcus. Nach neuer Systematik gehört *Staphyloccous* zu den ↗ grampositiven Bakterien mit niedrigem ↗ GC-Gehalt und *Micrococcus* zu den grampositiven Bakterien mit hohem GC-Gehalt.

Micrococcus, *Mikrokokken*, Gatt. der grampositiven Bakterien mit hohem ↗ GC-Gehalt. Es sind kleine (bis 3,5 µm große), obligat aerob lebende Bakterien mit Verbreitung im Boden und Süßwasser.

Micromonospora, Gatt. der Actinomyceten, deren Arten als ↗ Saprophyten im Boden, im Faulschlamm und auf verfaulenden Pflanzenresten vorkommen. Die Sporen sind einzeln, ein Luftmycel fehlt.

Micromonosporaceae, Fam. der ↗ Actinomycetales. Es sind überwiegend aerobe, teilweise fakultative anaerobe Bakterien, die meist ein Luftmycel besitzen.

Micropodiformes, die ↗ Apodiformes.

Microspermae, die ↗ Orchidales.

Microspora, zu den ↗ Einzellern gehörendes Taxon, dessen Vertreter ausschließlich als intrazelluläre Parasiten, meist frei im Cytoplasma der Wirtszelle, leben. Wirte finden sich in allen Tiergruppen von Einzellern, über ↗ Coelenterata, ↗ Plathelminthes, ↗ Nematoda, ↗ Annelida, ↗ Mollusca, ↗ Arthropoda, ↗ Bryozoa bis zu den Wirbeltieren (↗ Vertebrata). Charakteristisch für die M. sind gepaarte Zellkerne, 70S-Ribosomen, chitinhaltige Sporenhüllen, das Fehlen von Mitochondrien und Geißeln sowie ein besonders auffälliger Extrusomenapparat. Die M. verursachen eine Reihe von Erkrankungen bei einigen ihrer Wirte, so die *Seidenraupen-Krankheit*, die *Bienenruhr* und einige Fischkrankheiten, sowie beim Menschen die *Mikrosporidiose*. Die Art *Nosema locustae* versucht man, zur Bekämpfung von Heuschreckenplagen einzusetzen.

Microsporum, ↗ Dermatophyten.

Microtus, die Gatt. ↗ Feldmäuse.

Miescher, *Johann Friedrich,* schweizer. Biochemiker, * 13.8.1844 Basel, † 26.8.1895 Davos; ab 1872 Prof. in Basel. M isolierte 1869 aus den Kernen von Leukocyten (im Eiter) eine organische Substanz, die er als Nuclein bezeichnete und die später als ein Gemisch von ↗ Nucleinsäuren und ↗ Histonen identifiziert wurde. Neben vielen anderen bedeutenden Arbeiten, gelang ihm die Entdeckung der Regulation der ↗ Atmung durch die CO_2-Konzentration im Blut.

Miesmuschel, *Mytilus edulis,* zu den ↗ Pteriomorpha gehörende 6 - 9 cm große Art der Muscheln (↗ Bivalvia), die weltweit verbreitet im Bereich der Niedrigwasserlinie der Meere lebt. Sie heftet sich mit Byssusfäden auf dem Substrat oder an Artgenossen fest. Die Schale ist innen teilweise perlmutterig. Aufgrund ihrer hohen Filtrationsleistung (bei Helgoland z. B. bis zwei Liter Wasser pro Stunde) spielt sie eine wichtige Rolle bei der Wasserreinigung. Zudem hat sie als Speisemuschel große wirtschaftliche Bedeutung und wird in vielen Regionen gezüchtet.

Migration, ↗ Tierwanderung, bei der nur Teile der ↗ Population wandern. Dabei können Individuen aus dem bisher besiedelten Gebiet auswandern (*Emigration*), ortsfremde Tiere in ein Siedlungsgebiet eindringen (*Immigration*) oder ein bereits besiedeltes Gebiet durchwandern (*Permigration*). Ist die aufgesuchte Region nicht von der Art besiedelt, findet eine *Invasion* statt. Die *Migrationsrate* kennzeichnet den Anteil wandernder Tiere einer Population. Massenhafte Immigrationen und Invasionen kommen bei Wanderheuschrecken, Wanderfaltern und Lemmingen vor.

mikroaerophil, ↗ Aerobier.

Mikroben, die ↗ Mikroorganismen.

Mikrobenmatten, zusammenhängende geschichtete Bakteriengesellschaften, die auf festem Untergrund wie dem Meeressediment wachsen. Die vertikal geschichteten Gemeinschaften sind als Farbstreifen sichtbar. M. können sich nur dort massiv entwickeln, wo eine Abweidung durch Metazoen

fehlt: in extrem salzhaltigem Milieu oder heißen Umgebungen. Oft enthalten die M. fototrophe Mikroorganismen (u. a. ↗ Cyanobakterien) und weisen eine hohe Produktivität auf. Die ältesten fossilen Reste von M. (*Stromatolithe*) sind 3,8 Mrd. Jahre alt.

mikrobielle Biofilme, Lebensgemeinschaft von ↗ Mikroorganismen (meist ↗ Bakterien) in einer ausgedehnten, überwiegend schleimartigen Matrix aus extrazellulärem polymerem Material, meist Exopolysacchariden, aber auch Proteinen. Natürliche m. B. sind z. B. auf Gestein, im Boden, auf Pflanzen und Zähnen vorhanden.

mikrobielle Biotechnologie, der Bereich der ↗ Biotechnologie, in dem ↗ Mikroorganismen zur Herstellung von Produkten oder bei bestimmten technischen Prozessen eingesetzt werden.

mikrobielle Ökologie, Teilgebiet der ↗ Mikrobiologie, dessen Ziel es ist, die Rolle der ↗ Mikroorganismen in ↗ Ökosystemen zu verstehen. Dazu konzentriert sich die m. Ö. auf zwei Hauptthemen: das Verständnis der biologischen Vielfalt der Mikroorganismen in der Natur und die Messung der Aktivität von Mikroorganismen in ihrem natürlichen Habitat. Daneben befasst sich die m. Ö. auch mit mikrobiellen Interaktionen. Zur angewandten Forschung gehört der Bereich *Umweltmikrobiologie*, der sich mit dem Einsatz von Mikroorganismen bei der Abwasserreinigung, der Sanierung von Gewässern und Böden usw. befasst.

mikrobielles Wachstum, die Zunahme der Zellzahl von ↗ Mikroorganismen in einer Population. M.W. findet meist durch Teilung der Zellen statt. Bei Wachstum von Mikroorganismen in ↗ statischer Kultur (abgeschlossenes System) erhält man eine typische Wachstumskurve, die sich in vier Phasen einteilen lässt: In der *Anlaufphase* (*lag-Phase*) findet keine Vermehrung der Mikroorganismen statt, da sie für die Verwertung des angebotenen Substrats erst Transportsysteme und Enzyme ausbilden müssen. In der *exponentiellen Phase* wachsen die Mikroorganismen mit maximaler Rate, bis das Substrat verbraucht ist oder ein anderer Faktor limitierend wirkt. Daraufhin wird die *stationäre Phase* erreicht, in der kein weiteres Wachstum mehr stattfindet. Bei Fortführung der Inkubation können die Zellen entweder am Leben bleiben oder absterben (*Absterbephase*). Das Absterben der Zellen kann in einigen Fällen mit einer Zell-Lyse einhergehen. Bei einer ↗ kontinuierlichen Kultur im Chemostat kann man die Wachstumsgeschwindigkeit der Kultur regulieren.

Zu den physikalischen und chemischen Faktoren, die das Wachstum regulieren, gehören v. a. die Temperatur (↗ Psychrophile, Mesophile, ↗ Thermophile, ↗ Hyperthermophile), der ↗ pH-Wert (↗ acidophile, ↗ alkalophile und neutrophile Mikroorganismen), die Wasseraktivität (↗ Halophile) und der Sauerstoffgehalt (↗ Aerobier, ↗ Anaerobier). Die meisten bekannten Mikroorganismen sind ↗ mesophil und wachsen optimal bei pH-Werten zwischen pH 5 und 9. Dabei sind Pilze i. Allg. säuretoleranter als Bakterien.

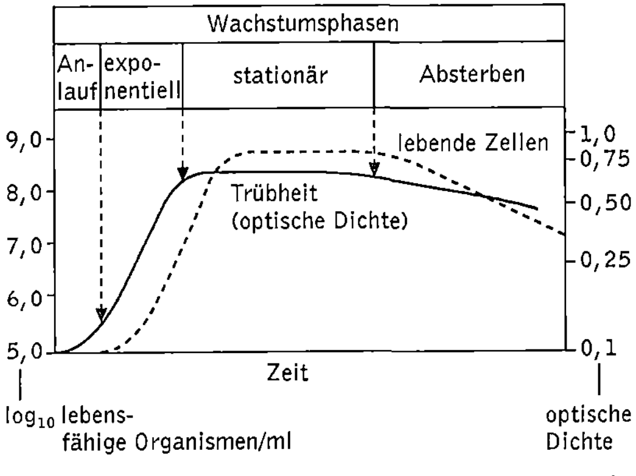

Mikrobielles Wachstum Typische Wachstumskurve einer Bakterienpopulation bei statischer Kultur

Zur Messung des m. W. existiert eine Vielzahl von Methoden. Bei der direkten Zählung der Zellzahl unter dem Mikroskop werden die toten und lebenden Zellen gezählt. Zur Bestimmung der *Lebendzellzahl* („Keimzahl"), misst man, wie viele Zellen in der Probe auf einem geeigneten Agarmedium Kolonien (↗ Bakterienkolonie) bilden können. Nur lebensfähige Zellen können Kolonien bilden. Die Bestimmung der Lebendzellzahl wird auch als *Plattenauszählung* oder *Kolonienzählung* bezeichnet. Fast immer muss die zu zählende Probe verdünnt werden, bevor sie ausplattiert wird. Die Lebendzellzahl kann auch mit Vitalfarbstoffen (z. B. Fluoresceinacetat) bestimmt werden. Eine andere Methode zur Bestimmung der Zunahme der Zellzahl sind *Trübungsmessungen*, die darauf basieren, dass eine Zellsuspension mit vielen Zellen stärker getrübt ist als eine Suspension mit wenigen Zellen.

Mikrobiologie, Disziplin der ↗ Biologie, die sich mit den ↗ Mikroorganismen einschließlich der ↗ Viren befasst. Sie ist unterteilt in die Fachgebiete ↗ Bakteriologie, Phycologie, ↗ Virologie, ↗ Mykologie, ↗ Protozoologie. Die Phycologie (Algenkunde) wird oft auch der Botanik zugeordnet und die Protozoologie der Zoologie. Zu den Teilgebieten der M. gehören die Allgemeine M., die Industrielle oder Technische M. (↗ Industrielle M.), die ↗ Medizinische M., die ↗ Boden-M., die ↗ Lebensmittel-M., die aquatische M. und die ↗ mikrobielle Ökologie. Die *Allgemeine M.* erforscht die Verbreitung, den Bau und die Lebensweise von Mikroorganismengruppen und führt Untersuchungen über die morphologischen, biochemischen, physiologischen, genetischen und ökologischen Eigenschaften der jeweiligen Organismen durch. Ein weiterer Schwerpunkt ist die Erforschung der phylogenetischen Herkunft von Mikroorganismen und ihrer Verwandtschaftsverhältnisse. Die Funktionen von Mikroorganismen im globalen Ökosystem sind ebenso vielfältig wie ihre Einsatzmöglichkeiten in der Biotechnologie (↗ Mikroorganismen).

Im Vordergrund der gegenwärtigen Entwicklung der M. stehen die *molekulare Systematik* und die Biotechnologie. Im Zuge dieser Entwicklung werden neue Mikroorganismen aus den verschiedensten Biotopen isoliert, vor allem aus anaeroben und extremen Biotopen (u. a. ↗ Halophile, ↗ Hyperthermophile, ↗ Psychrophile). Ziele dieser Untersuchungen sind u. a., für die Biotechnologie interessante neue Mikroorganismen mit neuen Stoffwechselwegen zu finden, sowie die Klärung der Verwandtschaftsverhältnisse von Mikroorganismen mit Methoden der ↗ Molekularbiologie. Die Funktionen von Mikroorganismen im globalen Ökosystem sind ebenso vielfältig wie ihre Einsatzmöglichkeiten in der ↗ Biotechnologie. Wesentliche Beiträge zur Entwicklung der M. lieferten vor 1900 A. van ↗ Leeuwenhoek, L. ↗ Pasteur und R. ↗ Koch.

Literatur: Brandis, H., Eggers, H.J., Köhler, W., Pul-verer, G.: Lehrbuch der Medizinischen Mikrobiologie, München [7]1994. – Fritsche, W.: Mikrobiologie, Heidelberg [2]1999. – Goebel, W. (Hg.): Mikrobiologie, Heidelberg 2001 (Originaltitel: Brock, T.D.: Biology of Microorganisms). – Mochmann, H., Köhler, W.: Meilensteine der Bakteriologie. Von Entdeckungen und Entdeckern aus den Gründerjahren der Medizinischen Mikrobiologie, Frankfurt a.M. [2]1997. – Müller, G., Weber, H. (Hg.): Mikrobiologie der Lebensmittel: Grundlagen, Hamburg [8]1996. – Schlegel, H.G.: Allgemeine Mikrobiologie, Stuttgart 1992. – Schlegel, H.G.: Geschichte der Mikrobiologie, Heidelberg 1999.

Mikroelemente, ↗ Mikronährelemente.

Mikroflora, natürliche mikrobielle Lebensgemeinschaft. (↗ Darmflora, ↗ Mundflora und ↗ Vaginalflora)

Mikrofossilien, fossile Reste kleiner Organismen, die zur Untersuchung stärkere Vergrößerungen erfordern. (↗ Fossilien)

Mikrogamet, ↗ Gameten, ↗ Fortpflanzung.

Mikroklima, das Kleinklima, das in einem begrenzten Bereich des Ökosystems (z. B. im Habitat) herrscht; Beispiele sind das M. in sonnenexponierten Stellen, in Tierbauten oder in der bodennahen Luftschicht.

Mikrokokken, 1) die Fam. ↗ Micrococcaceae.

2) die Gatt. ↗ Micrococcus.

Mikromere, ↗ Furchung.

Mikronährelemente, *Mikronährstoffe*, *Mikroelemente, Spurenelemente*, in der ↗ Pflanzenernährung diejenigen chemischen Elemente, die für das Pflanzenwachstum in geringen Mengen erforderlich sind. Zu ihnen zählen Chlor (Cl), Eisen (Fe), Mangan (Mn), Bor (B), Natrium (Na), Zink (Zn), Kupfer (Cu), Nickel (Ni) und Molybdän (Mo). Die Unterteilung der essentiellen Elemente in M. und ↗ Makronährelemente sagt nichts über ihre physiologische Bedeutung aus. (↗ Nährelemente)

Mikroorganismen, *Mikroben*, *Kleinlebewesen*, mikroskopisch kleine Organismen die aus einzelnen Zellen oder Zellaggregaten bestehen. Zu den M. gehören ↗ Bakterien (Eubakterien, *Bacteria*), ↗ Archaebakterien (*Archaea*), ein großer Teil der ↗ Pilze einschließlich der ↗ Hefen, viele ↗ Algen und die Protozoen (↗ Einzeller). Die Viren sind zwar keine Zellen, werden aufgrund ihrer Größe jedoch meist zu den M. gerechnet. Dadurch, dass M. aus einer Zelle oder wenigen Zellen bestehen, unterscheiden sie sich von den Pflanzen und Tieren, deren Zellen unter natürlichen Bedingungen nur im Verband mit dem vielzelligen Organismus lebensfähig sind.

M. sind in der Natur weit verbreitet. Sie kommen im Boden, im Wasser, in der Luft und in oder auf anderen Organismen vor. Bezüglich ihres Stoffwechsels sind sie durch außerordentlich vielfältige physiologische Leistungen gekennzeichnet. Die meisten bekannten M. leben ↗ heterotroph als ↗ Saprophyten von abgestorbenen organischen Materialien, andere ernähren sich autotroph (↗ Autotrophie) durch CO_2-Assimilation, wobei die Energie entweder aus der Fotosynthese (↗ Algen, ↗ fototrophe Bakterien) oder aus der Oxidation anorganischer Verbindungen (↗ Chemolithotrophie) stammt. Nach dem Sauerstoffbedarf unterscheidet man aerobe (↗ Aerobier), mikroaerophile, fakultativ anaerobe und anaerobe (↗ Anaerobier) M. Zu den Archaebakterien gehören extrem thermophile (↗ Hyperthermophile), methanogene (↗ Methanbildner) und halophile (↗ Halophile) Gruppen.

M. spielen eine bedeutende Rolle im ↗ Kohlenstoffkreislauf, ↗ Stickstoffkreislauf (↗ Nitrifikation, ↗ Denitrifikation, ↗ Ammonifikation, biologische ↗ Stickstoff-Fixierung), ↗ Schwefelkreislauf und ↗ Phosphorkreislauf. Bei der ↗ Mineralisation nehmen die M. eine Schlüsselstellung ein, indem sie organische Materie zu anorganischen Verbindungen abbauen, die anderen Organismen wieder als Nährstoffe dienen. Mikroorganismen werden heute in vielen Bereichen eingesetzt, sei es bei der Produktion von Lebensmitteln (↗ Lebensmittelmikrobiologie), im Umweltschutz (↗ Kläranlage, Abbau von Umweltgiften), bei der biologischen Schädlingsbekämpfung (↗ Bacillus thuringiensis), der Herstellung von Antibiotika, Antikörpern, Hormonen oder in anderen Anwendungsbereichen der mikrobiellen ↗ Biotechnologie. Viele M. spielen als Erreger von ↗ Infektionskrankheiten eine Rolle. (↗ Mikrobiologie, ↗ mikrobielles Wachstum)

Mikroorganismen-Kultur, ↗ Kultur.

Mikrophyll, Bez. für kleine, meist ungegliederte Blätter (↗ Blatt). ↗ Makrophyll

Mikropyle, kleiner Zugang zum inneren Teil der ↗ Samenanlage, der von den Integumenten frei gelassen wird und in den oft der Pollenschlauch eindringt. (↗ Blüte)

Mikroskop, ein optisches Gerät, mit dem kleine, mit dem bloßen Auge nicht sichtbare Objekte und Strukturen vergrößert abgebildet und betrachtet werden können. Beim Lichtmikroskop wird sichtbares Licht zur Bilderzeugung verwendet, beim Elektronenmikroskop kommen zu diesem Zweck hochbeschleunigte Elektronen zum Einsatz (Kathodenstrahlung). Sowohl bei der Licht- als auch bei der Elektronenmikroskopie existieren eine Reihe von technischen Modifikationen, mit deren Hilfe Objekte auf unterschiedliche Weise untersucht werden können. (Sonderartikel Methoden: ↗ Mikroskopie)

Lichtmikroskop. Beim heute gebräuchlichen Lichtmikroskop erfolgt die Bilderzeugung in zwei Stufen (*zusammengesetztes M.*) durch Absorption, Brechung, Reflexion und Beugung von Lichtwellen an Strukturelementen des zu betrachtenden *Objektes*, wobei das dem Objekt zugewandte Linsensystem (*Objektiv*) in einer Zwischenbildebene ein umgekehrtes, reelles Objektabbild entwirft, welches durch das zweite, dem Auge zugewandte Linsensystem (*Okular*) wie bei einer Lupe nachvergrößert wird. Die *Gesamtvergrößerung* ist folglich das Produkt aus der primären Objektiv- und der sekundären Okularvergrößerung. Sie ist prinzipiell unbegrenzt, jedoch nur so lange von Nutzen, wie vorhan-

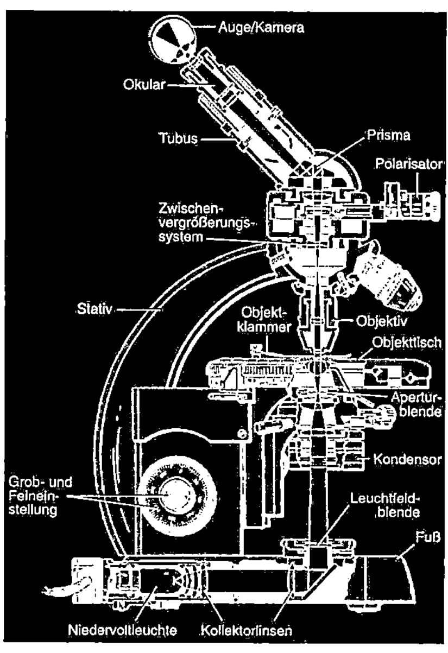

Mikroskop Aufbau eines Licht-Mikroskops, Strahlengang bei Durchlichtbeleuchtung (Köhler'sche Beleuchtung)

dene Strukturen durch das menschliche Auge wahrnehmbar sind. Nicht die Endvergrößerung, sondern die *Auflösung* ist deshalb entscheidend für die Qualität des Lichtmikroskops, d. h. der geringst mögliche Abstand zweier Objektpunkte d_{min}, der in der Vergrößerung noch als zwei getrennte Punkte dargestellt werden kann. Dieser hängt nach Berechnungen, die von E. Abbe und M. Berek bereits im 19. Jh. durchgeführt wurden, von der Wellenlänge des einstrahlenden Lichtes λ und dem halben Öffnungswinkel α des Objektivs ab, wobei letzterer als der größte Winkel bezeichnet wird, den ein Strahl zur optischen Achse einnehmen kann, um vom Objektiv gerade noch aufgenommen zu werden:

$$d_{min} = \lambda/(n \times \sin \alpha)$$

mit n als dem Brechungsindex des das Objektiv umgebenden Mediums, indem der Öffnungswinkel gemessen wird. (n x sin α) wird auch als so genannte *numerische Apertur* bezeichnet und stellt somit ein Maß für die Auflösungskraft eines Objektives dar. Durch die Verwendung von hochbrechenden Immersionsölen, deren Brechungsindices die von Glas erreichen oder übertreffen, besitzen so genannte *Immersionsobjektive* numerische Aperturen von 1,2 bis 1,4, wohingegen *Trockenobjektive* Werte unter 1 besitzen. Für sichtbares Licht beträgt d_{min} bei einer Verwendung von Immersionsobjektiven 0,2 µm. Das durch die numerische Apertur begrenzte Auflösungsvermögen eines Objektivs spiegelt sich auch in der *förderlichen Vergrößerung* wieder, d. h. die durch das Okular erfolgende Nachvergrößerung, mit der das Zwischenbild durch das menschliche Auge verarbeitet werden kann. Bei zu geringer Nachvergrößerung kann das Informationsangebot des Objektivs nicht voll genutzt werden, wohingegen eine zu starke Nachvergrößerung zu unscharfen und kontrastarmen Bildern führt. Als Faustregel gilt, dass die förderliche Vergrößerung eines Lichtmikroskops zwischen dem 500fachen und 1000fachen der numerischen Apertur liegt. Für ein Immersionsobjektiv mit einer Vergrößerung von 100 und einer numerischen Apertur von 1,3 erscheinen Okularvergrößerungen des Zwischenbildes von 6,3x bis 12,5x sinnvoll.

Aufbau des Lichtmikroskops. Okular und Objektiv sind über einen häufig schräggestellten *Tubus* definierter Länge miteinander verbunden und am *Stativ* befestigt, wobei eine als *Objektivrevolver* bezeichnete Drehscheibe das bequeme Austauschen von Objektiven zum Vergrößerungswechsel gestattet. Im niedrigen bis mittleren Vergrößerungsbereich werden häufig auch *Stereolupen* (Binokulare) oder *Stereomikroskope* eingesetzt, die für eine größere Tiefenschärfe sorgen. Sie beruht auf der Überlagerung von zwei geringfügig verschiedenen Bildern desselben Objektes, die durch zwei Strahlengänge erzeugt werden. Anstelle des

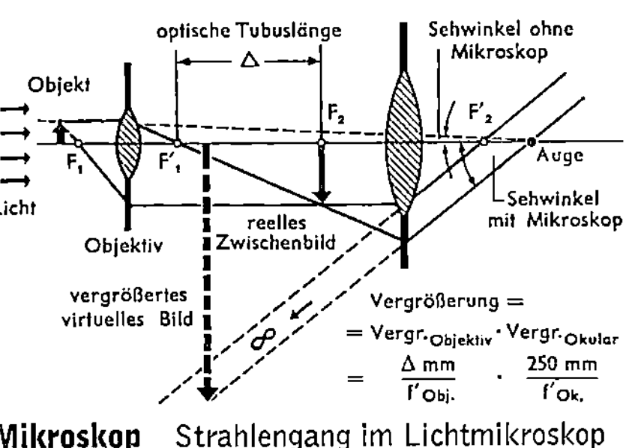

Mikroskop Strahlengang im Lichtmikroskop

menschlichen Auges können Kamerasysteme treten, für die bestimmte Tubussysteme existieren.

Die Objekte befinden sich i. d. R. auf einem als *Objektträger* bezeichneten Glasplättchen und sind von einem 0,17 mm dünnen *Deckglas* abgedeckt. Sie werden auf einem *Objekttisch* befestigt, der zum Scharfstellen über einen Grob- und Feinzahntrieb in seiner Höhe verstellt werden kann. Zur Beleuchtung kann im einfachsten Fall ein Spiegel für Tageslicht dienen. Die meisten Mikroskope besitzen jedoch ein aus Lichtquelle und *Kondensor* bestehendes Beleuchtungssystem. Als Licht sammelndes Linsensystem sorgt der Kondensor für eine gleichmäßige Ausleuchtung des Objektes. Entscheidend für die Qualität eines M. ist vor allem die Güte der Objektive und Okulare, da sich physikalisch-technisch bedingte Linsenfehler sofort bemerkbar machen. Durch die Kombination von verschiedenen Glasmaterialien und einer geeigneten Linsengeometrie (*Sammel- und Zerstreulinsen*) können bei bestimmten Objektivtypen (Achromat, Apochromat) solche Beeinträchtigungen der Bildqualität z. B. durch als *monochromatische Bildfehler* bezeichnete Farbfehler oder durch *Verzeichnung* entstandene Verzerrungen von Strukturen mehr oder weniger gut vermieden werden. Die Verwendung besonderer Okulare kann in Verbindung mit bestimmten Objektiven ebenfalls zu einer Verbesserung des mikroskopischen Bildes führen.

Elektronenmikroskop. Durch die Verwendung von Elektronenstrahlen im Vakuum ist es möglich, d_{min} zu verkleinern, weil die Wellenlänge der beschleunigten Elektronen um den Faktor 10^{-5} kleiner ist, als beim im Lichtmikroskop verwendeten Licht mit Wellenlängen zwischen 360 und 780 nm. Der durch einen im Hochspannungsfeld zwischen 20 und 100 kV erzeugte Kathodenstrahl verhält sich wie Licht und wird an den Oberflächenstrukturen eines Objektes gebeugt. Da Elektronenstrahlen im elektrischen und magnetischen Feld abgelenkt werden, ist es möglich, in Analogie zum Lichtmikroskop elektromagnetische Linsen und Blenden zu verwenden, sodass sich die Vergrößerung durch Veränderungen der Linsenströme bzw. der daraus

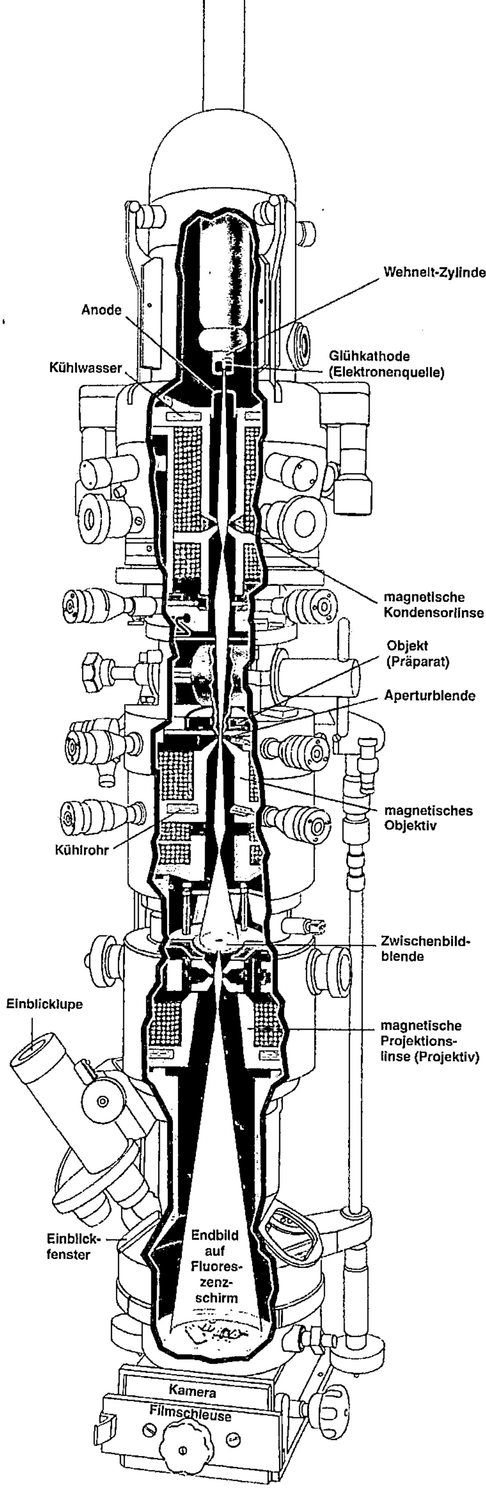

ELEKTRONENMIKROSKOP

Schematischer Aufbau eines Elektronenmikroskops (links) und Vergleich der Strahlengänge im Licht- und Elektronenmikroskop

Herzstück des Elektronenmikroskops ist ein evakuierbares Stahlrohr (Tubus), in dem mit einer aufwendigen Hochvakuumanlage (Rotationspumpe mit nachgeschalteter Diffusionspumpe) ein Hochvakuum von ca. $^1/_{100}$ Pascal (etwa 10^{-4} Torr) erzeugt werden kann. Als Strahlenquelle dient eine haarnadelförmige *Glühelektrode* aus Wolframdraht am oberen Tubusende, die bei Aufheizung auf 2000–2500 °C eine Elektronenwolke aussendet. Zwischen der *Kathode* und der unter ihr angeordneten geerdeten *Anode* liegt eine auf 0,01% konstantgehaltene Hochspannung von –40 bis –100 kV (Kilovolt). Diese „saugt" die Elektronen von der Kathode ab und beschleunigt sie auf etwa $^2/_3$ Lichtgeschwindigkeit, so daß durch ein Loch in der Anodenmitte ein „steifer" Elektronenstrahl in den Tubus austritt. Zur besseren Fokussierung und Bündelung des Strahls dient eine einfache elektrostatische Linse, eine über die Kathode gestülpte Metallglocke, an der eine gegenüber der Kathode um einige 100 V negative Spannung anliegt, der *Wehnelt-Zylinder*. Er besitzt eine zentrale Bohrung, in deren Mitte sich die Kathodenspitze befindet. Unmittelbar unter diesem „Beleuchtungsapparat" folgt jenseits der Anode wie beim Lichtmikroskop der *Kondensor*, der die Strahlintensität regelt und den Strahl auf das *Präparat* konzentriert. Wie die nachfolgenden „Linsen" besteht er aus einer eisenummantelten, wassergekühlten Magnetspule mit engem Strahlendurchtrittskanal, in dem ein starkes Magnetfeld die eigentliche Linse darstellt. Das Präparat wird durch eine Vakuumschleuse in den Tubus eingeführt und kann an zwei fein arbeitenden Schraubspindeln (Kreuztisch) zur Durchmusterung diagonal im Strahl verschoben werden. Die Maschen eines mit einer Kunststoffolie überzogenen Kupfernetzchens dienen als Objektträger. Verschieden dichte Objektbereiche bremsen einen unterschiedlichen Anteil der sie durchdringenden Elektronen ab. Diese Streuelektronen werden durch eine Lochblende unter dem Präparat (*Kontrast*- oder *Aperturblende*) abgefangen, während die nicht abgebeugten Elektronen ungehindert durch die Blendenöffnung hindurchtreten und ein Muster der elektronendichteren und elektronendurchlässigeren Objektbereiche wiedergeben, welches nun in zwei Stufen, durch *Objektiv* und *Projektiv* (entsprechen dem Objektiv und Okular im Lichtmikroskop) weitervergrößert wird. Das Objektiv entwirft ein nicht beobachtbares Zwischenbild geringer Vergrößerung (etwa 200fach) in der Ebene der *Zwischenbildblende*, deren Öffnung nur den zentralen Bildbereich zur Weitervergrößerung im Projektiv freigibt, den von ihm nicht erfaßbaren Bildbereich aber zur Vermeidung von Überstrahlungen wegblendet. Anders als im Lichtmikroskop bewirkt das Projektiv den stärksten Vergrößerungsschritt (maximal 1000fach) und entwirft das definitive Endbild auf dem *Leuchtschirm* (Fluoreszenzschirm) am Grunde des Tubus. Der Wechsel zwischen verschiedenen Endvergrößerungen geschieht vornehmlich durch Änderung des Linsenstroms am Projektiv. Das Leuchtschirmbild ist durch seitliche Einblickfenster mit bloßem Auge oder durch eine Einblicklupe zu beobachten. Der Leuchtschirm kann aus dem Strahlengang geklappt werden und den Weg zu einer unter ihm liegenden *Photoplatte* freigeben, die aus dem Wechselmagazin im Vakuum gegen weitere Platten ausgetauscht werden kann. Eine aufwendige Hochspannungsanlage liefert die hochkonstanten Strahl- und Heizspannungen und Linsenströme. Moderne Elektronenmikroskope besitzen noch eine Reihe weiterer Bauelemente zur Strahljustierung und Bedienungserleichterung.

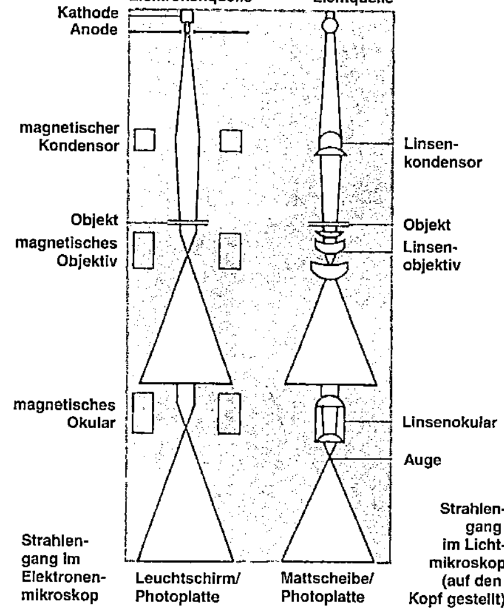

resultierenden Feldstärken variieren. Die Wellenlänge lässt sich anhand der Broglie-Beziehung

$$\lambda = h/(m \times v)$$

mit h = Plancksches Wirkungsquantum, m = Elektronenmasse und v = Elektronengeschwindigkeit ermitteln. Bei biologischen Präparaten kann eine Auflösungsgrenze von 1 - 3 nm erzielt werden, die unter der theoretisch zu erwartenden Auflösungsgrenze liegt, weil mit sehr kleinen Aperturen gearbeitet werden muss. Die Vergrößerung eines Elektronenmikroskops liegt weit über der des Lichtmikroskops im Bereich von bis zu einer Millionenfachen Vergrößerung. Allerdings kann der Elektronenstrahl nur äußerst dünne Schichten im Bereich von 70-100 nm Dicke durchdringen, ohne dabei die für die Bilderzeugung erforderliche Energie zu verlieren. In der Elektronenmikroskopie können prinzipiell zwei unterschiedliche M.-Typen unterschieden werden, das *Transmissionselektronenmikroskop (TEM)* und das *Rasterelektronenmikroskop (REM)*, mit denen sich Objekte in unterschiedlicher Weise betrachten lassen. Im Unterschied zur Lichtmikroskopie müssen elektronenmikroskopische Präparate zuvor mit kontrastierenden Agenten behandelt werden (↗ Gefrierätztechnik).

Transmissionselektronenmikroskop. Mit Hilfe dieses M. können ultradünne Zell- und Gewebeschnitte untersucht werden. Der Aufbau des TEM ähnelt, was den Strahlengang betrifft, dem des Lichtmikroskops. Als „Lichtquelle" dient eine haarnadelförmige Glühelektrode aus Wolframdraht, die beim Aufheizen auf 2000 bis 2500 °C eine Elektronenwolke aussendet, die von der Anode angezogen und somit beschleunigt wird. Das Präparat wird auf einem als Objektträger fungierenden Kupfernetz durch eine Vakuumschleuse in den Tubus eingeführt und kann als vergrößertes Bild auf einem fluoreszierenden Leuchtschirm bzw. auf einem Fotopapier abgebildet werden.

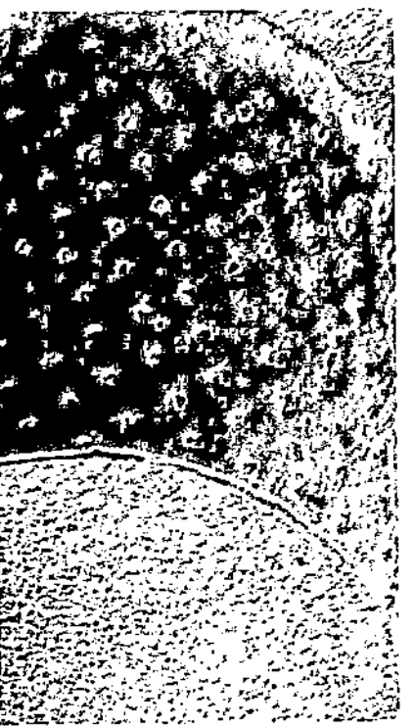

Mikroskop Rasterelektronenmikroskopische Aufnahme einer Kieselalge (links) und der Tornaria-Larve eines Eichelwurms

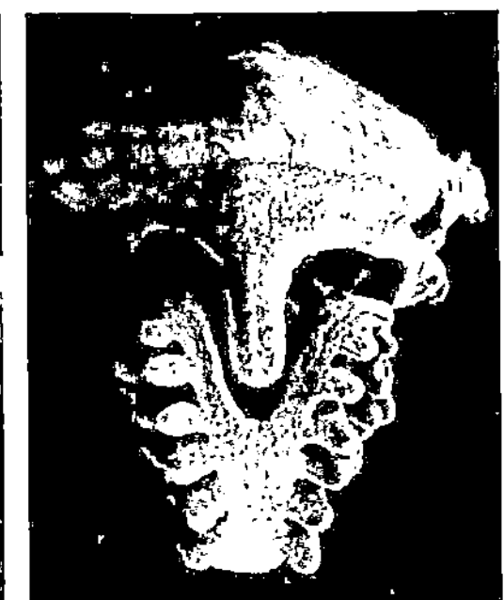

Mikroskop Transmissionselektronenmikroskopische Aufnahme der Kernhülle mit Kernporen

Die meisten Bausteine organischer Verbindungen sind wenig elektronendicht. Dies hat zur Folge, dass biologische Präparate elektronenmikroskopisch durchsichtig erscheinen. Durch Behandlung mit elektronendichten Schwermetallsalzen wie Osmiumtetroxid oder Bleicitrat, die sich an Membranen oder Nucleinsäuren anlagern, wird der nötige Kontrast geschaffen (*Negativkontrastierung*). Die bereits erwähnte geringe Schichtdicke, die im TEM betrachtet werden kann, macht es erforderlich, das zu untersuchende Material vor dem Schneiden mit dem *Ultramikrotom* einzubetten. Zur Strukturerhaltung findet deshalb zuvor eine ↗ Fixierung und Entwässerung statt, da die Objekte wegen des Hochvakuums wasserfrei sein müssen.

Rasterelektronenmikroskop. Das REM dient nicht der Erzeugung eines unmittelbar zu betrachtenden Simultanbildes des Objektes, sondern erzeugt ein Oberflächenbild, das durch zeilenweises Abrastern der Oberfläche mit einem *Primärelektronenstrahl* entsteht. Die dabei gebildeten *Sekundärelektronen* werden von einem Detektor erfasst und über einen Verstärker an einen Bildschirm oder einen Film weitergeleitet. Zu diesem Zweck müssen die Präparate zunächst durch so genanntes *Sputtern* mit einer dünnen leitenden Schicht aus Gold oder einem anderen Edelmetall überzogen werden. Der Bildkontrast wird durch die Anzahl der vom Detektor erfassten Sekundärelektronen bestimmt, sodass der Eindruck entsteht, das betrachtete Objekt sei vom Detektor her beleuchtet worden. Das Auflösungsvermögen des REM hängt von der Dicke des Primärelektronenstrahls ab und liegt i. d. R. zwischen 5 und 10 nm. Mit Hilfe des REM sind Vergrößerungen von 50fach bis 100000fach möglich. Aus diesem Grund kommt das REM in den unterschiedlichsten biologischen Teildisziplinen, aber auch in der Materialforschung zum Einsatz.

METHODEN

Mikroskopie

Die wenigsten biologischen Objekte sind von Natur aus gute lichtmikroskopische Präparate, da sie häufig farblos und Strukturen nur schwer oder gar nicht erkennbar sind. Tote und fixierte Objekte können durch geeignete Färbemethoden behandelt werden, bei denen sich Farbstoffe z. T. selektiv an bestimmte Strukturen anlagern. Lebendes Material wie z. B. Zellkulturen können nicht ohne weiteres gefärbt werden. Da Unterschiede im Brechungsindex ihrer Strukturen die Phasenlage des Lichtes, nicht aber seine Amplitude verändern, werden ungefärbte Präparate auch als *Phasenpräparate* bezeichnet. Eine Reihe von technischen, so genannten *optischen Kontrastierungsverfahren* ermöglicht es bei solchen Objekten unter Ausnutzung bestimmter physikalischer Eigenschaften, Kontraste zu erzeugen, die für das menschliche Auge wahrnehmbar sind.

Hellfeldmikroskopie

Die Hellfeldmikroskopie ist das einfachste mikroskopische Betrachtungsverfahren. Bei ihr wird das Präparat vom Licht durchstrahlt, wobei das Objekt an den Stellen dunkler erscheint, an denen es einen Teil der Lichtstrahlen herausfiltert oder abdeckt. Mit dieser einfachen Technik sind die Umrisse einzelner Zellen nur schwer auszumachen und Details kaum zu erkennen. Der Kontrast kann jedoch durch geeignete Färbeverfahren erhöht werden. Da dadurch die Amplitude der durchstrahlenden Lichtwellen geschwächt wird, werden gefärbte Proben auch als *Amplitudenobjekte* bezeichnet.

Dunkelfeldmikroskopie

Eines der ältesten mikroskopischen Verfahren zur Darstellung von Phasenpräparaten, bei dem kein direktes Licht in das Objektiv gelangt, ist die Dunkelfeldmikroskopie. Das Präparat wird hierzu nicht mit einem Kegel, sondern nur mit einem Kegelmantel beleuchtet, wobei das Objekt in einem so schwachen Winkel durchstrahlt wird, dass es nicht in die Apertur des Objektivs eintreten kann und dadurch nur gebeugtes Licht das Bild des Objektes durch Interferenz erzeugt. Befindet sich kein Präparat im Strahlengang, so bleibt das Gesichtsfeld beim Blick in das Okular völlig dunkel. In Anwesenheit eines Präparates im Strahlengang kommt es zu einer teilweisen Ablenkung durch Streuung und Beugung im Präparat. Dieses abgelenkte Licht erzeugt ein Bild in der Zwischenbildebene, wobei nur ein Teil des Lichtes in das Objektiv gelangt und durch Interferenz ein Bild erzeugt. Die Präparate werden dadurch hell leuchtend auf einem dunklen Untergrund, dem Dunkelfeld, dargestellt.

Generell kann ein Dunkelfeld auf zwei verschiedene Weisen erzeugt werden: Die Aperturblende des Konden-

sors wird durch eine preiswerte Zentralblende ersetzt oder es kommen spezielle, relativ teure Spiegelkondensoren zum Einsatz. Das an Linsenkondensoren entstehende Reflexlicht wird hierdurch vermieden. Die für die Dunkelfeldmikroskopie geeigneten Präparate müssen zunächst relativ dünn sein, da Objekte ober- und unterhalb der Schärfeebene zu einer beträchtlichen Aufhellung des Gesichtsfeldes führen. In den letzten Jahrzehnten wurde diese Untersuchungsmethodik teilweise durch das Phasenkontrastverfahren ersetzt.

Mikroskopie Dunkelfeldaufname eines Rädertierchens (*Stephanoceros fimbriatus*)

Phasenkontrastmikroskopie

Mit diesem Verfahren können von Natur aus kontrastarme Objekte wie z. B. Bakterien, Geißeln, Zellkerne, die im Hellfeld schlecht zu erkennen sind, kontrastreicher dargestellt werden. Der Phasenkontrast wurde von dem holländischem Physiker F. Zernike entwickelt (Nobelpreis 1953).

Bei dieser Technik werden Unterschiede im Brechungsindex des Objekts ausgenutzt. Unterschiedliche Brechungsindices verursachen eine Differenz in der Lichtgeschwindigkeit, sodass es zu einer Phasenverschiebung und als Folge zu einer Verstärkung oder Verminderung der Lichtintensität durch Interferenz kommen kann. Da die Brechungsindices und damit die Phasenunterschiede der Lichtwellen in Zellen gewöhnlich sehr klein sind, wird das Licht der Nebenmaxima gegen das Licht im Hauptmaximum durch eine dünne Schicht (so genanntes Phasenplättchen) verschoben. So entsteht durch Interferenz von Haupt- und Nebenmaxima ein kontrastreiches, aber auch etwas lichtschwaches Bild. Bei der Phasenkontrastmikroskopie werden die Phasenunterschiede in dem Präparat durch

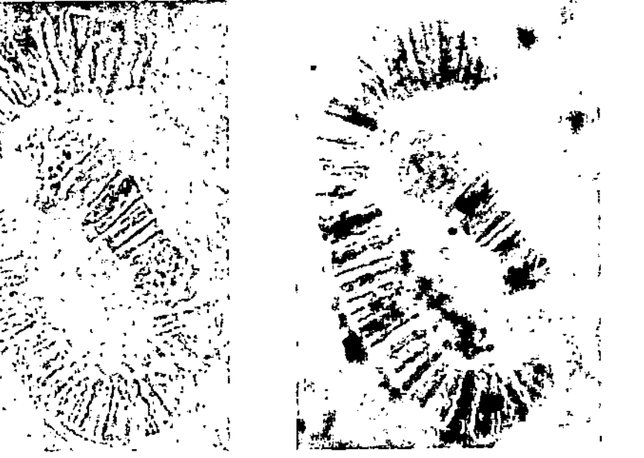

Mikroskopie Vergleich von Hellfeldmikroskopie (a) und Phasenkontrastmikroskopie (b) am Beispiel eines Speicheldrüsenchromosoms. Das Phasenkontrastmikroskop erzeugt ein deutlich kontrastreicheres Bild

Eingriffe in den Strahlengang deutlich sichtbar gemacht. Hierzu benötigt man einen geeigneten Kondensor mit einer oder mehreren im Durchmesser unterschiedlichen Ringblenden und Phasenkontrastobjektive mit einem zur jeweiligen Ringblende passenden Phasenring. Sie sind mit der Gravur Ph und meistens auch mit einer Zahl (wie z. B. bei Zeiss mit 1, 2 oder 3), für die am Kondensor einzustellende Ringblende gekennzeichnet.

Interferenzkontrastmikroskopie

Diese Technik ähnelt der Phasenkontrastmikroskopie, es werden jedoch nicht die Phasen getrennt voneinander verarbeitet, sondern voneinander getrennte Strahlengänge, die z.B. mit Hilfe von Spiegeln oder Prismen entstehen. Beim Phasenkontrastmikroskop wirken die Objekte selbst als Strahlungsteiler. Mit dem Verfahren lässt sich ein Reliefkontrast einstellen. Aus dem reliefartigen Aussehen des Bildes darf jedoch nicht auf einen reliefartigen Aufbau im Objekt geschlossen werden. Die theoretischen Grundlagen des *differentiellen Interferenzkontrastes* (DIK) sind äußerst komplex. Es bestehen zudem verschiedene Konstruktionsmöglichkeiten. Bei der weit verbreiteten Anordnung nach Nomarski durchläuft das Licht zunächst einen Polarisationsfilter (*Polarisator*). Die polarisierten Lichtwellen werden durch ein so genanntes Nomarski-Prisma in zwei kohärente Teilstrahlen gleicher Amplitude aufgespalten. Gleichzeitig erzeugt das Nomarski-Prisma noch einen

Gangunterschied zwischen diesen beiden Teilstrahlen. Durch den Kondensor werden diese parallel zueinander ausgerichtet, sodass sie die Objektebene in einem bestimmten Abstand zueinander passieren. Dieser Abstand ist in der Realität sehr gering und liegt unterhalb der Auflösungsgrenze des Mikroskops. Die beiden Teilstrahlen passieren dann ein zweites Nomarski-Prisma, wo sie wieder zusammengeführt werden. Dieses Nomarski-Prisma ist i. d. R. senkrecht zur optischen Achse des Mikroskops verschiebbar. Dadurch lässt sich der Gangunterschied zwischen den beiden Wellenzügen stufenlos verändern. Oberhalb befindet sich ein weiterer Polarisationsfilter (*Analysator*). Der eigentliche, reliefartige Bildkontrast wird durch die beschriebene Modifizierung des Basisgangunterschiedes bestimmt.

Fluoreszenzmikroskopie

Ausgenutzt wird bei diesem Verfahren die Tatsache, dass manche biologischen Strukturen und Moleküle bei Bestrahlung mit ultraviolettem oder Blaulicht fluoreszieren, d. h. Licht emittieren, das eine größere Wellenlänge als das anregende Licht besitzt. Es kann mit Hilfe bestimmter Filter betrachtet werden, die das Anregungslicht ausblenden. Proteine und Nucleinsäuren können mit Fluorochromen markiert werden, sodass z.B. DNA direkt durch das Fluorchrom DAPI (4,6-Diaminophenylindol) oder bestimmte Proteine nach Behandlung mit Antikörpern nachgewiesen werden können.

Konfokale Laserscanning-Mikroskopie

Im Unterschied zu den bereits beschriebenen Verfahren wird das Präparat nicht ausgeleuchtet, sondern mit einem feinen Krypton-Argon-Laser abgerastert. Das reflektierende Licht wird von einem Detektor wahrgenommen. Wie ein „Lichtpinsel" gleitet der Strahl dabei über eine Ebene des Objektes, eine Lochblende im Strahlengang zum Detektor sorgt dafür, dass Licht außerhalb der Brennebene ausgeblendet wird. Durch schrittweise Fokussierung auf unterschiedliche Ebenen können Einzelbilder erstellt werden, mit deren Hilfe sich am Computer ein dreidimensionales Bild zusammensetzen lässt.
Literatur: Schade, K.H.: Lichtmikroskopie Technologie und Anwendungen. Die Bibliothek der Technik Band 82, Landsberg/Lech 1993.

mikroskopisch, Bez. für Objekte, die nur mit Hilfe eines Mikroskops erkennbar sind.

Mikrosmatiker, Bez. für Tiere mit schlechtem Geruchsvermögen (↗ Geruchssinn).

Mikrosomen, Bez. für eine durch Ultrazentrifugation gewonnene Fraktion, die aus kleinen Vesikeln besteht. Diese stammen von den Membranen der verschiedenen ↗ Kompartimente der Zelle ab.

Mikrosphären, kugelige Gebilde von etwa 2 µm Durchmesser, die sich bilden, wenn Polypeptide in Wasser gelöst, erhitzt und wieder abgekühlt werden. Sie haben zellulären Charakter, nehmen in einem Nährmedium Stoffe auf, vergrößern ihren Umfang und können sogar Knospen bilden. M. werden neben ↗ Koazervaten als die ersten möglichen Protozellen angesehen. (↗ Evolution)

Mikrosporangium, ein ↗ Sporangium, in dem ↗ Mikrosporen entstehen. Bei Blütenpflanzen entspricht der ↗ Pollensack einem Mikrosporangium. (↗ Makrosporangium)

Mikrospore, Bez. für ↗ Sporen, die bei ihrer Keimung den männlichen ↗ Gametophyten liefern, bei Samenpflanzen die Pollenkörner. Bei Farnarten mit ↗ Heterosporie sind die M. die kleineren Sporen.

Mikrosporogenese, bei den ↗ Angiospermae die Pollenbildung in den Pollensäcken, die durch ↗ Meiose der *Pollenmutterzelle* zur Bildung von Pollen führt. Bleiben die vier entstandenen Pollen aneinander haften, wird dies als *Pollentetrade* bezeichnet. (↗ Pollenkernmitose, ↗ Megasporogenese)

Mikrosporophyll, fertiles Blatt, das die ↗ Mikrosporangien trägt.

Mikrotubuli, Bestandteile des Cytoskeletts der Eucyte, die bei deren Organisation eine wichtige Rolle spielen. Sie ähneln in ihrem Aufbau den Actinfilamenten. Ursprünglich in den Flagellen entdeckt, wurde ihre weite Verbreitung zu Beginn der 1960er-Jahre mit der Verwendung von Glutaraldehyd zur Fixierung von elektronenmikroskopischen Präparaten entdeckt. M. erstrecken sich vom Zellzentrum in Richtung der Peripherie und bilden dadurch ein Leitbahnsystem, an dem der intrazelluläre Transport und die Bewegung der Organellen erfolgt. M. sind ferner im ↗ Spindelapparat enthalten, mit dessen Hilfe bei ↗ Mitose und ↗ Meiose Chromatiden bzw. Chromosomen auf Tochterzellkerne verteilt werden.

M. sind bis zu 100 µm lange, röhrenförmige Strukturen, deren Außendurchmesser etwa 25 nm und Innendurchmesser etwa 15 nm beträgt. Sie

Mikrotubuli   Vorkommen von Mikrotubuli in eukaryotischen Zellen. a Zelle der Interphase, b während der Teilung, c Cilien. Die jeweiligen organisierenden Zentren (MTOCs) sind gekennzeichnet

bestehen aus 13 Protofilamenten, deren Grundbaustein das α,β-Tubulindimer ist. Die Protofilamente sind leicht gegeneinander versetzt, sodass sich eine helicale Anordnung ergibt. M. zeichnen sich sowohl durch ihre strukturelle als auch durch ihre kinetische Polarität aus, da sie in den meisten Zellen einem dynamischen Auf- und Abbau unterliegen (so genannte *dynamische Instabilität*) und lediglich in Flagellen permanente Strukturen ausbilden. Das Ende der M. an dem die Polymerisierung überwiegt, wird als Plus-Ende, dasjenige, an dem überwiegend die Depolymerisierung erfolgt, als Minus-Ende bezeichnet. Dabei spielt GTP eine wichtige Rolle: in Anwesenheit von GTP und Magnesiumionen können Tubulinuntereinheiten sich selbst aneinander lagern. Auf- und Abbau werden ferner

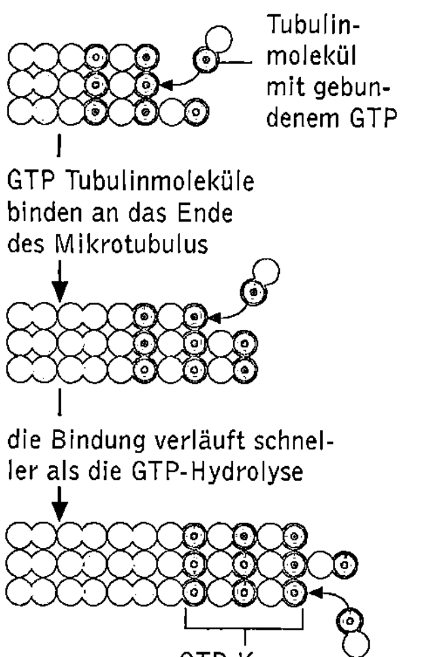

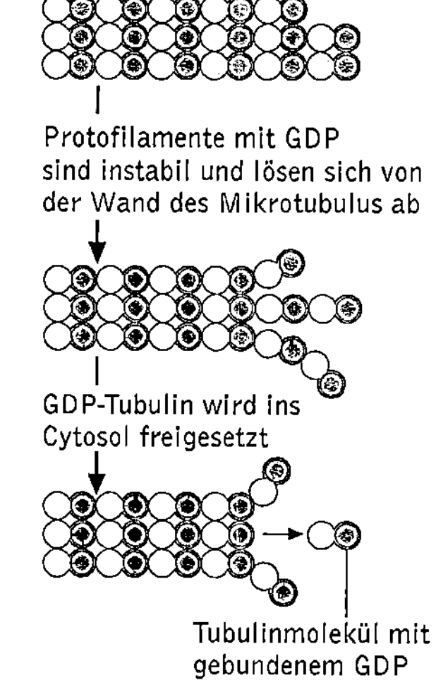

Mikrotubuli   Modell, das die dynamische Instabilität von Mikrotubuli erklärt. Tubulindimere, die GTP gebunden haben, binden fester aneinander als GDP-Tubulindimere. Aus diesem Grund wachsen Mikrotubuli, solange ihre GTP-Kappe besteht. Kommt es hingegen zur Hydrolyse des GTP, bevor neue Untereinheiten anbinden, lösen sich die GDP-Tubuline, sodass die Mikrotubuli schrumpfen

durch zahlreiche Proteine, die so genannten MAPs (engl. *microtubuli associated proteins*) kontrolliert. M. strahlen meist von Organisationszentren, den ↗ MTOCs aus, wo sie mit ihren Minus-Enden verankert sind.

↗ Mitosegifte wirken i. d. R. als Inhibitoren des M.-Auf- oder Abbaus. ↗ Colchicin bindet an Tubulindimere und verhindert dadurch den Aufbau der Mikrotubuli; das Alkaloid *Taxol* stabilisiert Mikrotubuli hingegen, sodass deren Abbau nicht mehr erfolgen kann.

Mikrotubulus-Organisationszentrum, ↗ MTOC.

Mikrovilli, dünne, fingerförmige Ausstülpungen (Durchmesser etwa 100 nm) mancher Zellen tierischer Organismen, die der Oberflächenvergrößerung dienen, aber auch für Zell-Zell-Kontakte eine wichtige Rolle spielen. M. sind vor allem an leistungsfähigen Resorptionsorten ausgebildet, wie z. B. an der Oberfläche der Epithelzellen des Dünndarms, finden sich aber z. B. auch bei Leberzellen, Eizellen sowie Sinneszellen verschiedener. Tiere. Bei resorbierenden Oberflächen bestimmt die Oberflächengröße die Substanzmenge, die je Zeiteinheit aufgenommen wird. Die Dünndarmepithelzelle enthält je mm^2 etwa 50 Mio. M., die im Lichtmikroskop als Stäbchen- oder Bürstensaum erkennbar sind. Sie erhöhen die Resorptionsfläche des Dünndarms auf etwa das 50fache und enthalten Actinfilamente und Myosinoligomere, die sowohl der Formveränderung als auch der Stabilisierung der M. dienen. Im Experiment bilden sich in Zellkulturen bei benachbart liegenden Zellen M. aus, welche die Bildung von Zellkontakten einleiten, ebenso sind M. an Zellfusionen beteiligt. Viele Krebszellen haben i. d. R. mehr M. als vergleichbare Normalzellen.

Miktion, das Harnlassen, die Blasenentleerung. (↗ Harnblase)

Milane, *Milvus,* Gatt. der Greifvögel (↗ Falconiformes), deren Arten einen kleinen Kopf, lange Flügel und einen langen gegabelten Schwanz haben. M. segeln mit flach ausgestreckten Flügeln. Sie bauen ihre Nester in Bäumen. Sie ernähren sich vorwiegend von kleinen Reptilien und Säugetieren, finden sich aber auch oft an Aas und Abfall. In Mitteleuropa kommen zwei Arten vor: der dunkelbraune *Schwarzmilan (Milvus migrans)* mit schwach gegabeltem Schwanz und der eher rostfarbene *Rotmilan (Milvus milvus)* mit tief gegabeltem Schwanz.

Milben, die ↗ Acari.

Milchbrustgang, veraltete Bez. für den Brustlymphgang (Ductus thoracicus; ↗ Lymphgefäßsystem).

Milchdrüsen, *Mammae,* nur bei den Weibchen der Säugetiere (↗ Mammalia, daher der Name!) voll entwickelte Hautdrüsen, deren Sekret der Ernährung der Jungtiere dient. Bei den Kloakentieren

(↗ Monotremata) münden die Drüsen auf einem Milchfeld auf der Bauchseite, bei den Beuteltieren (↗ Marsupialia) münden sie in den Beutel, sofern vorhanden. Beuteltiere und placentale Säuger besitzen stets *Zitzen* und *Brustwarzen (Mammillen, Mammillae),* deren Anzahl zwischen zwei und 20 schwanken kann. Ihre Lage ist unterschiedlich. Bei Affen, Fledermäusen und Elefanten sind sie brustständig, bei Wiederkäuern und bei Walen leistenständig. Bei Insektenfressern, Nagetieren, Raubtieren und beim Schwein finden sich in zwei Reihen angeordnete M., die sich von der Brust- bis in die Leistengegend erstrecken. Die Gesamtheit der Zitzen wird als *Gesäuge,* bei den Wiederkäuern als *Euter* bezeichnet. Bei einigen Säugetieren und beim Menschen ist die Brustwarze von einem pigmentierten Hof umgeben.

Milchgebiss, ↗ Gebiss.

Milchlinge, Pilze der Ord. ↗ Russulales.

Milchröhren, ↗ Milchsaft enthaltende Röhren im Pflanzenkörper. Meist sind es reich verzweigte Röhrensysteme, die aus typischen Absonderungszellen bestehen. *Gegliederte M.* entstehen durch Auflösung ursprünglich vorhandener Querwände. *Ungegliederte M.* bestehen aus riesigen Zellen und können mehrere Meter lang werden. Sie gehören zu den größten Zellen überhaupt. M. kommen vor allem bei den ↗ Euphorbiaceae, ↗ Moraceae, ↗ Papaveraceae, ↗ Asclepiadaceae und ↗ Asteraceae vor.

Milchsaft, *Latex,* milchige Flüssigkeit, die ↗ Gummi, ↗ Harze, ↗ Kautschuk, Fette und je nach Pflanzenart weitere Inhaltsstoffe wie Alkaloide, Terpene etc. enthält. Der M. ist ein charakteristisches Merkmal einiger Pflanzenfamilien. Hierzu gehören u. a. die ↗ Euphorbiaceae, ↗ Moraceae, ↗ Papaveraceae, ↗ Asclepiadaceae und ↗ Asteraceae. Auch einige Pilze können M. produzieren. Aus dem M. vieler Pflanzenarten wird ↗ Kautschuk gewonnen.

Milchsäure, CH_3–$CHOH$–$COOH$ eine aliphatische, optisch aktive Hydroxysäure, die in Pflanzen, besonders in Keimlingen, weit verbreitet ist. Das Salz (*Lactat*) der rechts drehenden L-M. ist das Endprodukt der anaerob verlaufenden ↗ Glykolyse und Ausgangsprodukt für die ↗ Gluconeogenese. Durch verstärkten Glykogenabbau im arbeitenden Muskel erhöht sich der M.-Spiegel im Blut von 5 mg % auf 100 mg %. In der sich anschließenden Erholungsphase wird der größte Teil der M. wieder zum Ausbau von ↗ Glykogen genutzt. Bei verschiedenen mikrobiellen Gärungsformen entsteht häufig DL-Milchsäure (↗ Milchsäurebakterien, ↗ Milchsäuregärung)

Milchsäurebakterien, frühere Bez. *Lactobacteriaceae,* stäbchen- und kokkenförmige Bakterien, die aus Milchzucker (Lactose) und anderen Kohlenhydraten als wichtigstes Gärungsprodukt ↗ Milchsäure bilden (↗ Milchsäuregärung). Es sind aerotolerante Anaerobier, die meist auf Habitate beschränkt sind, in denen Zucker als Energielieferant vorhanden ist. Sie besiedeln u. a. Milch, Pflanzen, Schleimhäute und den Intestinaltrakt von Mensch und Tieren. Außer Glucose verwerten die M. auch weitere Zucker. Bei den *homofermentativen M.* (*Streptococcus*, *Pediococcus*, *Enterococcus*, *Lactococcus*, mehrere Arten von ↗ Lactobacillus) ist das Gärungsprodukt zu 90 % Milchsäure, bei den *heterofermentativen M.* (*Leuconostoc*, mehrere Arten von *Lactobacillus*) sind Endprodukte Milchsäure, CO_2 und Ethanol bzw. Essig. Alle Gatt. gehören zu den grampositiven Bakterien mit niedrigem GC-Gehalt. Viele M. haben wirtschaftliche Bedeutung für die Herstellung von Milchprodukten, z. B. Joghurt, Quark, Käse und Butter, wo sie meist als Starterkulturen eingesetzt werden. M. sind auch in Sauerteig, Sauerkraut und anderem Sauergemüse enthalten. In der Landwirtschaft sind die M. wichtig für die Herstellung und ↗ Konservierung von ↗ Silage. Durch das bei der Milchsäuregärung entstehende saure Milieu werden andere Bakterien im Wachstum gehemmt.

Milchsäuregärung, ↗ Gärung, bei der als Hauptendprodukt Lactat (Salz der ↗ Milchsäure) gebildet wird. Man unterscheidet zwei Gärungsarten: homofermentative und heterofermentative M. (beteiligte Gatt. ↗ Milchsäurebakterien). Bei der *homofermentativen M.* wird reines oder beinahe (90 %) reines Lactat gebildet. Dabei wird Glucose über den Fructosebisphosphat-Weg abgebaut und die während der Oxidation von Glycerinaldehyd-3-phosphat anfallenden Reduktionsäquivalente werden letztlich auf Pyruvat übertragen. Bei der *heterofermentativen M.* kann Glucose aufgrund des Fehlens von *Aldolase* bei den heterofermentativen Milchsäurebakterien nicht über den Fructosebisphosphat-Weg abgebaut werden, sondern ausschließlich über den Pentosephosphat-Weg, d. h. über Glucose-6-phosphat und 6-Phosphogluconat. Dieses wird mit Hilfe des Enzyms Phosphoketolase zu Triosephosphat und Acetylphosphat abgebaut. Beim weiteren Abbau entstehen als Endprodukte Lactat, Ethanol und Kohlenstoffdioxid.

Milchspaltzucker, die ↗ Galactose.

Milchzucker, die ↗ Lactose.

Millecrinida, Gruppe der ↗ Crinoida.

Millepora, die ↗ Feuerkorallen.

Miller, *Stanley Lloyd*, amerikan. Biochemiker, ✳ 7.3.1930 Oakland (California); Prof. in San Diego (California). M. lieferte 1953 in seinem berühmten Miller-Experiment, in dem er eine Mischung von Wasser, Wasserstoff, Methan und Ammoniak über einen Zeitraum von etwa einer Woche elektrischen Entladungen aussetzte und damit die Bedingungen der Uratmosphäre auf der Erde nachstellte, den Nachweis der Entstehungsmöglichkeit von organischen Substanzen (z. B. Aminosäuren) in der Frühzeit der Erde.

Milstein, *César*, argentin. Molekularbiologe, ✳ 8.10.1927 Bahía Blanca (Argentinien); ab 1963 im Labor des Medical Research Council (Cambridge, England) tätig, wo er grundlegende Beiträge zur Synthese von Antikörpern leistete. M. erhielt 1984 zusammen mit N.K. ↗ Jerne und G.J.F. ↗ Köhler den Nobelpreis für Physiologie oder Medizin für die Entwicklung (zusammen mit Köhler) der Methode zur Bildung monoklonaler Antikörper durch Fusion von Myelomzellen und Antikörper produzierenden Milzzellen in Gewebekultur.

Milvus, die Gatt. ↗ Milane.

Milz, *Lien, Splen*, zu den ↗ lymphatischen Organen gehörendes Organ, das beim Menschen hinter dem Magen unmittelbar unter dem Zwerchfell in Höhe der neunten bis zehnten Rippe liegt. Ihre Längsachse verläuft parallel zur zehnten Rippe. Bei den Rundmäulern (z. B. Neunaugen, ↗ Petromyzonta) ist sie ein den Darm netzartig umschließendes Gewebe, bei den übrigen Wirbeltieren ist die M. ein in das Blutgefäßsystem eingeschaltetes selbstständiges Organ. Das Innere der M. kann in zwei Bereiche geteilt werden: Die *weiße Pulpa* besteht aus mit ↗ Lymphocyten (insbesondere ↗ T-Lymphocyten) angereicherten Bereichen (*Lymphocytenscheiden*) und *Milzfollikeln*, die den Lymphfollikeln der lymphatischen Organe entsprechen. Die *Rote Pulpa* ist ein Maschenwerk aus Retikulumzellen und retikulären Fasern (*Milzretikulum*). Es ist häufig um die Milzsinus strangartig verdickt. In den Maschen liegen alle Arten von Blutzellen (insbesondere ↗ Erythrocyten) sowie ↗ Makrophagen und Plasmazellen.

Funktionell ist die M. eine wichtige Bildungsstätte für Blutzellen. Während beim Embryo und bei Nichtsäugern sowohl rote als auch weiße Blutkörperchen ausgebildet werden, dient die M. bei den Säugern als Produktionsstätte von Lymphocyten. Außerdem hält sie überalterte Erythrocyten zurück, die von den Makrophagen phagocytiert und abgebaut werden. Ihr Blutfarbstoff wird als Bilirubin über den Pfortaderkreislauf in die Leber transportiert und mit der Galle ausgeschieden. Hauptaufgabe ist jedoch die Abwehr von Antigenen, die ins Blut gelangt sind, mit Hilfe von T-Lymphocyten, B-Lymphocyten und Makrophagen.

Milzbrand, *Anthrax*, durch den Milzbrandbazillus (*Bacillus anthracis*) verursachte ↗ Infektionskrankheit, die in erster Linie bei Huftieren vorkommt und auf den Menschen übertragbar ist. Die häufigsten Symtome sind Pusteln auf der Haut (*Haut-M.*), aus denen sich eitergefüllte Bläschen bildem. Der deutlich seltenere *Lungen-M.* entwickelt sich nach Inhalieren von M.-Sporen.

Mimese, ↗ Abwehr.

Mimikry, ↗ Abwehr.

Mimosaceae, *Mimosengewächse,* Fam. der ↗ Fabales mit ca. 3100 Arten, die überwiegend in den Tropen und Subtropen vorkommen. Es sind holzige oder krautige Pflanzen mit meist doppelt und paarig gefiederten Blättern mit Nebenblättern und kleinen, regelmäßigen, meist vierzähligen Blüten, deren Staubfäden oft auffällig gefärbt und zu köpfchenförmigen oder ährigen Blütenständen vereint sind. Der oberständige Fruchtknoten entwickelt sich zu einer Hülse. Zu den M. gehört die bekannte Sinnpflanze oder ↗ Mimose, *Mimosa pudica,* und die Gatt. ↗ Akazie, *Acacia.* Als Nutzpflanze von Bedeutung ist der ↗ Mesquitebaum oder Algarrobobaum, *Prosopis juliflorae.*

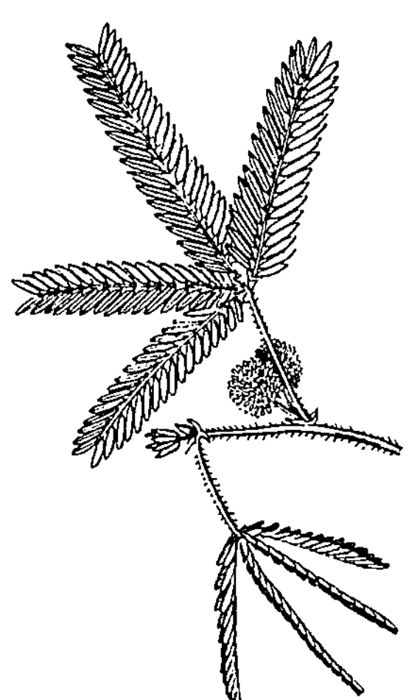

Mimosaceae Sinnpflanze (*Mimosa pudica*)

Mimose, *Sinnpflanze, Mimosa pudica,* tropische krautige Art der ↗ Mimosaceae, deren Fiederblätter bei Berührung oder Erschütterung zusammenklappen. (↗ Seismonastie)

Mimosengewächse, die Fam. ↗ Mimosaceae.

Minen, ↗ Minierer.

Mineraldünger, ↗ Dünger, ↗ Düngung.

Mineralisation, *Mineralisierung,* mikrobieller Abbau organischer Substanzen zu anorganischen Verbindungen unter Freisetzung von Kohlenstoffdioxid. An der M. sind im Wesentlichen ↗ Bakterien und ↗ Pilze beteiligt. Für Pflanzen, die nicht mit Mineraldüngern gedüngt werden, trägt die M. wesentlich zur Versorgung mit Nährstoffen (insbesondere Stickstoff und Phosphor) bei, denn erst durch den Abbau der organischen Substanzen werden die darin festgelegten Nährstoffe pflanzenverfügbar (↗ Nährstoffverfügbarkeit). Die M.-Rate hängt u. a. ab von der Temperatur, vom Wasser, der Sauerstoffverfügbarkeit und der Zusammensetzung der Mikroorganismen. Bei Trockenheit und Kälte ist die M. gehemmt.

(↗ Destruenten, ↗ Kohlenstoffkreislauf, ↗ Phosphorkreislauf, ↗ Schwefelkreislauf, ↗ Stickstoffkreislauf)

mineralische Düngung, ↗ Düngung.

Mineralisierung, 1) die ↗ Mineralisation.

2) die Einlagerung von Mineralien in pflanzliche und tierische Gewebe, z. B. die Einlagerung von Kieselsäure in die Brennhaare der Brennnessel oder von Calcium in Knochen.

Mineralocorticoide, Nebennierenrindenhormone, die eine besondere Wirkung auf den Mineralstoffwechsel haben. Die wichtigsten M. sind ↗ Aldosteron und 11-Desoxycorticosteron. M. steigern die Natriumrückresorption im distalen Tubulus der Niere sowie die Kaliumsekretion.

Mineralstoffe, *Mineralsalze,* durch ↗ Mineralisation entstandene anorganische Salze, welche die für die Pflanzenernährung wichtigen ↗ Nährelemente enthalten und im Stoffwechsel des tierischen und menschlichen Organismus eine Rolle spielen. M. sind sowohl am Aufbau von Gerüstsubstanzen (z. B. ↗ Skelett, ↗ Zellwand) beteiligt, aber auch Bestandteil wichtiger Biomoleküle (z. B. ↗ Häm, ↗ Cytochrom, ↗ Chlorophyll) und Regulatoren des Zellstoffwechsels. Sowohl bei Tieren, als auch bei Pflanzen äußert sich eine unzureichende Versorgung mit M. als ↗ Mangelsymptome.

Mineralstoffwechsel, allgemeine Bez. für die Aufnahme, den Transport und die im Stoffwechsel erfolgende Umsetzung von ↗ Mineralstoffen durch alle Lebewesen.

1) *Pflanzen* nehmen ihre ↗ Nährelemente hauptsächlich über die Wurzeln, seltener über die Blätter auf (↗ Blattdüngung). Die Aufnahme über die Wurzel erfolgt vor allem als Ionen, die sich frei in der Bodenlösung oder aber an *Chelatbildner* gebunden befinden. Für die i. d. R. selektive Ionenaufnahme ist Energie erforderlich.

2) *Zoologie:* ↗ Wasser- und Mineralhaushalt.

Minierer, Tiere, die sich fressend-bohrend im Substrat fortbewegen. Sie nehmen dabei gleichzeitig Nahrung auf. M. sind meist phytophage Tiere, die in Pflanzenteilen bohren und fressen. Zu ihnen gehören viele Schädlinge der Land- und Forstwirtschaft. Die gefressenen Hohlräume werden als *Mi-*

Minierer Kirschblatt mit zwei Gangminen der Apfelblattminiermotte

nen bezeichnet. *Blattminierer* sind z. B. die Larven der Rübenfliege, *Stängelminierer* die Larven des Kohltriebrüsslers, *Frucht-* und *Samenminierer* die Larven des Apfelwicklers. Daneben gibt es auch M. in Bast und Holz, z. B. Borkenkäfer.

Minimalareal, kleinste, den Pflanzen- bzw. Tierbestand eines Gebiets im Wesentlichen repräsentierende Fläche. Das M. einer Art gibt die kleinste Flächen- oder Raumgröße an, in der diese Art konstant angetroffen wird (*Konstanz-Minimalareal*). Die kleinste Flächen- und Raumgröße, von der die charakteristische Artenkombination noch repräsentiert wird, (*Konstanten-Minimal-Areal*) wird durch die *Arten-Areal-Kurve* beschrieben. Diese erhält man aus der Relation der in gleich großen Parallelproben enthaltenen Artenzahl zur Anzahl der Proben.

minimale Hemmkonzentration, Abk. *MHK*, die niedrigste Konzentration einer antibakteriellen Substanz, welche die Vermehrung eines Bakterienstammes verhindert. Die m. H. dient der Charakterisierung der Wirksamkeit eines ↗ Antibiotikums (↗ Agardiffusionsmethode).

Minimumgesetz, ↗ Gesetz des Minimums.

Minipille, ein Mittel zur hormonellen ↗ Empfängnisverhütung.

Minus-10-Box, die ↗ Pribnow-Box.

Minus-25-Box, die ↗ TATA-Box im Promotor eines eukaryotischen Gens.

Minus-35-Box, ein konserviertes Sequenzmotiv im Promotor prokaryotischer Gene, dessen ↗ Consensussequenz 5'-TTGACA-3' beträgt, und die bei der Initiation der ↗ Transkription von Bedeutung sind. Die Bez. rührt von der Lage zum *Transkriptionsstart* her, d. h. sie liegt 35 Basenpaare stromaufwärts. (↗ Pribnow-Box)

Minze, *Mentha,* Gatt. der ↗ Lamiaceae mit ca. 600 Arten. Bedeutende Arten sind die ↗ Pfefferminze und die Japanische Minze, *Mentha arvensis* var. *piperascens.*

Miozän, Stufe des ↗ Tertiärs.

Mirabilis, Gatt. der ↗ Nyctaginaceae.

Miracidium, *Mirazidium,* das erste Larvenstadium der Saugwürmer (↗ Trematoda).

Mischerbigkeit, die ↗ Heterozygotie.

Mischkultur, der zeitgleiche Anbau von zwei oder mehr Kulturpflanzenarten auf demselben Ackerstück. Durch diese vor allem in der ↗ ökologischen Landwirtschaft verbreitete Methode kann der Pathogen- und Schaderregerbefall reduziert werden.

Mispel, *Mespilus germanica,* aus Kleinasien stammender kleiner Baum oder Strauch der ↗ Rosaceae. Die apfelähnlichen, kleinen Früchte sind erst nach Frosteinwirkung essbar.

Missbildungen, *Fehlbildungen,* bei Pflanzen, Tieren und dem Menschen erbliche oder umweltbedingte Entwicklungsstörungen, die zu von der Norm abweichenden, z. T. die Funktionsfähigkeit einschränkenden Veränderungen an Organen, Organteilen oder Organsystemen führen. Im Extremfall können M. letal sein, d. h. verhindern dass der Organismus lebensfähig ist. Die Fachdisziplin, die sich mit der Entstehung von M. befasst ist die *Teratologie.*

Missing link, ↗ Zwischenformen.

Misteldrossel, Art der Drosseln (Fam. ↗ Turdidae).

Mistelgewächse, die Fam. ↗ Viscaceae. Teilweise werden auch die ↗ Loranthaceae als M. bezeichnet, die nach früherer Systematik mit den Viscaceae eine Familie bildeten.

Misteln, Bez. für eine etwa 1200 Arten umfassende Gruppe von parasitären Pflanzen, die den Fam. ↗ Loranthaceae und ↗ Viscaceae (Abb. siehe dort) angehören. Alle M. haben gemeinsam, dass sie auf anderen, meist holzigen Pflanzen leben. Es sind strauchförmige Halbschmarotzer, die auf Holzpflanzen parasitieren (↗ Parasitismus), mit einfachen, meist lanzettlichen oder linealischen, gegenständigen Blättern, die in der Regel nur wenig Chlorophyll enthalten und deshalb gelbgrün gefärbt sind. Die Blätter sind zu einer eigenen Fotosynthese befähigt. Die Frucht ist eine verschleimende, beerenartige Scheinfrucht. Die einheimischen Arten wachsen als dichte, immergrüne Büsche auf verschiedenen Arten vor allem von Laubbäumen (aber auch auf Kiefern).

Mistwurm, Art der Gatt. ↗ Eisenia.

Mitchell, *Peter Dennis,* brit. Biochemiker, * 29.9.1920 Mitcham (Surray), † 10.4.1992 Bodmin (Cornwall); ab 1964 Forschungsleiter der von ihm gegründeten Glynn Research Laboratories in Bodmin. M. entwickelte 1961 die heute akzeptierte ↗ chemiosmotische Theorie der Phosphorylierung und klärte damit die Bildung des Adenosintriphosphats (ATP) an der inneren Mitochondrienmembran auf. 1978 erhielt M. den Nobelpreis für Chemie.

Mitochondrien, Einzahl *Mitochondrium* oder *Mitochondrion,* die mit Ausnahme der Archaezoa in allen Eucyten vorkommenden, meist länglichen 2 - 8 µm langen und 0,2 - 1µm breiten Organellen, in denen die Zellatmung und somit die Synthese von ATP und NADH abläuft. M. werden deshalb bildlich auch als „Kraftwerke" von Zellen bezeichnet. Innerhalb eines Zelltyps ist die Anzahl der M. relativ konstant, zwischen einzelnen Zelltypen bestehen jedoch beträchtliche Unterschiede, die deren Stoffwechselaktivität widerspiegeln. In Zellen mit hohem Energiebedarf (Muskeln, Spermien) sind M. oft unmittelbar an den Energie verbrauchenden Strukturen lokalisiert. Entsprechend der ↗ Endosymbiontentheorie sind M. von einer äußeren und einer inneren Hüllmembran umgeben. Während die äußere Membran *Porine* enthält und lediglich eine passive Diffusionbarriere darstellt, sind in der inneren Membran zahlreiche ↗ Translokatoren vorhanden, die Transportprozesse zwischen dem Cytoplasma und dem Inneren der M., der so genannten *Matrix* (auch *Mitoplasma*) ermöglichen (↗ Shuttle-Mechanismus). Der *Intermembranraum* enthält Enzyme, die mit dem entstandenen ATP andere Nucleotide phosphorylieren. Die innere Membran bildet durch Invaginationen in die Matrix so genannte *Cristae*, deren Struktur flächig, tubulusförmig aber auch unregelmäßig gestaltet sein kann. Sie tragen zu einer starken Oberflächenvergrößerung der inneren Membran bei. In dieser sind die Atmungskette und die ATP-Synthase lokalisiert, wohingegen sich der Citratzyklus in der Matrix befindet. Hier laufen auch noch weitere Stoffwechselprozesse wie z. B. die β-Oxidation der Fettsäuren ab. In bestimmten tierischen und pflanzlichen Gewebetypen können unterschiedliche enzymatische Schritte in M. ablaufen. Lebermitochondrien enthalten z. B. die Enzyme des Harnstoffzyklus, im grünen Blattgewebe laufen Reaktionen der ↗ Fotorespiration in den M. ab.

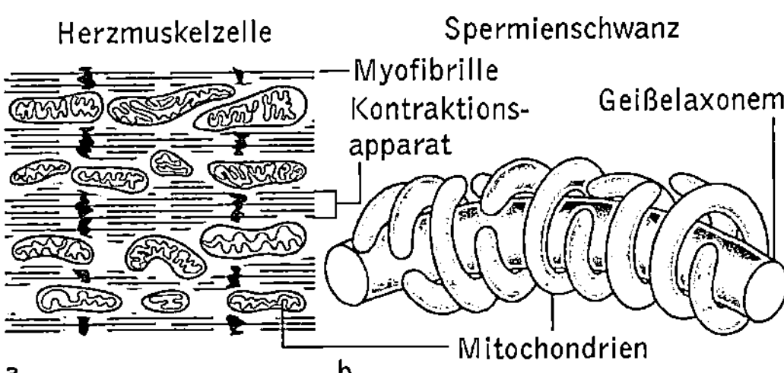

Mitochondrien Schema eines Mitochondriums, das die Einstülpungen der inneren Membran zeigt. Im Querschnitt ist die Organisation der Cristae dargestellt

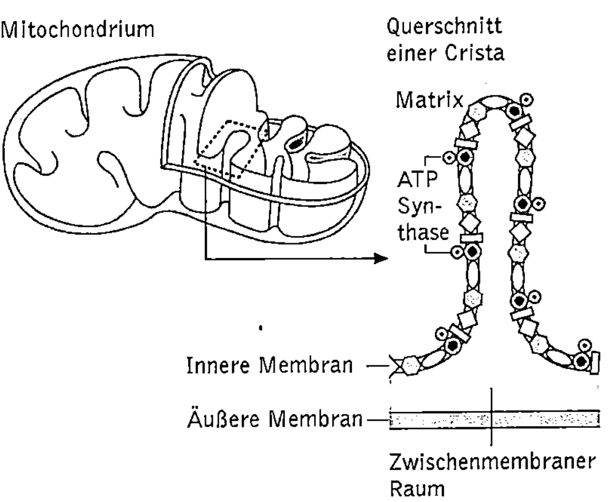

Mitochondrien Lage von Mitochondrien in Zellen mit hohem ATP-Bedarf; a in Herzmuskelzellen befinden sie sich dicht am Kontraktionsapparat, b im Spermienschwanz sind sie um das Axonem gewickelt, das bei der Erzeugung des Geißelschlags ATP verbraucht

Als so genannte ↗ semiautonome Organellen besitzen M. ein eigenes Genom (*Chondrom*), sodass für die Transkription und Translation der *Mitochondrien-DNA* (mtDNA) in der Matrix alle erforderlichen Enzyme und Proteine vorhanden sein müssen. Allerdings sind die meisten Gene von Mitochondrienproteinen im Nucleus lokalisiert, sodass sie über bestimmte Proteinimport-Mechanismen aus dem Cytoplasma in die M. transportiert werden müssen. Nach der Endosymbiontentheorie können M. niemals neu entstehen, sondern gehen aus Zweiteilungsprozessen hervor. Die äußere Hüllmembran geht dabei auf die Endocytosemembran der ursprünglichen Wirtszelle, die innere Membran auf die – inzwischen stark modifizierte – Membran des Endosymbionten zurück. Dessen prokaryotische Natur ist neben besonderen Eigenschaften der

↗ Biomembran auch an den Merkmalen der Expressionsmaschinerie zu erkennen. Die Ribosomen und die Struktur mitochondrialer Gene weisen Merkmale auf, wie sie für Bakterien typisch sind.

Mitose, *Kernteilung*, die der Zellteilung (↗ Cytokinese) vorausgehende Teilung des Zellkerns (↗ Nucleus), aus dem zwei i. d. R. genetisch identische *Tochterkerne* hervorgehen (↗ Zellzyklus). Dies wird dadurch gewährleistet, dass je eine Spalthälfte eines jeden ↗ Chromosoms (↗ Chromatid) mit Hilfe des ↗ Spindelapparates auf die Tochterkerne verteilt wird. Während der M. werden die Chromosomen, die sonst im dekondensierten Zustand des Interphasekerns eine diffuse Struktur aufweisen, sichtbar. Die Dauer der M. ist bei den einzelnen Zelltypen unterschiedlich und reicht von wenigen Minuten bis zu mehreren Stunden. Sie kann in vier Phasen unterteilt werden:

Prophase. Zu Beginn der M. kondensiert das Chromatin zu distinkten Chromosomen, die als kompakte Strukturen im Cytoplasma bewegt werden können. Dabei kommt die ↗ Transkription zum Stillstand. Die beiden Chromatiden werden sichtbar, der ↗ Nucleolus löst sich auf. Im Cytoplasma kommt es zur Ausbildung des ↗ Spindelapparates entweder, indem je ein Centriolen-Paar zum zukünftigen Spindelpol wandert oder aber, indem sich wie bei centriolenlosen Samenpflanzen eine hyaline Zone um den Zellkern mit so genannten *Polkappen* bildet. Von den Spindelpolen aus wird die Spindel aus ↗ Mikrotubuli aufgebaut. Diese verbinden die Spindelpole mit den Spindelansatzstellen der Chromosomen, den Kinetochoren. Die Prophase endet mit dem Abbau der Kernhülle.

Metaphase. In der so genannten *Prometaphase* kommt es zur Anordnung der Chromosomen in der Äquatorialebene der Zelle, wobei die Chromosomenarme aus dieser heraus in Richtung der Pole

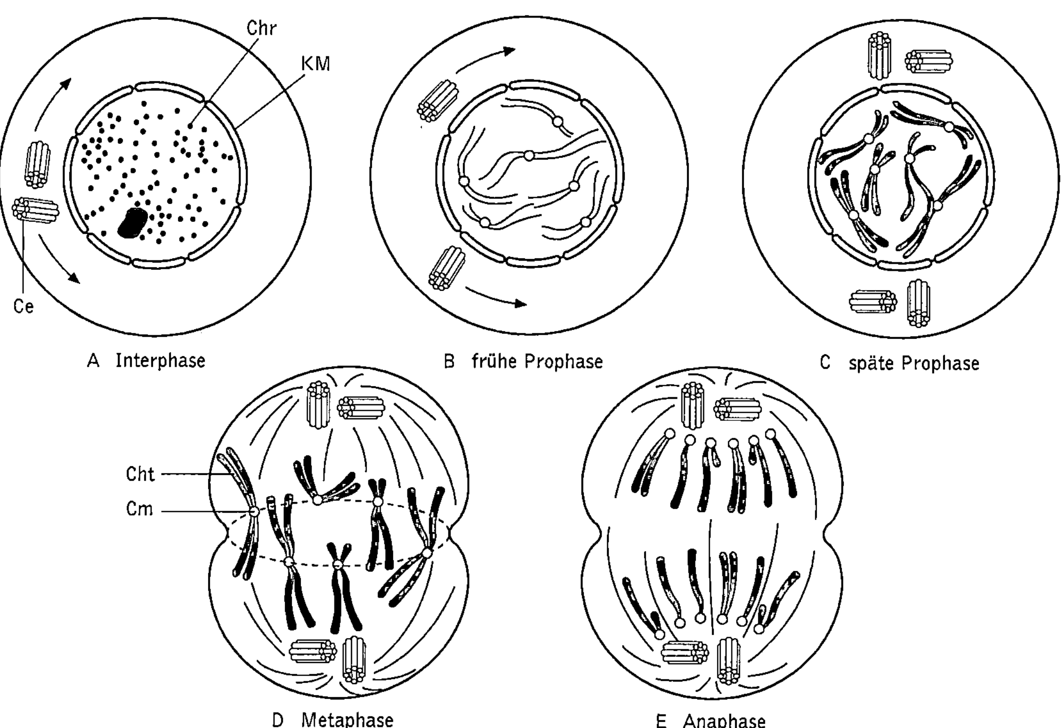

Mitose Schematische Darstellung einer Mitose mit einem Chromosomensatz von 2n = 6. Ce Centriol, Cm Centromer, Cht Chromatid, Km Kernmembran

zeigen. In der bewegungsarmen eigentlichen Metaphase liegen die Chromosomen am dichtesten kondensiert vor. Außerdem wird die Teilung in die beiden Chromatiden vorbereitet. So genannte Metaphase-Chromosomen werden deshalb auch bei cytogenetischen Untersuchungen verwendet.

Anaphase. Die einzelnen Chromatiden wandern zu den entgegengesetzten Polen. Sobald die Tochterchromosomensätze weit voneinander entfernt sind, wird der Spindelapparat abgebaut.

Telophase. Die Chromosomen lockern sich in ihrer Struktur auf, und um die beiden neuen Chromosomensätze bildet sich eine Kernmembran aus. In den so entstandenen Tochterkernen werden Nucleolen sichtbar. An die M. schließt sich in der Äquatorialebene die Zellteilung an. Bei manchen Zellen sind M. und Zellteilung nicht miteinander gekoppelt, sodass vielkernige Zellen entstehen (↗ Endomitose).

Mitosegifte, Substanzen, welche die ↗ Mitose hemmen und dadurch die Zellteilung verhindern. Eine Reihe von M. (z. B. ↗ Colchicin) wirken, indem sie den Auf- bzw. Abbau des ↗ Spindelapparates hemmen (↗ Mikrotubuli). Sie dienen deshalb der Darstellung von Metaphase-Chromosomen (↗ Karyogramm). ↗ Cytostatika

Mitospore, Bez. für ↗ Sporen, die nur mitotisch (↗ Mitose) gebildet werden.

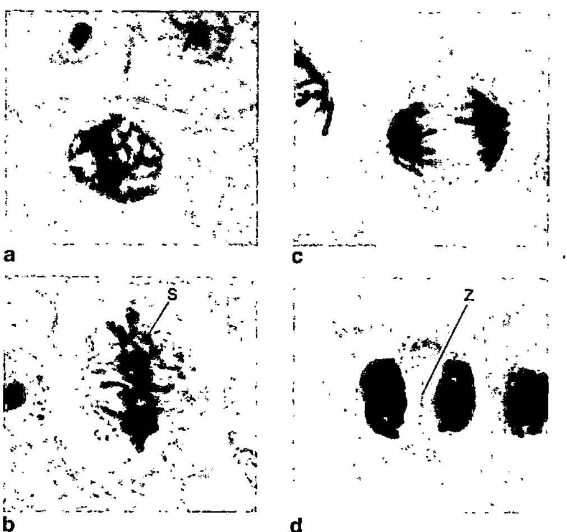

Mitose Mitose bei einer Pflanzenzelle. a *Prophase;* b *Metaphase:* Spindelfasern (S) greifen an den Chromosomen an; c *Anaphase;* d *Telophase:* Rekonstitution der Kerne und Bildung der neuen Zellwand (Z). Lichtmikroskopische Aufnahmen bei 780facher Vergrößerung

Mitralklappe, ↗ Herz.

Mitscherlich, *Max Eilhard Alfred*, deutscher Bodenkundler und Agrarwissenschaftler, * 29.8.1874 Berlin, † 3.2.1956 Paulinenaue (Landkreis Nauen);

1906-41 Prof. in Königsberg (Preußen), ab 1946 in Berlin (Ost) und Direktor (ab 1949) des Instituts für Agrarwissenschaften in Paulinenaue. M. arbeitete auf den Gebieten der Pflanzenphysiologie, Bodenkunde, Düngung und erforschte Methoden zur Steigerung der Ernteerträge. Er formulierte das „*Gesetz vom abnehmenden Ertragszuwachs*" (*Mitscherlich-Gesetz*) als Ergänzung zum Liebig'schen ↗ Gesetz des Minimums.

Mittagsblumengewächse, die Fam. ↗ Aizoaceae.

Mitteldarmdrüse, mehrfach unabhängig bei verschiedenen Gruppen der Wirbellosen entwickeltes zentrales Organ im Stoffwechsel, das zum Teil funktionell der ↗ Leber der Wirbeltiere vergleichbar ist. Die M. ist wichtigste Enzymproduktionsstätte der Weichtiere (↗ Mollusca), Krebse (↗ Crustacea), Spinnentiere (↗ Arachnida) und Seesterne (↗ Asteroida); bei den meisten Schnecken; (↗ Gastropoda) und Käferschnecken (↗ Polyplacophora), einigen Kopffüßern (↗ Cephalopoda), wie Octopus und Sepia, und Krebsen ist die M. auch Hauptresorptionsort mit ausgeprägter ↗ Phagocytose sowie Speicherorgan für Reservestoffe. Bei Insekten ist keine wohlentwickelte Mitteldarmdrüse ausgebildet; sie wird funktionell durch das Mitteldarmepithel bzw. den ↗ Fettkörper ersetzt.

mitteleuropäische Waldtypen, weiträumig durch die Rotbuche (*Fagus sylvatica*) geprägte Waldtypen (↗ Wald).

Mittelgebirgsstufe, ↗ Höhenstufen.

Mittelhirn, *Mesencephalon*, ↗ Gehirn.

Mittellamelle, die dünne Schicht, die die Zellwände benachbarter Pflanzenzellen miteinander verbindet und sich in ihrer Zusammensetzung von diesen unterscheidet. Die M. ist reich an Pectinen. Sie geht aus der während der Zellteilung entstehenden ↗ Zellplatte hervor.

Mittelsäger, Art der Gatt. ↗ Säger.

Mittelschnecken, die ↗ Mesogastropoda.

Mittelspecht, Art der Spechte (Fam. ↗ Picidae).

mittlere Bergwaldstufe, ↗ Höhenstufen.

Mixocoel, ↗ Leibeshöhle.

Mixopterygium, das ↗ Gonopodium.

Mixotrophie, Form der ↗ Chemolithotrophie.

MKS, Abk. für ↗ Maul- und Klauenseuche.

Mn, chemisches Symbol für ↗ Mangan.

Mo, chemisches Symbol für ↗ Molybdän.

Möbius, *Karl August*, deutscher Zoologe, * 7.2. 1825 Eilenburg, † 26.4.1908 Berlin; ab 1853 Prof. in Hamburg, ab 1868 in Kiel, seit 1887 Direktor des Museums für Naturkunde in Berlin, ab 1888 dort Prof. M. ist Mitbegründer der Meeresbiologie. Er prägte 1877 nach seinen Untersuchungen an Austern den Begriff der „*Biocönose*" (Lebensgemeinschaft) und war entscheidend an der Etablierung des Faches Meeresbiologie beteiligt (Errichtung des ersten Meeresaquariums in Hamburg, Aufbau des Zoologischen Museums in Kiel).

Mobulidae, *Mantas, Mantarochen, Teufelsrochen*, Fam. der Rochen (↗ Batidoidimorpha) mit zehn vor allem in wärmeren Meeren verbreiteten Arten. Mantas haben am Kopf ein paar löffelähnliche Fortsätze, über die Nahrungstiere (Plankton) ins Maul geleitet werden. Alle Mantas sind lebend gebärend. Im Atlantik (bis zur südenglischen Küste) und im Mittelmeer kommt der bis 5 m spannende *Teufelsrochen (Mobula mobular)* vor. Größte Art ist der in tropischen Meeren verbreitete *Riesenmanta (Manta birostris)* mit bis 6 m Spannweite und bis zu zwei Tonnen Gewicht.

Moder, ↗ Humus.

Moderfäule, Form der durch Pilze bewirkten Holzzerstörung. Sie wird vorwiegend durch Pilze mit kleinen Fruchtkörpern (z. B. ↗ Ascomycetes) oder ohne Hauptfruchtform (↗ Deuteromycetes) verursacht. Vom Abbau her gesehen ist sie eine langsam verlaufende ↗ Braunfäule (seltener eine ↗ Weißfäule).

Moderpflanzen, die ↗ Saprophyten.

Modifikation, 1) allg. in der *Biologie* die nichterbliche Änderung von Form, Gestalt und Eigenschaften (*Phänotyp*) von Lebewesen durch Umwelteinflüsse (*Modifikationsfaktoren, Modifikatoren*, z. B. Licht, Temperatur, Nahrung, Sauerstoffpartialdruck, Salinität). Die Variationsbreite der Modifikationen (*Modifikationsbreite*) ist durch eine erblich bedingte *Reaktionsnorm* festgelegt und bei verschiedenen Arten unterschiedlich groß. Beispiele für Modifikationen: a) Bei geringem Sauerstoffpartialdruck nehmen bei Säugetieren die Zahl der roten Blutkörperchen und der Hämoglobingehalt individuell zu. b) Die Muskulatur kann durch Training verstärkt werden. c) Pflanzen zeigen unter erhöhter UV-Einstrahlung einen veränderten Wuchs (z. B. Edelweiß). d) Bei Aufzucht von Sämlingen in Dunkelheit fehlt später das Chlorophyll.

2) in der *Biochemie* bei Aminosäuren und Proteinen: die ↗ posttranslationale Modifizierung.

Mohngewächse, die Fam. ↗ Papaveraceae.

Möhre, *Karotte, Mohrrübe, Gelbe Rübe, Daucus carota ssp. sativus*, zweijährige Kulturpflanze der ↗ Apiaceae. Die Rübe besteht aus einem kurzen ↗ Hypokotyl-Abschnitt und der Hauptwurzel. Zu den Inhaltsstoffen gehören Zucker, β-Carotin (*Provitamin A*) und Vitamin C.

Mohrenhirse, die ↗ Sorghumhirse.

Mohrrübe, die ↗ Möhre.

Mol, Einheitenzeichen mol, Basiseinheit der Stoffmenge. Das M. wurde 1971 als siebte Grundeinheit in das Internationale Einheitensystem (SI) mit folgender Definition aufgenommen: Das M. (1 mol) ist die Stoffmenge eines Systems, das aus so vielen elementaren Einheiten (elementaren Objekten) besteht, wie Atome in 0,012 kg des Kohlenstoffnuclids ^{12}C enthalten sind.

Molaren, die Backenzähne (↗ Zähne).

Molarität, *Stoffmengenkonzentration*, Formelzeichen c (früher m oder M), eine Konzentrationsangabe für Lösungen, und zwar der Quotient aus der gelösten Stoffmenge (in mol) des gelösten Stoffes und des Volumens (in m^3 bzw. l) der Lösung. Die SI-Einheit ist mol/m^3.

Molche und Salamander, die Fam. ↗ Salamandridae.

Molecular modelling, Sammelbez. für die computergestützte Berechnung, Darstellung und Bearbeitung von realistischen Molekülstrukturen und ihren physikalisch-chemischen Eigenschaften.

Molekularbiologie, eine Teildisziplin der Biologie, die sich mit der Erforschung von Lebensvorgängen auf der Ebene biologischer Makromoleküle befasst und versucht, deren Struktur aufzuklären, ihre Funktion zu verstehen und ggf. ihre Umwandlung nachzuvollziehen. Zu diesem Zweck kommen physikalische, chemische und biochemische Methoden zum Einsatz. In einigen Bereichen ist der Begriff M. zum Synonym oder Überbegriff für verwandte Gebiete wie die ↗ Molekulargenetik oder ↗ Gentechnik geworden. Molekularbiologische Arbeitsmethoden haben auch in andere Disziplinen Einzug gehalten, was häufig durch den Zusatz „molekular" deutlich wird. So hat z. B. die „molekulare Physiologie" das Ziel, physiologische Phänomene anhand ihrer molekularen Grundlagen zu erklären.

molekulare Uhr, die auf E. Zuckerkandl und L. Pauling zurückgehende Bez. für die Beobachtung, dass sich die evolutionäre Verwandtschaft von Arten auch auf Ebene ihres Erbguts nachvollziehen lässt. Durch Sequenzvergleiche von Genen und Proteinen unterschiedlicher Organismen kann unter bestimmten Annahmen deren evolutionäre Verwandtschaft ermittelt werden. Dabei wird davon ausgegangen, dass durch im Verlauf der Evolution zufällig entstehende Mutationen Veränderungen im Erbgut hervorgerufen wurden. Bei der Annahme der Existenz m. U. wird vorausgesetzt, dass die Mutationsrate über Jahrmillionen hinweg konstant war und im Bereich von 0,2 - 1 % pro 1 Millionen Jahre liegt. Die Analyse von DNA-Sequenzen erstreckt sich dabei häufig auf die nichtcodierenden Bereiche von Genen, deren Evolution schneller abläuft, da Mutationen nicht zu veränderten Genprodukten führen und somit auch nicht einer starken Selektion unterliegen. Phylogenetische Stammbäume, die das Ergebnis von molekularen Sequenzvergleichen sind, stimmen jedoch nicht immer mit anhand von morphologischen Merkmalen erstellten Stammbäumen überein, weil letztere das Ergebnis des Zusammenwirkens vieler verschiedener Gene sind.

Der Begriff m. U. ist nicht synonym mit dem endogenen Zeitmessapparat einiger Prokaryoten und aller Eukaryoten, der als so genannte ↗ innere Uhr inzwischen auch auf molekularer Ebene untersucht wird.

Molekulargenetik, ein Teilgebiet der ↗ Genetik, das auf molekularer Ebene (DNA, RNA, Proteine) die Strukturen und Mechanismen erforscht, mit denen die genetische Information vererbt wird (↗ Replikation, ↗ Transkription, ↗ Translation). Kenntnisse und Methoden der M. haben andere biologische Teildisziplinen wie z. B. die Entwicklungsbiologie maßgeblich beeinflusst und auch zur Entwicklung neuer Anwendungsbereiche wie der ↗ Gentechnik geführt.

Molekulargewicht, veraltete Bez. für die ↗ relative Molekülmasse.

Molinia, Gatt. der ↗ Poaceae.

Mollusca, *Weichtiere*, seit dem ↗ Präkambrium bekannte, arten- und formenreiche Tiergruppe mit rund 50000 rezenten Arten. Die kleinsten M. sind weniger als 1 mm große *Aplacophora*-Arten und die größten sind die Kopffüßer der Gatt. *Architeuthis*, die mit 6,6 m Körperlänge und einer Gesamtlänge (inklusive Armen) von bis zu 18 m die größten Wirbellosen überhaupt sind. Die Mehrzahl der M. lebt im Meer, insgesamt werden von ihnen jedoch alle Lebensräume außer den von Dauereis bedeckten Gebirgs- und Polarzonen bewohnt.

Der Körper der M. besteht grundsätzlich aus zwei funktionellen Teilen, dem *Kopffuß* (*Cephalopodium*), der zuständig ist für die Fortbewegung und der die Sinnesorgane trägt, sowie dem *Eingeweidesack* mit *Mantel* (*Visceropallium*), in dem sich die inneren Organe befinden. Im Kopf befindet sich das *Zentralnervensystem*, paarige Cerebralganglien, die durch weitere, im Kopfbereich lokalisierte Ganglien ergänzt werden können. Außerdem trägt er Mechano- und Chemorezeptoren sowie Lichtsinnesorgane. Im Fuß sind die Muskelfasern dreidimensional miteinander verflochten und ermöglichen so, in Zusammenarbeit mit flüssigkeitserfüllten Lakunen, eine vielseitige Fortbewegung. Der Mantel trägt Sinneszellen, Drüsen und Nerven, er dient als schützende Hülle und kann Schuppen, Platten, Stacheln oder Schalen abscheiden.

Der *Verdauungstrakt* der M. besteht aus Mundöffnung, Buccalhöhle, Pharynx, Ösophagus, Magen, Mittel- und Enddarm und Anus. Letzterer kann vor allem bei vielen Schnecken nach vorne in die Nähe des Kopfes verlagert sein. Eine wichtige Spezialeinrichtung zur Nahrungsaufnahme und -zerkleinerung ist die ↗ Radula, eine Membran mit chitinigen „Zähnen", die sehr unterschiedlich gebaut sein können. Das *Kreislaufsystem* ist grundsätzlich offen, doch gibt es Tendenzen zu geschlossenen Systemen, das Blut ist ↗ Hämolymphe, die meist

↗ Hämocyanin, seltener ↗ Hämoglobin enthält. Als *Exkretionsorgane* fungieren ursprünglich ↗ Metanephridien. Bei vielen M. liegen an den Exkretionsgängen drüsige Nieren sowie weiter exkretorisch tätige, aus *Athrocyten* bestehende Gewebe, die dem Blut Endprodukte des Stoffwechsels entnehmen und diese vorübergehend oder dauernd speichern. Die Kiemen sind ursprünglich Kammkiemen (Ctenidien), können aber vielfach abgewandelt oder zurückgebildet und durch sekundäre Kiemen ersetzt sein.

Die *Fortpflanzung* ist ausschließlich geschlechtlich, wobei es in einigen Gruppen ↗ Hermaphroditen, z. T. mit Zwittergonaden gibt. Bei den ursprünglichen Gruppen kommt äußere ↗ Befruchtung vor, bei der die Keimzellen ins Wasser entlassen werden. Bei höher entwickelten Formen ist innere Befruchtung die Regel, wobei vor allem bei Schnecken und Kopffüßern komplizierte Kopulationsvorspiele vorkommen. Eine Reihe von Arten betreibt Brutpflege. Mit Ausnahme der Cephalopoda, deren dotterreiche Eier sich diskoidal furchen, ist Spiralfurchung die Regel (↗ Furchung). Die entstehende Larve ist usprünglich eine *Trochophora*, meist jedoch eine *Veligerlarve* mit bewimperten Zellen im Kopfbereich.

Die M. werden untergliedert in die *Aculifera* (Stachelweichtiere), zu denen die ↗ Aplacophora (Wurmmollusken) und die ↗ Polyplacophora (Käferschnecken) gehören, und die ↗ Conchifera (Schalenweichtiere), in denen alle M. mit einer einheitlich angelegten Schale zusammengefasst werden (↗ Monoplacophora, ↗ Gastropoda oder Schnecken, ↗ Cephalopoda oder Kopffüßer, ↗ Bivalvia oder Muscheln, ↗ Scaphopoda).

Molva molva, der ↗ Leng.

Molybdän, chemisches Symbol *Mo*, chemisches Element der sechsten Nebengruppe des Periodensystems, der Chromgruppe. M. ist ein silberweißes, in Pulverform stahlgraues Metall. Für Pflanzen und Bakterien ist M. ein wichtiges Spurenelement; es spielt dort eine wichtige Rolle im Stickstoffmetabolismus. Es ist nicht bekannt, ob M. für Tiere ein essenzieller Nahrungsbestandteil ist, jedoch ist M. Bestandteil von mindestens drei tierischen Enzymen. In manchen biologischen Systemen sind M. und Kupfer Antagonisten.

Mönchsgrasmücke, Art der Grasmücken (Fam. ↗ Sylviidae).

Mondfisch, *Mola mola*, bis 3 m hoher, kugelförmiger und bis 1000 kg schwerer, zu den Kugelfischverwandten (↗ Tetraodontiformes) gehörender Fisch, der in warmen und gemäßigten Meeren (auch in der Nordsee) lebt. M. legen bis zu 300 Mio. Eier und sind damit vielleicht die fruchtbarste Fischart überhaupt.

Mongolenfalte, beim Menschen Bez. für die weit herabgezogene Deckfalte des Oberlids, die den eigentlichen Wimpernrand und die Wimpern verdecken kann. Sie verschmilzt im inneren Augenwinkel in einem sichelförmigen Bogen mit der Nasenhaut. Die M. kommt vor allem bei mongoliden Rassen vor, ist jedoch nicht auf diese beschränkt. (↗ Epikanthus)

Mongolenfleck, *Steißfleck*, *Sakralfleck*, ein harmloser Pigmentfleck in der Kreuzbeingegend des Menschen (insbesondere bei den mongoliden Rassen), der bereits bei der Geburt vorhanden ist und innerhalb der ersten Lebensjahre verschwindet.

Mongolismus, nicht mehr gebräuchliche Bez. für das ↗ Down-Syndrom.

Monilia, Bez. für Nebenfruchtformen verschiedener Pilze, z. B. von *Sclerotinia fructigena*, aber auch von einigen den ↗ Deuteromycetes zugeordneten Pilzen.

Moniliales, ↗ Deuteromycetes.

Monimolimnion, ↗ meromiktisch.

Monitororganismen, *Indikatororganismen*, ↗ Bioindikatoren.

Monoamin-Oxidase, Abk. *MAO*, eine Flavin-haltige ↗ Oxidoreduktase, die den Abbau primärer Amine katalysiert. Die M. ist ein wichtiges Enzym bei der Metabolisierung von ↗ Noradrenalin und ↗ Adrenalin. Sie kommt in der äußeren Mitochondrienmembran der meisten Zellen vor und dient als Leitenzym der äußeren Mitochondrienmembran. Es wird zwischen *MAO-A* und *MAO-B* unterschieden, wobei die catecholaminergen Axonenden nur MAO-A, Gliazellen hingegen beide Formen enthalten. Auch am Abbau von ↗ Histamin und ↗ Serotonin ist MAO beteiligt. So genannte MAO-Hemmer spielen eine wichtige Rolle bei der Beeinflussung des Neurotransmitter-Stoffwechsels.

Monoblepharidales, Ord. der ↗ Chytridiomycetes.

Monochasium, Verzweigungstypus der ↗ Sprossachse, bei dem die Hauptachse ihr Wachstum einstellt und ein einziger Seitentrieb die blockierte Hauptachse übergipfelt.

monocistronisch, ↗ messenger-RNA, ↗ Genexpression, ↗ polycistronisch, ↗ open reading frame.

Monocots, aus dem Englischen übernommene Bez. für die Klasse ↗ Liliopsida.

Monocotyledonae, *Monokotyle, einkeimblättrige Pflanzen*, nach früherer Systematik eine Klasse der ↗ Angiospermae, die der Klasse der ↗ Dicotyledonae gegenübergestellt wurde. Kennzeichen der M. ist die Ausbildung nur eines endständig angelegten Keimblattes. Nach heutiger Systematik die Klasse ↗ Liliopsida.

Monocyten, *mononukleäre Leukocyten*, die größten weißen Blutkörperchen. M. haben einen oval bis nierenförmigen Kern, sind schwach basophil und besitzen zahlreiche ↗ Lysosomen im Cytoplasma. M. werden im Knochenmark gebildet, wandern ins

Blut und von dort durch die Kapillarwände ins Gewebe, wo sie sich zu verschiedenen Typen von ↗ Makrophagen umwandeln.

Monod, *Jacques Lucien*, franz. Biochemiker, * 9.2.1910 Paris, † 31.5.1976 Cannes; ab 1946 Laborleiter der Abteilung für Zell-Biochemie und seit 1971 Direktor des Institut Pasteur in Paris, ab 1955 Prof. für Stoffwechselchemie an der Universität in Paris, 1967-71 Prof. für Molekularbiologie am Collège de France. M. lieferte grundlegende Arbeiten zum Mechanismus der Genexpression; er entwickelte die Hypothese von der Notwendigkeit einer instabilen messenger-RNA als Zwischenprodukt bei der Enzymsynthese und, zusammen mit F. ↗ Jacob, ein Modell der Genregulation bei Bakterien (↗ Jacob-Monod-Modell), sowie ein Modell der allosterischen Umwandlung von Proteinen.

Monodontidae, *Gründelwale*, Fam. der Wale (↗ Cetacea) mit zwei Arten, die in den arktischen Meeren beheimatet sind. Das Männchen des leopardenartig gefleckten *Narwal* (*Monodon monoceros*) trägt einen spiralig gedrehten Stoßzahn, welcher der Hauptgrund für die fortdauernde Verfolgung dieser Art ist. Der wie der Narwal 4 - 6 m lange *Weißwal* oder *Beluga* (*Delphinapterus leucas*) ist als adultes Tier weiß, die Jungtiere sind zunächst schiefergrau. Weißwale versammeln sich öfter in großen Gruppen in Flussmündungen, dabei können Einzeltiere gelegentlich irrtümlich weiter stromaufwärts wandern.

Monoecie, die ↗ Monözie.

monoenergid, Bez. für Zellen, die nur einen Zellkern (↗ Nucleus) enthalten. Gegensatz: ↗ polyenergid

Monogamie, ↗ Paarungssysteme.

Monogenea, Gruppe der Plattwürmer (↗ Plathelminthes) mit rund 2000 Arten, die als Ektoparasiten auf wasserlebenden Wirbeltieren (insbesondere Fischen und Amphibien), seltener bei Wirbellosen oder als echte Endoparasiten leben. Sie haben keinen Generationswechsel, und Wirtswechsel ist selten. Die adulten Tiere besitzen meist einen auffälligen Saugnapf am Hinterende (*Opisthaptor*) und rund um den Mund ein bis drei vordere Saugnäpfe (*Prohaptoren*). Häufige Kiemenparasiten verschiedener Fischarten sind die 0,5 - 2 mm großen Arten der Gatt. *Dactylogyrus* und bei karpfenartigen Fischen die 6 - 10 mm große Art *Diplozoon paradoxum*.

Monogononta, Gruppe der ↗ Rotatoria.

Monokine, von Monocyten gebildete ↗ Cytokine.

monoklin, ↗ zwittrig.

monoklonale Antikörper, Bez. für Antikörper (↗ Immunglobuline), die das Produkt eines Zellklons, also der Tochterzellen einer einzigen Ausgangszelle (normalerweise einer ↗ Hybridomzelle) sind. M.A. sind in ihrer Struktur und ihren Eigenschaften völlig identisch. Sie sind als Bioreagenzien von Bedeutung und werden in der klinischen Diagnostik, der biologischen Grundlagenforschung sowie der Biotechnologie, z. B. zur Gewinnung oder Reinigung von Zellprodukten, und in der Gentechnik u. a. zur Isolierung von ↗ messenger-RNA eingesetzt.

Monokotyle, ↗ Monocotyledonae.

Monokultur, der kontinuierliche, mehrere Jahre hintereinander erfolgende Anbau derselben Kulturpflanzenart auf demselben Ackerstück. Eine M. führt bei vielen Pflanzenarten zu einem verstärkten Auftreten von Krankheiten, Schädlingen, schwer bekämpfbaren Unkräutern und/oder zu einem Ertragsabfall. Jedoch gibt es auch Kulturarten, die ohne erhöhten Krankheitsbefall oder Ertragsabfall auf dem gleichen Schlag angebaut werden können, wie z. B. Mais und Roggen. (↗ Fruchtfolge)

Monomere, reaktive chemische Verbindungen, die im Einzelzustand vorliegen. M. enthalten entweder Doppelbindungen im Molekül (z. B. Ethen, Acrylnitril, Vinylchlorid) oder reaktive Gruppen. Durch Polymerisation, Polykondensation oder Polyaddition reagieren die M. miteinander zu ↗ Polymeren.

monomiktisch, Bez. für den Zirkulationstyp eines ↗ Sees, bei dem es nur einmal im Jahr zu einer Durchmischung kommt.

mononukleäre Leukocyten, die ↗ Monocyten.

Monooxygenasen, *mischfunktionelle Oxygenasen*, zu den ↗ Oxidoreduktasen gehörende, $NADP^+$-abhängige Enzyme, die ein Sauerstoffatom des O_2-Moleküls in das Substrat als Hydroxylgruppe einbauen, während das andere Sauerstoffatom zu Wasser reduziert wird. Die synonyme Bez. mischfunktionelle Oxygenasen bezieht sich auf diese doppelte Funktion, d. h. Oxidation des Substrats und Reduktion von Sauerstoff. Die von den M. katalysierte Hydroxylierung erfordert die Aktivierung des Sauerstoffs. Die an der Synthese der Steroidhormone und Gallensäuren beteiligten M. verwenden dafür Cytochrom P_{450}, das als letztes Glied einer Elektronentransportkette in den Mitochondrien der Nebennierenrinde und in Lebermikrosomen lokalisiert ist. Der Mensch besitzt mehr als 100 Gene für M. mit unterschiedlichen Substratspezifitäten. Die Wirkungsdauer vieler Medikamente ist davon abhängig, wie schnell sie durch P_{450}-Enzyme inaktiviert werden.

Monophenol-Monooxygenase, die ↗ Laccase.

Monophylum, eine Abstammungsgemeinschaft, die ausschließlich (aber diese vollständig) die Arten umfasst, die von einer einzigen Stammart ausgehen. Ein solches Taxon wird *monophyletisch* genannt.

Monoplacophora, *Napfschaler, Urmützenschnecken*, Gruppe der ↗ Conchifera (Schalenweichtiere) mit 20 rezenten Arten, die auf Weich- und Hartböden der Meere in Tiefen bis 6500 m leben. M. haben eine 0,9 - 40 mm große napfförmige Schale mit einer nach vorn gewandten Spitze. Sie ist mit dem breiten Kriechfuß durch acht Paar dorsoventrale Muskeln verbunden. Rund um den Fuß liegt eine Mantelrinne, in der drei bis sechs Paar Kammkiemen ansetzen. Die M. sind meist getrenntgeschlechtlich, eine Art (*Micropilina arntzi*) ist zwittrig und betreibt Brutpflege, indem sich die Embryonen in ihrem Mantelraum entwickeln. Erst 1957 wurde mit *Neopilina galatheae* die erste noch lebende Art beschrieben.

Monopodium, Sprosssystem mit durchgehender Hauptachse und Seitensprossen, die jeweils schwächer entwickelt sind als der Mutterspross.

Monosaccharide, einfache, durch Hydrolyse nicht spaltbare ↗ Kohlenhydrate mit der allg. Formel $C_nH_{2n}O_n$. M. sind farblose, häufig schwer kristallisierende Substanzen mit optischer Aktivität und meist schwach süßem Geschmack, die in Wasser leicht, in ↗ Ethanol schwer löslich sind. M. können in Polyhydroxyaldehyde (*Aldosen*) und Polyhydroxyketone (*Ketosen*) eingeteilt werden. Nach der Anzahl der Kohlenstoffatome werden die Zuckermoleküle als Triosen, Tetrosen, Pentosen, Hexosen und Heptosen eingeteilt. Zu den wichtigsten M. gehören die *Pentosen*, $C_5H_{10}O_5$ (z. B. ↗ Ribose) und die *Hexosen*, $C_6H_{12}O_6$ (z. B. ↗ Glucose, ↗ Galactose). Die kleinsten M. sind die Triosen *Glycerinaldehyd* und *Dihydroxyaceton*. In wässriger Lösung können Aldopentosen, Aldohexosen und Aldoketosen sowie höhere Zucker durch intramolekulare Reaktion *Halbacetale* (*Hemiacetale*) bzw. *Halbketale* (*Hemiketale*) bilden. Dabei reagiert die Aldehydgruppe am C1 mit der Hydroxylgruppe am C5 und ein 6er-Ring wird gebildet. Solche Zucker nennt man *Pyranosen*. Reagiert die Aldehydgruppe am C1 mit der Hydroxylguppe am C4, kommt es zur Bildung eines 5er-Rings, einer *Furanose*. Bei der Hemiacetalbildung entsteht durch den Ringschluss ein weiteres chirales Zentrum am C1 (↗ Chiralität), das als *anomeres Kohlenstoffatom* bezeichnet wird. Es können zwei Ringformen entstehen, die α- und die β-Form. In der α-Form steht die Hydroxylgruppe am anomeren Kohlenstoffatom unterhalb der Ringebene, in der β-Form oberhalb. In wässrigen Lösungen wandeln sich die Hemiacetale über die offene Kettenform in einem als *Mutarotation* bezeichneten Prozess ineinander um. (↗ Fructose, ↗ Haworth-Projektionsformel, ↗ Polysaccharide)

Monosomie, Typ der ↗ Aneuploidie, bei dem z. B. im Chromosomensatz eines diploiden Organismus Einzelchromosomen fehlen.

Monotremata, *Eier legende Säugetiere, Kloakentiere*, Ord. der Säugetiere (↗ Mammalia) mit zwei Familien und insgesamt drei Arten, die als Eier legende *Prototheria* Schwestergruppe zu den lebend gebärenden Säugetieren sind. Wie jene sind sie behaart, besitzen Milchdrüsen und können ihre Körpertemperatur nahezu konstant halten. Ursprüngliche Merkmale der M. sind 1) die *Kloake* als gemeinsame Körperöffnung für die Abgabe von Kot und Harn sowie die Eier des Weibchens, 2) die Tatsache, dass die M. dotterreiche, weichschalige Eier legen und abgeleitet 3) der Sporn am Hinterfußgelenk zumindest des Männchens. Zu den M. gehört das in Australien und Tasmanien verbreitete *Schnabeltier (Ornithorhynchus anatinus)*, einzige Art der Fam. *Ornithorhynchidae*, das Süßgewässer und deren Uferbereiche bewohnt. Es ist ein dämmerungs- und nachtaktiver Einzelgänger mit „Entenschnabel" und abgeplattetem „Biberschwanz". Der Schnabel trägt Tast- und Elektrosinnesorgane. Die zweite Fam. sind die *Ameisen- oder Schnabeligel* (Fam. *Tachyglossidae*), die mit zwei Arten in Neuguinea bzw. Australien beheimatet sind.

Monözie, *Monoecie, Einhäusigkeit*,

1) *Botanik*: das Vorkommen männlicher und weiblicher Blüten auf derselben Pflanze.

2) *Pilze*: Bez. für das Phänomen, dass jedes einzelne Mycel sowohl als Kernspender (als männlich definiert) als auch als Kernempfänger (als weiblich definiert) fungieren kann.

monozyklisch-hapaxanthe Pflanzen, die ↗ annuellen Pflanzen.

Mons pubis, der ↗ Schamberg.

Monstera, Gatt. der Fam. ↗ Araceae.

montane Stufe, ↗ Höhenstufen.

Moor, Gebiet mit einer ↗ Torf bildenden Vegetation auf feuchten bis nassen Standorten. *Niedermoore (Flachmoore)* entstehen, wenn die Torfbildung im Bereich des ↗ Grundwassers erfolgt, z. B. über versumpfenden Mineralböden oder bei der Verlandung von Gewässern. Flachmoore sind je nach Zusammensetzung des Grundwassers mehr oder weniger nährstoffreich und werden von zahlreichen Kräutern und Sträuchern besiedelt, die an Bodennässe gut angepasst sind. In niederschlagsreichen Gebieten können sich auf ständig durchfeuchteten Standorten, auch auf Flachmooren, Torfmoose (*Sphagnum*-Arten; ↗ Sphagnidae) ansiedeln, die allmählich immer höher wachsen. Da das Niederschlagswasser und Flugstaub für die Ernährung der Torfmoose ausreichen, wachsen sie unabhängig vom Grundwasser. Sie können die alte Vegetation überwachsen und bilden die sehr nährstoffarmen, baumlosen oder baumarmen, sich über die Umgebung erhebenden *Hochmoore*. Die zentrale Hochmoorfläche wird oft von einem steileren Randgehänge umgeben, an das sich außen meist ein Randsumpf (*Lagg*) anschließt. Das eigentliche

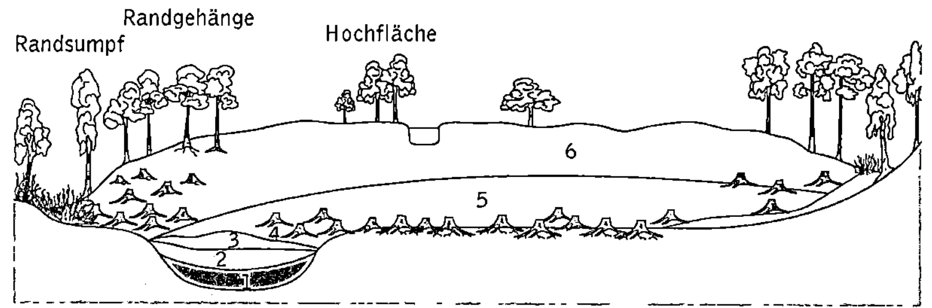

Moor Schichtbau eines mitteleuropäischen Hochmoors. 1 = Mudde, 2 = Schilftorf, 3 = Seggentorf, 4 = Waldtorf, 5 = älterer *Sphagnum*-Torf, 6 = jüngerer *Sphaghnum*-Torf

Hochmoor besteht i. d. R. aus einem charakteristischen Mosaik kleiner, oft mit Heidekrautgewächsen (↗ Ericaceae) und Sauergräsern (↗ Cyperaceae) sowie *Drosera*-Arten (↗ Sonnentau, ↗ carnivore Pflanzen) besiedelten Hügeln, den *Bülten*, und nassen, dazwischen liegenden Senken (*Schlenken*). Zur Besiedlung des nur vom Niederschlagswasser abhängigen Hochmoors sind nur Blütenpflanzen geeignet, die sehr geringe Nährstoffansprüche haben und transpirationshemmende Merkmale aufweisen, oder die wie die *Drosera*-Arten zusätzliche Nährstoffe gewinnen können.

Moore, *Stanford*, amerikan. Biochemiker, * 4.9.1913 Chicago (Illinois), † 23.8.1982 New York; ab 1952 Prof. am Rockefeller Institute of Medical Research in New York. M. entwickelte zusammen mit W.H. ↗ Stein 1958 einen automatischen Aminosäuresequenz-Analysator, der zu einem der wichtigsten Werkzeuge der Proteinchemie wurde. Er erhielt 1972 zusammen mit C.B. ↗ Anfinsen und Stein den Nobelpreis für Chemie für die Strukturaufklärung (um 1961) des Enzyms ↗ Ribonuclease. 1969 ermittelte er mit Stein zusammen auch den Aufbau der Desoxyribonuclease.

Moose, die ↗ Bryophyta.

Moosfarne, die ↗ Selaginellales.

Moostierchen, die ↗ Bryozoa.

Mopsfledermaus, Art der Glattnasen (Fam. ↗ Vespertilionidae).

Moraceae, *Maulbeergewächse*, Fam. der ↗ Urticales, zu der ca. 1300 Arten mit überwiegender Verbreitung in den wärmeren Zonen der Erde gehören. Es sind Milchsaft führende Holzpflanzen mit einfachen oder gelappten Blättern. Die kleinen eingeschlechtigen Blüten stehen in becherartigen, köpfchenförmigen oder trugdoldenförmigen Blütenständen. Sie sind meist vierzählig. Als Früchte werden einsamige Nüsse, Steinfrüchte oder fleischige Sammelfruchtstände gebildet. Essbare Früchte liefern der ↗ Maulbeerbaum (*Morus*), der ↗ Feigenbaum (*Ficus carica*), der ↗ Brotfruchtbaum (*Artocarpus*) und der ↗ Jackfruchtbaum (*Artocarpus heterophyllus*). Viele *Ficus*-Arten sind immergrüne Gehölze tropischer Wälder. Eine Besonderheit ist der ↗ Banyanbaum (*Ficus bengalensis*), der seine Stützbäume so umschlingt, dass sie absterben. Der ↗ Gummibaum (*Ficus elastica*) und andere *Ficus*-Arten werden zur Gewinnung von ↗ Kautschuk genutzt.

Morbus Basedow, zu den ↗ Autoimmunkrankheiten zählende Überfunktion (Hyperthyreose) der ↗ Schilddrüse.

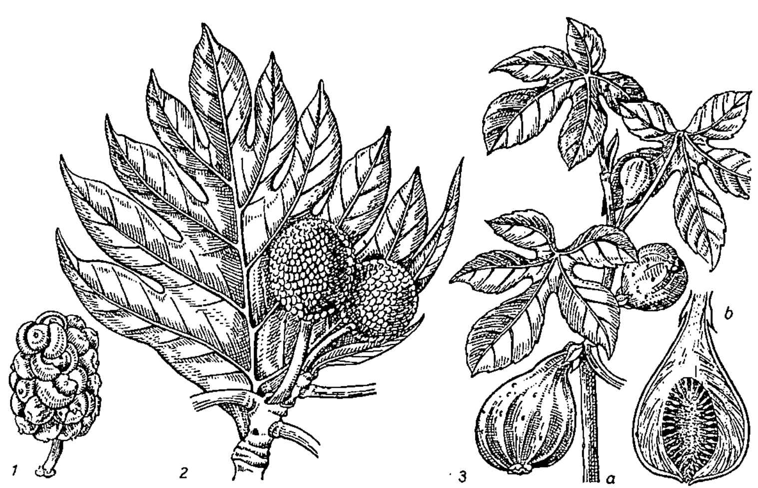

Moraceae 1 Fruchtstand des Schwarzen Maulbeerbaums (*Morus nigra*), 2 Brotfruchtbaum (*Artocarpus*); Zweig mit Früchten, 3 Feige (*Ficus carica*): a Zweig mit Früchten, b Frucht (Längsschnitt)

Morcheln, *Morchella*, zu den ↗ Pezizales gehörende Gatt. der Schlauchpilze (↗ Ascomycetidae) mit 15 Arten. Der Fruchtkörper ist in Stiel und Hut gegliedert, wobei der 4 - 12 cm große Hut kegel- bis birnenförmig ist, mit bräunlicher wabenartig strukturierter Oberfläche. Die M. sind geschätzte Speisepilze, so z. B. der bevorzugt unter Eschen und Pappeln von Mitte April bis Juni zu findende *Speisemorchel (Morchella esculenta)*.

Morgan-Einheit, die Einheit für die Häufigkeit, mit der ↗ Crossing over auftreten (↗ Austauschwert).

Mormyridae, *Nilhechte*, Fam. der Knochenfische mit rund 100 Arten in Süßgewässern des tropischen Afrika. Nilhechte haben eine oft lang ausgezogene Schnauze und besitzen schwach ↗ elektrische Organe, die der Orientierung, der Partnerfindung und der Geschlechtsunterscheidung dienen.

Morphin, *Morphium*, wichtigster Vertreter der ↗ Opiumalkaloide, der von F.W.A. Sertürner (1783-1841) im Jahr 1806 als erstes Pflanzenalkaloid isoliert wurde. Strukturell leitet sich M. vom Isochinolin ab und besitzt das Grundgerüst des Phenanthrens. Auch heute noch wird M. aus Opium und Mohnstroh gewonnen und dient hauptsächlich (80 %) zur Herstellung von ↗ Codein, das durch Methylierung von M. entsteht. M. gehört zu den wirksamsten, zentral angreifenden Schmerzmitteln (Analgetika). Es wirkt dämpfend auf das Atemzentrum und den Hustenreiz und hemmend auf die Darmperistaltik. Je nach Dosis wirkt M. hypnotisch, narkotisch bzw. in hohen Dosen toxisch und letal (Tod durch Atemlähmung). Aufgrund der Gefahr körperlicher Abhängigkeit (↗ Sucht) wird M. nur noch begrenzt in Form seines Hydrochlorids als Schmerz stillendes Mittel verwendet. (↗ Heroin)

Morphogenese, Bez. für die Gesamtheit der Entwicklungsprozesse, die an der Ausbildung der charakteristischen Form bzw. Gestalt eines Organismus beteiligt sind und sowohl durch dessen genetische Konstitution, aber auch in unterschiedlichem Maße von Umweltfaktoren gesteuert werden. Die M. kann sich dabei auf die Ebene von Zellen, Geweben und Organen bis hin zur Ebene ganzer Organismen erstrecken. Das Ergebnis solcher M., die durch den jeweiligen Umwelteinfluss spezifiziert werden können, nennt man bei Pflanzen ↗ Morphosen. (↗ Embryonalentwicklung, ↗ Musterbildung)

Morphologie, *Gestaltlehre*, die Lehre von der äußeren Körpergestalt, dem Aufbau der Organismen und den Lagebeziehungen ihrer Organe. Die *vergleichende M.* erarbeitet durch Vergleich von Körpergestalt sowie Aufbau und Lagebeziehung der Organe verschiedener Organismen die den Einzelformen zugrunde liegenden Baupläne und Typen, und ermöglicht so u. a. auch Aussagen über die verwandtschaftlichen Beziehungen. Kriterien, derer sich die M. bedient sind ↗ Homologie, ↗ Analogie und ↗ Konvergenz, außerdem gibt das Schicksal von Organen und Geweben im Verlauf der Individualentwicklung (Ontogenese) wichtige Hinweise. Die *Funktionsmorphologie* beschäftigt sich mit den Anpassungen im Körperbau an die jeweilige Lebensweise.

Morphosen, *Morphien*, bei Pflanzen die Bez. für durch Umwelteinflüsse hervorgerufene Merkmalsausprägungen, die nicht erblich sind. Ihre Ausbildung hängt stark von der Dauer, Stärke, Richtung und Qualität eines Reizes ab. Je nach Außenfaktoren können verschiedene Typen der M. bzw. Morphogenese unterschieden werden. Durch Licht erzeugte M. werden als *Foto-M.* bezeichnet und äußern sich z. B. durch Unterschiede, wie sie bei Licht- und Schattenblättern deutlich werden. Auch die Unterschiede zwischen im Licht und bei Dunkelheit gekeimten Pflanzen (↗ Etiolement) zählen zu diesem M. - Typ. Lichtabhängige Unterschiede in der Pigmentsynthese können ebenfalls als Foto-M. bezeichnet werden. (↗ Morphogenese, ↗ Modifikation)

Morphosen

Typ	Beschreibung
Fotomorphose	lichtinduziert, z. B. Licht- und Schattenblatt, Blattfärbung
Skotomorphose	bei Dunkelheit, z. B. etiolierte Keimlinge
Thermomorphose	temperaturabhängig, z. B. Veränderung der Blattform
Geomorphose	durch Schwerkraft hervorgerufen
Thigmomorphose Haptomorphose	durch Berührungsreize verursacht, z. B. Haftscheibenbildung bei Rankenpflanzen
Xeromorphose	durch Dürre hervorgerufen, z. B. die geringe Zahl der Spaltöffnungen
Chemomorphose	Bez. für die durch Chemikalien (Herbizide, Wuchsstoffe) erzeugten Veränderungen im Wuchs

Morphospezies, ↗ Art.

Mortalität, *Sterblichkeitsrate*, der Anteil Gestorbener an einer bestimmten Individuenzahl während eines bestimmten Zeitraums.

Morula, *Maulbeerkeim*, frühes Stadium der Furchung, bei dem die Tochterzellen in einem kugeligen Zellverband zusammenbleiben, aus dem sich dann die ↗ Blastocyste bildet.

Morus, Gatt. der ↗ Moraceae.

Mosaikembryonen, Bez. für Embryonen, bei denen sich die Zellen schon in einem sehr frühen Stadium nur ihrem Schicksal gemäß entwickeln können, da ihr Entwicklungsmuster – möglicherweise schon in der Eizelle (*Mosaikei*) – gleichsam in Form eines Mosaik verschiedener Moleküle festgelegt ist. Gegensatz: ↗ Regulationsembryonen

Mosaikevolution, die ↗ Evolution verschiedener Teile eines Organismus mit unterschiedlicher Geschwindigkeit.

Mosaikgene, Bez. für die aus *Exons* und *Introns* aufgebauten eukaryotischen Gene. Die codierenden Bereiche werden durch die Introns unterbrochen, sodass sie im Anschluss an die ↗ Transkription aus dem *Primärtranskript*, der ↗ hnRNA entfernt werden müssen (↗ Spleißen).

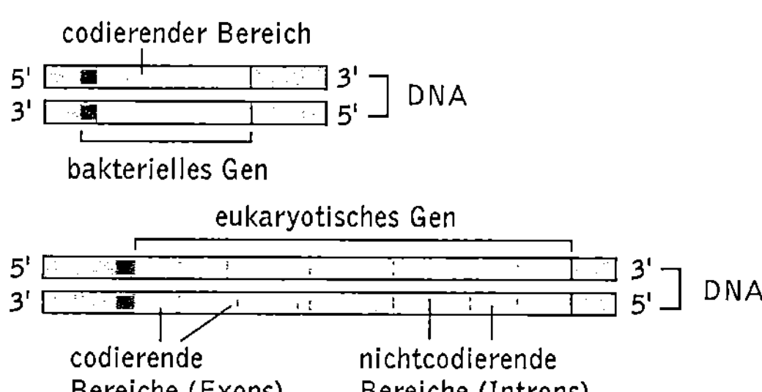

Mosaikgene Vergleich zwischen einem bakteriellen, d. h. prokaryotischen Gen und einem eukaryotischen Mosaikgen, das sich aus Exons und Introns zusammensetzt

Mosasaurier, in der Oberen ↗ Kreide weltweit verbreitete, den heutigen Waranen (↗ Varanidae) ähnliche, im Meer lebende Reptilien, die bis 12 m lang wurden.

Moschus, das Sekret aus den Moschusdrüsen der männlichen ↗ Moschusochsen. M. enthält vor allem *Muscon* und *Muscopyridin* (ein dialkyliertes Pyridinderivat) und wird wegen seiner abrundenden und fixierenden Eigenschaften z. T. noch heute in der Parfümherstellung genutzt, jedoch zunehmend durch ähnlich riechende synthetische Substanzen verdrängt.

Moschushirsche, *Moschinae*, Unterfam. der Hirsche (↗ Cervidae).

Moschusochse, *Bisamochse*, *Ovibos moschatus*, Art der Ziegenverwandten, die mit drei Unterarten in Nordkanada sowie auf Grönland und den arktischen Inseln verbreitet ist. Der M. hat weit geschwungene, die Stirn helmartig bedeckende Hörner und ein dichtes, sehr langhaariges dunkelbraunes Fell. Die Männchen riechen während der Brunst stark nach Moschus (Name!). Bei Bedrohung bilden die Männchen, mit dem Kopf nach außen gerichtet, einen Halbkreis um die Jungtiere.

Most-probable-number-Verfahren, *MPN-Verfahren*, statistisches Verfahren, bei dem aus der Anzahl bewachsener ↗ Kulturen in mehreren parallelen Verdünnungsreihen die Anzahl vermehrungsfähiger Keime bestimmt wird.

Motacillidae, *Pieper und Stelzen*, Fam. der Singvögel mit 54 bis zu 23 cm großen Arten, die welt-

weit verbreitet sind. Die meisten Arten bevorzugen offenes Gelände, halten sich gerne auf dem Boden auf und sind langbeinig und langschwänzig. Die *Pieper* (Gatt. *Anthus*) sind lerchenähnlich braun gefärbt, oft mit dunkel gestreifter Brust. Ihr Flug ist wellenförmig, ihre Rufe und Gesänge sind oft das beste Unterscheidungsmerkmal der verschiedenen Arten. Bei uns brüten der *Baumpieper* (*Anthus trivialis*) und der *Wiesenpieper* (*Anthus pratensis*), welcher der häufigste Pieper offener Landschaft ist. Die Arten der Gatt. *Stelzen* (*Motacilla*) sind gut an ihren langen Schwänzen, mit denen sie charakteristisch wippen, und an dem kontrastreich gefärbten Gefieder zu erkennen. Bei uns brütende Arten sind die *Bachstelze* (*Motacilla alba*), der einzige schwarz-weiß-graue Vogel mit ständig wippendem Schwanz, die unterseits gelbe, oberseits graue *Gebirgsstelze* (*Motacilla cinerea*), die größte hiesige Art der Stelzen, und die unterseits ebenfalls gelb und oberseits graugrünlich gefärbte, etwas kleinere *Schafstelze* (*Motacilla flava*).

Motoneuron, Nervenzelle, deren Zellkörper sich im ↗ Rückenmark oder Hirnstamm befindet, während die Axonenden die Präsynapsen der ↗ motorischen Endplatten im Muskel sind. M. sind vor allem die ↗ motorischen Vorderhornzellen des Rückenmarks.

Motorik, Bez. für die von der Großhirnrinde gesteuerten, willkürlichen Bewegungsvorgänge. (↗ Pyramidenbahn)

motorisch, der Bewegung dienend bzw. sie betreffend.

motorische Einheit, darunter wird eine motorische Nervenzelle (↗ Motoneuron) mit allen Muskelfasern, die sie innerviert, verstanden. Deren Anzahl kann pro Nervenzelle zwischen etwa zehn Fasern bei den äußeren Augenmuskeln bis zu mehr als 1000 Fasern in der Rückenmuskulatur betragen.

motorische Endplatte, *neuromuskuläre Synapse*, eine ↗ Synapse, deren präsynaptischer Anteil das Axonende eines ↗ Motoneurons, der postsynaptische Anteil hingegen die Membran einer quer gestreiften Muskelfaser ist. ↗ Transmittersubstanz an der m. E. ist ↗ Acetylcholin. Trifft eine über die

motorische Endplatte Lichtmikroskopische Aufnahme des sich verzweigenden Axonendes eines Motoneurons mit motorischen Endplatten auf mehreren Muskelfasern

Nerven fortgeleitete Erregung in der m. E. ein, dann wird ein *Endplattenpotenzial* ausgelöst, welches seinerseits bei entsprechender Amplitude ein ↗ Aktionspotenzial an der Muskelfaser auslöst. Dieses wird über die Muskelfaser fortgeleitet und führt zur Muskelkontraktion.

motorische Vorderhornzellen, im Bereich der Vorderhörner des ↗ Rückenmarks liegende Ganglienzellen (*somatomotorische Zellen*), deren Neuriten über die Vorderwurzeln zur Skelettmuskulatur ziehen.

Motorproteine, an Actin-Filamente oder ↗ Mikrotubuli bindende Proteine, die unter ATP-Hydrolyse im Innern der eukaryotischen Zelle Bewegungen erzeugen. M. nutzen das Mikrotubuli-Geflecht als Gerüst zur Verschiebung membranumhüllter Organellen. Das erste entdeckte M. war das ↗ Myosin, später wurden mit ↗ Dynein und ↗ Kinesin weitere M. gefunden. (↗ Flagellen)

Motten, die Fam. ↗ Tineidae.

Mottenschildläuse, die ↗ Aleyrodina.

Moustérien, Bez. für die Werkzeugtechnologie der Neandertaler (jedoch stellten z. B. im Nahen Osten und Nordafrika auch Nichtneandertaler M.-Werkzeuge her); sie ist benannt nach dem Fundort Le Moustier in der Dordogne. Charakteristisch sind fein bearbeitete Steinwerkzeuge, die als Messer, Spitzen und Schaber dienten. Das M. erstreckte sich von 150000 bis etwa 30000 Jahre vor heute.

Möwen, Unterfam. der Möwenvögel (↗ Laridae).

Möwenvögel, die Fam. ↗ Laridae.

MPN-Verfahren, das ↗ Most-probable-number-Verfahren.

mRNA, die Abk. für ↗ messenger-RNA.

MTOC, Abk. für engl. *microtubule-organizing center, Mikrotubulus-Organisationszentrum*, in eukaryotischen Zellen vorhandene Strukturen, von denen ausgehend ↗ Mikrotubuli entstehen. M. sind ↗ Centriolen, ↗ Basalkörper, ↗ Centrosomen und Spindelpole des ↗ Spindelapparates.

Mucine, die ↗ Mucoproteine.

Mücken, die ↗ Nematocera.

Mucopolysaccharide, zu den Heteroglykanen gehörende ↗ Polysaccharide des tierischen ↗ Bindegewebes. Saure M. bestehen aus einem acetylierten Hexosamin (↗ N-Acetyl-Glucosamin oder ↗ N-Acetyl-Galactosamin) und einer ↗ Uronsäure (meist Glucuronsäure, manchmal Iduronsäure), die eine charakteristische, sich wiederholende Disaccharideinheit aufbauen. Die sich wiederholende Struktur des Polymers enthält alternierende 1→4- und 1→3-Bindungen. Viele Polysaccharide enthalten außerdem Sulfat. Beispiele sind ↗ Hyaluronsäure, ↗ Chondroitinsulfat und ↗ Heparin. Einige Blutgruppensubstanzen und bakterielle Polysaccharide sind ebenfalls M. Bei Tieren fungieren die M. als stützende und schützende Materialien sowie als Gleitmittel. Die Synthese der M. geht aus von UDP-N-Acetyl-Hexosamin und UDP-Uronsäure. Die Sulfatisierung dieser Polysaccharide erfolgt mittels Adenosin-3'-phosphat-5'-phosphosulfat unmittelbar nach Verlängerung der Zuckerkette. Die Synthese findet im ↗ endoplasmatischen Retikulum statt.

Mucoproteine, *Mucine*, stark O-glykosylierte Proteine, ursprünglich als Hauptbestandteil des *Mucus (Schleims)* beschrieben. In den M. sind Glykane (↗ Polysaccharide) über ↗ Serin und ↗ Threonin, die in den M. besonders zahlreich sind, an die Proteinkette gebunden. Der Zuckeranteil beträgt 50 - 80 %.

Mucorales, Ord. der ↗ Zygomycetes, bei deren Vertretern die Sporen in Sporocysten gebildet werden. Diese springen zumeist auf und entlassen zahlreiche Sporen. Zu den M. gehören vorwiegend saprophytisch, seltener parasitisch auf Pflanzen und Tieren lebende Schimmelpilze, so u. a. der Köpfchenschimmel (*Mucor mucedo*) oder die vor allem auf Pferdemist wachsende Gatt. *Pilobolus*, die ihre endständige, schwarz gefärbte Spore komplett durch Turgordruck wegschleudert („Pillenwerfer").

Mugilidae, *Meeräschen*, Fam. der Barschfische (↗ Perciformes) mit rund 280 Arten, die vor allem in tropischen und subtropischen Meeren, z. T. auch im Brackwasser, leben. Einige Arten sind geschätzte Speisefische.

Mukosa, *Tunica mucosa*, die ↗ Schleimhaut.

Mukoviszidose, *cystische Fibrose*, die in der westlichen Welt häufigste Erbkrankheit, die autosomal rezessiv vererbt wird. Die Wahrscheinlichkeit, dass unter Neugeborenen M. auftritt liegt hier bei 1:2500. Vier Prozent der Bevölkerung in Deutschland sind Merkmalsträger. Betroffen ist das Gen für einen bestimmten Chloridkanal (*CFTR* = engl. *cystic fibrosis transmembrane conductance regulator*). Wenn aufgrund einer Mutation dessen Funktion fehlt bzw. eingeschränkt ist, führt dies in den Atemwegen, im Darm und in der Bauchspeicheldrüse zur Anhäufung von zähem Schleim, welcher der Erkrankung ihren Namen verliehen hat (mucus = lat. Schleim, viscidus = lat. zäh). Durch Sekundärinfektionen in der Lunge durch *Pseudomonas aeruginosa* kommt es bei betroffenen Personen häufig zu Lungenentzündungen. Die Lebensqualität der Betroffenen ist stark eingeschränkt, weil sich M. indirekt auch auf andere Organe wie die Leber (Cystenbildung) oder das Herz-Kreislauf-System auswirken; die Lebenserwartung liegt gegenwärtig um das 40. Lebensjahr. Im *cftr*-Gen sind über 600 Mutationen bekannt, wobei sich die häufigste in Position 508 der Polypeptidkette bemerkbar macht, mit der Folge, dass kein oder nur sehr wenig Protein in der Plasmamembran vorhanden ist, weil eine korrekte Prozessierung im endoplasmatischen

Reticulum aufgrund des Fehlens der Aminosäure Phenylalanin an dieser Stelle nicht erfolgen kann. Anhand von biochemischen und gentechnischen Verfahren lässt sich eine wirksame Früherkennung bei Neugeborenen durchführen.

Zur Behandlung von M. stehen derzeit nur Verfahren zur Verfügung, mit denen sich die Symptome bekämpfen lassen. Von zentraler Bedeutung ist dabei, zu verhindern, dass es in der Lunge zu Infektionen kommt. Aus diesem Grund müssen M.-Patienten mehrfach täglich inhalieren, um die Atemwege feucht zu halten. Durch die Verwendung von Schleim lösenden Lösungen (Kochsalzlösung) und Medikamenten (Acetylcystein, DNase) kann ein Schleimabfluss, vielfach in Verbindung mit speziellen physiotherapeutischen Verfahren (*autogene Drainage*) gefördert werden. Als therapeutische Methoden, mit denen sich direkt die Ursachen der M. behandelt lassen, werden Verfahren der ↗ Gentherapie diskutiert bzw. erprobt. Auch eine Lungentransplantation ist eine mögliche Hilfe.

Mulch, eine aus Pflanzenmaterial bestehende Bodenabdeckung (z. B. geschnittenes Gras, Stroh, Rindenstücke), die u. a. vor dem Austrocknen des Bodens schützt und das Wachstum von Unkraut unterdrückt.

Mull, ↗ Humus.

Müll, ↗ Abfall.

Muller, *Hermann Joseph*, amerikan. Zoologe und Genetiker, ✳ 21.12.1890 New York, † 5.4.1967 Indianapolis (Indiana); ab 1925 Prof. in Austin (Texas), 1933-37 Forschungsaufenthalte an Instituten der Akademie der Wissenschaften in Leningrad und Moskau, ab 1938 in Edinburgh, ab 1940 am Amherst College (Massachusetts), 1945-53 in Bloomington (Indiana). M. erzeugte als erster 1926 künstlich Mutationen mit Röntgenstrahlen an Taufliegen (*Drosophila*) und bewies damit die Mutagenität von Röntgenstrahlen. 1946 erhielt er den Nobelpreis für Physiologie oder Medizin.

Müller, *Johannes Peter*, ✳ 14.7.1801 Koblenz, † 28.4.1858 Berlin; ab 1826 Prof. in Bonn, 1833 in Berlin, ab 1834 Mitglied der Akademie der Wissenschaften. M. gilt als Begründer der modernen Physiologie und als Mitbegründer der meereszoologischen Forschung. Er beschrieb als erster die Funktion der Drüsen richtig, bearbeitete zusammen mit seinen Schülern (vor allem ↗ Du Bois-Reymond) u. a. Probleme der tierischen Elektrizität, die Gesetzmäßigkeiten der Stimmbildung und des Gehörs, entdeckte die Lymphherzen beim Frosch und formulierte die Vorstellung von spezifischen Sinnesenergien. Von ihm stammen u. a. eine erste genaue Darstellung der Reflexbewegung und eine Revision des Systems der Fische. Nach Müller sind u. a. die ↗ Müller'sche-Larve und der ↗ Müller'sche Gang benannt.

Müller'sche Larve, *Protrochula*, frei schwimmendes Larvenstadium vieler zu den *Polycladida* gehörender Strudelwürmer (↗ Trematoda). Der spindelförmige Körper ist in der Mitte von acht lappigen Fortsätzen umgeben, deren Außenrand mit einer fortlaufenden Wimperschnur besetzt ist. Eine Sonderform der M. L. mit nur vier Fortsätzen ist die *Goette'sche Larve*.

Müller'scher Gang, beim Wirbeltierembryo aus einer Einstülpung des Coelomepithels im Bereich der Urogenitalleiste entstehender Gang, der im weiblichen Geschlecht im Verlauf der Entwicklung die ↗ Eileiter, die ↗ Gebärmutter und den größten Teil der ↗ Scheide bildet, während er im männlichen Geschlecht vollständig zurückgebildet wird.

Mullidae, *Meerbarben*, in gemäßigten und tropischen Meeren lebende Fam. der Barschfische (↗ Perciformes) mit 55 meist bunt gefärbten Arten, die zwei Barteln tragen. Einige Arten sind beliebte Speisefische.

Mullis, *Kary Banks*, amerikan. Chemiker, ✳ 28.10.1944 Lenoir (North Carolina); ab 1972 Forschungschemiker an verschiedenen Instituten und in der Industrie, seit 1987 Berater für Nucleinsäurechemie bei mehreren Gentechnikfirmen. M. erhielt 1993 zusammen mit M. Smith (✳ 1932) den Nobelpreis für Chemie für die bahnbrechende Entwicklung der ↗ Polymerasekettenreaktion (1983), einem Verfahren, mit dem sich aus geringsten Mengen genetischen Materials (DNA), größere und somit genauen Analysen zugängliche Mengen gewinnen lassen.

Müllverbrennung, Verfahren der Abfallbeseitigung, bei dem die Abfallstoffe verbrannt werden. Die M. ist heute fast immer mit einer Energiegewinnung kombiniert. Durch die M. wird das ursprüngliche Volumen des Mülls auf bis ein Zehntel verringert. In den Industrieländern wurden die ↗ Emissionen durch verschiedene Rauchgasreinigungs-Techniken stark reduziert.

Mulmbock, Art der Bockkäfer (↗ Cerambycidae).

Multi-Drug-Resistenz, Abkürzung *MDR*, Mehrfachresistenz von Tumoren und allg. von Säugetierzellen gegenüber cytotoxischen Giften und anderen Chemotherapeutika.

Multienzymkomplexe, geordnete Assoziationen funktionell und strukturell verschiedener Enzyme, die aufeinanderfolgende Schritte in einer Reaktionskette katalysieren. Die bislang bekannten M. bestehen aus zwei bis sieben verschiedenen, nicht kovalent miteinander verbundenen, katalytischen Einheiten, die nicht mit Lipiden oder Nucleinsäuren assoziiert und frei von enzymatisch inaktivem Proteinmaterial sind. Sie lassen sich durch pH-Wert-, Temperatur- und Ionenstärkeänderung, chemische Modifizierung oder durch Behandlung mit neutralen oder anionischen Detergenzien in ihre noch aktiven Halbmoleküle und Teilenzyme oder sogar in deren (meist inaktive) Untereinheiten zerlegen. Eine Reassoziierung der dissoziierten M. zu einem aktiven, der physiologischen Form sehr ähnlichen Komplex, ist für viele M. beschrieben worden. Durch die enge Nachbarschaft der aktiven Zentren der im M. wirksamen Enzyme sowie durch deren hohe Substrat- und Zwischenproduktaffinität verlaufen die Reaktionen kontrolliert, schnell und ohne Substratverlust. Die Intermediate werden direkt von einem Enzym zum nächsten transportiert, ohne dass sie vom Komplex abdissoziieren. Beispiele für M. sind die ↗ Fettsäure-Synthase und der ↗ Pyruvat-Dehydrogenase-Komplex. (↗ Enzyme)

Multigenfamilie, eine aus zahlreichen Genen bestehende ↗ Genfamilie.

multiple Allelie, Bez. für die Tatsache, dass z. B. bei diploiden Organismen von einem Gen nicht nur zwei, sondern mehr ↗ Allele existieren.

Mumps, durch das Mumpsvirus (↗ Paramyxoviren) hervorgerufene ↗ Infektionskrankheit mit hoher Infektiosität. Die Übertragung erfolgt durch Tröpfcheninfektion. Charakteristisch ist eine Entzündung der Speicheldrüsen, die zu einer starken Schwellung des Kiefer- und Halsbereichs führt. Das Virus kann sich über das Blut ausbreiten und andere Organe infizieren wie Gehirn, Nieren, Bauchspeicheldrüse, Hoden, Nebenhoden und Eierstöcke.

Mund, *Os, Stoma*, der Eingang zum Verdauungskanal bei Tieren und beim Menschen. Er ist meist durch Muskeln verschließbar und i. Allg. durch Kiefer begrenzt sowie z. T. mit mehr oder weniger kompliziert gebauten Einrichtungen zum Ergreifen und Zerkleinern der Nahrung oder Beute versehen. In die mehr oder weniger geräumige Mundhöhle münden Anhangsdrüsen (↗ Speicheldrüsen), die ursprünglich die Gleitfähigkeit der Nahrung fördern. Speicheldrüsen fehlen jedoch den meisten Wassertieren, so z. B. allen Muscheln (↗ Bivalvia) und Krebsen (↗ Crustacea). Bei vielen Landtieren, z. B. bei Pflanzen fressenden Schnecken und Insekten erfahren die Speicheldrüsen eine Funktionserweiterung, indem bereits in der Mundhöhle eine Vorverdauung durch enzymatische Wirkung erfolgt (Kohlenhydratspaltung). Besonders abgewandelte Speicheldrüsen sind die Giftdrüsen zahlreicher Spinnen und Insekten oder auch die Spinndrüsen vieler Schmetterlingsraupen. Bei manchen Tieren sind die Lippen (bzw. die Unterlippe) zu einem Saugnapf als Haftvorrichtung umgebildet (z. B. Neunaugen, Kaulquappen) und häufig sind die Ränder des M. verhornt, wie z. B. bei den Schildkröten und den Vögeln durch Ausbildung eines Hornschnabels. Auf den M. folgt i. d. R. ein muskulöser Schlund (*Pharynx*), der z. B. bei den Borstenwürmern mit kräftigen Kiefern und bei den Weichtieren (↗ Mollusca) mit einer Radula versehen ist.

Beim Menschen wird der M. durch die Lippen verschlossen; diese sind drüsenreich und durch zahlreiche Muskeln (insbesondere den Mundschließmuskel, *Musculus orbicularis oris*) sehr beweglich. In den *Mundvorhof*, den Raum zwischen den Zahnreihen und den Kieferknochen, münden die Ohrspeicheldrüsen. In die nach innen anschließende, mit Schleimhaut ausgekleidete *Mundhöhle* münden die Unterkiefer- und Unterzungenspeicheldrüsen. Die ↗ Zunge, wird durch einen Teil der Muskeln des Mundhöhlenbodens, das Mundhöhlendach durch den *Gaumen* gebildet, der in den Rachen übergeht. (↗ Darm, ↗ Gebiss, ↗ Magen, ↗ Mundgliedmaßen, ↗ Zähne)

Mundflora, die Gesamtheit der in Mund und Rachen vorkommenden Mikroorganismen. Zur M. gehören überwiegend Bakterien und einige Pilze, die jedoch für gesunde Menschen unschädlich sind. Als Mitverursacher von *Karies* gilt u. a. *Streptococcus mutans*. Bakerienbeläge, die am Zahn haften bleiben, werden als *Plaque* bezeichnet.

Mundgliedmaßen, *Mundwerkzeuge*, der Nahrungsaufnahme dienende, meist stark abgewandelte Extremitäten der Gliederfüßer (↗ Arthropoda), die das zweite bis sechste Kopfsegment umfassen können. Die ursprünglichsten M. sind diejenigen der Krebse (↗ Crustacea); sie zeigen oft noch den Spaltfußcharakter, meist aber werden auf Kosten des Endo- und Exopoditen der Protopodit und seine Enditen stark entwickelt. Die paarigen Oberkiefer (*Mandibeln*), die im Naupliusstadium und bei einigen Ruderfußkrebsen (↗ Copepoda) noch zweiästig sind, bestehen meist aus einer bezahnten Kauplatte mit oder ohne Taster. Zwei Paar Unterkiefer, die ersten und zweiten *Maxillen*, liegen dicht hinter dem Oberkiefer und besitzen i. d. R. gut ausgebildete Kauplatten. Bei den höheren Krebsen dienen die ebenfalls umgebildeten ersten bis dritten Brustbeinpaare, die *Kieferfüße* (*Gnathopoden* oder *Maxillipeden*) der Nahrungsaufnahme. Bei den räuberischen Hundertfüßern (↗ Chilopoda) finden sich außer einem Paar Mandibeln, einem Paar erster Maxillen mit rudimentären oder fehlenden Tastern und einem Paar beinähnlicher zweiter Maxillen noch ein zu Maxillipeden umgewandeltes erstes Brust- oder Rumpfbeinpaar, das mit dem mittleren verschmolzenen Teil den Kopf von unten bedeckt und dessen beide Füße mit je einer Giftklaue enden, in deren Spitze die Giftdrüse ausmündet.

Während bei den Pflanzen fressenden Doppelfüßern (↗ Diplopoda) die Mandibeln mehrgliedrig sind, verschmelzen die ersten Maxillen median zu einer Platte, dem *Gnathochilarium* und schließen zugleich die verkümmerten zweiten Maxillen mit ein. Das Gnathochilarium hat die Funktion einer

Unterlippe, ist aber nicht mit der Unterlippe der Insekten vergleichbar.

Die usprünglichsten M. der *Insekten* (↗ Insecta), die *beißend-kauenden M.*, bestehen aus der unpaaren *Oberlippe* (*Labrum*), den paarigen, ungegliederten *Oberkiefern*, den gegliederten, mit *Tastern* (*Palpen*) versehenen *Unterkiefern* und der ebenfalls gegliederten, basal verwachsenen und die Mundhöhle nach unten verschließenden *Unterlippe* (*zweite Maxille* oder *Labium*). Jede Unterkieferhälfte besteht aus einem Grundglied, einem langgestreckten Hauptglied mit Kiefer- oder Maxillartaster bzw. -palpen und zwei Kauladen, der *Außenlade* (*Galea*) und der *Innenlade* (*Lacinia*). Die Unterlippe besteht aus einem basalen, flachen Mittelteil, der durch die Labialnaht in ein *Postlabium* oder *Postmentum* (Submentum und Mentum) und ein *Prälabium* oder *Prämentum* unterteilt ist. Das Prämentum trägt seitlich die Lippen- oder Labialtaster bzw. -palpen und distal die *Zungen* (*Glossae*) und die *Nebenzungen* (*Paraglossae*); letztere beiden können zu einer *Ligula* verschmelzen. Von den beißend-kauenden M., die u. a. bei den Käfern (↗ Coleoptera), Netzflüglern (↗ Planipennia), Libellen (↗ Odonata), Termiten (↗ Isoptera) und vielen Insektenlarven vorkommen, lassen sich alle anderen Typen der Insekten-M. ableiten.

Der Typus der *leckend-saugenden M.* besteht bei den höheren Hautflüglern (↗ Hymenoptera) aus einem komplizierten, vorstreckbaren *Saugrüssel,* der von den stark verlängerten Außenladen der Unterkiefer und den zu einer langen behaarten Zunge verwachsenen Glossae der Unterlippe gebildet wird. Während die Oberlippe wie die Oberkiefer normal ausgebildet sind, erfahren die Innenladen und die Nebenzungen eine starke Rückbildung. Die höchstentwickelte Form der leckend-saugenden M. besitzen die höheren Schmetterlinge (↗ Lepidoptera). Der in Ruhestellung aufgerollte Saugrüssel besteht aus den stark verlängerten Außenladen, die auf der Innenseite ringförmig ausgehöhlt sind und zusammengelegt ein Rohr ergeben. Ihre Labialtaster sind nicht zurückgebildet.

Den Typ der *stechend-saugenden M.* findet man u. a. bei den Tierläusen (↗ Phtiraptera), den Wanzen (↗ Heteroptera), vielen Zweiflüglern (↗ Diptera) und den Flöhen (↗ Siphonaptera). An der Rüsselbildung z. B. der Wanzen beteiligen sich außer den M. die stark verlängerte Oberlippe und als weitere Teile des Kopfes die Mandibular- und Maxillarplatten. Den größten Teil des Rüssels nimmt die röhrenförmige, vorn offene Unterlippe ein, welche die zu *Stechborsten* umgewandelten Ober- und Unterkiefer umschließt. Während die mandibularen Stechborsten an der Spitze gezähnt sind, endigen die maxillaren Stechborsten mit glatter Spitze und tragen auf der Innenseite je zwei Rinnen, die zusammengelegt das größere dorsale *Saugrohr* und das kleinere ventrale *Speichelrohr* ergeben. Alle Taster fehlen.

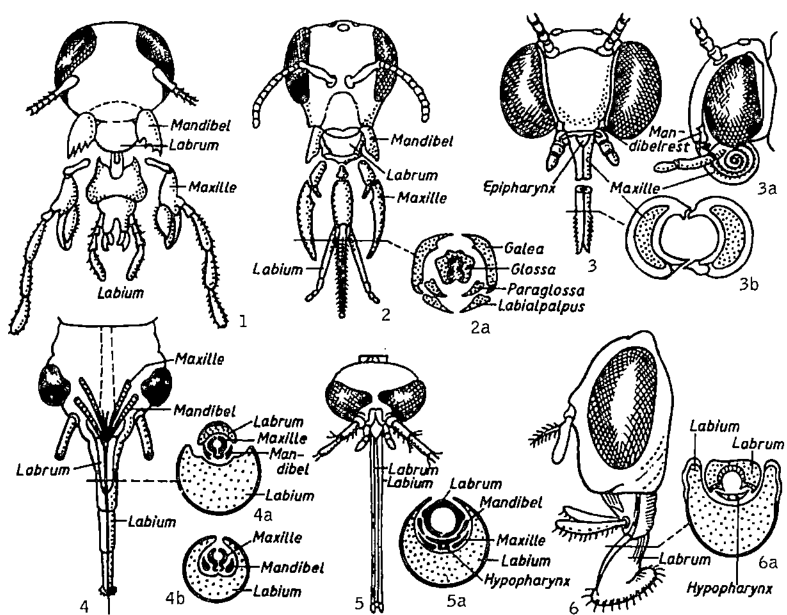

Mundgliedmaßen   1 beißend-kauende Mundgliedmaßen der Schabe (*Blattariae*), 2 lecken-saugende Mundgliedmaßen der Honigbiene (*Apis mellifera*), 3 leckend-saugende Mundgliedmaßen eines Schmetterlings, 3a Seitenansicht, 4 stechend-saugende Mundgliedmaßen einer Wanze, 5 stechend-saugende Mundgliedmaßen einer Stechmücke, 6 Fliegenrüssel (2a, 3b, 4a und 4b sowie 5a und 6a zeigen jeweils einen Querschnitt durch die angegebene Stelle)

Bei den stechend-saugenden M. der Stechmücken (↗ Culicidae) liegen die Stechborsten ebenfalls in der Gleitrinne der Unterlippe. Das Saugrohr wird hier jedoch aus der unten rinnenförmig ausgehöhlten und langgestreckten Oberlippe gebildet, und das Speichelrohr liegt im Innern des ebenfalls stark verlängerten *Hypopharynx*, einer zungenförmigen Vorstülpung des weichhäutigen Mundfeldes. Die Maxillarpalpen sind gut entwickelt. Den höheren Fliegen (↗ Brachycera), wie z. B. der Stubenfliege (*Musca domestica*, Fam. ↗ Muscidae), fehlen die Mandibeln und ersten Maxillen. Der Rüssel wird von der stark entwickelten Unterlippe gebildet, die in einer oberen Rinne das aus der Oberlippe gebildete Saugrohr und das im Hypopharynx liegende Speichelrohr trägt und spitzenwärts in ein mächtig entwickeltes weichhäutiges Gebilde, das *Haustellum*, ausläuft. Die Maxillartaster sind gut entwickelt.

Sehr einfache M. besitzen die Spinnen (↗ Arachnida). Das erste Paar, die *Cheliceren*, bestehen aus einem Grundglied und einer zum Grundglied einschlagbaren Klaue, an deren Spitze die Giftdrüse ausmündet. Das zweite Paar, die *Pedipalpen*, sind bei manchen Spinnen noch beinartig entwickelt, bei den Webspinnen tasterartig klein und dienen bei männlichen Tieren als komplizierter Kopulationsapparat.

Mungo, Art der ↗ Mangusten.

Muntjakhirsche, *Muntiacinae*, Unterfam. der Hirsche (↗ Cervidae).

Murad, *Ferid*, amerikan. Arzt und Pharmakologe, ＊ 14.9.1936 Whiting (Indiana); ab 1975 Prof. an der Univ. of Virginia, ab 1981 an der Stanford Univ. (California), seit 1988 an der Northwestern Univ. in Chicago, 1993-95 Präsident der Molecular Geriatrics Corporation in Lake Bluff (Illinois), seit 1995 Prof. an der University of Texas Medical School in Houston (Texas). M. entdeckte 1977, dass Nitroglycerin und verwandte Substanzen die Freisetzung von ↗ Stickstoffmonooxid (NO) bewirken. Er vermutete, daß NO wichtige zelluläre Funktionen (z. B. Aktivierung der glatten Muskulatur) regulieren und auch für die Wirkungsweise von ↗ Hormonen eine wichtige Rolle spielen könnte. Im Jahr 1998 erhielt er zusammen mit R.F. ↗ Furchgott und L.J. ↗ Ignarro den Nobelpreis für Physiologie oder Medizin.

Muraenidae, *Muränen*, Fam. der Aalartigen Fische (↗ Anguilliformes) mit rund 120 bis 3 m langen Arten, die alle subtropischen und tropischen Meere bewohnen. Muränen besitzen keine Brust- und Bauchflossen und haben eine glatte unbeschuppte Haut. Die Zähne sind meist hakenartig spitz, die Gaumenschleimhaut und die Haut mancher Arten sind giftig, das Blut ebenfalls. Muränen ernähren sich räuberisch.

Muramidase, das ↗ Lysozym.

Muränen, die Fam. ↗ Muraenidae.

Murein, *Peptidoglykan*, ein netzartiges, aus Polysaccharidketten und quervernetzenden Peptiden aufgebautes Makromolekül, das als Stützskelett der Zellwand der meisten Bakterien (↗ Bakterienzellwand) fungiert und daher Festigkeit und Form von Bakterienzellen (↗ Bakterien) bestimmt. Es stellt wahrscheinlich für jede Zelle ein einziges riesiges Molekül in Form eines dreidimensionalen Netzwerks dar, das deshalb auch als *Murein-Sacculus* bezeichnet wird. Die Polysaccharidketten sind alternierend aus ↗ N-Acetylglucosamin und *N-Acetylmuraminsäure* aufgebaut. Sie bilden den Angriffspunkt für die ↗ Lyse von Bakterien (Bakteriolyse) durch ↗ Lysozym. Die Synthese der Mureinbausteine erfolgt im bakteriellen Cytoplasma, von wo sie durch die Cytoplasmamembran an die Oberfläche der Zelle transportiert und in die wachsende Zellwand eingebaut werden.

Muridae, *Echte Mäuse, Langschwanzmäuse*, Fam. der Nagetiere (↗ Rodentia) mit rund 460 Arten in 120 Gatt., die in der Alten Welt beheimatet sind. Jedoch sind Hausmaus sowie Haus- und Wanderratte in geschichtlicher Zeit durch den Menschen weltweit verbreitet worden. Die M. können als die anpassungsfähigste, fruchtbarste und artenreichste Fam. der Säugetiere angesehen werden. Sie sind 5 - 50 cm körperlang mit bis körperlangem Schwanz. Die Echten Mäuse ernähren sich überwiegend pflanzlich. Die meisten Arten der M. leben in trop. Wäldern, in den gemäßigten Breiten kommen nur vier Gatt. vor; dies sind die Gatt. *Rattus* (↗ Ratten), *Micromys* (Zwergmäuse) und die ↗ Mäuse im engsten Sinne, die Gatt. *Mus*, die Gatt. Microtus (↗ Feldmäuse) sowie *Apodemus* (Waldmäuse) zu der u. a.die *Waldmaus (Apodemus sylvaticus)* und die sehr ähnliche *Gelbhalsmaus (Apodemus flavicollis)* gehören. Erstere hat einen gelben länglichen Brustfleck, die Gelbhalsmaus ein gelbes „Halsband" (Name!). Ebenfalls zur Gatt. *Apodemus* gehört die in Osteuropa und Nordostdeutschland beheimatete *Brandmaus (Apodemus agrarius)*, die rotbraun ist, mit einem breiten schwarzen Aalstrich auf dem Rücken. – Die M. sind eine stammesgeschichtlich junge Gruppe. Es wird vermutet, dass die ersten Formen der M. erst vor 15 Mio. Jahren aus wühlerartigen Vorfahren entstanden.

Murmeltiere, *Marmota*, Gatt. der Hörnchen (↗ Sciuridae), deren Arten mit 40 - 80 cm Körperlänge die größten Vertreter der Hörnchen sind. Sie sind in offenen Graslandschaften, Steppen, Gebirgen und Tundren Eurasiens beheimatet und bewohnen selbst gegrabene Erdbaue, die sehr ausgedehnt sein können. Fast alle M. leben sozial in Gruppen mit bis zu 20 Tieren. Sie ernähren sich hauptsächlich von grünen Pflanzen. M. halten einen, je nach Verbreitungsgebiet bis acht Monate andauernden Winterschlaf, der gelegentlich für kurze Zeit unterbrochen wird. Sie legen keine Vorräte an, sondern zehren in dieser Zeit von ihrem Körperfett. Bekannteste Art bei uns ist das *Alpenmurmeltier (Marmota marmota)*, das in den Zentral- und Westalpen in bis zu 3200 m Höhe vorkommt.

Murphy, *William Parry,* amerikan. Mediziner, ✳ 6.2.1892 Stoughton (Wisconsin), † 9.10.1987 Brookline (Massachusetts); ab 1935 Prof. in Cambridge (Massachusetts). M. untersuchte die therapeutische Wirkung des ↗ Insulins bei ↗ Diabetes mellitus und ist der Mitentdecker der Leberdiät bei perniziöser Anämie (↗ Intrinsic factor). Er erhielt 1934 zusammen mit G.R. Minot (1885-1950) und G.H. Whipple (1878-1976) den Nobelpreis für Physiologie oder Medizin.

Mus, Gatt. der Echten Mäuse (↗ Muridae), u. a. mit der ↗ Hausmaus.

Musa, die Gatt. ↗ Banane.

Musaceae, *Bananengewächse,* Fam. der ↗ Zingiberales mit ca. 40 Arten, die in den tropischen Gebieten Afrikas und Asiens beheimatet sind. Kennzeichnend sind knollig verdickte Rhizome und die Bildung eines aus den Blattscheiden bestehenden Scheinstammes. Die fiedernervigen Blätter haben oft eine durch den Wind zerschlitzte Blattfläche und sind gestielt. Die unregelmäßigen Blüten enthalten fünf fruchtbare Staubblätter und sind in einem großen, überhängenden Blütenstand vereinigt. Die Blüten werden durch Vögel oder Fledermäuse bestäubt. Als Früchte werden Beeren ausgebildet. Zu den M. gehören viele kultivierte Arten der Gatt. ↗ Banane *(Musa)*, darunter auch die *Hanfbanane (Musa textilis)*, aus deren Blattscheiden der *Manilahanf* gewonnen wird. Weitere Vertreter der M. sind die südafrikanische *Strelitzie* oder *Papageienblume (Strelitzia)* und der aus Madagaskar stammende Baum der Reisenden *(Ravenala)*.

Muscarin, ein zu den *biogenen Aminen* gehörendes Fliegenpilzgift, das in der Huthaut des Pilzes konzentriert ist (↗ Fliegenpilz).

muscarinerg, Bez. für einen bestimmten Rezeptorentyp (↗ Acetylcholin).

Muschelkrebse, die ↗ Ostracoda.

Muscheln, die ↗ Bivalvia.

Musci, *Laubmoose,* die Klasse ↗ Bryopsida.

Muscicapidae, *Fliegenschnäpper,* Fam. der Singvögel mit über 300 fast weltweit verbreiteten Arten. Fliegenschnäpper sind 9 - 55 cm groß, und haben einen zierlichen, aber breiten und von Borstenfedern umgebenen Schnabel. Sie jagen von einem Ansitz aus Insekten. Ihr Nest bauen sie in Höhlen oder Halbhöhlen. In Mitteleuropa brüten vier Arten: *Grauschnäpper (Muscicapa striata)*, unterseits hell mit gestrichelter Brust, oberseits graubraun, der *Zwergschnäpper (Ficedula parva)* mit 11 cm Größe kleinster Schnäpper der Region mit rostroter Kehle und weißer Zeichnung an der Schwanzwurzel, weiterhin der *Trauerschnäpper (Ficedula hypoleuca)*, der unterseits weiß und oberseits weitgehend schwarz ist, und der sehr ähnliche *Halsbandschnäpper (Ficedula albicollis)*, der vom Trauerschnäpper durch ein weißes Halsband und einen großen weißen Stirnfleck unterschieden werden kann.

Muscidae, *Echte Fliegen,* Fam. der ↗ Brachycera mit vielen *synanthropen,* d. h. an den unmittelbaren Lebensbereich des Menschen gebundenen Arten. Bekannteste Art ist die *Stubenfliege (Musca domestica)*, die weltweit verbreitet und sehr eng dem Menschen angeschlossen ist. Stubenfliegen bevorzugen süße Speisen, zeigen Putzverhalten und können aufgrund besonderer Hafthaare und eines lipophilen Sekrets sogar mit dem Rücken nach unten auf Glas laufen. Die Eier werden bevorzugt in Stallmist abgelegt. Die Stubenfliege kann eine Reihe von Krankheitserregern übertragen.

Muskatnuss, Samen des Muskatnussbaums (↗ Myristicaceae).

Muskatnussbaum, Art der ↗ Myristicaceae.

Muskatnussgewächse, die Fam. ↗ Myristicaceae.

Muskel, der Bewegung der einzelnen Körperteile und der Ortsbewegung dienendes kontraktiles Gewebe der vielzelligen Tiere, das morphologisch durch den Besitz von Myofibrillen, funktionell durch die Eigenschaft der Kontraktilität und chemisch durch den relativ hohen Gehalt an Actomyosin gekennzeichnet ist. Nach morphologischen und funktionellen Gesichtspunkten werden glattes, quer gestreiftes oder Skelettmuskelgewebe sowie Herzmuskelgewebe unterschieden. Das Muskelgewebe entstammt meist dem mittleren Keimblatt, ist also mesodermaler Herkunft, lediglich bei den

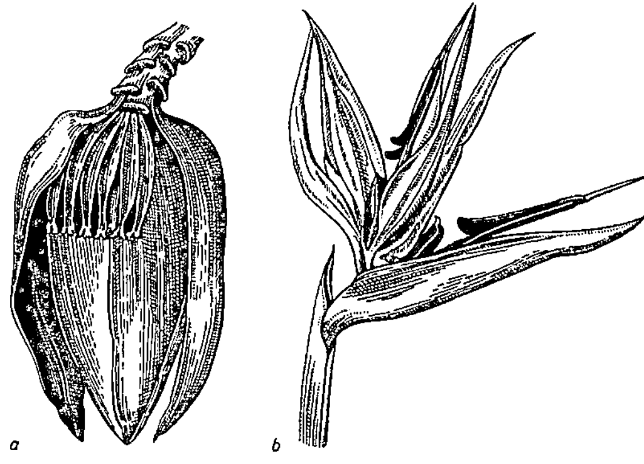

Musaceae a Banane, *Musa,* Ende einer Blütenstandsachse während der Blüte; b Blüte einer Strelitzie, *Strelitzia*

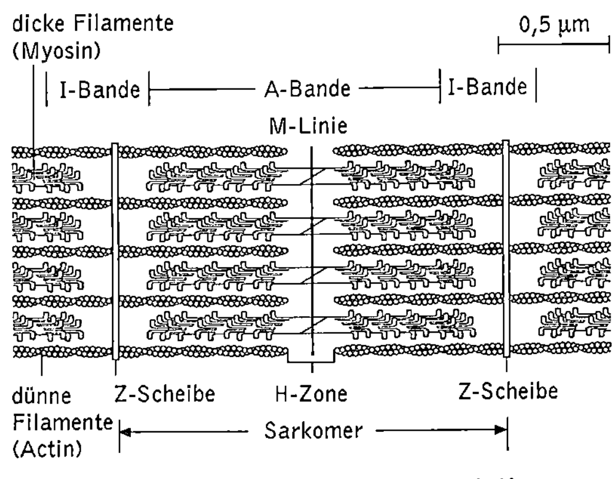

Muskel Anordnung und Struktur der dünnen (Actin) und dicken (Myosin) Filamente im Muskel

Hohltieren (↗ Coelenterata) gibt es kontraktile Epithelzellen (*Epithelmuskelzellen*). Die Muskelelemente sind teils einkernige Muskelzellen, teils vielkernige Muskelfasern.

Aufbau des Skelettmuskels. Der Skelettmuskel besteht aus langen Muskelfaserbündeln, die sich meist über die gesamte Länge des Muskels erstrecken, und die aus parallelen Muskelfasern bestehen. Jede *Muskelfaser* ist eine einzige Zelle mit mehreren Zellkernen und durch Fusion mehrerer embryonaler Zellen entstanden. Sie enthält ein Bündel longitudinal angeordneter *Myofibrillen*, die aus zwei Arten von Myofilamenten gebildet werden: Dünnen Filamenten, die aus zwei Strängen des Proteins ↗ Actin und einem Strang des regulatorischen Proteins ↗ Tropomyosin bestehen, die umeinander gewickelt sind, sowie dicken Filamenten aus ↗ Myosin. Unter dem Mikroskop ist die Myofibrille des Skelettmuskels quergestreift und jede dieser sich wiederholenden Einheiten ist eine funktionelle Grundeinheit des Muskels, die als *Sarkomer* bezeichnet wird. Die Actinfilamente sind in so genannten *Z-Scheiben* verankert und erstrecken sich in Richtung des Sarkomerzentrums. In dem auch, jeweils zwischen den Actinfilamenten, die dicken Myosinfilamente liegen. Im entspannten Zustand überlappen dünne und dicke Filamente nicht vollständig, und der hellere Bereich am Ende eines Sarkomers, in dem nur dünne Filamente liegen, wird als (hell erscheinende, isotrope) *I-Bande* bezeichnet. Die (dunkle, anisotrope) *A-Bande* ist der ausgedehnte Bereich, welcher der Länge der dicken Filamente entspricht. Da die dünnen Filamente nicht über die gesamte Länge des Sarkomers reichen, entsteht im Zentrum der A-Bande ein Bereich, in dem nur dicke Filamente liegen, die *H-Zone*.

Mechanismus der Muskelkontraktion. Kontrahiert ein Muskel, verkürzt sich jedes Sarkomer, der Abstand von einer Z-Scheibe zur nächsten verkleinert sich, ebenso sind die I-Banden verkürzt und die H-Zone verschwindet. Eine Erklärung für diese Erscheinungen bietet die *Gleitfilamenttheorie*, nach der die dünnen und dicken Myofilamente während der Kontraktion in Längsrichtung anein-

ander vorbeigleiten, wobei sich ihr Überlappungsbereich vergrößert. Dieses Gleiten beruht auf einer Wechselwirkung zwischen den Actin- und den Myosinmolekülen. Zahlreiche Myosinmoleküle, die aus einem langen helikalen Schwanz und einem globulären Kopf bestehen, liegen mit ihren Schwanzenden zusammen und bilden das dicke Filament. Der Myosinkopf hat ATPase-Aktivität, d. h. er kann ATP binden und zu ADP und einem Phosphatrest hydrolysieren; hierbei überträgt sich ein Teil der bei der Hydrolyse frei werdenden Energie auf das Myosin, wodurch dieses in eine energiereichere Konformation überführt wird. Der angeregte Myosinkopf gleicht nun einem angespannten Hebel, der an eine spezifische Bindungsstelle des Actins bindet und so eine Querbrücke zwischen Actin und Myosin (*Actin-Myosin-Komplex*) bildet. Dabei wird die gespeicherte Energie freigesetzt, der Myosinkopf geht wieder in eine energieärmere Konformation über; dadurch ändert sich der Winkel zwischen Kopf und Schwanz und das Actinfilament wird in Richtung Zentrum des Sarkomers gezogen. Die Bindung zwischen Actin und Myosin wird wieder gelöst, wenn erneut ein Molekül ATP am Myosinkopf bindet und der Zyklus von neuem beginnt. Jeder der ungefähr 350 Köpfe eines dicken Filaments bildet und löst etwa fünf Querbrücken pro Sekunde zu unterschiedlichen Zeitpunkten, sodass die Filamente kontinuierlich aneinander vorbeigezogen werden. Durch die in Serie hintereinander geschalteten unzähligen Sarkomeren einer Muskelfaser werden die wiederholten, im Nanometerbereich liegenden Bewegungen der Querbrücken in eine makroskopische Bewegung umgesetzt. In der Muskelzelle ist nur für wenige Kontraktionen ATP gespeichert, ist dieses verbraucht, liefert *Kreatinphosphat*, das der Phosphat-Speicher des Muskels ist, dem ADP eine Phosphatgruppe, wodurch sich das ATP laufend regenerieren kann.

Regulation der Muskelkontraktion. Befindet sich der Muskel im Ruhezustand, sind die Myosinbin-

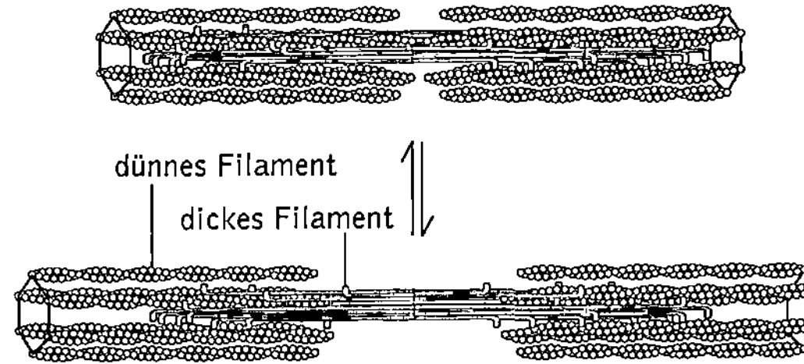

Muskel Aufbau eines Sarkomers einer Muskelfaser

dungsstellen am Actin durch *Tropomyosin* sterisch blockiert. Ein zweiter regulatorischer Proteinkomplex, das *Troponin* kontrolliert die Position des Tropomyosins auf dem dünnen Filament. Damit die Muskelzelle kontrahieren kann, muss die Myosinbindungsstelle auf dem Actin exponiert werden. Diese Präsentation findet statt, wenn Calciumionen (Ca^{2+}) an das Troponin binden und dadurch die Struktur des Tropomyosin-Troponin-Komplexes ändern; als Folge werden die Myosinbindestellen über die gesamte Länge des Actinfilaments frei und die Bildung des Actin-Myosin-Komplexes kann stattfinden. Sinkt die intrazelluläre Ca^{2+}-Konzentration wieder, werden die Bindungsstellen auf dem Actin blockiert und die Kontraktion beendet. Im Ruhezustand bleibt Ca^{2+} in den Zisternen des sarkoplasmatischen Reticulums (*Longitudinal-* oder *L-Tubuli*) gespeichert. Seine Freigabe erfolgt auf nervösen Reiz hin. Auf die Muskelmembran auftreffende motorische Nervenimpulse (↗ motorische Endplatte) pflanzen sich als Depolarisationswelle bis in die Tiefen der *T-Tubuli* (*Transversal-Tubuli*) fort. An den Kontaktstellen (*Triaden*) zwischen T- und L-Tubuli springen sie auf letztere über und lösen dort durch eine kurzfristige Permeabilitätsänderung einen Ca^{2+}-Ausstrom aus. Unmittelbar nach Abklingen des nervösen Impulses befördern Calcium-Pumpen in den Membranen der L-Tubuli das Ca^{2+} in die L-Zisternen zurück bis zur Auslösung des nächsten Zyklus.

Die bei der Muskelkontraktion entwickelte Kraft ist abhängig von der Größe der *motorischen Einheiten*, d. h. der Anzahl der von einem motorischen Neuron innervierten Muskelfasern. Da diese nach dem Alles-oder-Nichts-Gesetz (↗ Aktionspotenzial) reagieren, kann eine Steigerung der Muskelkraft nur durch Vermehrung der Anzahl von motorischen Einheiten oder durch Steigerung der Erregungsimpulse (Aktionspotenziale) geschehen. Eine Feinregulierung wird möglich durch viele kleine motorische Einheiten (wie z. B. bei Hand- und Fingermuskeln). Auf ihre Funktion bezogen, können zwei Muskeltypen unterschieden werden: die *tonischen (posturalen) M.* mit überwiegend roten, weil myoglobinreichen Fasern, die langsam kontrahieren und überwiegend Haltearbeit verrichten. Sie ermüden langsam und besitzen viele ↗ Muskelspindeln. Tonische Muskeln neigen bei Über- oder Fehlbelastung zur Verkürzung. Der zweite Typ sind die *phasischen M.* mit überwiegend weißen Muskelfasern. Sie führen schnelle und Feinbewegungen aus, bestehen aus vielen kleinen motorischen Einheiten und kontrahieren schnell und mit großer Kraft. Sie sind über schnelle Fasern mit dem Rückenmark verbunden, ermüden schneller und neigen zur Abschwächung. Darüber hinaus wird zwischen verschiedenen Kontraktionsformen des

Muskels unterschieden: Bei *isometrischen Kontraktionen* nimmt die Muskelspannung zu, ohne dass sich die Muskellänge ändert, weil Ursprung und Ansatz nicht aneinander angenähert werden können. Bei der *isotonischen Muskelkontraktion* hingegen verändert sich die Muskellänge durch Verkürzung sowohl der bindegewebigen als auch der kontraktilen Elemente des Muskels, die Muskelspannung hingegen bleibt konstant. Die dritte Form ist die *auxotonische Muskelkontraktion*, bei der sich sowohl Muskellänge als auch -spannung

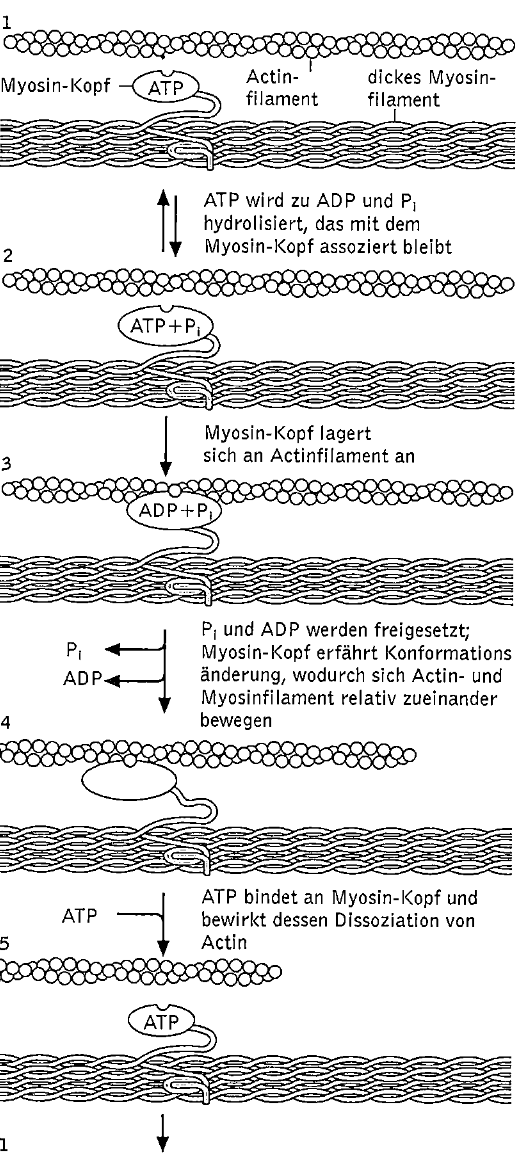

Muskel Schematische Darstellung der nach der Gleitfilamenttheorie ablaufenden Prozesse während der Muskelkontraktion. Gezeigt ist ein Durchgang, der Zyklus beginnt nach der Dissoziation von Actin (5) wieder von vorne

verändern. Die meisten Alltagsbewegungen sind Mischformen zwischen isometrischer und isotonischer Muskelkontraktion.

Der *Herzmuskel* findet sich nur im Herzen. Er ist wie der Skelettmuskel auch, ein quer gestreifter Muskel, zeigt aber zu diesem Unterschiede in den elektrischen Eigenschaften und den Membraneigenschaften. Eine Besonderheit der Herzmuskelzellen sind die *Glanzstreifen (Disci intercalares)*; dies sind Stellen, an denen Herzmuskelzellen über ⬈ Gap junctions mit anderen Herzmuskelzellen elektrisch gekoppelt sind. Dies gewährleistet, dass sich ein Aktionspotenzial, das in einem Teil des Herzens erzeugt wurde, über alle Herzmuskelzellen ausbreitet und zur Kontraktion des gesamten Herzens führt. Eine weitere Besonderheit ist, dass Herzmuskelzellen Aktionspotenziale selber generieren können, ohne Mithilfe des Nervensystems. Die Membran der Herzmuskelzellen hat Schrittmachereigenschaften, die eine rhythmische Depolarisation und damit das Entstehen eines Aktionspotenzials bedingen. Auf den Gesamtorganismus bezogen hat das Herz eine einzige Schrittmacherregion in der Wand des rechten Vorhofs, den *Sinusknoten*. Die Aktionspotenziale des Herzens dauern etwa 20-mal länger als diejenigen der Skelettmuskulatur. Außerdem spielt, im Unterschied zum Skelettmuskel, die Dauer des Aktionspotenzials beim Herzmuskel eine wichtige Rolle für die Steuerung der Dauer der Herzkontraktion. (⬈ Herz)

Glatte Muskeln haben keine Querstreifung, wie Herz- und Skelettmuskel. Die Actin- und Myosinfilamente einer glatten Muskelzelle sind bündelweise kreuz und quer verteilt und über so genannte *fokale Verbindungen* an der Plasmamembran verankert. Sie enthalten weniger Myosin als quer gestreifte Muskeln und das Myosin ist nicht spezifischen Actinsträngen zugeordnet. Daher kann ein glatter Muskel zwar weniger Kraft entwickeln als ein quer gestreifter, jedoch bei gleichem Energieaufwand wesentlich länger kontrahieren. Zudem besitzen glatte Muskeln keine T-Tubuli, und nur ein schwach ausgebildetes sarkoplasmatisches Retikulum. Glatte Muskeln kontrahieren langsamer als gestreifte Muskeln, haben aber eine größere Vielfalt an Steuerungsmechanismen. Sie finden sich vor allem in den Wandungen von Hohlorganen wie Blutgefäßen und Verdauungsorganen.

Muskelkater, nach ungewohnten Belastungen mit hohem Energieumsatz (schwere körperliche Arbeit, ungewohnt hartes sportliches Training) auftretende vorübergehende Muskelschmerzen. Durch Anhäufung von Stoffwechselprodukten (u. a. Lactat) kommt es zu entzündlichen Erscheinungen im Muskelgewebe sowie einer osmotischen Wasseransammlung in den Zellen, die erst nach Abbau des Lactats eintritt. Die dadurch bedingte Schwellung führt zu einer reflektorischen Verspannung und behindert zudem die Durchblutung. Außerdem wird vermutet, dass bei hohen Belastungen Risse in den Z-Scheiben der Sarkomere durch Zerrung entstehen. Alle den M. verursachenden Erscheinungen klingen nach wenigen Tagen ab.

Muskelkontraktion, ⬈ Muskel.

Muskelmagen, posteriorer Teil des Vogelmagens, der sich an den Drüsenmagen anschließt und der Nahrungszerkleinerung dient. Die Innenseite ist durch ein erhärtetes Sekret gegen mechanische Verletzung geschützt, sodass selbst Glasscherben in kurzer Zeit zerrieben werden können. Die Stärke der Auskleidung nimmt von den Körnerfressern über die Insektenfresser, Fleischfresser bis zu den Früchtefressern ab. Bei Körnerfressern befinden sich im Muskelmagen zusätzlich Steine zur Nahrungszerkleinerung, die eigens aufgenommen werden müssen. (⬈ Kaumagen)

Muskelspindeln, bis zu 3 mm lange, von einer lockeren Bindegewebshülle umgebene Bündel besonders differenzierter, sogenannter intrafusaler Muskelfasern (⬈ Motoneurone) innerhalb von Skelettmuskeln bei Wirbeltieren und Mensch. Die M. geben als Dehnungsmessorgane nervöse Signale über Dehnungszustand und Kontraktionsverlauf der betreffenden Muskeln an das Zentralnervensystem (vgl. dagegen ⬈ Sehnenspindeln) und können über eine Reflexbogen-Schaltung (⬈ Reflex) Verlauf und Ende einer Muskelkontraktion (⬈ Muskel) einem vorgegebenen Sollwert anpassen. Die intrafusalen Muskelfasern der M. sind plasmareich. Myofibrillen sind nur jeweils beidseits an den Faserenden ausgebildet, während die Fasern in der Mitte von einem Gespinst sensibler Nervenendigungen spiralig umsponnen werden, an ihren kontraktilen Enden jedoch über ⬈ motorische Endplatten wie die umgebenden extrafusalen Muskelfasern motorisch innerviert sind. Der Sensor im Mittelbereich der Fasern ist durch eine schnellleitende sensible afferente *Ia-Faser* mit dem Hinterhorn des Rückenmarks verbunden, wo die Umschaltung auf die zum Gehirn führenden Fasern stattfindet. Gleichzeitig verläuft von dieser Faser eine Kollaterale zu einer motorischen α-Motoneuronzelle des Vorderhorns, wodurch der Reflexbogen geschlossen wird. Im Verlauf einer Muskelkontraktion werden die intrafusalen Spindelfasern gleichzeitig mit den übrigen Muskelfasern motorisch erregt und verkürzen sich mit diesen, wobei die sensibel innervierte Mittelzone ungedehnt bleibt. Beim Auftreten einer Kontraktionsdifferenz zwischen intra- und extrafusalen Fasern, etwa durch Erhöhung des äußeren Widerstands gegen die Muskelverkürzung, werden die Spindelfasern in ihrem myofibrillenfreien Mittelbereich gedehnt. Die Erregung der sensiblen Nervenendigungen löst reflektorisch verstärkte motorische Signale an den Muskel aus, bis sich nach dessen verstärkter Kontraktion die intrafusalen Fasern wieder entdehnt haben und ein Gleichgewicht zwischen Kontraktions-Soll- und -Meßwert eingestellt ist. In Zusammenarbeit mit den Muskelspindeln geben in die ↗ Sehnen eingebaute Spannungsrezeptoren (Sehnenspindeln) gleichzeitig Meldungen über den Spannungszustand des Muskels an das Zentralnervensystem.

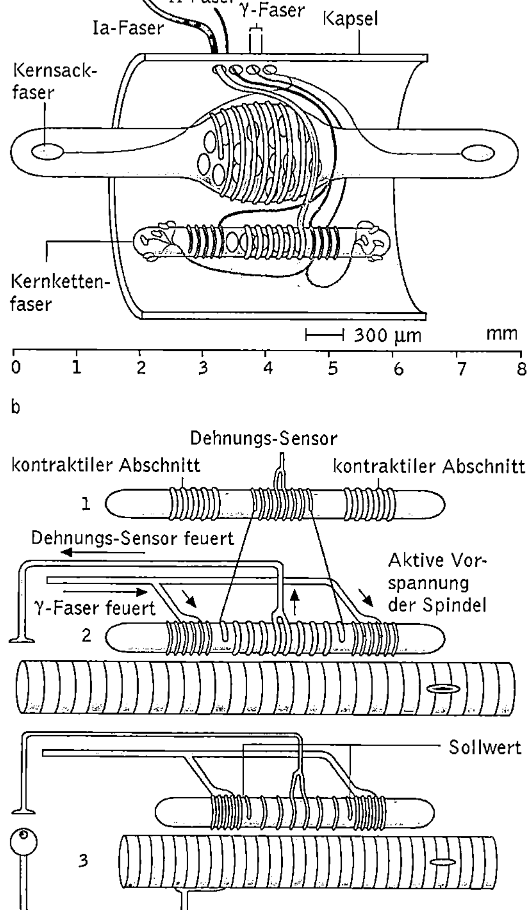

Muskelspindeln a In den Muskelspindeln gibt es zwei Arten von Sensoren: die *Kernsackfasern*, die durch die sehr schnell leitenden Ia-Fasern mit den großen α-Motoneuronen des Vorderhorns im Rückenmark verbunden sind und die phasischen Muskelleistungen steuern, sowie die *Kernkettenfasern*, die über langsame IIa-Fasern mit den kleinen α-Motoneuronen des Rückenmarks verbunden sind und vermutlich die tonischen Muskeln steuern. b Bei Erregung der Spindel (1) werden ihre beiderseits des Sensors liegenden Pole kontrahiert. Dies hat die Dehnung des Sensorbereichs zur Folge (2). Das Ausmaß der Dehnung wird über Ia-Fasern zum Rückenmark gemeldet und es erfolgt als Antwort reflektorisch eine entsprechende Verkürzung des Muskels (3)

Muskeltonus, die durch den Einfluss der γ-Neuronen bewirkte dauernde, aktive Anspannung der Haltemuskulatur, die beim aufrechten Stehen der Schwerkraft entgegenwirkt und so Grundlage der Halte- und Stützmotorik ist. Der M. erfährt durch Rückmeldungen aus der ↗ Somatosensorik, dem visuellen System und dem Gleichgewichtsorgan eine dauernde Feinabstimmung, sodass das aufrechte Stehen möglichst störungsfrei gewährleistet ist.

Muskelzelle, ↗ Muskel.

Muskulatur, System kontraktiler Zellen bei allen ↗ Eumetazoa, welches diesen aktive Körperbewegungen (↗ Fortbewegung) ermöglicht. Bei Hohltieren (↗ Coelenterata) noch aus multifunktionellen kontraktilen Epithelzellen (*Epithelmuskelzellen*) bestehend, bildet die Muskulatur bei allen höher organisierten Tieren einen eigenen Gewebetyp (↗ Gewebe) aus spindel- oder faserförmigen, seltener verzweigten Zellen, die ontogenetisch meist dem ↗ Mesoderm entstammen. Sie können sich zu einzelnen Muskelsträngen, räumlichen Muskelnetzen, massiven epithelähnlichen Muskelschichten (↗ Hautmuskelschlauch) oder – namentlich bei Weichtieren, Gliederfüßern und Wirbeltieren – kompliziert gebauten Muskeln als einzelnen Organen des Bewegungsapparates zusammenschließen. Muskulatur kann sich aktiv kontrahieren, nie jedoch aktiv dilatieren (Muskelerschlaffung), sodass sie nur im Wechselspiel mit antagonistisch wirkenden Zugkräften zu arbeiten vermag, entweder gegen den elastischen Binnendruck (↗ Hydroskelett) einer turgeszent flüssigkeitserfüllten Körperhöhle (Hautmuskelschlauch, Myoepithel der Hohltiere) oder als antagonistische Muskelpaare, die an einem Exo- oder Endoskelett ansetzen. Nach ihrer zellulären Struktur unterscheidet man mehrere Muskulaturtypen: Am einfachsten gebaut ist die – bis auf wenige Fälle bei Tieren mit syncytialen Geweben (z. B. Rädertierchen) – gewöhnlich zellulär gegliederte glatte Muskulatur. Sie ist bei Wirbellosen weit verbreitet und findet sich bei Wirbeltieren besonders in den vom vegetativen Nervensystem innervierten und unwillkürlich arbeitenden Muskelwandungen von Hohlorganen (Darm, Atemtrakt, Gefäßwände, Uterus, Harntrakt), ebenso im ↗ Auge als Ciliar-Muskulatur und als ektodermale Haarbalg-(*Musculi arrectores pilorum*, ↗ Haare) und Pupillenmuskeln (*Sphinkter* und *Dilatator pupillae*). In der Uteruswand der Säuger können glatte Muskelzellen eine Länge von mehreren Millimetern erreichen.

Fließende Übergänge in der Anordnung der kontraktilen Elemente (Myofibrillen, Actin- und Myosinfilamente) bestehen zwischen der *schräg gestreiften* (*helikalen*) *M.* vieler Wirbelloser und der quer gestreiften M., wie sie vereinzelt bei Wirbellosen (↗ Kinorhyncha, ↗ Kamptozoa, ↗ Bryozoa

u. a.), generell aber als Körpermuskulatur der Gliederfüßer sowie als Skelett- und Herzmuskulatur der Wirbeltiere ausgebildet ist. Die quergestreifte Muskulatur stellt das höchstgeordnete kontraktile System unter allen Muskeltypen dar und vermag sich am raschesten zu kontrahieren, bei allerdings geringerem Verkürzungsgrad und i. d. R. geringerer Dauerbelastbarkeit als glatte und helikale Muskulatur. Bei Gliederfüßern und Wirbeltieren setzt sie sich nicht aus Einzelzellen, sondern aus zelläquivalenten, plasmodialen Muskelfasern zusammen. Diese entstehen als Verschmelzungsprodukte zahlreicher embryonaler Muskelzellen (Myotuben), die jedoch in der Folge erst nach weiteren inneren Kernteilungen zu ihrer endgültigen Größe heranwachsen. Jede dieser spindelförmigen Fasern ist von einem Netzgeflecht von kollagenen Fasern umhüllt, welche der Zugübertragung auf die ↗ Sehnen dienen. Bündel solcher Muskelfasern sind von Gefäß führenden Bindegewebsscheiden (Endomysium) umgeben, zahlreiche dieser Primärbündel wiederum durch eine gemeinsame derbe Bindegewebshülle (Perimysium und ↗ Faszie) zu einem Muskel zusammengefasst (Enkapsisbauweise). Die Faszie geht an beiden Enden des Muskels in die zugübertragenden Sehnen über, die den Kontakt zum Skelett herstellen. (↗ Herz, ↗ Muskel, ↗ Muskelspindeln, ↗ Reflex)

Musophagidae, Fam. der Kuckucksvögel (↗ Cuculiformes).

Mustela, ↗ Wiesel.

Mustelidae, *Marderartige*, Fam. der Raubtiere (↗ Carnivora) mit 63 Arten in 23 Gatt., die nahezu weltweit und in fast allen Lebensräumen verbreitet sind. Die Arten sind sehr unterschiedlich, meist von länglich-schlankem oder etwas gedrungenerem Körperbau mit kleinen Ohren. Die Männchen sind meist größer als die Weibchen. Die Beine sind relativ kurz mit fünfstrahligen Fingern und Zehen. Ihrer außerordentlich biegsamen Wirbelsäule verdanken sie die Schnelligkeit und Gewandtheit. Marder ernähren sich überwiegend von tierischer Kost. Der letzte Vorbackenzahn im Oberkiefer bildet mit dem ersten Backenzahn im Unterkiefer die so genannte Brechschere zum Zerkleinern der Nahrung. Charakteristisch sind Drüsen in der Afterregion, die artspezifische Duftstoffe zur Revierkennzeichnung absondern, aber auch von manchen Arten zur Feindabwehr weit weggesprüht werden können. M. sind überwiegend Einzelgänger, Männchen und Weibchen kommen nur zur Paarung zusammen, und lediglich Mütter und Junge leben für eine Zeitlang zusammen. Zu den M. gehören u. a. die Gatt. *Mustela* (Erd- oder Stinkmarder) mit ↗ Wieseln, ↗ Iltissen und ↗ Nerz, die Echten ↗ Marder (Gatt. *Martes*), der ↗ Vielfraß (Gatt. *Gulo*), die ↗ Dachse (Unterfam.

Melinae), die ↗ Stinktiere (Unterfam. *Mephitinae*), die ↗ Otter (Unterfam. *Lutrinae*) und der ↗ Meerotter (*Enhydra lutris*).

Musterbildung, die Anordnung von Zellen zu spezifischen dreidimensionalen Strukturen; M. ist ein grundlegender Vorgang für die Ausformung eines Organismus und seiner Teile während der Entwicklung. Die Gesamtheit der molekularen Signale, welche die M. steuern, ist die Lageinformation (Positionsinformation). Sie vermittelt die Lagebeziehung einer Zelle bezogen auf ihre Nachbarn, und wie die Zelle und ihre Nachkommenschaft zukünftig auf molekulare Signale reagieren werden, und beruht auf der Fähigkeit von Zellen, von Ort zu Ort unterschiedliche Signale wahrzunehmen. Die Zellen erhalten also eine Information darüber, wie ihre Position im Embryo ist und setzen diese Information um, indem sie sich gemäß ihres genetischen Programms differenzieren. Die Festlegung der Zellposition kann durch verschiedene Mechanismen geschehen: Liegt z. B. ein *Konzentrationsgradient* einer bestimmten Substanz entlang einer Zellreihe vor, so bestimmt die Konzentration dieses Stoffes, die in einer beliebigen Zelle dieser Reihe herrscht, sehr genau die Position dieser Zelle in Bezug auf das Ende der Reihe. Solch eine an der M. beteiligte chemische Substanz, deren Konzentration je nach Position unterschiedlich ist, wird *Morphogen* genannt. Räumliche Muster können sich aber auch durch *Lateralinhibition (laterale Hemmung)* bilden. In einer Reihe von Zellen, die alle das gleiche Potenzial haben, sich z. B. zu Nervengewebe zu differenzieren, können die Zellen, die als erste mit der Differenzierung beginnen, die direkt benachbarten Zellen daran hindern, das Gleiche zu tun, z. B. indem sie einen Hemmstoff sezernieren. Eine weitere Möglichkeit, Zellen eine bestimmte Identität zu verleihen, die dann zur M. führt, ist diejenige, dass ein cytoplasmatischer Faktor bei der Zellteilung ungleich auf die Tochterzellen verteilt wird (*asymmetrische Zellteilung*) und diese sich daher unterschiedlich entwickeln. Ein Beispiel hierfür ist die erste Furchungsteilung des Nematodeneies, durch welche die Längsachse des Embryos vorgegeben wird. Bei der M. spielen drei verschiedene Gruppen von Genen eine wichtige Rolle: Die *Polaritätsgene* legen die Polaritätsachse und die Koordination des Embryos fest. Die *Segmentierungsgene* sorgen für die Unterteilung des Embryos in eine bestimmte Zahl von Segmenten. Die *homöotischen Gene* determinieren die besondere Qualität der verschiedenen Segmente.

Mutagene, Bez. für chemische und physikalische Faktoren, die eine ↗ Mutation auslösen können. *Chemische M.*, die Industrie- und Laborchemikalien, bestimmte Medikamente (↗ Cytostatika) sowie Nahrungs- und Genussmittel einschließen, verursachen z. B. durch *Desaminierungen* oder *Alkylierungen* so genannte Basenaustausche. (↗ Acridinfarbstoffe, ↗ Basenanaloga). Als *physikalische M.* sind vor allem UV- und Röntgenstrahlung bekannt, die u. a. Deletionen hervorrufen können.

Mutagenese, i. w. S. die Entstehung von ↗ Mutationen in einem Organismus. I. e. S. vor allem die Bez. für die künstliche Erzeugung von ↗ Mutanten mit dem Ziel, über den Phänotyp einer Mutation Aussagen über das betroffene Gen zuzulassen. Als *klassische M.* wird die Behandlung mit ↗ Mutagenen bezeichnet. Mutanten lassen sich auch durch ↗ Insertionselemente und ↗ Transposons erzeugen.

Mutagenität, *Mutagenizität*, die Fähigkeit von Chemikalien und Umweltfaktoren (↗ Mutagene), eine ↗ Mutation auszulösen und dadurch die natürliche ↗ Mutationsrate zu erhöhen.

Mutagenitätsforschung, die Erforschung der mutagenen Wirkung (*Mutagenität*) von chemischen Verbindungen mit Hilfe von standardisierten ↗ Mutagenitätstests.

Mutagenitätstest ein Verfahren, das die möglicherweise Mutationen erzeugende Wirkung von Chemikalien unter standardisierten Bedingungen untersucht. M. werden i. d. R. bei Bakterien oder an Zellkulturen durchgeführt. Der wichtigste mikrobiologische M. ist der ↗ Ames-Test.

Mutante, der Träger einer ↗ Mutation, die sich in einem veränderten ↗ Phänotyp bemerkbar macht. Gegensatz: ↗ Wildtyp.

Mutarotation, eine Änderung der optischen Drehung eines optischen Isomers (Isomerie), gewöhnlich eines Kohlenhydrats, in wässriger Lösung. Die M. beruht darauf, dass, bedingt durch die Bildung von zyklischen Halbacetalformen bei Kohlenhydraten, zwei als Anomere bezeichnete Formen existieren, die α- und die β-Form. Beide diastereomeren Formen unterscheiden sich in ihrem chemisch-physikalischen Verhalten. In wässriger Lösung stellt sich zwischen den beiden diastereomeren Halbacetalformen und der offenkettigen Form unter Änderung des Drehwerts allmählich ein Gleichgewicht ein.

Mutation, die allg. Bez. für eine spontane und zufällige Veränderung der genetischen Eigenschaften einer Zelle, die nicht mit sexueller Fortpflanzung zusammenhängt. Die Bez. wurde von H. de ↗ Vries 1901 eingeführt. M. können sowohl somatische Zellen als auch Zellen der ↗ Keimbahn treffen. M. werden als *spontan* oder dann als *induziert* bezeichnet, wenn sie für die Erforschung von Genfunktionen bewusst durch ↗ Mutagene ausgelöst werden. Sie lassen sich nach der Größe der durch sie hervorgerufenen Veränderungen in *kleine M.* und *große M.* oder aber nach ihrer Entstehung bzw. dem M. auslösenden Mechanismus in ↗ Genommutationen, ↗ Chromosomenmutationen und ↗ Gen-

mutationen einteilen, wobei die Abgrenzung zwischen diesen Typen fließend sein kann und Ereignisse wie z. B. *Deletionen* auf mehreren Ebenen wirksam werden können. M. sind für betroffene Individuen häufig von Nachteil, gleichzeitig jedoch von großer Bedeutung für die ↗ Evolution von Organismen. (↗ Populationsgenetik)

Mutationsrate, die Häufigkeit, mit der Mutationen in einem Zellteilungs- bzw. Generationszyklus auftreten. Spontane Mutationen treten aufgrund effektiver Mechanismen der ↗ DNA-Reparatur nur mit einer M. von 10^{-5} bis 10^{-9} auf. Die M. stellt somit keinen festen Wert dar, sondern ist je nach Gen verschieden. Generell sind die M. bei Prokaryoten niedriger als bei Eukaryoten. Die spontane M. kann durch ↗ Mutagene stark herabgesetzt werden (↗ Mutagenese).

Mutterkornalkaloide, *Ergotalkaloide*, *Ergolinalkaloide*, eine Gruppe von mehr als 30 Indolalkaloiden mit Ergolingerüst. M. werden vorwiegend von verschiedenen Arten der zu den ↗ Ascomycetes gehörenden Pilzgatt. *Claviceps* (↗ Mutterkornpilz) gebildet, die auf Roggen und Wildgräsern parasitiert. Ihren Namen erhielten die M. von den als *Mutterkorn* (engl. *ergot*) bezeichneten ↗ Sklerotien von *Claviceps purpurea*. Diese Sklerotien bilden sich nach Infektion der Roggenblüten durch Pilzsporen und entwickeln sich zu 1 - 3 cm langen, dunkelvioletten, stark giftigen Körnern, die bis zu 1 % M. enthalten können. M. wurden auch in höheren Pflanzen gefunden. Die M. bilden zwei Untergruppen, die Lysergsäurederivate und Clavinalkaloide. Die Lysergsäurederivate sind Säureamide mit einfachen Aminen oder zyklischen Tripeptiden (z. B. ↗ Ergotamin). Letztere stimulieren u. a. die Kontraktion glatter Muskeln, insbesondere der Gebärmutter und der Arteriolen in den peripheren Bereichen des Körpers und werden daher z. B. zur Regulation der Hämorrhagie (Blutungen durch Zerreißen der Gefäße) nach der ↗ Geburt eingesetzt (daher der Name Mutterkorn). Während die natürlichen M. eine Gefäß verengende Wirkung haben, sind die halbsynthetischen Präparate Gefäß erweiternd. Durch Anteile von Mutterkorn im Mehl ist es bis in dieses Jh. hinein zu Massenvergiftungen gekommen. Die oft tödliche Vergiftung wurde als *Brandseuche* oder *St.-Antonius-Feuer* bezeichnet und heißt heute *Ergotismus*. Symptome sind schmerzhafte, spastische Kontraktionen der Muskeln und Gefäße, Pelzigkeitsgefühl und Kribbeln der Haut sowie Gangrän und Absterben von Gliedmaßen.

Mutterkornpilz, *Claviceps purpurea*, zur Ord. ↗ Clavicipitales gehörende Pilzart, die parasitisch in jungen Fruchtknoten von Gräsern wächst und dort ↗ Konidien bildet; eine vom M. abgeschiedene zuckerhaltige Flüssigkeit (*Honigtau*) veranlasst Insekten, die Konidien aufzunehmen und sorgt so für deren Verbreitung. Nach Aufzehrung des Fruchtknotens entwickelt sich das ↗ Mycel zu einem schwarzen harten Sklerotium (↗ Sklerotien), dem Mutterkorn. Dieses enthält giftige ↗ Mutterkorn-Alkaloide.

Mutterkuchen, die ↗ Placenta.

mütterliche Vererbung, ↗ matrokline Vererbung.

Muttermilch, die in den weiblichen Brustdrüsen nach der ↗ Geburt gebildete Nährflüssigkeit für den Säugling. Bereits während der ↗ Schwangerschaft wird die Brustdrüse durch den Einfluss von ↗ Estrogenen und ↗ Progesteron vergrößert und besser durchblutet und so auf die Milchsekretion vorbereitet. Fällt nach der Geburt der Estrogenspiegel ab, so wird von der Hypophyse ↗ Prolactin freigesetzt, das die Milchsekretion anregt. In den ersten vier bis fünf Tagen nach der Geburt wird die *Vormilch* oder das *Kolostrum* sezerniert, das reich an ↗ Immunglobulinen ist, die das Neugeborene vor Infektionen schützen. Die reife Milch enthält ebenfalls Immunglobuline und einen hohen Anteil an ↗ Lymphocyten und schützt so ebenfalls vor Infektionen. Zudem entwickeln mit M. ernährte Säuglinge weniger Allergien.

Muttermund, ↗ Gebärmutter.

Mutualismus, *mutualistische Symbiose,* 1) Form der ↗ Symbiose, bei der verschiedene Organismenarten zum beiderseitigen Nutzen zusammenwirken, wobei diese Organismen jedoch weitgehend getrennt voneinander leben (Symbiose i. w. S.).
2) im amerikanischen Sprachgebrauch Bez. für die Symbiose in unserem Sinn. (↗ Wechselbeziehungen zwischen Lebewesen)

Mya arenaria, die Sandklaffmuschel (↗ Heterodonta).

Mycel, *Myzel,* der Vegetationskörper der Pilze, der entweder aus Hyphen, d. h. aus septierten oder unseptierten fädigen Gebilden (*Fadenmycel*) oder aus kugeligen bis zylindrischen, wenig verzweigten Sprossketten mit oft scharf voneinander abgesetzten Zellen (*Sprossmycel, Pseudomycel*) besteht. Das Sprossmycel kann, wie z. B. bei einigen Hefearten, bis zu einer einzelligen Sprossform reduziert und somit gleichzeitig ein Fruktifikationsorgan sein. Weitere M.-Formen sind u. a. Dauermycel (↗ Sklerotien), *Luftmycel* (aus aufrecht stehenden Hyphen bestehender Pilzrasen), Promycel (↗ Ustilaginales) und *Substratmycel* (auf einem Substrat wachsender Pilzrasen). Durch enge Verflechtung von Pilzhyphen entstehen Scheingewebe. Manche Bakterien, wie z. B. Streptomyceten, bilden ein nicht septiertes Mycel.

Mycelia sterilia, ↗ Deuteromycetes.

Mycobacterium, *Mycobakterien,* Gatt. der ↗ grampositiven Bakterien mit hohem ↗ GC-Gehalt. Es sind pleiomorphe aerobe Bakterien, die ein verzweigtes oder filamentöses Wachstum aufweisen können. Gegenüber allen anderen Bakteriengatt. zeichnen sie sich durch die so genannte *Säurefestigkeit* aus, d. h., sie sind nach Anfärbung mit dem basischen Farbstoff Fuchsin gegen eine Entfärbung mit saurem Alkohol resistent (↗ Ziehl-Neelsen-Färbung). Diese ist auf die als *Mycolsäuren* bezeichneten lipophilen Verbindungen an der Zelloberfläche zurückzuführen. Die Bakterien leben im Boden oder parasititsch in Tier und Mensch. *M. tuberculosis* ist der Erreger der ↗ Tuberkulose, *M. leprae* der Erreger der ↗ Lepra.

Mycophyta, ↗ Pilze.

Mycoplasma, *Mycoplasmen, Mykoplasmen,* Gatt. der ↗ grampositiven Bakterien mit niedrigem ↗ GC-Gehalt. Obwohl M. phylogenetisch zu den grampositiven Bakerien gehört, reagiert es gramnegativ. Die Mycoplasmen besitzen kleine, unregelmäßig gestaltete Zellen ohne echte Zellwand. Teilweise wachsen die Zellen auch kokkenförmig und filamentös, oft auch stark verzweigt. Als Ersatz für die fehlende Zellwand enthalten M. als stabilisierende Verbindungen in der Cytoplasmamembran *Sterine,* manche Arten auch *Lipoglykane.* Als Energiequelle werden meist Kohlenhydrate genutzt. Neben strikt aeroben Arten gibt es fakultativ oder obligat anaerobe Arten. Die M. vermehren sich durch Fragmentation (Zerfall in kleine Körperchen), Teilung oder ↗ Knospung. M. leben vorwiegend parasitisch, verschiedene Arten sind Krankheitserreger.

Mycota, ↗ Pilze.

Mycotoxine, ↗ Mykotoxine.

Mydriasis, die Pupillenerweiterung (↗ Pupillenreflex).

Myelencephalon, das Nachhirn, ↗ Gehirn.

Myelin, eine Membranstruktur, bestehend aus 18 % Protein und einer Lipidhauptkomponente, die als Isolator für bestimmte Nervenfasern fungiert. Durch die Myelinscheide werden die Axone vieler Wirbeltierneurone isoliert und gleichzeitig wird durch eine besondere Art der ↗ Erregungsleitung die Geschwindigkeit der Weiterleitung des ↗ Aktionspotenzials signifikant erhöht.

Mykobakterien, die Gatt. ↗ Mycobacterium.

Mykobiont, der Pilzpartner einer Flechte (↗ Lichenes).

Mykologie, *Pilzkunde,* die Lehre von den ↗ Pilzen. Die M. untersucht Aufbau, Stoffwechsel, Ökologie und Systematik der Pilze sowie in Spezialdisziplinen u. a. pathogene Pilze und den technischen Einsatz von Pilzen zur Synthese einer ganzen Reihe organischer Verbindungen. (↗ Biotechnologie, ↗ Mikrobiologie)

Mykoplasmen, die Gatt. ↗ Mycoplasma.

Mykorrhiza, meist als Symbiose bezeichnete Assoziation zwischen den Wurzeln höherer Pflanzen und Pilzen. Der überwiegende Teil der höheren Pflanzen mit Ausnahme der ↗ Brassicaceae, ↗ Chenopodiaceae und ↗ Proteaceae ist bei Wachstum im Boden regelmäßig mit M.-Pilzen assoziiert. In sehr trockenen, salzigen, sehr nährstoffreichen und extrem nährstoffarmen Böden werden keine Mykorrhizen ausgebildet. Der Pilzkörper der M.-Pilze besteht aus dünnen Filamenten, den *Hyphen*. Zwischen beiden Partnern der Assoziation findet ein wechselseitiger Stoffaustausch statt: Dabei erhalten die Pilze von den höheren Pflanzen vor allem Kohlenhydrate, während die höheren Pflanzen mit Phosphor, Stickstoff (in Form von Nitrat und Ammonium) und Spurenelementen (bei vesikulär-arbuskulärer Mykorrhiza Eisen, Zink und Kupfer) versorgt werden. In der Regel ist der Pilz stark oder vollkommen abhängig von der Pflanze, die Pflanze hat jedoch nicht immer einen Vorteil von der Assoziation. Nur in manchen Fällen (Orchideen) ist die Assoziation mit M. für das Pflanzenwachstum essentiell. Die Beziehung zwischen Pflanzen und Pilz kann entweder mutualistisch (↗ Mutualismus), neutral oder parasitisch (↗ Parasitismus) sein. Da mutualistische Assoziationen dominieren, wird in der Literatur meistens der Begriff Symbiose verwendet. Zu den Vorteilen, die eine Pflanze aus der Assoziation mit M. ziehen kann, gehören vor allem die folgenden: Durch das Pilzmycel wird der Einzugsbereich der Wurzel wesentlich vergrößert und damit die Nährstoff- (vor allem Phosphor und Spurennährstoffe) und Wasseraufnahme verbessert. Außerdem besitzt eine mykorrhizierte Pflanze eine erhöhte Trockenstresstoleranz und ist widerstandsfähiger gegenüber Schädlingen.

Man unterscheidet im Wesentlichen zwei Formen von M.: Ektomykorrhiza und Endomykorrhiza. Übergänge zwischen diesen Formen werden als *Ekt-endo-Mykorrhiza* bezeichnet.

Ektomykorrhiza. Die Ektomykorrhiza oder *ektotrophe M.* kommt hauptsächlich bei Bäumen und Sträuchern der gemäßigten Zone (Fichte, Kiefer, Lärche, Buchen, Eiche) vor, jedoch auch bei subtropischen und tropischen Baumarten. Die Pilzpartner gehören überwiegend zu den Ständerpilzen (↗ Basidiomycetes; z. B. Fliegenpilz, Echter Pfifferling, Steinpilz), seltener zu den Schlauchpilzen (↗ Ascomycetes; z. B. Echte Trüffel). Charakteristisch für die Ekto-M. ist die Bildung eines dicken Mantels aus Pilzhyphen um die Wurzel herum. Normalerweise entwickelt sich die Ekto-M. nur an Seitenwurzeln, die kurz und dick bleiben. Teilweise wachsen die Hyphen in die Interzellularräume der äußeren Wurzelschichten und bilden hier ein extrazelluläres Geflecht, das *Hartig'sche Netz*.

Endomykorrhiza. Bei der Endo-M. wachsen die Hyphen in die Cortexzellen hinein. Die wichtigsten Formen der Endo-M. sind die vesikulär-arbuskuläre Mykorrhiza, die *Ericaceen-M.* und Orchideen-M. (↗ Orchidaceae). Bei der *vesikulär-arbuskulären M. (VA-M., arbuskuläre M., AM)* ist die Wurzel nicht von einem festen Mantel aus Pilzmycel umgeben. Charakeristisch für die VA-M. ist die Bildung von bäumchenartigen Strukturen (*Arbuskel*) und ovalen Strukturen (*Vesikeln*) in den Cortexzellen. An den Arbuskeln findet der Nährstofftransfer zwischen Pilz und Wirtspflanze statt. In den Vesikeln werden Lipide gespeichert.

Das Mycel außerhalb der Wurzel (*externes Mycel, extraradikales Mycel*) kann sich mehrere Meter weit

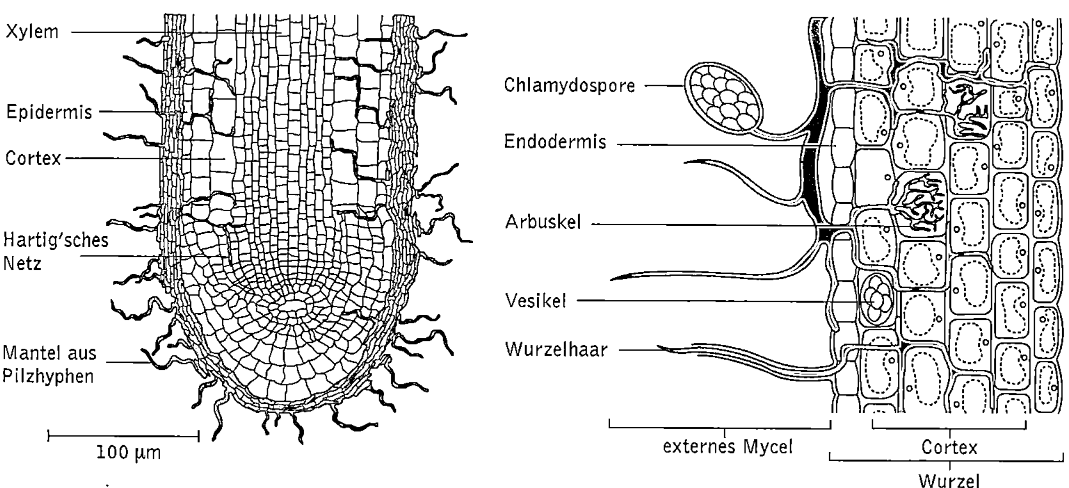

Mykorrhiza Links eine mit Ektomykorrhiza infizierte Wurzel. Die Wurzel ist von einem Mantel aus Pilzhyphen umgeben, die in die Wurzel eindringen und ein dichtes Geflecht bilden (*Hartig'sches Netz*). Rechts eine mit vesikulärarbuskulärer Mykorrhiza infizierte Wurzel. Das äußere Mycel kann sich in die Rhizosphäre ausdehnen und Chlamydosporen ausbilden. In den Wurzelzellen bilden die Pilzhyphen Vesikel und Arbuskel. Die Arbuskeln dienen dem Austausch von Nährstoffionen zwischen Wirtspflanze und Pilz

in den Boden ausdehnen und der Fortpflanzung dienende Sporen (Chlamydosporen) ausbilden. Durch die sehr geringen Hyphendurchmesser (bis 1 µm) können die Hyphen in feinste Bodenpartikel eindringen und dort viel effizienter als Pflanzenwurzeln Nährstoffe aufnehmen und in den Hyphen transportieren. In 1 g Boden können 1 - 20 m Hyphen enthalten sein! Die Pilze der VA-M. gehören zur Klasse der ⟋ Zygomycetes und werden in der Ord. Glomales zusammengefasst. Die VA-M. gilt als eine der ältesten Symbiosen. Darauf weisen Funde aus dem Devon (vor rund 400 Mio. Jahre) hin.

Mykosen, *Pilzerkrankungen*, Bez. für Infektionskrankheiten, die durch Pilze hervorgerufen werden. M. werden nach unterschiedlichen Kriterien eingeteilt, so u. a. nach Art des Erregers (z. B. *Candida-M.*), nach der Lokalisation der M. (z. B. *Haut-M.*), nach der Ursache der M. (z. B. Verletzungs-M.) oder nach der Symptomatik. Erreger von M. sind bei tierischen Organismen und dem Menschen vor allem Hautpilze (⟋ Dermatophyten), ⟋ Hefen (vor allem der Gatt. ⟋ Candida) und Schimmelpilze, wie ⟋ Aspergillus und Köpfchenschimmel (⟋ Zygomycetes). Bei Pflanzen werden M. u.a . durch Brandpilze (⟋ Ustilaginales), Rostpilze (⟋ Uredinales) und ⟋ Mehltaupilze (z. B. ⟋ Erysiphales) verursacht.

Mykotoxine, *Pilzgifte*, giftige, meist niedermolekulare Stoffwechselprodukte von Pilzen, die beim Menschen und manchen Tieren zu Pilzvergiftungen führen. Zu den M. gehören u. a. die Amatoxine und Phalloidine der ⟋ Knollenblätterpilze, Muscarin, Ibotensäure und Muscimol des ⟋ Fliegenpilzes sowie die ⟋ Aflatoxine und die ⟋ Mutterkorn-Alkaloide.

Mykotrophie, Ernährungsform der Pflanzen, die mit Hilfe von ⟋ Mykorrhiza erfolgt. Die meisten Pflanzen sind *fakultativ mykotroph*, d. h., sie sind nicht auf Mykorrhiza angewiesen, profitieren aber von einer Mykorrhizierung, wenn Nährstoffe begrenzt sind oder eine Stress-Situation vorliegt. Nur wenige Pflanzen sind *obligat mykotroph*, können also unter natürlichen Bedingungen nicht ohne Pilzpartner leben (z. B. Buche).

Mykoviren, Viren, die Pilze befallen. Sie wurden in Algenpilzen (⟋ Oomycota), Schlauchpilzen (⟋ Ascomycetes) und Ständerpilzen (⟋ Basidiomycetes) nachgewiesen. In Champignonkulturen können durch Virusinfektionen verursachter schwacher Mycelwuchs, wässrige verlängerte Stiele, kleine Hüte und Mumifizierung der Fruchtkörper, beträchtliche Schäden anrichten.

Myliobatidae, *Adlerrochen*, Fam. der Rochen (⟋ Batidoidimorpha) mit etwa 25 meist in tropischen Meeren beheimateten Arten. Ihr Körper ist abgeflacht und breiter als lang, die Körperseiten werden beim Schwimmen wie Flügel auf- und nie-

dergeschlagen. Viele Arten haben einen Giftstachel am Schwanz. Sie sind stets lebend gebärend. An der europäischen Westküste und im Mittelmeer kommt regelmäßig nur der bis 1,5 m breite und bis 1 m lange *Gewöhnliche Adlerrochen* (*Myliobatis aquila*) vor.

Myofibrillen, ⟋ Muskel.

Myoglobin, ein im ⟋ Muskel besonders konzentriertes Sauerstoff bindendes Protein. M. besteht aus einer Peptidkette von 153 Aminosäuren. Die Raumstruktur ist gekennzeichnet durch acht Helices, die untereinander durch kurze Peptidsequenzen verbunden sind. Von den 153 Aminosäuren sind 121 Bestandteil der Helices, deren Länge zwischen sieben und 26 Aminosäuren variiert. Das ⟋ Häm ist in eine hydrophobe Tasche eingebettet. Der fünfte Ligand des Häm ist ein His^{87}, das so genannte proximale ⟋ Histidin (im Unterschied zu His^{58}, dem distalen Histidin). Im *Oxy-M.* befindet sich das Fe^{2+} außerhalb der Pophyrinebene in Richtung des proximalen His orientiert und ist durch Sauerstoff (O_2) koordinativ abgesättigt, wobei das distale His eine Wasserstoffbrücke zum Sauerstoff ausbildet. M. ist strukturell und funktionell dem ⟋ Hämoglobin ähnlich und für den Sauerstofftransport im Muskel zuständig. Da die Affinität des O_2 zum M. größer ist als zum Hämoglobin, wird der Sauerstoff des Blutes an das M. abgegeben. Während das Fe^{2+}-haltige M. purpurrot gefärbt ist, führt eine Oxidation des Eisens zum Fe^{3+} zum nicht mehr O_2-bindenden, braun gefärbten *Metmyoglobin*. Besonders reich an M. sind die Herzmuskeln tauchender Meeressäuger (Wale, Robben, Seehunde), aber auch die Flugmuskeln von Vögeln.

Myokard, ⟋ Herz.

Myomeren, segmentale Muskelabschnitte der Rumpfmuskulatur entlang der Körperlängsachse der ⟋ Arthropoda und der ⟋ Chordata, die an den Segmentgrenzen jeweils durch Sehnen oder Sehnenplatten (*Myosepten*) miteinander verbunden sind. Bei den Chordatieren werden die M. embryonal in Form einzelner Myoblasten-Pakete beiderseits der ⟋ Chorda dorsalis angelegt. Besonders deutlich sind die Myomeren in der Rumpfmuskulatur des Lanzettfischchens (⟋ Acrania), der Rundmäuler und Fische zu erkennen, rudimentär auch noch in der Wirbelmuskulatur und der Gliederung des Bauchmuskels der Säuger.

Myometrium, ⟋ Gebärmutter.

Myopie, die ⟋ Kurzsichtigkeit.

Myosin, ein hochmolekulares Protein, das ebenso wie ⟋ Actin ein wichtiger Baustein der kontraktilen Muskelfaser ist. M. ist aus zwei Polypeptidketten mit je 2000 Aminosäureresten und einem globulären Kopfstück am Kettenende, bestehend aus zwei Paaren kleinerer Polypeptide, den so genannten leichten Ketten aufgebaut. In diesen Köpfen ist die ATPase-Aktivität lokalisiert und außerdem befindet sich dort die Bindungsstelle für Actin. M. war das erste entdeckte ↗ Motorprotein. Actin und M. formen während der Muskelkontraktion vorübergehend den *Actomyosin-Komplex*. Die dicken Filamente der Myofibrillen des ↗ Muskels werden durch 200 bis 250 parallel angeordnete Moleküle des M. gebildet.

Myotom, ↗ Metamerie.

Myriapoda, die Tausendfüßer (↗ Antennata).

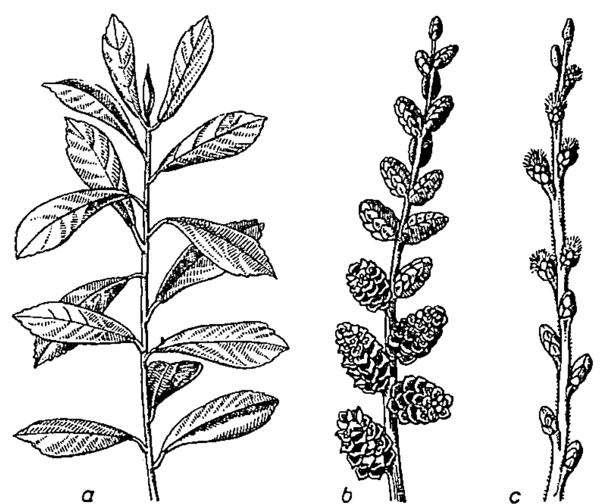

Myricaceae Gagelstrauch (*Myrica gale*). a Laubspross, b Zweig mit männlichen Blütenständen, c Zweig mit weiblichen Blütenständen

Myricaceae, *Gagelgewächse*, einzige Fam. der *Myricales* mit ca. 45 Arten. Es sind ausschließlich Bäume und Sträucher, die in den Subtropen und gemäßigten Breiten vorkommen. Die perianthlosen Pflanzen besitzen ungeteilte Blätter und Harzdrüsen. Ein in Moor- und Heidegebieten verbreiteter Vertreter ist der in Symbiose mit Actinomyceten lebende *Gagelstrauch, Myrica gale*.

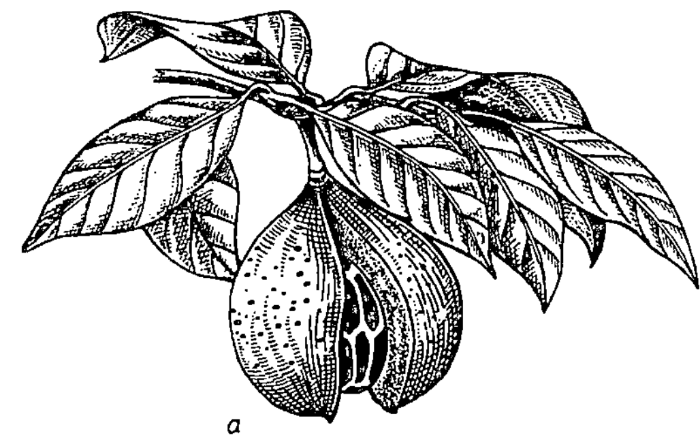

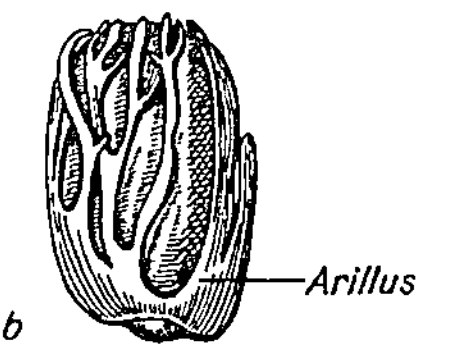

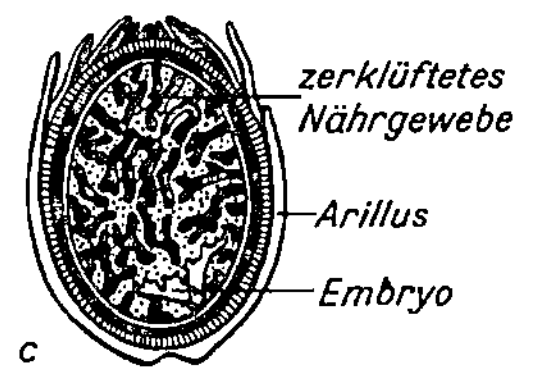

Myrica gale, der ↗ Gagelstrauch.

Myricales, ↗ Myricaceae.

Myristicaceae, *Muskatnussgewächse*, Fam. der Magnoliales mit ca. 370 Arten, die ausschließlich in tropischen Gebieten vorkommen. Es sind immergrüne Holzpflanzen mit wechselständigen, einfachen Blättern und eingeschlechtigen, dreilappigen Blüten, die zweihäusig sind. Die Frucht ist eine Kapsel, die einen Samen mit stark zerklüftetem Nährgewebe und mit einem großen, meist rot gefärbten Samenmantel (Arillus) enthält. Die bekannteste Art ist der auf den Banda-Inseln und den Molukken beheimatete *Muskatnussbaum, Myristica fragans*. Der bis zu 20 m hohe Baum wird überall in den Tropen kultiviert. Sowohl die Muskatnüsse (im botanischen Sinn keine Nüsse, sondern Balgfrüchte) als auch die Samenmäntel werden als Gewürz genutzt. Die Samenmäntel werden getrocknet und sind als so genannte *Mazis* oder *Muskatblüte* im Handel. Die Muskatnuss enthält toxische und halluzinogene Inhaltsstoffe, u. a. α-Pinen, Camphen und weitere ↗ Terpene, Borneol, Linalool und Myristicin.

Myrmecobiidae, *Ameisenbeutler*, in Südwestaustralien beheimatete Fam. der Beuteltiere (↗ Marsupialia) mit nur einer Art, dem etwa hörnchengroßen *Numbat* oder *Ameisenbeutler* (*Myrmecobius fasciatus*). Er ist ein ausgesprochener Nahrungsspezialist, der sich ausschließlich von Termiten und Ameisen ernährt, die er mit seinen scharfen Krallen aus Baumstümpfen herauskratzt. Seine Bestände sind stark gefährdet.

Myrmecophagidae, *Ameisenbären*, Fam. der Nebengelenktiere (↗ Xenarthra) mit vier Arten, die im tropischen und subtropischen Südamerika beheimatet sind. Kennzeichnend ist die lange bis röhrenförmig ausgezogene Schnauze mit einem klei-

Myristicaceae Muskatnussbaum (*Myristica fragans*): a Zweig mit reifer Frucht, b Same, c Längsschnitt durch den Samen

nen Mundspalt. Der Mund ist zahnlos, die lange wurmförmige Zunge ist klebrig durch ein Sekret der Speicheldrüsen. Ameisenbären ernähren sich fast ausschließlich von Ameisen und Termiten (Name!).

Myrmekochorie, die ↗ Samenausbreitung durch Ameisen.

Myrmekophilen, die ↗ Ameisengäste.

myrmekophile Pflanzen, die ↗ Myrmekophyten.

Myrmekophyten, *myrmekophile Pflanzen, Ameisenpflanzen*, Pflanzen, die in hohlen Spross-, Blatt- oder Wurzelteilen Ameisen Wohnraum bieten und regelmäßig von Ameisen besiedelt werden. M. sind vor allem in den Tropen verbreitet und gehören unterschiedlichen Fam. an, z. B. *Macaranga* (Euphorbiaceae), *Acacia* (↗ Mimosaceae) und *Myrmecodia* (Rubiaceae). Die Beziehung zu den Ameisen kann mehr oder weniger spezialisiert sein. Bei den hochentwickelten Gemeinschaften handelt es sich um ↗ Symbiosen. Die Ameisen erhalten von den Pflanzen Wohnraum (z. B. gekammerte Hypokotylknollen bei *Myrmecodia*) und teilweise auch Nahrung (z. B. in Form von extrafloralem Nektar oder protein- und fettreichen Futterkörperchen), gleichzeitig dienen sie den Pflanzen als Schutz vor Fraßfeinden. Bei epiphytisch lebenden M. (*Myrmecodia, Hydnophytum*) tragen sie wesentlich zur Ernährung bei, indem sie in den Kammern tote Tiere, Exkremente usw. speichern.

Myrrhe, ↗ Burseraceae.

Myrtaceae, *Myrtengewächse*, Fam. der ↗ Myrtales mit ca. 3800 Arten, zu denen meist immergrüne (sub-)tropische Holzpflanzen gehören. Charakteristisch sind lysigene Sekretbehälter mit etherischen Ölen. Artenreiche Gatt. sind *Eugenia, Syzygium* (↗ Gewürznelkenbaum) und *Eucalyptus* (↗ Eukalyptus). Die einzige europäische Art ist die Myrte, *Myrtus communis.*

Myrtales, Ord. der ↗ Rosopsida, deren Vertreter bikollaterale ↗ Leitbündel und einen becher- bis röhrenförmig vertieften Blütenboden aufweisen. Zu den M. gehören die Sonneratiaceae, die ↗ Myrtaceae, ↗ Punicaceae, Melastomataceae, ↗ Onagraceae, ↗ Lythraceae und Trapaceae.

Myrtengewächse, die Fam. ↗ Myrtaceae.

Mysidacea, zu den ↗ Peracarida gehörende Krebse.

Mystacocarida, zu den ↗ Maxillopoda gehörende Krebse.

Mysticeti, *Bartenwale, Mystacoceti*, Unterord. der Wale (↗ Cetacea). Bartenwale sind große bis riesige Wale mit einem mächtigen Kopf und einer großen Mundhöhle. Der Oberkiefer trägt zwei Reihen langer, dichtstehender *Barten* (Name!), das sind lange, schmale und elastische Hornplatten, die wie Vorhänge zu beiden Seiten des Munds herabhängen und dem Abfiltrieren von Plankton oder anderen kleinen Tieren aus dem Wasser dienen.

Bartenwale unternehmen regelmäßige Wanderungen zwischen nahrungsreichen kalten Meeresgebieten und warmen Meeren, in denen Paarung und Geburt der Jungen stattfinden. Sie sind Hochseebewohner, die sich nur zeitweise in Küstennähe aufhalten. Zu den M. gehören die Fam. Glattwale (↗ Balaenidae), Grauwale (↗ Eschrichtidae) und Furchenwale (↗ Balaenopteridae).

Mytilus edulis, die ↗ Miesmuschel.

Myxamöben, Bez. für einkernige, nackte und amöboid bewegliche Zellen der ↗ Schleimpilze.

Myxinoidea, *Hyperotreta, Schleimaale*, Taxon der Kieferlosen (↗ Agnatha) mit 32 Arten in sechs Gatt. Der aalförmige Körper hat keine Schuppen, aber beiderseits eine Reihe großer Schleimdrüsen (Name!) auf der Ventralseite. Die Augen sind teilweise reduziert, Atemwasser kann durch die Nase aufgenommen werden, da es eine Verbindung zum Kiemendarm gibt. Alle M. sind marin und weltweit verbreitet. Sie kommen bis in 2000 m Tiefe vor und ernähren sich von Würmern und toten oder kranken Fischen, deren Leibeswand sie unter Umständen durchraspeln, um in die Leibeshöhle einzudringen.

Myxobakterien, Gruppe von gleitenden Bakterien, die sich ohne Hilfe von Geißeln auf Oberflächen fortbewegen können. Zu ihnen gehören die Hauptgatt. *Myxococcus* und *Stigmatella*. Es sind streng aerobe, chemoheterotrophe Bodenbakterien, die bei Nährstoffmangel charakteristische *Fruchtkörper* bilden. Die meist weniger als 1 mm großen, durch Carotinoidpigmente oft grell gefärbten Fruchtkörper findet man u. a. auf zerfallendem Pflanzenmaterial, verrottendem Holz und auf den Kotballen von Pflanzenfressern. Die aus mehreren vegetativen Zellen bestehenden Fruchtkörper können kugelförmig aufgebaut sein oder komplexe Formen mit einer Fruchtkörperwand und einem Stiel aufweisen. Bei Nährstoffmangel versammeln sich die Zellen und bilden Zellhaufen, die sich mit zunehmender Größe in Stiel und Kopf differenzieren. Die meisten Zellen sammeln sich im Fruchtkörperkopf und bilden dort *Myxosporen.* Aus den Myxosporen entwickeln sich unter günstigen Bedingungen wieder neue Bakterien. In der ↗ Biotechnologie werden M. zur Herstellung zahlreicher Sekundärstoffe eingesetzt.

Myxococcus, Gatt. der ↗ Myxobakterien.

Myxoflagellaten, Bez. für einkernige, nackte und begeißelte Zellen der ↗ Schleimpilze.

Myxomycetes, zu den Myxomycota gehörende Klasse der ↗ Schleimpilze, bei deren Vertretern die vegetative Phase ein diploides, vielkerniges und nicht zellulär untergliedertes Fusionsplasmodium bildet, das sich phagotroph von Algen und Bakterien ernährt. Aus dem *Plasmodium* entwickelt sich ein *Fruchtkörper*, der gestielt und von einer oft kalkhaltigen Wand (Peridie) umgeben ist; der die

Zellkerne enthaltende Teil wird in Meiosporen umgewandelt deren zweischichtige Zellwand weder Cellulose noch Chitin, sondern hauptsächlich ein polymeres Galactosamin enthält. Die Plasmodien und die Fruchtkörper der M. sind oft lebhaft gefärbt. Die *Sporen* keimen im Wasser oder auf feuchtem Substrat aus und entlassen dabei entweder ↗ Myxamöben oder ↗ Myxoflagellaten, die paarweise zu *Amöbozygoten* oder begeißelten *Planozygoten* verschmelzen. Daraus entwickeln sich unter zahlreichen mitotischen Kernteilungen vielkernige Plasmodien, die ihrerseits wieder untereinander verschmelzen können und bis zu 20 cm Durchmesser (*Fuligo*) erreichen können, und unter bestimmten, nicht hinreichend bekannten äußeren Bedingungen wiederum Fruchtkörper bilden.

Myxomycota, Abteilung der ↗ Schleimpilze.

Myxophaga, Taxon der Käfer (↗ Coleoptera), dessen Arten in Böden von Gewässerufern leben. Die Mandibeln besitzen neben der Spitze einen beweglichen Zahn, die Hinterflügel sind basal gefaltet und distal eingerollt. Bei den aquatisch lebenden Larven sind Tibia und Tarsus zu einem Tibiotarsus verschmolzen.

Myxosporen, die Dauerformen der ↗ Myxobakterien.

Myxosporidia, ↗ Myxozoa.

Myxozoa, *Myxosporidia*, etwa 1200 Arten ausschließlich in Zellen und Geweben parasitierender Einzeller, die durch mehrzellige Sporen übertragen werden, die eine bis sechs *Polkapseln* mit *Polfäden* besitzen. Wegen der Ausbildung der Polfäden wurden sie früher mit den ↗ Microspora zu den „Cnidospora" vereinigt. Diese wiederum waren in älteren Systematiken mit den heutigen ↗ Apicomplexa zu den ↗ Sporozoa zusammengefasst. Es wird diskutiert, ob es sich nicht um sehr stark reduzierte Metazoa handelt, die zu den Cnidaria gehören. Dafür sprechen der hohe Grad von Zelldifferenzierung mit einem generativen und drei somatischen Zelltypen, die große Ähnlichkeit der Polkapseln mit den ↗ Nematocysten der ↗ Cnidaria und die desmosomenartigen Zellkontakte. Diese Vermutung wird durch Ergebnisse molekularbiologischer Untersuchungen gestützt.

Myzel, das ↗ Mycel.

Myzostomida, zu den ↗ Polychaeta gehörende Gruppe mit rund 140 Arten, die als Kommensalen oder Parasiten auf Stachelhäutern (↗ Echinodermata), vor allem auf Arten der ↗ Crinoida, leben. Die M. sind scheibenförmig und haben hakenartige Borsten zum Festhalten an ihren Wirten. Durch den Befall mit parasitischen M. werden die Skelettelemente der Wirte entweder durch gallenartige Strukturen oder durch die Bildung kleiner Skelettplatten deformiert. Vergleichbare Spuren sind bereits von Echinodermen aus dem ↗ Devon bekannt.

N

N, 1) chemisches Symbol für ↗ Stickstoff.

2) Ein-Buchstaben-Symbol für die ↗ Aminosäure ↗ Asparagin.

Na, chemisches Symbol für ↗ Natrium.

Nabel, *Bauchnabel, Umbilicus, Omphalos,* bei Säugern eingezogene Narbe in der Mittellinie des Bauches, die vom Ansatz der ↗ Nabelschnur gebildet wird und in der Bauchwand eine Sehnenlücke hinterlässt.

Nabelschnur, eine strangähnliche Verbindung die sich bei den Placentatieren (↗ Eutheria) während der Embryonalentwicklung zwischen Embryo und Mutterorganismus ausbildet. Die N. beinhaltet Gefäße (zwei Nabelarterien, eine Nabelvene), die den Embryo bzw. Fetus mit sauerstoff- und nährstoffreichem Blut versorgen und Stoffwechselendprodukte sowie sauerstoffarmes Blut abführen. Die N. wird nach der ↗ Geburt beim Menschen durchgetrennt, der *Nabel* entsteht beim Abfallen ihrer Reste. Säugetiere beißen die N. durch und viele fressen sie einschließlich der Nachgeburt.

Nabelschweine, *Pekaris,* die Fam. ↗ Tayassuidae.

NABU, Abk. für ↗ Naturschutzbund Deutschland.

NAC, Abk. für *N*-Acetyl-L-Cystein (↗ Acetylcystein).

Nachahmungstracht, *Mimese,* ↗ Abwehr.

Nachbarbestäubung, die ↗ Geitonogamie.

Nachgeburt, ↗ Geburt.

Nachhaltigkeit, *Sustainability,* Fähigkeit eines ↗ Ökosystems, trotz Nutzung der Ressourcen in der Leistung nicht zu erschöpfen. Mit *nachhaltigem Wirtschaften* bezeichnet man Produktionsmethoden, die an einem schonenden Umgang mit den Ressourcen der Erde orientiert sind. Die natürlichen Ressourcen (Wälder, Fischbestände etc.) sollen möglichst nur im Umfang ihrer Regenerationsfähigkeit genutzt werden. Zur nachhaltigen Wirtschaftsweise gehört auch die Begrenzung der freigesetzten Energie oder der Treibhausgase. Der Begriff N. stammt ursprünglich aus der Forstwirtschaft und steht dort für eine am Erhalt des Bestandes orientierte Bewirtschaftung des Waldes. N. im Sinne der ↗ Agenda 21, bezieht sich jedoch auf alle Formen des Wirtschaftens. Auf der Umweltkonferenz 1992 in Rio de Janeiro wurde der Begriff „*sustainable development*" (*nachhaltige Entwicklung*) in seiner heutigen Bedeutung geprägt. Die nachhaltige Nutzung der natürlichen Ressourcen wurde als ein wesentliches Ziel der Agenda 21 festgeschrieben.

Nachhirn. *Myelencephalon,* ↗ Gehirn.

Nachniere, *Opisthonephros,* ↗ Niere.

Nachtaffen, Unterfam. der ↗ Cebidae.

nachtaktive Tiere, ↗ Nachttiere.

Nachtigall, *Luscinia megarhynchos,* zu den Drosselvögeln (↗ Turdidae) gehörender etwa 16 cm großer Vogel, der oberseits dunkelbraun und unterseits hellbraun ist, mit einem rostroten Schwanz. Die Geschlechter sind gleich gefärbt. Charakteristisch ist der sehr vielseitige, rhythmisch klar gegliederte Gesang. Die N. singt sowohl bei Tag als auch bei Nacht und sitzt dabei gewöhnlich im Dickicht verborgen.

Nachtkerze, *Oenothera,* aus Amerika stammende Gatt. der ↗ Onagraceae, deren Arten an ruderalen Standorten verbreitet sind. Die großen, meist gelben Blüten entfalten sich nur nachts. Das Öl der Samen enthält Linolsäure und γ-Linolensäure und wird u. a. gegen Arteriosklerose und Neurodermitis verwendet.

Nachtkerzengewächse, die Fam. ↗ Onagraceae.

Nachtschatten, *Solanum,* Gatt. der ↗ Solanaceae, deren Arten durch die Bildung von Beeren charakterisiert sind. Zur Gatt. *Solanum* gehören u. a. die ↗ Kartoffel (*Solanum tuberosum*), die ↗ Aubergine (*Solanum melongena*) und das schwach giftige Bittersüß (*Solanum dulcamara*).

Nachtschattengewächse, die Fam. ↗ Solanaceae.

Nachtschwalben, die Fam. ↗ Caprimulgidae.

Nachttiere, *nachtaktive Tiere,* Tiere, die tagsüber schlafen und nachts aktiv sind. Diejenigen Tiere, die in ständiger Dunkelheit leben, werden jedoch nicht als N. bezeichnet (↗ Dunkeltiere). Typische N. sind Eulenvögel, Hamster und Igel.

nachwachsende Rohstoffe, aus lebender Materie stammende Stoffe, die vom Menschen zielgerichtet außerhalb des Nahrungsbereichs verwendet werden. I. e. S gehören hierzu aus Pflanzen stammende Farbstoffe (↗ Färberpflanzen), Fasern (↗ Faserpflanzen,), Heil- und Aromapflanzen (↗ Heilpflanzen), ↗ Holz, Lignocellulose (aus Holz gewonnene Cellulose), ↗ Öle und ↗ Fette (↗ Ölpflanzen, ↗ Biokraftstoffe), ↗ Stärke (↗ Stärkepflanzen), ↗ Zucker (↗ Zuckerrohr, ↗ Zuckerrübe), Inulin (↗ Topinambur, Zicchorie) und ↗ Proteine (↗ Sojabohne, ↗ Ackerbohne, ↗ Lupine, ↗ Raps, ↗ Sonnenblume, ↗ Weizen).

I. w. S. gehören auch von Tieren stammende Rohstoffe (Schafwolle, Rindertalg) oder mikrobiell erzeugte Kunststoffe zu den nachwachsenden Rohstoffen.

Literatur: Mann, S.: Nachwachsende Rohstoffe, Stuttgart 1998.

Nacktkiemer, die ↗ Nudibranchia.

Nacktsamer, die ↗ Gymnospermae.

NAD⁺, ↗ Nicotinamid-adenin-dinucleotid.

Nadelhölzer, die ↗ Pinopsida.

Nadelwald, ↗ Wald, der fast ausschließlich von Nadelgehölzen (↗ Pinopsida) aufgebaut ist, insbesondere von Arten der Gatt. *Pinus* (↗ Kiefer), *Picea* (↗ Fichte), *Abies* (↗ Tanne) und *Larix* (↗ Lärche). N. sind besonders in den nördlichen gemäßigten Breiten mit tiefen Wintertemperaturen und kurzer Vegetationszeit verbreitet. Der N. umfasst die gesamte Zone des ↗ borealen Nadelwaldes und ist auch in den Gebirgen der südlicheren Breiten verbreitet.

NADH, ↗ Nicotinamid-adenin-dinucleotid.

NADP, ↗ Nicotinamid-adenin-dinucleotidphosphat.

NADPH, ↗ Nicotinamid-adenin-dinucleotidphosphat.

Nagana-Seuche, in Afrika südlich der Sahara weit verbreitete Krankheit bei Haus- und Wildtieren, die durch *Trypanosoma brucei* verursacht und durch Mücken der Gatt. ↗ Anopheles übertragen wird. (↗ Trypanosoma)

Nagel, *Fingernagel*, *Unguis*, epidermale Hornplatte auf der Oberseite des jeweils letzten Finger- und Zehenglieds der Primaten. Er steckt in einer Epithelfalte, die seitlich als *Nagelfalz* und hinten als *Nageltasche* bezeichnet wird. Bis auf den überstehenden Vorderrand liegt der N. dem *Nagelbett* auf. Dessen hinterer Teil ist die *epitheliale Matrix*, die den N. bildet und als heller Halbmond oder *Möndchen* (*Lunula*) durchscheint. Von dort wird der Fingernagel auf den vorderen Teil des Nagelbetts, das *Hyponychium* geschoben, das von durchscheinenden Kapillaren rosa gefärbt ist. Eine Verletzung der Matrix führt zur Abstoßung des N., worauf ein neuer gebildet wird. Ein Verlust des N. führt zu einer Verminderung der Tastempfindung, da der N. ein Widerlager beim Drücken und Tasten bildet.

Nagetiere, die ↗ Rodentia.

Nährböden, feste Kulturmedien (↗ Kulturmedium), für ↗ Mikroorganismen. Zur Herstellung von N. wird flüssigen Nährlösungen ein Verfestigungsmittel zugesetzt, wodurch sie die Konsistenz eines festen Gelees erhalten. Meist wird ↗ Agar verwendet, ein Polysaccharid aus Meeresalgen, das erst bei 100 °C schmilzt, bei Abkühlung jedoch bis zu einer Temperatur von 45 °C flüssig bleibt. Gelatine wird dagegen nur noch selten verwendet, da sie bereits bei 26 - 30 °C schmilzt und viele Mikroorganismen Gelatine verflüssigen können. Agar wird hingegen nur von wenigen Bakterien angegriffen.

Nährelemente, *Nährstoffe*, *Nährsalze*, die ↗ Mineralstoffe und nichtmineralischen Elemente Kohlenstoff, Sauerstoff und Wasserstoff, die Pflanzen zum Wachstum brauchen. Sie werden deshalb auch als *essentielle N.* bezeichnet. N. müssen in wasserlöslicher Form meist durch die Wurzel, seltener durch Blätter (Wasserpflanzen, ↗ Blattdüngung)

aufgenommen werden. Sie kommen dabei als Anionen (z. B. Nitrat, Sulfat, Phosphat) oder als Kationen (z. B. Ammonium, Kalium, Eisen) vor. Tritt eine unzureichende Versorgung (*Mangelernährung*) auf, äußert sich dies in N.-typischen ↗ Mangelsymptomen. Ein Mangel an N. kann durch ↗ Düngung vermindert oder kompensiert werden (↗ Nährstoffverhältnis). Je nach ihrer relativen Konzentration in der Pflanze wird zwischen ↗ Makronährelementen und ↗ Mikronährelementen unterschieden. Diese klassische Unterteilung sagt nur wenig über die biochemische bzw. physiologische Bedeutung der N. aus, vor allem auch, weil viele N. im Pflanzengewebe häufig in Konzentrationen vorkommen, die den Minimalbedarf bei weitem übersteigen. Eine alternative Einteilung in vier Gruppen berücksichtigt, inwieweit N. an der Bildung organischer Verbindungen beteiligt sind (*Gruppe 1*), ob sie für den Energiestoffwechsel oder die Struktur von Pflanzen benötigt werden (*Gruppe 2*), in der Zelle als Ionen vorkommen und das osmotische Potenzial sowie als Cofaktoren die Aktivität von Enzymen kontrollieren (*Gruppe 3*) oder aber am Elektronentransport beteiligt sind (*Gruppe 4*, siehe Tabelle auf nächster Seite).

Nährgewebe, das Reservestoffe enthaltende Zellgewebe vieler Samen (↗ Endosperm).

Nährlösungen, allg. Bez. für eine aus anorganischen und/oder organischen Verbindungen künstlich hergestellte Flüssigkeit, die zur Anzucht von Mikroorganismen, tierischen und pflanzlichen Zellen und Geweben (↗ Zellkultur) verwendet wird. Durch Zugabe von sich verfestigenden Substanzen wie Agar werden aus N. feste Nährmedien oder ↗ Nährböden. Für Pflanzen existieren eine Vielzahl von N., wie die *Hoagland'sche Lösung* oder das *Murashige-Skoog-Medium*, die durch Variationen der Zusammensetzung an Mikro- und Makronährelementen unterschiedlichen Arten und Anzuchtbedingungen Rechnung tragen. So genannte *Mangel-N.* sind bei der Erforschung der Rolle bestimmter ↗ Nährelemente für den pflanzlichen Stoffwechsel behilflich gewesen. Da Pflanzen bequem in ↗ Hydrokultur angezogen werden können, ist es möglich, sie mit definierten Konzentrationen gewisser Nährelemente zu versorgen.

Nährmedium, das ↗ Kulturmedium.

Nährstoffe, i. w. S. die in der Nahrung vorhandenen, energiereichen Verbindungen wie ↗ Kohlenhydrate, ↗ Fette und ↗ Proteine, i. e. S. Mineralstoffe, Kohlenstoff, Sauerstoff und Wasserstoff (↗ Nährelemente).

Nährstoffimmobilisation, *Nährstoff-Festlegung*, Einbau eines anorganischen ↗ Nährstoffs in organische Substanz (z. B. beim Wachstum von Pflanzen). Erst durch ↗ Mineralisation wird der Nährstoff wieder freigesetzt.

Nährelemente Nährelemente nach ihren Funktionen eingeteilt

Nährelement	Funktionen (Auswahl)
GRUPPE 1	Bestandteile organischer Verbindungen
Schwefel (S)	bestimmte Aminosäuren, Coenzym A, Thiaminpyrophosphat, Glutathion, Disulfidbrücken
Stickstoff (N)	Aminosäuren, Nucleotide, Coenzyme
GRUPPE 2	Energiestoffwechsel, strukturelle Integrität
Bor (B)	Komplexe mit Komponenten der Zellwand, Nucleinsäurestoffwechsel
Phosphor (P)	Phospholipide, Nucleinsäuren, Zuckerphosphate, Coenzyme, ATP, GTP usw.
Silicium (Si)	Bestandteil von Zellwänden, Festigkeit und Elastizität
GRUPPE 3	als Ionen vorkommend
Calcium (Ca)	Funktion als second messenger, Bestandteil der Mitellamelle, Cofaktor einiger Enzyme
Chlor (Cl)	fotosynthetische Sauerstoffproduktion
Kalium (K)	Cofaktor vieler Enzyme, wichtigstes Kation für die Regulation des Turgors
Magnesium (Mg)	Bestandteil des Chlorophylls, am ATP-abhängigen Stoffwechsel beteiligt
Mangan (Mn)	an Fotolyse des Wassers im Fotosystem II beteiligt, Cofaktor bestimmter Enzyme (Dehydrogenasen, Kinasen, Oxidasen usw.)
Natrium (Na)	teilweise Funktion von Kalium
GRUPPE 4	Bestandteile von Elektronentransport- und -transfersystemen
Eisen (Fe)	Cytochrome, Nichthäm-Eisenproteine, bei Fotosynthese, Atmung, Stickstoff-Fixierung
Kupfer (Cu)	Plastocyanin, verschiedene Enzyme
Molybdän (Mb)	verschiedene Enzyme (Nitrogenase, Nitratreduktase)
Nickel (Ni)	verschiedene Enzyme, (Urease, Hydrogenasen bestimmter N_2-fixierender Bakterien)
Zink (Zn)	verschiedene Enzyme (Alkoholdehydrogenase usw.)

nach Taiz und Zeiger 2000

Nährstoffkreislauf, ↗ Stoffkreisläufe.

Nährstoffverfügbarkeit, bei Pflanzen die räumliche und chemische Verfügbarkeit von ↗ Nährstoffen im ↗ Boden. Oft sind nicht die absoluten Mengen an Nährstoffen begrenzend für das Wachstum, sondern deren mangelnde Verfügbarkeit. Diese hängt maßgeblich vom Wassergehalt des Bodens und vom ↗ pH-Wert ab. Bei zu trockenen Böden sind die Beweglichkeit der Ionen und das Wurzelwachstum gehemmt, sodass die Wurzeln nicht zu den Nährstoffen hinwachsen können. Bei zu hohen und zu niedrigen pH-Werten liegen viele Nährstoffe in einer Form vor, die Pflanzen nicht aufnehmen können. Phosphor ist z. B. bei hohen pH-Werten als schwerlösliches Calciumphosphat festgelegt, bei niedrigem pH-Wert als Eisen- und Aluminiumphosphat. Bei den meisten Mikronährstoffen (Eisen, Mangan, Zink, Kupfer) nimmt mit zunehmendem pH-Wert die N. ab, während diese Nährstoffe bei pH-Werten unter 5 gut aufnehmbar sind. In der ↗ Rhizosphäre kann sich die N. erheblich von derjenigen im wurzelfernen Boden unterscheiden. Dafür sind im Wesentlichen pflanzenbedingte pH-Veränderungen in der Rhizosphäre, Redoxprozesse an der Wurzeloberfläche, Wurzelabscheidungen und Nährstoff mobilisierende Rhizosphären-Mikroorganismen verantwortlich. Diese Mechanismen spielen v. a. bei Nährstoffmangel eine Rolle. (↗ Nährelemente)

Nährstoffverhältnis, das für die Anzucht von Pflanzen experimentell ermittelte optimale Verhältnis der drei Nährelemente Stickstoff, Phosphor und Kalium, das als so genanntes *N/P/K-Verhältnis* für unterschiedliche Kulturpflanzenarten verschieden sein kann. Für viele Arten beträgt es bezogen auf die Atome N:P:K = 1:0,2:0,7. (↗ Nährelemente, ↗ Nährlösung)

Nährsymbiose, die ↗ Trophobiose.

Nahrungsbeziehungen, *trophische Beziehungen,* System von Beziehungen zwischen Organismen, in dem der eine Partner Nahrung des anderen ist. Nach ihrer Funktion im Ökosystem lassen sich die Organismen in drei Gruppen einteilen: ↗ Produzenten, ↗ Konsumenten und ↗ Destruenten. Die autotrophen Organismen (Pflanzen, autotrophe Bakterien) bilden die trophische Stufe der Produzenten, von diesen ernähren sich die Konsumenten (Tiere), deren Leichen und Abfälle dann durch Destruenten mineralisiert werden und den Produzenten wieder zur Verfügung stehen.

Die *Trophieebenen* lassen sich in einer ↗ Nahrungspyramide darstellen, die N. als ↗ Nahrungskette oder ↗ Nahrungsnetz.

Nahrungskette, Darstellung von ↗ Nahrungsbeziehungen in Form einer linearen Aufreihung der beteiligten ↗ Produzenten, ↗ Konsumenten und ↗ Destruenten. Das erste Glied in der Kette bilden i. d. R. die grünen Pflanzen als Produzenten. Als Primärkonsumenten folgen Pflanzenfresser, als Sekundärkonsumenten Fleischfresser. Das letzte Glied der Kette bilden abbauende Tiere und Mikroorganismen (Destruenten). Bei jedem Schritt der N. geht Energie verloren (↗ Energiefluss, ↗ Energiepyramide). Zu beachten ist, dass derartige lineare N. in der Natur selten vorkommen. Meist findet man ein ganzes Netzwerk von Nahrungsbeziehungen, das als ↗ Nahrungsnetz bezeichnet wird. Innerhalb der N. können sich schädliche Stoffe anreichern und zu Schädigungen der Organismen führen (↗ Bioakkumulation). ↗ Nahrungspyramide

Nahrungsmittelvergiftung, die ↗ Lebensmittelvergiftung.

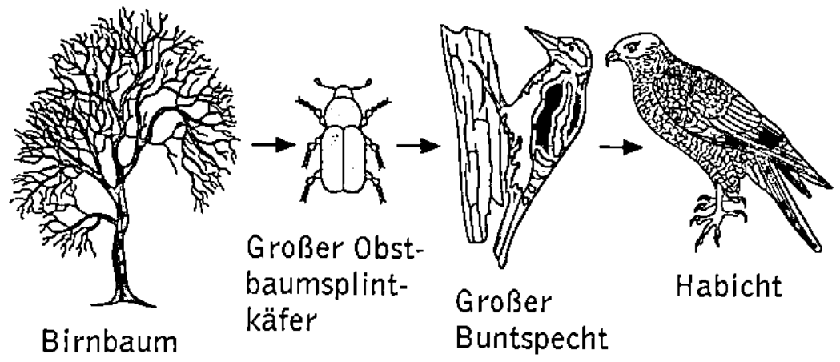

Nahrungskette Beispiel für eine herbivore Nahrungskette, bei der an erster Stelle eine Pflanze steht, die einem Pflanzenfresser als Nahrung dient

Nahrungsnetz, *Food Web*, System aus zahlreichen miteinander verbundenen ↗ Nahrungsketten. Die N. sind i. d. R. sehr komplex, da ein Pflanzenfresser meist mehrere Pflanzenarten verzehrt und ein Räuber sich von verschiedenen Beutetieren ernährt. Durch die bestehenden Nahrungsbeziehungen sind viele Arten einer ↗ Biozönose verbunden. Die Stoffströme in den N. bzw. Nahrungsketten gehen mit einer Weitergabe von Energie einher (↗ Energiefluss).

Nahrungspyramide, die (meist quantitative) pyramidenförmige Darstellung der *Trophieebenen* einer ↗ Nahrungskette. An der Basis der N. stehen die ↗ Primärproduzenten, an der Spitze die Endkonsumenten. Jede Stufe der Pyramide stellt die Nahrung für die nächste Stufe da. Gibt man die Biomasse der Organismen pro Fläche oder Raum an, erhält man

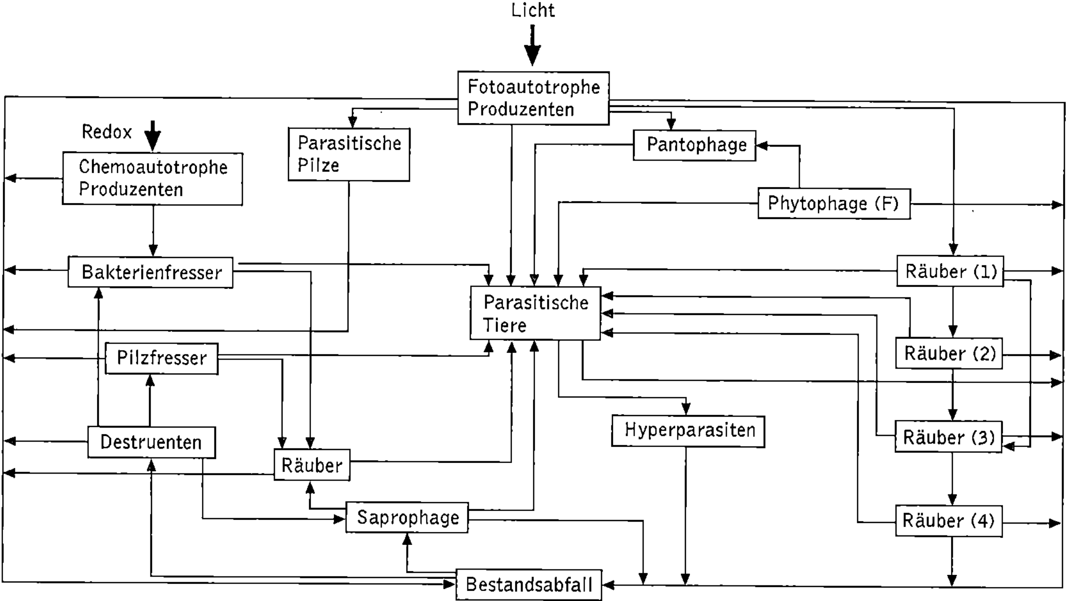

Nahrungsnetz Ausschnitt aus dem Nahrungsnetz eines Ökosystems. Dieses besteht aus mehreren Teilnahrungsketten: Die *Phytophagen-Nahrungskette* beginnt bei den fotoautotrophen Produzenten und verläuft über Phytophagen zu Räubern erster und höherer Ordnung. Die *Destruenten-* und *Saprophagen-Nahrungsketten* beginnen beim Bestandsabfall. Chemoautotrophe Produzenten, die Energie aus Redox-Vorgängen an anorganischen Substraten gewinnen, stehen am Beginn einer weiteren Nahrungskette. F = Frischmaterial verzehrende Tiere. Die Pfeile zeigen den Stofffluss der energiehaltigen organischen Substanz an

die *Biomassenpyramide*. Bei Angabe des Energiewerts der Biomasse erhält man die ↗ Energiepyramide.

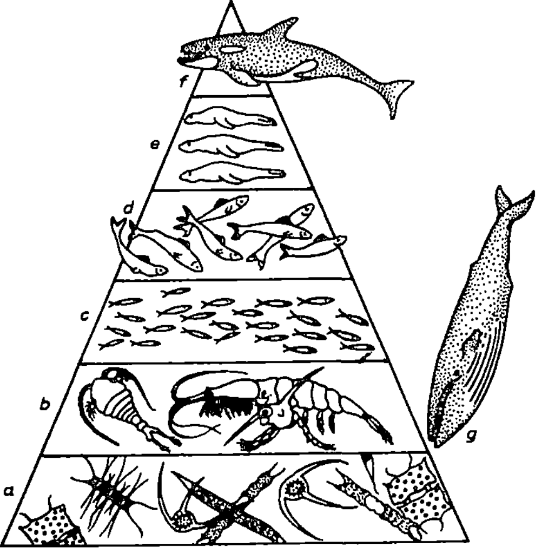

Nahrungspyramide Nahrungspyramide im Meer. a Primärproduzenten, b Zooplankton, c Planktonfresser, d Raubfische, e Robben, f Schwertwal, g Bartenwal

Nahrungsspezialisten, heterotrophe Organismen, die auf eine bestimmte Art oder Zusammensetzung der Nährstoffe angewiesen sind. Nahrungsspezialisten i. e. S. (*Monophage*) nehmen nur eine einzige chemische Verbindung (z. B. Wachs, Keratin) als Nahrung auf. Der Übergang von Nahrungsspezialisten i. w. S. *(Stenophage)*, die je nach Verbreitungsgebiet vorwiegend eine Nahrungsquelle erschließen oder hinsichtlich der besonderer Eigenschaften der Nahrung spezialisiert sind, zu Allesfressern (*Omnivoren, Polyphage*) ist fließend. (↗ Ernährung)

Nahrungsvakuole, ein durch ↗ Endocytose um Nahrungspartikel gebildetes Vesikel, das bei ↗ Einzellern der Nahrungsaufnahme dient. Bei Amöben können N. überall an der Zelloberfläche entstehen, wohingegen bei Ciliaten die Abschnürung ausschließlich im Cytostom erfolgt. N. mit unverdauten Bestandteilen werden als *Residualkörper* bezeichnet und mittels ↗ Exocytose aus dem Zellinnern entfernt.

Nährzellen, die ↗ Trophocyten.

Naja, Gatt. der ↗ Kobras.

Najadales, *Zosterales*, Ord. der ↗ Liliopsida, deren Vertreter ein einkreisiges oder überhaupt kein Perianth aufweisen. Hierzu gehören die Scheuchzeriaceae, ↗ Juncaginaceae, Potamogetonaceae und Zosteraceae.

Na$^+$/K$^+$-ATPase, ↗ Ionenpumpen.

NANA, Abk. für ↗ N-Acetyl-Neuraminsäure.

Nandus, ↗ Rheiformes.

Napfschaler, die ↗ Monoplacophora.

Napfschnecken, Gatt. der ↗ Archaeogastropoda.

Narbe, das oberste Ende der Fruchtblätter bei den Angiospermae. Sie dient der Aufnahme der Pollenkörner und ist meist mit Papillen besetzt. Eine klebrige, von der N. ausgeschiedene Flüssigkeit (*Narbenflüssigkeit*) sorgt dafür, dass die Pollenkörner auf der N. haften bleiben. (↗ Blüte)

Narcissus, Gatt. der ↗ Amaryllidaceae.

Narrentaschen, aus dem Fruchtknoten der Pflaume entstehende hohle, steinkernlose Gallen, die durch den Pilz *Taphrina pruni* (↗ Taphrinomycetidae) gebildet werden.

Narwal, Art der Gründelwale (↗ Monodontidae).

Narzissengewächse, die ↗ Amaryllidaceae.

Nase, *Nasus*, chemisches Sinnesorgan (↗ chemische Sinne) der Wirbeltiere und des Menschen zur Geruchswahrnehmung (olfaktorische Wahrnehmung). Die Nase dient der Prüfung von Atemwasser, Atemluft und Nahrung. Sinneszellen der Nase sind stets primäre Sinneszellen. Sie bilden zusammen mit Stützzellen ein einschichtiges Epithel, das Teile der Nasenhöhle auskleidet. Die Innervierung der Sinneszellen erfolgt durch den I. Hirnnerv, den ↗ Nervus olfactorius.

Unter den rezenten Kieferlosen (↗ Agnatha) besitzt *Petromyzon* einen hinten geschlossenen Nasenhypophysengang und bei *Myxine* mündet ein solcher Gang in den Darm. Kiefer tragende Wirbeltiere (Gnathostomata) haben eine doppelte (paarige) Nase. Stammesgeschichtlich tritt erstmals bei den ↗ Rhipidistia eine Verbindung von der Nase zum Rachen auf, der paarige *Nasen-Rachen-Gang* (*Ductus naso-pharyngeus*); die Mündungen im Rachen sind die inneren Nasenöffnungen oder *Choanen*. Bei Tetrapoden verkümmert der Gang von der Riechhöhle zur hinteren äußeren Nasenöffnung und wird zum *Tränen-Nasen-Gang* (*Ductus nasolacrimalis*). Der Vergrößerung des Riechepithels und damit der Leistungssteigerung des Geruchsvermögens dienen generell Erweiterungen der Riechhöhle und Auffaltungen des Epithels.

Bei manchen Säugern bildet die Nase einen mehr oder weniger deutlichen Vorsprung gegenüber Lippen- und Wangenregion. Dieser wird als äußere Nase von der Nasenhöhle oder inneren Nase unterschieden. Beim Menschen wird die äußere Nase durch das paarige *Nasenbein* (*Os nasale*), den unpaaren *Nasenscheidewandknorpel* (*Cartilago septi nasi*), die an dessen Spitze gelegenen bogenförmigen *Nasenknorpel*, die die Nasenöffnungen (*Nasenlöcher, Nares*) begrenzen, sowie die muskulösen *Nasenflügel* gebildet. Bei Affen und vielen anderen Tieren dagegen ragt die Nase kaum vor, sondern bildet meist eine Einheit mit der mehr oder weniger stark vorspringenden Schnauze. Nur bei Elefanten und Tapiren sind Nase und Oberlippe zu einem ↗ Rüssel ausgewachsen.

Die innere Nase oder *Nasenhöhle* (*Cavum nasi*) ist der Bereich des eigentlichen Riechorgans. Die Nasenhöhle wird durch die *Nasenscheidewand* (*Septum nasi*) aus septumartigen Auswachsungen vom Siebbein (Ethmoid), Pflugscharbein (Vomer) sowie dem Nasenscheidewandknorpel in eine rechte und linke Hälfte geteilt. In jede Hälfte ragen mehrere, beim Menschen als *Nasenmuscheln* (*Conchae nasales*), beim Tier als *Turbinalia* bezeichnete Knochenlamellen, die von Schleimhaut überzogen sind und die innere Oberfläche vergrößern. Nur bestimmte Bereiche der Nasenhöhle enthalten in der Schleimhaut Riechzellen. Beim Menschen ist diese olfaktorische Region das Dach der Nasenhöhle und die Medianseite der oberen Nasenmuschel. – Bei *Vögeln* ist das Geruchsvermögen i. Allg. sehr schlecht ausgebildet. Die Nase hat bei manchen Arten einen Funktionswechsel erfahren: einige Seevögel regulieren ihren Salzhaushalt durch eine in der Nasenhöhle gelegene ↗ Salzdrüse. (↗ Geruchsorgane, ↗ Geruchssinn)

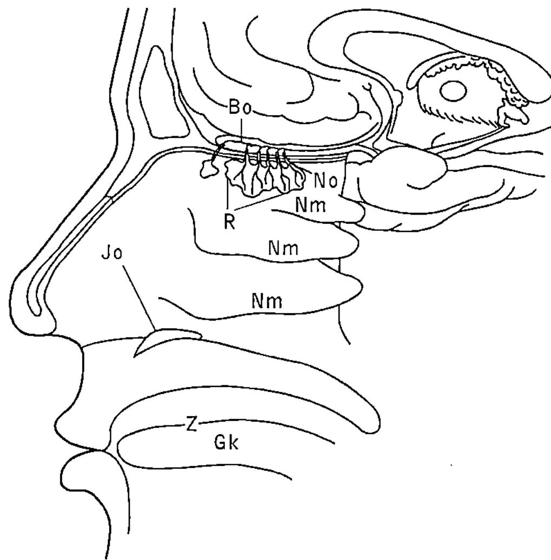

Nase Blick auf die innere Seitenwand der Nase des Menschen. Bo Bulbus olfactorius, GK, Bereiche mit Geschmacksknospen, Jo Jacobson-Organ, Nm Nasenmuscheln, No Nervi olfactorii (Fortsetzung des Riechnerven), R Riechepithel, Z Zunge

Nasenbären, Name zweier Gatt. der Kleinbären (↗ Procyonidae).

Nasenbein, *Os nasale*, ↗ Nase, ↗ Schädel.

Nasenbeutler, *Bandikuts*, ↗ Peramelidae.

Nasennebenhöhlen, *Nebenhöhlen, Sinus paranasales, Sinus pneumatici*, mit der Nasenhöhle (↗ Nase) in Verbindung stehende Hohlräume, die sich in Oberkiefer (*Kieferhöhle*), Keilbein (*Keilbeinhöhle*), Stirnbein (*Stirnbeinhöhle*) und Siebbein (*Siebbeinzellen*) befinden und jeweils nach diesen Knochen benannt werden. Die Nebenhöhlen sind embryonal nur als kleine Ausbuchtungen der Nasenhöhle angelegt und dehnen sich während der ersten beiden Lebensjahrzehnte zu ihrer vollen Größe aus. Die Funktion der mit Schleimhaut ausgekleideten Nebenhöhlen wird im Mitwirken bei der Vorwärmung der Atemluft gesehen, außerdem üben sie eine Resonatorwirkung auf die Klangfarbe der Stimme aus. Sie münden zwischen den Nasenmuscheln in die Nasenhöhle.

Nashörner, die ↗ Rhinocerotidae.

Nastie, Bewegungen von Pflanzenorganen, die durch einen Außenfaktor ausgelöst werden, bei denen jedoch die Bewegungsrichtung durch die Struktur der Organe festgelegt ist und *nicht* von der Reizrichtung (Gegensatz: ↗ Tropismus) abhängt. N. können auf differentiellem Wachstum der Organflanken oder auf Turgordruckschwankungen beruhen. (↗ Chemonastie, ↗ Cyclonastie, ↗ Epinastie, ↗ Fotonastie, ↗ Schlafbewegungen, ↗ Seismonastie, ↗ Thigmonastie)

Nasturtium, Gatt. der ↗ Brassicaceae.

Nasus, die ↗ Nase.

Natalität, die Anzahl der durch Fortpflanzung neu zu einer Population hinzukommenden Individuen je Zeiteinheit. Als *N.-Rate* bezeichnet man die Nachkommenzahl pro Individuum. Teilweise wird der Begriff N. auch synonym mit *Geburtenrate* gebraucht.

Nathans, *Daniel*, amerikan. Mikrobiologe und Biochemiker, ✳ 30.10.1928 Wilmington (Delaware), † 1999; ab 1972 Prof. in Baltimore (Maryland) und Direktor des Mikrobiologie-Departments der Medical School der Johns Hopkins University. N. identifizierte 1960 den das Wachstum der Polypeptidketten regulierenden Verlängerungsfaktor und leistete Pionierarbeit in der Anwendung der von W. ↗ Arber entdeckten Restriktionsenzyme in der Molekulargenetik (vor allem zur Genlokalisierung), insbesondere bei der Erforschung des Tumor erzeugenden Simian-40-Virus, von dem er 1977 eine detaillierte Genkarte erstellte. M. erhielt 1978 zusammen mit Arber und H.O. ↗ Smith den Nobelpreis für Physiologie oder Medizin.

Nationalpark, großräumiges Landschaftsschutz- und Erholungsgebiet, das im überwiegenden Teil der Fläche die Voraussetzung eines ↗ Naturschutzgebiets erfüllt, sich in einem vom Menschen nicht oder wenig beeinflussten Zustand befindet und vornehmlich der Erhaltung eines möglichst artenreichen heimischen Pflanzen- und Tierbestandes dient. Während in der Kernzone von N. jegliche Nutzung und Betreten verboten sind, ist in den umgebenden Zonen eine naturgemäße oder eine weitgehend unbeschränkte Nutzung zulässig. In Deutschland sind insgesamt 13 N. ausgewiesen.

Natrium, chemisches Symbol *Na*, chemisches Element aus der ersten Hauptgruppe des Periodensystems, ein Alkalimetall. N. ist ein weiches, an frischer Oberfläche silberglänzendes Metall, das eine ausgeprägte Tendenz zur Bildung von einwertigen Kationen (Na^+-Ionen) zeigt und sich mit Nichtmetallen zu typischen Salzen (bekanntestes Beispiel *Kochsalz* oder *Natriumchlorid*, NaCl) verbindet. N. ist ein starkes Reduktionsmittel, das sich an feuchter Luft sofort mit einem Gemisch aus Natriumoxid und -hydroxid überzieht. Mit Wasser reagiert N. meist explosionsartig zu Wasserstoff und Natronlauge (NaOH), weshalb beim Arbeiten mit N. streng auf Abwesenheit von Wasser zu achten ist.

In Form des Na^+-Ions ist N. einer der wichtigsten Mineralstoffe für den tierischen und menschlichen Organismus. Es ist das Hauptkation im extrazellulären Raum und zusammen mit dem Chloridion (Cl^-) für etwa 80 % der extrazellulären Osmolalität zuständig. Damit wird der Anteil an Wasser, der sich im Extrazellulärraum befindet, im Wesentlichen durch den Kochsalzgehalt des Körpers reguliert. Darüber hinaus bestimmt die extrazelluläre NaCl-Konzentration aber auch den Wassergehalt in den Zellen; denn eine hohe Osmolalität durch eine hohe extrazelluläre NaCl-Konzentration entzieht den Zellen Wasser und lässt sie schrumpfen, und umgekehrt lässt Kochsalzmangel über verminderte extrazelluläre Osmolalität die Zelle anschwellen, da sie Wasser aufnimmt. Der elektrochemische Gradient von Na^+ über die Zellmembran ist zudem wichtig für die Depolarisation erregbarer Zellen ($\nearrow$ Aktionspotenzial) und die Triebkraft für eine Vielzahl von Transportprozessen ($\nearrow$ Ionenpumpen, $\nearrow$ Transport). Normalerweise übersteigt die Salzaufnahme die für einen gesunden Erwachsenen als täglichen Bedarf angenommene Menge von 0,5 g NaCl. Bei Na^+-Mangel kann Salzappetit auftreten, der die Zufuhr von Kochsalz fördert.

Bei vielen Pflanzen findet sich Na^+ ebenfalls in hohen Konzentrationen und es scheint für bestimmte $\nearrow$ Halophyten sowie einige $\nearrow$ C_4-Pflanzen essenziell zu sein.

Natrium-Kalium-Pumpe, $\nearrow$ Ionenpumpen.

Natriumkanäle, $\nearrow$ Ionenkanäle.

Natrix, Gatt. der Nattern ($\nearrow$ Colubridae) u. a. mit der $\nearrow$ Ringelnatter.

Nattern, die Fam. $\nearrow$ Colubridae.

Natura 2000, Name für ein europäisches Biotopverbund-Programm, dessen Ziel es ist, ein zusammenhängendes Netz besonderer Schutzgebiete in Europa zu schaffen. Zu deren Einrichtung verpflichteten sich die Mitgliedsstaaten der Europäischen Gemeinschaft 1992 mit dem Beschluss der *Flora-Fauna-Habitat-Richtlinie* (*FFH-Richtlinie*), in der Einzelheiten zur Gestaltung der Schutzgebiete festgelegt sind. Mit dieser Richtlinie wurde zum ersten Mal eine verbindliche Rechtsgrundlage zur Erhaltung und Entwicklung des europäischen Na-

turerbes geschaffen. Vorrangiges Ziel von N. 2000 ist es, die $\nearrow$ biologische Vielfalt zu erhalten. Das Netz besteht aus allen bisher nach der EG-Vogelschutzrichtlinie ausgewiesenen Gebieten sowie aus den *Flora-Fauna-Habitat-Gebieten* (*FFH-Gebiete*). Bei den FFH-Gebieten handelt es sich zum einen um bereits ausgewiesene $\nearrow$ Naturschutzgebiete und $\nearrow$ Nationalparke, zum anderen um weitere geeignete Gebiete, die in einem zweistufigen, von der EU-Kommission geleiteten Verfahren bestimmt werden. Potenzielle FFH-Gebiete sind Gebiete mit schützenswerten Lebensraumtypen (z. B. Moore, Heiden, Erlenbruchwälder, Trockenrasen) und Arten. Im Unterschied zu den Richtlinien für Naturschutzgebiete beziehen die FFH-Richtlinien das Umland mit ein, d. h., es gibt z. B. Beschränkungen für alle Großprojekte (Straßen, Industrieanlagen, Flughäfen), die das Schutzgebiet negativ beeinflussen könnten.

Naturlandschaft, eine vom Menschen unbeeinflusste $\nearrow$ Landschaft. Richtige N. gibt es heute nur noch in bestimmten Gebieten der Hochgebirge, Wüsten und Polargebiete. Gegensatz: $\nearrow$ Kulturlandschaft.

natürliche Auslese, $\nearrow$ Selektion, $\nearrow$ Darwinismus.

natürliche Killerzellen, $\nearrow$ T-Lymphocyten.

natürliche Ökosysteme, Bez. für $\nearrow$ Ökosysteme, in denen der Stoff- und Energiehaushalt ohne Einfluss des Menschen abläuft. Hierzu gehören wenige Moore, Urwälder und Wüstengebiete, jedoch sind auch diese nicht vollkommen frei von menschlichen Einflüssen, denn durch Eintrag aus der Luft gelangen anthropogene Schadstoffe überall hin. Viele der als natürlich bezeichneten Ökosysteme sind korrekterweise als *naturnahe Ökosysteme* zu bezeichnen.

natürliche Ressourcen, die in der Natur vorhandenen Produktionsmittel wie Wasser, Land, Nahrung und Energie.

natürliche Zuchtwahl, $\nearrow$ Selektion.

naturnahe Ökosysteme, Bez. für $\nearrow$ Ökosysteme, die vom Menschen beeinflusst sind, in ihrer Struktur aber $\nearrow$ natürlichen Ökosystemen sehr ähnlich sind. Hierzu zählen z. B. viele küstennahe Meeresgebiete und natürliches Grasland, das wenig beweidet wird.

naturnaher Wald, Bez. für einen Mischwald, in dem natürlich vorkommende Baumarten wachsen und in dem zur Holzgewinnung nur einzelne erntereife Bäume entfernt werden.

Naturpark, in Deutschland großräumige Schutzgebiete, die sich aufgrund der landschaftlichen Gegebenheiten besonders für die Erholung eignen und daher nach den Zielen der Raumordnung und Landschaftsplanung für die Erholung und den Fremdenverkehr vorgesehen sind.

Naturschutz, Gesamtheit aller Maßnahmen zum Schutz und zur Pflege von besiedelter und unbesiedelter Natur als Lebensgrundlage für den Menschen und für seine Erholung. In Deutschland bildet das Bundesnaturschutzgesetz den Rahmen für die von den einzelnen Ländern zu erlassenden N.-Bestimmungen. Mit diesem Gesetz sollen „die Leistungsfähigkeit des Naturhaushaltes, die Nutzungsfähigkeit der Naturgüter, die Pflanzen- und Tierwelt sowie die Vielfalt, Eigenart und Schönheit der Natur und Landschaft als Lebensgrundlage des Menschen ... nachhaltig gesichert werden". Der N. umfasst Maßnahmen des ↗ Artenschutzes und des ↗ Biotopschutzes. Um einen Überblick darüber zu haben, welche Arten in welchem Ausmaß gefährdet sind, werden so genannte ↗ Rote Listen erstellt, in denen die Veränderungen im Pflanzen- und Tierbestand berücksichtigt und bewertet werden. Auf internationaler Ebene ist der Artenschutz durch das ↗ Washingtoner Artenschutzübereinkommen (CITES) geregelt.

Da das Aussterben von Arten wesentlich mit der Veränderung und Zerstörung von Lebensräumen zusammenhängt, gehört zu den wichtigsten Maßnahmen des N. der ↗ Biotopschutz. Im Naturschutzgesetz von Deutschland ist geregelt, welche Gebiete als Schutzgebiete ausgewiesen sind und welche Objekte zu schützen sind. Besondere Schutzgebiete sind ↗ Naturschutzgebiete, ↗ Nationalparks, ↗ Landschaftsschutzgebiete, ↗ Naturparks und Biosphärenreservate. Dem Schutz von Objekten dienen Naturdenkmäler (↗ Naturdenkmal) und geschützte Landschaftsbestandteile (z. B. Alleen, Hecken). Nach der Novellierung des Bundesnaturschutzgesetzes (Juli 2001) sollen in Zukunft mindestens ein Zehntel der Fläche Deutschlands zu einem Biotopverbund (↗ Biotopvernetzung) gehören. Wichtige Organisationen des nationalen N. sind der BUND (↗ Bund für Umwelt und Naturschutz Deutschland) und der NABU (↗ Naturschutzbund Deutschland). Dem internationalen N. dienen u. a. Organisationen wie die ↗ IUCN (International Union for Conservation of Nature and Natural Resources) und der ↗ WWF (Worldwide Fund for Nature). ↗ Umweltschutz, ↗ Natura 2000, ↗ Renaturierung, ↗ Auswilderung, ↗ Artensterben, ↗ biologische Vielfalt

Literatur: Jedicke, E.: Adressbuch Naturschutz und Landschaftsplanung, Stuttgart 1999. – Naturschutz in Entwicklungsländern. Neue Ansätze für den Erhalt der biologischen Vielfalt, Heidelberg 2000. Weitere Informationen: Bundesamt für Naturschutz, www.bfn.de

Naturschutzbund Deutschland, Abk. *NABU*, 1990 gegründete deutsche Naturschutzorganisation mit Sitz in Bonn. Der NABU ist aus dem Deutschen Bund für Vogelschutz (ehemals Bund für Vogelschutz) hervorgegangen und betreut bundesweit über 5000 Schutzgebiete (Stand 2001). Weitere Informationen unter www.nabu.de

Naturschutzgebiet, Abk. *NSG*, ein gesetzlich ausgewiesenes Gebiet, in dem in Deutschland nach dem Bundesnaturschutzgesetz ein „besonderer Schutz von Natur und Landschaft in ihrer Ganzheit oder in einzelnen Teilen zur Erhaltung von Lebensgemeinschaften oder Lebensstätten bestimmter wild wachsender Pflanzen oder wild lebender Tierarten, aus wissenschaftlichen, naturgeschichtlichen oder landeskundlichen Gründen oder wegen ihrer Seltenheit, besonderer Eigenart oder hervorragender Schönheit erforderlich ist". In N. sind alle Handlungen und Maßnahmen verboten, die zu einer Zerstörung, Beschädigung oder Veränderung des geschützten Gebietes führen.

Nauplius, *Nauplius-Larve*, die typische Larve der Krebse (↗ Crustacea).

Naupliusauge, das Medianauge der höheren Krebse (↗ Crustacea).

Nautilus, *Perlboote*, einzige Gatt. der zu den Kopffüßern (↗ Cephalopoda) gehörenden *Nautiloida* mit fünf Arten. Sie haben eine äußere Schale (Gehäuse) von bis zu 27 cm Durchmesser, die durch einfache Wände gekammert ist. Am Kopf sitzen Lochkameraaugen (↗ Lichtsinnesorgane) und etwa 90 Cirren in zwei Kränzen. Deren Scheiden sind dorsal zu einer Kopfkappe verschmolzen, mit der das Gehäuse verschlossen werden kann. Die nachtaktiven Perlboote leben in Tiefen zwischen 50 und 650 m und ernähren sich vor allem von Krebsen. Sie sind seit dem unteren ↗ Devon bekannt und gelten als ↗ lebende Fossilien.

Neandertaler, *Homo sapiens neanderthalensis, Homo neanderthalensis*, Bez. für eine Gruppe zahlreicher Urmenschenfunde aus der letzten Eiszeit (Würm-Eiszeit) Europas und des Nahen Ostens, deren Alter auf ca. 90000 - 30000 Jahre geschätzt wird. Meist als Unterart des ↗ Homo sapiens angesehen, sprechen jüngste paläogenetische Untersuchungen an Neandertalerfunden aus dem Neandertal und aus der Mezmaiskaya-Höhle im Kaukasus für seine artliche Selbständigkeit. Im Jahr 1997 gemachte genetische Untersuchungen an N.-Knochen ergaben, dass die DNA der N. sich von der des modernen Menschen so stark unterscheidet, dass der letzte gemeinsame Vorfahre schon vor mehr als 800000 Jahren gelebt haben muss. Vom älteren ↗ Homo erectus unterscheidet sich der N. durch ein wesentlich größeres Gehirnvolumen von 1145 - 1795 cm^3 sowie einen ausgesprochen langen Schädel von rundlichem Querschnitt. Gegenüber dem modernen Homo sapiens zeichnet sich der N. bei durchschnittlich höherem Gehirninhalt durch einen kräftigen durchgehenden Augenbrauenwulst, eine fliehende Stirn und ein fliehendes Kinn aus. Typus ist das 1856 von J. C. ↗ Fuhlrott im Neandertal bei Düsseldorf entdeckte fragmentarische Skelett. Der Neandertaler gilt als Träger der Kultur des ↗ Moustérien.

Literatur: Tattersall, I.: Neandertaler. Der Streit um unsere Ahnen. Basel 1999.

Neanthropine, die anatomisch modernen Menschen (*Homo sapiens; ↗ Mensch*).

Nearktis, Unterregion der ↗ Holarktis.

Nebenblätter, *Stipulae*, blattartige Bildungen des ↗ Blattgrundes an der Ansatzstelle des Blattstiels.

Nebenherzen, bei Insekten (↗ Insecta) außerhalb des Rückengefäßes (Herzschlauch) selbstständig pulsierende Gefäßabschnitte (*akzessorische Herzen*), die der Hämolymphversorgung von Körperanhängen, z. B. Beinen, Fühlern (Antennenherzen) oder Flügeln, dienen.

Nebenhoden, *Epididymis, Parorchis*, den ↗ Hoden seitlich-hinten aufsitzende, paarige Speicher- und Reifungsorgane für die Spermien. Ein N. ist 5 - 6 cm lang und besteht aus *N.-Kopf, N.-Körper* und *N.-Schwanz*. Die Spermien werden aus den Hodenkanälchen in die Kanälchen des N.-Kopfes aufgenommen, die in den *N.-Gang (Ductus epididymis)* münden, der, stark aufgewunden, den N.-Körper und den N.-Schwanz bildet. Durch Sekrete, die von der Wandung des N.-Gangs abgegeben werden, werden die Spermien ernährt und reifen weiter. Die zunehmende Füllung der N. mit Spermien führt beim Mann über das vegetative Nervensystem zu einer Herabsetzung der sexuellen Reizschwelle. (↗ Spermiogenese)

Nebenniere, *Glandula suprarenalis, Corpus suprarenale, Epinephron*, ein nach Genese, Feinbau und Art seiner Hormone (*Nebennierenhormone*) aus zwei verschiedenen Teilen, dem aus dem Grenzstrang des ↗ Sympathikus hervorgegangenen *Adrenalorgan* und dem aus dem Coelomepithel entstammenden *Interrenalorgan*, zusammengesetztes endokrines Organ der Wirbeltiere und des Menschen, das bei den Fischen zunächst noch in getrennten Anteilen vorkommt und von den Tetrapoden an i. d. R. zu einem Organ zusammengeschlossen ist. Bei allen Amnioten sind die Nebennieren paarige, mit Bindegewebskapseln umgebene Organe, die bei Sauropsiden als längliche Körper den Gonaden, bei Säugetieren der Nachniere (↗ Niere) anliegen. Nur bei den *Säugetieren* bildet das Adrenalorgan ein inneres Mark (Nebennierenmark, Abkürzung NNM; 20 %), das Interrenalorgan eine dicke Rindenschicht (Nebennierenrinde, Abkürzung NNR; 80 %). Das *Nebennierenmark* besteht großenteils aus ehemaligen Ganglienzellen ohne Ausläufer, die sich mit Chrom färben lassen (*chromaffines* oder *phaeochromes Gewebe*) und dann durch Fluoreszenzmikroskopie (↗ Mikroskopie) nachweisbar sind, sowie zu einem geringeren Teil aus multipolaren Ganglienzellen des Sympathikus. Im Nebennierenmark werden die Hormone ↗ Adrenalin und ↗ Noradrenalin gebildet und an das Blut abgegeben. Es lässt sich ohne größeren Schaden für den Gesamtorganismus entfernen, da andere chromaffine Zellen im Bauchraum seine Funktion übernehmen können. Die *Nebennierenrinde* (Cortex) gliedert sich in die äußere schmale subkapsuläre *Zona glomerulosa* und die breite *Zona fasciculata*, die in Marknähe in die innerste gefäßreiche *Zona reticularis* übergeht. Je nach Entwicklungsstadium sind die Zonen verschieden stark ausgebildet. Die Nebennierenrinde produziert unter Kontrolle des ↗ adrenocorticotropen Hormons zwei Gruppen von ↗ Corticosteroiden, die ↗ Glucocorticoide und die ↗ Mineralocorticoide, sowie in geringer Menge auch ↗ Geschlechtshormone. Erkrankungen, die auf einer Überfunktion der Nebenniere beruhen, sind z. B. ↗ adrenogenitales Syndrom und das *Cushing-Syndrom*; eine Zerstörung der Nebennierenrinde (z. B. durch Tuberkulose oder Tumoren) ist Ursache der *Addison'schen Krankheit*, bei der ein Mangel der entsprechenden Hormone u. a. zu Blutarmut, Abmagerung und Muskelschwäche führt.

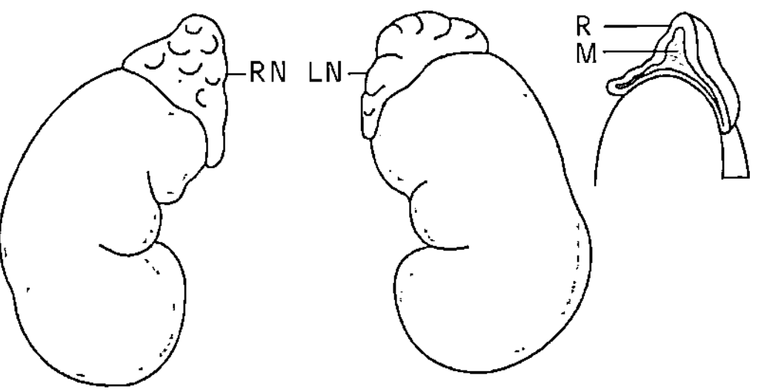

Nebenniere die den Nieren kopfwärts aufsitzenden Nebennieren des Menschen, rechts quer geschnitten. RN rechte Nebenniere, LN linke Nebenniere, R Nebennierenrinde, M Nebennierenmark

Nebenschilddrüse, *Epithelkörperchen, Parathyreoidea, Glandula parathyreoidea*, Organ der Tetrapoda, das aus Epithelkörperchen der zweiten bis vierten Kiementaschen entsteht und in ein bis zwei linsengroßen Paaren nahe des unteren Pols der ↗ Schilddrüse (Vögel), bzw. in deren rückseitiges Gewebe eingebettet (Säugetiere), lokalisiert ist. An rauem endoplasmatischem Reticulum reiche Zellen, die von Kapillaren dicht umsponnene Zellhaufen bilden, sezernieren das ↗ Parathormon. Während der Trächtigkeit bzw. der ↗ Schwangerschaft, der Lactation (Milchsekretion) und der Eiproduktion ist die N. infolge hohen Calciumbedarfs sehr aktiv. (↗ Calcitonin)

Nebenzellen, 1) *Botanik*: Zellen, die die Schließzellen der Spaltöffnungen (↗ Stomata) umgeben.

2) *Anatomie*: Schleim produzierende Zellen des ↗ Magens.

Nectophoren, die Schwimmglocken der Staatsquallen (↗ Siphonophora).

Nectria, Gatt. der ↗ Sphaeriales.

Neem tree, der ↗ Niembaum.

negative Rückkopplung, die ↗ Endprodukt-Hemmung.

Negativkontrastierung, bei der Elektronenmikroskopie die Behandlung eines Objektes mit schwermetallhaltigen Salzen wie Osmiumtetroxid, Uranylacetat oder Bleicitrat, bei der im Unterschied zur *Positivkontrastierung* das Objekt vom Kontrastierungsmittel umgeben wird und in dieser elektronenabsorbierenden Umgebung heller erscheint. (↗ Mikroskop)

Negibacteriota, veraltete Bez. für ↗ gramnegative Bakterien.

Neher, *Erwin*, deutscher Biophysiker, ✳ 20.3. 1944 Landsberg/Lech; 1968-72 Mitarbeiter am Max-Planck-Institut für biophysikalische Chemie in Göttingen, seit 1983 Leiter der Abteilung für Membranbiophysik und Prof. an der Universität Göttingen. N. erforscht in den 1970er-Jahren zusammen mit dem deutschen Mediziner B. ↗ Sakmann ↗ Ionenkanäle. Er erhielt hierfür, insbesondere für die Entwicklung der ↗ Patch-Clamp-Technik, mit der sich kleinste Ströme in Ionenkanälen messen lassen, zusammen mit Sakman 1991 den Nobelpreis für Physiologie oder Medizin.

Neisseria, *Neisserien*, Gatt. der β-Untergruppe der ↗ Proteobacteria. Es sind kokkenförmige, obligat aerobe Bakterien, die gewöhnlich in Tieren vorkommen. Sie verfügen über eine komplexe Ernährungsweise und verwerten Kohlenhydrate. Einige Arten sind Krankheitserreger: *N. gonorrhoeae* ist der Erreger der ↗ Gonorrhoe, *N. meningitidis* der Erreger der Meningokokken-Meningitis.

nekro-, in Zusammensetzungen: tot, Absterben.

Nekrophyten, Pflanzen, die von totem organischem Substrat leben. Zu den N. gehören auch die ↗ Saprophyten.

Nekrose, Bez. für das Absterben von Gewebe durch Stoffwechselstörungen, schlechte Versorgung oder die Einwirkung von Giften, Strahlen, Wärme und Kälte. Bei Tieren steht N. im Gegensatz zur ↗ Apoptose. Bei Pflanzen wird das i. d. R. lokal begrenzte Absterben von Gewebepartien als Folge von Nährstoffmangel oder Pathogenbefall ebenfalls als N. bezeichnet.

Nektar, zuckerhaltige Flüssigkeit, die von den Honigdrüsen (↗ Nektarien) an bestimmten Stellen der Pflanzen abgeschieden wird. Hauptbestandteile des N. sind Glucose, Fructose und Saccharose.

Nektarium, Plural *Nektarien*, Drüsenzelle, die zuckerhaltige Sekrete (↗ Nektar) zur Anlockung von Insekten ausscheidet. Die sehr unterschiedlich gebauten N. befinden sich überwiegend im Bereich der Blüten (*florale N.*). Seltener kommen N. auch an Blattstielen, ↗ Nebenblättern und Blattspreiten als *extraflorale N.* vor.

Nekton, das ↗ Pelagial bewohnende, meist große Tiere mit starker Eigenbewegung. Hierzu gehören Fische, Krebse, Tintenfische und Meeressäugetiere. Zwischen N. und ↗ Plankton bestehen viele Übergangsstufen.

Nelke, *Dianthus*, Gatt. der ↗ Caryophyllaceae, deren zahlreiche Arten meist fünfzählige Blüten aufweisen. Zu den kultivierten N. gehören die Gartennelke, *Dianthus caryophyllus*, und die Bartnelke, *Dianthus barbatus*. Nicht mit der N. verwandt ist die Gewürznelke (↗ Gewürznelkenbaum).

Nelkengewächse, die Fam. ↗ Caryophyllaceae.

Nelumbo, Gatt. der ↗ Nymphaceae.

Nemalionales, Ord. der ↗ Rhodophyta, deren Arten durch das Fehlen von ↗ Auxiliarzellen gekennzeichnet sind.

Nemathelminthes, *Aschelminthes*, *Rundwürmer*, Taxon, das einfach gebaute Würmer ohne Blutgefäßsystem umfasst. Sie haben primär einen durchgehenden Darmkanal mit After, jedoch ist der Darm bei einer Reihe von darmparasitisch lebenden Arten verloren gegangen. Größere Formen besitzen eine flüssigkeitserfüllte Leibeshöhle zwischen Darm und Körperwand. Als Exkretionsorgane sind oft ↗ Protonephridien vorhanden. Die Entwicklung ist meist direkt, Larvenstadien gibt es bei den Acanthocephala, den Nematomorpha, den Priapulida und den Loricifera. Charakteristisch für viele N. ist die Ausbildung von Zell- bzw. Kernkonstanz (*Eutelie*), d. h. die Zahl der Zellen ist für jedes Organ einer bestimmten Art konstant und daher bei den Individuen identisch. Entsprechend zeigen die N. ein stark eingeschränktes Regenerationsvermögen. Außerdem zeigen sie eine Tendenz zur Zellverschmelzung, sodass viele Organe aus vielkernigen Plasmamassen (*Syncytien*) aufgebaut sind. Zu den N. gehören die Rädertiere (↗ Rotatoria), die Kratzer (↗ Acanthocephala), die ↗ Gastrotricha, die Fadenwürmer (↗ Nematoda) und Saitenwürmer (↗ Nematomorpha), die ↗ Kinorhyncha, die ↗ Priapulida und die ↗ Loricifera.

Nematocera, *Mücken*, zu den ↗ Diptera gehörendes, vermutlich paraphyletisches Taxon mit rund 48000 schlanken, langbeinigen Arten. Die Fühlergeißeln sind lang und bestehen aus gleichartigen Gliedern. Die Larven haben eine vollständige oder teilweise Kopfkapsel. Ihre Mandibeln und Maxillen sind gegeneinander beweglich. Zu den N. gehören u. a. die Schnaken (↗ Tipulidae), die Zuckmücken (↗ Chironomidae) und die Stechmücken (↗ Culicidae).

Nematocysten, *Cniden*, *Nesselkapseln*, charakteristische Strukturen der Nesseltiere (↗ Cnidaria), die der Feindabwehr und dem Beutefang dienen, und die oft zu Tausenden in der Epidermis von Quallen und Polypen, insbesondere an den Tentakeln sitzen. N. werden aus so genannten *I-Zellen*

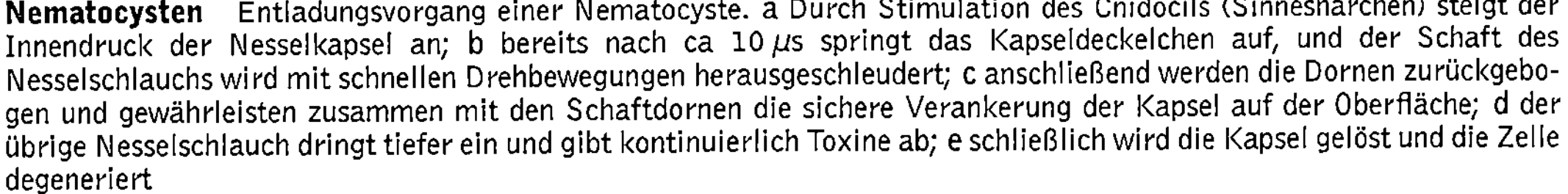

Nematocysten Entladungsvorgang einer Nematocyste. a Durch Stimulation des Cnidocils (Sinneshärchen) steigt der Innendruck der Nesselkapsel an; b bereits nach ca 10 μs springt das Kapseldeckelchen auf, und der Schaft des Nesselschlauchs wird mit schnellen Drehbewegungen herausgeschleudert; c anschließend werden die Dornen zurückgebogen und gewährleisten zusammen mit den Schaftdornen die sichere Verankerung der Kapsel auf der Oberfläche; d der übrige Nesselschlauch dringt tiefer ein und gibt kontinuierlich Toxine ab; e schließlich wird die Kapsel gelöst und die Zelle degeneriert

(interstitielle Zellen) gebildet, die embryonalen Charakter haben und sich u. a. zu den Nesselkapselbildungszellen (*Cnidoblasten*) differenzieren, in denen die N. entstehen. Nach deren Bildung bleiben sie in der Zelle liegen, die jetzt *Nematocyte* oder *Cnidocyte* genannt wird, und die teilweise zu mehreren von einer Epithelmuskelzelle umhüllt sind. Aus den Epithelzellen ragt pro Nematocyte ein Fortsatz (*Cnidocil*) heraus, der aus einer starren, langen ↗ Cilie und Kränzen von kurzen *Stereocilien* (Mikrovilli) besteht. Dieser Apparat ist für die Auslösung der N.-Explosion zuständig. Die N. selbst besteht aus einer starken äußeren und einer zarten inneren Wand. Erstere bildet einen absprengbaren Deckel, letztere ist als teilweise aufgerollter Schlauch ins Innere der Kapsel eingestülpt. Die Explosion der Kapsel wird mechanisch und/oder chemisch ausgelöst (Entladungszeit 3 - 6 Millisekunden). Insgesamt können 50 bis 60 verschiedene Kapseltypen unterschieden werden. Nach der Funktion beim Beutefang werden traditionell Durchschlagskapseln (*Penetranten*) mit Stiletten, Wickelkapseln (*Volventen*) mit langen Fäden und Haftkapseln (*Glutinanten*) mit Klebsekret unterschieden. Besonders die Schläuche der Penetran-

ten enthalten oft lähmende Gifte, die durch Poren austreten. Eine neuere Nomenklatur der N. unterscheidet nach morphologischen Kriterien folgende Typen: *Astomocniden* (Nesselapparat ohne Öffnung), *Rhopalonemen* (keulenförmiger Nesselapparat), *Desmonemen* (aufgewundener Nesselapparat), *Stomocniden* (Nesselapparat mit terminaler Öffnung), *Haplonemen* (der Nesselapparat ist ein einfacher Faden) *Heteronemen* (Nesselapparat mit abgesetztem basalem Schaft oder Schaft ohne Faden).

Nematoda, *Fadenwürmer*, in nahezu allen Lebensräumen vorkommende Gruppe der Würmer mit rund 15000 beschriebenen Arten, die oft in extrem hoher Individuendichte vorkommen; so kann ein m^2 fruchtbarer Wiesenboden bis zu 20 Mio. N. beherbergen. Viele Arten sind Endoparasiten bei Menschen und Tieren und eine Reihe von Nematoden lebt ekto- oder endoparasitisch an Pflanzen. Die meisten frei lebenden N. sind 1 - 3 mm lang (bis maximal 50 mm), die parasitischen N. sind ebenfalls meist klein, doch kann z. B. der Spulwurm, *Ascaris lumbricoides*, bis 40 cm Länge erreichen und die größte Art, *Placentonema gigantissimum*, die in der Placenta trächtiger Pottwale vorkommt, sogar bis 8,4 m Länge bei 2,5 cm Durchmesser. Charakteristisch ist die dreischichtige Körperwand, bestehend aus Cuticula, Epidermis und ausschließlicher Längsmuskulatur, die den N. eine schlängelnde Fortbewegung in alle Richtungen ermöglicht. Die Leibeshöhle ist bei großen Nematoden flüssigkeitserfüllt (*Hydroskelett*). Sinnesorgane sind *Sensillen*, die teils als Chemo-, teils als Mechanorezeptoren dienen. Als Chemorezeptoren sind *Amphiden* (Seitenorgan) vorhanden. Wenige N. besitzen Lichtsinnesorgane (*Ocellen*) von unterschiedlichem Bau, bei manchen sogar mit Linse. Das *Nervensystem* besteht aus dem

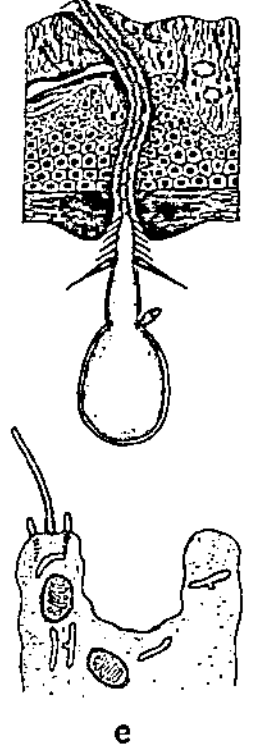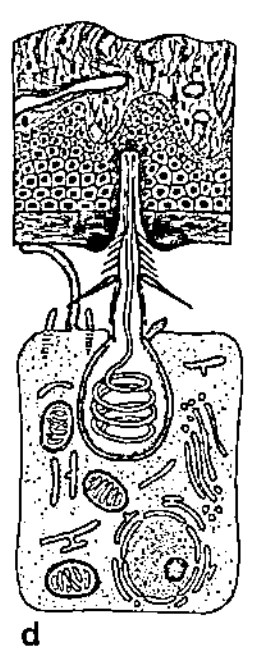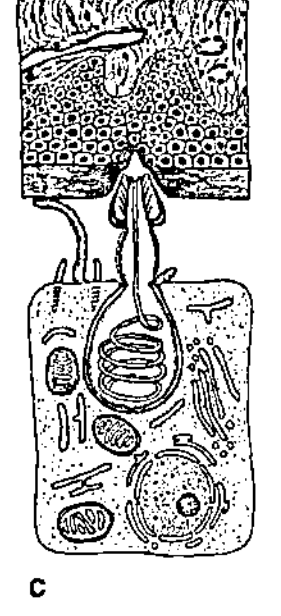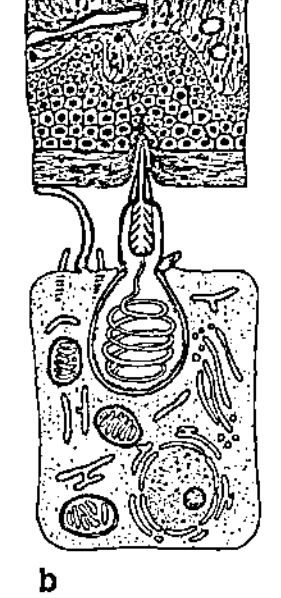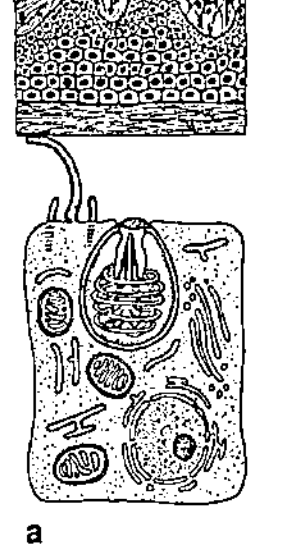

Nematocysten 1 Nematocyste mit Penetrante (c), vor der Entladung in der Nesselzelle (d) liegend; a Cnidocil, b Deckel, e Zellkern; 2 Penetrante während und 3 nach der Entladung; 4a Volvente vor und 4b nach der Entladung; 5 Glutinante

Gehirn, dessen Fasern rund um den Pharynx liegen, dem von ihm ausgehenden ventralen Markstrang und dem von diesem gebildeten dorsalen Markstrang. Der Darmkanal ist einfach und schlauchförmig. Die N. sind meist getrenntgeschlechtlich, es gibt auch Zwitter, die sich selbst besamen, und aus Süßwasser und Boden sind Arten mit ↗ Parthenogenese bekannt. Die Entwicklung ist bei allen N. direkt, die Juvenilstadien sehen den adulten Würmern ähnlich. Von vielen Arten ist Zellkonstanz (*Eutelie*) bekannt.

Es besteht Übereinstimmung darüber, dass die N. ein monophyletisches Taxon sind. Als Autoapomorphien werden u. a. die konstante Zahl papillen- oder borstenförmiger Sensillen am Vorderende, cuticuläre Spikula als Kopulationsapparat und die genau vier Häutungen im Verlauf der postembryonalen Entwicklung angesehen. Die Unterteilung in die großen Subtaxa ↗ Adenophorea und ↗ Secernentea ist als vorläufig anzusehen.

Nematomorpha, *Saitenwürmer*, mit rund 320 Arten in Süß- und Meerwasser vorkommende, lange (bis maximal 150 cm, meist 10 - 50 cm) und dünne (1 - 3 mm dick) Würmer. N. verbringen ihr Jugendstadium als Endoparasiten in der Leibeshöhle von Süßwasser- und Landinsekten, vier Arten in decapoden marinen Krebsen. Die adulten N. leben benthisch an Seeufern oder in Bächen, bzw. pelagisch im Meer. Der Körper ist wie derjenige der ↗ Nemathelminthes drehrund und besitzt eine Körperdecke aus Cuticula, Epidermis und Längsmuskulatur. N. besitzen keine Exkretionsorgane und kein Blutgefäßsystem, Darm und Pharynx sind ebenfalls in allen Lebensstadien weitgehend zurückgebildet und dienen nie der Nahrungsaufnahme. Die N. sind getrenntgeschlechtlich, die Besamung erfolgt durch Kopulation. N. haben keine Spicula, dafür aber einen ausstülpbaren *Cirrus*. Die Zehntausende bis Mio. Eier werden in Laichschnüren an Pflanzen oder Gegenständen im Wasser abgelegt; das Weibchen schlingt sich um den Laich und verharrt durch tonische Muskelkontraktion, um die Eier zu bewachen. Die marinen Arten legen ihre Eier einzeln. Die winzigen (bis 150 µm) Larven bohren sich aktiv durch die Gelenkhäute oder gelangen mit der Nahrung in ihre Wirte. Als Cysten können sie über einen Monat lang Trockenheit u. a. schlechte Bedingungen ertragen.

Nemertini, *Schnurwürmer*, rund 900 Arten bandförmiger Würmer, die meist einige Millimeter bis einige Zentimeter lang sind; die längste Art erreicht jedoch bei 9 mm Durchmesser eine Länge von 30 m (*Lineus longissimus*). Pelagische Formen sind hingegen breit und kurz. N. leben meist an Meeresküsten, seltener im Süßwasser oder in feuchter Erde. Sie sind oft bunt gefärbt und auffallend gemustert. Der Körper ist unsegmentiert, Körperanhänge

sind außer Tentakeln und Penisbildungen bei manchen pelagischen Formen nicht vorhanden. Auffälligstes Merkmal der N. ist der ausstülpbare, bei manchen Arten mit einem Giftstachel versehene *Rüssel*, mit dem die räuberisch lebenden N. ihre Beute (Weichtiere, Würmer, kleine Krebse, Fische) festhalten. Die Leibeshöhle ist vollständig mit Parenchym gefüllt, die Hohlräume des geschlossenen Blutgefäßsystems sind dem ↗ Coelom homolog. Exkretionsorgane sind ↗ Protonephridien. N. sind getrenntgeschlechtlich; i. d. R. findet äußere Befruchtung statt, einige Arten können sich auch vegetativ durch Fragmentation vermehren. Die Entwicklung geht entweder über eine planktontische Wimperlarve (*Pilidium*) oder ist direkt. Man unterscheidet zwei große Subtaxa, die *Anopla*, bei denen die Öffnung des Rüssels getrennt von der hinter dem Gehirn gelegenen Mundöffnung ist, und die *Enopla*, bei denen (mit wenigen Ausnahmen) Mund- und Rüsselöffnung vor dem Gehirn vereinigt sind.

Neocortex, ↗ Gehirn.

Neodarwinismus, von A.F.L. ↗ Weismann und H. de ↗ Vries entwickelte heutige Form des ↗ Darwinismus. Sie unterscheidet sich im Wesentlichen durch Ablehnung der Vererbung erworbener Eigenschaften, die C.R. ↗ Darwin noch postulierte. Außerdem werden die bei Darwin noch pauschal als „Variationen" bezeichneten Veränderungen klar in nicht erbliche ↗ Modifikationen und in erbliche ↗ Mutationen unterschieden.

Neodermata, zu den ↗ Plathelminthes gehörendes Taxon, in dem alle parasitisch lebenden Plathelminthen zusammengefasst sind, deren Larven mit Beginn der parasitischen Lebensweise ihre Epidermis verlieren und eine neue, aus Syncytien bestehende Körperdecke, die *Neodermis* ausbilden. Zu den N. gehören die ↗ Trematoda u. a. mit den ↗ Digenea und die ↗ Cercomeromorpha mit den ↗ Cestoda und den ↗ Monogenea.

Neogastropoda, *Neuschnecken*, die höchstentwickelte Gruppe der Vorderkiemerschnecken (↗ Prosobranchia). N. besitzen ein konzentriertes Nervensystem; das Gehäuse hat am Mündungsrand eine Siphonalrinne, die einen Einströmsipho aufnimmt und ein unverkalktes Operculum. Die Männchen haben einen großen, rückziehbaren Penis. Die Weibchen formen aus dem Sekret von Fußdrüsen Eikapseln mit Eiern und Nähreiern. Zu den N. gehört u. a. die *Wellhornschnecke* (*Buccinum undatum*) mit bis 12 cm großem Gehäuse, die auf Weich- und Hartböden des atlantischen Sublitorals (auch Nordsee) lebt und sich räuberisch und von Aas ernährt. Zu den *Kegelschnecken* (Gatt. *Conus*) gehören zahlreiche z. T. sehr schön gezeichnete Arten, die in warmen und gemäßigten Meeren vorkommen. Viele Kegelschnecken injizieren mit einem einmal verwendbaren, dolchähnlichen Einzelzahn giftige Sekrete in ihre Beutetiere, die zu Lähmung und Atemstillstand führen. Wenige Arten sind auch gefährlich für den Menschen.

Neolithikum, *Jungsteinzeit,* chronologisch Zeitabschnitt von Beginn der Nacheiszeit (↗ Holozän) vor ca. 10000 Jahren bis zur Frühstufe sumerischer und ägyptischer Hochkultur vor ca. 4800 Jahren. Phänomenologisch Bez. für Kulturen, die durch Ackerbau und Viehzucht, Keramik und geschliffene Steinbeile, nicht aber durch Metallverarbeitung gekennzeichnet waren und deren zeitliche Grenzen örtlich verschieden sind. (↗ Steinzeit)

neomorph, Bez. für eine Mutation, deren Phänotyp im Vergleich zu dem des Wildtyps qualitativ neuartig ist.

Neophyten, *Neubürger,* Pflanzen, die als „Neueinwanderer" nach dem Jahr 1492 in ein Gebiet gelangt sind und dort ohne menschliches Zutun dauerhaft verbleiben. Typische N. sind das Drüsige Springkraut (*Impatiens glandulifera*) und die Herkulesstaude (*Heracleum mantegazzianum*). ↗ Adventivpflanzen

Literatur: Böcker, R. et al.: Gebietsfremde Pflanzenarten, Landsberg 1995.

Neopilina, ↗ Monoplacophora.

neoplastischer Phänotyp, die Gesamtheit der neuerworbenen Eigenschaften einer Tumorzelle, wie z. B. die Fähigkeit zur unbegrenzten Teilung oder Metastasenbildung. (↗ Krebs, ↗ Tumor)

neoplastische Transformation, die Umwandlung einer normalen Zelle in eine Tumorzelle durch Aktivierung eines ↗ Onkogens. (↗ Tumor)

Neotenie, die Vorverlegung der Geschlechtsreife in ein Larven- oder Jugendstadium, wobei die Entwicklung des Tieres, nicht jedoch sein Wachstum, hinter der Reifung seiner Fortpflanzungsorgane zurückbleibt. Ein Beispiel für N. ist der Axolotl (↗ Ambystomatidae): Die Larve wächst heran und wird schließlich geschlechtsreif, ohne die ↗ Metamorphose durchlaufen zu haben. Die weiterhin im Wasser lebende geschlechtsreife Form sieht aus wie eine übergroße Larve. Sie kann durch Gabe von ↗ Thyroxin jedoch zur Metamorphose veranlasst werden. Olme (↗ Proteidae) hingegen wandeln sich niemals zur Landform um. Beim Teichmolch und beim Bergmolch wird N. gelegentlich beobachtet.

Neotenin, das ↗ Juvenilhormon.

Neotraginae, *Böckchen,* zu den Hornträgern (↗ Bovidae) gehörende Unterfam. mit 13 hasen- bis rehgroßen Arten, die mit Ausnahme der in Wäldern lebenden Kleinstböckchen (Gatt. *Neotragus*) überwiegend Trockengebiete in Afrika südlich der Sahara bewohnen. Nur die Männchen tragen spitze, kleine Hörner, die ungehörnten Weibchen sind meist etwas größer als die Männchen. N. ernähren sich im Wesentlichen von Blättern, Knospen, Pilzen und Früchten. Zu den N. gehört u. a. der *Klippspringer*

(*Oreotragus oreotragus*), der als einziger Paarhufer nur mit den Spitzen der senkrecht stehenden Hufe auftritt (also im Vergleich mit dem Menschen mit den Spitzen der Zehennägel).

Neotropis, drittgrößte ↗ biogeografische Region.

1) *Florenreich,* das die tropische, subtropische und australische Florenzone der Neuen Welt umfasst. Endemisch sind die ↗ Bromeliaceae, zu denen auch die ↗ Ananas gehört. Weiterhin sind die ↗ Agavaceae und die ↗ Cactaceae hier beheimatet. Viele ↗ Kulturpflanzen stammen aus der Neotropis, u. a. ↗ Gartenbohne, ↗ Kakao, ↗ Kartoffel, ↗ Kürbis, ↗ Mais und ↗ Sisalagave.

2) *neotropische Region,* tiergeografische Region, die Südamerika, Mittelamerika, das südliche Nordamerika, die Karibischen und die Galapagos-Inseln einschließt. Endemische Säugetiergruppen sind die Beutelratten und die Opossummäuse, die Ameisenbären, Faultiere und Gürteltiere, Chinchillaratten, Meerschweinchen, Nutrias, Wasserschweine, Greifschwanzaffen, Krallenaffen und Lamas. Bei den Vögeln sind zu nennen: Nandus, Steißhühner, Hockohühner, Kolibris.

Neozoen, Bez. für Tierarten, die unbeeinflusst oder beeinflusst durch den Menschen in ein Gebiet gelangt sind, in dem sie ursprünglich nicht beheimatet waren und die längerfristig wild in diesem Gebiet leben. Der Begriff N. wurde 1972 in Analogie zum Begriff ↗ Neophyten eingeführt. Während viele N. keine Bedrohung für die heimische Fauna darstellen, haben sich einige Arten sehr stark vermehrt und schädigen einheimische Lebensgemeinschaften (↗ Faunenverfälschung). Zu den N. Europas gehören der Waschbär (Heimat: Amerika), die Regenbogenforelle (Heimat: westliches Nordamerika), Bisam, Mink (Heimat: Nordamerika), der Graskarpfen (Heimat: China), die Pharaoameise (Heimat: Ostasien) und der Kartoffelkäfer (Heimat: Nordamerika). ↗ Einschleppung, ↗ Einwanderung

Literatur: Gebhardt, H., Kinzelbach R., Schmidt-Fischer, E.: Gebietsfremde Tierarten – Auswirkungen auf einheimische Lebensgemeinschaften und Biotope, Landsberg 1996.

Neozoikum, das ↗ Känäzoikum.

Nepenthaceae, Fam. der Nepenthales mit ca. 70 Arten, vor allem in den Regenwäldern Südostasiens. Die Arten der Gatt. *Nepenthes* (*Kannenblatt* oder *Kannenpflanze*) besitzen zu Tierfallen umgewandelte Schlauchblätter (↗ carnivore Pflanzen).

Nepenthales, Ord. der ↗ Rosopsida, deren Vertreter charakteristische Naphthochinone enthalten. Zu den N. gehören u. a. die ↗ Droseraceae und die ↗ Nepenthaceae.

Nephridien, Exkretionsorgane (↗ Exkretion) wirbelloser Tiere, die als ↗ Metanephridien oder ↗ Protonephridien gestaltet sind und im Einzelnen mannigfaltige Differenzierungen erfahren haben.

Nephrocyten, *Speichernieren*, der Exkretablagerung dienende Zellen bei Arthropoden, die einzeln oder in Klumpen in der Hämolymphbahn liegen.

Nephron, die tubuläre, exkretorische Einheit der Wirbeltierniere (↗ Niere).

Nepomorpha, *Hydrocorisa*, *Cryptocerata*, *Wasserwanzen*, Taxon der Wanzen (↗ Heteroptera) mit mehr als 1000, an das Leben im Wasser angepassten Arten. Die Fühler der N. sind kürzer als der Kopf breit ist, die Beine sind meist als Schwimmbeine ausgebildet. N. besitzen ein gutes Flugvermögen. Sie ernähren sich vorwiegend räuberisch. Die Nymphen besitzen ↗ Chloridzellen. Bekannteste Art ist der bis 16 cm lange *Rückenschwimmer (Notonecta glauca)*, der auf dem Rücken schwimmt (Name!) und an Tibia und Tarsus der Hinterbeine 3700 Schwimmhaare pro Bein besitzt. Er trägt einen Luftvorrat als Hülle um den gesamten Körper und unter den Flügeln. Der Rückenschwimmer ist ein Lauerjäger, der seine Beute mit den Vorder- und Mittelbeinen ergreift.

Nereis, zu den ↗ Polychaeta gehörende Gatt. mit langgestreckten Würmern, die einen ausstülpbaren Rüssel besitzen. Die bis 150 mm lange Art *Nereis diversicolor* ist eine häufige Art im Wattenmeer, aber auch in Brackwasser.

neritische Provinz, ↗ Meer.

Nerium, Gatt. der ↗ Apocynaceae.

Nervatur, die Gesamtheit der Gefäßbündel eines ↗ Blattes.

Nerven, Bez. für die zu Bündeln zusammengefaßten Ausläufer von Nervenzellen (↗ Neuron). ↗ Nervensystem

Nervenfaser, Bezeichnung für parallel verlaufende Ausläufer von Nervenzellen (↗ Neuron), die von einer gemeinsamen Bindegewebshülle umgeben sind.

Nervengeflecht *Nervenplexus*, netzartige Verknüpfung von Nerven verschiedener Rückenmarkssegmente, z. B. der ↗ Solarplexus (Sonnengeflecht). ↗ Nervensystem

Nervengewebe, ausschließlich tierisches bzw. menschliches ↗ Gewebe, das der Aufnahme, Verarbeitung und Leitung exogener ebenso wie endogen in den Nervenzellen (↗ Neuron) erzeugter Signale (↗ Erregungsleitung) dient und so das Substrat zum Bau von ↗ Nervensystemen liefert. Bei Tieren mit höher organisierten Nervensystemen und beim Menschen bilden die erregungsleitenden Bauelemente, die Nerven- oder Ganglienzellen ektodermaler Herkunft, eine enge funktionelle und räumliche Einheit mit den ↗ Gliazellen. Die stammesgeschichtlich ursprüngliche Form des N. ist das *Neuroepithel*, das entweder aus Epithelzellen mit basalen Fortsätzen zur Erregungsleitung oder intra- bzw. subepithelialen Abkömmlingen solcher Zellen besteht. Erst im Verlauf der Evolution komplexerer,

ins Körperinnere verlagerter Nervensysteme bei höher organisierten Tieren (↗ Cephalisation), differenzierte sich das N. zu einem eigenen Gewebetyp aus einem kompliziert verschalteten Filz von Glia umhüllten Nervenfortsätzen (*weiße Substanz*), in den die Zellkörper der einzelnen Nervenzellen, entweder in scheinbar regelloser Verteilung oder zusammengefaßt zu *Körnerschichten* oder Ganglien (↗ Ganglion; *graue Substanz*), eingebettet sind.

Nervenplexus, das ↗ Nervengeflecht.

Nervensystem, *Systema nervosum*, Abk. *NS*, Gesamtheit des den Metazoen-Organismus durchziehenden ↗ Nervengewebes als morphologische und funktionelle Einheit mit der Fähigkeit, Reize über Rezeptoren aufzunehmen, Erregungen zu bilden, weiterzuleiten, zu verarbeiten, eventuell zu speichern und gegebenenfalls Reize über Effektoren zu beantworten. Seine funktionelle und strukturelle Einheit ist die Nervenzelle (↗ Neuron).

Bereits die Schwämme (↗ Porifera) besitzen langgestreckte, mehrfach verzweigte (multipolare) Zellen, die elektrische Impulse weiterleiten, jedoch noch keine echten Nervenzellen sind. Die Erregungsübertragung zwischen den Zellen erfolgt durch chemische Überträgersubstanzen (↗ Transmittersubstanzen). Die ↗ Erregungsleitung ist sehr langsam und scheint bei der Kontraktion des Schwammkörpers eine Rolle zu spielen. Das N. der Hohltiere (↗ Coelenterata) liegt an der Basis der äußeren, den Körper bedeckenden Zellschicht (*epitheliales N.*). Es besteht aus zahlreichen multipolaren Zellen, die an ihren Ausläufern miteinander in Kontakt treten und so ein netzförmiges N. (*Nervennetz*) aufbauen. Eine Konzentration von Nervenzellen zu einem Ring um den Schlund findet sich bei Polypen bzw. am Schirmrand der Medusen. Eine physiologische Besonderheit des diffusen Nervennetzes ist, dass die ↗ Synapsen zwischen den Nervenzellen Erregungen in beide Richtungen weiterleiten. Dadurch kann sich in dem Nervennetz eine Erregung von jedem beliebigen Punkt aus gleichmäßig in alle Richtungen ausbreiten. Bei zwei Gruppen der Hohltiere, den ↗ Hydrozoa und den ↗ Scyphozoa, wurden zwei morphologisch getrennte Nervennetze beschrieben: eines im Zusammenhang mit der Fortbewegung, das andere im Zusammenhang mit den Fangbewegungen. Aktivität des einen Nervennetzes hemmt das andere und umgekehrt. Das N. der Plattwürmer (↗ Plathelminthes) besteht im typischen Fall aus acht Marksträngen, die durch zahlreiche Kommissuren miteinander verbunden sind. Am Vorderende ist in Bezug zu den Sinnesorganen ein Kopfganglion (Gehirn) zu finden, das auch Kontakt zu den Längssträngen hat. Ein solches N. wird aufgrund der gleichmäßigen Ausrichtung der Längsstränge *Orthogon* genannt.

Das typische N. der Ringelwürmer (↗ Annelida) ist ein *Strickleiternervensystem*, das sich aus vielen paarigen und segmental angeordneten Ganglien zusammensetzt. Die Ganglien sind durch quer verlaufende *Kommissuren* und längs verlaufende *Konnektive* miteinander verbunden. Von jedem Ganglion gehen drei segmentale Nerven aus. Diese innervieren aber, entsprechend der die Segmentgrenzen übergreifenden Anlage der Muskulatur, auch Gebiete, die jenseits des Segments liegen, von dessen Ganglion sie entspringen. Die Nerven fassen sensible und motorische Anteile zusammen. Nervenimpulse werden dort über *Zwischenneurone* (Interneurone) auf ab- oder aufsteigende Nervenfasern umgeschaltet, sodass Impulsübertragung auch auf andere Ganglien möglich ist. Das Gehirn der Ringelwürmer entsteht durch Verschmelzung der vordersten Bauchmarkganglien. Vom Gehirn entspringen die Nerven des Eingeweidenervensystems (*stomatogastrisches N.*). Dieses bildet ein dichtes Nervengeflecht um Schlund und Eingeweide; es scheint von den sensiblen und motorischen Systemen des Strickleiternervensystems weitgehend unabhängig zu sein. Funktionell völlig unabhängig vom allg. motorischen N. ist das Riesenfasersystem des Bauchmarks. Im ventralen Nervenstrang liegen meist drei Nervenfasern, deren Durchmesser bis zu 75 µm beträgt und damit den Querschnitt normaler Fasern um das ca. 10fache übersteigt. Damit verbunden ist eine Erhöhung der Leitungsgeschwindigkeit für elektrische Impulse. Das Nervensystem der Gliederfüßer (↗ Arthropoda) stimmt in seiner Grundorganisation mit dem Strickleiternervensystem der Ringelwürmer überein. In einigen ursprünglichen Gruppen zeigt es noch diesen charakteristischen Bau, während in allen abgeleiteten Gruppen eine verstärkte Zusammenlegung und Konzentrierung der Ganglien und die Herausbildung weiterer übergeordneter Zentren zu beobachten sind. So sind z. B. bei Webspinnen (↗ Araneae), vielen Insekten und einigen Krebstieren (Krabben) die Ganglien des Bauchmarks zu einem einheitlichen großen Nervenknoten verschmolzen. Auch das Gehirn der Gliederfüßer erfährt mit zunehmendem Differenzierungsgrad eine weitere Ausgestaltung. Die Bauchmarkganglien des Rumpfes und des Hinterleibs entsenden in jedem Segment Axone zu den Muskeln des Rumpfes, der Gliedmaßen und der Atemöffnungen, in den Flügel tragenden Segmenten auch zu den Flügelmuskeln und im Hinterleib zum Herzen. Umgekehrt empfangen die Bauchmarkganglien sensible Nervenfasern von den Sinnesorganen der Beine, der Flügel, der Cerci, von den inneren Streckrezeptoren usw. Zahlreiche Interneurone in den Ganglien verschalten die Neurone miteinander. Wie auch bei den Ringelwürmern lassen sich im Bauchmark der Gliederfüßer Riesen-

fasern feststellen. Das *Eingeweidenervensystem* versorgt unabhängig vom motorischen Nervensystem die inneren Organe. Eine besondere Ausbildung hat bei den Gliederfüßern die Verknüpfung des Nervensystems mit dem Hormonsystem erfahren. Hieran sind zum einen neurosekretorische Zellen des Nervensystems beteiligt, die z. B. in fast allen Bauchmarkganglien zu finden sind, zum anderen aber auch endokrine Drüsen außerhalb des N. Die Koppelung der Systeme erfolgt über die ↗ Neurohämalorgane.

Der gemeinsame Grundbauplan des N. aller Weichtiere (↗ Mollusca) beschreibt sechs Paar klar definierter Ganglien: die *Oberschlund-* oder *Cerebralganglien, Pedal-, Pleural-, Buccal-, Intestinal-* und *Visceralganglien.* Alle Ganglien sind durch Kommissuren und Konnektive miteinander verbunden. In fast allen Klassen der Weichtiere wird jedoch der Lagebezug der Ganglien verändert, und/ oder es kommt zu Verschmelzungen. Bei den beiden ursprünglichsten Klassen der Weichtiere, den Amphineura und den ↗ Monoplacophora, zeigen sich noch morphologische Anklänge an ein Orthogon. Bei diesen beiden Gruppen besteht das Nervensystem, ausgehend vom Oberschlundganglion, aus zwei Paar Nervensträngen, einem Paar lateralen und einem Paar ventralen, die durch zahlreiche Kommissuren verbunden sind. Die Schnecken (↗ Gastropoda) zeigen einerseits die Anlage des Grundbauplans (sechs Ganglienpaare) sehr deutlich, unterliegen aber andererseits durch die Drehung des Eingeweidesacks einer Umkonstruktion, die zu einer Überkreuzung der zu den Parietal- und Visceralganglien führenden Konnektive führt (*Chiastoneurie*). Eine Besonderheit ist das vom Pedalganglion ausgehende Nervennetz des Fußes (*pedaler Nervenplexus*). Es steht unter dem zentralnervösen Einfluss des Pedalganglions, zeigt komplizierte sensomotorische Verschaltungen, die die Wellenbewegung des Fußes koordinieren, und scheint eigene Impulszentren zu besitzen. Ein stomatogastrisches N. ist in Form eines Magen-Darm-Plexus ausgebildet, der über die Buccal- und Visceralganglien innerviert wird. Das N. der Kopffüßer (↗ Cephalopoda) zeigt eine für Wirbellose einmalige Zentralisation. Die in den anderen Taxa einzeln gelegenen Ganglien verschmelzen zu einem großen Komplexgehirn, das zu erstaunlichen integrativen Leistungen (einsichtiges Handeln, Lernen) befähigt ist. Auch bei Kopffüßern gibt es ein Riesenfasersystem, das als „Notsystem" unabhängig arbeitet und schnelle Fluchtreaktionen auslöst.

Das N. der Wirbeltiere (↗ Vertebrata) und des Menschen zeigt einen völlig anderen Bauplan als die bisher besprochenen Nervensysteme. Es lässt sich morphologisch in das *Zentralnervensystem* (Gehirn und ↗ Rückenmark) und das *periphere Ner-*

vensystem (↗ Hirnnerven, Rückenmarksnerven und periphere Ganglien) einteilen. Funktionell unterscheidet man das *animale* oder *somatische N.*, zur Regelung der Beziehung des Organismus zur Außenwelt und der willkürlichen und unwillkürlichen Motorik, und das *vegetative* oder *autonome N.*, zur Regelung der Vitalfunktionen (Atmung, Verdauung, Stoffwechsel, Sekretion, Wasserhaushalt und viele andere). Das vegetative N. ist primär nicht dem Bewusstsein untergeordnet, es wird seinerseits in drei weitere funktionell und morphologisch unterschiedliche Systeme unterteilt: ↗ Sympathikus, ↗ Parasympathikus und *intramurales System* (Nervenfasern und Ganglien in Herz-, Magen-, Darm-, Blasen- und Uteruswand, mit gewisser Selbständigkeit; ↗ Darmnervensystem; ↗ Herz). Grundelemente des *Zentralnervensystems (ZNS)* sind ein entlang der Längsachse des Tieres dorsal im Körper gelegenes Nervenrohr (↗ Neuralrohr), das Rückenmark, und ein Gehirn am Vorderende (Kopf). Der Wirbeltierkörper zeigt eine fundamentale Gliederung in vier Körperregionen, die sich auch in der Zuordnung peripherer Bereiche des Nervensystems zu Abschnitten des ZNS widerspiegelt: 1) Die Leibeswand (somatisches Gebiet) wird über die Spinalnerven des Rückenmarks versorgt. 2) Deutlich getrennt von der Leibeswand ist das Eingeweidenervensystem (Darmnervensystem), dessen Innervierung einerseits über den Grenzstrang des Sympathikus erfolgt, andererseits auch über Seitenzweige der ↗ Hirnnerven, insbesondere des Vagus (↗ Parasympathikus), stattfindet, aber auch autonome Anteile aufweist. 3) Der Kiemendarm (branchiales Gebiet) und seine Derivate bei landlebenden Wirbeltieren werden von Hirnnerven (Branchialnerven) versorgt. 4) Die großen Sinnesorgane des Vorderkopfes (Nase, Augen, statoakustisches Organ) sind über die Hirnnerven I, II und VIII mit den ihnen zugeordneten Gebieten im Gehirn verbunden. Das ↗ Rückenmark durchzieht als mächtiger Strang den Wirbelkanal. Es ist nervöses Zentralorgan für zahlreiche Reflexe und Automatismen und zugleich Leitungsweg vieler Nervenfasern, die die übergeordneten Zentren des Gehirns mit der Peripherie verbinden. Entsprechend deutlich lässt sich auch anatomisch eine Untergliederung in einen Eigenapparat und einen Verbindungsapparat feststellen. Der Eigenapparat wird von anatomisch fest verschalteten Reflexbögen aufgebaut, die über Interneurone miteinander verbunden sind. Er ist ohne Beteiligung des Gehirns zu selbsttätigen Leistungen fähig, die ein Grundmuster von Bewegungsabläufen, Halte- und Stellreaktionen oder Schreckreaktionen repräsentieren (↗ Reflex). Der Verbindungsapparat des Rückenmarks verknüpft sensible bzw. motorische Neurone mit den übergeordneten Zentren des Gehirns. Bei Säugetieren und Mensch

tritt ein Verbindungszug, die ↗ Pyramidenbahn, besonders hervor. Sie verbindet die Zentren der Willkürmotorik in der Großhirnrinde direkt, ohne Umschaltung, mit ↗ Motoneuronen im Rückenmark. Auf dieser Bahn werden bewusste, dem Willen unterliegende Bewegungssignale geleitet. Kopien dieser Signale gelangen zum Kleinhirn, das eine Koordination der Bewegungsmuster vornimmt und regelnde Signale entsendet. Die motorischen Kleinhirnsignale werden auf Parallelbahnen der Pyramidenbahn geleitet, zuvor aber noch mehrfach in den Kerngebieten des Rautenhirns umgeschaltet. Dieses System unterliegt nicht dem Willen und wird dem Pyramidenbahnsystem als *extrapyramidales System* an die Seite gestellt. Zwischen beiden bestehen über Nebenschlussbahnen enge Verbindungen.

Das *vegetative* oder *autonome N.* innerviert die inneren Organe, Herz und Blutgefäße sowie die Drüsen. Es arbeitet vom Willen weitgehend unabhängig (Name!) und ist für die Steuerung des inneren Milieus (Atmung, Verdauung, Blutkreislauf, Körpertemperatur, Hormondrüsentätigkeit) zuständig. Es ist zentral eng mit dem somatisch-motorischen System verknüpft. Im Zentralnervensystem sind daher die Anteile der beiden Systeme morphologisch nicht zu trennen. Eine deutliche Trennung zeigt sich aber in der Peripherie: das periphere vegetative Nervensystem gliedert sich in einen sympathischen (Sympathikus, sympathisches Nervensystem) und einen parasympathischen (Parasympathikus, parasympathisches Nervensystem) Anteil. An der Zusammenarbeit der verschiedenen Teile des Nervensystems ist immer die Sekretion bestimmter Substanzen beteiligt. Sie können als *Neurotransmitter* direkt auf postsynaptische Membranen wirken, aber auch, z. B. als *Neurohormone*, entferntere Orte im Körper erreichen. Diese Form der *Neurosekretion* des N. ist phylogenetisch sicher sehr alt. Das N. unterscheidet sich vom ↗ Hormonsystem dadurch, dass es eine Information oder ein Signal gezielt von einer Struktur zu einer anderen weiterleiten kann, während das Hormonsystem den Körper mit einem Stoff, dem Hormon, „überschwemmt" und alle Strukturen, die empfänglich dafür sind, gleichzeitig anspricht. Dennoch können sich beide Systeme gegenseitig beeinflussen (Hormone können durch Nervenimpulse freigesetzt werden oder können ihrerseits in neuronale Prozesse eingreifen) und stehen morphologisch in enger Verbindung, sodass eine Abgrenzung beider Systeme oft schwer fällt: ein Neurotransmitter, z. B. ↗ Adrenalin, kann gleichzeitig ein Hormon sein; Nervengewebe können Neurohormone abgeben; endokrine Organe können aus neuronalen Anlagen hervorgehen: das Nebennierenmark leitet sich z. B. von sympathischen Ganglien ab.

Literatur: Brown, A.G.: Nerve Cells and Nervous Systems. An Introduction to Neuroscience, Heidelberg 2001. – Kahle, W.: Taschenatlas der Anatomie, Bd. 3 Nervensystem und Sinnesorgane, Stuttgart 2000. – Nicholls, J.G. u.a.: Vom Neuron zum Gehirn, Heidelberg 1995. – Zilles, K., Rehkämper, G.: Funktionelle Neuroanatomie, Heidelberg 1998.

Nervenzelle, das ↗ Neuron.

Nervi craniales, die ↗ Hirnnerven.

Nervus abducens, *Abducens,* der VI. Hirnnerv. Er entspringt im *Nucleus nervi abducentis* im Boden des IV. Hirnventrikels (↗ Gehirn) und innerviert den *Musculus rectus lateralis* des Augapfels. Seine Schädigung führt zu einer Augapfelfehlstellung (Schielen) in Richtung der Nase. (↗ Hirnnerven)

Nervus accessorius, *Akzessorius, Beinerv,* der XI. Hirnnerv. Er ist ein rein motorischer Nerv und hat eine craniale und eine spinale Wurzel. Die craniale Wurzel entspringt dem *Nucleus ambiguus* im Hirnstamm und enthält Fasern, die nach Abgang vom Hirnstamm zum ↗ Nervus vagus übertreten und die glatte Muskulatur des ↗ Kehlkopfs innervieren. Die spinale Wurzel entspringt einer Zellsäule im Vorderhorn des Rückenmarks im Halsbereich und innerviert den *Musculus sternocleidomastoideus* („Kopfnicker") und den *Musculus trapezius* (Kapuzenmuskel), die im Halsbereich liegen und der Kopfbewegung dienen. Eine Schädigung des N. a. führt zu einer Schwäche in der Kopfhaltung und bei der Kopfrotation, einer Fehlstellung des Schultergürtels und einer Einschränkung der Armbewegung. (↗ Hirnnerven)

Nervus facialis, *Facialis,* der VII. Hirnnerv. Er führt Nervenfasern von vier verschiedenen Leitungsqualitäten. Ein Teil seiner Fasern dient der Sensibilität im Kopfbereich hinter den Ohren und im äußeren Ohrenkanal; ein anderer Teil vermittelt Signale von Geschmacksrezeptoren in den vorderen zwei Dritteln der ↗ Zunge; ein dritter Teil dient der motorischen Innervation der Gesichtsmuskulatur („Gesichtsnerv"), mit der vor allem Primaten ihr Mienenspiel (Mimik) gestalten. Schließlich führt der N. f. auch präganglionäre parasympathische Fasern, welche die Aktivität der ↗ Speicheldrüsen steuern. – Eine einseitige Lähmung des N. f. kann z. B. durch lokale Infektionen oder Blutversorgungsstörungen verursacht werden. Sie hat ein halbseitig erschlafftes „hängendes" Gesicht zur Folge, das ein Schließen des Auges und des Mundwinkels unmöglich machen kann. Außerdem sind der Tränenfluss und die Geschmackswahrnehmung gestört. (↗ Hirnnerven)

Nervus glossopharyngeus, *Glossopharyngeus, Zungen-Schlund-Nerv,* der IX. Hirnnerv. Er entspringt einem Kerngebiet am Boden des IV. Hirnventrikels, liegt beim Verlassen des Schädels in unmittelbarer Nähe des ↗ Nervus accessorius und des ↗ Nervus vagus und bildet an der Schädelbasis zwei sensible Ganglien (*Ganglion superius* und *Ganglion inferius* oder *petrosum*). Der N. g. versorgt die Schleimhaut der Rachenwand, des hinteren Zungendrittels, die Paukenhöhle, die Eustachi-Röhre und die Schlundmuskulatur sowie die Ohrspeicheldrüse. (↗ Hirnnerven)

Nervus hypoglossus, *Hypoglossus, Zungenmuskelnerv,* der XII. Hirnnerv. Er entspringt den Motoneuronen im Hypoglossuskern unter dem Boden des IV. Hirnventrikels und innerviert die Muskeln der Zunge. Bei den Amphibia wurde der N. h. sekundär zurückgebildet. Bei den Fischen entsprechen dem N. h. die Occipital- und die vorderen Spinalnerven, die sich zu einem Stamm vereinigen. (↗ Hirnnerven)

Nervus oculomotorius, *Oculomotorius, Augenmuskelnerv,* der III. Hirnnerv. Er entspringt im Mittelhirn und enthält sowohl parasympathische Fasern für die inneren Augenmuskeln (*Musculus sphincter pupillae,* Verenger der Pupille und *Musculus ciliaris, Ciliarmuskel,* ↗ Akkommodation) als auch somatomotorische Fasern für die vier vom N. o. versorgten (der insgesamt sechs) äußeren Augenmuskeln (*Musculus rectus superior, inferior* und *medialis, Musculus obliquus inferior*); der N. o. innerviert außerdem den Hebemuskel des Oberlids (*Musculus levator palpebrae superioris*). ↗ Hirnnerven

Nervus olfactorius, *Olfactorius, Riechnerv, Geruchsnerv,* der I. Hirnnerv, der eigentlich kein echter Hirnnerv ist, sondern ein Fortsatz der Sinneszellen der Riechschleimhaut, der zentralwärts zum Gehirn zieht; Er bildet meist keinen einheitlichen Strang, sondern besteht aus einzelnen Faserbündeln. Bei Tieren mit einem ↗ Jacobson-Organ führt ein besonderer Zweig des N. o. zu diesem speziellen Organ. (↗ Geruchssinn, ↗ Hirnnerven)

Nervus opticus, *Opticus, Sehnerv,* der II. Hirnnerv, der jedoch kein typischer Nerv ist, sondern ein besonderer Fasertrakt des Gehirns. Die beiden Nervi optici ziehen von der Ganglienzellschicht der Netzhaut (↗ Auge) nach Überkreuzung (*Chiasma opticum*) zu den Zentren im Mittelhirn-Dach, bei Säugern zum größeren Teil zu besonderen Arealen der Hirnrinde. (↗ Gehirn, ↗ Hirnnerven)

Nervus statoacusticus, *Statoacusticus, Gehörnerv, Hörnerv,* auch *Nervus vestibulo-cochlearis,* der VIII. Hirnnerv. Er besteht eigentlich aus zwei einzelnen Nerven, die nur abschnittsweise in ein gemeinsames Bindegewebe gehüllt sind: dem an Sinnesepithelien der Bogengänge endenden *Nervus vestibularis* (*Gleichgewichtsnerv*) und dem die Sinneszellen der Cochlea (Schnecke) versorgenden *Nervus cochlearis* (*Hörnerv* i. e. S.). ↗ Gehörsinn, ↗ Hirnnerven, ↗ Ohr

Nervus trigeminus, *Drillingsnerv,* der V. Hirnnerv. Er teilt sich, vom verlängerten Mark ausgehend, in drei paarige Äste (Augenhöhlennerv, *Nervus ophthalmicus*, Oberkiefernerv, *Nervus maxillaris* und Unterkiefernerv, *Nervus mandibularis*); Der N. t. versorgt u. a. die Gesichtshaut und die Augenbindehaut, die Tränendrüsen, die Mund-, Nasen- und Stirnhöhlen-Schleimhaut, einen Teil der ↗ Hirnhäute und die Kaumuskulatur. (↗ Hirnnerven)

Nervus trochlearis, *Rollnerv*, der IV. Hirnnerv. Er ist ein Augenmuskelnerv, der den *Musculus obliquus superior* innerviert. (↗ Hirnnerven)

Nervus vagus, *Eingeweidenerv*, der X. Hirnnerv. Er innerviert nicht nur Bezirke im Kopf (Teile der harten Hirnhaut und der Haut des äußeren Gehörgangs) und Halsbereich (Rachenraum, Kehlkopf, Schlund), sondern auch als geflechtartiger Eingeweidenerv Lunge, Verdauungstrakt und Herz. (↗ Hirnnerven, ↗ Nervensystem, ↗ Parasympathikus)

Nerz, Name zweier Arten der Marder (↗ Mustelidae). Der *Europäische N. (Mustela (Lutreola) lutreola*; mit weißer Oberlippe) lebte ursprünglich in fast ganz Europa, findet sich jedoch heute nur noch im Osten und in Westfrankreich. Noch Anfang des 20. Jh. waren N. in Nord- und Nordostdeutschland nicht selten; inzwischen gilt die Art in Deutschland als ausgestorben (letzter Nachweis: 1940 bei Göttingen). Der *Amerikanische N. (Mustela (Lutreola) vison, Mink*; keine weiße Oberlippe) ist über ganz Nordamerika, außer im hohen Norden und tiefen Süden, verbreitet; in den skandinavischen Ländern und in Asien wurden Amerikanische N. ausgesetzt. Etwa seit 1910 werden Amerikanische N. für die Pelzindustrie (vor allem in Kanada) in Farmen gezüchtet; es gelang in wenigen Jahrzehnten, mehrere Farbvarianten herauszuzüchten. Bei vereinzelt in Deutschland wild auftauchenden Nerzen handelt es sich um entkommene oder ausgesetzte Amerikanische Nerze.

Nesselkapseln, die ↗ Nematocysten.

Nesseltiere, die ↗ Cnidaria.

Nestflüchter, Tiere, die unmittelbar oder doch kurze Zeit nach der Geburt den Geburtsort verlassen können. Dies setzt voraus, dass zum Zeitpunkt der Geburt Sinnesorgane, Zentralnervensystem und Motorik bereits voll funktionsfähig sind, was weitere Reifungsprozesse nicht ausschließt. Den N. gegenübergestellt werden die ↗ Nesthocker und die ↗ Platzhocker und ↗ Traglinge.

Nesthocker, Tiere, die sich bei der Geburt noch in einem so unreifen Entwicklungszustand befinden, dass sie auf ↗ Brutpflege angewiesen sind. Den N. gegenübergestellt werden die ↗ Nestflüchter. (↗ Platzhocker, ↗ Traglinge)

Nettofotosynthese, *apparente Fotosynthese*, der Anteil der ↗ Bruttoprimärreaktion (*Bruttofotosynthese*), der nach Abzug der durch die mitochondriale Atmung und ↗ Fotorespiration verbrauchten

Kohlenhydrate übrig bleibt. Bei der Bestimmung der Fotosyntheserate anhand der CO_2-Gaswechselrate wird i. d. R. die N. ermittelt. (↗ Fotosyntheseforschung, ↗ Primärreaktion)

Nettoprimärproduktion, ↗ Primärproduktion.

Nettoproduktion, die von einem Organismus durch ↗ Assimilation in einer bestimmten Zeit in den Körper eingebrachte Biomasse abzüglich der in derselben Zeit ausgeschiedenen Abfallprodukte des Stoffwechsels. Die ↗ Nettoprimärproduktion erfolgt dabei durch die grünen Pflanzen, die *Nettosekundärproduktion* durch heterotrophe Organismen.

Netzflügler, die ↗ Planipennia.

Netzhaut, *Retina*, ↗ Auge.

Netzmagen, *Reticulum*, Teil des Magens der Wiedekäuer (↗ Ruminantia).

Netzpython, Art der Riesenschlangen (↗ Boidae).

Netzschleimpilze, die ↗ Labyrinthulomycetes.

neuartige Waldschäden, ↗ Waldsterben.

Neubürger, *die* ↗ Neophyten.

Neumünder, die ↗ Deuterostomia.

Neunaugen, die ↗ Petromyzonta.

Neuntöter, Art der Würger (↗ Laniidae).

Neuraldrüse, der ↗ Hypophyse der Wirbeltiere homologes Organ der Manteltiere (↗ Tunicata).

Neuralleiste, Zellpopulation in der frühen ↗ Embryonalentwicklung der Wirbeltiere, die sich zu beiden Seiten der Neuralrinne (↗ Neurulation) aus den Neuralwülsten entwickelt. Die Neuralleisten wandern zu unterschiedlichen Zielorten im Körper und bilden eine Vielzahl von Geweben wie etwa das autonome und das sensorische Nervensystem, Pigmentzellen und einige Knorpelelemente des Kopfes.

Neuralplatte, ↗ Neurulation.

Neuralrohr, ↗ Neurulation.

Neuralwülste, ↗ Neurulation.

Neurit, das Axon (↗ Neuron).

Neuroblasten, Bez. für embryonale Zellen, die sich zu neuronalen Geweben entwickeln (Neuronen, Gliazellen).

Neurocranium, ↗ Schädel.

Neurofibrillen, ↗ Neuron.

Neurohämalorgane, Bez. für Organe, in denen von Nervenzellen freigesetzte Hormone gespeichert und bei Bedarf in die Blutbahn ausgeschleust werden, die aber selbst keine Hormone produzieren. Die Neurohypophyse (↗ Hypophyse) ist ein typisches N., ebenso die ↗ Corpora allata der Insekten.

Neurohormone, Bez. für Hormone, die von (neurosekretorischen) Nervenzellen (↗ Neuronen) gebildet und in die Blutbahn abgegeben werden und in einem weiter entfernten Organ wirken. Sie unterscheiden sich damit von den Neurotransmittern (↗ Transmittersubstanzen), die in den synaptischen Spalt abgegeben werden und an Ort und Stelle wirken. In den neurosekretorischen Zellen lassen sich

Sekretgranula erkennen, die im Axon zu den Nervenendigungen transportiert werden und dort meist an ein ↗ Neurohämalorgan abgegeben werden, das seinerseits die N. ins Blut abgibt. Es gibt aber auch Nervenzellen, die eine Substanz am Axonende als Neurotransmitter ausschütten, an den Enden von Axonkollateralen jedoch als Neurohormon an Blutgefäße abgeben, sodass in diesem Fall der Übergang zwischen Neurotransmitter und N. fließend ist. Die N. sowohl der Wirbeltiere als auch der wirbellosen Tiere sind meist Peptide, seltener ↗ biogene Amine. N. sind oft *glandotrope Hormone*, d. h. solche Hormone, deren Zielorgan eine endokrine, also ihrerseits Hormon produzierende Drüse ist und deren Hormonsekretion sie regulieren.

Neurohypophyse, der Hypophysenhinterlappen (↗ Hypophyse).

Neuromasten, sekundäre Sinneszellen in den ↗ Seitenlinienorganen von Fischen und im Wasser lebenden Amphibien.

neuromuskuläre Synapse, die ↗ motorische Endplatte.

Neuron, *Nervenzelle*, selbstständiges strukturelles Bauelement und funktionelle Schalteinheit von ↗ Nervensystemen der Tiere und des Menschen. Aufgrund ihrer Membranstruktur sind Nervenzellen ausgeprägter als andere Zellen in der Lage, entweder exogene elektrische Impulse oder spezifische chemische Reize aufzunehmen und in elektrische ↗ Erregung umzuwandeln oder endogen durch bestimmte Stoffwechselprozesse Erregung selbst zu erzeugen und diese in Form schwacher elektrischer Ströme polar gerichtet über größere Strecken an andere Zellen weiterzuleiten (↗ Erregungsleitung). In Form und Größe (Durchmesser: im Extrem bis 100 µm) sehr variabel, gliedern Nervenzellen sich generell in einen plasmareichen kernhaltigen Zellkörper (*Perikaryon*, früher auch Soma) und eine wechselnde Zahl erregungsleitender Zellfortsätze. Das Perikaryon zeichnet sich gewöhnlich durch ein reichlich ausgebildetes raues ↗ endoplasmatisches Reticulum aus, während die Leitungsfortsätze bis auf mehr oder weniger dicke Längsbündel von ↗ Mikrotubuli (*Neurotubuli*; *Neurofibrillen*) und Actinfilamenten (↗ Actin) sowie Vesikel mit Neurotransmittern (↗ Transmittersubstanzen) fast organellenfrei sind. Die Neurotubuli dienen als „Förderbänder" für den Transmittertransport. Je nach Richtung der Erregungsleitung unterscheidet man gewöhnlich kürzere, bäumchenförmig verästelte Fortsätze (*Dendriten*), über welche die Nervenzelle Erregungsimpulse von anderen Nervenzellen oder Sinneszellen aufnimmt, sowie jeweils nur einen erregungsableitenden Neuriten (*Axon*) pro Nervenzelle, über den nervöse Signale an andere Nervenzellen oder Erfolgsorgane (Muskelzellen, Drüsenzellen) weitergeleitet werden. Das Axon ist in der Regel erheblich länger als die Dendriten (1 m und mehr bei motorischen Nervenzellen im Rückenmark der Wirbeltiere) und dünner als diese. Es kann in seiner ganzen Länge kürzere Seitenäste (*Kollaterale*) abgeben und verzweigt sich meist erst an seinem äußersten Ende in mehrere Äste (*Telodendron, Neurodendrium*). Zudem unterscheidet es sich von jenen durch Struktur und Eigenschaften seiner Membran. Im ge-

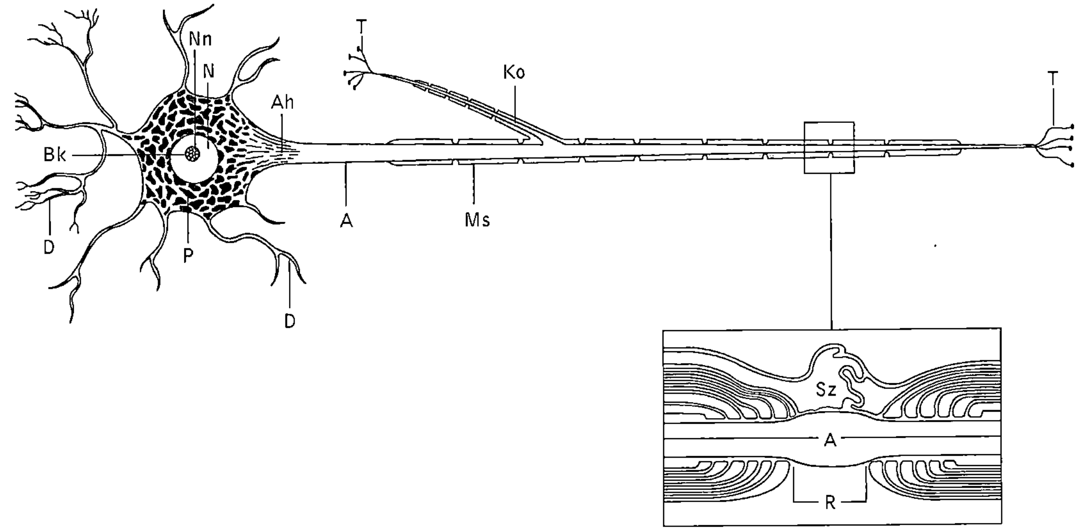

Neuron Schematischer Bau eines Neurons. Der Ausschnitt zeigt die Feinstruktur eines Ranvier-Schnürrings, und zwar in der unteren Hälfte der Abb. einer Faser des Zentralnervensystems, in der oberen Hälfte einer Faser des peripheren Nervensystems. A Axon, Ah Axonhügel, Bk Barrkörperchen, D Dendriten, Ko Kollaterale, Ms Markscheide, N Nucleus, Nn Nucleolus, P Perikaryon, T Telodendron

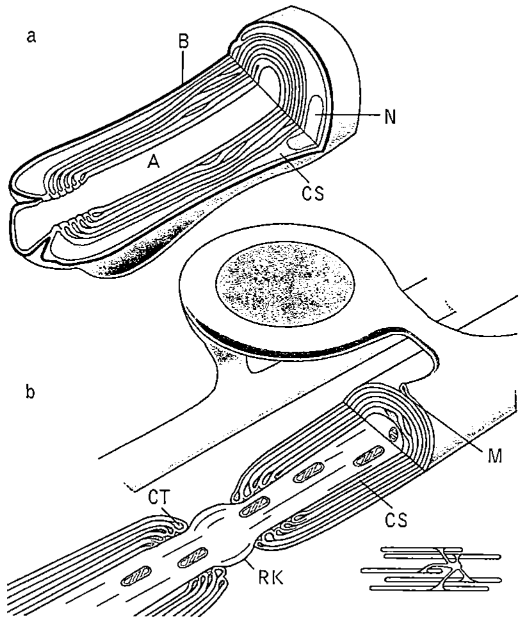

Neuron Aufbau einer peripheren Nervenfaser (oben links) und einer zentralen Nervenfaser (rechts). Die kleine Abb. (unten rechts) zeigt die Plasmabrückenbildung eines Oligodendrocyten zu mehreren Axonen. A Axon, B Basalmembran, CS Cytoplasma der Schwannzelle, CT cytoplasmagefüllte Taschen, M Lamellen der Markscheide, N Nucleus der Schwannzelle, O Oligodendrocyt, RK Ranvier-Knoten

färbten Präparat ist es an seinem organellenfreien Ursprungskegel (*Axonhügel*) am Perikaryon kenntlich. Die Erregungsübertragung zwischen vorgeschalteten Nervenzellen oder Sinneszellen und den Endverzweigungen der Dendriten bzw. von den Axonenden auf nachgeschaltete Zellen verläuft über spezielle interzelluläre Kontaktstrukturen, die ↗ Synapsen. Dabei kann eine Nervenzelle bis ca. 10000 verschiedenartige synaptische Verknüpfungen eingehen. Alle Nervenzellen und ihre Fortsätze sind lückenlos umhüllt von einem sogenannten Isoliergewebe aus ↗ Gliazellen. Bei Wirbeltieren werden besonders rasch leitende, markhaltige Axone von Myelin-reichen Membranduplikaturen (↗ Myelin) spezieller Gliazellen (*Schwann-Zellen*) manschettenartig umwickelt (*Schwann-Scheide, Markscheide, Myelinscheide*). Diese Markscheiden werden jeweils an den Grenzen zweier Gliazellen in Abständen von 1 - 2 mm von Einschnürungen, den *Ranvier-Schnürringen (Ranvier-Knoten)*, unterbrochen. Bei der Erregungsleitung wird die Axonmembran nur an diesen Stellen erregt. Die elektrischen Impulse springen von Schnürring zu Schnürring (*saltatorische Erregungsleitung*). Morphologisch lassen sich N. nach der Anzahl ihrer Dendriten in *multipolare N.* mit zahlreichen Dendriten, *bipolare N.* mit nur einem zuleitenden

Dendriten neben dem ableitenden Neuriten und *pseudounipolare N.* unterteilen, bei denen nur ein gemeinsamer Fortsatz aus dem Perikaryon entspringt, der sich erst in einiger Entfernung vom Zellkörper funktionell in einen Dendriten und einen Neuriten gabelt, welche aber beide Axonstruktur (Markscheiden) aufweisen. Zwischen den N. des Zentralnervensystems und denjenigen des peripheren Nervensystems gibt es einige Unterschiede. So wird, wie beschrieben, das Axon der peripheren Nervenzelle vom Cytoplasma der Schwann-Zelle umgeben, und zwar je Axon eine Schwann-Zelle. Im Zentralnervensystem wird diese Aufgabe von den so genannten *Oligodendrocyten* übernommen, wobei ein Oligodendrocyt die Markscheide für die Axonen mehrerer Nervenzellen bildet und über Plasmabrücken mit mehreren Internodien (den Abschnitten zwischen den Ranvier-Knoten) in Verbindung steht. (↗ Aktionspotenzial, ↗ Darmnervensystem, ↗ Gehirn, ↗ Nervensystem, ↗ Parasympathikus, ↗ Sympathikus)

Neuropeptide, allg. von Nervenzellen freigesetzte Peptide, die als ↗ Transmittersubstanzen oder auch als ↗ Neurohormone wirken können. (↗ Endorphine, ↗ Enkephaline, ↗ Releasing-Hormone, ↗ Cholecystokinin, ↗ Substanz P)

Neurophysiologie, Teilgebiet der ↗ Physiologie, das sich mit den allg. Gesetzmäßigkeiten der Erregungsbildung und ↗ Erregungsleitung im tierischen Organismus befasst, und alle damit verbundenen Vorgänge untersucht.

Neuroptera, die Netzflügler (↗ Planipennia).

neurosekretorisch, *neuroendokrin*, Bez. für die Zellen des Hypothalamus, die Signale von anderen Nervenzellen empfangen und daraufhin Hormone in die Blutbahn abgeben.

Neurospora, Gatt. der ↗ Sphaeriales.

Neurotoxine, *Nervengifte*, Bez. für Substanzen, die das Nervengewebe schädigen oder die Funktion der Nervenzellen beeinträchtigen bzw. ganz unterbinden, z. B. Quecksilber, das Gift der ↗ Kobras und ↗ Kraits, viele ↗ Alkaloide und ↗ Insektizide.

Neurotransmitter, ↗ Transmittersubstanzen.

Neurotrophe Faktoren, *Neurotrophine, neurotrophic factor*, Abk. *NTF*, Bez. für alle Faktoren, die sowohl die Nervenzelldifferenzierung auf morphologischer und biochemischer Ebene stimulieren als auch für das Überleben von Nervenzellen mitverantwortlich sind. Der Begriff der n. F. ist in der Literatur noch nicht klar abgegrenzt und überschneidet sich häufig mit dem Begriff der ↗ Wachstumsfaktoren oder ↗ Cytokine.

Neurotubuli, der in Nervenzellen vorhandene Typ der ↗ Mikrotubuli. (↗ Neuron)

Neurula, Stadium am Ende der ↗ Gastrulation in der Embryonalentwicklung der Wirbeltiere, in dem das Neuralrohr entsteht (↗ Neurulation).

Neurulation, auf die ↗ Gastrulation folgender Prozess der Wirbeltierentwicklung, bei dem sich das Ektoderm über der Chorda (*Neuroektoderm* oder *Neuralplatte*) zu *Neuralwülsten* verdickt und nach Einsenkung zu einer *Neuralrinne* das *Neuralrohr* ausbildet. Aus diesem werden sich das Gehirn und das Rückenmark entwickeln. Die Neuralrohrbildung folgt der Chorda in anterio-posteriorer Richtung. Während der N. werden auch die Anlagen anderer Organe (Gliedmaßen, Augen, Kiemen) gebildet, deren Entwicklung jedoch etwas später während der Organogenese stattfindet.

Neuschnecken, die ↗ Neogastropoda.

Neuston, Lebensgemeinschaft des Oberflächenhäutchens der Gewässer. Die zum *Epineuston* gehörenden Mikroorganismen sitzen mit einer nicht benetzbaren Scheibe dem Oberflächenhäutchen auf und sind dem Leben an der Luft angepasst. Das *Hyponeuston* besiedelt die Unterseite des Oberflächenhäutchens. Die zum Hyponeuston gehörenden Organismen, z. B. *Navicula* (↗ Chrysophyceae) und *Arcella* (Gatt. der Schalenamöben), ragen ins Wasser. Auf kleinen, stillen Gewässern kann das N. eine geschlossene Schicht von meist auffälliger Färbung bilden (↗ Wasserblüte). Die Lebensgemeinschaft der auf der Wasseroberfläche lebenden Organismen wird als ↗ Pleuston bezeichnet.

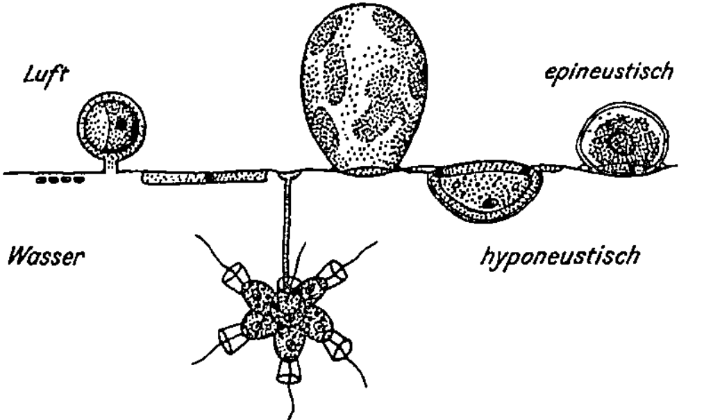

Neuston Organismen des Neustons am Oberflächenhäutchen von Gewässern

neutrale Mutation, ↗ Genmutation.

Neutralfette, *Triacylglycerine*, Glycerinester höherer gesättigter und ungesättigter ↗ Fettsäuren. Es handelt sich um neutrale Verbindungen, die durch Veresterung des dreiwertigen Alkohols ↗ Glycerin mit drei Molekülen Fettsäure entstehen. Die Fettsäuren sind unverzweigt und geradzahlig, gesättigt oder ungesättigt. (↗ Fette und fette Öle)

Neutralismus, Bez. für das Fehlen von Wechselbeziehungen zwischen zwei Organismen oder Arten.

Neuweltaffen, die ↗ Platyrrhini.

Neuweltgeier, die Fam. ↗ Cathartidae.

Ni, chemisches Symbol für ↗ Nickel.

Niacin, die ↗ Nicotinsäure.

nichtcodierender Bereich, der Bereich eines Gens, der keinerlei Information für die Erzeugung eines Genproduktes beinhaltet. (↗ codierender Bereich, ↗ Intron, ↗ Promotor)

Nicht-Histon-Proteine, Bez. für Proteine des ↗ Chromatins, bei denen es sich nicht um die basischen ↗ Histone handelt, sondern z. B. um Enzyme, die an der Modifikation von Histonen oder an der DNA-↗ Replikation beteiligt sind.

nichtkompetitive Hemmung, ↗ Enzyme.

nichtzyklische Fotophosphorylierung, Mechanismus, mit dessen Hilfe während der ↗ Lichtreaktionen der ↗ Fotosynthese ATP synthetisiert wird.

nichtzyklischer Elektronentransport, auf einer hintereinander ablaufenden Kette von Redoxreaktionen basierender Mechanismus, mit dessen Hilfe während der ↗ Lichtreaktionen der ↗ Fotosynthese NADP⁺ zu NADPH reduziert wird. Der n. E. ist zugleich Grundlage für die ↗ nichtzyklische Fotophosphorylierung.

Nickel, chemisches Symbol *Ni*, ein chemisches Element aus der achten Nebengruppe des Periodensystems, der Eisengruppe. N. ist ein silberweißes, glänzendes, zähes und durch hohe Korrosionsbeständigkeit ausgezeichnetes Metall. In lebenden Systemen kommt N. nur in Spuren vor und scheint insbesondere mit der RNA assoziiert vorzuliegen. N. schützt die Ribosomenstruktur gegen Hitzedenaturierung und im Experiment stellt es die Sedimentationscharakteristika von Ribosomen aus *Escherichia coli* wieder her, die durch EDTA denaturiert wurden. Außerdem ist N. in der Lage, in vitro einige Enzyme zu aktivieren, u. a. die Desoxyribonuclease, Acetyl-CoA-Synthetase und Phosphoglucomutase. Ein N.-Mangel verursacht Veränderungen in der Ultrastruktur der Leber und des Cholesterinspiegels in der Leberzellmembran; zudem scheint N. wichtig zu sein für die Regulierung von Prolactin. N. ist als Bestandteil von Metallknöpfen und Schmuck verantwortlich für allergische Reaktionen („Nickelallergie").

Nickhaut, *Membrana nictitans*, Bindehautfalte in den Augen mancher Haie und Amphibien, ebenso bei Reptilien und Vögeln, die, bedeckt von den äußeren Augenlidern, durch Muskeln vom inneren Augenwinkel her als drittes Augenlid über den Augapfel gezogen werden kann. Bei Säugern ist die Nickhaut rudimentär, zuweilen noch als *Plica semilunaris* ausgebildet.

Nicolle, *Charles Jules Henri*, franz. Bakteriologe, ✳ 21.9.1866 Rouen, † 28.2.1936 Tunis; ab 1892 Leiter des Pasteur-Instituts in der damals franz. Kolonie Tunis. N. arbeitete über Tropenkrankheiten, ↗ Diphtherie und ↗ Tuberkulose. Er entdeckte 1909 die Übertragung des ↗ Fleckfiebers durch die ↗ Kleiderlaus und erhielt 1928 den Nobelpreis für Physiologie oder Medizin.

Nicotiana, Gatt. der ↗ Solanaceae.

nicotinerg, Bez. für einen bestimmten Rezeptorentyp (↗ Acetylcholin).

Nicotin, Hauptvertreter einer Gruppe von Pyridinalkaloiden, die bevorzugt in der Tabakpflanze (*Nicotiana*) vorkommen (*Nicotiana-Alkaloide*). N. ist in allen Teilen der Tabakpflanze enthalten; es wird in den Wurzeln der Pflanze gebildet und in die oberirdischen Pflanzenteile transportiert. N. ist physiologisch sehr vielseitig, kann aber aufgrund seiner Giftigkeit therapeutisch kaum angewandt werden. In kleinen Dosen wirkt N. erregend auf die Ganglien des vegetativen Nervensystems und fördert die Freisetzung von ↗ Adrenalin. Es ist das am weitesten verbreitete Suchtmittel (↗ Alkaloide, ↗ Rauchen).

Nicotinamid-adenin-dinucleotid, *Nicotinsäureamid-adenin-dinucleotid*, Abk. *NAD, Dihphosphopyridindinucleotid*, Abk. *DPN*, ein Pyridinnucleotid-Coenzym, das an biochemischen Redoxprozessen zahlreicher NAD-spezifischer Substrate beteiligt ist. NAD ist das ↗ Coenzym einer großen Anzahl von ↗ Oxidoreduktasen, die als pyridinabhängige Dehydrogenasen zusammengefasst werden. Sie dienen als Elektronenakzeptoren bei der enzymatischen Abspaltung der Wasserstoffatome von spezifischen Substratmolekülen.

In der oxidierten Form ist das Pyridiniumkation des Nicotinamids über eine N-glykosidische Bindung an das C1 der D-Ribose gebunden. Der Nicotinamidribosidteil ist über eine Pyrophosphatbrücke mit dem Adenosin verknüpft. NAD hat daher die Struktur eines Dinucleotids. Die reversible Wasserstoffaufnahme ist an den Pyridinring des Nicotinamidanteils des Coenzyms gebunden. Wegen der positiven Ladung des koordinativ fünfwertigen Stickstoffs des Pyridiniumkations symbolisiert man das oxidierte NAD exakt als NAD^+. Die reduzierte Form des NAD wird entsprechend den Richtlinien der Internationalen Nomenklaturkommission als *NADH* bezeichnet. Die Wasserstoffübertragung von einem reduzierten Substrat (Substrat-H_2) auf das NAD^+ einer Dehydrogenase erfolgt stereospezifisch und ist eigentlich eine Hydridübertragung. Werden 2 [H] mit einem Elektronenpaar von einem Substrat auf den Pyridinring übertragen, so wird das Pyridiniumkation unter Aufhebung seiner aromatischen Natur reduziert und ein Proton freigesetzt:

$$\text{Substrat-}H_2 + NAD^+ \rightleftharpoons \text{Substrat} + NADH + H^+.$$

Eines der beiden übertragenen Wasserstoffatome wird kovalent an NAD gebunden, während das andere in ein Proton überführt wird, das mit den Protonen des wässrigen Mediums im Gleichgewicht steht. Die oxidierte und die reduzierte Form von NAD besitzen unterschiedliche spektrophotometrische Eigenschaften. Beide zeigen eine intensive Absorptionsbande im Bereich von 260 nm, die auf das Adenin zurückzuführen ist. NADH besitzt ein breites Absorptionsmaximum bei 340 nm, das bei NAD^+ nicht vorhanden ist, und das durch die chinoide Struktur des reduzierten Nicotinamidrings verursacht wird. Daher lässt sich die Reduktion oder Oxidation von NAD relativ leicht an der Ände-

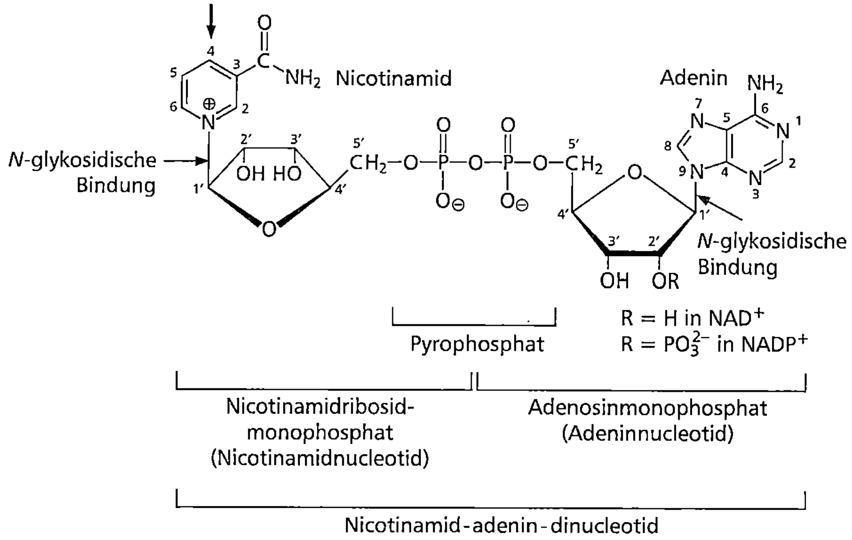

Nicotinamid-adenin-dinucleotid Die Struktur von NAD^+ und $NADP^+$. In $NAD(P)^+$ sind zwei Nucleotide über die 5'-Stellung der Ribose durch Pyrophosphat miteinander verknüpft. Sowohl der Pyridinring des Nicotinamids als auch das Adenin sind über eine N-β-glykosidische Bindung mit der Ribose verbunden. Der quartäre Pyrimidin-Stickstoff erhält hierbei eine positive Ladung. Die reaktive Stelle ist das Pyridinringsystem des Nicotinamids, die Elektronenübertragung erfolgt durch den Transfer eines Hydridions vom Substrat auf das C4-Atom

rung der Lichtabsorption bei 340 nm verfolgen (*optischer Test*).

In lebenden Zellen liegt NAD vorwiegend in oxidierter Form vor. Allerdings sind beträchtliche Mengen des Coenzyms an ↗ Dehydrogenasen gebunden und liegen nicht in freier Form vor. Die Biosynthese von NAD verläuft über Chinolinsäure. Am Abbau von NAD sind u. a. NADH-Oxidase, NADH-Pyrophosphatase und NAD-Nucleosidasen beteiligt. Zusätzlich zu seiner Funktion bei der Wasserstoffübertragung dient NAD⁺ bei der ADP-Ribosylierung von Proteinen als Donor der ADP-Ribosylgruppe.

Nicotinamid-adenin-dinucleotidphosphat *Nicotinsäureamid-adenin-dinucleotidphosphat,* Abk. *NADP, Triphosphopyridinnucleotid,* Abk. *TPN,* ein Pyridinnucleotid-Coenzym, das sich vom ↗ Nicotinamid-adenin-dinucleotid (Abb. siehe dort) durch einen Phosphatrest in 2'-Stellung des Adenosinanteils des Dinucleotids unterscheidet.

NADP ist das Coenzym von ↗ Dehydrogenasen bzw. ↗ Hydrogenasen (↗ Dehydrierung, ↗ Reduktion) und spielt für reduktive Synthesen im Zellstoffwechsel, so z. B. für die ↗ Fotosynthese und die ↗ Ammoniakassimilation, eine ausschlaggebende Rolle. I.Allg. gilt, dass NAD für die Wasserstoffübertragung in oxidativen, Energie liefernden Prozessen (z. B. die Oxidation in der Atmungskette) verantwortlich ist, während NADP Reduktionskraft für Synthesereaktionen zur Verfügung stellt. NADP kommt in den Zellen bevorzugt in der reduzierten Form (NADPH) vor. Die oxidierte Form wird – analog zum NAD⁺ – durch NADP⁺ wiedergegeben. Wie bei der Oxidoreduktion von NAD verändert sich bei der reversiblen Oxidation von NADP die Lichtabsorption in charakteristischer Weise: Auch NADPH hat ein breites Absorptionsmaximum bei 340 nm (*optischer Test*). – NADP wird aus NAD durch Phosphorylierung mit ATP in einer Kinasereaktion gebildet.

Nicotinsäure, *Niacin, Antipellagra-Vitamin, Pyridin-3-carbonsäure,* ein Oxidationsprodukt des Tabak-Alkaloids ↗ Nicotin, aus dem N. 1867 erstmals isoliert wurde. N. hat große biologische Bedeutung als Bestandteil des *Vitamin-B₂-Komplexes* (↗ Riboflavin). N. und *Nicotinsäureamid* sind ineinander umwandelbare, wasserlösliche, einfache Pyridinderivate, die in gleicher Weise als Vitamine wirken. N. kommt in Leber, Herz, Hefe und geröstetem Kaffee vor. In ernährungsphysiologischer Weise sind N. und Nicotinsäureamid äquivalent, weil sie in gleicher Weise zur NAD(P)-Synthese eingesetzt werden können. Für therapeutische Anwendungen wird Nicotinsäureamid bevorzugt, da hohe Dosen an N. unerwünschte Nebenwirkungen haben.

Nidamentaldrüsen, *Eischalendrüsen,* Drüsen mit Brutpflegefunktionen bei verschiedenen Tieren.

Bei Schnecken (↗ Gastropoda) und Kopffüßern (↗ Cephalopoda) sind es drüsige Organe an den weiblichen Genitalwegen, die Material für die Eihüllen liefern; während sie bei Schnecken ihre Sekrete in den Gonodukt abgeben, haben sie bei den Kopffüßern eigene Ausführgänge in die Mantelhöhle. Bei viviparen Knorpelfischen (↗ Chondrichthyes) schließlich scheiden N. in der Uteruswand ein Nährsekret für die Embryonen ab.

Nidation, *Einnistung, Implantation,* das im Stadium der ↗ Blastocyste stattfindende aktive Einwachsen des Embryos in die Gebärmutterschleimhaut. Die N. beginnt etwa am sechsten Tag nach der ↗ Befruchtung und ist am neunten Tag vollendet. Um nicht vom Immunsystem der Mutter angegriffen zu werden (da er durch die Gene des Vaters als körperfremd erkannt werden würde), produziert der Embryo spezielle Eiweiße zu seinem Schutz. Selten kann es vorkommen, dass die N. bereits im ↗ Eileiter stattfindet und zu einer Eileiterschwangerschaft führt (↗ Extrauteringravidität).

Niederblatt, Bez. für Blätter an der Basis einer Pflanze, an der Basis einer Sprossgeneration oder eines Jahrestriebes, z. B. Knospenschuppen.

Niedermoor, *Flachmoor,* ↗ Moor.

Niederschlag, alle Formen von Wasser in flüssiger oder fester Form, das auf die Erde auftrifft (Regen, Schnee, Hagel, Tau, Reif, Raureif). Der N. wird in Millimetern oder in Litern pro Quadratmeter angegeben. Ein Niederschlag von 1 mm entspricht einer Wassermenge von einem Liter pro Quadratmeter.

Die Niederschläge sind nicht nur hinsichtlich der Wasserzufuhr von Bedeutung (↗ Wasser, ↗ Wasserkreislauf), sondern auch hinsichtlich ihrer Gehalte an gelösten Salzen und Gasen (Kohlenstoffdioxid, Schwefeldioxid, Stickstoffoxide). Negative Folgen dieser so genannten *nassen Deposition* sind ↗ saurer Regen, ↗ Gewässerversauerung und der Eintrag von Stickstoff in Pflanzengesellschaften, die an niedrige Stickstoffkonzentrationen angepasst sind.

Niembaum, *Nimbaum, Neem tree, Antelaea azadirachta,* syn. *Melia azadirachta,* in Indien beheimateter bis 20 m hoher immergrüner Baum der ↗ Meliaceae. Die Blätter und Samen enthalten das Triterpenoid (↗ Terpene) *Azadirachtin,* das als Kontaktgift und bei oraler Aufnahme entwicklungshemmend auf Larven wirkt. Niemextrakte wirken gegen über 200 Arten von Insekten, Milben und Nematoden, schädigen jedoch nicht die nützlichen Bestäuberinsekten und sind ungiftig für Vögel und Säugetiere. Bei der biologischen ↗ Schädlingsbekämpfung werden Niemextrakte erfolgreich gegen Schadinsekten eingesetzt. Rinder, Blätter und Früchte des N. werden in der Volksmedizin verwendet.

Niere, *Ren, Nephros,* Exkretions- und osmoregulatorisches Organ der Wirbeltiere und des Menschen. In der Embryonalentwicklung der Amniota wird zunächst eine kurze Tubulusreihe, die *Vornie-re (Pronephros)* angelegt, die aber nur vorüberge-hend oder gar nicht der Exkretion dient. Dies über-nimmt ein caudal gelegenes Tubulussystem, der *Mesonephros (Urniere)*, der beim adulten Organis-mus in das Ausführgangsystem der Hoden über-geht. Die Urniere wird bei den Reptilien bei der Geburt bzw. beim Schlüpfen, bei den Säugern frü-her durch die weiter caudal liegende *Nachniere (Metanephros)* ersetzt, die durch einen sekundären Harnleiter, den *Ureter*, nach außen mündet.

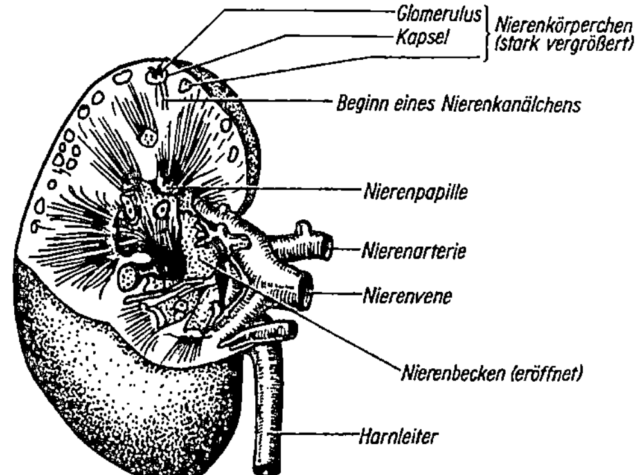

Niere   Schnitt durch die Niere des Menschen

Die paarigen N. des *Menschen* sind unbeschadet ihres geringen Anteils (0,4 - 1 %) am Körpergewicht mit einem Zustrom von 25 % des pro Zeiteinheit aus dem Herzen gepumpten Blutes die relativ am bes-ten mit Blut versorgten Organe, was bereits auf die große Regulationsleistung hinweist. Im grob anato-mischen Aufbau lassen sich von außen nach innen die Bereiche *Nierenrinde* (Cortex), *Nierenmark* (Medulla) und das hohle *Nierenbecken* (Pelvis) un-terscheiden. Im Feinbau dominieren zahlreiche tu-buläre Abschnitte, deren funktionale Einheit das *Nephron* (Harnkanälchen, beim Menschen mit ei-ner Gesamtlänge von ca. 100 km) ist. Das Nephron der Säugetiere steht mit dem Blutgefäßsystem über sein blind geschlossenes, ein Kapillarknäuel (*Glo-merulus*) umgreifendes Ende in Verbindung und bildet an dieser Stelle das *Nierenkörperchen (Mal-pighi-Körperchen)*. Nach einem kurzen Zwischen-segment schließt sich an das Malpighi-Körperchen der *proximale Tubulus* an. Im elektronenmikro-skopischen Bild stellen sich die Zellen des proxima-len Tubulus als typische einschichtige transportie-rende Epithelzellen mit ausgeprägtem Mikrovilli-saum, zahlreichen ↗ Mitochondrien und einem bis weit in den Zellkörper reichenden basalen Laby-rinth dar. Der proximale Tubulus verjüngt sich und geht in die *Henle-Schleife* über, zunächst in einem absteigenden Ast weiter medullawärts, dann in ei-nem dem ersteren eng und parallel anliegenden aufsteigenden Ast (Haarnadelprinzip) wieder in

Richtung auf die Nierenrinde. Die Henle-Schleifen sind sowohl im Nierenmark als auch nur in der Nierenrinde zu finden und dort kürzer. Unter den Vögeln und Säugetieren (nur dort kommen Henle-Schleifen vor) haben diejenigen Arten die längsten Schleifen, die an extremen Wassermangel angepaßt sind. Dem aufsteigenden Ast der Henle-Schleife schließt sich der wieder weitlumige *distale Tubulus* an. Mehrere distale Tubuli inserieren in ein Sam-melrohr, das funktionell zum Nephron gehört, in-dem es an der Harnbereitung beteiligt ist.

Die *Harnbereitung* in der N. beginnt mit einer Filtration des Blutplasmas. Dabei müssen mehrere Filterschichten überwunden werden, deren Poren-weite so klein ist, dass nur Moleküle mit einer relativen Molekülmasse bis maximal 60000 passie-ren können. ↗ Lipoproteine und ↗ Globuline sowie an ↗ Albumine gebundene Substanzen, darunter auch zahlreiche Arzneimittel, werden nicht filtriert. Der *Primärharn* wird also als nahezu proteinfreies Ultrafiltrat abgepresst (Protein im Endharn deutet immer auf eine Störung der Filtrationseinrichtung hin). Treibende Kraft für die *Druckfiltration* ist der hydrostatische Druck in den Arteriolen, von dem aber nur ein bestimmter Betrag als effektiver Filtra-tionsdruck wirken kann, da ihm der kolloidosmoti-sche Druck des Blutes und der hydrostatische Druck im Bereich des Malpighi-Körperchens entge-gengerichtet sind. Der abgepresste Primärharn ist durch Sekretions- und Reabsorptionsprozesse in den tubulären Abschnitten des Nephrons mannig-faltigen Veränderungen unterworfen und wird bei Vögeln und Säugern in Abhängigkeit von den phy-siologischen Gegebenheiten mehr oder weniger stark konzentriert

Die *Reabsorptions-* und *Sekretionsprozesse* die-nen einerseits dazu, zahlreiche Substanzen, die nur aufgrund ihrer Molekülgröße den Glomerulus pas-siert haben, dem Körper wieder zuzuführen, ande-rerseits dazu, nicht mehr benötigte Substanzen zu-sätzlich dem Primärharn zuzufügen und schließlich die Ionenzusammensetzung des Harns so zu regu-lieren, dass das innere Milieu des Körpers konstant gehalten wird (*Pufferfunktion* und *pH-Regulation*). Die dazu benötigten Transportprozesse sind teils aktiver, teils passiver Natur. Im proximalen Tubulus werden ↗ Glucose, ↗ Aminosäuren, ↗ Ketonkör-per und die Ionen HCO_3^-, Na^+, K^+ sowie Phosphat und Sulfat aktiv zurücktransportiert. Die hierzu notwendige Stoffwechselenergie wird im Wesentli-chen durch die ↗ Oxidation von ↗ Fettsäuren und Ketonkörpern gewonnen, nicht dagegen über Koh-lenhydratabbau, da die Hexokinase-Aktivität in die-sem Nierenabschnitt sehr gering ist. Im distalen Tubulusabschnitt überwiegt hingegen, ebenso wie in den Bereichen der Henle-Schleifen, die im äuße-ren mitochondrienreichen Nierenmark liegen, der

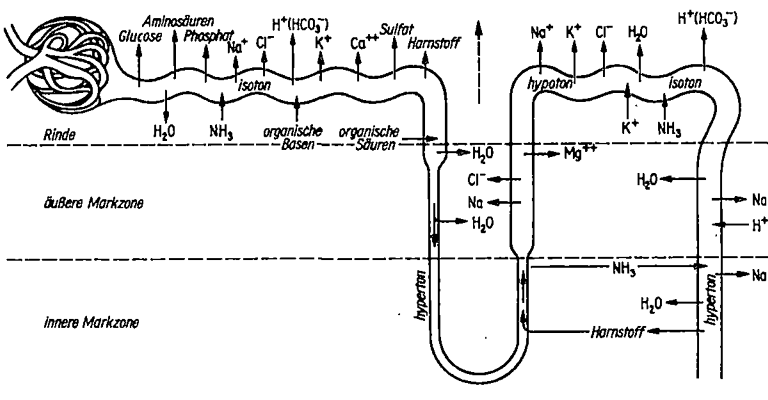

Niere Schema der Harnbereitung in der Niere des Menschen

Abbau von Glucose zur ATP-Gewinnung. Im inneren Mark wiederum überwiegt die energetisch ungünstigere anaerobe ↗ Glykolyse. Das gebildete ATP wird ganz überwiegend zum Aufbau einer so genannten Natrium-motorischen Kraft benötigt, d. h. zum Antrieb einer Na^+/K^+-ATPase (↗ Ionenpumpen) auf der Blutseite der Tubuluszellen. Zusammen mit Natrium-gekoppelten Translokatoren auf der Harnseite werden über dieses Transportsystem die meisten der zur Retention anstehenden Substanzen auch gegen die eigenen Konzentrationsgradienten dem Blut wieder zugeführt. Insbesondere gilt dies für Glucose und Aminosäuren. Mit dem Transportsystem für Glucose werden auch ↗ Fructose und ↗ Galactose transportiert. Für Glucose ist die Kapazität des Systems in der gesunden Niere bei 18 mmol/l erreicht, bei Nierenkranken wird schon unterhalb dieser Schwelle Glucose im Harn ausgeschieden (Prinzip des Glucosetoleranztests). Auch für Aminosäuren gibt es (mindestens fünf verschiedene) Transportsysteme mit unterschiedlicher Gruppenspezifität. Die stickstoffhaltigen Endprodukte Harnstoff, Harnsäure und Kreatinin unterliegen unterschiedlichen Ausscheidungsmodi. ↗ Harnstoff folgt i. d. R. dem osmotischen Gradienten im Nierenmark und wird auf diese Weise zu etwa 50 % rückresorbiert. Die Ausscheidungsrate ist, ebenso wie die von Harnsäure, von der aufgenommenen Nahrung (Anstieg bei hohem Protein- bzw. Puringehalt) abhängig. ↗ Harnsäure wird teilweise sezerniert, größtenteils aber rückresorbiert. Diese Balance muss sehr sorgfältig eingehalten werden, da es bei ernährungsbedingt vermehrter Ausscheidung wegen der schweren Wasserlöslichkeit zu Harnsäuresteinen kommen kann. Kreatinin passiert die Tubuli unverändert und wird vollständig ausgeschieden (↗ Clearance). Auch die Ionen von Natrium, Kalium, Calcium, Phosphat und Sulfat werden sehr unterschiedlich behandelt. Das Verhältnis der Ausscheidung oder Rückresorption von ↗ Kalium und ↗ Natrium im distalen Tubulus wird durch ↗ Aldosteron reguliert; hohe Aldosteronwerte erhöhen die K^+-Ausscheidung auf Kosten einer Natrium- (und damit Wasser-)Retention. Im übrigen wird K^+ im proximalen Tubulus über einen nicht im Einzelnen bekannten Mechanismus weitestgehend rückresorbiert. Für die Regulation der Ausscheidungsrate von nicht proteingebundenem ↗ Calcium sorgen ↗ Parathormon (verstärkte Rückresorption mittels einer Ca^{2+}-ATPase) und ↗ Calcitonin (vermehrte Ausscheidung). Der Gefahr einer Bildung von unlöslichem Calciumphosphat in der Niere wird dadurch begegnet, dass im Gegensatz zu Phosphat nur sehr wenig Ca^{2+} den Körper über die N., das meiste dagegen über den Darm verlässt.

Die N. ist neben dem Atmungssystem (↗ Atmung) der zweite Ort der *Regulation des Säure-Base-Gleichgewichts*. Hierfür ist die Regulation der Ausscheidung und Resorption von ↗ Hydrogencarbonat (HCO_3^-) als Antwort auf eine metabolische ↗ Acidose oder ↗ Alkalose im Organismus von zentraler Bedeutung. An der Ausscheidung, Reabsorption und zusätzlichen Bereitstellung von Hydrogencarbonat sind Ionenaustauschprozesse und die Bildung von ↗ Ammoniak beteiligt. Wird viel Hydrogencarbonat filtriert, sodass es wieder reabsorbiert werden muss, kommt es zu aktiver Sekretion von H^+ (intrazellulärer Kohlensäure entstammend) in das (proximale) Tubuluslumen. Na^+ diffundiert im Ionenaustausch in die Tubuluszelle und wird aktiv in die umgebenden Kapillaren gepumpt. Damit kann im Lumen aus dem vorhandenen Hydrogencarbonat und H^+ Kohlensäure (H_2CO_3) gebildet werden, die sogleich in H_2O und CO_2 (Kohlenstoffdioxid) dissoziiert. Das CO_2 diffundiert in die Tubuluszelle und wird dort unter Katalyse einer ↗ Carboanhydrase wieder zu Kohlensäure umgewandelt. Durch deren Zerfall in H^+ und Hydrogencarbonat steht zum einen neues H^+ zum Transport ins Lumen und zum anderen Hydrogencarbonat zum Rücktransport ins Blut zur Verfügung. Überschüssiges H^+ kann in Form von monobasischem Phosphat ($H_2PO_4^-$) ausgeschieden werden. Hierzu verbindet sich sezerniertes H^+ im Tubuluslumen mit abfiltrierten HPO_4^{2-}-Ionen; das Phosphat wirkt ebenso wie das Hydrogencarbonat als ⊅ Puffer. Eine Stabilisierung des Säure-Base-Gleichgewichts wird schließlich durch die Produktion von Ammoniak (NH_3) in den Nierentubuli erreicht, insbesondere dann, wenn bei metabolischer Acidose keine Hydrogencarbonat- oder Phosphatpuffer im Tubuluslumen zur Verfügung stehen. NH_3 wird aus ⊅ Glutamin gebildet; andere Aminosäuren können in diesen Weg eingespeist werden. NH_3 diffundiert ins Tubuluslumen und fängt dort die H^+-Ionen ab, die somit als Ammoniumionen (NH_4^+) mit dem Harn ausgeschieden werden. Für die Osmo- und Volumenregulation der Niere sind im Wesentlichen Hormone verantwortlich, die einerseits die Tubuluspermeabilität (im distalen Tubulus und Sammelrohr) verändern bzw. auf die Natriumrückresorption Einfluss nehmen (⊅ Adiuretin, ⊅ Aldosteron), andererseits vasoaktive (Gefäß verengende) Substanzen (⊅ Renin-Angiotensin- System), deren Ausschüttung (Renin) von Chemorezeptoren (Na^+-sensitiv) und Druckrezeptoren gesteuert wird. (⊅ Diabetes insipidus, ⊅ Exkretion, ⊅ Exkretionsorgane, ⊅ Harn, ⊅ Osmoregulation, ⊅ Phenylketonurie)

Niesreflex, ein Schutzreflex, der von Mechano- und Chemosensoren in der Nasenschleimhaut ausgelöst wird, wenn sie durch Fremdkörper oder auch durch Gerüche oder Temperaturreize gereizt werden. Vermittelt durch den ⊅ Nervus trigeminus kommt es zu einer reflektorischen tiefen Einatmung und einer darauffolgenden krampfartigen Ausatmung bei der das Gaumensegel so gespannt wird, dass die Luft nur durch die Nase entweichen kann und so z. B. ein Fremdkörper ausgetrieben wird. Ein N. kann auch durch einen plötzlichen hellen Lichteinfall ins Auge ausgelöst werden.

Nieuwkoop-Zentrum, Induktionszentrum auf der Dorsalseite des frühen Froschembryos. Es entsteht aufgrund der Rotation der Eirinde in der vegetativen Eihälfte, die zu der Stelle hin erfolgt, an der das Spermium in die Eizelle eingedrungen ist. Dabei ist für die weitere Entwicklung entscheidend, dass sich in der vegetativen Eihälfte gegenüber der Eintrittsstelle des Spermiums ein Signalzentrum, eben das N. - Z., bildet. Dies ist ein begrenzter Bereich des Embryos, der einen besonderen Einfluss auf die umgebenden Gewebe ausübt und somit bestimmen kann, wie sie sich entwickeln. Im Fall des Froschembryos wird durch das N. - Z. festgelegt, dass diese Seite die zukünftige dorsale Seite des Embryos ist.

nif/fix-Gene, die Gene von Bodenbakterien der Gattung *Rhizobium, Bradyrhizobium* u. a., die für Proteine der ⊅ Stickstoff-Fixierung codieren wie z. B. die ⊅ Nitrogenase.

Nilhechte, die Fam. ⊅ Mormyridae.

Nilkrokodil, Art der Fam. ⊅ Crocodylidae.

Nimbaum, der ⊅ Niembaum.

Nirenberg, *Marshall Warren*, amerikan. Biochemiker, ✳ 10.4.1927 New York; seit 1957 an den National Institutes of Health in Bethesda (Maryland), ab 1962 Leiter der Abteilung für biochemische Genetik. N. führte 1961 zusammen mit Matthaei mittels einer künstlich hergestellten messenger-RNA die erste zellfreie Peptidsynthese durch und entdeckte 1964 zusammen mit P. Leder die so genannte Bindereaktion. Er schuf durch beide Reaktionen die Voraussetzungen zur Entschlüsselung des ⊅ genetischen Codes, an der er wesentlich mitbeteiligt war. 1968 erhielt er zusammen mit R. W. ⊅ Holley und H.G. ⊅ Khorana den Nobelpreis für Physiologie oder Medizin.

Nische, die ⊅ ökologische Nische.

Nitrat, das Anion der Salpetersäure (NO_3^-). Neben Ammonium (NH_4^+) ist N. die wichtigste Form anorganischen ⊅ Stickstoffs im Boden. Es liegt frei in der Bodenlösung vor und kann daher von den Pflanzen leicht aufgenommen werden. In der Pflanze wird N. vorwiegend in Blättern, Stängeln und Wurzeln gespeichert. Die Zufuhr von N. zu Böden erfolgt durch ⊅ Düngung von Salpetersalzen und ⊅ Mineralisierung organischer Substanz. Ein großer Teil des durch Düngung zugeführten N. geht durch Auswaschung verloren, was zu einer Belastung des ⊅ Grundwassers mit N. führt und zur ⊅ Eutrophierung von Gewässern. Durch ⊅ Denitrifikation entstehen weitere Verluste an N. Während von N. selbst keine Gesundheitsgefährdung ausgeht, kann das bei der mikrobiellen Reduktion von N. entstehende *Nitrit* den Menschen auf zweierlei Arten schädigen: Zum einen kann es bei Säuglingen durch die Bildung von ⊅ Methämoglobin giftig wirken (Behinderung des Sauerstofftransports im Blut), zum anderen bildet Nitrit mit sekundären Aminen Krebs erregende ⊅ Nitrosamine. Der größte Teil des vom Menschen aufgenommenen N. stammt nicht aus dem ⊅ Trinkwasser, sondern aus pflanzlichen Lebensmitteln, v. a. aus Gemüse. Besonders nitratbelastet sind Blattgemüse (Blattsalate, Spinat) und Gemüse mit Speicherknollen (Kohlrabi, Radieschen, Rote Bete). Bei diesen Gemüsen treten N.-Gehalte von über 1000 mg/kg Frischsubstanz auf. Um die N.-Belastungen zu reduzieren, sind in Deutschland Grenzwerte für die N.-Gehalte in Lebensmitteln und im Trinkwasser festgelegt. Die N.-Konzentration im ⊅ Trinkwasser ist auf 50 mg/l begrenzt. Ein Erwachsener nimmt in Durchschnitt 75 mg Nitrat pro Tag auf.

Nitratammonifikation, Form der ⊅ Nitratatmung, bei der Nitrat über Nitrit und Hydroxylamin bis zum Ammonium reduziert wird. Eine N. wird von mehreren fakultativ anaeroben Bakterien durchgeführt, u. a. von *Escherichia coli* und *Enterobacter aerogenes*.

Nitratassimilation, bei Pflanzen der Einbau von anorganischem Nitrat (NO_3^-) in organische Verbindungen. Dabei wird es über Nitrit (NO_2^-) zu Ammonium (NH_4^+) umgewandelt, das durch ↗ Ammoniumassimilation weiter im Stoffwechsel umgesetzt wird. Die N. kann dabei sowohl im Spross, als auch in den Wurzeln erfolgen, wobei zwischen Pflanzenarten und in Abhängigkeit von der Nitratkonzentration im Boden Unterschiede darin bestehen, wo die N. erfolgt. Der erste Schritt der N. wird im Cytosol durch das Enzym ↗ Nitratreduktase katalysiert, dessen toxisches Produkt, das Nitrit, sofort im Chloroplasten durch die *Nitritreduktase* umgesetzt wird, wobei das gebildete Ammonium durch Amidsynthese (Glutaminsynthetase) oder Transaminierung (Glutamatsynthase) primär vor allem in Aminosäuren überführt wird. Bei der N. wird NADPH verbraucht, das in grünen Geweben über das Ferredoxin und in nichtgrünen Geweben durch den oxidativen Pentosephosphatweg erzeugt wird.

Nitratatmung, Bez. für Formen der mikrobiellen Atmung, bei denen Energie aus der Reduktion von Nitrat gewonnen wird (↗ dissimilatorische Nitratreduktion). Nitrat dient als terminaler Elektronenakzeptor und kann zu Ammonium (↗ Nitratammonifikation) oder zu elementarem Stickstoff reduziert werden.

Nitratbakterien, ↗ nitrifizierende Bakterien.

Nitratreduktase, bei Pflanzen das Enzym, das den ersten Schritt der ↗ Nitratassimilation und somit die Reaktion

$$NO_3^- + NAD(P)H + H^+ \rightarrow NO_2^- + NAD(P)^+ + H_2O$$

katalysiert. N. kommen auch bei einer Reihe von Mikroorganismen vor. Bei höheren Pflanzen ist die N. ein Homodimer, dessen Untereinheiten als prosthetische Gruppen je ein FAD, ein Häm und einen Molybdänkomplex enthalten. Die Aktivität der N. wird mittels Proteinphosphorylierung durch die Nitratkonzentration, Licht und vorhandene Kohlenhydrate reguliert. Hinzu kommt, dass diese Faktoren auch die Genexpression des korrespondierenden Gens aktivieren. Bei Gerstenkeimlingen lässt sich bereits 40 Minuten nach Nitratgabe ein Anstieg der mRNA nachweisen.

Nitrifikanten, die ↗ nitrifizierenden Bakterien.

Nitrifikation, *Nitrifizierung*, die Oxidation von freiem Ammoniak (NH_3) zu Nitrat (NO_3^-) durch die Aktvität von ↗ nitrifizierenden Bakterien im Boden. Für den ↗ Stickstoffkreislauf ist die N. von großer Bedeutung, da sie für die Bereitstellung von Nitrat, der Hauptstickstoffquelle der höheren Pflanzen, der entscheidende Prozess ist.

nitrifizierende Bakterien, *Nitrifikanten*, Bez. für zwei Gruppen von im Boden und im Wasser verbreiteten chemolithotrophen Bakterien, die Energie aus der Oxidation von Ammoniak zu Nitrit (u. a. ↗ Nitrosomonas, *Nitrosococcus*, *Nitrosospira*) und

von Nitrit zu Nitrat (↗ Nitrobacter, *Nitrospina*, *Nitrococcus*) gewinnen. Oft beschränkt sich die Bez. nitrifizierende Bakterien nur auf die Nitrat produzierenden Bakterien (*Nitratbakterien*), während man die Nitrit produzierenden Bakterien als *Ammoniak oxidierende Bakterien*, *Nitritbakterien* oder *Nitrosofizierer* bezeichnet.

Nitrifizierung, die ↗ Nitrifikation.

Nitritbakterien, ↗ nitrifizierende Bakterien.

Nitrobacter, Gatt. chemolithotropher Bakterien, die ihre Energie aus der Oxidation von Nitrit zu Nitrat gewinnen (↗ nitrifizierende Bakterien). Die stäbchenförmigen Bakterien sind im Boden und Wasser verbreitet und vermehren sich durch Knospung. (↗ Nitrifikation)

Nitrogenase, Enzym, das bei der biologischen ↗ Stickstoff-Fixierung die Reduktion von N_2 zu Ammonium katalysiert.

nitrophil, *Stickstoff liebend*, Bez. für Pflanzen mit besonders hohem Stickstoffbedarf. Nitrophile Wildpflanzen oder Unkräuter (z. B. Gänsefußarten) sind ↗ Bioindikatoren für einen hohen Stickstoffgehalt im Boden.

Nitrosofizierer, ↗ nitrifizierende Bakterien.

Nitrosomonas, Gatt. chemolithotropher Bakterien, die ihre Energie aus der Oxidation von Ammoniak zu Nitrit gewinnen (↗ nitrifizierende Bakterien). Die stäbchenförmigen, gramnegativen Bakterien sind in Boden und Wasser weit verbreitet.

nivale Stufe, ↗ Höhenstufen.

NO, das ↗ Stickstoffmonooxid.

Nocardiaceae, *Nocardien*, Fam. der ↗ grampositiven Bakterien mit hohem ↗ GC-Gehalt, bei deren Arten die Mycelfäden gewöhnlich zerfallen und kokkenförmige oder lang gestreckte Elemente bilden. Gelegentlich werden Luftsporen produziert. Die N. umfassen die Gatt. *Nocardia*, *Micropolyspora* und *Rhodococcus*. Arten von *Nocardia* sind häufige Bodenbakterien.

Noctuidae, *Eulenfalter*, Fam. der Schmetterlinge (↗ Lepidoptera) mit über 25000 Arten (in Mitteleuropa rund 530), die eine Flügelspannweite von meist 1 - 7 cm haben; nur die brasilian. Rieseneule (*Thysania agrippina*) hat bis 30 cm Spannweite. Ein Wanderfalter ist die *Gamma-Eule (Autographa gamma)*, die eine charakteristische Zeichnung („Eulenschema") auf dem Vorderflügel trägt. Sie kann die Ultraschallsignale von Fledermäusen wahrnehmen und reagiert auf deren Annäherung mit Sichfallenlassen, Kursänderung oder Flucht.

nod-Gene, die ↗ Nodulationsgene.

Nodium, Plural *Nodien*, *Knoten*, die Insertionsstelle von Blättern an der ↗ Sprossachse.

Nodulationsgene, *nod-Gene*, die bei Stickstoff fixierenden Bakterien (z. B. Gattung ↗ Rhizobium) vorhandenen Gene, die an der Bildung von *Wurzelknöllchen* beteiligt sind. Als Reaktion auf Signalmoleküle dienen von den Wurzeln ausgeschiedene Flavonoide. Dabei wird zunächst das nodD Gen aktiviert, das einen regulatorischen Einfluss auf weitere Gene der *nod-Box* (z. B. *nodA, nodB, nodC*) ausübt. Einige N. kommen bei allen Rhizobien vor, andere sind an der Spezifität der Reaktion zwischen Bakterium und Wirtspflanze beteiligt. (↗ Stickstoff-Fixierung)

Nodulin-Gene, die an der Ausbildung von ↗ Wurzelknöllchen zur symbiontischen ↗ Stickstoff-Fixierung beteiligten *pflanzlichen* Gene. Sie codieren für die allg. als *Noduline* bezeichneten pflanzeneigenen Proteine, welche in den Knöllchen vorhanden sind. Zu den N.-G. zählen Gene für das *Leghämoglobin*, für Membranproteine, die am Stickstofftransport beteiligt sind, und für Enzyme, die den durch die *Nitrogenase* als Ammoniak fixierten Stickstoff in weniger toxische, für den Transport im Xylem geeignete Metabolite wie Amide oder Ureide (z. B. Allantoin, Citrullin) umwandeln.

Nomenklatur, die wissenschaftliche Benennung von Organismengruppen nach festgelegten internationalen Regeln. Vorteil der wissenschaftlichen Namen ist, dass sie im Unterschied zu den volkstümlichen Namen (*Trivialnamen*) international gültig sind und somit eine Verständigungsbasis innerhalb der Biologie schaffen. Die Nomenklaturregeln bzw. deren Änderungen werden auf internationalen Kongressen beschlossen. Ein wissenschaftlicher Name gilt erst dann als verfügbar, wenn er gleichzeitig mit der Beschreibung (*Diagnose*) des benannten Taxons und der Angabe eines *Typus*, auf den sich die Beschreibung bezieht, gültig, d. h. gedruckt in der einschlägigen Fachliteratur veröffentlicht wird. Typusexemplare sollen in wissenschaftlichen Institutionen aufbewahrt werden, um für weitere wissenschaftliche Untersuchungen zur Verfügung zu stehen. Ist ein Taxon mehrfach benannt worden, so ist nach der Prioritätsregel der Name gültig, der als erster veröffentlicht wurde. Dabei geht man in der Botanik bei höheren Pflanzen bis auf C. von ↗ Linnés *Species plantarum* (1753) und in der Zoologie bis zu Linnés *Systema naturae* (10. Auflage 1758) zurück. Jüngere, anderslautende Namen für das gleiche Taxon heißen *Synonyme*, gleichlautende Namen für verschiedene Taxa hingegen *Homonyme*.

Für jede Organismenart (Tiere, Pflanzen, Pilze, Bakterien, Archaea, Viren) gilt, dass jede Art durch zwei Wörter, den voranstehenden, groß geschriebenen Gattungsnamen und ein nachgestelltes, klein geschriebenes Beiwort (*Epitheton*) benannt wird (↗ binäre Nomenklatur). Dabei müssen in der botanischen N. Gattungsname und Beiwort verschieden sein, während in der zoologischen N. *Tautonyme*, d. h. Gattungsname und Beiwort sind gleich (z. B. *Bufo bufo*), zugelassen sind. Wird eine Art aufgrund neuer Erkenntnisse in eine andere Gatt. überführt,

so wird der Name des Erstbeschreibers in Klammern gesetzt, und nur in der Botanik folgt dahinter der Name des revidierenden Autors, z. B. *Melilotus officinalis* (L.) Pallas, Steinklee. Gruppen oberhalb des Artniveaus werden wissenschaftlich nur mit einem latein. oder latinisierten Wort benannt. International festgelegt sind hier jeweils die Endungen für bestimmte Taxa; so z. B. für Pflanzenfamilien -aceae (*Liliaceae*), für Tierfamilien -idae (*Canidae*). Unterarten werden in der Zoologie durch Hinzufügen eines dritten Namens benannt und als Rassen bezeichnet, so z. B. *Mus musculus musculus*. In der Botanik wird zwischen Artnamen und Unterartnamen die Bez. subspezies, abgekürzt ssp. eingefügt, so z. B. *Trifolium pratense* ssp. *sativum*. Ebenso wird bei der nur in der Botanik gebräuchlichen weiteren systematischen Untergliederung in Varietät (var.) und Form (f.) verfahren. Maßgebend für die N. der ↗ Bakterien ist der „International Code of Nomenclature of Bacteria" (1980).

Non-Disjunction, die während der ersten oder zweiten Teilung der ↗ Meiose auftretende Nicht-Trennung eines homologen Chromosomenpaares mit der Folge, dass beide zu demselben Spindelpol wandern. Durch diesen Verteilungsfehler entstehen Gameten mit einem überzähligen und einem fehlenden Chromosom (↗ Genommutation). Bei einem diploiden Organismus hat eine N. - D. entweder eine *Trisomie* oder eine *Monosomie* zur Folge. Für eine Reihe von genetisch bedingten ↗ Erbkrankheiten konnte nachgewiesen werden, dass die Häufigkeit, mit der N. - D. auftritt, mit dem Alter der Mutter zunimmt (↗ Down-Syndrom).

Neben dieser meiotischen Form kann N. - D. auch während der ↗ Mitose auftreten, wobei Schwesterchromatiden nicht voneinander getrennt werden.

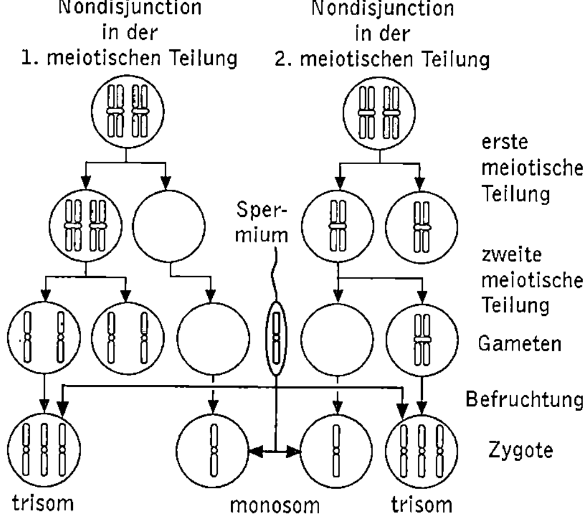

Non-Disjunction Trisomie und Monosomie als Ergebnis von Non-Disjunction während der Meiose I (links) und Meiose II (rechts)

Nonnengans, Art der ↗ Meergänse.

Nopalin, ↗ Octopine.

Noradrenalin, *Norepinephrin*, ein Hormon und Pharmakon mit Wirkung auf das Nerven- und das Herz-Kreislauf-System. N. wirkt im sympathischen Nervensystem (↗ Sympathikus) als adrenerger Neurotransmitter (↗ Transmittersubstanzen). Die Blutgefäße werden mit Ausnahme der Herzkranzgefäße durch N. kontrahiert; dadurch kommt es zu einer Erhöhung des peripheren Widerstands und somit zu einem Blutdruckanstieg. Ein Vergleich der Wirkungen von N. und ↗ Adrenalin führte zu einer Einteilung der postsynaptischen Rezeptoren in α- und β-Rezeptoren. Die α-Rezeptoren reagieren stärker auf Adrenalin und wirken i.Allg. anregend (jedoch nicht auf glatte Darmmuskulatur). Die β-Rezeptoren reagieren auf N. und wirken generell hemmend. N. ist ein ↗ biogenes Amin aus der Gruppe der ↗ Catecholamine und wird neben dem Adrenalin im Nebennierenmark und in den adrenergen Neuronen im Nervensystem aus ↗ Tyrosin über Dopa (↗ Dopamin) gebildet. N. wird in demselben Gewebe durch das Enzym *Noradrenalin-N-Methyltransferase* teilweise in Adrenalin überführt.

Abbau und Ausscheidung von N. erfolgen nach O-Methylierung und oxidativer Desaminierung durch eine Monoamin-Oxidase zu *3-Methoxy-4-hydroxymandelsäure* (*Vanillinmandelsäure*). Diese ist in den peripheren Teilen des Körpers und im Harn der Hauptmetabolit des N. Ihr Gehalt im Harn ist eine Kennzahl für die parasympathische Nervenfunktion und wird zur Diagnose von Tumoren herangezogen, die N. oder Adrenalin produzieren.

Nordkaper, Art der Glattwale (↗ Balaenidae).

Northern Blot, *Northern Blotting*, eine Form der ↗ Nucleinsäurehybridisierung, mit der das Vorkommen bzw. die Menge von mRNAs nachgewiesen werden kann. Der N. B. ist ein molekularbiologisches Standardverfahren, mit dessen Hilfe die zeitliche oder auf bestimmte Zell- oder Gewebetypen beschränkte ↗ Genexpression untersucht werden kann. Seine Empfindlichkeit wird durch das ↗ RT-PCR-Verfahren übertroffen.

Nostoc, Gatt. fädiger ↗ Cyanobakterien, deren Arten im Wasser oder auf feuchtem Boden kugelig oder unregelmäßig gestaltete Gallertlager mit Polysaccharidschleim bilden. Charakteristisch ist auch die Bildung von Heterocysten. Die Arten sind Stickstoff fixierend und leben als Symbionten in unterschiedlichen Partnern, z. B. in der Flechte *Peltigera* und in den Wurzeln von *Cycas* und von *Gunnera*.

Nostocaceae, Fam. von ↗ Cyanobakterien, deren Arten Filamente und Heterocysten bilden. Die Gruppe umfasst u. a. die Gatt. ↗ Anabaena, ↗ Nostoc, *Calothrix* und *Nodularia*.

Nostocales, Ord. der ↗ Cyanobakterien, bei deren Arten die Zellteilung senkrecht zur Längsachse der Fäden verläuft. Die Vermehrung erfolgt durch Hormogonien. Kennzeichnend sind weiterhin Heterocysten und Akineten. Zu den N. gehören u. a. die ↗ Nostocaceae.

Nothofagaceae, *Südbuchengewächse*, sehr isolierte Fam. der ↗ Fagales mit der einzigen Gatt. *Scheinbuche* (*Nothofagus*) Die Arten gehen bis in die Kreidezeit zurück und sind südhemisphärisch-antarktisch verbreitet. Die *Südbuche*, *Nothofagus antarctica*, kann als „südhemisphärisches Gegenstück" zur Rotbuche, *Fagus sylvatica*, angesehen werden.

Nothofagus, Gatt. der ↗ Nothofagaceae.

Notogäa, Faunenreich, das heute meist auf die ↗ Australis i. w. S. begrenzt wird und dem man teilweise auch die Hawaii-Inseln und die Antarktis zurechnet.

Notoptera, *Grylloblattodea*, *Grillenschaben*, Taxon der ↗ Insecta mit zwölf bekannten Arten, die im paläarktischen Asien, Japan und Nordamerika beheimatet sind. Sie leben unter Steinen und im Moos und ernähren sich von Pflanzen. Ihre Vorzugstemperatur ist niedrig, sie werden erst bei 0 °C aktiv. Die Nymphen schlüpfen ein Jahr nach der Eiablage, die Entwicklung dauert fünf Jahre mit insgesamt acht Häutungen. Die Weibchen fressen die Männchen nach der Paarung.

Notoryctidae, *Beutelmulle*, Fam. der Beuteltiere (↗ Marsupialia) mit einer, bis 18 cm langen Art, dem *Beutelmull* (*Notoryctes typhlops*) in den Sandwüsten Australiens. Der dem Maulwurf ähnlich sehende Beutelmull lebt wühlend im Erdboden; er besitzt zu Grabschaufeln umgebildete Vorderbeine und einen Hornschild an der Stirn.

Notostraca, zu den ↗ Branchiopoda gehörende, außer in der Antarktis weltweit verbreitete Krebse, die vor allem temporäre, stehende Süßgewässer bewohnen. Sie leben am oder im Boden und ernähren sich von Detritus, kleinen Benthostieren oder Pflanzenteilen. In Reisfeldern können sie durch Abfressen der Reissämlinge zur Plage werden.

Novel food, „*neuartige Lebensmittel*", Bez. für Lebensmittel, die sich in ihrer Zusammensetzung und ihrer Herstellung völlig von den bisher bekannten Lebensmitteln unterscheiden, ohne dass es ihnen äußerlich anzusehen ist. Unter den Oberbegriff N. f. fallen z. B. mit Hilfe gentechnischer Verfahren produzierte oder veränderte Lebensmittel (*Gen food*), außerdem Lebensmittel, die mit „gesundheitsfördernden" Substanzen, wie Vitaminen, Ballaststoffen oder Spurenelementen angereichert wurden (*Pharma food* oder *Foodiceuticals* genannt) sowie ↗ Functional food.

Noxe, Bez. für Stoffe und Strahlungen, die schädigend oder pathogen auf Organismen wirken können.

Nozizeptoren, *Nozisensoren*, Sensoren, die durch Reize erregt werden, die Gewebe schädigen oder zu schädigen drohen (↗ Schmerz). N. kommen in fast allen Körpergeweben vor, nicht aber im ↗ Gehirn und in der ↗ Leber. Vor allem die ↗ Haut ist dicht mit N. besetzt, die bohrende, stechende oder brennende Schmerzen vermitteln, während die von N. im Bewegungsapparat (↗ Muskel, ↗ Sehnen, ↗ Gelenke) vermittelten Schmerzen eher als ziehend oder krampfhaft empfunden werden. Die N. der inneren Organe vermitteln einen oft dumpfen, schlecht lokalisierbaren Schmerz, der auf Hautareale übertragen werden kann, die von demselben Rückenmarkssegment innerviert werden wie das schmerzende Organ; diese Hautzonen werden als *Head-Zonen* bezeichnet.

NPP, Abk. für ↗ Nettoprimärproduktion.

NSG, Abk. für ↗ Naturschutzgebiet.

Nuclear-Gel, ↗ Kernmatrix.

Nuclear-Sol, ↗ Kernmatrix.

Nucleasen, die allg. Bez. für Enzyme, die *Nucleinsäuren* hydrolysieren. Dabei kann zwischen *Endonucleasen*, die diese im Molekül, und *Exonucleasen*, die diese vom 3'-Ende oder 5'-Ende spalten, unterschieden werden. (↗ Desoxyribonucleasen, ↗ Ribonucleasen, ↗ Restriktionsenzyme)

Nucleinsäurehybridisierung, der Nachweis von auf einer Nylonmembran oder einem Nitrocellulosefilter immobilisierter DNA oder RNA mit Hilfe von radioaktiv markierten oder neuerdings auch chemisch modifizierten ↗ Gensonden. Aufgrund der komplementären Basenpaarung können diese einzelsträngigen kurzen DNA- oder RNA-Fragmente spezifisch an diejenigen Bereiche binden, mit deren Sequenz sie übereinstimmen. Durch Wahl der *Hybridisierungsbedingungen* wie z. B. Hybridisierungstemperatur oder Salzkonzentration der Pufferlösung sowie anschließende Waschschritte bei z. T. unterschiedlichen Temperaturen und Pufferkonzentrationen wird erreicht, dass weitestge-

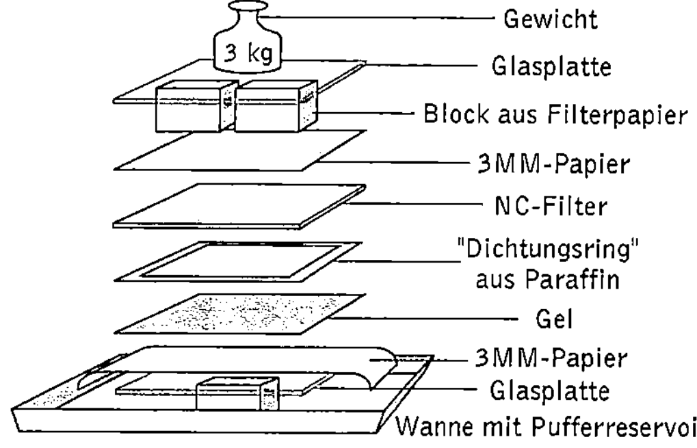

Nucleinsäurehybridisierung Typischer Aufbau eines Southern- oder Northern Blots. Der „Dichtungsring" wird häufig eng um das Gel gelegt, damit das Filterpapier nicht außerhalb des Gels saugen kann, der Blot dadurch „kurzgeschlossen" wird und der erwünschte Transfer ausbleibt. NC-Filter = Nitrocellulosefilter, 3MM-Papier = Lagen mit besonders saugfähigem, festen Filterpapier

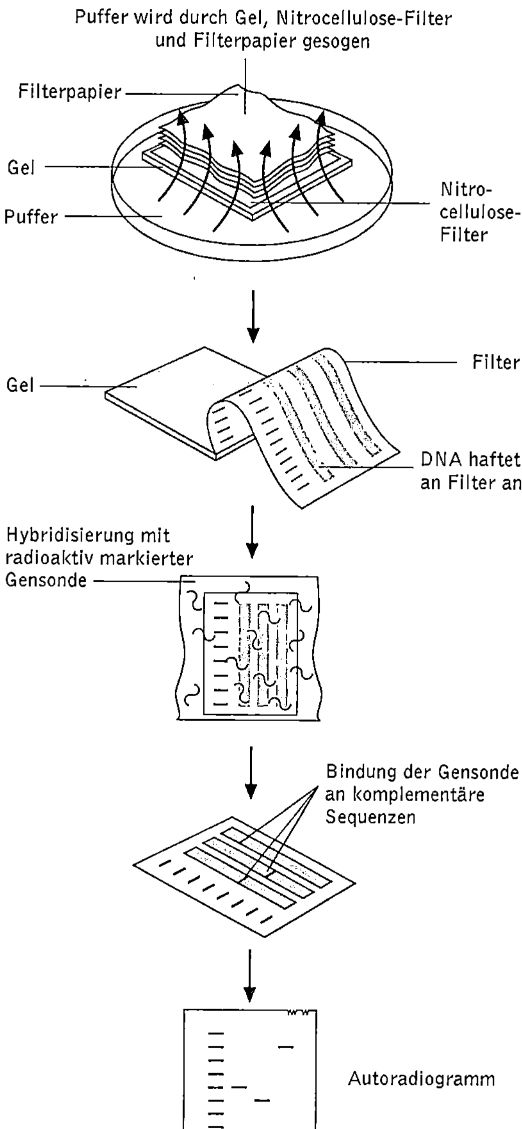

Nucleinsäurehybridisierung Typischer Ablauf eines Experimentes zum Nachweis von bestimmten DNA- oder mRNA-Molekülen mittels Southern bzw. Northern Blot

hend spezifische Bindungen und möglichst keine unspezifischen Bindungen zwischen Sonde und DNA bzw. RNA zustande kommen. Sie können durch ↗ Autoradiographie nachgewiesen werden.

Die aus Probenmaterial isolierten Nucleinsäuren werden zunächst durch eine *Gelelektrophorese* getrennt und anschließend in einem ursprünglich von E. Southern erdachten Transfersystem für DNA aus dem üblicherweise verwendeten Agarosegel auf die Membran übertragen. Das Gel wird hierzu auf ein angefeuchtetes Filterpapier aufgetragen, dessen Enden in eine Wanne mit Transferpuffer ragen.

Unmittelbar darüber wird die Membran blasenfrei gelegt und mehrere Lagen saugfähiges Filterpapier, das zusätzlich mit einem Gewicht beschwert wird. Die Pufferlösung wird vom trockenen Filterpapier aufgesaugt, wobei die DNA-Fragmente mittels Kapillarkräften aus dem Gel an die Unterseite der Membran wandern, wo sie aufgehalten werden. Im Anschluss an den Transfer, der nach mehreren Stunden abgeschlossen ist, wird die DNA durch Hitze- oder UV-Behandlung kovalent an der Membran fixiert. Während mit dem Ergebnis des *Southern Blotting*, dem *Southern Blot* der Nachweis von DNA-Fragmenten z. B. für den ↗ genetischen Fingerabdruck oder die RFLP-Analyse möglich ist, wird im Laborjargon der analoge Nachweis von mRNAs als *Northern Blot* bezeichnet. Werden Nucleinsäuren vor der Hybridisierung nicht ihrer Größe nach aufgetrennt, sondern die isolierten DNA- oder RNA-Lösungen als Punkte oder schlitzförmige Flecken auf die Membran aufgetragen, spricht man von einem so genannten *Dot Blot* oder *Slot Blot*. Auf diese Weise können wie auf einer Mikrotiterplatte viele Proben gleichzeitig analysiert werden. Die N. gestattet es, i. d. R. nur ein Gen pro N. zu untersuchen. Die Effizienz der N. wird bei *DNA-Chips* (↗ Biochips, ↗ Microarray) wesentlich gesteigert.

Eine nach demselben Prinzip ablaufende Nachweismethode von Nucleinsäuren, die nicht auf Membranen immobilisiert, sondern in Gewebeschnitten vorkommen, ist die ↗ In-situ-Hybridisierung.

Nucleinsäuren, die ↗ Desoxyribonucleinsäure (DNA) und ↗ Ribonucleinsäure (RNA). N. sind in Analogie zu Proteinen, die als Polypeptide Kondensationsprodukte von Aminosäuren darstellen, aus einzelnen Bausteinen, den *Nucleotiden* aufgebaut und können somit auch als *Polynucleotide* bezeichnet werden. Die einzelnen Nucleotide sind durch *Phosphodiesterbindungen* miteinander verknüpft.

Nucleotide sind aus drei Komponenten aufgebaut: einer von fünf möglichen heterocyclischen Purin- oder Pyrimidinbasen, einer Pentose (2-Desoxyribose bei DNA, Ribose bei RNA) und einer Phosphorsäure. Die Kondensationsprodukte des Kohlenstoff C1 der Pentosen mit dem Stickstoff N1 der Pyrimidinbasen bzw. N9 der Puribasen werden als *Nucleoside* bezeichnet. Bei den Nucleotiden handelt es sich somit um Phosphorsäureester zwischen der Phosphorsäure und der Alkoholgruppe am Kohlenstoff C5 der (Desoxy-) Ribose. Das dabei entstandene *Nucleosidmonophosphat* kann unter Entstehung energiereicher *Anhydridbindungen* phosphoryliert werden, sodass Nucleosiddiphosphate und Nucleosidtriphosphate entstehen.

Aufgrund der spektralfotometrischen Eigenschaften ihrer aromatischen Basen absorbieren N. Licht im UV-Bereich zwischen 220 und 320 nm, wobei das durchschnittliche Absorptionsmaximum aller N.-Bausteine bei einer Wellenlänge von 260 nm liegt. Die Konzentrationen von N. in wässriger Lösung können so relativ einfach bestimmt werden; 50 µg DNA bzw. 40 µg RNA in einem ml Wasser oder Puffer gelöst, weisen bei 260 nm eine Extinktion von 1 auf. Aufgrund einer vom pH-Wert abhängigen spektralen Verschiebung von Cytosin lässt sich spektralfotometrisch auch der GC-Gehalt einer N. bestimmen.

Nucleinsäuren   Nomenklatur der Nucleoside und Nucleotide

Base Abk.	Nucleosid	Nucleotide Abkürzung
Adenin A	Adenosin	Adenosinmonophosphat (AMP) Adenosindiphosphat (ADP) Adenosintriphosphat (ATP)
Cytosin C	Cytidin	Cytidinmonophosphat (CMP) Cytidindiphosphat (CDP) Cytidintriphosphat (CTP)
Guanin G	Guanosin	Guanosinmonophosphat (GMP) Guanosindiphosphat (GDP) Guanosintriphosphat (GTP)
Thymin T	Thymidin	Thymidinmonophosphat (TMP) Thymidindiphosphat (TDP) Thymidintriphosphat (TTP)
Uracil U	Uridin	Uridinmonophosphat (UMP) Uridindiphosphat (UDP) Uridintriphosphat (UTP)

Die Bausteine der DNA werden als Desoxynucleoside bezeichnet, z. B. ATP = Desoxyadenosintriphosphat

Nucleocapsid, die Einheit aus ↗ Capsid und Genom (↗ Viren).

Nucleoid, *Kernäquivalent*, die Region im Cytoplasma von Prokaryoten, in der deren Genom lokalisiert ist. Der Begriff Kernäquivalent bezieht sich auf die Tatsache, dass es sich beim N. anders als beim ↗ Nucleus der Eukaryoten um kein eigenes ↗ Kompartiment handelt.

Nucleolin, ein basisches Protein, das im ↗ Nucleolus am Zusammmenbau der Prä-Ribosomen beteiligt ist, indem es die Synthese und Reifung von RNA-Molekülen fördert.

Nucleolus, Plural *Nucleolen*, *Kernkörperchen*, das im Lichtmikroskop sichtbare 2 - 5 µm große kompakte Gebilde im ↗ Nucleus, in dem die Synthese der Prä-Ribosomen erfolgt. Mit einer Dichte von $1{,}35$ g cm^{-2} gehören N. zu den dichtesten Bestandteilen lebender Zellen. Im Anschluss an die Telophase der ↗ Mitose entstehen N. neu an den so genannten *Nucleolus-Organisator-Regionen (NOR)*, bei denen es sich um sekundäre Einschnürungen von Satellitenchromosomen handelt. N. bestehen aus 5-8 nm dicken Filamenten (*Pars fibrosa*) und aus Granula (*Pars granulosa*), wobei letztere im äußeren Bereich lokalisiert sind. Im N. sind Gene der ribosomalen RNA lokalisiert, die als große Primärtranskripte abgelesen und anschließend prozessiert werden (↗ Ribosomen).

Der Kern von tierischen Zellen weist häufig nur einen N. auf, wohingegen Pflanzenzellen mehrere N. besitzen, die deren Ploidiegrad widerspiegeln. Von wenigen Ausnahmen abgesehen fehlen N. nur in den Zellkernen von Zellen, in denen keine Proteinsynthese mehr erfolgt. Hierzu zählen nicht wachsende Zellen wie reife Lymphocyten, Spermien und generative Kerne der Pollenschläuche.

Nucleoplasma, das ↗ Kernplasma.

Nucleoporine, ↗ Kernporen.

Nucleoproteine, die ↗ Kernproteine.

Nucleoside, Sammelbez. für die *2-Desoxyribonucleoside* und *Ribonucleoside*, die die Grundbausteine der ↗ Nucleinsäuren darstellen. Ein N. besteht aus einer heterozyklischen Base und der 2-Desoxyribose (DNA) oder Ribose (RNA). Bei deren Synthese werden *Nucleosidtriphosphate* enzymatisch umgesetzt, sodass Polymere aus *Nucleosidmonophosphaten* entstehen, die als *Nucleotide* bezeichnet werden. Nucleinsäuren sind somit Polynucleotide. N. sind auch Bausteine einer Reihe von ↗ Coenzymen (z. B. Nicotinamid-adenin-dinucleotid, NAD$^+$) und Bestandteile von ↗ Antibiotika (z. B. Cordycepin, Puromycin). Zur Nomenklatur der N. ↗ Nucleinsäuren.

Nucleosidphosphate, ↗ Nucleoside, ↗ Nucleotide.

Nucleotide, die Phosphorsäureester der ↗ Nucleoside, die die monomeren Grundbausteine der ↗ Nucleinsäuren sind. Sie bestehen aus einer heterozyklischen Purin- oder Pyrimidinbase, der Pentose 2-Desoxyribose (*Desoxyribonucleotide*) oder Ribose (*Ribonucleotide*) und einem Phosphatrest. N. sind als Nucleosidmonophosphate die Grundbausteine der ↗ Desoxyribonucleinsäure (DNA) und ↗ Ribonucleinsäure (RNA). Die Nucleosiddiphosphate und Nucleosidtriphosphate werden auch als *aktivierte N.* bezeichnet und spielen nicht nur bei der Synthese von DNA und RNA, sondern auch im Stoffwechsel (ATP, GTP usw.) eine große Rolle. Zur Terminologie ↗ Nucleinsäuren.

Nucleus, *Zellkern*, das bei eukaryotischen Zellen vorhandene Kompartiment, in dem die genetische Information auf Chromosomen gespeichert ist. Der N. ist das wesentliche Merkmal, in dem sich Prokaryoten und Eukaryoten voneinander unterscheiden. Seine wichtigsten Strukturen sind ↗ Chromatin, ↗ Nucleolus, Kernmatrix und Kernhülle. Während der Evolution von der Protocyte zur Eucyte kann der N. dadurch entstanden sein, dass die Plasmamembran die an dieser anheftende DNA durch eine Einstülpung allmählich umschlossen hat. Durch eine vollständige Abschnürung von der

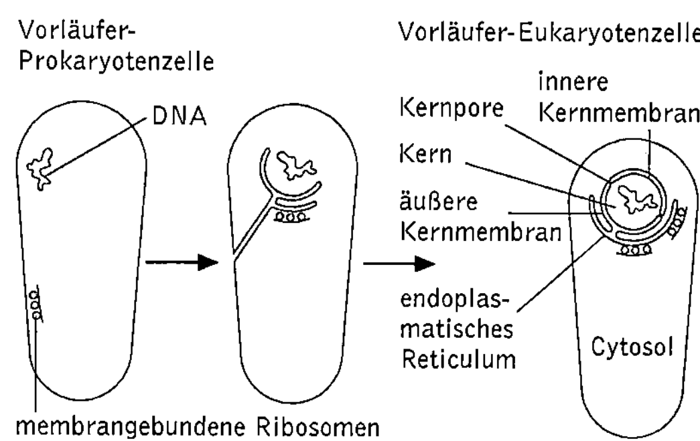

Nucleus Hypothese zur Entstehung des Nucleus durch eine die DNA umgebende Membraneinstülpung. Neben der Kernhülle kann auf diese Weise auch das endoplasmatische Reticulum entstanden sein

Plasmamembran entstand ebenfalls das ↗ endoplasmatische Reticulum.

Der N. ist von einer Membranzisterne, der ↗ Kernhülle umschlossen, an deren Innenseite sich die ↗ Kernlamina befindet, die als Teil des ↗ Kernskeletts dem N. seine Form verleiht. Das plasmatische Innere des N. wird als ↗ Kernplasma (*Nucleoplasma*) bezeichnet. Hier befindet sich das Chromatin. Im N. läuft nicht nur die ↗ Replikation der DNA ab, sodass bei der ↗ Mitose genetisch identische Tochterkerne entstehen, sondern hier erfolgt auch die ↗ Transkription der genetischen Information sowie die Prozessierung der dabei entstandenen RNA-Moleküle. Aus diesem Grund kann der N. auch als die „Schaltzentrale" der Zelle bezeichnet werden. Die räumliche Trennung von Prozessen, die wie die Transkription ausschließlich im N. ablaufen und solchen, die wie die ↗ Translation nur im Cytoplasma lokalisiert sind, erfordert Transportvorgänge über die Kernhülle. Kleine Moleküle kön-

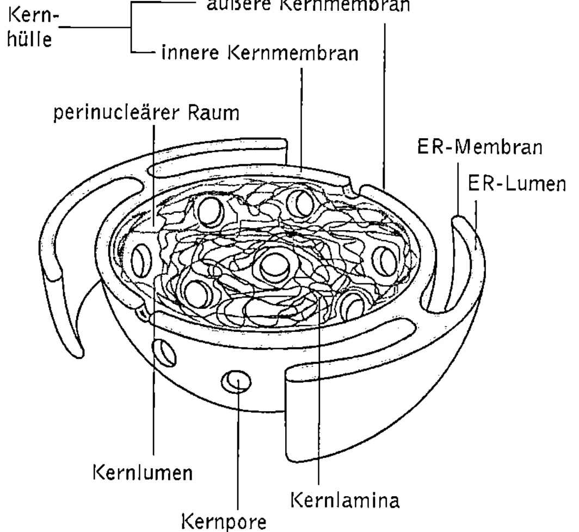

Nucleus Dreidimensionale Darstellung des Zellkerns. Im Innern befindet sich die auf Chromosomen lokalisierte DNA

nen dabei mittels Diffusion durch die Kernporen gelangen, wohingegen der Transport großer Moleküle energieabhängig ist. Da die Proteinsynthese nur im Cytoplasma erfolgen kann, müssen Kernproteine in den N. importiert werden. Mittels einer so genannten *NLS-Sequenz* (NLS von engl. *nuclear localization signal*) werden Proteine, die für den Zellkern bestimmt sind, von cytoplasmatischen Faktoren (*Importin*) erkannt, um anschließend als Komplex an Kernporen anzudocken.

In analoger Weise sorgt eine *NES-Sequenz* (NES von engl. *nuclear export signal*) dafür, dass Proteine den Zellkern verlassen. Diejenigen Proteine, die wie einige, an Primärtranskripte bindende Proteine im Zellkern verbleiben, zeichnen sich hingegen durch eine *NRS-Sequenz* (NRS von engl. *nuclar retention signal*) aus.

Nudibranchia, *Nacktkiemer*, zu den ↗ Opisthobranchia gehörendes Taxon der Schnecken (↗ Gastropoda), bei dessen Arten das Gehäuse und das Operculum völlig reduziert sind. Sie sind äußerlich symmetrisch). N. besitzen keine echten Kiemen, dafür aber häufig Anhänge, die als Atmungsorgane dienen. Sie sind vielgestaltig und oft farbenprächtig gefärbt. N. leben räuberisch und leben bevorzugt in küstennahem Flachwasser.

Numbat, *Ameisenbeutler*, Art der ↗ Myrmecobiidae.

Numididae, *Perlhühner*, Fam. der Hühnervögel (↗ Galliformes) mit sieben in Savannen und Wäldern Afrikas beheimateten Arten. Perlhühner sind etwa haushuhngroß, kurzschwänzig und haben überwiegend ein graues, weiß getüpfeltes Gefieder. Der Kopf ist ganz oder fast ganz kahl mit auffälliger Färbung. Stammform des Hausperlhuhns ist das Helmperlhuhn (*Numidia meleagris*).

Nummuliten, große Foraminiferen (↗ Foraminifera) mit kalkiger linsen- oder scheibenförmiger Schale (daher auch als „versteinerte Linsen" oder „Münzsteine" bezeichnet). Sie erreichen Durchmesser von bis zu 12 cm. Das Innenskelett ist kompliziert gebaut mit zahlreichen spiralig angeordneten Kämmerchen und Kanälchen. N. sind wichtige Leitformen des ↗ Tertiärs (Paleozän bis Oligozän), vor allem im Bereich subtropischer Meere. Zentrum der Entwicklung war die ↗ Tethys; dort waren die N. gesteinsbildend (*Nummulitenkalke*).

Nurse, *Paul, M.*, brit. Molekularbiologe, * 25.1. 1949 Großbritannien; seit 1996 Direktor am Imperial Cancer Research Fund in London. N. erhielt 2001 mit L.H. ↗ Hartwell und R.T. ↗ Hunt für die Entdeckung von Schlüsselsubstanzen in der Regulation des Zellzyklus den Nobelpreis für Physiologie oder Medizin.

Nuss, ↗ Frucht.

Nüsslein-Volhard, *Christiane*, deutsche Entwicklungsbiologin, * 20.10.1942 Magdeburg; 1978-81 Zusammenarbeit mit E.F. ↗ Wieschaus am Europäischen Laboratorium für Molekularbiologie (Abk. EMBL) in Heidelberg, anschließend vier Jahre Leiterin einer Arbeitsgruppe am Friedrich-Miescher-Laboratorium der Max-Planck-Gesellschaft in Tübingen, seit 1985 Direktorin am MPI für Entwicklungsbiologie in Tübingen und Leiterin der Abteilung Genetik. Für ihren zusammen mit Wieschaus geleisteten Beitrag zur Aufklärung der biologischen Gestaltbildung und der Funktion von Entwicklungskontrollgenen erhielt sie 1995 zusammen mit Wieschaus und E.B. ↗ Lewis den Nobelpreis für Physiologie oder Medizin.

Nutation, die bei Pflanzen (vor allem Keimlingen und jungen Spross- und Blütenteilen) vorkommende, in ihrer Richtung wechselnde Krümmungsbewegung, die nicht durch Umweltsignale (↗ Tropismus, ↗ Nastie, ↗ Taxis), sondern als *autonome Bewegung* endogen gesteuert wird. N. sind auf zeitlich ungleiche Wachstumsprozesse zurückzuführen. Typische N. sind die Pendelbewegungen von Grascoleoptilen, und die sich regelmäßig öffnenden und schließenden Köpfchen von *Calendula officinalis* (Ringelblume). Die vielfach kreisenden N. werden als ↗ Circumnutationen bezeichnet.

Nutraceuticals, ↗ Functional food.

Nutria, *Biberratte*, *Myocastor coypus*, bis 60 cm körperlange Art der Nagetiere, die in den Flüssen und Seen des südlichen Südamerikas beheimatet ist. N. besitzen einen drehrunden, nackten Schwanz und Schwimmhäute an den Hinterfüßen. Sie bauen Erdbauten in Uferböschungen. N. werden als Pelztiere in Farmen gezüchtet.

Nützlinge, Bez. für Organismen, die ↗ Schädlingen entgegen wirken. Meist handelt es sich dabei um die natürlichen Feinde der Schädlinge (z. B. räuberische Insekten). Im biologischen Pflanzenschutz (↗ Schädlingsbekämpfung) werden N. gezielt gegen Schädlinge eingesetzt. Zu den N. gehören u. a. Marienkäfer, Florfliegen und Schlupfwespen.

Nutznießertum, die ↗ Karpose.

Nutzpflanzen, Pflanzen, die vom Menschen genutzt werden, d. h. alle ↗ Kulturpflanzen mit Ausnahme der Zierpflanzen sowie zahlreiche Wildpflanzen.

Nutztiere, ↗ Haustiere, die für die Land- oder Forstwirtschaft und andere Wirtschaftszweige von Nutzen sind, z. B. Rinder (Milch, Fleisch, Arbeitstiere), Schafe (Wolle, Milch, Fleisch), Pferde, Esel, Kamele, Büffel, Elefanten (Arbeitstiere), Hühner (Eier, Fleisch), Bienen (Honig, Wachs) u.a.

Nyctaginaceae, *Wunderblumengewächse*, Fam. der ↗ Caryophyllales mit ca. 400 Arten. Die Perigonblätter der N. sind röhrenförmig verwachsen und nur ein Karpell wird ausgebildet. Zu den N. gehören die Wunderblume, *Mirabilis jalapa*, und die Bougainvillea, *Bougainvillea glabra*.

Nyktinastien, ↗ Schlafbewegungen.

Nymphaeaceae, *Seerosengewächse*, Fam. der Nymphaeales mit ca. 70 Arten, die überwiegend in den Tropen verbreitet sind. Es sind ausschließlich Wasserpflanzen mit teilweise untergetauchten, schwimmenden oder über das Wasser herausragenden, meist sehr großen Blättern. Die vorwiegend schraubig gebauten Blüten haben entweder eine doppelte Blütenhülle aus zwei dreizähligen Wirteln oder einen drei- bis mehrgliedrigen Kelch. Aus den Fruchtknoten entwickeln sich Schließfrüchte oder beerenartige Früchte. Einheimisch sind die Gatt. Seerose (*Nymphaea*) und Teichrose (*Nuphar*). Die *Lotosblume* oder *Indische Seerose*, *Nelumbo nucifera*, wird wegen ihrer stärkereichen Rhizome in Japan und China angebaut. Die größten Schwimmblätter (bis 2 m Durchmesser) bilden die südamerikanischen *Victoria*-Arten, *Victoria cruciana* und *Victoria amazonica*.

Nymphaeaceae Lotosblume (*Nelumbo nucifera*): a Blüte, b Längsschnitt durch die Blütenachse

Nymphaeales, Ord. der ↗ Magnoliopsida, zu der krautige Sumpf- und Wasserpflanzen gehören. Charakteristisch sind Zwitterblüten und Schwimmblätter. Zu den N. gehören die Cacombaceae und die ↗ Nymphaeaceae.

Nymphalidae, *Fleckenfalter*, *Edelfalter*, Fam. der Schmetterlinge (↗ Lepidoptera) mit rund 3000 mittelgroßen bis großen und oft prächtig bunt gefärbten Arten. In Mitteleuropa kommen etwa 40 Arten vor, die z. T. geschützt sind. Bei uns mittlerweile seltener zu sehende Arten sind der Trauermantel (*Nymphalis antiopa*; Spannweite 35 - 45 mm) und der Große Fuchs (*Nymphalis polychloros*, Spannweite 20 - 33 mm). Weitere Arten sind das Tagpfauenauge (*Inachis io*; Spannweite bis 35 mm), dessen Raupe an Brennnesseln frisst, ebenso wie diejenige des Kleinen Fuchs (*Aglais urticae*; Spannweite bis 28 mm). Der Distelfalter (*Vanessa cardui*) und der Admiral (*Vanessa atalanta*) fliegen beide ab dem Frühjahr aus dem Süden nach Mitteleuropa ein.

Nymphe, bei Insekten mit unvollkommener Verwandlung (Hemimetabolie; ↗ Metamorphose), das letzte bzw. die beiden letzten Entwicklungsstadien, die oft schon Flügelanlagen besitzen und der Imago ähnlich sind.

Nymphensittich, Art der Papageien (↗ Psittaciformes).

Nystagmus, periodische, i. d. R. hin- und her pendelnde Bewegungen der Augen von Wirbeltieren oder Augenstiele von Krebsen. Ein N. kann reflektorisch durch Bogengang- bzw. Statocystenreizung bedingt sein. Als *optischer* oder *optokinetischer N.* werden diejenigen Augenbewegungen bezeichnet, die durch Sehreize, Bildverschiebungen, d. h. insgesamt durch die sich optisch verschiebende Umwelt auszulösen sind. Von diesen physiologischen Reaktionen abzugrenzen sind die in der *Medizin* als N. bezeichneten Augenbewegungen, die von der Norm abweichen und Folge von Erkrankungen sind.

O

O, chemisches Symbol für ↗ Sauerstoff.

Oase, in ↗ Wüsten und Halbwüsten vorkommendes Gebiet geringer Ausdehnung mit reichem Pflanzenwuchs. Über Grundwasser, Quellen oder Flussläufe sind O. gut mit Wasser versorgt.

Oberarmknochen, *Humerus*, ↗ Extremitäten.

Oberhaut, die ↗ Epidermis.

Oberkiefer, *Maxilla*, ↗ Schädel.

Oberschenkelknochen, *Femur*, ↗ Extremitäten.

Oberschlundganglion, *Supraoesophagealganglion*, *Cerebralganglion*, der über dem Schlund (↗ Pharynx) gelegene Gehirnteil des Zentralnervensystems der Gliedertiere. (↗ Gehirn)

OB-Protein, das ↗ Leptin.

Obstbaumkrebs, durch *Nectria galligena* (↗ Sphaeriales) verursachte Krankheit der Obstbäume.

Occiput, *Os occipitale*, das Hinterhauptsbein des ↗ Schädels.

Ocellen, Singular *Ocellus*, punktförmige ↗ Lichtsinnesorgane, die in unterschiedlicher Ausprägung bei vielen verschiedenen Tiergruppen vorkommen.

Ochoa, *Severo*, span.-amerikan. Biochemiker, ✳ 24.9.1905 Luarca (Provinz Oviedo), † 1.11.1993 Madrid; ab 1954 Prof. in New York, ab 1975 am Centro de Biología Molecular, Universidad Autónoma in Madrid. O. entdeckte die oxidative Phosphorylierung (↗ Atmungskette) und wies nach, dass die durch Abbau von Nahrungsstoffen gewonnene Energie in der Zelle in Form von energiereichen Phosphatverbindungen gespeichert und verfügbar gehalten wird. Er entdeckte und isolierte 1955 aus Bakterien das Enzym Polynucleotid-Phosphorylase, mit dem ihm später die in-vitro-Synthese von ↗ Ribonucleinsäure gelang. Außerdem war er mitbeteiligt an der Entschlüsselung des genetischen Codes (1961). 1959 erhielt er zusammen mit A. ↗ Kornberg den Nobelpreis für Physiologie oder Medizin.

Ochotonidae, *Pfeifhasen*, *Pikas*, Fam. der Hasentiere (↗ Lagomorpha).

Ochroma, Gatt. der ↗ Bombacaceae.

Ocimum, Gatt. der ↗ Lamiaceae.

Octobrachia, *Octopodiformes*, *achtarmige Kopffüßer*, Gruppe der Kopffüßer (↗ Cephalopoda) mit vier Armpaaren, zwischen denen sich eine Schwimmhaut befindet. Zu den O. gehören u. a. die ↗ Kraken.

Octocorallia, zu den ↗ Anthozoa gehörendes Taxon, dessen Arten stets Tierstöcke (Kolonien) bil-

den, die durch schlauchartige *Stolonen* oder durch ein gemeinsames Gewebe (*Coenenchym*, *Coenosark*) miteinander verbunden sind. Die Einzelpolypen besitzen acht Septen und Gastraltaschen sowie acht gefiederte Tentakel. Zu den O. gehören u. a. die Lederkorallen (↗ Alcyonaria), die Hornkorallen (↗ Gorgonaria) und die Seefedern (↗ Pennatularia).

Octopin, ↗ Opine.

Octopodiformes, die ↗ Octobrachia.

Octopus, Gatt. der ↗ Kraken.

Ocytocin, das ↗ Oxytocin.

Ödem, die krankhafte Ansammlung von seröser Flüssigkeit in den Interzellularräumen von Haut und Schleimhaut (z.B. Hautödem) bzw. der Gewebe von Organen (z.B. Lungenödem, Gehirnödem) nach Austritt aus Blutkapillaren und Lymphgefäßen.

Odobenidae, *Walrosse*, Fam. der Robben (↗ Pinnipedia) mit nur einer Art, dem *Walross (Odobenus rosmarus)*, die mit zwei bis drei Unterarten in der Arktis beheimatet ist. Walrosse sind etwa 3 - 4 m lang und wiegen bis zu 1600 kg. Sie haben eine nur schwach behaarte Haut und tragen an der Oberlippe dicke Borsten, die dem Aufspüren der Nahrung (Krebse, Weichtiere, Stachelhäuter) am Meeresboden dienen. Die stark verlängerten Eckzähne wachsen zeitlebens und können bis 50 cm lang werden. Walrosse sind infolge starker Bejagung im Bestand gefährdet.

Odonata, *Libellen*, Gruppe der ↗ Insecta mit rund 4700 Arten, davon 80 in Mitteleuropa. Sie haben eine Flügelspannweite von 20 - 110 mm und eine Körperlänge bis maximal 150 mm. Der farbige, aus elf Segmenten bestehende Hinterleib ist auffällig langgestreckt, die Flügel sind annähernd gleich groß und nicht faltbar; sie werden in Ruhe von den Kleinlibellen seitlich hochgeklappt gehalten, die anderen O. halten sie starr abgespreizt. Von den mitteleuropäischen Arten sind viele im Bestand gefährdet. Man unterscheidet folgende Subtaxa: Kleinlibellen (↗ Zygoptera), Großlibellen (↗ Anisoptera) sowie die als ↗ lebende Fossilien geltenden ↗ Anisozygoptera.

Odontophor, der Stützapparat der ↗ Radula.

Oedogoniales, *Knotenfadenalgen*, Ord. der ↗ Chlorophyceae, deren Arten fädige und unverzweigte Thalli besitzen. Durch die Ausbildung von bauchigen Oogonien können sie knotig aufgetrieben erscheinen. Die Gatt. *Oedogonium* ist im Süßwasser und im Brackwasser weltweit verbreitet.

Oenotheraceae, die ↗ Onagraceae.

Oestridae, *Biesfliegen*, *Dasselfliegen*, Fam. der Fliegen (↗ Brachycera). Manche der bis 30 mm langen Larven der O. erzeugen im Unterhautgewebe von Huftieren große Dasselbeulen, andere Arten befallen den Nasenraum von Schaf, Ziege, Pferd und

Esel oder den Rachenraum von Rentier, Elch und Rothirsch. Der Anflug der Weibchen der O. löst bei manchen Wirtstieren (z. B. Rindern) panische Flucht aus.

offenes Leseraster, *open reading frame*, Abk. *ORF*, die Bez. für ein ⌐ Leseraster, das die genetische Information für das Genprodukt enthält. Obwohl eukaryotische mRNAs i. d. R. ⌐ monocistronisch sind, kann es vorkommen, dass sie mehr als ein o. L. enthalten, wenn die ⌐ Translation, bedingt durch die Sekundärstruktur eines mRNA-Moleküls, nicht vom ersten AUG startet, sondern von einem stromabwärts in Richtung 3'-Ende gelegenen anderen Codon mit der Sequenz AUG aus erfolgt.

offenes System, System, an dessen Begrenzung ein ständiger Austausch von Material, Energie und Information mit der Umgebung stattfindet, wodurch es sich in einem ⌐ Fließgleichgewicht erhält. Die Theorie der o.S. wurde von L. von Bertalanffy (1901-1972) auf Lebewesen angewandt. Hier gilt die ⌐ Thermodynamik stationär irreversibler Prozesse.

Öffnungsbewegungen, bei Pflanzen die allg. Bez. für durch Foto- und Thermonastien verursachtes Öffnen von Blüten bzw. Blütenständen (⌐ Blütenbewegungen), sowie das durch hygroskopische Effekte hervorgerufene Öffnen von Samenkapseln und Sporenbehältern. (⌐ Spaltöffnungsbewegungen)

O-Horizont, Schicht über dem Mineralboden, die durch eine organische Auflage (Humusprofil) gekennzeichnet ist und sich vertikal in den Ol bzw. L Streuhorizont, in den Of Fermentations- (Vermoderungs-)Horizont und in den Oh Humifizierungs-(Humusstoff-)Horizont untergliedert.

Ohr, *Auris*, das als Schalldruckempfänger arbeitende Gehörorgan der Wirbeltiere. *Fische* besitzen nur ein Innenohr und haben dementsprechend kein Trommelfell. Viele Arten haben jedoch andere Strukturen zur Schallaufnahme entwickelt, oft übernimmt die ⌐ Schwimmblase diese Funktion, wobei diese die Schwingungen entweder direkt, über die das Innenohr umgebenden Knochen oder über besondere schallleitende Knochen, die Weber-Knöchelchen, an das Innenohr weiterleitet. Dort wird der Schall von verschiedenen Haarsinnesfeldern aufgenommen, die alle auch gleichzeitig dem Gleichgewichtssinn dienen (*Vestibularapparat*): die *Macula utriculi (Utriculus)*, *Macula sacculi (Sacculus)* und *Macula lagena (Lagena)*. Diese Strukturen werden auch als Otolithenorgane bezeichnet, da sie aus vielen, durch Gallerte fest verbackenen Gehörsteinchen (*Otolithen*) bestehen, die über einigen tausend Haarsinneszellen angeordnet sind. Von der Lagena geht die Entwicklung des Gehörorgans aus, indem ein schlauchartiger Fortsatz entsteht, der bei Vögeln und Krokodilen gestreckt ist, und sich bei Säugern zur Schnecke (Cochlea) aufwickelt.

Nur bei den *Säugern* besteht das O. aus Außen-, Mittel- und Innenohr. Zum *Außenohr* zählen die bei den Tieren meist beweglichen *Ohrmuscheln (Auriculae)* und der *Gehörgang*. Funktionell können die Ohrmuscheln als Richtantennen aufgefasst werden, deren Effizienz durch Beweglichkeit noch gesteigert wird; außerdem wird durch ihre paarige Anordnung und Lokalisation am Kopf häufig ein sehr genaues Richtungshören ermöglicht. Der *Gehörgang (Meatus acusticus externus)*, der zum Mittelohr hin vom *Trommelfell (Membrana tympani)* begrenzt wird, dient der Schallleitung. In der Wand des Gehörgangs liegen die *Ohrenschmalzdrüsen (Glandulae ceruminiferae)*, die das *Ohrenschmalz (Cerumen)* absondern. Dieses bindet eingedrungene Schmutzpartikel und sorgt für die Aufrechterhaltung der Elastizität des Trommelfells. Das *Mittelohr (Paukenhöhle)* ist ein luftgefüllter Hohlraum im Felsenbein, in dem sich die Gehörknöchelchen *Hammer (Malleus)*, *Amboss (Incus)* und *Steigbügel (Stapes)* befinden. Über die

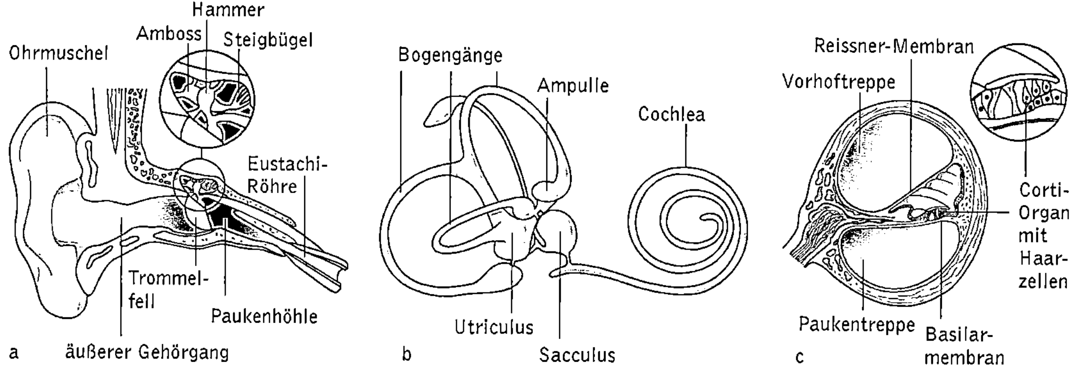

Ohr Schematischer Aufbau des Ohrs; a Außenohr und Mittelohr, die Vergrößerung zeigt die Anordnung der Gehörknöchelchen; b das Bogengangsystem mit der Schnecke (Cochlea) und c ein Querschnitt durch die Schnecke mit einem Ausschnitt aus dem Corti-Organ

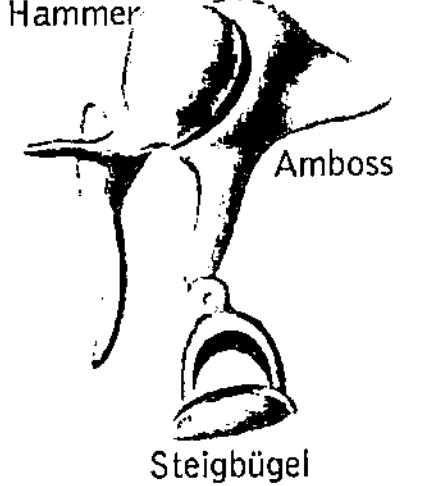

Ohr Die drei Gehörknöchelchen des Menschen

↗ Eustachi-Röhre (Ohrtrompete) steht das Mittelohr mit der Rachenhöhle in Verbindung, wodurch ein Druckausgleich zwischen Mittelohr und Außenwelt ermöglicht wird (z. B. bei schneller Überwindung großer Höhenunterschiede). Das mit *Perilymphe* und *Endolymphe* gefüllte Innenohr wird durch das *ovale Fenster* (dorsaler Perilymphraum, *Vorhoftreppe* oder *Scala vestibuli*) und das *runde Fenster* (ventraler Perilymphraum; *Paukentreppe* oder *Scala tympani*) vom Mittelohr getrennt. Zum Innenohr selbst zählen das Gleichgewichtsorgan (Labyrinth und die Maculaorgane) und die *Schnecke (Cochlea)* mit dem *Corti-Organ*. Dessen auf der *Basilarmembran* lokalisierte Rezeptoren (*Haarzellen*) setzen die aufgenommenen Schallwellen in elektrische Impulse um. Diese werden über den ↗ Nervus statoacusticus verschiedenen Kerngebieten des ↗ Gehirns zugeleitet, wobei die genaue Analyse von Klängen oder Lauten wie auch die Richtungslokalisation zu einem großen Teil neurale Leistungen darstellen.

Das *Labyrinth* oder *Bogengangsystem* besteht aus drei miteinander verbundenen häutigen Schläuchen, die mit Endolymphe gefüllt sind und die in den drei Raumrichtungen senkrecht zueinander stehen und der Registrierung von Drehbeschleunigung dienen. Sie münden in einen gemeinsamen Hohlraum, in dessen Nähe die Bogengänge zu einer Ampulle erweitert sind. In diese ragt ein kleiner Kamm (*Crista*), auf dem eine Gruppe von *Haarsinneszellen* sitzt, deren Kinocilien und Mikrovilli von einer gallertigen *Cupula* umgeben sind. Wird nun der Kopf z. B. ruckartig gedreht und mit ihr der Bogengang, so bleibt die Endolymphe aufgrund ihrer Trägheit zurück und drückt von einer Seite auf die Cupula, sodass es zur Erregung der Haarsinneszellen kommt. Die *Maculaorgane (Utriculus* und *Sacculus*) dienen der Ermittlung der Linearbeschleunigung und der Lotrechten, um dem Körper jederzeit die Möglichkeit zu geben, sein Gleichgewicht zu finden. Die Böden von Utriculus und Sacculus sind mit einem Feld von Haarsinneszellen bedeckt, deren Mikrovilli von einer gallertigen Schicht bedeckt sind; auf dieser liegen Calcitkristalle (*Otokonien*), bzw. bei Nichtsäugern ein großer Otolith. Bei ruckartigen Bewegungen nach vorne oder hinten, bleiben die Kristalle auf der Gallertschicht zurück, mit der Folge, dass die Mikrovilli der Sinneszellen abgebogen und diese dadurch erregt werden. Ähnliches geschieht, wenn der Kopf schräg gehalten wird: die Gallertmasse samt Kristallen rutscht ab, biegt die Mikrovilli der Sinneszellen und erregt diese dadurch. Die Verarbeitung dieser Reize im Gehirn führt zur Aktivierung der Muskelgruppen, die den Kopf bzw. Körper wieder in die Lotrechte (ins Gleichgewicht) zurückbringen.

(↗ Gehirn, ↗ Gehörorgane, ↗ Gehörsinn, ↗ Gleichgewichtsorgane, ↗ Hören)

Öhrchen, das ↗ Blattöhrchen.

Ohrenqualle, Art der Fahnenquallen (↗ Semaeostomea).

Ohrenrobben, die Fam. ↗ Otariidae.

Ohrlappenpilze, die ↗ Auriculariales.

Ohrmuschel, *Auricula*, ↗ Ohr.

Ohrtrompete, die ↗ Eustachi-Röhre.

Ohrwürmer, die ↗ Dermaptera.

OH-Terminus, bei ↗ Nucleinsäuren wie DNA oder RNA die Bez. für das 3'-Ende eines Moleküls. Während der ↗ Replikation bzw. ↗ Transkription erfolgt dort die Verlängerung der Moleküle, indem weitere 2-Desoxyribonucleotide bzw. Nucleotide über Phosphodiesterbindungen angeknüpft werden.

Okapi, Art der Giraffen (↗ Giraffidae).

Okazaki-Fragment, ↗ Replikation.

öko-, in Zusammensetzungen: 1) Lebensraum-, 2) Umwelt-.

Ökoelemente, Bez. für Arten mit gleichen ökologischen Ansprüchen und ↗ Lebensformen.

Öko-Ethologie, *Ethoökologie*, die ↗ Verhaltensökologie.

Öko-Institut, *Institut für angewandte Ökologie*, 1977 gegründetes privates Forschungsinstitut mit Sitz in Freiburg. Ziel des Ö. - I. ist eine „von Regierungen und Industrie unabhängige Umweltforschung zum Nutzen der Gesellschaft". Zu den Schwerpunkten der Forschung gehören die Bereiche Chemie, Energie, Klimaschutz, Stoffströme, Nukleartechnik, Gentechnik und Umweltrecht. Das Ö. - I. arbeitet u. a. für Ministerien, öffentliche Einrichtungen und Industrieunternehmen.

Ökologie, Disziplin der ↗ Biologie, die sich mit den Wechselwirkungen zwischen den verschiedenen Organismen, sowie zwischen Organismen und den auf sie einwirkenden unbelebten ↗ Umweltfaktoren befasst. Darüber hinaus erforscht sie den Stoff- und Energiehaushalt der ↗ Biosphäre und ihrer Untereinheiten (z. B. ↗ Ökosysteme). Je nach Ausgangspunkt der Betrachtung unterscheidet man die ↗ Autökologie oder Ökophysiologie, bei der ein Einzelorganismus oder eine einzelne Art betrachtet werden, die *Demökologie* oder ↗ Populationsökologie, die sich mit den Umwelteinflüssen auf ganze Populationen befasst, und die ↗ Synökologie bzw. Ökosystemforschung, die sich mit den Wechselbeziehungen zwischen den Organismen einer Lebensgemeinschaft sowie zwischen diesen und der Umwelt beschäftigt. Der Begriff Ö. wurde erstmals 1869 von Ernst Haeckel (1834-1919) benutzt und leitet sich von dem griechischen Wort *oikos* (Haus) ab. Die Wurzeln der Ö. reichen jedoch weit in die Zeit vor Haeckel zurück; ökologische Aussagen und Beschreibungen existierten bereits in der Antike.

Ö. ist keine Wissenschaft mit einer einfachen linearen Struktur, sondern überschneidet sich mit vielen anderen Disziplinen, insbesondere mit Genetik, Evolution, Verhaltensforschung und Physiologie. Teilgebiete der Ö. sind u. a. ↗ Tierökologie, ↗ Pflanzenökologie, ↗ Geoökologie, ↗ Limnologie, ↗ Meeresökologie, ↗ Humanökologie, ↗ Agrarökologie, Forstökologie, ↗ Verhaltensökologie, ↗ Populationsökologie und ↗ Paläoökologie.

Seit den 1950er-Jahren gibt es ein weit verbreitetes Konzept zum Bestehen und zum Aufbau von Ökosystemen, das *Ökosystemkonzept*. Danach gibt es auf der Erde abgrenzbare funktionelle Einheiten, die Wirkungsgefüge aus verschiedenen Organismenarten und unbelebten Bestandteilen sind. Durch die Beziehungen der Organismen untereinander und mit den unbelebten Bestandteilen entsteht ein übergeordnetes Ganzes, eben das Ökosystem. Nach 1960 wurde das Ökosystemkonzept intensiv in die Forschungen mit einbezogen. Bei der Untersuchung von Landlebensräumen, Binnengewässern und Meeren wurde zunehmend interdisziplinär gearbeitet. Um 1960 waren Bekanntheitsgrad und Wertschätzung der Ö. noch sehr gering, was sich aber Anfang der 1970er-Jahre änderte, als man erkannte, welche Auswirkungen die weltweiten Umweltverschmutzungen hatten. Durch die weltweite Umweltkrise ergaben sich neue Aufgabenstellungen in der Ö. Zunehmend erforschte man nun auch die Rückwirkungen menschlicher Tätigkeit auf verschiedene Ökosysteme und setzte im Bereich der angewandten Forschung neue Schwerpunkte. Themen der *angewandten Ö.* sind u. a. Waldschäden, ökologischer Landbau (↗ ökologische Landwirtschaft), Abfall- und Wasserwirtschaft, Atomkraft und Strahlenbelastung, Landwirtschaft und Umweltmanagement.

Literatur: Bick, H.: Grundzüge der Ökologie, Heidelberg, ³1999. – Begon, M.E. u.a.: Ökologie, Heidelberg 1998. – Lebensraum Mensch, Reihe: Mensch, Natur, Technik, Leipzig 2000. – Nentwig, W.: Humanökologie, Stuttgart 1995. – Odum, E.P.: Ökologie. Grundlagen – Standorte – Anwendungen, Stuttgart 1998. – Tischler, W.: Ökologie der Lebensräume, Stuttgart 1990, Townsend, C.R.: Ökologie, Heidelberg 1998.

ökologische Amplitude, die Wirkungsbreite eines ↗ Umweltfaktors (↗ ökologische Potenz).

ökologische Effizienz, *ökologischer Wirkungsgrad*, das Verhältnis der verfügbaren Energie (z. B. in Nahrung gebundene Energie) zu der in körpereigener Substanz gebundenen Energie eines Individuums, einer Population oder eines ↗ Ökosystems.

ökologische Faktoren, die ↗ Umweltfaktoren.

ökologische Gesetze, die ↗ ökologischen Grundregeln.

ökologische Landwirtschaft, *alternative Landwirtschaft, biologische Landwirtschaft, ökologischer Landbau, alternativer Landbau, biologischer Landbau*, Bez. für mehrere Wirtschaftsweisen der ↗ Landwirtschaft, bei denen das Wirtschaften im Einklang mit der Natur im Vordergrund steht. Hierzu gehören in Deutschland v. a. die *biologisch-dynamische Wirtschaftsweise* und der *organisch-biologische Landbau*. Die folgenden Ziele und Maßnahmen sind bei allen Formen der ö. L. gleich: Es soll ein möglichst geschlossener betrieblicher Nährstoffkreislauf erreicht werden, d. h., Futter und Nährstoff sollen aus dem eigenen Betrieb stammen. Pflanzenschutz mit chemisch-synthetischen Mitteln ist verboten. Stattdessen werden weniger anfällige Sorten in geeigneten ↗ Fruchtfolgen angebaut sowie ↗ Nützlinge eingesetzt. Unkraut wird mechanisch bekämpft, z. B. durch Hacken und Abflammen. Leicht lösliche mineralische Düngemittel dürfen nicht verwendet werden, nur langsam wirkende Düngestoffe (u. a. Gesteinsmehle, langsam wirkende Düngekalke, Rohphosphate). Stickstoff wird in organisch gebundener Form, vorwiegend in Form von Mist oder Mistkompost, ausgebracht. Ergänzend werden Stickstoff sammelnde Leguminosen zur ↗ Gründüngung angebaut. Durch eine ausgeprägte Humuswirtschaft soll die Bodenfruchtbarkeit erhalten werden. Hierzu dienen auch abwechslungsreiche Fruchtfolgen. Chemisch-synthetische Wachstumsregulatoren und Hormone dürfen nicht eingesetzt werden. Um eine artgemäße Tierhaltung zu gewährleisten, ist der Viehbesatz streng an die Fläche gebunden. Die Tiere werden möglichst mit hofeigenem Futter gefüttert und erhalten nur dann Antibiotika, wenn es dringend erforderlich ist.

Die *biologisch-dynamische Wirtschaftsweise* (*biologisch-dynamischer Landbau*) wurde 1924 von Rudolf Steiner begründet und ist stark vom Gedankengut der Anthroposophie geprägt. Der Einfluss des Kosmos auf die Lebensvorgänge (Mondphasen und -stellung, Sonnenbahn) und die Anwendung so genannter Präparate nehmen einen breiten Raum ein. Beratungsinstitution ist der Forschungsring für biologisch-dynamische Wirtschaftsweise in Darmstadt. Erzeugnisse aus biologisch-dynamischem Anbau tragen das Warenzeichen „Demeter".

Der *organisch-biologische Landbau* wurde von dem Schweizer H. Müller und dem Deutschen H.-P. Rusch ab 1951 entwickelt. Im Mittelpunkt steht die Pflege des Bodens und seiner langfristigen Fruchtbarkeit. Im Gegensatz zur biologisch-dynamischen Wirtschaftsweise werden im organisch-biologischen Landbau die Felder nicht gepflügt, sondern nur gelockert.

Erzeugnisse aus dem organisch-biologischen Anbau sind mit dem Warenzeichen „Bioland" gekennzeichnet. Beratungsinstitut ist die Fördergemeinschaft Organisch-biologischer Landbau in Heiningen.

Literatur: AGÖL: Rahmenrichtlinien für den ökologischen Landbau, Bad Dürkheim 1996. – Vogtmann, H.: Ökologische Landwirtschaft, Karlsruhe 1992. – Koepf, H., Schaumann, W., Haccius, M.: Biologisch-Dynamische Landwirtschaft. Eine Einführung [4]1996.

ökologische Nische, *Nische*, Begriff mit unterschiedlichen Definitionen. Ursprünglich wurden damit nur die räumlichen Ansprüche einer Organismenart bezeichnet, d. h. die Minimalumwelt, die alle existenznotwendigen abiotischen und biotischen ↗ Umweltfaktoren enthält. Heute versteht man unter ö. N. meist die Rolle oder Stellung bzw. das vieldimensionale Wirkungsfeld („Beruf") einer Art im ↗ Ökosystem. Die *ökologischen Planstellen* einer speziellen Umwelt werden durch die konkreten ö. N. der einzelnen Arten ausgefüllt. Der evolutionäre Prozess der Eingliederung einer Art in eine spezielle Umwelt wird als Einnischung (↗ Annidation) bezeichnet. Für diesen Prozess ist die ↗ Konkurrenz die entscheidende Triebkraft, die eine weitgehende Ausnutzung aller freien ökologischen Planstellen garantiert. Größte Konkurrenz herrscht zwischen Angehörigen einer Art, da deren ö. N. in allen Dimensionen weitgehend übereinstimmen. Artbildung führt zur *Nischentrennung* und wirkt daher Konkurrenz mildernd. (↗ Konkurrenzausschlussprinzip)

ökologische Physiologie, *Ökophysiologie*, ↗ Autökologie.

ökologische Planstellen, „Existenzangebot" eines Ökosystems. Die Planstellen werden zu ↗ ökologischen Nischen, wenn sie von Organismen eingenommen werden.

ökologische Potenz, *ökologische Toleranz*, die Toleranzbreite eines Organismus gegenüber verschiedenen Intensitäten eines Umweltfaktors. Die Toleranz reicht von einem Tiefstwert (*Minimum*) zu einem Höchstwert (*Maximum*) der Intensität. Im Bereich des *Optimums* zeigt der Organismus die größte positive Wirkung des Umweltfaktors. Mit steigender und fallender Intensität wird jeweils über ein Zwischenstadium (*Pejus*) das ↗ Pessimum erreicht. Minimum, Optimum und Pessimum gelten als die *Kardinalpunkte* des Lebens. Organismen,

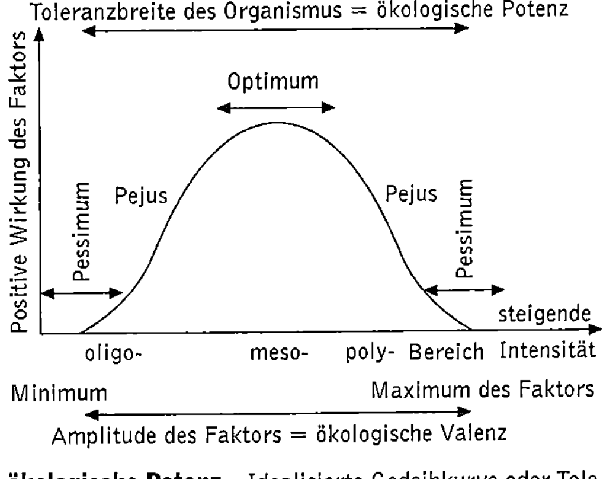

ökologische Potenz   Idealisierte Gedeihkurve oder Toleranzkurve eines Organismus

die gegenüber vielen Umweltfaktoren sehr tolerant sind, also ein breites Intensitätsspektrum nutzen, werden als *eurypotent* (*euryök*) bezeichnet, Organismen mit einem engen Intensitätsspektrum als *stenopotent* (*stenök*). Stenöke Organismen eignen sich als ↗ Indikatororganismen (↗ Bioindikatoren). Je nach Lage der Wirkungsoptima innerhalb der Amplitude des Faktors unterscheidet man einen unteren (oligo-), mittleren (meso-) und oberen (poly-) Bereich der ö. P. Ein stenopolyhaliner Organismus wäre also ein Organismus, der an einen hohen Salzgehalt gebunden ist.

ökologische Rassen, die ↗ Ökotypen.

ökologischer Landbau, ↗ ökologische Landwirtschaft.

ökologischer Wirkungsgrad, die ↗ ökologische Effizienz.

ökologisches Gleichgewicht, ↗ Gleichgewicht.

ökologische Toleranz, die ↗ ökologische Potenz.

ökologische Valenz, der für einen bestimmten Organismus wirksame Intensitätsbereich (*Reaktionsbreite*) eines ↗ Umweltfaktors. Die Wirkung auf den Organismus reicht vom *Minimum* der wirksamen Intensität bis zum höchsten noch wirksamen Intensitätswert (*Maximum*). ↗ ökologische Potenz

ökologische Zone, 1) *Evolution: adaptive Zone*, Nach G.G. Simpson (1902 - 1984) ein Beziehungsgefüge von einer Art und ihrer Umwelt, ähnlich der ↗ ökologischen Nische, jedoch mit der Möglichkeit einer weiteren Nischenaufteilung durch ↗ adaptive Radiation.

2) *Ökologie*: Ein Teil (eine Zone) der zonenartig nebeneinander angeordneten Lebensräume, z. B. entlang der Höhenstufen eines Gebirges oder am Ufersaum eines Sees.

Ökophysiologie , ↗ Autökologie.

Ökospezies, ↗ Art.

Ökosystem, Wirkungsgefüge zwischen Organismen und ihrem Lebensraum. Ö. bilden funktionelle

Einheiten der Biosphäre und bestehen aus mindestens zwei Komponenten: den Produzenten (v. a. grüne Pflanzen), die organisches Material aus anorganischen Stoffen aufbauen, und den Destruenten (saprophytische Pilze und Bakterien), die organische Stoffe mineralisieren. Vollständige Ö. enthalten darüber hinaus auch saprophage Tiere als Bestandsabfallverzehrer und Tiere, die Lebendmaterial nutzen. Bei den Stoffkreisläufen innerhalb von Ö. unterscheidet man je nach Anzahl der beteiligten Komponenten einen ↗ kurzen Kreislauf und einen ↗ langen Kreislauf. Ö. sind *offene Systeme*, d. h., sie nehmen von der Sonne Energie auf und stehen mit anderen Ö. durch den Austausch von Material, Lebensraumwechsel von Entwicklungsstadien oder durch Wanderungen von Organismen in Verbindung. Ein großer Teil der absorbierten Energie eines Ö. geht wieder verloren (↗ Energiefluss). Durch den Austausch zwischen Ö. sind diese nie scharf abgegrenzt, sondern bilden Übergangszonen zu anderen Ö.

Die *terrestrischen* Ö. werden in die folgenden neun ↗ Zonobiome eingeteilt: ↗ sommergrüne Laubwälder, Grasland, Hartlaubgehölze, ↗ borealer Nadelwald, ↗ Tundra, immergrüner ↗ tropischer Regenwald, ↗ Savanne, subtropische ↗ Wüste, immergrüner ↗ Wald der warm-gemäßigten Klimazone. Innerhalb der einzelnen Zonobiome lassen sich Ö. den jeweiligen ↗ Orobiomen, ↗ Pedobiomen und verschiedenen Übergangstypen zuordnen. Zu den *aquatischen* Ö. gehören limnische (u. a. ↗ Fließgewässer, ↗ See, ↗ Tümpel, ↗ Moor) und marine (↗ Meer, ↗ Korallenriff) Ökosysteme.

Nach dem Grad der menschlichen Einflussnahme kann man Ö. auch einteilen in *naturbetonte Ö.*, zu denen die ↗ natürlichen Ö. und ↗ naturnahen Ö. gehören, und *anthropogene Ö.* wie z. B. Agrar-Ö., Forst-Ö., Heiden, Streuwiesen und alle übrigen Ö., die durch menschliche Einwirkung ihren ursprünglichen Charakter verloren haben.

Ökosystemkonzept, seit den 1950er-Jahren weit verbreitetes Konzept zum Bestehen und zum Aufbau von ↗ Ökosystemen. Prinzip: Auf der Erde gibt es abgrenzbare funktionelle Einheiten, die Wirkungsgefüge aus verschiedenen Organismenarten und unbelebten Bestandteilen sind. Durch die Beziehungen der Organismen untereinander und mit den unbelebten Bestandteilen entsteht ein übergeordnetes Ganzes, das Ökosystem. (↗ Ökologie)

Ökotop, die kleinste ökologische Raumeinheit einer Landschaft.

Ökotoxikologie, Wissenschaft von den Wirkungen schädlicher Stoffe auf ↗ Ökosysteme und deren Rückwirkungen auf den Menschen. Bei der Beurteilung der *Ökotoxizität* einer Substanz werden u. a. die Abbaubarkeit bzw. ↗ Persistenz, die Fotostabi-

lität, die Fettlöslichkeit sowie die Anreicherung von Organismen (↗ Bioakkumulation) bewertet. (↗ Abbau, ↗ Gifte, ↗ Biotransformation, ↗ Xenobiotika)

Ökotypen, *ökologische Rassen*, Sippen einer Art, die eine ererbte Anpassung an bestimmte klimatische oder edaphische Bedingungen zeigen. Oft sind es nur geringe physiologische Unterschiede, die es diesen Ö. ermöglichen, ihre Art unter anderen klimatischen Bedingungen zu vertreten.

Okra, *Abelmoschus esculentus*, *Hibiscus esculentus*, einjährige Art der ↗ Malvaceae, deren Wildform aus dem tropischen Asien stammt. Die bis 15 cm langen, sechskantigen, schleimhaltigen Früchte werden unreif geerntet und als Gemüse gegessen.

Ölbaum, der ↗ Olivenbaum.

Ölbaumgewächse, die Fam. ↗ Oleaceae.

Oldowan-Industrie, Werkzeugkultur, die durch grob behauene Steinwerkzeuge gekennzeichnet ist und die im Wesentlichen ↗ Homo habilis zugeschrieben wird. Die frühesten Funde der O. - I. stammen aus Äthiopien und sind rund 2,6 Mio. Jahre alt. Die O. - I. war für mehr als eine Mio. Jahre die vorherrschende Form der Werkzeugherstellung. An sie schließt sich das ↗ Acheuléen an.

Öle, ↗ Fette und fette Öle.

Oleaceae, *Ölbaumgewächse*, Fam. der Oleales mit ca. 900 Arten, die meist in wärmeren Gebieten verbreitet sind. Es sind Bäume oder Sträucher mit einfachen oder gefiederten Blättern und regelmäßigen, meist vierzähligen Blüten. Der oberständige Fruchtknoten entwickelt sich zu sehr verschieden gestalteten Früchten. Zu den O. gehören u. a. die ↗ Esche (*Fraxinus*), der ↗ Olivenbaum oder *Ölbaum* (*Olea europaea*), der *Flieder* (*Syringa vulgaris*) und der Liguster (*Ligustrum*). Abb. s. S. 396.

Oleales, Ord. der ↗ Rosopsida mit der einzigen Fam. ↗ Oleaceae.

Oleander, *Nerium oleander*, aus dem östlichen Mittelmeer stammender immergrüner Strauch der ↗ Apocynaceae mit leicht giftigen Blättern.

Oleosom, im Cytoplasma vorkommende Fettspeicher, die vor allem Triacylglycerol enthalten. Sie werden am ↗ endoplasmatischen Reticulum erzeugt und sind von einer einfachen Hülle aus Phospholipiden umgeben. Ihr Durchmesser liegt zwischen 0,6 und 2 μm. O. sind bei Tieren in Zellen des Fettgewebes und bei Pflanzen im Endosperm und in den Keimblättern vorhanden.

olfaktorische Organe, ↗ Geruchsorgane.

olfaktorischer Sinn, der ↗ Geruchssinn.

oligo-, in Zusammensetzungen: wenig, gering.

Oligochaeta, *Wenigborster*, Taxon der ↗ Clitellata mit rund 6700 Arten, die überwiegend im Süßwasser und auf dem Land leben. Die Mehrzahl

Oleaceae 1 Früchte der Oleaceae: a Esche (*Fraxinus excelsior*), b Olivenbaum (*Olea europaea*), c Flieder (*Syringa vulgaris*); 2 Olivenbaum: d blühender Zweig, e Blüte

ernährt sich von Substraten, die reich an Detritus, Pilzen, Bacillariophyceen und Bakterien sind, viele fressen außerdem Pflanzenteile. O. tragen entscheidend zur Zersetzung der Pflanzenstreu bei. Nur wenige Arten sind Filtrierer, Räuber, Aasfresser oder Ektoparasiten. Charakteristisch für die O. ist der gleichförmige Habitus mit gleichartigen, ringförmigen Segmenten und nur wenigen Borsten (Name!). Zu den O. gehören u. a. die *Enchytraeida*, die häufigsten einheimischen Oligochaeten; viele von Ihnen gehören zu Lebensgemeinschaften der Zersetzer in Böden. Zahlreiche landlebende und größere Arten umfasst das Taxon *Lumbricida* (Regenwürmer), deren größte Art, der australische *Riesenregenwurm (Megascolides australis)*, bis 3 m lang wird. Bekannteste Art bei uns ist der ↗ Regenwurm (Lumbricus terrestris). Überwiegend auf den Baikalsee beschränkt sind die vorwiegend aquatisch lebenden *Lumbriculida*. Als Ektoparasiten leben die rund 150 Arten der *Branchiobdellida* auf der Körperoberfläche und den Kiemen von dekapoden Süßwasserkrebsen. Bekannteste Art der weltweit in Süßgewässern und Meeren verbreiteten *Tubificida* ist bei uns ↗ Tubifex tubifex.

Oligodendrocyten, ↗ Neuron.

oligolecithal, Bez. für Eizellen, die dotterarm sind (z. B. diejenigen des Menschen).

Oligonucleotide, allg. Bez. für aus wenigen Nucleotiden bestehende DNA-Fragmente, die z. B. als *Primer* für die ↗ DNA-Sequenzierung oder die ↗ Polymerasekettenreaktion verwendet werden. Die Anzahl der in einem O. enthaltenen Nucleotide ist dabei nicht klar definiert, jedoch deutlich unter der von Polynucleotiden.

Oligosaccharide, Bez. für α- oder β-glykosidisch aus zwei bis zehn Monosaccharideinheiten aufgebaute ↗ Kohlenhydrate. O. ähneln in ihren chemischen Eigenschaften weitgehend den ↗ Monosacchariden. Sie sind im Pflanzen- und Tierreich weit verbreitet und kommen sowohl in freier als auch in gebundener Form vor.

oligosaprob, Bez. für kaum verunreinigtes Wasser (↗ Gewässergüte).

oligotroph, auf Gewässer bezogen: nährstoffarm. Gegensatz: ↗ eutroph

Oligozän, die mittlere Epoche des ↗ Tertiärs.

Olivenbaum, *Ölbaum*, *Olea europaea*, aus dem Mittelmeerraum stammender, immergrüner, bis 20 m hoher Baum mit graugrünen, unterseits silbrig weißen Blättern. *Oliven* enthalten im Fruchtfleisch bis zu 22 % Öl (*Olivenöl*), das zu etwa 80 - 85 % aus den Triölsäureestern des Glycerins sowie Glyceriden der Palmitinsäure, der Stearinsäure, der Linolsäure und der Arachidonsäure besteht. Es findet Verwendung als Speiseöl, Einreibemittel und Salbenbestandteil.

Ölkäfer, die Fam. ↗ Meloidae.

Ölkürbis, *Cucurbita pepo* var. *oleifera*, Kürbisart (↗ Cucurbitaceae), deren Samen bis zu 50 % Öl mit hohem Linolsäureanteil enthalten.

Olme, die Fam. ↗ Proteidae.

Ölpalme, *Elaeis guineensis*, aus den Tropen Ostamerikas stammende Art der ↗ Arecaceae. Die 15 bis 30 m hohen Palmen bilden pflaumengroße Steinfrüchte, deren Fruchtfleisch 50 bis 60 % Fett mit hohem Anteil an Öl- und Palmitinsäure enthält.

Ölpest, die Verschmutzung von Uferregionen (v. a. Meeresküsten) durch Rohöl oder Ölrückstände (↗ Meer).

Ölpflanzen, Pflanzen, aus deren Früchten oder Samen Öl gewonnen wird. Hierzu gehören u. a. ↗ Raps, ↗ Rübsen, ↗ Senf, Ölrettich, ↗ Olivenbaum, ↗ Lein, Mohn, ↗ Sonnenblume, ↗ Ölkürbis, ↗ Ölpalme.

Olpidium brassicae, ↗ Chytridiomycetes.

Ölsäure, einfach ungesättigte Fettsäure mit der Formel $H_3C(CH_2)_7{-}CH{=}CH(CH_2)_7{-}COOH$, die unter bestimmten Bedingungen in die thermodynamisch stabilere trans-Form *Elaidinsäure* übergeht. Ö., ein farbloses oder schwach gelbes Öl, ist die häufigste ungesättigte Fettsäure der Fette und fetten Öle; besonders reich an Ö. sind Olivenöl und Erdnussöl.

Ölweide, ↗ Elaeagnaceae.

Ölweidengewächse, die Fam. ↗ Elaeagnaceae.

Omasus, *Psalter, Blättermagen,* Teil des Vormagensystems der Wiederkäuer (↗ Ruminantia).

Ommatidium, das Einzelelement des ↗ Facettenauges.

omnipotent, *totipotent,* Bez. für Zellen, welche die Fähigkeit besitzen, sich zu allen Zelltypen des betreffenden Organismus differenzieren zu können.

Omnivora, *Omnivoren,* die Allesfresser (↗ Ernährung).

Omphalos, der ↗ Nabel.

Onagraceae, *Oenotheraceae, Nachtkerzengewächse,* Fam. der ↗ Myrtales mit ca. 650 weltweit verbreiteten Arten. Es sind Kräuter, selten Sträucher, mit meist gegenständigen Blättern und mit regelmäßigen, fast immer vierzähligen Blüten. Die Frucht ist eine vielsamige Kapsel, Steinfrucht oder Nuss. Zu den N. gehören u. a. die aus Südamerika stammenden Fuchsien (*Fuchsia*), die ↗ Nachtkerze (*Oenothera*) und die Weidenröschen (*Epilobium*).

Oncorhynchus, die Gatt. Pazifische Lachse (↗ Lachs).

Oncosphaera, Larventyp der Bandwürmer (↗ Cestoda).

Ondatra zibethicus, die ↗ Bisamratte.

Onkogene, *Tumorgene,* Gene, die unter bestimmten Bedingungen gesunde Zellen zu Tumorzellen transformieren (↗ Krebs). O. wurden zunächst bei bestimmten Retroviren (*Tumorviren*) entdeckt. Ein O. trägt dabei nicht zur Vermehrung der Viren selbst bei, sondern codiert für ein Produkt, das für die Transformation der infizierten Zellen verant-

wortlich ist. Inzwischen sind neben diesen *viralen O.* oder *v-O.* bei tierischen und menschlichen Zellen auch so genannte *zelluläre O.* oder *c-O.* bekannt, deren Sequenzen Homologien zu den viralen Genen aufweisen. Üben sie ihre normale Funktion im Zellstoffwechsel aus, werden sie als *Proto-Onkogene* bezeichnet; erst durch einen Funktionswechsel werden sie zum Onkogen. Dass Viren Tumoren verursachen können, wurde erstmals 1911 von P. Rous vermutet, da Extrakte aus Hühner-Sarkomen bei gesunden Hühnern Tumoren induzierten. Mitte der 1970er Jahre konnte das *v-src* genannte O. des *Rous Sarcoma Virus* identifiziert werden, bei dem es sich um eine Tyrosinkinase handelt. Weitere Versuche zeigten dann, dass zelluläre Homologe viraler O. existieren, die sich aus Genen ableiten, die an durch Wachstumsfaktoren gesteuerten Signalketten beteiligt sind. Für die Tumorforschung bedeutete dies, dass veränderte körpereigene Gene mit der Entstehung von Krebs in Verbindung gebracht werden müssen (↗ Carcinogene, ↗ Mutation). In Abwesenheit von Wachstumsfaktoren proliferieren Tumorzellen deshalb weiter, da Onkogene Wachstumsfaktoren, Rezeptoren, Proteinkinasen, G-Proteine und Transkriptionsfaktoren sein können. Zur O.-Aktivierung kann es dabei wie im Falle eines menschlichen Blasenkarzinoms durch einen *Basenaustausch* (↗ Genmutation) kommen, der dafür sorgt, dass das betroffene O. *ras* permanent als G-Protein aktiviert ist. Weitere Mechanismen der O.-Aktivierung sind ↗ Deletionen, ↗ Chromosomenmutationen sowie *Amplifikationen,* d. h. Vervielfachungen eines bestimmten Genomabschnittes. In allen Fällen führen die genannten Ver-

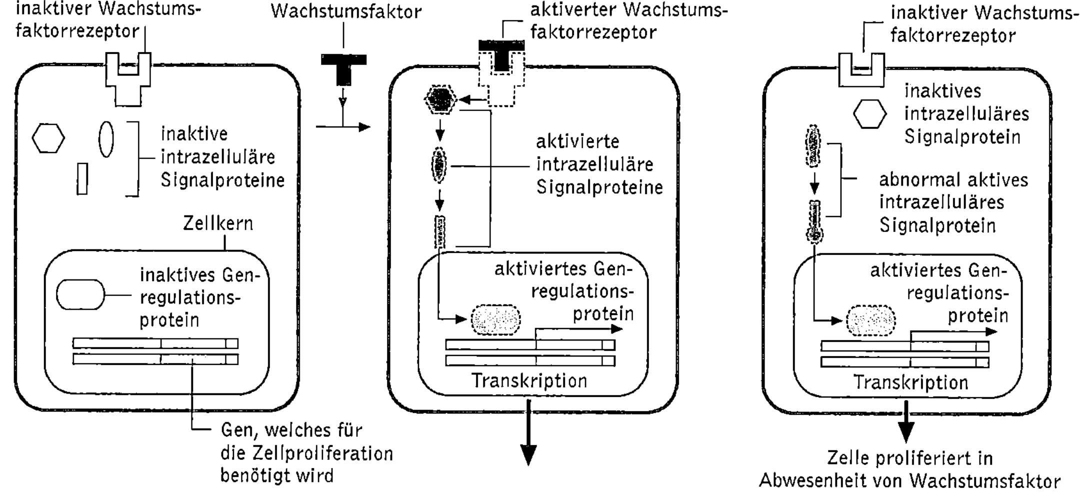

Onkogene Die meisten der über 100 bekannten Onkogene sind Bestandteil von Signaltransduktionsketten, wobei die Genprodukte an der Umsetzung von externen Wachstumssignalen in einen Proliferationsstimulus beteiligt sind. Durch eine Onkogenaktivierung teilen sich Zellen auch in Abwesenheit externer Signale weiter

änderungen zu einem Gen, dessen Aktivität qualitativ oder quantitativ verändert ist. Eine Reihe von O. wirken bei der Tumorbildung gemeinsam. Zur molekularen Rolle von O. ↗ Tumor

Onobrychis , Gatt. der ↗ Fabales.

Ontogenese, *Ontogenie*, die Individualentwicklung (↗ Embryonalentwicklung) von Organismen im Unterschied zur Stammesentwicklung oder Phylogenese.

Onychophora, *Stummelfüßer*, Taxon der Gliederfüßer (↗ Arthropoda) mit rund 160 äußerlich sehr ähnlichen Arten. Sie leben vor allem in feuchten tropischen und subtropischen Lebensräumen der Südhalbkugel. Der wurmförmige Körper ist dorsal hoch gewölbt und ventral abgeflacht; der nicht deutlich abgesetzte Kopf trägt ein Paar kleine Blasenaugen und drei Paar Extremitäten, die zu Antennen, Mundhaken als einzigen Mundgliedmaßen und Oralpapillen umgewandelt sind. Auf letzteren münden die fast körperlangen Schleimdrüsen. Das klebrige Wehrsekret kann bis zu 30 cm weit gespritzt werden und dient außer dem Beutefang auch der Abwehr. Die Beutetiere (kleine Arthropoden) werden extraintestial verdaut und aufgesogen. Die 13 bis 43 Körpersegmente tragen Laufbeine (*Stummelfüße*, *Oncopodien*) mit Krallen. Die Körperdecke ist oft geringelt. O. leben nachtaktiv im Mull und Moder und sind an feuchte Biotope gebunden. Manche sind Eier legend, die meisten lebend gebärend.

Oocyte, das befruchtungsfähige Stadium der Eizelle (↗ Oogenese).

Oogamie, Form der geschlechtlichen ↗ Fortpflanzung.

Oogenese, *Eireifung*, Entwicklung der weiblichen Keimzellen (↗ Gameten) bei Tieren und Mensch. Die O. vollzieht sich in drei charakteristischen Phasen. 1) In der Vermehrungsphase, die bei Säugern bis zur ↗ Geburt dauert, entstehen durch vielfache Teilungen der Keimbahnzellen (Urkeimzellen) im Eierstock *Oogonien* (*Ureizellen*, beim Menschen etwa 400000), die sich ihrerseits durch Mitose vermehren. 2) In der Wachstumsphase kommt es zum Abschluss der Zellteilungen; die Oogonien wachsen, häufig unter Einlagerung von Dottersubstanzen, zu den wesentlich größeren *Oocyten* (*Eimutterzellen*) heran und sind meist von einer ein- (z. B. Insekten) bis mehrschichtigen (Mensch) Follikelzellschicht umschlossen. Die Wachstumsphase kann Tage (*Drosophila*) oder Monate (Mensch) dauern. Die Oocyte tritt meist in ein Ruhestadium ein und bedarf der Eiaktivierung. Der Übergang vom Oogonium zur *Oocyte I. Ordnung* wird durch Eintreten in die meiotische Chromosomenpaarung oder durch Abschluss des Wachstums definiert. Beim Menschen verharren alle Oocyten I (bei der Geburt 700000 bis 2 Mio.) von der Geburt bis zur

Pubertät in Ruhe. Da in den Jahren vor der Geschlechtsreife die Mehrzahl der Oocyten degeneriert und abstirbt, sind zu Beginn der ↗ Pubertät nur noch etwa 40000 vorhanden. 3) In der Reifungsphase (Eireifung) geht die (diploide) Oocyte I durch die erste Reifeteilung (↗ Meiose) in die (haploide) *Oocyte II. Ordnung* über, diese durch die zweite Reifeteilung in die *Eizelle* (*Ovum*). Beim Menschen treten in jedem Ovarialzyklus einige Oocyten in die zweite Reifeteilung ein, die jedoch nur bei ↗ Besamung vollendet wird.

Die reife Eizelle enthält, abgesehen vom väterlichen Genom, alle Informationen (in DNA und Cytoplasma) und Energie (↗ Dotter) für Wachstum und Entwicklung des Embryos, bis dieser selbst Nahrung aufnimmt. Deshalb ist die O. (im Gegensatz zur ↗ Spermatogenese) mit einem teilweise dramatischen Zuwachs an Zellvolumen verbunden. Die Größe der Eizelle hängt von der Art der Entwicklung ab; sie ist größer, wenn die Embryonalentwicklung außerhalb des mütterlichen Körpers stattfindet, z. B. Amphibien, Reptilien, Vögel und kleiner, wenn der Embryo vom mütterlichen Körper ernährt wird, z. B. bei Säugern. In einigen Fällen nehmen die Oogonien in der Wachstumsphase die Nährstoffe direkt aus

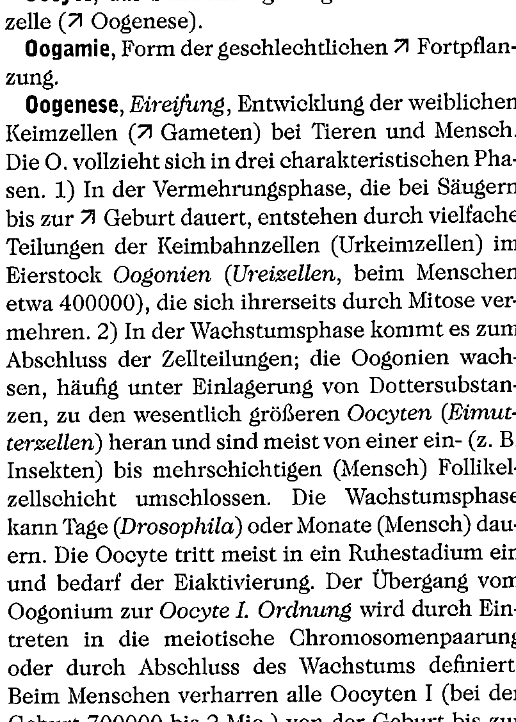

Oogenese Schema der Oogenese beim Menschen

ihrer Umgebung auf, meist werden diese jedoch von akzessorischen Zellen, Follikel- und/oder Nährzellen, zugeführt. Die von der Oocyte aufgenommenen Moleküle können auch außerhalb der Follikel- oder Nährzellen synthetisiert worden sein (z. B. als *Vitellogenine*, bei Säugern in der Leber, bei Insekten im Fettkörper); sie werden dann in die Körperflüssigkeit abgegeben und durch ↗ Pinocytose aufgenommen oder über Cytoplasmabrücken in die Oocyte überführt (z. B. bei Hohltieren, Insekten und Ringelwürmern). Bei den Insekten kommen unterschiedliche Arten der O. in unterschiedlichen Ovariolen-Typen vor. Bei der ursprünglichsten Art der O. in der *panoistischen* Ovariole (z. B. bei Grillen) wird der wachsenden Oocyte Dottermaterial aus der Hämolymphe von der die Oocyte umgebenden epithelialen Follikelzellschicht zugeführt, die Oocyte selbst ist ebenfalls synthetisch aktiv. Die Eier in *meroistischen* Ovariolen können sich bedeutend schneller entwickeln, da hier neben den Follikelzellen und eventuell der Oocyte zusätzlich noch Nährzellen einen großen Teil der Syntheseaktivität übernehmen.

Bei Wirbeltieren und dem Menschen wird die heranwachsende Oocyte über ein Follikelepithel versorgt. Beim *Primärfollikel* (= Oocyte I mit umgebenden Follikelzellen) ist es einschichtig und beginnt ein aus ↗ Glykoproteinen bestehendes Material auf der Oberfläche der Oocyte abzulagern (*Zona pellucida*); Fortsätze der Follikelzellen bleiben jedoch mit der Oberfläche der Oocyte verbunden. Das Follikelepithel wird später vielschichtig (*Sekundärfollikel*), wobei die Zellen kubisch und schließlich zylindrisch werden. Der Follikel ist jetzt von Bindegewebshüllen (*Theca folliculi*) umgeben. Durch Bildung eines flüssigkeitsgefüllten Raumes (*Follikelhöhle*) bei einem Teil der Sekundärfollikel entstehen die reifen *Tertiärfollikel (Graaf-Follikel)*. Sobald der Follikel reif ist, setzt die Oocyte I ihre erste Reifeteilung fort. Mit Sichtbarwerden der Spindel zur zweiten Reifeteilung wird die Oocyte II durch den ↗ Eisprung freigesetzt und beginnt ihre Wanderung durch den Eileiter zur Gebärmutter. Die zweite Reifeteilung wird bei der Besamung vollendet. (↗ Embryonalentwicklung, ↗ Menstruationszyklus)

Oogonien, Singular *Oogonium*,

1) *Botanik*: die weiblichen Geschlechtsorgane (↗ Gametangium) bei Algen und Pilzen.

2) *Zoologie*: die weiblichen Keimbahnzellen (Ureizellen) in der mitotischen Vermehrungsphase (↗ Oogenese)

Oomycota, Algenpilze, zu den Pilzen gehörendes Taxon mit der einzigen Klasse *Oomycetes* mit etwa 500 Arten, die sich in einer Reihe von Merkmalen von allen anderen Pilzen unterscheiden: Sie besitzen einen meist siphonalen Thallus, der fast immer Wände aus ↗ Cellulose besitzt; die Fortpflanzung erfolgt durch Verschmelzung von männlichen Gametangien mit Oogonien (Gametangiogamie), wobei erstere Befruchtungsschläuche ausbilden, die in die Oogonien einwachsen; alle O. sind nach bisherigem Kenntnisstand Diplonten mit Meiose vor der Gametenbildung in den Gametangien (gametischer Kernphasenwechsel). Flechtthallus und Fruchtkörper werden nicht gebildet. Die O. sind weitgehend farblos. Sie sind Wasserbewohner und leben überwiegend saprophytisch, manche Landformen sind Parasiten bei höheren Pflanzen. Zu den O. gehören die Ord. ↗ Saprolegniales, *Leptomitales* und ↗ Peronosporales.

Opalinea, *Opalinida*, Gruppe der ↗ Heterokonta, deren rund 400 Arten vor allem in Froschlurchen (↗ Anura), aber auch in Schwanzlurchen (↗ Urodela) und Fischen als nicht pathogene Kommensalen (↗ Kommensalismus) im Endabschnitt des Darms leben. Sie sind bis 3 mm groß, abgeflacht, und die gesamte Oberfläche ist von kurzen wimperartigen Flagellen bedeckt, die in dichten, schraubig verlaufenden Reihen angeordnet sind.

open reading frame, ↗ offenes Leseraster.

Operator, der DNA-Abschnitt in einem ↗ Operon, der zwischen dem Promotor und den angrenzenden Strukturgenen liegt und an den Regulatorproteine wie *Aktivatoren* oder *Repressoren* binden können. Der O. kontrolliert somit die negative oder positive Regulation eines Operons.

Operculum, deckel- oder plattenartige, dem Verschluss von Öffnungen dienende Gebilde, z. B. bei ↗ Fischen der Kiemendeckel, bei Schnecken (↗ Gastropoda) der Gehäusedeckel, bei den Larven der Froschlurche (↗ Kaulquappen) eine die Kiemen bedeckende Hautfalte, bei Pilzen der den Ascus (Sporenschlauch) verschließende Deckel.

Operon, bei Prokaryoten die Einheit von Genen, deren Genexpression gemeinsam reguliert wird. Das O.-Modell wurde 1961 von F. ↗ Jacob und F. ↗ Monod basierend auf *Escherichia coli*-Mutanten mit gestörtem Lactosestoffwechsel (*Lactose-Operon*) entwickelt und wird deshalb auch als *Jacob-Monod-Modell* bezeichnet. Ein O. besteht aus einem DNA-Abschnitt, der die *Strukturgene*, die für Stoffwechselenzyme codieren, und Regulatorgene enthält. Neben dem für die ↗ Transkription benötigten ↗ Promotor sind im stromaufwärts gelegenen Bereich als Regulationselemente der ↗ Operator und die *CAP-Bindestelle* lokalisiert (CAP-cAMP-Komplex). (↗ Arabinose-Operon, ↗ Tryptophan-Operon)

Ophichthidae, *Schlangenaale*, Fam. der ↗ Anguilliformes mit rund 250 Arten, die vorwiegend in den küstennahen Flachmeeren der Tropen leben. Mit Hilfe ihres dornförmigen Schwanzes graben sie sich rückwärts in den Sandboden ein.

Ophidia, anderer Name der Schlangen (↗ Serpentes).

Ophioglossales, Ord. der Farne (↗ Pteridopsida), deren Arten weltweit verbreitet sind. Es sind kleine Farne mit kurzem unverzweigten Erdstamm oder einem kriechendem Rhizom, das meist nur ein Blatt trägt. Die Prothallien leben unterirdisch und in Symbiose mit Pilzen. Zu den einheimischen Arten gehören die Natternzunge, *Ophioglossum vulgatum*, und die Mondraute, *Botrychium lunaria*.

Ophiosaurus, Gatt. der Schleichen (↗ Anguidae).

Ophiuroida, *Schlangensterne*, mit rund 2000 Arten die größte Gruppe unter den rezenten ↗ Echinodermata. Schlangensterne bewohnen alle Bereiche des Meeresbodens von der Gezeitenzone bis in 7000 m Tiefe. Sie haben meist fünf (selten bis acht) lange schlanke Arme, die deutlich gegen die Körperscheibe abgesetzt sind. Bei manchen Arten sind die Arme verzweigt, so z. B. beim bis 10 cm großen *Gorgonenhaupt (Gorgonocephalus caputmedusae)*, das in nordeuropäischen Meeren vorkommt und dessen Arme bis 70 cm lang sind. Im Unterschied zu Seesternen (↗ Asteroida) sind der afterlose Darmtrakt und die Gonaden in der Körperscheibe konzentriert. Die hochbeweglichen Arme werden durch die in das Innere verlagerten und zu „Wirbeln" verwachsenen Ambulacralplatten gestützt. Die Wirbel sind durch kräftige Längsmuskeln verbunden, die Bewegungen der Arme in sämtliche Richtungen ermöglichen. Die O. tragen auf den Armen Stacheln. Kurzstachelige Arten sind meist räuberisch, langstachelige eher Filtrierer. O. sind getrenntgeschlechtlich, die Entwicklung geht über eine *Ophiopluteus*-Larve. Die O. sind seit dem Unterordovizium bekannt.

Opiliones, *Weberknechte*, *Kanker*, Taxon der Spinnentiere (↗ Arachnida) mit etwa 4000 weltweit verbreiteten Arten. Charakteristisch ist die Verschmelzung von Prosoma und Opisthosoma zu einem einheitlichen, oft kugeligen Körper. Viele Arten haben zudem sehr lange Beine, jedoch gibt es auch etwa 2 mm große milbenartige Vertreter sowie flache kurzbeinige Arten. Die größte Art (*Mitobates stygnoides*) hat einen 6 mm langen Körper mit bis zu 160 mm langen Beinen. Weberknechte werfen bei Gefahr leicht die Beine ab, die sich dann noch bis zu 30 Minuten bewegen können. Außerdem besitzen sie Wehrdrüsen, aus denen ein chinonhaltiges Sekret als Tropfen oder Nebel austritt. Das zweite Bein ist oft verlängert und zum Tastorgan umgewandelt. Die Ernährung ist unterschiedlich, viele Arten sind ausgesprochene Nahrungsspezialisten. Zur Fortpflanzung findet eine echte Paarung mittels eines langen Penis statt, wobei sich Männchen und Weibchen Kopf an Kopf gegenüber stehen. Das Weibchen legt die Eier mit einem Legebohrer in Bodenlöcher und Spalten. Die Entwicklung geht

über sechs bis sieben Nymphenstadien. Man unterscheidet die Subtaxa *Cyphopalpatores* und *Laniatores*.

Opine, die nicht proteinogenen Aminosäuren *Octopin* (N,N-[Carboxy-ethyl]arginin) und *Nopalin* (N,N-[1,3-Dicarboxy-propyl]arginin), die man nur in vom Bodenbakterium ↗ Agrobacterium tumefaciens hervorgerufenen Wurzelhalsgallen findet und die diesen als Stickstoffquelle dienen. Unterschiedliche Stämme benutzen jeweils eines der O. als Nahrungsquelle. Die O.-Gene befinden sich auf dem ↗ Ti-Plasmid und werden zusammen mit anderen Genen der ↗ T-DNA in das Erbgut der Pflanze integriert. Die Agrobakterien schaffen sich mit dem Pflanzentumor einen neuen Lebensraum, der Substanzen produziert, die nur sie, nicht aber Pflanzenzellen, nutzen können.

Opisthobranchia, *Hinterkiemerschnecken*, Taxon der ↗ Gastropoda mit etwa 2000 überwiegend marinen, im Litoral, seltener pelagisch lebenden Arten. Durch Rückdrehung des Eingeweidesacks ist die Mantelhöhle nach rechts und die Kieme hinter das Herz verlagert. Ursprüngliche Arten haben ein spiralig gewundenes Gehäuse, jedoch sind Operculum und Gehäuse in vielen Gruppen reduziert. Im Benthos lebende O. ernähren sich teils von Pflanzen, teils von Tieren, pelagische Arten strudeln Plankton ein, und manche Arten leben als Jungtiere parasitisch. Die O. sind fast immer zwittrig. Auffällig sind bei vielen O. (insbesondere bei den Nudibranchia) die *Rhinophoren*. Das sind tentakelartige Anhänge, die der Chemorezeption und der Strömungswahrnehmung dienen. Es gibt zahlreiche Subtaxa, deren Abgrenzung z. T. unsicher ist. Die *Cephalaspidea* oder *Kopfschildschnecken* haben meist ein äußeres Gehäuse und einen oft schildartig verbreiterten Kopf. Pelagisch leben die *Seeschmetterlinge (Thecosomata)* in großen Schwärmen. Sie unternehmen tägliche Vertikalwanderungen und dienen vielen Fischen und seihenden Walen als Nahrung („Whalaat"). Die *Seehasen (Anaspidea)* sind z. T. recht große Arten, deren Schale vom Mantel nahezu ganz bedeckt wird. Der Seehase (*Aplysia* spec.) ist wegen seiner Riesenaxone im Nervensystem ein bevorzugtes Objekt für neurophysiologische Untersuchungen. Völlig reduziert sind Gehäuse und Operculum bei den ↗ Nudibranchia (Nacktkiemer).

Opisthosoma, der Hinterleib der ↗ Chelicerata und der gegliederte hintere Abschnitt der ↗ Pogonophora.

Opium, der eingetrocknete Milchsaft unreifer Kapseln des Schlafmohns (*Papaver somniferum*). Die grünen ausgewachsenen Fruchtkapseln werden zur Gewinnung des O. angeritzt. Der nach Stunden ausgeflossene, an der Luft eingetrocknete und dabei bräunlich verfärbte Milchsaft wird abgekratzt und zusammengeknetet. O. enthält meist mindestens 12 % ⌐ Morphin. Hauptbestandteil des O. sind die ⌐ Opiumalkaloide, die zu 20 - 30 % im Rohopium enthalten sind. Es dient hauptsächlich zur Gewinnung der therapeutisch verwendeten Alkaloide Morphin und ⌐ Codein. Ein erheblicher Teil des illegal gewonnenen O. wird zu Rauchopium verarbeitet oder zur Isolierung von Morphin, aus dem dann ⌐ Heroin gewonnen wird. O. und seine Derivate unterliegen dem Betäubungsmittelgesetz.

Opiumalkaloide, Pflanzenbasen, die im ⌐ Opium und in verschiedenen Mohnarten enthalten sind. Die bisher über 40 verschiedenen isolierten O. gehören sämlich der Isochinolingruppe an und entstehen biosynthetisch aus zwei Molekülen ⌐ Tyrosin. Die wichtigsten Typen der O. sind: *Morphinantyp* (Morphin, ⌐ Codein), *Benzylisochinolintyp* (Papaverin) und *Phtahlidisochinolintyp*. Außerdem werden halbsynthetische Alkaloide wie z. B. ⌐ Heroin zu den O. gerechnet. Die O., vor allem das Morphin sind im Wesentlichen für die Wirkung des Opiums verantwortlich.

Opossums, Gatt. der Beutelratten (⌐ Didelphidae).

Opportunisten, Organismen, die schnell auf veränderte Umweltbedingungen reagieren. Hierzu gehören z. B. viele Unkräuter.

Opsin, die Proteinkomponente des Sehfarbstoffs (⌐ Rhodopsin).

Opsonierung, *Opsonisierung*, Mechanismus, durch den die Oberfläche von in den Körper eingedrungenen Fremdzellen (z. B. ⌐ Bakterien) mit ⌐ Immunglobulinen und Faktoren des ⌐ Komplementsystems (Opsonisierungsfaktor) bedeckt wird. Nach der O. können die Fremdzellen dann von phagocytierenden Zellen des Immunsystems, wie z. B. ⌐ Makrophagen, neutrophilen ⌐ Granulocyten, ⌐ Phagocyten aufgenommen und eliminiert werden.

optische Aktivität, die Fähigkeit asymmetrischer Verbindungen oder asymmetrisch aufgebauter Kristalle, die Schwingungsebene polarisierten Lichts um einen bestimmten Winkel zu drehen. Die optische Aktivität asymmetrischer Kristalle, die z. B. durch schraubenförmige Anordnung der Teilchen im Kristallgitter bedingt ist, tritt vorwiegend bei anorganischen Verbindungen auf; sie geht durch Zerstörung der Kristallform (z. B. Lösen, Verdampfen) verloren. Die durch Asymmetrie der Molekülform bedingte optische Aktivität ist dagegen von der Kristallförmigkeit unabhängig und bleibt beim Lösen oder Verdampfen erhalten. Ursache der Asymmetrie organischer Verbindungen, darunter auch zahlreicher natürlich vorkommender Verbindungen, wie Aminosäuren, Zucker, Nucleotide und der von diesen abgeleiteten Makromoleküle, sind ⌐ asymmetrische Kohlenstoffatome. Eine Rechts-

drehung wird mit + (positiv), eine Linksdrehung mit − (negativ) bezeichnet. Da die spezifische Drehung einer optisch aktiven Verbindung exakt ermittelt werden kann, kann durch Messen des Drehwinkels einer gelösten optisch aktiven Verbindung (z. B. eines Zuckers) deren Konzentration bestimmt werden (*Polarimetrie*).

Opuntia, Gatt. der ⌐ Cactaceae.

Orange, die ⌐ Apfelsine.

Orang-Utan, *Pongo pygmaeus*, bis etwa 1,8 m körperlange Art der Menschenaffen, die in den Regenwäldern Borneos und Nordsumatras beheimatet ist. Der O. - U. hat recht kurze Beine und sehr lange Arme. Das rötliche bis braune Fell ist langhaarig, das Gesicht unbehaart. Doch besitzen ältere Männchen einen Backenbart sowie starke Backenwülste und einen großen Kehlsack. O. - U. sind einzelgängerische Baumbewohner, die sich bevorzugt von Früchten, Blättern und Knospen ernähren. Sie bauen jeden Abend ein neues Schlafnest. O. - U. sind durch Fang und Lebensraumzerstörung in ihrem Bestand bedroht.

Orchidaceae, *Orchideengewächse*, *Knabenkrautgewächse*, über die gesamte Erde verbreitete Fam. der ⌐ Orchidales mit 15000 bis 30000 Arten und damit eine der artenreichsten der Samenpflanzen (⌐ Spermatophyta). Die Artenzahl kann nur ungefähr angeben werden, da man bei vielen Arten nicht sicher ist, ob es eigenständige Arten sind oder nur Varianten ein und derselben Art. Charakteristisch für die epiphytischen (⌐ Epiphyten) oder erdbewohnenden Stauden ist ihre Abhängigkeit von endotropher ⌐ Mykorrhiza (⌐ Mykotrophie). Die Keimung der winzigen Samen ist meist nur möglich, wenn bestimmte Mykorrhiza-Pilze den keimenden Samen infizieren. Später leben die meisten O.-Arten autotroph. Die wenigen heterotrophen Arten, die kein oder fast kein Chlorophyll bilden (z. B. die einheimische Nestwurz, *Neottia nidus-avis*) sind dauernd auf Mykorrhiza angewiesen. Sie besitzen chlorophyllfreie, zu Schuppen reduzierte Blätter. Etwa ein Drittel der Arten lebt terrestisch, die übrigen epiphytisch, nur wenige sind Saprophyten. Häufig sind Speicherorgane ausgebildet, bei den Erdorchideen meist Wurzelknollen oder Rhizome, bei den Epiphyten fleischige Blätter oder Sprossknollen. Die epiphytischen O. haben außerdem um die ⌐ Luftwurzeln einen Mantel toter Zellen (Velamen), mit deren Hilfe sie das nötige Wasser und die darin gelösten Nährstoffe aufnehmen. Die Blüten sind unregelmäßig und bilden häufig traubige Blütenstände. Von den sechs Perigonblättern ist ein Blatt meist zu einer gespornten Lippe, dem *Labellum*, verwachsen. Es dient als Landeplatz für Insekten. Die Blütenformen sind oft an die Bestäuber adaptiert, zu denen neben Insekten bei manchen Arten auch Vögel und Fledermäuse gehören.

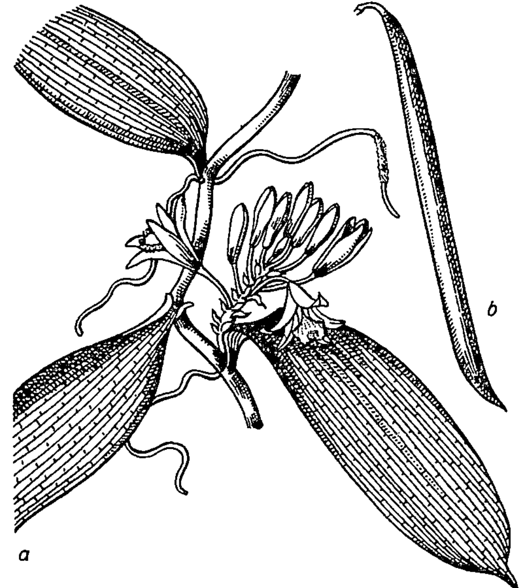

Orchidaceae a Frauenschuh (*Cypripedium calceolus*), b Purpurknabenkraut (*Orchis purpurea*), c Rotes Waldvöglein (*Cephalanthera rubra*), d Nestwurz (*Neottia nidus-avis*)

Zu den heimischen Arten und Gatt. gehören Frauenschuh (*Cypripedium calceolus*), Venusschuh (*Paphiopedilum*), Knabenkraut (*Orchis*), Ragwurz (*Ophrys*) und Nestwurz (*Neottia nidus-avis*). Wirtschaftliche Bedeutung hat die aus Mexiko stammende ↗ Vanille, *Vanilla planifolia*.

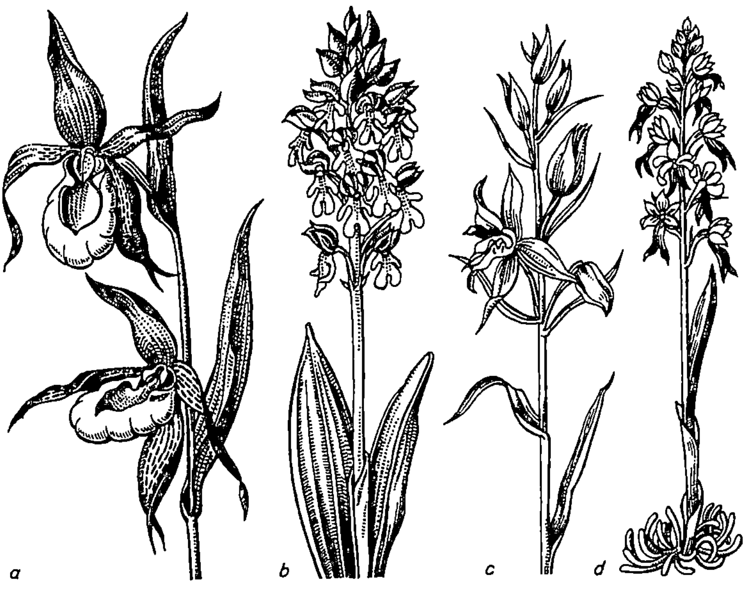

Orchidaceae Vanille (*Vanilla planifolia*), a Sprossabschnitt mit Blütentrieb, b Frucht

Orchidales, *Gynandrae, Microspermae*, Ord. der ↗ Liliopsida mit Verbreitungsschwerpunkt in den Tropen. Es sind Kräuter mit überwiegend dorsiventralen Blüten und unterständigen Fruchtknoten.

Durch *obligate Mykotrophie* und die Produktion einer hohen Zahl von Samen grenzen sie sich von den ↗ Liliales ab. Zu den O. gehören drei Fam.: die terrestrischen *Apostasiaceae* mit nur 15 Arten, die *Cypripediaceae* mit ca. 100 Arten und als umfangreichste Fam. die ↗ Orchidaceae.

Orchideengewächse, die Fam. ↗ Orchidaceae.

Orchis, 1) *Botanik*: Gatt. der ↗ Orchidaceae.

2) *Anatomie*: der ↗ Hoden.

Orconectes limosus, *Amerikanischer Flusskrebs*, Art der ↗ Decapoda, die, ursprünglich in Nordamerika östlich der Rocky Mountains heimisch, in Deutschland 1890 ausgesetzt wurde, da sie immun gegen die Krebspest ist. O.l. kann in verschmutzten Gewässern existieren und geht auch tagsüber auf Nahrungssuche (Pflanzen, Tiere).

Ordnung, *Ordo*, Kategorie (Rangstufe) in der biologischen Klassifikation zwischen ↗ Familie und ↗ Klasse; eine O. enthält eine bis mehrere Familien. (↗ Systematik)

Ordovizium, zweite Periode des ↗ Paläozoikums. Klassische Gebiete mit Ablagerungen aus dem O. in Europa sind die Britischen Inseln, Ostseeländer und Böhmen. Leitfossilien sind vorwiegend ↗ Graptolithina, ↗ Conodonten, ↗ Trilobita, untergeordnet u. a. ↗ Brachiopoda, ↗ Echinodermata, Nautiloida. Während auf der Süd-Halbkugel wahrscheinlich weiterhin die geschlossene Landmasse des Kambriums (Gondwana) persistierte, hatte sich nunmehr auch im Norden ein weitgehend geschlossener Kontinent (*Laurasia*) formiert; ein tiefer Ozean trennte beide Landmassen. Weite Teile Europas wurden von Flachmeeren bedeckt. Die Region des Paläoäquators erstreckte sich vom Rand der Antarktis über die Sibirische Plattform und nordamerikanische Arktis zum Nordwest-Rand Nordamerikas. Dieser tropische Gürtel brachte zahlreiche neue Gruppen von Wirbellosen, insbesondere Kalkschaler, hervor.

Soweit bekannt, setzte sich die Flora ausschließlich aus Thallophyten zusammen (Kalkalgen, skelettlose Grünalgen). Die frühordovizische Fauna lässt gegenüber dem ↗ Kambrium einen beträchtlichen evolutionären Sprung erkennen; die meisten paläozoischen Wirbellosen-Gruppen und die Mehrzahl ihrer Klassen und Ordnung sind bereits vorhanden. Unter den Einzellern treten die ersten Fusulinen auf. Anstelle der kambrischen ↗ Archaeocyatha entfalten sich die Kieselschwämme (*Astylospongia*). Korallen, im Kambrium noch sehr selten, werden häufiger. Kalkschalige Brachiopoda übernehmen die Vorherrschaft gegenüber den Hornschalern. Erstmals treten die ↗ Bryozoa auf. Schnecken und Muscheln entwickeln größeren Artenreichtum. Unter den Cephalopoda bringen Nautiloida (*Endoceras*) schon Riesenformen von 4,5 m Länge hervor und erste Spiralschaler (*Lituites*) erscheinen. Trilobita mit großem Kopf- und Schwanzschild lösen die altertümlichen Formen des Kambriums ab. Chelicerata (↗ Eurypterida, ↗ Xiphosura) und ↗ Ostracoda (*Beyrichia, Leperditia*) erlangen neben z. T. beträchtlicher Größe ökologische und stratigraphische Bedeutung. Unter den Echinodermen erscheinen neu die ↗ Crinoida, Seeigel (↗ Echinoida), Seesterne (↗ Asteroida) und Schlangensterne (↗ Ophiuroida).

ORF, Abk. für open *reading frame*, ↗ offenes Leseraster.

Orfe, Art der Fam. ↗ Cyprinidae.

Organbildung , die ↗ Organogenese.

Organell, 1) i. w. S. die Bez. für die in eukaryotischen Zellen vorhandenen ↗ Kompartimente mit klar definierter Struktur und Funktion. I. e. S. wird der Begriff auch nur für die Kompartimente verwendet, die von einer Doppelmembran umgeben sind und als *semiautonome Organellen* ein eigenes Genom besitzen, nämlich die ↗ Mitochondrien und ↗ Plastiden.

2) bei Einzellern werden komplexe Zelldifferenzierungen wie Flagellen, Cilien, der Augenfleck auch als O. bezeichnet.

Organgattung, früher in der Paläobotanik gebräuchliches, mehr oder weniger künstliches Taxon zur hierarchischen Erfassung von fossilen Pflanzenfragmenten, die ihre Zugehörigkeit zu einer Familie im natürlichen System noch erkennen lassen; das gleiche gilt für die Organart.

Organisator, *Organisationszentrum*, Bereich im sich entwickelnden Embryo, der die Differenzierung anderer Bereiche auslöst und integriert. Das Organisationszentrum der Amphibia wird *Spemann-Organisator* genannt. (↗ Embryonalent-

wicklung, ↗ Gastrulation, ↗ Induktion, ↗ Musterbildung)

organische Düngung, ↗ Düngung.

organismische Lizenzen, Strukturen und Verhaltensweisen, die es einer Organismenart ermöglichen, neue Funktionsbezüge herzustellen und damit eine neue ↗ ökologische Nische zu realisieren oder eine bestehende umzubilden. O. L., welche die Bildung einer ↗ ökologischen Zone ermöglichen, werden *Präadaptationen (Prädispositionen)* genannt. Dies sind Merkmale, die unter Selektionsdruck als Anpassungen an eine Lebensweise in einer Population entstanden sind und sich als günstige Anpassung für eine neue ökologische Zone erweisen.

Organogenese, *Organbildung, Organentwicklung*, Anlage und Differenzierung der Organe eines Organismus während der ↗ Embryonalentwicklung bzw. der ↗ Fetalentwicklung.

organotroph, Bez. für Organismen, die organische Verbindungen als Wasserstoffdonatoren verwenden. O. leben Tiere und viele Mikroorganismen.

Orgasmus, der Höhepunkt der sexuellen Erregung, dem ein Gefühl einer sehr angenehmen Entspannung folgt. Alle mit dem O. verbundenen Veränderungen werden reflektorisch durch während des O. maximale Erregung sympathischer und parasympathischer Neuronen aus dem Thorakolumbalmark bzw. dem Sakralmark bewirkt. Allg. wird der O. von einer Anspannung fast der gesamten Körpermuskulatur, sowie einer Erhöhung von Durchblutung, Puls- und Atemfrequenz und mitunter einer leichten Bewusstseinstrübung begleitet. Beim Mann ist der O. i. d. R. mit dem Samenerguss verbunden. Es kommt zu Kontraktionen von Nebenhoden, Samenleiter und Prostata, außerdem wird die Harnröhre an ihrem Ansatz reflektorisch verschlossen. An den O. schließt sich beim Mann eine Refraktärphase an, in der kein neuer O. möglich ist. Anders bei der Frau; bei ihr sind während einer so genannte Plateauphase mehrere O. hintereinander möglich. Der O. ist hier begleitet von rhythmischen Kontraktionen der Scheiden- und Gebärmuttermuskulatur, bei manchen Frauen kommt es auch zu einer Ejakulation einer klaren Flüssigkeit. (↗ Geschlechtsverkehr)

Orientalis, Unterregion der ↗ Paläotropis.

Orientierung, das Vermögen von Pflanzen, Tieren und Mensch, aufgrund physikalischer (zum Teil auch chemischer) Reize (z. B. Licht, Schall, Temperatur, Schwerkraft, elektrische Felder) gerichtete Bewegungen auszuführen (↗ Taxien) oder Ziele über große Entfernungen hinweg genau anzusteuern. (↗ Echoorientierung, ↗ Elektrorezeption, ↗ Magnetfeldorientierung, ↗ Orientierungsbewegungen)

Orientierungsbewegungen, bei frei beweglichen Organismen Bewegungen, die durch eine Reizquelle erzeugt werden und zu gerichteten (↗ Taxien) oder ungerichteten Bewegungen (↗ Kinesen) führen. Festsitzende Organismen, vor allem Pflanzen, führen als gerichtete O. Tropismen (↗ Tropismus) durch. (↗ Chloroplastenbewegungen, ↗ Nastie)

origin of replication, Abk. *ori*, der Replikationsstartpunkt bei ↗ Plasmiden, ↗ Replikation.

Oriolus oriolus,, der ↗ Pirol.

Orn, Abk. für ↗ Ornithin.

Ornithin, Abk. *Orn*, *α,δ-Diaminovaleriansäure*, *2,5-Diaminopentansäure*, eine nicht proteinogene ↗ Aminosäure, die als L - O. bei Säugetieren ein Zwischenprodukt des ↗ Harnstoffzyklus ist.

Ornithinzyklus, der ↗ Harnstoffzyklus.

Ornithischia, *Vogelbecken-Dinosaurier*, Ord. Pflanzen fressender, zwei- oder vierfüßiger ↗ Dinosaurier. Sie besitzen ein vierstrahliges Becken, bei dem sich das Schambein (Pubis) nach dorsal gewendet und parallel zum Sitzbein (Ischium) gelegt hat; die Position des Pubis wird durch einen Fortsatz, den Processus praepubicus, eingenommen. Die O. stammen, wie die ↗ Saurischia auch, von den ↗ Thecodontia ab. Charakteristisch ist der Besitz eines *Praedentale* (↗ Autapomorphie) d. h. eines Hautknochens in der Unterkiefersymphyse, der einen Hornschnabel trug. Zu den O. gehören u. a. die zweifüßigen *Ornithopoda*, z. B. mit ↗ Iguanodon, die vierfüßigen *Stegosauria* (oberes Jura bis untere Kreide) mit einer Doppelreihe großer Rückenplatten, die *Ankylosauria* (Kreide) mit einem dorsalen Panzer aus Knochenplatten und die *Ceratopsia* (obere Kreide) mit Hörnern und einem Nackenschutz aus Knochenvorsprüngen des Hinterhaupts.

Ornithogamie, *Ornithophilie, Vogelblütigkeit*, die ↗ Bestäubung durch Vögel.

Ornithologie, *Vogelkunde*, Teilgebiet der Zoologie, das sich mit der Erforschung der Vögel befasst.

Ornithophilie, die ↗ Ornithogamie.

Ornithose, die ↗ Psittakose.

Orobanchaceae, *Sommerwurzgewächse*, Fam. der ↗ Scrophulariales mit ca. 230 Arten, die hauptsächlich in der nördlichen gemäßigten Zone verbreitet sind. Es sind chlorophylllose Vollparasiten (↗ Parasitismus) mit schuppenförmigen Blättern und zweilippigen Blüten. Sie parasitieren ausschließlich auf anderen Pflanzen. Als Früchte werden Kapseln ausgebildet, deren Samen erst zu keimen beginnen, wenn die richtigen Wirtswurzeln in der Nähe sind. Die Arten der umfangreichen Gatt. *Sommerwurz, Orobanche*, sind z. T. auf wenige Wirtspflanzen spezialisiert. Sie können bei Kulturpflanzen großen Schaden anrichten.

Orobiom, Gebirgsraum innerhalb einer ↗ Klimazone bzw. innerhalb eines ↗ Zonobioms. Ein O. der

sommergrünen Laubwälder ist z. B. der Bayerische Wald.

Orthogon, ursprüngliche Form des ↗ Nervensystem bei Plattwürmern (↗ Plathelminthes).

ortholog, Bez. für einander direkt entsprechende Moleküle, die in verschiedenen Organismen vorkommen, z. B. die α-Hämoglobine verschiedener Organismen. (↗ Homologie, ↗ paralog)

Orthonectida, zu den ↗ Mesozoa gestelltes Taxon.

orthotrop, annähernd senkrecht wachsend. Gegensatz: ↗ plagiotrop

Ortolan, Art der Ammern (↗ Emberizidae).

Oryx, Gatt. der Pferdeböcke (↗ Hippotraginae).

Oryza, Gatt. der ↗ Poaceae.

Oryziidae, die Reiskärpflinge, eine Fam. der ↗ Cyprinodontiformes.

Os, der ↗ Knochen.

Oscillatoriales, Ord. Filament bildender ↗ Cyanobakterien, deren Vertreter durch das Fehlen von Heterocysten und Akineten gekennzeichnet sind. Verzweigungen fehlen, da sich die Zellen nur in einer Richtung teilen. Die Vermehrung erfolgt durch Hormogonien. Zu den O. gehören u. a. die Gatt. *Oscillatoria, Spirulina* und *Lyngbya*. Die Arten von *Oscillaria* können sich durch Rotation des Trichoms um die Längsachse gleitend fortbewegen, wobei die Fäden zu schwingen oder zu oszillieren (Name!) scheinen.

Oscines, *Singvögel*, die ↗ Passeres.

Osculum, die Ausströmöffnung der Schwämme (↗ Porifera).

Osmeridae, die Stinte (↗ Salmoniformes).

Osmokonformer, ein Tier, das die ↗ Osmolarität seiner Körperflüssigkeit nicht aktiv reguliert, weil

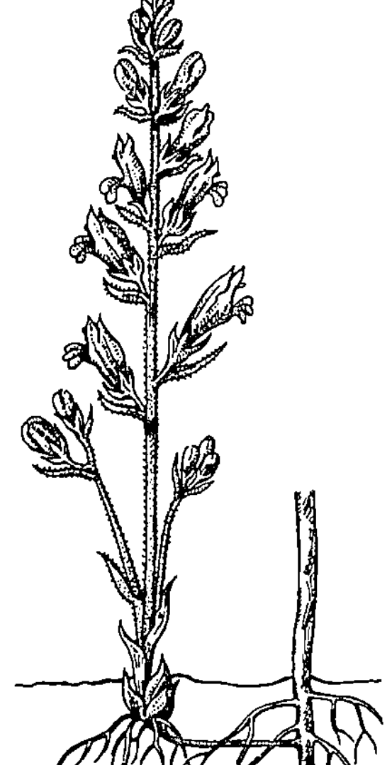

Orobanchaceae Ästige Sommerwurz (*Orobanche ramosa*), auf einer Hanfwurzel schmarotzend

es isotonisch mit seiner Umgebung ist. (↗ Osmoregulation)

Osmolarität, Konzentration osmotisch wirksamer Substanzen pro Liter Lösung. Die Einheit für die Osmolarität ist *osmol/l*. Im Unterschied zur ↗ Molarität muss bei der Osmolarität nicht die Konzentration einer chemisch einheitlichen Substanz betrachtet werden, sondern es kann die Gesamtkonzentration chemisch unterschiedlicher, osmotisch wirksamer Substanzen angegeben werden. Die *Osmolalität* ist die Konzentration osmotisch wirksamer Substanzen pro 1000 g Lösung, ihre Einheit ist *osmol/kg*. Die O. ist ein Maß für die *osmotische Konzentration* von Lösungen. Zwei Lösungen, die dieselbe Anzahl von gelösten Teilchen enthalten, sind *isoosmotisch* (entsprechend: bei höherer Teilchenzahl *hyperosmotisch*, bei geringerer Zahl *hypoosmotisch*). *Isoton(isch)* dagegen ist eine Lösung, in der eine Zelle oder ein Organismus sein Volumen nicht verändert; entsprechend schrumpfen eine *hyperton(isch)e* Zelle oder ein hypertoner Organismus durch Wasserausstrom, und *hypoton(ische)* Zellen oder Organismen schwellen durch Wassereinstrom an. (↗ Osmoregulation, ↗ Osmose)

Osmophore, ↗ Duftdrüsen.

Osmoregulation, die Fähigkeit aller Lebewesen mit einem Stoffwechsel, die Konzentrationen osmotisch wirksamer Stoffe kontrollieren zu können, entweder, um osmotischen Stress zu vermeiden (z. B. durch Polymerisation von ↗ Glucose zu den osmotisch neutralen Makromolekülen ↗ Stärke oder ↗ Glykogen), oder um aus dem osmotischen Potenzial, welches ja immer an Membranen auftritt, Nutzen zu ziehen, z. B. für Transportprozesse. Wichtige Ionen hierbei sind K^+ (Kaliumion), Ca^{2+} (Calciumion) und H^+ (Proton).

Pflanzen sind in der Lage, auf ein verändertes qualitatives oder quantitatives Angebot an ↗ Wasser über O. zu reagieren. Neben den spezialisierten ↗ Halophyten begegnen auch die ↗ Glykophyten in gewissem Rahmen dem Stress erhöhter oder veränderter Salzkonzentrationen im Substrat mit spezifischen Aktionen; hierzu gehören u. a. Ionenaufnahme in das Plasma oder Weiterleitung in die Vakuole, sowie die Synthese osmotisch wirksamer Proteine. Wassermangel kann durch Verringerung der ↗ Diffusion an den Spaltöffnungen sowie durch Turgorabsenkung, durch Wasseraustritt aus den Vakuolen (↗ Turgor) vorübergehend kompensiert werden.

Bei *Tieren* und dem *Menschen* dient die O. dazu, ein stabiles inneres Milieu aufrechtzuerhalten, das die Organe und Gewebe gegenüber Schwankungen des Außenmediums abschirmt. Die hierzu notwendigen physiologischen Mechanismen sind meist aktive, Energie verbrauchende Transportprozesse, die

einerseits den Ionenhaushalt (↗ Elektrolyte), andererseits (und davon nicht zu trennen) den Wasserhaushalt regulieren und sowohl zwischen Körperwand und Außenmedium als auch zwischen Zelle und interstitiellem bzw. extrazellulärem Flüssigkeitsraum ablaufen. Generell kann zwischen *poikilosmotischen* (Osmokonformer) und *homoiosmotischen* (Osmoregulatoren, Osmoregulierer) Organismen unterschieden werden. *Osmokonformer* passen sich wechselnden Salzkonzentrationen des umgebenden (poikilohalinen) Milieus passiv an, ihre Körperflüssigkeiten sind isoosmotisch (↗ Osmolarität) gegenüber der Umgebung; sie besitzen aber eine geringe Salztoleranz, d. h., sie sind ↗ stenohalin. Hierzu gehören die meisten marinen Wirbellosen, die in einem sehr konstanten äußeren (homoiohalinen) Milieu leben. Überführt man solche Tiere experimentell in wässrige Lösungen mit verschiedener Salinität, so zeigen sich auch bei ihnen unterschiedlich ausgeprägte Fähigkeiten zur Volumen- und Ionenregulation. Dabei werden häufig als Antwort auf einen osmotischen Stress die Konzentrationen von organischen Molekülen, insbesondere Aminosäuren, verändert (z. B. in salzarmer Umgebung verringert, was zu einer Verminderung des Wassereinstroms führt). Bei Tieren, die z. B. im ↗ Brackwasser leben oder vom Meer in die Flüsse einwandern, ist der Salztoleranzbereich der Zellen wesentlich größer; sie sind ↗ euryhalin, z. B. die Wollhandkrabbe (*Eriocheir*).

Zu den *Osmoregulierern* gehören Wirbeltiere und Wirbellose, deren Lebensbereich das Süß- oder das Salzwasser ist. Die Körperflüssigkeiten von Tieren im Süßwasser sind hyperton gegenüber dem umgebenden Medium; durch eine hyperosmotische Regulation muss daher verhindert werden, dass sie durch Wassereinstrom an Volumen zunehmen (und damit die Ionenkonzentration des extrazellulären Raums verringert wird), und dass der Salzverlust an das Außenmedium kompensiert wird. Bereits bei im Süßwasser lebenden ↗ Einzellern gibt es mit den ↗ kontraktilen Vakuolen Einrichtungen, die eine Volumenregulation ermöglichen. Krebstiere und ↗ Wasserinsekten können entsprechend den Verhältnissen im Salzwasser über die Variation der Aminosäurekonzentration und Ionentransporte, speziell über Chloridzellen und Transportepithelien auf den Kiemen oder bei Dipterenlarven über die Analpapillen, ihr inneres Milieu konstant halten. Das Salinenkrebschen (*Artemia salina*) kann sowohl in nahezu konzentriertem Salzwasser als auch in Salzwasser überleben. Es nimmt ständig Wasser auf (pro Stunde in einer Menge, die etwa 3 % des eigenen Körpergewichts entspricht). Natriumchlorid (Kochsalz, NaCl) wird aus dem Magen-Darm-Trakt resorbiert, und Wasser folgt passiv ins Gewebe. Die übrigen Salze werden über den Darm ausge schieden. Das überschüssige NaCl hingegen wird über die Kiemen ausgeschieden, benötigtes NaCl aus dem Medium über die Chloridzellen und Ionen absorbierende Epithelien auf den Kiemen aufgenommen.

Die O. der Wirbeltiere im Süßwasser besteht in einer verstärkten Harnproduktion (Volumenregulation), einer erhöhten Salzabsorption in den Nierentubuli (↗ Niere), sodass ein stark verdünnter Harn ausgeschieden wird, und einem aktiven Salztransport über die Haut (Frosch) oder Kiemen (Süßwasserfische) ins Körperinnere. Eine geringe Durchlässigkeit der Körperoberfläche (Fisch) unterstützt dabei die O. Die Situation im marinen Lebensraum wird auf unterschiedliche Weise gemeistert: Die Körperflüssigkeiten mariner Knochenfische (die aus dem Süßwasser eingewandert sind) sind hypoton gegenüber dem Meerwasser. Eine O. muss daher dem Wasserverlust (speziell über die Kiemen) und dem Eindringen von Salzen begegnen. Marine Teleosteer trinken daher Meerwasser, scheiden Ionen aktiv über die Kiemen aus, sezernieren bivalente Kationen aktiv in die Nierentubuli bei geringer Harnproduktion und besitzen teilweise als morphologische Anpassung aglomeruläre Nieren (*hypoosmotische Regulation*). Marine Knorpelfische hingegen trinken kein Salzwasser, sondern erreichen eine Wasserretention über hohe Harnstoff- und Trimethylaminkonzentrationen, die sie im Blut aufrechterhalten können; sie verfügen in den Rektaldrüsen über Einrichtungen zur aktiven Salzabgabe.

Auch Tiere, deren Nahrungsreservoir das Meer ist, wie marine Reptilien und Vögel, sind in besonderem Maße mit dem Problem der O. konfrontiert. Sie können Salzwasser trinken und scheiden die „überflüssigen" Ionen in stark hyperosmotischer Flüssigkeit über spezielle ↗ Salzdrüsen aus. Marine Säuger sind durch besonders gut entwickelte Henle-Schleifen, die einen stark konzentrierten Harn produzieren können, an eine vermehrte Ausscheidung von Salzen ohne die Notwendigkeit zur vermehrten Wasseraufnahme angepasst. Entsprechende Anpassungen haben landbewohnende Vögel und Säuger entwickelt, die Wasser sparen müssen (Wüstentiere, z. B. Dromedar, ↗ Kamele). Katadrome und anadrome Fische, wie die Aale, die im Salzwasser, und Lachse, die im Süßwasser laichen, sind in besonderem Maße zur O. befähigt; sie können je nach ihrem momentanen Lebensraum sowohl hyperosmotisch als auch hypoosmotisch regulieren, wobei die Möglichkeit zur Umkehrung von Ionentransportprozessen den Hauptanteil an der Osmoregulation hat. (↗ Exkretion, ↗ Exkretionsorgane, ↗ Homöostase, ↗ Wasser- und Mineralhaushalt)

Osmoregulierer, *Osmoregulatoren,* Tiere, deren Körperflüssigkeiten eine andere ↗ Osmolarität haben als die Umwelt und die entweder Wasser abge-

ben, wenn sie in hypotonischer Umwelt leben, oder Wasser aufnehmen müssen, wenn sie in hypertonischer Umgebung leben (z. B. ↗ Wasserinsekten).

Osmose, die Diffusion von Wassermolekülen durch eine *semipermeable Membran* (↗ Biomembran) aufgrund des Konzentrationsunterschiedes der gelösten Substanzen beiderseits der Membran. Die O. ist für viele physiologische Prozesse von zentraler Bedeutung (↗ Exkretion ↗ Osmoregulation, ↗ Turgor, ↗ Transport, ↗ Wasserpotenzial). Die semipermeable Membran ist dabei für das Lösungsmittel Wasser vollständig, für gelöste Substanzen hingegen nicht oder nur unvollständig permeabel. Wasser diffundiert folglich so lange in das Kompartiment mit der höheren Konzentration, bis ein Konzentrationsausgleich erreicht ist.

Als treibende Kraft der O. dient dabei der Gradient des chemischen Potenzials von Wasser. Energetisch betrachtet ist O. ein spontaner Prozess, da sich das Wasser von einem Ort hohen chemischen Potenzials zu einem Ort niedrigen chemischen Potenzials bewegt. Durch den Wassereinstrom erhöht sich dort der *osmotische Druck,* der in verdünnten Lösungen unabhängig von der Art des Lösungsmittels und der darin gelösten Substanzen ist, sondern lediglich von der Anzahl der gelösten Teilchen bestimmt wird. Somit gilt für ihn die Zustandsgleichung idealer Gase.

Das Prinzip der Osmose beschreibt die nach dem deutschen Pflanzenphysiologen W. Pfeffer (1845-1920) benannte *Pfeffer'sche Zelle.* Sie demonstriert anhand einer semipermeablen Schicht aus Kupferhexacyanoferrat(II) an der porösen Wand eines Tongefäßes, das mit Rohrzuckerlösung gefüllt ist, was passiert, wenn diese gegenüber Wasser *hyperosmotische* Zelle in Wasser getaucht wird. Die

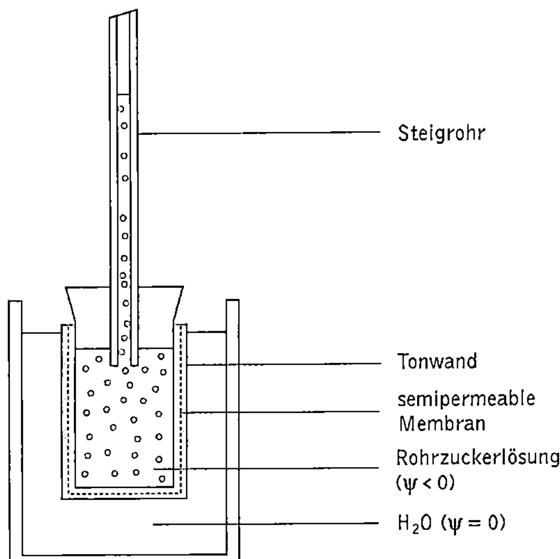

Osmose Schematische Darstellung einer Pfeffer'schen Zelle

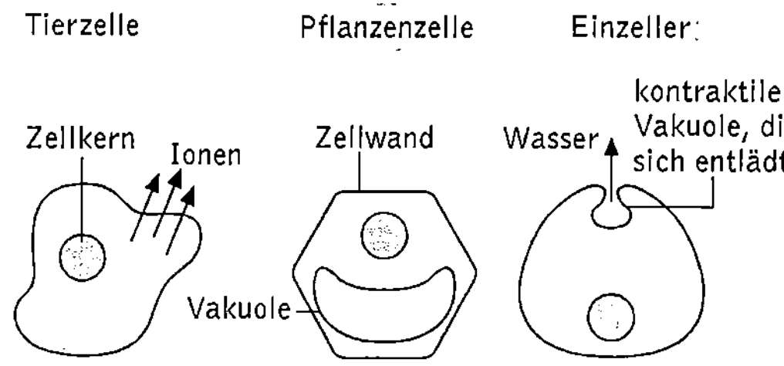

Osmose Mechanismen, mit denen Zellen Osmose begegnen. Tierische Zellen geben Ionen nach außen ab, Pflanzenzellen besitzen eine Zellwand und Einzeller pumpen Wasser durch kontraktile Vakuolen nach außen

Druckzunahme aufgrund des Wassereinstroms wird am Steigrohr sichtbar, weil sich das Volumen im Innern der Zelle ausdehnen kann. In analoger Weise lässt sich das Experiment z. B. auch mit einer Schweineblase durchführen.

Zellen haben mehrere Möglichkeiten, um eine durch Osmose verursachte Volumenzunahme, die schlimmstenfalls zum Platzen führen könnte, zu vermeiden. Viele im hypotonischen Süßwasser lebende Einzeller vermeiden eine Volumenzunahme, indem sie z. B. durch ↗ kontraktile Vakuolen regelmäßig Wasser ausscheiden. Tierische Zellen lösen dieses Problem, indem sie Ionen nach außen pumpen und dadurch die intrazelluläre Ionenkonzentration niedrig halten. Pflanzenzellen können durch ihre feste Zellwand einen Gegendruck erzeugen, der dem Turgordruck entgegenwirkt. Er verleiht Pflanzen ihre Festigkeit, ist an der Zellstreckung beteiligt und für das Öffnen und Schließen der Spaltöffnungen verantwortlich. (↗ Osmoregulation)

osmotische Einstellung, bei Pflanzen die Akkumulation löslicher Stoffe (*kompatible Stoffe*) im Zellsaft der Vakuole, mit der sie auf Wassermangel im Boden (↗ Dürrestress) reagieren (↗ Dürreresistenz). Da Pflanzen nur Wasser aufnehmen können, solange ihr ↗ Wasserpotenzial negativer als das des Bodens ist, können Zellen auf diese Weise ihr Wasserpotenzial senken, ohne jedoch den ↗ Turgor zu verändern. Die o. E. stellt eine Nettozunahme löslicher Substanzen dar, die zusätzlich zum durch das Schrumpfen von Zellen verursachten Anstieg des osmotischen Wertes erfolgt. (↗ Osmose)

osmotischer Druck, Bez. für den Druck, den in ein durch eine semipermeable Membran getrenntes ↗ Kompartiment hineindiffundierte (↗ Diffusion) Lösungsmittelteilchen bzw. die in diesem Kompartiment befindlichen gelösten Teilchen auf die Wand des Kompartiments ausüben (↗ Osmose).

osmotische Zustandsgleichung, die Gleichung, die den Zusammenhang zwischen dem ↗ Wasserpotenzial Ψ einer Pflanzenzelle, dem ↗ Turgordruck P und dem osmotischen Potenzial Π des Zellsaftes beschreibt:

$$\Psi = P - \Pi$$

Osmundales, Ord. der Farne (↗ Pteridopsida) mit der einzigen Fam. Osmundaceae. Kennzeichnend ist das Fehlen des Anulus an den Sporangien und das Fehlen von Indusien und Spreublättern. Zu den O. gehört u. a. der Königsfarn, *Osmunda regalis* (Abb. ↗ Pteridopsida).

Ösophagus, *Speiseröhre*, Abschnitt des Vorderdarms der Wirbeltiere und des Menschen, bei Anamniern ein kurzes Verbindungsstück zwischen Kiemendarm und Magen. Bei den Luft atmenden ↗ Amniota nimmt, insbesondere bei Ausbildung eines Halses, die relative Länge des Ö. zu, und er bildet eine z. T. beträchtlich dehnbare Röhre (Schlangen, Vögel) zwischen Schlundkopf (Pharynx) und ↗ Magen. Die innere Auskleidung besteht aus einem ein- bis mehrschichtigen Epithel mit mukösen Speicheldrüsen. Ein schraubenartig angeordnetes Muskelsystem bewirkt die peristaltische Beförderung der Nahrung beim Schlucken. Beim Menschen ist die Speiseröhre ein etwa 25 cm langer Muskelschlauch mit innerer Ring- und äußerer Längsmuskelschicht und einer von Pflasterepithel geschützten Schleimhaut; sie leitet die Nahrung vom Schlund in den Magen. Bei Vögeln kann sich der vordere bis mittlere Teil des Ö. zu einem ↗ Kropf erweitern. Bei Wirbellosen ist der Ö. Teil des Vorderdarms ektodermaler Herkunft, der bei Gliederfüßern (*Arthropoda*) gehäutet wird.

Osphradien, Chemorezeptoren wasserlebender Schnecken (↗ Gastropoda).

Ossein, die Grundsubstanz des ↗ Knochens.

Ossifikation, die Verknöcherung (↗ Knochen).

Osteichthyes, *Knochenfische*, mit mindestens 22000 Arten die größte Gruppe der Fische, die sich von den Knorpelfischen (↗ Chondrichthyes) durch ein teilweise oder vollständig verknöchertes Skelett unterscheidet. Die Schwanzflosse ist meist homozerk (↗ Flossen). Charakteristisch ist der Besitz einer Schwimmblase, die primär eine luftgefüllte Ausstülpung des Vorderdarms mit der Funktion einer Lunge ist (wie noch bei den Lungenfischen, ↗ Dipnoi), später aber zu einem hydrostatischen Organ wurde. Kiemendeckel sind immer vorhanden. Die Haut ist i. d. R. mit Schuppen bedeckt oder durch Knochenplatten (z. B. Panzerwelse) verstärkt. Bei den meisten O. kommt äußere Befruchtung nach Ablage der Eier vor. (↗ Teleostei, ↗ Actinopterygii)

Osteoblasten, die Knochenbildungszellen (↗ Knochen).

Osteocyten, die Knochenzellen (↗ Knochen).

osteodontokeratische Kultur, hypothetische Werkzeugkultur von Urmenschen, basierend auf Knochen-, Gebiss- und Hornbruchstücken, mit der R.A. ↗ Dart die menschliche Natur der von ihm entdeckten Australopithecinen (↗ Australopithecus) beweisen wollte. Angebliche Werkzeuge werden heute meist als Nahrungsreste von Raubtieren interpretiert.

Osteoglossidae, *Knochenzüngler*, Fam. der Knochenfische mit sechs langgestreckten, vorwiegend räuberisch lebenden Arten in den Süßgewässern der Tropen der Alten und Neuen Welt. Größte Art ist der bis 4,5 m lange *Arapaima (Barramunda, Arapaima gigas)*, der im Amazonas und seinen Nebenflüssen lebt. Er hat große grünliche Schuppen und eine dunkelrote Schwanzwurzel. Die blutgefäßreiche Schwimmblase fungiert bei Sauerstoffmangel als eine Art Lunge.

Osteoklasten, die Knochenzerstörer (↗ Knochen).

Ostien , ↗ Herz.

Ostracoda, *Muschelkrebse*, Taxon der Crustacea mit ca 5000 rezenten und rund 40000 fossilen Arten. Sie haben äußerlich Ähnlichkeit mit kleinen Muscheln (Name!), da der Körper von einer zweiklappigen Falte des Carapax umschlossen wird. Der Körper ist sekundär ungegliedert und trägt nur noch die Kopf- und eventuell zusätzlich noch zwei Rumpfextremitäten, also insgesamt sieben Extremitätenpaare, was einzigartig unter den Crustacea ist. O. leben am Meeresboden, graben sich im Sand ein, wenige Arten leben auch benthisch; daneben gibt es auch Süßwasser- und Brackwasserarten und sogar eine Art, die in Fallaub und Moos lebt. Sie dienen vor allem vielen Fischen und benthischen Wirbellosen als Nahrung. Sie selbst ernähren sich von Detritus und pflanzlicher Nahrung. Die meisten O. sind getrenntgeschlechtlich. Die Eier werden entweder ins Wasser abgelegt oder entwickeln sich dorsal in der Carapaxhöhle. Die Entwicklung geht über einen atypischen Nauplius und drei bis acht Stadien bis zum erwachsenen Tier.

Östradiol, das Estradiol (↗ Estrogene).

Ostrea, Gatt. der ↗ Austern.

Östrogene, die ↗ Estrogene.

Östrus, *Östruszyklus*, bei weiblichen Säugetieren ein Zyklus, der dem ↗ Menstruationszyklus der weiblichen Primaten entspricht, sich in Details und artspezifisch jedoch von diesem unterscheidet. Bei weiblichen ↗ Ratten z. B. dauert ein vollständiger Östruszyklus vier Tage und kann in vier Stadien eingeteilt werden: die *Hitzeperiode* (eigentlicher Ö.), in der das Weibchen paarungsbereit ist und die etwa neun bis 15 Stunden dauert; in ihr findet der ↗ Eisprung statt: Die *Metöstrusphase* folgt unmittelbar dem Eisprung und dauert etwa zehn bis 14 Stunden, anschließend folgt mit 60 - 70 Stunden die *Diöstrusphase* als längster Abschnitt des Zyklus. Im Verlauf der beiden letzten Phasen bilden sich die gute Durchblutung der ↗ Gebärmutter und ihre hohe Kontraktilität nach und nach zurück, ebenso der nach dem Eisprung gebildete ↗ Gelbkörper. In der *Proöstrusphase* schließlich kommt

es zu Veränderungen, welche wieder die neue Ö.-Phase ankündigen.

Oszillator, ↗ Biorhythmik, ↗ Schrittmacher.

Otariidae, *Ohrenrobben*, Fam. der Robben mit 14 bis 3,5 m langen Arten, die in den Meeren der südlichen Halbkugel und im Nordpazifik leben. Im Unterschied zu den übrigen Robben haben die O. kleine Ohrmuscheln (Name!). Insbesondere zur Fortpflanzungszeit bilden sie Ansammlungen von bis zu mehreren Tausend Individuen. Zwei Gattungsgruppen werden unterschieden, die bis 2,5 m langen *Seebären (Arctocephalinae)*, die eine sehr dichte weiche Unterwolle besitzen und infolge starker Bejagung in ihren Beständen teilweise stark bedroht sind, und die *Seelöwen (Otariinae)* mit sechs Arten, die keine Unterwolle besitzen und größer sind als die Seebären.

Otididae, *Trappen*, große Bodenvögel, die in Steppen und Halbwüsten Eurasiens, Afrikas und Australiens beheimatet sind. Sie haben einen derben kurzen Schnabel, einen langen Hals und kräftige Beine, das Gefieder ist oft lebhaft gezeichnet. In Teilen Europas leben die bis 105 cm große *Großtrappe (Otis tarda)*, mit bis 260 cm Spannweite der größte Landvogel der Region und die *Zwergtrappe (Tetrax tetrax)*, die bis 45 cm groß wird und am Boden wie ein langbeiniger gelbbrauner Hühnervogel wirkt.

Otokonien, Bez. für die Calcitkristalle in den Maculaorganen des Innenohrs (↗ Ohr).

Otolithen, Gehörsteinchen im ↗ Ohr der Wirbeltiere.

Otter, *Lutrinae*, Unterfam. der Marderartigen (Fam. ↗ Mustelidae) mit 17 Arten, die nahezu weltweit verbreitet sind. O. sind sehr gut an das Leben im Wasser angepasst; so sind Ohren und Nase unter Wasser verschließbar, die Pfoten tragen Schwimmhäute zwischen den Zehen und das Fell ist sehr dicht, weich und glänzend sowie wasserundurchlässig. O. ernähren sich von Wassertieren, die sie tauchend und schwimmend erbeuten. Infolge starker Bejagung (wegen des als Pelz geschätzten Fells) sowie Lebensraumzerstörung und Gewässerverschmutzung, auf die O. sehr empfindlich reagieren, sind ihre Bestände in vielen Regionen stark bedroht, mancherorts bereits ausgerottet. Bekannteste Art bei uns ist der in ganz Eurasien verbreitete, jedoch vielerorts bereits ausgerottete, *Fischotter (Lutra lutra)*. Er ist bis 85 cm körperlang, hat ein braunes Fell, oft mit weißem Kehlfleck. Er gräbt seinen Bau, dessen Eingang unter dem Wasserspiegel liegt, in Uferböschungen. Der Fischotter ist in Deutschland geschützt. (↗ Meerotter)

Ottern, die Fam. ↗ Viperidae.

Out-of-Africa-Theorie, ↗ Anthropogenese.

ovales Fenster, ↗ Ohr.

Ovar, 1) in der *Botanik* der ↗ Fruchtknoten. 2) *Anatomie*: der ↗ Eierstock.

Ovarialballen, ↗ Acanthocephala.

Ovariolen, die Eischläuche im ↗ Eierstock der Insekten.

Ovibos moschatus, der ↗ Moschusochse.

Oviduct, der ↗ Eileiter.

Oviparie, Ablage von Eiern vor der Befruchtung oder in einem frühen Entwicklungsstadium des Embryos; die weitere Entwicklung erfolgt außerhalb des mütterlichen Körpers. Voraussetzung für die O. ist ein Dottervorrat zur Ernährung des Embryos. Weichschalige Eier können nach der Ablage außerhalb des mütterlichen Körpers befruchtet werden (z. B. ↗ Fische, ↗ Amphibia); hartschalige Eier werden entweder beim Vorgang des Ablegens im mütterlichen Körper über eine Öffnung in der Eischale (Mikropyle, z. B. ↗ Insecta) oder vor Bildung der Embryonalhüllen besamt (z. B. viele Reptilia, Vögel, ↗ Aves). ↗ Ovoviviparie

Ovipositor, der ↗ Legebohrer.

Ovis, die Gatt. Schafe (↗ Wildschafe).

Ovotestis, die ↗ Zwitterdrüse.

Ovoviviparie, *Ooviviparie,* verzögerte Eiablage gegen Ende der ↗ Embryonalentwicklung des Jungtieres, sodass dieses bei oder kurz nach der Eiablage schlüpft (z. B. Feuersalamander, Kreuzotter, manche Haie). Während der verlängerten Entwicklung im mütterlichen Körper ist der Embryo gegen äußere Einflüsse geschützt; die Anzahl der Jungen ist deshalb, wie auch bei viviparen Formen, meist geringer als bei vergleichbaren oviparen Formen. (↗ Oviparie, ↗ Viviparie, ↗ Larviparie)

Ovulation, der ↗ Eisprung.

Ovum, die ↗ Eizelle.

Oxalacetat, das Anion der ↗ Oxalessigsäure. O. ist ein Zwischenprodukt im ↗ Citratzyklus und entsteht auch bei der ↗ Transaminierung von ↗ Asparaginsäure.

Oxalessigsäure, eine Oxodicarbonsäure (chemische Formel $HOOC-CO-CH_2-COOH$), die in höheren Pflanzen in hohen Konzentrationen vorkommt. (↗ Oxalacetat)

Oxalidaceae, *Sauerkleegewächse,* Fam. der Cunoniales mit ca. 900 Arten, die hauptsächlich in tropischen und subtropischen Gebieten der Südhalbkugel verbreitet sind. Die meisten Arten sind Kräuter, einige auch Holzpflanzen. Sie besitzen wechselständige, zusammengesetzte Blätter und fünfzählige, regelmäßige Blüten. Der Fruchtknoten entwickelt sich zu einer Kapsel oder Beere. Chemisch ist die Familie durch hohe Gehalte an Oxalaten gekennzeichnet. Zu den O. gehören u. a. der Sauerklee (*Acetosella*) und der ↗ Bilimbi oder Gurkenbaum (*Averrhoa bilimbi*).

Oxalis, Gatt. der ↗ Oxalidaceae.

Oxalsäure, die einfachste Dicarbonsäure, chemische Formel $HOOC-COOH$. O. ist im Pflanzenreich als Calcium-, Magnesium- oder Kaliumsalz weit verbreitet. Da sie mit ↗ Calcium im Darm schwerlösliche Salze (*Oxalate*) bildet, welche die Resorption von Calcium erschweren, ist O. in größeren Mengen giftig. Der menschliche Organismus ist nicht in der Lage, O. in seinem Stoffwechsel abzubauen.

Oxidasen, allg. Bez. für ↗ Enzyme, die Oxidationen katalysieren, deren Elektronenakzeptor molekularer ↗ Sauerstoff ist, der sowohl zu H_2O als auch zu H_2O_2 reduziert werden kann. Beispiele für O. sind die Phenoloxidasen sowie die Cytochrom-Oxidase der ↗ Atmungskette. Fast alle O. sind ↗ Flavoproteine.

Oxidation, die Abgabe von Elektronen bei chemischen Reaktionen, früher die Vereinigung mit Sauerstoff oder der Entzug von Wasserstoff. Da das Oxidationsmittel die Elektronen aufnimmt, sind O. und Reduktion durch Elektronenübergänge gekoppelte Vorgänge, nämlich *Oxidoreduktionen.* Im Stoffwechsel müssen die durch unterschiedliche Typen von Oxidationsenzymen katalysierten Prozesse der ↗ Dehydrierung, der Elektronenübertragung, der Einführung von Sauerstoff in organische Verbindungen und der Hydroxylierung unterschieden werden.

oxidative Phosphorylierung, *Atmungskettenphosphorylierung,* die Bildung von ATP (↗ Adenosinphosphate), gekoppelt mit den Reaktionen der ↗ Atmungskette.

Oxidoreduktasen, den Elektronentransfer durch Übertragung von Hydrid-Ionen oder Wasserstoffatomen katalysierende Enzyme, die nach der internationalen Enzymklassifizierung die erste Hauptgruppe der EC-Nomenklatur bilden. Mehr als 200 O. nutzen als Cosubstrat NAD^+ oder $NADP^+$ (↗ Nikotinamid-adenin-dinucleotid). Zu den O. gehören u. a. auch die ↗ Dehydrogenasen.

2-Oxoglutarsäure, die ↗ α-Ketoglutarsäure.

2-Oxopropansäure, die ↗ Brenztraubensäure.

Oxygenasen, Enzyme, die im Unterschied zu den ↗ Oxidasen Oxidationen katalysieren, bei denen

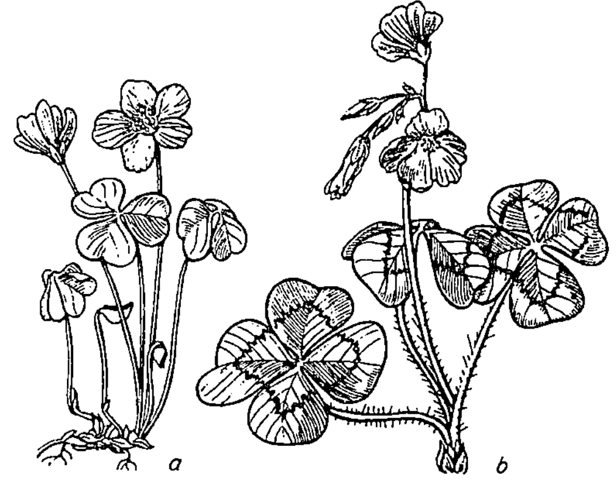

Oxalidaceae a Waldsauerklee (*Oxalis acetosella*), b „Glücksklee" (*Oxalis deppei*)

Sauerstoffatome direkt in das Substratmolekül eingebaut werden und beispielsweise eine Hydroxygruppe oder eine Carboxygruppe gebildet wird. Je nachdem, ob nur ein Sauerstoffatom oder beide in das Substrat eingebaut werden, unterteilt man die O. in ↗ Monooxygenasen und ↗ Dioxygenasen.

Oxygenierung, die reversible Beladung mit Sauerstoff (O_2) von Sauerstoffträgern wie z. B. ↗ Hämoglobin und ↗ Myoglobin.

Oxytocin, *Ocytocin,* zyklisches Nonapeptid aus Zellen des ↗ Hypothalamus der Wirbeltiere, das im Bereich des Hypophysenhinterlappens gespeichert und auf neurale Reize freigesetzt wird. Die Synthese erfolgt wie beim ↗ Adiuretin, von dem es sich nur durch den Austausch zweier Aminosäuren unterscheidet, über ein Prohormon, das bei der Freisetzung in Hormon und Restprotein (*Neurophysin*) gespalten wird. O. führt als Hormon bei der Milchsekretion (*Lactation*) durch den Saugreflex zum Milcheinschuss; außerdem bewirkt es Kontraktionen der Gebärmutter und wird klinisch zur Einleitung der Wehen eingesetzt. Darüber hinaus vermutet man eine Neurotransmitterfunktion im Zentralnervensystem.

Ozean, das ↗ Meer.

Ozeanische Provinz, ↗ Meer.

Ozelot, Art der ↗ Pardelkatzen.

Ozon, Form des ↗ Sauerstoffs mit aus drei Sauerstoffatomen (O_3) bestehenden Molekülen. Es entsteht dadurch, dass sich ein Atom Sauerstoff (O) mit einem Molekül Sauerstoff (O_2) verbindet. Ozon ist eines der stärksten Oxidationsmittel und in höheren Konzentrationen stark giftig. Fast das gesamte atmosphärische O. befindet sich in der Stratosphäre unterhalb ca. 35 km. Es konzentriert sich in einer Schicht (*Ozonschicht*) mit einem Maximum der O.-Dichte bei 20 - 25 km. Unterhalb von etwa 10 - 20 km endet die O.-Schicht relativ abrupt. Das O. schirmt die Erdoberfläche vor der gefährlichen solaren UV-Strahlung mit Wellenlängen von weniger als 320 nm ab, indem es Licht mit diesen Wellenlängen absorbiert.

Die Menge des O. in der Atmosphäre wird in *Dopson-Einheiten* angegeben. Bei O.-Dichten von unter 220 Dobson-Einheiten (Dobson Units, DU) spricht man von einem „*Ozonloch*". Der mittlere Wert der O.-Dichte in der Atmosphäre liegt bei ca. 330 DU. „Ozonlöcher" kommen bis heute nur im September und Oktober jeden Jahres über dem Südpol vor. Eine wesentliche Rolle für ihre Bildung spielen dabei die polaren stratosphärischen Wolken und der südpolare, großräumige Luftwirbel (Vortex). Auch über nicht polaren Gebieten wurde in den letzten 20 Jahren ein Abbau des O. festgestellt. Neben natürlichen Abbauprozessen (infolge UV-Strahlung), werden anthropogene Chemikalien (v. a. ↗ Fluorchlorkohlenwasserstoffe und bromhaltige Halone) für die Zerstörung der O.-Schicht verantwortlich gemacht.

Das in der Stratosphäre lebenserhaltende O. hat in Bodennähe negative Auswirkungen. An heißen Sommertagen kommt es in Bodennähe zur verstärkten Bildung von O., der Hauptkomponente des *Sommersmogs.* Bei komplexen fotochemischen Reaktionen entstehen vor allem aus einer Vielzahl von Vorläufersubstanzen (v. a. Stickstoffoxide) fotochemische Oxidantien wie O., aber auch Stickstoffdioxid, Wasserstoffperoxid und andere Verbindungen. Bei ozonempfindlichen Personen können erhöhte O.-Gehalte Schleimhautreizungen, Atembeschwerden, Hustenreiz, Kopfschmerzen und Übelkeit verursachen.

Ozonloch, nicht wissenschaftliche, aber allg. gebräuchliche Bez. für Bereiche in der Ozonschicht mit geringen Ozondichten (↗ Ozon).

Ozonschicht, ↗ Ozon.

P

P, 1) chemisches Symbol für ↗ Phosphor.
2) Ein-Buchstaben-Symbol für die Aminosäure ↗ Prolin.
3) die Abk. für ↗ Parentalgeneration.

P$_{680}$, die Abk. für das Reaktionszentrum des Fotosystems II. (↗ Lichtreaktionen)

P$_{700}$, die Abk. für das Reaktionszentrum des Fotosystems I. (↗ Lichtreaktionen)

Paarbindung, die Bindung von zwei Geschlechtspartnern aneinander, die im Unterschied zur Promiskuität (↗ Paarungssysteme) längere Zeit andauert, i. d. R. die Kopulation mit anderen Partnern ausschließt und auf individuellem Kennen des Partners beruht. P. ist bei Vögeln die Regel, bei Säugetieren häufig, ansonsten sehr selten: Man unterscheidet eine P. für eine Fortpflanzungsperiode von der so genannten Dauerehe (Monogamie), die über die Fortpflanzungszeit hinaus weitergeführt wird (Graugans, Schakal, Kolkrabe usw.). Auch eine vorübergehende P. kann lange vor der Kopulation entstehen, z. B. bei Stockenten im Herbst vor der Brutphase im darauf folgenden Frühjahr. P. ist fast immer mit einer gemeinsamen Brutpflege von Männchen und Weibchen verbunden.

Paargesang, der ↗ Duettgesang.

Paarhufer, die ↗ Artiodactyla.

Paarung, die ↗ Begattung.

Paarungsorgane, die ↗ Begattungsorgane.

Paarungssysteme, *Fortpflanzungssysteme,* Bez. für die jeweils arttypische Anzahl der Paarungspartner für einen Teil oder eine ganze Brutsaison oder sogar ein ganzes Leben lang. P. werden folgendermaßen eingeteilt: 1) *Monogamie (Einehe, Dauerehe),* ein Männchen paart und bindet sich mit einem Weibchen. 2) *Polygynie (Vielweiberei),* ein Männchen verpaart sich mit mehreren Weibchen simultan oder sukzessiv. Die elterliche Fürsorge wird dabei meist von den Weibchen übernommen. 3) *Polyandrie (Vielmännerei),* ein Weibchen paart sich mit mehreren Männchen gleichzeitig oder sukzessiv. In diesem Fall sind die Männchen überwiegend für die ↗ Brutpflege zuständig. 4) *Promiskuität* oder *Polygamie,* beide Geschlechter paaren sich mehrfach und mit verschiedenen Partnern und beide Geschlechter können an der Brutpflege beteiligt sein.

Paarungsverhalten, ↗ Sexualverhalten.

Pachytän, ↗ Meiose.

Pädogamie, *Paedogamie,* Form der ↗ Fortpflanzung bei Einzellern.

Pädogenese, ↗ Parthenogenese.

Paeoniaceae, *Pfingstrosengewächse,* Gatt. der Dilleniales mit der einzigen Gatt. *Pfingstrose, Paeonia,* die ca. 30 Arten umfasst. Es sind Stauden oder Halbsträucher mit wechselständigen, geteilten Blättern und meist einzeln stehenden großen Blüten. Die 5 - 10 Kronblätter werden von einer gleichen Anzahl kelchartiger Hochblätter umgeben.

PAK, Abk. für ↗ *p*olyzyklische *a*romatische *K*ohlenwasserstoffe.

Paläarktis, Teilregion der ↗ Holarktis.

Palade *George Emil,* rumänisch-amerikan. Biochemiker, * 19.11.1912 Jassy (Rumänien); zunächst Prof. in Bukarest, 1946 - 71 in New York, ab 1972 in New Haven (Connecticut). P. erschloss mit dem Elektronenmikroskop die Feinstruktur der ↗ Mitochondrien, des ↗ endoplasmatischen Reticulums (identifizierte 1961 das rauhe endoplasmatische Reticulum als Syntheseort der Exportproteine) und der ↗ Ribosomen und erkannte letztere (von ihm 1953 erstmals beschrieben und nach ihm *Palade-Körner* genannt) als Orte der Proteinsynthese in der Zelle. P. erhielt 1974 zusammen mit A. ↗ Claude und C.R. de ↗ Duve den Nobelpreis für Physiologie oder Medizin.

Palaemon, zu den ↗ Decapoda gehörende Gatt. der Krebse. Die bis 6 cm lange Art *Palaemon adspersus* lebt in Ost- und Nordsee, als Larven und Adulte in Küstennähe. Nur zur Eiablage ziehen sich die Weibchen in bis 60 m tiefes Wasser zurück. Die Adulten fressen Detrius und kleine Tiere. Sie wurden früher kommerziell gefangen.

Palaeoheterodonta, zu den Muscheln (↗ Bivalvia) gehörendes Taxon, deren Arten meist Schalen mit gleichartigen, dicht verschließbaren Klappen haben. In der Schale findet sich oft Perlmutter. Die Mantelränder sind nicht verwachsen, bilden aber hinten liegende Ein- und Ausströmöffnungen. P. haben meist echte Blattkiemen. Zu den P. gehört u. a. die bis 14 cm große, holarktisch verbreitete *Flussperlmuschel (Margaritifera margaritifera),* deren Larven (*Glochidien*) sich in den Kiemen von Forellen einnisten. Ihre langsam wachsenden Perlen sind sehr wertvoll. Sie ist vom Aussterben bedroht und daher geschützt. Ebenso wie die *Flussmuscheln* (Gatt. *Unio*), deren Glochidien sich ebenfalls in Fischkiemen entwickeln. Auch die bis 20 cm große *Gemeine Teichmuschel (Anodonta cygnea)* ist geschützt. Ihre Glochidien entwickeln sich in der Flossenhaut von Fischen.

Paläoanthropologie, *Paläanthropologie,* die Wissenschaft vom fossilen (prähistorischen) Menschen, insbesondere seiner Evolution (↗ Anthropogenese).

Paläobiologie, Teilgebiet der ↗ Paläontologie.

Paläobotanik, Teilgebiet der ↗ Paläontologie.

Paläontologie, die Wissenschaft von den ↗ Fossilien. Die P. beschäftigt sich mit grundlegenden Fragen der ↗ Fossilisation sowie den Beziehungen zwischen Fossilien und den sie umschließenden Gesteinen (*Biostratonomie*, Fossil-Diagenese). Sie bestimmt den Bau und die systematische Zugehörigkeit von Fossilien und analysiert ihr geologisches Auftreten, insbesondere im Hinblick auf ihre Bedeutung als Leitfossilien (*Biostratigraphie*; ↗ stratigraphische Einheiten). Die *Palichnologie* beschäftigt sich mit den fossilen Lebensspuren. Die *Mikro-P.* untersucht insbesondere fossile Mikroorganismen und ist von großem Nutzen für die Beurteilung nutzbarer Lagerstätten, z. B. der Erdölvorkommen. Mit pflanzlichen Fossilien beschäftigt sich die *Paläobotanik*, mit den tierischen die *Paläozoologie*. Die *Paläobiologie* ist eine Forschungsrichtung innerhalb der P., die besonders die Anpassung fossiler Organismen und die Ermittlung ihrer Lebensweise zum Forschungsgegenstand hat. Die *Paläopathologie* als relativ junge Disziplin der P. befasst sich mit Krankheiten und Verletzungen bei fossilen Organismen und versucht, daraus auf deren Lebensumstände zu schließen. Als Begründer der wissenschaftlichen P. gilt G. Baron de ↗ Cuvier. (↗ Altersbestimmung, ↗ Paläanthropologie, ↗ Paläoökologie, ↗ Rekapitulation)

Paläoökologie, Teilgebiet der ↗ Ökologie, das sich mit der Erforschung der fossilen Organismen in ihrer Umwelt und ihren Beziehungen zueinander befasst. (Essay: ↗ Bernsteinforschung)

Paläospezies, die ↗ Chronospezies.

Paläotropis, zweitgrößte ↗ biogeografische Region, die aus den Teilregionen *Äthiopis* und *Orientalis* besteht sowie aus weiteren Gebieten mit hohen Anteilen endemischer Arten, z. B. Madagaskar (Abb. ↗ biogeografische Regionen). Charakteristisch für die P. ist die viele Baumarten umfassende Fam. Combretaceae. Typisch sind auch *Ficus*-Arten (↗ Moraceae). In der Äthiopis sind stammsukkulente (↗ Stammsukkulenten) ↗ Euphorbiaceae verbreitet mit ähnlichem Aussehen wie Kakteen. Eine endemische Gatt. der Äthiopis ist die ↗ Aloe (↗ Liliaceae), eine endemische Gatt. der Orientalis der ↗ Brotfruchtbaum (*Artocarpus*, ↗ Moraceae). Zu den endemischen Tiergruppen der P. gehören Elefanten, Nashörner, Nashornvögel, die Blüten besuchenden Nektarvögel sowie die Webervögel. Auf die Äthiopis beschränkt sind Gorillas, Schimpansen, Meerkatzen, Paviane, Giraffen, Flusspferde, Erdferkel, Strauß und Krallenfrösche. Nur in der Orientalis kommen Orang-Utans, Gibbons, Languren und Riesengleiter (↗ Dermoptera) vor.

Paläozoikum, *Erdaltertum, paläozoische Ära*, auf dem Wandel in der Tierwelt begründete älteste Ära des ↗ Phanerozoikums; charakterisiert als „Zeitalter der Trilobiten, Fische und Amphibien"; das P. dauerte ca. 295 Mio. Jahre (Übersicht Erdzeitalter). Es wird unterteilt in die Perioden ↗ Kambrium, ↗ Ordovizium, ↗ Silur, ↗ Devon, ↗ Karbon und ↗ Perm.

Paläozoologie, Teilgebiet der ↗ Paläontologie.

Paleozän, die erste Epoche des ↗ Tertiärs.

Palindrom, ein DNA-Abschnitt, dessen Sequenz von beiden Richtungen der Doppelstränge identisch ist. Die Sequenz 5'-GAATTC-3' ist in der 5'-3'-Richtung im komplementären Strang identisch. P. kommen bei der Termination der ↗ Transkription vor und dienen ↗ Restriktionsenzymen als Erkennungssequenzen (*Schnittstellen*).

Palingenese, von E. ↗ Haeckel eingeführter Begriff, der unterschiedlich gebraucht wird; zum einen synonym mit ↗ Rekapitulation, zum anderen beschränkt auf die Rekapitulation ancestraler, d. h. ursprünglicher, an Ahnenformen erinnernder Adultmerkmale. (↗ Caenogenese)

Palinurus, Gatt. der ↗ Langusten.

Palisadenparenchym, ↗ Blatt.

Pallium, 1) der Mantel der Weichtiere (↗ Mollusca).

2) der Hirnmantel des Endhirns der Wirbeltiere (↗ Gehirn).

Palmae, *Palmen*, die Fam. ↗ Arecaceae.

Palmfarne, die ↗ Cycadales.

Palmitinsäure, *n-Hexadecansäure*, chemische Formel $CH_3-(CH_2)_{14}-COOH$, eine gesättigte ↗ Fettsäure, die neben ↗ Stearinsäure zu den verbreitetsten natürlichen Fettsäuren gehört und sich in fast allen Naturfetten findet. Sie dient als Rohstoff zur Herstellung von Kerzen, Seifen, Netz- und Schaummitteln.

Palmlilie, die Gatt. ↗ Yucca.

Palolowurm, *Eunice viridis, Pazifischer Palolo*, zu den ↗ Polychaeta gehörender, bis 40 cm langer, grüner Ringelwurm, der in den Korallenriffen der südpazifischen Inseln vorkommt. Er ist ein Beispiel für eine durch die Mondphasen (lunare Rhythmik) synchronisierte Fortpflanzung, die zudem wohl auch einer Jahresperiodik unterliegt: Nur einmal im Jahr, in ein bis drei Nächten während des letzten Mondviertels zwischen Mitte Oktober und Mitte November, schwärmt das jeweils mit Geschlechtszellen gefüllte und sich von dem am Boden bleibenden Wurm ablösende Hinterende in den Gewässern vor den Inseln. Innerhalb der Schwärme finden sich die Geschlechter durch ↗ Pheromone. Die Eingeborenen der Inseln nutzen die Zeit des Schwärmens, um den P. zu fangen, der ihnen roh oder gedünstet als Leckerbissen gilt.

Palpen, Plural *Palpi*, ↗ Taster, Anhänge am Kopf (meist in Mundnähe) mancher Wirbelloser, die dem Tasten (auch dem Schmecken und Riechen) dienen. Bei den ↗ Polychaeta bestehen die P. aus zwei

Gliedern (meist birnenförmiges Basalglied und kugeliges Endglied), bei Gliederfüßern (↗ Arthropoda) sind es an den ↗ Mundgliedmaßen befindliche, mehrgliedrige Teile; z. B. die Pedipalpen der Spinnentiere (↗ Chelicerata), die Oberkiefertaster der Krebse (↗ Crustacea), Unterkiefer- und Lippentaster der Insekten (↗ Insecta).

Palpenläufer, die ↗ Palpigradi.

Palpigradi, *Palpenläufer*, Taxon der Spinnentiere (↗ Arachnida), mit rund 60 nur 2 - 3 mm großen, pigment- und augenlosen Arten. Ihr Habitus ist ähnlich demjenigen der Geißelskorpione (↗ Uropygi). Die Pedipalpen sind beinähnlich und werden beim Laufen auch als solche eingesetzt. Das erste Beinpaar ist verlängert und dient als Taster. P. ernähren sich von kleinen Springschwänzen (↗ Collembola), die mit großen dreigliedrigen Cheliceren gepackt werden. Sie haben keine Lungen oder Tracheen, eventuell übernehmen ausstülpbare Säckchen an einigen Hinterleibssegmenten die Funktion von Atmungsorganen.

Palynologie, zusammenfassende Bez. für alle Arbeitsrichtungen, die sich mit der Untersuchung von ↗ Pollen und ↗ Sporen befassen, z. B. die ↗ Pollenanalyse.

Pampa, ebene Horstgrassteppe des südlichen Südamerika (↗ Steppe).

Pampelmuse, *Citrus maxima*, Citrus-Art (↗ Rutaceae), die sich von der ↗ Grapefruit durch die sehr großen Früchte (2 - 6 kg) unterscheidet.

Pan, die Gatt. ↗ Schimpansen.

Panaschierung, Bez. für die so genannte *Weißbuntscheckung* bei Pflanzen, deren ansonsten grüne Blätter weiße Flecken besitzen. P. kommt vor allem bei Zierpflanzen vor. Neben Lichtmangel oder Virusbefall wird P. auch durch Mutationen verursacht, die in den Chloroplasten auftreten. P. ist ein Beispiel für ↗ matrokline Vererbung bei Pflanzen.

Panax, Gatt. der ↗ Araliaceae.

Panax ginseng, der ↗ Ginseng.

Pancarida, die ↗ Thermosbaenacea.

Panda, Name zweier Arten der Bären, des Katzenbären oder Kleinen Panda (↗ Ailuridae) und des Bambusbären oder Großen Panda (↗ Ailuropodidae).

Pandalus, zu den ↗ Decapoda gehörende Gatt. der Krebse. Im europäischen Nordmeer und den nördlichen Küsten Nordamerikas und Alaskas kommt die bis 16 cm lange Art *Pandalus borealis* („Tiefseegarnele") in 100 bis über 200 m Tiefe vor, die als Speisekrebs gefangen wird.

Pandanales, Ord. der ↗ Liliopsida mit der einzigen Fam. *Pandanaceae* (*Schraubenbaumgewächse*). Die P. sind mit ca. 800 Arten in der Paläotropis verbreitet. Es sind Lianen, Sträucher oder Bäume mit großen, am Ende der Hauptachse schraubig angeordneten Blättern. Die Blüten sind in kugeligen oder kolbigen Blütenständen angeordnet.

Pandinus, Gatt. der Skorpione (↗ Scorpiones).

Panepidemie, eine weltweite ↗ Epidemie.

Panicum, Gatt. der ↗ Poaceae.

Pankreas, die ↗ Bauchspeicheldrüse.

Pankreozymin, das ↗ Cholecystokinin.

Panmixie, uneingeschränkte Paarung zwischen allen geschlechtsreifen Angehörigen einer ↗ Population.

Pansen, erster Abschnitt des Vormagensystems der Wiederkäuer (↗ Ruminantia).

Pansensymbiose, ↗ Symbiose zwischen Wiederkäuern (↗ Ruminantia) und ↗ Mikroorganismen (Bakterien, Archaebakterien, Protozoen und Pilze) des ↗ Pansens. Die Symbiose ist für beide Partner von Vorteil: Die Wiederkäuer liefern den Mikroorganismen Nährstoffe (↗ Cellulose u. a. pflanzliche Polysaccharide) und die Mikroorganismen schließen den Wiederkäuern die unverdaulichen Nährstoffe auf und liefern ihnen darüber hinaus Aminosäuren und lebenswichtige Ergänzungsstoffe (z. B. Vitamine). An der P. ist eine außerordentlich hohe Anzahl von Bakterien und Protozoen beteiligt. In einem Milliliter Panseninhalt sind mehrere Mio. Protozoen (überwiegend Ciliata) und mehrere Mrd. Bakterienzellen enthalten. Die an der P. beteiligten *Bakterien* sind streng anaerob und können meist Cellulose zu ↗ Cellobiose und ↗ Glucose abbauen. Bei der weiteren Fermentation reichern sich als Gärungsendprodukte Fettsäuren (u. a. Essigsäure, Propionsäure, Buttersäure, Milchsäure) an, weiterhin entstehen Methan, Kohlenstoffdioxid und Wasserstoff. Pro Tag werden etwa 900 l Gas gebildet, die durch Rülpsen ausgeschieden werden. Zu den symbiontischen Prokaryoten des Pansens gehören Celluloseabbauer (u. a. *Fibrobacter succinogenes*, *Ruminococcus albus*), Stärkeabbauer (u. a. *Bacteroides ruminicola*, *Streptococcus bovis*), Lactatabbauer (u. a. *Selenomonas lactilytica*), Succinatabbauer, Pectinabbauer und ↗ Methanogene (z. B. *Methanobrevibacter ruminantium*). Die im Pansen lebenden *Einzeller* sind fast ausschließlich Ciliaten (↗ Ciliata). Von diesen sind einige in der Lage, Cellulose und Stärke zu hydrolysieren und Glucose zu vergären. Dabei bilden sich dieselben organischen Säuren wie bei den Bakterien. Bei den Verdauungsprozessen im Pansen spielen auch anaerobe *Pilze* eine Rolle. Sie sind am Abbau von Cellulose, Lignin, Hemicellulose und Pectinen beteiligt. Die Aktivität der Pansenmikroorganismen wird dadurch begünstigt, dass im Pansen eine konstant hohe Temperatur herrscht und der Panseninhalt durch den Hydrogencarbonat- und Phosphatgehalt des Speichels gut gepuffert wird. (↗ Celluloseabbau)

Panthera leo, der ↗ Löwe.

Panthera onca, der ↗ Jaguar.

Panthera pardus, der ↗ Leopard.

Pantoffeltierchen, ↗ Paramecium.

Pantopoda, *Asselspinnen, Pycnogonida,* Taxon der Spinnentiere (↗ Arachnida) mit etwa 1000 Arten, die im Meer von der Gezeitenzone bis in 7000 m Tiefe leben. Die meisten Arten sind 1 - 10 mm groß, Tiefseearten können beträchtliche Größen erreichen, so die Art *Dodecolopoda mawsoni* eine Körperlänge von 6 cm und eine Spannweite der Beine von fast 75 cm. Der Körper ist stark reduziert, dafür sind die sieben Extremitätenpaare oft außerordentlich lang. P. ernähren sich vorwiegend von Nesseltieren (↗ Cnidaria), Moostierchen (↗ Bryozoa), Weichtieren (↗ Mollusca), kleine Arten fressen ↗ Algen und Hydrozoenstöcke. Ein besonderes Merkmal ist der *Rüssel,* der vorne drei Zähnchen trägt und in einen Saugpharynx führt, der erweitert werden kann. Bei der Paarung kommt es zu äußerer Besamung der vom Weibchen abgelegten Eier, die das Männchen mit beinartigen Eiträgern aufnimmt, zusammenklebt und so bis zu 1000 Eier bis zum Schlüpfen umherträgt.

Pantothensäure, ein Vitamin des B_2-Komplexes, das im Pflanzen- und Tierreich weit verbreitet ist. In relativ hohen Konzentrationen ist P. in Hefe und Eigelb enthalten. Sie ist Bestandteil des ↗ Coenzyms A. Die meisten Organismen können P. aus Valin und β-Alanin aus Aspartat synthetisieren. Dem Menschen fehlt jedoch das Enzym Pantothenat-Synthetase, das die Kondensation von β-Alanin mit Pantoinsäure zu P. katalysiert.

Panzerfische, die ↗ Placodermi.

Panzergeißler, die Abt. ↗ Dinophyta.

Panzernashorn, Art der ↗ Rhinocerotidae.

Papageien, die ↗ Psittaciformes.

Papageienkrankheit, die ↗ Psittakose.

Papageifische, die Fam. ↗ Scaridae.

Papageitaucher, Art der Alken (↗ Alcidae).

Papain, eine aus dem Milchsaft des ↗ Melonenbaums (*Carica papaya*) gewonnene Endopeptidase (↗ Proteinasen), welche die hydrolytische Spaltung von Peptidbindungen katalysiert, an denen basische Aminosäuren wie ↗ Leucin oder ↗ Glycin beteiligt sind. P. ist Bestandteil verdauungsfördernder Präparate und wird vor allem als Fleischzartmacher verwendet.

Papaveraceae, *Mohngewächse,* Fam. der Papaverales mit ca. 240 Arten, die überwiegend in außertropischen Gebieten der nördlichen Erdhalbkugel vorkommen. Es sind meist Kräuter, selten Sträucher oder Bäume. Alle Arten enthalten einen alkaloidreichen ↗ Milchsaft. Die Blätter sind i. d. R. wechselständig oder gefiedert oder tief geteilt. Die zwittrigen, regelmäßigen Blüten bestehen meist aus zwei Kelchblättern, vier Kronblättern, zahlreichen Staubblättern und einem meist aus zwei bis vielen Fruchtblättern verwachsenen, oberständigen Fruchtknoten. Die Frucht ist eine Kapsel, die sich

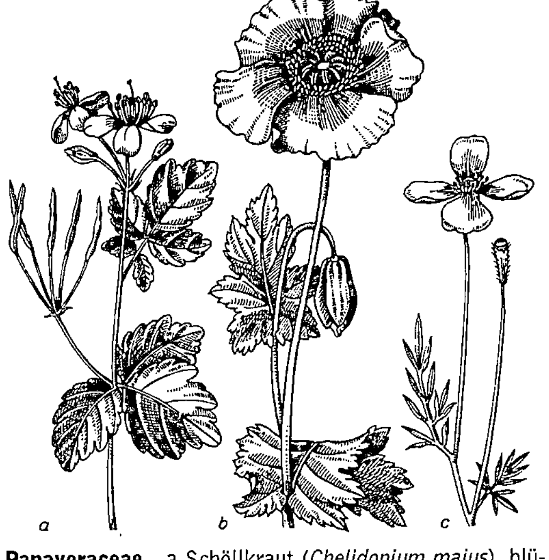

Papaveraceae a Schöllkraut (*Chelidonium majus*), blühend und fruchtend; b Schlafmohn (*Papaver somniferum*), blühend; c Sandmohn (*Papaver argemone*), blühend mit junger Frucht

mit Poren oder Klappen öffnet. Die Samen haben ein ölhaltiges Nährgewebe und oft häutige oder fleischige Anhängsel zur Anlockung der sie verbreitenden Ameisen. Die wichtigste Nutzpflanze ist der ↗ Schlafmohn, *Papaver somniferum.* Viele Mohnarten werden als Zierpflanzen kultiviert, so auch der etwa 1 m hoch werdende Staudenmohn, *Papaver bracteatum.* Das auf Schuttplätzen verbreitete *Schöllkraut, Chelidonium majus,* enthält einen orange gefärbten Milchsaft. Als Ackerunkräuter sind der Klatschmohn, *Papaver rhoeas,* und der Sandmohn, *Papaver argemone,* bekannt.

Papaverales, Ord. der ↗ Rosopsida, deren Arten (drei-)zweigliedrige Kelch- und Kronblattwirtel aufweisen. Zu den P. gehören die ↗ Papaveraceae und die ↗ Fumariaceae.

Papaya, ↗ Melonenbaum.

Papierboot, Art der ↗ Kraken.

Papilionaceae, *Schmetterlingsblütler,* die Fam. ↗ Fabaceae.

Papilionidae, *Ritterfalter, Edelfalter,* mit Ausnahme der Arktis weltweit, vor allem tropisch verbreitete Tagfalterfamilie mittelgroßer bis sehr großer Falter (Spannweite 30 - 250 mm), etwa 600 Arten, in Mitteleuropa fünf. Die Ritterfalter haben u. a. folgende Merkmale gemeinsam: Falter mit drei voll ausgebildeten Beinpaaren mit einem Klauenpaar am Fuß, Vorderbeine mit blattartiger Erweiterung auf der Tibia, Innenrand der Hinterflügel konkav erweitert. Die Eier sind rund und werden meist einzeln abgelegt, die Raupen haben häufig, insbesondere bei tropischen Arten, Augenzeichnungen auf dem Thorax. Die P. gehören zu den auffälligsten und buntesten Schmetterlingen. Einheimische Arten sind: der *Schwalbenschwanz (Papilio machaon*; Spannweite 34 - 45 mm), der in fast ganz Europa, Nordamerika und den gemäßigten Breiten Asiens bis in 2000 m Höhe vorkommt, der gleich große *Segelfalter (Iphiclides podalirius)*, der in Eurasien südlich des 51. Breitengrads beheimatet ist, und der in Deutschland geschützte, bis 50 mm spannende *Apollofalter (Parnassius apollo)*.

Papillomviren, zu den Papovaviren gehörende doppelsträngige DNS-Viren, die ein isokaedrisches Capsid besitzen. Sie rufen bei Tier und Mensch gutartige und malignisierende Tumortypen der Haut oder Schleimhaut hervor, z. B. Warzen und Papillome.

Papio, Art der ↗ Paviane.

Pappel, *Populus*, Gatt. der ↗ Salicaceae. In Europa heimisch sind die Zitterpappel oder ↗ Espe (*Populus tremula*), die *Silberpappel (Populus alba)*, deren Blätter auf der Unterseite weißfilzig behaart sind, und die Schwarzpappel (*Populus nigra*). Das Holz der P. ist sehr weich und grobfaserig.

Pappus, ↗ Frucht.

Paprika, *Capsicum annuum*, aus Süd- bzw. Mittelamerika stammende Kulturpflanze der ↗ Solanaceae. Der großfrüchtige Gemüse-P. enthält nur eine geringe Menge des scharf schmeckenden Inhaltsstoffs *Capsaicin*, der Gewürzpaprika dagegen viel.

PAPS, Abk. für ↗ 3-Phosphoadenosin-5'-phosphosulfat.

Papyrusstaude, *Cyperus papyrus*, aus Zentralafrika stammende Art der ↗ Cyperaceae. Aus dem Mark der P. wurde früher Schreibmaterial, der *Papyrus*, hergestellt.

Parabiose, 1) *Amensalismus*, Beziehung zwischen zwei Organismenarten, wobei entweder ein Partner einen Vorteil hat, ohne dass der andere geschädigt wird, oder die Beziehung indifferent ist.

2) enge Verknüpfung zweier Arten in einer Nahrungskette, z. B. der Bakteriengatt. *Nitromonas* und *Nitrobacter* bei der ↗ Nitrifikation.

Parabraunerde, ↗ Bodentyp, der durch Braunfärbung infolge Verwitterung und durch die Verlagerung von Ton im Profil gekennzeichnet ist.

Parabronchien, die Lungenpfeifen der Vögel (↗ Lunge).

Paracetamol, *4-Hydroxyacetanilid*, Anilin-Derivat, das als Antipyretikum (Fieber senkendes Mittel) und Analgetikum (Schmerzmittel) mit schwacher bis mittelstarker Wirkung eingesetzt wird und relativ geringe Nebenwirkungen besitzt, aber bei Überdosierung durch Bildung eines giftigen Metaboliten schwere Leberschäden verursacht. Durch Gabe von ↗ N-Acetylcystein innerhalb von 10 - 12 h nach der Überdosierung von P. kann eine solche Lebernekrose verhindert werden, da der toxische Metabolit durch N-Acetylcystein inaktiviert wird.

Paracoccus denitrificans, zu den ↗ denitrifizierenden Bakterien zählende Art der α-Untergruppe der ↗ Proteobacteria.

Paradisaeidae, *Paradiesvögel*, Familie der Singvögel mit 43 Arten in den Regenwäldern Neuguineas, der Molukken und Nordaustraliens. P. sind staren- bis krähengroß; die Männchen (manche nur zur Brutzeit) haben ein buntes glänzendes Gefieder und sehr lange Schwanzfedern, die sie bei eindrucksvollen Balzspielen an ausgewählten Balzplätzen aufgerichtet zur Schau tragen; Weibchen und Jungvögel sind unscheinbar gefärbt. P. ernähren sich von Früchten, Insekten, kleinen Reptilien. Die krächzenden Rufe erinnern an Krähen.

Paraganglien, vom peripheren ↗ Nervensystem (Sympathikus, Parasympathikus) abgeleitete Strukturen, die neben den autonomen Ganglien kleine bis große Knoten hormonal aktiver Parenchymzellen mit reichlich Blutgefäßen und Bindegewebskapsel darstellen. Die vom ↗ Parasympathikus abstammenden P. (*Paraganglion caroticum* und *Paraganglion supracardiale*) fungieren als Chemorezeptoren, die auf Veränderungen des CO_2- bzw. O_2-Gehaltes des Blutes reagieren, und über afferente Fasern (↗ Nervus glossopharyngeus bzw. ↗ Nervus vagus) das ↗ Atemzentrum beeinflussen. Die vom ↗ Sympathikus abstammenden P. sind in mehr oder weniger großer Anzahl über den ganzen Organismus (von Tier zu Tier verschieden) verteilt und bilden, wie das Nebennierenmark (↗ Nebenniere), ↗ Adrenalin bzw. ↗ Noradrenalin. Daher verkraften Tiere mit zahlreichen Paraganglien (z. B. Ratte) den Verlust des Nebennierenmarks. Beim Menschen bilden sich die Paraganglien größtenteils in der Kindheit zurück.

Paragonimus, die ↗ Lungenegel.

Parainfluenzaviren, zu den ↗ Paramyxoviren gehörende Gruppe, deren Vertreter Erkrankungen des Respirationstraktes verursachen. Als Symptome treten u. a. Schnupfen und Bronchitis auf.

parakrin, Bez. für einen Sekretionsmechanismus, bei dem der sezernierte Faktor (z. B. ↗ Hormon, Wachstumsfaktor) ohne Zwischenschaltung des Blutes auf Zellen, die der sezernierenden Zelle direkt benachbart sind, einwirkt.

Paralithodes, zu den ↗ Decapoda gehörende Gatt. der Krebse. Die Art *Paralithodes camtschatica* mit bis zu 20 cm breitem Körper und einem Gewicht von bis zu 12 kg, ist als „Königskrabbe" ein geschätzter Speisekrebs.

Parallelentwicklung, *Geitonogenese*, die parallele Entstehung von ↗ Merkmalen bei mehr oder weniger nahe verwandten Arten. Solche Parallelentwicklungen können auf sehr verschiedenen Ursachen beruhen: 1) auf gleicher genetischer Grundlage bei gleichartiger Selektion; 2) auf „gleicher"

Selektion an analogen Merkmalen (↗ Analogie, ↗ Konvergenz). ↗ Koevolution

Parallelismen, Bez. für fast parallel verlaufende Abwandlungen von Merkmalen innerhalb enger Verwandtschaftsgruppen. Ein Beispiel ist die mehrfach unabhängig voneinander erworbene Fähigkeit verschiedener Taxa der Asseln (↗ Isopoda), sich kugelförmig einzurollen.

paralog, Bez. für Moleküle, die infolge von Genduplikationen in ein und demselben Organismus in verschiedenen Abwandlungen vorkommen, so z. B. α- und β-Hämoglobin. (↗ ortholog)

Paramecium, *Paramaecium, Pantoffeltierchen*, artenreiche Gatt. der Wimpertierchen (↗ Ciliata) mit länglich ovalem Körper; sie gehören zu den bekanntesten und bestuntersuchten ↗ Einzellern. Der Körper hat eine seitliche Eindellung, die in eine mit komplizierten Leisten und Wimperstraßen versehene tiefe Einbuchtung (Vestibulum) führt. P. leben in meist stark verschmutzten Gewässern, und ernähren sich insbesondere von Bakterien. *Paramaecium caudatum* ist ein leicht zu züchtendes ↗ Aufgusstierchen unter Verwendung von Tümpelwasser, *Paramaecium bursaria* ist durch Einschluss von symbiontischen Grünalgen (*Zoochlorellen*) grün gefärbt. P. können auch Bakterien (z. B. Gatt. *Caedibacter*) als Endosymbionten beherbergen.

Paramyxoviren, Virusfam., deren Vertreter durch einsträngige RNA, ein helikales Capsid und eine Lipidhülle charakterisiert sind. Zu ihnen gehören u. a. die ↗ Parainfluenzaviren und das Mumps-Virus (↗ Mumps).

Paraneoptera, ↗ Insecta.

Paranthropus, ↗ Australopithecus.

Parapatrie, Bez. für das Phänomen, dass Verbreitungsgebiete nahe verwandter Arten (der gleichen Gatt.) an manchen Stellen unmittelbar aneinandergrenzen, ohne dass es zur ↗ Bastardierung kommt. (↗ Allopatrie, ↗ Sympatrie)

paraphyletisch, Bez. für ein Taxon, in dem es Arten gibt, die einen gemeinsamen Vorfahren mit nicht zu diesem Taxon gehörigen Arten haben.

Paraphysen, 1) bei den Schlauchpilzen (↗ Ascomycetes) zwischen den Asci stehende, verzweigte oder unverzweigte ↗ Hyphen, die mit den Asci das Sporenlager (Hymenium) bilden können.

2) bei Moosen (↗ Bryophyta) mehrzellige, haarartige Gebilde (Safthaare), die zwischen den Sexualorganen stehen und oft mit kugeligen Endzellen versehen sind.

3) bei den Farnen (↗ Pteridophyta) Haargebilde, die aus dem Stiel der Sporangien oder zwischen diesen aus dem Rezeptakulum entstehen können.

Parapodien, segmentale Anhänge bei den ↗ Annelida.

Paraproteine, von einem Klon lymphoider Zellen synthetisierte Proteine, die in ihrem strukturellen Aufbau normalen ↗ Immunglobulinen bzw. Immunglobulinfragmenten entsprechen, aber keine spezifische Antikörperfunktion haben. P. können bei malignen Erkrankungen des lymphoretikulären Systems (z. B. lymphatische ↗ Leukämie), aber auch im Zusammenhang mit Karzinomen, Sarkomen (↗ Krebs), Lebererkrankungen und einigen Infektionskrankheiten im Blut nachgewiesen werden (*Paraproteinämie*).

Parascaris equorum, der ↗ Pferdespulwurm.

Parasexualität, der bei ↗ Bakterien, ↗ Einzellern und bestimmten Pilzen (↗ Deuteromycetes) vorkommende Form der Fortpflanzung, die mit echter sexueller Fortpflanzung den Austausch und die Rekombination genetischer Information gemeinsam hat, ohne die für die ↗ Sexualität typischen Prozesse der Gametenkopulation und ↗ Meiose. Parasexuelle Prozesse sind ↗ Transduktion und ↗ Transformation, bei ↗ Deuteromycetes z. B. auch die Fusion zu diploiden heterozygoten Kernen, mitotisches ↗ Crossing over oder Haploidisierung durch schrittweisen Verlust von ↗ Chromosomen.

Parasiten, ↗ Parasitismus.

Parasitenwelse, ↗ Siluriformes.

Parasitismus, *Schmarotzertum*, Form der ↗ Antibiose, bei der ein Partner (*Parasit* oder *Schmarotzer*) auf Kosten des anderen (*Wirt*) einseitig Nutzen zieht. Der Parasit ist physiologisch vom Wirt abhängig und ernährt sich von dessen organischer Substanz. Der Wirt erleidet in jedem Fall Nachteile, wird jedoch außer bei ↗ Parasitoiden nicht getötet. Zwischen P. und anderen Formen der wechselseitigen Beziehung wie ↗ Symbiose oder ↗ Räubertum gibt es zahlreiche gleitende Übergänge, die oft nicht eindeutig zugeordnet werden können. So werden manchmal bei Tieren die teilweise parasitischen, teilweise räuberisch lebenden Synöken (↗ Synökie) als Hemiparasiten bezeichnet. Zu den Parasiten gehören ↗ Viren, Bakterien (↗ Bdellovibrio, Erreger von ↗ Infektionskrankheiten), niedere Pilze (Mehltaupilze, Rost- und Brandpilze), Einzeller (*Plasmodium*), Pflanzen (Mistel, Sommerwurz) und zahlreiche tierische Makroparasiten (u. a. Bandwürmer, Spulwürmer, Läuse, Flöhe, Zecken).

Bei Pflanzen unterscheidet man *Holoparasiten* (*Vollschmarotzer*), die ausschließlich heterotroph von der Körpersubstanz der Wirtspflanze leben (z. B. *Cuscuta*, ↗ Cuscutaceae) und *Hemiparasiten* (*Halbschmarotzer*), die ihre Nährstoffe teilweise durch Fotosynthese und teilweise heterotroph gewinnen. Meist sind sie nur an das Xylem des Wirtes angeschlossen (z. B. ↗ Mistel).

Zu den an der Oberfläche von tierischen Organismen lebenden *Ektoparasiten* (*Außenparasiten*) zählen Flöhe, Bettwanzen, Läuse und Zecken. Als *Endoparasiten* (*Innenparasiten*) bezeichnet man

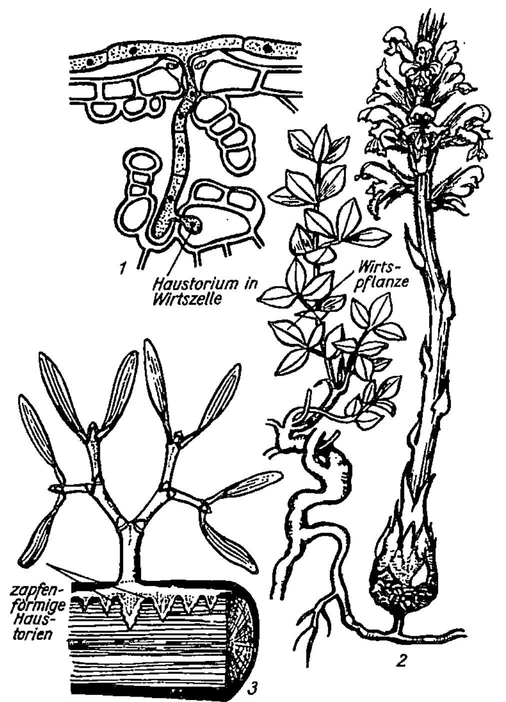

Parasitismus   Parasitäre Pilze und Pflanzen; 1 Mehltaupilz; eine Seitenhyphe ist durch eine Spaltöffnung in die Wirtspflanze eingedrungen; 2 Sommerwurz (*Orobanche*), als Parasit auf einer Wirtspflanze; 3 Jungpflanze der Mistel (*Viscum album*) auf Wirtsast

Parasiten, die z. B. im Gewebe, in Zellen oder in Körperhohlräumen leben. Endoparasiten sind u. a. Bandwürmer (↗ Cestoda), Spulwürmer und *Plasmodium*, der Erreger der ↗ Malaria. Sie können unterschiedlich übertragen werden: Bakterien, Viren und Pilze gelangen meist über kontaminierte Tröpfchen oder Staub und über mit Fäkalien verschmutzte Nahrung zu ihrem Wirt. Parasitäre Tiere werden hauptsächlich fäkal-oral übertragen, einige auch durch Blut saugende Überträger (z. B. Malaria). In den meisten Fällen sind Parasiten spezifisch an einen bestimmten Wirt gebunden. Einige Arten sind jedoch für ihre vollständige Entwicklung auf einen oder mehrere *Wirtswechsel* angewiesen (z. B. Bandwürmer).

Die meisten Parasiten zeigen spezielle Anpassungen an ihre Lebensweise wie Flügellosigkeit bei ektoparasitischen Insekten, Rückbildung der Sinnesorgane und des Verdauungsapparats sowie spezielle Organe zur Verankerung am oder im Wirt (Saugnäpfe bei Bandwürmern). ↗ Wechselbeziehungen zwischen Lebewesen

Parasitoide, *Raubparasiten*, parasitische Organismen, die ihren Wirt während oder am Ende ihrer Entwicklung töten. Hierzu gehören u. a. Schlupfwespenlarven, die sich in Schmetterlingsraupen und Käferlarven entwickeln.

Parasitologie, Teilgebiet der ↗ Biologie, dessen Gegenstand die Erforschung der Wechselwirkungen parasitärer Organismen (↗ Parasitismus) mit ihrer Umwelt (dem Wirt) ist.

Parasympathikus, *parasympathisches Nervensystem*, neben dem ↗ Sympathikus wichtigster Teil des vegetativen ↗ Nervensystems, mit hauptsächlich antagonistischer Wirkung zum Sympathikus.

Parasympathikus   Vergleich der Wirkung von Parasympathikus und Sympathikus auf verschiedene Organe bzw. Gewebe

Organ	Sympathikus	Parasympathikus
Koronargefäße	Dilatation	Konstriktion
Pupillen	Erweiterung	Verengung
Bronchien	Dilatation	Konstriktion
Speiseröhre	Erschlaffung	Kontraktion
Magen	Hemmung	Anregung
Dünn- und Dickdarm	Hemmung	Anregung
Leber	Glykogenolyse, Gluconeogenese	—
Blase	Harnretention, Hemmung des Detrusors, Erregung des Sphinkters	Harnentleerung, Anregung des Detrusors, Erschlaffung des Sphinkters
Genitalien	Vasokonstriktion	Vasodilatation und Erektion
Nebennieren	Anregung der Adrenalinsekretion	Hemmung der Adrenalinsekretion
Stoffwechsel	Steigerung der Dissimilation	Steigerung der Assimilation
Pankreas (Insulinsekretion)	Hemmung	Anregung
Schilddrüse (Sekretion)	Anregung	Hemmung

Parasympathikus Die Versorgung des Kopfes und der inneren Organe durch Sympathikus (links) und Parasympathikus (rechts). 1-3 parasympathische Kerne im Hirnstamm, 4 parasympathische Zellen im Sakralmark, 5 Plexus hypogastricus, 6 Ganglion cervicale superior, 7 Grenzstrang, 8 Ganglion stellatum, 9 Nervus splanchnicus major, 10 Ganglion coeliacum, 11 Ganglion mesentericum superius, 12 Ganglion mesenterium inferius

Die Nervenfasern des P. entspringen cranial (III., VII., IX. und X. Hirnnerv) und sakral (2. - 4. Kreuzbeinsegment) und werden in Ganglien kurz vor oder sogar erst in den zu innervierenden Erfolgsorganen umgeschaltet. Die Erregungsübertragung in diesen Ganglien erfolgt (ebenso wie beim Sympathikus) durch ↗ Acetylcholin als Transmitter über nicotinerge Acetylcholinrezeptoren. Am Erfolgsorgan wirkt ebenfalls Acetylcholin (im Gegensatz zum Sympathikus), hier jedoch über muscarinerge Acetylcholinrezeptoren. Die Wirkung des P. ist *trophotrop*, d. h., er fördert den aufbauenden (anabolen) ↗ Stoffwechsel, dient der Anreicherung von Energiereserven und der Erholung des Organismus. Pharmakologisch lässt sich der Parasympathikus im Wesentlichen auf zwei Wegen beeinflussen: zum einen können die nicotinergen Acetylcholinrezeptoren der parasympathischen Ganglien durch ganglionär wirksame Substanzen erregt oder gehemmt werden, zum anderen lassen sich die muscarinergen Acetylcholinrezeptoren am Erfolgsorgan durch

so genannte *Parasympathikomimetika* bzw. *Parasympathikolytika* erregen bzw. hemmen.

Parataxonomie, besonders in der ↗ Paläontologie gebräuchliches Ordnungsprinzip (↗ Taxonomie), das bei unvollständig, d. h. nur in Teilen oder Entwicklungsstadien überlieferten Arten zur Anwendung gelangt (z.B. Conodonten, Sporen, Blattreste usw.). Solche *Parataxa* behandelt die P. nach den Regeln der zoologischen und botanischen ↗ Nomenklatur.

Parathormon, *Parathyrin*, Abkürzung *PTH*, ein Polypeptidhormon der ↗ Nebenschilddrüse der tetrapoden Wirbeltiere und des Menschen, das aus 84 Aminosäuren besteht und über das cAMP-System induziert wird. Die Biosynthese des P. erfolgt über Präpro-Parathormon (115 Aminosäuren) und Pro-Parathormon (90 Aminosäuren) zu dem in Sekretionsgranula gespeicherten P. Vor der Sekretion des P. kann bereits ein weiterer Abbau in ein N-terminales (mit gleicher biologischer Aktivität wie Parathormon) und C-terminales (ohne biologische Aktivität) Fragment erfolgen. Dieser Abbau wird über die extrazelluläre Calciumkonzentration gesteuert. P. ist mit ↗ Calcitriol und ↗ Calcitonin für die Regulation der Calciumkonzentration im Serum verantwortlich. Eine verminderte oder fehlende Produktion von P. hat eine Störung des Gleichgewichts zwischen der extrazellulären Calciumkonzentration und der Calciummobilisierung aus dem Knochen zur Folge; es resultiert eine *Hypocalcämie*, die zu einer Übererregbarkeit des gesamten Nervensystems führt. Daneben haben zu niedrige Konzentrationen an P. auch trophische Störungen des ektodermalen Gewebes (trockene Haut, brüchige Nägel, Linsenverkalkungen) zur Folge. Eine ähnliche Symptomatik zeigt sich, wenn die Zielzellen auf P. nicht ansprechen. Dabei handelt es sich entweder um einen genetischen Defekt in der Aktivierung der ↗ Adenylat-Cyclase oder um eine Störung in den Tubulusepithelien: die Calciumreabsorption und die Phosphatausscheidung bleiben aus. Eine erhöhte Konzentration an P. im Serum führt zu einer Demineralisierung des Knochens und zum Abbau der Knochenmatrix. Es resultiert eine Erhöhung des Serumcalciums und eine gesteigerte Phosphatausscheidung über die Nieren.

Parathyreoidea, die ↗ Nebenschilddrüse.

Parathyrin, das ↗ Parathormon.

Paratomie, eine polycytogene ungeschlechtliche Form der Fortpflanzung, bei der das Muttertier in Tochterindividuen aufgeteilt wird, nachdem die Neubildung der Organe erfolgt ist (z. B. beim Strudelwurm). ↗ Architomie

Parazoa, Organisationsstufe mit den Schwämmen (↗ Porifera) als einzigem rezentem Taxon.

Pärchenegel, ↗ Schistosoma.

Pardelkatzen, *Leopardus*, Gatt. der Katzen mit fünf in Mittel- und Südamerika verbreiteten Arten, die sämtlich in ihren Beständen stark bedroht sind, da sie wegen ihrer gefleckten Felle trotz internationaler Schutzabkommen stark bejagt werden. Bekannteste Art ist der in Wäldern sowie Busch- und Grasland lebende *Ozelot (Leopardus pardalis)*.

Parenchym, 1) pflanzliches *Grundgewebe*, ↗ Gewebe, das aus meist regelmäßigen, noch lebenden Zellen mit nur wenig verdickten Zellwänden besteht. Aufgrund ihrer Funktion unterscheidet man folgende Gewebearten: *Assimilations-P. (Assimilationsgewebe)* sind chlorophyllhaltige Gewebe der Blätter und der Sprossachse. Ihre Aufgabe ist die Assimilation des Kohlenstoffs. Sie enthalten meist große Interzellularen und dünne, für Gase durchlässige Zellwände. Zu den Assimilations-P. gehören Palisaden-P., Rinden-P. und Schwamm-P. Palisaden-P. und Schwamm-P. bilden zusammen das Mesophyll. *Speicher-P.* sind vorwiegend in Speicherorganen (Rüben, Knollen, Samen) sowie in Wurzeln und Sprossen lokalisiert. Die Zellen des Speicher-P. sind oft reich an Stärke und anderen Nährstoffen. Zu den Speicher-P. zählen auch das Holz-P. und das Rinden-P. Das Markstrahlen-P. und das Bast-P. sind sowohl Speicher- als auch Leit-P. Mit *Leit-P.* bezeichnet man die in Hauptleitungsrichtung gestreckten P.-Zellen, die die Leitung organischer Stoffe sowie von Wasser erleichtern. *Durchlüftungs-P. (Durchlüftungsgewebe*, ↗ Aerenchym) ist in den meisten Wasser- und Sumpfpflanzen enthalten und erleichtert ihnen aufgrund großer Interzellularräume den Gasaustausch.

2) *Zoologie*: bei niederen Wirbellosen differenzierte, die Körperhöhle ausfüllende multifunktionelle Gewebe meist bindegewebigen Charakters. Bei höher organisierten Tieren differenzierte Gewebe kompakter Organe (Niere, Leber, Milz und andere) im Unterschied zu den bindegewebigen Organhüllen und den Binde- und Stützgeweben, sowie den Gefäßen im Organinnern, die an der Organfunktion nicht unmittelbar beteiligt sind.

Parenchymula, Larventyp der Schwämme (↗ Porifera).

Parentalgeneration, *Elterngeneration*, Abk. *P*, Bez. für die beiden Eltern, aus denen ↗ Filialgenerationen hervorgehen. Bei Pflanzen mit Selbstbestäubung kann der Begriff nur sinngemäß verwendet werden.

Paridae, *Meisen*, Fam. kleiner, weißwangiger, lebhafter Singvögel mit kurzem, spitzem Schnabel und kräftigen Kletterbeinen; sie besiedeln baumbestandene Biotope in Eurasien, Afrika und Nordamerika. Zur Fam. gehören drei Gatt. mit etwa 50 Arten, die meisten in der Gatt. *Parus*. Meisen sind oft recht bunt gefärbt, einige mit Federhaube; die Geschlechter sind meist gleich. Sie ernähren sich von Insekten, winters auch von Sämereien, Beeren u. a. und spielen eine bedeutende Rolle in der biologischen

↗ Schädlingsbekämpfung. Sie sind Höhlenbrüter, die überwiegend auf Specht- und natürliche Baumhöhlen angewiesen sind und sich leicht auch in künstlichen Nisthöhlen ansiedeln lassen. Das Nest besteht aus Moos, Halmen, Flechten und wird mit Haaren und Federn ausgepolstert. Die Eier sind weiß mit dunklen Flecken.

In Deutschland brütende Arten sind die ↗ Kohlmeise *(Parus major)*, die 11,5 cm große, lebhaft blau und gelb gezeichnete *Blaumeise (Parus caeruleus)*, die sich vorwiegend in Laubwäldern aufhält, die gleich große, schwarz-weiße *Tannenmeise (Parus ater)*, deren typischer Lebensraum der Nadelwald ist, die einen Federschopf tragende *Haubenmeise (Parus cristatus)*, sowie die bräunlich-graue *Sumpfmeise (Parus palustris)* und die sehr ähnliche, etwas plumpere *Weidenmeise (Parus montanus)*, beide mit schwarzer Kopfkappe.

Parkinson-Krankheit, *Parkinson'sche Krankheit, Morbus Parkinson, Schüttellähmung*, häufigste neurologische Erkrankung im fortgeschrittenen Alter. Kardinalsymptome sind: Zittern, das in Ruhe maximal ausgeprägt ist, Bewegungsverlangsamung und -armut, Schwierigkeiten bei der Initiierung von Bewegungen, kleinschrittiger Gang bei vornüber gebeugtem Oberkörper, erloschene Haltungsreflexe mit Fallneigung, maskenartiger Gesichtsausdruck, leise monotone und stotternde Sprache. Zeichen der Dysfunktion des autonomen Nervensystems sind trophische Störungen der Haut, vermehrter Speichelfluss und Schweißausbrüche, Obstipation, Probleme beim Wasserlassen und Kollapsneigung. Stimmungslabilität; allg. psychische Verlangsamung und ↗ Depressionen sind häufig. Bei etwa 50 % der Patienten entwickelt sich eine ↗ Demenz. Die P. - K. geht mit einer Degeneration der ↗ Dopamin bildenden Zellen in der Substantia nigra, dem größten Kerngebiet des Mittelhirns (↗ Gehirn) einher. Das fein regulierte komplexe Zusammenspiel der Neurotransmitter Dopamin, ↗ γ-Aminobuttersäure und Glutamat (↗ Glutaminsäure) und somit das Gleichgewicht zwischen dem cholinergen und dopaminergen System wird gestört. Zur Therapie der P. - K. steht auch heute noch die orale Substitution von Dopamin im Mittelpunkt. Da die Wirkung der medikamentösen Therapie bisweilen unbefriedigend ist und nach Jahren nachlässt, kommen trotz der potentiell schwerwiegenden Komplikationen vermehrt wieder neurochirurgische Eingriffe an Thalamus, Nucleus subthalamicus und Pallidum zur Anwendung. Sowohl die Läsionsmethoden, bei denen Hirngewebe gezielt zerstört wird, als auch die Ende der 1990er-Jahre eingeführten Stimulationsverfahren mit Implantation einer Reizelektrode werden mit modernen Bild gebenden Techniken und computergestützten Stereotaxie-Verfahren durchgeführt und können die Symptome der P. - K.

erheblich bessern. Die Neurotransplantation, d. h. die Verpflanzung von Zellen ins Striatum, die vor Ort die Produktion von Dopamin aufnehmen sollen, befindet sich noch im experimentellen Stadium. Bisher ist eine Heilung jedoch nicht möglich.

Parökie, *Beisiedlung*, Form der ↗ Karpose, bei der andere Tiere aufgesucht werden und ihre unmittelbare Nähe genutzt wird. Eiderenten nisten z. B. in Seeschwalbenkolonien, um die Gelege vor Raubmöwen zu schützen.

Pars fibrosa, ↗ Nucleolus.

Pars granulosa, ↗ Nucleolus.

Parthenocissus, Gatt. der ↗ Vitaceae.

Parthenogenese, *Jungfernzeugung*, Form der eingeschlechtlichen (unisexuellen) ↗ Fortpflanzung, bei der die Nachkommen aus unbefruchteten Eiern entstehen. Nach den Chromosomenverhältnissen in den Eiern unterscheidet man haploide und diploide P. Bei der *haploiden P.* entwickeln sich die Eier nach Ablauf der normalen Reifeteilungen; somatische Gewebe solcher Tiere können jedoch durch Endomitose diploidisiert werden (z. B. Drohnen, ↗ Honigbiene). *Diploide P. (somatische P.)* wird auf unterschiedliche Weise herbeigeführt, z. B. durch Ausfall der Reifeteilungen (Gallwespe *Neuroterus*) oder nur der Reduktionsteilung (Blattläuse, ↗ Aphidina), durch Ablauf beider Reifeteilungen als Äquationsteilung (Stabheuschrecke, *Carausius*), durch Verschmelzen des Eikerns mit dem zweiten Richtungskörper oder durch Verschmelzen der ersten Furchungskerne.

Bei *fakultativer P.* können sich die Eier in befruchtetem oder in unbefruchtetem Zustand entwickeln. Oft wird dabei das Geschlecht der Nachkommen determiniert: Bei der *Arrhenotokie* gehen aus den sich parthenogenetisch entwickelnden Eiern männliche Nachkommen hervor (z. B. Honigbiene u. a. Hautflügler; aus den befruchteten Eiern entstehen Weibchen). Als *Thelytokie* bezeichnet man die parthenogenetische Entstehung von weiblichen Nachkommen (Insektenarten, bei denen Männchen fehlen oder selten sind, z. B. *Carausius* oder Schlupfwespen, ↗ Ichneumonidae). Bei der *Amphitokie* entstehen parthenogenetisch Nachkommen beiderlei Geschlechts (Schmetterlings-Familie Psychidae). Bei *obligatorischer P.* entwickeln sich die Eier (fast) stets oder nur in bestimmten Generationen ohne Befruchtung. *Konstante P.* liegt in solchen Fällen vor, in denen über viele Generationen Männchen nicht oder selten auftreten (einige Rädertiere und Fadenwürmer, Muschelkrebse, *Carausius morosus*, Schlupfwespen, wenige Wasserflöhe). Tritt Parthenogenese im Wechsel mit ungeschlechtlicher Fortpflanzung nur in bestimmten Generationen auf (↗ Generationswechsel), spricht man von *zyklischer P.* (Heterogonie, z. B. Blattläuse, Gallwespen, ↗ Cynipidae). Wasser-

flöhe (↗ Daphnia) und Rädertiere (↗ Rotatoria) bilden je nach Art der Fortpflanzung unterschiedliche Eier: *Dauer*- oder *Wintereier* sind befruchtungsbedürftig, dotterreich und entwickeln sich langsam, während *Subitaneier* dotterarm sind, sich ohne Befruchtung schnell entwickeln und in großer Zahl abgelegt werden. Eine parthenogenetische Entwicklung von Eiern in Larvenstadien (*Pädogenese*) kommt bei Gallmückenlarven vor (*Heteropeza pygmaea*).

Parthenokarpie, Fruchtbildung ohne ↗ Befruchtung. Bei der im Pflanzenreich recht seltenen *Parthenogenese* entwickeln sich Geschlechtszellen ohne Befruchtung zu einem neuen Organismus. Natürliche P. findet man u. a. bei der Banane, Ananas und verschiedenen Citrusfrüchten.

Partialdruck, der Teildruck, den eine Komponente einer gasförmigen Mischung zum Gesamtdruck beiträgt.

Partialname, Name für Organismen, die nur aus (häufig anfallenden) Einzelteilen bekannt sind. (↗ Parataxonomie)

Partus, die ↗ Geburt.

Passanten, *Ephemerophyten*, ↗ Adventivpflanzen.

Passeres, *Singvögel*, *Oscines*, Taxon der Sperlingsvögel (↗ Passeriformes) mit rund 4000, vor allem in der Alten Welt verbreiteten Arten, deren charakteristisches Kennzeichen der Besitz eines komplexen Syrinx-Stimmapparats ist (↗ Syrinx). Die Singvögel sind in Europa die einzigen Vertreter der Sperlingsvögel. Der Name Singvögel rührt daher, dass viele Arten einen wohlklingenden Gesang haben (jedoch nicht alle und nicht nur Arten der Singvögel). Bei uns bekannte Fam. der P. sind u. a.: Lerchen (↗ Alaudidae), Seidenschwänze (*Bombycillidae*), Rabenvögel (↗ Corvidae), Ammern (↗ Emberizidae), Finken (↗ Fringillidae), Schwalben (↗ Hirundinidae), Würger (↗ Laniidae), Meisen (↗ Paridae), Sperlinge (↗ Passeridae), Kleiber (↗ Sittidae), Grasmücken (↗ Sylviidae), Drosseln (↗ Turdidae) und Zaunkönige (↗ Troglodytidae). In der Neuen Welt verbreitet sind die Trupiale (*Icteridae*), in Afrika und Teilen Asiens die Bülbüls (*Pycnonotidae*) und die Webervögel (↗ Ploceidae).

Passeridae, *Sperlinge*, ursprünglich in Eurasien und Afrika beheimatete, heute durch den Menschen fast weltweit verbreitete Fam. der Singvögel (↗ Passeres) mit knapp 30 Arten in drei Gatt. P. ernähren sich vor allem pflanzlich, die Jungvögel werden mit Insekten gefüttert. In Deutschland brüten drei Arten: Der *Schneefink (Montifringilla nivalis)*, der in den eurasiatischen Gebirgen oberhalb der Baumgrenze lebt, weiterhin der überwiegend braun gefärbte, meist in der Nähe menschlicher Siedlungen lebende *Haussperling (Passer domesticus;* Größe 14 - 15 cm) mit grauem Oberkopf und schwarzem Kehlfleck (Männchen; die Weibchen sind unscheinbar graubraun), sowie der von diesem durch den kastanienbraunen Oberkopf und den schwarzen Ohrfleck gut zu unterscheidende *Feldsperling (Passer montanus)*, der auch weitab von menschlichen Siedlungen lebt und selten geworden ist.

Passeriformes, *Sperlingsvögel*, mit über 5300 Arten die größte Ord. der Vögel. Kennzeichen sind u. a. die stark ausgebildete, nach hinten gerichtete erste Zehe und korkenzieherartig gedrehte Spermien. Die P. sind sehr vielgestaltig, meist Baumbewohner und ernähren sich überwiegend von Insekten. Sie sind in allen Lebensräumen mit Ausnahme des Meers vertreten. Aufgrund der unterschiedlichen Anatomie der ↗ Syrinx werden zwei Gruppen unterschieden die ↗ Tyranni (Suboscines) und die Singvögel (Oscines, ↗ Passeres).

Passgang, ↗ Gangart vierfüßiger Tiere (↗ Tetrapoda), bei der beide Beine einer Seite gleichzeitig angehoben werden; der P. ist natürlich bei Kamelen, Giraffen und Elefanten, tritt aber spontan auch bei einigen Pferderassen auf (z. B. Islandponys).

Passifloraceae, *Passionsblumengewächse*, Fam. der ↗ Violales mit ca. 530 Arten. Es sind sprossrankende Kletterpflanzen mit Verbreitung in den Tropen und Subtropen. Viele Arten der Gatt. *Passionsblume (Passiflora)* werden als Zierpflanzen gezogen, die aus Brasilien stammende Art *Passiflora edulis* liefert essbare Früchte (↗ Passionsfrucht).

Passionsfrucht, Frucht der in Brasilien beheimateten Passionsblume, *Passiflora edulis* (↗ Passifloraceae). Je nach Varietät werden die Früchte unterschiedlich bezeichnet. Es gibt gelbe *Maracujas* sowie orange oder purpurn gefärbte *Granadillas.*

passive Immunisierung, der passive Erwerb von ↗ Immunität, z. B. durch Übertragung der Antikörper (↗ Immunglobuline) von der Mutter auf den Fetus. (↗ aktive Immunisierung).

passiver Transport, ↗ Transport.

Pasteur, *Louis*, franz. Chemiker und Bakteriologe, ✳ 27.12.1822 Dôle, † 28.9.1895 Villeneuve-l'Étang (bei Paris); ab 1848 Prof. in Dijon, ab 1849 in Straßburg, Lille und ab 1867 in Paris, nach weiteren Ämtern in Paris ab 1888 Leiter des für ihn aus öffentlichen Sammlungen geschaffenen Institut Pasteur in Paris; 1865 erkannte P. lebende Hefezellen und andere Mikroorganismen als Ursache der Gärung und Fäulnis; er entdeckte die ↗ Anaerobiose und die Unterdrückung der alkoholischen Gärung durch molekularen Sauerstoff (Hemmung der Gärung durch die Atmung, ↗ Pasteur-Effekt), die Vermeidung unerwünschter Gärungen und Zersetzungen von z. B. Wein und Milch durch mäßiges Erhitzen (*Pasteurisierung*). P. war neben R. ↗ Koch der erste bedeutende Erforscher der Infektionskrankheiten und ihrer Bekämpfungsmethoden. Er erkannte bei der Untersuchung der Fleckenkrankheit (*Pebrine*) der Seidenraupen erstmals Mikroorganismen als Krankheitsursache und klärte den Übertragungsmechanismus auf. Ab 1881 begründete er auf der von ihm festgestellten immunisierenden Wirkung abgeschwächter Krankheitserreger die Schutzimpfung gegen ↗ Milzbrand, Geflügelcholera, Schweinerotlauf sowie gegen Tollwut (1885). Nach ihm ist auch die Bakterien-Familie *Pasteurellaceae* (fakultativ anaerobe gramnegative Stäbchenbakterien) benannt.

Pasteur-Effekt, die Hemmung der ↗ Glykolyse durch Atmung. Der P. - E. wurde erstmals 1861 von L. ↗ Pasteur beschrieben, der beobachtete, dass ↗ Hefen unter anaeroben Bedingungen mehr Zukker verbrauchen als unter aeroben. Bei der anaeroben Glykolyse werden zwei Moleküle ATP je Glucosemolekül erzielt, im Vergleich zu 36 ATP bei vollständig aerobem Abbau von ↗ Glucose. Demnach muss unter anaeroben Bedingungen also 18-mal mehr Glucose verbraucht werden als unter aeroben Bedingungen, um den gleichen Energiebetrag zu erhalten. Der P. - E. wird nur bei Zellen beobachtet, die ihren Stoffwechsel fakultativ sowohl an aerobe als auch an anaerobe Bedingungen anpassen können, wie z. B. Hefezellen und Muskelzellen. (↗ alkoholische Gärung)

Pasteurellaceae, nach ↗ Pasteur benannte Fam. der γ-Untergruppe der ↗ Proteobacteria. Die Arten der Gatt. *Pasteurella* sind obligat an Säugetiere gebunden. *Pasteurella pestis* ist die veraltete Bez. für *Yersinia pestis* (↗ Pest).

Pasteurisierung, Form der ↗ Sterilisation.

Pastinak, *Pastinaca sativa*, in Mittel- und Südeuropa beheimatete zweijährige Art der ↗ Apiaceae, deren gelblich-bräunliche Rübe Zucker, Stärke, Pectin und etherische Öle enthält.

Patagium, die ↗ Flughaut.

Patch-Clamp-Technik, ein elektrophysiologisches Messverfahren, mit dem sich Ströme durch einzelne Ionenkanäle von z. B. Nerven- und Muskelzellen, aber auch pflanzlichen Schließzellen messen lassen. Die P. - C. - T. wurde Mitte der 1970er-Jahre von E. ↗ Neher und B. ↗ Sakmann als eine Weiterentwicklung des *Voltage Clamp-Verfahrens*, bei dem ganze Zellen untersucht werden, eingeführt, wofür sie 1991 den Nobelpreis erhielten.

Für eine Messung mit der P. - C. - T. wird eine dünne, mit Salzlösung gefüllte Glasmikropipette, deren Durchmesser an der Spitze 1 µm beträgt, unter einem Mikroskop in direkten Kontakt mit der Plasmamembran gebracht. Durch leichtes Ansaugen wird die Verbindung zwischen Spitze und Membran abgedichtet (so genanntes *tight seal*), sodass die weiteren Untersuchungen nur an diesem Membranfleck (engl.: *patch*) durchgeführt werden. Dadurch wird das elektrische Hintergrundrauschen,

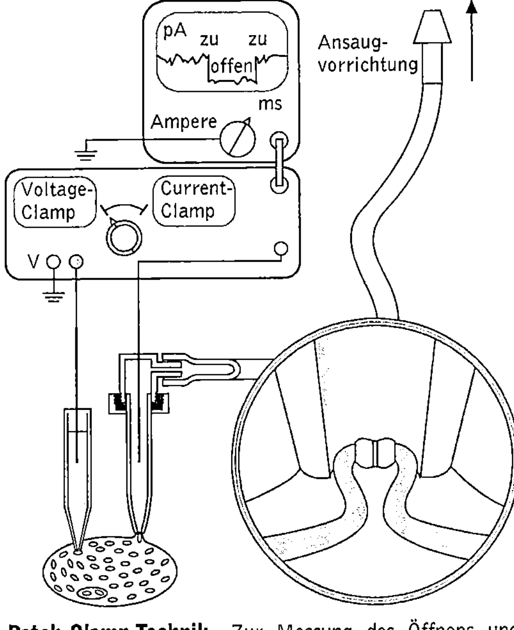

Patch-Clamp-Technik Zur Messung des Öffnens und Schließens einzelner Ionenkanäle wird ein Membranfleck angesogen. Mit einer zweiten Mikroelektrode wird eine Prüfspannung angelegt und ein Strom durch die Saugelektrode geschickt

das aufgrund von Leckströmen entstehen kann, drastisch reduziert. Aus diesem Grund sind hochaufgelöste Messungen erst möglich. Sie können an ganzen Zellen erfolgen oder nur an dem Membranfleck selbst, wenn dieser zusammen mit der Pipette von der Zelle weggezogen wird. Durch eine Referenzelektrode können das Öffnen und Schließen von Ionenkanälen bei einem festgelegten Membranpotenzial (*voltage clamp*) oder festgesetztem Strom (*current clamp*) durchgeführt werden.

Patella, 1) *Zoologie*: Gatt. der ↗ Archaeogastropoda.

2) *Anatomie*: die Kniescheibe (↗ Kniegelenk, ↗ Extremitäten).

Patellarsehnenreflex, *Kniesehnenreflex*, ein ↗ Reflex, der z. B. durch einen Schlag auf die Patellarsehne unterhalb der Kniescheibe ausgelöst werden kann und eine Streckung des angewinkelten Beins bewirkt. Durch die Dehnung der Patellarsehne werden auch der große vierköpfige Streckmuskel (Musculus quadriceps) am Oberschenkel ruckartig gedehnt und die entsprechenden ↗ Muskelspindeln erregt. Über von diesen abgehende afferente Nervenbahnen, die Ia-Fasern, erreicht die Erregung die im ↗ Rückenmark gelegene einzige Schaltstelle (*monosynaptischer Reflex*); dort wird sie auf die efferente Bahn, die α-Motoneuronen, übertragen. Über diese Nervenbahnen kehrt die Erregung zum Musculus quadriceps (*Eigenreflex*) zurück und ver-

anlasst ihn zur Kontraktion. Zudem findet im Rückenmark auch eine Erregungsübertragung auf die zu den Antagonisten (Musculus semimembranosus, Musculus semitendinosus) führenden Nervenbahnen statt, sodass diese gehemmt werden. Der P. hat zusammen mit dem Achillessehnenreflex die Funktion, beim Aufspringen auf den Boden (Dehnung der Streckmuskulatur) die Streckmuskeln reflektorisch zu kontrahieren und das Gewicht des Körpers aufzufangen.

Pathogen, Mikroorganismus (Parasit), der in seinem ↗ Wirt eine Krankheit verursacht.

Pathogenese, *Pathogenie*, die Entstehung einer Krankheit.

Pathogenese-Proteine, *PR-Proteine*, bei höheren Pflanzen eine Gruppe von hydrolytischen Proteinen, die nach Pathogenbefall gebildet werden. Zu ihnen zählen Glucanasen, Chitinasen und eine Reihe weiterer Hydrolasen, die die Zellwand von pflanzenpathogenen Pilzen angreifen und somit eine Infektion verhindern sollen.

Pathogenität, die Fähigkeit eines pathogenen Mikroorganismus oder Parasiten, seinem Wirt Schaden zuzufügen.

patrokline Vererbung, *paternale Vererbung*, die Vererbung von nicht im Nucleus lokalisierten Genen, die dem Genom des Vaters entstammen. Im Unterschied zur häufigeren ↗ matroklinen Vererbung ist die p. V. beispielsweise bei der *Plastidenvererbung* beobachtet worden (↗ Plastiden).

Paukenhöhle, ↗ Ohr.

Paukentreppe, *Scala tympani*, ↗ Ohr.

Paullinia, Gatt. der ↗ Sapindaceae.

Pauropoda, *Wenigfüßer*, zu den Progoneata (↗ Antennata) gehörendes Taxon mit knapp 400 höchstens 2 mm großen, augenlosen und unpigmentierten, weltweit verbreiteten Arten (in Mitteleuropa sind ca. zehn Arten bekannt). Sie leben im Boden an ausgesprochen feuchten Stellen. Der Kopf trägt Antennen aus entweder sechs teleskopartig ineinanderschiebbaren Gliedern oder nur vier kaum zusammenschiebbaren Gliedern. Auf den Kopfseiten liegt ein relativ großer Feuchterezeptor (*Pseudoculus*). Der Rumpf besteht aus elf bis zwölf Segmenten mit meist nur sechs Tergiten und neun, selten zehn Laufbeinpaaren. Während die Mehrzahl der P. wohl Pilzhyphensauger sind, haben die Arten von *Millotauropus* kräftige Mandibeln und sind Partikelfresser. Die Entwicklung erfolgt über vier Jugendstadien mit drei, fünf, sechs und acht Beinpaaren.

Paviane *Papio*, zu den Meerkatzenartigen gehörende Gatt. der Hundsaffen (↗ Cercopithecoidea) mit fünf Arten in Afrika und Südarabien; P. sind 50 bis 100 cm körperlang und haben eine lange, eckige Schnauze mit starkem Gebiss und langen Eckzähnen sowie kleine Augen unter ausgeprägten Überaugenwülsten. Auffallend sind die bei brünstigen Weibchen oft leuchtend rot gefärbten Gesäßschwielen. P. leben in Herden von durchschnittlich 40 - 80 Tieren mit ausgeprägter Sozialstruktur. Ihr Lebensraum sind Steppen und Savannen. Als ausgesprochene Bodentiere suchen Paviane Bäume i. d. R. nur bei Gefahr und als nächtliche Schlafplätze auf. Sie sind überwiegend Pflanzenfresser; erbeuten aber auch Insekten und kleinere Wirbeltiere.

Pawlow (*Pawlow*), *Iwan Petrowitsch*, russischer Physiologe, * 14.9.1849 Rjasan, † 27.2.1936 Leningrad; ab 1890 Prof. in St.Petersburg (von 1924 - 31 Leningrad). P. arbeitete insbesondere über die reflektorische Auslösung der Absonderung von Verdauungssäften (Speichel- und Magensekretion) durch Sinneseindrücke und den Mechanismus der Drüsentätigkeit (führte 1889 seine berühmten verdauungsphysiologischen Versuche mit einem Hund durch; ↗ bedingter Reflex). Er begründete mit W.M. Bechterew (1857-1927) die Lehre von den bedingten Reflexen (russische Reflexologie). Im Jahr 1904 erhielt P. den Nobelpreis für Physiologie oder Medizin.

Pawlow-Konditionierung, ↗ bedingter Reflex.
Pawlow-Versuch, ↗ bedingter Reflex.
Pazifische Lachse, Gatt. der ↗ Salmoniformes (↗ Lachs).
PCB, Abk. für ↗ polychlorierte Biphenyle.
PCR, Abk. für engl. *polymerase chain reaction* (↗ Polymerasekettenreaktion).
PDH, Abk. für ↗ Pyruvat-Dehydrogenase-Komplex.
Pearl-Index, ↗ Empfängnisverhütung.
Pebble-tools, ↗ Geröllwerkzeuge.
Pecten, Gatt. der ↗ Pteriomorpha.
Pectine, die ↗ Pektine.
Pedaliaceae, Fam. der ↗ Scrophulariales mit ca. 95 meist krautigen und tropischen Arten. Zu den P. gehört der ↗ Sesam, *Sesamum indicum.*
Pedicellarien, kleine Greiforgane bei Stachelhäutern (↗ Echinodermata).
Pediculati, die ↗ Lophiiformes.
Pediculus , Gatt. der Läuse (↗ Anoplura), zu der u. a. die ↗ Kleiderlaus und die ↗ Kopflaus gehören.
Pedipalpen, das zweite Extremitätenpaar der ↗ Chelicerata. Die P. können als normale Laufbeine ausgebildet sein (z. B. bei Xiphosura), sind aber häufig zu Tast- oder Greiforganen umgebildet, so z. B. die Taster der Weberknechte (↗ Opiliones), die Greif-Pedipalpen bei Geißelspinnen (↗ Amblypygi), die „Scheren" der Skorpione (↗ Scorpiones). P. dienen dem Tasten und Ergreifen der Nahrung, bei männlichen Webspinnen (↗ Araneae) als Gonopoden der Übertragung des Spermas.
Pediveliger, Larvenstadium der Muscheln (↗ Bivalvia).
Pedobiologie, die ↗ Bodenbiologie.

Pedobiom, Bereiche innerhalb eines ↗ Zonobioms, in denen sich die Beschaffenheit des Ausgangsgesteins oder die Wasserführung stärker auf die Bodenbildung auswirken als Klima und Vegetation.
Pedologie, die ↗ Bodenkunde.
Pedosphäre, der ↗ Boden.
Peitschenwurm, *Trichuris trichiura*, zu den ↗ Adenophorea gestellte Art der Fadenwürmer (↗ Nematoda), die vor allem in feuchtwarmen Regionen als Parasit des Menschen vorkommt. Die Adulttiere sind in die Wand insbesondere des Blinddarms eingebohrt und ernähren sich von enzymatisch aufgelöstem Gewebe. Die Weibchen legen nach der Kopulation 3000 bis 4000 Eier, die mit dem Kot ins Freie gelangen und über mit den Eiern verunreinigte Nahrung wieder aufgenommen werden. Das erste Jugendstadium schlüpft im Dünndarm, lebt dort etwa zehn Tage und wandert dann Richtung Dickdarm, wo es sich in die Schleimhaut einbohrt. Bei starkem Befall sind die Symptome ähnlich denen einer Blinddarmentzündung.

Pekannussbaum, *Hickorybaum*, *Carya illinoinensis*, im südlichen Amerika beheimateter, bis 60 m hoher subtropischer Baum der ↗ Juglandaceae mit essbaren Nüssen.
Pekaris, *Nabelschweine*, die Fam. ↗ Tayassuidae.
Pektine, *Pectine*, hochmolekulare Polyuronide, die α1→4-glykosidisch aus D-Galacturonsäure aufgebaut sind. Die Carboxylgruppen sind teilweise methylverestert. Die freien Säuren werden als *Pektinsäuren* bezeichnet. P. sind im Pflanzenreich als Begleitstoffe der ↗ Cellulose weit verbreitet. Als inkrustierende Kittsubstanzen sind sie wichtige Stützsubstanzen für das Zellgerüst der Pflanzen, die insbesondere am Aufbau der Mittellamellen und Primärwände der Pflanzenzellen beteiligt sind. Aufgrund ihrer hydrophilen Gruppen haben sie ein hohes Wasserbindevermögen. P. finden wegen ihrer hohen Gelierkraft insbesondere in der Nahrungsmittelindustrie (Geliermittel für Marmeladen), sowie in der Medizin, Pharmazie und Kosmetikindustrie Verwendung.
Pelagia, Gatt. der Fahnenquallen (↗ Semaeostomea).
Pelagial, *Freiwasserzone*, Region des freien Wassers im Meer und in Binnengewässern. Bewohner des P. sind das ↗ Plankton, das ↗ Nekton, das ↗ Neuston und das ↗ Pleuston. Der oberste, lichtdurchflutete Teil des P. wird als *Epipelagial* bezeichnet, der untere, lichtlose Teil als *Bathypelagial*. Den lichtarmen Meeresbereich in 200 - 1000 m Tiefe nennt man *Mesopelagial*. (↗ Gewässerregionen)
Pelagosphaera, Sekundärlarve der Spritzwürmer (↗ Sipuncula).
Pelargonium, Gatt. der ↗ Geraniaceae.

Pelecaniformes, *Ruderfüßer*, seit der Oberkreide bekannte Ord. der Vögel mit etwa 60 weltweit verbreiteten Arten. Alle P. haben gemeinsam, dass die vier Zehen durch eine Schwimmhaut verbunden sind. Sie sind wasserlebende Fischfresser mit einem geräumigen Drüsenmagen. Zu den P. gehören u. a.: Die Fam. *Pelikane* (*Pelecanidae*) mit sechs Arten; kennzeichnend ist der große Schnabel, dessen Unterkiefer zu einem Kescher gedehnt werden kann; weiterhin die Fam. *Fregattvögel* (*Fregatidae*) mit fünf Arten, die vor allem an den Küsten und auf den Inseln subtropischer Meere verbreitet sind; die Männchen tragen einen roten Kehlsack, den sie bei der Balz aufblasen, sowie die an den Küsten gemäßigter (z. B. der Baßtölpel, *Morus bassanus*) bis tropischer Meere lebenden *Tölpel* (*Sulidae*), die als Stoßtaucher Fische jagen und die Kormorane (Fam. ↗ Phalacrocoracidae).

Pelikane, *Pelecanidae*, Fam. der Ruderfüßer (↗ Pelecaniformes).

Pellicula, *Zellrinde*, die kompliziert gebaute Zellhülle bei vielen ↗ Einzellern mit konstanter Form, die den Zellen Festigkeit verleiht. Bei den Ciliata z. B. liegen unter der Zellmembran oft membranumgrenzte Säckchen und Mikrotubuli.

Pelosol, aus tonreichem Stein entstandener ↗ Bodentyp mit hohem Tongehalt und damit verbundener stark ausgeprägter Quellung und Schrumpfung.

Pelvis, das ↗ Becken.

Penaeus, zu den ↗ Decapoda gehörende Gatt. der Krebse, von deren Arten einige wichtige Speisekrebse sind. So z. B. die bis 18 cm große Art *Penaeus setiferus* („White" oder „Lake Shrimp") mit Verbreitung im Westatlantik und Golf von Mexiko, ᐟoder die bis 33 cm lange Art *Penaeus monodon*, die wichtigste Speisegarnele im indopazifischen Raum.

Penetranten, Typ der Nesselkapseln (↗ Nematocysten) der Nesseltiere (↗ Cnidaria).

Penetranz, die Häufigkeit, mit der die durch bestimmte Allelkombinationen hervorgerufenen Genotypen die Ausprägung eines qualitativen Merkmals verursachen. Ist dieses in allen Nachkommen vorhanden, liegt *vollständige P.* vor. Bei *unvollständiger P.* ist der Phänotyp bei einem bestimmten Anteil der Nachkommen anders, obwohl die betroffenen Organismen homozygot sind. Ursache hierfür ist die Tatsache, dass die ↗ Genexpression durch eine Reihe endogener und exogener Faktoren beeinflusst werden kann (↗ Reaktionsnorm). ↗ Expressivität

Penicillata, Gruppe der ↗ Diplopoda.

Penicillin, ↗ Antibiotika.

Penicillium, *Pinselschimmel*, Formgatt. der ↗ Deuteromycetes (Moniliales) bzw. für diejenigen Arten, deren Hauptfruchtform (sexuelle Vermehrungsform) bekannt ist, nur die Benennung der

Nebenfruchtform (Konidienform); die Hauptfruchtformen gehören der Ord. Eurotiales (Schlauchpilze, ↗ Ascomycetes) an, z. B. Gattung *Talaromyces* oder *Eupenicillium*. Charakteristisch für P. sind die meist grünlichen, pinselartigen Konidienträger mit Konidienketten; sie entwickeln sich vom wattigfilzigen Mycel. P.-Arten leben meist saprophytisch, einige verursachen Pflanzenkrankheiten (besonders Fruchtfäulen), zersetzen Lebensmittel und können dabei Mykotoxine bilden, oder werden zur Herstellung von Lebensmitteln eingesetzt (z. B. von Käse). Sie zerstören Textilien, Polyurethan und Leder. In der ↗ Biotechnologie sind Penicillium-Arten wichtige Antibiotikalieferanten (*Penicilline, Griseofulvin*), und sie werden zur Herstellung organischer Säuren (z. B. Glucuronsäure), zur Enzymgewinnung (z. B. Glucoseoxidase) oder in der ↗ Biotransformation eingesetzt.

Penis, *männliches Glied, Phallus*, der röhren- oder rinnenförmige, Sperma ausleitende Abschnitt bei männlichen Tieren (bzw. Zwittern) und dem Menschen. Als P. gelten nur primäre Kopulationsorgane im Gegensatz zu Genitalfüßen und anderen sekundären Kopulationsorganen (ein Grenzfall ist das ↗ Gonopodium der Knochenfische). Der P. ist i. Allg. unpaar, nur ausnahmsweise paarig (z. B. Eintagsfliegen, manche Reptilien). Er ist mehr oder weniger zylindrisch; seine Länge entspricht meist der Länge des untersten Abschnitts der weiblichen Geschlechtsorgane, der ↗ Vagina. Bei einigen Tiergruppen ist der P. stilett-

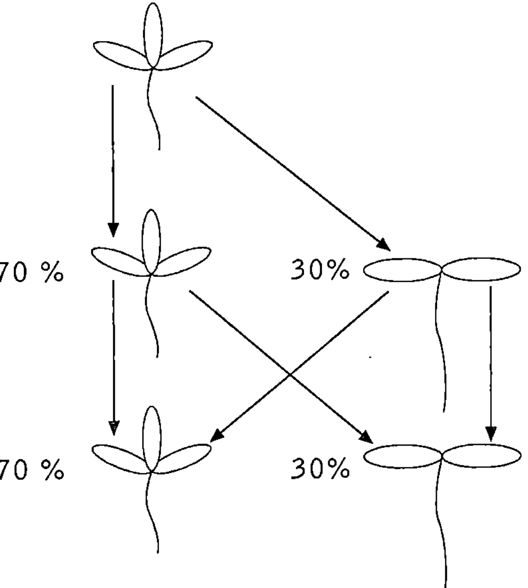

Penetranz Unvollständige Penetranz am Beispiel einer Mutation, die beim Löwenmaul (*Antirrhinum majus*) dreiblättrige Keimlinge erzeugt. Die Selbstung homozygoter Pflanzen erzeugt stets dasselbe Verhältnis von dreikeimblättrigen und zweikeimblättrigen Pflanzen

förmig (Kanülen-Prinzip) und wird nicht in die weibliche Geschlechtsöffnung, sondern in eine beliebige Körperstelle hineingestoßen (dermale Sperma-Injektion oder hypodermale Kopulation, z. B. bei manchen Strudelwürmern). Zum Vorstrecken des P. über die Körperperipherie gibt es drei verschiedene Prinzipien (zum Teil miteinander kombiniert): 1) Umstülpung des Endteiles eines schlauchförmigen Leitungsweges (z. B. Plattwürmer, ↗ Cirrus); 2) Vorschieben eines starren Rohres durch Muskeltätigkeit (z. B. viele Gliederfüßer); 3) Anschwellung durch Körperflüssigkeit (z. B. Säugetiere, ↗ Erektion).

Bisweilen trägt die Penisoberfläche Schuppen oder Widerhaken (z.B. manche Reptilien, Nagetiere, Primaten), die der Befestigung der Kopulationspartner und/oder der sexuellen Stimulation dienen. Bei vielen Säugetieren wird der P. durch einen Penisknochen (Baculum, Os penis, Os priapi) verstärkt. Ein Penis tritt selbstverständlich nur bei Tieren mit innerer ↗ Besamung auf. Aber nicht alle Tiere mit innerer Besamung besitzen einen Penis.

Der Penis des Menschen hängt wie bei allen Primaten mit dem Schaft (*Corpus penis*) und der *Eichel (Glans penis)* frei am Unterbauch. Mit seiner Wurzel (*Radix penis*) ist er am knöchernen Becken durch Muskeln und Bänder befestigt. Er besitzt verschiedene Schwellkörper, welche die Erektion ermöglichen: die an der Oberseite liegenden, paarigen und im Ruhezustand schwammähnlichen *Rutenschwellkörper (Corpora cavernosa penis)* und den an der Unterseite liegenden unpaaren *Harnröhrenschwellkörper (Corpus spongiosum penis)*, der die *Harnsamenröhre (Urethra)* umschließt und vorne in die Eichel übergeht. Die Penishaut geht an der Eichel in die mit dem *Vorhautbändchen (Frenulum praeputii)* befestigte, rückziehbare *Vorhaut (Praeputium)* über. (↗ Geschlechtsorgane, ↗ Geschlechtsverkehr, ↗ Hoden, ↗ Nebenhoden, ↗ Prostata, ↗ Samenleiter)

Penisknochen, *Baculum*, bei einer Reihe von Säugetieren vorkommende, meist stabförmige knöcherne Struktur im ↗ Penis.

Pennales, Ord. der Kieselalgen (↗ Bacillariophyceae).

Pennatularia, *Seefedern*, zu den ↗ Octocorallia gehörendes Taxon mit etwa 300 Kolonie bildenden Arten, die vor allem im tropischen Indopazifik vom Flachwasser bis in 4000 m Tiefe verbreitet sind. Sie haben ein federähnliches Aussehen und bestehen aus dem stark wachsenden Primärpolypen, der die Hauptachse bildet und an seitlichen Ästen wie an Federstrahlen Sekundärpolypen trägt. Viele Seefedern leuchten, wenn sie chemisch oder mechanisch gereizt werden (↗ Luciferin-Luciferase-System).

Pennisetum, Gatt. der ↗ Poaceae.

Pentactula, am Ende der Metamorphose entstehendes Larvenstadium der ↗ Holothuroida mit fünf Mundtentakeln und meist einem Füßchenpaar.

Pentastomida, *Zungenwürmer*, zu den Krebsen (↗ Crustacea) gehörendes Taxon mit rund 100, überwiegend in tropischen Regionen verbreiteten Arten. Die erwachsenen P. leben als Endoparasiten in den Atmungsorganen insbesondere von Schlangen, Krokodilen, Schildkröten. Sie ernähren sich dort von Blut oder auch von Nasenschleim und Lymphe. Der Körper ist 1 cm bis 16 cm lang und wurmförmig; die in Nase und Stirnhöhle parasitierenden Arten der Gattung *Linguatula* sind stark abgeflacht (daher der Name Zungenwürmer). Vorn am Kopf stehen zwei Paar winziger Sinnespapillen, dahinter zwei Paar chitiniger Klammerhaken, mit denen sich die P. im Wirt festheften. Der Rumpf ist geringelt. Das Nervensystem besteht bei ursprünglichen Vertretern aus paarigen ventralen Ganglien. Es fehlen Augen, Atmungs-, Kreislauf- und Exkretionsorgane. Die P. sind getrenntgeschlechtlich, die Weibchen werden nur einmal begattet. Die Erstlarve wird mit der Schleimhülle vom Endwirt beim Niesen freigesetzt und von Zwischenwirten (z. B. Huftiere) gefressen. Im Darm des Zwischenwirtes verlässt die Erstlarve die Hülle und dringt aktiv mit Hakenextremitäten und Bohrapparat in die Darmwand ein und von dort weiter in die Mesenterien oder sogar bis in Lunge, Leber und Niere. Anschließend wird über mehrere Häutungen das subadulte Tier gebildet. Wird der Zwischenwirt gefressen, so wandern die subadulten P. im Endwirt (Raubtier usw.) vom Darm über den Ösophagus in die Lunge bzw. die Nasen- und Stirnhöhlen, machen eine letzte Häutung, kopulieren und setzen sich fest. Der Mensch kann von *Linguatula* und *Armillifer* befallen werden, er ist dann aber Fehlwirt.

Pentatomorpha, Gruppe der Wanzen (↗ Heteroptera), zu der u. a. die ↗ Feuerwanze gehört.

Pentosen, Bez. für ↗ Monosaccharide mit fünf C-Atomen.

Pentosephosphat-Weg, *Pentosephosphatzyklus, Hexosemonophosphat-Weg, Phosphogluconat-Weg, Warburg-Dickens-Horecker-Weg*, ein Sekundärweg der Glucoseoxidation, der, ausgehend von Glucose-6-phosphat, NADPH + H⁺ für reduktive Biosynthesen und C5-Zucker, insbesondere Ribose-5-phosphat, als Baustein wichtiger Biomoleküle (Coenzym A, ATP, NAD⁺, FAD, Nucleinsäuren) liefert. Durch den P. erfolgt auch eine gegenseitige Umwandlung von Zuckern mit drei, vier, fünf, sechs und sieben C-Atomen in einer Reihe nichtoxidativer Reaktionsabfolgen. Der P. ist im Cytosol lokalisiert. Bei Säugern findet er sich vor allem im Fettgewebe, in den Milchdrüsen, der Nebennierenrinde und in der Leber, während er in anderen Geweben weniger aktiv ist und z. B. im Skelettmuskel fast vollständig fehlt.

Im *oxidativen Teil* des P. wird Glucose-6-phosphat unter der Katalyse der Glucose-6-phosphat-Dehydrogenase zum 6-Phosphoglucono-δ-lacton dehydriert, das durch die 6-Phosphogluconolactonase in 6-Phosphogluconat überführt wird. Letzteres liefert als Substrat der Phosphogluconat-Dehydrogenase unter Decarboxylierung Ribulose-5-phosphat. Der *nichtoxidative Teil* des P. stellt über die Enzyme ↗ Transketolase und ↗ Transaldolase eine reversible Verbindung zwischen dem P. und der ↗ Glykolyse her. Zunächst wird durch die Ribulose-5-phosphat-Isomerase Ribose-5-phosphat bzw. durch die Ribulose-5-phosphat-Epimerase Xylulose-5-phosphat (Xu5P) aus Ribose-5-phosphat gebildet. Xu5P wird in zwei Fructose-5-phosphat und ein Glycerinaldehyd-3-phosphat (GAP) umgewandelt. Die erste Transketolase-Reaktion setzt R5P mit Xu5P zu GAP und Sedoheptulose-7-phosphat (S7P) um, woraus unter der Katalyse der Transaldolase F6P und Erythrose-4-phosphat (E4P) entstehen. E4P und Xu5P werden in der zweiten Transaldolase-Reaktion in F6P und GAP überführt. Alle Reaktionen im nichtoxidativen Teil sind leicht reversibel, sodass auch die Möglichkeit zur Umsetzung von Hexosephosphaten zu Pentosephosphaten besteht. Die Geschwindigkeit des oxidativen Teils des P. ist vom $NADP^+$-Spiegel abhängig, wobei die praktisch irreversible Glucose-6-phosphat-Dehydrogenase-Reaktion eine regulatorische Funktion besitzt. Die Produktion von $NADPH + H^+$ ist eng mit dessen Verbrauch bei reduktiven Biosynthesen verbunden der nichtoxidative Zweig des P. wird dagegen in erster Linie durch die Substratverfügbarkeit reguliert.

Pentosephosphatzyklus, der ↗ Pentosephosphat-Weg.

PEP, Abkürzung für ↗ Phosphoenolpyruvat.

Pepsin, eine im Magen vorkommende Endopeptidase (↗ Proteinasen), die vorzugsweise eine Spaltung von Peptidbindungen mit aromatischen Aminosäuren katalysiert. Proteine werden dabei in Polypeptidgemische zerlegt, die als Peptone bezeichnet werden. P. besteht aus 327 Aminosäuren und wird in Gegenwart von Salzsäure durch Autolyse der inaktiven Vorstufe (Zymogen) *Pepsinogen* gebildet.

Peptid-Antibiotika, Gruppe von ↗ Antibiotika, die kurzkettige Aminosäuren (Peptide) enthalten. Die P. - A. und ihre künstlich hergestellten Vertreter werden in zwei Gruppen eingeteilt: Die erste zeichnet sich durch ein sehr breites Wirkungsspektrum aus. Sie tötet die Mikroorganismen, indem sie deren biologische Membranen durchlöchert, was zur Auflösung der Zellen führt. Aufgrund ihrer Giftigkeit und ihrer geringen Stabilität eignen sich diese Peptide jedoch nur eingeschränkt für die klinische Anwendung. Die zweite Gruppe von P. - A. stört den Aufbau der Zellwand oder die Biosynthese von lebenswichtigen Bestandteilen der Zellwand. Gebräuchliche P. sind u. a. das seit den 1940er Jahren bekannte Bacitracin sowie Nisin und Valinomycin.

Peptidasen, *Exopeptidasen*, zu den ↗ Hydrolasen gehörende ↗ Enzyme, die ↗ Proteine und Peptide hydrolytisch spalten, und zwar indem sie nur Aminosäurereste vom Ende der Polypeptidkette her abbauen.

Peptidbindung, die wichtigste kovalente Bindung zwischen Aminosäurebausteinen in Peptiden und ↗ Proteinen. Formal handelt es sich bei der P. um eine Säureamidbindung, die durch Reaktion der ↗ Carboxylgruppe einer ↗ Aminosäure mit der ↗ Aminogruppe einer zweiten Aminosäure gebildet wird.

Peptide, aus zwei bis etwa hundert ↗ Aminosäuren aufgebaute organische Verbindungen, deren monomere Bausteine durch ↗ Peptidbindung kovalent verknüpft sind. Nach der Anzahl der Aminosäuren wird zwischen Di-, Tri-, Tetra-, Pentapeptiden usw. unterschieden. Zur Vereinfachung der mit der griechischen Nummerierung verbundenen Kennzeichnung ist es auch üblich, bei längerkettigen P. die Zahl der Aminosäurebausteine in arabischen Zahlen vor das Wort Peptid zu setzen, z. B. 11-Peptid an Stelle von Undecapeptid. *Oligopeptide* enthalten weniger als zehn Aminosäurebausteine. Die Grenze zwischen *Polypeptiden* und den ↗ Proteinen, die natürliche Membranen nicht mehr passieren, wurde früher bei einer relativen Molekülmasse von etwa 10 kDa (das entspricht etwa 100 Aminosäurebausteinen) angegeben.

Peptidhormone, Gruppe von ↗ Hormonen, die als charakteristisches Strukturmerkmal die Peptidbindung enthalten, also Oligopeptide, Polypeptide und Proteine sind. Das kleinste P. ist das aus nur drei Aminosäuren aufgebaute Thyroliberin. Andere P. wie z. B. ↗ Follikel stimulierendes Hormon, ↗ luteinisierendes Hormon, ↗ Choriongonadotropin und ↗ Thyreotropin sind hochmolekulare ↗ Glykoproteine. P. werden vom ↗ Hypothalamus, der ↗ Hypophyse, der ↗ Bauchspeicheldrüse, der ↗ Schilddrüse und der ↗ Nebenschilddrüse sowie während der Schwangerschaft von der ↗ Placenta sezerniert. Neben diesen *glandulären P.* sind die *aglandulären P.* (↗ Gewebshormone) ebenso bedeutungsvoll wie die ↗ Neurohormone. Die Synthese der P. erfolgt meist aus höhermolekularen Vorstufen, den *Prä-Pro-Hormonen*; aus diesen entstehen nach Abspaltung einer Signalsequenz die *Pro-Hormone*, die erst nach weiterer proteolytischer Modifizierung zu den biologisch aktiven P. werden. Die Wirkungsvermittlung der P. erfolgt über Rezeptoren in der Zellmembran (↗ Signaltransduktion).

Peptidoglykan, *Murein*, eine Substanz der ↗ Bakterienzellwand. P. bestehen aus linearen Polysacchariden aus ↗ N-Acetylglucosamin und N-Acetylmuraminsäure in β-1→4-Bindung und Oligopeptiden, die diese netzartig kovalent miteinander verbinden.

Peracarida, zu den ↗ Malacostraca gehörendes Taxon der Krebse (↗ Crustacea), dessen wichtigstes Kennzeichen das *Marsupium* ist, eine Bruttasche, die sich auf der Ventralseite geschlechtsreifer Weibchen befindet. In ihr werden die Eier abgelegt und durchlaufen eine direkte Entwicklung. Das Marsupium wird als Voraussetzung dafür angesehen, dass einige Vertreter der P. unabhängig vom Wasser wurden und zu reiner Landlebensweise übergingen. Zu den P. gehören u. a. die *Mysidacea*, etwa 780 Arten garnelenartiger Krebse, die weltweit vor allem in Küstenregionen vorkommen sowie wenige Arten im Süßwasser bzw. in Höhlengewässern. Sie sind meist etwa 3 cm lang und dienen Fischen und Meeressäugern als Nahrung. Nachtaktive Weichbodenbewohner sind die *Cumacea* (rund 1000 Arten), die sich tags in Sand oder Schlamm eingraben. Sie sind reine Meeresbewohner, die vor allem in der Tiefsee vorkommen. Im Benthos in selbst gegrabenen Röhren oder Gängen leben die *Scherenasseln (Tanaidacea)*. Die rund 600 Arten leben im Meer von der Gezeitenzone bis in die Tiefsee, einige bewohnen wie Einsiedlerkrebse leere Schneckengehäuse. Weitere zu den P. gehörende Gruppen sind die Asseln (↗ Isopoda) und die Flohkrebse (↗ Amphipoda).

Peraeopoden, Extremitäten des Peraeons der Krebse (↗ Crustacea).

Peramelidae, *Nasenbeutler, Bandikuts*, in Australien, Neuguinea und den umliegenden Inseln lebende dämmerungs- oder nachtaktive Beuteltiere, mit 17 etwa ratten- bis dachsgroßen Arten. Bandikuts ernähren sich je nach Art von Insekten oder Früchten, die Insekten spüren sie mit der langen Schnauze im Boden oder in selbst gegrabenen Löchern auf. Sie besiedeln von sandigen Wüsten bis zum feuchten Regenwald sehr unterschiedliche Lebensräume.

Perca fluviatilis, der ↗ Flussbarsch.

Perciformes, *Barschfische, Barschartige Fische*, mit rund 9300 Arten die größte und formenreichste Ord. der Knochenfische (und aller Wirbeltiere). Die P. werden als nicht monophyletische Gruppe angesehen, die Einteilung in Subtaxa unterliegt noch nicht abgeschlossenen Veränderungen. Häufig anzutreffende Kennzeichen der P. sind: ein spindelförmiger Körperbau, zwei Rückenflossen, die entweder deutlich voneinander getrennt sind oder ineinander übergehen und aus einem vorderen hartstrahligen und einem hinteren weichstrahligen Teil bestehen, kehl- oder brustständige Bauchflossen, Kammschuppen, oft mit Dornen besetzte Kie-

mendeckel, große Fangzähne. Im Schultergürtel fehlt das Mesocoracoid, die Schwanzflosse hat höchstens 17 Strahlen, die Schwimmblase ist geschlossen. Rund 20 % der P. leben im Süßwasser (insbesondere der Tropen und Subtropen), die marinen Arten bewohnen bevorzugt die Küstenbereiche. Zahlreiche Arten haben wirtschaftliche Bedeutung.

In den Süßgewässern der Nordhalbkugel verbreitet ist die Fam. *Eigentliche Barsche (Barsche, Percidae)* mit 162 Arten, von denen viele Raubfische sind. Bekannte und als Speisefische begehrte Arten sind der ↗ Flussbarsch und der ↗ Zander. Nach dem *Kaulbarsch (Gymnocephalus cernua)* ist die Kaulbarsch-Flunder-Region benannt (↗ Fischregionen). Weitere Fam. der P. sind: Doktorfische (↗ Acanthuridae), Sandaale (↗ Ammodytidae), Labyrinthfische (↗ Anabantidae), Guramis (↗ Belontiidae), Schleimfische (↗ Blenniidae), Eisfische (↗ Chaenichthyidae), Borstenzähner (↗ Chaetodontidae), Buntbarsche (↗ Cichlidae), Schiffshalter (↗ Echeneidae), Grundeln (↗ Gobiidae), Lippfische (↗ Labridae), Meeräschen (↗ Mugilidae), Meerbarben (↗ Mullidae), Schlammspringer (↗ Periophthalmidae), Kaiserfische (↗ Pomacanthidae), Riffbarsche (↗ Pomacentridae), Papageienfische (↗ Scaridae), Makrelen (↗ Scombridae), Zackenbarsche (↗ Serranidae), Meerbrassen (↗ Sparidae), Barrakudas (↗ Sphyraenidae), Schützenfische (↗ Toxotidae), ↗ Trachinidae, ↗ Uranoscopidae und Schwertfische (↗ Xiphiidae).

perennierende Pflanzen, *ausdauernde Pflanzen*, Bez. für Pflanzen, die mehrere Jahre hindurch blühen und fruchten. Hierzu gehören ausdauernde Kräuter (Stauden) und Holzgewächse (Bäume, Sträucher).

Perforine, *Cytolysine*, von cytotoxischen ↗ T-Lymphocyten (Killerzellen) gebildete, in Vesikeln gespeicherte Proteine, die nach dem Kontakt mit der Zielzelle freigesetzt werden. Sie bilden in der Zellmembran dieser Zelle Poren, die zur Lyse der Zellen führen. Die Ausbildung der lytischen Poren erfolgt wie beim ↗ Komplementsystem durch eine Ca^{2+}-abhängige Polymerisation von P. in der Membran. P. bestehen aus zwei cysteinreichen Domänen und einem amphiphilen, eine α-Helix ausbildenden Bereich, der typisch für Zell-lysierende Moleküle ist.

peri-, in Zusammensetzungen: um, herum.

Perianth, Bez. für eine *Blütenhülle*, bei der die Blütenhüllblätter verschieden gestaltet sind.

Peribranchialraum, ↗ Kiemendarm.

Perichondrium, die Knorpelhaut (↗ Knorpel).

Periderm, das Korkgewebe (↗ Kork).

Peridiniales, Ord. der ↗ Dinophyta.

Peridium, *Peridie*, die äußere Fruchtkörperhülle oder -wand aus verflochtenen Pilzhyphen, z. B. bei

Perithecien (↗ Ascoma) von Schlauchpilzen; das P. kann mehrschichtig ausgebildet sein, dann wird zwischen dem inneren *Endo-* und dem äußeren *Exoperidium* unterschieden (z. B. Weichboviste, Nestpilze); Exoperidium und Endoperidium können noch geschichtet sein (z.B. bei den Erdsternen). – Bei den Sporangien der ↗ Schleimpilze ist das P. die den Sporen tragenden Teil umhüllende Wand (z. B. aus ↗ Cellulose).

Perigon, 1) Bez. für eine *Blütenhülle,* in der alle Blätter gleich gestaltet sind.

2) Die Gesamtheit der Blütenblätter.

perigyn, Bez. für eine ↗ Blüte mit mittelständigem ↗ Fruchtknoten.

Perikambium, *Perizykel,* äußere, an die ↗ Endodermis grenzende Zellschicht des Zentralzylinders.

Perikard, der Herzbeutel (↗ Herz).

Perikardialsinus, der durch die Perikardialmembran abgetrennte dorsale Hohlraum in der Leibeshöhle der Gliederfüßer (↗ Arthropoda), in dem sich das Rückengefäß (dorsales ↗ Herz) mit den Flügelmuskeln befindet.

Perikarp, *Fruchtgehäuse, Fruchtwand,* ↗ Frucht.

Perikaryon, der Zellleib einer Nervenzelle (↗ Neuron).

Perimetrium, *Tunica serosa,* die vom Bauchfell gebildete Außenhülle der ↗ Gebärmutter.

Perimysium, locker-faserige, gefäßreiche Bindegewebsschicht, welche die Skelettmuskeln der Wirbeltiere umhüllt und nach innen hin in die Gefäß und Nerven führenden innermuskulären Bindegewebshüllen der einzelnen Muskelfaserbündel (*Endomysium*), nach außen in die derb-faserige ↗ Faszie übergeht. (↗ Muskel)

Perineuralsinus, *Ventralsinus,* der durch das Perineuralseptum abgetrennte Hohlraum im Abdomen der Gliederfüßer (↗ Arthropoda), in dem das ventrale Strickleiternervensystem liegt.

Perineurium, gefäßreiche Bindegewebshülle um Bündel von Nervenfasern. (↗ Neuron, ↗ Nervensystem)

Perinotum, der Gürtel der Käferschnecken (↗ Polyplacophora).

Periophthalmidae, *Schlammspringer,* zu den Barschfischen (↗ Perciformes) gehörende Fam., deren Arten an tropischen Meeresküsten der Alten Welt in sandigen und schlickigen Gezeitengebieten, besonders häufig in brackigen Mangrovesümpfen leben; Schlammspringer verlassen bei Ebbe das Wasser und springen mit ihren an der Basis fleischigen, armartig verlängerten Bauchflossen auf der Suche nach kleinen Beutetieren umher. Dabei atmen sie, begünstigt durch die hohe Luftfeuchtigkeit, über Kiemen und über die stark durchblutete Haut der Mundhöhle. Alle Arten haben einen dicken Kopf mit steiler Stirn und großen, hochsitzenden, vorstehenden Augen.

Periost, die Knochenhaut (↗ Knochen).

Periostracum, die aus ↗ Conchin bestehende Schalenhaut der Weichtiere (↗ Mollusca).

Periphyton, der ↗ Aufwuchs.

Perisperm, Nährgewebe, das in den Samen der Arten einiger Pflanzenfam. gebildet wird und das im Gegensatz zum ↗ Endosperm aus dem Nucellus entsteht und sich daher außerhalb des Embryosacks befindet.

Perispor, die äußere Zellschicht, welche die Oosporen mancher Pilze und die Sporen von Lebermoosen und Farnpflanzen umgibt.

Perissodactyla, *Unpaarhufer, Unpaarzeher, Mesaxonia,* früher mit den ↗ Paarhufern und weiteren Ord. zu den ↗ Huftieren gestellte Ord. der Säugetiere, deren Vertreter sich parallel zu den Paarhufern zu reinen Pflanzenfressern entwickelt haben. Alle Arten sind relativ große Tiere, die in Wald (Tapire) und Savanne (Nashörner, Pferde) leben und zu rascher Flucht fähig sind. In Anpassung daran sind Hand- und Fußskelett verlängert, nur die Endglieder der Phalangen berühren den Boden (Zehenspitzengänger), und sie tragen ↗ Hufe. Schlüsselbeine (Clavicula) fehlen. Typisch für die P. ist, dass die Achse des Hand- und Fußskeletts durch den mittleren Strahl (dritter Mittelhand- bzw. Mittelfußknochen und dritter Finger bzw. Zehe) verläuft (daher der Name Mesaxonia = Mittelachsentiere), der die Hauptlast des Körpers zu tragen hat und entsprechend stark entwickelt ist. Die seitlichen Strahlen sind mehr oder weniger stark zurückgebildet. Zu den P. gehören die Fam. Pferde (↗ Equidae), Tapire (↗ Tapiridae) und Nashörner (↗ Rhinocerotidae).

peristaltische Bewegungen, *Peristaltik,* rhythmische Kontraktionswellen von (meist mit glatter Muskulatur ausgestatteten) Hohlorganen. Die p. B. werden durch Muskelkontraktionen bewirkt, die entlang des im Querschnitt flexiblen muskulösen Hohlorgans (Rohr) verlaufen, und zwar derart, dass jede Kontraktionswelle der Längs-, Ring- oder/und queren Muskulatur von einer Phase der Erschlaffung gefolgt wird, häufig kombiniert mit einer Kontraktion der antagonistisch wirkenden Muskulatur. Peristaltik ist ein wichtiger Transportmechanismus u. a. in Speiseröhre, Magen, Darm, dem Harnleiter der Wirbeltiere und des Menschen. Bei vielen wirbellosen Tieren dienen p. B. der ↗ Fortbewegung. Verläuft die peristaltische Welle gleichgerichtet mit der Bewegung, spricht man von *direkter Peristaltik,* verläuft sie entgegengesetzt, von *retrograder Peristaltik* oder *Antiperistaltik.*

Peristom, 1) bei *Moosen* einfacher oder doppelter Zahnkranz, der die Öffnung der Sporenkapseln umgibt und durch hygroskopische Bewegungen das Ausstreuen der Sporen kontrolliert.

2) *Zoologie*: Mundfeld, Umgebung des Mundes vieler Tiere; z. B. die durch besondere Cilien-Anordnung gekennzeichnete Umgebung des Mundes vieler Wimpertierchen (↗ Ciliata), der Bereich innerhalb der Tentakel bei Nesseltieren (↗ Cnidaria), das Mundfeld der Seeigel (↗ Echinoida; weichhäutige Peristomialmembran mit zehn Mundfüßchen). Das P. der ↗ Polychaeta entsteht durch Verschmelzen der Buccal-(Mund-)Region mit anschließenden larvalen Segmenten (i. Allg. zwei); es trägt Tentakelcirren.

Perithecium, Fruchtkörper (↗ Ascoma) der Schlauchpilze (↗ Ascomycetes).

Peritonealhöhle, die ↗ Bauchhöhle.

Peritoneum, *Bauchfell*, eine zarte Schleimhaut, welche die Körperhöhle der ↗ Amniota auskleidet. Sie überzieht als *Somatopleura (parietales Blatt)* die Innenwandung der Rumpfmuskulatur und als *Splanchnopleura (viscerales Blatt)* die intraperitoneal liegenden Organe. Das parietale Blatt ist sensibel innerviert und daher sehr schmerzempfindlich (guter Indikator für entzündliche Prozesse in der Bauchhöhle), während das viscerale Blatt von vegetativen Eingeweidenerven versorgt wird und daher kaum schmerzempfindlich ist. Das P. erfüllt eine Reihe wichtiger Aufgaben. Es schließt die Bauchhöhle luftdicht ab, es ermöglicht durch Abscheidung einer serösen Flüssigkeit die Verschiebung der intraperitoneal gelegenen Bauchorgane und dadurch ihre für die Verdauungsvorgänge wichtige Beweglichkeit, es resorbiert, es trägt zur Immunabwehr bei (das Omentum majus trägt lymphatisches Gewebe, die *Milchflecken* oder *Maculae lacteae*, die Lymphocyten, Granulocyten, Makrophagen und Mastzellen enthalten), und es ist an der Befestigung der Bauchorgane beteiligt.

peritrich, bei Bakterien eine Form der Begeißelung, bei der mehrere einzelne Geißeln über die Zelloberfläche verteilt sind. Sie unterscheiden sich somit von der *lophotrichen* Begeißelung, bei der Geißeln büschelförmig am Zellpol auftreten.

peritrophische Membran, Funktionsform der ↗ Glykokalyx, eine aus Proteinen und einem Netz feinster Chitinfasern bestehende Membran, die bei vielen Gliederfüßern (↗ Arthropoda) den Nahrungsbrei im Mitteldarm umgibt. Die p. M. wird entweder vom gesamten Mitteldarmepithel, vom vorderen Darmabschnitt oder nur von einigen Zellen am Beginn des Mitteldarms (*Valvuladrüse, Valvula cardiaca*) erzeugt. P. M. finden sich bei fast allen Monantennata und einigen Krebstieren (↗ Crustacea), aber auch bei Stummelfüßern (↗ Onychophora).

Perizykel, das ↗ Perikambium.

Perlen, von zahlreichen Weichtieren an der Schaleninnenseite (Schalenperlen) oder im Gewebe (freie Perlen) gebildete, kalkhaltige, mehr oder weniger runde Körper, die zur Abkapselung eingedrungener Fremdkörper und Parasiten dienen. Diese, als *Kern (Nucleus)* bezeichnet, werden von den benachbarten Zellen mit konzentrischen und radiären Lamellen aus ↗ Conchin umgeben; in den so entstandenen Taschen kristallisiert $CaCO_3$, oft als Calcit (Perlen stumpf aussehend), bei einigen Arten als ↗ Perlmutter. Aussehen und Haltbarkeit und damit der Wert der Perlen hängen vom Perlmuttergehalt ab (bei Perlmuscheln bis 92 %, Pinkperlen der Steckmuscheln nur 73 %). Perlen sind empfindlich gegen Säuren (Schweiß!). Perlmutterperlen werden von See- und Flussperlmuscheln, Meerohren, Kreisel- und Turban-Schnecken sowie von Perlbooten erzeugt. Form und Aussehen können im selben Tier verschieden sein, je nach Entstehungsort. Je höher der organische Anteil, um so dunkler die Perlen. Im Schließmuskel- und Scharnierbereich finden sich oft unregelmäßig geformte („*Barock*"-)*Perlen*. P. werden in allen warmen Meeren erzeugt und u. a. in Australien, Sri Lanka und der Südsee kommerziell genutzt (↗ Pteriomorpha).

Perlhirse, *Rohrkolbenhirse*, *Pennisetum americanum*, aus Afrika stammende Getreideart (↗ Poaceae). Die maisartigen Pflanzen sind 1 - 4 m hoch und bilden 10 - 60 cm lange Rohrkolbenähnliche Blütenstände. Die Körner sind bis 5 mm dick.

Perlhühner, die Fam. ↗ Numididae.

Perlmuscheln, Gatt. der ↗ Pteriomorpha.

Perlmutter, Schalenschicht ursprünglicher Weichtiere (Schnecken, Muscheln, Perlboote) aus polygonal-tafelig kristallisierendem Aragonit ($CaCO_3$); die Kristalle sind in parallel zur Schalenoberfläche verlaufenden Schichten angeordnet und in Taschen aus Conchin eingeschlossen; durch Interferenz entsteht der typische Glanz (*Lüster*) des Perlmutter. (↗ Perlen)

Perm, sich an das ↗ Karbon anschließende, jüngste Periode des Paläozoikums, die sich von etwa 290 bis 248 Mio. Jahren vor heute erstreckte. Leitfossilien sind für die marine Gliederung vor allem Fusulinen, Ammoniten (↗ Ammonoidea) und ↗ Conodonten, untergeordnet auch Korallen, ↗ Bryozoa, ↗ Brachiopoda u. a., im terrestrischen Bereich Pflanzen, Arthropoden, Fische und niedere Tetrapoden.

Im Vergleich zum Karbon hat sich die Lage der zur Pangaea vereinigten Kontinente wenig verändert. Der Nordpol lag bei Kamtschatka, der Südpol inmitten der Antarktis, der Äquator durchzog die westliche ↗ Tethys, Nordafrika und das Gebiet des nordamerikanischen Golfs. Nach Norden und Süden schlossen sich aride Klimazonen an. Die Südkontinente zeigen deutliche Vereisungsspuren (permokarbonische Eiszeit).

Pflanzen: An der Wende Rotliegendes/Zechstein vor etwa 258 Mio. Jahren vollzog sich der Übergang von der Vorherrschaft der Sporenpflanzen (↗ Pteridophyta) zur Herrschaft der Nacktsamer (↗ Gymnospermae). Unter den Schachtelhalmen spielen *Calamites* (↗ Calamitaceae) und *Sphenophyllum* eine Rolle, auf der Südhalbkugel *Phyllotheca* und *Schizoneura*, Bärlappe, letzte Nachkommen von *Sigillaria*. Typische Nadelhölzer waren *Lebachia* (*Waichia*) im Rotliegenden (258 bis 248 Mio. Jahre vor heute), *Ullmannia* und *Pseudovoltzia* im Zechstein (290 bis 258 Mio. Jahre vor heute); erste Ginkgo-Gewächse (*Sphenobaiera*) tauchen auf.

Tiere: In der Tierwelt vollzog sich ein deutlicher Wandel (Faunenschnitt) an der Grenze Perm/Trias: Er verlief nicht katastrophenartig, sondern graduell; dennoch war er eher Aussterben als Neubeginn. Mit durchschnittlich zwei Familien pro einer Mio. Jahre war die Aussterberate relativ hoch. Nur wenige Vertreter der paläozoischen marinen Faunen überlebten in der borealen Region bis Ende Perm. Fusulinen und rugose Korallen erreichten noch das absolute Perm-Ende. Zechsteinriffe setzten sich vorwiegend aus Schwämmen (↗ Porifera) und Bryozoa zusammen (*Fenestella* u. a.). Brachiopoda waren zahl- und formenreich. Muscheln erreichten in der Tethys beträchtliche Größe. Schnecken sind aufgrund ihrer Häufigkeit wichtige Leitfossilien in den Südalpen (*Bellerophon*-Schichten). An die Stelle der karbonischen Insekten traten Libellen, Netzflügler und Käfer. Knorpelfische kennzeichnen das deutsche Perm, *Amblypterus* im Rotliegenden und *Palaeoniscus* im Zechstein. Amphibien hatten ihren Höhepunkt bereits überschritten, waren aber noch zahlreich (*Eryops*, *Branchiosaurus*). Eine Weiterentwicklung sind die Amniota, die auch mit ihrer Entwicklung voll an das Landleben angepasst waren. Neben der Stammgruppe der Cotylosaurier erlangten im P. zwei zukunftsweisende Gruppen Bedeutung: die *Sauromorpha*, aus denen die heutigen Kriechtiere (↗ Reptilia) und Vögel (↗ Aves) hervorgingen, und die *Theromorpha*, Stammlinienvertreter der Säugetiere (↗ Mammalia). Bei den terrestrischen Tetrapoden macht sich der Faunenschnitt nicht bemerkbar.

Permafrost, Bez. für Material der Erdkruste, das wenigstens ein Jahr lang Temperaturen unter 0 °C aufweist (*Dauerfrost*). P. herrscht z. B. in weiten Teilen der Tundra und in vielen Gebirgen ab etwa 2000 - 2500 m.

permanenter Welkepunkt, Wasserpotenzial eines ↗ Bodens, bei dem die Wurzeln höherer Pflanzen aufgrund zu geringer Wurzelsaugspannung kein Wasser mehr aufnehmen können und irreversibel welken. Der p. W. liegt bei einem Matrixpotenzial von 1,5 x 10⁴ cm Wassersäule bzw. einem pF-Wert von etwa 4,2. (↗ Bodenwasser)

Permeabilität, allg. die Durchlässigkeit von Materialien für bestimmte Substanzen. Bei *Biomembranen* bezeichnet man mit P. deren Durchlässigkeit für bestimmte Ionen oder Moleküle.

Permeasen, inkorrekte Bez. für Trägerproteine, die am ↗ Transport verschiedener Stoffe (insbesondere Zucker und Aminosäuren) durch mikrobielle Membranen beteiligt sind. Der Begriff P. wird zunehmend durch die Termini ↗ Carrier oder Träger ersetzt.

Pernis, ↗ Bussarde.

perniziöse Anämie, ↗ Intrinsic factor.

Peronosporales, Ord. der ↗ Oomycota, deren einfachere Formen als Wasser- oder Bodenpilze Saprophyten oder fakultative Parasiten sind, die höheren Formen hingegen hochspezialisierte, obligate Parasiten auf höheren Landpflanzen. Viele P. sind gefährliche Erreger von Pflanzenkrankheiten, die nach dem Schadensbild als *Falscher Mehltau* bezeichnet werden (*Falsche Mehltaupilze*). Der Thallus der P. ist ein gut entwickeltes, reich verzweigtes Hyphenmycel, i. d. R. ohne Querwände. Die (Zoo-)Sporangien der ungeschlechtlichen Vermehrung sind rundlich und deutlich vom Sporangienträger (*Sporangiophor*) abgesetzt, von dem sie sich leicht ablösen oder abgeschleudert werden. Mit zunehmender Anpassung an das Landleben werden die Zoosporen rückgebildet, und die Sporangien keimen wie ↗ Konidien mit Keimhyphen aus. Die geschlechtliche ↗ Fortpflanzung ist eine Oogamie; das Oogonium enthält nur eine einzige *Oosphäre* (Eizelle), umgeben vom Periplasma. Wirtschaftlich bedeutende Schädlinge sind u. a. *Phytophthora infestans*, der Erreger der ↗ Krautfäule der Kartoffeln sowie *Plasmopara viticola*, der den Falschen Mehltau der Weinrebe (*Peronosporakrankheit*) hervorruft.

Peroxidasen, zu den ↗ Oxidoreduktasen gehörende ↗ Enzyme, die eine Hämgruppe (↗ Häm) enthalten. Sie sind im Tier- und Pflanzenreich weit verbreitet und katalysieren die Entgiftung von organischen Wasserstoffdonoren der allg. Formel XH_2 nach der Formel:

$$XH_2 + H_2O_2 \rightarrow X + 2\ H_2O$$

Gemeinsam mit ↗ Katalase kommen P. insbesondere in ↗ Peroxisomen vor.

Peroxisomen, *Microbodies*, die in allen eukaryotischen Zellen vorhandenen, 0,2 - 1,5 µm großen und von nur einer Membran umgebenen Vesikel. Ihre evolutionäre Entstehung ist unklar, da sie im Unterschied zu ↗ Lysosomen nicht durch Abschnürungen des Endomembransystems, sondern nur durch Teilung bereits bestehender P. gebildet werden. Ihren Namen verdanken sie dem Enzym ↗ Katalase, das cytotoxisches Wasserstoffperoxid unter Bildung von Wasser zu molekularem Sauerstoff umsetzt. Als ↗ Kompartiment der Zelle nehmen sie je nach Zelltyp unterschiedliche Aufgaben wahr. In *Pflanzenzellen* sind sie an der ↗ Fotorespiration und am Abbau von Fettsäuren (↗ Glyoxysomen) beteiligt. In *tierischen Zellen* haben P. verschiedene Aufgaben. In Leberzellen wird Cholesterol zu Gallensäuren oxidiert, wobei ein Schritt dieses Stoffwechselweges in den P. lokalisiert ist. Bei Insekten der Gattungen *Lampyrus* und *Photinus* („Glühwürmchen") ist das Enzym Luciferase in den P. enthalten (↗ Luciferin-Luciferase-System). Eine besondere Form der P. sind die *Hydrogenosomen* von Flagellaten der Gattung ↗ Trypanosoma, zu denen der Erreger der Schlafkrankheit zählt. Sie enthalten zahlreiche Enzyme der ↗ Glykolyse, wenn die Tiere im Blut ihres Wirtes vorhanden sind.

Fehler im Fettsäureabbau der P. machen sich beim Menschen als rezessive ↗ Erbkrankheiten bemerkbar, da das Auftreten von langkettigen Fettsäuren in großen Mengen Schädigungen von Gehirn und Leber hervorruft.

Persea, Gatt. der ↗ Lauraceae.

Persistenz, der Widerstand, den Stoffe ihrem ↗ Abbau entgegensetzen. Der Ausdruck „persistente Stoffe" wird häufig für schwer abbaubare Stoffe verwendet, die in der natürlichen Umwelt nur sehr langsam zu ungiftigen Stoffen umgewandelt werden. Zu den persistenten Stoffen gehören z. B. viele organische Chlorverbindungen. (↗ Abbaubarkeit)

Pertussis, der ↗ Keuchhusten.

Perutz, *Max Ferdinand*, österr.-engl. Chemiker, ✳ 19.5.1914 Wien; seit 1936 in England; Prof. in Cambridge, gründete (1947) und leitete bis 1979 die Abteilung für Molekularbiologie des Medical Research Council in Cambridge. P. erhielt 1962 zusammen mit J.C. ↗ Kendrew den Nobelpreis für Chemie für seine röntgenographischen Strukturuntersuchungen von Proteinmolekülen, insbesondere für die Analyse der Tertiärstruktur von ↗ Hämoglobin (1960).

Perviata, Subtaxon der ↗ Pogonophora.

Perzeption, Wahrnehmung von ↗ Reizen durch Sinnesorgane oder Sinneszellen (↗ Rezeptoren) bzw. das ↗ Gehirn.

Pessimum, Wirkungsbereich eines Umweltfaktors, in dem ein bestimmter Organismus gerade noch existieren kann. (↗ ökologische Potenz)

Pest, Infektionskrankheit, die durch *Yersinia pestis*, ein fakultativ aerobes, stäbchenförmiges Bakterium, verursacht wird. Die P. kommt bei Haustieren und frei lebenden Nagetieren vor, wobei Ratten das hauptsächliche Krankheitsreservoir sind. Übertragen wird die P. durch den Rattenfloh (*Xenopsylla cheopis*). Beim Menschen manifestiert sich die P. als beulenartige Anschwellung (Bubonen) der Lymphknoten, weshalb die Krankheit auch *Bubonen-P.* genannt wird. Durch Hämorrhagien (Blutungen) bilden sich dunkle Flecken auf der Haut (daher: „Schwarzer Tod"). Ohne Behandlung führt die P. innerhalb von 3 - 5 Tagen zum Tod.

Pestizide, Sammelbez. für alle chemischen Vorrats-, Pflanzenschutz- und Schädlingsbekämpfungsmittel. Hierzu gehören ↗ Fungizide, ↗ Insektizide, ↗ Herbizide sowie Mittel gegen Schnecken (Molluskizide), Nematoden (Nematizide), Milben (Acarizide) und Nagetiere (Rodentizide). ↗ Bioakkumulation, ↗ DDT, ↗ Grundwasser, ↗ Pflanzenschutzmittel, ↗ Schädlingsbekämpfung

Petalen, die ↗ Kronblätter.

Petauristinae, die ↗ Gleithörnchen.

Petermännchen, Name zweier Fischarten der Fam. ↗ Trachinidae.

Petersfische, die Fam. ↗ Zeidae.

Petersilie, *Petroselinum crispum*, in Südeuropa heimische Art der ↗ Apiaceae mit hohem Gehalt an Apiol (Petersilienkampher) und Myristicin. Apiol wirkt in größeren Mengen giftig und bakterizid.

Petiolus, 1) *Botanik*: der ↗ Blattstiel.

2) *Zoologie*: das stark verengte erste Opisthosomasegment mancher Spinnentiere (↗ Arachnida).

Petromyzonta, *Neunaugen*, Taxon der ↗ Rundmäuler (Cyclostomata) mit acht Gatt. und 26 Arten in gemäßigten und kalten Gewässern beider Hemisphären; Neunaugen haben einen aalförmigen Körper, eine unpaare Nasenöffnung oben am Kopf, gut entwickelte Augen, sieben Kiemenöffnungen, einen runden mit Hornzähnen besetzten, von Cirren umgebenen Saugmund, einen Spiraldarm und sind schuppenlos mit paarigen Flossen; der Nasengang endet blind. Ihre 1 - 5 Jahre lang im Süßwasser, meist in Schlammröhren lebenden, zahnlosen, wurmartigen Larven (*Ammocoetes* oder *Querder*) filtern aus dem vorbeiströmenden Wasser Kleinlebewesen; erst nach der Metamorphose zum Adulttier wandern die meisten Arten ins Meer und kehren nur zum Laichen ins Süßwasser zurück. Das bis 1 m lange, parasitisch lebende *Meeresneunauge* oder *Seeneunauge* (*Petromyzon marinus*) der westlichen und östlichen Küstengewässer des Nordatlantiks und der Großen Seen in Nordamerika saugt sich an Fischen fest und frisst Löcher in deren Haut und Muskeln. Stark gefährdet nach der ↗ Roten Liste ist das bis 50 cm lange *Flussneunauge* (*Pricke, Lampetra fluviatilis*); es lebt als Larve in nordwesteuropäischen Flüssen und wandert als parasitisches Adulttier in die angrenzenden Küstengewässer; hier bringt es oft mehrere Jahre zu, stellt dann das Fressen ein, zieht zum Laichen in den Oberlauf der Flüsse und stirbt danach.

Petroselinum, Gatt. der ↗ Apiaceae.

Peyer'sche Plaques, sekundäre lymphatische Organe der Submucosa des hinteren Dünndarms, die als ↗ B-Lymphocyten vor allem IgA (↗ Immunglobuline) produzierende Zellen enthalten. Spezialisierte Epithelzellen vermitteln den Transport von IgA in den Darm und den Transport antigener Substanzen aus dem Darmlumen zu den Lymphocyten. (↗ Darm, ↗ lymphatische Organe)

Peyote, ↗ Cactaceae.

Peyotl, ↗ Cactaceae.

Pezizales, *Becherpilze*, Ord. der Schlauchpilze (↗ Ascomycetes) mit etwa 1000 Arten, z. T. mit großen und durch Form und Farbe auffälligen Fruchtkörpern. Sie leben saprophytisch auf abgestorbenem Holz, Erde, Brandstellen, Nadelstreu oder Dung, oder auch symbiontisch als Mykorrhiza-Partner an Wurzeln höherer Pflanzen und sehr selten als Parasiten. Kennzeichnend für die P. ist der scheibenförmige Fruchtkörper (*Apothecium*; ↗ Ascoma), an dessen Oberseite die Fruchtschicht (*Hymenium*) mit den Asci frei liegt. Zwischen den Asci stehen *Paraphysen*, deren rote, violette oder gelbe bis braune Spitzen der Fruchtschicht die charakteristische Färbung verleihen. Der *Ascus* öffnet sich am Scheitel mit einem Deckel, der sich aus der äußeren Wandschicht bildet. Zu den P. gehören u. a. die ↗ Morcheln und die Echten ↗ Trüffel, aber auch giftige Arten, wie der Kronenbecherling (*Sarcosphaera crassa*).

Pfeffer, *Piper nigrum*, wahrscheinlich aus Südindien stammende Kletterpflanze der ↗ Piperaceae (Abb. siehe dort). Als *schwarzer P.* werden die vor der Vollreife geernteten getrockneten Steinfrüchte bezeichnet, als *weißer P.* die geschälten reifen Früchte. *Grüner P.* sind grün geerntete, eingelegte Früchte. P. enthält die Alkaloide *Piperin* und *Chavicin*.

Pfeffer, *Wilhelm Friedrich Philipp*, deutscher Chemiker und Botaniker, ✳ 9.3.1845 Grebenstein, † 31.1.1920 Leipzig; Prof. in Bonn, Basel, Tübingen und Leipzig; neben J. ↗ Sachs Begründer der modernen Pflanzenphysiologie. P. erarbeitete insbesondere die physikalisch-chemischen Grundlagen der Reiz- und Bewegungsvorgänge (Tropismen, Chemotaxis) bei Pflanzen und trug durch seine Osmoseforschungen mit semipermeablen Membranen (*Pfeffer'sche Zelle*, 1877; ↗ Osmose) wesentlich zur Schaffung von Grundlagen der allg. Physiologie bei.

Pfeffergewächse, die Fam. ↗ Piperaceae.

Pfefferminze, *Mentha x piperita*, mehrjährige Tee- und Heilpflanze der ↗ Lamiaceae, deren Blätter 1 - 3 % etherische Öle enthalten, u. a. Menthol und Menthon. Die Inhaltsstoffe wirken Schmerz stillend, Krampf lindernd, Harn und Schweiß treibend.

Pfeffer'sche Zelle, ↗ Osmose.

Pfeifente, Art der ↗ Gründelenten.

Pfeifhasen, *Pikas*, die Fam. Ochotonidae (↗ Lagomorpha).

Pfeilgifte, aus giftigen Pflanzen oder Tieren gewonnene Extrakte, meist Gemische verschiedener Verbindungen, die besonders in Afrika und Südamerika von Eingeborenen zum Bestreichen von Pfeilen, Speeren, Blasrohrgeschossen usw. bei Jagd und Kampf verwendet werden, um eine Lähmung oder Tötung von Beutetieren bzw. Feinden herbeizuführen. Während afrikanische P. vor allem aus *Acokanthera-*, *Strophanthus-*, *Strychnos-*, *Periploca*-Arten u. a. Pflanzen bereitet werden, ist in Südamerika die Verwendung von Curare und P. aus Farbfröschen (↗ Dendrobatidae) verbreitet. Die toxischen Bestandteile der P. sind vorwiegend herzwirksame Glykoside (z. B. Ouabain; ↗ Strophanthine) sowie Alkaloide (z. B. ↗ Strychnin, ↗ Curare, ↗ Batrachotoxine).

Pfeilgiftfrösche, die Fam. ↗ Dendrobatidae.

Pfeilwürmer, die ↗ Chaetognatha.

Pferde, die Fam. ↗ Equidae.

Pferdeaktinie, *Purpurrose*, Art der ↗ Actiniaria.

Pferdeantilopen, *Hippotragus*, Gatt. der ↗ Hippotraginae.

Pferdeböcke, die Unterfam. ↗ Hippotraginae.

Pferdebohne, ↗ Ackerbohne.

Pfifferling, *Cantharellus*, Gatt. der Ständerpilze (↗ Basidiomycetes) mit etwa 65 Arten, von denen etwa sieben in Mitteleuropa vorkommen. Die bekannteste Art und gleichzeitig ein geschätzter, schmackhafter Speisepilz ist der *Echte Pfifferling* oder *Eierschwamm* (*Cantharellus cibarius*), der in Nadelwäldern vorkommt; aber auch im Laubwald zu finden ist. Sein Fruchtkörper ist gestielt-hutförmig mit einem Hymenophor aus dicken, vielfach miteinander verbundenen Leisten. Als Pigmente treten ↗ Carotinoide (Gelbfärbung) auf, die sonst bei den höheren Holobasidiomycetes selten sind.

Pfingstrosengewächse, die Fam. ↗ Paeoniaceae.

Pfirsich, *Prunus persica*, syn. *Persica vulgaris*, aus China stammende Art der ↗ Rosaceae mit samtig behaarten Steinfrüchten.

Pflanzen, eukaryotische Organismen, die bis auf einige Parasiten durch den Besitz von Chloroplasten gekennzeichnet sind und über ↗ Fotosynthese aus anorganischen Stoffen organische Stoffe bilden können. Nach bisheriger Systematik wurden auch die ↗ Prokaroyten zu den Pflanzen gestellt.

Nach einer neueren Zusammenfassung (1999) der Daten molekulargenetischer, biochemischer und morphologischer Untersuchungen bilden die *grünen Pflanzen* ein eigenständiges Reich, das neben den ↗ Pilzen, *Stramenopiles* und *roten Pflanzen* aus dem ehemaligen Pflanzenreich ausgegliedert wurde. Die grünen Pflanzen gliedern sich in zwei Gruppen, von denen die erste beinahe sämtliche ein- bis mehrzelligen Grünalgen (↗ Chlorophyta) und die zweite einige Grünalgen sowie die Landpflanzen (↗ Embryophyta) enthält. Beide Gruppen besitzen einen gemeinsamen einzelligen Vorfahren, d. h., dass die vielzelligen Pflanzen mindestens zweimal unabhängig voneinander entstanden sind. Die Landpflanzen haben sich vor ca. 450 Mio. Jahren aus einzelligen Süßwasseralgen entwickelt, die in ihrem Bau vermutlich fädig verzweigten ↗ Algen oder Armleuchteralgen (↗ Charophyceae) geähnelt haben. Vor etwa 400 Mio. Jahren sind wahrscheinlich die Vorläufer unserer heutigen Moose entstanden. Aus diesen könnten sich die Ur-Landpflanzen (*Psilophyten*; ↗ Psilophytopsida) entwickelt haben, die Wurzelhaar-ähnliche Rhizoide, eine Cuticula, Epidermis, Spaltöffnungen, Leitbündel, Gametangien und Sporangien aufwiesen. Vor ca. 360 - 410 Mio. Jahren entstanden aus Psilophyten-artigen Stammformen die bis heute überlebenden Hauptgruppen der Farnpflanzen (↗ Pteridophyta). Vor etwa 350 Mio. Jahren entstanden wahrscheinlich die ersten Samenpflanzen (↗ Spermatophyta).

Literatur: Sitte, P., Ziegler, H., Ehrendorfer, F., Bresinsky, A. (Hg.): Lehrbuch der Botanik. Heidelberg [34]1999.

Pflanzenanalyse, die ↗ Gewebeanalyse.

Pflanzenasche, die nach dem Verbrennen von in Pflanzenmaterial enthaltenen organischen Bestandteilen zurückbleibenden anorganischen Substanzen, die z. B. bei der ↗ Gewebeanalyse näher untersucht werden.

Pflanzenbau, Zweig der ↗ Landwirtschaft, der sich mit der Erzeugung von Pflanzen (Ackerpflanzen, Grünland, Gehölze) beschäftigt. (↗ Ackerbau, ↗ integrierter Pflanzenbau, ↗ Kulturpflanzen)

Pflanzenernährung, Forschungsgebiet, das sich mit der Aufnahme und Assimilation von für Pflanzen erforderlichen ↗ Nährelementen befasst. Wegen der komplexen Beziehungen von Pflanzen zu ihrer Umwelt, müssen bei der P. auch Bodenverhältnisse und Klimafaktoren berücksichtigt werden. Die Ermittlung der Nährstoffbedürfnisse von Kulturpflanzen (↗ Mangelsymptome) und die Erforschung der ihnen zugrunde liegenden physiologischen Prozesse sind für die Landwirtschaft von großer Bedeutung (↗ Düngung). Eine optimale Versorgung mit Nährstoffen garantiert qualitativ und quantitativ gute Erträge. Methoden der P. sind u. a. die *Bodenanalyse*, mit deren Hilfe die potenziell zur Verfügung stehenden Nährstoffe ermittelt werden können, und die *Gewebeanalyse*, die Aussagen darüber zulässt, welche Nährstoffe in welcher Konzentration von Pflanzen tatsächlich aufgenommen wurden. Zwischen der Nährstoffkonzentration in der Pflanze und dem Ertrag besteht ein direkter Zusammenhang, wobei der Übergang vom *Mangelbereich* zum *adäquaten Bereich* durch die so genannte *kritische Konzentration* gekennzeichnet ist, die als der niedrigste Gehalt eines Nährelements im Gewebe gekennzeichnet ist, bei dem optimales

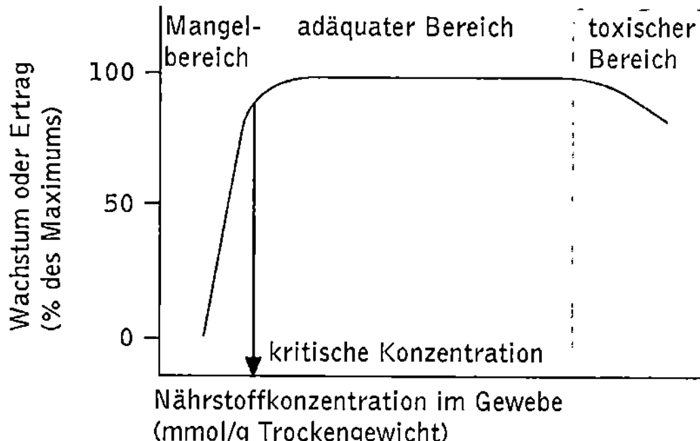

Pflanzenernährung Zusammenhang zwischen Wachstum bzw. Ertrag und der Konzentration von Pflanzennährstoffen im Gewebe. Ist die *kritische Konzentration* erreicht, liegt die Versorgung mit einem bestimmten Nährelement im *adäquaten Bereich*

Wachstum bzw. optimale Erträge erzielt werden. Sie lässt sich für eine bestimmte Pflanzenart und ein bestimmtes Nährelement experimentell ermitteln, indem man Pflanzen z. B. in Hydrokultur unter definierten Bedingungen anzieht. Bei zu hohen Nährstoffkonzentrationen im Gewebe wird ein *toxischer Bereich* erreicht, der sich auf das Wachstum negativ auswirkt.

Pflanzenfarbstoffe, ↗ Pflanzenpigmente.

Pflanzenfresser, *Phytophagen*, Bez. für Tiere, die sich von Pflanzen ernähren. (↗ Ernährung)

Pflanzengallen, ↗ Gallen.

Pflanzengemeinschaft, die ↗ Pflanzengesellschaft.

Pflanzengeografie, ↗ Geobotanik.

Pflanzengesellschaft, *Pflanzengemeinschaft, Phytozönose*, Bez. für eine zeitlich stabile standortabhängige Kombination von Pflanzen verschiedener Arten, die miteinander konkurrieren und die ähnliche oder gleiche Ansprüche an den Standort stellen. Grundeinheit der P. ist die ↗ Assoziation.

Pflanzenhaare, *Trichome*, epidermale Anhangsgebilde verschiedener Form, Struktur und Funktion. Sie gehen i. d. R. aus einer einzigen Zelle, der Initialzelle, hervor. *Einzellige P.* sind z. B. die *Papillen*, die den Samtglanz vieler Laub- und Blütenblätter bei verschiedenen Pflanzen (Stiefmütterchen, Lupine) bewirken, die *Wurzelhaare* sowie andere Schlauchhaare, z. B. auf der Samenschale der Baumwoll-Pflanze, die *Borstenhaare* (z. B. bei den Borretschgewächsen) und die ↗ Brennhaare (z. B. bei der ↗ Brennnessel). Verzweigte einzellige P. sind u. a. die Haare auf dem Blatt des Hirtentäschelkrauts. *Mehrzellige P.* bestehen entweder aus Zellreihen oder aus gestielten bzw. ungestielten Zellflächen. Meist sind die Pflanzen dicht von diesen Haaren überzogen, z. B. die verzweigten *Wollhaare* der Königskerze und die *Schuppenhaare* des Sanddorns. Abgestorbene P. erscheinen weiß, da sie mit Luft gefüllt sind. Die toten Haare senken die Tran-

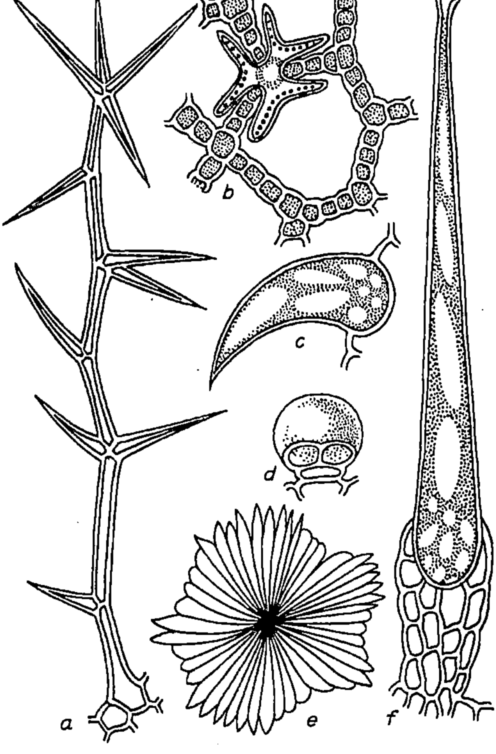

Pflanzenhaare a verzweigtes Wollhaar (Königskerze), b inneres Haar (gelbe Seerose), c Kletterhaar (kletterndes Labkraut), d mehrzelliges Drüsenhaar (Salbei), e Schuppenhaar (Sanddorn), f Brennhaar (Brennnessel). 50- bis 300fach vergrößert

spirationsrate und schützen vor zu starker Sonneneinstrahlung. Dagegen können lebende Haare zur Oberflächenvergrößerung und damit zur Steigerung der Transpiration beitragen. Zu den *Absorptionshaaren* gehören z. B. die Schuppenhaare der Blattoberseite tropischer ↗ Epiphyten und die ↗ Wurzelhaare. Sie dienen der Aufnahme von Wasser und darin gelöster Substanzen. ↗ Drüsenhaare scheiden Stoffe aus, schützen gegen Tierfraß und dienen bei ↗ carnivoren Pflanzen dem Tierfang. *Sinnes-* und *Fühlhaare* erleichtern bei berührungsempfindlichen Pflanzen die Wahrnehmung des Reizes. *Kletterhaare* (z. B. beim Hopfen) vermehren den Reibungswiderstand zwischen dem Kletterspross und seiner Stütze. *Flughaare* verringern die Fallgeschwindigkeit von Samen und Früchten. Haarähnliche Gebilde, an denen auch tiefer liegende Zellschichten beteiligt sind, nennt man ↗ Emergenzen.

Pflanzenheilkunde, die ↗ Phytotherapie.

Pflanzenhormone, die ↗ Phytohormone.

Pflanzenkläranlage, Bez. für ↗ Kläranlagen, bei denen das natürliche Reinigungsvermögen von mit Pflanzen bewachsenem Boden ausgenutzt wird. Das Abwasser wird dabei durch mit Sumpfpflanzen (z. B. Schilfrohr) bewachsenen Boden geleitet. Durch das Bodensubstrat wird das Abwasser mechanisch gereinigt, gleichzeitig erfolgt die biologische Reinigung des Abwassers durch Mikroorganismen des Bodens.

Pflanzenkrankheiten, die durch abiotische oder biotische Faktoren verursachten Krankheiten, deren Folgen bei Kulturpflanzen dramatisch sein können, wenn durch eine epidemieartige Verbreitung ganze Ernten ausfallen. Neben Bakterien und Pflanzenviren gehören Pilze zu den wichtigsten Verursachern von P. Sie verursachen Brand- und Rostkrankheiten, Mehltau oder Frucht- und Wurzelfäulen. So wird die wichtigste Erkrankung der Kartoffel, die *Kraut-* und *Knollenfäule*, durch den Pilz *Phytophtora infestans* hervorgerufen. Sie war z. B. für die großen Hungersnöte in Irland in der Mitte des 19. Jh. verantwortlich. Zu abiotischen Faktoren zählen Klima und Witterung sowie Bodeneigenschaften, die zudem an der Ausbildung von durch Pilze oder Bakterien hervorgerufenen P. beteiligt sein können. Virusinfektionen führen häufig zu Veränderungen bei Blättern, die von lokalen Chlorosen über Nekrosen zu deren Absterben führen können. In Zusammenhang mit Pflanzenviren wird auch eine so genannte *Verzwergung* gebracht, bei der alle Pflanzenteile verkleinert sind.

Pflanzenkrebs, ↗ Pflanzentumoren.

Pflanzenkunde, die ↗ Botanik.

Pflanzenläuse, die ↗ Stenorrhyncha.

Pflanzennährstoffe, ↗ Nährelemente.

Pflanzenökologie, Teilgebiet der ↗ Ökologie, das sich mit den Wechselwirkungen zwischen Pflanzen und ihrer Umwelt befasst. In der Autökologie stehen dabei die Anpassungen einzelner Pflanzenarten an ihren ↗ Standort im Vordergrund, in der Synökologie die Wechselbeziehungen innerhalb von Pflanzengesellschaften, zwischen den Pflanzengesellschaften und zwischen Pflanzengesellschaft und Standort.

Pflanzenpathologie, die ↗ Phytopathologie.

Pflanzenphysiologie, das Teilgebiet der Botanik, das sich mit den Funktionsabläufen in Pflanzen anhand der zugrunde liegenden physikalischen und (bio)chemischen Prozesse befasst. Als experimentelle Disziplin beschränkt sich die P. nicht nur darauf, Entwicklungs- oder Stoffwechselprozesse zu beschreiben, sondern will diese auch in ihren kausalen Zusammenhängen erklären. Die P. lässt sich in drei grundsätzliche Teilbereiche unterteilen, die sich jedoch überschneiden können. Es existieren zudem eine ganze Reihe von weiteren, enger umgrenzten Teilgebieten, die sich wie die *Ökophysiologie* mit dem Verhalten von Pflanzen in ihrer Umwelt oder, insbesondere die *Stressphysiologie*, mit der Antwort von Pflanzen auf ungünstige Umwelteinflüsse befassen. Mit dem Begriff *Molekulare*

Physiologie wird heute die Verknüpfung von molekulargenetischen Forschungsansätzen mit Fragestellungen der P. bezeichnet, die vor allem von der Erforschung transgener Pflanzen und Mutanten profitiert.

Stoffwechselphysiologie. Die Physiologie des pflanzlichen Stoff- und Energiewechsels untersucht alle Prozesse, die mit der Bereitstellung (z. B. ↗ Fotosynthese) und dem Verbrauch von Energie, sowie der Aufnahme von organischen und anorganischen Stoffen (z. B. ↗ Nährelemente), deren Umsetzung zu organischen Verbindungen (Biosynthese der Kohlenhydrate, sekundären Pflanzenstoffe usw.) und Abgabe bzw. Speicherung zusammenhängen. Ein wichtiger Bereich der Stoffwechselphysiologie widmet sich dem für Pflanzen lebenswichtigen Wasserhaushalt.

Entwicklungsphysiologie. Die Physiologie des Formwechsels befasst sich mit Entwicklungs- und Wachstumsprozessen von der Samenentwicklung bis hin zum Absterben von Pflanzen und deren Regulation durch endogene (z. B. ↗ Phytohormone) oder exogene Faktoren wie Umwelteinflüsse (Licht, Temperatur, Wasserversorgung, ↗ Morphosen). Wichtige Forschungsgebiete widmen sich dabei der ↗ Blütenbildung, dem ↗ Fotoperiodismus, der Physiologie der pflanzlichen Fotorezeptoren und der pflanzlichen Embryonalentwicklung.

Bewegungsphysiologie. Die Physiologie der Bewegungen erforscht, wie sich Pflanzen, Zellorganellen, Zellen, Organe bewegen und welche Reize hierzu wahrgenommen werden müssen. Bei frei beweglichen Algen und Pilzen werden freie Ortsbewegungen (↗ Taxis), bei im Substrat verankerten Pflanzen gerichtete (↗ Tropismus) und ungerichtete (↗ Nastie) Bewegungen erforscht. Wichtige Bereiche der Bewegungsphysiologie sind die den Rankenbewegungen oder dem Öffnen der Spaltöffnungen zugrunde liegenden physiologischen Prozesse.

Pflanzenpigmente, Überbegriff für die in Pflanzen vorhandenen Pigmentmoleküle, die entweder im Zellsaft der Vakuole oder aber in *Chromatophoren*, d. h. Plastiden mit unterschiedlicher Funktion vorhanden sind und dort unterschiedlichste Aufgaben wahrnehmen. P. kommen als ↗ Blattpigmente, ↗ Blütenpigmente oder auch als Holzfarbstoffe vor und sind z. T. auch als natürliche Farbstoffe zur Färbung von Wolle usw. geeignet (*Färberpflanzen*).

Pflanzenschlaf, ↗ Schlafbewegungen.

Pflanzenschutz, Sammelbegriff für alle Maßnahmen, die Kulturpflanzen und deren Produkte vor Schädlingen und ↗ Pflanzenkrankheiten schützen. P. kann *physikalisch* durch die mechanische Beseitigung von Schädlingen oder durch eine Hitzebehandlung des Bodens bzw. das Abflammen von Unkräutern erfolgen. Chemische Verfahren des P. setzen so genannte ↗ Pflanzenschutzmittel ein.

Biologische Maßnahmen schließen den Einsatz von *Nützlingen* oder die Verwendung pflanzlicher Verbindungen wie ↗ Pyrethrine ein. Kombinationen unterschiedlicher P.-Strategien kommen beim ↗ integrierten Pflanzenbau zum Einsatz.

Pflanzenschutzmittel, chemische und biologische Mittel, die dazu dienen, Pflanzen und Pflanzenerzeugnisse vor Schadorganismen (Tiere, Pflanzen, Mikroorganismen) zu schützen. Hierzu gehören v. a. ↗ Fungizide, ↗ Insektizide und ↗ Herbizide. (↗ Pestizide, ↗ Schädlingsbekämpfung)

Pflanzensoziologie, *Vegetationskunde*, Teilgebiet der ↗ Geobotanik, das sich mit den Pflanzengesellschaften und ihren Beziehungen zur Umwelt befasst. Sie untersucht u. a. die Pflanzengesellschaften in ihrer Struktur, ihrer Einpassung in die Umgebung sowie ihre geschichtliche Entwicklung.

Pflanzenstoffe, ↗ sekundäre Pflanzenstoffe.

Pflanzentransformation, die in Anlehnung an den bei ↗ Bakterien verwendeten Begriff Transformation gebräuchliche Bez. für die Erzeugung ↗ transgener Pflanzen.

Pflanzentumoren, die bei Pflanzen auftretenden Wucherungen, die sich wie tierische Tumoren durch das unkontrollierte Wachstum von Zellen auszeichnen. Sie können wie der *Obstbaumkrebs* durch Pilze, durch Viren oder aber durch Bakterien verursacht werden. Die am besten untersuchten P. werden durch das Bodenbakterium ↗ Agrobacterium tumefaciens hervorgerufen, das zum ↗ Wurzelhalsgallenkrebs führt.

Pflanzenwespen, die ↗ Symphyta.

Pflanzenwuchsstoffe, die ↗ Phytohormone.

Pflanzenzelle, die ↗ Eucyte der Pflanzen, insbesondere der höheren Pflanzen, die sich von tierischen Zellen durch das Vorhandensein von ↗ Plastiden, einer ↗ Zellwand und einer ↗ Vakuole unterscheidet. Sie sind für die Unterschiede beider Zelltypen verantwortlich, die sich z. B. in der Art der *Zell-Zell-Verbindungen* (↗ Plasmodesmen) und Zellteilung (↗ Cytokinese) bemerkbar machen.

Pflanzenzellwand, ↗ Zellwand.

Pflanzenzüchtung, die Bez. für Verfahren zur gezielten Erhaltung und Verbesserung (z. B. bessere Erträge, höhere Resistenzen gegenüber Pflanzenkrankheiten) der genetischen Eigenschaften von ↗ Kulturpflanzen. Die P. bedient sich dabei der genetischen Grundlagen der Vererbung und in zunehmendem Maße auch gentechnischer Verfahren, wie der Erzeugung von Mutationen (*Mutationszüchtung*) oder der Verwendung von genetischen ↗ Markern. (↗ grüne Gentechnik)

pflanzliche Abwehr, die von Pflanzen entwickelten Schutzmechanismen gegen Schädlinge und Pflanzenkrankheiten, denen sich Pflanzen aufgrund ihrer sessilen Lebensweise nicht durch einen Ortswechsel entziehen können. (↗ Abwehr)

pflanzliche Phenole, bei Pflanzen vorkommende Verbindungen mit einer oder mehreren Hydroxylgruppen an aromatischen Ringen (*Phenole*), deren Ausgangsstoff *Zimtsäure* ist. Zu den p. P. gehören u. a. Lignine, Cumarine, viele Gerbstoffe, Plastochinon, Ubichinon, Tocopherole und Flavonoide.

Pflasterepithel, Typ des ↗ Epithelgewebes.

Pflaume, *Zwetschge*, *Prunus domestica*, in Südosteuropa und Westasien beheimatete Art der ↗ Rosaceae. Die zahlreichen Kultursorten bilden blauviolette, rote oder gelbe Früchte.

Pflugscharbein, *Vomer*, Knochen des ↗ Schädels.

Pfortadersystem, allg. Bez. für ein Venensystem der Wirbeltiere und des Menschen, das Blut in das Kapillarbett eines anderen Organs führt, anstatt es direkt dem Herzen zurückzuleiten. Beispiele sind das Kapillarnetz in der ↗ Leber aller Wirbeltiere (*Vena portae hepatis*) und der ↗ Niere (*Vena portae renis*) vieler Wirbeltiergruppen. Das hypophysäre Pfortadersystem (↗ Hypophyse, ↗ Hypothalamus) bildet die Verbindung zwischen der Eminentia mediana am Zwischenhirnboden und den Sinuskapillaren in der Pars distalis der Adenohypophyse. Es dient dem Transport von Neurosekreten aus dem Hypothalamus zur Hypophyse.

Pfropfung, eine vor allem bei Obstgehölzen angewandte *Veredelungstechnik*, bei der man einen wurzellosen Steckling einer qualitativ hochwertigen Sorte (das *Reis*) an einer Schnittfläche auf eine bewurzelte Pflanze (die *Unterlage*) aufbringt („pfropft"). Die durch P. entstandene Pflanze wird als ↗ Chimäre bezeichnet, da sie weiterhin aus zwei genetisch verschiedenen Partnern besteht. Diese können sich jedoch so beeinflussen, dass

morphologische Merkmale wie z. B. die Blattform verändert werden.

Pfuhlschnepfe, Art der Schnepfenvögel (↗ Scolopacidae).

Phacelia, Gatt. der ↗ Hydrophyllaceae.

Phaeophyceae, *Braunalgen*, Klasse der ↗ Heterokontophyta mit ca. 1500 bis 2000 Arten, die vorwiegend in den Meeren der gemäßigten und kälteren Gebiete verbreitet sind. Zu den P. zählen sowohl fädige, kleinere Formen als auch Arten mit mehrere Meter großen Thalli, die in Rhizoide, Cauloide und

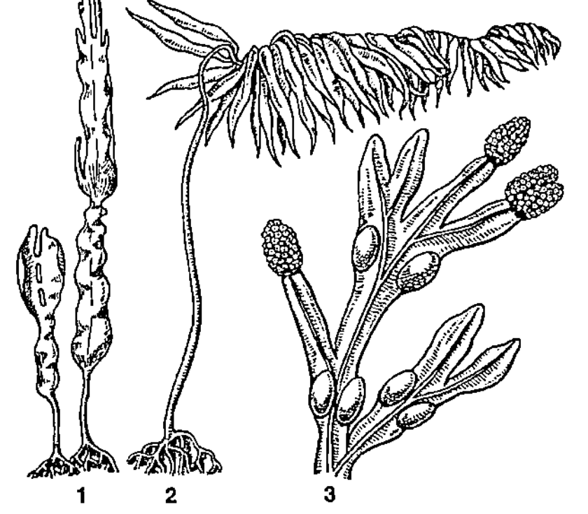

Phaeophyceae 1 Zuckertang (*Laminaria saccharina*), 2 Riesentang, (*Macrocystis pyrifera*), 3 Blasentang, (*Fucus vesiculosus*)

Phylloide gegliedert sind. In den meisten Fällen sind sie mit dem Untergrund fest verhaftet. Die großen Formen werden *Tange* genannt. Zu den Tangen gehören der ↗ Zuckertang (*Laminaria saccharina*), der ↗ Riesentang, (*Macrocystis pyrifera*) und der ↗ Blasentang (*Fucus vesiculosus*). Die

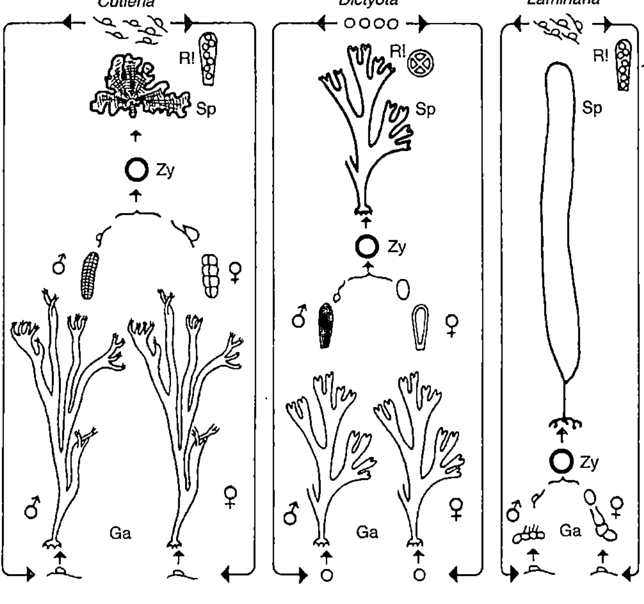

Phaeophyceae Generations- und Kernphasenwechsel bei einigen Braunalgen. Ga Gametophyt, Sp Sporophyt, Zy Zygote, R! Reduktionsteilung. Haploide Phase mit dünnen, diploide mit dicken Linien gezeichnet

Zellen der P. sind einkernig, sie enthalten Chlorophyll *a*, β-Carotin und braunes Fucoxanthin, das die übrigen Farbstoffe überdeckt. Als Assimilationsprodukte treten Laminarin, Öl und Mannit auf, jedoch keine Stärke. In der Zellwand kommt außer ↗ Cellulose u. a. das Polysaccharid Algin vor. Die ungeschlechtliche Vermehrung erfolgt durch begeißelte Zoosporen, die in Sporangien gebildet werden. Die Sporangien können entweder ungegliedert oder durch Quer- und Längswände gekammert sein. Bei der geschlechtlichen Fortpflanzung entstehen die Gameten immer in den gekammerten Sporangien. Als Fortpflanzungsformen kommen sowohl Iso-, Aniso- als auch Oogamie vor.

Die meisten P. haben einen ↗ Generationswechsel. Dabei sind bei den primitiveren Formen Gametophyt und Sporophyt gleich gestaltet. Mit zunehmender Entwicklung der P. ist eine fortschreitende Reduktion des Gametophyten zu beobachten, bis schließlich nur noch der Sporophyt gebildet wird. Das Wachstum der Thalli erfolgt z. T. interkalar, z. T. durch Scheitelzellen. Manche Arten bilden echte Gewebe aus, die teilweise schon eine Differenzierung in assimilierendes Rindengewebe, Zentralgewebe, leitende Elemente u. a. zeigen.

Zu den P. gehören die ↗ Ectocarpales, die ↗ Cutleriales, die ↗ Dictyotales, die ↗ Laminariales und die ↗ Fucales. Umfangreiche Gatt. sind *Ectocarpus, Cutleria, Dictyota, Macrocystis* und *Fucus*.

Phaeoplasten, die braun gefärbten ↗ Plastiden der Braunalgen (↗ Phaeophyceae), denen das Carotinoid *Fucoxanthin* ihre charakterische Färbung verleiht.

Phagen, die ↗ Bakteriophagen.

Phagocyten, i. w. S. die allg. Bez. für Zellen, die durch ↗ Phagocytose festes Material aufnehmen. Beim Menschen i. e. S. der Sammelbegriff für die *Fresszellen* des Immunsystems, die körpereigene oder körperfremde Zellen oder Zellbestandteile aufnehmen. Zu ihnen zählen die ↗ Makrophagen, ↗ Monocyten und neutrophilen ↗ Granulocyten. (↗ Endocytose)

Phagocytose, die Aufnahme fester Nahrungspartikel in die Zelle, wo sie der intrazellulären Verdauung in Form einer durch die Plasmamembran gebildeten *Verdauungsvakuole* (↗ Nahrungsvakuole), dem *Phagosom*, zugeführt werden. Zusammen mit dem Begriff *Pinocytose* wird die P. heute als ↗ Endocytose bezeichnet.

Phalacrocoracidae, *Kormorane*, Scharben, Fam. der Ruderfüßer (↗ Pelecaniformes) mit rund 30 fast weltweit an Süßgewässern und den Meeresküsten verbreiteten Arten. P. haben meist dunkles bzw. schwarzes Gefieder und eine hakig nach unten gebogene Oberschnabelspitze. Sie tauchen nach Fischen; da ihr Gefieder dabei nass wird, sitzen sie nach dem Tauchen an Land mit zum Trocknen

ausgebreiteten Flügeln. In Europa kommen der bis 90 cm große *Kormoran (Phalacrocorax carbo)* mit weißen Wangen, die etwas kleinere, aber sehr ähnliche *Krähenscharbe (Phalacrocorax aristotelis)* mit aufrichtbarer Federhaube am Kopf, und als kleinste Art der K. die *Zwergscharbe (Phalacrocorax pygmaeus)* vor.

Phallales, Ord. bzw. Überord. der Ständerpilze (↗ Basidiomycetes), deren Fruchtkörper in den jungen Entwicklungsstadien von einer gallertigen Hülle umgeben sind, die später gesprengt wird. Die zunächst umschlossene *Gleba* ist gekammert und bildet bei der Reife eine tropfende, stinkende, die Basidiosporen enthaltende Masse, die bei vielen Arten durch streckungsfähige Achsenelemente (*Receptaculum*) herausgeschoben wird. Die Ausbreitung der Sporen erfolgt durch Insekten, die durch den Geruch und das z. T. lebhaft gefärbte Receptaculum angelockt werden. Eine einheimische Art ist die *Stinkmorchel (Phallus impudicus)*. Der junge, von einer weichen, weißen Hülle, der *Volva*, umschlossene Fruchtkörper wird *Hexenei* genannt. Das Receptaculum streckt sich und hebt dabei innerhalb weniger Stunden einen Hut bis zu 15 cm empor. Dieser besteht aus der kammerigen Trägerschicht und der darauf liegenden grünschwarzen schleimigen, stinkenden Sporenmasse (Anlockung von Fliegen). Beim *Gitterpilz* (Gatt. *Clathrus*) ist der Entwicklungsgang ähnlich, jedoch ist das rot gefärbte Receptaculum gitterförmig.

Phallotoxine, aus sieben Aminosäuren bestehende bizyklische Peptide, die neben den ↗ Amatoxinen die wichtigsten Gifte des Grünen Knollenblätterpilzes (*Amanita phalloides*) sind. Zu den P. gehören Phalloidin, Phalloin, Phallisin sowie Phallacidin und Phallisacin. Die P. bewirken eine Veränderung des Cytoskelettproteins Actin in den Parenchymzellen der Leber, was zum hämorrhagischen Schock und nach einigen Stunden zum Tod führt. Eine sehr ähnliche biologische Wirkung besitzen die *Virotoxine*, ebenfalls aus sieben Aminosäuren bestehende, aber monozyklische Peptide, die ausschließlich im Weißen Knollenblätterpilz (*Amanita virosa*) gefunden werden. (↗ Knollenblätterpilze)

Phallus, 1) *Anatomie:* der ↗ Penis.

2) *Pilze:* Gatt. der ↗ Phallales.

Phallusia, Gatt. der Seescheiden (↗ Ascidiacea).

Phän, das ↗ Merkmal.

Phanerogamen, auf C. von ↗ Linné zurückgehende Bez. für Pflanzen, die in Spross und Wurzeln gegliedert sind.

Phanerophyten, Pflanzen, bei denen die Erneuerungsknospen oder Triebspitzen an aufragenden oberirdischen Zweigen entstehen.

Phanerozoikum, Großabschnitt der Erdgeschichte (↗ Erdzeitalter); Zeit des deutlich erkennbaren Tierlebens, also der Zeitraum vom Beginn des

⌐ Kambriums bis heute. Gegensatz: Kryptozoikum (⌐ Präkambrium)

Phänokopie, Bez. für nichterbliche, umweltbedingte Nachahmungen von bestimmten ⌐ Phänotypen. P. haben meist dieselben genetischen Ursachen wie der durch Mutationen hervorgerufene Phänotyp. Dabei muss der Umweltreiz zu einem bestimmten Zeitpunkt der Entwicklung erfolgen (*Phasenspezifizität*). Beispiele für P. beim Menschen sind die durch das Medikament *Thalidomid* (Produktname: Contergan) hervorgerufenen, „kopierten" Phänotypen der so genannten Oram-Holt- und Fanconi-Syndrome. Durch Störungen der normalen Genfunktionen treten in allen drei Fällen eine Reihe von Missbildungen auf.

Phänotyp, das von der genetischen Konstitution, dem ⌐ Genotyp eines Organismus sowie endogenen und exogenen (Umwelt-)Faktoren hervorgerufene Erscheinungsbild. Der Begriff kann auf morphologische Merkmale ebenso angewendet werden wie auf physiologische, biochemische Prozesse und Aspekte des Verhaltens. Da der P. stets Rückschlüsse auf den Genotyp zulässt, werden Funktionen von Genen und Proteinen anhand von ⌐ Mutanten häufig über deren z. T. auffälligen P. herausgefunden.

Pharmakophagie, die nicht selektive Aufnahme pharmakologisch wirksamer Substanzen durch das Futter. Pharmakophagie findet man bei zahlreichen Insekten, die mit dem Futter die Wirkstoffe aufnehmen, zum Teil speichern und sich dadurch vor Fraßfeinden schützen. So frisst z. B. der Monarchfalter (*Danaus plexippus*) im Raupenstadium vor allem Wolfsmilchgewächse und nimmt die darin enthaltenen herzaktiven ⌐ Glykoside auf.

Pharyngobdelliformes, *Schlundegel*, Taxon der ⌐ Euhirudinea.

Pharynx, *Schlund, Rachen*, zwischen Mundhöhle (⌐ Mund) und Vorderdarm gelegener Abschnitt des Verdauungstrakts der Bilateria. Die Pharynxwand ist zum Zweck des Verschlingens und Schluckens von Nahrung sehr muskulös und meist zum Pharynxlumen hin mit Schleimhaut ausgekleidet. Aufbau und ontogenetische Entstehung des P. sind unterschiedlich. So ist er z. B. bei manchen Strudelwürmern (⌐ Turbellaria) und bei Schlundegeln (⌐ Euhirudinea) ausstülpbar, bei vielen ⌐ Polychaeta ist er mit cuticularen Kieferstrukturen versehen. Bei Wirbeltieren entsteht der P. aus dem vorderen Bereich des Kiemendarms. Die Kiemen der Fische liegen in der Pharynxwand, bei Tetrapoden kreuzen sich im P. die Nahrungs- und Atemwege. Nach vorn hat der P. Verbindung zur Mundhöhle und durch die Choanen zur ⌐ Nase, nach hinten hat er Verbindung zu Speiseröhre und ⌐ Luftröhre. Im Bereich des P. liegen die branchiogenen Organe, das Kehlkopf-Skelett, das Zungenbein und die Rachenmandel. In der Pharynxwand mündet die ⌐ Eustachi-Röhre. Bei Wirbeltieren ist der Pharynx stets entodermaler, bei Wirbellosen dagegen ektodermaler Herkunft.

Phascolarctus cinereus, der ⌐ Koala.

Phasenkontrastmikroskopie, Sonderartikel Methoden ⌐ Mikroskopie.

Phaseolus, Gatt. der ⌐ Fabaceae.

Phaseolus vulgaris, die ⌐ Gartenbohne.

Phasianidae, Fasanenvögel, zu den Hühnervögeln (Galliformes) gehörende Fam., zu der u. a. die Gatt. Pfauen (*Pavo*), Rebhühner (*Perdix*) und Wachteln (*Coturnix*) sowie die eigentlichen Fasanen (Gatt. *Phasianus*) gehören. Die männlichen Vögel (Hähne) der P. sind sehr farbenprächtig mit großen Schmuckfedern an Schwanz und Hals sowie oft unbefiederten, lebhaft gefärbten Hautbereichen am Kopf, die durch Schwellkörper vergrößert werden können.

Einziger heimischer Vertreter der Fasanen ist der *Fasan (Phasianus colchicus)*, der vorwiegend bronzebraun ist, mit grün glänzendem Kopf und großen roten Wangenbereichen. Die Weibchen und Jungvögel sind unauffällig fahlbraun. Die Rebhühner sind in Mitteleuropa vor allem mit dem *Rebhuhn (Perdix perdix)* vertreten, dem verbreitetsten einheimischen Hühnervogel. Vorwiegend bräunlich, Gesicht und Kehle rostrot und mit einem hufeisenförmigen dunklen Bauchfleck. Die kurzen Beine sind grau, der Schnabel grünlich. Der Schwanz ist im Flug auffällig rotbraun. Die Rebhuhn-Bestände sind durch die intensive Landwirtschaft in Mitteleuropa stark zurückgegangen. Mit 16 - 18 cm Größe das kleinste einheimische Huhn und der einzige Zugvogel unter den Hühnervögeln ist die *Wachtel (Coturnix coturnix)*. Sie ist vorwiegend braun mit variabler schwarzweißer Zeichnung am Kopf.

Phasmatodea, *Gespenstheuschrecken*, Taxon der ⌐ Insecta mit rund 2500 Arten, die vor allem in der orientalischen Region vorkommen und in Mitteleuropa ganz fehlen. Sie sind zwischen fünf und 180 mm lang (die größte Art, *Pharnacia serratipes*, ist mit 330 mm das längste rezente Insekt) und ernähren sich pflanzlich. Zu den P. gehört u. a. die in Indien beheimatete *Gemeine Stabheuschrecke (Carausius morosus)*, die einen physiologischen Farbwechsel zeigt; sie wird häufig als Versuchstier genutzt. Ebenfalls aus Indien stammt das 6 - 8 cm lange *Wandelnde Blatt (Phyllium frondosum)*, dessen Körper und Beine blattähnlich abgeflacht sind (Name!).

Phasmidia, die ⌐ Secernentea.

Phe, Abk. für ⌐ Phenylalanin.

Phellem, Korkgewebe, das vom ⌐ Phellogen nach außen abgeschieden wird.

Phelloderm, *Korkrinde*, die durch das Korkkambium (↗ Phellogen) nach innen abgegebenen chlorophyllhaltigen Rindenzellen.

Phellogen, *Korkkambium*, Folgemeristem, das aus der subepidermalen Zellschicht des primären ↗ Abschlussgewebes entsteht. Das P. gibt rasch verkorkende, oft dickwandige Zellen nach außen ab, den ↗ Kork.

Phenol-Oxidase, *Tyrosinase*, *Phenolase*, Enzym, das die Oxidation von ↗ Tyrosin durch Luftsauerstoff zu Dihydroxyphenylalanin (↗ DOPA) und weiteren Folgeprodukten (z. B. ↗ Melanine) katalysiert. P. - O. sind im Pflanzenreich weit verbreitet und bewirken das Nachdunkeln der Schnittflächen von Pflanzenteilen und Früchten. Bei vielen Tieren (und auch beim Menschen) katalysieren P. - O. ebenfalls die Melaninbildung („Braunfärbung" der Haut) und sind bei den Gliedertieren (↗ Arthropoda) zusätzlich für die Härtung (Sklerotisierung) der ↗ Cuticula von Bedeutung.

Phenylalanin, *L-Phenylalanin*, *2-Amino-3-phenylpropansäure*, *L-α-Amino-β-phenylpropionsäure*, eine aromatische proteinogene und essenzielle Aminosäure. Sie wird, wie auch ↗ Tyrosin, in Pflanzen und Bakterien nach dem so genannten Shikimisäureweg der Aromatenbiosynthese gebildet. Aus Chorisminsäure wird Prephensäure gebildet, von der aus die Synthese von P. und Tyrosin auf getrennten Wegen weiter verläuft. Der Abbau beginnt mit der Hydroxylierung zu Tyrosin durch die *Phenylalanin-4-Monooxygenase*. Typrosin ist als Vorstufe des ↗ Melanins, des Neurotransmitters ↗ Dopamin und der Hormone ↗ Adrenalin, ↗ Noradrenalin und ↗ Thyroxin von Bedeutung.

Bekannte ererbte Störungen des P.-Stoffwechsels sind die ↗ Alkaptonurie und die ↗ Phenylketonurie.

$$H_3\overset{\oplus}{N}-\underset{\underset{\text{Phenyl}}{|}}{\overset{\overset{COO^{\ominus}}{|}}{C}}-H$$

Phenylalanin

Phenylalanin-Ammoniak-Lyase, Abk. *PAL*, das Schlüsselenzym der Biosynthese von pflanzlichen Phenolen wie Phenylpropanen, ↗ Flavonoiden, ↗ Tanninen und ↗ Ligninen sowie der ↗ Phytoalexine, die über den ↗ Shikimisäureweg synthetisiert werden. Als Desaminase eliminiert die P. Ammoniak aus der Aminosäure Phenylalanin, wobei *trans*-Zimtsäure entsteht. Aufgrund der Vielfalt der Funktionen von pflanzlichen Phenolen ist die P. wahrscheinlich das am besten untersuchte Enzym des pflanzlichen Sekundärstoffwechsels. Es wird z. B. über ↗ Phytochrome durch Licht induziert. Höhere P.-Aktivitäten wurden auch nach Pilzbefall nachgewiesen.

Phenylketonurie, Abk. *PKU*, eine autosomal-rezessive Erbkrankheit, bei der durch einen Defekt des auf dem menschlichen Chromosom 12 lokalisierten Gens für das Enzym *Phenylalanin-Hydroxylase* die Aminosäure ↗ Phenylalanin nicht zu ↗ Tyrosin umgesetzt werden kann. Durch alternative Stoffwechselwege wird Phenylalanin zu Phenylpyruvat umgesetzt, das sich in Blut und Gehirnflüssigkeit anreichert und dort zu Entwicklungsstörungen führt. Das Ausscheiden großer Mengen Phenylalanins mit dem Harn macht sich zudem als typischer mäuseähnlicher Geruch bemerkbar.

Die fatalen Symptome der P. können, wenn sie frühzeitig erkannt werden, durch eine an Phenylalanin arme Diät erfolgreich verhindert werden. Aus diesem Grund und bedingt durch die Häufigkeit des Auftretens der Erkrankung von 1 : 10000 für Homozygote werden Neugeborene bereits routinemäßig auf P. hin untersucht. Mit Hilfe des *Guthrie-Tests* wird dabei das Vorhandensein einer erhöhten Phenylalanin-Konzentration im Blut nachgewiesen, indem für diese Aminosäure auxotrophe Bakterienstämme in Anwesenheit einer Blutprobe angezogen werden. Phenylpyruvat lässt sich zudem durch einen Farbtest im Harn nachweisen.

Pheromone, chemische Substanzen, die der Kommunikation zwischen den Organismen einer Art dienen. P. beeinflussen u. a. das Sexualverhalten, Aggregationen, das Alarmverhalten. Sie werden nur in äußerst geringen Mengen und oft aus sekundären Stoffwechselprodukten der von den Tieren heimgesuchten Wirtspflanzen gebildet. Sie erzeugen am Empfänger entweder eine unmittelbare, dann aber relativ kurz dauernde Antwort oder aber eine langdauernde physiologische Reaktion. Im ersteren Fall handelt es sich um die über Geruchsrezeptoren registrierten „*Releaser*", im zweiten Fall um die oral wirksamen „*Primer*". Es wird vermutet, dass die P. der Einzeller als phylogenetisch sehr alte Substanzen funktionelle Vorläufer der ↗ Hormone sind. P. sind insbesondere als *Lockstoffe (Attractants)* für die Insektenbekämpfung auch wirtschaftlich interessant geworden.

Chemisch handelt es sich bei den P. fast ausschließlich um nicht-isoprenoide oder isoprenoide, meist azyklische, gesättigte oder ungesättigte Alkohole oder deren Ester, Säuren oder deren Ester bzw. um Aldehyde oder Kohlenwasserstoffe. Als Vorläufer der nicht-isoprenoiden P. werden meist Fettsäuren angenommen. Zu dieser Gruppe gehören z. B. die meisten Sexualpheromone der weiblichen Nachtschmetterlinge, so das ↗ Bombykol, bei dem schon wenige Moleküle genügen, um beim Männchen eine Reaktion auszulösen. Zu den P. gehören z. B. auch die *Königinnensubstanzen* der ↗ Honigbiene (*Apis mellifera*) und der Hornisse (*Vespa orientalis*; ↗ Vespidae), die dafür sorgen, dass keine Konkurrentin der Königin herangezogen wird, weiterhin das so genannte *Stachelpheromon* des abgebrochenen Stachels der Honigbiene, das andere Bienen anlockt oder auch die Schreckstoffe verletzter Fische, die dazu dienen, Artgenossen vor Fressfeinden zu warnen.

Pheromonfallen, ↗ Pheromone (Sexuallockstoffe) enthaltende Fallen zum Fangen von Schadinsekten. Die artspezifischen Pheromone locken nur die gewünschten Insekten-Männchen in die Falle, während andere Insektenarten geschont werden. P. werden z. B. gegen Borkenkäfer und gegen Motten im Vorratsbereich eingesetzt.

Phlebobranchiata, Gruppe der ↗ Ascidiacea.

Phleum, Gatt. der ↗ Poaceae.

Phloem, der dem Stofftransport innerhalb der Pflanze dienende *Siebteil* eines ↗ Leitbündels. Man unterscheidet zwei Typen von Leitelementen: die evolutiv ursprünglicheren *Siebzellen* oder *Siebelemente* und die *Siebröhrenglieder.* Die Siebzellen haben im Unterschied zu den Siebröhrengliedern spitze Enden und zerstreute *Siebfelder* und sind nicht mit ↗ Geleitzellen verbunden. Über die schräg stehenden Zellenden schließen sie an die jeweils nächsten Siebzellen der Zellreihe an. Der Austausch zwischen den einzelnen Siebzellen erfolgt über Plasmodesmen, die bei den Siebzellen auch als *Siebporen* bezeichnet werden. Die runden oder ovalen Zonen mit vergrößerten Poren sind die *Siebfelder.* In ihrer Transportleistung sind Siebzellen nicht so effizient wie Siebröhrenglieder. Bei vielen Angiospermen hat sich dieses primitive Leitungssystem zu einem kontinuierlichen Siebröhrensystem (*Siebröhrenglieder*) aus lang gestreckten Zellen und siebartig durchbrochenen Schräg- und Querwänden (*Siebplatten*) weiterentwickelt. Nicht mehr benötige Siebröhrenzellen werden durch Callose verschlossen. Beide Typen von Leitzellen sind lebend, besitzen allerdings keinen Kern und keine Vakuole und enthalten relativ wenige cytoplasmatische Organellen. Zu den im P. transportierten Stoffen gehören die Produkte der Fotosynthese und zahlreiche andere gelöste Stoffe. (↗ Ferntransport, ↗ Phloembeladung, ↗ Phloementladung)

Phloembeladung, der Fluss von Assimilaten, vor allem Saccharose, aus den Zellen des Mesophylls in die Siebelemente der Leitbündel. Die P. stellt also den ersten Schritt der *Phloemtranslokation* dar, der mit dem Export von Assimilaten aus Blättern verbunden ist. Sie erfolgt i. d. R. im fotosynthetisch aktiven ↗ Source-Gewebe in zwei Schritten. Im ersten Schritt wird die Saccharose über einen Kurzstreckentransport von den fotosynthetisch aktiven Zellen in die Nähe der Siebelemente transportiert. Im sich anschließenden Prozess der *Siebelementbeladung* erfolgt die Aufnahme in den *Siebelement-Geleitzellen-Komplex.* Bei vielen Pflanzen müssen die zu transportierenden Zuckermoleküle erst in den ↗ Apoplasten gelangen, um von dort in die Siebröhren zu gelangen, bei anderen Arten erfolgt der Transport vom Mesophyll zum Siebelement-Geleitzellen-Komplex ausschließlich im Symplasten. Einige Arten sind offenbar auch in der Lage, beide Wege zu verwenden.

Der apoplastische Weg stellt eine aktive Aufnahme dar, für die Energie erforderlich ist. Sie wird durch Hydrolyse von ATP bereitgestellt, wobei eine in der Plasmamembran vorhandene ATPase Protonen aus dem Cytoplasma in den Apoplasten transportiert. Der dadurch erzeugte Protonengradient treibt den Saccharose-Protonen-Symport an, sodass Saccharose entgegen ihrem Konzentrationsgradienten bzw. ihrer chemischen Potenzialdifferenz in den Apoplasten gelangt. Der symplastische Weg findet sich bei Arten wie z. B. der Buntnessel (*Coleus blumei*) oder dem Kürbis (*Cucurbita pepo*), die besondere Geleitzellen, die *Übergangszellen*, besitzen.

Welcher der beiden Wege verwendet wird, richtet sich auch nach der Art des Transportzuckers. Während apoplastische P. ausschließlich mit Saccharose erfolgt, können andere Oligosaccharide der Raffinosefamilie symplastisch beladen werden. Eine Reihe von Experimenten deutet zudem darauf hin, dass der apoplastische Weg eine Anpassung an

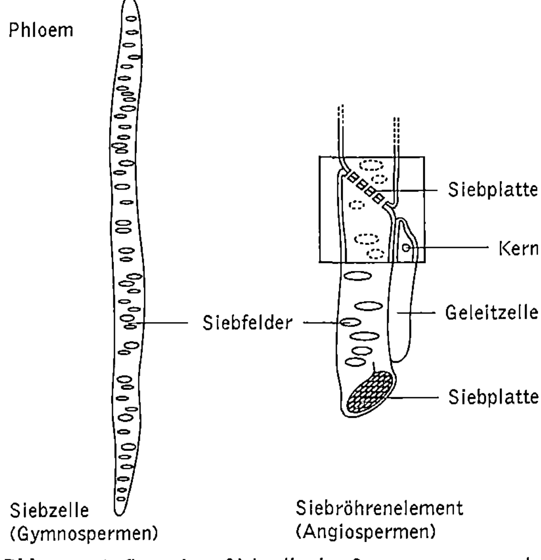

Phloem Aufbau einer Siebzelle der Gymnospermen und eines Siebröhrenelements der Angiospermen. Der Stofftransport verläuft über Siebfelder und bei den Angiospermen auch über Siebplatten

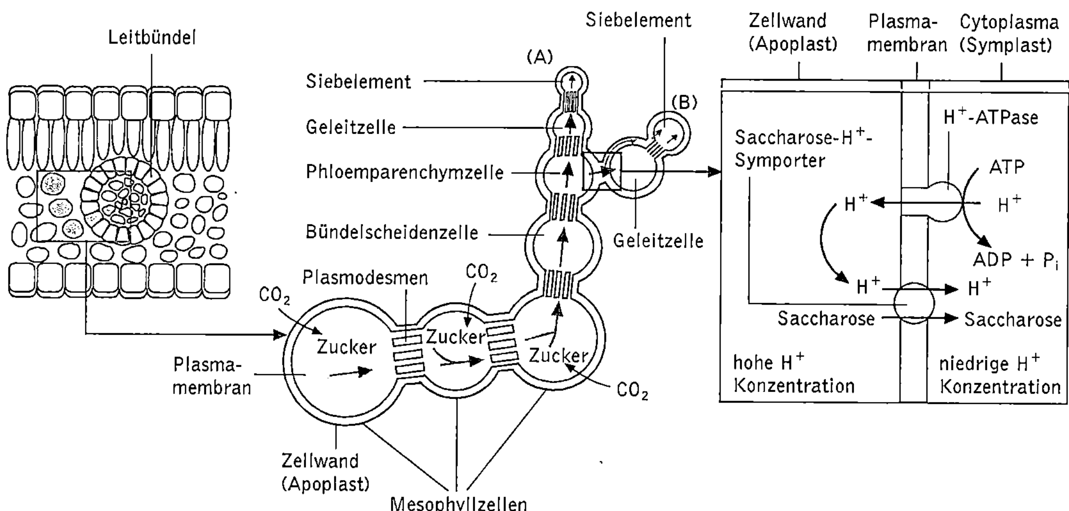

Phloembeladung Links schematische Darstellung der Phloembeladung im Blatt. (A) Symplastische Beladung, (B) apoplastische Beladung; der Eintritt von Zuckermolekülen in den Apoplasten ist nur bei der Geleitzelle angedeutet, kann jedoch im gesamten Mesophyll erfolgen. Rechts Saccharose-Protonen-Symport bei der apoplastischen Phloembeladung. Die energetische Kopplung erfolgt durch Hydrolyse von ATP

Standorte mit niedrigen Temperaturen oder Wassermangel (↗ Dürrestress) darstellt, die den symplastischen Transport hemmen können. (↗ Phloementladung)

Phloementladung, der Fluss von Assimilaten, vor allem Saccharose, aus den Siebelementen in die Zellen der ↗ Sink-Organe. Wie bei der ↗ Phloembeladung kommt es in einem ersten Schritt zur *Siebelemententladung*, an den sich als zweiter Schritt der Kurzstreckentransport zu den Assimilate verbrauchenden Zellen anschließt. Die P. kann über den ↗ Apoplasten oder den ↗ Symplasten erfolgen. Bei der symplastischen P. erfolgt der Transport von Zuckern durch ↗ Plasmodesmen. Dies wurde bei jungen Blättern einiger Dikotyledonen wie Zuckerrübe (*Beta vulgaris*) oder Tabak (*Nicotiana tabacum*) nachgewiesen. Die apoplastische P. ist energieabhängig, da ein Transport durch Membranen erfolgen muss. Bei dieser Art der P. können verschiedene Typen unterschieden werden, je nachdem wo die Transportzucker in den Apoplasten aufgenommen werden. Dieser Schritt kann unmittelbar am Siebröhren-Geleitzellen-Komplex (Typ 1) oder erst weiter von diesem entfernt erfolgen (Typ 2), wobei dann die Entladung der Siebelemente symplastisch erfolgt. In den so genannten *Empfängerzellen* kann die Saccharose auf unterschiedliche Weise aus dem Apoplasten in die Zelle gelangen. Sie kann unmittelbar in der Zellwand durch eine *apoplastische Invertase* in Glucose und Fructose gespalten werden. Die beiden Monosaccharide müssen dann über die Plasmamembran transportiert werden. Alternativ erfolgt die Aufnahme von Saccharose in das Cytoplasma, wo eine

cytosolische Invertase aktiv ist. Aus dem Cytoplasma kann Saccharose auch in die Vakuole transportiert werden. Die dort vorhandene *vakuoläre Invertase* katalysiert dann die Hydrolyse zu Monosaccharid-Bausteinen.

Phloemfasern, die ↗ Bastfasern.

Phloemsaft, *Siebröhrensaft*, die in den Siebröhren des Phloems transportierte, bis zu 30%ige wässrige Lösung, die hauptsächlich nicht-reduzierende Zucker (vor allem Saccharose, verschiedene Oligosaccharide der Raffinosefamilie), aber auch Aminosäuren (vor allem Glutamat, Glutaminsäure, Aspartat, Asparaginsäure), organische Säuren, Proteine, Nucleotidphosphate und anorganische Ionen (Kalium, Magnesium, Phosphat, Chlorid) enthält. Auch ↗ Phytohormone wurden im P. nachgewiesen. Stickstoff ist im P. nur in organischer Form vorhanden; anorganische Stickstoffverbindungen wie Nitrat werden im Xylem transportiert. Die Konzentration des P. ist deutlich höher als diejenige der Mesophyllzellen. Bei der Gewinnung von P. zu Analysezwecken wird häufig die ↗ Aphidentechnik eingesetzt. Alternativ kann sie durch ↗ Exsudation erfolgen.

Phloemtranslokation, *Phloemtransport*, der Fluss von Assimilaten in der Pflanze vom Ort ihrer Produktion im *Source-Gewebe* zu Orten, wo diese Fotosyntheseprodukte für Wachstumsprozesse oder zur Speicherung benötigt werden (*Sink-Gewebe*). Der Transport zwischen diesen Organen bzw. Geweben erfolgt bei Angiospermen mittels Massenströmung des Phloemsaftes (↗ Druckstromtheorie).

Phloemtransport, ↗ Phloemtranslokation.

Phocidae, *Seehunde, Hundsrobben*, Fam. der Robben (↗ Pinnipedia) mit 19 Arten in 12 Gatt., die in sehr verschiedenen marinen Lebensräumen (Sandbänke, Watt, Felsküste, Packeis), bevorzugt im Flachwasser vorkommen. Sie haben kein äußeres Ohr, die Öffnung des Gehörgangs kann durch Muskeln willkürlich verschlossen werden. Da die Hintergliedmaßen nicht unter den Körper gebracht werden können, ist die Fortbewegung an Land vergleichsweise unbeholfen. Im Wasser bewegen sich die P. durch Ruderbewegungen der Hintergliedmaßen fort. Die Männchen der P. besitzen keinen Hodensack, die Weibchen der meisten Arten haben zwei Zitzen; i. d. R. gebären die Seehunde ein Junges („*Heuler*") nach etwa elf Monaten Tragzeit. Sie ernähren sich überwiegend von Fischen und Tintenfischen, aber auch von Krebsen u. a. Wirbellosen.

Bekannteste Art ist der bis 2 m lange *Gemeine Seehund (Phoca vitulina)*, der an den Küsten Eurasiens und Nordamerikas lebt; eine ähnliche Verbreitung hat die bis 3 m lange *Bartrobbe (Erignathus barbatus)*, die auf der Oberlippe einen „Bart" (Name!) aus langen weißen Haaren trägt. Die ebenfalls bis 3 m lange, im Nordatlantik und auch in der Nordsee vorkommende *Kegelrobbe (Halichoerus grypus)* hat eine kegelförmige, langgestreckte Schnauze. Wegen ihres wolligen weichen Fells werden die Jungtiere der *Sattelrobbe (Pagophilus groenlandicus)* stark bejagt, sodass ihre Bestände bedroht sind. Einen aufblasbaren Rüssel besitzt das Männchen der bis etwa 2,5 m langen *Klappmütze (Cystophora cristata)*. Die größten Vertreter sind die *See-Elefanten* (Gatt. *Mirounga)*, deren Männchen bei einer Länge von vier bis fünf Metern bis zu 4000 kg wiegen können. Der Name bezieht sich auf die rüsselartige Verlängerung der Nase des Männchens.

Phocoenidae, *Schweinswale, Braunfische, Kleintümmler*, Fam. der Zahnwale (↗ Odontoceti) mit sieben bis 2 m langen Arten, die weltweit in Küstennähe verbreitet sind. Einzige einheimische, auch in Nord- und Ostsee lebende Art ist der *Kleintümmler (Phocoena phocoena)*, der oberseits schwarz und unterseits weiß ist und eine dreieckige Rückenfinne besitzt.

Phoenicopteridae, *Flamingos*, den Regenpfeifervögeln (↗ Charadriiformes) zugeordnete Fam. langbeiniger und langhalsiger, bis 1,3 m großer Vögel. Sie haben einen abwärts geknickten Schnabel, der als Seihapparat fungiert. Das Gefieder ist meist rosafarben oder rot. Flamingos leben vor allem an Salzseen und Brackwasser in Südeuropa, Asien, Afrika und dem tropischen Amerika. Bekannteste Art ist der auch in Südeuropa vorkommende Rosaflamingo *(Phoenicopterus ruber)*.

Phoenicurus, die Gatt. ↗ Rotschwänze.

Phoenix, Gatt. der ↗ Arecaceae.

Pholidota, *Schuppentiere*, Ord. der Säugetiere mit nur einer Gatt. mit vier afrikanischen und drei asiatischen Arten. Charakteristisches und namengebendes Merkmal sind die den Körper fast ganz bedeckenden Hornschuppen, die ebenso wie Nägel und Haare Verhornungsprodukte der Oberhaut sind. Lediglich die Körperunterseite und die Innenseiten der Beine sind behaart. An den Vorderfüßen befinden sich Grabkrallen, die Hinterfüße tragen Klauen. Der Körper ist mehr oder weniger gut zu einer Kugel einrollbar. Diese Stellung ist Schlafstellung und dient auch als Schutz vor Feinden. Der lange und sehr bewegliche Schwanz ist eine Kletterhilfe und eine Stütze beim Aufrichten des Körpers vom Boden. Der Kopf ist klein und kegelförmig, Schuppentiere haben ein gutes Gehör, aber kleine Augen. Der Mund ist zahnlos, und die wurmfömige lange Zunge, die von großen Speicheldrüsen mit klebrigem Speichel umkleidet wird, ist gut geeignet, um Ameisen und Termiten, die hauptsächliche oder ausschließliche Nahrung der P., aufzunehmen.

Phoresie, Form der ↗ Karpose, bei der ein Tier seinen Partner als Transportmittel zu seiner Ortsveränderung benutzt und sich dazu aktiv oder passiv anheftet. Ein Beispiel hierfür sind Milben, die sich an Käfer anheften.

Phormiaceae, Fam. der ↗ Asparagales mit ca. 30 Arten, die überwiegend Kapseln bilden. Der auf Neuseeland heimische, als ↗ Faserpflanze genutzte *Neuseeländische Hanf, Phormium tenax*, ist eine Rosettenpflanze mit über 3 m langen Blättern.

Phoronida, *Hufeisenwürmer*, bis 25 cm lange, wurmförmig gestreckte Tiere, die in einer Röhre leben, die aus von der Epidermis ausgeschiedenem Chitin und daran haftenden Partikeln und Sandkörnchen besteht. Die steife und am hinteren Ende geschlossene Röhre steckt entweder senkrecht in sandigen, schlickigen Böden oder klebt an Steinen oder Muschelschalen fest. Der Körper ist in drei Bereiche gegliedert: ein kleines *Prosoma*, das als *Epistom* über dem Mund liegt, ein kurzes scheibenförmiges *Mesosoma*, das die Lophophorarme trägt; die Zahl dieser Tentakel liegt zwischen 15 und 1500; sie dienen dem Einstrudeln der Nahrung in den Mund. Der dritte Bereich ist das schlauchförmige, über 90 % der Körperlänge ausmachende *Metasoma*. Der Darmtrakt durchzieht den Körper wie ein U, der After liegt auf einer Papille außerhalb des *Lophophors (Tentakelkranz)*. Alle P. sind Zwitter. Außerdem kommt bei ihnen ungeschlechtliche Fortpflanzung durch Querteilung oder eine Art Knospung vor. Die Entwicklung geht über eine planktotrophe *Actinotrocha*, die mit 1 - 2 mm Länge und den bis zu 40 strahlenförmig angeordneten Tentakeln zu den auffälligsten Planktontieren der Nordsee gehört. Entscheidend für die einzigartige

Metamorphose ist das *Larvalorgan*; dies ist eine während des Larvenstadiums zunehmend größer werdende Einbuchtung am Übergang von Mesosoma zu Metasoma. Die zu einem Schlauch ausgewachsene Einbuchtung tritt aus und wird wie die Finger eines Handschuhs umgestülpt; dadurch wird der Darm in den Schlauch eingezogen, und anschließend differenziert sich der Hautmuskelschlauch, die Larvaltentakel werden verschluckt. Innerhalb von zehn bis 15 Minuten ist die Metamorphose beendet. Sie wird ausgelöst durch Kontakt der Actinotrocha mit bestimmten Bakterien in sandig-schlickigen Böden.

Phorozooide, die zweite, frei lebende Blastozooidgeneration bei den ↗ Doliolaria.

Phosphatasen, *Phosphorsäuremonoester-Hydrolasen*, weit verbreitete Gruppe von ↗ Hydrolasen, welche die Spaltung von Phosphorsäuremonoestern (Esterasen) katalysieren. P. kommen vor allem in Leber, Bauchspeicheldrüse, im Verdauungstrakt sowie in Mikroorganismen vor. Sie sind meist dimere, d. h. aus zwei Untereinheiten bestehende Proteine, die im aktiven Zentrum einen Serinrest enthalten. Die Einteilung der P. erfolgt nach ihrem pH-Optimum in *saure P.* (pH-Optimum bis 5) mit den P. aus Leber, Erythrocyten und Prostata als wichtigsten Vertretern, sowie *alkalische P.* (pH-Optimum 7-8), die insbesondere in der Dünndarmschleimhaut und in der Placenta vorkommen. P. sind u. a. auch an reversiblen Phosphorylierungen von Proteinen (Enzymen) und somit an deren Regulation beteiligt. Diagnostische Bedeutung hat die Bestimmung der sauren P. im Serum bei Verdacht auf Prostatakrebs und diejenige der alkalischen P. im Serum insbesondere bei Verdacht auf Knochen-, Leber- und Gallenblasenerkrankungen.

Phosphatassimilation, der Einbau des ↗ Makronährlementes Phosphor (P) in Form von in der Bodenlösung vorhandenem Phosphat (HPO_4^{2-}), das von den Pflanzenwurzeln schnell aufgenommen und im Stoffwechsel in eine Vielzahl von Verbindungen eingebaut wird. Dabei wird zunächst ATP gebildet, indem anorganisches Phosphat unter Bildung einer Phosphodiesterbindung an die zweite Phosphatgruppe von ADP bindet. Dies erfolgt während der *Fotophosphorylierung*, in der *Atmungskette* oder aber durch *Substratkettenphosphorylierung*.

Phosphate, die Salze der Phosphorsäuren, insbesondere diejenigen der *Orthophosphorsäure* H_3PO_4, die entsprechend *Orthophosphate (Monophosphate)* genannt werden. Je nach Anzahl der substituierten Wasserstoffatome werden *primäre P.* oder *Dihydrogenphosphate* (MH_2PO_4), *sekundäre P.* oder *Hydrogenphosphate* (M_2HPO_4) und *tertiäre* oder *neutrale P.* (M_3PO_4) unterschieden.

Phosphatidasen, die ↗ Phospholipasen.

Phosphatidyl-Cholin, *Lecithin, 1,2-Diacyl-sn-glycero-3-phosphocholin*, das verbreitetste Glycerophospholipid, das sich von Glycerin-3-phosphat durch Veresterung des Phosphatrests mit Cholin und des Glycerinrests in den Positionen 1 und 2 mit jeweils einer gesättigten bzw. ungesättigten ↗ Fettsäure ableitet. Es gibt eine ganze Reihe von P. - C., deren Vielfalt durch die Variationsmöglichkeiten der beiden Fettsäurereste bedingt ist. Aufgrund der positiven Ladung am Stickstoff und der negativen Ladung am Phosphat sind P. - C. ↗ Zwitterionen. Wie andere ↗ Phospholipide weisen sie neben dem polaren „Kopf" unpolare „Schwänze" auf, weshalb sie als Emulgatoren bzw. Lösungsvermittler wirken. P. - C. sind im Pflanzen- und Tierreich weit verbreitet. Besonders reichlich kommen sie in ölhaltigen Pflanzensamen (z. B. Rapssamen), Sojabohnen, Getreide und Erdnüssen, aber auch im Herzmuskel, Blutplasma, in Hirn- und Nervengewebe, Sperma, Eigelb und Hefen vor. Sie finden vielseitige Verwendung als Pharmaka sowie in der Lebensmittel-, Textil-, Leder- und Seifenindustrie.

Phosphatidyl-Ethanolamin, ein Glycerophospholipid, das vergesellschaftet mit ↗ Phosphatidyl-Cholin weit verbreitet in Tieren, Pflanzen und Mikroorganismen vorkommt. Insbesondere aus Harz isoliertes P.-E. ist sehr reich an mehrfach ungesättigten Fettsäuren. (↗ Phospholipide)

Phosphatidyl-Glycerin, ein Glycerophosphat, das vor allem in pflanzlichen Geweben vorkommt, wo bis zu 70 % der Gesamtphospholipide als P. vorliegen. (↗ Phospholipide)

Phosphatidyl-Inositole, eine Gruppe von Glycerophospholipiden, die Myo-Inositol in der Kopfgruppe enthalten. Etwa 2 - 12 % der Gesamtphospholipide eukaryotischer Zellen sind P. wobei das *1-Phosphatidyl-Inositol* i. Allg. überwiegt. (↗ Phospholipide)

Phosphatidyl-Serin, ein saures Glycerophospholipid, das sich vor allem aus Hirn isolieren lässt. (↗ Phospholipide)

3'-Phosphoadenosin-5'-phosphosulfat, Abk. *PAPS*, ein zu den aktivierten Metaboliten gehörendes aktives Sulfat, das die reaktionsfähige Form des Sulfats im Organismus ist. Es wird in einer zweistufigen Reaktion gebildet, wobei in der ersten Reaktion aus Sulfat und ATP das *Adenosin-5'-phosphosulfat (APS)* gebildet wird, das mit einem weiteren ATP in einer zweiten Reaktion zu PAPS phosphoryliert wird. APS dient als Substrat der Sulfatatmung. PAPS ist Substrat von Sulfotransferasen (katalysieren die Bildung von Sulfatestern) und der (assimilatorischen) Sulfatreduktion.

Phosphodiester, eine Phosphorsäure, bei der zwei Hydroxylgruppen durch organische Reste verestert sind, allg. Formel: RO-PO₂H-OR'. R und R' können

z. B. ↗ Nucleoside sein. So sind alle ↗ Nucleinsäuren Phosphodiester.

Phosphodiesterasen, ↗ Enzyme, die ↗ Phosphodiester spalten. Hierzu gehören die ↗ Endonucleasen ↗ Ribonuclease und ↗ Desoxyribonuclease I und II sowie die mehr unspezifischen ↗ Exonucleasen. Letztere bauen sowohl DNA als auch RNA stufenweise vom 5'-Hydroxylende her ab. P. wurden erfolgreich zur Sequenzermittlung von ↗ Nucleinsäuren (insbesondere RNA) eingesetzt.

Phosphoenolpyruvat, Abk. *PEP*, das Anion der Phosphoenol-Brenztraubensäure, wichtiges Zwischenprodukt der ↗ Glykolyse und der ↗ Gluconeogenese.

Phosphofructokinase, *6-Phosphofructokinase*, Abk. *PFK*, ein wichtiges regulatorisches Enzym in der ↗ Glykolyse, das die Übertragung einer Phosphatgruppe des ATP auf Fructose-6-phosphat (F6P) unter Bildung von Fructose-1,6-bisphosphat (F-1,6-bP) katalysiert. P. unterliegt sowohl einer hormonalen Induktion durch ↗ Insulin als auch einer allosterischen Aktivitätskontrolle, wobei AMP, F6P, F-1,6-bP, Magnesium-, Kalium- und Ammoniumionen aktivieren, ATP und Citrat jedoch hemmen.

Phosphogluconat-Weg, der ↗ Pentosephosphat-Weg.

Phospholipasen, *Phosphatidasen*, zusammenfassende Bez. für die spezifisch auf Phosphoglyceride vom Grundtyp des Lecithins (↗ Phosphatidyl-Cholin) wirkenden Carbonsäure-Esterasen. Sie finden sich insbesondere in Leber und Bauchspeicheldrüse, in Bienen und Schlangengift sowie in Mikroorganismen bzw. Pflanzen

Phospholipide, Membranlipide, die einen Phosphorsäurerest in Form eines Diesters enthalten, in dem ein Alkoholteil polar ist und der andere unpolar. Der übrigbleibende dritte Wasserstoff des Phosphorsäurerests ist bei physiologischem pH ionisiert.

Die P. werden in zwei Unterklassen eingeteilt:

1) *Glycerophospholipide* oder *Phosphoglyceride*. Der nichtpolare Rest ist ein Glycerinderivat, z. B. 1,2-Diacyl-*sn*-glycerin oder 1-*O*-(1-Alkenyl)2-*O*-acyl-*sn*-glycerin; in beiden Fällen ist die *sn*-3-Hydroxylgruppe des Glycerins mit der Phosphorsäure verestert. P. des ersten Typs sind Abkömmlinge von *L-α-Phosphatidsäure* (z. B. ↗ Phosphatidyl-Ethanolamin), während jene des zweiten Typs Derivate der *Plasmensäure* sind, die i. Allg. als *Plasmalogene* bekannt sind. Diese werden oft den Etherlipiden zugeordnet, da der Substituent in der *sn*-1-Position mit dem Glycerinkohlenstoff über eine Etherbindung verknüpft ist. Beide Gruppen werden in Bezug auf den polaren Alkohol, der mit ihrem Phosphorsäureteil verestert ist, jeweils weiter unterteilt (siehe Tabelle auf nächster Seite).

2) *Sphingophospholipide*. Hier stammt der nichtpolare Alkoholrest von einem N-acylierten Derivat des langkettigen Aminoalkohols *Sphinganin* oder einem seiner Derivate, dem ↗ Sphingosin bzw. *Phytosphingosin* ab. Diese N-Acylsphinganinderivate heißen *Ceramide*. Wenn die C1-Hydroxylgruppe eines Ceramids mit Phosphorsäure verestert vorliegt, resultiert eine Struktur, die der von Phosphatid- und Plasmensäuren darin ähnlich ist, dass zwei Kohlenwasserstoffketten an benachbarte Kohlenstoffatome mit einer glycerinähnlichen Dreikohlenstoffkette gebunden sind. Ein *Sphingophospholipid* wird gebildet, wenn der Phosphorsäurerest eines Ceramid-1-phosphats eine zweite Esterbindung zu einem polaren Alkohol eingeht. Das bekannteste Sphingophospholipid in tierischen Geweben ist *Sphingomyelin*, bei dem N-Acylsphingosin-1-phosphat mit Cholin verestert ist. Der Fettsäureteil stammt gewöhnlich von Lignocerinsäure (gesättige Fettsäure mit 24 C-Atomen) oder Nervonsäure (einfach ungesättigte Fettsäure mit 24 C-Atomen) ab. Die Sphingophospholipide von Pflanzenmembranen enthalten Phytosphingosin und ein komplexes Oligosaccharid als polaren Alkoholteil. Bei Letzterem ist oft myo-Inositol der Bestandteil, der über seine C1-Hydroxylgrupppe direkt an den Phosphoräurerest des Ceramid-1-phosphats gebunden ist.

Biosynthese. Die Phosphatidyl-Inositole, -Serine und -Glycerine werden aus Phosphatidäure gebildet. Diese reagiert mit Cytidintriphosphat (CTP) unter Bildung von 3-Cytidindiphosphat-1,2-diacyl-*sn*-glycerin, das anschließend mit ↗ Inositol, ↗ Glycerin oder Phosphatidyl-Glycerin unter Freisetzung von Cytidinmonophosphat (CMP) weiterreagiert. Phosphatidyl-Ethanolamine entstehen durch Decarboxylierung von Phosphatidyl-Serinen, ↗ Phosphatidyl-Choline (*Lecithine*) durch Methylierung von Phosphatidyl-Ethanolaminen. Lysophosphatidsäuren (*Lysolecithine* und *Lysocephaline*) enthalten eine nicht veresterte Hydroxylgruppe. Sie werden durch die Wirkung von Phospholipase A_2 und A_1 aus Glycerophospholipiden gebildet. Sphingomyeline werden durch die Übertragung des passenden Phosphorylalkohols (z. B. Phosphoryl-Cholin) aus dem korrespondierenden Cytidindiphosphat-(CDP-)Alkohol auf die Ceramid-C1-Hydroxylgruppe erzeugt. ↗ Ganglioside stammen vom Lactosyl-Ceramid ab.

Phosphoproteine, konjugierte ↗ Proteine, die als prosthetische Gruppe Phosphatreste enthalten wie z. B. das Casein in der Milch, das Ovalbumin (↗ Albumine) des Hühnereies sowie das Pepsin des Magensafts.

Phosphor, chemisches Symbol *P*, chemisches Element aus der fünften Hauptgruppe des Periodensystems, der Stickstoff-Phosphor-Gruppe. P. ist ein

Phospholipide Struktur der polaren Alkohole, die mit dem Phosphorsäurerest von Glycerophospholipiden verestert sind

polarer Alkohol	Formel (bei physiologischem pH-Wert)	Name des Glycerophospholipids
L-Serin	$HOCH_2 - \overset{H}{\underset{COO^-}{C}} - \overset{+}{N}H_3$	Phosphatidylserin Plasmenylserin
Ethanolamin	$HOCH_2 - CH_2 - \overset{+}{N}H_3$	Phosphatidylethanolamin Plasmenylethanolamin
Cholin	$HOCH_2 - CH_2 - \overset{+}{N}(CH_3)_3$	Phosphatidylcholin Plasmenylcholin
myo-Inositol (1,2,3,5/4,6-Hexahydroxycyclohexan)	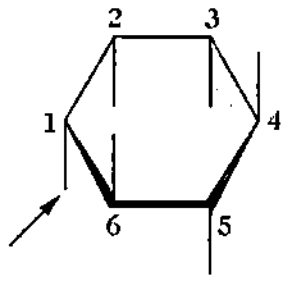	Phosphatidylinosit
Glycerin	$HOCH_2 \overset{sn-1}{} - \overset{H}{\underset{OH}{C}} - CH_2OH \overset{sn-3}{}$	Phosphatidylglycerin
Phosphatidylglycerin	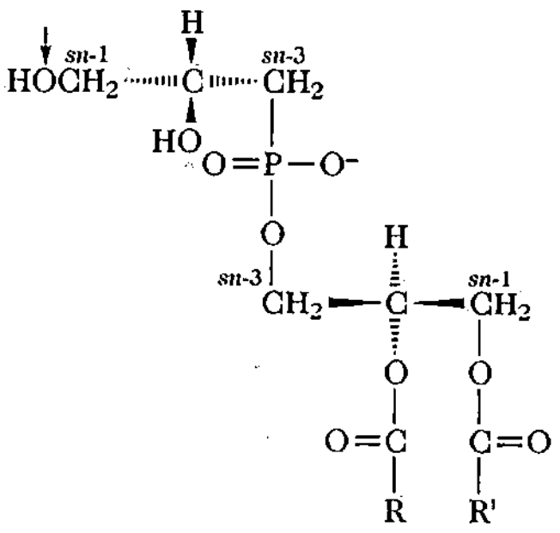	Diphosphatidylglycerin (Cardiolipin)

Genau genommen müsste dem Namen von Phosphatidylglycerophospholipiden das Präfix *(3-sn)*- vorangestellt werden, um die Position des polaren Alkoholrests zu spezifizieren.

↓ = dasjenige Sauerstoffatom, das esterartig mit dem Phosphorsäurerest von Phosphatidsäure bzw. Plasmensäure verknüpft ist.

R und R′ = Kohlenwasserstoffketten.

Nichtmetall, das in mehreren Modifikationen existiert: als weißer, roter und schwarzer Phosphor. P. kommt in der Natur in Form verschiedener ⬈ Phosphate vor. Zahlreiche Phosphate sind von essenzieller Bedeutung für die belebte Natur. So ist *Hydroxylapatit* $Ca_5(PO_4)_3OH$ der Hauptbestandteil der mineralischen Gerüstsubstanz der ⬈ Knochen und ⬈ Zähne. Darüber hinaus spielen Phosphate als Bausteine der ⬈ Nucleinsäuren und als Energieträger (z. B. ⬈ Adenosinphosphate, ⬈ Guanosinphosphate) in lebenden Systemen eine herausragende Rolle.

Phosphoreszenz , eine Form der ⬈ Lumineszenz, bei der im Gegensatz zur ⬈ Fluoreszenz die Emission von Licht mit einer zeitlichen Verzögerung erfolgt (*Nachleuchten*). Durch Bestrahlung einer phosphoreszierenden Verbindung mit UV-Licht, Röntgen oder Elektronenstrahlen werden Elektronen auf höhere Energieniveaus angehoben (Anregung), von denen sie mit Verzögerung auf die ursprünglichen Energiestufen zurückkehren, wobei Energie in Form von Strahlung meist größerer Wellenlänge abgegeben wird. Auf P. beruht z. B. die Wirkung von Leuchtschirmen.

Phosphorkreislauf, der Kreislauf des ⬈ Phosphors in der ⬈ Biosphäre. Phosphor liegt in der Natur in Form von Phosphaten oder in organisch gebundener Form vor. Die Phosphate eines Ökosystems stammen aus der Verwitterung von phosphorhaltigem Gestein (v. a. Apatit) und aus phosphorhaltigem Bestandsabfall. Besonders phosphatreiche Reservoire sind die aus Organismenresten gebildeten

Phosphatlagerstätten und die phosphorhaltigen Gesteine magmatischen Ursprungs. Im P. gelangt das Phosphat nach Aufnahme durch die Pflanzen z. B. in die ↗ Phytophagennahrungskette. Ein wesentlicher Teil des Phosphats wird aus dem Bestandsabfall durch ↗ Autolyse freigesetzt und ist wieder verfügbar. Dieser kurzgeschlossene Kreislauf, an dem keine ↗ Destruenten beteiligt sind, ist v. a. für Gewässer bedeutend. Das im Bestandsabfall noch gebundene Phosphat wird durch Organismen der ↗ Destruenten-Saprophagen-Nahrungskette frei, womit der Kreislauf geschlossen ist. Phosphor kann sich im Gegensatz zum Stickstoff oder zum Kohlenstoff nicht in der Atmosphäre anreichern, da es keine gasförmigen natürlichen P-Verbindungen gibt. Der gesamte Phosphattransport erfolgt entweder in wässriger Lösung oder adsorbiert an Partikeln. Daher kann Phosphat in Seen und ins Meer transportiert und dort festgelegt werden. Der Mensch hat großen Einfluss auf den P., indem er phosphathaltige Düngemittel, Waschmittel und andere phosphorhaltige Produkte in die Ökosysteme einbringt (↗ Eutrophierung). Ein Teil des Phosphats aus dem Meer gelangt über die Nahrungskette in den Kot Fisch fressender Vögel und lagert sich als ↗ Guano an Meeresküsten ab.

Phosphorolyse, 1) i. w. S. die Spaltung von Stoffwechselprodukten mit Hilfe von ↗ Phosphat unter der katalytischen Wirkung von Phosphorylasen (Enzymen), wobei Phosphatreste in die Produkte eingebaut werden.

2) i. e. S. die schrittweise Abspaltung endständiger Glucosemoleküle beim Stärke-Abbau in Pflanzen durch Stärke-Phosphorylase und beim Glykogen-Abbau in der ↗ Leber durch Glykogen-Phosphorylase, wobei Phosphorsäure an die abgespaltenen Glucose-Reste angelagert und in Form von Glucose-1-phosphat freigesetzt wird.

Phosphorylierung, allg. die Einführung eines oder mehrerer Phosphorsäurereste in organische Moleküle oder Makromoleküle (z. B. Nucleinsäuren und Proteine) unter der Wirkung von Enzymen (meist ↗ Kinasen, ↗ Proteinkinasen). Häufig erfolgen Phosphorylierungen durch Übertragung von Phosphatresten energiereicher Phosphate (ATP, PEP, Kreatinphosphat u. a.) auf die entsprechenden Moleküle. Die Bildung von ATP (↗ Adenosinphosphate) in der Atmungskette erfolgt durch die so genannte *Atmungsketten-P. (oxidative P.)*, bei der ↗ Fotosynthese durch *Foto-Phosphorylierung* und in ↗ Glykolyse und ↗ Citratzyklus durch die *Substratketten-Phosphorylierung*.

photo-, siehe auch foto-.

Photobacterium, Gatt. gramnegativer, stäbchenförmiger Bakterien, die Licht ausstrahlen können (↗ Leuchtbakterien).

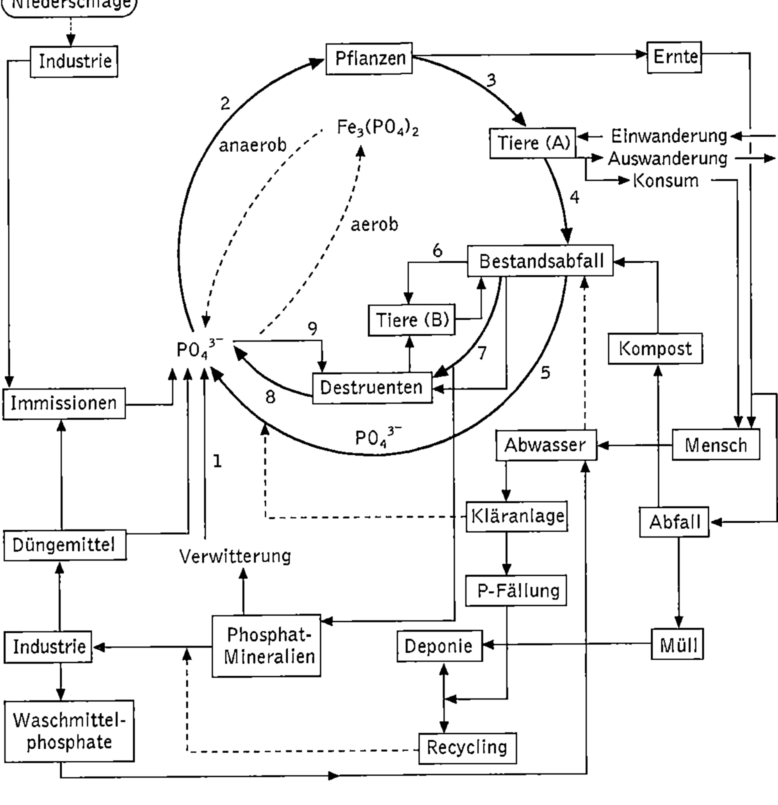

Phosphorkreislauf
Globaler Phosphorkreislauf. Der kurzgeschlossene Kreislauf (Schritte 1 bis 5) läuft ohne Beteiligung der Destruenten ab. In der Destruenten-Saprophagen-Nahrungskette (Schritte 6 bis 8) wird das im Bestandsabfall festgelegte Phosphat wieder frei, wobei ein Teil des mineralisierten Phosphats wieder von Mikroorganismen benötigt wird (9). A Phytophagennahrungskette, B Destruenten-Saprophagen-Nahrungskette

photopisches Sehen, das Lichtsehen (↗ Hell-Dunkel-Adaptation).

Phragmites, Gatt. der ↗ Poaceae.

Phragmobasidie, in Septen gegliederte Basidie der ↗ Basidiomycetes.

Phragmoplast, die bei der Teilung von Pflanzenzellen (↗ Cytokinese) in der Äquatorialebene gebildete Struktur aus Membranvesikeln und Mikrotubuli. An ihr wird die Zellwand neu gebildet.

Phthiraptera, *Tierläuse*, zu den ↗ Insecta gehörendes Taxon mit rund 3500 Arten, von denen ca. 650 in Mitteleuropa vorkommen. Sie sind sämtlich obligatorische Ektoparasiten bei Vögeln (Federlinge) oder Säugetieren (Haarlinge, Läuse), die ohne den Wirt nur wenige Tage lebensfähig sind. Die Läuse (↗ Anoplura) saugen Blut, die *Mallophaga* (*Haarlinge* und *Federlinge*) fressen keratinhaltige Substanzen. Manche Arten sind Überträger von Krankheiten wie Fleckfieber, Hautpilzen, Virosen. Die P. kleben ihre Eier (die ein Viertel ihrer Körperlänge ausmachen) mit einer Kittsubstanz einzeln an Federn und Haare, wobei oft bestimmte Körperregionen bevorzugt werden. Die Entwicklung im Ei beträgt ein bis zwei Wochen, die Metamorphose geht über drei Nymphenstadien. Pro Jahr entwickeln sich mehrere Generationen.

Phthirus pubis, die ↗ Filzlaus.

pH-Wert, Abk. von neulateinisch *potentia* (= Wirksamkeit) *hydrogenii* (= des Wasserstoffs), Abk. *pH*, der negative dekadische Logarithmus der Wasserstoffionenkonzentration (Hydroniumionenkonzentration): $pH = - lg\ cH^+$. Er dient zur Angabe der Wasserstoff- oder Hydroxidionenkonzentration in wässrigen Lösungen und ist damit ein Maß für deren ↗ Acidität (pH = 0 - 7) bzw. ↗ Basizität (pH = 7 - 14). Die Messung erfolgt durch elektrische *pH-Messgeräte* (Abhängigkeit der elektrischen Leitfähigkeit von der Ionenkonzentration) oder weniger genau durch *Farbindikatoren*, deren Farbumschlag in einem schmalen pH-Bereich erfolgt (z. B. Lackmus-Papier, Phenolphthalein). Verlauf und Regulation einer Fülle von physiologischen Prozessen sind pH-Wert-abhängig. Hierzu gehören die Beeinflussung der Nettoladung von Zwitterionen (↗ Aminosäuren und ↗ Proteine) in Abhängigkeit vom umgebenden Milieu, die Regulation über verschiedene ↗ Puffersysteme, insbesondere in der Niere und beim Atemgastransport (↗ Hämoglobin, ↗ Atemzentrum), die Beeinflussung von Enzymen sowie pH-abhängiger Transportprozesse innerhalb und außerhalb der Zelle.

Phycobiline, lineare Tetrapyrrole, die als Chromophore der ↗ Phycobiliproteide fungieren. Die wichtigsten P. sind das *Phycocyanobilin* und das *Phycoerythrobilin*. Die Biosynthese der P. folgt bis zum Protoporphyrin IX dem Weg der Chlorophyllbiosynthese. Gelegentlich wird die Bez. P. auch anstelle des Begriffs Phycobiliproteide verwendet.

Phycobiliproteide, *Phycobiliproteine*, die bei Cyanobakterien, Rotalgen (↗ Rhodophyta) und Cryptophyceen (↗ Cryptophyta) vorkommenden Antennenpigmente, die Licht im grünen bis hellroten Bereich des Spektrums (500 - 650 nm) absorbieren und somit die bei den anderen Pflanzen bestehende ↗ Grünlücke ebenfalls nutzen. Dies ist für diese Algen lebenswichtig, damit sie noch in größeren Wassertiefen fotosynthetisch aktiv sein können. Die P. bestehen aus kleinen ca. 170 Aminosäuren umfassenden Proteinen mit einer α-helicalen Struktur, die ein bis drei ↗ Phycobiline als Chromophore tragen. Sie lassen sich dabei in blaue *Phycocyanine* (615 - 640 nm), rote *Phycoerythrine* (490 - 580 nm) und blaue *Allophycocyanine* (650 - 655 nm) unterteilen, die Licht in den angegebenen Wellenlängen absorbieren. Die P. sind in halbkugelförmigen Aggregaten, den Phycobilisomen zusammengefasst.

Phycocyanobilin

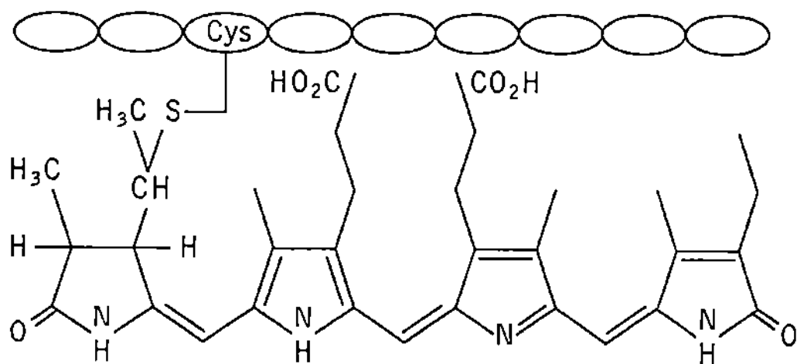

Phycoerythrobilin

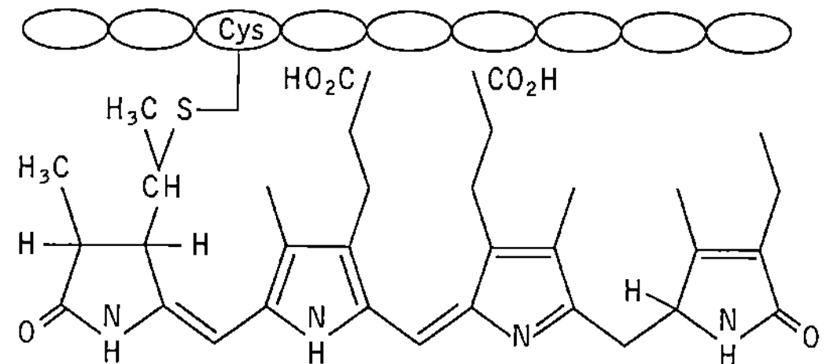

Phycobiliproteide Phycocyanin und Phycoerythrin. Die jeweiligen Chromophoren Phycocyanobilin und Phycoerythrobilin sind über eine Thioetherbindung an die Proteine gebunden

Phycobiliproteine, ↗ Phycobiliproteide.

Phycobilisomen, halbkugelförmige Komplexe aus vielen ↗ Phycobiliproteiden mit einem Durchmesser von 40 nm, die sich bei Cyanobakterien, Rotalgen und Cryptophyceen auf den ↗ Thylakoiden als Antennenkomplexe über den Reaktionszentren des Fotosystems II befinden (↗ Lichtreaktionen). P. sind im Unterschied zu den chlorophyll- und carotinoidhaltigen Antennenkomplexen anderer Pflanzen wasserlöslich. Die stapelförmige Anordnung der Phycobiliproteide ist dabei so, dass die Energie des absorbierten Grün- und Hellrotlichts effektiv an die Chlorophyll-α-Moleküle der Reaktionszentren weitergeleitet wird. Von außen nach innen sind P. deshalb so aufgebaut, dass die niedrigere Wellenlängen (ca. 560 nm) absorbierenden Phycoerythrine außen und die Allophycocyanine im Innern liegen, da sie Licht größerer Wellenlänge (ca. 660 nm) absorbieren. Die Zusammensetzung der P. richtet sich nach den jeweiligen Lichtverhältnissen. Durch diese *chromatische Adaptation* können Cyanobakterien und Rotalgen ihre Fotosynthese an die Wassertiefe anpassen.

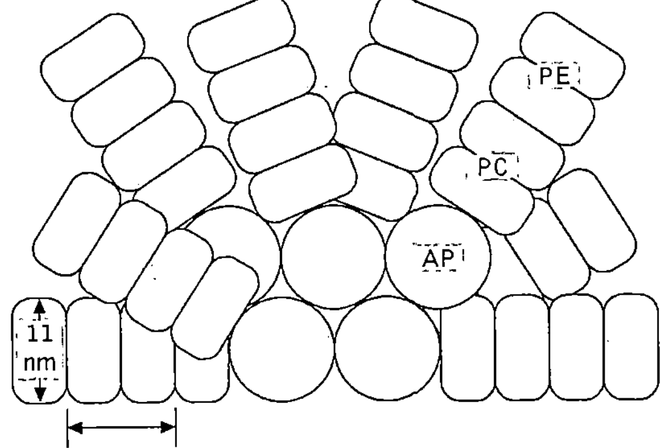

Phycobilisomen   Schematische Darstellung eines Phycobilisoms, in dessen Zentrum Allophycocyanin (AP) liegt, über dem sich die anderen Phycobiliproteide befinden. PC = Phycocyanin, PE = Phycoerythrin

Phycobiont, der Algenpartner einer Flechte ($\nearrow$ Lichenes).

Phycobionta, $\nearrow$ Algen.

Phycocyanin, $\nearrow$ Phycobiliproteide.

Phycoerythrin, $\nearrow$ Phycobiliproteide.

Phylactolaemata, *Lophopoda, Süßwasserbryozoen*, seit dem Tertiär bekanntes Taxon der Moostierchen ($\nearrow$ Bryozoa), dessen Arten langsam fließende Süßgewässer bewohnen. Die P. besitzen einen hufeisenförmigen Lophophor. Zwischen den einzelnen Zooiden sind die Körperwände unvollständig oder sie fehlen ganz, die Kolonien zeigen keinen Polymorphismus.

phyllo-, in Zusammensetzungen: Blatt.

Phyllochinon, *Vitamin K, antihämorrhagisches Vitamin, Koagulationsvitamin*, Name einer ganzen Gruppe von fettlöslichen, vom Naphthochinon abgeleiteten Vitaminen. *Vitamin K_1* ist besonders in Pflanzen enthalten, während *Vitamin K_2* (auch *Farnochinon* und *Menochinon* genannt) von $\nearrow$ Bakterien, auch der $\nearrow$ Darmflora, synthetisiert werden kann. Der Grundkörper, das 2-Methyl-1,4-naphthochinon (*Menadion*, häufig auch *Vitamin K_3* genannt), wirkt als *Provitamin*. Ein Mangel an P. führt zur verringerten Bildung von Prothrombin (Verringerung der $\nearrow$ Blutgerinnung), da Vitamin K bei der Carboxylierung einer Glutamatseitenkette der in-

aktiven Prothrombinvorstufe zum aktiven Prothrombin als Cofaktor erforderlich ist. Wegen der Synthese von P. durch die Darmbakterien sind jedoch Avitaminosen beim Menschen selten. P. ersetzt bei manchen Bakterien das $\nearrow$ Ubichinon in der $\nearrow$ Atmungskette.

Phyllodium, Plural *Phyllodien*, zu einem Assimilationsorgan umgebildeter Blattstiel, der oft spreitenähnlich verbreitert ist.

Phylloide, blattartige Gebilde der niederen Pflanzen (z. B. bei Braunalgen).

Phyllokladien, Singular *Phyllokladium*, abgeflachte Seitenachsen, die wie Blätter aussehen und deren Assimilationsfunktion übernehmen. ($\nearrow$ Platykladien)

Phyllopodium, Plural *Phyllopodien*, das Blattbein der Krebse ($\nearrow$ Crustacea).

Phylloscopus, die Gatt. $\nearrow$ Laubsänger.

Phyllotaxis, die $\nearrow$ Blattstellung.

Phyllozooide, *Deckstücke*, dem Schutz dienende hochspezialisierte Einzelindividuen bei den Staatsquallen ($\nearrow$ Siphonophora).

Phylogenese, *Phylogenie, Stammesentwicklung, Stammesgeschichte*, die stammesgeschichtliche Entwicklung der Lebewesen entweder in ihrer Gesamtheit oder (meist) bezogen auf bestimmte Verwandtschaftsgruppen (Taxa), also z. B. die P. der Wirbeltiere. Zur Rekonstruktion der P. einer Gruppe dienen Untersuchungen der Erbeigenschaften (Merkmalsanalyse) der lebenden (rezenten) Arten sowie der fossilen Vertreter. Die Rekonstruktion der P. einer Gruppe klärt gleichzeitig die Verwandtschaftsverhältnisse ihrer verschiedenen Arten auf und ermöglicht so die Erstellung eines phylogenetischen (natürlichen) Systems ($\nearrow$ Systematik, $\nearrow$ Taxonomie). Eine verbreitete Form der Darstellung der phylogenetischen Zusammenhänge ist der $\nearrow$ Stammbaum.

Phylogenetik, die Wissenschaft von der Rekonstruktion der stammesgeschichtlichen Entfaltung durch Aufklärung der Abstammungs- und Verwandtschaftsverhältnisse.

phylogenetische Systematik, allg. Bez. für ein Klassifikationssystem ($\nearrow$ Systematik), das die Abfolge der Artspaltungsereignisse (*Kladogenese*) eindeutig widerspiegelt. C.R. $\nearrow$ Darwin war der erste, der forderte, dass ein System diese stammesgeschichtlichen Aufspaltungen widerspiegeln müsse, er wünschte ein phylogenetisches System aus monophyletischen Taxa ($\nearrow$ Monophylum). W. $\nearrow$ Hennig entwickelte eine Methode, mit der sich Stammbäume aufstellen lassen, bei denen jedes Taxon eine monophyletische Verwandtschaftsgruppe ist. Dabei zog er aus Merkmalsverteilungen logische Rückschlüsse auf die vorausgegangenen Artaufspaltungen. Sein methodisches Prinzip geht davon aus, dass sich eine Stammart stets in zwei Schwesterarten bzw. -gruppen aufspaltet (*Dichotomie*), und sucht deshalb nach dem Schwestertaxon eines Taxons, um so auf die beiden Taxa gemeinsame Stammart zu schließen. Zu dem aus diesen Schwestertaxa bestehenden Monophylum wird nun ebenfalls das Schwestertaxon gesucht usw. Auf diese Weise werden Artspaltungsereignisse rekonstruiert und man erhält einen ↗ Stammbaum der Arten oder Artengruppen. Dabei wird in mehreren Schritten vorgegangen: 1) Identifizierung von ↗ Homologien, also einmal in der Evolution entstandenen Eigenschaften als Indizien für eine Verwandtschaft der untersuchten Taxa. 2) Aufstellung einer Merkmalsliste (Merkmalsmatrix). 3) Identifizierung von ↗ Apomorphien, also abgeleiteten Merkmalen, durch ↗ Außengruppenvergleich. 4) Suche nach ↗ Synapomorphien für Schwestertaxa. 5) Umsetzen der vermeintlichen Schwestergruppen-Beziehungen in ein Kladogramm. Dabei wird nach dem Prinzip der sparsamsten Erklärung (*Parsimonie-Prinzip*) verfahren: Gibt es aufgrund der festgestellten Apomorphien verschiedene Interpretationen der Stammbaum-Verzweigungen, so ist immer die einfachste Hypothese über die mögliche Artaufspaltung zu bevorzugen. Dies geschieht unter der Annahme, dass die bei solchen Vorgehen widersprüchlichen Merkmale konvergent entstanden, also analoge Merkmale sind (↗ Konvergenz) oder an anderer Stelle verloren gingen.

phylotypisches Stadium, Stadium in der Wirbeltierentwicklung, in dem sich die Embryonen der verschiedenen Wirbeltiergruppen stark ähneln. In diesem Stadium besitzt der Embryo einen klar abgegrenzten Kopf, ein Neuralrohr und Somiten. (↗ Embryonalentwicklung, ↗ Gastrulation)

Physalia, ↗ Portugiesische Galeere.

Physalis, Gatt. der ↗ Solanaceae.

Physeteridae, *Pottwale*, Fam. der Zahnwale (↗ Odontoceti) mit drei Arten, von denen der *Pottwal (Physeter catodon)* die bekannteste ist. Die Männchen werden bis 20 m lang, die Weibchen nur bis 11 m. Pottwale sind in sämtlichen Weltmeeren verbreitet und gehören trotz starker Bejagung noch immer zu den häufigsten Großwalen. Sie tauchen bis 3000 m tief, um Riesenkraken vor allem der Gatt. *Architheutis* zu fangen, hauptsächlich ernähren sich Pottwale jedoch von mittelgroßen oder kleinen Kraken und Fischen. Der kastenförmige Riesenkopf besteht im Wesentlichen aus Bindegewebe sowie Fett, das als feinflüssiges Öl vorliegt und erst bei Abkühlung oder an der Luft zu weißlichem, wachsartigem *Walrat* erstarrt. Es ist sehr begehrt und dient als Rohstoff für Salben und kosmetische Präparate sowie als Gleitmittel für feinmechanische Präzisionsgeräte. Ein weiteres begehrtes Produkt des Pottwals ist das grauschwarze *Ambra*, das als krankhafte Absonderung des Darms gilt und, selber geruchlos, ein begehrter Duftträger in der Parfümherstellung ist.

Über die Lebensweise der beiden anderen Arten, den Kleinpottwal (*Kogia simus*) und den Zwergpottwal (*Kogia breviceps*) ist noch relativ wenig bekannt.

Physiologie, Teilgebiet der ↗ Biologie, das sich mit den Lebensvorgängen (↗ Leben) und Lebensäußerungen der Pflanzen (↗ Pflanzenphysiologie), der Tiere (↗ Tierphysiologie) und des Menschen (*Humanphysiologie*) befaßt. Ziel der Physiologie ist, möglichst auf molekularer Ebene die Reaktionen und Abläufe von Lebensvorgängen (↗ Stoffwechsel, Bewegung, ↗ Keimung, ↗ Wachstum, ↗ Entwicklung, ↗ Fortpflanzung u. a.) bei den Organismen bzw. ihren Zellen, Geweben oder Organen zu erforschen und zu beschreiben, mit dem Ziel, Prinzipien und Gesetzmäßigkeiten zu erkennen. Die Methoden physiologischen Arbeitens umfassen physikalische, chemische und biochemische Experimente. Innerhalb der Physiologie haben sich Disziplinen etabliert, die spezielle Leistungen des Organismus zum Gegenstand haben; so die Stoffwechselphysiologie, ↗ Sinnesphysiologie, Nerven oder ↗ Neurophysiologie, Entwicklungsphysiologie (↗ Entwicklungsbiologie), Bewegungsphysiologie. Krankheitsbedingte physiologische Vorgänge im Organismus sind Gegenstand der *Pathophysiologie*. (↗ physiologische Ökologie)

physiologische Chemie, die ↗ Biochemie.

physiologische Ökologie, Teilgebiet der ↗ Ökologie, das die Anpassungsmechanismen von Organismen an ökologische Faktoren auf physiologischer Ebene zu erklären versucht (↗ Autökologie).

physiologische Rasse, *Biotyp*, in der Botanik gebräuchliche Bez. für eine ↗ Rasse, die sich durch physiologische, biochemische, pathologische oder kulturelle Eigenschaften von anderen Rassen unterscheidet, nicht aber durch morphologische Merkmale.

physiologische Uhr, ↗ innere Uhr.

Phytelephas, Gatt. der ↗ Arecaceae.

phyto-, in Zusammensetzungen: Pflanze-, pflanzlich.

Phytoalexine, eine Gruppe unterschiedlicher niedermolekularer lipophiler *sekundärer Pflanzenstoffe*, die von Pflanzen nach Pilz- oder Bakterienbefall neu synthetisiert werden und durch eine *antimikrobielle* Wirkung gekennzeichnet sind. Die chemische Natur der P. ist bei verschiedenen Pflanzenfamilien unterschiedlich: Hülsenfrüchtler (↗ Fabaceae) synthetisieren *Isoflavonoide*, wohingegen Nachtschattengewächse (↗ Solanaceae) *Sesquiterpene* verwenden. Ihre genaue Wirkungsweise ist bislang noch ungeklärt. Für die Biosynthese der zu den Isoflavonoiden zählenden P. ist das Enzym *Phenylalanin-Ammoniak-Lyase (PAL)* von Bedeutung.

Phytochelatine, eine bei auf schwermetallhaltigen Böden wachsenden Pflanzen (*Hyperakkumulato-*

ren) vorkommende Gruppe niedermolekularer Polypeptide, die aus dem ↗ Glutathion synthetisiert werden und die allg. Formel [Glu(-Cys)]$_n$-Cys mit n=2 bis 9 aufweisen. P. können mit Metallen Komplexe bilden, die nach einem aktiven Transport in die Vakuole dort akkumulieren und dadurch zur Entgiftung von Schwermetallen wie Cadmium oder Blei beitragen. P. werden durch eine so genannte *Phytochelatinsynthase* synthetisiert, deren Genexpression in Anwesenheit von Metallionen stark induziert wird. Die Wirkung von P. wird bei der ↗ Phytosanierung ausgenutzt.

Phytochrome, eine Gruppe von pflanzlichen ↗ Fotorezeptoren, die als *Rotlichtrezeptoren* die *Fotomorphogenese*, d. h. die Entwicklungs- und Stoffwechselprozesse in Abhängigkeit von Licht regulieren. So reicht ein einziger, relativ schwacher Lichtblitz aus, um bei einem etiolierten Keimling (↗ Etiolement) die für das Ergrünen von Pflanzen typischen Prozesse auszulösen: reduziertes Streckungswachstum, Öffnen des Hypokotylhakens sowie einsetzende Chlorophyllsynthese. Die biologische Rolle der P. wurde in den 1930er-Jahren erstmals nachgewiesen, als die Keimung von Samen des ↗ Lichtkeimers Salat in Abhängigkeit von hellrotem (650 - 680 nm) und dunkelrotem Licht (710 - 740 nm) untersucht wurde. Es stellte sich heraus, dass die Keimung durch Hellrot gefördert und durch Dunkelrot inhibiert wurde. Im Jahr 1952 folgerten amerikanische Wissenschafter aus ihren experimentellen Daten, dass Phytochrome als zwei ineinander überführbare Formen existieren müssen. Indem sie Salatsamen abwechselnd mit hell- und dunkelrotem Licht bestrahlt hatten, konnten sie zeigen, dass die Keimung immer dann stattfand, wenn die letzte Lichtgabe Rotlicht war. Phytochrome existieren somit als so genannte *Hellrot-absorbierende Form* (*Pr*) und *Dunkelrot-absorbierende Form* (*Pfr*; *fr* = engl. far red), die *fotoreversible Reaktionen* hervorrufen können.

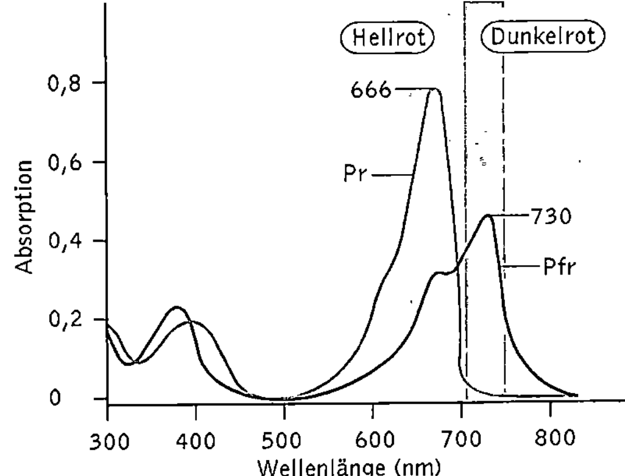

Phytochrome Die drei Typen der Phytochromreaktionen in Abhängigkeit steigender Bestrahlung mit hellrotem Licht. Abkürzungen siehe Text. Bei der HIR sind drei verschiedene Strahlungsintensitäten dargestellt

Natives P. ist ein Homodimer, das aus zwei Polypeptidketten besteht mit einem Molekulargewicht von ca. 250 kDa. Jede der Untereinheiten besteht aus zwei Komponenten, einem *Phytochrombilin* genannten linearen Tetrapyrrol als Chromophor und dem Apoprotein. Beide sind über eine Thioesterbrücke des Proteins miteinander verbunden. Interessanterweise wird das Phytochrombilin in den Plastiden synthetisiert und gelangt anschließend vermutlich passiv in das Cytosol, wo es sich mit dem Apoprotein zum Holoprotein vereinigt. P. zeichnen sich durch zwei funktional verschiedene Domänen aus, die scharnierartig miteinander verbunden sind. In der N-terminalen Domäne befindet sich die Chromophor-Bindestelle; sie ist somit für die fotosensorischen Eigenschaften verantwortlich. Die C-terminale Domäne ist als regulatorische Region hingegen für die Weiterleitung des Lichtsignals verantwortlich.

Die lichtinduzierte *Fotokonversion* vom physiologisch inaktiven *Pr* zum physiologisch aktiven *Pfr* erfolgt durch eine cis-trans-Isomerisierung am Kohlenstoffatom C15, wodurch eine Konformationsänderung im Apoprotein hervorgerufen wird.

Phytochromeffekte. P. sind in Pflanzen für vielfältige Reaktionen verantwortlich, die sich in schnelle biochemische bzw. molekularbiologische Prozesse und langsamere physiologische Reaktionen untergliedern lassen. So können P. schnell Membranpotenziale und Ionenkanäle regulieren und die Produktion von bestimmten Substanzen wie z. B. ↗ Anthocyanen und ↗ Chlorophyll induzieren. Des weiteren reguliert P. die Expression zahlreicher Gene. Zu den physiologischen Prozessen zählen neben der Samenkeimung die Bildung von Blättern, die Kontrolle der Blütenbildung oder die Förderung des Wachstums. Dabei beeinflusst die Lichtmenge die Art und Weise des physiologi-

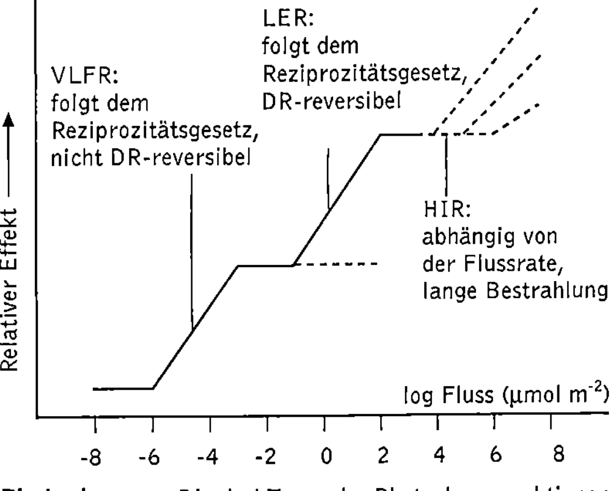

Phytochrome Absorptionsspektren von Pr und Pfr

PHYA ⊖⌐→ mRNA → Pr ⇄ (Hellrot / Dunkelrot) Pfr → Reaktion
Pfr ⤹ Ub + ATP ⤵ Ub → Abbau

PHYB-E → mRNA → Pr ⇄ (Hellrot / Dunkelrot) Pfr → Reaktion

Phytochrome Regulation der Expression von Phytochrom-Genen mit deutlichen Unterschieden zwischen *PHYA* und *PHYB - PHYE*. Bei *PHYA* sind drei Faktoren wirksam, um den Gehalt dieses Phytochroms zu kontrollieren: Repression der Genregulation durch Pfr, Abbau des Proteins durch das Ubiqitin (Ub)-System und Abbau der mRNA. Die anderen Phytochrome werden nicht durch Pfr reguliert. Proteine und Transkripte sind zudem stabiler

schen Effektes. Eine äußerst geringe Lichtmenge im Bereich von unter 1 µmolm^{2-} reicht aus, um z. B. bei ↗ Arabidopsis thaliana die Samenkeimung auszulösen (*VLFR = very low fluence response*). P.-induzierte Reaktionen, die Rotlicht bis zu 1000 µmolm^{2-} benötigen, werden als *low fluence rate (LFR)* bezeichnet; sie ist für die meisten der klassischen fotoreversiblen P.-Effekte verantwortlich. Längere und kontinuierliche Bestrahlung mit hohen Lichtintensitäten (HIR = Hochintensitätsreaktion) führen zu einer Reihe von Fotomorphogenese-Reaktionen wie z. B. der Inhibition des Hypokotylwachstums oder der Öffnung des Apikalhakens.

P. ermöglichen Pflanzen, sich auf verändernde Lichtverhältnisse einzustellen, da das Verhältnis von Hellrot- zu Dunkelrotlicht im Tageslicht und an unterschiedlichen Standorten verschieden ist. So ist volles Sonnenlicht Hellrot-angereichert, wohingegen Standorte unterhalb eines Pflanzendaches durch Dunkelrot-angereichtes Licht gekennzeichnet sind.

Molekularbiologie der P.-Effekte. Die Untersuchung von P. ergab,dass bei *Arabidopsis thaliana* eine aus fünf Genen bestehende Genfamilie vorhanden ist, die die Gene *PHYA, PHYB, PHYC, PHYD* und *PHYE* umfasst. Ihre Funktion konnte durch die Analyse von *P.-Mutanten* genauer untersucht werden. Zu ihnen zählen die so genannten *hy*-Mutanten von *Arabidopsis thaliana*, die sich durch das Vorhandensein eines langen Hypokotyls in Anwesenheit von Licht auszeichnen, weil einige von ihnen einen Defekt in der Chromophorbiosynthese aufweisen. Dabei stellte sich heraus, dass *PHYA* und *PHYB* unterschiedliche Funktionen haben, die sich zueinander antagonistisch verhalten. Die *De-Etiolierung* hängt von den durch den Anteil an Rot- und Dunkelrotlicht kontrollierten Mengenverhältnissen von P. A und P. B ab. P. sind an der Regulation der Genexpression zahlreicher im Nucleus codierter *lichtregulierter Gene* beteiligt, die in ihren Promotoren bestimm

te konservierte Sequenzmotive (z. B. so genannte GT-1-Regionen, I-Boxen oder G-Boxen) aufweisen. Zu den ersten Genen, deren Expression mit P. in Verbindung gebracht wurden, waren die an der Fotosynthese beteiligten Gene der Chlorophyll *a/b*-bindenden Proteine und der kleinen Untereinheit des Enzyms Ribulose-1,5-bisphosphat-Carboxylase/ Oxygenase. Auch die Expression von *PHYA* ist lichtreguliert. An der Umsetzung des durch P. wahrgenommenen Lichtes sind zahlreiche Faktoren beteiligt: So wurden als *second messenger* G-Proteine, cGMP sowie das Calcium/Calmodulin-System nachgewiesen. Eine Reihe von weiteren Proteinen (*DET, COP*), deren Mutation zu einer veränderten *Fotomorphogenese* führt, sind ebenfalls an der P.-Signaltransduktionskette beteiligt. Interessanterweise sind P. auf molekularer Ebene auch am ↗ Fotoperiodismus beteiligt, indem sie z. B. die Synchronisation der ↗ inneren Uhr bewirken. Deshalb wirken sich Mutationen einzelner P.-Gene auch auf die *Blühinduktion* aus. Die ↗ Blütenbildung wird dabei in

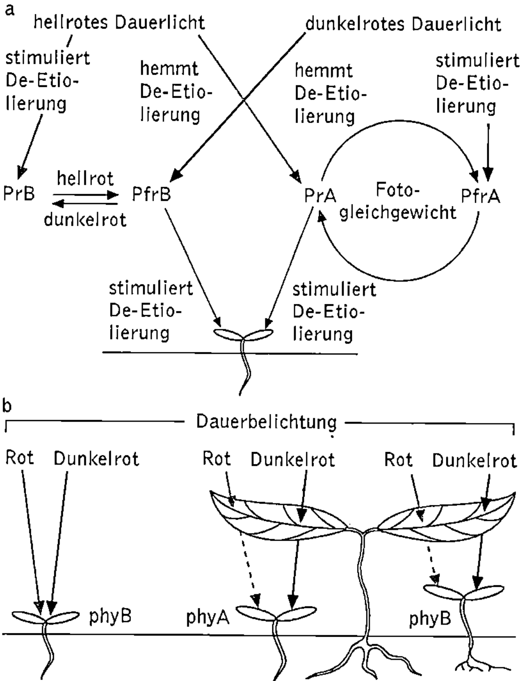

Phytochrome Antagonistische Wirkung der Phytochrome A und B. a Rolle von hellrotem und dunkelrotem Dauerlicht bei der De-Etiolierung eines Keimlings. b Einfluss von Phytochrom A und B auf die Entwicklung von Keimlingen bei unterschiedlichen Lichtverhältnissen. Bei voller Bestrahlung mit einem hohen Rotlichtanteil ist Phytochrom B für die De-Etiolierung verantwortlich (links). Unter einer Blätterschicht kommt es zunächst durch die Wirkung von Phytochrom A zur De-Etiolierung (Mitte). Da dieses labil ist, wird durch Einfluss von Phytochrom B die Hemmung des Sprosswachstums aufgehoben (Schattenfluchtreaktion, rechts)

unterschiedlicher Weise durch Rot bzw. Dunkelrot kontrolliert, je nachdem, ob es sich um Kurztag- oder Langtagpflanzen handelt.

Phytohämagglutinine, die ↗ Lektine.

Phytohormone, *Pflanzenhormone*, *Pflanzenwuchsstoffe*, die in Anlehnung an die bei Tieren vorkommenden Signalstoffe ↗ Hormone genannt werden. Es handelt sich um Gruppen von pflanzlichen Verbindungen, welche die Entwicklung von Pflanzen von der Keimung bis hin zum Abwurf von Blättern und der Samenreife beeinflussen. Die P. interagieren mit spezifischen *Rezeptoren* und induzieren Signaltransduktionsketten, die vielfältige Entwicklungsprozesse (z. B. Blattwachstum, ↗ Blütenbildung, ↗ Abscission) kontrollieren. Als chemische Botenstoffe werden sie von einem Teil der Pflanze in einen anderen Teil transportiert. Im Unterschied zu tierischen Hormonen, die sich durch eine hohe Spezifität der Wirkung und Zielgewebe auszeichnen und bei denen der *Syntheseort* i. d. R. nicht direkt am *Wirkort* liegt, sind P. an der Kontrolle mehrerer Entwicklungsprozesse beteiligt. Nachdem man lange Zeit lediglich die fünf Gruppen von chemischen Verbindungen (↗ Abscisinsäure, ↗ Auxine, ↗ Cytokinine, ↗ Ethylen und ↗ Gibberelline) als P. angesehen hatte, sind inzwischen bei weiteren Substanzen für P. typische Wirkweisen nachgewiesen worden. Zu ihnen zählen die ↗ Brassinosteroide, die ↗ Jasmonsäure, die ↗ Salicylsäure sowie das Peptid ↗ Systemin. Die Mechanismen der P.-Wirkung wurde durch ↗ Bioassays und mit Hilfe von zahlreichen natürlichen und künstlich erzeugten Mutanten untersucht.

Phytol, Bez. für ein aliphatisches Diterpen, das in veresterter Form Bestandteil des ↗ Chlorophylls ist. (↗ Isoprenoide)

Phytolaccaceae, Fam. der ↗ Caryophyllales mit ca. 70 Arten. Zu den P. gehört die ↗ Kermesbeere, *Phytolacca americana*.

Phytomer, bei Pflanzen die Bez. für eine Entwicklungseinheit, die sich aus ein oder mehreren Blättern, dem Nodium (Knoten) und Internodium und Achselknospen zusammensetzt.

Phytomimese, die Nachahmung von Pflanzenteilen durch Tiere. Beispiele hierfür sind die zweigähnlichen Stabheuschrecken. (↗ Abwehr)

Phytomonadea, *Volvocida*, *Phytomonadina*, zu den Grünalgen (Chlorophyta) gehörendes Taxon, deren Vertreter begeißelt sind. Sie besitzen meist zwei, vier oder seltener acht Geißeln, die immer am Vorderpol der Zelle entspringen. Der Chloroplast ist meist becherförmig und liegt fast immer parietal. Er verleiht den P. die charakteristische grüne Färbung. Innerhalb der P. gibt es Tendenzen zur Vielzelligkeit, indem koloniale Verbände von unterschiedlicher Form gebildet werden, so z. B. von Vertretern der Gatt. *Volvox* (Abb. ↗ Chlorophyta), *Gonium*, *Eudorina*, *Pleodorina*. Diese Kolonien dienen häufig als Modell zur Entstehung vielzelliger Organismen. In den Kolonien befinden sich die Zellen innerhalb einer gemeinsamen Gallerte und sind durch ↗ Plasmodesmen verbunden. Viele der vor allem im Süßwasser lebenden P. neigen zur Massenvermehrung.

Phytopathologie, *Pflanzenpathologie*, die wissenschaftliche Disziplin, die sich mit der Erforschung von ↗ Pflanzenkrankheiten und den erforderlichen Maßnahmen des ↗ Pflanzenschutzes befasst.

Phytophagennahrungskette, *Phytophagensystem*, ↗ Nahrungskette eines ↗ Ökosystems, an der nur ↗ Primärproduzenten und Pflanzenfresser (↗ Phytophagen) beteiligt sind. Da ↗ Destruenten und ↗ Saprophagen fehlen, können absterbendes Pflanzenmaterial, Kot, Leichen etc. nicht verwertet werden. Die P. liefert die Lebensgrundlage für die Organismen der ↗ Destruenten-Saprophagen-Nahrungskette.

Phytophthora, Gatt. der ↗ Peronosporales (↗ Krautfäule).

Phytoplankton, pflanzliches ↗ Plankton.

Phytoremediation, die ↗ Phytosanierung.

Phytosanierung, *Phytoremediation*, Bez. für ein Verfahren, bei dem Pflanzen eingesetzt werden, um z. B. Schwermetalle aus Böden und industriellen Abwässern zu entfernen. Dabei wird ausgenutzt, dass manche Arten als so genannte *Hyperakkumulatoren* Schwermetalle in großer Konzentration aufnehmen können (↗ Phytochelatoren). Neben der Verwendung von Arten, die von Natur aus große Mengen an Metallen aufnehmen können (z. B. Arten der Gattung *Thlaspi*) wird auch versucht, die Effektivität der P. mit Hilfe von transgenen Pflanzen zu steigern. (↗ Pflanzenkläranlage)

Phytosiderophore, ausschließlich bei Gräsern (Familie ↗ Poaceae) vorkommende Klasse von *Eisenchelatoren* mit einer hohen Affinität zu Fe^{3+}. P. bestehen aus nichtproteinogenen Aminosäuren und werden von den Wurzeln abgegeben, um Eisen im Boden zu mobilisieren und dann von den Wurzeln als Eisen-P.-Komplex aufgenommen zu werden. P. stellen einen Mechanismus dar, mit dem Gräser Eisenmangel begegnen. Da Eisen für die Pflanzenernährung essenziell ist (↗ Mangelsymptome) besteht Interesse, die Wirkung von P. mit Hilfe gentechnischer Verfahren zu optimieren.

Phytotherapie, *Pflanzenheilkunde*, eines der ältesten Heilverfahren, das sich mit der Heilung von Krankheiten durch pflanzliche Mittel befasst. Bereits Hippokrates (460 - 377 v. Chr.) verwendete 400 verschiedene ↗ Heilpflanzen. Heute sind in der Medizin rund 3000 Pflanzen mit heilender Wirkung bekannt. Viele Untersuchungen zeigten, dass pflanzliche Präparate oft anders und weniger aggressiv wirken als synthetisch hergestellte Arzneimittel, da sie aus einer Mischung aus vielen Einzelkomponenten bestehen, während es sich bei synthetischen Mitteln um isolierte Substanzen handelt.

Phytotron, Bez. für eine Anzuchtkammer für Pflanzen, bei der Umweltparameter wie Licht, Temperatur und Luftfeuchtigkeit für Versuchszwecke programmierbar sind. Bei der Erforschung von ↗ Fotoperiodismus und ↗ Blütenbildung sind P. ebenso nützlich wie bei der Untersuchung von Stressfaktoren (Wassermangel, hohe Strahlungsintensität).

Phytozönose, die ↗ Pflanzengesellschaft.

P$_i$, Symbol für einen anorganischen Phosphatrest (↗ Phosphat) in Molekülen.

Pia mater, die harte Hirnhaut (↗ Hirnhäute).

Picea, Gatt. der ↗ Pinaceae.

Picidae, *Spechte,* zu den ↗ Piciformes gehörende Fam. mit rund 200 Arten, die auf drei Unterfamilien verteilt werden: Wendehälse (*Jynginae;* z. T. auch als eigene Fam. Jyngidae angesehen), Weichschwanz-Spechte (*Picumninae*) und Stützschwanz-Spechte (*Picinae*). Charakteristisch für die P. ist die weit vorstreckbare lange Zunge, deren Spitze oft mit Häkchen besetzt ist, und die dazu dient, Insekten aus ihren Verstecken zu holen. Die meisten Arten haben einen kräftigen Schnabel, mit dem sie zur Nahrungssuche oder beim Bau der Bruthöhle Holz bearbeiten. Außer Insekten fressen die Spechte auch Samen und Früchte, wobei sie harte Stücke oft in Spalten einklemmen, um sie zu öffnen; diese so genannten „*Spechtschmieden*" sind an den herumliegenden Nahrungsresten gut zu erkennen. Anstelle des Gesangs sind bei vielen Arten „*Trommelwirbel*" getreten, die durch rasches Klopfen auf einen resonanzfähigen Untergrund zustandekommen; die Frequenz ist artspezifisch.

In Deutschland brütende Arten sind: der *Große Buntspecht (Picoides major),* der häufigste Specht in Europa; er ist schwarzweiß mit rotem Nackenstreif und rotem Steiß; weiterhin der etwas kleinere, ähnlich gefärbte *Mittelspecht (Picoides medius),* und der ebenfalls schwarzweiße *Kleinspecht (Picoides minor)* mit rotem Scheitel und dunkel gestreifter Unterseite, der kleinste Specht der Region; größter Specht dort ist der fast krähengroße, schwarze *Schwarzspecht (Dryocopus martius)* mit rotem Nackenfleck; olivgrün gefärbt, mit rotem Nacken und Scheitel sowie beim Männchen rotem, schwarzgerandetem Bartstreif ist der *Grünspecht (Picus viridis),* und sehr ähnlich, aber etwas kleiner und weniger lebhaft gefärbt, der *Grauspecht (Picus canus).* Das Gefieder des *Wendehalses (Jynx torquilla)* ist rindenartig tarnfarben.

Piciformes, *Spechtvögel,* Ord. der Vögel mit etwa 385 Arten. Charakteristische Merkmale sind u. a.: die Anordnung der Zehen, die erste und vierte Zehe

sind nach hinten, zweite und dritte nach vorne gerichtet, außerdem brüten alle Arten in Höhlen und legen weiße Eier. Die in Wäldern und Savannen lebenden *Honiganzeiger* (Fam. *Indicatoridae*) sind Brutparasiten; sie leben von Bienen und Bienenwachs (Name!), das durch symbiontische Bakterien verdaut wird. Ebenfalls zu den P. gehören die *Tukane* oder *Pfefferfresser* (Fam. *Rhamphastidae*), Waldbewohner Lateinamerikas mit riesigem, oft prächtig bunt gefärbtem Schnabel, ebenso die tropischen Bartvögel (Capitonidae) und die südamerikanischen Faulvögel (Bucconidae).

Picornaviren, Virusfam., zu der kleine, einsträngige RNS-Viren mit isokaedrischem Capsid gehören. Die Fam. umfasst die ↗ Enteroviren und die ↗ Rhinoviren.

Pieper, ↗ Motacillidae.

Pieridae, *Weißlinge,* Fam. der Schmetterlinge (↗ Lepidoptera) mit über 1500 Arten, die weltweit, manche bis in 4500 m Höhe, verbreitet sind. Die Flügel sind überwiegend weiß oder gelb, die Raupen meist grün und fressen vor allem an Pflanzen der Fam. ↗ Fabaceae und ↗ Brassicaceae. Manche Arten der P. unternehmen Wanderzüge. Bekannte Arten in Mitteleuropa sind die *Kohlweißlinge (Pieris brassicae* und *Pieris rapae)* mit überwiegend weißen Flügeln, die mehrere Generationen pro Jahr hervorbringen. Weiß mit je einem großen orangefarbenen Fleck (Männchen) auf den Vorderflügeln sind die *Aurorafalter (Anthocaris cardamines).* Einer der ersten Schmetterlinge im Frühjahr ist der als Falter überwinternde *Zitronenfalter (Gonepteryx rhamni);* das Männchen ist leuchtend gelb, das Weibchen ist weißlich mit einem Stich ins grünliche.

Pierwurm, der ↗ Wattwurm.

Pigmentbecherocellus, ↗ Lichtsinnesorgane.

Pigmente, *Biochrome,* natürlich vorkommende tierische und pflanzliche Farbstoffe, die meist in Chromatophoren lokalisiert sind. P. können als die strukturgebundenen (an ↗ Proteine, ↗ Membranen gebundene) Naturfarbstoffe gegen die löslichen Naturfarbstoffe (z. B. Vakuolenfarbstoffe) abgegrenzt werden. Zu den P. zählen z. B. die ↗ Carotinoide, ↗ Chlorophylle, ↗ Melanine, ↗ Phycobiliproteide, die ↗ Phytochrome, die ↗ Pteridine usw. Die Funktion der P. ist meist mit ihrer Fähigkeit zur Absorption bestimmter Wellenlängenanteile des ↗ Lichts und deren Umwandlung in fotochemischen Prozessen verbunden. P. spielen eine wichtige Rolle als ↗ Fotorezeptoren, bei der ↗ Fotosynthese, beim Sehvorgang (↗ Rhodopsin) sowie als Schutzeinrichtung gegen schädliche Strahlung (z. B. Absorption von UV-Strahlung). Andere P. fungieren als optische Signale (z. B. Lockwirkung) oder als Tarnung (↗ Farbwechsel). Zu den P. zählen auch die Atmungs-P. (↗ Hämoglobin, ↗ Hämocyanin,

↗ Chlorocruorin u. a.), obwohl ihre Funktion im Transport von ↗ Sauerstoff liegt, also nicht direkt an die Farbigkeit gekoppelt ist.

Pilidium, die planktische Wimperlarve der Schnurwürmer (↗ Nemertini).

Pille, umgangssprachliche Bez. für hormonelle Mittel zur ↗ Empfängnisverhütung.

Pille danach, umgangssprachliche Bez. für ein Mittel zur Schwangerschaftsverhütung, das genommen werden kann, wenn kurz vorher bereits eine ↗ Befruchtung stattgefunden hat. Es handelt sich um eine Kombination aus Estrogenen und Gestagenen. (↗ Empfängnisverhütung)

Pilobolus, Gatt. der ↗ Mucorales.

Pilze, *Pilze i. w. S.*, *Mycota*, *Mycophyta*, eukaryotische, Kohlenstoff-heterotrophe (chlorophyllfreie) Organismen, die i. d. R. einen wenig differenzierten Thallus (Lager) besitzen, aber mindestens in einem Lebensabschnitt Zellwände ausbilden und sich geschlechtlich und/oder ungeschlechtlich mit Sporen als Ausbreitungs- und Dauerorganen fortpflanzen. Meist wird die Nahrung in gelöster Form aus der Umgebung resorbiert; einige Schleimpilze nehmen stattdessen oder zusätzlich Nahrungspartikel auf. Von den autotrophen Pflanzen unterscheiden sie sich hauptsächlich durch die ↗ heterotrophe Lebensweise (keine Plastiden, keine Fotosynthese), von den i. d. R. zellwandlosen Protozoen und Tieren durch ihre Zellwände und von den prokaryotischen Bakterien und Cyanobakterien durch ihre eukaryotische Zellorganisation mit echtem (membranumgebenem) Zellkern, Mitochondrien und anderen Organellen; wenn Geißeln vorhanden sind, entsprechen sie dem eukaryotischen Typ mit 9 + 2 Fibrillen (↗ Flagellen). Nach einer neueren Zusammenfassung (1999) der Daten molekulargenetischer, biochemischer und morphologischer Untersuchungen bilden die Pilze ein eigenständiges Reich, das neben den Stramenopiles, den roten Pflanzen und grünen ↗ Pflanzen aus dem ehemaligen Pflanzenreich ausgegliedert wurde. Nach diesen Ergebnissen stehen darüber hinaus die P. den Tieren näher als den Pflanzen. Die P. werden in zwei Gruppen unterteilt, die sehr heterogenen pilzähnlichen Protisten (pilzähnliche Protoctista = *Niedere P.*) und die „*echten*" *P.* (Fungi, Pilze i. e. S., ↗ Eumycota).

Vorkommen und Stoffwechsel. Pilze gehören zu den am weitesten verbreiteten Organismen auf der Erde. Sie leben als Saprophyten (Saprobier), als Parasiten oder Perthophyten (nekrophile Pilze). Echte Anaerobier sind die P. der Gatt. *Neocallimastix* im Pansen der Wiederkäuer. Außerdem bilden sie eine Reihe wichtiger symbiontischer Lebensgemeinschaften. Es sind ca. 120000 P. bekannt; man schätzt aber, dass mindestens 250000 - 300000 Arten (etwa soviel wie Samenpflanzen) vorkommen.

P. leben vor allem (im Gegensatz zu den Algen) auf dem Land; nur ca. 2 % sind Wasserbewohner, dann meist im Süßwasser, seltener im Meerwasser. Sie sind überall anzutreffen, vorausgesetzt, es leben gleichzeitig oder es lebten dort vorher andere Organismen. P. lassen sich in warmer (bis ca. 60 °C), aber auch in kalter Umgebung (unter –3 °C) nachweisen. Die Mehrzahl findet man unter sauren Bedingungen (pH 6,5 bis 3,5, z. B. in Waldböden oder auf sauren Äckern). Allg. bevorzugen sie feuchte Bedingungen, einige kommen aber auch mit geringem Wassergehalt aus. In Symbiose mit ↗ Algen, als Flechten (↗ Lichenes), sind sie sogar befähigt, extreme Standorte zu besiedeln, z. B. in arktischer Kälte, tropischer Hitze, selbst in Wüsten und auf nacktem Gestein.

P. nehmen eine Schlüsselstellung im Haushalt der Natur ein. Als Saprobier sind sie entscheidend an der Zersetzung (↗ Mineralisation) einer Vielzahl von organischen, besonders pflanzlichen Stoffen beteiligt, die vorwiegend im aeroben Atmungsstoffwechsel abgebaut werden (↗ Aerobier); es gibt auch fakultative ↗ Anaerobier, die vor allem Zucker vergären (z. B. viele ↗ Hefen); echte Anaerobier scheinen dagegen äußerst selten zu sein. Besonders wichtig für den ↗ Kohlenstoffkreislauf in der Natur sind sie durch ihre Beteiligung am Aufschluss von polymeren Naturstoffen (↗ Cellulose, ↗ Lignin, ↗ Proteine, ↗ Pektine, ↗ Lipide, ↗ Keratin u. a.). Die organischen Substrate dienen als Energie- und Kohlenstoffquelle. Die Mehrzahl der Saprobier (wie auch viele Parasiten) lassen sich auf geeigneten Nährböden kultivieren. Es wird geschätzt, dass die jährliche CO_2-Produktion aller P. ca. 6 % (= 3 x 10^9 t) der Gesamtproduktion aller C-heterotrophen Organismen beträgt. P. sind in Gestalt und Entwicklung außerordentlich mannigfaltig und noch unzureichend erforscht. Viele wachsen unauffällig und sind nur mikroskopisch zu erkennen (Größe wenige μm); andere bilden, vom unscheinbaren, den Boden durchziehenden Mycel ausgehend, bis metergroße Fruchtkörper (umgangssprachlich die „Pilze" schlechthin; z. B. Ständerpilze, ↗ Basidiomycetes). In der vegetativen Phase können zellwandlose (ungegliederte) Protoplasten, vielkernige Plasmodien, Sprosszellen, Einzelhyphen, Mycelien oder andere Hyphengeflechte mit differenzierten ↗ Hyphen ausgebildet sein (aber keine echten Gewebe). Starke Differenzierungen und vielfältige Formen finden sich oft bei den fruktifizierenden Organen (z. B. Fruchtkörper von Bauchpilzen, ↗ Lycoperdanae, und Blätterpilzen, ↗ Agaricales). Wichtiges taxonomisches Merkmal ist der Aufbau der Zellwände, die meist als Hauptkomponente ↗ Chitin enthalten, seltener Cellulose (Oomycetes, ↗ Oomycota) u. a. ↗ Polysaccharide. Als Speicherstoffe werden hauptsächlich ↗ Glykogen und Fett angehäuft, aber keine ↗ Stärke.

Fortpflanzung. P. können sich geschlechtlich fortpflanzen (sexuelle Fruktifikation, *Teleomorphe, Hauptfruchtform*, perfektes Stadium) und/oder ungeschlechtlich vermehren (asexuelle Fruktifikation, *Anamorphe, Nebenfruchtformen*). Bei der sexuellen Entwicklung kann zwischen Haplophase, Dikaryophase (Besonderheit!) und Zygophase (diploide Phase) unterschieden werden. Es gibt bei P. vielfältige Formen der Sexualität (z. B. Iso- und Anisogamie, Oogamie, Gametangiogamie, Somatogamie). Neben der chromosomalen Vererbung sind auch extrachromosomale Vererbung und ↗ Parasexualität nachgewiesen worden.

Krankheitserreger und wirtschaftliche Bedeutung. P. können bei Mensch und Tier schwerste Erkrankungen verursachen (↗ Mykosen), tödliche Vergiftungen treten gelegentlich nach Verzehr von Giftpilzen (↗ Knollenblätterpilze, ↗ Fliegenpilz) oder von mit Mykotoxinen vergifteten Nahrungsmitteln auf (↗ Aflatoxine). Durch die Aufnahme von Sporen (Konidien) können zudem schwere Allergien ausgelöst werden. Die meisten Pflanzenkrankheiten werden durch Pilze verursacht (z. B. ↗ Uredinales, ↗ Peronosporales, ↗ Erysiphales, ↗ Ustilaginales). P. sind darüber hinaus die wichtigsten Zersetzer von Holz (↗ Braunfäule, ↗ Weißfäule, ↗ Moderfäule, ↗ Hausschwamm). Alljährlich entstehen Milliardenschäden durch die Zerstörung von Holz, Leder, Textilien und Papier sowie den Verderb von Lebensmitteln. Andererseits werden sie seit Jahrtausenden zur Herstellung von Genuss- und Nahrungsmitteln genutzt und gehören zu den wichtigsten Mikroorganismen in der ↗ Biotechnologie, die zur Herstellung verschiedener Produkte genutzt werden.

Systematische Einteilung und Abstammung. P. sind keine homogene Verwandtschaftsgruppe. Die pilzlichen Protisten, die in ihrer Entwicklung amöboid oder durch Geißeln bewegliche Formen (Zoosporen, Planosporen) ausbilden, werden heute in sechs phylogenetisch voneinander unabhängige Abteilungen eingeordnet, die zum Reich der Protisten (*Protoctista*) gehören. Es sind ca. 2000 Arten bekannt, vielfältige Lebensformen, die meisten bereits zu Landbewohnern entwickelt. Sie stammen wahrscheinlich von verschiedenen Ahnen ab. Diskutiert werden pflanzliche und tierische Flagellaten, Amöben und chlorophyllose Abkömmlinge von Grün- und Braunalgen. Die *„höheren Pilze"*, Organismen, die keine beweglichen Stadien mehr ausbilden, werden als Abstammungsgemeinschaft angesehen und heute im Reich der *Fungi* (*Eumycota*, Pilze i. e. S.) zusammengefaßt. Sie haben sich im Laufe der Evolution aus Wasser bewohnenden, pilzähnlichen Protisten entwickelt. Möglicherweise stammen sie von Vorfahren der Chytridiomycetes ab, zu denen sie biochemisch große Ähnlichkeit zeigen. Die systematische Gliederung und Ord. der P. ist immer noch Gegenstand intensiver Forschung und wird in vielen Bereichen intensiv diskutiert Die früheren Klassen Urpilze (Archimycetes) und Algenpilze (Phycomycetes) wurden aufgegeben, da die dort zusammengefassten Ord. keine verwandtschaftlichen Beziehungen untereinander haben. Traditionell wurden die P. bis vor einiger Zeit den Pflanzen (i. w. S.) zugeordnet, doch in ihrer Gesamtheit nehmen sie eine Sonderstellung ein (wie auch molekular-biochemische Untersuchungen zeigen), die sie deutlich vom Pflanzenreich abgrenzt, wenn vielleicht auch einzelne Formkreise von Algen abstammen könnten. P. werden nach den internationalen Nomenklaturregeln der Botanik benannt (↗ Nomenklatur). Es finden jedoch relativ häufig Umbenennungen statt, wobei sowohl der Gattungs- als auch der Artname verändert werden können.

Fossile P. sind selten zu finden. Eindeutige Pilzformen (Chytridiomyceten-ähnlich) lassen sich bereits im Kambrium (vor ca. 500 Mio. Jahren) in Schalen von Meerestieren nachweisen. Endosymbiontische Mykorrhiza-Symbiosen (↗ Mykorrhiza) scheinen bereits im Devon (vor ca. 400 Mio. Jahren) ausgebildet worden zu sein (*Endogonales*). Rostpilz-ähnliche Formen sind auf Farnen aus dem Karbon (ca. 300 Millonen Jahre alt) gefunden worden, und im Steinkohlenwald traten bereits Schnallenmycelien auf, die denen heutiger Basidiomyceten entsprechen. Im Jura (vor ca. 200 Mio. Jahren) gab es vermutlich schon hoch entwickelte Schlauchpilze.

Lit.: Bresinsky, A., Besl, H.: Giftpilze. Stuttgart 1985. – Dörfelt, H., Heklau, H.: Die Geschichte der Mykologie, Reinbeck1998. – Dörfelt, H.: Lexikon der Mykologie. Stuttgart 1989. – Müller, E., Loeffler, W.: Mykologie. Stuttgart ⁵1992. – Schwantes, H.O.: Biologie der Pilze. Stuttgart 1996. – Weber, H.: Allgemeine Mykologie. Stuttgart 1993.

Pilzgärten, von tropischen Blattschneiderameisen oder Termiten in besonderen Kammern (*Pilzkammern*) angelegte Pilzzuchten. Bei den Blattschneiderameisen werden die Nährböden aus einem Brei aus zerkauten Blättern hergestellt und mit Exkrementen der Tiere gedüngt. Nach Animpfen des Nährbodens mit einem Stück Pilzmycel beginnt der Pilz zu wachsen. Die einweißreichen Pilze stellen die Nahrungsgrundlage der Blattschneiderameisen dar. Wenn die Weibchen das Nest verlassen, um einen neuen Staat zu gründen, nehmen sie in einer besonderen Schlundtasche etwas Pilzmycel für die Neuanlage der Zucht mit.

Pilzgifte, die ↗ Mykotoxine.

Pilzkörper, die ↗ Corpora pedunculata.

Pilzkunde, die ↗ Mykologie.

Pilzpapillen, ↗ Zunge.

Pimpinella, Gatt. der ↗ Apiaceae.

Pinaceae Tanne (Gatt. *Abies*), Spross mit reifen, z. T. bereits zerfallenden Zapfen

Pinaceae, *Kieferngewächse*, Fam. der ↗ Pinidae mit ca. 200 Arten, die fast nur auf der nördlichen Erdhalbkugel verbreitet sind. Bis auf wenige Ausnahmen sind es immergrüne Bäume mit spiralig gestellten Nadeln und holzigen Zapfen. Die männlichen Blüten bestehen aus zahlreichen Staubblättern, die auf der Unterseite je zwei angewachsene Pollensäcke tragen. Die weiblichen Blüten sind vor der Befruchtung aufwärts gerichtet, bei der Samen-

Pinaceae Waldkiefer (links) a blühender und fruchtender Spross, b Pollenkorn mit zwei Luftsäcken, c Samen. Rechts daneben Gemeine Fichte (Picea, d Spross mit Zapfen, e Samen

reife ändert sich diese Stellung jedoch meist. Die einseitig geflügelten Samen werden durch den Wind verbreitet. Nach der Stellung der Nadeln an Kurz- oder Langtrieben unterscheidet man bei den P. drei Gruppen: Einzeln stehende Nadeln nur an Langtrieben haben die Vertreter der Gatt. ↗ Tanne (*Abies*), ↗ Fichte (*Picea*), die ↗ Douglasie (*Pseudotsuga menziesii*) und die *Schierlings-* oder *Hemlocktanne* (*Tsuga canadensis*). Gebüschelt stehende Nadeln an Kurz- und Langtrieben haben die Gatt. ↗ Lärche (*Larix*) und ↗ Zeder (*Cedrus*). Zwei bis fünf gebüschelt stehende Nadeln an Kurztrieben kennzeichnen die Arten der Gatt. *Pinus* (↗ Kiefer, ↗ Pinie).

Pinacoderm, *Dermalmembran*, die aus zwei Zelllagen von Pinacocyten bestehende Epidermis der Schwämme (↗ Porifera).

Pinales, Ord. der Nadelhölzer (↗ Pinopsida). Bei den P. bestehen die männlichen und weiblichen Blüten aus verkürzten Achsen, an denen flachstielige Pollensackgruppen (Staubblätter) bzw. gestielte oder sitzende Samenanlagen („Fruchtblätter") und fast immer auch sterile Blattorgane ansitzen. Die weiblichen Blüten stehen oft in kätzchen- bis zapfenartigen Blütenständen zusammen.

Pinealorgan, die ↗ Epiphyse.

Pinguine, die ↗ Sphenisciformes.

Pinidae, *Coniferae*, *Koniferen*, Unterklasse der Nadelhölzer (↗ Pinopsida), deren Arten über die ganze Erde verbreitet sind. Es sind Bäume, seltener Sträucher mit gesetzmäßig angeordneten Seitenzweigen. Der aus Tracheiden bestehende Holzkörper ist i. d. R. stark entwickelt. In der Rinde, in den Laubblättern und teilweise auch im Holz treten häufig ↗ Harzkanäle auf. Die weiblichen Blüten sind zu Zapfen vereinigt und bestehen meist aus Deckschuppen, in deren Achseln sich die Fruchtblätter mit den Samenanlagen, die Samenschuppen, befinden. Die männlichen Blüten bestehen aus zahlreichen schuppenförmigen Staubblättern, die an ihrer Unterseite Pollensäcke tragen. Zu den P. gehören die ↗ Voltziales und die ↗ Pinales.

Pinie, *Pinus pinea*, im Mittelmeergebiet beheimatete Kiefernart (↗ Pinaceae) mit breiter Schirmkrone. Die ca. 7 mm langen Samenkerne, „Pignoli", sind sehr eiweißreich und essbar.

Pinnipedia, die Wasserraubtiere oder Robben (↗ Carnivora).

Pinnulae, fingerförmige Anhänge auf den Armen der Seelilien und Haarsterne (↗ Crinoida).

Pinocytose, die Aufnahme flüssiger, gelöster Nahrungspartikel in die Zelle, wo sie der intrazellulären Verdauung in Form einer durch die Plasmamembran gebildeten *Verdauungsvakuole* (↗ Nahrungsvakuole) zugeführt wird. Zusammen mit dem Begriff *Phagocytose* wird die P. heute als ↗ Endocytose bezeichnet.

Pinopsida, *Nadelhölzer*, Klasse der ↗ Coniferophytina, bei deren Arten die männlichen und weiblichen Blüten aus verkürzten Achsen bestehen, an denen sich seitlich bzw. auch terminal flachstielige Pollensackgruppen (Staubblätter) bzw. gestielte oder sitzende Samenanlagen („Fruchtblätter") befinden. Die P. untergliedern sich in die zwei Unterklassen ↗ Cordaitidae und ↗ Pinidae.

Pinselschimmel, die Gatt. ↗ Penicillium.

Pinus, Gatt. der ↗ Pinaceae.

Pioniere, Organismen, die als Erste ein neu entstandenes Gebiet oder ein noch unbesiedeltes Gebiet besiedeln.

Pionierpflanzen, Pflanzen, die als Erste ein noch vegetationsloses Gebiet besiedeln. Zu den P. gehören u. a. Birke, Robinie, Ginster und Gänsefuß-Arten.

Piperaceae, *Pfeffergewächse*, Fam. der Piperales mit ca. 2000 Arten, die ausschließlich in den Tropen verbreitet sind. Es sind Kräuter, Lianen oder Holzpflanzen mit wirtelig oder schraubig gestellten einfachen Blättern und in dichten Ähren angeordneten eingeschlechtigen oder zwittrigen Blüten ohne Blütenhülle. Als Früchte werden Beeren oder Steinfrüchte gebildet. Wirtschaftlich wichtige Arten sind der Echte ↗ Pfeffer (*Piper nigrum*), der *Kawa-Pfeffer* (*Piper methysticum*) und der ↗ Betelpfeffer (*Piper betle*).

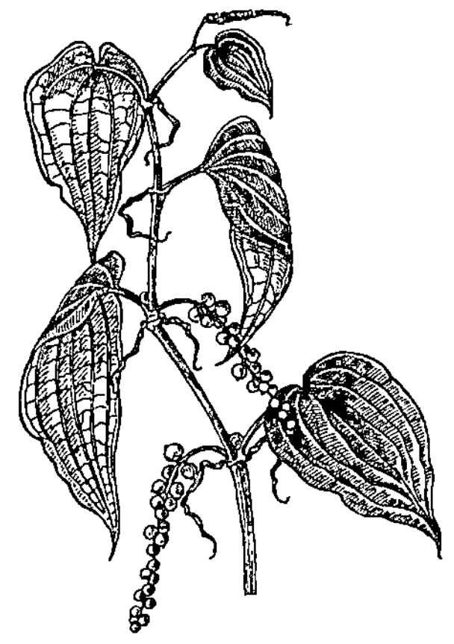

Piperaceae   Echter Pfeffer (*Piper nigrum*); Zweig mit Fruchtständen

Piperales, Ord. der ↗ Magnoliopsida mit der einzigen Fam. ↗ Piperaceae.

PI-PKC-System, ein System zur ↗ Signaltransduktion.

Piranhas, *Pirayas, Serrasalmus*, Gatt. der Salmler (↗ Characidae), die in Gewässern des tropischen Südamerika leben. P. sind hochrückig, bis 35 cm lang, mit dreieckigen, in Reihen stehenden, sehr scharfen Zähnen. Sie ernähren sich vor allem von Fischen, greifen bei dichter Besiedlung aber auch größere Wirbeltiere an; große Schwärme können ein Beutetier innerhalb weniger Minuten völlig skelettieren.

Pirol, *Oriolus oriolus*, amselgroßer Singvogel, der etwa im Mai nach Deutschland einfliegt, um zu brüten und bereits im August wieder zum Überwintern ins tropische Afrika zurückkehrt. Das Männchen ist leuchtend gelb mit dunklen Flügeln und Schwanzfedern sowie einem roten Schnabel, das Weibchen und die Jungvögel sind gelblichgrün mit gestreifter Unterseite. Der charakteristische Gesang ist melodisch flötend.

Piroplasmida, *Piroplasmen*, zu den Coccidea (↗ Coccidia) gehörendes Taxon dessen Arten weltweit als Parasiten in Lymphocyten, Erythrocyten u. a. Blutzellen von Wirbeltieren vorkommen. Sie werden von Zecken übertragen. P. sind für den Menschen nicht bedeutend, rufen aber unter anderem gefährliche Rinderkrankheiten hervor, z. B. *Babesia bigemina* (Texasfieber) und *Theileria parva* (Theileriose), die in bis zu 50 % der Fälle tödlich verlaufen.

Piscicola geometra, der ↗ Fischegel.

Pistacia, Gatt. der ↗ Anacardiaceae.

Pistazie, *Pistacia*, Gatt. der ↗ Anacardiaceae, deren Arten in West- und Ostasien beheimatet sind. Die *Echte P., Pistacia vera*, ist ein bis 10 m hoher Baum mit unpaarig gefiederten Blättern. Die Steinfrüchte enthalten eiweiß- und fettreiche Samen. Zur Gatt. P. gehört auch der ↗ Mastixstrauch, *Pistacia lentiscus*.

Pistill, der ↗ Stempel.

Pisum, Gatt. der ↗ Fabaceae.

Pithecanthropus, fossiler Hominide, dessen Fossilien ↗ Homo erectus zugeordnet werden.

PKU, Abk. für ↗ Phenylketonurie.

Placenta, *Plazenta*,

1) *Zoologie: Mutterkuchen*, Verbindungsorgan zwischen ↗ Embryo (bzw. ↗ Fetus) und dem mütterlichen Organismus bei höheren Säugetieren (selten bei Nicht-Säugern), in dem der Stoff- und Gasaustausch zwischen mütterlichem ↗ Blut und dem Blut des sich entwickelnden Embryos stattfindet. Außerdem bildet die P. ↗ Hormone. Sie erlaubt eine verlängerte intrauterine Entwicklung des Embryos (↗ Embryonalentwicklung).

Beuteltiere (↗ Marsupialia) bilden i. d. R. eine P. aus Dottersack und Chorion (*Dottersack-Placenta*), ↗ Eutheria dagegen aus Allantois (↗ Embryonalhüllen) und Chorion (*Allantois-Placenta*). Neben den Säugetieren haben auch andere Gruppen viviparer Tiere verschiedene Placentaformen entwickelt, z. B. lebend gebärende Haie, einige Reptilien und unter den Wirbellosen die Stummelfüßer (↗ Onychophora) und die Skorpione (↗ Scorpiones; ↗ Viviparie).

Beim Menschen besteht die P. aus einem mütterlichen Anteil (Teile der Gebärmutterschleimhaut, ↗ Gebärmutter) und einem embryonalen Anteil (Zotten der Chorioallantois). Die Ausbildung der P. beginnt mit der Einnistung (↗ Nidation) des Keims im Stadium der Blastocyste. Er löst die obersten Schichten der vorbereiteten Gebärmutterschleimhaut auf und sinkt am zehnten Tag der Entwicklung in sie ein bzw. wird von ihr umwachsen. In diesem Stadium ernährt sich der Keim von der *Embryotrophe*, einer z. B. aus zerfallendem mütterlichem Gewebsmaterial bestehenden Nährsubstanz. Zu Beginn der dritten Woche bildet der *Trophoblast*, die äußerste Schicht des Embryos, die ersten *Zotten*, fingerförmige Ausstülpungen, die durch weiteren Abbau der mütterlichen Schleimhaut tiefer eindringen und mit der *Zottenhaut (Chorion)* die Chorionplatte als fetalen Anteil der P. bilden. Die Histolyse der Gebärmutterschleimhaut schreitet bis zu den Spiralarterien fort, deren Wände ebenfalls aufgelöst werden, sodass mütterliches arterielles Blut in Lakunen austritt und von den ebenfalls offenen Gebärmuttervenen wieder aufgenommen wird. Zu Beginn des zweiten Monats entstehen in den Zotten bluthaltige Hohlräume, die Anschluss an das extraembryonale Blutgefäßsystem erhalten. Die Zotten verankern sich als Haftzotten in der Basalplatte (basaler Hauptteil der mütterlichen P.), ihre Verzweigungen flottieren in den zwischen Chorion und Basalplatte frei bleibenden Räumen, die mit mütterlichem Blut gefüllt sind. Mütterlicher und fetaler Blutkreislauf bleiben getrennt. Die mütterliche P. (*Decidua basalis*) hat die Form einer flachen Schale, auf der die vom Embryo gebildete Chorionplatte wie ein Deckel aufliegt. Gegen Ende der ↗ Schwangerschaft ist die P. scheibenförmig. Bei der ↗ Geburt löst sie sich von der Uteruswand und wird etwa 30 Minuten später als *Nachgeburt* ausgestoßen.

Funktionen der P. Eine wichtige Funktion ist die Bildung einer Schranke (*Placentaschranke*), die den Austausch von Gasen, Nahrungs- und Stoffwechselprodukten zwischen mütterlichem und fetalem Blut erlaubt, gleichzeitig aber beide Kreisläufe voneinander trennt. Durch diese Placentaschranke können jedoch Krankheitserreger (z. B. Rötelnvirus), manche Antikörper, Medikamente und Drogen in den Embryo gelangen und gegebenenfalls zu Missbildungen (*Embryopathie*) führen. Die zweite Funktion ist die Bildung von Hormonen. Beim Menschen bildet die P. ↗ Progesteron, ↗ Estrogene und ↗ gonadotrope Hormone.

Formen der P. Echte Säugetiere (Placentalia, Eutheria) bilden unterschiedliche Placentaformen. Bei der *diffusen P.* (*P. diffusa*) sind die Zotten über die gesamte Oberfläche des Chorions verteilt (z. B. Wale, Unpaarhufer, viele Paarhufer). Bei der *Büschel-P.* (*P. cotyledonaria*) werden die Zotten auf mehrere bis viele Stellen der P. (Kotyledonen) be-

schränkt (z. B. Wiederkäuer). Bei diesen beiden Placentaformen besteht nur ein lockerer Zusammenhang zwischen mütterlichem und fetalem Placentaanteil; sie lösen sich bei der Geburt ohne Verletzung der Gebärmutter (*adeciduate Säugetiere*). Bei den *deciduaten Säugetieren* verwachsen beide Anteile der P. eng, das Zottenchorion löst sich bei der Geburt nicht aus dem uterinen Anteil der Placenta (Decidua), sondern wird mit dieser unter Blutungen als Nachgeburt abgestoßen. Bei der *Gürtel-* oder *Zonen-P.* (*P. zonaria*) sind die Zotten in einem Ring angeordnet (z. B. Raubtiere), bei der *Disko-* oder *Scheiben-P.* (*P. discoidalis*) auf eine Scheibe (Mensch) oder zwei große Scheiben (manche Neuweltaffen) begrenzt.

2) bei *Pflanzen* das Bildungsgewebe der Fruchtblätter, das die Samenanlagen erzeugt.

Placentalia, die ↗ Eutheria.

Placodermi, *Panzerfische*, *Plattenhäuter*, ausgestorbenes Taxon fischähnlicher Wirbeltiere mit knöchern-gepanzertem Vorderkörper, gut entwickeltem Kiefer, großen Augen und einer Gliederung des Panzers in je einen Kopf- und Schulterabschnitt. Ihr Gehirn weist so große Ähnlichkeit zu dem der Haie auf, dass in ihnen die knöchernen Vorläufer der späteren Knorpelfische (↗ Chondrichthyes) zu vermuten sind. Die P. waren im ↗ Devon, eventuell auch im Obersilur und Unterkarbon verbreitet.

Placoidschuppen, ↗ Chondrichthyes.

Placophora, die ↗ Polyplacophora.

Placozoa, Taxon, das mit der im Litoral warmer Meere vor allem auf Algen lebenden, nur etwa 2 mm großen Art *Trichoplax adhaerens* und der 1897 im Golf von Neapel gefundenen *Treptoplax reptans* lediglich zwei Arten umfasst. Da *Treptoplax* seit seiner Entdeckung nicht wiedergefunden wurde, bezieht sich die derzeitige Kenntnis der Placozoa so gut wie ausschließlich auf *Trichoplax adhaerens*. Dieser ist ein abgeplatteter Vielzeller ohne Symmetrie und von unregelmäßigem Umriss, der zudem veränderlich ist, weil das Tier bei der gleitend-kriechenden Fortbewegung amöbenartigen Gestaltveränderungen unterliegt. *Trichoplax* hat weder Organe noch Muskel- und Nervenzellen. Er besteht aus einem dünnen dorsalen Plattenepithel, und einem dicken, der Aufnahme von extrasomatisch durch abgeschiedene Exoenzyme vorverdauten Protozoen dienenden und demzufolge als *Gastrodermis* bezeichneten, ventralen Zylinderepithel, und einem Faserzellen führenden, flüssigkeitserfüllten Spaltraum zwischen beiden Epithelien. Am Körperrand stoßen Epidermis und Gastrodermis aneinander. Die *Epidermis* setzt sich aus mit je einer Geißel und einer Reihe besonderer Vesikel ausgestatteter Deckzellen zusammen. Die Gastrodermis besteht aus ebenfalls begeißelten und mit Mikrovilli versehenen zylinder- und keulenförmigen Drüsenzellen. Alle Epithelien sind durch Desmosomen miteinander verbunden, haben aber keine Basallamina. Ihre Kerne enthalten zwölf Chromosomen, doch der DNA-Gehalt ist der geringste, der bisher bei Metazoen gefunden wurde: er ist nur zehnmal so hoch wie der des *Escherichia coli*-Chromosoms. Die Fortpflanzung vollzieht sich i. Allg. durch Zweiteilung. Auch kommt Knospung vor sowie geschlechtliche Fortpflanzung durch unbegeißelte „Spermien" und „Eizellen", die im gleichen Individuum vorkommen können. Wie die Schwämme und einige Nesseltiere regeneriert *Trichoplax* nach chemischem Dissoziieren ihrer Epithelien wieder ein vollständiges Tier. Aufgrund von Größe, Bau und DNA-Gehalt muss *Trichoplax adhaerens* als das einfachst gebaute derzeit bekannte Metazoon gelten.

plagiotrop, waagrecht oder schräg wachsend. Gegensatz: ↗ orthotrop

Plakoden, Areale der embryonalen Epidermis mit hochprismatischen Zellen, die bestimmte Strukturen differenzieren; z. B. werden bei Wirbeltieren die von der Epidermis nach innen abgeschnürte Augenlinse als *Linsenplakode*, die Sinneszellen des Innenohres als *Ohrplakode* angelegt.

planare Stufe, ↗ Höhenstufen.

Planaria, Gatt. der ↗ Tricladida.

Planation, einer der sechs grundlegenden Prozesse bei der Umbildung eines Teloms (↗ Telomtheorie).

Planctomyces/Pirella, Ast der *Bacteria* (↗ Bakterien) mit den Hauptgatt. *Planctomyces* und *Pirella*. *Planctomyces* ist ein gestieltes Bakterium, dessen Stiel im Gegensatz zu denjenigen anderer gestielter Bakterien (wie *Caulobacter*) aus Proteinen besteht und keine Zellwand oder Cytoplasma enthält. Es sind fakultativ aerobe Bakterien, die durch Gärung oder Veratmung von Zucker wachsen.

Planipennia, *Neuroptera*, *Netzflügler*, Taxon der ↗ Insecta mit rund 7000 Arten, von denen in Mitteleuropa nur 95 vorkommen. Sie haben eine Flügelspannweite von 5 - 110 mm und besitzen vielgliedrige Antennen und beißende ↗ Mundgliedmaßen. Die Flügel sind reich mit Queradern und Endverzweigungen versehen (Name!) und werden in Ruhe dachförmig über dem Hinterleib zusammengelegt. Die Imagines leben räuberisch vor allem von Blattläusen, manche Arten haben Fangbeine. Die ebenfalls räuberisch lebenden Larven haben eine zu einer schmalen Spalte reduzierte Mundöffnung. Mandibeln und Laciniae sind zu einem Rohr aneinandergelegt (Autapomorphie) und befähigen die Larven zur extraintestinalen Verdauung. Die meist an Land lebenden Larven durchlaufen drei Stadien und verpuppen sich in einem Kokon, dessen Material von den ↗ Malpighi-Schläuchen erzeugt und vom Enddarm ausgeschieden wird.

Plankton, Gesamtheit der im freien Wasser (↗ Pelagial) schwebenden Organismen mit fehlender oder geringer Eigenbewegung. Im Gegensatz zum ↗ Nekton kann das P. Strömungen des Wassers nicht überwinden. Bedingung für das Leben im freien Wasser ist die Verminderung der Sinkgeschwindigkeit auf ein Minimum. Bei Formen, die aktiv beweglich sind, kann das Absinken in einem gewissen Umfang durch Eigenbewegung kompensiert werden. Dem Absinken wirken auch Turbulenzen des Wassers entgegen und eine durch Einlagerung leichter Stoffe (Fette, Öle, Gase) verringerte Dichte der Organismen. Daneben spielt auch die relative Oberfläche der Organismen eine Rolle für die Schwebfähigkeit. Diese kann u. a. durch die Ausbildung von Körperfortsätzen erhöht werden, die z. B. bei Radiolarien und Krebsen verbreitet sind. Trotz aller Einrichtungen zur Herabsetzung der Sinkgeschwindigkeit kann der überwiegende Teil des P. nur mit Unterstützung der Turbulenz im Wasser schweben.

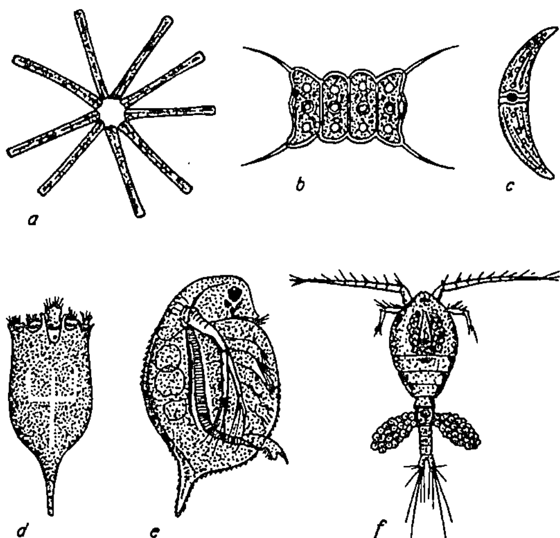

Plankton   Plankton der Binnengewässer: a-c Phytoplankton, a *Asterionella formosa* (Kieselalge), b *Scenedesmus quadricauda*, c *Closterium leibleinii* (Jochalge). d-f Zooplankton, d *Keratella cochleans* (Rädertiere), e *Daphnia magna* (Blattfußkrebs), f *Macrocyclops albidus* (Ruderfußkrebs)

Die horizontale Verteilung des P. ist annähernd homogen, seine Tiefenverteilung hingegen, entsprechend den sich ändernden Lebensbedingungen mit zunehmender Tiefe, sehr heterogen. Es bilden sich vertikale *P.-Schichtungen*, die von der Tages- und Jahreszeit abhängig sind. Wichtigste proximate Ursache für die *Vertikalwanderungen* der Zooplankter ist der Wechsel der Lichtintensität im Laufe eines Tages. So wandern viele Phytoplankter tagsüber in den Bereich günstiger Lichtverhältnisse. Die negativ fototaktischen Organismen meiden

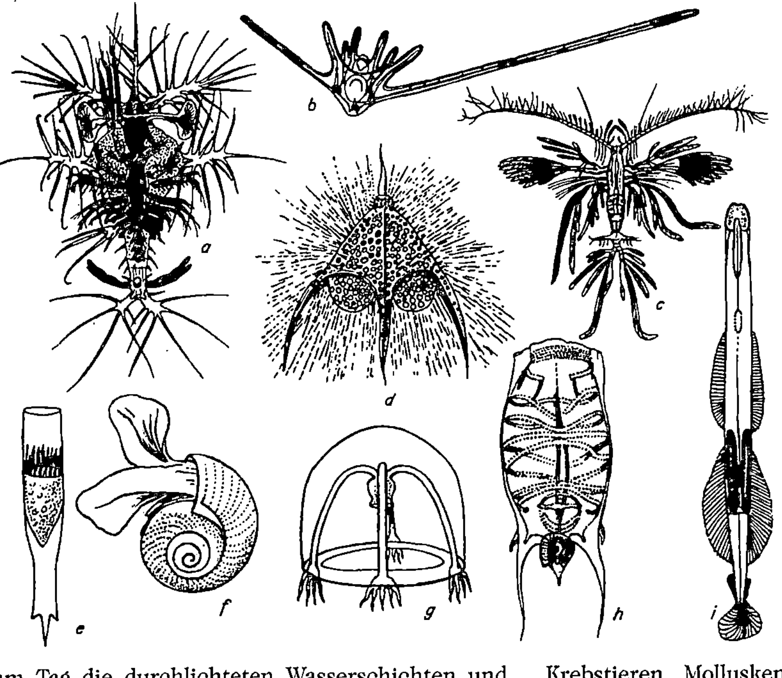

Plankton: Zooplankton des Meeres: a Garnelenlarve, b Larve eines Schlangensterns, c Ruderfußkrebs, d Radiolar, e Ciliat, f Flügelschnecke, g Meduse, h Salpe, i Pfeilwurm

am Tag die durchlichteten Wasserschichten und steigen nur nachts zur Oberfläche auf. Süßwasserkrebse wie *Daphnia hyalina* führen dabei Vertikalwanderungen von bis zu 60 m aus.

Das Plankton gliedert sich in folgende Größenklassen: *Femto-P*: < 0,2 µm (Viren); *Pico-P.:* 0,2 - 2 µm (Bakterien, Flagellaten); Nano-P.: 2 - 20 µm, *Mikro-P.:* 20 - 200 µm (Cyanobakterien, Algen, Protozoen, Metazoenlarven); *Meso-P.:* 0,2 - 20 mm, *Makro-P.:* 2 - 20 cm; *Mega-P.:* 20 - 200 cm (Algen, Protozoen, Metazoen und deren Larven). Gemäß der systematischen Zuordnung unterscheidet man *Phytoplankton, Zooplankton* und *Bakterioplankton.* Als *Meroplankton* bezeichnet man das P., das nur bestimmte Lebensstadien im Pelagial verbringt, wie z. B. die Larven der Dreikantmuschel (*Dreissena*). Bei den meisten Organismen des P. läuft jedoch der gesamte Lebenszyklus im Pelagial ab (*Holoplankton*).

Zum P. der Seen gehören ↗ Viren, ↗ Bakterien, ↗ Algen, Amöben (↗ Amoebina), Sonnentierchen (↗ Heliozoa), Wimpertierchen (↗ Ciliata), Rädertiere (↗ Rotatoria), Blattfußkrebse (↗ Branchiopoda) und Ruderfußkrebse (↗ Copepoda), die Süßwassermeduse *Craspedacusta*, die Larven der Dreikantmuschel (*Dreissena*) und *Chaoborus*-Larven.

Das *marine P.* besteht u. a. aus Viren, Bakterien (z. B. ↗ Cyanobakterien), Kieselalgen (↗ Bacillariophyceae), Dinoflagellaten (↗ Dinophyta), Kalkflagellaten (↗ Coccolithophorales), treibenden Braunalgen (z. B. *Sargassum fluitans*), planktonisch lebenden Larven (z. B. von Polychäten,

Krebstieren, Mollusken, Stachelhäutern und Fischen), Quallen (Medusen), Geißeltierchen (↗ Flagellata), Wimpertierchen (↗ Ciliata), Kammerlingen (↗ Foraminifera), Strahlentierchen (↗ Radiolaria), Krebstieren, Salpen, Feuerwalzen und ↗ Appendicularia. Mollusken wie Flossenfüßer und planktonisch lebende Hinterkiemerschnecken sind von großer Bedeutung für die Ernährung von Fischen und Walen. Eine wichtige Nahrungsquelle mariner Organismen ist der *Krill* (↗ Eucarida).

Das Phyto-P. und die dem P. zugehörigen Arten der ↗ fototrophen Bakterien (u. a. Cyanobakterien) leisten einen wesentlichen Beitrag zur aquatischen ↗ Primärproduktion und damit zur Abgabe von Sauerstoff („Quelle für O_2") an die Atmosphäre und zur Aufnahme von Kohlenstoffdioxid („Senke für CO_2") aus der Atmosphäre. Die vom Phyto-P. ausgehenden Nahrungsketten führen meist über das Zooplankton zum ↗ Nekton. Die Nahrung des heterotrophen P. besteht aus ↗ Detritus, Bakterien oder aus tierischen und pflanzlichen Organismen. In den meisten Fällen wird das umgebende Wasser durch Filtereinrichtungen wahllos filtriert und der Rückstand insgesamt oder nach Sortierung der Mundöffnung zugeführt. Über eine längere Nahrungskette sind viele Fische und die Wale in ihrer Ernährung direkt oder indirekt vom P. abhängig. Ein großer Teil der Tiefseetiere ist auf die dauernde Zufuhr von abgestorbenen Planktonlebewesen angewiesen.

Einen hohen Anteil an der Primärproduktion der Schelfmeere haben Kieselalgen, die im Winter in Poren des Meereises eingeschlossen sind (*Eis-Al-*

gen) und im Sommer am Rand des auftauenden Packeises fleckenartig konzentrierte, große P.-Wolken bilden (*Eisrand-Phytoplanktonblüte*). Sie sind eine wichtige Nahrungsgrundlage des ↗ Krills.

planktotroph, Bez. für Larven, die sich von Plankton ernähren.

Planorbarius, Gatt. der Wasserlungenschnecken (↗ Basommatophora).

Plantaginaceae, *Wegerichgewächse*, Fam. der ↗ Scrophulariales mit ca. 250 Arten, die weltweit verbreitet sind. Es sind meist Kräuter, selten Sträucher mit ungeteilten, wechselständigen Blättern und eingeschlechtigen oder zwittrigen, vierzähligen, meist unscheinbaren Blüten, die sehr lange Staubgefäße haben. Als Heilpflanzen werden der Breitwegerich, *Plantago major*, und der ↗ Spitzwegerich, *Plantago lanceolata*, genutzt.

Planula, *Planulalarve*, Larvenstadium der Hohltiere (↗ Coelenterata); das durch Entodermbildung (Delamination, polare bzw. multipolare Einwanderung) aus der Blastula entsteht. Die P. ist ca. 0,15 mm groß, länglich-oval und bewimpert.

Plaque, durch ↗ Viren hervorgerufene Zonen der Zell-Lyse oder Zellhemmung in einem geschlossenen Bakterien- oder Zellrasen. Dabei bilden sich oft mehr oder weniger große Löcher.

Plasmalemma, bei Pflanzenzellen gebräuchliche Bez. für die ↗ Plasmamembran.

Plasmamembran, *Zellmembran*, *Plasmalemma*, die jede Zelle umgebende ↗ Biomembran, die die Abgrenzung und gleichzeitiger Vermittler zur Außenwelt ist, und eine große Anzahl an Funktion wahrnimmt. Aufgrund ihrer *Asymmetrie* befinden sich auf der nach außen gerichteten *E-Seite* andere Moleküle als auf der nach innen gerichteten *P-Seite* (↗ Glykokalyx, ↗ Membranpotenzial). Die P. ist Ort der Stoffaufnahme und -abgabe (↗ Endocytose, ↗ Exocytose). In der P. verankerte Rezeptoren ermöglichen der Zelle den Empfang und die Umsetzung von Signalen. Bei Prokaryoten ist die P. auch Ort der Energieerzeugung.

Plasmaproteine, ein komplexes Gemisch vorwiegend zusammengesetzter Proteine im Blutplasma der Wirbeltiere. Die Anzahl der P. wird auf über 100 geschätzt. Sie liegen im Plasma der Säugetiere in 6 - 8 %iger Konzentration vor. Serumproteine unterscheiden sich von den P. durch das Fehlen des Fibrinogens (↗ Fibrin) und des Prothrombins. Von den etwa 60 bislang isolierten und charakterisierten P. sind nur ↗ Albumin, Präalbumin, Retinol bindendes Protein und einige Spurenproteine, wie z. B. ↗ Lysozym, frei von Kohlenhydraten. Die restlichen P. sind ↗ Glykoproteine (wie z. B. die ↗ Immunglobuline) und einige können noch zusätzlich Lipide enthalten (↗ Lipoproteine). P. dienen der Regulation des ↗ pH-Werts und des ↗ osmotischen Drucks im Blut, zum Transport von Ionen, Hormonen, Lipoiden, Vitaminen, Stoffwechselprodukten u. a. mehr. Ferner sind sie verantwortlich für die ↗ Blutgerinnung, die Immunabwehr (Immunglobuline) sowie für einige Enzymreaktionen. Mit Ausnahme der Immunglobuline werden die P. in der ↗ Leber gebildet. Sie können elektrophoretisch in die fünf Hauptgruppen *Albumine*, *α1-*, *α2-*, *β-* und *γ-Globuline* aufgetrennt werden.

Plasmaströmung, die gerichtete Bewegung des ↗ Cytoplasmas, die sich besonders gut bei Amöben, Schleimpilzen und den Internodialzellen der Armleuchteralgen (*Chara* und *Nitella*) beobachten lässt.

plasmatische Vererbung, die Vererbung von Merkmalen, deren Erbgang nicht den ↗ Mendel-Regeln entspricht, weil die für sie codierenden Gene im

Plantaginaceae a Breitwegerich (*Plantago major*), b Spitzwegerich (*Plantago lanceolata*), c Mittlerer Wegerich (*Plantago media*)

Genom der Mitochondrien oder Plastiden, also im Cytoplasma, lokalisiert sind. (⌐ matrokline Vererbung, ⌐ patrokline Vererbung)

Plasmazellen, ⌐ B-Lymphocyten, ⌐ spezifische Immunantwort.

Plasmid, Bez. für bei Bakterien und einigen Hefen vorkommende zirkuläre, extrachromosomale, doppelsträngige DNA-Moleküle, die sich als eigenständige genetische Einheit unabhängig vom im Nucleoid bzw. Nucleus lokalisierten Erbgut replizieren können. Sie sind zwischen einem und 200 kb groß und enthalten mindestens einen Abschnitt, der als Replikationsursprung (Ori = origin of replication) dient. Bei Bakterien haben P. mehrere Funktionen. Die so genannten F-Plasmide verleihen Bakterienzellen die Fähigkeit, die ⌐ Konjugation durchzuführen. Auf diesen Plasmiden sind Gene enthalten,

die für die Ausbildung von Pili verantwortlich sind, mit denen sich Konjugationspartner finden. Die Replikation mancher F-Plasmide erfolgt nach dem Rolling-circle-Mechanismus. Durch Sequenzhomologien können P. in das Genom ihrer Wirtszellen integriert werden und auf diese Weise als so genannte Episomen während der Zellteilung oder Konjugation auf eine andere Zelle übertragen werden. Weitere P.-Typen sind neben den so genannten Col-Plasmiden, welche die genetische Information für Colizinogenfaktoren enthalten, die andere Zellen von Escherichia coli abtöten, die R-Plasmide, die Resistenzgene gegen z. B. bestimmte Antibiotika enthalten. Sie sind von großer Bedeutung, da sie zu medikamentenresistenten Krankheitserregern führen können, welche die Bekämpfung bestimmter Bakterien erschweren. Dies ist möglich, weil sie

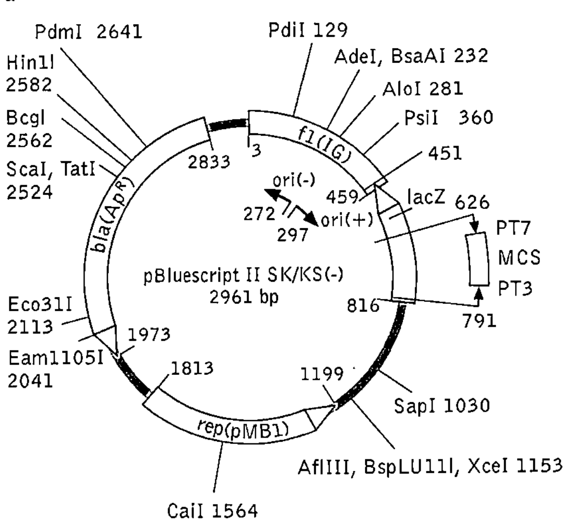

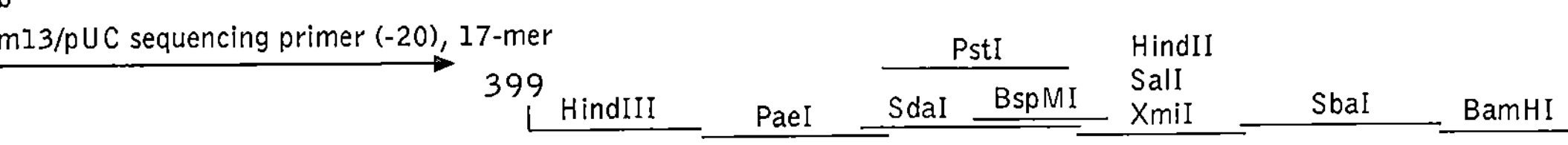

Plasmid a Schematische Darstellung eines häufig als Klonierungsvektors verwendeten Plasmids. Die Lage von Genen wie das Ampicillin-Resistenzgen (ApR) sind als Pfeile dargestellt. MCS = Polylinker, ori = Replikationsursprung, Als weitere Information sind Schnittstellen von Restriktionsenzymen (z. B. ScaI, PdiI) außerhalb des Polylinkers angegeben. Zahlen bezeichnen Entfernungen in bp. b Schematische Darstellung eines Polylinkers mit den im Plasmid nur einmal schneidenden Restriktionsenzymen, die für Klonierungen von großem Nutzen sind neben den Resistenzgenen auch Gene für Transfer-faktoren enthalten, mit denen sich die Resistenz auf andere Zellen ausweiten kann. Die Einnahme bestimmter Antibiotika kann z. B. in der normalen Darmflora zur Ausbildung resistenter Stämme füh-ren. Die *Ti-Plasmide* von ↗ Agrobacterium tumefa-ciens sind besondere P., die Pflanzenzellen gene-tisch verändern können.

P. sind als *Klonierungsvektoren* von unschätz-barem Wert für die molekularbiologische For-schung, da sie durch ↗ Transformation in Bakteri-en eingeschleust werden können. Eine Vielzahl von für gentechnische Zwecke veränderten P., die sich von ursprünglich in Bakterien vorkommenden P. ableiten, stehen für ↗ Klonierungen inzwischen zur Verfügung. Sie enthalten neben einem Antibiotika-Resistenzgen, mit dessen Hilfe transformierte von untransformierten Bakterienzellen unterschieden werden können (*Selektion*), vielfach weitere Gene wie das *lacZ-Gen* der β-Galactosidase, mit dessen Hilfe Plasmide mit und ohne einklonierte DNA (*Insert*) unterschieden werden können. Bei der Klo-nierung ist dabei ein so genannter *Polylinker* (auch *multiple cloning site*) von großem Nutzen. Er ge-stattet es, das ringförmige P. mittels bestimmter ↗ Restriktionsenzyme zu spalten („schneiden") und in eine linearisierte Form zu überführen, damit durch *Ligation* ein DNA-Fragment mit kompatiblen Enden eingefügt werden kann. Aus P. sind eine Reihe von weiteren Klonierungsvektoren wie z. B. ↗ Cosmide hervorgegangen.

Plasmin, *Fibrinolysin, Fibrinase*, ein ↗ Enzym, das ↗ Fibrin abbaut und damit zum einen die End-phase der ↗ Blutgerinnung initiiert und zum ande-ren das Gleichgewicht zwischen Blutgerinnung und ↗ Fibrinolyse mit kontrolliert. Durch die Auflösung von Blutgerinnseln wirkt P. als *Fibrinolytikum* (*Thrombolytikum*). Das menschliche P. besteht aus einer A- oder H-Kette und einer B- oder L-Kette, die das aktive Zentrum enthält. Das P. wird aus der inaktiven Vorstufe, dem *Plasminogen* gebildet. Dessen Umwandlung in P. erfolgt entweder mittels spezieller *Plasminogen-Aktivatoren* oder durch Aktivierung von außen. Neben der insbesondere in Prostata, Gebärmutterschleimhaut, Lunge und Ei-erstock vorkommenden *Urokinase* können auch von Mikroorganismen gebildete Substanzen wie z. B. die *Streptokinase* gemeinsam mit Pro-Aktiva-toren die Umwandlung zum P. auslösen.

Plasmodesmen, *Plasodesmata*, Einzahl: *Plasmo-desmos*, die bei Pflanzen vorkommenden *Zell-Zell-Verbindungen*, die als cytoplasmatische Kanäle mit einem Durchmesser von 30 - 50 nm den Stoffaus-tausch und die Kommunikation zwischen einzel-nen Zellen vermitteln. Zwischen einzelnen Pflan-zenzellen können mehrere Tausend P. vorhanden sein. Aufgrund von P. kann der ↗ Symplast vom

↗ Apoplast abgegrenzt werden. Während der Evo-lution der Pflanzen wurden P. offenbar früh entwi-ckelt; bereits die Zellen der Grünalge *Volvox* sind durch Plasmabrücken miteinander verbunden.

P. werden von der Plasmamembran ausgekleidet und sind von dem so genannten *Desmotubulus* durchzogen, bei dem es sich um einen Strang des ↗ endoplasmatischen Reticulums handelt. Durch ihn wird der cytoplasmatische Bereich, der für die Diffusion von gelösten Stoffen zur Verfügung steht, auf einen schmalen Ring eingeengt. Dennoch kön-nen auch relativ große Moleküle passieren, sogar manche Pflanzenviren wie der Tabakmosaikvirus verbreiten sich innerhalb der Pflanze über P.

Bei Zellteilungen bleiben P. bestehen und verbin-den dann die Tochterzellen miteinander. Sie kön-nen aber auch wie z. B. bei der ↗ Pfropfung neu ausgebildet werden. Eine Ausnahme bilden die Schließzellen der Blätter, die im ausgewachsenen Zustand keine P. besitzen. (↗ Tüpfel)

Plasmodiophoromycetes, zu den ↗ Schleimpilzen gehörende Klasse, deren Vertreter sich von allen anderen Schleimpilzen durch den Besitz von Zellwänden aus ↗ Chitin sowie durch eine Beson-derheit bei der Kernteilung unterscheiden: Wäh-rend der Metaphase ordnen sich die Chromatin-massen senkrecht zu beiden Seiten des großen, etwas gestreckten Nucleolus an, sodass eine kreuz-förmige Teilungsfigur innerhalb der Kernmembran entsteht. In ihrem .Entwicklungszyklus treten haploide und diploide Plasmodien auf. Bekannter Vertreter der P. ist *Plasmodiophora brassicae*, der Erreger der *Kohlhernie*.

Plasmodium, 1) Bei *Pilzen* eine nackte (zellwand-lose), vielkernige Protoplasmamasse, die sich amö-boid bewegt und ernährt; Form und Größe des P. sind sehr variabel; die Mehrkernigkeit entsteht durch wiederholte mitotische Kernteilungen, ohne dass sich die Zelle teilt. Pseudoplasmodien (Aggre-gationsplasmodien) sind im Gegensatz zu Plasmo-dien Zellanhäufungen, bei denen die Zellgrenzen erhalten bleiben (z. B. bei ↗ Dictyostelium).

2) *Zoologie*: Gatt. der *Haemosporida*; einzellige Blut- und Gewebeparasiten, die in der herkömmli-chen Systematik zu den Sporozoa gestellt wurde. Eine Infektion mit bestimmten Arten von P. verur-sacht beim Menschen verschiedene Formen der Malaria. Überträger sind Stechmücken der Gatt. ↗ Anopheles sowie *Aedes* und *Culex*. Zwischenwir-te sind Reptilien, Vögel und Säugetiere (vor allem Nagetiere und Primaten), Endwirte sind die über-tragenden Mücken.

Lebenszyklus: Die Sporozoiten greifen im Zwi-schenwirt zunächst Leberparenchymzellen an, in denen sich die zu bis 1 mm großen Schizonten ent-wickeln, die mehrere tausend Merozoiten bilden (*Schizogonie*). Diese dringen in der nächsten Krank-

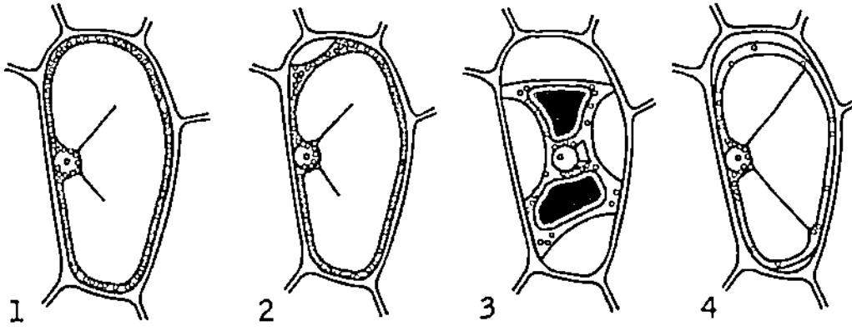

Plasmodium Lebenszyklus von *Plasmodium* spec. 1 Gametogonie, die im Erythrocyten des Menschen beginnt und im Darm der Mücke endet; 2 Sporogonie im Körper der Mücke; 3 Schizogonie im Leberparenchym und später in den Erythrocyten des Menschen

heitsphase in die Erythrocyten ein, wo sie sich ebenfalls durch Schizogonie vermehren, jedoch werden weniger Merozoiten freigesetzt. Da die Teilungen nach einigen Tagen synchron verlaufen, treten bei den Zwischenwirten Parasiten- und, mit diesen verbunden, Krankheitsschübe auf. Die Merozoiten decken ihren Eiweißbedarf durch das Hämoglobin. Beim Zerfall der Erythrocyten frei werdende Zellfragmente führen zu den charakteristischen Fieberanfällen. Aus den Merozoiten entstehen nach zehn Tagen männlich und weiblich determinierte Gamonten. Diese können sich erst im Darm des Endwirts (einer Mücke) weiterentwickeln bis zur Freisetzung von Gameten (*Gametogamie*). Die befruchteten, amöboid beweglichen Eizellen (Ookineten) setzen sich in der Darmwand des Wirts fest, werden eingekapselt und entwickeln sich in der Kapsel zu zahlreichen Sporozoiten (*Sporogonie*). Diese gelangen nach dem Platzen der Kapsel über die Hämolymphe in die Speicheldrüsen, von wo aus sie wieder in den Zwischenwirt gelangen.

Plasmogamie, die Vereinigung des Cytoplasmas zweier Zellen, wie sie z. B. bei der ↗ Gametogamie auftritt. Im Falle der Oogamie ist Besamung gleich der P. anzusehen.

Plasmolyse, der durch ↗ Osmose verursachte Wasserentzug aus einer Pflanzenzelle, die sich in einem *hyperosmotischen* Außenmedium (*Plasmolyticum*) befindet. Bei der P. löst sich der ↗ Protoplast von der starren Zellwand, da Wasser aus dem Zellinnern durch die *semipermeable* Plasmamembran in das Außenmedium gelangt. Sie setzt sich so lange fort, bis die osmotischen Potenziale des Zell-

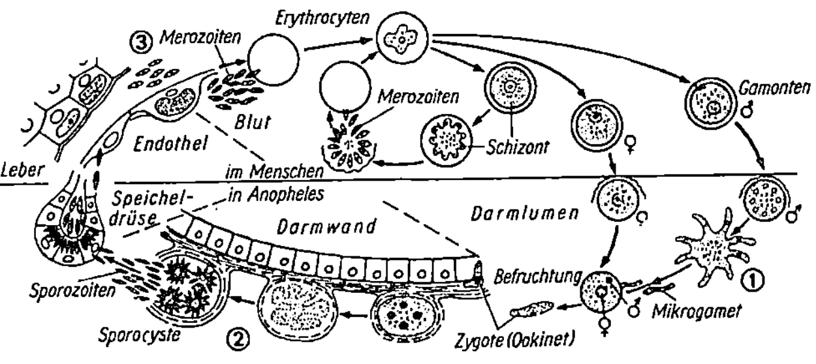

Plasmolyse Typischer Verlauf der Plasmolyse und Deplasmolyse einer Blattepidermiszelle, die von Wasser (1) in eine konzentrierte Salzlösung überführt wurde (2,3). Bei länger anhaltender Plasmolyse kommt es zu einer starken Schrumpfung des Protoplasten (3). Wird die Zelle wieder in Wasser gebracht, setzt Deplasmolyse ein (4)

saftes der Vakuole und der die Zelle umgebenden Flüssigkeit übereinstimmen. Mittels P. lässt sich experimentell der Wert des osmotischen Potenzials von Pflanzenzellen bestimmen. Er stimmt mit einer Konzentration des Außenmediums überein, bei der P. gerade noch verursacht wird (*Grenzplasmolyse*). Bei der P. handelt es sich um einen reversiblen Prozess. Durch Überführen in ein hypoosmotisches Medium kommt es zur so genannten *Deplasmolyse*.

Plasmon, die im ↗ Cytoplasma und nicht im ↗ Nucleus der Eucyte bzw. ↗ Nucleoid der Protocyte vorhandene genetische Information. Bei Eukaryoten werden somit das *Chondrom* der Mitochondrien und *Plastom* der Plastiden unter diesem Begriff zusammengefasst. Bei Prokaryoten können ↗ Plasmide als extrachromosomale Plasmafaktoren als P. aufgefasst werden.

Plasmopara, Gatt. der ↗ Peronosporales.

Plastiden, die bei allen fotoautotrophen eukaryotischen Organismen vorhandenen semiautonomen Organellen, in denen viele Stoffwechselwege lokalisiert sind. Innerhalb ein und derselben Pflanze kommen P. in unterschiedlicher Form vor, je nachdem, welche Funktion sie übernehmen. Die ↗ Chloroplasten der ↗ Fotosynthese treibenden Zellen und Gewebe verleihen ihnen die typische grüne Farbe (↗ Chlorophyll, ↗ Grünlücke), wohingegen P. mit anderen Funktionen andersfarbig sein können. So verleihen *Chromoplasten* Blütenblättern und Früchten ihre charakteristische Färbung, *Gerontoplasten* sind für die typische ↗ Herbstfärbung verantwortlich. Die farblosen bis leicht gelblichen P. nichtgrüner Gewebe werden unter dem Sammelbegriff *Leukoplasten* zusammengefasst. Je nach Funktion bzw. der in ihnen gespeicherten Substanzen unterscheidet man *Amyloplasten* (Stärke), *Elaioplasten* (Lipide) und *Proteinoplasten* (Proteine).

Wie auch die ↗ Mitochondrien sind P. mindestens von zwei (*einfache P.*) oder mehreren Membranen (*komplexe P.*) umgeben und verfügen über ein eigenes Genom, das als *Plastom* oder ↗ Plastiden-DNA bezeichnet wird (↗ Endosymbiontentheorie). Es codiert nur für einen geringen Teil der in P. benötigten Genprodukte, sodass wie bei Mitochondrien auch, die meisten Gene von P.-Proteinen im ↗ Nucleus codiert werden. Die im Cytosol synthetisierten P.-Proteine gelangen durch bestimmte Transitpeptide in das Innere der Plastiden. Die P. der höheren Pflanzen sind typischerweise von einer doppelten Membran umgeben, der *Plastidenhülle*. Die äußere Hülle wird als Endocytosemembran der Wirtszelle aufgefasst und enthält ↗ Porine. Die eigentliche physiologische Bedeutung kommt der inneren Membran zu, die zum Transport von Metaboliten aus bzw. in Plastiden eine Reihe von ↗ Translokatoren enthält. Die innere Membran leitet sich von einem ursprünglich als Endosymbiont aufgenommenen Cyanobakterium ab. Die plasmatische Phase, das *Stroma* oder *Plastoplasma* ist Ort zahlreicher Stoffwechselwege und enthält je nach P.-Typ ein mehr oder weniger stark differenziertes Endomembransystem. Bei Chloroplasten sind dies die ↗ Thylakoide, bei Chromoplasten werden Feinbautypen mit globulösem, tubulösem, kristallösem und membranösem Aussehen ihrer inneren Strukturen unterschieden. Die P. der Rotalgen enthalten neben den Thylakoiden auch ↗ Phycobilisomen.

P. können nicht *de novo* entstehen sondern gehen aus zunächst undifferenzierten *Proplastiden* hervor. Bei den Angiospermen und einigen Gymnospermen ist die Differenzierung von Proplastiden zu Chloroplasten lichtabhängig reguliert (↗ Etioplasten, ↗ Fotomorphogenese).

Die verschiedenen P.-Typen der höheren Pflanzen können auseinander hervorgehen (*reversible Plastidenmetamorphose*). So sind die Zellen vieler Früchte im unreifen Zustand grün gefärbt und verändern ihre Farbe im reifen Zustand, wobei aus Chloroplasten Chromoplasten werden (z. B. Tomate von grün nach rot, Banane von grün nach gelb). Umgekehrt entfärben sich Blätter, wenn sie lange Zeit im Dunkeln stehen, sodass aus den Chloroplasten Leukoplasten entstehen. Pflanzen, die im Dunkeln keimen, besitzen einen P.-Typ, der als *Etioplast* bezeichnet wird. Etioplasten sind durch einen so genannten parakristallinen *Prolamellarkörper* gekennzeichnet. Er enthält das Enzym *Protochlorophyllid-Oxidoreductase (POR)* das bei Angiospermen die lichtabhängige Umsetzung von Protochlorophyllid zum Chlorophyllid katalysiert. Werden Etioplasten belichtet, verschwindet der Prolamellarkörper innerhalb weniger Stunden und es werden funktionsfähige Thylakoide gebildet.

Die *Plastidenvererbung* kann nach unterschiedlichen Prinzipien erfolgen. Bei den meisten Angiospermen findet eine *uniparentale, matrokline Vererbung* statt, d. h. während der Bildung der männlichen Gameten kommt es erst gar nicht zur Verteilung der P. auf diese. Alternativ können P. während der Pollenreifung absterben oder sie gelangen während der Befruchtung nicht in die Eizelle. Bei wenigen Arten der Angiospermen und Gymnospermen liegt eine *biparentale Vererbung* vor und einige Gattungen der Gymnospermen (*Larix, Pinus, Pseudotsuga*) zeichnen sich durch *uniparental patrokline Vererbung* aus. In diesem Fall werden P. bei der Bildung der Eizelle abgebaut.

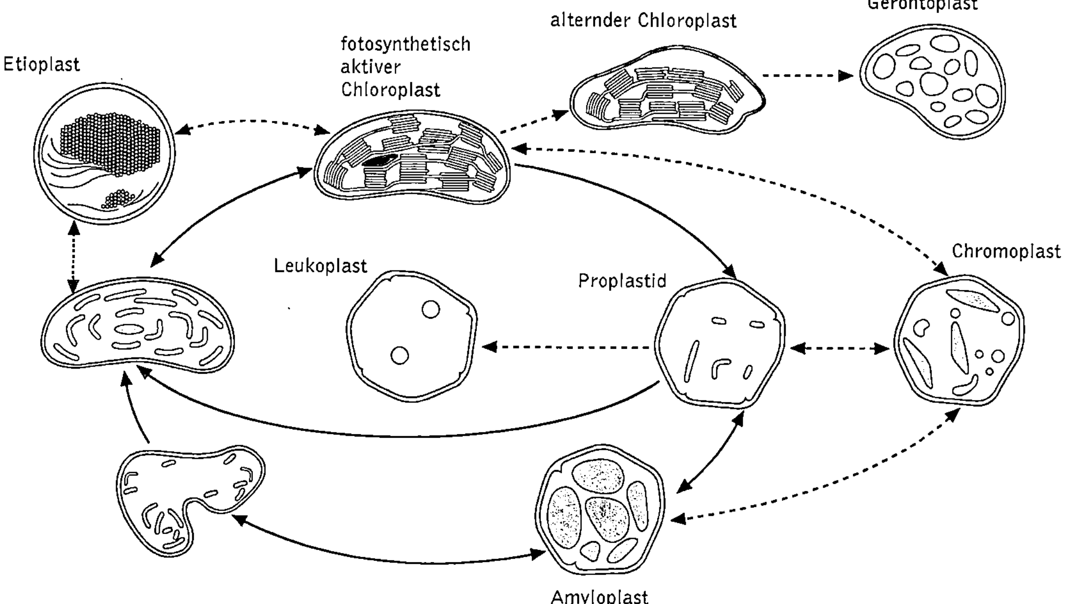

Plastiden Die unterschiedlichen Plastiden-Typen können teilweise auseinander hervorgehen. Durchgezogene Pfeile zeigen den normalen Gang der Plastidenentwicklung, gestrichelte Pfeile verdeutlichen Entwicklungen, die durch Umwelteinflüsse hervorgerufen werden

Die überwiegend mütterliche Vererbung wird bei der Erzeugung gentechnisch veränderter Pflanzen ausgenutzt (↗ biolistische Methode, ↗ Containment).

Plastiden-DNA, Abk. *ptDNA*, *Plastom*, das Genom von ↗ Plastiden, das bei höheren Pflanzen für ca. 120 Gene, bei einigen Algen für mehr als 200 Gene codiert. Bereits 1909 wurde von C. ↗ Correns und E. Baur aufgrund von Beobachtungen geschlossen, dass Plastiden über genetisches Material verfügen müssen, weil bestimmte Mutationen, die die Chloroplasten betrafen, nicht den ↗ Mendel-Regeln folgten (↗ Panaschierung).

Die P. - D. ist wie die DNA der Mitochondrien doppelsträngig und ringförmig und zwischen 120000 und 190000 Basenpaare groß. Sie können in bis zu mehreren Hundert Kopien pro Plastid vorkommen. Gene, die in der P. - D. vorkommen, sind u. a. Gene der Fotosysteme, Gene für ribosomale und transfer-RNAs, Cytochrome, die ATP-Synthase sowie die große Untereinheit des Enzyms ↗ Ribulose-1,5-bisphosphat-Carboxylase/Oxygenase. Die Replikation der P. - D. erfolgt semikonservativ. Die Transkription erfolgt durch eine plastidär codierte RNA-Polymerase, wobei bei einigen Genen Introns vorhanden sind, die durch ↗ Spleißen entfernt werden müssen. Für P. - D. typisch ist auch die so genannte ↗ RNA-Editierung, bei der sekundäre Veränderungen an der prä-mRNA vorgenommen werden.

Plastidenhülle, ↗ Plastiden.

Plastidenvererbung, ↗ Plastiden.

Plastochinon, Abk. *PQ*, das in den Thylakoidmembranen vorkommende *Chinon*, das als Teil der fotosynthetischen ↗ Lichtreaktionen an der Elektronentransportkette des Fotosystem II beteiligt ist und als „Elektronenpuffer" zwischen diesem und dem Fotosystem I fungiert. P. ist ferner am ↗ Q-Zyklus beteiligt.

Plastocyanin, ein in den ↗ Thylakoiden vorhandenes kupferhaltiges Protein, das während der ↗ Lichtreaktionen am Elektronentransport zwischen den beiden Fotosystemen beteiligt ist.

Plastoglobuli, die den ↗ Oleosomen des Cytoplasmas entsprechenden Lipidtröpfchen im Stroma von ↗ Plastiden.

Plastom, ↗ Plastiden-DNA.

Plastoplasma, ↗ Plastiden.

Platanaceae, *Platanengewächse*, Fam. der Platanales mit der einzigen Gatt. *Platanus*. Zu den P. gehören acht Arten, die in Nordamerika und von Südeuropa bis Indien beheimatet sind. Es sind ausschließlich große Bäume mit wechselständigen, gelappten Blättern und unscheinbaren, in kugeligen Köpfen angeordneten, eingeschlechtigen, einhäusigen Blüten. Die Früchte sind kleine Nüsse. Die Borke der Bäume löst sich in platten-

förmigen Stücken ab, sodass der Stamm gefleckt aussieht. Als Allee- und Straßenbaum ist die bis über 40 m hohe *Bastard-Platane*, *Platanus hybrida*, bekannt.

Platanales, Ord. der ↗ Rosopsida mit der einzigen Fam. ↗ Platanaceae.

Platanengewächse, die Fam. ↗ Platanaceae.

Platanistidae, *Flussdelfine*, nur vier oder fünf Arten umfassende Fam. der Zahnwale (↗ Odontoceti), die in den großen Flusssystemen Süd- und Südostasiens sowie Südamerikas leben. Sie haben eine lange schnabelartig ausgezogene Schnauze; die Halswirbel sind nicht verwachsen, sodass sie ihren Kopf schlangenartig in alle Richtungen wenden können. Die Augen sind klein und zurückgebildet. Flussdelfine ernähren sich von Fischen.

Plathelminthes, *Plattwürmer*, *Platodes*, Taxon der ↗ Metazoa mit etwa 16100 Arten, die bisher den freilebenden ↗ Turbellaria (Strudelwürmer), den endo- und ektoparasitischen ↗ Trematoda (Saugwürmer) und den ausschließlich endoparasitischen ↗ Cestoda (Bandwürmer) zugeordnet wurden. Aufgrund konsequenter Anwendung der Hennig'schen Systematik (↗ phylogenetische Systematik) werden nunmehr die P. mit den ↗ Gnathostomulida zu den *Plathelminthomorpha* zusammengefasst, die Turbellaria in eine Reihe systematisch unterschiedlich zu wertender Gruppen (↗ Catenulida, Nemertodermata, ↗ Acoelomorpha, Macrostomida, Polycladida, Seriata u.a.) aufgeteilt, als Trematoda lediglich die Aspidobothrii und die ↗ Digenea betrachtet, und ↗ Monogenea und Cestoda im Taxon ↗ Cercomeromorpha zusammengefasst.

Ungeachtet der dieserart in Diskussion befindlichen Klassifikation sind die Plattwürmer, von denen die kleinsten nur in wenigen Fällen unter 0,5 mm Länge bleiben, die größten frei lebenden etwas mehr als 0,5 m (*Bipalium javanum* 0,6m) und die größten parasitischen 20 m (*Diphyllobothrium latum*, ↗ Fischbandwurm) messen, bilateral-

Platanaceae Platane (*Platanus hybrida*), fruchtender Zweig

symmetrische, ungegliederte Spiralia, deren Leibeshöhle von einem parenchymatösen Mesoderm mit Spalträumen (*Schizocoel*) ausgekleidet ist, also kein Coelom darstellt. Der meist durch eine deutlich abgegrenzte Kopf- und Schwanzregion gekennzeichnete Körper ist langgestreckt, bei den kleinen, freilebenden Formen zylindrisch bis spindelförmig, bei den größeren und vor allem den parasitischen Arten dorsoventral abgeflacht (Name!) und in Folge hiervon blatt- oder bandförmig. Seine Form erhält der Körper durch einen ihn nach außen begrenzenden Hautmuskelschlauch und das Parenchym, das als verformbare Zellmasse ähnlich dem Flüssigkeitskissen eines Coeloms als Binnenskelett wirkt. Die Körperdecke besteht aus einer zellulären oder syncytialen Epidermis, der eine Ring- und eine Längsmuskelschicht unterlagert sind, die nicht selten durch Diagonalmuskeln ergänzt werden. Der Verdauungstrakt beginnt mit einer ventral oder endständig am Kopf gelegenen Mundöffnung. An sie schließt sich ein ektodermaler Pharynx an, der direkt oder über einen Ösophagus in den entodermalen stabförmigen, gegabelten oder, vor allem bei den großen Formen, zu einem Gastrovaskularsystem reich verzweigten Mitteldarm übergeht. Ein eigentlicher Enddarm und After fehlen. Temporäre oder ständig offene Analporen treten bei wenigen Strudelwürmern auf. Bei den Acoelomorpha stellt der Darm eine Zellmasse ohne Lumen dar. Keinen Darm haben die Bandwürmer. Atmungsorgane und Blutgefäßsystem fehlen allen Plattwürmern. Der Gasaustausch erfolgt über die Körperoberfläche. Transportfunktion erfüllt unter anderem die Schizocoelflüssigkeit. Bei einigen Trematoden wurden verzweigte oder unverzweigte Längskanäle gefunden, deren enger Kontakt mit dem Darm und anderen Organen sowie die Bewegung der Flüssigkeit im Kanalinnern an ein Nährstoff-Transportsystem (Lymphsystem) denken lässt. ⌐ Exkretion und ⌐ Osmoregulation werden von einem das Parenchym verästelt durchziehenden Protonephridialsystem besorgt. Das ⌐ Nervensystem besteht aus zu Paaren angeordneten Marksträngen, die durch ringförmige Kommissuren miteinander verbunden sind (*Orthogon*) und sich rostral zu einem kleinen Gehirn (*Cerebralganglion*) vereinigen. Unmittelbar unter der Körperoberfläche gehen die Kommissuren in einen peripheren Nervenplexus über. An Sinnesorganen finden sich i. Allg. freie Nervenendigungen und primäre Sinneszellen, bei frei lebenden Arten und den ebenfalls frei lebenden Larven parasitischer Formen Augen und in einigen Fällen auch ⌐ Statocysten.

Der Geschlechtsapparat ist hochkompliziert, sehr umfangreich und fast immer zwittrig. Es findet eine innere Besamung mit meist wechselseitiger Begattung statt. Autokopulation ist von Band-

würmern bekannt. Während die Hoden noch verhältnismäßig einfach gebaut sind, ist das Ovarium der Neoophora (dazu gehören die parasitischen Gruppen) in einen Keimstock (*Germarium*) und einen Dotterstock (*Vitellarium*) getrennt. Neben ⌐ Oviparie findet sich ⌐ Viviparie, so bei Bandwürmern und einigen Mono- und Digenea. ⌐ Ovoviviparie kommt bei manchen Bandwürmern vor. Ungeschlechtliche Fortpflanzung in Form von ⌐ Architomie ist bei den Strudelwürmern z. B. von Tricladida und der Landplanarie *Bipalium*, ⌐ Paratomie von *Microstomum* und *Paratomella* bekannt. Die parasitischen Saug- und Bandwürmer sind durch einen nicht selten mehrfachen Wirtswechsel, die Saugwürmer und unter den Bandwürmern ⌐ Echinococcus zudem durch einen Generationswechsel gekennzeichnet.

Platichthys flesus, die ⌐ Flunder.

Plattendiffusionstest, ⌐ Agardiffusionstest.

Plattenepithel, ⌐ Epithel.

Plattfische, die ⌐ Pleuronectiformes.

Plattwürmer, die ⌐ Plathelminthes.

Platykladien, Flachsprosse, bei denen Haupt- und Seitenachsen stark abgeflacht sind und die Beblätterung reduziert ist. P. hat z. B. die Gatt. *Opuntia* (⌐ Feigenkaktus).

Platyrrhini, *Neuweltaffen*, *Breitnasenaffen*, Taxon der Primates mit drei Familien, den Kapuzinerartigen (⌐ Cebidae), den Springtamarinen (Calliconidae) und den Krallenaffen (⌐ Callithricidae). Gemeinsames Merkmal der P. ist die Nasenscheidewand, die breiter ist als diejenige der Altweltaffen (⌐ Catarrhini).

Platzhocker, Bez. für die Jungen von Möwen (⌐ Laridae) und Alken (⌐ Alcidae), die zwar weit entwickelt schlüpfen, jedoch trotzdem noch einige Tage im Nest bleiben und gefüttert werden.

Plazenta, die ⌐ Placenta.

Plecoptera, *Steinfliegen*, Taxon der ⌐ Insecta mit rund 2000 Arten, von denen 115 in Mitteleuropa vorkommen. Der je nach Art 3 mm bis 5 cm große, schlanke, meist dunkel gefärbte, unbehaarte Körper der Imagines zeigt die typische Dreigliederung der Insekten: Am meist dreieckig, abgeplatteten Kopf sind zwischen den seitlich stehenden, großen Komplexaugen drei Punktaugen im Dreieck angeordnet. Die langen, fadenförmigen Fühler bestehen aus 50 bis 100 Gliedern. Die an Mittel- und Hinterbrust eingelenkten zwei Paar Flügel werden in der Ruhe flach über den Hinterleib gelegt und überragen ihn. Eine Art besitzt kurzflügelige und langflügelige Männchen. Von den elf Hinterleibssegmenten ist der Rest des ersten mit der Hinterbrust verschmolzen; zum letzten gehören stets zwei unterschiedlich lange Cerci. Die weiblichen Geschlechtsöffnungen liegen bauchseits im achten Hinterleibssegment, die oft kompliziert gebauten männlichen Begattungsorgane zwischen dem neunten und zehnten Hinterleibssegment. Einige Stunden bis Tage nach der in Wassernähe stattfindenden Kopulation werden die zunächst in Klumpen am Hinterleib des Weibchens hängenden Eier ins Wasser abgelegt. Die sich je nach Art in einem bis drei Jahren hemimetabol (maximal 20 bis 30 Häutungen) im Wasser entwickelnden Larven ernähren sich räuberisch oder von Pflanzen. Die kleineren Arten und die jungen Stadien der sehr sauerstoffbedürftigen Larven kommen mit Hautatmung aus; viele große und mittelgroße Arten besitzen faden-, fächer- oder büschelförmige Tracheenkiemen am Hinterleib und/oder an der Brust. Ihre Lebensräume sind vor allem stark strömende, kalte, sauerstoffreiche Gewässer. Das letzte Larvenstadium verlässt zur Häutung das Wasser. Die Steinfliegen-Larven bilden als Nahrung vor allem für Fische ein wichtiges Glied in der Nahrungskette der Gewässer.

Plectognathi, die ↗ Tetraodontiformes.

Pleiochasium, Verzweigungstypus der ↗ Sprossachse, bei dem die Hauptachse ihr Wachstum einstellt und mehr als zwei Seitenknospen das Wachstum fortsetzen.

Pleiotropie, die Kontrolle mehrerer Merkmale durch ein Gen. Bei vielen Mutanten führen Mutationen eines Gens zu *pleiotropen Effekten*. So machen sich Mutationen in einem Gen, das die ↗ Fotomorphogenese kontrolliert, in zahlreichen phänotypischen Erscheinungen bemerkbar.

Pleistozän, die ältere Periode des ↗ Quartärs, wobei unter P. im Wesentlichen das quartäre Eiszeitalter verstanden wird.

Plektenchym, *Flechtgewebe*, hauptsächlich bei der Ausbildung von Fruchtkörpern der höheren Pilze und bei einigen Schlauchalgen entstehendes Scheingewebe, bei dem die oft vielfach verzweigten Hyphen bzw. Zellfäden miteinander verflochten sind.

Plektostele, ↗ Stele.

Pleocyemata, Subtaxon der ↗ Decapoda.

Pleomorphismus, Bez. für das Auftreten verschiedenartiger Formen innerhalb bestimmter Arten vor allem bei Mikroorganismen und bei Pilzen. Bei Letzteren kann man z. B. bei vielen Arten eine sich durch Bildung von Sporen oder Konidien asexuell fortpflanzende *Nebenfruchtform (Anamorphe)* von einer *Hauptfruchtform (Teleomorphe)* unterscheiden, die aus Thallusteilen besteht, in denen Kernverschmelzung (↗ Karyogamie) und Kernphasenwechsel (↗ Meiose) stattfinden.

Pleon, das Abdomen der Krebse (↗ Crustacea).

Pleopoden, die Extremitäten am Hinterleib (Pleon) der Krebse (↗ Crustacea).

Plerocercoid, drittes Larvenstadium einiger Bandwürmer (↗ Fischbandwurm).

Plesiomorphie, im Sinne der ↗ phylogenetischen Systematik ein gleich gebliebenes, ursprüngliches oder primitives (plesiomorphes) Merkmal. (↗ Apomorphie, ↗ Symplesiomorphie)

Pleura, das Brustfell (↗ Brusthöhle).

Pleurahöhle, ↗ Brusthöhle.

Pleurastrophyceae, *Trebouxiophyceae*, Klasse der Grünalgen (↗ Chlorophyta). Sie umfasst Luftalgen und z. T. auch Symbionten von Flechten. Kennzeichnend für die P. ist ein Geißelapparat mit überlappenden Basalkörpern. Die Gatt. *Trebouxia* lebt als Symbiont in Flechten.

Pleurobrachia, Gatt. der Rippenquallen (↗ Ctenophora).

Pleurocapsales, Ord. der ↗ Cyanobakterien, deren Vertreter einzellig sind (*Dermocarpa*) oder kurze, verzweigte oder unverzweigte Fäden bilden. Kennzeichnend ist auch die Bildung von Endosporen.

Pleurodira, Unterord. der Schildkröten (↗ Chelonia).

pleurodont, Zahntyp mancher Stegocephalia, Eidechsen (↗ Lacertidae) und Schlangen (↗ Serpentes), bei dem die Zahnbasis einseitig mit dem erhöhten Innenrand des Kieferknochens verwachsen ist.

pleurokarp, bei Laubmoosen (↗ Bryopsida) Bez. für die Bildung von ↗ Sporogonen an „Seitensprossen". Gegensatz: ↗ akrokarp

Pleuronectes platessa, die ↗ Scholle.

Pleuronectiformes, *Plattfische*, Ord. der Knochenfische mit rund 520 Arten, die als Adulttiere asymmetrisch gebaut sind und einseitig dem Substrat aufliegen. Die Plattfische sind als Larven noch symmetrisch. Im Laufe der Entwicklung wandert ein Auge auf die andere Körperseite, bei manchen Arten dreht sich auch das Maul; außerdem kann eine Brustflosse verkümmern. Die blinde Körperseite ist meist heller als diejenige mit den zwei Augen. Die P. leben überwiegend in kälteren Meeren und sind z. T. begehrte Speisefische. Zu den weltweit verbreiteten Butten (Fam. Bothidae), deren Augen auf der linken Seite liegen, gehört u. a. der ↗ Heilbutt (*Hippoglossus hippoglossus*) als größter Plattfisch. Begehrte Speisefische sind außerdem die zur Fam. Pleuronectidae zählenden Arten ↗ Scholle (*Pleuronectes platessa*), ↗ Kliesche (*Limanda limanda*), ↗ Flunder (*Platichthys flesus*) und ↗ Steinbutt (*Scophthalmus maximus*), sowie die zur Fam. Soleidae gehörende ↗ Seezunge (*Solea solea*).

Pleurotremata, die ↗ Selachimorpha.

Pleurotus ostreatus, der ↗ Austernseitling.

Pleuston, Lebensgemeinschaft von Tieren, die auf der Wasseroberfläche leben (z. B. Wasserläufer), oder Pflanzen, die an der Wasseroberfläche treiben, z. B. die ↗ Wasserlinse, *Lemna*, und die Wasserfarne *Salvinia* und ↗ Azolla. Die Wurzeln ragen ins freie Wasser, die Blätter und Blüten überragen die Wasseroberfläche. Die Lebensgemeinschaft des Oberflächenhäutchens der Gewässer ist das ↗ Neuston.

Plexus myentericus, ↗ Darmnervensystem.

Plexus submucosus, ↗ Darmnervensystem.

Pliozän, jüngste Epoche (Serie) des ↗ Tertiär (von 5 bis 2,5 Mio. Jahren vor heute).

Ploceidae, *Webervögel,* Fam. der Singvögel mit etwa 145 Arten, die vorwiegend in den wärmeren Gegenden Eurasiens und Afrikas verbreitet sind. Das Gefieder der zeisig- bis drosselgroßen Vögel ist entweder schwarz, gelb oder rot gemustert oder unscheinbar sperlingsfarben. Die Männchen einiger Arten haben lange Schwanzfedern. Eine Reihe von Arten sind Brutparasiten.

Plötze, Art der Fam. ↗ Cyprinidae.

PLP, Abk. für ↗ Pyridoxalphosphat.

Plumatella, Gatt. der ↗ Phylactolaemata.

Plumbaginaceae, Fam. der Plumbaginales, deren ca. 400 Arten durch mehrsamige Kapselfrüchte gekennzeichnet sind. Zu den P. gehören viele ↗ Xerophyten und ↗ Halophyten, z. B. die am Meeresstrand vorkommende Grasnelke (*Armeria*).

Plumbaginales, Ord. der ↗ Rosopsida mit der einzigen Fam. ↗ Plumbaginaceae.

Plumula, die Keimknospe der ↗ Sprossachse eines ↗ Keimlings.

plurienne Pflanzen, Bez. für ↗ hapaxanthe Pflanzen, die erst nach vielen Jahren blühen und fruchten und nach der Fruchtreife absterben (z. B. die Agave).

pluripotent, von V. Haecker (1864-1927) geprägter Begriff, der die Summe der normalerweise in der Entwicklung (Ontogenie) eines Individuums nicht realisierten, jedoch latent vorhandenen Entwicklungsmöglichkeiten umfasst. – Auch Bez. für Gewebe und Zellen, die noch nicht ausdifferenziert sind und daher noch viele Entwicklungsmöglichkeiten in sich tragen, z.B. pluripotente ↗ Stammzellen

Pluteus, *Pluteuslarve,* planktotrophe Larvenform bei Stachelhäutern (↗ Echinodermata) mit seitlichen Wimperfortsätzen, die durch feinste innere Skelettstäbe stabilisiert sind. Sie werden als *Echinopluteus* bei den Seeigeln (↗ Echinoida) und als *Ophiopluteus* bei den Schlangensternen (↗ Ophiuroida) bezeichnet. (↗ Larven)

Pluvialis, Gatt. der ↗ Charadriidae.

Pneumatophoren, 1) *Botanik:* ↗ Atemwurzeln.

2) *Zoologie:* besonders spezialisierte Einzelindividuen der Staatsquallen (↗ Siphonophora).

Pneumocystis carinii, Einzeller unklarer Einordnung, der in der Lunge insbesondere von Nagetieren lebt und auch im Menschen vorkommt. Bei Menschen deren Immunabwehr geschwächt ist, kann P. c. die sogenannte *interstitielle Pneumonie* verursachen. Die Cysten und so genannten Trophozoiten des Parasiten besetzen die Lungenalveolen

und -bronchiolen und führen zum Erstickungstod. Die Infektion erfolgt wohl über Einatmung. Rund 30 % der Todesfälle bei Aidskranken in Nordamerika und Europa gehen unmittelbar auf P. c. zurück. (↗ Aids)

Pneumogaster, der ↗ Kiemendarm.

Pneumothorax, das Kollabieren der Lunge, wenn z. B. durch Verletzungen Luft in den Pleuraspalt eindringt (↗ Brusthöhle).

Poaceae, *Gramineae, Süßgräser, Echte Gräser,* Fam. der ↗ Poales mit ca. 9000 Arten, die weltweit verbreitet sind. Es sind überwiegend annuelle oder perennierende krautige Pflanzen. Sie bestehen aus hohlen, knotigen, meist stielrunden Stängeln (Halme) und länglich linealischen, zweizeilig angeordneten Blättern, die aus Blattscheide, Blatthäutchen (Ligula) und Blattspreite bestehen. Die Blüten stehen in viel- bis einblütigen Teilblütenständen, den ↗ Ährchen, die wiederum zu ährigen, traubigen und rispigen Gesamtblütenständen vereinigt sind. Nach der Gestalt des Blütenstandes unterscheidet man drei Gruppen von Gräsern: die *Ährengräser* (↗ Ähre oder Traube), die *Rispengräser* (Rispe)

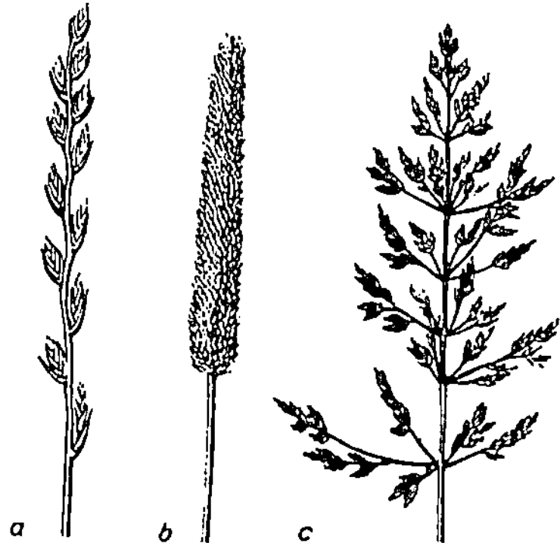

Poaceae Blütenstandsformen: a Ährengras, b Ährenrispengras, c Rispengras

und die *Ährenrispengräser* (Rispe mit stark verkürzten Rispenästen. Das Ährchen ist am Grund meist von zwei Hochblättern umschlossen, die hier Hüllspelzen genannt werden. Die einzelnen Blüten werden i. d. R. noch von einer Deckspelze und einer Vorspelze umgeben, dazwischen befinden sich die Schwellkörper (Lodiculae). Die meist zwittrigen Blüten haben einen oberständigen Fruchtknoten, zwei Narben und meist drei Staubblätter und werden vom Wind bestäubt. Die Samen sind fast immer mit der Fruchtschale verwachsen. Die besondere Fruchtform bezeichnet man als Grasfrucht oder *Karyopse.*

Chemisch ist die Fam. v. a. durch das Vorkommen der Proteine Prolamine und Glutamine gekennzeichnet, die das Klebereiweiß Gluten der Getreidekörner bilden.

In vielen Gebieten sind die Gräser der vorherrschende Bestandteil der Vegetation, z. B. in den ↗ Steppen und Grünlandgebieten Europas und Asiens, in der ↗ Prairie Nordamerikas, in den ↗ Savannen und ↗ Pampas Südamerikas und den Savannen Afrikas. Von wirtschaftlicher Bedeutung sind insbesondere die Getreidearten. Die wichtigsten Getreidearten der kühl gemäßigten Gebiete sind ↗ Weizen (*Triticum*), ↗ Gerste (*Hordeum*), ↗ Roggen (*Secale cereale*) und ↗ Hafer (*Avena sativa*). Zu den Getreiden warmer Klimate gehören ↗ Reis (*Oryza sativa*), ↗ Mais (*Zea mays*), ↗ Sorghumhirse (*Sorghum bicolor*), ↗ Rispenhirse (*Panicum miliaceum*), Fingerhirse (*Eleusine coracan*), ↗ Perlhirse oder *Rohrkolbenhirse* (*Pennisetum americanum*), ↗ Kolbenhirse (*Setaria italica*) und *Zwerghirse* oder ↗ Teff (*Eragrostis tef*). Zur Gatt. *Triticum* gehören der *Saatweizen* (*Triticum aestivum*), der Hartweizen (*Triticum durum*), der Dinkel oder Spelt (*Triticum spelta*) sowie die bespelzten Formen Einkorn (*Triticum monococcum*) und Emmer (*Triticium dicoccon*).

Poaceae a Roggen (*Secale cereale*), b Dinkel oder Spelz (*Triticum spelta*), c Saatweizen (*Triticum aestivum*), d Gerste (*Hordeum vulgare*)

Ein wichtiger Zuckerlieferant ist das ↗ Zuckerrohr (*Saccharum officinarum*). Verschiedene Gatt. gehören zur Gruppe der Bambusartigen und liefern den ↗ Bambus. Wirtschaftlich bedeutsame Futtergräser sind das Ausdauernde Weidelgras oder Englische Raygras (*Lolium perenne*), das Welsche Weidelgras oder Italienische Raygras (*Lolium multiflorum*), das Wiesenlieschgras oder Timotheegras (*Phleum pratense*), der Wiesenfuchsschwanz (*Alopecurus pratensis*), das Gemeine Straußgras (*Agrostis tenuis*), der Glatthafer (*Arrhenaterum elatius*), das Knauelgras (*Dactylis glomerata*), das Wiesenrispengras (*Poa pratensis*) und der Wiesenschwingel (*Festuca pratensis*). Bestand bildend in

Röhrichten ist die Gatt. *Phragmites* (Schilf), Bestand bildend in Flachmooren die Gatt. *Molinia* (Pfeifengras).

Poales, *Glumiflorae*, Ord. der ↗ Liliopsida mit den Fam. Ioinvilleaceae (nur zwei Arten), ↗ Restionaceae und ↗ Poaceae.

Pochkäfer, die Fam. ↗ Anobiidae.

Podarcis, Gatt. der Eidechsen (↗ Lacertidae).

Podicipedidae, *Lappentaucher*, *Steißfüße*, Fam. mit 20 an stehenden Süßgewässern brütenden Arten. Die größeren Arten haben lange Hälse, die kleineren eher gedrungene. Die Zehen sind durch Schwimmlappen (Name!) verbreitert. Die Jungvögel sind an Kopf und Hals längsgestreift. Sie sind Nestflüchter, die kurz nach dem Schlüpfen ins Wasser gehen. Lappentaucher lassen im Flug Kopf und Hals nach unten durchhängen. Sie sind oft Teilzieher. – In Deutschland brüten folgende Arten: *Haubentaucher* (*Podiceps cristatus*; Größe 46-51 cm); das Männchen trägt im Prachtkleid einen unverkennbaren schwarzen zweiteiligen Schopf und eine rotbraune, dunkel geränderte Halskrause. Sehr viel kleiner mit 25 - 29 cm ist der *Zwergtaucher* (*Tachybaptus ruficollis*), der kleinste Lappentaucher. Im Prachtkleid sind Wangen und Hals rotbraun und der Schnabelwinkel hat einen gelbweißen Fleck. Seltener finden sich bei uns noch der bis 50 cm große *Rothalstaucher* (*Podiceps grisegena*) mit rostrotem langem Hals und der bis 34 cm große *Schwarzhalstaucher* (*Podiceps nigricollis*), im Prachtkleid mit schwarzem Hals und goldgelbem Federbüschel am Ohr.

Podocarpaceae, Fam. der Nadelhölzer (↗ Pinopsida) mit ca. 160 Arten, die auf der südlichen Hemisphäre verbreitet sind. Bei der Reife entwickeln die Samenschuppen eine einseitige, fleischige Samenhülle. Die wichtigsten Gatt. sind *Podocarpus* und *Dacrydium*.

Podocyten, *Füßchenzellen*, Zellen mit vielen Füßchen (Name!) und daran ansitzenden verzweigten Ausläufern, die der ↗ Exkretion und/oder der ↗ Osmoregulation dienen. Sie stehen stets in enger funktioneller Verbindung mit Gefäßwänden. So umkleiden sie in der Bowman-Kapsel eines Nephrons der ↗ Niere der Wirbeltiere die gefensterten Glomerulus-Kapillaren. Sie sind ebenso in funktionell vergleichbaren Nierenorganen weit verbreitet, so im Axialorgan der ↗ Echinodermata, im so genannten Glomerulus der ↗ Hemichordata, in den Antennendrüsen vieler Krebstiere (↗ Crustacea) oder im Sacculus der Stummelfüßer (↗ Onychophora).

Podsol, *Bleicherde*, überwiegend aus Silikatgestein entstandener Bodentyp, der durch Nährstoffarmut und einen aschgrauen Bleichhorizont mit sehr geringem Gehalt an organischer Substanz gekennzeichnet ist.

Poeciliidae, *Lebend gebärende Zahnkarpfen*, Fam. der Kleinkärpflinge (↗ Cyprinodontiformes) mit über 100 in Mittel- und Südamerika verbreiteten Arten. Die Männchen besitzen eine zum Begattungsorgan (*Gonopodium*) umgewandelte Afterflosse. Zu den P. gehören viele bekannte Aquarienfische, wie z. B. der *Guppy* oder *Millionenfisch* (*Poecilia reticulata*) oder der aus Amerika in alle warmen Länder eingeschleppte oder auch eingeführte *Moskitofisch* (*Gambusia affinis*), der als Mückenlarvenfresser wichtig zur Bekämpfung von Stechmücken ist.

Pogonophora, *Bartwürmer*, den ↗ Polychaeta zugeordnete, ausschließlich marine, meist fadendünne Würmer, die mit rund 150 (bekannten) Arten in selbstgebauten Wohnröhren ortsfest bevorzugt in kälteren Tiefengewässern von Atlantik und Pazifik leben. Sie besitzen weder Mund noch After, und der Darmrest ist auf bestimmte Körperregionen beschränkt, in denen er ein *Trophosom* aufweist; dies ist ein entodermales Gewebe, das chemolithoautotrophe oder methylotrophe Bakterien beherbergt, welche die wichtigste und vielleicht auch einzige Nahrungsquelle der P. sind. Alle P. bauen aufrecht im Boden steckende und beidseits offene Glykoproteinröhren (Chitin) und leben gewöhnlich in dichten Ansammlungen von bis zu 200 Tieren/m². Ihr Körper zeigt äußerlich eine Gliederung in vier Abschnitte: Das kurze, kegelförmige *Prosoma* trägt einen bartartigen Büschel (Name!) von, je nach Art, 1 - 1250 langen, dünnen, gewöhnlich gestreckt gehaltenen, bei manchen Formen auch korkenzieherartig einrollbaren Tentakeln, die im Kreis oder spiralig angeordnet sind. Sie sind nach innen zu mit Cilienreihen und einzelligen Zotten (*Pinnulae*) besetzt. Gegen das Prosoma kaum abgesetzt, folgt ein ebenso kurzes *Mesosoma*, wegen eines beidseits schräg von dorsal nach ventral verlaufenden borstenbesetzten Leistenpaares (*Frenulum*) auch *Frenularregion* genannt, und an diese schließt sich nach einer Ringfalte das sehr lange *Metasoma* an. Zwei Reihen von Haftpapillen in seinem vorderen Abschnitt mit einer bewimperten Rinne dazwischen erleichtern das Kriechen, zwei mit gezähnten Borstenplättchen besetzte Ringwülste (*Anulum*) das Feststemmen in der Wohnröhre. Die hintere Metasomaregion trägt unregelmäßig verteilte Drüsenpapillen (*Röhrendrüsen*) und vereinzelte Borsten. Die Leibeshöhle ist ein echtes Coelom. Das Blutgefäßsystem ist geschlossen und enthält freies ↗ Hämoglobin. An der Prosoma-Mesosoma-Grenze wirkt ein muskulöser, von einer Coelomepitheltasche (Perikard) umgebener Abschnitt des Dorsalgefäßes als Herz. Als Exkretionssystem fungieren ↗ Protonephridien (Perviata) oder Coelomodukte (Obturata) im Prosoma. Das

überaus einfache Nervensystem besteht aus einem subepidermalen Nervennetz und einem zentralen unpaaren Nervenstrang, der bei den Obturata einen Zentralkanal besitzt. Die Gonaden der getrenntgeschlechtlichen Tiere münden über Genitalporen am Vorderende des Metasomas. Die dotterreichen Eier werden in der Wohnröhre des Weibchens besamt und entwickeln sich direkt ohne echtes Larvenstadium, anfangs über eine Spiralfurchung, später über bilaterale Furchung unmittelbar zu jungen Würmern. Es werden zwei Subtaxa mit jeweils mehreren Untergruppen unterschieden: die *Perviata* (*Frenulata* oder P. i. e. S.) und die *Obturata* (*Vestimentifera*).

poikilohydrisch, Bez. für Pflanzen, die ihren Wassergehalt weitgehend dem Feuchtigkeitszustand ihrer Umgebung anpassen. Poikilohydre Pflanzen sind Moose, Flechten und an der Luft lebende Pflanzen. Gegensatz: ↗ homoiohydrisch

poikilotherm, Bez. für Tiere, deren Körpertemperatur der Außentemperatur entspricht, die also *wechselwarm* bzw. *ektotherm* sind, da sie Wärme von außen aufnehmen. (↗ homoiotherm)

Polemoniaceae, *Himmelsleitergewächse*, Fam. der Polemoniales mit ca. 270 Arten, die hauptsächlich im pazifischen Nordamerika und in den südamerikanischen Anden verbreitet sind. Es sind meist Kräuter mit wechsel- oder gegenständigen Blättern und regelmäßigen fünfzähligen Blüten, deren Kronblätter verwachsen sind. Als Früchte werden Kapseln gebildet. Zu den P. gehören u. a. die Gatt. *Polemonium* und die Zierpflanzengatt. *Phlox*.

Polemoniales, Ord. der ↗ Rosopsida mit der einzigen Fam. ↗ Polemoniaceae.

Polio, *Kinderlähmung*, die ↗ Poliomyelitits.

Poliomyelitis, *Polio*, *Kinderlähmung*, *spinale Kinderlähmung* durch das Poliovirus (↗ Picornaviren) übertragene Infektionskrankheit. Sie verläuft in über 95 % inapparent, kann aber auch zu Lähmungen führen, die besonders die unteren Extremitäten betreffen. Bei Erwachsenen verläuft die Krankheit i. d. R. schwerer als bei Kindern. Durch ↗ Impfungen wurde die Anzahl der Erkrankungen in den industrialisierten Ländern drastisch gesenkt. Zur Zeit gibt es keine spezifische Therapie gegen Poliomyelitis.

Poli'sche Blasen, die Sammelblasen des Ringkanals der Stachelhäuter (↗ Echinodermata).

Polkörper, *Richtungskörper(chen)*, die bei den Reifeteilungen (↗ Meiose; ↗ Oogenese) der weiblichen Keimzellen von Metazoa abgeschnürten plasmaarmen Zellen, die i. d. R. degenerieren.

Pollachius virens, der ↗ Köhler.

Pollen, die Gesamtheit der *Pollenkörner*, die in den Antheren der Samenpflanzen gebildet werden. Bei windblütigen Pflanzen sind die P.-Körner meist

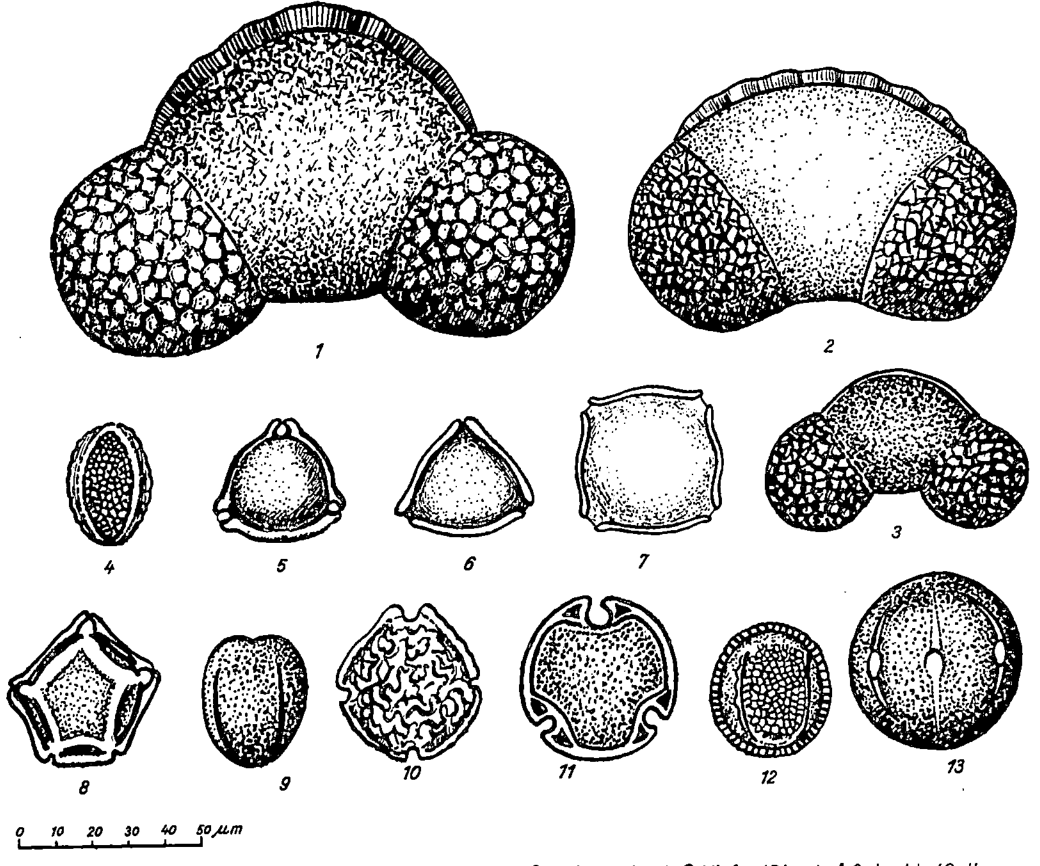

Pollen Pollen mitteleuropäischer Arten: 1 Tanne (*Abies*), 2 Fichte (*Picea*), 3 Kiefer (*Pinus*), 4 Salweide (*Salix caprea*), 5 Hängebirke (*Betula verrucosa*), 6 Hasel (*Corylus avellana*), 7 Hainbuche (*Carpinus betulus*), 8 Schwarzerle (*Alnus glutinosa*), 9 Stieleiche (*Quercus robor*), 10 Flatterulme (*Ulmus laevis*), 11 Winterlinde (*Tilia cordata*), 12 Esche (*Fraxinus excelsior*), 13 Rotbuche (*Fagus sylvatica*)

mehlig und trennen sich leicht voneinander. Bei tierblütigen Pflanzen kleben sie meist durch öl-artige Stoffe (*Pollenkitt*) fest aneinander, sodass immer mehrere P.-Körner zusammen verbreitet werden können. Die einzelnen P.-Körner sind durch eine *Pollenkornwand*, das *Sporoderm*, geschützt. Es besteht aus einer äußeren (*Exine*) und einer inneren (*Intine*) Schicht. Nach der ↗ Bestäubung wächst die Intine zum ↗ Pollenschlauch aus. (↗ Blüte, ↗ Allergie)

Pollenanalyse, 1) in der ↗ Palynologie eine Methode zur Untersuchung fossilen ↗ Pollens, die zur Rekonstruktion der Vegetationsgeschichte und zur ↗ Altersbestimmung eingesetzt wird.

2) Untersuchung von rezentem Pollen, um z. B. den Pollengehalt der Luft zu kontrollieren oder um die Herkunft bei Honig zu bestimmen.

Pollenkammer, in der ↗ Samenanlage befindlicher Hohlraum, in den die Pollenkörner durch die ↗ Mikropyle gelangen.

Pollenkitt, ↗ Pollen.

Pollenkornmitose, die im Anschluss an die Pollenbildung (↗ Mikrosporogenese) erfolgende ↗ Mitose, bei der eine kleinere haploide generative Zelle und die größere vegetative Pollenschlauchzelle entsteht. Die generative Zelle teilt sich ein zweites Mal in zwei männliche Gameten, von denen i. d. R. einer die Eizelle befruchtet und der andere durch Verschmelzung mit dem diploiden sekundären Embryosackkern zur Bildung des *triploiden Endosperms* beiträgt (↗ Befruchtung).

Pollenschlauch, schlauchförmiges Gebilde, das durch Auswachsen der von der Intine umschlossenen Zelle eines Pollenkorns entsteht.

Pollenschlauchbefruchtung, ↗ Befruchtung.

Pollination, die ↗ Bestäubung.

Pollution, ↗ Samenerguss.

Polyadenylierung, das Anfügen einer Reihe von Adenin-Molekülen an das 3'-Ende einer eukaryotischen ↗ messenger-RNA. Dieser so genannte, bis zu 250 Adeninresten umfassende *PolyA-Schwanz* wird durch das Enzym *PolyA-Polymerase* synthetisiert. Es erkennt im Primärtranskript ein P.-Signal, dessen Consensusequenz 5'-AAUAAA-3' lautet. (↗ Prozessierung)

Polychaeta, *Borstenwürmer, Vielborster*, rund 10000 Arten sehr verschieden gebauter Ringelwürmer, die alle ↗ Annelida außer den ↗ Clitellata umfasst und wohl paraphyletisch ist. Sie besiedeln alle Bereiche des Meeres, vor allem die Böden, einige Arten besiedeln auch Brackwasser, Süßwasser oder die Bodenlösung, wenige Arten in den Tropen sogar feuchte Erde, und eine Reihe von P. sind Kommensalen oder Ekto- bzw. Endoparasiten. Gewöhnlich sind sie zwischen 0,2 und 10 cm lang, doch gibt es nicht wenige Arten, die unter 1 mm Länge bleiben, und der größte Polychaet, *Eunice aphroditois*, wird 3 m lang.

Die nicht selten farbenprächtigen, langgestreckten und segmentierten Tiere bestehen aus dem *Prostomium*, der Buccalregion (*Metastomium*) mit der Mundöffnung, einer je nach Art unterschiedlichen Anzahl von Metameren und dem After tragenden *Pygidium*. Entsprechend dem Bauplan der Ringelwürmer enthält jedes Metamer je ein Paar Coelomsäcke, Nephridien, Gonaden und Ganglien und trägt als typisches P.-Merkmal ein Paar *Parapodien*, die als ektodermale, seitliche Ausstülpungen der Körperwand entstehen, von Muskeln durchzogen und von Stützborsten (*Aciculae*) verfestigt werden. Die sehr verschiedenartigen Parapodien dienen u. a. als Ruder, Grab-, Stemm- und Steiggeräte. Frei lebende P. verfügen über ein gut entwickeltes Prostomium mit Sinnesorganen (Augen, Tentakel) und gleichartig gebaute Parapodien (*homonome Segmentierung*). Bei den sessil oder halbsessil, eingegraben oder in Gängen und Röhren lebenden Polychaeta ist das Prostomium sehr klein und der Körper aufgrund unterschiedlicher Gestaltung der Parapodien in Tagmata unterteilt (*heteronome Segmentierung*).

Die *Körperwand* besteht aus einer einschichtigen, zellulären Epidermis, sowie aus Ring-, Diagonal- und einer in vier Stränge unterteilten Längsmuskelschicht. Die Epidermis enthält neben den Deck- viele Schleim- und gegebenenfalls auch Pigmentzellen (*Chromatophoren*). Sie scheidet eine dünne Cuticula ab. Cilien finden sich bei vielen Formen an Kiemen, Tentakeln oder in Kotrinnen und erzeugen oder fördern den Atem-, Nahrungs- oder Kotstrom. Der *Darmkanal* durchzieht meist geradlinig den gesamten Körper. Mit Ausnahme der strudelnden Mikrophagen (*Sabellida*) und der Tentakel tragenden Taster (*Spionida*) kann bei den P. die Mundhöhlenwand umgestülpt und als Rüssel, in dem dann der Pharynx verläuft, nach außen geschoben werden.

Das geschlossene *Blutgefäßsystem* besteht im Wesentlichen aus einem kontraktilen Rücken- und einem Bauchgefäß, die durch segmentale, in die Körperwand eingelassene Ringgefäße sowie durch ein dem Darm anliegendes Gefäßnetz miteinander verbunden sind. Respiratorische Farbstoffe sind neben ↗ Hämoglobin auch Hämerythrin und ↗ Chlorocruorin. Die *Atmung* erfolgt i. Allg. über die Haut, aber auch über ↗ Kiemen an der Basis der Parapodien oder über den Darm. ↗ Exkretion und, wo erforderlich, auch ↗ Osmoregulation, werden bei den meisten P. von ↗ Metanephridien, bei einigen Formen von ↗ Protonephridien besorgt.

Das *Nervensystem* ist ein typisches Strickleiternervensystem. Weit verbreitet auf Palpen, Antennen, Tentakel- und Parapodialcirren sind Tastorgane. Die Papillen auf den Antennen und anderen Anhängen sowie die Nuchalorgane am Prostomium sind Chemorezeptoren. Statocysten sind nur bei wenigen Gruppen nachgewiesen. Als ↗ Lichtsinnesorgane kommen Pigmentbecherocellen, Gruben- oder Blasenaugen vor.

Im Gegensatz zu den ↗ Oligochaeta sind die meisten P. getrenntgeschlechtlich. Meist findet äußere Besamung im freien Wasser statt. Die Geschlechtszellen werden häufig durch ein Urogenitalsystem ausgeleitet. Der Fortpflanzungserfolg ist durch die Kopplung der Gametenreifung an einen endogenen Rhythmus sichergestellt, der durch exogene Faktoren (Belichtung, Temperatur) synchronisiert wird (*Lunarperiodizität*, ↗ Palolowurm). P., die zeitlebens im Sediment bleiben, besitzen meist Kopulationsorgane und übertragen die Spermatozoen oder Spermatophoren direkt auf das weibliche Tier. Die Entwicklung führt über eine *Trochophora*-Larve, die bei den verschiedenen Taxa vielfältig abgewandelt sein kann, zur nachfolgenden *Metatrochophora*. Im Stadium der Metatrochophora beginnt die Metamorphose zum Adulttier.

Die Einteilung der P. in Errantia (vorwiegend frei lebend), Sedentaria (vorwiegend sessil) und Archiannelida (klein mit z.T. Larvenmerkmalen) wurde aufgegeben. Die etwa 80 rezenten Fam. werden auf folgende Gruppen aufgeteilt: Polychaeta i. e. S., u. a. mit den Eunicida, zu denen der Palolowurm gehört, sowie Aeolosomatida, Potamodrilida, ↗ Myzostomida, ↗ Pogonophora und Lobatocerebrida.

polychlorierte Biphenyle, Abk. *PCB*, durch Chlorierung von Biphenyl hergestellte chemische Verbindungen, zu denen ca. 200 Einzelsubstanzen mit unterschiedlichen Eigenschaften gehören. Viele PCBs gelten als Krebs erregend. In der Umwelt sind sie schwer abbaubar (↗ Persistenz) und können sich daher in der Nahrungskette anreichern (↗ Bioakkumulation).

polycistronisch, Bez. für ein Transkript, das die genetische Information mehrerer Gene enthält. P. Transkripte sind vor allem bei Prokaryoten zu finden (↗ Operon). ↗ Genexpression, Gegensatz: ↗ monocistronisch

Polydaktylie, *Vielfingrigkeit*, eine autosomal dominante Erbkrankheit, bei der überzählige Finger und Zehen gebildet werden.

Polyembryonie, eine Art der vegetativen (ungeschlechtlichen) ↗ Fortpflanzung. Mehrere Embryonen entstehen, indem sich Zellen (*Blastomeren*) eines frühen Furchungsstadiums voneinander trennen. Jede dieser neu entstandenen Embryoanlagen wächst zu einem selbstständigen Individuum heran. Alle durch P. entstandenen Individuen sind genetisch identisch, da sie auf dieselbe befruchtete Eizelle zurückgehen. Sie sind eineiige Mehrlinge, bilden also einen ↗ Klon. P. tritt häufig auf bei Moostierchen (↗ Bryozoa), Schlupfwespen (↗ Ichneumonidae) und Gürteltieren (↗ Dasypodidae). Der einfachste Fall einer P. ist die auch beim Menschen auftretende Bildung eineiiger ↗ Zwillinge.

Polygalales, Ord. der ↗ Rosopsida mit den Fam. Polygalaceae (950 Arten) und Krameriaceae (15 Arten). Die Blüten der Polygalaceae sind ähnlich gebaut wie die Schmetterlingsblüten der ↗ Fabaceae. Die Arten der neuweltlichen Krameriaceae sind Halbparasiten.

Polygamie, ↗ Paarungssysteme.

Polygenie Bez. für das Zusammenwirken mehrerer Gene bei der Merkmalsausbildung. Bei der *additiven P.* ergänzen sich die beteiligten Gene in ihrer Wirkung.

Polygonaceae, *Knöterichgewächse*, Fam. der Polygonales mit ca. 1100 Arten. Es sind Kräuter oder

Sträucher, selten Bäume, mit meist windenden Stängeln, wechselständigen, einfachen oder geteilten Blättern und regelmäßigen, fünfzähligen, zwittrigen Blüten. Der oberständige Fruchtknoten entwickelt sich zu einer zwei- bis vierfächerigen Kapsel. Zu den P. gehören die umfangreichen Gatt. ↗ Knöterich (*Polygonum*) und ↗ Ampfer (*Rumex*). Als Kulturpflanzen haben ↗ Buchweizen (*Fagopyrum esculentum*) und ↗ Rhabarber (*Rheum*) Bedeutung.

Polygonales, Ord. der ↗ Rosopsida mit der einzigen Fam. ↗ Polygonaceae.

Polygonum, Gatt. der ↗ Polygonaceae.

polylecithal, Bez. für dotterreiche Eizellen.

Polymerasekettenreaktion, Abk. *PCR*, eine wichtige molekularbiologische Arbeitsmethode, mit deren Hilfe identische DNA-Abschnitte eines zu untersuchenden *Ziel-DNA-Bereichs* erzeugt werden können. Dabei wiederholt sich im Reaktionsgefäß ein Teilschritt der DNA-↗ Replikation, bei dem eine Kopie eines DNA-Einzelstrangs synthetisiert wird. Die P. beginnt mit einer thermischen Denaturierung der Doppelhelix bei 94 °C. Dadurch können die *PCR-Primer*, die dem Reaktionsgemisch im Überschuss zugesetzt werden, an die für sie komplementären Abschnitte auf der DNA binden (so genanntes *Annealing*), sobald die Temperatur entsprechend dem AT/GC-Gehalt dieser Olignucleotide auf 50 - 60 °C abgesenkt wird. Anschließend erfolgt die Synthese der jeweils komplementären DNA-Stränge. Die Primer werden so ausgewählt, dass sie dem durch P. zu amplifizierenden DNA-

Polygonaceae   a Sauerampfer (*Rumex acetosa*), Blatt und Blüten; b Wiesenknöterich (*Polygonum bistorta*), Blatt und Blüte; c Buchweizen (*Fagopyrum esculentum*) blühend, Einzelblüte und Frucht

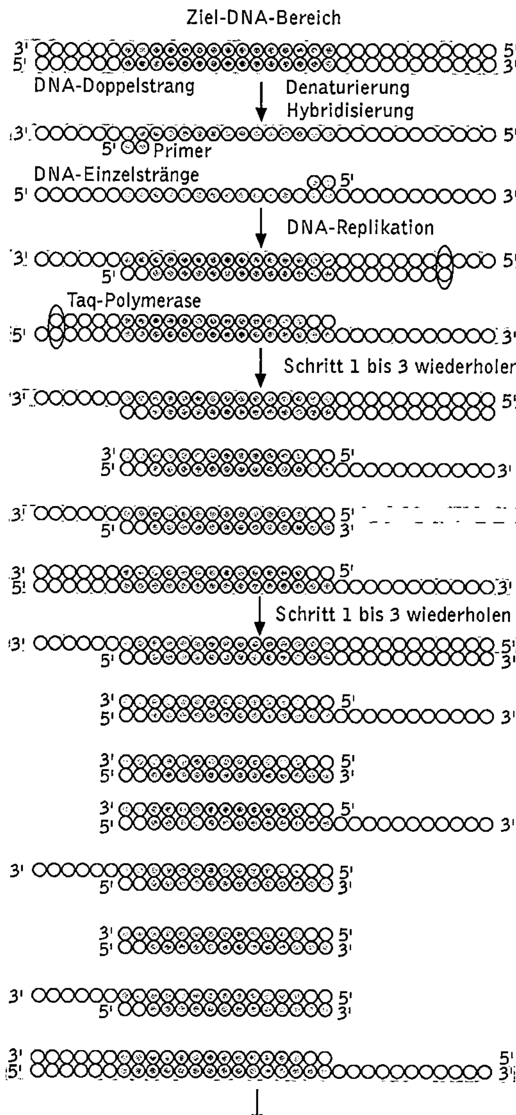

Polymerasekettenreaktion Schematische Darstellung der PCR. Nach dem ersten PCR-Zyklus liegen zwei partiell doppelsträngige DNA-Stränge vor. Durch eine Wiederholung entstehen vier Teilkopien, wobei jeder die zu amplifizierende Sequenz enthält. Ab dem zweiten Zykus nimmt die Anzahl der Moleküle, die exakt dem Abstand der beiden Primer entsprechen, exponentiell zu, sodass nach z. B. 30 Zyklen mehrere Mikrogramm des gewünschten DNA-Abschnitts synthetisiert werden. Stränge, deren 3'-Ende nicht durch einen Primer festgelegt werden, steigen zahlenmäßig nur linear an

Abschnitt entsprechen und so spezifisch (*selektiv*) sind, dass i. d. R. nur ein *PCR-Produkt* gebildet wird. Die Wiederholung von Denaturierung, Annealing und DNA-Synthese, die als *PCR-Zyklus* bezeichnet wird, wird technisch durch die Verwendung von *hitzestabilen* DNA-Polymerasen aus Bak-

terien, die heiße Quellen bewohnen, erleichtert. Die aus dem Bakterium *Thermus aquaticus* isolierte, so genannte *Taq-Polymerase* übersteht die Denaturierung unbeschadet und hat ein Temperaturoptimum bei 72 °C. In einem Reaktionsansatz können alle erforderlichen Bestandteile, (Primer, Nucleosidtriphosphate, Reaktionspuffer, DNA, Enzyme) vor Beginn der P. zusammengemischt werden. Die P. findet in speziell hierfür entwickelten Geräten statt. Diese *Thermocycler* sind in der Lage, Erhitzen und Kühlen durchzuführen, wobei sich die Reaktionsansätze in einem Metallblock befinden.

Jeder Reaktionsschritt der P. erzeugt neue identische DNA-Moleküle, die als Matrizenstränge für weitere Synthesen dienen. Die Anzahl der DNA-Moleküle steigt exponentiell an, wobei nach n Zyklen 2^n DNA-Moleküle synthetisiert wurden. Bei 30 - 40 Zyklen kann aus geringsten Ausgangsmengen genügend DNA für weitere Analysen verwendet werden. Aus diesem Grund ist die P. in Verbindung mit anderen Techniken wie z. B. der ↗ DNA-Sequenzierung aus der molekularbiologischen Forschung nicht mehr wegzudenken. Mit ihrer Hilfe lässt sich ein ↗ genetischer Fingerabdruck ebenso erstellen wie Gene aufgrund von bekannten Primer-Sequenzen isoliert werden können. Die P. kommt im medizinischen Bereich auch beim Nachweis von Erbkrankheiten zum Einsatz. Eine modifizierte Form der P. ist die ↗ RT-PCR.

Polymerasen, eine Gruppe von ↗ Enzymen (↗ Transferasen), die mit DNA oder RNA als Matrize die Synthese einer dazu komplementären DNA bzw. RNA aus Desoxynucleosid- bzw. Nucleosidtriphosphaten katalysieren. Dementsprechend wird zwischen ↗ DNA-Polymerasen und ↗ RNA-Polymerasen unterschieden.

Polymere, Bez. für alle Makromoleküle, deren relative Molekülmassen bei gleicher prozentualer Zusammensetzung in einem ganzzahligen Verhältnis zueinander stehen und die, wie z. B. bei der Stärke, einen gleichen inneren Aufbau zeigen. P. werden aus ↗ Monomeren durch *Polymerisation, Polykondensation* oder *Polyaddition* gebildet und können durch Depolymerisation wieder gespalten werden Im Verband eines polymeren Moleküls wird die monomere Einheit als *Grundmolekül* bezeichnet. Die Anzahl der in einem polymeren Molekül vereinigten Monomeren bezeichnet man als *Polymerisationsgrad*. P. mit einem niedrigen Polymerisationsgrad werden *Oligomere*, solche mit einem Polymerisationsgrad von über 50 *Hochpolymere* genannt.

polymiktisch, Bez. für den Zirkulationstyp eines ↗ Sees, bei dem das Wasser mehrere Male im Jahr vollständig durchmischt wird.

Polymorphismus, Bez. für die Erscheinung, dass innerhalb einer ↗ Population individuelle Unterschiede nicht nur in Alter und Geschlecht, sondern auch in Größe, Farbe, Verhalten und ökologischer Potenz bestehen. P. im weiteren Sinne beruht teilweise auf genetischen Unterschieden, teilweise auch auf Einflüssen der Umwelt im Rahmen der genetisch vorgegebenen Modifikationsbreite. Ein durch Umwelteinflüsse hervorgerufener P. wird als *phänotypischer P.* (oder *Polyphänismus*) bezeichnet. Ein Beispiel ist bei Staaten bildenden Insekten (z. B. ↗ Honigbiene) der Einfluss der Larvennahrung auf die spätere Kastenzugehörigkeit und damit auch die Gestalt. Von *genotypischem P.* oder P. im engeren Sinne spricht man, wenn in einer Population zur gleichen Zeit verschiedene Gestalten des gleichen Stadiums auftreten, die ausschließlich genetisch bedingt sind. Als *balancierter P.* wird die Situation bezeichnet, wenn ein Allel, das bei Homozygotie Nachteile bringt und bei Heterozygotie Vorteile, in einer Häufigkeit vorkommt, die einem Gleichgewichtszustand zwischen beiden Varianten entspricht. Ein Beispiel ist die ↗ Sichelzellenanämie beim Menschen.

polymorphkernige Leukocyten, ↗ Granulocyten.

Polynucleotide, ↗ Nucleinsäuren.

Polyp, Morphe der Hohltiere (↗ Coelenterata), die bei ↗ Hydrozoa und ↗ Scyphozoa im Wechsel mit ↗ Medusen, bei den ↗ Anthozoa als einzige Morphe auftritt.

Polypeptide, ↗ Proteine.

Polyphaga, Taxon der Käfer (↗ Coleoptera), zu dem die weitaus meisten Fam. gehören. Autapomorphien sind u. a. die vollständige *Cryptopleurie* (die seitlich stark herabgezogenen Tergite überdecken die Pleuren) bei den Adulttieren sowie bei den Larven die Verschmelzung von Tibia und Tarsus zum Tibiotarsus. Zu den P. gehören u.a. folgende Fam.: Klopfkäfer (↗ Anobiidae), Prachtkäfer (↗ Buprestidae), Bockkäfer (↗ Cerambycidae), Blattkäfer (↗ Chrysomelidae), Marienkäfer (↗ Coccinellidae), Rüsselkäfer (↗ Curculionidae), Speckkäfer (↗ Dermestidae), Schnellkäfer (↗ Elateridae), Kolbenwasserkäfer (↗ Hydrophilidae), Leuchtkäfer (↗ Lampyridae), Hirschkäfer (↗ Lucanidae), Ölkäfer (↗ Meloidae), Blatthornkäfer (↗ Scarabaeidae), Borkenkäfer (↗ Scolytidae), Aaskäfer (↗ Silphidae), Schwarzkäfer (↗ Tenebrionidae).

Polyphänie, Bez. für die Tatsache, dass ein Gen mehrere Merkmale beeinflussen kann.

Polyphänismus, ↗ Polymorphismus.

Polyphosphat, Speicherform von Phosphat bei bestimmten Mikroorganismen (↗ Reservestoffe).

polyphyletisch, Bez. für ein Taxon das Abkömmlinge nicht verwandter Stammarten enthält. Gegensatz: ↗ monophyletisch

Polypid, der vordere Körperteil der ↗ Bryozoa.

Polyplacophora, *Placophora, Loricata, Käferschnecken,* Taxon der Stachelweichtiere mit rund 900 rezenten, ausschließlich marinen Arten, die überwiegend im australischen Raum verbreitet sind. Sie sind 0,3 - 40 cm lang und haben einen abgeflachten Körper, dessen Rücken von acht dachziegelartig angeordneten, beweglichen Kalkplatten bedeckt ist. Sie werden außen vom *Gürtel (Perinotum)* eingefasst. Käferschnecken können sich mit dem großen Kriechfuß auf Felsen so stark festsaugen, dass sie selbst starker Brandung widerstehen. Die bekannteste Gatt. ist *Chiton,* deren Arten vor allem in tropischen und subtropischen Meeren vorkommen. Die im Nordpazifik vorkommende Art *Cryptochiton stelleri* ist mit 40 cm die größte Käferschnecke, sie ist Versuchstier für physiologische Versuche. Auf Hartböden der Nordseeküsten lebt die bis 2,5 cm lange Art *Lepidochitona cinerea.*

Polyploidie, eine Form der *Euploidie,* bei der Organismen mehr als zwei Chromosomensätze besitzen. Dabei lässt sich nach ihrer Entstehungsweise die Auto-P. von der Allo-P. unterscheiden. *Auto-P.* entsteht durch Störungen der Mitose (*somatische P.*) oder durch Störungen der Meiose, bei der diploide Gameten befruchtet werden und zu *triploiden* Arten bzw. nach weiterer Befruchtung zu *tetraploiden* Arten führen (*Keimbahnploidie*). Durch die Behandlung mit Spindelgiften wie ↗ Colchicin kann bei Pflanzen künstlich eine P. erzeugt werden. P. ist dabei häufig mit einer Vergrößerung von Zellen und Pflanzenorganen wie z. B. Blüten verbunden. *Allo-P.* tritt zwischen eng verwandten Arten derselben Gattung auf. Kreuzungen sind bei Gräsern und Nachtschattengewächsen relativ leicht durchzuführen. Ein Beispiel sind die allopolyploiden Formen des Weizens (Gatt. *Triticum*), die diploid (Einkorn), tetraploid (Dinkel, Emmer, Hartweizen) oder hexaploid (Saatweizensorten) sind. Triploide Pflanzen sind wegen Segregationsproblemen bei der Meiose nur schwer durch Samen zu vermehren. (↗ Genommutation)

Polypodiales, Ord. der Farne (↗ Pteridopsida), bei deren Arten sich die Sori auf der Blattunterseite befinden. Ein Indusium fehlt. Die Wedel sind fiederteilig oder einfach gegliedert. Zu den Gatt. der P. gehören u. a. *Polypodium* und *Drynaria.*

Polyporales, Ord. der ↗ Basidiomycetes mit i. d. R. einjährigem Fruchtkörper, der zentral, exzentrisch oder seitlich gestielt (bis ansitzend) ist. Der Fruchtkörper ist frisch fleischig, in trockenem Zustand oft zäh und fast holzig. Die Fruchtschicht (*Hymenophor*) porig (bei den Porlingen) bis lamellig; das Sporenpulver ist weiß, cremefarben oder lila (grau). Arten der P. wachsen meist an Holz oder anderen Pflanzenresten, wie z. B. der Birken-Porling (*Piptoporus betulinus*).

Polypteriformes, *Flösselhechte,* Gruppe der Knochenfische mit wenigen Arten in Süßgewässern Afrikas. Ihr Körper ist mit Ganoidschuppen bedeckt, die Rückenflosse in fünf bis 18 kleine Einzelflossen (Flössel, Name!) gegliedert. Flösselhechte besitzen paarige sackförmige Lungen, die Larven haben äußere Kiemen.

Polyribosomen, die ↗ Polysomen.

Polysaccharide, aus zehn und mehr Monosaccharideinheiten bestehende Makromoleküle, die nach dem gleichen Prinzip wie die ↗ Oligosaccharide α- oder β-glykosidisch zu verzweigten oder unverzweigten Ketten verbunden sind, die linear, schraubig oder kugelförmig angeordnet sein können. Bausteine sind vor allem die Hexosen ↗ Glucose, ↗ Fructose, ↗ Galactose, ↗ Mannose sowie die Pentosen ↗ Arabinose und ↗ Xylose und der Aminozucker Glucosamin. Aus gleichartigen Monosacchariden aufgebaute P. werden als *Homoglycane* bezeichnet, aus verschiedenartigen Kohlenhydratmonomeren zusammengesetzte als *Heteroglycane.* P. enthalten i. Allg. Hunderte oder Tausende von Monosaccharideinheiten und haben ein sehr hohes Molekulargewicht. Die einzelnen Vertreter unterscheiden sich somit nicht nur in der Art der an ihrem Aufbau beteiligten Grundbausteine, sondern vor allem im Polymerisationsgrad und in der Bindungsweise. Sie zeigen andere chemische und physikalische Eigenschaften als die sie bildenden Mono- bzw. Oligosaccharide. Wasserlöslichkeit, reduzierende Wirkung und Süße nehmen mit steigender Molekülgröße ab. P. werden von Hefen nicht vergoren. (↗ Cellulose, ↗ Chitin, ↗ Glykogen, ↗ Stärke)

polysaprob, Bez. für stark verschmutzte Gewässer (↗ Gewässergüte).

Polysomen, *Polyribosomen,* Bez. für messenger-RNA-Moleküle, auf denen die ↗ Translation durch mehrere ↗ Ribosomen an verschiedenen Stellen parallel abläuft. Die Ribosomen wandern unabhängig voneinander die mRNA in 5'-3'-Richtung entlang und bilden dabei immer länger werdende Polypeptidketten.

Polysomie, Sammelbez. für *hyperploide* Formen der ↗ Aneuploidie, bei denen diploide Organismen ein oder mehrere Chromosomen über den normalen zweifachen Satz hinaus besitzen.

Polyspermie, *Mehrfachbesamung* (ungenau: Mehrfachbefruchtung), das Eindringen mehrerer ↗ Spermien in ein Ei . Bei den meisten Tiergruppen wird sofort bei Beginn der ↗ Plasmogamie das Membranpotenzial der Eizelle verändert, und etwas später hebt sich die Befruchtungsmembran ab, sodass i. d. R. das Eindringen eines zweiten Spermiums nach dem ersten verhindert wird. Versagt dieser *Polyspermie-Block* (oder wird er experimentell ausgeschaltet), kommt es zur *pathologischen P.* und als deren Folge zu vielpoligen Furchungsspindeln. Meist endet die Entwicklung im Blastula-Stadium; selten entstehen triploide Embryonen. Die *physiologische P.* findet sich vor allem bei großen dotterreichen Eiern, z. B. bei manchen Insekten

und wohl bei allen Knorpelfischen, Schwanzlurchen (Urodela) und Sauropsiden (Reptilien, Vögeln). Die eigentliche ↗ Befruchtung (Karyogamie) wird nur von einem einzigen Spermakern vollzogen, die übrigen degenerieren bald oder wirken noch einige Zeit als Merocyten-Kerne am Dotterabbau mit.

Polystele, ↗ Stele.

Polytänie, Form der *Endopolyploidie* (↗ Endomitose), die in den Speicheldrüsenzellen von Dipteren vorkommt und zur Bildung von ↗ Riesenchromosomen führt.

polyzyklische aromatische Kohlenwasserstoffe, Abk. *PAK,* ↗ Kohlenwasserstoffe, deren Molekülstruktur aus mehreren Benzolringen besteht. Sie entstehen bei der unvollständigen Verbrennung von organischem Material (Autoabgase, Tabakrauch). PAK sind auch in gegrillten und in geräucherten Waren enthalten. Einige PAK sind nachweislich Krebs erregend.

Pomacanthidae, *Kaiserfische,* Fam. der Barschfische (↗ Perciformes) mit etwa 30 Arten, die vor allem Korallenriffe der tropischen Meere bewohnen. Wegen Gefährdung der Bestände besteht für die Arten der P. ein Importverbot für Mitteleuropa.

Pomacentridae, *Riffbarsche, Korallenbarsche,* zu den Barschfischen (↗ Perciformes) gehörende Fam. mit etwa 230 oft sehr farbenprächtigen kleinen (bis 10 cm) Arten. Sie leben in den Korallenriffen des Indopazifiks; verschiedene Arten sind beliebte Seewasseraquarienfische, so z. B. die Clownfische (Gatt. *Amphiprion* und *Premnas*) und die Preußenfische (Gatt. *Dascyllus*).

Pomeranze, *Citrus aurantium,* aus Nordindien stammende Art der ↗ Rutaceae mit kleinen dunkelorange gefärbten, bitteren Früchten.

Pongo pygmaeus, der ↗ Orang-Utan.

Pons, *Brücke,* Struktur im ↗ Gehirn der Säuger und davon unabhängig auch der Vögel.

Pontederiaceae, Fam. der Pontederiales, deren Vertreter Sumpf- und Wasserstauden sind. Hierzu gehört die schwimmende Rosettenpflanze *Eichhornia crassipes,* ein in der ↗ Neotropis verbreitetes Wasserunkraut.

Pontederiales, Ord. der ↗ Liliopsida mit der einzigen Fam. ↗ Pontederiaceae.

Population, eine Gruppe von Individuen derselben Art oder Rasse, die ein bestimmtes geografisches Gebiet bewohnen, sich untereinander fortpflanzen und über mehrere Generationen genetisch verbunden sind; i. d. R. wird der Begriff P. auf Organismen mit geschlechtlicher ↗ Fortpflanzung bezogen. Man spricht auch von *Mendel-Population.*

Der gleichsinnige Begriff *Bevölkerung* wird bevorzugt auf den Menschen angewandt. Mit *Bestand* wird eine Population von Tieren oder Pflanzen bezeichnet; der Begriff *Besatz* wird ausschließlich bei

Tieren (besonders Nutztieren) verwendet. (↗ Hardy-Weinberg-Gesetz, ↗ Populationsgenetik)

Populationsdichte, Individuendichte (↗ Abundanz) einer Art in einem Lebensraumabschnitt.

Populationsdynamik, Schwankungen in der Individuendichte (↗ Abundanz) einer ↗ Population in Abhängigkeit von abiotischen und biotischen Umweltfaktoren.

Populationsgenetik, das Teilgebiet der ↗ Genetik, das sich mit Vererbungsvorgängen innerhalb von Populationen und deren *Genpool* befasst, indem es z. B. die Häufigkeit von Allelen in einer Population und die Änderungen von Allelfrequenzen und die ihnen zugrundeliegenden Faktoren wie Mutation, Selektion oder Gendrift untersucht. Die P. spielt eine wichtige Rolle bei der Evolutionsforschung und im Zusammenhang mit der Vererbung von Erbkrankheiten. Ausgangspunkt sind hierfür *ideale Populationen*, deren genetisches Verhalten z. B. im ↗ Hardy-Weinberg-Gesetz beschrieben wird.

Populationsökologie, *Demökologie*, Teilgebiet der ↗ Ökologie, das sich mit den in ↗ Populationen bestehenden Gesetzmäßigkeiten befasst. Diese umfassen formale Merkmale von Populationen wie Größe, Verteilung im Raum, Altersaufbau und Geschlechteranteil sowie funktionelle Merkmale wie Fruchtbarkeit, Sterblichkeit und Verhalten. Regelmäßige Vorgänge können in mathematische oder kybernetische Modelle gefasst werden, die z.B. Voraussagen auf die Populationsentwicklung bestimmter Organismen erlauben.

Literatur: Hastings, A.: Population biology: concepts and models, Heidelberg 1997.

Populus, Gatt. der ↗ Salicaceae.

Pore, eine allg. Bez. für vorübergehende oder permanente Öffnungen, Hohlräume und Kanäle in Zellen, Geweben oder Organen.

Poriales, *Aphyllophorales*, provisorische Ord. oder Fam. (*Poriaceae*) der Nichtblätterpilze, in die Pilze mit langlebigem, gymnokarpem Fruchtkörper mit meist porenartigem (auch lamellig-labyrinthischem), freiliegendem Hymenium eingeordnet werden. Das Hymenium wird frühzeitig gebildet und erhält mit Vergrößerung des Fruchtkörpers immer neuen Zuwachs. Die am Hutrand weiterwachsenden Hyphen konsolenartiger Fruchtkörper wachsen um Hindernisse herum, sodass häufig eingewachsene Zweige oder Halme bei diesen Poriales zu beobachten sind. Sehr umfangreiche Ord. bzw. Fam. mit mehr als 20 Gatt. und ca. 170 Arten in Europa.

Porifera, *Schwämme*, zu den ältesten ↗ Metazoa gehörendes Taxon mit ca. 8000 rezenten Arten mit einer Größe von wenigen mm bis zu 2 m Durchmesser (*Spheciospongia vesparia*) oder 3 m Länge (*Monoraphis chuni*) und auffallend gelber, roter oder violetter, durch Pigmente verursachter, nicht

selten auch grellweißer Farbe. Ferner kommt Grünfärbung vor, die meist auf Zoochlorellen oder Zooxanthellen zurückzuführen ist. Als reine Wasserbewohner, die meisten leben marin, nicht wenige in der Tiefsee und nur etwa 120 Arten im Süßwasser, sind Schwämme sessil und nur ihre Larven frei beweglich. Die Körpergestalt ist nur in weiten Grenzen art- und individuenspezifisch festgelegt; i.Allg. wird sie von den ökologischen Bedingungen am Ort mitbestimmt. Der Süßwasserschwamm *Spongilla lacustris* bildet z. B. in strömendem Wasser Krusten, in stehendem geweihartige Verzweigungssysteme.

Schwämme haben weder ein Atmungs- noch ein Exkretionssystem, weder ein Muskel- noch ein Nervensystem. Obgleich Kontraktilität und auch Reizleitung an vielen Schwämmen zu beobachten sind und bei einigen Arten Transmitter (Adrenalin, Noradrenalin, 5-Hydroxytryptamin) und Neurosekrete gefunden wurden, sind weder Nerven-, Sinnes- noch echte Muskelzellen nachgewiesen. Hinsichtlich Ernährung, Stoffwechsel, Exkretion, Osmo- und Ionenregulation ist jede Zelle nahezu autark. Diese für Metazoen ungewöhnliche Eigenheit ist in dem auf Hydrodynamik angelegten Bauplan der Schwämme begründet, der jeder Zelle den unmittelbaren Zugang zum Wasserstrom ermöglicht. Erzeugt wird der Wasserstrom von einer Vielzahl von *Kragengeißelzellen* (*Choanocyten*). Sie dienen dem Nahrungserwerb, der Atmung und dem Abtransport von Exkreten und Exkrementen. Als *Reusengeißelzelle* (*Cyrtocyte*) strudeln sie durch den Schlag ihrer Geißel sauerstoffreiches Wasser herbei und fangen die in ihm suspendierten winzigen Detritusteilchen, Mikrophytoplankter und vor allem Bakterien mit ihrem Kragen ab. Der Kragen einer Choanocyte besteht aus etwa 35 palisadenartig angeordneten Mikrovilli, die von einem Mucopolysaccharidfilm als Filter belegt sind.

Alle Schwämme sind aus drei Schichten aufgebaut. Äußere Begrenzung ist ein ektodermales *Pinakoderm* aus polygonalen *Pinakocyten*, die von blendenartig verschließbaren *Ostien*, früher als Dermalporen oder schlicht Poren bezeichnet (Name Porifera!), durchbrochen sind. Wesentlicher Bestandteil des Kanalsystems im Innern ist ein entodermales *Choanoderm* aus *Choanocyten*. Zwischen Pinakoderm und Choanoderm liegt eine *Mesohyl* (entspricht der Mesogloea der ↗ Coelenterata) genannte Zwischenschicht, welche die Hauptmasse des Schwammkörpers ausmacht. Sie besteht aus einer gallertigen Grundsubstanz mit Kollagenfasern und enthält die übrigen Zelltypen.

Mit Ausnahme der Hexactinellida folgen die Schwämme einem Bauplan, bei dem aufgrund von Zahl und Anordnung der Choanocyten drei deutlich voneinander abgegrenzte Typen zu unterscheiden sind. Beim *Ascontyp* (nur bei zwei Gatt.) ist das Kanalsystem ein Schlauch mit distaler Ausströmöffnung (*Osculum*). Sein Inneres, der Zentralraum (*Spongocoel, Atrium*), ist von Choanocyten ausgekleidet. Beim *Sycontyp* sind die Choanocyten stark vermehrt und in becherförmigen Ausbuchtungen des Zentralraums (*Radialtuben*) angeordnet. Das Kanalsystem mit Geißelkammern aller anderen Schwämme wird als *Leucontyp* bezeichnet, wobei es innerhalb dieser Gruppe große Unterschiede gibt.

I. Allg. sind die Schwämme ↗ Hermaphroditen, die Süßwasserschwämme sind meist getrenntgeschlechtlich. Die Furchung ist total und äqual und führt zu einer *Amphiblastula* als Larve. Diese verlässt mit dem Wasserstrom den Schwamm und schwimmt ca. zwei bis drei Tage umher. Dann beginnt die ↗ Gastrulation, bei der die Geißelzellen ins Innere verlagert werden und die Larve sessil wird. Auch bei den ↗ Demospongiae ist die Furchung total und äqual, als Larve jedoch bilden sie eine *Parenchymula*. – Ungeschlechtliche Fortpflanzung kommt als Fragmentation, innere und äußere Knospung sowie im Zusammenhang mit dem Überdauern ungünstiger Perioden in Form der Bildung von ↗ Gemmulae vor. Die Regenerationsfähigkeit der P. übertrifft diejenige fast aller anderen Metazoengruppen.

Drei Subtaxa werden unterschieden, die ↗ Demospongiae, die ↗ Calcarea oder Kalkschwämme und die ↗ Hexactinellida oder Glasschwämme.

Porine, die bei gramnegativen Bakterien und in den äußeren Membranen von Mitochondrien und Plastiden vorkommenden Poren bildenden Membranproteine, durch die kleine hydrophile Moleküle passieren können.

Porlinge, 1) allg. alle Ständerpilze mit poriger, löchriger Fruchtschicht (*Hymenium*), die sich kaum oder nur sehr schwer vom übrigen Fruchtkörper ablösen lässt Sie wurden früher gemeinsam in die Fam. Polyporaceae eingeordnet; werden aber in neueren Systemen über mehrere Fam. verteilt, da die Porenbildung sich wahrscheinlich mehrmals (unabhängig voneinander) bei Pilzen entwickelt hat. Der Umfang und die Definition der Fam. (und Ord.) sind noch unklar, sodass die Umordnung noch nicht abgeschlossen ist und in der Literatur unterschiedlich gehandhabt wird. Meist werden die langlebigen P. in die Fam. Poriaceae (oder eigene Ord. ↗ Poriales) und die einjährigen P., die in Wachstum und anatomischer Entwicklung den Blätterpilzen und Röhrlingen nahestehen, in die Fam. Polyporaceae der ↗ Polyporales eingeordnet.

2) Bez. für viele Pilzarten mit poriger Fruchtschicht, unabhängig von der systematischen Einordnung.

Porphobilinogen, ↗ Porphyrine.

Porphyra, Gatt. blattartiger Rotalgen (↗ Rhodophyta), deren Arten in Ostasien in Plantagen als Lebensmittel („Nori") kultiviert werden.

Porphyrine, Abkömmlinge des *Porphins*, eines zyklischen Tetrapyrrols, bei dem vier Pyrrolringe über Methingruppen miteinander verbunden sind. Nach Art und Anzahl der Substituenten werden die einzelnen P. durch Präfixe unterschieden. Die Verteilung der Substituenten auf die Pyrrolringe wird durch eine nachgestellte römische Ziffer charakterisiert. Die meisten natürlich vorkommenden P. leiten sich vom *Protoporphyrin IX* ab. *Porphyrinogene* sind P. mit vollständig hydrierten Brücken (Methylen- statt Methinbrücken zwischen den Pyrrolringen). Diese Hexahydroxy-P. treten als Zwischenprodukte bei der enzymatischen und chemischen Porphyrinsynthese auf.

Die *Biosynthese* der P. geht aus von δ-Aminolävulinsäure und verläuft über das Pyrrolderivat *Porphobilinogen*, das dann entweder zu den Corrinoiden oder zum *Uroporphyrinogen III* zyklisiert wird. Die weiteren Derivate entstehen durch enzymatische Umwandlung der Substituenten in Stellung 2, 3, 7, 8, 12 und 18, wobei der Carboxyethylrest zur Ethyl- oder Vinylgruppe wird, und mit anschließender Oxidation des Ringsystems zum Porphyrin.

Die P. bilden mit zahlreichen Metallionen Chelat-Komplexe. Die Stabilität dieser Komplexe entspricht etwa folgender Reihenfolge der Zentralatome: Pt(II) > Ni(II) > Co(II) > Cu(II) > Fe(II) > Zn(II) > Mg(II). Die Metallo-P. sind von großer biologischer Bedeutung. Zu den Eisen-(Fe-)Komplexen der P. gehören die Sauerstoff übertragenden und speichernden ↗ Hämoglobine sowie die Elektronen übertragenden ↗ Cytochrome. Die ↗ Chlorophylle sind Magnesium-(Mg-)Komplexe. Die Färbung mancher tropischer Vögel wird durch Kupfer-(Cu-)Porphyrin-Komplexe hervorgerufen.

Porree, *Winterlauch, Allium porrum*, Kulturart der ↗ Alliaceae, die sich von der im Mittelmeergebiet beheimateten Wildart *Allium ampeloprasum* ableitet. Die bis zu 40 cm langen Unterblätter bilden einen Scheinspross.

Porter, *Rodney Robert*, britischer Biochemiker, ✳ 8.10.1917 Ashton, † 6.9.1985 Winchester; ab 1960 Prof. in London, ab 1967 in Oxford. P. arbeitete insbesondere an der Aufklärung der Struktur von ↗ Immunglobulinen, die als Antikörper für die Immunreaktionen im Körper verantwortlich sind. Er wies 1961 nach, dass das IgG-Molekül aus zwei Y-förmig angeordneten Kettenpaaren besteht, und zeigte 1962 die Verknüpfung der Polypeptidketten durch Disulfidbrücken auf; bis 1970 gelang ihm die Aufklärung der gesamten komplexen Struktur des IgG-Moleküls. 1972 erhielt er zusammen mit G.M. ↗ Edelman den Nobelpreis für Physiologie oder Medizin.

Portmann, *Adolf*, schweizer. Biologe, ✳ 27.5.1897 Basel, † 28.6.1982 Binningen (bei Basel); ab 1931 Professor in Basel. P. führte zunächst meeresbiologische Untersuchungen an verschiedenen marinen Stationen durch und verfasste später zahlreiche und vielfältige Arbeiten zur vergleichenden Morphologie und Entwicklungsgeschichte, insbesondere auch allg. biologische Studien, die zudem interdisziplinär ausgerichtet waren (Anknüpfungen zur Soziologie und Philosophie). P. hob in seinen anthropologischen Arbeiten die Sonderstellung des Menschen sowohl in phylogenetischer wie ontogenetischer Sicht hervor (prägte die Bez. *„physiologische Frühgeburt"* und *„sekundärer Nesthocker").*

Portugiesische Galeere, *Physalia physalis*, Art der Staatsquallen (↗ Siphonophora) mit einer bis 30 cm großen, blauen, über die Wasseroberfläche hinausragenden Schwimmglocke (Pneumatophor) und bis 50 m (meist um 10 m) langen Tentakeln. Das Nesselgift dieser in tropischen Meeren oft in großen Schwärmen auftretenden Art ist für den Menschen gefährlich, unter Umständen sogar tödlich.

Portulacaceae, *Portulakgewächse*, Fam. der ↗ Rosopsida mit ca. 450 kapselfrüchtigen Arten. Zu den P. gehört das heimische Quellkraut, *Montia*.

Posibacteriota, veraltete Bez. für ↗ grampositive Bakterien.

Positionseffekt, der Einfluss der unmittelbaren Umgebung eines Gens auf dessen ↗ Genexpression. P. können durch Mutationen zustande kommen, wenn innerhalb eines Chromosoms eine Umlagerung erfolgt (↗ Chromosomenmutation). P. spielen z. B. bei der Aktivierung bestimmter Onkogene eine Rolle. Bei der Erzeugung transgener Organismen, bei denen die Integration eines Transgens zufällig in das Genom erfolgt, hängt dessen Expression u. a. vom P. ab, sodass verschiedene transgene Linien Unterschiede in Bezug auf Expressionshöhe und Expressionsmuster aufweisen.

posterior, nach hinten zu, hinten gelegen, bezogen auf den Körper eines bilateralsymmetrischen Tieres.

Posthornschnecke, Art der Wasserlungenschnecken (↗ Basommatophora).

Postmenopause, Bez. für den Zeitraum nach der letzten Menstruation (↗ Wechseljahre).

posttranskriptionelle Modifikationen, Prozesse, die sich an die ↗ Transkription anschließen. (↗ Prozessierung, ↗ RNA-Editierung)

posttranslationale Modifikationen, Veränderungen an Proteinen im Anschluss an die ↗ Translation. Hierzu zählen z. B. Glykosylierungen. (↗ Prozessierung)

PO-System, ein Abwehrmechanismus bei Insekten und Wirbeltieren, der auf der Aktivierung des Enzyms *Prophenoloxidase* basiert. Vor allem durch bakterielle Lipopolysaccharide und β-1,3-Glucane pilzlicher Herkunft wird dieses in vielen Zellen und der Hämolymphe vorkommende Enzym aktiviert. Es katalysiert die Synthese eines ↗ Melanins, das ein Netzwerk bildet, in welches die Krankheitserreger verklumpt und inkrustiert werden.

Potamal, *Tieflandfluss*, der Unterlauf eines ↗ Fließgewässers.

Potamogetonaceae, Fam. der ↗ Liliopsida mit ca. 90 Arten. Hierzu gehören u. a. die Laichkräuter (*Potamogeton*), wurzelnde Wasserpflanzen mit oder ohne Schwimmblätter und mit vierzähligen Blüten.

Potamoplankton, das ↗ Plankton des ↗ Potamals. Die Organismen des P. werden meist aus Altwässern (↗ Altwasser) eingeschwemmt. Die Artenzusammensetzung entspricht derjenigen des Seenplanktons.

Potentilla, Gatt. der ↗ Rosaceae.

Pottwale, die Fam. ↗ Physeteridae.

Präadaptation, *Prädisposition*, ↗ organismische Lizenzen.

Prachtkäfer. die Fam. ↗ Buprestidae.

Prädation, das ↗ Räubertum.

Prädator, ↗ Räuber.

Praeputium, 1) die ↗ Vorhaut.
2) kapuzenartige Kopfkappe der ↗ Chaetognatha.

Präformationstheorie, historische Vorstellung, derzufolge der Körper des Embryos schon räumlich im Ei enthalten ist, sodass seine Entwicklung nur ein Heranwachsen zur Sichtbarkeit bedeutet. Gegensatz: ↗ Epigenese

Prägung, Form des ↗ Lernens, bei der spezifische individuelle Erfahrungen unumkehrbar in erbliche Verhaltensprogramme eingebaut werden. Bei dieser Form des Lernens besteht während bestimmter ontogenetischer Entwicklungsetappen für eine begrenzte Zeitspanne (*sensible Phase*) eine verstärkte Lernbereitschaft für spezifische Reize, Situationen und Verhaltensprogramme. Bekannt ist die Nachfolgeprägung junger Nestflüchter. Bei Gänseküken ist die sensible Phase zur Prägung auf den Partner auf ca. 24 h beschränkt. Bei Ausfall der P. treten schwere Verhaltensstörungen auf.

Prairie, *Prärie*, das natürliche Grasland der kontinentalen Gebiete Nordamerikas. Ein großer Teil der P. wird heute ackerbaulich genutzt. Zu den Tieren der P. gehören bzw. gehörten u. a. ↗ Bison, Wapiti, ↗ Prairiehunde und Prairiewolf.

Prairiehunde, *Präriehunde, Cynomys*, Gatt. der Hörnchen (↗ Sciuridae), mit fünf Arten, die in den Prairien des Mittleren Westens von Nordamerika verbreitet sind. Ihr einstmals riesiger Lebensraum ist mittlerweile auf kleine Gebiete beschränkt, da die Prairien weitgehend der Landwirtschaft weichen mussten. P. sind tagaktive, in Kolonien lebende Tiere, die bis fünf Meter tiefe, verzweigte Erdbaue anlegen. Sie ernähren sich vor allem von Gräsern.

Prämolaren, die Vorbackenzähne, ↗ Zähne.

pränatale Diagnostik, Untersuchungen des ungeborenen Kindes (↗ Embryonalentwicklung, ↗ Fetalentwicklung). Als Untersuchungsmethoden stehen invasive und nicht invasive Verfahren zur Verfügung. Einige Verfahren werden routinemäßig bei jeder ↗ Schwangerschaft durchgeführt (insbesondere Ultraschalluntersuchung und einige Blutuntersuchungen), andere nur bei erhöhtem Risiko. Zu den nicht invasiven Verfahren gehören neben der Ultraschalluntersuchung, mikrobiologische Untersuchungen des Blutes, Hormonanalyse (*Triple-Test*) der Schwangeren und Röntgendiagnostik. Zu den invasiven Verfahren zählen ↗ Chorionzottenbiopsie, Placentabiopsie, ↗ Fruchtwasseruntersuchung, Chordocentese (Punktion der Nabelschnurgefäße). Die p. D. genetisch bedingter Defekte (↗ Erbkrankheiten) ist bei entsprechender familiärer Disposition, bei Schwangeren, die bereits Kinder mit Erbkrankheiten (z. B. ↗ Down-Syndrom) geboren haben, sowie bei Erstgebärenden über 30 Jahren mit erhöhtem Risiko von ↗ Chromosomenaberrationen angezeigt. Daneben wird auch bei auffälligen Serummarkern, verdächtigen sonographischen Befunden, teratogen oder fetotoxisch wirkenden Infektionen der Mutter oder Exposition der Mutter gegenüber potenziell schädigenden Agenzien, einschließlich ↗ ionisierender Strahlung, eine gezielte, invasive p. D. empfohlen. Die p. D. kann keine Garantie für die Geburt eines gesunden Kindes geben, da nur ein kleiner Teil aller möglichen Schäden erfasst werden kann. Wird eine Störung festgestellt, so kann sie nur in seltenen Fällen behandelt werden und stellt deshalb die werdenden Eltern vor die Entscheidung für oder gegen einen möglichen Schwangerschaftsabbruch. (↗ Reproduktionsmedizin, Essay: ↗ Reproduktionsmedizin – Glück bringende Fortschritte oder unzulässige Eingriffe?, ↗ Schwangerschaft, ↗ Schwangerschaftsabbruch)

Prärie, die ↗ Prairie.

Präsenz, *Stetigkeit,* prozentuale Häufigkeit des Auftretens einer Art in einer Anzahl von Vergleichsproben oder -flächen.

Prasinophyceae, Klasse der ↗ Chlorophyta, zu der Arten mit eigenartigen Schüppchen auf der Zelloberfläche und auf den zwei bis vier gleich langen Geißeln gerechnet werden. Zu den P. gehören die Gatt. *Pyramimonas, Pedinomonas* und *Platymonas.* Die meisten Arten leben als Planktonorganismen im Meer.

präsynaptische Hemmung, die Freisetzung eines Transmitters durch eine Präsynapse, deren postsynaptisches Element den präsynaptischen Bereich einer anderen Nervenzelle darstellt. Wirkt der von der ersten Nervenzelle freigesetzte Transmitter hemmend auf die zweite Nervenzelle, wird letztere selbst keinen Transmitter freisetzen, sodass eine nachgeschaltete Zelle ihren Erregungszustand und denjenigen ihr nachgeschalteter Systeme nicht ändert. Eine p. H. kann einige 100 Millisekunden andauern und sehr effektiv sein. Sie ist ein selektiver Hemm-Mechanismus durch den von den vielen synaptischen Eingängen einer Zelle selektiv nur bestimmte gehemmt werden können.

Präzipitation, die Ausflockung eines in Lösung befindlichen Antigens durch spezifische Antikörper (*Präzipitine*). P.-Reaktionen werden vielfach zum Nachweis von Antigenen mittels Antiseren eingesetzt. (↗ spezifische Immunantwort)

Pregnan, gesättigter C_{21}-Kohlenwasserstoff mit Steroidgerüst ($C_{21}H_{36}$), der am C17-Atom eine Ethylgruppe trägt; P. ist Vorstufe in der Biosynthese der ↗ Gelbkörperhormone, P.-Derivate sind die ↗ Glucocorticoide und die ↗ Mineralocorticoide.

Preiselbeere, *Vaccinium myrtillus, Vaccinium vitis-idaea,* immergrüner Zwergstrauch der ↗ Ericaceae mit glänzend dunkelgrünen Blättern, weißlich-rosafarbenen Blüten und roten Beeren.

Presbytis entellus, der ↗ Hulman.

Pressorezeptoren, die ↗ Barorezeptoren.

Priapswürmer, die ↗ Priapulida.

Priapulida, *Priapswürmer,* Taxon mit 16 rezenten Arten, die im Mittelkambrium (↗ Kambrium) vermutlich zu den dominierenden Wirbellosen der Meeresböden gehörten. Sie werden als nah verwandt mit den ↗ Loricifera und den ↗ Kinorhyncha angesehen aufgrund der Übereinstimmungen im Bau des Introverts und seiner Anhänge, insbesondere der Skaliden. P. zeigen eine große Formenvielfalt. Sie sind 0,2 - 18 cm lang und bewohnen sehr unterschiedliche Lebensräume vom Lückensystem des tropischen Korallensands bis hin zu Schlickböden kalter Meere. Der Körper ist walzenförmig mit einem kürzeren, ein- und ausstülpbaren Vorderkörper (*Introvert, Proboscis*) und einem längeren Rumpf. Das Mundfeld ist mit mehreren gegeneinander versetzten Kreisen aus je fünf hakenförmigen, einwärts gekrümmten Cuticuladornen (*Skaliden*) bewehrt, die sich in Reihen bis tief in den cuticularisierten Pharynx fortsetzen. Die Körperwand besteht aus einem Hautmuskelschlauch aus Ring- und Längsmuskulatur, dem nach außen hin eine einschichtige Epidermis mit einer Cuticula aufliegt. Der Hautmuskelschlauch ermöglicht zusammen mit den Rückziehmuskeln des Introverts die Fortbewegung im Sediment. Der auf der ganzen Länge von Ring- und Längsmuskulatur umgebene Darm durchzieht den ganzen Körper und besitzt keine Anhangsdrüsen. Das Nervensystem besteht aus einem Cerebralganglion, einem hinten gelegenen Caudalganglion und einem ventralen Markstrang. Sinnesorgane sind einfache Sinneszellen auf der ganzen Körperoberfläche. P. sind getrenntgeschlechtlich, i. d. R. findet äußere Besamung statt. Die Entwicklung geht meist über eine bodenlebende Larve, die sich mehrfach häutet.

Pribnow-Box, *Minus-10-Box*, ein konserviertes Sequenzmotiv im Promotor prokaryotischer Gene, dessen ↗ Consensussequenz 5'-TATAAT-3' beträgt und das bei der Initiation der ↗ Transkription von Bedeutung sind. Die Bez. rührt von der Lage zum *Transkriptionsstart* her, d. h. sie liegt 10 Basenpaare stromaufwärts. (↗ Minus-35-Box)

Primärblätter, die bei vielen Pflanzenarten auf die Keimblätter folgenden Blätter. Diese unterscheiden sich von den späteren Laubblättern.

Primärfollikel, ↗ Oogenese.

Primärharn, der durch Ultrafiltration erzeugte Harn (↗ Niere).

Primärproduktion, die in einem bestimmten ↗ Ökosystem im Laufe eines Jahres durch autotrophe Organismen (↗ Primärproduzenten) aus anorganischen Stoffen erzeugte ↗ Biomasse. Die *Bruttoprimärproduktion* (*BPP*) umfasst die gesamte Biomasse inklusive des Atmungsverlustes. Nach Abzug des Atmungsverlustes ergibt sich die *Nettoprimärproduktion* (*NPP*). Die terrestrische Netto-P. wird auf 110 - 120 x 10^9 t Trockengewicht pro Jahr geschätzt, die marine Netto-P. auf 50 - 60 x 10^9 t Trockengewicht pro Jahr. (↗ Produzenten, ↗ Nahrungskette, ↗ Nahrungsnetz)

Primärproduzenten, Organismen, die aus anorganischen Stoffen über ↗ Fotosynthese oder ↗ Chemosynthese organische Substanzen produzieren. Zu den P. werden oft nur die grünen ↗ Pflanzen gezählt, jedoch gehören auch die ↗ fototrophen Bakterien und die chemolithotrophen (↗ Chemolithotrophie) Mikroorganismen dazu. (↗ Primärproduktion)

Primärstruktur, Reihenfolge von Nucleotiden in ↗ Nucleinsäuren bzw. von Aminosäuren in ↗ Proteinen.

Primärtranskript, das erste Produkt der ↗ Transkription, das bis zur reifen ↗ messenger-RNA noch eine ↗ Prozessierung durchlaufen muss. Bei polycistronischen Genen entstehen aus dem P. mehrere reife Transkripte.

Primärwand, ↗ Zellwand.

Primase, eine ↗ RNA-Polymerase, welche die für die ↗ Replikation der DNA benötigten ↗ Primer synthetisiert.

Primates, *Primaten, Herrentiere*, Ord. der Säugetiere mit zwei Unterord., den paraphyletischen Halbaffen (*Prosimiae*: Lemuren, Loris, Galagos, Koboldmakis) und den monophyletischen Affen (↗ Simiae) mit unterschiedlichem Evolutionsni-

veau. Eine neuere systematische Einordnung unterscheidet nur noch zwischen Halbaffen mit Nasenspiegel (↗ Strepsirhini; umfasst alle Halbaffen außer den Koboldmakis) sowie den P. ohne Nasenspiegel (↗ Haplorhini; umfasst Koboldmakis und sämtliche Affen). Letztere werden in Neuwelt- oder Breitnasenaffen (↗ Platyrrhini) und Altwelt- oder Schmalnasenaffen (↗ Catarrhini) eingeteilt, wobei zu letzteren die ↗ Menschenaffen und der ↗ Mensch gehören. Insgesamt wird die Ord. P. in 15 Fam. mit rund 500 Arten und Unterarten eingeteilt.

Kennzeichnend für die Gruppe der P. sind weniger spezielle primatenspezifische Merkmale, sondern die Kombination verschiedener Merkmale. Hierzu gehören u. a.: geschlossener Knochenring um die Augenhöhle, nach vorne gerichtete Augen, die zum räumlichen Sehen und zur Entfernungsschätzung befähigen, Schlüsselbein vorhanden, Hände und Füße sind meist fünfstrahlig, wobei der erste Finger und/oder erste Zehe mehr oder weniger opponierbar und die Finger spreizbar (Greifhand bzw. Greiffuß) sind, Finger und Zehen tragen meist Nägel, die Hoden befinden sich in einem Hodensack und der Penis ist frei hängend, ein Paar brustständige Zitzen sind vorhanden, Hirnbereiche, die für die Assoziation von Vorstellungen notwendig sind, sind besonders stark entwickelt. Bei höheren P. finden sich die Fähigkeit zu einsichtsvollem Verhalten und zum Problemlösen sowie Ansätze zur Traditionsbildung, beim Menschen die Fähigkeit zu abstraktem Denken, die Entwicklung echter Kultur, eine Wortsprache, Werkzeugherstellung und ein ständig aufrechter Gang.

Primelgewächse, die Fam. ↗ Primulaceae.

Primer, *Starter-DNA*, Oligo- oder Polynucleotide, die bei allen durch ↗ DNA-Polymerasen katalysierten enzymatischen DNA-Synthesen als Startermoleküle erforderlich sind, da DNA-polymerisierende Reaktionen immer in der schrittweisen Verlängerung der 3'-Hydroxylenden der in der Zelle vorliegenden oder künstlich eingesetzten P. bestehen. DNA-Polymerasen benötigen dazu neben einem P. auch eine zum P. komplementäre template-DNA (bzw. template-RNA bei reverser Transkription). I. d. R. sind P. identisch mit kürzeren oder längeren einzelsträngigen DNA-Ketten. Bei den Initiationsphasen der DNA-Replikation wirken vielfach auch kurze RNA-Ketten als P. (↗ Polymerasekettenreaktion, ↗ Replikation)

Primer-Extension-Methode, ein molekularbiologisches Arbeitsverfahren, mit dessen Hilfe der Transkriptionsstart eines Gens bzw. das 5'-Ende einer ↗ messenger-RNA (mRNA) ermittelt werden kann. Zu diesem Zweck verwendet man das ↗ RT-PCR-Verfahren, indem ein genspezifisches Oligonucleotid als Primer fungiert und nach dessen Anbindung an eine mRNA dieses Molekül bis zu seinem Ende synthetisiert wird. Die Länge des Syntheseproduktes kann dann durch Gelelektrophorese ermittelt werden, wenn eines der bei der RT-PCR verwendeten Nucleosidtriphosphate z. B. radioaktiv markiert wurde.

Primordium, Pflanzengewebe, aus dem sich ein Organ (Blatt, Wurzel oder Blüte) entwickelt.

Primosom, ein Komplex aus dem Enzym ↗ Primase und weiteren Proteinen, der für die Initiation der DNA-Replikation sorgt. Im Primosom erfolgt auch die Synthese der *Okazaki-Fragmente.*

Primulaceae, *Primelgewächse*, Fam. der Primulales mit ca. 800 Arten, die hauptsächlich in den nördlichen außertropischen Gebieten verbreitet sind. Es sind meist krautige Pflanzen mit einfachen Blättern und regelmäßigen, zwittrigen, fünfzähligen Blüten. Der oberständige Fruchtknoten entwickelt sich zu einer Kapsel. Bei der besonders in Gebirgen weltweit verbreiteten Gatt. *Primula* (Schlüsselblume) tritt häufig Heterostylie (↗ Bestäubung) auf. Bekannte Gatt. sind auch *Cyclamen* (Alpenveilchen), *Soldanella* (Alpenglöckchen) und *Androsace* (Mannsschild)

Primulales, Ord. der ↗ Rosopsida mit den tropisch-holzigen Theophrastaceae und Myrsinaceae und den krautig-temperaten ↗ Primulaceae.

Prionen, von engl. *proteinaceous infectious particles*, Bez. für die proteinartigen infektiösen Partikel, die als nicht eindeutig charakterisierte Erreger von übertragbaren spongiformen Encephalopathien bei Mensch und Tieren vermutet werden, zu denen die ↗ Bovine Spongiforme Encephalopathie (BSE), die ↗ Creutzfeldt-Jacob-Erkrankung, ↗ Kuru und die ↗ Scrapie gehören. Die Prionenhypothese postuliert ein einziges Proteinmolekül, das sowohl für erbliche als auch für spontane Formen der

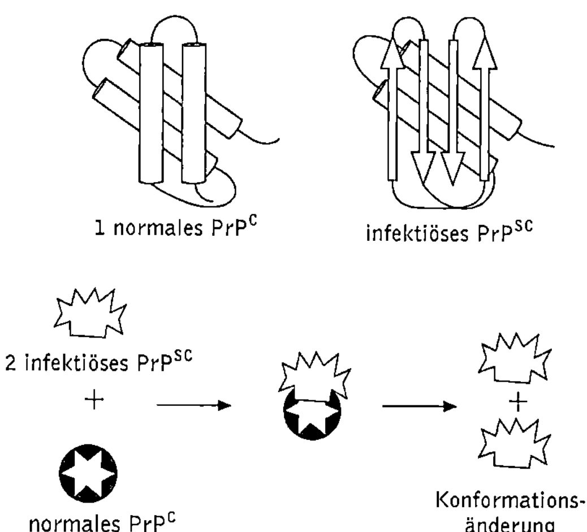

Prionen 1 Während das normale Prion-Protein (PrP^C) vorwiegend aus α-Helices aufgebaut ist, sind in dem infektiösen Prion (PrP^{SC}) eine oder zwei dieser α-Helices in vier antiparallele β-Faltblätter umgelagert. 2 Aus dem Gehirn an BSE erkrankter Schafe wurde Scrapie-PrP^{SC} isoliert. Nach augenblicklichem Kenntnisstand lagert sich Scrapie-PrP^{SC} an normales PrP^C an und induziert damit die irreversible Konformationsänderung

gleichen Krankheit verantwortlich sein soll. Als krankheitsverursachende Komponente fungiert eine anormale Isoform PrP^{SC} eines natürlichen zellulären Proteins PrP^C, das in allen Säugern und Vögeln vorkommt. Es handelt sich um ein hydrophobes Glykoprotein, das auf der Zellaußenseite verankert ist. Funktionell ist es möglicherweise an Signalprozessen sowie an der Zelladhäsion beteiligt. Die Bildung von PrP^{SC} ist ein im Anschluss an die Translation stattfindender Prozess, der nur mit einer Konformationsänderung im PrP^C verbunden

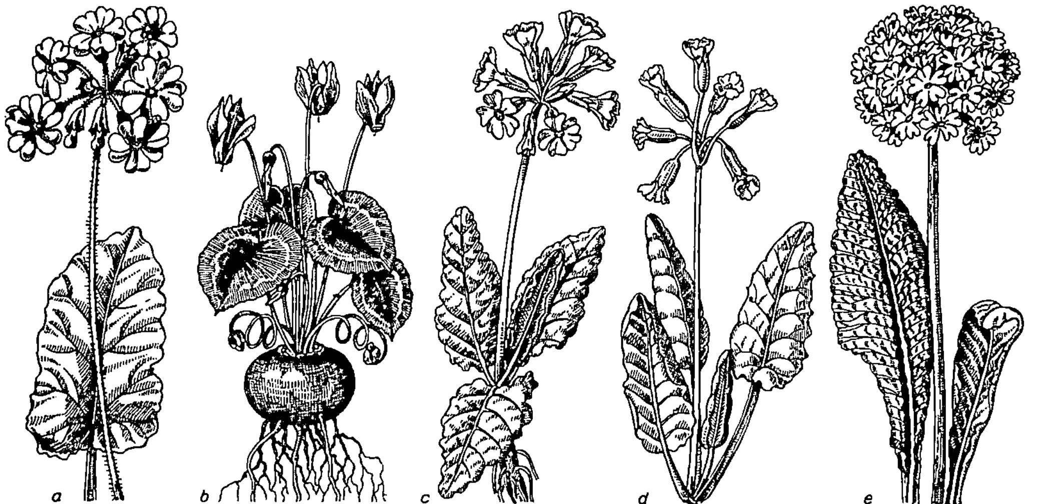

Primulaceae   a Becherprimel (*Primula obconica*), b Alpenveilchen (*Cyclamen europaeum*), c Hohe Schlüsselblume (*Primula elatior*), d Wiesenschlüsselblume (*Primula officinalis*), e Kugelprimel (*Primula denticulata*)

ist. Im Unterschied zu PrP^C ist PrP^{SC} resistent gegen Proteolyse, sodass die für die spongiformen Encephalopathien typischen Degenerationserscheinungen im Gehirn auf eine Tendenz des PrP^{SC} zur Stäbchen- und Plaquebildung zurückgeführt werden könnten. Die hohe Replikationsfähigkeit wird dadurch erklärt, dass jeweils ein PrP^{SC} mit einem zellulären PrP^C dimerisiert, das danach in PrP^{SC} umgewandelt wird. Das auslösende PrP^{SC} könnte durch eine zufällige Konformationsänderung, durch Mutation des PrP-Gens oder als Folge von Proteininfektionen gebildet werden. Der gegenwärtige Kenntnisstand lässt die Aussage zu, dass PrP^{SC} entweder tatsächlich den pathogenen Prozess initiiert, oder eine Akkumulation dieser pathogenen Vorgänge im Infektionszentrum des Gewebes bewirkt.

Prismenschicht, Schicht in der Schale der ↗ Conchifera.

Pro, Abk. für ↗ Prolin.

pro-, in Zusammensetzungen: vor.

Probiose, die ↗ Karpose.

probiotisch, auf das Leben anderer Arten begünstigend wirkend.

Proboscidea, *Rüsseltiere*, seit dem Tertiär bekannte Ord. großer, landlebender Säugetiere mit stämmigen Säulenbeinen. Die Evolution der Rüsseltiere erfolgte in Afrika. Vor ca. 25 Millionen Jahren begannen Rüsseltiere nach Europa und Asien vorzudringen, später auch nach Nordamerika; im Pleistozän gab es Rüsseltiere auch in Südamerika und Südostasien. In ihrer Evolution zeigen die Rüsseltiere eine Tendenz zur Größenzunahme, die von einer Längenzunahme der Stoßzähne und des Rüssels begleitet wird. Von den einst artenreichen und weitverbreiteten Rüsseltieren haben nur die ↗ Elefanten mit drei Arten in zwei Gatt. bis heute überdauert. Ausgestorbene Vertreter der P. sind u. a. die ↗ Mammute und die ↗ Mastodonten.

Proboscis, der ↗ Rüssel.

Procellariiformes, *Röhrennasen*, *Sturmvögel*, Ord. der Vögel mit vier Familien und 101 Arten. Die P. sind Hochseevögel von sehr unterschiedlicher Größe; die kleinsten besitzen die Flügelspannweite eines Mauerseglers, die größten Vertreter eine Spannweite bis 3,2 m. Äußere Nasenöffnungen sind auf dem Schnabel nach vorne röhrenförmig ausgezogen (Name!); die Funktion dieser Röhren ist noch umstritten; eventuell halten sie die konzentrierte Salzlösung von den Augen fern, welche die Vögel nach Aufnahme von Salzwasser mit der Nahrung ausscheiden, oder sie verhindern das Eindringen von Gischtwasser in die inneren Nasenöffnungen. Der Oberschnabel ist an der Spitze hakig nach unten gebogen, die Füße sind mit Schwimmhäuten ausgestattet, die hintere Zehe ist rudimentär oder fehlt. Die meisten Arten haben lange, schmale Flü-

gel, die sie zum ausdauernden Gleitflug befähigen. Die P. ernähren sich von verschiedenen Meereslebewesen. Sie kommen nur zur Brutzeit an Land und legen das einzige Ei auf den Boden oder in Felsgängen ab. Zu den P. gehören u. a. die im Südatlantik beheimateten *Albatrosse* (Fam. *Diomedeidae*) mit schwarzem Oberflügel, Unterflügelrand und Schwanz, sowie weißem Kopf, Bauch und Bürzel, die bei uns als Irrgäste vorkommen können.

Prochlorophyten, oxigene ↗ fototrophe Bakterien, die Chlorophyll *a* und *b*, aber keine Phycobiline enthalten. Phylogenetisch sind die P. mit den Cyanobakterien verwandt. *Prochloron* lebt als Symbiont mariner Wirbelloser und besitzt ein Thylakoidmembransystem, das demjenigen von Chloroplasten ähnlich ist. Weitere Gatt. sind u. a. *Prochlorothrix, Prochlorococcus*.

Proconsul africanus, ↗ Anthropogenese.

Proctodaeum, der Enddarm (↗ Darm).

Procyon, die Gatt. ↗ Waschbären.

Procyonidae, *Kleinbären*, zu den Raubtieren gehörende Fam. mit insgesamt 18 Arten in fünf Gatt. P. sind von marder- bis bärenähnlicher Gestalt mit grauem bis rotbraunem Fell, das oft kontrastreich gemustert ist. Der Schwanz ist (außer beim Wickelbär, *Poto flavus*) geringelt. Die Kleinbären sind alle dämmerungs- und nachtaktive Einzelgänger, nur der Nasenbär lebt gesellig. Sie kommen in unterschiedlichen Lebensräumen vor, von der Meeresküste bis in Höhen von über 4000 m. Zu den P. gehören u. a. die in Nord- und Mittelamerika mit zwei Arten vertretenen *Katzenfrette* (Gat. *Bassariscus*), die als lebende Fossilien angesehen werden, da sich die rezenten Formen kaum von denjenigen des Jungtertiärs unterscheiden. Sie ernähren sich von kleinen Wirbeltieren, Insekten und Früchten. Ebenfalls zu den P. gehören die in den tropischen und subtropischen Gebieten Amerikas lebenden *Nasenbären* (Gatt. *Nasua* und *Nasuella*), die ihren Namen von der langen Schnauze haben, die in eine rüsselartig verlängerte, bewegliche Nase ausläuft. Nasenbären sind ausgesprochene Allesfresser. Bekannteste Gatt. der P. sind die ↗ Waschbären (Gatt. *Procyon*).

Produktion, in der ↗ Ökologie der Gewinn an ↗ Biomasse pro Flächen- oder Raumeinheit in einer bestimmten Zeit. Die P. wird meist auf ein Jahr bezogen. Die *Bruttoproduktion* ist die gesamte Biomasse einschließlich der durch den Stoffwechsel ausgeschiedenen Stoffmengen. Nach Abzug der ausgeschiedenen Stoffmengen erhält man die *Nettoproduktion*.

Produktionsbiologie, Teilbereich der ↗ Synökologie, das sich mit dem Stoff- und Energieumsatz in ↗ Ökosystemen befasst.

Produzent, i. e. S. synonym mit ↗ Primärproduzent. I. w. S. Bez. für die Primärproduzenten und die Organismen, die auf höherer trophischer Ebene ↗ Biomasse produzieren. (↗ Konsument, ↗ Nahrungskette, ↗ Nahrungsnetz)

Proenzyme, die ↗ Zymogene.

Profelis, *Goldkatzen*, Gatt. der Fam. ↗ Felidae, u. a. mit dem ↗ Puma.

Profundal, unterhalb von 200 m Tiefe liegende, lichtlose Bodenregion (↗ Benthal) von stehenden Süßwasserseen (↗ Gewässerregionen).

Progesteron, ein C_{21}-Steroidhormon ($C_{21}H_{30}O_2$) und wichtigster Vertreter der ↗ Gelbkörperhormone der Wirbeltiere und des Menschen. P. wird im ↗ Eierstock in den Follikelzellen und dem ↗ Gelbkörper, in den Leydig-Zwischenzellen der ↗ Hoden, in der Nebennierenrinde (↗ Nebenniere) sowie bei ↗ Schwangerschaft in den syncytialen Trophoblasten der ↗ Placenta gebildet. Die Biosynthese erfolgt in den Mikrosomen von Acetat über Mevalonat, Squalen und Cholesterin zu Pregnenolon und P. Speicherorgane sind die Gelbkörper und die Nebennierenrinde. P. bewirkt nach dem ↗ Eisprung die Umwandlung der Gebärmutterschleimhaut von der Proliferationsphase zur Sekretionsphase, um eine Einnistung (↗ Nidation) der Blastocyste zu ermöglichen, und verhindert weitere Follikelreifung und Ovulation. Das während der Schwangerschaft in der Placenta gebildete P. stimuliert die weitere Entwicklung der Gebärmutterschleimhaut und sorgt für die Ausbildung eines sekretionsfähigen Milchgangsystems in der Brustdrüse. Die Inaktivierung erfolgt vorwiegend in der ↗ Leber durch Reduktion zu Pregnandiol, Pregnenolon und Allopregnandiol, die nach einer UDP-Glucurosyltransferase-Reaktion als Diglucuronide im Urin ausgeschieden werden. (↗ Menstruationszyklus)

Proglottiden, Körperabschnitte der Bandwürmer (↗ Cestoda).

Prognathie, vorgestreckte Mund- bzw. Kieferpartie; insbesondere Bez. für die vor allem bei fossilen Menschen ausgeprägte schnauzenartig vorspringende schräge Zahnstellung. (↗ Anthropogenese)

Progoneata, ↗ Antennata.

programmierter Zelltod, die ↗ Apoptose.

Pro-Hormone, die Vorstufen der ↗ Peptidhormone.

Prokaryoten, Bez. für Organismen, deren Zellen im Gegensatz zu denjenigen der Eukaryoten (↗ Eucarya) keinen von einer Membran umschlossenen Kern, sondern normalerweise nur ein ringförmiges DNA-Molekül als Chromosom-Homolog besitzen. Die Zelle der P. wird als *Protocyte* bezeichnet. Zu den P. gehören die *Bacteria* (↗ Bakterien) und die *Archaea* (↗ Archaebakterien).

Prolactin, *luteotropes Hormon*, Abk. *LTH*, *Luteotropin*, nichtglandotropes Proteinhormon des Hypophysenvorderlappens (Adenohypophyse, ↗ Hypophyse) der Wirbeltiere und des Menschen, das

strukturell dem ↗ somatotropen Hormon verwandt ist. Bei Knochenfischen steht P. im Dienst der ↗ Osmoregulation. Bei einigen Amphibien (z. B. Molchen) bewirkt P. eine zweite ↗ Metamorphose und ermöglicht so nach erfolgter Geschlechtsreife den Wechsel vom Wasserleben zum Landleben. Bei Vögeln stimuliert P. die Abgabe der ↗ Kropfmilch zum Füttern der Jungen, die Entwicklung der Brutflecken und das Brutpflegeverhalten. Bei Säugern fördert es im Wesentlichen die Milchproduktion in den Milchdrüsen. Eine hohe P.-Konzentration ist i. Allg. von einem erniedrigten Gonadotropinspiegel (↗ gonadotrope Hormone) begleitet, sodass der Eisprung z. B. während der Zeit des Stillens meist ausbleibt. Stimuliert wird die Prolactinsekretion durch das Thyreotropin-Releasing-Hormon und durch einen Prolactin-Releasing-Faktor. Beim Mann ist bislang keine physiologische Wirkung des P. bekannt.

Prolamine, Gruppe von Reserveproteinen die in verschiedenen Getreidearten zusammen mit den ↗ Glutelinen das ↗ Gluten (Kleber) bilden. P. sind globuläre Proteine mit einem hohem Gehalt an ↗ Glutaminsäure und ↗ Prolin; zu ihnen gehören Gliadin, Hordenin, Zein.

Proliferation, die allg. Bez. für die Vermehrung von Zellen durch mitotische Zellteilungen. Bei Tumorzellen ist die natürlicherweise vorhandene *P.-Kontrolle* nicht mehr ausgebildet, sodass sich diese stetig vermehren (*proliferieren*).

Prolin, *L-Prolin*, Abk. *Pro*, *(S)-Pyrrolidin-2-carbonsäure*, eine proteinogene ↗ Aminosäure, bei der die Aminogruppe Bestandteil eines heterozyklischen Ringsystems ist (*Iminosäure*). P. findet sich vor allem im ↗ Casein (12 %), im ↗ Kollagen (22 % gemeinsam mit ↗ Hydroxyprolin) und seinem Abbauprodukt *Gelatine* sowie in ↗ Prolaminen (20 %). Es ist häufig Bestandteil haarnadelförmiger β-Schleifen und hat als *Helixbrecher* eine besondere Bedeutung für die Proteinstruktur. Im Stoffwechsel wird P. hauptsächlich aus ↗ Glutaminsäure über Glutaminsäure-γ-semialdehyd gebildet. Ein Teil des P. kann auch aus exogen zugeführtem ↗ Ornithin über Pyrrolincarbonsäure aufgebaut werden.

Prolin

promastigot, ↗ Trypanosoma.

Promiskuität, ↗ Paarungssysteme.

Promotor, engl. *promoter*, der stets im 5'-Bereich eines Gens gelegene Abschnitt, der nicht für das Genprodukt codiert sondern dessen ↗ Genexpression kontrolliert. Im P. erfolgt die Initiation der ↗ Transkription durch das Zusammenspiel von ↗ Transkriptionsfaktoren und der RNA-Polymerase. Zu diesem Zweck sind in P. eukaryotischer und prokaryotischer Gene eine Reihe konservierter Sequenzmotive vorhanden, die anhand ihrer ↗ Consensussequenzen (z. B. Pribnow-Box, CAAT-Box, TATA-Box usw.) ermittelt werden können. Bei Eukaryoten bestehen P. aus einem so genannten *Minimal-P.* (engl. *core promoter*), d. h. der kleinsten erforderlichen Sequenz, die zur Transkription führt, und einer Reihe von weiteren regulatorischen Sequenzen. Neben den bei allen Genen vorhandenen so genannten *Promotorelementen* gibt es eine Vielzahl von entwicklungsspezifischen oder durch Umwelteinflüsse gesteuerten Sequenzen, die z. B. die lichtabhängige Expression von Genen kontrollieren. Sie werden auch als ↗ cis-acting elements bezeichnet. Eukaryotische Gene werden zudem häufig nicht nur durch P., sondern auch durch ↗ Enhancer reguliert. Die Funktion von P. kann durch ↗ Deletionsanalysen und ↗ DNaseI-Footprinting näher untersucht werden.

Promycel, Promyzel, schlauchförmige, septierte, oft rudimentäre ↗ Basidie der Brandpilze (↗ Tilletiales, ↗ Ustilaginales), deren vier Zellen seitlich Basidiosporen abschnüren.

Pronation, Einwärtsdrehung der Extremitäten bzw. überkreuzte Stellung (*Pronationsstellung*) von Elle (Ulna) und Speiche (Radius). Die Pronation wird erreicht durch eine nur den Säugern und einigen Reptilien mögliche Drehbewegung des Unterarms um seine Längsachse. Dabei wird die Hand, die selbst nicht gegen den Unterarm drehbar ist, vom Radius mitgedreht, die Handfläche zeigt dann nach unten, der Daumen nach einwärts. Das Ellbogengelenk gibt dem Radius einen Bewegungsspielraum, sodass eine Drehung um die Ulna möglich ist. Die P. ist wichtig für Handbewegungen, insbesondere bei baumlebenden Arten. (↗ Supination)

Pronephros, die Vorniere (↗ Niere).

Pronotum, *Protergum, Halsschild*, der meist kräftig sklerotisierte, oft seitlich herabgezogene dorsale Teil des Prothorax bei Insekten (↗ Insecta), vor allem bei Käfern (↗ Coleoptera), Wanzen (↗ Heteroptera) und Heuschrecken.

Pronucleus, *Vorkern*, ↗ Befruchtung.

Propan-1,2,3-diol, ↗ Glycerin.

Prophage, ↗ Bakteriophagen.

Prophase, die erste Phase von ↗ Meiose und ↗ Mitose.

Prophenoloxidase, ↗ PO-System.

Propionibacterium, ↗ Propionsäurebakterien.

Propionsäure, *Propansäure*, CH_3-CH_2-COOH, eine einfache Fettsäure, die in Form ihrer Salze (*Propionate*) und Ester in manchen Pflanzen vor-

kommt. Besondere Bedeutung hat P. im Stoffwechsel der Propionsäurebakterien, die eine Propionsäuregärung durchführen. *Propionibacterium shermanii* synthetisiert P. aus Pyruvat. Wichtigstes Derivat der P. ist das *Propionyl-Coenzym A*, das besondere Bedeutung bei der Fettsäure-Biosynthese und beim Fettsäureabbau hat, bei dem es im Zuge der β-Oxidation ungeradzahliger und verzweigtkettiger ↗ Fettsäuren entsteht.

Propionsäurebakterien, Bez. für Arten der Gatt. *Propionibacterium*. Es sind grampositive, anaerobe Bakterien, die Milchsäure, Kohlenhydrate und Polyhydroxyalkohole fermentieren und dabei v. a. ↗ Propionsäure, Essigsäure und CO_2 produzieren. Die P. leben im Pansen (↗ Pansensymbiose) und im Darm von Wiederkäuern. Die P. wurden zuerst in Schweizer (Emmentaler) Käse entdeckt, dessen Löcher durch das bei der Gärung gebildete CO_2 verursacht wird. Über das aus dem Kälbermagen stammende Labferment gelangen *Propionibacterium*-Arten in den Schweizer Käse.

Propionsäuregärung, von verschiedenen Bakteriengruppen durchgeführte ↗ Gärung, bei der Lactat zu ↗ Propionsäure, Acetat und Kohlenstoffdioxid vergoren wird. An der P. sind v. a. Arten von *Propionibacterium* (↗ Propionsäurebakterien), *Selenomonas* und *Veillonella* des Pansens beteiligt. Weitere Bakterien, die Propionat bilden, sind *Clostridium propionicum* und *Micromonospora*.

Proplastid, ↗ Plastiden.

Propriorezeptoren, *Interorezeptoren i. e. S.*, Bez. für im Organismus bzw. in Organen gelegene Rezeptoren (Mechanorezeptoren, ↗ mechanische Sinne), die auf Zustandsänderungen innerhalb des Organismus bzw. in den Organen (↗ Kinästhesie) reagieren. P. befinden sich in Muskeln, Sehnen und Gelenken und vermitteln ein Gefühl dafür, ob und wie stark die Muskeln gespannt und die Gliedmaßen angewinkelt sind. (↗ Muskelspindeln)

Prosencephalon, das Vorderhirn (↗ Gehirn).

Prosobranchia, *Vorderkiemerschnecken*, Taxon der Schnecken (↗ Gastropoda) mit rund 20000 rezenten Arten, bei denen durch die Torsion die Mantelhöhle mit den zugehörigen Organen nach vorn gelangt ist, so dass die Kiemen vor dem Herzen liegen (Name!); ursprüngliche Formen besitzen je zwei Kiemen und Herzvorkammern, höher entwickelte nur die jeweils linken Organe. Das Nervensystem ist chiastoneur (↗ Chiastoneurie). Fast immer ist ein spiralgewundenes, seltener napf- oder röhrenförmiges Gehäuse ausgebildet. Der Kopf trägt ein Paar Fühler mit Sinneszellen, an der Fühlerbasis liegen meist Augen; der Fuß hat eine abgeflachte Kriechsohle und auf dem Rücken einen Dauerdeckel zum Verschluss der Gehäusemündung. Meist getrenntgeschlechtliche Tiere, selten Zwitter, die überwiegend im Meer, aber auch im

Süßwasser und auf dem Lande leben; wenige Arten sind Parasiten. Die paraphyletischen P. werden traditionell unterteilt in die ↗ Archaeogastropoda (Altschnecken), die ↗ Mesogastropoda (Mittelschnecken) und die ↗ Neogastropoda (Neuschnecken).

Prosoma, der Vorderkörper der Spinnentiere (↗ Chelicerata).

Prosopis, Gatt. der ↗ Mimosaceae.

prospektive Bedeutung, das „Entwicklungsschicksal" im Sinne der tatsächlich vorgesehenen Funktion eines Keims. (↗ Embryonalentwicklung, ↗ Furchung, ↗ Gastrulation, ↗ Induktion, ↗ Musterbildung)

prospektive Potenz, die Gesamtheit der Entwicklungsmöglichkeiten und damit der möglichen künftigen Funktionen eines Keims. (↗ Embryonalentwicklung, ↗ Furchung, ↗ Gastrulation, ↗ Induktion, ↗ Musterbildung)

Prostaglandine, eine Gruppe tierischer ↗ Hormone, die primär von der ↗ Arachidonsäure abstammen. Die P. sind strukturell und metabolisch mit den ↗ Leukotrienen und den ↗ Thromboxanen verwandt. Sie enthalten einen Cyclopentanring, an den trans-ständig zwei benachbarte aliphatische Ketten gebunden sind, von denen die eine mit einer Carboxygruppe endet. Die Biosynthese der P. wird durch einen Multienzymkomplex katalysiert, der *Prostaglandin-Synthase*, und geht von Arachidonsäure aus. Die Wirkungen der verschiedenen P. sind in unterschiedlichen Geweben nicht identisch. Die meisten P. verursachen eine Kontraktion der glatten Muskulatur der Blutgefäße, des Verdauungstrakts und der Gebärmutter, manche wirken allg. Gefäß erweiternd. Zwar ist die genaue Beziehung von P. zu Entzündungsreaktionen und Schmerzen noch unklar, doch ist die entzündungshemmende und Schmerz lindernde Wirkung von ↗ Acetylsalicylsäure (Aspirin) wohl auf eine Hemmung der P.-Synthese zurückzuführen. Manche P. hemmen die ↗ Blutgerinnung, andere sind an ihrer Initiierung beteiligt. Entsprechend ihrer vielfältigen Wirkungen werden P. pharmakologisch sehr unterschiedlich eingesetzt: Als Krampf lösende Mittel bei Asthma, zur Therapie von Magengeschwüren (Kontrolle der Magensaftsekretion), als Blutdruck senkende und diuretisch wirksame Mittel bei Herz-Kreislauf-Erkrankungen, zur Einleitung der Ovulation (Eisprung) in der Tierzucht, zur Auslösung von Geburtswehen und zum Schwangerschaftsabbruch.

Prostata, *Vorsteherdrüse*, eine ↗ Geschlechtsdrüse der männlichen Säuger; genau genommen die Zusammenlagerung vieler einzelner Prostatadrüsen (*Glandulae prostaticae*). Die P. liegt an der Einmündung der paarigen Samenleiter in die Harnröhre direkt unterhalb der ↗ Harnblase; sie ist paarig (beim Igel sogar zwei Paare) oder sekundär

unpaar (bei Primaten). Beim Menschen (erwachsenen Mann) gleicht die P. in Größe und Form einer Kastanie (siehe Abb. ↗ Geschlechtsorgane). Sie besteht aus 30 bis 50 tubuloalveolären Drüsen, die von Bindegewebe und glatter Muskulatur umhüllt sind. Die P. liefert den Hauptanteil der weißlichen alkalischen Samenflüssigkeit (↗ Sperma). – Ebenfalls als P. werden oft Anhangsdrüsen am ↗ Samenleiter (Vas deferens) von Wirbellosen bezeichnet, vor allem bei Plattwürmern (↗ Plathelminthes), Ringelwürmern (↗ Annelida) und Weichtieren (↗ Mollusca); sie sind jedoch nicht homolog, und ihre Funktion kann über die Produktion von Sperma hinausgehen; z. B. bildet die „Prostata" der Kopffüßer (↗ Cephalopoda) die Hülle für die ↗ Spermatophoren.

prosthetische Gruppe, eine mehr oder weniger fest an das Enzymprotein (Apoenzym) gebundene niedermolekulare Verbindung, welche die katalytischen Eigenschaften des Enzyms prägt. Die Bindung kann kovalent, heteropolar oder koordinativ sein. (↗ Coenzyme, ↗ Enzyme)

Prostomium, ↗ Acron.

Protamine, eine Gruppe von stark basischen globulären Proteinen, die durch einen hohen Gehalt an ↗ Arginin (80 - 85 %) charakterisiert sind. Sie kommen insbesondere in den Spermien von Fischen, Vögeln und Weichtieren vor und ersetzen dort funktionell die ↗ Histone. Manche P. sind pharmakologisch wichtig, da sie als Heparin-Antagonisten dessen blutgerinnungshemmende Wirkung aufheben.

Protandrie, *Proterandrie*, 1) bei *Tieren* das recht häufig vorkommende Phänomen, dass konsekutivzwittrige Tiere zuerst männlich und später (meist nach weiterem Wachstum) weiblich sind. P. kommt vor bei vielen Plattwürmern (↗ Plathelminthes), Ringelwürmern (↗ Annelida), Schnecken (↗ Opisthobranchia und ↗ Pulmonata), als Ausnahme auch bei einigen anderen Tiergruppen. P. ist sehr viel häufiger als ↗ Protogynie.

2) bei *Pflanzen* Bez. für eine Antherenreifung vor der Narbenentwicklung („Vormännigkeit"). Erst nach der Pollenentleerung wird die Narbe derselben Blüte empfängnisfähig, wodurch eine Selbstbefruchtung verhindert wird.

Protanopie, eine Form der ↗ Farbenfehlsichtigkeit.

Proteaceae, Fam. der Proteales mit ca. 1400 Arten, die in Südamerika und Australien beheimatet sind. Viele Arten sind ↗ Hartlaubgehölze mit großen, z. T. farbenprächtigen Blüten. Zu den australischen P. gehören u. a. die Gatt. *Banksia* und *Hakea*, zu den südamerikan. P. die Gatt. *Leucadendron* und *Protea*.

Proteales, Ord. der ↗ Rosopsida mit der einzigen Fam. ↗ Proteaceae.

Proteasen, die Gesamtheit der Protein spaltenden (proteolytischen) ↗ Enzyme, die den Abbau von Proteinen und Peptiden durch hydrolytische Spaltung in exergonischer Reaktion katalysieren. Nach ihrem Angriffsort in der Proteinkette werden sie in zwei Gruppen unterteilt, die Endopeptidasen oder ↗ Proteinasen und die Exopeptidasen oder ↗ Peptidasen.

Proteidae, *Olme*, Fam. der Schwanzlurche (↗ Urodela) mit wasserlebenden Formen, die äußere Kiemen und kleine Extremitäten besitzen (↗ Neotenie). Zu den P. gehört u. a. der in Karsthöhlen Südosteuropas lebende *Grottenolm (Proteus anguinus)* mit unpigmentierter Haut und rückgebildeten Augen sowie die in oberirdischen Gewässern Nordamerikas mit mehreren Arten vorkommende Gatt. *Furchenmolche (Necturus)*; sie sind graubraun gefärbt und haben zwar kleine, aber funktionstüchtige Augen.

Proteinasen, *Endopeptidasen*, zu den ↗ Proteasen (↗ Hydrolasen) gehörende ↗ Enzyme, die Proteine und Peptide hydrolytisch spalten, indem sie an innerhalb einer Peptidkette gelegenen Bindungen angreifen und dadurch verschieden große Spaltpeptide bilden.

Proteinbiosynthese, ↗ Translation.

Protein-Design, die gezielte Entwicklung neuer, in der Natur nicht vorkommender Proteine mit maßgeschneiderten physikochemischen, strukturellen und/oder katalytischen Eigenschaften. Das P. ist ein Fernziel des ↗ Protein-Engineering.

Proteine, *Eiweiße*, ausschließlich oder überwiegend aus ↗ Aminosäuren aufgebaute makromolekulare Verbindungen, die entscheidender Bestandteil der lebenden Materie sind. So sind z. B. in einer *Escherichia-coli*-Zelle 3000 verschiedene P. enthalten und im menschlichen Organismus finden sich mehr als 100000 unterschiedliche P. Sie bestimmten Struktur und Funktion jeder Zelle.

Aufbau und Struktur. Am Aufbau der P. sind 20 unterschiedliche Aminosäuren (*proteinogene Aminosäuren*) beteiligt. Sie sind durch ↗ Peptidbindungen miteinander verknüpft, wobei die Reihenfolge der Bausteine (Aminosäuresequenz = *Primärstruktur*) genetisch festgelegt ist. Sie kann durch Sequenzanalyse (Edman-Abbau) ermittelt werden. P. enthalten i. d. R. mehr als 100 Aminosäuren in einer Polypeptidkette.

Unter *Sekundärstruktur* versteht man die Art und Weise der Kettenfaltung, wie sie durch Ausbildung von Wasserstoffbrücken (H-Brücken) zwischen dem Sauerstoff der Carbonylgruppe und dem Wasserstoff der Amidgruppe einander gegenüber liegender Peptidbindungen zustande kommen. Bilden sich die H-Brücken innerhalb einer Peptidkette aus, kommt es zu einer schraubigen Auffaltung der Helix (wobei die *α-Helix* mit 3,6

Proteine Ein Polypeptid oder Protein besitzt ein sich wiederholendes Rückgrat aus Aminosäuren, die durch Peptidbindung miteinander verbunden sind. Dieses Rückgrat bildet die Primärstruktur eines Proteins

Aminosäureresten je Windung die häufigste Form ist). Liegen intermolekulare Brücken vor, so entsteht die ↗ Faltblattstruktur (β-Struktur; Abb. bei Faltblattstruktur).

Die *Tertiärstruktur* ist die räumliche Anordnung der als α-, β- oder Zufallsknäuel-Struktur vorliegenden Abschnitte einer Polypeptidkette. Die Tertiärstruktur liefert nicht nur Angaben über die Molekülstruktur, sondern auch detaillierte Informationen über die räumliche Anordnung reaktiver Aminosäurereste, z. B. im aktiven Zentrum von Enzymen oder im Antigenbindungsort von Antikörpern (Immunglobulinen). Durch Aufklärung der Tertiärstruktur (mit Hilfe der Röntgenstrukturanalyse) konnten seinerzeit erstmals Enzym-Substrat- und Enzym-Inhibitor-Komplexe sowie die dabei stattfindenden Gestaltveränderungen des Enzymmoleküls sichtbar gemacht und verstanden werden. Am Zustandekommen und an der Stabilisierung der dreidimensionalen Proteinstruktur sind außer den von der Sekundärstruktur her bekannten H-Brücken und den Disulfidbrücken (↗ Disulfidbindung), denen vor allem eine stabilisierende Wirkung zugeschrieben wird, auch folgende ↗ schwache Wechselwirkungen beteiligt: Van-der-Waals-Kräfte, Anziehungskräfte zwischen den nicht kovalent verbundenen ungeladenen (–CH₃, –CH₂OH) oder hydrophoben (z. B. Phenyl-, Leucyl-) Resten sowie elektrostatische Wechselwirkungen zwischen polaren Seitengruppen (z.B. –COO⁻), die eine Solvatation des Moleküls ermöglichen und Wechselwirkungen zwischen P. und Lösungsmittel. Letztere sind für die natürliche Konformation der P. von Bedeutung. Sie bestehen vorwiegend in der Ausbildung hydrophober Bindungen, insbesondere im unpolaren Molekülinneren, aber auch zum umgebenden Lösungsmittel.

Sekundärstruktur und Tertiärstruktur werden gemeinsam auch als *Kettenkonformation* bezeichnet. Diese kann sich innerhalb bestimmter Grenzen verändern, sodass die durch Röntgenstrukturanalyse ermittelte Konformation einen von mehreren möglichen Zuständen darstellt, der durch Kristallisation sozusagen „eingefroren" ist.

Durch Ausbildung intermolekularer Wechselwirkungen (nicht kovalenter Natur) zwischen zwei oder mehreren identischen oder verschiedenen Polypeptidketten können diese zu stabilen oligomeren P. aggregieren oder assoziieren. Diese geordneten Assoziate werden als *Quartärstruktur* und ihre Polypeptidketten als die *Untereinheiten* eines P. bezeichnet. In seltenen Fällen sind auch Disulfidbindungen an der Aufrechterhaltung der Quartärstruktur beteiligt. P. mit Quartärstruktur sind weit verbreitet, wobei der größte Teil aus nicht kovalent verbundenen Untereinheiten aufgebaut ist, und P. aus zwei oder vier Untereinheiten deutlich überwiegen. Offensichtlich sind die P. mit Quartärstruktur hinsichtlich der Flexibilität ihrer Gestalt und Aktivität physiologischen Erfordernissen am besten angepasst. Ihre monomeren Formen sind meist inaktiv. Der Nachweis der Quartärstruktur erfolgt entweder nach vorhergehender Dissoziation in die Untereinheiten durch Ultrazentrifugation, Elektrophorese, Ionenaustauschchchromatographie u. a., oder am intakten Molekülaggregat durch Elektronenmikroskopie oder durch Röntgen bzw. Neutronenstrukturanalyse.

Eigenschaften der P. Alle P. haben eine hohe relative Molekülmasse M_r, die von 10 kDa ($\nearrow$ Dalton) bei kleinen Einketten-P. bis zu mehreren Mio. kDa bei P. mit mehreren Untereinheiten betragen kann. Entsprechend ihrer Molekülgröße und -gestalt gehören die P. zu den Kolloiden. Sie dialysieren nicht ($\nearrow$ Dialyse), bilden keine echten Lösungen, zeigen den $\nearrow$ Tyndall-Effekt und haben eine relativ hohe $\nearrow$ Viskosität. Infolge der großen Anzahl ionisierter Gruppen im Molekül haben P. hohe Dipolmomente. Besonders charakteristisch ist die *Ampholytnatur* der P., die auf der gleichzeitigen Anwesenheit freier saurer und basischer Gruppen im Proteinmolekül beruht. Die Ampholytnatur ist von entscheidender Bedeutung für ihre Pufferwirkung in biologischen Systemen. Aufgrund der $\nearrow$ Hydratation sind die globulären P. in der Lage, hydrophobe Substanzen einzuschließen und vor Ausflockung zu schützen. Diese *Schutzkolloidfunktion* ist für die Stabilisierung von Körperflüssigkeiten wichtig.

Werden P. auf über 60 °C erhitzt, so kommt es zu tiefgreifenden strukturellen Veränderungen, die gleichzeitig zum Verlust oder zur Beeinträchtigung der biologischen Aktivität der betreffenden P. führen. Diese $\nearrow$ Denaturierung beruht auf der Zerstörung der Tertiär- und Quartärstruktur, die auch durch UV- und Röntgenbestrahlung, Behandlung mit starken Säuren oder Basen u. a. hervorgerufen werden kann. Ist die Denaturierung reversibel, kann der native Zustand des P. wiederhergestellt werden (*Renaturierung*). Bei irreversibler Denaturierung, wie z. B. der Hitzedenaturierung des Ovalbumins beim Kochen des Hühnereies, kommt es zur Ausbildung ungeordneter Gerüstkonformationen, die auch als *statistische Knäuel (random coil)* bezeichnet werden.

Vorkommen der P. Als $\nearrow$ Enzyme und $\nearrow$ Peptidhormone sind P. für den geregelten Ablauf der chemischen Reaktionen des Stoffwechsel verantwortlich, ebenso für die Regulation der Aktivität sowie der Enzyme. Als *Struktur-P. (Gerüst-P., Sklero-P.)*, wie z. B. $\nearrow$ Kollagen, $\nearrow$ Elastin, $\nearrow$ Keratine, sind P. wesentlicher Bestandteil von Stützgewebe, $\nearrow$ Bindegewebe und $\nearrow$ Biomembranen. Als kontraktile P. wie $\nearrow$ Actin und $\nearrow$ Myosin ermöglichen sie die Kontraktion der $\nearrow$ Muskeln. Als $\nearrow$ Immunglobuline oder $\nearrow$ Interferone bilden sie spezifische körpereigene Abwehrproteine. Als Trägerproteine, wie z. B. $\nearrow$ Hämoglobin, Serumalbumin oder $\nearrow$ Tranferrin sind P. am Transport von Sauerstoff, Fettsäuren,

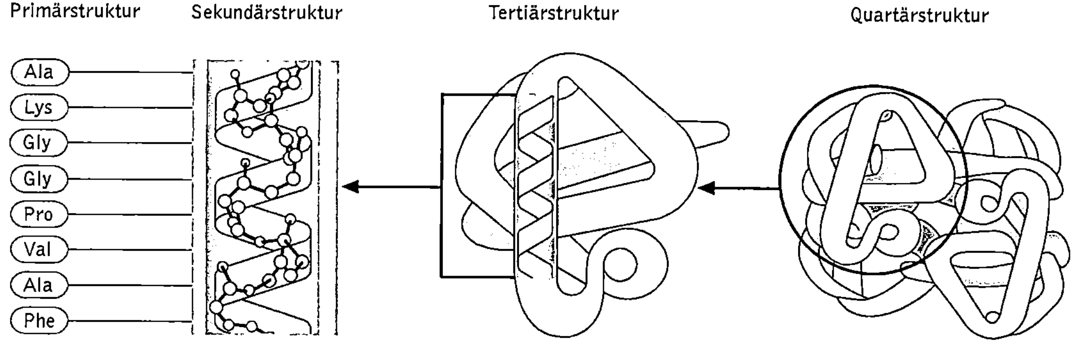

Proteine Strukturebenen von Proteinen (von links nach rechts). Die *Primärstruktur* entspricht der Sequenz der durch Peptidbindungen miteinander verbundenen Aminosäuren. Die entstehenden Polypeptide können, wie in vorliegendem Beispiel, zu einer α-Helix gewunden sind, die eine der möglichen *Sekundärstrukturen* darstellt. Die Helix ist Teil der *Tertiärstruktur* des gefalteten Polypeptids. Dieses wiederum stellt eine der Untereinheiten dar, welche die *Quartärstruktur* des multimeren Proteins, im vorliegenden Beispiel des Hämoglobins, bilden

Hormonen, Medikamenten, Stoffwechselprodukten und Metallionen sowie an Elektronenübertragungsprozessen z. B. der ↗ Atmungskette und der ↗ Fotosynthese beteiligt. Als Speicherproteine, wie z. B. Eialbumine, ↗ Casein der Milch, Gliadin (Weizensamen) oder Zein (Maissamen) sichern sie die Aminosäurereserve des Organismus. Als Rezeptorproteine vermitteln sie die spezifische Wirkung von Wirkstoffmolekülen am Wirkort. Als Zellerkennungsproteine werden sie auf Zelloberflächen präsentiert und ermöglichen so die Erkennung eines Zelltyps durch einen anderen und spielen deshalb eine Rolle bei der Morphogenese und der Erkennung fremden Gewebes (z. B. bei der Transplantatabstoßung). Darüber hinaus sind P. bei der ↗ Blutgerinnung, der Spezifizierung der ↗ Blutgruppen, der Steuerung der Genaktivitäten und bei der Regulation vieler anderer biochemischer Prozesse von entscheidender Bedeutung. (↗ Translation)

Protein-Engineering, die Veränderung eines Proteins durch genetische oder chemische Methoden bzw. die direkte chemische Synthese eines Proteins mit neuen Eigenschaften. P.-E. wird durchgeführt, um die Wirkungen von Veränderungen z. B. der Aminosäuresequenz, auf die Proteinfunktion zu untersuchen, um ↗ Proteine mit veränderten oder optimierten Eigenschaften zu gewinnen und um Proteine für spezifische Funktionen in Technik und Medizin sozusagen „zuzuschneiden", also z. B. Enzyme mit erhöhter Stabilität gegen Hitze, extreme pH-Werte oder Ähnliches zu gewinnen oder mit verbesserter Substratspezifität. Zu diesem Zweck wird entweder die Aminosäuresequenz geplant verändert, es werden völlig neue Polypeptidketten synthetisiert, native Enzyme chemisch modifiziert, oder Gene synthetisiert, die für eine gesuchte Polypeptidsequenz codieren (↗ DNA-Rekombinationstechnik, ↗ Genklonierung).

Protein-Energie-Mangelernährung, Abk. *PEM*, ein Spektrum an Ernährungsmangelzuständen, die überwiegend bei Kindern unter fünf Jahren vorkommen. ↗ Marasmus und ↗ Kwashiorkor sind die beiden Extreme dieses Spektrums.

Proteinfaltung, die Faltung eines Polypeptids in seine native Struktur, d. h. seine dreidimensionale biologisch funktionelle Struktur oder native ↗ Konformation. Der Verlust dieser nativen Struktur wird als ↗ Denaturierung, die Wiederherstellung als Renaturierung bezeichnet. In der lebenden Zelle faltet sich ein neu synthetisiertes Protein rasch und spontan in seine native dreidimensinale Sruktur, Untereinheiten lagern sich zur Quartärstruktur zusammen, ein Prozess der als *kooperative Selbst-Assemblierung* bezeichnet wird. Diese und die vorhergehende P. werden in der Zelle durch so genannte *faltungsakzessorische Proteine* beschleunigt. Zusätzlich kann die Bildung von ↗ Disulfidbindun-

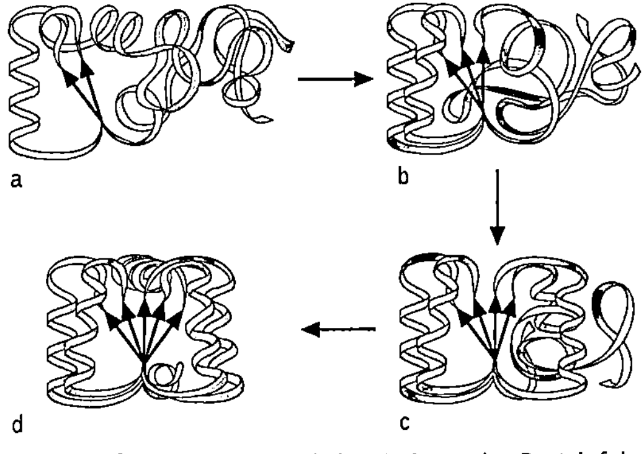

Proteinfaltung Eine mögliche Variante der Proteinfaltung. a Bildung eines strukturellen Kerns, der aus wenigen, besonders stabilen Sekundärstruktur-Bereichen besteht; b während andere Regionen ihre Sekundärstruktur einnehmen, werden sie über weit entfernte Bereiche durch Wechselwirkungen mit dem strukturellen Kern stabilisiert; c der Faltungsprozess setzt sich fort, bis der Großteil des Polypeptids seine korrekte Sekundärstruktur angenommen hat; d die endgültige Struktur hat normalerweise die thermodynamisch stabilste Konformation

gen in neu synthetisierten Proteinen die Struktur des Proteins nach der posttranslationalen Modifikation vorgeben.

Bei der P. werden zuerst kurze Abschnitte an α-Helices und β-Schleifen gebildet, die als Kerne (Gerüst) zur Stabilisierung anderer geordneter Regionen des Proteins dienen. Nur jene Kerne, die der nativen Konformation angehören, bleiben dauerhaft bestehen und wachsen, möglicherweise durch Bildung einer ↗ Domäne, die gewöhnlich nicht mehr als 200 Reste enthält. Bei der Faltung von Proteinen mit vielen Domänen tritt eine Zwischenstufe mit ausgedehnter Sekundärstruktur, jedoch ungeordneter Tertiärstruktur auf, wodurch die hydrophoben Aminosäuren teilweise der wässrigen Lösung ausgesetzt sind. Dieses intermediäre Multidomänenprotein durchläuft dann geringe Konformationsänderungen und erreicht die kompakte Tertiärstruktur des monomeren Proteins. Bei oligomeren Proteinen lagern sich die Monomere zu einer Vorstufe der Quartärstruktur zusammen. Kleine Konformationsänderungen führen zur nativen Quartärstruktur.

Wenn die native Konformation erreicht ist, werden durch die spezifische Bindung von ↗ Liganden, (z. B. Enzymsubstrate, Liganden von Trägerproteinen, Liganden von Rezeptoren) weitergehende feine, aber entscheidende Änderungen induziert. Veränderungen dieser Art können berechnet und mit Hilfe von Computersimulationen aufgezeichnet werden. Faltungsakzessorische Proteine sind z. B. die *Protein-Disulfid-Isomerase*, die *Peptidyl-Prolyl-cis/trans-Isomerasen* und die molekularen *Chaperone*. (↗ Proteine, ↗ Translation)

Proteinkinasen, an den molekularen Mechanismen der Signalübertragung (↗ Signaltransduktion) beteiligte ↗ Enzyme, welche die Phosphorylierung von Proteinen an spezifischen Serin-, Threonin- und Tyrosin-Resten katalysieren. Die verschiedenen Mitglieder dieser Enzymfamilie enthalten i. d. R. eine ähnliche, etwa 250 Aminosäurebausteine umfassende katalytische Domäne. Auf beiden Seiten dieser so genannten *Kinase-Domänen* finden sich oft kurze Sequenzabschnitte, die in Schleifen dieser Sequenz eingeschoben sind und entweder der Erkennung der zu phosphorylierenden Zielproteine dienen, oder die Aktivität der P. streng kontrollieren. (↗ Calmodulin, ↗ cyclinabhängige Kinasen)

Proteinoide, künstlich hergestellte ↗ Polypeptide, die in vielen Eigenschaften den natürlichen globulären Proteinen gleichen. P. können als Modell für die ersten Informationsmoleküle angesehen werden. Sie organisieren sich bei Berührung mit Wasser zu Mikrosystemen (*Mikrosphären*) mit erkennbarer Ultrastruktur, die eine Reihe von Eigenschaften lebender Zellen haben: eine Doppelmembran als Umgrenzung, die semipermeabel ist, und in Gegenwart von ↗ Nucleinsäuren die Fähigkeit zur Vermehrung z. B. durch Knospung.

Proteinoplasten, ↗ Plastiden.

Proteobacteria, *Proteobakterien*, Ast der *Bacteria* (↗ Bakterien), zu denen fototrophe, chemolithotrophe und chemoorganotrophe Gatt. gehören. Alle Vertreter sind gramnegativ. Die P. bilden die größte und physiologisch vielfältigste Gruppe der Bacteria und stellen die Mehrzahl der bekannten gramnegativen Bakterien von medizinischer, industrieller und landwirtschaftlicher Bedeutung. Sie gliedern sich in fünf Untergruppen, die mit den griechischen Buchstaben α, β, γ, δ und ε bezeichnet werden. Die fototrophen P. sind in der Gruppe fototrophe ↗ Purpurbakterien zusammengefasst. Zu den chemotrophen P. zählen u. a. die ↗ nitrifizierenden Bakterien, Schwefel (↗ Schwefel oxidierende Bakterien) und Eisen (↗ Eisenbakterien) oxidierende Bakterien, die Wasserstoff oxidierenden Bakterien (↗ Wasserstoffbakterien), die ↗ Methanotrophen, die ↗ Essigsäurebakterien, ↗ Stickstoff fixierende Bakterien, ↗ Rickettsien, die gleitenden ↗ Myxobakterien sowie die Sulfat und Schwefel reduzierenden Bakterien.

Proteoglykane, hochmolekulare Zucker-Protein-Verbindungen, die in tierischem Strukturgewebe, wie ↗ Knorpel und ↗ Knochen, vorkommen. P. verleihen der Grundsubstanz und der Gelenkflüssigkeit ihren viskosen und elastischen Charakter und ihre Widerstandsfähigkeit gegen eingedrungene Krankheitserreger. In den P. sind 40 bis 80 saure Mucopolysaccharidketten *O*-glykosidisch über Serin- oder Threoninreste an ein Proteingerüst gebunden. Im Unterschied zu den Glykoproteinen hat die prosthetische Gruppe der P. eine hohe relative Molekülasse, da sie aus zahlreichen (100 bis 1000) unverzweigten, sich regelmäßig wiederholenden Disaccharideinheiten besteht. Die Disaccharide bestehen aus ↗ Uronsäure oder ↗ Galactose und freiem oder mit Schwefelsäure verestertem N-Acetylhexosamin. P. bilden mit ↗ Chondroitinsulfat als prosthetischer Gruppe neben Kollagen den Hauptbestandteil des Knorpelgewebes.

Proteolyse, der durch ↗ Proteasen katalysierte hydrolytische Abbau von ↗ Proteinen und ↗ Peptiden bis hin zu ↗ Aminosäuren.

Proteom, die Gesamtheit aller Proteine einer Zelle, die sich vom ↗ Genom dadurch unterscheidet, dass sie in ihrer Zusammensetzung veränderlich ist, weil unterschiedliche Zelltypen z. T. andere Proteine benötigen.

Proteomics, *Proteomik*, eine die Genom-Analyse (↗ Genomics) ergänzende bzw. diese erweiternde Analyse, die anstelle des ↗ Genoms das ↗ Proteom

Proteobacteria   Gattungen der Proteobacteria (Auswahl)

Untergruppe	Gattungen
Alpha	*Acetobacter, Alcaligenes, Azospirillum, Brucella, Caulobacter, Gluconobacter, Paracoccus, Pseudomonas* (einige Arten), *Rhodospirillum, Rhodopseudomonas, Rhodobacter, Rhizobium, Rickettsia, Thiobacillus* (einige Arten), *Zymomonas*
Beta	*Bordetella, Chromobacterium, Gallionella, Leptothrix, Neisseria, Nitrosomonas, Oxalobacter, Pseudomonas* (einige Arten), *Ralstonia, Sphaerotilus, Spirillum, Thiobacillus* (einige Arten), *Zoogloea*
Gamma	*Acinetobacter* (einige Arten), *Azotobacter, Chromatium, Escherichia, Legionella, Leucothrix, Methylomonas, Photobacterium, Methylococcus, Methylobacter, Thiobacillus* (einige Arten), *Thiospirillum* und andere Schwefelpurpurbakterien, *Salmonella* und andere Darmbakterien, *Vibrio*
Delta	*Acinetobacter* (einige Arten), *Bdellovibrio, Desulfovibrio* und andere Sulfat reduzierende Bakterien, *Erwinia, Moraxella, Myxococcus* und andere Myxobakterien, *Xanthomonas*
Epsilon	*Campylobacter, Helicobacter, Xanthomonas*

untersucht. Die Protein-Analyse wird dabei zur Bestätigung der Ergebnisse der Genom-Analyse oder zur unabhängigen Identifizierung neuer Zielmoleküle eingesetzt. P. befasst sich mit den unterschiedlichen Zelltypen, die verschiedene Proteine besitzen, um durch Vergleiche die Funktionen bestimmter Proteine in Zellen verstehen zu können. Da Veränderungen in Proteinen zu deren Fehlfunktionen führen, kann P. auch zur Erforschung von Krankheiten beitragen.

Proterandrie, die ↗ Protandrie.

Proterophytikum, Periode der Erdgeschichte vom ersten Auftreten pflanzlicher Organismen bis etwa ins höhere ↗ Silur; kennzeichnend ist, dass noch keine höheren Pflanzen vorkamen.

Proterozoikum, Abschnitt der Urzeit der Erde, aus der erste spärliche, wenn auch nicht gesicherte, Spuren tierischer Organismen vorhanden sind (von etwa 3,8 bis 1,6 Mrd. Jahren vor heute).

Proteus, Gatt. der Fam. ↗ Enterobacteriaceae der γ-Untergruppe der ↗ Proteobacteria. Charakteristisch für die Gatt. sind die Bildung von ↗ Urease und die gute Beweglichkeit. *P. vulgaris* gehört zur normalen Darmflora, ist aber auch in Böden und Gewässern verbreitet. Das peritrich begeißelte Bakterium neigt zur Gestaltänderung und hat die Tendenz, auf der Agaroberfläche zu schwärmen und die ganze Fläche zu überziehen.

Prothallium, der ↗ Gametophyt der Farnpflanzen (↗ Pteridophyta). Er trägt Antheridien oder Archegonien oder beide Arten von Gametangien.

Prothorakaldrüse, *Prothoraxdrüse*, Hormondrüse des endokrinen Systems der Insekten, die aus paarigen ektodermalen Einstülpungen im zweiten Maxillarsegment hervorgeht und als paariges Band von Drüsenzellen den Tracheen anliegt Die P. ist der Hauptsyntheseort des Ecdysons (↗ Ecdysteroide) während der postembryonalen Entwicklung der Insekten, und ist damit wesentlich an der Regulation von ↗ Häutung und ↗ Metamorphose beteiligt. Sie wird ihrerseits durch das ↗ prothorakotrope Hormon, das ↗ Juvenilhormon, einen Hämolymph-Protein-Faktor und durch Ecdysteroid-Feedback beeinflusst. Bis zur Imaginalphase, in der die Prothoraxdrüse nicht mehr zu finden ist, degeneriert sie in den verschiedenen Insektengruppen zu unterschiedlichen Zeitpunkten; so z. B. in Dipteren während des Puppenstadiums, in anderen Insekten erst unmittelbar nach dem Eintritt in die Imaginalphase.

prothorakotropes Hormon, *Prothoraxdrüse-stimulierendes Hormon*, Abk. *PTTH*, Peptidhormon der Insekten, welches in multiplen Formen vorkommt, die sich in zwei Größenklassen einteilen lassen. Diese werden in den Perikarien spezialisierter Hirnzellen gebildet, und über axonalen Transport zu den ↗ Corpora allata transportiert. Aus diesen

↗ Neurohämalorganen freigesetzt, reguliert PTTH die Ecdysteroidsynthese (↗ Ecdysteroide) der ↗ Prothorakaldrüse. Damit wirkt PTTH indirekt auf die postembryonale Entwicklung der Insekten (↗ Häutung, ↗ Metamorphose). Die Wirkung des PTTH auf die Prothorakaldrüse besteht in einer Steigerung der cAMP-Synthese, der Erhöhung des Calcium-Einstroms in die Zellen und der Aktivitätssteigerung einer cAMP-abhängigen Proteinkinase, welche wiederum die Ecdysteroidsynthese beeinflusst.

Prothrombin, ↗ Thrombin.

Protista, zusammenfassende Bez. für autotrophe (pflanzliche) und heterotrophe (tierische bzw. pilzliche) ↗ Einzeller.

Protobionta, *Botanik:* ein künstliches Unterreich, das niedere Pflanzen (Laubmoose und Lebermoose), Schleimpilze und Echte Pilze umfasst.

Protobionten, *Protozellen*, erste lebende Zellen mit Selbstvermehrungsfähigkeit, von denen wahrscheinlich die biotische ↗ Evolution ausging.

Protobranchia, *Fiederkiemer*, ↗ Bivalvia.

Protocerebrum, der vorderste Abschnitt des Oberschlundganglions der Gliederfüßer, ↗ Gehirn.

Protococcales, die ↗ Chlorococcales.

Protoconch, die Embryonalschale der ↗ Conchifera.

Protocyte, die Zelle der ↗ Prokaryoten (↗ Bakterienzelle).

Protogynie, 1) bei *Tieren* das sehr selten auftretende Phänomen, dass konsekutiv-zwittrige Tiere zuerst weiblich und danach männlich sind; P. findet sich bei wohl allen Salpen (↗ Thaliaceae), bei manchen Knochenfischen (z. B. bei manchen Lippfischen und Papageifischen) und bei wenigen Bandwürmern (↗ Cestoda), ↗ Polychaeta und Schnecken (↗ Gastropoda). Gegensatz: ↗ Protandrie

2) bei ↗ Blüten das Reifwerden der weiblichen Geschlechtsorgane vor den männlichen.

Protolepidodendrales, ausgestorbene Ord. der ↗ Lycopodiopsida. Ihre Vertreter ähnelten den rezenten Bärlappen (↗ Lycopodiales), hatten jedoch weiter stehende Blätter (Abb. ↗ Lycopodiopsida). Hierzu gehören die Fam. *Drepanophycaceae* und *Protopepidodendraceae*.

Protonema, der Vorkeim der Moose (↗ Bryophyta).

protonenmotorische Kraft, ↗ chemiosmotische Theorie.

Protonenpumpe, ↗ chemiosmotische Theorie.

Protonephridien, vor allem bei Tieren ohne Coelom (↗ Plathelminthes, ↗ Nemertini, einige ↗ Nemathelminthes, Larven von ↗ Mollusca und ↗ Annelida) vorkommende Exkretionsorgane. P. sind paarige, oft stark verzweigte Kanälchen, die durch Exkretionsporen nach außen führen. Die Kanälchen beginnen im Parenchym mit einer keulenförmigen Exkretionszelle, der *Terminalzelle*, von der

Protonephridium

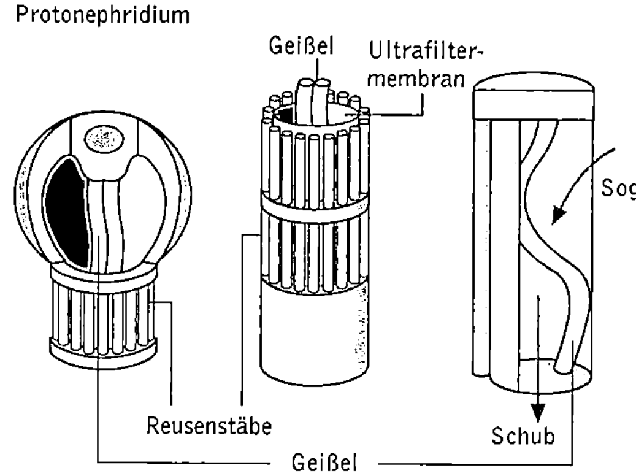

Protonephridien Schema eines Protonephridiums. Links die Terminalzelle mit Wimpern und der darunter befindlichen Reuseneinrichtung; die rechte Abb. zeigt die Wirkung der schlagenden Geißel. Sie treibt das Wasser in Richtung des Kanalausgangs und erzeugt so einen Unterdruck; durch diesen wird wiederum Körperflüssigkeit durch die Reusenvorrichtung in das Kanallumen gesaugt

in das Kanallumen eine in dauernder Bewegung befindliche Wimpernflamme hineinragt. Sie entstehen aus röhrenförmigen Einstülpungen der Epidermis. Die Filtration erfolgt über unterschiedlich gestaltete Reusensysteme. Bei einigen Polychaeta trägt die Terminalzelle nur eine besonders lange Geißel und wird dann Solenocyte genannt.

Proto-Onkogene, ↗ Onkogene.

Protophyten, Bez. für alle einzelligen Pflanzen, die wenig oder nur minimal differenziert sind, z. B. Kieselalgen und einzellige Grünalgen.

Protoplasma, der veraltete Begriff für den Inhalt einer Zelle. Bei Pflanzen wird die ↗ Vakuole nicht zum P. gezählt.

Protoplast, Bez. für Bakterien- und Pflanzenzellen ohne Zellwand, d. h. Zellen, die nur von ihrer Plasmamembran umgeben sind.

Protopodit, Teil des Spaltbeins der Krebse (↗ Crustacea).

Protopteridiales, Ord. der Entwicklungsstufe Primofilices der Farne (↗ Pteridopsida). Zu den einfachsten Formen gehört *Protopteridium*, das in mehreren Arten aus dem Unter- und Mitteldevon bekannt ist. Sie stehen den Rhynien nahe, hatten aber schon kurze, gabelige und abgeflachte Seitenzweige. Weitere Gatt. sind *Aneurophyton, Tetraxylopteris, Rhacophyton* und *Pertica.*

Protostele, ↗ Stele.

Protostomia, Bez. für diejenigen ↗ Bilateria, bei denen der Urmund (Blastoporus) der Gastrula später zum definitiven Mund wird. (↗ Deuterostomia)

Prototheria, ↗ Mammalia.

Prototroch, Wimpernkranz der ↗ Trochophora.

Protozoa, heterotrophe (tierische) ↗ Einzeller.

Protozoologie, Teilgebiet der ↗ Biologie, das sich mit der Erforschung der ↗ Einzeller (in der her-

kömmlichen Systematik als *Protozoa* zusammengefasst) befasst.

Protura, *Beintastler,* zu den Entognatha gehörendes Taxon der Insecta mit rund 250 Arten, davon 15 bis 20 in Mitteleuropa. Die P. sind winzige, weißliche, langgestreckte und meist unter 1 mm große blinde Urinsekten, deren vollständig reduzierte Fühler funktionell durch die Vorderbeine ersetzt sind. Die ersten drei Hinterleibssegmente tragen Reste von Beinen. Der Hinterleib besteht aus elf Segmenten, deren volle Zahl erst postembryonal ausgebildet wird (↗ Anamerie). Die Beintastler leben tief im Boden, unter großen Steinen oder im Moos. Sie besitzen stechend-saugende Mundgliedmaßen, mit denen sie Pilzhyphen aussaugen.

Provitamine, ↗ Vitamine.

proximal, *Anatomie:* näher an der Körpermitte liegend als andere Teile. Gegensatz: ↗ distal

Prozessierung, die Weiterverarbeitung von RNA-Molekülen und Proteinen im Anschluss an deren Synthese. Bei der *RNA-P.* der Eukaryoten werden im Fall der messenger-RNA die *Primärtranskripte* weiteren Veränderungen unterzogen. ↗ Introns werden durch ↗ Spleißen entfernt, das 5'-Ende wird posttranskriptionell modifiziert (↗ Cap-Struktur) und am 3'-Ende kommt es zur ↗ Polyadenylierung.

Proteine werden durch *Protein-P.* z. B. im ↗ endoplasmatischen Reticulum und im ↗ Golgi-Apparat durch *Glykosylierungen, Phosphorylierungen* oder *Sulfatierungen* prozessiert.

PR-Proteine, ↗ Pathogenese-Proteine.

Prunus, Gatt. der ↗ Rosaceae.

Prymnesiales, Ord. der ↗ Haptophyta, deren Arten durch ein meist sehr langes Haptonema gekennzeichnet sind. Die Zellen sind mit nur elektronenmikroskopisch erkennbaren Polysaccharidschüppchen bedeckt. Die P. können sich autotroph oder durch Phagotrophie ernähren. Die Ord. umfasst die Gatt. *Prymnesium* und *Chrysochromulina.*

Prymnesiophyta, die ↗ Haptophyta.

Przewalski-Pferd, Stammform des Hauspferds (↗ Equidae).

PS I, Abk. für *Fotosystem I,* ↗ Lichtreaktionen.

PS II, Abk. für *Fotosystem II,* ↗ Lichtreaktionen.

Psalter, *Omasus, Blättermagen,* Teil des Vormagensystems der ↗ Wiederkäuer.

Pseudogamie, *Merospermie,* die Entwicklung einer ↗ Eizelle, angeregt durch das Eindringen eines Spermiums (↗ Besamung, ↗ Plasmogamie), aber ohne anschließende ↗ Befruchtung (↗ Karyogamie); der Spermien-Kern degeneriert, und die Eizelle entwickelt sich nur mit den mütterlichen Chromosomen weiter. Die P. wurde zuerst entdeckt beim Fadenwurm *Mesorhabditis belari,* sie kommt aber auch bei manchen Fischen sowie Salamandern vor, bei denen die Spermien der nächstverwandten diploiden Arten zur Anregung der Entwicklung benötigt werden. (↗ Gynogenese)

Pseudogene, Nucleotidsequenzen, die einem funktionstüchtigen Gen stark ähneln, jedoch durch Mutationen so verändert wurden, dass sie für kein Genprodukt codieren.

Pseudogley, ↗ Bodentyp, der durch den Wechsel von Staunässe und Austrocknung gekennzeichnet ist. Bei langen Feuchtphasen tritt Sauerstoffmangel auf.

Pseudohermaphroditismus, *Scheinzwittrigkeit,* bei Individuen einer getrenntgeschlechtlichen Art auftretende Merkmale des anderen Geschlechts. (↗ Hermaphroditismus, ↗ Intersexualität)

Pseudomonaceae, die ↗ Pseudomonaden.

Pseudomonaden, *Pseudomonaceae,* Fam. der γ-Untergruppe der ↗ Proteobacteria. Es sind polar begeißelte, gerade oder schwach gekrümmte, gramnegative Stäbchen, die meist chemoorganotroph leben. Als Substrate verwerten sie eine Vielzahl organischer niedermolekularer Verbindungen. Alle Substrate werden aerob abgebaut. Einige P. sind chemolithotroph und verwenden H_2 und CO als einzigen Elektronendonor. Zu den P. gehören u. a. die Gatt. *Azomonas, Azotobacter* (↗ Azotobacteraceae), *Burkholderia,* ↗ Pseudomonas, *Ralstonia,* ↗ Zoogloea, ↗ Zymomonas und *Xanthomonas.*

Pseudomonas, artenreiche Gatt. der ↗ Pseudomonaden, deren Arten am Zellende eine oder mehrere Geißeln tragen. Sie kommen im Boden und in Gewässern vor oder leben parasitisch in Mensch, Tier oder Pflanze. Im Stoffkreislauf sind sie von wesentlicher Bedeutung für die ↗ Mineralisierung organischer Stoffe. Die meisten Arten von P. können sehr unterschiedliche organische Verbindungen verwerten. Die in Böden und Gewässern weit verbreiteten Arten *P. putida* und *P. fluorescens* können auch einige Kohlenwasserstoffe und Fremdstoffe abbauen. *P. denitrificans* ist in der Lage, Nitrat als Substrat zu verwenden (↗ Denitrifikation). Zu den pathogenen Pseudomonaden gehört die Art *P. aeruginosa,* die oft mit Infektionen der Harn- und Atemwege beim Menschen assoziiert ist. Dieses Bakterium zeichnet sich auch durch die Bildung fluoreszierender Pigmente aus. Zu den fluoreszierenden Arten von P. gehören auch *P. fluorescens* und *P. pudica.* Einige Arten von P. sind pflanzenpathogen.

Pseudomycel , durch Sprossung gebildete, langgestreckte Zellen von ↗ Hefen, die zusammenbleiben und einem echten ↗ Mycel ähnlich sind; die Querwände der Fäden werden (im Gegensatz.zum Mycel) nicht erst nachträglich ausgebildet.

Pseudoparenchym, *Scheingewebe,* gewebeartige Zellverbände, die z. B. entstehen, wenn sich bei den Rotalgen die Zellfäden aneinander lagern und durch Gallerte verbunden sind, oder sich bei den Fruchtkörpern vieler Pilze die Pilzhyphen eng verflechten.

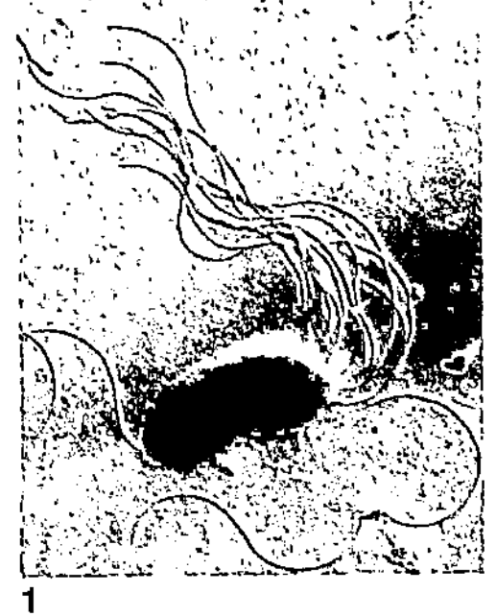

Pseudomonas 1 elektronenmikroskopische Aufnahme des Bodenbakteriums *Pseudomonas fluorescens* mit peitschenartigen Flagellen. 2 Blitzlichtaufnahme zweier schwimmender Bakterien mit rotierenden Geißeln

Pseudopodien, *Scheinfüßchen,* temporäre Plasmaausstülpungen bei ↗ Einzellern von (zum Teil stark) veränderlicher Gestalt, die der Fortbewegung und zum Beutefang dienen. Man unterscheidet: a) *Axopodien,* die relativ formbeständig durch eingelagerte Mikrotubulibündel sind, b) fadenförmige, manchmal verzweigte *Filopodien* aus durchsichtigem Ektoplasma, c) lappenförmige *Lobopodien* aus von Ektoplasma umgebenem Endoplasma, d) *Reticulopodien (Rhizopodien, Wurzelfüßchen),* die verästelt und miteinander verbunden sind.

Pseudoscorpiones, *Chelonethi, Bücherskorpione, Afterskorpione, Pseudoskorpione,* Taxon der Chelicerata mit über 3000 kleinen (1 - 7 mm), in allen terrestrischen Lebensräumen vorkommenden Arten, die große, Scheren tragende Pedipalpen besitzen. Die Scheren ähneln bis in Details denjenigen von Skorpionen, mit denen die P. jedoch nicht näher verwandt sind (Name!). Die Pedipalpen werden beim Laufen als Taster eingesetzt und tragen als Sinnesorgane zwölf Trichobothrien, die artspezifisch angeordnet sind, sowie Borsten als Mechano- und Chemorezeptoren und Giftdrüsen; außerdem finden sich Spaltsinnesorgane, ein bis zwei Paar einfache Lateralaugen und wenige andere Sinnesorgane. P. leben in Fallaub, unter Rinde sowie in engen Spalten; sie ernähren sich von kleinen Arthropoden, die mit den Pedipalpenscheren gepackt und getötet werden. Bei manchen Arten erfolgt die Ausbreitung durch ↗ Phoresie an Fliegen, Käfern u. a. Insekten sowie an Kleinsäugern. Das Weibchen trägt die Eier in einem ventralen Brutsack und versorgt die Embryonen mit Nährsekret.

Pseudosporochnales, Ord. der Entwicklungsstufe Primofilices der Farne (↗ Pteridopsida), deren Arten im (Unter-)Mitteldevon verbreitet waren. Sie waren kaum über 1 m hoch und hatten eine ungegliederte Hauptachse. Die wenig gegabelten Seitenäste bildeten z. T. verbreiterte Assimilationsflächen, die man als Vorläufer von mehrfach gefiederten Blättern (Megaphyllen) betrachten kann.

Pseudotsuga, Gatt. der ↗ Pinaceae.

Psilocybe, Gatt. der ↗ Agaricales, deren Arten ↗ Psilocybin und *Psilocin* enthalten. Wichtigster Vertreter ist der „Zauberpilz" (*Psilocybe mexicana*).

Psilocybin, ein in Arten der Gatt. ↗ Psilocybe vorkommendes Indolalkaloid, das neben ↗ LSD und ↗ Haschisch eines der bekanntesten Halluzinogene ist. (↗ Sucht)

Psilophytopsida, *Urfarngewächse*, ausgestorbene Klasse der ↗ Pteridophyta. Sie besaßen einen aus ↗ Telomen bzw. Telomständen aufgebauten Vegetationskörper. Die Telome waren bei den primitiven Familien kahl, bei den höheren mit ↗ Emergenzen besetzt und von einer Proto- und Aktinostele durchzogen. Die Sporangien standen end- oder seitenständig an Haupt- oder Seitentrieben. Die Urfarne waren die ältesten mit Leitbündeln und Spaltöffnungen versehenen Landpflanzen und traten am Übergang zwischen Silur und Devon auf (vor ca. 400 Mio. Jahren). Die P. umfassen die Ord. ↗ Rhyniales, ↗ Zosterophyllales und ↗ Trimerophytales.

Psilotales, einzige Ord. der ↗ Psilotopsida.

Psilotopsida, *Gabelblattgewächse*, Klasse der Farnpflanzen (↗ Pteridophyta) mit der einzigen Ord. *Psilotales*. Es sind niedrige, ausdauernde, gabelig verzweigte, wurzellose Kräuter, deren Sprosse schuppenartige oder etwas größere blattartige Emergenzen (Mikrophylle) aufweisen. Anstelle von Wurzeln besitzen sie blattlose Rhizome mit einer Protostele, Mykorrhizapilzen und schlauchförmigen Rhizoiden. Die Meiosporangien sind zu einem Synangium verbunden. Zu den P. gehören nur die Gatt. *Psilotum* und *Tmesipteris* mit jeweils zwei tropischen Arten, die vorwiegend epiphytisch leben.

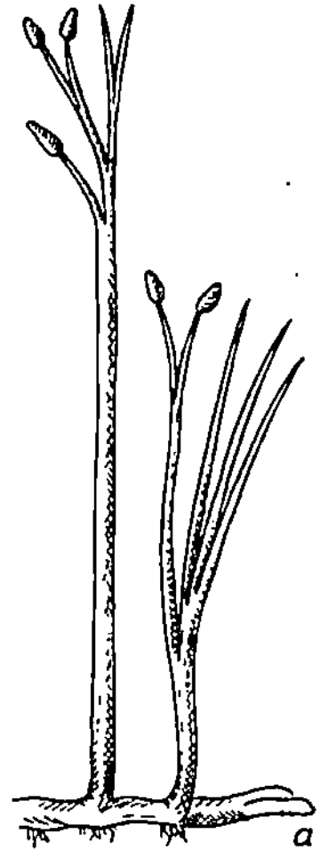

Psilophytopsida (Rekonstruktion): *Rhynia major* aus dem Mitteldevon

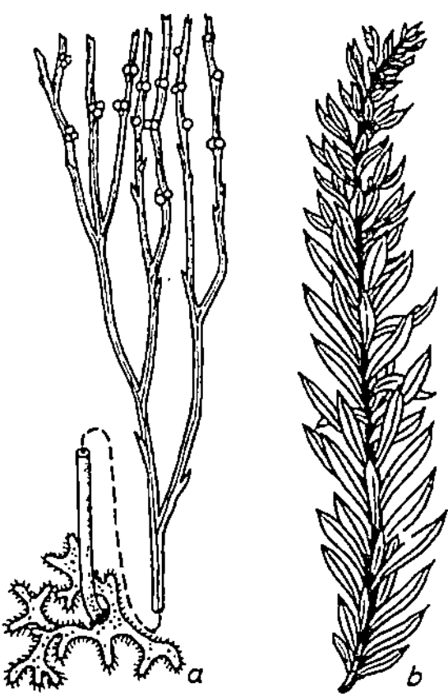

Psilotopsida　Rekonstruktionen von a *Psilotum*, b *Tmesipteris*

Psilophytopsida　Rekonstruktion von *Zosterophyllum rhenanum* aus dem Unterdevon

Psittaciformes, *Papageien*, sehr vielgestaltige Ord. der Vögel mit 340 Arten, die vorwiegend in den Tropen beheimatet sind. Die P. leben meist gesellig in Bäumen, einzelne Arten sind Bodenvögel. Papageien ernähren sich von Pflanzenteilen, hauptsächlich Knospen sowie Beeren, Früchten, Sämereien und Blüten; Spezialanpassungen sind ein Kropf und die Struktur von Ober- und Unterschnabel, die sich, unter Benutzung der dicken Zunge, gut z. B. zum Schälen von Nüssen eignet; größere Nahrungsbrocken werden mit dem Fuß zum Schnabel geführt. Viele Arten sind gesellig und ziehen zur Nahrungssuche geräuschvoll in großen Trupps umher. Fast alle Papageien leben in strenger Dauerehe; sie brüten in Baumhöhlen, die vorgefunden oder selbst gezimmert werden. Einige nisten auch in Felsen, am Boden oder in frei stehenden Gemeinschaftsnestern aus Reisig. Viele Arten sind beliebte Käfig- und

Volierenvögel, so u. a. die in vielen Farbvarianten gezüchteten Arten *Nymphensittich (Nymphicus hollandicus)* Größe bis 30 cm mit aufrichtbarer gelber Federhaube am Kopf, und *Wellensittich (Melopsittacus undulatus)* Größe bis 20 cm, Männchen mit blauer Wachshaut über dem Schnabel.

Psittakose, *Ornithose, Papageienkrankheit*, Durch *Chlamydia psittaci* (↗ Chlamydien) verursachte bakterielle Infektionskrankheit, die von Vögeln auf den Menschen übertragen werden kann. Beim Menschen treten u. a. grippeähnliche Symptome, Husten und Bronchopneumonien auf.

Psocoptera, *Staubläuse*, Taxon der ↗ Insecta mit etwa 2700 Arten, von denen nur etwa 100 in Mitteleuropa vorkommen. Sie sind zwischen 0,6 und 7 mm (maximal 10 mm) groß und leben auf Sträuchern und Bäumen, an welkendem Laub, an Flechten, in Höhlen, am Boden, in Tiernestern und in Gebäuden. P. ernähren sich von Grünalgen, Pilzen (Schimmelpilze) und Flechten, manche Arten können Wasserdampf absorbieren. P. haben einen braunen bis grauen Körper, die Facettenaugen sind mehr oder weniger reduziert, die Antennen fadenförmig und etwa körperlang. Die Mundgliedmaßen sind beißend. Viele Arten besitzen Spinndrüsen; die Vorderflügel sind größer als die Hinterflügel und werden in Ruhe dachförmig über dem Hinterleib zusammengelegt.

Psychoneuroimmunologie, wissenschaftliche Disziplin, welche die Erforschung des Wechselspiels zwischen Psyche, Nerven- und Immunsystem zur Aufgabe hat. Die Aufklärung der Wechselwirkung zwischen ↗ Nervensystem und ↗ Immunsystem ist eine wichtige Grundlage zum Verständnis des Einflusses der Gefühlswelt auf physiologische Prozesse und umgekehrt. Schon lange bekannt ist, dass Stress zu einer Unterdrückung der Immunabwehr führt. Die Regelkreise zwischen Nervensystem und Immunsystem, die in ihrer Gesamtheit ein komplexes Netzwerk bilden, sind noch nicht hinreichend verstanden. Nachgewiesen wurde, dass Zellen des Immunsystems (z. B. Makrophagen) Rezeptoren für Neurotransmitter besitzen, und dass z. B. Geschwindigkeit und Bewegungsrichtung von Makrophagen durch Neurotransmitter beeinflusst werden können. Von Immunzellen produzierte Cytokine wiederum stimulieren den ↗ Hypothalamus. Eine wichtige Vermittlerrolle spielen in diesem Zusammenhang ↗ Hormone. Insbesondere das Corticotropin-Releasing-Hormon (CRH) ist eine Schlüsselsubstanz. Vom Hypothalamus produziert, veranlasst es die Hypophyse zur Produktion von ↗ adrenocorticotropem Hormon (ACTH), das seinerseits in den Nebennierenrinden die Produktion von ↗ Cortisol, dem wichtigsten Stresshormon veranlasst. Cortisol wiederum kann, im Übermaß produziert, zu einer Unterdrückung des Immunsystems führen. Aufgrund dieser Mechanismen ist der Einfluss von Gedanken, Gefühlen und Vorstellungen auf Reaktionen des Immunsystems sowohl im Sinne von Dämpfung als auch im Sinne von Aktivierung zur Förderung der Selbstheilungskräfte nachvollziehbar. Zunutze macht man sich die Erkenntnisse der P. schon seit einer Reihe von Jahren vor allem in der Krebstherapie, in der, ergänzend zu den klassischen Therapieverfahren (Chirurgie, Strahlentherapie, Chemotherapie) Patienten dazu angeleitet werden, über geeignete Visualisierungen das Immunsystem und damit den Krankheitsverlauf günstig zu beeinflussen. (↗ Angst, ↗ spezifische Immunantwort, ↗ Stress)

Literatur: Miketta, G.: Netzwerk Mensch. Den Verbindungen von Körper und Seele auf der Spur, Reinbek 1994. – Schedlowski, M., Tewes, U. (Hg.): Psychoneuroimmunologie. Heidelberg 1996. – Schedlowski, M.: Streß, Hormone und zelluläre Immunfunktionen. Ein Beitrag zur Psychoneuroimmunologie. Heidelberg 1994.

Weitere Informationen bei: National Institutes of Health in Bethesda (Maryland): http://ohrm.od.nih.gov/ose/snapshots/

Psychrometer, ein Gerät zur Bestimmung des ↗ Wasserpotenzials von Pflanzen und des osmotischen Potenzials von Lösungen, das auf dem Prinzip der Messung von Verdunstungsfeuchtigkeit beruht.

Psychrophile, *Kryophile*, Bez. für ↗ Mikroorganismen, bei denen die optimale Wachstumstemperatur unter 15 °C liegt und die maximale Wachstumstemperatur unter 20 °C. Hierzu gehören u. a. Arten der Gatt. ↗ Gallionella, ↗ Leptothrix, ↗ Bacillus sowie *Vibrio marinus* und *Flavobacterium islandicum*. Die P. besitzen Enzyme, die in der Kälte optimal arbeiten und die schon bei sehr gemäßigten Temperaturen denaturiert oder anderweitig inaktiviert werden.

Psyllina, *Blattflöhe*, zu den Pflanzenläusen (↗ Sternorhyncha) gehörendes Taxon mit 1000 Arten, davon 100 in Mitteleuropa. Die P. sind sehr klein (1 - 4 mm), mit großen Komplexaugen und drei Ocellen. Die Hinterbeine sind als Sprungbeine ausgebildet. Die Vorder- und Hinterflügel werden während des Flugs über Häkchen am Hinterflügel miteinander gekoppelt. Die P. sind Pflanzensaftsauger, die z. B. Schäden an Kulturpflanzen anrichten können, manche Arten erzeugen Gallen.

Pteranodon, Art der Flugsaurier (↗ Pterosauria; Abb. siehe dort) mit einer maximalen Flügelspannweite bis 8 m und damit größtes Flugtier aller Zeiten. Der gestreckte, hinten mit einem schmalen Knochenkamm besetzte Schädel mündet vorn in einen zahnlosen Hornschnabel; der Hals ist kurz und beweglich, seine Wirbel besitzen zusätzliche Gelenke (bei Wirbeltieren einmalig), Rumpf und

Hinterextremitäten sind kurz, der Schwanz ist stummelförmig. P. war in der Oberkreide von Nordamerika und Russland verbreitet.

Pteridales, Ord. der Entwicklungsstufe Leptosporangiatae der Farne (↗ Pteridopsida). Die Arten sind dadurch gekennzeichnet, dass die Sori am Rand der Blattfiedern stehen. Zu den P. gehören u. a. der Adlerfarn (*Pteridium aquilinum*) und die Gatt. *Adiantum* und *Ceratopteris*.

Pteridine, eine Gruppe von Verbindungen, die das Pteridinsystem enthalten und deren Grundkörper das *Pterin* ist. Sowohl ↗ Folsäure als auch *Tetrahydrobiopterin* sind P. und dienen als Cofaktoren der Wasserstoffübertragung. Aufgrund ihrer Rolle als Cofaktoren für ↗ Enzyme sind P. weit verbreitet. Sie werden im Stoffwechsel entweder umgesetzt oder als Pigmente eingelagert, wie z. B. *Xanthopterin* oder *Leucopterin* in Schmetterlingsflügeln. Säugetiere scheiden ↗ Neopterin, Xanthopterin u. a. P. im Harn aus. Eine erhöhte Ausscheidung an Neopterin steht in Zusammenhang mit malignen Tumoren, Virusinfektionen und der Transplantatabstoßung, weil Neopterin anscheinend durch Makrophagen im Verlauf der T-Lymphocytenaktivierung sezerniert wird.

Pteridium, Gatt. der ↗ Pteridales.

Pteridophyta, *Farnpflanzen*, Abt. der Landpflanzen (↗ Embryophyta), deren Arten in allen Klimabereichen der Erde vorkommen. Ähnlich wie die Moose (↗ Bryophyta) sind sie durch einen auffälligen Wechsel von zwei verschieden gestalteten Generationen (↗ Generationswechsel) gekennzeichnet, jedoch sind beide Generationen, der ↗ Gametophyt und der ↗ Sporophyt, selbstständig. Der aus einer ↗ Spore entstehende haploide Gametophyt, hier *Prothallium* genannt, ist meist ein thallöses, Lebermoos-ähnliches Gebilde, das die Antheridien und Archegonien trägt. Die Archegonien haben den gleichen Aufbau wie diejenigen der Moose; sie werden daher auch mit den Farnen als ↗ Archegoniaten zusammengefasst. Bei entsprechender Feuchtigkeit können die Spermatozoiden zu den Eizellen schwimmen und diese befruchten. Aus der nun diploiden Zygote entwickelt sich die ungeschlechtliche Generation, der Sporophyt. Dieser sieht völlig anders aus als der Gametophyt und ist die eigentliche Farnpflanze. Er besitzt schon die Merkmale von Kormuspflanzen: Wurzel, Spross und Blätter. Die Wurzeln entspringen seitlich am Spross und haben eine Wurzelhaube. Spross und Blätter entsprechen in ihren meisten Merkmalen denjenigen der Samenpflanzen, daher rechnet man die P. zu den ↗ Kormophyten. Die aus Sieb- und Gefäßsträngen bestehenden Leitbündel durchziehen die gesamte Pflanze. Daher konnten sich bei den P. auch baumförmige Typen entwickeln. Der Stoffaustausch findet überwiegend über gut ausgebildete

Stomata statt. Darin kommt die Anpassung der P. an das Landleben besonders zum Ausdruck. Die Sporen werden in ↗ Sporangien gebildet, die sich überwiegend an den Blättern (Sporophylle) befinden. Zum Teil sind sie zu besonderen Sporophyllständen vereinigt. Die Sporen entstehen in den Sporangien aus den Sporenmutterzellen nach Reduktionsteilung. Nach der Keimung der Sporen entwickelt sich der Gametophyt. Bei einigen Farnen können sich verschiedengeschlechtliche Prothallien bilden, die auch aus zwei verschiedenen Sporentypen entstehen. Die meist großen weiblichen Prothallien entwickeln sich aus den Reservestoffreichen Megasporen (↗ Makrospore), die kleinen männlichen Prothallien aus den ↗ Mikrosporen. Arten, die gleichartige Sporen erzeugen, werden als *isospor* bezeichnet, Arten mit verschiedenartigen Sporen als *heterospor*.

Systematisch untergliedert man die P. in die Klassen ↗ Psilophytopsida (Urfarngewächse), ↗ Psilotopsida (Gabelblattgewächse), ↗ Lycopodiopsida (Bärlappgewächse), ↗ Equisetopsida (Schachtelhalmgewächse) und ↗ Pteridopsida (Farne).

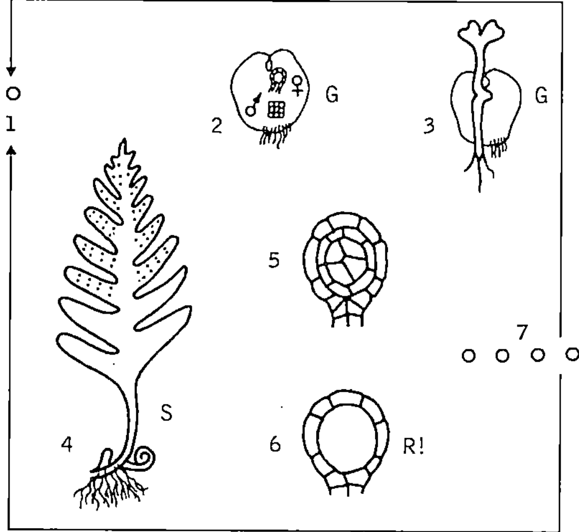

Pteridophyta Entwicklungsschema eines Farns: G Gametophyt, S Sporophyt. R! Reduktionsteilung. 1 Spore, 2 Prothallium mit weiblichen und männlichen Gametangien, 3 Prothallium mit jungen Sporophyten, 4 Sporophyt (stark verkleinert) mit Sporangiensori, 5 unreifes Einzelsporangium (stark vergrößert) aus einem Sorus, 6 reifes Sporangium mit Sporentetraden, 7 Sporen

Pteridopsida, *Filicopsida*, *Farne*, Klasse der Farnpflanzen (↗ Pteridophyta). Im Gegensatz zu Vertretern anderer Klassen der Farnpflanzen haben die P. monopodial verzweigte Stämme mit meist großen, reichlich gegliederten Blättern (Megaphylle), die man als *Wedel* bezeichnet. Sie sind im Jugendstadium an den Spitzen eingerollt. Die Sporangien befinden sich meist an der Blattunterseite oder sind von bestimmten Blattabschnitten umhüllt. Oft sind sie

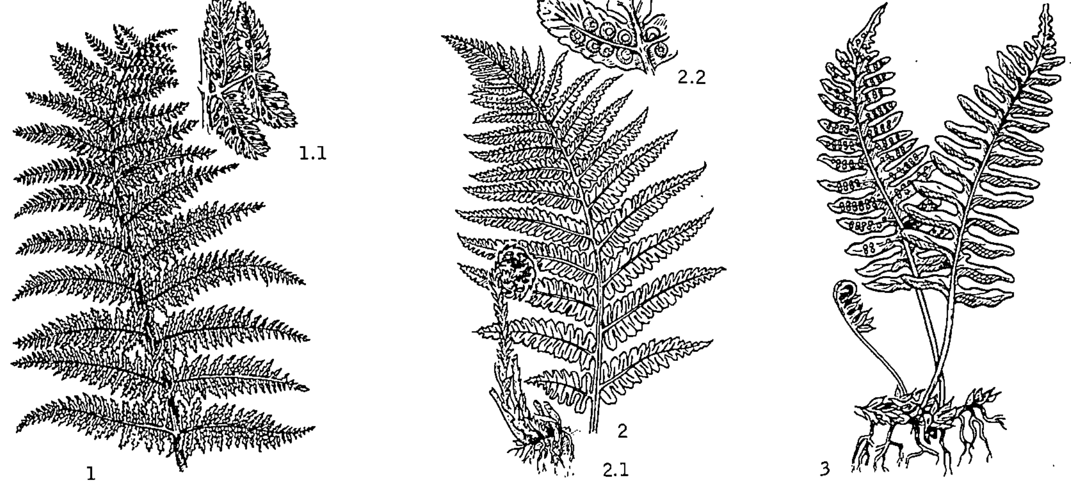

Pteridopsida   1 *Protopteridium hostimense*, 2 *Aneurophyton germanicum*, 3 Königsfarn (*Osmunda regalis*), 3.1 und 3.2 Sporangien

in charakteristischen flächigen Ansammlungen, die man als *Sori* bezeichnet, vereinigt. Diese sind häufig von dünnen Häuten, den *Indusien*, bedeckt. Die Sporophylle können den assimilierenden Trophophyllen gleichwertig sein, oder sie sind verschieden, meist stärker vereinfacht. Ein deutlich abgesetzter Sporophyllstand ist nicht vorhanden. Die unmittelbaren Verwandten der heute noch lebenden etwa 10000 Farnarten waren schon im Unterkarbon vorhanden. Je nach Entwicklung verschiedener Merkmale teilt man die P. in vier *Entwicklungsstufen* ein: die Primofilices (Protopteridiidae), die Eusporangiatae (Ophioglossidae), die ↗ Leptosporangiatae (PteMPidae) und die ↗ Hydropteridales oder Salviniidae (Wasserfarne). Die schon im Devon auftretenden, nur fossil bekannten *Primofi-*

lices sind primitive Urformen der Farne. Die Vertreter dieser primitiven Farne trugen noch endständige Sporangien; bei den Blättern lagen die Fiederabschnitte z. T. noch nicht in einer Ebene (Raumwedel). Zu den Primofilices gehören die ↗ Pseudosporochnales, die ↗ Protopteridiales, die ↗ Cladoxylales, die ↗ Coenopteridales und ↗ Archaeopteridales. Bei der Entwicklungsstufe *Eusporangiatae* sind die Sporangien mit einer mehrschichtigen Wand versehen und entwickeln sich jeweils aus mehreren Zellen. Hierzu gehören die ↗ Ophioglossales und die ↗ Marattiales. Bei den *Leptosporangiatae* entwickeln sich die Sporangien jeweils aus einer Epidermiszelle und werden von einer Wand geschützt. Etwa 90 % aller Farne (ca. 9000 Arten) gehören zu dieser Gruppe, u. a. die

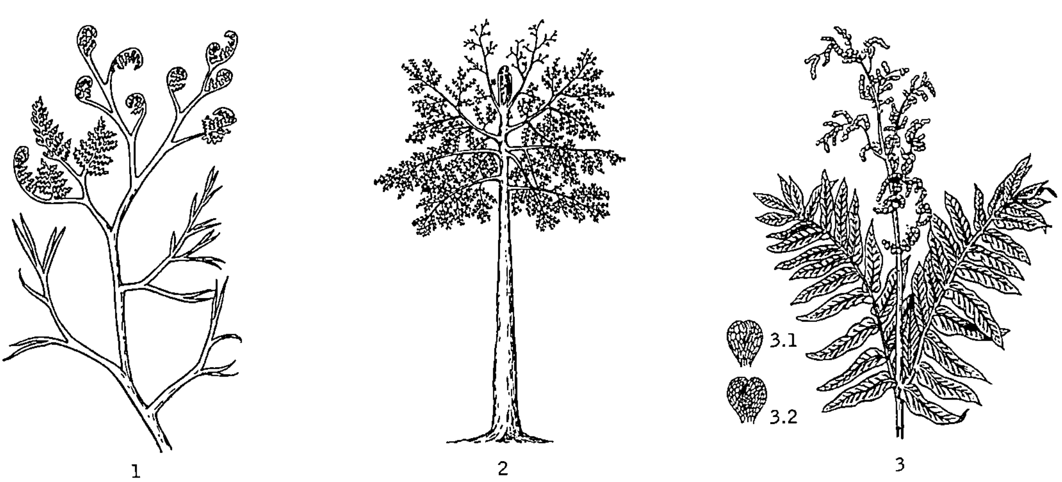

Pteridopsida   1 Frauenfarn (*Athyrium filix-femina*), 2 Wurmfarn (*Dryopteris filix-mas*), 2.1. unterer Teil der Pflanze, 2.2 Fiederchen mit Sori, 3 Tüpfelfarn (*Polypodium vulgare*)

↗ Baumfarne der Gatt. *Cyathea, Dicksonia* und *Cibotium* und die meisten bei uns heimischen Farne. Hierzu zählen u. a. der Adlerfarn (*Pteridium aquilinum*), der Königsfarn (*Osmunda regalis*), die Hirschzunge (*Phyllitis scolopendrium*), der Frauenfarn (*Athyrium filix-femina*), der Wurmfarn (*Dryopteris filix-mas*), der Tüpfelfarn (*Polypodium vulgare*) und die Geweihfarne (*Platycerium*). Zu den Leptosporangiatae gehören die Ord. ↗ Osmundales, Gleicheniales, ↗ Schizaeales, ↗ Hymenophyllales, ↗ Mationales, ↗ Cyatheales, ↗ Polypodiales, ↗ Pteridales, Aspidiales und Blechnales. Die vierte Entwicklungsstufe sind die ↗ Hydropterides (Wasserfarne) mit den Ord. ↗ Salviniales und ↗ Marsileales.

Zum Generationswechsel bei Farnen ↗ Pteridophyta.

Pteridospermae, ↗ Lyginopteridopsida.

Pteriomorpha, sehr vielgestaltiges Taxon der Muscheln (↗ Bivalvia), deren Arten oft ungleiche Schalenklappen sowie z. T. ungleiche Schließmuskeln besitzen, und die sich mit Hilfe eines erhärtenden Sekrets oder von Byssus auf Hartsubstrat festheften. Zu den P. gehören u. a. die ↗ Miesmuschel, die ↗ Austern, die im Mittelmeer vorkommende *See-* oder *Steindattel (Lithophaga lithophaga),* die sich in Kalkgestein des oberen Litorals chemisch einbohrt, weiterhin die in warmen Meeren lebenden *Perlmuscheln* (Gatt. *Pinctada*), die durch Einschluss von Fremdkörpern in Aragonitlagen hochwertige Naturperlen produzieren, und die auch zur Erzeugung von Zuchtperlen durch Einpflanzen von kugeligen Kernen aus anderen Muschelschalen genutzt werden, sowie die *Kamm-Muscheln* (Gatt. *Pecten*), die am Mantelrand Augen und Tentakeln tragen; einige Arten können mittels Rückstoß schwimmen.

P-Terminus, bei ↗ Nucleinsäuren die alternative Bez. für das 5'-Ende eines Moleküls.

Pterobranchia, *Flügelkiemer*, zu den ↗ Hemichordata gehörendes Taxon mit marinen, Kolonie bildenden Arten, die sessil oder halbsessil in und auf selbstgebauten Gehäusen leben und mit Hilfe ihrer Tentakel Nahrungspartikel filtrieren. Die Kolonien haben eine Größe von wenigen Millimetern bis zu 30 cm Durchmesser, die Einzeltiere sind nur etwa 1 mm groß. Die Kolonien werden durch Knospung gebildet, über die geschlechtliche Fortpflanzung ist noch wenig bekannt.

Pterosauria, *Flugsaurier*, ausgestorbene Gruppe flugfähiger, warmblütiger Reptilien, die zu den *Archosauria* gehörten. Ihre zum Flügel umgebildete Vorderextremität bestand aus einem extrem verlängerten, viergliedrigen, zu einem Flugholm versteiften vierten Finger, am dem die Flughaut (*Patagium*) ansetzte. Der fünfte Finger war völlig reduziert. Die Flughaut war über den verlängerten Flugfingermittelhandknochen und den ebenfalls verlängerten Unterarm mit dem Oberarm verbunden. Sie erstreckte sich bis zum Beckenbereich bzw. bis zur fünften Zehe, die stets proximal zum Körper hin abgewinkelt ist; dieser hintere Teil der Flughaut wird *Uropatagium* genannt. Flughaut und Körper waren bei vielen P. von einem haarähnlichen Fell überzogen. Durch Auf- und Niederschlag der Vorderextremität konnte ein aktiver Ruderflug, bei großen Formen (Pteranodon) auch ein Segelflug durchgeführt werden. Flugsaurier besaßen zwischen den Zehen eine Schwimmhaut und einige Formen einen häutigen Kehlsack. Sie hatten ein aus dicht stehenden Zähnen bestehendes Filtriergebiss oder waren wie Pteranodon zahnlos. Sie ernährten sich von Insekten, Fischen, Früchten oder Aas oder waren Suspensionsfiltrierer. Es werden zwei Gruppen unterschieden, die langschwänzigen *Rhamphorhynchoidea*, die von der oberen Trias bis in die untere Kreide vorkamen und die stummelschwänzigen oder schwanzlosen *Pterodactyloidea* des oberen Jura bis zur oberen Kreide; zu letzteren gehört ↗ Pteranodon.

Pterygota, *Fluginsekten*, Gruppe der ↗ Insecta, die alle primär geflügelten Insekten enthält. Die P. besitzen zwei Paar Flügel an Mesothorax und Metathorax, die jedoch sekundär wieder reduziert sein können, so z. B. bei allen Flöhen (↗ Siphonaptera). Zu den P. zählt der größte Teil der rezenten Insek-

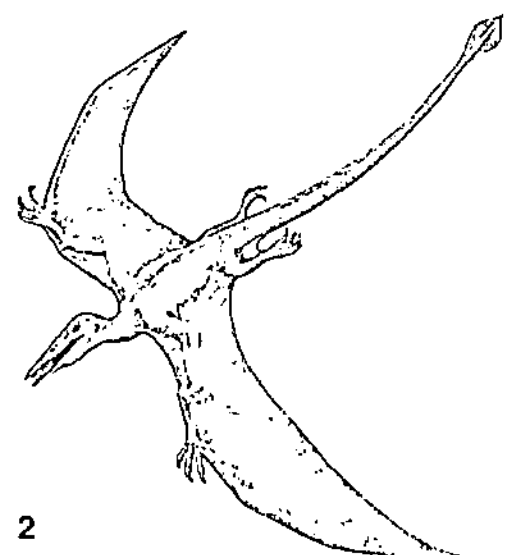
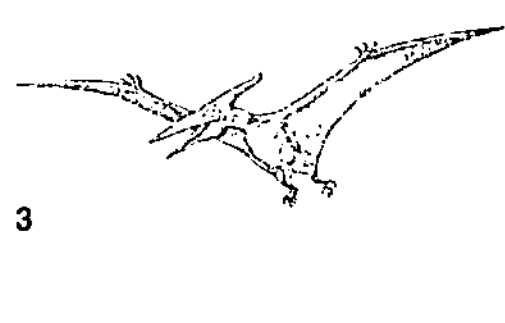

Pterosauria 1 *Dimorphodon* (unterster Lias von Südengland), Flügelspannweite bis ca. 1,5 m; 2 *Rhamphorhynchus* (oberer Jura von Europa und Ostafrika), Flügelspannweite ca. 1,8 m; 3 *Pteranodon* (obere Kreide), Flügelspannweite ca. 8 m

ten. Drei große Entwicklungslinien werden unterschieden, die Eintagsfliegen (↗ Ephemeroptera), die Libellen (↗ Odonata) und die *Neoptera*, die alle übrigen P. umfassen.

PTH, Abk. für ↗ Parathormon.

Ptomaine, die ↗ Leichengifte.

PTTH, Abk. für ↗ prothorakotropes Hormon.

Ptyalin, ↗ Speichel.

Pubertas praecox, die verfrüht einsetzende Geschlechtsreife (↗ Pubertät), bei Mädchen vor dem achten und bei Jungen vor dem neunten Lebensjahr. Mit der vorzeitigen Reifung der Keimdrüsen (↗ Gonaden) ist eine verfrühte Beendigung des Wachstums durch den früher erfolgenden Epiphysenschluss verbunden; außerdem führt die altersabweichende Entwicklung häufig zu psychischen Problemen. Ursachen können Regulationsstörungen des ↗ Hypothalamus oder Schädigungen des Zwischenhirns, insbesondere der ↗ Epiphyse sein. (↗ adrenogenitales Syndrom)

Pubertät, Erlangung der ↗ Geschlechtsreife bei Säugetieren und dem Menschen. Beim Menschen liegt der Beginn der P. zwischen dem 9. und 11. (Mädchen) bzw. dem 11. und 13. Lebensjahr (Jungen). Für nicht domestizierte Säugetiere ist der Eintritt in die P. stark von Umweltbedingungen abhängig und somit generell nicht exakt festzulegen. Auslöser der P. sind Aktivitäten von Neuronen im ↗ Hypothalamus, die zwar bereits unmittelbar nach der ↗ Geburt ↗ Gonadotropin-Releasing-Hormon (GRH) in rhythmischer Folge ausschütten, ihre Tätigkeit aber spätestens nach dem sechsten Lebensmonat (beim Menschen) wieder einstellen. Mit Beginn der Pubertätsphase wird die pulsierende GRH-Ausschüttung und damit die Sekretion von ↗ gonadotropen Hormonen zunächst während des Tiefschlafs wieder aufgenommen. Im weiteren Verlauf der P. wird sie schlafunabhängig. Im männlichen Geschlecht bewirkt die GRH-induzierte Ausschüttung von FSH (↗ Follikel stimulierendes Hormon) die Aufnahme der ↗ Spermatogenese; die ebenfalls GRH-abhängige Sekretion von LH (↗ luteinisierendes Hormon) führt zur Produktion von ↗ Androgenen (insbesondere ↗ Testosteron), die als anabole Hormone die Proteinsynthese stimulieren und somit für die Vermehrung der Muskelmasse und einen Wachstumsschub verantwortlich sind. Testosteron reguliert ferner am Ende der P. die Verknöcherung der Wachstumszonen (Epiphysen) und damit das Ende der Wachstumsphase. Das Hormon kann von Enzymen in Haar bildenden Follikeln zu 5α-Dihydrotestosteron reduziert werden und verursacht in dieser Form den charakteristischen männlichen Behaarungstyp. Im weiblichen Geschlecht wird nach GRH-Schüben infolge vermehrter FSH- und LH-Produktion Estrogen gebildet und damit der ↗ Menstruationszyklus eingeleitet,

wobei die ersten Blutungen oft noch ohne vorhergehenden Eisprung auftreten können (Estrogenentzugsblutungen). Da Estrogene (und ↗ Progesteron) eine schwächer ausgeprägte anabole Wirkung als Androgene besitzen, ist der weibliche pubertäre Wachstumsschub weniger stark als der männliche. Unter dem Einfluss der Estrogene prägen sich dann auch die typisch weiblichen sekundären ↗ Geschlechtsmerkmale aus. (↗ adrenogenitales Syndrom, ↗ Akne ↗ Empfängnisverhütung, ↗ Geschlechtsorgane, ↗ Magersucht, ↗ Oogenese)

Puccinia, Gatt. der ↗ Uredinales.

Puff, eine bei ↗ Riesenchromosomen lichtmikroskopisch gut erkennbare lokale Auflockerung, die Ort intensiver Transkription ist.

Puffbohne, ↗ Ackerbohne.

Puffer, ein System, das Änderungen des pH-Wertes gegenüber beständig ist und sie bei Zugabe bzw. Verlust von Säure bzw. Base minimal hält. Unter physiologischen Bedingungen stabilisieren P. den ↗ pH-Wert von Zellen und Körperflüssigkeiten, z. B. bei stoffwechselbedingter Unter- oder Überproduktion von ↗ Säuren und ↗ Basen oder bei Änderungen der Wasserstoffionenkonzentration. Im Labor werden P. verwendet, um konstante und günstige pH-Werte für enzymatische Reaktionen zu erhalten, um Proteine vor Denaturierung zu schützen und um passende pH-Bedingungen für die Kultur von Mikroorganismen und Geweben herzustellen. Außerdem werden gepufferte Lösungen auch bei vielen Trennverfahren (Chromatographie, Elektrophorese usw.) als Elutionsmittel eingesetzt.

Die Pufferwirkung wird beschrieben durch die *Henderson-Hasselbalch-Gleichung*:

pH = pK + log ([Salz]/[Säure]) bzw.

pH = pK + log ([konjugierte Base]/[Säure]).

Wenn der Quotient [konjugierte Base]/[Säure] gleich eins ist, d. h. die Hälfte der Säure-Ionen titriert ist, gilt pH = pK. In der aus der Gleichung resultierenden Titrationskurve ergibt sich ein Plateau, auf dem der pH-Wert von der Zugabe von Säure oder Base relativ unbeeinflusst bleibt. Dieses Plateau entspricht dem Puffergebiet und ist durch den pK-Wert definiert.

Die *Pufferkapazität* wird durch die Menge der vorhandenen Pufferkomponenten bestimmt. Sie ist definiert als die minimale Menge an Säure oder Base, die hinzugefügt bzw. entfernt werden muss, um eine signifikante pH-Änderung hervorzurufen. In der Physiologie entspricht die Pufferkapazität dem Betrag an Säure oder Base, der von Körperflüssigkeiten aufgenommen werden kann, bevor der pH-Wert gefährlich hoch oder niedrig wird. (↗ Puffersysteme)

Puffersysteme, Substanzen, die durch ihre Pufferwirkung die Körperflüssigkeiten gegen unphysiologische Änderungen des pH-Werts schützen. Das

Hauptpuffersystem im Blut und in den Zellen ist das ↗ Hydrogencarbonat (HCO_3^-/CO_2). ↗ Hämoglobin (Desoxyhämoglobin/Desoxyhämoglobin•H^+, Oxyhämoglobin/Oxyhämoglobin•H^+) ist ein weiteres Puffersystem im Blut, das einen kleineren Beitrag zur Pufferkapazität (↗ Puffer) leistet. So sind die fünf Liter Blut eines durchschittlichen Erwachsenen in der Lage, 0,15 mol H^+ aufzunehmen, bevor der pH-Wert gefährlich niedrig (= sauer) wird. Hydrogencarbonat ist auch die Hauptform, in der CO_2 von den atmenden Geweben zur Lunge transportiert wird (etwa zu 80 %), wo es ausgeatmet wird. Ein kleiner Teil des CO_2 wird als Carbaminogruppe von Proteinen transportiert: Protein–NH_2 + CO_2 ⇌ Protein–NH–COOH ⇌ Protein–NH–COO^- + H^+. Dabei stehen die verschiedenen Transportformen des CO_2 im Blut miteinander im Gleichgewicht. Um das gelöste CO_2 in hohe HCO_3^--Konzentrationen zu überführen, muss das entstehende H^+ entfernt werden, d. h. durch ein Puffersystem aufgefangen werden. Die Hauptpuffer, die diese Funktion ausüben, sind die Plasmaproteine (zu ca. 10 %), das Phosphat in den ↗ Erythrocyten (ca. 20 %) und das Hämoglobin in den Erythrocyten (60 - 70 %). ↗ Bohr-Effekt

Puffottern, *Bitis*, Gatt. der Vipern (↗ Viperidae) mit elf Arten, die in Zentral- und Südafrika in den unterschiedlichsten Lebensräumen verbreitet sind. Sie sind 0,3 - 1,8 m lang, mit gedrungenem Körper und dreieckigem, deutlich abgesetztem Kopf. Die in Trockengebieten Afrikas lebende *Gewöhnliche Puffotter (Bitis arietans)* ist verantwortlich für die meisten der in Afrika durch Schlangenbisse verursachten Todesfälle bei Menschen.

Pulex irritans, der ↗ Menschenfloh.

Pulmo, die ↗ Lunge.

Pulmonalklappe, eine der Herzklappen (↗ Herz).

Pulmonaria, Gatt. der ↗ Boraginaceae.

Pulmonata, *Lungenschnecken*, Gruppe der Schnecken (↗ Gastropoda) mit etwa 16000 rezenten Arten, die vorwiegend landlebend sind, einige leben an felsigen Meeresküsten, die Basommatophora im Süßwasser; einige Arten kommen sogar in Wüstengebieten vor und schützen sich durch weiße, dicke Gehäuse und Ruhephasen vor der Tageshitze. Namen gebend ist die zur Lungenhöhle umgewandelte Mantelhöhle, über die i. Allg. die Atmung erfolgt; wasserlebende P. haben sekundär Kiemen ausgebildet. Die Radula trägt zahlreiche Zähne (z. B. bei der Weinbergschnecke rund 27000). Das Nervensystem zeigt eine Tendenz zur Konzentrierung der Ganglien im Schlundring. Die meisten Arten der P. besitzen ein Gehäuse. Die P. sind zwittrig, der Penis ist rückgebildet und funktionell durch die Penishülle ersetzt. Es werden im Wesentlichen drei Subtaxa unterschieden, die ↗ Archaeopulmonata (Altlungenschnecken), die ↗ Basommatophora (Wasserlungenschnecken) und

die ↗ Stylommatophora (Landlungenschnecken). Die Stellung eines vierten Taxons (Gymnomorpha) ist unsicher.

Pulpa, ↗ Zähne.

Pulque, ↗ Agave.

Puls, *Pulsus*, i. w. S. die in Abhängigkeit vom Herzrhythmus (Herz) erfolgende Schwankung von Blutstrom, ↗ Blutdruck oder Blutvolumen im Blutkreislaufsystem (↗ Blutkreislauf), i. e. S. die vom Herzschlag bewirkte, rhythmisch auftretende Druckwelle (*Pulsschlag*) in den ↗ Arterien (*arterieller Puls*).

Pulsatilla, Gatt. der ↗ Ranunculaceae.

pulsierende Vakuole, die ↗ kontraktile Vakuole.

Pulvinus, bei Pflanzen die Bez. für spezielle *Blattgelenke*, die durch Änderungen des ↗ Turgors das Heben und Senken von Blättern bzw. Blattfiedern ermöglichen. Diese ↗ Blattbewegungen können sowohl durch Umweltreize (z. B. bei der Mimose) oder aber durch endogene Faktoren wie die ↗ innere Uhr gesteuert werden (↗ Schlafbewegungen). Auf der Unterseite des P. befinden sich so genannte *Extensorzellen*, die mit den *Flexorzellen* der Gelenkoberseite antagonistisch in Wechselwirkung stehen. Bei der Senkung des Blattes kommt es zur Abnahme des Turgors der Extensorzellen durch Ausstrom von Kaliumionen, während das Volumen der Flexorzellen ansteigt. Beim Anheben von Blättern laufen die entgegengesetzten Prozesse ab.

Puma, *Profelis concolor*, zur Gatt. Goldkatzen (*Profelis*) gehörende Art der Katzen (↗ Felidae), die urprünglich über ganz Amerika verbreitet war. Der P. ist bis 1,8 m körperlang und ein überwiegend dämmerungs- und nachtaktiver Einzelgänger. Seine Beute sind bis hirschgroße Säugetiere, die er durch Nackenbiss tötet. P. sind in vielen Bereichen ihres Verbreitungsgebietes bedroht oder bereits ausgerottet.

Punicaceae, *Granatapfelgewächse*, Fam. der ↗ Myrtales mit zwei Arten, die in den Subtropen vorkommen. Es sind Holzpflanzen mit einfachen Blättern und regelmäßigen fünf- bis siebenzähligen Blüten. Zu den P. gehört der ↗ Granatapfel, *Punica granatum* (Abb. s. S. 502).

Punktmutation, eine Form der ↗ Genmutation.

Punktualismus, ↗ Evolutionstheorien.

Pupa, die ↗ Puppe.

Puparium, ↗ Puppe.

Pupille, das Sehloch im ↗ Auge.

Pupillenreflex, *Pupillenreaktion*, einer der Mechanismen, der den Lichteinfall auf die Sehzellen der Netzhaut durch Vergrößerung oder Verkleinerung der Pupille reguliert, eine vor allem für kurzfristige Leuchtdichteänderungen wichtige Reaktion. Bei Fischen und Amphibien geht sie von der lichtempfindlichen Iris aus, bei Säugern, Vögeln und Reptilien wird die Pupillenreaktion reflekto-

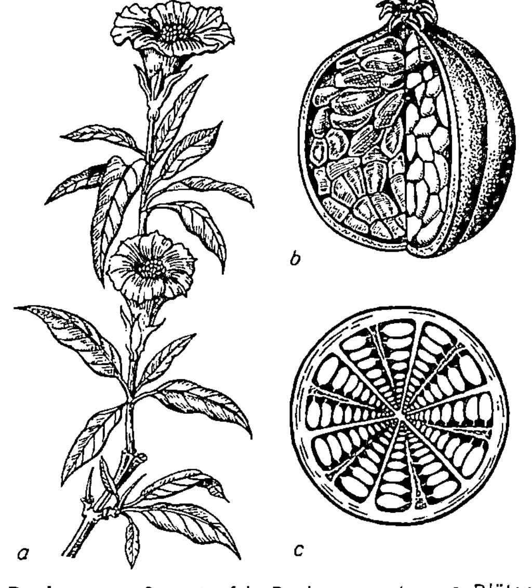

Punicaceae Granatapfel, *Punica granatum,* a Blütenzweig, b Frucht, c Fruchtquerschnitt

risch durch Reizung der Netzhaut ausgelöst. Bei den Säugern genügt es, eine Netzhaut zu beleuchten, um bei beiden Augen (infolge der sich überkreuzenden Sehbahnen im Chiasma opticum) eine Pupillenverkleinerung gleichen Ausmaßes zu erreichen (*konsensuelle Pupillenreaktion*). Die Pupille kann beim Menschen, ausgehend von der Maximalfläche, auf 1/16 reduziert werden, und damit auch die Beleuchtungsstärke auf der Netzhaut. Durch eine Verengung der Pupille werden zudem die Randstrahlen abgeblendet, wodurch ein schärferes Bild entsteht (Verringerung der sphärischen ⁊ Aberration) und eine größere Schärfentiefe erreicht wird. Die Einstellung des Auges auf Nahsehen (⁊ Akkommodation) ist ebenfalls mit einer Verkleinerung der Pupillenweite verbunden (*Konvergenzreaktion*).

Neben Veränderungen der Pupillengröße durch unterschiedliche Lichteinstrahlung führen auch emotionale Prozesse zu willentlich nicht steuerbaren Größenveränderungen. Positiv bewertete visuelle Reize haben Pupillenerweiterung, negativ eingestufte dagegen Pupillenverengung zur Folge. (⁊ Auge, ⁊ Hell-Dunkel-Adaptation)

Pupiparie, spezielle Form der ⁊ Viviparie, bei der jedoch verpuppungsreife Larven geboren werden, so bei Tsetsefliegen (⁊ Muscidae) und den danach benannten *Pupipara,* den Lausfliegen und Fledermausfliegen. (⁊ Holometabola, ⁊ Larviparie)

Puppe, *Pupa, Chrysalide, Chrysalis,* das Ruhe- und Umbaustadium der ⁊ Holometabola unter den Insekten (⁊ Insecta). Es ist das Stadium zwischen der letzten ⁊ Larve und der ⁊ Imago, in dem keine Nahrungsaufnahme mehr stattfindet. Hier treten auch zum ersten Mal imaginale Flügelanlagen auf, die bei den Larven nur im Körperinnern als Imaginalscheiben vorhanden waren. Kurz vor einer Verpuppung ist die Larve oft bereits puppenähnlich (*Propupa, Semipupa*). Häufig wird von der Larve ein *Puppenkokon* aus Gespinstfäden oder aus dem Substrat der Umgebung hergestellt. Bei Schmetterlingen (⁊ Lepidoptera) befestigt die Puppe sich mit einem Gespinstfaden als *Gürtelpuppe* (*Pupa cingulata, Pupa succinata;* bei allen Schwalbenschwänzen, Weißlingen) oder als *Sturzpuppe* (*Stürzpuppe, Pupa suspensa;* bei Augenfaltern, Eckenfaltern) an einer Unterlage. Oft treten puppeneigene Organe auf, wie der ⁊ Cremaster am Hinterleibsende der Schmetterlingspuppen, die sich in einem Kokon befinden. Man unterscheidet folgende Puppentypen: 1) *Pupa dectica* mit stark sklerotisierten beweglichen Mandibeln, die der Öffnung eines Kokons dienen; die gesamte Puppe ist wegen frei abstehender Extremitäten und Flügelanlagen sehr beweglich; bei Köcherfliegen, Netzflüglern, Kamelhalsfliegen, Schlammfliegen, Skorpionsfliegen und ursprünglichen Schmetterlingen (Zeugloptera). 2) *Pupa adectica* ohne frei bewegliche Mandibeln; hierher gehören alle übrigen Puppentypen, die ihrerseits noch unterteilt werden in a) *Pupa exarata,* Beine und Flügel sind nicht sklerotisiert und frei hängend, a.1) *Pupa libera,* hierher vor allem die Puppen der Käfer und der meisten Hautflügler; a.2) eine Sonderform der Pupa exarata ist die *Tönnchenpuppe* der cyclorrhaphen Zweiflügler, die dadurch entsteht, dass das letzte Larvenstadium in der aufgeblähten Haut des vorletzten verbleibt und sich dann darin verpuppt. Dabei wird diese vorletzte Larvenhaut zusammen mit der letzten puparisiert (nicht bei *Drosophila*), d. h., es werden in ihr Pigment und Harnsäurekonkremente abgelagert. Die eigentliche Puppe ist dann von zwei Häuten (*Exuvien*) umschlossen. Dieses Puparium heißt *Puparium coarctata.* b) *Pupa obtecta* (*Mumienpuppen, bedeckte Puppen*), bei diesem Typ sind die Extremitäten, Mundteile und Flügelscheiden fest mit der Puppenhaut verwachsen; diese ist in der Regel stark sklerotisiert und gefärbt; nur der Hinterleib ist gut beweglich; vor allem bei Schmetterlingen, den ⁊ Nematocera und vielen ⁊ Brachycera sowie einigen Käfern (Kurzflügler). ⁊ Häutung, ⁊ Metamorphose

Purin, eine heterozyklische Verbindung, deren kondensiertes Ringsystem formal aus einem Pyrimidin- und einem Imidazolring besteht. Freies P. wurde in der Natur bisher nicht gefunden. Biologisch wichtig sind vor allem die Amino-, Hydroxy- und Methylderivate des Purins (⁊ Purinbasen).

Purinbasen, die in den ⁊ Nucleinsäuren und deren niedermolekularen Vorstufen, den Purinnucleosiden und Purinnucleotiden (AMP, GMP, dAMP,

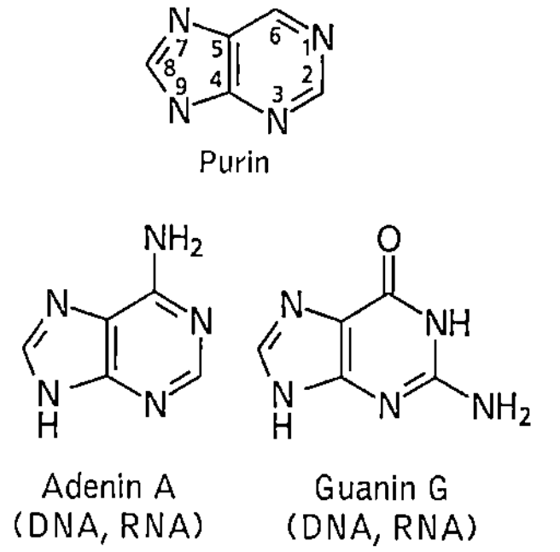

Purin

Adenin A
(DNA, RNA)

Guanin G
(DNA, RNA)

Purinbasen Der Grundkörper der Purinbasen, das Purin (oben) und die beiden Purinbasen Adenin und Guanin

dGMP), sowie den entsprechenden Nucleosidtriphosphaten (ATP, GTP, dATP, dGTP) und Nucleotid-Coenzymen enthaltenen Basen ↗ Adenin und ↗ Guanin. Durch Modifikation der P. in der intakten Nucleinsäurekette entstehen *seltene Nucleinsäurebausteine*, wobei die Modifizierungen durch Acetylierung, Glucosylierung, Isoprenylierung, Reduktion, Thiolierung sowie Methylierung von Bedeutung sind. *Purinanaloga* sind Purinverbindungen, die durch geringe Strukturabwandlungen vor allem von P. entstehen. Bevorzugte Reaktionen sind u. a. der Austausch von OH-Gruppen gegen SH-Gruppen (z. B. 6-Mercaptopurin) oder NH_2-Gruppen (2,6-Diaminopurin) oder der Austausch eines Ring-C-Atoms gegen ein N-Atom (8-Azaguanin). Purinanaloga hemmen selektiv bestimmte enzymatische Reaktionen, insbesondere der Nucleinsäuresynthese. (↗ Pyrimidinbasen)

Purkinje, *Johannes Evangelista* Ritter von, böhmischer Physiologe, * 17.12.1787 Libochowitz (bei Leitmeritz), † 28.7.1869 Prag; ab 1823 Prof. in Breslau, ab 1850 in Prag. P. war Mitbegründer der experimentellen Physiologie als selbstständiger Wissenschaft und Begründer der mikroskopischen Anatomie in Deutschland. Er arbeitete insbesondere über die Physiologie des Gesichtssinns und machte u. a. auf die verschiedenen Reflexbildchen (*Purkinje-Sanson'sche Bildchen*) an der Hornhaut sowie der Linsenvorder- und Linsenhinterfläche des menschlichen Auges und auf das ↗ Purkinje-Phänomen (1825) aufmerksam. Darüber hinaus beschrieb P. die embryonale Entwicklung der Zähne, die Blutgefäßwand, das Flimmerepithel (1834), die Magendrüsen, die Purkinje-Zellen (1837) des Kleinhirns und die Purkinje-Fasern (His'sche Bündel, 1845) im Herzen. Er benutzte erstmals das Mikrotom und fertigte mikroskopische Präparate in Kanadabalsam an. Im Jahr 1837 prägte P. den Begriff *Protoplasma.*

Purkinje-Phänomen, zum ersten Mal von J.E. von ↗ Purkinje (1825) beschriebene physiologische Erscheinung, bei der zwei verschiedenfarbige Flächen, die bei Tageslicht gleich hell erscheinen, bei Dämmerlicht unterschiedlich hell empfunden werden. Dies beruht darauf, dass bei niedrigen Lichtintensitäten mit den Stäbchen (↗ Auge) gesehen wird, die eine andere Spektralempfindlichkeit (↗ Farbensehen) aufweisen als die für das Lichtsehen zuständigen Zapfen. Mit dieser Theorie steht in Einklang, dass das P. - P. bei Schildkröten nicht auftritt, da diese eine reine Zapfenretina besitzen. (↗ Dämmerungssehen, ↗ Sehen)

Purpurbakterien, Gruppe anaerober Bakterien (Fotosynthesesystem ↗ fototrophe Bakterien), die alle fototrophen ↗ Proteobacteria umfasst. Durch Bakteriochlorophylle und Carotinoide sind die P. purpurn, rot oder braun gefärbt. Die P. können weiter unterteilt werden in Arten, die H_2S als Elektronendonor in der Fotosynthese verwenden (↗ Schwefel-Purpurbakterien), und Arten, die meist schwefelfreie Verbindungen als Elektronendonor verwenden (*Nichtschwefel-P.*). Die Hauptgatt. sind *Chromatium*, *Ectothiorhodospira*, *Rhodobacter* und *Rhodospirillum*.

Purpurrose, Art der ↗ Actiniaria.

Putrescin, *Tetramethylendiamin*, *1,4-Diaminobutan*, chemische Formel $H_2N–(CH_2)_4–NH_2$, ein biogenes Diamin, das durch bakterielle ↗ Decarboxylierung von ↗ Ornithin entsteht. P. hat einen unangenehmen Geruch und entsteht z. B. in faulenden Eiweißstoffen. Es zeigt die typischen Reaktionen der primären Amine. Seine Ausscheidung im Harn ist bei Vorliegen einer Krebserkrankung erhöht. Durch Verknüpfung mit ↗ Cytostatika wird P. zur Herstellung selektiv wirkender Cytostatika eingesetzt. Technisch dient es als Zwischenprodukt bei der Herstellung einer Reihe von Produkten, so u. a. von Pflanzenschutzmitteln.

Putzen, *Putzverhalten*, Verhalten von Tieren, das der Körperpflege dient, indem Schmutz und Fremdkörper aus dem Fell, den Federn oder von der Haut entfernt, die Federn geordnet werden usw. (↗ Komfortverhalten). Auch das Entfernen von Ektoparasiten wird als P. bezeichnet, z. B. das bei vielen Vogelarten wichtige Durchkämmen der Federn nach Feder fressenden Insekten. Das P. geschieht häufig mit stereotypen, gut beschreibbaren *Putzbewegungen*, die ritualisiert werden können (Scheinputzen von Entenerpeln). Solche Putzbewegungen treten häufig als Übersprungbewegung im Fall eines Konflikts auf. Das gegenseitige Putzen von Artgenossen (*soziale Körperpflege*) kommt häufig vor und spielt z. B. bei vielen Affenarten (*Lausen*) eine große Rolle für den Zusammenhalt der Gruppe. Wird das Putzen von Tieren einer anderen Art durchgeführt, spricht man von einer *Putzsymbiose*; Beispiele sind die Madenhacker, afrikanische Vögel, die Ektoparasiten von Großsäugern abfressen, sowie die Putzerfische und Putzergarnelen in tropischen Meeren.

Pycnogonida, *Asselspinnen*, die ↗ Pantopoda.

Pycnonotidae, *Bülbüls*, Fam. der ↗ Passeres.

Pygidium, hinterster Körperabschnitt der Ringelwürmer (↗ Annelida).

Pyknidium, 1) in der Form perithecienähnlicher Fruchtkörper von Pilzen, in denen asexuell Sporen (*Pyknosporen*) zur Verbreitung gebildet werden; Vorkommen bei Schlauchpilzen (↗ Ascomycetes) und Fungi imperfecti (↗ Deuteromycetes). ↗ Konidien

2) die Spermogonien der ↗ Uredinales.

Pylorus, Teil des ↗ Magens.

Pyramidenbahn, traditionell wird unter der P. der *Tractus corticospinalis* verstanden. Dieser nimmt seinen Ausgang in der Großhirnrinde (Cortex cerebri) und zieht zum Rückenmark, wobei die Fasern der P. z. T. an den Motoneuronen des Vorderhorns und vor allem an Zwischenneuronen der Zona intermedia enden. Auf ihrem Weg durchzieht die P. im verlängerten Mark die so genannte Pyramis medullae oblongata (Name!), wo die meisten Fasern der P. kreuzen. Die Fasern der P. projizieren direkt oder indirekt auf die α-Motoneuronen von Hand und Unterarm und sind daher für die Feinmotorik von entscheidender Bedeutung. Nach neueren Erkenntnissen ist die Gleichsetzung von P. und Tractus corticospinalis nicht mehr korrekt, da die Fasern der Pyramidenbahn auch in den Hirnstamm (Bulbus) projizieren. Auch ist die traditionelle Gegenüberstellung von P. und *extrapyramidalem System* hinfällig, da beide Fasersysteme sowohl anatomisch (über Kollateralen gemeinsamer Neuronen im Cortex) als auch funktionell über Aktivierungsmechanismen miteinander verbunden sind und in ihrer Aktivität koordiniert werden.

Pyranosen, ↗ Monosaccharide.

Pyrenoid, in den ↗ Chloroplasten von Algen und manchen Moosen häufig auftretende Struktur, die der Ablagerung von Reservestoffen dient. P. enthalten zudem das Enzym des ↗ Calvin-Zyklus Ribulose-1,5-bisphosphat-Carboxylase/Oxygenase („Rubisco") in großer Menge.

Pyrethrine, die in den Extrakten und Stäuben von Blüten und Blättern (*Pyrethrum*) der Gatt. *Chrysanthemum* (↗ Chrysanthemen) enthaltenen Monoterpenester, die in natürlicher oder synthetischer Form als *Insektizide* wirken. Ihr Vorteil ist, dass sie im Feld schnell abbaubar und für Säugetiere nicht toxisch sind.

Pyrethrum, ↗ Pyrethrine.

Pyridin, eine chemische Substanz die aus einem aromatischen 6-Ring (Benzol) besteht, bei dem ein C-Atom durch ein Stickstoffatom ersetzt ist. Vom P. und seinen hydrierten Derivaten leiten sich zahlreiche Naturstoffe ab, so z. B. ↗ Nicotin, ↗ Cocain. Außerdem ist es Ausgangssubstanz zur Synthese bestimmter Schädlingsbekämpfungsmittel, und ein

häufig gebrauchtes Lösungsmittel für viele organische Verbindungen.

Pyridin-2,6-dicarbonsäure, die ↗ Dipicolinsäure.

Pyridinnucleotid-Coenzyme, ↗ Nicotinsäureamidadenin-dinucleotid und ↗ Nicotinsäureamid-adenin-dinucleotidphosphat.

Pyridoxalphosphat, *Pyridoxal-5-phosphat*, Abk. *PLP*, die Coenzymform von Vitamin B$_6$ (↗ Pyridoxin). P. hat zentrale Bedeutung im Aminosäurestoffwechsel. Es bildet mit Aminen und Aminosäuren ↗ Schiff'sche Basen (Azomethine), die das Substrat der Pyridoxal-Enzyme sind, die u. a. ↗ Transaminierungen, ↗ Decarboxylierungen, Racemisierungen katalysieren.

Pyridoxin, *4,5-Di(hydroxymethyl)-2-methylpyridin-3-ol*, *Vitamin B$_6$*, Teil eines ganzen Komplexes von Verbindungen, der als Vitamin B$_6$ bezeichnet wird, wobei die verschiedenen Verbindungen ernährungsphysiologisch gleichwertig sind. Sie sind wasserlöslich und kommen u. a. in Leber, Niere, Hefen, Gemüse und Getreide vor. Alle Formen können im Stoffwechsel ineinander überführt werden. Bei Vorliegen eines Vitamin-B$_6$-Mangels ist der Tryptophanabbau und damit die Nicotinsäuresynthese gestört. Die Ausscheidung von Xanthurensäure ist ein Indikator für Vitamin-B$_6$-Mangel. Der tägliche Bedarf des Menschen (1,5 - 2 mg) wird i. d. R. gedeckt, da Vitamin B$_6$ in allen Grundnahrungsmitteln enthalten ist. ↗ Pyridoxalphosphat ist ein wichtiges Coenzym im Aminosäurestoffwechsel.

Pyrimidin, *1,3-Diazin*, eine heterozyklische Verbindung, die aus einem aromatischen Sechsring mit zwei Stickstoffatomen besteht. P. ist Baustein wichtiger Naturstoffe wie Antibiotika (Nucleosidantibiotika), Pterine, ↗ Purine und Vitamine, wie z. B. Vitamin B$_1$. Besondere Bedeutung hat der P.-Ring als Bestandteil der ↗ Pyrimidinbasen.

Pyrimidinbasen, die in den ↗ Nucleinsäuren und deren niedermolekularen Vorstufen, den ↗ Pyrimidinnucleosiden und ↗ Pyrimidinnucleotiden (CMP, UMP, dCMP, TMP) sowie den entsprechenden Nucleosidtriphosphaten (CTP, UTP, dCTP, TTP) und Nucleotid-Coenzymen enthaltenen Basen ↗ Cytosin, ↗ Uracil und ↗ Thymin. Neben diesen drei wichtigsten P. kommen weitere als seltene Nucleinsäurebausteine vor. Auch *Pyrimidinanaloga* können in die Nucleinsäuren eingebaut werden. Dies sind Verbindungen, die durch geringe Abwandlung der molekularen Struktur von Pyrimidinverbindungen, vornehmlich von P. entstehen. Sie greifen selektiv in bestimmte biochemische Reaktionsketten ein, insbesondere der Nucleinsäuresynthese und hemmen diese. Ähnlich wie bei den Purinanaloga (↗ Purinbasen) kommen als bevorzugte Reaktionen zur Bildung von Pyrimidinanaloga z. B. der Austausch einer OH-Gruppe gegen eine SH-Gruppe (z. B. 2-Thiouracil), der Austausch eines Ring-C-

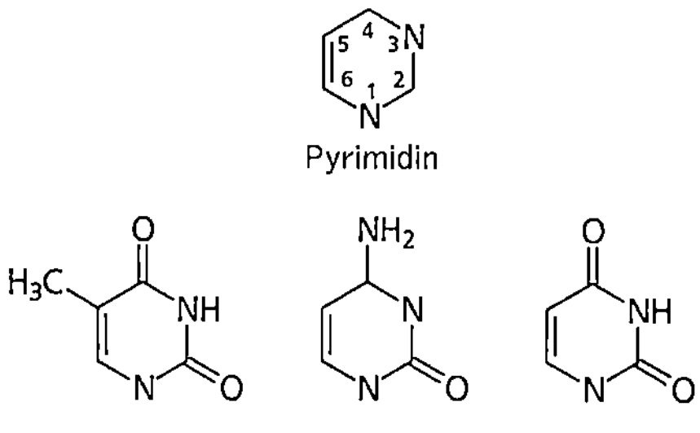

Pyrimidin

H₃C ... Thymin T (DNA)   Cytosin C (DNA, RNA)   Uracil U (RNA)

Pyrimidinbasen Der Grundkörper der Pyrimidinbasen, das Pyrimidin (oben), und die drei Pyrimidinbasen Thymin, Cytosin und Uracil

Atoms gegen ein N-Atom (5-Azauracil) sowie die Einführung verschiedener Substituenten, wie z. B. von Halogenen am C5 von Uracil und Cytosin vor. Die Pyrimidinringe der Nucleinsäuren tragen in 6-Stellung eine Amino- oder Hydroxylgruppe, in 2-Stellung stets eine Sauerstofffunktion. Dadurch treten tautomere Strukturen auf (↗ Tautomerie), in denen der Wasserstoff am Sauerstoff oder am Ringstickstoff gebunden sein kann.

Pyrodictium, Gatt. der ↗ Archaebakterien.

Pyrogene, *Fieberstoffe*, hitzestabile, dialysierbare Substanzen aus apathogenen und pathogenen Bakterien sowie anderen Mikroorganismen; sie bewirken beim Menschen eine erhöhte Temperatur (↗ Fieber) und Schüttelfrost. Die am stärksten wirkenden *exogenen P.* sind Bestandteile der Zellwand (Lipopolysaccharide, ↗ Bakterienzellwand) gramnegativer Bakterien. Sie stimulieren ↗ Makrophagen zur Produktion von Peptiden, die als *endogene P.* bezeichnet werden und z. T. identisch sind mit bestimmten Mediatoren des Immunsystems, wie z. B. ↗ Interleukinen, ↗ Interferonen und Tumornekrosefaktoren. Sie setzen eine Kaskade von Immunreaktionen in Gang, in deren Verlauf ↗ Arachidonsäure freigesetzt und aus dieser vermittels Cyclooxigenase-Reaktion ↗ Prostaglandine gebildet werden. Insbesondere Prostaglandin E₂ scheint ein wichtiges endogenes P. zu sein; die gebräuchlichen Mittel zum Fiebersenken hemmen durchweg die Aktivität der Cyclooxigenase und damit die Prostaglandin-Produktion.

Pyrolaceae, *Wintergrüngewächse*, Fam. der ↗ Ericales, deren Arten vorwiegend in den Waldgebieten der nördlichen gemäßigten und kühlen Zone vorkommen. Es sind immergrüne Kräuter oder Halbsträucher mit vier- bis fünfzähligen Blüten.

Pyrosomida, *Feuerwalzen*, Taxon der Manteltiere (↗ Tunicata) mit nur wenigen (etwa acht) Arten, die röhrenförmige, von einem gemeinsamen Mantel umhüllte Kolonien bilden, die von wenigen Zentimetern bis zu 9 m groß sein können. Sie sind Be-

wohner warmer Meere und haben ein ausgeprägtes Leuchtvermögen durch mit Leuchtbakterien versehene Leuchtorgane am Eingang des Kiemendarms. Die Außenfläche des Mantels leuchtet gelbgrün und beim Absterben rötlich. Das Leuchtvermögen ist beträchtlich; so überliefern Expeditionsberichte aus dem 18. Jh., dass die Segel der Schiffe nachts durch Ansammlungen von P. im Wasser hell erleuchtet waren. Die Einzelindividuen der P. ähneln den ↗ Ascidiacea, besitzen jedoch einen einfacheren Kiemendarm.

Pyrrhophyceae, die Abt. ↗ Dinophyta.

Pyrrole, Verbindungen mit dem Pyrrolring als Baustein. Man unterscheidet Mono-, Di-, Tri- und Tetrapyrrole. Bei letzteren existieren zyklische und nichtzyklische Vertreter. *Lineare Tetrapyrrole* sind die ↗ Gallenfarbstoffe und die chromophoren Gruppen der Phycobiliproteine. *Zyklische Tetrapyrrole* sind die ↗ Porphyrine.

Pyrus, die Gatt. ↗ Birnbaum.

Pyruvat, das Salz der ↗ Brenztraubensäure. P. ist eine wichtige Verzweigungsstelle im anaeroben und aeroben Stoffwechsel.

Pyruvat-Carboxylase, biotinabhängige (↗ Biotin) ↗ Ligase in tierischen und pflanzlichen Zellen, welche die ↗ Carboxylierung von ↗ Pyruvat zu ↗ Oxalacetat katalysiert. Die P. - C. ist Mn²⁺-abhängig und in Abwesenheit seines positiven allosterischen Effektors ↗ Acetyl-Coenzym A praktisch inaktiv. Diese Reaktion ist eine wichtige frühe Stufe der ↗ Gluconeogense.

Pyruvat-Dehydrogenase-Komplex, *Pyruvat-Dehydrogenase*, ein ↗ Multienzymkomplex, der für die Bildung von ↗ Acetyl-Coenzym A aus ↗ Pyruvat, eine der zentralen Stoffwechselreaktionen, verantwortlich ist. Die Aktivität des P. - D. - K. wird auf drei Arten reguliert: 1) der Enzymkomplex wird durch Acetyl-Coenzym A und NADH gehemmt. Die Transacetylase wird durch Acetyl-Coenzym A und die Dihydrolipoyl-Dehydrogenase durch NADH gehemmt. Diese Hemmungen werden durch Coenzym A und NAD⁺ aufgehoben. 2) Die Enzymaktivität wird durch den Energiezustand der Zelle beeinflusst. Der Komplex wird durch GTP gehemmt und durch AMP aktiviert. 3) Der Komplex wird gehemmt, wenn ein spezifischer Serinrest der Pyruvat-Decarboxylase durch ATP phosphoryliert wird. Diese Phosphorylierung wird durch Pyruvat und ADP gehemmt. Eine Reaktivierung des Komplexes erfolgt, wenn die Phosphorylgruppe durch eine spezifische Phosphatase abgespalten wird.

Python, Gatt. der Riesenschlangen (↗ Boidae).

Pythoninae, Unterfam. der Riesenschlangen (↗ Boidae).

Pythonschlangen, Unterfam. der Riesenschlangen (↗ Boidae).

Q

Q, Symbol für die molare ↗ Reaktionswärme.

Quagga, *Equus quagga*, von den Buren ausgerottete Grundform aller Steppenzebras (↗ Zebras), bei der jedoch nur Kopf, Hals und Vorderrücken zebraartig gestreift sind; sonst sind sie braun mit weißen Beinen. Anfang des 19. Jh. gab es noch große Herden in Südafrika; das letzte frei lebende Q. wurde 1878 erlegt, das letzte in einem Zoo (Amsterdam) gehaltene Q. starb 1883.

Qualle, eher umgangssprachliche Bez. für die ↗ Meduse.

Quantenausbeute, bei der ↗ Fotosynthese der reziproke Wert des ↗ Quantenbedarfs. Die Q. ist definiert als die Menge gebildetes Produkt in mol (z. B. O_2, ATP oder NADPH) oder assimiliertes CO_2 pro mol absorbierter Lichtquanten. Die Q. ist von der Wellenlänge des Lichtes abhängig. Sie kann einen Wert zwischen 0 und 1 erreichen. Für Chloroplasten im Schwachlicht wurde eine Q. von 0,95 ermittelt. Dies bedeutet, dass der größte Teil der angeregten Chlorophyllmoleküle zu fotochemischen Reaktionen genutzt werden kann.

Quantenbedarf, die Anzahl an Lichtquanten, die während der ↗ Lichtreaktionen der ↗ Fotosynthese zur Produktion von einem Molekül Sauerstoff bzw. zur Fixierung von einem Molekül Kohlenstoffdioxid erforderlich ist. Aufgrund der Tatsache, dass pro freigesetztem O_2-Molekül dem Wasser vier Elektronen entzogen werden und während der fotosynthetischen Elektronentransportkette vom Fotosystem II zum Fotosystem I für jedes Elektron zwei Quanten absorbiert werden müssen, ist der theoretisch niedrigste Wert für den Q. acht. Der Q. ist jedoch von der Wellenlänge des Lichtes abhängig.

Quappe, *Lota lota, Aalquappe, Aalrutte*, einzige Süßwasserart der Dorsche (↗ Gadiformes) die in nordamerikanischen und nordeurasischen Flüssen und Seen vorkommt. Die Q. ist 30 - 60 cm lang. Große Weibchen legen im Winter bis zu 5 Mio. Eier ab. Die Q. ist vor allem in Sibirien ein wichtiger Speisefisch.

Quarantäne, Verfahren, mit dem die Bewegungsfreiheit von Menschen und Tieren mit sehr ansteckenden, gravierenden ↗ Infektionskrankheiten eingeschränkt wird, um eine Ausbreitung der Krankheit zu verhindern.

Quartär, jüngste Periode der Erdgeschichte mit den beiden Epochen ↗ Pleistozän und ↗ Holozän. Trotz ihrer im Verhältnis zu allen anderen Perioden unvergleichlichen Kürze (Dauer um zwei Mio. Jahre) kommt ihr besondere Bedeutung zu wegen ihrer zeitlichen Nähe zur Jetztzeit, ihrer engen Verknüpfung mit der Menschheitsentwicklung (↗ Anthropogenese) und aufgrund der Tatsache, dass die Ablagerungen des Quartärs die weiteste Verbreitung auf der Erde haben. Überdies hat der klimatische Effekt „Eiszeit" das Antlitz der Erdoberfläche und die heutige Lebewelt in besonderer Weise geprägt.

Quartärstruktur, durch Zusammenlagerung mehrerer Polypeptidketten entstehende räumliche Struktur (↗ Proteine).

Quastenflosser, die ↗ Crossopterygii.

Quelle, ↗ Fließgewässer.

Quellregion, *Krenal*, ↗ Fließgewässer.

Quellung, ein reversibler physikalisch-chemischer Vorgang, bei dem Wassermoleküle (auch andere Flüssigkeits- oder Gasmoleküle) in einen quellbaren Körper (z. B. Kolloide, unter anderem ↗ Cellulose, ↗ Pektine, ↗ Kautschuk) eindringen. Sie folgen einem Gradienten im ↗ Wasserpotenzial, umgeben die Bausteine der Substanz mit Hydratations- oder Solvatationshüllen und vergrößern dadurch das Volumen des Körpers. Die Volumenzunahme bzw. der Wassereinstrom kann durch äußeren Druck auf den Körper verhindert werden. Dieser Druck ist gleich dem *Quellungsdruck*. Die Q. spielt eine wichtige Rolle bei zahlreichen biologischen Vorgängen. So wird zur Aufrechterhaltung der Lebensprozesse in Organismen ein bestimmter Quellungsgrad des Plasmas benötigt. Im Verlauf der ↗ Keimung von Samen kann bei der Sprengung der Samenschalen ein Quellungsdruck von mehreren 100 bar auftreten. (↗ Osmose, ↗ osmotischer Druck)

Quercus, Gatt. der ↗ Fagaceae.

Querzahnmolche, die Fam. ↗ Ambystomatidae.

Quetzal, Art der ↗ Trogoniformes.

Quieszenz, Überdauerungsstadium ungünstiger Umweltbedingungen, meist niedriger Temperaturen, mit verminderter Stoffwechselaktivität bei Wirbellosen, aber auch bei poikilothermen Wirbeltieren und einigen kleinen Säugern. Die Q. tritt als Folge der Umweltveränderung ein und ist damit eine Form der konsekutiven ↗ Dormanz.

Quinoa, *Reismelde, Chenopodium quinoa*, in den südamerikanischen Anden als Mehl- und Futterpflanze kultivierte Art der ↗ Chenopodiaceae.

Quitte, *Cydonia oblonga*, aus Westasien stammende Art der ↗ Rosaceae. Man unterscheidet die Apfelquitte (var. *maliformis*) und die häufigere Birnenquitte (var. *pyriformis*).

Q-Zyklus, der Mechanismus, der bei den ↗ Lichtreaktionen der ↗ Fotosynthese die meisten der experimentellen Befunde zum Ablauf des Elektronen- und Protonentransports im Cytochrom-b_6f-Komplex erklären kann. Der Q.-Z. besteht aus zwei Teilschritten, bei denen eines der beiden Elektro-

a   Oxidation des ersten QH_2

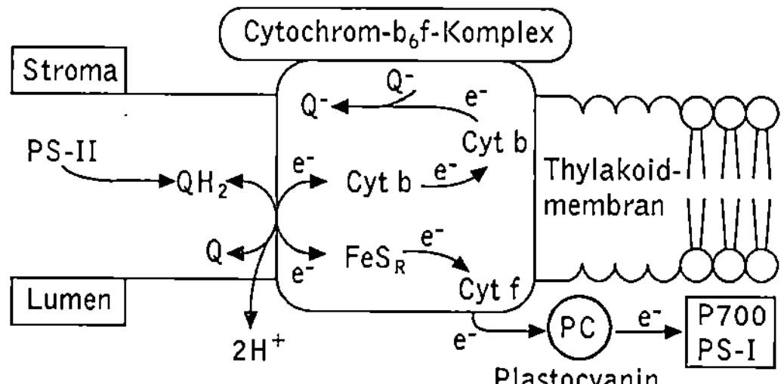

b   Oxidation des zweiten QH_2

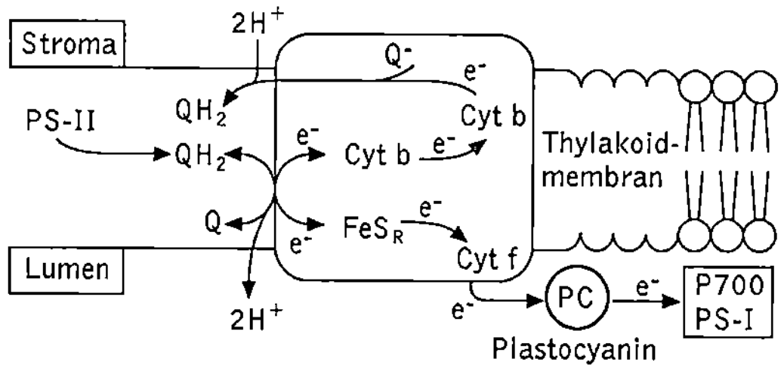

Q-Zyklus   Mechanismus des Elektronen- und Protonentransports im Cytochrom-b₆f-Komplex. Cyt Cytochrom, FeSR Rieske-Fe-S-Protein, Q Plastochinon, Q·⁻ Semichinon, QH₂ Plastohydrochinon

nen, die bei der Oxidation von reduziertem ↗ Plastochinon (*Plastohydrochinon*) entstehen, über eine *lineare* Elektronentransportkette zum Fotosystem I gelangt. Das zweite Elektron durchläuft einen zyklischen Transportprozess, der zusätzlich Protonen von der Stromaseite auf die Lumenseite durch die Thylakoidmembran transportiert. Beim linearen Prozess übernimmt das *Rieske-Protein* ein Elektron vom Plastohydrochinon und transferiert es auf Cytochrom *f*, das es wiederum an das Plastocyanin weiterleitet. Das zweite Elektron wird im zyklischen Prozess auf ein oxidiertes Plastochinon übertragen, wobei ein Semichinon entsteht. Durch einen zweiten Durchgang entsteht durch eine weitere Reduktion aus diesem ein Hydrochinon. Die Bilanz des Q - Z. lautet deshalb wie folgt: Nach zwei Durchgängen am Cytochrom-b₆f-Komplex werden zwei Elektronen zum Fotosystem I weitergeleitet, zwei Plastohydrochinone zum Plastochinon oxidiert sowie ein Plastochinon zum Plastohydrochinon reduziert. Gleichzeitig werden vier Protonen vom Stroma in das Thylakoidlumen transportiert.

R

R, 1) Abk. für Alkyl... oder allg. für jeden organischen Rest.

2) Ein-Buchstaben-Symbol für ⊿ Arginin.

Raben, umgangssprachliche Bez. für einige Arten (Rabenkrähe, Saatkrähe, Aaskrähe, Kolkrabe) der Fam. ⊿ Corvidae.

Rabenkrähe, Art der Fam. ⊿ Corvidae.

Rabenvögel, die Fam. ⊿ Corvidae.

Rabies, die ⊿ Tollwut.

Racemat, ein Gemisch aus gleichen Mengen zweier ⊿ Enantiomere. R. drehen die Ebene des linear polarisierten Lichtes nicht, sie sind also optisch inaktiv. R. werden durch das Vorsetzen von (D,L)-, (R,S)-, (±) oder *rac* vor den Namen der Verbindung gekennzeichnet. Sie haben im gasförmigen und flüssigen Aggregatzustand sowie in Lösungen die gleichen chemischen und physikalischen Eigenschaften wie die einzelnen Enantiomere, ausgenommen ⊿ optische Aktivität, physiologische Wirkung und Reaktion mit chiralen Reagenzien. (⊿ Chiralität, ⊿ Isomerie)

Rachen, der ⊿ Pharynx.

Rachenblütler, die Fam. ⊿ Scrophulariaceae.

Rachitis, *Englische Krankheit,* eine *Hypovitaminose,* die durch Mangel an Vitamin D (⊿ Calciol, ⊿ Calcitriol) hervorgerufene Störung des Calcium- und Phosphatstoffwechsels, ausgelöst durch zu geringe Bestrahlung mit UV-Licht. Das im Körper gebildete und in der Haut liegende 7-Dehydrocholesterol wird nicht in das Vitamin D_3 und damit nicht in den wirksamen Metaboliten $1\alpha,25$-Dihydroxycholecalciferol übergeführt. In den Wintermonaten ist eine Häufung des Auftretens von R. zu beobachten. Im Serum lässt sich ein erniedrigter Calciumspiegel feststellen, der durch eine erhöhte Ausschüttung von ⊿ Parathormon kompensiert wird (sekundärer *Hyperparathyreoidismus*). Klinisch manifestiert sich die Rachitis ab dem zweiten Lebensmonat unter anderem durch Unruhe, Reizbarkeit, Muskelschwäche; später zeigen sich eine Erweichung des Schädels sowie Auftreibung der Wachstumszonen in den Röhrenknochen und am Brustkorb. Die Knochen sind leicht verformbar, was u.a. zu Verkrümmungen der Unterschenkel führt. Durch Rachitisprophylaxe, die nahezu bei jedem Säugling durchgeführt wird, ist die R. heute bei uns kein Problem mehr.

Racken, *Coraciidae,* Fam. der ⊿ Coraciiformes.

Rackenvögel, die ⊿ Coraciiformes.

Räderorgan, von meist zwei Wimperngürteln gebildetes, der Fortbewegung und Nahrungsaufnahme dienendes Organ am Vorderende der Rädertiere (⊿ Rotatoria).

Rädertiere, *Rädertierchen,* die ⊿ Rotatoria.

Radiärsymmetrie, 1) allg. eine Symmetrieform mit mehreren durch die Längsachse verlaufenden Symmetrieebenen. R. ist typisch für Tiere, die mit dem hinteren Körperende festsitzen und deren Mundöffnung sich am vorderen Körperende befindet, z. B. für die meisten Hohltiere (⊿ Coelenterata) und sessile erwachsene Stachelhäuter (⊿ Echinodermata).

2) *Botanik:* radiärsymmetrisch, ⊿ aktinomorph.

Radicula, die ⊿ Keimwurzel.

Radieschen, *Raphanus sativus* var. *sativus,* mit dem ⊿ Rettich verwandte Art der ⊿ Brassicaceae. Die Hypokotylknollen der einjährigen Pflanze enthalten ein scharf schmeckendes Allyl-Senföl.

Radikale, elektrisch neutrale Teilchen mit einem ungepaarten Elektron R·, die überwiegend instabil und hochreaktiv sind. Sie werden durch ⊿ Homolyse einer Bindung unter Aufwendung der Bindungsdissoziationsenergie gebildet. Dies kann geschehen durch erhöhte Temperatur (*Thermolyse*), durch Einstrahlung von Licht entsprechender Wellenlänge (*Fotolyse*), durch Einwirkung von γ-Strahlung (*Radiolyse*), durch chemische oder elektrochemische Energie in Redoxprozessen durch Elektronenübertragung sowie durch Spaltung infolge der Einwirkung mechanischer Energie bei Mahl- und Walkvorgängen.

Im Stoffwechsel werden auch unter normalen physiologischen Bedingungen, vor allem bei Reaktionen, an denen Cytochrom P_{450} (⊿ Cytochrome) und ⊿ Oxidasen beteiligt sind, sowie beim mitochondrialen Elektronentransport, H_2O_2 (*Wasserstoffperoxid*) und das *Superoxidradikal* oder *Sauerstoffanionradikal* ($O_2^{\cdot-}$) gebildet, aus dem weitere sehr reaktive R. entstehen können. Diese R. leiten Oxidationsprozesse ein und zerstören DNA, Enzyme und Membranproteine. Insbesondere bei Zellen, die sich nicht mehr teilen, können sich im Laufe der Zeit solche Schäden an der DNA anhäufen, sodass es letztlich zu einem Rückgang oder sogar Verlust der Zellfunktion kommt (⊿ Altern). Es gibt einige Enzyme, die freie R. neutralisieren können. Die wichtigsten sind die ⊿ Superoxid-Dismutase, die ⊿ Katalase und die *Glutathion-Peroxidase.*

Radikante, Bez. für die wurzelnden Sprosspflanzen (⊿ Kormophyten). ⊿ Lebensformen

Radioaktivität, die Eigenschaft bestimmter Elemente oder ihrer radioaktiven Isotope (*Radionuclide*), spontan, ohne äußere Einflüsse und durch ständige Energieabgabe in stabilere Nuclide überzugehen. Die Energieabgabe erfolgt dabei durch Korpuskularstrahlung (*α-Strahlung* = Heliumkerne, *β-Strahlung* = Elektronen) und/oder Wellenstrahlung (*γ-Strahlung*). Zur Charakterisierung der

Radionuclide wird häufig deren *Halbwertszeit* herangezogen; das ist die Zeit, nach der die Hälfte der Anzahl der Atome eines Radionuclids zerfallen ist.

R. wird mit geeigneten Zählern registriert: *Zählrohre* beruhen auf dem Prinzip der Ionisation von Gasen und nachfolgender Registrierung eines Spannungsimpulses. *Szintillationszähler* registrieren Lichtblitze, die von geeigneten Molekülen ausgesendet werden, wenn ein geladenes Teilchen auf sie trifft. Bei der *Autoradiographie* wird die Schwärzung eines Films durch radioaktive Strahlung gemessen. *Radioaktive Isotope* sind aus der biomedizinischen Forschung und Anwendung nicht mehr wegzudenken. Die biologische Anwendung reicht von ↗ Altersbestimmungen über Verteilungsstudien, Transportuntersuchungen bis hin zur Aufklärung von biochemischen Reaktionsketten. Ein entscheidender Vorteil der Anwendung radioaktiver Isotope ist die Möglichkeit des Nachweises auch äußerst geringer Substanzmengen.

Radioimmunassay, Abk. *RIA*, eine radiochemische Methode, mit der sich Makromoleküle wie z. B. virale Antigene im Zusammenhang mit einer immunologischen Reaktion sehr spezifisch nachweisen lassen. Grundsätzlich gibt es zwei unterschiedliche radiochemisch-immunologische Verfahren.

1) Kompetitive Proteinbindung. Die Testlösung enthält die bekannte Menge eines Antigens (z. B. eines Virus), welches in der Probe bestimmt werden soll. Dieses Antigen wird radioaktiv markiert, um es später quantitativ nachweisen zu können. Dann wird die Untersuchungsprobe hinzugegeben, die ebenfalls das zu bestimmende Antigen in noch unbekannter Konzentration enthält. Nach Zugabe eines spezifischen Antikörpers, der das radioaktiv markierte und das nicht markierte Antigen erkennt, konkurrieren diese um die Bindungsstellen am Antikörper. Der sich bildende Antigen-Antikörperkomplex wird durch eine chemische Reaktion ausgefällt und dessen Radioaktivität bestimmt. Die Radioaktivität des ausgefällten Antigen-Antikörperkomplexes ist umso geringer, je höher die Konzentration des zu untersuchenden unmarkierten Antigens in der Probe war.

2) Reagenzüberschuss- oder Sandwichmethode. Bei diesem Verfahren wird der Untersuchungsprobe der radioaktiv markierte Antikörper im Überschuss zugesetzt. Das Antigen wird über seine Bindung an den radioaktiv markierten Antikörper nachgewiesen.

Radiolaria, *Strahlentierchen*, nach herkömmlicher Systematik Ord. der ↗ Rhizopoda, die ein Skelett aus Kieselsäure (selten Strontiumsulfat) ausbilden. Neuere Untersuchungen der Feinstruktur, ihrer Entwicklung und der chemischen Zusammensetzung der Skelettelemente legen jedoch nahe, dass sie keine monophyletische Gruppe sind.

Sie werden zusammen mit den ↗ Heliozoa zum Taxon *Actinopodea* zusammengefasst und bilden innerhalb dieses Taxons drei Subtaxa, die *Acantharea* mit Stacheln aus Strontiumsulfat, die *Polycystinea* mit sehr „kunstvoll" gebauten Skeletten aus Silikat, die aus Nadeln und regelmäßig perforierten Schalen bestehen sowie die *Phaeodarea*, deren Skelettnadeln und Gehäuse aus amorphem Silicium mit Beimengung von organischen Substanzen sowie Spuren von Magnesium, Calcium und Kupfer bestehen.

Radius, *Speiche*, einer der beiden Unterarmknochen (↗ Extremitäten).

Radnetzspinnen, die Fam. ↗ Araneidae.

Radula, *Reibzunge*, *Raspelzunge*, ein für die Weichtiere (↗ Mollusca) charakteristisches Organ im Schlundbereich des Verdauungstrakts. Die R. besteht aus einer Lamelle (*Radulamembran*), in der regelmäßig in Quer- und Längsreihen angeordnete Zähnchen verankert sind. Sie dient dem Abraspeln, Abschneiden, Zerkleinern und Einholen der Nahrung in den Schlund, bei vielen Arten auch dem Packen von Beutetieren. Sie fehlt den Muscheln, die sich filtrierend ernähren; bei den anderen Weichtieren ist sie entsprechend der Ernährungsweise sehr vielgestaltig, besonders bei den Schnecken (↗ Gastropoda): Während die Radula der Lungenschnecken (↗ Pulmonata) zahlreiche, kleine, einförmige Zähne aufweist, ist die R. der Vorderkiemerschnecken (↗ Prosobranchia) stärker differenziert und kann in Balken-, Band-, Bürsten-, Fächer-, Feder-, Schmal- und Giftzungen unterteilt werden, die jeweils für Verwandtschaftsgruppen typisch sind. Die R. wird im Radulasack gebildet, in den bestimmte Zellen die Radulamembran abscheiden, während Gruppen von Odontoblasten jeweils einen Zahn bilden, der aus Basalplatte, Mittel- und Spitzenteil besteht; letzterer wird durch Mineralsalze besonders verstärkt. Da sich die Zähne abnutzen, wächst die R. von hinten her nach (bei einigen Lungenschnecken ca. drei Querreihen/Tag).

Raffinose, aus je einem Galactose-, Glucose- und Fructoserest bestehendes, nichtreduzierendes Trisaccharid, das in zahlreichen höheren Pflanzen vorkommt und aus Zuckerrübenmelasse gewonnen werden kann.

Rafflesiales, Ord. der ↗ Magnoliopsida mit den (sub-)tropischen Fam. Hydnoraceae und Rafflesiaceae. Es sind hochspezialisierte nicht grüne Vollparasiten. *Rafflesia* bildet bis zu 1 m große Aasfliegenblüten, *Cytinus* schmarotzt auf Cistrosen.

Rajidae, *Rochen i.e.S.*, mit über 200 Arten die größte Fam. der Rochen (↗ Batidoidimorpha) mit Verbreitung in den Meeren der Nordhalbkugel. Ihre Brustflossen erstrecken sich auch nach vorne um den Kopf. Sie legen rechteckige, mit Haftfäden versehene Eier ab. Die Rochen der Gatt. *Raja*, sind die häufigsten Rochen in der Nordsee, so z. B. der im Nordatlantik verbreitete *Sternrochen (Raja radiata)* mit starken Dornen am Schwanz und der in Nordatlantik und westlichem Mittelmeer lebende *Glattrochen (Raja batis)*, der bis 2,5 m lang wird und auf der Oberseite grünlichbraun mit dunkler Marmorierung ist. Sein geräuchertes und mariniertes Fleisch kommt als *Seeforelle* in den Handel.

Rallidae, *Rallen*, Fam. der Kranichvögel (↗ Gruiformes) mit rund 140 Arten, die weltweit verbreitet sind. Sie sind staren- bis hühnergroß mit relativ kurzen Flügeln und Schwanz, jedoch langen Beinen und Zehen. Sie bewegen sich im Wasser und an Land ruckartig und zucken beim Laufen oft mit dem Schwanz. Im Flug hängen die Beine. Außer dem auf extensiv genutzten Wiesen lebenden *Wachtelkönig (Crex crex)*, dessen wissenschaftlicher Name seine lauten Rufe lautmalerisch wiedergibt, leben alle Arten der R. in Sümpfen oder Röhrichten. Bekannteste Art ist wohl das in Eurasien verbreitete *Blässhuhn (Fulica atra)*, das ganz schwarz ist, mit weißem Schnabel und weißem Stirnschild sowie grünen Beinen. Die Zehen sind durch gekerbte Schwimmhäute verbreitert. Ebenfalls sehr häufig in Eurasien ist das *Teichhuhn (Gallinula chloropus)* mit rotem Stirnschild und Schnabel mit gelber Spitze, grünen Beinen mit rotem „Strumpfband" sowie weißem Flankenband an den dunklen Flügeln. Selten zu sehen ist die ebenfalls in Eurasien verbreitete, sehr verborgen lebende *Wasserralle (Rallus aquaticus)*, die unterseits grau, oberseits braun mit dunkler Fleckung sowie mit dunkel gestreiften Flanken ist, und einen relativ langen roten Schnabel hat. Noch versteckter lebt das *Tüpfelsumpfhuhn (Porzana porzana)*, das braun gefärbt ist, mit weiß gezeichneter Oberseite, gelbgrünem Schnabel und olivgrünen Beinen.

Rama, der ↗ Rosellahanf.

Ramapithecus, Gatt. fossiler ↗ Hominoidea aus dem Obermiozän von Südasien. R. wurde lange Zeit als ältester Hominide angesehen, wird heute jedoch aufgrund von Schädelfunden aus Südchina (Lufeng) und Untersuchungen der Feinstruktur des Zahnschmelzes als früher Orang-Utan-Verwandter eingestuft.

Ramie, *Chinesische Nessel, Boehmeria nivea*, besonders in Südasien kultivierte ↗ Faserpflanze der ↗ Urticaceae. Es sind ausdauernde, bis über 2 m hohe Pflanzen, deren Sprosse kaum verzweigt sind.

Ramón y Cajal, *Santiago*, span. Mediziner und Histologe, * 1.5.1852 Petilla de Aragón (Provinz Navarra), † 17.10.1934 Madrid; 1877 - 83 Prof. in Zaragossa, danach in Valencia, 1887 - 92 in Barcelona und anschließend in Madrid, wo er das Cajal-Institut gründete. C. erforschte mit von C. ↗ Golgi entwickelten und von ihm verbesserten histologi-

schen Färbemethoden 1889 die Nervenbahnen in der grauen Substanz von Gehirn und Rückenmark sowie die Feinstruktur und Funktion der Retina (Netzhaut). Er entwickelte eine Theorie der Neuronen, die besagt, dass das ganze Nervensystem aus Ganglienzellen und deren Fortsätzen besteht, und gilt damit, zusammen mit W. His (1863 - 1934) und A.H. Forel (1848 - 1931), als Begründer der Neuronenlehre. R. y. C. erhielt 1906 zusammen mit C. Golgi den Nobelpreis für Physiologie oder Medizin.

Ramphastidae, *Tukane*, Fam. der ↗ Piciformes.

Ramsar-Abkommen, 1971 in Ramsar/Iran abgeschlossene Konvention über den Schutz von ↗ Feuchtgebieten.

Rana, Gatt. der Fam. ↗ Ranidae.

Rana temporaria, der ↗ Grasfrosch.

Rangifer, die Gatt. ↗ Rentiere.

Rangordnung, die soziale Hierarchie bei biosozialen Tieren. Das Individuum an der Spitze der Hierarchie wird als *Alphatier* bezeichnet, ihm folgen Betatier und Gammatier usw. Am Ende der Rangskala steht jeweils das *Omegatier*.

Rangordnungsverhalten, Rollenverhalten bei biosozialen Tieren, das im Zusammenhang mit der ↗ Rangordnung steht. Ranghohe Tiere werden oft von allen Gruppenmitgliedern anerkannt und respektiert. Meist trinken und fressen sie zuerst und nehmen die besten Plätze ein. Dominante Tiere haben den Vorrang in Konkurrenzsituationen, in vielen Fällen auch bei der Fortpflanzung. Der Platz innerhalb der Rangordnung wird i. d. R. in Kämpfen ausgefochten. Tiere, die einen *Rangordnungskampf* verloren haben, weichen in Zukunft ihren Besiegern aus oder ordnen sich unter.

Ranidae, *Echte Frösche*, weltweit verbreitete, sehr artenreiche Fam. der Froschlurche (↗ Anura). Die R. haben ihre größte Mannigfaltigkeit in Afrika und Südostasien; in der Holarktis kommt nur die Gattung *Rana* vor. Neben winzigen (15 mm) gehören zu den R. auch die größten Froschlurche, so z. B. der in Westafrika beheimatete *Goliathfrosch (Rana goliath)*, der bis 40 cm groß und bis 3 kg schwer wird. Gestalt und Lebensweise sind sehr vielfältig. Neben den typischen Formen wie unseren ↗ Grünfröschen und den ↗ Braunfröschen gibt es unter den R. Felsbewohner an Flüssen und Wasserfällen (z. B. *Petropedetes*), grabende Arten, wie den Grabfrosch (*Pyxicephalus adspersus*), baumlebende Frösche, wie manche *Platymantis*-Arten und aquatische Frösche, wie manche *Rana*-Arten. Einige Gatt. sind in ihrer Fortpflanzung unabhängig vom Wasser, so z. B. *Platymantis* und *Discodeles*. Sie legen große Eier, die bei *Discodeles* sogar hartschalig sind und denen fertig entwickelte Jungfrösche entschlüpfen.

Ranken, fadenförmige, für Berührungsreize empfindliche, unverzweigte oder verzweigte, als Kletterorgane dienende Umbildungen von Seitensprossen oder (seltener) Wurzeln. *Spross-R.* bilden sich z. B. bei der Weinrebe, *Blatt-R.* bei Kürbisgewächsen, Erbsen (Abb. ↗ Haftorgane) u. a. Bei der Kapuzinerkresse dient der Blattstiel als rankenartiges Kletterorgan. *Wurzelranken* werden z. B. bei der Vanille gebildet.

Rankenbewegungen, die durch ↗ Thigmotropismus und ↗ Thigmonastie verursachte Befestigung von Ranken durch Umschlingen von sie stützenden Strukturen. Die thigmonastischen Rankenkrümmungen werden durch einen Turgorverlust der konkav werdenden Seite und eine entsprechende Turgorzunahme der Gegenseite eingeleitet. Rankenenden führen zudem autonome, kreisende Suchbewegungen durch (↗ Circumnutation).

Rankenfüßer, die ↗ Cirripedia.

Rankenkletterer, ↗ Kletterpflanzen.

Ranker, flachgründiger ↗ Bodentyp, der sich auf carbonatfreien Gesteinen entwickelt. Der Humushorizont liegt unmittelbar dem Muttergestein auf.

Ranunculaceae, *Hahnenfußgewächse*, Fam. der ↗ Ranunculales mit ca. 2200 Arten, die überwiegend auf der nördlichen Erdhälfte vorkommen. Es sind Kräuter, seltener Holzpflanzen, mit wechselständigen, meist geteilten Blättern. Die regelmäßigen oder unregelmäßigen Blüten sind sehr unterschiedlich gestaltet. Meist sind es lebhaft gefärbte Zwitterblüten mit zahlreichen Staubblättern. Als Früchte werden Bälge, Kapseln, Nüsschen oder (seltener) Beeren gebildet. Die Zuchtformen vieler Arten werden als Zierpflanzen angebaut, u. a. Rittersporn (*Delphinium*), Akelei (*Aquilegia*), Waldrebe

oder Klematis (*Clematis*). Einige Arten enthalten Alkaloide und Glykoside und werden als Heilpflanzen genutzt, z. B. das Frühlingsadonisröschen (*Adonis vernalis*), der Blaue ↗ Eisenhut (*Aconitum napellus*) und die Schneerose (*Helleborus niger*). Zu den heimischen Wiesenpflanzen und Ackerunkräutern gehören verschiedene Arten des Hahnenfuß (*Ranunculus*) und die Sumpfdotterblume (*Caltha palustris*). Auf kalkreichen Waldböden ist das Waldwindröschen (*Anemone sylvestris*) verbreitet.

Ranunculales, Ord. der ↗ Rosopsida, deren Arten durch eine schraubige oder mehrgliedrig-wirtelige Anordnung der Blütenorgane gekennzeichnet sind. Zu den R. gehören u. a. die ↗ Ranunculaceae und die ↗ Berberidaceae.

Ranunculus, Gatt. der ↗ Ranunculaceae.

Ranvier-Schnürringe, Unterbrechungen der Markscheide bei myelinisierten (markhaltigen) Nervenfasern (↗ Neuron).

Raphanus, Gatt. der ↗ Brassicaceae.

Raphidae, *Dronten, Drontevögel*, Fam. flugunfähiger, ausgestorbener Vögel von Schwanengröße, die zu den Taubenvögeln (↗ Columbiformes) gehören. Sie lebten mit drei Arten auf Inseln bei Madagaskar, wo sie ab 1680 bis spätestens zum Beginn des 19. Jh. durch jagende Seefahrer sowie durch eingebürgerte Ratten und Schweine, welche die Bodennester plünderten, ausgerottet wurden. Der lange, kräftige Schnabel diente bei der Nahrungssuche zum Zerkleinern von harten Früchten und Gehäuseschnecken. Bekannteste Art ist die Dronte (Dodo, *Raphus cucullatus*), die auf Mauritius lebte.

a   b   c   d   e

Ranunculaceae a Akelei (*Aquilegia vulgaris*), b Blauer Eisenhut (*Aconitum anglicum = Aconitum napellus*), c Gartenclematis (Hybride aus *Clematis viticella* und *Clematis lanuginosa*), d Scharbockskraut (*Ranunculus ficaria*), e Schneerose (*Helleborus niger*)

Raphidioptera, *Kamelhalsfliegen*, Taxon der ↗ Insecta mit 200 Arten, davon elf in Mitteleuropa. Sie haben eine Flügelspannweite von 14 - 45 mm. Der breite und abgeplattete Kopf ist sehr beweglich, der halsartig verlängerte Prothorax ist schräg aufgerichtet (Name!). Kamelhalsfliegen haben große Facettenaugen, die Mundwerkzeuge sind beißend und die Antennen vielgliedrig. Die durchsichtigen Flügel werden in Ruhe dachförmig über dem Hinterleib zusammengelegt. Die R. sitzen meist auf Bäumen oder Sträuchern und ernähren sich räuberisch vor allem von Blattläusen. Die Eier werden in Borkenritzen oder im Boden abgelegt. Die Larven leben ebenfalls räuberisch entweder unter der Borke oder am Boden. Die Entwicklung dauert ein bis drei Jahre, wobei neun bis 13 Larvenstadien durchlaufen werden. Die Puppe ist kurz vor dem Schlüpfen beweglich und kann sogar laufen.

Raps, *Brassica napus* ssp. *napus*, Kulturpflanze der ↗ Brassicaceae mit blaugrünen Blättern und gelben Blüten. Die Samen der bis 160 cm hohen Pflanzen enthalten 40 - 50 % Öl. Es wird u. a. für technische Zwecke und als Margarinerohstoff verwendet. (↗ Biokraftstoffe)

Rasse, 1) *Unterart, Subspezies*, eine taxonomische Kategorie unterhalb der ↗ Art (↗ Taxonomie). Rassen sind ↗ Populationen einer Art, die sich in ihrem Genbestand (Allelenbestand, ↗ Genpool) und damit auch in ihrer Merkmalsausprägung (phänotypisch) von anderen Populationen derselben Art (Spezies) in einem Ausmaß unterscheiden, das eine taxonomische Abtrennung (und damit Belegung mit einem eigenen Rassennamen = Trinomen, ↗ Nomenklatur) rechtfertigt. Die Definition zeigt, dass die Abgrenzung von Rassen nicht streng festgelegt werden kann. Manche Systematiker trennen bereits Rassen, wenn mittels statistischer Verfahren Unterschiede zwischen verschiedenen Populationen ermittelt werden können, andere erkennen eine Rasse erst an, wenn jedes Individuum diagnostisch zugeordnet werden kann. Als Kompromiss hat sich die so genannte 75 % - Regel bewährt. Danach dürfen Teilpopulationen einer Art dann als Rasse (Subspezies) mit einem eigenen Namen belegt werden, wenn mindestens 75 % der Individuen einer Population von Individuen anderer Populationen der Art unterscheidbar sind.

2) *Kulturrassen*, vom Menschen durch künstliche ↗ Selektion gezüchtete Haustier- und Pflanzenrassen (↗ Tierzucht, ↗ Pflanzenzüchtung). Sie sind auf bestimmte Wildarten als Stammarten zurückzuführen, mit denen sie oft noch fruchtbar kreuzbar (↗ Kreuzung) sind. Sie werden nicht mit einem eigenen Rassennamen bezeichnet, sondern als *forma domestica* der Stammart benannt. Kulturrassen bieten für die Evolutionsforschung insofern Modelle, als sie zeigen, welch weitreichende Veränderungen durch Selektion in relativ kurzer Zeit erreicht werden können.

Rasterelektronenmikroskop, Abk. *REM*, ein Elektronenmikroskop, mit dessen Hilfe sich Objektoberflächen um einen Faktor von bis zu 100000 vergrößert darstellen lassen. Dabei wird die Oberfläche des zu betrachtenden Gegenstandes mit einem Elektronenstrahl zeilenweise abgerastert. Auf einem Monitor, der die gleiche Zeilenfrequenz besitzt, wird das Bild betrachtet. Die Helligkeit der Bildpunkte wird durch die Wechselwirkung des Strahls mit der Probe durch herausgeschlagene Elektronen gesteuert. Das Auflösungsvermögen des REM beträgt einige Nanometer. (↗ Mikroskop)

Rattan, ↗ Rotang-Palmen.

Ratten, *Rattus*, zu den Echten Mäusen (↗ Muridae) rechnende Gatt. mit unbekannter Artenzahl (etwa 570 Formen beschrieben!); Kopfrumpflänge 10 - 30 cm, mit meist längerem Schwanz, der dünn behaart ist. Herausragendes Merkmal der R. ist ihre enorme Anpassungsfähigkeit, u. a. als Kulturfolger an die Lebensweise des Menschen. Durch hohe Fortpflanzungsrate und geringen ökologischen Spezialisierungsgrad gelang es den R., sich von ihrem voreiszeitlichen Ursprungsgebiet (Ost- und Südostasien) bis heute weltweit auszubreiten und dabei die unterschiedlichsten Lebensräume zu besiedeln. Durch den Menschen weltweit verbreitet wurde die *Hausratte (Rattus rattus)*. In Europa lebt bevorzugt die überwiegend grauschwarz gefärbte *Hausratte i.e.S. (Rattus rattus rattus)*, die stark an menschliche Behausungen gebunden ist. Sie ist vorwiegend nachtaktiv und ernährt sich vor allem von Früchten, Samen, Getreide. Als Nahrungskonkurrent und Überträger von Krankheiten (u. a. Pest) wird die Hausratte seit alters her vom Menschen verfolgt. Die *Wanderratte (Rattus norvegicus)*, war ursprünglich in den Steppengebieten Ostasiens beheimatet. Sie ist oberseits graubraun, unterseits schmutzigweiß bis grau. Auch sie zeigt eine große Anpassungsfähigkeit an unterschiedliche Lebensräume und Nahrungsangebote sowie eine hohe Vermehrungsrate und wurde durch den Menschen weltweit verbreitet. Europa erreichte die Wanderratte wahrscheinlich schon im Mittelalter, Nordamerika um 1750. Wenn möglich, z. B. auf Müllplätzen und an Gewässerufern („Wasserratte"), legen Wanderratten im Unterschied zur Hausratte ausgedehnte unterirdische Gangsysteme an. Sie leben in Familienverbänden mit fester Rangordnung zusammen; Gruppenmitglieder erkennen sich am Geruch und verteidigen ihr Territorium gegen fremde Artgenossen. Für Vögel und Kleinsäuger sind Wanderratten gefürchtete Nesträuber. Dem Menschen kann die Wanderratte als Krankheitsüberträger (z. B. Pest, Tollwut) gefährlich werden. Die so genannte „Laborratte" ist eine Zuchtform der Wanderratte.

Raubbau, Bez. für eine Wirtschaftsweise, bei der keine Regenerationsmöglichkeiten der genutzten Ressourcen bestehen. Von R. spricht man v. a. im Ackerbau und in der Forstwirtschaft, z. B., wenn dem Boden durch die Ernteprodukte mehr Nährstoffe entzogen werden, als durch Düngung nachgeliefert werden, oder wenn im Wald mehr Holz geschlagen wird, als in der gleichen Zeit nachwächst. Auch Überweidung und Überfischung sind Formen des Raubbaus.

Räuber, *Episiten, Prädatoren, Jäger,* Bez. für Tiere, die andere Tiere töten und sich von ihnen oder von ihren Teilen ernähren. R. sind z. B. Raubtiere und Raubfische.

Räuber-Beute-Beziehung, die Beziehung zwischen ↗ Räuber und Beutetier in einem bestimmten ↗ Biotop. Dabei schwanken die Populationsdichten von Räubern und Beutetieren um einen bestimmten Mittelwert. Sind viele Räuber vorhanden, gibt es bald nur noch wenige Beutetiere. Von den wenigen Beutetieren können sich nur wenige Räuber ernähren. Sind über längere Zeit wenige Räuber vorhanden, können sich die Beutetiere wieder vermehren. Daraufhin wird es in dem Biotop auch wieder mehr Räuber geben.

Räubertum, *Prädation,* die räuberische Lebensweise von Tieren (↗ Räuber).

Raublattgewächse, die Fam. ↗ Boraginaceae.

Raubparasiten, ↗ Parasitoide.

Raubtiere, die ↗ Carnivora.

Raubvögel, veraltete Bez. für die Greifvögel (↗ Falconiformes).

Raubwanze, Art der ↗ Cimicomorpha.

Raubwürger, Art der Fam. ↗ Laniidae.

Rauchen, das Einatmen oder Ansaugen des Rauchs insbesondere von ↗ Tabak. Tabakrauchen geht zurück auf die Maya und die Azteken und kam Mitte des 16. Jh. nach Europa. Tabak wird heute hauptsächlich in Form von *Zigaretten* konsumiert. Der beim Schwelvorgang des Rauchens entstehende Tabakrauch enthält eine Vielzahl organischer und anorganischer Verbindungen, die in vielfältiger Weise auf den Organismus des Rauchers einwirken. Dabei ist das Ausmaß der Wirkung stark abhängig von den individuellen Rauchgewohnheiten (Art und Menge des gerauchten Tabaks, Inhalationstiefe sowie die Länge, auf die die einzelne Zigarette heruntergeraucht wird). Auch das Alter, in dem das Rauchen begonnen wurde, und die Dauer des Rauchens sind von Bedeutung. Pharmakologisch wirksamster Bestandteil des Tabakrauchs ist das ↗ Nicotin, das beim Rauchen sehr rasch v. a. von den Schleimhäuten der Mundhöhle und der Atemwege aufgenommen wird. Es wirkt in erster Linie auf das zentrale und periphere Nervensystem. Die Folgen sind eine rasch auftretende Verengung der Blutgefäße mit Erhöhung der Herzfrequenz (Puls) und des Blutdrucks. Bei Gewohnheitsrauchern kann die chronische Verengung der Blutgefäße zu deren Verkalkung und Entzündung führen. Die damit verbundene mangelnde Durchblutung des Körpers hat eine verminderte Sauerstoffversorgung aller Organe zur Folge. Diese wird noch verschlechtert durch das ebenfalls im Tabakrauch enthaltene ↗ Kohlenstoffmonooxid, dessen Bindung an ↗ Hämoglobin den Sauerstofftransport im Blut zusätzlich hemmt. Mögliche Folgen sind eine stark verminderte körperliche Leistungsfähigkeit, schwere Durchblutungsstörungen bis hin zum Gewebszerfall besonders in den Beinen („*Raucherbein*") sowie chronische Herzleiden bis hin zum Herzinfarkt. Tabakrauch enthält zudem eine große Anzahl verschiedener ↗ Kohlenwasserstoffe, die z. T. in Form von Teerstoffen (Kondensat) in die Atemwege des Rauchers gelangen und dort zusammen mit Nicotin allmählich die Selbstreinigungskräfte zerstören. In den Bronchien und Lungenbläschen sammeln sich in zunehmendem Maße Schmutzpartikel an, und die Schleimproduktion steigt („*Raucherhusten*"). Oft zu beobachtende chronische Bronchitis kann zu schweren Lungenschäden (Lungenemphysem) führen, in deren Folge Atembeschwerden bis hin zum Herzversagen auftreten. Besonders hervorzuheben ist die Tatsache, daß Krebsgeschwülste (↗ Krebs) der Lippen, der Mundhöhle und Speiseröhre, des Kehlkopfes und v. a. der Lunge, aber auch der Bauchspeicheldrüse, der Blase und der Niere bei starken Rauchern bei weitem häufiger auftreten als bei Nichtrauchern. Weitere bei Rauchern gehäuft auftretende Leiden sind Magen- und Zwölffingerdarmgeschwüre sowie Magenschleimhautentzündungen. Zudem werden sowohl das Sehvermögen als auch der Geschmacks- und Geruchssinn durch Rauchen beeinträchtigt. Beim Mann wie bei der Frau vermindert Rauchen die Fruchtbarkeit und während einer Schwangerschaft beeinträchtigt es die Entwicklung des Kindes. Vermehrtes Auftreten von Früh- und Totgeburten sowie ein geringeres Geburtsgewicht sind die Folge. Auch Nichtraucher können bei häufigem Aufenthalt in stark verräucherten Räumen (z. B. am Arbeitsplatz) durch passives Rauchen gesundheitlich geschädigt werden.

Rauchschwalbe, Art der Fam. ↗ Hirundinidae.

Räude, Befall und Zerstörung der Haut von Tieren, vor allem auch von Nutz- und Haustieren wie Rind, Schaf, Pferd, Hund, Katze, Hühnervögel, durch in der Haut grabende Milben (↗ Acari). Symptome sind Juckreiz, Haarausfall und Verhornung; die R. wird oft durch bakterielle Sekundärinfektionen überlagert und verschlimmert.

raues ER, ↗ endoplasmatisches Reticulum.

Raufußhühner, die Unterfam. ↗ Tetraoninae.

Raupe, *Eruca*, dem Eistadium folgender polypoder, walzenförmiger Larventypus einiger Insektengruppen; charakteristisch für Schmetterlinge (↗ Lepidoptera), Blattwespen (*Afterraupen*) und Schnabelfliegen (↗ Mecoptera). Bei R. ist auch der Hinterleib mit stummelförmigen Gliedmaßen versehen, die, mit Hafteinrichtungen versehen, der Fortbewegung dienen (*Afterfüße*). R. haben kauende Mundwerkzeuge mit kräftig entwickelten Mandibeln; sie sind fast ausschließlich Pflanzenfresser und im Metamorphosezyklus das eigentliche Stadium der Nahrungsaufnahme; bei Schmetterlingen können sie auch zur Ausbreitung beitragen. Die Kopfkapsel trägt seitlich *Stemmata* (Ocellen), *Labialdrüsen* sezernieren Spinnfäden für Gespinste, Kokons, Raupennester u. a.; R. häuten sich i. d. R. vier- bis fünfmal bis zur Verpuppung. (↗ Larven, ↗ Puppe; ↗ Metamorphose)

Rauschgifte, nicht mehr gebräuchliche Bez. für ↗ Drogen.

Rautengewächse, die Fam. ↗ Rutaceae.

Rautenhirn, ↗ Gehirn.

Raygras, Futtergras der ↗ Poaceae.

Reafferenzprinzip, Bez. für einen Regelvorgang im Nervensystem zur Kontrolle und Rückmeldung eines Reizerfolges. Wird von einem übergeordneten nervösen Zentrum eine Erregung (*Efferenz*) ausgesandt, die zu einem Bewegungsablauf führt, so wird in einem nachgeschalteten untergeordneten Zentrum von dieser Efferenz eine *Efferenzkopie* hergestellt. Der infolge der ausgesandten Erregung ablaufende Bewegungsvorgang aktiviert nun seinerseits Rezeptoren im Erfolgsorgan. Diese senden ihrerseits Rückmeldungen (*Reafferenzen*) über den erfolgten Bewegungsvorgang. Stehen Reafferenz und Efferenzkopie in Übereinstimmung, wird die Efferenzkopie gelöscht, da der geforderte Bewegungsablauf erfolgt ist. Bestehen aber Differenzen zwischen Reafferenz und Efferenzkopie, die von anderen Nervenzentren oder durch Einflüsse von außen bewirkt sein können, ist eine Korrektur durch Meldungen an die übergeordneten Zentren nach demselben Prinzip möglich.

Reaktionsgeschwindigkeit, ↗ Reaktionskinetik.

Reaktionsgeschwindigkeits-Temperatur-Regel, die ↗ RGT-Regel.

Reaktionskinetik, *chemische Kinetik*, Teildisziplin der physikalischen Chemie, die den zeitlichen Ablauf chemischer Reaktionen experimentell untersucht, mathematisch beschreibt und theoretisch begründet. Die R. liefert Beiträge zur Aufklärung und zum Verständnis von Reaktionsmechanismen. Ein zentraler Begriff der R. ist die *Reaktionsgeschwindigkeit r*. Sie gibt an, wie schnell die verschiedenen Komponenten eines nicht im Gleichgewicht befindlichen Systems dem chemischen Gleichgewicht zustreben. Die Reaktionsgeschwindigkeit ist abhängig von den Konzentrationen der reagierenden Substanzen, von Katalysatoren, vom Lösungsmittel, der Temperatur (↗ RGT-Regel), dem Druck u. a. Faktoren. Als *Geschwindigkeitsgesetz* wird die Abhängigkeit der Reaktionsgeschwindigkeit von der Konzentration der reagierenden Stoffe bezeichnet. Die *Reaktionsordnung* gibt an, wie die Reaktionsgeschwindigkeit von den Konzentrationen der beteiligten Stoffe abhängt. Ist sie unabhängig von der Konzentration der beteiligten Stoffe, so liegt eine *Reaktion 0. Ordnung* vor (ein Beispiel ist der Abbau von ↗ Ethanol durch die Alkohol-Dehydrogenase). Bei einer *Reaktion 1. Ordnung* ist die Reaktionsgeschwindigkeit abhängig von der Konzentration einer der Ausgangssubstanzen, bei einer *Reaktion 2. Ordnung* vom Quadrat der Konzentration einer der Ausgangssubstanz oder von den Konzentrationen zweier Substanzen usw. Als *Halbwertszeit* bezeichnet man die Zeit, nach der die Hälfte der Anfangsmenge verbraucht ist.

Reaktionsnorm, alle genetisch bedingten Ausprägungsformen eines Merkmals, die innerhalb einer gewissen *Reaktionsbreite* durch innere und Umwelteinflüsse gesteuert werden (↗ Modifikation). Veränderungen über die Grenzen der R. hinaus sind durch Veränderungen im Erbgut bedingt und somit Ausdruck der genetischen Variabilität.

Reaktionsordnung, ↗ Reaktionskinetik.

Reaktionswärme, die bei einer chemischen Reaktion frei werdende oder verbrauchte Wärme. Man gibt sie i. Allg. für 1 mol Formelumsätze an (*molare R.*) und verwendet dann als Symbol Q. Wird bei einer Reaktion Wärme frei (*exotherme Reaktion*), erhält Q ein negatives, wird Wärme verbraucht (*endotherme Reaktion*) ein positives Vorzeichen.

Reaktionszentren, die in den Fotosystemen vorhandenen Pigment-Protein-Komplexe, die die elementaren Reaktionseinheiten der fotosynthetischen ↗ Lichtreaktionen darstellen. Mit modernsten physikalischen Methoden ist es seit den 1980er-Jahren gelungen, die R. von fotosynthetisch aktiven Bakterien zu analysiern. Während die R. der Pflanzen und Cyanobakterien Chlorophyllmoleküle enthalten, kommen in bakteriellen R. Bakteriochlorophyll und verwandte Moleküle vor, welche die Funktionseinheiten der fotosynthetischen Energiewandlung darstellen. Im Jahre 1985 gelang es einer Gruppe aus Chemikern und Physikern um H. ↗ Michel, J. ↗ Deisenhofer und R. ↗ Huber in München, die atomare Struktur der R. des fotosynthetischen Purpurbakteriums *Rhodopseudomonas viridis* aufzuklären. Für diese bahnbrechende Arbeit, die erstmals eine hochauflösende Röntgenstruktur eines Membranprotein beschrieb, erhielten sie 1988 den Nobelpreis für Chemie.

Die R. von *Rhodopseudomonas* bestehen aus vier Proteinuntereinheiten (H, L, M und C), Pigmentmolekülen und Elektronenakzeptoren, die zusammen die fotochemische Nutzung der absorbierten Lichtenergie ermöglichen. Die Pigmente übernehmen dabei die Funktion von Lichtabsorbern und Elektronenträgern. Das Protein stellt eine starre Struktur zur Verfügung, welche die Elektronen übertragenden Pigmentmoleküle genau an die benötigte Stelle positioniert. Für den Elektronentransfer wichtig sind die Farbstoffe *Bakteriochlorophyll* und *Bakteriophaeophytin*, sowie als Elektronenakzeptoren die beiden Chinone. Der Elektronentransfer wird durch die Anregung eines eng in Kontakt zueinander stehenden Paares von Bakteriochlorophyll-Molekülen (*special pair*) durch Licht oder elektronische Energie aus den Antennen initiiert. Während die Primärreaktion ca. 200 ps dauert, erfolgen die weiteren Transferschritte zum Chinon auf einer um Größenordnungen langsameren Zeitskala. Die bakteriellen R. von *Rhodopseudomonas* ähneln in ihrem Aufbau denen des Fotosystems II. Die R. des Fotosystems I haben Ähnlichkeit zu R. der anaeroben grünen Schwefelbakterien. Sie enthalten als Elektronenakzeptoren Eisen-Schwefel-Proteine.

Bei Organismen, die wie Grünalgen, Moose, Farne und Samenpflanzen zur Fotosynthese fähig sind, werden die R. des Fotosystems I als P700 und die des Fotosystem II als P680 bezeichnet. Bei photosynthetischen Purpurbakterien lautet die Bez. P870.

reaktive Sauerstoffspezies, Abk. *ROS*, aus molekularem ↗ Sauerstoff durch verschiedene Nebenreaktionen gebildete toxische Derivate, die aufgrund ihrer hohen Reaktivität und chemischen Aggressivität große pathophysiologische Bedeutung haben. Das *Superoxid-Radikal-Anion* $O_2^{\cdot-}$ gilt als das toxischste ROS. Es wird durch Einelektronentransfer auf Sauerstoff gebildet und entsteht insbesondere durch Nebenreaktionen bei einigen Oxidasen, wie z. B. der Xanthin-Oxidase, beim Fotosynthese-Komplex I und als Nebenprodukt der ↗ Atmungskette, wobei Xenobiotika und cytostatische Antibiotika die Bildung begünstigen. Das Superoxid-Radikal-Anion kann durch die ↗ Superoxid-Dismutase abgefangen werden, wobei aber das ebenfalls toxische Wasserstoffperoxid (H_2O_2) gebildet wird. Weitere ROS sind das *Hydroxylradikal* (HO$^{\cdot}$), *Peroxid-Radikale* (ROO$^{\cdot}$) sowie *Singulett-Sauerstoff* (molekularer Sauerstoff, der sich in einem besonderen Anregungszustand befindet und dadurch sehr instabil und hochreaktiv ist). Außer den Enzymen, die ROS neutralisieren gibt es verschiedene Substanzen, die ROS abfangen können; so kann z. B. α-Tocopherol (↗ Tocopherol) bestimmte organische Sauerstoffradikale abfangen und die ↗ Carotinoide Singulett-Sauerstoff. (↗ Radikale)

Rebhühner, *Perdix*, Gatt. der Phasianidae.

Receptaculum seminis, *Samenbehälter*, *Samentasche*, *Spermatheka*, Anschwellung oder blindsackartiger Anhang an Eileiter (Ovidukt), Gebärmutter (Uterus) oder Vagina bei weiblichen Tieren (bzw. Zwittern). Das R. s. dient der Spermienspeicherung bei verschiedenen Gruppen von Würmern, Mollusken und vor allem bei Gliederfüßern, aber auch bei einigen Rippenquallen und Schwanzlurchen. Es ist bei Tieren mit innerer Besamung vielfach konvergent entstanden.

Recessus, allg. in der *Anatomie* eine Vertiefung, Mulde, Einbuchtung, z. B. in einem Organ oder zwischen benachbarten Organen.

recombinant DNA, ↗ rekombinante DNA.

Rectum, der Mastdarm (↗ Darm).

Recycling, 1) allg. die Rückführung gebrauchter Materialien in den Stoffkreislauf.

2) In der *Abfallwirtschaft* die *Abfallwiederverwertung*. Hierzu gehören die Prozesse des Sammelns, Sortierens, Aufbereitens und des stofflichen Verwertens von Produkten, die bei der Konsumgütererzeugung anfallen.

red drop, die Minderung der ↗ Quantenausbeute der ↗ Fotosynthese bei Bestrahlung durch Licht im dunkelroten Bereich über 680 nm, die darauf hinweist, dass Dunkelrotlicht alleine fotosynthetisch ineffektiv ist. Zusammen mit dem ↗ Enhancement-Effekt beweist der r. d. die Existenz zweier Fotosysteme.

Redie, Larventyp der ↗ Digenea.

Redoxpotenzial, physikochemisch definierter Begriff, der in unmittelbarem Zusammenhang mit den bei ↗ Redoxreaktionen (auch zellulären) frei werdenden Energien steht und daher als Maßeinheit für diese verwendet wird. Als Bezug wird das Potenzial einer Normal-Wasserstoffelektrode gleich Null gesetzt (*Normalpotential*). Bei pH 7 (was eher den physiologischen Gegebenheiten entspricht) hat diese Elektrode ein Potenzial von $-0{,}42$ V. Je positiver das R. eines Stoffes ist, um so größer ist sein Bestreben, Elektronen aufzunehmen und daher als Oxidationsmittel (↗ Oxidation) zu wirken. Die R. von Reduktionsmitteln (↗ Reduktion) liegen dagegen im negativen Bereich, was bedeutet, dass Reduktionsmittel eine starke Tendenz zeigen, Elektronen abzugeben.

Redoxreaktion, Reaktion, deren typisches Merkmal der Austausch von Elektronen ist, also die Kombination einer stets gleichzeitig ablaufenden ↗ Oxidation und ↗ Reduktion.

Reduktasen, eine heterogene Gruppe von ↗ Oxidoreduktasen, die Flavinnucleotide als ↗ prosthetische Gruppe haben und bevorzugt mit ↗ Cytochromen reagieren.

Reduktion. 1) *Biochemie*: die Aufnahme von Elektronen durch Atome, Ionen oder Molekülen. Mit der

R. verbunden ist die Erniedrigung der Oxidationszahl. R. ist ein Teilprozess der ↗ Redoxreaktion. (↗ Oxidation)

2) *Genetik:* die Verminderung des Chromosomensatzes auf die Hälfte, d.h. bei diploiden Organismen ist nach erfolgter R. ein haploider Chromosomensatz vorhanden. (↗ Meiose)

Reduktionsäquivalente, biochemische Bez. für die bei Reduktionsvorgängen im Stoffwechsel gebildeten Pyridinnucleotide NADH + H$^+$ und NADPH + H$^+$. Während NADPH für reduktive Biosynthesen zur Verfügung gestellt wird, tranferiert NADH den bei Dehydrogenase-Reaktionen übernommenen Wasserstoff in die ↗ Atmungskette. Zu den R. zählt auch FADH$_2$, dessen Reoxidation in der Atmungskette auch zur ATP-Synthese bei der oxidativen Phosphorylierung beiträgt. (↗ Nicotinamid-adenin-dinucleotid, ↗ Nicotinamid-adenin-dinucleotidphosphat, ↗ Flavin-adenin-dinucleotid)

Reduktionsteilung, die ↗ Meiose.

reduktiver Pentosephosphatzyklus, der ↗ Calvin-Zyklus.

Reduncinae, *Ried- und Wasserböcke*, Unterfam. der Hornträger (↗ Bovidae) mit zwei Gattungsgruppen, den *Reduncini* mit zwei Gatt., den Wasserböcken (*Kobus*) und den Riedböcken (*Redunca*), bei-de mit sichel- bis leierförmigen Hörnern, sowie den Rehantilopen (*Peleinae*) mit nur einer Art. Die *Wasserböcke* leben in weiten Teilen Zentral- und Südafrikas bevorzugt in der Nähe von Gewässern. Die Männchen besetzen ein Revier, das sie gegen andere Artgenossen verteidigen. Wenn sie von Raubtieren angegriffen werden, flüchten Wasserböcke oft ins Wasser. Auch die *Riedböcke* leben in der Nähe von Gewässern in kleinen Trupps von fünf bis 15 Tieren. Bei Gefahr legen sie sich mitunter flach nieder. Allen Riedböcken gemeinsam ist ein dunkler nackter Fleck unter dem Ohransatz.

Reduzenten, die ↗ Destruenten.

Reflex, Bez. für einen Reizreaktions-Zusammenhang, bei dem ein bestimmter ↗ Reiz bei allen Individuen einer Art dieselbe stereotype, nervös ausgelöste Reaktion hervorruft. An jedem R. sind ein Rezeptor und Effektor beteiligt, die durch nervöse Bahnen (↗ Nervensystem) zu einem *Reflexbogen* miteinander verbunden sind. Die Reflexe werden unterteilt nach der Lage von Rezeptor und Effektor im Organismus wie auch nach der Anzahl der im Reflexbogen zwischengeschalteten Synapsen. Den einfachsten Fall findet man bei den Tentakeln der Aktinien, wo der Reflexbogen nur aus zwei Zellen besteht, einer Sinnes- und Nervenzelle und

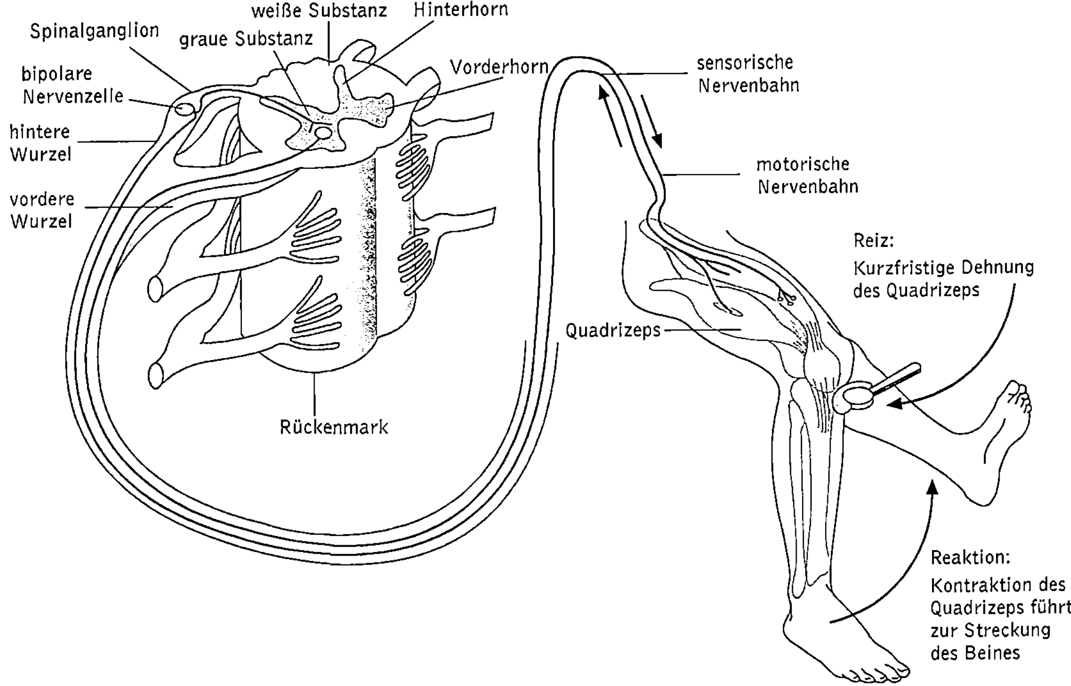

Reflex Der *Patellarsehnenreflex* als Beispiel für einen monosynaptischen Reflex. Durch einen Schlag auf die Kniesehne wird die Kniescheibe (Patella) leicht nach unten gezogen und dadurch der Musculus quadriceps femoris (Quadrizeps) leicht gedehnt. Die hierdurch ebenfalls gedehnten, im Quadrizeps befindlichen Muskelspindeln führen zur Erregung sensorischer Nervenzellen. Die Erregung wird zum Rückenmark geleitet und dort an motorische Nervenfasern weitergegeben, die ihrerseits Kontakt zu den Muskelfasern des Quadrizeps haben. Die an der motorischen Endplatte ankommende Erregung führt zur Kontraktion des Quadrizeps, die sich in einer Kickbewegung des Unterschenkels zeigt.

einer Muskelzelle. In den meisten Fällen wird der Reflexbogen von mehreren Neuronen aufgebaut, nämlich von einem vom Rezeptor kommenden afferenten (sensiblen) Neuron und einem zum Rezeptor ziehenden efferenten Neuron. Da in einem derartigen Reflexbogen nur eine synaptische Verbindung besteht, spricht man von einem *monosynaptischen R.* (z. B. der ↗ Patellarsehnenreflex). Sind zwischen Afferenz und Efferenz ein bis mehrere Interneurone geschaltet, handelt es sich um einen *polysynaptischen R..* Liegen Rezeptor und Effektor im selben Organ, werden diese als *Eigenreflex* bezeichnet, bei räumlicher Trennung, d. h. Lage von Rezeptor und Effektor in verschiedenen Organen, als *Fremdreflex*. Eine weitere Unterteilung der Reflexe erfolgt nach funktionellen Kriterien, z. B. *Schutzreflex* (z.B. Lidschlussreaktion), oder nach den durch den Reiz ausgelösten Reaktionen, z. B. Schluck-R., Nies-R., Husten-R., Flucht-R. oder Totstellreflex. Diese R., die nicht dem Willen unterliegen, sind angeboren und ermöglichen es Tieren und Mensch, sich schnell auf besondere Umweltsituationen einzustellen, sowie ein koordiniertes Zusammenspiel aller Körperteile mit dem gleichzeitigen Vorteil der Entlastung der bewussten (höheren) Funktionen des Zentralnervensystems (ZNS). Demzufolge ist die Reflexzeit, d. h. die Reaktionszeit als der Zeitraum zwischen dem Einwirken eines Reizes und der Reaktion, relativ kurz, jedoch für die einzelnen Reflexe unterschiedlich lang. Sie ist beim monosynaptischen Eigenreflex am kürzes-

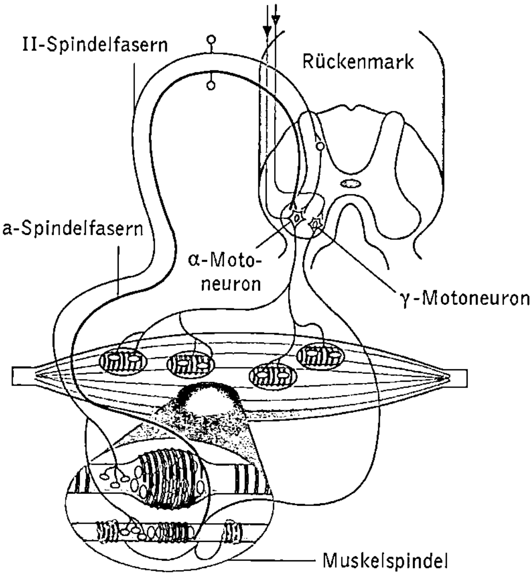

Reflex Die schnell-leitenden Ia-Fasern der Muskelspindeln sind über einen monosynaptischen Reflexbogen mit den α-Motoneuronen im Rückenmark verschaltet, die langsamen II-Fasern über einen durch Zwischenschaltung von Interneuronen polysynaptischen Reflexbogen

ten, bei manchen vegetativen Reflexen, bei denen die relativ träge arbeitende, glatte Muskulatur oder Drüsenzellen die Effektoren sind, am längsten. Die *Reflexzentren*, das ist die Gesamtheit der an den Reflexbögen beteiligten Synapsen und Ganglienzellen, der bisher besprochenen Reflexe befinden sich in den entwicklungsgeschichtlich älteren Teilen des ZNS, nämlich dem Hirnstamm und ↗ Rückenmark. In der Sprache der Lerntheorie werden diese unbedingten (angeborenen) Reflexe den bedingten (erlernbaren) Reflexen gegenübergestellt (↗ bedingter Reflex).

Refraktärzeit, ↗ Aktionspotenzial.

Refugialgebiet, *Rückzugsgebiet*, das ↗ Erhaltungsgebiet.

Refugium, 1) Rückzugsgebiet (↗ Erhaltungsgebiet) für bestimmte Arten (Relikte) oder Lebensgemeinschaften; ↗ Glazialrefugien.

2) Zufluchtsort eines Lebewesens, an dem es relativ geschützt ist.

Regenbogenforelle, ↗ Forelle.

Regenbogenhaut, *Iris*, ↗ Auge.

Regeneration, allg. Erneuerung, Wiederherstellung. In der *Biologie* der Ersatz von verletzten, abgestorbenen oder verloren gegangenen Körperteilen, z. B. von Zellteilen bei ↗ Einzellern, oder von Zellen, Geweben und Körperteilen bei Vielzellern (↗ Metazoa). Regenerationserscheinungen treten bei Pflanzen und Tieren auf.

1) Bei *Pflanzen* ist die Fähigkeit zur R. i. Allg. sehr stark ausgeprägt. Sie wird in der Pflanzenzucht bei der Vermehrung durch ↗ Stecklinge und bei der Veredelung durch ↗ Pfropfung wirtschaftlich genutzt. Bei den pflanzlichen R. handelt es sich entweder um einen Ersatz durch Auswachsen bereits vorgebildeter, ruhender embryonaler Anlagen oder aber um eine völlig adventive Neubildung (↗ Adventivbildung).

2) Bei *Tieren* unterscheidet man verschiedene Formen der R. Unter *physiologischer R.* oder *Restitution* versteht man den periodischen (z. B. Feder- oder Schuppenkleid) oder ständigen (z. B. Epidermis der ↗ Haut von Säugetieren) Ersatz von Strukturen. Als *reparative* oder *restaurative R.* bezeichnet man den Ersatz von durch Unfall oder ↗ Autotomie verloren gegangenen Körperstrukturen. Die Fähigkeit zur reparativen R. ist unterschiedlich ausgebildet. So können z. B. Schwämme (↗ Porifera), ↗ Hydra (Süßwasserpolyp) und Planarien (↗ Tricladida) alle Körperteile regenerieren, Tiere mit Zellkonstanz, z. B. Fadenwürmer (↗ Nematoda) und Rädertiere (↗ Rotatoria) gar nicht. Selbst relativ nah verwandte Tiere regenerieren unterschiedlich gut, so bilden Schwanzlurche (↗ Urodela) ganze Extremitäten neu, die meisten Froschlurche (↗ Anura) verschließen nur die Wunde. Die Regenerationsfähigkeit kann sich auch im

Laufe der Individualentwicklung ändern. Beispielsweise regenerieren ↗ Kaulquappen Extremitäten, Frösche hingegen nicht; Seestern-Arme werden regeneriert, Seesternlarven können verloren gegangene Körperteile nicht ersetzen.

Verloren gegangene Strukturen können formal auf zwei Arten wieder hergestellt werden. Bei *morphallaktischer R.* oder *Morphallaxis* werden fehlende Teile durch Umorganisation der Reststruktur ersetzt (z. B. bei Hydra). Bei komplexer aufgebauten Tieren (auch bei Einzellern, z. B. Pantoffeltierchen) wird die fehlende Struktur vom Wundrand her wieder aufgebaut (*Epimorphose*). Vielzeller bilden am Wundrand ein Regenerationsblastem aus reembryonalisierten Zellen unterschiedlicher geweblicher Herkunft; diese teilen sich und differenzieren das Regenerat. Wird eine verloren gegangene Struktur von Zellen eines anderen Gewebes gebildet, spricht man von *Metaplasie* (z. B. Linsen-R. vom oberen Irisrand). Verloren gegangene Strukturen können identisch regeneriert werden (z. B. Extremitäten der Schwanzlurche), weniger kompliziert (z. B. unsegmentierter Knorpel statt Wirbel im regenerierten Eidechsenschwanz) oder unvollständig wiederaufgebaut werden (bei präimaginalen Insekten kleinere Beine mit unvollständiger Gliederzahl). Nach Lage des Regenerates unterscheidet man *terminale R.*, bei der nur distale Strukturen ersetzt werden (z. B. Extremitäten), und *interkalare R.*, bei der in einem Kontinuum fehlende Strukturen nach dem Kontinuitätsprinzip ersetzt werden, z. B. Strukturen innerhalb eines Insektensegments. – Ein Spezialfall der R. ist die kompensatorische Hypertrophie: die verbleibenden Strukturen vergrößern sich übernormal, sodass die Funktion des Gesamtorganismus wiederhergestellt wird; z. B. vergrößert sich nach Resektion selbst noch ein Viertel der menschlichen Leber durch Vergrößerung der verbleibenden Leberlappen.

Regenpfeifer, die Fam. ↗ Charadriidae.

Regenpfeifervögel, die ↗ Charadriiformes.

Regenwald, in ganzjährig feuchten Gebieten vorkommende Pflanzenformation, die durch eine üppige Vegetation und immergrüne Bäume gekennzeichnet ist. Als Schutz vor starken Niederschlägen haben die Bäume oft derbe Blätter. Der Laubwechsel, die Blüte und die Fruchtreife finden das ganze Jahr über statt. Jahresringe werden nicht gebildet, da das Holz das ganze Jahr über gleichmäßig wächst. Je nach geografischer Breite unterscheidet man ↗ tropischen R., ↗ subtropischen R. und *gemäßigten Regenwald.*

Regenwurm, *Lumbricus terrestris*, einheimische Art der Oligochaeta, die im Boden lebt, wo sie bis 3 m tiefe senkrechte Gänge gräbt, die sich zur Oberfläche hin verzweigen. R. ernähren sich vor allem von abgestorbenen Pflanzenteilen (↗ Detri-

tusfresser), die in die Röhre gezogen und vorverdaut werden. Die unverdauten Reste dienen teilweise der Befestigung der Gangwände, teilweise werden sie auf der Erdoberfläche abgelagert. Auf Äckern können ein bis drei Tonnen R. pro Hektar vorkommen. Der Regenwurmkot auf Weideland kann bis zu 40 Tonnen pro Hektar und Jahr ausmachen, in wärmeren Gebieten bis zum Fünffachen dieses Werts. Vielen Pflanzen dienen Regenwurmgänge als Leitschienen für ihre Wurzeln. R. haben große Bedeutung für die Bodenbeschaffenheit, da sie in ihrem Darmtrakt organische und anorganische Bestandteile zu Ton-Humus-Komplexen verbinden und dadurch die Stabilität des Bodens (gegen Erosion und Druck) sowie seine Wasserkapazität erhöhen. Die im Regenwurmkot reichlich vorhandene Mikroflora sorgt für eine beschleunigte Zersetzung organischer Bestandteile. Neben *Lumbricus terrestris* werden auch andere Regenwurmarten in großem Maßstab zur Bodenverbesserung und als Angelköder verwendet.

Regnum, das ↗ Reich.

Regulationsembryonen, Bez. für Embryonen, deren einzelne Teile im Gegensatz zu ↗ Mosaikembryonen noch nicht auf ihr endgültiges Entwicklungsschicksal festgelegt sind. Der Unterschied ist nur graduell und beruht auf einem unterschiedlichen Zeitablauf der ↗ Determination. Ob Teile von R. vollständige Embryonen bilden, hängt von der Anordnung der interagierenden Systemkomponenten und von der Lage der Trennebene ab. So erbringen zum Beispiel Vorder- oder Ventralhälften von Amphibieneiern isoliert eine geringere Entwicklungsleistung als im Gesamtsystem, da ihnen der regulierende Einfluss des abgetrennten ↗ Organisators fehlt (↗ grauer Halbmond, ↗ Induktion).

Regulatorgene, Gene, die für so genannte *Regulatorproteine* (Repressor- und Aktivatormoleküle) codieren.

Regulon, bei Prokaryoten die Bez. für Gene, die zwar an verschiedenen Orten des Genoms lokalisiert sind, deren Regulation der Genexpression jedoch durch dieselben ↗ Regulatorgene erfolgt (↗ Operon).

Regulus, die Gatt. ↗ Goldhähnchen.

Rehe, *Capreolus*, Gatt. der Trughirsche (↗ Cervidae) mit der einzigen Art *Reh* (*Capreolus capreolus*); Kopfrumpflänge 100 - 140 cm, Körperhöhe 60 - 90 cm; das Sommerfell ist rotbraun, das Winterfell graubraun, um den kurzen Schwanz befindet sich eine weiße Signalfärbung („*Spiegel*"). Der Rehbock hat ein kleines, maximal sechsendiges Stangengeweih, die weiblichen R. (*Geiß*) sind geweihlos. Der Geweihabwurf erfolgt im November/Dezember, das Fegen des Bastes im Frühjahr. Als Lebensraum bevorzugt das R. unterwuchs- und lichtungsreiche Laub- und Mischwälder sowie Feldgehölze. R. sind

Tag- und Nachttiere; sie äsen vor allem am frühen Morgen und während der Abenddämmerung. Sie leben ortstreu in kleinen Gruppen („Sprüngen") von zwei bis zehn Tieren, geführt von einer erfahrenen Geiß; im Winter bilden sie oft größere Rudel. Die Hauptbrunft der R. ist Ende Juli/Anfang August. Bei im Sommer befruchteten Eizellen stagniert die Embryonalentwicklung für 4 1/2 Monate auf einem frühen Stadium (Keimruhe). Dadurch werden die (meist zwei) weiß gefleckten Reh-Kitze stets im Mai/Juni des Folgejahres geboren („gesetzt"). Da das R. ein bevorzugtes Jagdwild ist, wird seine Bestandsdichte vom Menschen bestimmt.

Reibzunge, die ↗ Radula.

Reich, *Regnum,* höchste Kategorie der biologischen Klassifikation. Wie bei allen anderen supraspezifischen Kategorien der Klassifikation gibt es keine absoluten Kriterien für die Zuweisung der Kategorie „Reich". Deshalb gibt es sehr unterschiedliche Systemvorschläge, im Extremfall die Zusammenfassung aller Lebewesen in einem einzigen Reich *Bionta.* Lange Zeit teilte man die Lebewesen ein in die beiden Reiche *Plantae* (Pflanzen) und *Animalia* (Tiere). Im Bereich der einzelligen Algen und anderer Einzeller gab es aber Probleme mit der Zuordnung, bzw. es gab Überschneidungsbereiche. Ebenfalls nur zwei Reiche, jedoch ohne Überschneidungen, gibt es bei der Einteilung in *Protista* (Einzeller und Einzellerkolonien) und *Histonia* (echte Mehrzeller) oder in *Prokaryota* (Bakterien und Cyanobakterien) und *Eukaryota.* In Linnés „*Systema naturae*" gab es drei Reiche: Regnum lapideum (Reich der Steine; „Steine wachsen") *Regnum vegetabile* (Regnum plantarum; Pflanzen-Reich: „Pflanzen wachsen und leben"), *Regnum animale* (Regnum animalium; Tier-Reich: „Tiere wachsen, leben und empfinden"). Owen (1860) und E. ↗ Haeckel (1866) teilten die Lebewesen (*Bionta*) in Einzeller (*Protista*), Pflanzen (*Plantae*) und Tiere (*Animalia*) ein.

Vor allem im englischsprachigen Bereich hat sich ein System mit fünf Reichen (Five-kingdom-system) eingebürgert: die *Monera* als einziges Reich der Prokaryota (gegebenenfalls die Viren als zweites Reich), und innerhalb der bisweilen sogar als „Super-Reich" bezeichneten Eukaryota folgende vier Reiche: *Protista,* neuerdings auch *Protoctista* genannt, zur eindeutigen Kennzeichnung gegenüber den prokaryotischen Einzellern (pflanzliche und tierische Einzeller einschließlich der Einzeller-Kolonien und Tange), *Fungi* (mehrzellige Pilze), *Plantae* (Metaphyta: Moose bis Samenpflanzen) und *Animalia* (Metazoa: mehrzellige Tiere).

Reichstein, *Tadeusz,* polnisch-schweizer. Biochemiker, ✱ 20.7.1897 Wloclawek, † 1.8.1996 Basel; ab 1937 Prof. in Zürich, 1938 - 67 in Basel. R. führte 1933 unabhängig von W.N. ↗ Haworth die erste

Totalsynthese von Vitamin C (↗ Ascorbinsäure) durch und arbeitete ab 1934 an der Isolierung und Strukturaufklärung des Steroidhormons Cortison (und anderer Corticosteroide) aus der Nebenniere, dessen therapeutische Wirkung er erkannte. 1950 erhielt R. zusammen mit P.S. ↗ Hench und E.C. ↗ Kendall den Nobelpreis für Physiologie oder Medizin.

Reihenverdünnungstest, ↗ Verdünnungsreihentest.

Reiher, ↗ Ardeidae.

Reiherente, Art der ↗ Tauchenten.

reinerbig, *homozygot,* ↗ Homozygotie.

Reinhefen, die ↗ Reinzuchthefen.

Reinkultur, ↗ Kultur von ↗ Mikroorganismen, die nur Organismen einer Art oder eines Stammes enthält.

Reinzuchthefen, *Reinhefen, Edelhefen,* Hefestämme, die aus besonders guten Weinen isoliert wurden. Sie zeichnen sich durch besondere Eigenschaften aus, wie z. B. eine besonders hohe Alkohol- und Glycerinbildung.

Reis, *Oryza sativa,* aus Indien oder China stammende Kulturpflanze der ↗ Poaceae. Das mehrjährige Rispengras wird in der Kultur meist einjährig gehalten. Es bildet bis 1,80 m hohe Halme deren lange Rispen dreiblütige Ährchen tragen. Man unterscheidet drei Gruppen von Varietäten: *indica* mit unbegrannten, kleinen, schlanken Körnern, *japonica* mit begrannten, größeren, rundlichen Körnern, und *indo-japonica* als Zwischengruppe.

Nach der Anbauart unterscheidet man zwischen *Trocken-* oder *Berg-R.* (der Boden wird nur berieselt) und *Sumpf-* oder *Wasser-R.* (der Boden ist überwiegend mit stehendem Wasser bedeckt). Der überwiegende Teil des R. wird als Sumpf-R. angebaut. Für die Stickstoffversorgung der Pflanzen sind die Cyanobakterien ↗ Nostoc und ↗ Anabaena von Bedeutung. R. ist die wichtigste Getreideart der Tropen und Subtropen und das Hauptnahrungsmittel in Ostasien. Aus R. wird Gries, Mehl, Stärke und Reiswein, Bier oder Schnaps (Arrak) gewonnen. R.-Stärke wird in der Lebensmittel- und Textilindustrie verwendet, das Stroh dient u. a. als Rohstoff für die Papierfabrikation. (Essay ↗ Grüne Gentechnik – Hoffnung durch oder für Gentechpflanzen?)

Reismelde, ↗ Quinoa.

Reispapierbaum, *Tetrapanax papyrifer,* aus Ostasien stammender Baum der ↗ Araliaceae, der das chinesische Reispapier liefert.

Reiz, *Stimulus,* 1) in der *Physiologie* Bez. für eine innerhalb (Innenreiz, z. B. Organreiz) oder außerhalb (Außenreiz) eines Organismus erfolgende Zustandsänderung, die zu einer messbaren Änderung im Organismus führt bzw. von ihm wahrgenommen wird. Man unterscheidet chemische, osmotische, thermische, mechanische, elektrische, akustische und optische (Licht-)Reize. Ob der R. eine ↗ Erregung, Empfindung oder Reaktion (z. B. ↗ Reflex) auslöst, hängt davon ab, ob er einen Schwellenwert (*Reizschwelle*) überschreitet, also unter- oder überschwellig wirkt. Um überschwellig zu werden, muss jeder R. einem Rezeptor einen Mindestbetrag an Energie zu- bzw. abführen. Dieser Betrag (*Schwellenintensität*) setzt sich zusammen aus der Reizintensität und der Einwirkungsdauer und hat die Dimension einer Leistung, die in Watt angegeben wird. Zu diesen quantitativen Bedingungen kommt noch die qualitative hinzu, dass der R. adäquat sein muß (*adäquater R.*), d. h.es muss ein R. sein, für den der Rezeptor die größte Empfindlichkeit besitzt (z. B. Licht für die Rezeptoren der Netzhaut des Auges).

2) In der *Ethologie* wird R. gelegentlich synonym mit ↗ Schlüsselreiz benutzt; dieser Begriff bezeichnet jedoch komplexe R., die vom zentralen Nervensystem aufgenommen werden, i. e. S. sogar nur solche R., die über einen angeborenen Auslösemechanismus (AAM) wirken. (↗ Adaptation, ↗ Rezeptoren, ↗ Signaltransduktion)

Reizbarkeit, *Irritabilität*, die Fähigkeit von Lebewesen, auf Einwirkungen aus der Umwelt oder Veränderungen im Organismus zu reagieren.

Reizschwelle, ↗ Reiz.

Reiz-Summen-Regel, Regel, die besagt, dass sich die Wirkungen von Schlüsselreizen und Auslösern bei der Auslösung artspezifischen Verhaltens summieren. Dabei handelt es sich nicht um eine Summation im mathematischen Sinne, sondern um eine Verstärkung des ausgelösten Verhaltens.

Rekapitulation , ein von E. ↗ Haeckel im Zusammenhang mit der von ihm formulierten ↗ Biogenetischen Grundregel eingeführter Begriff. Danach ist die Ontogenese (hier vor allem die ↗ Embryonalentwicklung) eine kurze R. (Wiederholung) der Phylogenese (Stammesgeschichte). Dabei werden i. d. R. nicht Adultmerkmale einer Ahnenform rekapituliert, sondern nur deren embryonale Anlagen, die dann in ihrer weiteren Entwicklung modifiziert werden. So rekapitulieren alle durch Lungen atmenden Landwirbeltiere (↗ Tetrapoda) die embryonale Anlage eines ↗ Kiemendarms, die derjenigen eines Fischembryos weitgehend entspricht, entwickeln daraus jedoch keinen Kiemen-Apparat wie die Fische, sondern u. a. branchiogene Organe und aus einer Kiementaschenanlage das Mittelohr (↗ Ohr). Die Rekapitulationsentwicklung führt daher dazu, dass die Embryonen von Arten eines Verwandtschaftskreises, z. B. der Wirbeltiere, die auf eine gemeinsame Ahnenform zurückzuführen sind, deren embryonal angelegte Körpergrundgestalt sie wiederholen, einander gleichen (Gesetz der Embryonenähnlichkeit von K. E. von ↗ Baer). Da im Laufe der ↗ Evolution der zeitliche Verlauf

der embryonalen Entwicklung einzelner Organe verschoben werden kann, empfiehlt es sich, bei einem entsprechenden Vergleich der Ontogenese zweier Arten nicht den gesamten Embryo, sondern die ontogenetische Entwicklung jeweils einzelner homologer Organe (↗ Homologie) zu betrachten. Hierbei treten dann häufig ancestrale (an Ahnenformen erinnernde) Stadien auf.

rekombinante DNA, ein DNA-Molekül, das durch ↗ Rekombination entstanden ist und z. B. nach einer ↗ Klonierung eines DNA-Fragmentes in einen Klonierungsvektor in einer Form existiert, die in der Natur nicht vorkommt.

Rekombination die durch natürliche oder künstliche Prozesse erfolgende Um- und Neukombination von Genen, sodass neue Eigenschaften entstehen bzw. es durch ↗ Crossing over zu einer Umgruppierung von homologen und heterologen Chromosomenabschnitten kommt (↗ Holiday-Struktur, ↗ Kopplung). Man unterscheidet die *homologe* oder *allg. R.*, bei der die rekombinierenden DNA-Moleküle eine ausgedehnte Sequenzhomologie aufweisen, die nur aufgrund kurzer homologer Bereiche erfolgende *sequenzspezifische R.* und die *nichthomologe* oder *illegitime R.*. Natürlicherweise kommt es während der ↗ Meiose zur R., indem Chromosomen zufallsmäßig auf Tochterkerne verteilt werden bei der keine Homologien zwischen den Molekülen vorhanden sind. Bislang ist nur der erste Typ gut untersucht. Die zugrunde liegenden molekularen Ereignisse werden mit der ↗ Bruch- und Wiedervereinigungs-Hypothese beschrieben, bei der nach zwei Brüchen in den beiden beteiligten Doppelhelices eine Wiedervereinigung der DNA-Fragmente in falscher Anordnung erfolgt. Bei *Escherichia coli* lässt sich die R. in vier Schritte einteilen: 1) Induktion von Einzelstrang- oder Doppelstrangbrüchen der DNA, 2) Paarung zweier homologer Regionen, 3) Austausch zwischen zwei Einzelsträngen und 4) Auflösung der viersträngigen Struktur und Wiederverheilung der Stränge. Es sind mehrere Proteine wie das auch im Zusammenhang mit der ↗ DNA-Reparatur stehende *recA-Protein* bekannt, die während der R. spezifische Funktionen ausüben. Seine mögliche Funktion besteht darin, das Eindringen eines DNA-Einzelstrangs in die Doppelhelix oder die Bildung einer viersträngigen DNA-Region zu erleichtern.

Der Begriff R. kann auch auf mit Hilfe von Verfahren der ↗ Gentechnik wie z. B. der ↗ Klonierung erzeugte so genannte *rekombinante DNA-Moleküle* bezogen werden, bei denen im Reaktionsgefäß DNA-Stücke miteinander kombiniert wurden, die normalerweise nicht zusammen existieren. Dies ist der Fall, wenn ein beliebiges DNA-Fragment (*Insert*) in einen ↗ Klonierungsvektor einkloniert wurde.

Rektaltemperatur, ↗ Körpertemperatur.

relative Molekülmasse, Symbol M_r, früher Molekulargewicht, der Quotient aus der (absoluten) Masse eines Moleküls und der atomaren Masseneinheit u (↗ Dalton). Der Begriff M_r darf nur auf solche Substanzen angewendet werden, die aus Molekülen aufgebaut sind.

Relaxin, Protein-Sexualhormon, das bei Wirbeltieren und dem Menschen vorkommt. Es wird vor allem während der Schwangerschaft in ↗ Placenta und ↗ Gebärmutter unter der stimulierenden Wirkung von ↗ Progesteron gebildet und bewirkt eine Auflockerung und Erweichung der Muskulatur und des Bindegewebes der Schamfuge (Symphyse; ↗ Becken), was der Erleichterung der Geburt dient.

Releasing-Hormone, *Liberine*, *Freisetzungshormone*, *Releasing-Faktoren*, Abk. *RH*, neurosekretorische Polypeptidhormone aus der Region des Nucleus supraopticus des ↗ Hypothalamus, die axonal zu einem Venenplexus am Boden des Hypothalamus (Eminentia mediana; ↗ hypothalamisch-hypophysäres System) transportiert werden und von dort über ein spezielles Venensystem zum Hypophysenvorderlappen (Adenohypophyse; ↗ Hypophyse) gelangen. Dort stimulieren oder hemmen sie (*Releasing- Inhibiting-Hormone*, Abk. *IH* oder *RH-IH*) die sekretorische Aktivität. Neuronale bzw. neurohormonale Impulse des Zenralnervensystems werden so in hormonelle Information umgesetzt und eine schnelle Anpassung des innersekretorischen Systems an veränderte Umweltbedingungen gewährleistet.

Relikte, Bez. für Arten, die einst in einem bestimmten Gebiet ein größeres geschlossenes ↗ Areal besaßen, das später durch klimatische Veränderungen, Einwanderung von Konkurrenten, Feinden oder Ähnliches in einzelne, isolierte Teilareale zerlegt wurde. Die gegenseitige Entfernung dieser Reliktvorkommen und ihre Entfernung zum Hauptareal ist i. d. R. so groß, dass kein Genaustausch mehr möglich ist. Besonders häufig sind in Mitteleuropa abgesprengte Überbleibsel der letzten Eiszeit (↗ Glazialrelikte).

REM, Abk. für ↗ Rasterelektronenmikroskop (↗ Mikroskop).

Remane, *Adolf*, deutscher Zoologe, ✻ 10.8.1898 Krotoschin (Polen), † 22.12.1976 Plön (Holstein); ab 1929 Prof. in Kiel, ab 1934 in Halle und ab 1937 wieder in Kiel. R. begründete 1937 das Institut für Meereskunde und wurde Direktor des Zoologischen Museums und des Museums für Völkerkunde. Er arbeitete über Meeresökologie (besonders der subterrestrischen Strandfauna), vergleichende Anatomie, Morphologie und Systematik insbesondere mariner Organismen, aber auch von Primaten. Neben W. ↗ Hennig lieferte R. grundlegend neue theoretische Ansätze zur phylogenetischen Systematik.

Remipedia, Taxon der Krebse (↗ Crustacea), dessen neun bisher bekannte Vertreter erst seit Anfang der 1980er-Jahre in überfluteten Höhlen mit unterirdischer Verbindung zum Meer auf den Bahamas und der Halbinsel Yucatan sowie auf Lanzarote entdeckt wurden. In solchen Höhlen wird das Meerwasser von einer Schicht aus Süß- und Brackwasser überlagert. Die R. leben stets unterhalb dieser Schichtgrenze. Sie sind 9 - 45 mm lang und bestehen aus dem mit einem Rumpfsegment verschmolzenen Kopf und einem aus bis zu 38 einheitlichen Segmenten bestehenden Rumpf. Sie haben keine Augen und keine Körperpigmentierung. Sie leben räuberisch und verdauen ihre Beute vermutlich extraintestinal. R. sind simultane Zwitter.

Ren, die ↗ Niere.

Renaturierung, 1) *Ökologie*: die möglichst naturnahe Wiederherstellung von Biotopen, die durch menschliche Eingriffe verändert wurden. (↗ Naturschutz)

2) *Genetik* und *Biochemie*: Die Rückverwandlung eines denaturierten Biopolymers (↗ Denaturierung) in die biologisch aktive Struktur.

Rendzina, flachgründiger ↗ Bodentyp, bei dem sich ein stark humoser, dunkler A-Horizont über einem hellen C-Horizont befindet. Die R. bildet sich auf Carbonatgestein.

Renin, *Angiotensinogenase*, eine die Freisetzung von Angiotensin aus seiner Vorstufe, dem Angiotensinogen, katalysierende Protease. R. wird in den Arterienwänden der Niere freigesetzt und in die Blutbahn abgegeben (↗ Renin-Angiotensin-System).

Renin-Angiotensin-System, *Renin-Angiotensin-Aldosteron-System*, ein aus den ↗ Gewebshormonen ↗ Renin und ↗ Angiotensin bestehendes Regulationsgefüge im Stoffwechsel der Säuger, das auf Blutdruck sowie Elektrolyt- und Wasserhaushalt einwirkt. Granulierte Zellen des so genannten juxtaglomerulären Apparates der ↗ Niere produzieren (und speichern) auf Reize, wie Vasokonstriktion der afferenten Arteriolen bei Druckabfall im Gefäß oder bei Änderung der Ionenkonzentration im distalen Tubulus, ↗ Renin. Dieses wandelt enzymatisch das in der ↗ Leber gebildete Angiotensinogen (ein α_2-Globulin) in das dekapeptidische Angiotensin I um, das durch partielle Proteolyse im Plasma unter der Wirkung eines *Converting enzyme* in das Oktapeptid Angiotensin II überführt wird. Über diese Wirkkette kommt es zu einer vermehrten Produktion von ↗ Aldosteron (↗ Mineralocorticoide) aus der Nebennierenrinde und damit zu einem gesteigerten Ionentransport (vor allem Na^+) aus dem Nierentubulus, der über osmotischen Wassernachstrom das extrazelluläre Flüssigkeitsvolumen erhöht. Angiotensin II wirkt ferner direkt auf bestimmte Hirnareale ein und fördert die Ausschüttung von ↗ Adiuretin. Vermehrte Reninbildung und -sekretion tritt bei verminderter Nierendurchblutung auf. ↗ Prostaglandine, die auf Druckrezeptoren wirken, fördern ebenfalls die Freisetzung von Renin. I. Allg. dient das R. - A. - S. bei erniedrigtem Blutdruck und/oder reduziertem Blutvolumen der Normalisierung des Kreislaufs. Eine weitere Funktion liegt wohl in der Steuerung der Durst-Mechanismen, wobei Steigerung der Reninkonzentrationen das Durstgefühl erhöht. Der Wirkungsort des Renins liegt dabei ebenfalls im Gehirn.

Renken, *Coregonidae*, Fam. der ↗ Salmoniformes.

Rennin, das ↗ Labferment.

Rennmäuse, die Unterfam. Gerbillinae (↗ Cricetidae).

Rensch, *Bernhard*, deutscher Zoologe, * 21.1. 1900 Thale (Thüringen), † 4.4.1990 Münster; 1947 - 68 Professor in Münster und (1937 - 55) Leiter des Westfälischen Landesmuseums für Naturkunde. R. arbeitete über Taxonomie, Evolution, Rassenkreislehre, Tiergeographie, Tierpsychologie, Anthropologie und Naturphilosophie. Er war einer der Wegbereiter der ↗ Synthetischen Theorie der Evolution.

Rentier, *Ren, Rangifer tarandus*, Art der Trughirsche (↗ Cervidae) mit einer Kopfrumpflänge von 130 - 220 cm und einer Körperhöhe von 80 - 150 cm; beide Geschlechter tragen ein Geweih. Die breiten, spreizbaren Hufe und die den Boden berührenden Afterklauen der R. mindern das Einsinken auf schneebedecktem oder feuchtem Boden. Beim Laufen erzeugen die Fußgelenksehnen ein knackendes Geräusch. Das R. bewohnt in etwa 20 Unterarten die Tundren und nördlichen Waldgebiete (Taiga) von Europa, Asien und Amerika. Die Herden aus weiblichen R. und Junghirschen werden von einem älteren weiblichen Tier angeführt. Die kurze Vegetationszeit ihres Lebensraums zwingt die R. zu ausgedehnten jahreszeitlichen Wanderungen, um ausreichend Nahrung (Gräser, Sträucher, Flechten) zu finden. – Während der Eiszeiten waren R. im damals tundraähnlichen Mitteleuropa weit verbreitet und die wichtigste Jagdbeute des Menschen. Heute führt in Nordasien und im nördlichsten Nordamerika die Rentierjagd zur Bedrohung der R. Das *Nordeuropäische R. (Rangifer tarandus tarandus)* wurde als einzige Hirschart zum Haustier; seine Herden sind auch heute noch Lebensgrundlage im hohen Norden Eurasiens lebender Nomadenvölker. Wildlebende R. gibt es in Europa nur noch im norwegischen Dovrefjell.

Rentierflechte, *Cladonia rangiferina*, Flechtenart (↗ Lichenes), die überwiegend in der arktischen und subarktischen Tundra vorkommt und das wichtigste Futter für Rentiere ist.

Repellent, *Abschreckstoff*, Substanz, die angewendet wird, um Feinde und Schädlinge von Pflanzen und Tieren einschließlich des Menschen fernzuhalten. Meist sind es synthetische Mittel, die abstoßend auf die jeweilige Tiergruppe wirken. R. sind in Form von Lösungen, Salben und Sprays im Handel.

repetitive DNA, die im Unterschied zur *Einzelkopie-DNA* im haploiden Genom mehrfach vorhandenen Sequenzen. Sie können durch *Renaturierungskinetiken* (↗ Denaturierung) nachgewiesen werden, bei denen verschiedene DNA-Fraktionen gebildet werden. Die vorwiegend im Heterochromatin lokalisierte, fünf bis einige hundert Basenpaare umfassende *hochrepetitive DNA* zeichnet sich durch eine besondere Basenzusammensetzung aus (↗ Satelliten-DNA). Daneben existieren noch mehrere hundert bis mehrere tausend Basenpaare große *mittelrepetitive* und *niedrigrepetitive* Sequenzen (↗ Alu-Sequenz), unter denen sich auch Gene wie z. B. Transposons befinden.

Eine bestimmte Gruppe von r. D. zeichnet sich durch das Vorhandensein von *Sequenzwiederholungen* aus, sodass es zu intramolekularen Renaturierungen kommt, die von der Zeit und Konzentration der Reaktionspartner unabhängig sind. Sie stehen im Zusammenhang mit der Beweglichkeit bestimmter DNA-Elemente im Genom (↗ Haarnadelstruktur).

Replicasen, allg. Bez. für die an der ↗ Replikation beteiligten DNA- und RNA-Polymerasen.

Replikation, die identische Verdoppelung der ↗ Desoxyribonucleinsäure (DNA), bei RNA-Viren von ↗ Ribonucleinsäure (RNA), welche die Voraussetzung für die Vermehrung und Fortpflanzung aller Lebewesen ist. Die R. ist auch für die Weitergabe der Erbinformation von Generation zu Generation verantwortlich. Ursprünglich wurde die R. bei Prokaryoten, vor allem *Escherichia coli* und Viren (Bakteriophagen) erforscht; inzwischen liegen aber auch viele Erkenntnisse über die R. des Erbgutes eukaryotischer Zellen vor. An der R. sind eine Reihe von Enzymen beteiligt, wobei die eigentliche Synthese von DNA durch die ↗ DNA-Polymerasen katalysiert wird. Aufgrund der Doppelhelix-Struktur der DNA ist die R. nicht ohne weiteres möglich. Da DNA-Polymerasen die Synthese eines zu einem Einzelstrang komplementären DNA-Moleküls durchführen, muss die Doppelhelix zunächst mit Hilfe von *Helicasen* entwunden werden. Dabei und später auftretende Torsionsspannungen werden durch ↗ DNA-Topoisomerasen behoben. Sie zählen mit einer Reihe weiterer Proteine zur *Replikationsmaschinerie* und tragen zur Koordination der R. bei.

Die R. beginnt am *Replikationsursprung*, mit einer lokalen Entwindung, an der Helicasen beteiligt sind, sodass die *Replikationsgabel* entsteht, die sich an der Doppelhelix entlang bewegt. Genetisch einfache Systeme wie Plasmide oder die ringförmigen DNA-Moleküle von Mitochondrien und Plastiden besitzen i. d. R. einen Replikationsursprung; auf eukaryotischen Chromsomen gibt es Zehntausende dieser Startpunkte der R. Die dabei entstandenen Einzelstränge werden durch ↗ Einzelstrang-Bindeproteine stabilisiert. Nach dieser Strangtrennung können die DNA-Polymerasen mit der Synthese der komplementären neuen Stränge beginnen. Die R. wird deshalb als *semikonservativ* bezeichnet (↗ Meselson-Stahl-Experiment). Da replikative DNA-Polymerasen für die Polymerisation das freie 3'-OH-Ende einer Nucleinsäure benötigen, muss zunächst durch eine DNA-abhängige RNA-Polymerase (*Primase*) ein kurzer RNA-Primer synthetisiert werden, der später wieder abgebaut wird.

Aufgrund der Antiparallelität der beiden DNA-Moleküle der Doppelhelix und der Tatsache, dass DNA-Polymerasen nur in 5'-3'-Richtung synthetisieren können, erfolgt die R. nur an einem Strang

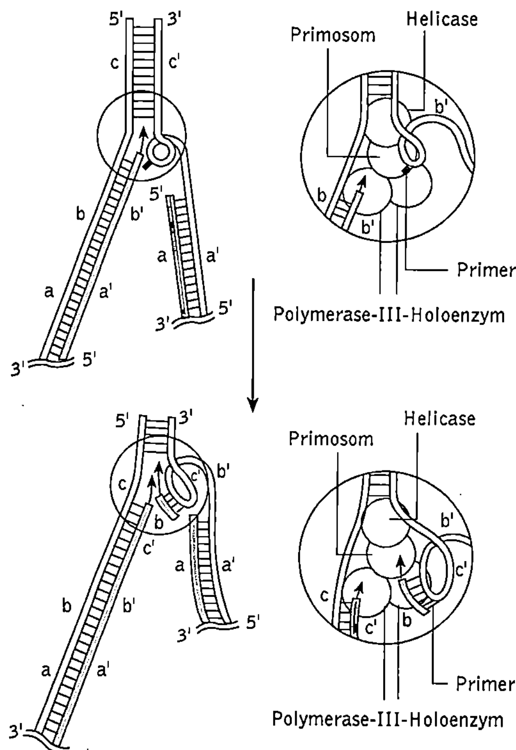

Replikation Modell der Replikationsgabel und Synthese der beiden Tochterstränge. Der Folgestrang ist schlaufenartig gedreht, damit die DNA-Synthese in 5'-3'-Richtung erfolgen kann. Dadurch sind immer nur kleinere Bereiche in der richtigen Orientierung, sodass der Folgestrang nach und nach in Form der *Okazaki-Fragmente* synthetisiert wird

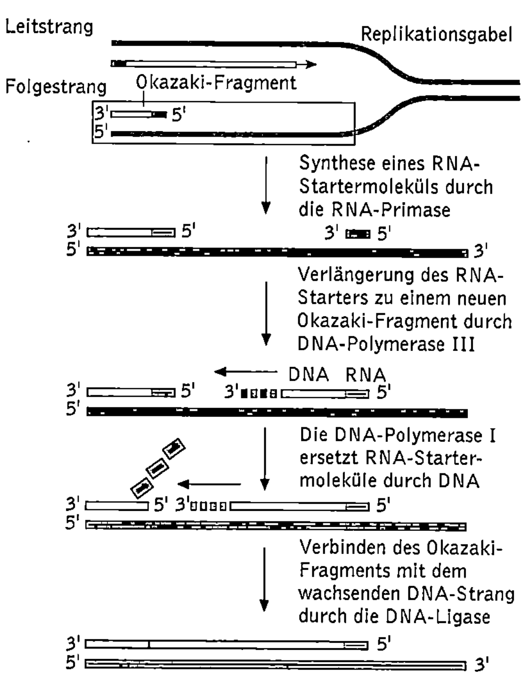

Replikation Schematische Darstellung der Synthese von Leitstrang und Folgestrang

kontinuierlich, der deshalb als *Leitstrang* bezeichnet wird. Am anderen Strang, dem so genannten *Folgestrang* erfolgt die DNA-Synthese diskontinuierlich immer nur in kleinen Fragmenten. Sie werden nach ihrem Entdecker *Okazaki-Fragmente* genannt. Ihre Länge beträgt bei Prokaryoten etwa 1000 bp, bei Eukaryoten lediglich 200 bp. Dabei führt bei *E. coli* die DNA-Polymerase III die R. über große DNA-Bereiche durch, wohingegen die DNA-Polymerase I für das Schließen der im Folgestrang entstandenen Lücken verantwortlich ist. Die einzelnen Fragmente werden anschließend durch die ↗ DNA-Ligase miteinander verbunden.

Die Replikationsgeschwindigkeit des Bakterienchromosoms beträgt bei *Escherichia coli* etwa 500 bis 1000 bp pro Sekunde, sodass die R. mehr Zeit in Anspruch nimmt, als die unter optimalen Wachstumsbedingungen alle 20 Minuten erfolgende Teilung. Aus diesem Grund lassen sich mehrere Replikationsgabeln beobachten. Bei Eukaryoten erfolgt die R. wesentlich langsamer, wobei Werte unter 100 bp pro Sekunde bestimmt wurden. (↗ Rollender-Ring-Mechanismus, ↗ DNA-Reparatur)

Replikon, die Bez. für die strukturelle Einheit der ↗ Replikation, die aus einem Replikationsursprung und den gemeinsam replizierten Nucleinsäureabschnitten besteht. Die Chromosomen, das Bakterienchromosom, Viren, Plasmide und zirkuläre DNA-Moleküle aus Plastiden und Mitochondrien können jeweils als R. bezeichnet werden.

Replisom, Bez. für die in der Replikationsgabel in einem Komplex vereinigten Proteine wie z. B. Polymerasen und Helicasen (↗ Replikation).

Reportergene, die Bez. für Gene, die i. d. R. einen gut zu erkennenden Phänotyp ausbilden, mit dessen Hilfe man z. B. die Aktivität und Gewebespezifizität eines Promotors oder den Erfolg einer Transformation nachweisen kann. R. werden z. B. im Rahmen einer ↗ Deletionsanalyse eingesetzt. In den meisten Fällen handelt es sich bei R. um Gene von Enzymen, die ein farbloses Substrat in ein farbiges Produkt umwandeln. In *histochemischen Tests* kann z. B. die Aktivität der ↗ β-Glucuronidase in transgenen Pflanzen nachgewiesen werden, sodass Aussagen über die Funktion eines Promotors, hinter den dieses R. kloniert wurde, möglich sind. Das *lacZ-Gen* des Lactose-Operons wird ebenfalls als R. verwendet. In bestimmten Plasmiden gestattet es ein so genanntes *Blau-Weiss-Screening*, bei dem rekombinante Plasmide mit der gewünschten Fremd-DNA zu weissen Bakterienkolonien führen, wohingegen blaue Kolonien auf nichtrekombinante Plasmide hinweisen. Als weitere R. werden Gene, die für die *Luciferase* codieren und auch ein Gen, welches für das aus einer Meeresqualle isolierte grün-fluoreszierende Protein (GFP) codiert, genutzt.

Repressor, die Bez. für ein Protein, das durch eine spezifische reversible Bindung an den ↗ Operator eines ↗ Operons für die Inaktivierung der Transkription der dort vorhandenen Strukturgene sorgt. Durch Konformationsänderungen aufgrund von z. B. allosterischen Effekten existiert ein R. in einer *reprimierenden* und einer *nicht reprimierenden* Form. So bindet z. B. der *lac-Repressor* des ↗ Lactose-Operons in Abwesenheit von Lactose an den Operator. Ist dieses Disaccharid im Nährmedium vorhanden, kommt es zur Induktion der Genexpression des Operons, weil der R. nach Bindung von *Allolactose* nicht mehr den Operator blockieren kann.

reprimierbare Enzyme, Bez. für Enzyme, für welche die Expression der sie codierenden Gene durch bestimmte Stoffwechselprodukte gestoppt wird. Dies ist z. B. bei Genen des ↗ Lactose-Operons der Fall.

Reproduktion, die ↗ Fortpflanzung.

Reproduktionsmedizin, *Fortpflanzungsmedizin*, Zweig der Humanmedizin, dessen Schwerpunkte die Diagnostik und Behandlung von Unfruchtbarkeit (↗ Sterilität) bzw. ungewollter Kinderlosigkeit bei Mann und Frau sind. Zur R. gehören einerseits *Methoden zur Unterstützung der Zeugung auf natürlichem Wege*. Darunter fallen diagnostische Verfahren zur Erkennung der Ursachen der Unfruchtbarkeit bei beiden Geschlechtern, Behebung einer vorhandenen Impotenz, das operative Gangbarma-

chen der weiblichen Geschlechtswege, insbesondere der Eileiter, Hormonbehandlung zur Unterstützung des Eisprungs; letztere führt fast immer zu Mehrfachovulationen. Sie ist darüber hinaus immer notwendig für die Gewinnung von Oocyten (unreifen, da noch nicht besamten Eizellen) zur Anwendung der Methoden der *assistierten Reproduktion*, die den zweiten möglichen Weg darstellen. Hier kann prinzipiell unterschieden werden zwischen:

a) Methoden mit Gametentransfer zur *Befruchtung im weiblichen Körper*. Darunter fallen die künstliche Besamung (↗ Insemination), also das apparative Einbringen von Sperma (durch Masturbation gewonnen) in die weiblichen Geschlechtsorgane; bei der *intrauterinen Insemination* (Abk. *IUI*; intrauteriner Gametentransfer) wird das Sperma mit einer Kanüle in die Gebärmutter eingebracht und bei der *intratubaren Insemination* (Abk. *ITI*; intratubarer Gametentransfer) mit einer Kanüle in den Eileiter. Eine weitere Variante ist das Einbringen der Keimzellen beider Geschlechter in die weiblichen Geschlechtsorgane (*Gamete-Intra-Fallopian-Transfer*, Abk. *GIFT*); dabei werden durch die Bauchdecke (Punktion) gewonnene Oocyten mit in vitro aufbereitetem Sperma vermischt und durch die Bauchdecke über den Fimbrientrichter in den Eileiter oder ohne Narkose durch die Scheide in die Gebärmutter eingebracht.

b) Den zweiten großen Bereich der assistierten Reproduktion bilden Methoden mit *außerhalb des weiblichen Körpers stattfindender (extrakorporaler) Befruchtung*, die unter dem Begriff *In-vitro-Fertilisation (IVF)* zusammengefasst werden. Auch hier gibt es eine Reihe verschiedener Möglichkeiten: Zum einen gibt es verschiedene Verfahren, bei denen die Oocyten mit aufbereitetem Sperma in vitro vermischt werden und nach der Befruchtung (als Zygote) oder nach der Bildung des Embryos (im Blastocystenstadium) übertragen werden. Man unterscheidet hier die *IVF mit anschließendem (intratubarem) Zygotentransfer* in den/die Eileiter (Abk. *IVF-ZIFT* mit ZIFT für Zygote-intra-fallopian-transfer), die *IVF mit anschließendem Embryotransfer (ET)* in die Gebärmutter (Abk. *IVF-ET*, im katholischen Sprachgebrauch FIVET) sowie die *IVF mit anschließendem (intratubarem) Embryotransfer* in den/die Eileiter (Abk. *IVF-EIFT* mit EIFT für Embryo-intra-fallopian-transfer). Ein davon unterschiedenes Verfahren ist die Injektion eines einzelnen Spermiums in eine Oocyte mit nachfolgendem Embryotransfer, auch *intracytoplasmatische Spermieninjektion* genannt (Abk. *ICSI*). Für die Gewinnung der Spermien gibt es drei Möglichkeiten: Aus dem (durch Masturbation gewonnenen) Ejakulat, durch Ansaugen aus dem/den Nebenhoden (Abk. *MESA* von Microsurgical epididymal sperm aspiration) oder durch Präparation aus dem Hodengewebe (Abk. *TESE* von Testicular sperm extraction).

Die Oocyten wurden zuvor, wie bereits erwähnt, i. d. R. nach einer hormonellen Vorbehandlung, dem Eierstock der Frau entnommen. Das durch ↗ Masturbation gewonnene Sperma muss für die extrakorporalen Befruchtungsmethoden besonders vorbehandelt werden, um die biochemischen Prozesse nachzuvollziehen, die erst bei der Passage durch Gebärmutter und Eileiter die Spermien voll befruchtungsfähig machen. Die IVF wird angewendet, wenn die Eileiter operativ entfernt wurden oder Verklebungen nach Entzündungen bestehen sowie bei Endometriose (dem zyklischen Wachstum von Gebärmutterschleimhaut außerhalb der Gebärmutter, in diesem Fall im Eileiter).

Ein Behandlungszyklus bei einer Sterilitätsbehandlung verläuft prinzipiell folgendermaßen: Zunächst werden bei der Frau durch tägliche Hormoninjektionen Follikelwachstum und -reifung stimuliert. Die verabreichten Hormone sind das ↗ luteinisierende Hormon (LH) und das ↗ Follikel stimulierende Hormon (FSH). Das Wachstum der Follikel wird mittels Ultraschall- und Hormonuntersuchungen überwacht, bis sie reif sind. Dann wird ·durch Gabe von ↗ Choriongonadotropin (HCG) der Eisprung eingeleitet. 36 bis 42 Stunden nach dem Eisprung können die Oocyten durch Punktion gewonnen werden. Aus dem parallel, meist durch Masturbation, gewonnenen Sperma werden im Labor möglichst viele Spermien isoliert und für den Befruchtungsvorgang weiter aufbereitet. Oocyten und Spermien werden dann in einer Zellkulturschale entweder zusammengebracht (Insemination) oder es wird eine ICSI durchgeführt. Die Zygote wird entweder direkt in den weiblichen Körper gebracht, oder sie entwickelt sich für einige Tage im Brutschrank weiter, um dann entweder in die Gebärmutter oder in den Eileiter eingebracht zu werden. Um die Chance zu erhöhen, aber das mit Mehrlingsschwangerschaften verbundene Risiko gering zu halten, dürfen maximal drei Embryonen transferiert werden. Der weitere Schwangerschaftsverlauf wird durch Hormonanalyse und Ultraschalluntersuchungen überwacht. Falls dies notwendig ist, kommen für die IVF bzw. ICSI auch vorher tiefgefrorene Oocyten und Spermien zum Einsatz (↗ Kryokonservierung).

Die Wahrscheinlichkeit, dass nach einer IVF eine Schwangerschaft eintritt, liegt derzeit bei 20 - 30%, diese ist bei jüngeren Patientinnen (bis 31 Jahre bis 45%) höher und nimmt dann mit zunehmendem Alter kontinuierlich ab (36 Jahre 20%). Komplikationen, die im Verlauf einer solchen Sterilitätsbehandlung auftreten können, sind die Bildung von Zysten infolge der Hormonbehandlung, die sich aber normalerweise spontan zurückbilden, sowie eine Überstimulation nach der Gabe von HCG. Auch die Follikelpunktion birgt ein gewisses Risiko (Infektionen, Blutungen), jedoch wird dieses als gering angesehen. Die Rate der Fehlgeburten liegt bei regelrechter Durchführung der Behandlung im Bereich derjenigen einer normalen Schwangerschaft. (↗ Embryonenschutzgesetz, ↗ Embryonenforschung, Essay: ↗ Reproduktionsmedizin – Glück bringende Fortschritte oder unzulässige Eingriffe?)

Weitere Informationen unter: www.fertiring.de und www.Kinderwunsch.de

Literatur: BZgA FORUM Sexualaufklärung und Familienplanung, Heft 1/2 2000.

Reproduktionsmedizin – Glück bringende Fortschritte oder unzulässige Eingriffe?

Prof. Manfred Dzieyk, Pädagogische Hochschule Karlsruhe

Frühe Einflussnahmen

Der Mensch hat schon sehr früh versucht, in die natürlichen Fortpflanzungsvorgänge einzugreifen, sowohl zur Liebes- und Fruchtbarkeitssteigerung als auch zur Empfängnisverhütung, durch allerlei Zaubertränke, Beschwörungen, Riten, durch erlaubte Abtreibungen und Kindstötung oder durch deren Verbot bis zur Bedrohung mit der Todesstrafe. Dies gilt für viele Kulturen und Zeiten, wobei die Ansichten über gut und verwerflich zeitabhängig schwankten. Kinderlosigkeit war jedoch meist ein Makel. In Europa wurde seit dem 13. Jh. bis hinein ins 17. Jh. auch einem Wunschtraum nachgehangen: man wollte einen künstlichen, daumengroßen Menschen, einen Homunculus, auf chemischem Wege aus Sperma, Blut und Urin erzeugen.

Große Fortschritte und die Folgen

Ab dem 19. Jh. machte die Medizin große Fortschritte, u. a. mit der Entdeckung der Bedeutung der Hygiene und der Hormone. Aber in der zweiten Hälfte des 20. Jh. wurden die Möglichkeiten der Steuerung der Fortpflanzung und damit die Sexualität revolutioniert:

1) Mit der *Antibabypille* wurde erstmals lebenslang eine 100%ige Abkoppelung der Fortpflanzung vom Sexualverkehr möglich, was vorher nur durch Sterilisation oder Kastration zu erreichen war, und

2) durch Verfahren der *assistierten Reproduktion* wurde umgekehrt Fortpflanzung (schon mit der künstlichen Insemination) ohne jeglichen Sexualverkehr möglich, bei Anwendung der Intracytoplasmatischen Spermien-Injektion (ICSI) sogar ohne Sexualhandlung auch des Mannes.

Zwei Meilensteine markieren den Weg der Reproduktionsmedizin: 1968 die erste gelungene Befruchtung einer menschlichen Eizelle in einer Petrischale (In-vitro-Fertilisation, IVF) und im Juli 1978 in Großbritannien die weltweit erste Geburt eines auf diese Art und Weise gezeugten Kindes: LOUISE BROWN, die im Juli 2001 ihren 23. Geburtstag feierte. Die medizinischen Fortschritte sind seitdem rasant: 1984 wurde in Australien das erste Kind geboren, das nach einer IVF als Embryo eine Zeit lang tiefgefroren war, 1990 das erste Kind nach einer Präimplantationsdiagnostik (PID) auf schwere Krankheiten, im Jahr 1992 gelang die erste erfolgreiche ICSI und 1997 wurde das erste Baby mit zwei Müttern geboren. In die befruchtete Eizelle wurde den Genen der Eltern eine geringe Menge Genmaterial einer zweiten jüngeren Frau eingespritzt, damit wurden die Keimbahnzellen manipuliert. Und im Sommer 2001 schließlich wurde bekannt, dass Forscher an mehreren Orten in der Welt mit Hilfe von bezahlten Eispenderinnen Embryonen nur zu Forschungszwecken hergestellt, ihnen Zellen für Stammzellkulturen entnommen und sie dann vernichtet haben, also menschliche Embryonen zum Verbrauch erzeugt haben. Es steht zu erwarten, dass auch bald irgendwo Embryonen oder sogar erwachsene Menschen geklont werden, da die Absicht trotz weltweiten Protestes schon mehrfach angekündigt wurde.

Inzwischen gibt es durch Hormonbehandlungen ohne und mit IVF etwa 20- bis 25-mal mehr Mehrlingsgeburten gegenüber der Spontanrate von etwa 1,2 % aller Geburten, bis hin zu Neunlingen. Mindestens ab Vierlingen haben die Kinder starkes Untergewicht, müssen vorzeitig entbunden werden und sind als „Frühchen" nur z. T. lebensfähig. Es gibt durch IVF gezeugte Kinder von anonymen Vätern, von schon vor der Zeugung geschiedenen oder verstorbenen Vätern, von durch Verwechslung oder Vermischung von Spendersamen nicht gewollten Vätern, Kinder, die von lesbischen Frauen geboren wurden. Weibliche und männliche Models und Muskelmänner bieten über Agenturen im Internet gegen Bezahlung ihre Keimzellen für „schöne" Kinder an, Firmen bieten im Internet die Beratung und Vermittlung von Keimzellen von „familienähnlichen" Männern und Frauen an (nach Kriterien wie Aussehen, Beruf, Hobbys usw.). Eizellen (Oocyten), Sperma, Vorkernstadien und Embryonen werden in „Banken" tiefgefroren aufbewahrt und können jederzeit verwendet werden. Mit der Präimplantationsdiagnostik (PID) können Embryonen verworfen werden, bei denen schwere Genschäden festgestellt wurden, jedoch müssen dann von vornherein mehr als drei Embryonen erzeugt werden, um drei übertragen zu können. Es gibt Leihmütter, die für andere ihr Kind austragen und es gibt inzwischen mehrere Frauen über sechzig, die z. T. schon selbst Großmütter sind, deren Gebärmutter mittels Hormonbehandlung reaktiviert wurde, und die ein Kind ausgetragen haben, wobei die Eizelle von einer jüngeren Frau, z. T. der eigenen Tochter stammte.

Damit ist einiges genannt, was heute schon möglich ist und auch getan wird. Es ist nicht abzusehen, welche Methoden zu den vielen Möglichkeiten noch dazu kommen werden. Vielleicht gibt es auch irgendwann die Möglichkeit der Entwicklung eines Kindes bis zur „Geburt" ohne Schwangerschaft einer Frau? Der Mensch schickt sich jedenfalls an, die Fortpflanzung weg von dem natürlichen, emotionalen und zwischenmenschlichen Handeln immer mehr zu einem künstlichen Verfahren im Labor werden zu lassen. Vieles davon ist in Deutschland zwar (noch?) verboten, aber Tatsache ist, dass die ethisch-moralische Bewertung und das demokratische Gesetzgebungsverfahren den in verschiedensten Ländern der Welt ständig neu gesetzten Fakten, den immer neuen Dammbrüchen, hoffnungslos hinterherhinken. Die Gesetzeslage ist dabei selbst in den europäischen Ländern sehr unterschiedlich.

Sind das alles segensreiche Fortschritte zur Erfüllung eines Kinderwunsches?

Heute sind bei uns 10 bis 15 % der Paare trotz regelmäßigen ungeschützten Geschlechtsverkehrs über ein Jahr ungewollt kinderlos. Die Ursachen dafür liegen zu je 40 % bei der Frau oder beim Mann allein und zu 20 % bei beiden. Gründe dafür gibt es vielfältige: sie können im körperlichen Bereich liegen, in der Aufnahme von Giftstoffen aus der Umwelt und durch Medikamenten-, Alkohol- und Tabakmissbrauch sowie im psychischen Bereich. Beide Partner können sogar voll fertil sein, aber sie passen durch eine physiologische Partner-Inkompatibilität nicht zusammen (z. B. verhindern die

Genitalsekrete der Frau oder auch Spermien-Antikörper eine Befruchtung).

Dass die Zahl der kinderlos bleibenden Paare zunimmt, liegt aber auch daran, dass viele Frauen mit gutem Recht nach ihrer Ausbildung erst einmal berufliche Fortschritte machen möchten und unsere Gesellschaft den Wunsch nach Beruf *und* Kindern immer noch wenig unterstützt. Aber es gibt auch zunehmend Frauen und Paare, die erst einmal das Leben frei genießen und dann in den dreißiger Lebensjahren oder erst jenseits der Vierzig ihren Kinderwunsch erfüllen wollen. Biologisch optimal wäre es, wenn Frauen zwischen etwa neunzehn Jahren und Mitte/Ende zwanzig ihre Kinder bekommen, weil der Körper dies dann am besten leisten kann und die Fruchtbarkeit groß ist. Sie nimmt jenseits der Dreißig zunehmend und jenseits der Vierzig rapide ab, da die Zahl der Zyklen mit einer befruchtungsfähigen Eizelle (genauer Oozyte) immer geringer wird. Außerdem steigt bei jeder Frau ab etwa Anfang dreißig das Risiko, ein behindertes Kind zu bekommen, kontinuierlich an, für Männer als Vater scheint das erst jenseits der Fünfzig der Fall zu sein. Und die IVF wird bei mehrmaliger Wiederholung für die meisten Frauen zu einer körperlichen und psychischen Tortur.

Wie und wann wahrt die Reproduktionsmedizin die Würde des Menschen?

Menschliches Leben beginnt mit der Befruchtung: Wenn die beiden Zellkerne der Keimzellen miteinander verschmolzen sind, hat mit der Zygote, die den vollen Genbestand besitzt, biologisch-medizinisch gesehen die Entwicklung eines Kindes begonnen. Schon die Zygote ist folgerichtig durch das deutsche Embryonenschutzgesetz geschützt, die Keimzellen und das Vorkern- oder Pronucleusstadium noch nicht.

Die katholische Kirche spricht sogar ab der Zygote vom Beginn der Person. Damit ist für sie die Entscheidung über das Für und Wider der Methoden einfach: Es ist alles verboten, was den natürlichen Geschlechtsakt innerhalb der Ehe zur Zeugung eines Kindes ersetzen soll, weil es nach ihrer Meinung die Würde des Menschen verletzt. Das trifft für sie bereits für die homologe Insemination zu, zumal die Gewinnung des Spermas durch Masturbation geschieht. Erst recht verbietet sie jegliche extrakorporale Befruchtung, das Töten oder Einfrieren von Embryonen, die PID, weil sie einen verletzenden Eingriff in den Embryo bedeutet und selbst die vorgeburtliche, pränatale Diagnostik (PD oder PND) erlaubt sie nur zur Unterstützung der ärztlichen Bemühungen um Leben und Gesundheit des Kindes und um die Eltern gegebenenfalls frühzeitig auf das Leben mit einem behinderten Kind vorbe-

reiten zu helfen. Sie ist jedoch nicht erlaubt mit dem Ziel eugenischer Überlegungen, und jegliche Abtreibung wird grundsätzlich verurteilt. In schweren Konfliktfällen müssen dann aber doch Ausnahmen zugelassen werden, für die jeweils Kriterien gefunden werden müssen, z. B. wenn das ungeborene Kind wegen der Lebensgefahr für die Mutter geopfert werden soll oder wenn nicht beide überleben können.

Für diese strenge Auffassung gibt es in unserer Gesellschaft keinen allgemeinen Konsens. Namhafte Ethiker und Moraltheologen, auch katholische, begründen, dass sich die verschiedensten Definitionen der Person seit dem Mittelalter bis in die Gegenwart wenig eignen, die anstehenden Fragen der ethischen Bewertung der Möglichkeiten der Reproduktionsmedizin zu lösen. Man muss wohl eine graduelle Wertigkeit des vorgeburtlichen menschlichen Lebens über seine Entwicklungsstufen anerkennen. Es ist ein Unterschied, ob eine Zygote, ein Embryo im Stadium der Blastocyste stirbt (was beides wahrscheinlich bei natürlicher Fortpflanzung zu 30 bis 50 % geschieht), oder ob ein Kind im zweiten oder achten Monat stirbt oder abgetrieben wird.

Allerdings darf in unserer heutigen säkularisierten Welt, in der Individualrecht, Hedonismus und Kommerz das Leben weithin bestimmen und überkommene Traditionen und Werte nicht mehr einfach übernommen werden, die ethische Beurteilung verschiedener Methoden auch nicht einfach nach pragmatischen und egoistischen, interessenabhängigen und merkantilen Gesichtspunkten beliebig werden. Die Enquetekommission des Bundestages und der Nationale Ethikrat der Bundesregierung (seit Frühjahr 2001) sollen ein neues Fortpflanzungsmedizingesetz vorbereiten helfen, das weiterhin die Würde des Menschen wahren soll.

Besonders problematische Eingriffe in die Zeugung und Entwicklung eines Kindes

Die Möglichkeiten der Reproduktionsmedizin dürfen nicht zur freien Bedienung wie in einem Warenhaus zur Verfügung stehen. Meines Erachtens sollte die ICSI auf die medizinisch notwendigen Fälle beschränkt und nicht, wie es heute schon geschieht, zur Routine werden, bis wirklich sichere Aussagen über die Unbedenklichkeit in Bezug auf kindliche Schäden gegeben sind. Denn bei dieser Methode bleibt die Selektion der Spermien in den weiblichen Organen aus und die Spermien können nur nach ihrer Motilität beurteilt werden. Die PID, mit der nur wenige genetische Schäden gefunden werden können, sollte ebenfalls nur in sehr gut begründeten Ausnahmefällen zugelassen werden, nicht als Routine oder gar für ein Wunschgeschlecht. Wenn ich an das Wohl des Kindes denke, verbieten sich für mich die Befruchtung mit Sperma eines verstorbenen oder anonymen Mannes und die IVF bei Frauen weit jenseits der Wechseljahre mit einer Eispende.

Darüber hinaus sollten meiner Ansicht nach manche Dinge für immer verboten sein: Ei-, Samen- und Embryospende gegen Geld und die Leihmutterschaft, die Erzeugung von menschlichen Embryonen zur Gewinnung von embryonalen Stammzellen (direkt oder durch therapeutisches Klonen) und die Forschung an menschlichen Embryonen, da diese Verfahren mit Verletzung und Verbrauch von Embryonen verbunden sind, sowie genetische Eingriffe in die Keimbahn oder einen Embryo.

Es gibt kein Recht auf ein Kind, schon gar nicht um jeden Preis und auch nicht auf ein gesundes, nicht behindertes Kind. Und es darf nicht dazu kommen, dass in unserer Gesellschaft Kinder mit Behinderungen wieder als nicht lebenswert gelten.

Es gibt auch kein Recht auf Gesundung oder Lebenserhaltung eines kranken Menschen auf Kosten eines anderen. Das Ziel, Gewebe und Organe aus embryonalen Stammzellen zur Übertragung auf einen Patienten zu züchten, greift aber in diesem Bereich. Stattdessen sollten die Forschungen an adulten Stammzellen und den sich ergebenden Möglichkeiten intensiviert werden. (siehe auch Essay: Die Forschung an embryonalen Stammzellen)